AF581839

ŒUVRES

COMPLETES

DE BUFFON

TOME X

IMPRIMERIE
JULES CLAYE ET C°
Rue Saint-Benoît, 7.

ŒUVRES

COMPLÈTES

DE BUFFON

AVEC LA NOMENCLATURE LINNÉENNE ET LA CLASSIFICATION DE CUVIER

Revues sur l'édition in-4° de l'Imprimerie Royale

ET ANNOTÉES

PAR

M. FLOURENS

SECRÉTAIRE PERPÉTUEL DE L'ACADÉMIE DES SCIENCES, MEMBRE DE L'ACADÉMIE FRANÇAISE
PROFESSEUR AU MUSÉUM D'HISTOIRE NATURELLE, ETC.

TOME DIXIÈME

LES MINÉRAUX

PARIS

GARNIER FRÈRES, LIBRAIRES

6, RUE DES SAINTS-PÈRES

MDCCCLV

HISTOIRE NATURELLE

DES MINÉRAUX[1]

DE LA FIGURATION DES MINÉRAUX.

Comme l'ordre de nos idées doit être ici le même que celui de la succession des temps, et que le temps ne peut nous être représenté que par le mouvement et par ses effets, c'est-à-dire par la succession des opérations de la nature, nous la considérerons d'abord dans les grandes masses qui sont les résultats de ses premiers et grands travaux sur le globe terrestre ; après quoi nous essaierons de la suivre dans ses procédés particuliers, et tâcherons de saisir la combinaison des moyens qu'elle emploie pour former les petits volumes de ces matières précieuses, dont elle paraît d'autant plus avare qu'elles sont en apparence plus pures et plus simples ; et, quoiqu'en général les substances et leurs formes soient si différentes qu'elles paraissent être variées à l'infini, nous espérons qu'en suivant de près la marche de la nature en mouvement, dont nous avons déjà tracé les plus grands pas dans ses époques[2], nous ne pourrons nous égarer que quand la lumière nous manquera, faute de connaissances acquises par l'expérience encore trop courte des siècles qui nous ont précédés.

Divisons, comme l'a fait la nature, en trois grandes classes toutes les matières brutes et minérales qui composent le globe de la terre; et d'abord considérons-les une à une, en les combinant ensuite deux à deux, et enfin en les réunissant ensemble toutes trois.

1. L'*Histoire des minéraux*, dans l'édition in-4° de l'Imprimerie royale, comprend cinq volumes : les deux premiers, publiés en 1783; le IIIe, en 1785; le IVe, en 1786; et le Ve, en 1788, l'année même de la mort du grand Buffon. — Dans l'édition actuelle, ces cinq volumes sont réunis en deux : le Xe et le XIe.

Grimm a très-bien saisi ce qui fait l'intérêt particulier de l'*Histoire des minéraux* : « La « sagacité ingénieuse de M. de Buffon nous y découvre, à chaque pas, de nouvelles preuves « de son système sur les révolutions de notre globe;... des observations, sèches ou minu- « tieuses par elles-mêmes, paraissent plus importantes par leur liaison intime avec les pre- « mières origines du monde. » (*Corresp. litt.*, année 1783.)

2. L'*Histoire des minéraux* est, en effet, la continuation, prise en détail, des grands faits exposés dans les *Époques de la nature*. C'est toujours la *succession des temps*, la *succession des opérations de la nature*, la *marche de la nature en mouvement*, que suit Buffon.

La première classe embrasse les matières qui, ayant été produites par le feu primitif, n'ont point changé de nature, et dont les grandes masses sont celles de la roche intérieure du globe et des éminences qui forment les appendices extérieurs de cette roche, et qui, comme elle, sont solides et vitreuses : on doit donc y comprendre le roc vif, les quartz, les jaspes, le feldspath, les schorls, les micas, les grès, les porphyres, les granites et toutes les pierres de première, et même de seconde formation qui ne sont pas calcinables, et encore les sables vitreux, les argiles, les schistes, les ardoises, et toutes les autres matières provenant de la décomposition et des débris des matières primitives que l'eau aura délayées, dissoutes ou dénaturées.

La seconde classe comprend les matières qui ont subi une seconde action du feu, et qui ont été frappées par les foudres de l'électricité souterraine ou fondues par le feu des volcans, dont les grosses masses sont les laves, les basaltes, les pierres ponces, les pouzzolanes et les autres matières volcaniques, qui nous présentent en petit des produits assez semblables à ceux de l'action du feu primitif[1]; et ces deux classes sont celles de la *nature brute*, car toutes les matières qu'elles contiennent ne portent que peu ou point de traces d'organisation.

La troisième classe contient les substances calcinables, les terres végétales, et toutes les matières formées du détriment et des dépouilles des animaux et des végétaux, par l'action ou l'intermède de l'eau, dont les grandes masses sont les rochers et les bancs des marbres, des pierres calcaires, des craies, des plâtres, et la couche universelle de terre végétale qui couvre la surface du globe, ainsi que les couches particulières de tourbes, de bois fossiles et de charbons de terre qui se trouvent dans son intérieur[2].

1. Les *matières volcaniques* n'ont pas subi une *seconde action du feu* : elles sont le produit direct de l'*action du feu primitif*, encore aujourd'hui subsistant dans les entrailles du globe. (Voyez les notes des précédents volumes.)

2. Dans un premier *essai de classification*, Buffon distinguait les *minéraux* : en ceux *qui ont été produits par le feu primitif*; en ceux *qui ont été formés du détriment des premiers par le moyen de l'eau*; et en ceux *qui ont une seconde fois subi l'épreuve d'une violente chaleur*. (Voyez, dans le t. IX, la page 70, et la note de cette même page.)

Dans un second *essai*, il fait quatre classes de toutes les matières existant sur le globe : la 1re comprend les matières *vitrescibles*, produites par le feu primitif; la 2e les matières *calcaires*, formées par l'intermède de l'eau; la 3e toutes les substances produites par le détriment des *animaux* et des *végétaux*; et la 4e les matières soulevées et rejetées par les *volcans*. (Voyez, dans le t. IX, les pages 532 et 533, et la note 2 de la page 533.) Ici il en fait trois classes : 1° les matières produites par le *feu primitif*, et qui n'ont point changé de nature; 2° les matières qui ont subi une *seconde action du feu* ; 3° les substances *calcinables*, les *terres végétales*, et toutes les matières formées du détriment et des dépouilles des *animaux* et des *végétaux*.

Dans cette dernière *classification*, les deux premières classes seules sont bonnes, ou, comme nous dirions aujourd'hui, *naturelles* : chacune ne contient que des substances de *même nature*. La troisième confond des *natures diverses*. Les *pierres calcaires*, les *marbres*, les *craies*, les *plâtres*, ne sont pas formés des débris des *végétaux* et des *animaux*. (Voyez les notes des pages 60 et 496 du IXe volume.)

C'est surtout dans cette troisième classe que se voient tous les degrés et toutes les nuances qui remplissent l'intervalle entre la matière brute et les substances organisées; et cette matière intermédiaire [1], pour ainsi dire mi-partie de brut et d'organique, sert également aux productions de la nature active dans les deux empires de la vie et de la mort ; car comme la terre végétale et toutes les substances calcinables contiennent beaucoup plus de parties organiques que les autres matières produites ou dénaturées par le feu, ces parties organiques, toujours actives, ont fait de fortes impressions sur la matière brute et passive, elles en ont travaillé toutes les surfaces et quelquefois pénétré l'épaisseur ; l'eau développe, délaie, entraîne et dépose ces éléments organiques sur les matières brutes : aussi la plupart des minéraux figurés ne doivent leurs différentes formes qu'au mélange et aux combinaisons de cette matière active avec l'eau qui lui sert de véhicule. Les productions de la nature organisée qui, dans l'état de vie et de végétation, représentent sa force et font l'ornement de la terre, sont encore, après la mort, ce qu'il y a de plus noble dans la nature brute; les détriments des animaux et des végétaux conservent des molécules organiques actives qui communiquent à cette matière passive les premiers traits de l'organisation en lui donnant la forme extérieure. Tout minéral figuré a été travaillé par ces molécules organiques [2], provenant du détriment des êtres organisés ou par les premières molécules organiques existantes avant leur formation : ainsi les minéraux figurés tiennent tous de près ou de loin à la nature organisée ; et il n'y a de matières entièrement brutes que celles qui ne portent aucun trait de figuration, car l'organisation a, comme toute autre qualité de la matière, ses degrés et ses nuances dont les caractères les plus généraux, les plus distincts et les résultats les plus évidents, sont la vie dans les animaux, la végétation dans les plantes et la figuration dans les minéraux [3].

Le grand et premier instrument avec lequel la nature opère toutes ses merveilles est cette force universelle, constante et pénétrante dont elle anime chaque atome de matière en leur imprimant une tendance mutuelle à se rapprocher et s'unir; son autre grand moyen est la chaleur, et cette seconde force tend à séparer tout ce que la première a réuni ; néanmoins

1. Il n'y a point de *matière intermédiaire*, point de matière *mi-partie de brut et d'organique*. Les *pierres calcaires*, les *marbres*, les *craies*, les *plâtres*, appartiennent à la seule *nature brute*; les dépouilles des *animaux* et des *végétaux*, les *tourbes*, les *bois fossiles*, les *charbons de terre*, appartiennent seuls à la *nature organique*, c'est-à-dire sont les seuls débris qui n'existeraient point, s'il n'y avait point eu de *nature organique*.

2. Buffon veut tirer ici la *figuration des minéraux* de ces mêmes *molécules organiques*, d'où il a tiré la forme des *végétaux* et des *animaux*; mais l'extension de l'hypothèse a le même vice radical que l'hypothèse même : il n'y a pas de *molécules organiques*.

3. Par *figuration* dans les minéraux, Buffon ne peut entendre que *cristallisation*. La *cristallisation* est exclusivement propre aux *minéraux*, à la *nature brute*, et n'appartient point du tout à la *nature organisée*.

elle lui est subordonnée, car l'élément du feu, comme toute autre matière, est soumis à la puissance générale de la force attractive : celle-ci est d'ailleurs également répartie dans les substances organisées comme dans les matières brutes ; elle est toujours proportionnelle à la masse, toujours présente, sans cesse active ; elle peut travailler la matière dans les trois dimensions à la fois, dès qu'elle est aidée de la chaleur, parce qu'il n'y a pas un point qu'elle ne pénètre à tout instant, et que par conséquent la chaleur ne puisse étendre et développer dès qu'elle se trouve dans la proportion qu'exige l'état des matières sur lesquelles elle opère : ainsi par la combinaison de ces deux forces actives, la matière ductile, pénétrée et travaillée dans tous ses points, et par conséquent dans les trois dimensions à la fois, prend la forme d'un germe organisé[1] qui bientôt deviendra vivant ou végétant par la continuité de son développement et de son extension proportionnelle en longueur, largeur et profondeur. Mais si ces deux forces pénétrantes et productrices, l'attraction et la chaleur, au lieu d'agir sur des substances molles et ductiles, viennent à s'exercer sur des matières sèches et dures qui leur opposent trop de résistance, alors elles ne peuvent agir que sur la surface sans pénétrer l'intérieur de cette matière trop dure[2]; elles ne pourront donc, malgré toute leur activité, la travailler que dans deux dimensions au lieu de trois, en traçant à sa superficie quelques linéaments; et cette matière n'étant travaillée qu'à la surface[3] ne pourra prendre d'autre forme que celle d'un minéral figuré. La nature opère ici comme l'art de l'homme : il ne peut que tracer des figures et former des surfaces, mais dans ce genre même de travail, le seul où nous puissions l'imiter, elle nous est encore si supérieure qu'aucun de nos ouvrages ne peut approcher des siens.

Le germe de l'animal ou du végétal étant formé par la réunion des molécules organiques avec une petite portion de matière ductile[4], ce moule intérieur, une fois donné et bientôt développé par la nutrition, suffit pour communiquer son empreinte, et rendre sa même forme à perpétuité par toutes les voies de la reproduction et de la génération, au lieu que, dans le minéral, il n'y a point de germe, point de moule intérieur capable de se développer par la nutrition, ni de transmettre sa forme par la reproduction.

Les animaux et les végétaux, se reproduisant également par eux-mêmes,

1. Ainsi, la *matière ductile*, pénétrée par l'*attraction* et par la *chaleur*, prend la forme d'un *germe organisé*. Non : ni la *matière ductile* (avec les *molécules organiques*, bien entendu), ni l'*attraction* et la *chaleur* réunies ne suffisent pour produire un *germe organisé*. La production d'un *germe organisé* est un phénomène bien autrement profond, et qui nous passe.

2. Mais l'*attraction* et la *chaleur* agissent *toujours* sur toutes les *molécules*, tant sur les *molécules intérieures* que sur les *extérieures*.

3. Voyez la note précédente.

4. Voyez, ci-dessus, la note 1.

doivent être considérés ici comme des êtres semblables pour le fond et les moyens d'organisation; les minéraux qui ne peuvent se reproduire par eux-mêmes, et qui néanmoins se produisent toujours sous la même forme, en diffèrent par l'origine et par leur structure dans laquelle il n'y a que des traces superficielles d'organisation; mais, pour bien saisir cette différence originelle, on doit se rappeler [a] que, pour former un moule d'animal ou de végétal capable de se reproduire, il faut que la nature travaille la matière dans les trois dimensions à la fois, et que la chaleur y distribue les molécules organiques dans les mêmes proportions, afin que la nutrition et l'accroissement suivent cette pénétration intime, et qu'enfin la reproduction puisse s'opérer par le superflu de ces molécules organiques, renvoyées de toutes les parties du corps organisé lorsque son accroissement est complet : or, dans le minéral, cette dernière opération, qui est le suprême effort de la nature, ne se fait ni ne tend à se faire; il n'y a point de molécules organiques superflues qui puissent être renvoyées pour la reproduction; l'opération qui la précède, c'est-à-dire celle de la nutrition, s'exerce dans certains corps organisés qui ne se reproduisent pas, et qui ne sont produits eux-mêmes que par une génération spontanée[1]; mais cette seconde opération est encore supprimée dans le minéral; il ne se nourrit ni ne s'accroît par cette intussusception qui, dans tous les êtres organisés, étend et développe leurs trois dimensions à la fois en égale proportion; sa seule manière de croître est une augmentation de volume par la juxtaposition successive de ses parties constituantes, qui toutes n'étant travaillées que sur deux dimensions, c'est-à-dire en longueur et en largeur, ne peuvent prendre d'autre forme que celle de petites lames infiniment minces et de figures semblables ou différentes; et ces lames figurées, superposées et réunies, composent par leur agrégation un volume plus ou moins grand et figuré de même. Ainsi, dans chaque sorte de minéral figuré, les parties constituantes, quoique excessivement minces, ont une figure déterminée qui borne le plan de leur surface, et leur est propre et particulière; et, comme les figures peuvent varier à l'infini, la diversité des minéraux est aussi grande que le nombre de ces variétés de figure.

Cette figuration dans chaque lame mince est un trait, un vrai linéament d'organisation[2] qui, dans les parties constituantes de chaque minéral, ne peut être tracé que par l'impression des éléments organiques; et en effet, la nature, qui travaille si souvent la matière dans les trois dimensions à la fois, ne doit-elle pas opérer encore plus souvent en n'agissant que

a. Voyez, dans le premier volume de cette histoire naturelle, les articles où il est traité de la nutrition et de la reproduction.

1. Voyez, sur la vieille erreur des *générations spontanées*, les notes des précédents volumes.

2. De *cristallisation*, non d'*organisation*. (Voyez la note 3 de la page 3.)

dans deux dimensions, et en n'employant à ce dernier travail qu'un petit nombre de molécules organiques, qui, se trouvant alors surchargées de la matière brute, ne peuvent en arranger que les parties superficielles, sans en pénétrer l'intérieur pour en disposer le fond, et par conséquent sans pouvoir animer cette masse minérale d'une vie animale ou végétative? et quoique ce travail soit beaucoup plus simple que le premier, et que dans le réel il soit plus aisé d'effleurer la matière dans deux dimensions que de la brasser dans toutes trois à la fois, la nature emploie néanmoins les mêmes moyens et les mêmes agents: la force pénétrante de l'attraction jointe à celle de la chaleur produisent les molécules organiques[1], et donnent le mouvement à la matière brute en la déterminant à telle ou telle forme, tant à l'extérieur qu'à l'intérieur, lorsqu'elle est travaillée dans les trois dimensions, et c'est de cette manière que se sont formés les germes des végétaux et des animaux; mais dans les minéraux chaque petite lame infiniment mince, n'étant travaillée que dans deux dimensions par un plus ou moins grand nombre[2] d'éléments organiques, elle ne peut recevoir qu'autour de sa surface une figuration plus ou moins régulière, et l'on ne peut nier que cette figuration ne soit un premier trait d'organisation[3]; c'est aussi le seul qui se trouve dans les minéraux : or cette figure une fois donnée à chaque lame mince, à chaque atome du minéral, tous ceux qui l'ont reçue se réunissent par la force de leur affinité respective, laquelle, comme je l'ai dit [a], dépend ici plus de la figure que de la masse; et bientôt ces atomes en petites lames minces, tous figurés de même, composent un volume sensible et de même figure; les prismes du cristal, les rhombes des spaths calcaires, les cubes du sel marin, les aiguilles du nitre, etc., et toutes les figures anguleuses, régulières ou irrégulières des minéraux, sont tracées par le mouvement des molécules organiques, et particulièrement par les molécules qui proviennent du résidu des animaux et végétaux dans les matières calcaires, et dans celles de la couche universelle de terre végétale qui couvre la superficie du globe; c'est donc à ces matières mêlées d'organique et de brut que l'on doit rapporter l'origine primitive des minéraux figurés.

Ainsi toute décomposition, tout détriment de matière animale ou végétale, sert non-seulement à la nutrition, au développement et à la reproduction des êtres organisés; mais cette même matière active [4] opère encore

a. Voyez l'article de cette histoire naturelle, qui a pour titre : *de la Nature, seconde vue.*

1. Ainsi, l'*attraction* et la *chaleur* produisent d'abord les *molécules organiques;* et puis les *molécules organiques* produisent les *végétaux*, les *animaux*, et jusqu'aux *minéraux figurés,* selon qu'elles sont en plus ou moins grand nombre. On ne peut se donner une *cosmogonie* plus simple, ni en même temps plus idéale.

2... *Un plus ou moins grand nombre d'éléments organiques.* Voyez la note précédente.

3. Voyez la note 3 de la page 3.

4. Pour qu'un corps cristallise, il n'est pas besoin de *matière organique active.* Il suffit que ses molécules, séparées par la chaleur ou par un liquide, puissent glisser facilement les

comme cause efficiente la figuration des minéraux : elle seule par son activité différemment dirigée, suivant les résistances de la matière inerte, peut donner la figure aux parties constituantes de chaque minéral, et il ne faut qu'un très-petit nombre de molécules organiques pour imprimer cette trace superficielle d'organisation dans le minéral, dont elles ne peuvent travailler l'intérieur; et c'est par cette raison que ces corps étant toujours bruts dans leur substance, ils ne peuvent croître par la nutrition comme les êtres organisés, dont l'intérieur est actif dans tous les points de la masse, et qu'ils n'ont que la faculté d'augmenter de volume par une simple agrégation superficielle de leurs parties.

Quoique cette théorie sur la figuration des minéraux soit plus simple d'un degré que celle de l'organisation des animaux et des végétaux, puisque la nature ne travaille ici que dans deux dimensions au lieu de trois; et quoique cette idée ne soit qu'une extension [1] ou même une conséquence de mes vues sur la nutrition, le développement et la reproduction des êtres, je ne m'attends pas à la voir universellement accueillie ni même adoptée de si tôt par le plus grand nombre. J'ai reconnu que les gens peu accoutumés aux idées abstraites ont peine à concevoir les moules intérieurs et le travail de la nature sur la matière dans les trois dimensions à la fois; dès lors ils ne concevront pas mieux qu'elle ne travaille que dans deux dimensions pour figurer les minéraux : cependant rien ne me paraît plus clair, pourvu qu'on ne borne pas ses idées à celles que nous présentent nos moules artificiels; tous ne sont qu'extérieurs et ne peuvent que figurer des surfaces, c'est-à-dire opérer sur deux dimensions; mais l'existence du moule intérieur [2] et son extension, c'est-à-dire ce travail de la nature dans les trois dimensions à la fois, sont démontrées par le développement de tous les germes dans les végétaux, de tous les embryons dans les animaux, puisque toutes leurs parties, soit extérieures, soit intérieures, croissent proportionnellement, ce qui ne peut se faire que par l'augmentation du volume de leur corps dans les trois dimensions à la fois : ceci n'est donc point un système idéal fondé sur des suppositions hypothétiques, mais un fait constant démontré par un effet général, toujours existant, et à chaque instant renouvelé dans la nature entière; tout ce qu'il y a de nouveau dans cette grande vue, c'est d'avoir aperçu qu'ayant à sa disposition la force pénétrante de l'attraction et celle de la chaleur, la nature peut travailler l'intérieur des corps et brasser la matière dans les trois dimensions à la fois,

unes sur les autres, et se joindre par leurs faces planes, de manière à former un corps régulier.

1. C'est vrai; ce n'en est qu'une *extension* : l'extension de l'hypothèse des *molécules organiques*, produites par la *chaleur* et l'*attraction*, etc.; mais *étendre* une hypothèse, ce n'est pas la *confirmer*.

2. Voyez, sur le *moule intérieur*, sur les *molécules organiques*, etc., les notes des précédents volumes.

pour faire croître les êtres organisés, sans que leur forme s'altère en prenant trop ou trop peu d'extension dans chaque dimension : un homme, un animal, un arbre, une plante, en un mot tous les corps organisés sont autant de moules intérieurs dont toutes les parties croissent proportionnellement, et par conséquent s'étendent dans les trois dimensions à la fois; sans cela l'adulte ne ressemblerait pas à l'enfant, et la forme de tous les êtres se corromprait dans leur accroissement ; car en supposant que la nature manquât totalement d'agir dans l'une des trois dimensions, l'être organisé serait bientôt, non-seulement défiguré, mais détruit, puisque son corps cesserait de croître à l'intérieur par la nutrition, et dès lors le solide, réduit à la surface, ne pourrait augmenter que par l'application successive des surfaces les unes contre les autres, et par conséquent d'animal ou végétal il deviendrait minéral, dont effectivement la composition se fait par la superposition de petites lames presque infiniment minces, qui n'ont été travaillées que sur les deux dimensions de leur surface en longueur et en largeur; au lieu que les germes des animaux et des végétaux ont été travaillés, non-seulement en longueur et en largeur, mais encore dans tous les points de l'épaisseur qui fait la troisième dimension; en sorte qu'il n'augmente pas par agrégation comme le minéral, mais par la nutrition, c'est-à-dire par la pénétration de la nourriture dans toutes les parties de son intérieur, et c'est par cette intussusception de la nourriture que l'animal et le végétal se développent et prennent leur accroissement sans changer de forme.

On a cherché à reconnaître et distinguer les minéraux par le résultat de l'agrégation ou cristallisation de leurs particules : toutes les fois qu'on dissout une matière, soit par l'eau, soit par le feu, et qu'on la réduit à l'homogénéité, elle ne manque pas de se cristalliser, pourvu qu'on tienne cette matière dissoute assez longtemps en repos pour que les particules similaires et déjà figurées puissent exercer leur force d'affinité, s'attirer réciproquement, se joindre et se réunir[1]. Notre art peut imiter ici la nature dans tous les cas où il ne faut pas trop de temps, comme pour la cristallisation des sels, des métaux et de quelques autres minéraux ; mais quoique la substance du temps ne soit pas matérielle, néanmoins le temps entre comme élément général, comme ingrédient réel et plus nécessaire qu'aucun autre dans toutes les compositions de la matière : or la dose de ce grand élément ne nous est point connue; il faut peut-être des siècles pour opérer la cristallisation d'un diamant, tandis qu'il ne faut que quelques minutes pour cristalliser un sel; on peut même croire que, toutes choses égales d'ailleurs, la différence de la dureté des corps provient du plus ou moins

1. Buffon est ici tout à fait dans le vrai. « Toutes les fois qu'on dissout une matière, soit par « l'eau, soit par le feu..., elle ne manque pas de se cristalliser, pourvu qu'on tienne cette « matière dissoute assez longtemps en repos... » (Voyez la note 4 de la page 6.)

de temps que leurs parties sont à se réunir : car comme la force d'affinité, qui est la même que celle de l'attraction, agit à tout instant et ne cesse pas d'agir, elle doit avec plus de temps produire plus d'effet; or, la plupart des productions de la nature, dans le règne minéral, exigent beaucoup plus de temps que nous ne pouvons en donner aux compositions artificielles par lesquelles nous cherchons à l'imiter. Ce n'est donc pas la faute de l'homme; son art est borné par une limite qui est elle-même sans bornes; et quand, par ses lumières, il pourrait reconnaître tous les éléments que la nature emploie, quand il les aurait à sa disposition, il lui manquerait encore la puissance de disposer du temps et de faire entrer des siècles dans l'ordre de ses combinaisons.

Ainsi les matières qui paraissent être les plus plus parfaites sont celles qui, étant composées de parties homogènes, ont pris le plus de temps pour se consolider, se durcir, et augmenter de volume et de solidité autant qu'il est possible : toutes ces matières minérales sont figurées; les éléments organiques tracent le plan figuré de leurs parties constituantes jusque dans les plus petits atomes et laissent faire le reste au temps, qui, toujours aidé de la force attractive, a d'abord séparé les particules hétérogènes pour réunir ensuite celles qui sont similaires par de simples agrégations toutes dirigées par leurs affinités. Les autres minéraux qui ne sont pas figurés ne présentent qu'une matière brute qui ne porte aucun trait d'organisation; et comme la nature va toujours par degrés et nuances, il se trouve des minéraux mi-partis d'organique et de brut, lesquels offrent des figures irrégulières, des formes extraordinaires, des mélanges plus ou moins assortis, et quelquefois si bizarres qu'on a grande peine à deviner leur origine et même à démêler leurs diverses substances.

L'ordre que nous mettrons dans la contemplation de ces différents objets, sera simple et déduit des principes que nous avons établis; nous commencerons par la matière la plus brute, parce qu'elle fait le fond de toutes les autres matières, et même de toutes les substances plus ou moins organisées; or, dans ces matières brutes, le verre primitif[1] est celle qui s'offre la première comme la plus ancienne et comme produite par le feu dans le temps où la terre liquéfiée a pris sa consistance : cette masse immense de matière vitreuse, s'étant consolidée par le refroidissement, a formé des boursouflures et des aspérités à sa surface; elle a laissé en se resserrant une infinité de vides et de fentes, surtout à l'extérieur, lesquelles se sont bientôt remplies par la sublimation ou la fusion de toutes les matières métalliques; elle s'est durcie en roche solide à l'intérieur, comme une masse de verre bien recuit se consolide et se durcit lorsqu'il n'est point exposé à l'action de l'air. La surface de ce bloc immense s'est divisée, fêlée, fendillée,

1. *Le verre primitif.* — Voyez la note de la page suivante.

réduite en poudre par l'impression des agents extérieurs ; ces poudres de verre furent ensuite saisies, entraînées et déposées par les eaux, et formèrent dès lors les couches de sable vitreux qui, dans ces premiers temps, étaient bien plus épaisses et plus étendues qu'elles ne le sont aujourd'hui ; car une grande partie de ces débris de verre qui ont été transportés les premiers par le mouvement des eaux ont ensuite été réunis en blocs de grès, ou décomposés et convertis en argile par l'action et l'intermède de l'eau : ces argiles durcies par le desséchement ont formé les ardoises et les schistes ; et ensuite les bancs calcaires produits par les coquillages, les madrépores et tous les détriments des productions de la mer, ont été déposés au-dessus des argiles et des schistes, et ce n'est qu'après l'établissement local de toutes ces grandes masses que se sont formés la plupart des autres minéraux.

Nous suivrons donc cet ordre, qui de tous est le plus naturel ; et, au lieu de commencer par les métaux les plus riches ou par les pierres précieuses, nous présenterons les matières les plus communes, et qui, quoique moins nobles en apparence, sont néanmoins les plus anciennes, et celles qui tiennent, sans comparaison, la plus grande place dans la nature, et méritent par conséquent d'autant plus d'être considérées que toutes les autres en tirent leur origine.

DES VERRES PRIMITIFS [1].

Si l'on pouvait supposer que le globe terrestre, avant sa liquéfaction, eût été composé des mêmes matières qu'il l'est aujourd'hui, et qu'ayant tout à coup été saisi par le feu, toutes ces matières se fussent réduites en verre, nous aurions une juste idée des produits de la vitrification générale, en les comparant avec ceux des vitrifications particulières qui s'opèrent sous nos yeux par le feu des volcans ; ce sont des verres de toutes sortes, très-différents les uns des autres par la densité, la dureté, les couleurs, depuis les basaltes et les laves les plus solides et les plus noires jusqu'aux pierres ponces les plus blanches, qui semblent être les plus légères de ces productions de volcans ; entre ces deux termes extrêmes, on trouve tous les autres degrés de pesanteur et de légèreté dans les laves plus ou moins compactes, et plus ou moins poreuses ou mélangées ; de sorte qu'en jetant un coup d'œil sur une collection bien rangée de matières volcaniques, on peut aisé-

1. Je l'ai déjà fait observer, et plus d'une fois : il ne s'agit pas ici de nos *verres factices*, *composés par l'art* (voyez les notes des pages 78, 136, 137, 138 et 139 du Ier volume) : il s'agit des substances que la chaleur fond sans les décomposer (voyez les notes 1 et 2 de la page 462 du IXe volume), et qui ont été *fondues* par le *feu primitif* du globe.

ment reconnaître les différences, les degrés, les nuances, et même la suite des effets et du produit de cette vitrification par le feu des volcans : dans cette supposition, il y aurait eu autant de sortes de matières vitrifiées par le feu primitif que par celui des volcans, et ces matières seraient aussi de même nature que les pierres ponces, les laves et les basaltes ; mais le quartz et les matières vitreuses de la masse du globe étant très-différents de ces verres de volcans, il est évident qu'on n'aurait qu'une fausse idée des effets et des produits de la vitrification générale si l'on voulait comparer ces matières primitives aux productions volcaniques.

Ainsi la terre, lorsqu'elle a été vitrifiée, n'était point telle qu'elle est aujourd'hui, mais plutôt telle que nous l'avons dépeinte à l'époque de sa formation [a] ; et, pour avoir une idée plus juste des effets et du produit de la vitrification générale, il faut se représenter le globe entier pénétré de feu et fondu jusqu'au centre, et se souvenir que cette masse en fusion, tournant sur elle-même, s'est élevée sous l'équateur par la force centrifuge, et en même temps abaissée sous les pôles, ce qui n'a pu se faire sans former des cavernes et des boursouflures dans les couches extérieures à mesure qu'elles prenaient de la consistance : tâchons donc de concevoir de quelle manière les matières vitrifiées ont pu se disposer et devenir telles que nous les trouvons dans le sein de la terre.

Toute la masse du globe, liquéfiée par le feu, ne pouvait d'abord être que d'une substance homogène et plus pure que celle de nos verres ou des laves de volcan, puisque toutes les matières qui pouvaient se sublimer étaient alors reléguées dans l'atmosphère avec l'eau et les autres substances volatiles : ce verre homogène et pur nous est représenté par le quartz, qui est la base de toutes les autres matières vitreuses ; nous devons donc le regarder comme le verre primitif : sa substance est simple [1], dure et résistante à toute action des acides ou du feu [2] ; sa cassure vitreuse démontre son essence, et tout nous porte à penser que c'est le premier verre qu'ait produit la nature.

Et, pour se former une idée de la manière dont ce verre a pu prendre autant de consistance et de dureté, il faut considérer qu'en général le verre en fusion n'acquiert aucune solidité s'il est frappé par l'air extérieur, et que ce n'est qu'en le laissant recuire lentement et longtemps dans un four chaud et bien fermé qu'on lui donne une consistance solide ; plus les masses de verre sont épaisses, et plus il faut de temps pour les consolider et les

a. Voyez le t. IX, *première époque*.

1. Le *quartz* pur est une substance *simple* : c'est la silice pure. (Voyez les notes des pages 138 et 139 du Ier volume.)

2. Le *quartz*, infusible par le feu du chalumeau ordinaire, a été fondu et même volatilisé par M. Gaudin, à la flamme de l'alcool, soufflée avec du gaz oxygène. D'un autre côté, l'*acide fluorhydrique* le dissout avec une grande facilité.

recuire : or, dans le temps que la masse du globe vitrifiée par le feu s'est consolidée par le refroidissement, l'intérieur de cette masse immense aura eu tout le temps de se recuire et d'acquérir de la solidité et de la dureté, tandis que la surface de cette même masse, frappée du refroidissement, n'a pu, faute de recuit, prendre aucune solidité ; cette surface exposée à l'action des éléments extérieurs s'est divisée, fêlée, fendillée et même réduite en écailles, en paillettes et en poudre, comme nous le voyons dans nos verres en fusion, exposés à l'action de l'air ; ainsi le globe dans ce premier temps a été couvert d'une grande quantité de ces écailles ou paillettes du verre primitif qui n'avait pu se recuire assez pour prendre de la solidité ; et ces parcelles ou paillettes du premier verre nous sont aujourd'hui représentées par les micas et les grains décrépités du quartz, qui sont ensuite entrés dans la composition des granites et de plusieurs matières vitreuses.

Les micas[1] n'étant dans leur première origine que des exfoliations du quartz frappé par le refroidissement, leur essence est au fond la même que celle du quartz : seulement la substance du mica est un peu moins simple, car il se fond à un feu très-violent[2], tandis que le quartz y résiste ; et nous verrons dans la suite qu'en général plus la substance d'une matière est simple et homogène, moins elle est fusible : il paraît donc que, quand la couche extérieure du verre primitif s'est réduite en paillettes par la première action du refroidissement, il s'est mêlé à sa substance quelques parties hétérogènes contenues dans l'air dont il a été frappé, et dès lors la substance des micas, devenue moins pure que celle du quartz, est aussi moins réfractaire à l'action du feu.

Peu de temps avant que le quartz se soit entièrement consolidé en se recuisant lentement sous cette enveloppe de ses fragments décrépités et réduits en micas, le fer, qui de tous les métaux est le plus résistant au feu, a le premier occupé les fentes qui se formaient de distance en distance par la retraite que prenait la matière du quartz en se consolidant ; et c'est dans ces mêmes interstices que s'est formé le jaspe, dont la substance n'est au fond qu'une matière quartzeuse, mais imprégnée de matières métalliques qui lui ont donné de fortes couleurs, et qui néanmoins n'ont point altéré la simplicité de son essence, car il est aussi infusible[3] que le quartz : nous regarderons donc le quartz, le jaspe et le mica comme les trois premiers verres primitifs, et en même temps comme les trois matières les plus simples[4] de la nature.

1. Il y a plusieurs variétés de *micas*, et dont les *propriétés physiques* diffèrent comme la *composition chimique*. Les uns sont fusibles au chalumeau ; les autres ne le sont pas, etc. (Voyez l'article du *mica*.)

2. Voyez la note précédente.

3. Certaines variétés de *jaspes* sont *fusibles*. (Voyez l'article du *jaspe*.)

4. Le *quartz pur* seul est simple : les *micas*, les *jaspes* ne le sont pas. (Voyez les notes précédentes.)

Ensuite et à mesure que la grande chaleur diminuait à la surface du globe, les matières sublimées tombant de l'atmosphère se sont mêlées en plus ou moins grande quantité avec le verre primitif, et de ce mélange ont résulté deux autres verres, dont la substance, étant moins simple, s'est trouvée bien plus fusible; ces deux verres sont le feldspath et le schorl: leur base est également quartzeuse; mais le fer et d'autres matières hétérogènes s'y trouvent mêlées au quartz, et c'est ce qui leur a donné une fusibilité à peu près égale à celle de nos verres factices [1].

On pourrait donc dire en toute rigueur qu'il n'y a qu'un seul verre primitif, qui est le quartz, dont la substance, modifiée par la teinture du fer, a pris la forme de jaspe et celle de mica par les exfoliations de tous deux, et ce même quartz, avec une plus grande quantité de fer et d'autres matières hétérogènes, s'est converti en feldspath [2] et en schorl [3]: c'est à ces cinq matières que la nature paraît avoir borné le nombre des premiers verres produits par le feu primitif, et desquelles ont ensuite été composées toutes les substances vitreuses du règne minéral.

Il y a donc eu, dès ces premiers temps, des verres plus ou moins purs, plus ou moins recuits et plus ou moins mélangés de matières différentes: les uns composés des parties les plus fixes de la matière en fusion, et qui, comme le quartz, ont pris plus de dureté et plus de résistance au feu que nos verres et que ceux des volcans; d'autres presque aussi durs, aussi réfractaires, mais qui, comme les jaspes, ont été fortement colorés par le mélange des parties métalliques; d'autres qui, quoique durs, sont, comme le feldspath et le schorl, très-aisément fusibles; d'autres, enfin, comme le mica, qui, faute de recuit, étaient si spumeux et si friables, qu'au lieu de se durcir ils se sont éclatés et dispersés en paillettes ou réduits en poudre par le plus petit et premier choc des agents extérieurs.

Ces verres, de qualités différentes, se sont mêlés, combinés et réunis ensemble en proportions différentes: les granites, les porphyres, les ophites [4] et les autres matières vitreuses en grandes masses ne sont composés que des détriments de ces cinq verres primitifs; et la formation de ces substances mélangées a suivi de près celle de ces premiers verres, et s'est faite dans le temps qu'ils étaient encore en demi-fusion: ce sont là les premières et les plus anciennes matières de la terre; elles méritent toutes d'être considérées à part, et nous commencerons par le quartz, qui est la base de toutes les autres, et qui nous paraît être de la même nature que la roche de l'intérieur du globe.

1. Voyez la note de la page 10.

2. Les *feldspath* sont des combinaisons doubles du *silicate d'alumine* avec d'autres *silicates*. (Voyez l'article du *feldspath*.)

3. Il y a diverses espèces de *schorl*, comme de *feldspath*. (Voyez l'article du *schorl*.)

4. Voyez les articles du *granite*, du *porphyre*, etc.

Mais je dois auparavant prévenir une objection qu'on pourrait me faire avec quelque apparence de raison. Tous nos verres factices et même toutes les matières vitreuses produites par le feu des volcans, telles que les basaltes et les laves, cèdent à l'impression de la lime et sont fusibles aux feux de nos fourneaux : le quartz et le jaspe, au contraire, que vous regardez, me dira-t-on, comme les premiers verres de nature, ne peuvent ni s'entamer par la lime, ni se fondre par notre art; et de vos cinq verres primitifs, qui sont le quartz, le jaspe, le mica, le feldspath et le schorl, il n'y a que les trois derniers qui soient fusibles, et encore le mica ne peut se réduire en verre qu'au feu le plus violent; et dès lors le quartz et les jaspes pourraient bien être d'une essence ou tout au moins d'une texture différente de celle du verre. La première réponse que je pourrais faire à cette objection, c'est que tout ce que nous connaissons non-seulement dans la classe des substances vitreuses produites par la nature, mais même dans nos verres factices composés par l'art[1], nous fait voir que les plus purs et les plus simples de ces verres sont en même temps les plus réfractaires; et que, quand ils ont été fondus une fois, ils se refusent et résistent ensuite à l'action de la même chaleur qui leur a donné cette première fusion, et ne cèdent plus qu'à un degré de feu de beaucoup supérieur : or, comment trouver un degré de feu supérieur à un embrasement presque égal à celui du soleil, et tel que le feu qui a fondu ces quartz et ces jaspes? car, dans ce premier temps de la liquéfaction du globe, l'embrasement de la terre était à peu près égal à celui de cet astre, et puisque aujourd'hui même la plus grande chaleur que nous puissions produire est celle de la réunion d'une portion presque infiniment petite de ses rayons par les miroirs ardents, quelle idée ne devons-nous pas avoir de la violence du feu primitif, et pouvons-nous être étonnés qu'il ait produit le quartz et d'autres verres plus durs et moins fusibles que les basaltes et les laves des volcans?

Quoique cette réponse soit assez satisfaisante, et qu'on puisse très-raisonnablement s'en tenir à mon explication, je pense que, dans des sujets aussi difficiles, on ne doit rien prononcer affirmativement sans exposer toutes les difficultés et les raisons sur lesquelles on pourrait fonder une opinion contraire : ne se pourrait-il pas, dira-t-on, que le quartz, que vous regardez comme le produit immédiat de la vitrification générale, ne fût lui-même, comme toutes les autres substances vitreuses, que le détriment d'une matière primitive que nous ne connaissons pas, faute d'avoir pu pénétrer à d'assez grandes profondeurs dans le sein de la terre pour y trouver la vraie masse qui en remplit l'intérieur? l'analogie doit faire adopter ce sentiment plutôt que votre opinion; car les matières qui, comme le verre, ont été fondues par nos feux, peuvent l'être de nouveau, et par le

1. Voyez la note de la page 10.

même élément du feu, tandis que celles qui, comme le cristal de roche, l'argile blanche et la craie pure, ne sont formées que par l'intermède de l'eau, résistent comme le quartz à la plus grande violence du feu; dès lors ne doit-on pas penser que le quartz n'a pas été produit par ce dernier élément, mais formé par l'eau comme l'argile et la craie pures, qui sont également réfractaires à nos feux[1]? et si le quartz a en effet été produit primitivement par l'intermède de l'eau, à plus forte raison le jaspe, le porphyre et les granites auront été formés par le même élément.

J'observerai d'abord que, dans cette objection, le raisonnement n'est appuyé que sur la supposition idéale d'une matière inconnue, tandis que je pars au contraire d'un fait certain, en présentant pour matière primitive les deux substances les plus simples qui se soient jusqu'ici rencontrées dans la nature; et je réponds, en second lieu, que l'idée sur laquelle ce raisonnement est fondé n'est encore qu'une autre supposition démentie par les observations; car il faudrait alors que les eaux eussent non-seulement surmonté les pics des plus hautes montagnes de quartz et de granite, mais encore que l'eau eût formé les masses immenses de ces mêmes montagnes par des dépôts accumulés et superposés jusqu'à leurs sommets; or, cette double supposition ne peut ni se soutenir, ni même se présenter avec quelque vraisemblance, dès que l'on vient à considérer que la terre n'a pu prendre sa forme renflée sous l'équateur et abaissée sous les pôles que dans son état de liquéfaction par le feu, et que les boursouflures et les grandes éminences du globe ont de même nécessairement été formées par l'action de ce même élément dans le temps de la consolidation. L'eau, en quelque quantité et dans quelque mouvement qu'on la suppose, n'a pu produire ces chaînes de montagnes primitives qui font la charpente de la terre et tiennent à la roche qui en occupe l'intérieur : loin d'avoir travaillé ces montagnes primitives dans toute l'épaisseur de leur masse, ni par conséquent d'avoir pu changer la nature de cette prétendue matière primitive pour en faire du quartz ou des granites, les eaux n'ont eu aucune part à leur formation, car ces substances ne portent aucune trace de cette origine, et n'offrent pas le plus petit indice du travail ou du dépôt de l'eau; on ne trouve aucune production marine, ni dans le quartz, ni dans le granite; et leurs masses, au lieu d'être disposées par couches comme le sont toutes les matières transportées ou déposées par les eaux, sont au contraire comme fondues d'une seule pièce sans lits ni divisions que celles des fentes perpendiculaires qui se sont formées par la retraite de la matière sur elle-même dans le temps de sa consolidation par le refroidissement. Nous sommes donc bien fondés à regarder le quartz et toutes les matières en grandes masses dont il est la base, telles que les jaspes, les porphyres, les granites, comme

1. Voyez les notes 1 et 2 de la page 36 du IXe volume.

des produits du feu primitif, puisqu'ils diffèrent en tout des matières travaillées par les eaux.

Le quartz forme la roche du globe ; les appendices de cette roche servent de noyau aux plus hautes éminences de la terre : le jaspe est aussi un produit immédiat du feu primitif, et il est, après le quartz, la matière vitreuse la plus simple [1]; car il résiste également à l'action des acides et du feu [2]; il n'est pas tout à fait aussi dur que le quartz, et il est presque toujours fortement coloré; mais ces différences ne doivent pas nous empêcher de regarder le jaspe en grande masse comme un produit du feu et comme le second verre primitif, puisqu'on n'y voit aucune trace de composition, ni d'autre indice de mélange que celui des parties métalliques qui l'ont coloré; du reste, il est d'une essence aussi pure que le quartz, qui lui-même a reçu quelquefois des couleurs et particulièrement le rouge du fer. Ainsi dans le temps de la vitrification générale, les quartz et jaspes, qui en sont les produits les plus simples, n'ont reçu par sublimation ou par mixtion qu'une petite quantité de particules métalliques dont ils sont colorés [3]; et la rareté des jaspes, en comparaison du quartz, vient peut-être de ce qu'ils n'ont pu se former que dans les endroits où il s'est trouvé des matières métalliques, au lieu que le quartz a été produit en tous lieux. Quoi qu'il en soit, le quartz et le jaspe sont réellement les deux substances vitreuses les plus simples de la nature, et nous devons dès lors les regarder comme les deux premiers verres qu'elle ait produits.

L'infusibilité, ou plutôt la résistance à l'action du feu, dépend en entier de la pureté ou simplicité [4] de la matière : la craie et l'argile pures sont aussi infusibles que le quartz et le jaspe ; toutes les matières mixtes ou composées sont au contraire très-aisément fusibles. Nous considérerons donc d'abord le quartz et le jaspe comme étant les deux matières vitreuses les plus simples; ensuite nous placerons le mica, qui, étant un peu moins réfractaire au feu, paraît être un peu moins simple; et enfin nous présenterons le feldspath et le schorl, dont la grande fusibilité semble démontrer que leur substance est mélangée; après quoi nous traiterons des matières composées de ces cinq substances primitives, lesquelles ont pu se mêler et se combiner ensemble deux à deux, trois à trois, ou quatre à quatre, et dont le mélange a réellement produit toutes les autres matières vitreuses en grandes masses.

Nous ne mettrons pas au nombre des substances du mélange [5], celles qui donnent les couleurs à ces différentes matières, parce qu'il ne faut qu'une

1. Voyez la note 4 de la page 12.

2. Voyez la note 2 de la page 11.

3. Le *jaspe* n'est donc pas *simple*, puisque (ainsi que Buffon le dit lui-même) il est mêlé de *particules métalliques* qui le colorent.

4. Le *soufre*, le *plomb*, etc., sont des substances *simples*, et néanmoins *très-fusibles*.

5. Buffon explique très-bien ici pourquoi il appelle le *jaspe* un *corps simple* : c'est qu'il ne met pas, *au nombre des substances du mélange*, celles qui *donnent les couleurs*.

si petite quantité de métal pour colorer de grandes masses, qu'on ne peut regarder la couleur comme partie intégrante d'aucune substance ; et c'est par cette raison que les jaspes peuvent être regardés comme aussi simples que le quartz, quoiqu'ils soient presque toujours fortement colorés. Ainsi nous présenterons d'abord ces cinq verres primitifs; nous suivrons leurs combinaisons et leurs mélanges entre eux; et, après avoir traité de ces grandes masses vitreuses formées et fondues par le feu, nous passerons à la considération des masses argileuses et calcaires qui ont été produites et entassées par le mouvement des eaux.

DU QUARTZ.

Le quartz[1] est le premier des verres primitifs ; c'est même la matière première dont on peut concevoir qu'est formée la roche intérieure du globe ; ses appendices extérieurs, qui servent de base et de noyau aux plus grandes éminences de la terre, sont aussi de cette même matière primitive : ces noyaux des plus hautes montagnes se sont trouvés d'abord environnés et couverts des fragments décrépités de ce premier verre, ainsi que des écailles du jaspe, des paillettes du mica et des petites masses cristallisées du feldspath et du schorl, qui dès lors ont formé par leur réunion les grandes masses de granite, de porphyre, et de toutes les autres roches vitreuses composées de ces premières matières produites par le feu primitif; les eaux n'ont agi que longtemps après sur ces mêmes fragments et poudres de verre, pour en former les grès, les talcs, et les convertir enfin par une longue décomposition en argile et en schiste. Il y a donc eu d'abord, à la surface du globe, des sables décrépités de tous les verres primitifs, et c'est de ces premiers sables que les roches vitreuses en grande masse ont été composées; ensuite ces sables, transportés par le mouvement des eaux, et réunis par l'intermède de cet élément, ont formé les grès et les talcs; et enfin ces mêmes sables, par un long séjour dans l'eau, se sont atténués, ramollis et convertis en argile. Voilà la suite des altérations et les changements successifs de ces premiers verres : toutes les matières qui en ont été formées, avant que l'eau les eût pénétrées, sont demeurées sèches et dures; celles, au contraire, qui n'ont été produites que par l'action de l'eau, lorsque ces mêmes verres ont été imbus d'humidité, ont conservé quelque mollesse, car tout ce qui est humide est en même temps mou, c'est-à-dire moins dur que ce qui est sec; aussi n'y a-t-il de parfaitement solide que ce qui est entièrement sec : les verres primitifs

1. Le *quartz* est l'*acide silicique*, la *silice pure*. (Voyez la note 1 de la page 11.)

et les matières qui en sont composées, telles que les porphyres, les granites, qui toutes ont été produites par le feu, sont aussi dures que sèches; les métaux même les plus purs, tels que l'or et l'argent, que je regarde aussi comme des produits du feu, sont de même d'une sécheresse entière[a].

Mais toute matière ne conserve sa sécheresse et sa dureté qu'autant qu'elle est à l'abri de l'action des éléments humides, qui, dans un temps plus ou moins long, la pénètrent, l'altèrent, et semblent quelquefois en changer la nature en lui donnant une forme extérieure toute différente de la première. Les cailloux les plus durs, les laves des volcans et tous nos verres factices se convertissent en terre argileuse par la longue impression de l'humidité de l'air; le quartz et tous les autres verres produits par la nature, quelque durs qu'ils soient, doivent subir la même altération, et se convertir à la longue en terre plus ou moins analogue à l'argile[1].

Ainsi le quartz, comme toute autre matière, doit se présenter dans des états différents : le premier, en grandes masses dures et sèches, produites par la vitrification primitive, et telles qu'on les voit au sommet et sur les flancs de plusieurs montagnes; le second de ces états est celui où le quartz se présente en petites masses brisées et décrépitées par le premier refroidissement, et c'est sous cette seconde forme qu'il est entré dans la composition des granites et de plusieurs autres matières vitreuses; le troisième enfin est celui où ces petites masses sont dans un état d'altération ou de décomposition, produit par les vapeurs de la terre ou par l'infiltration de l'eau. Le quartz primitif est aride au toucher; celui qui est altéré par les vapeurs de la terre ou par l'eau est plus doux, et celui qui sert de gangue aux métaux est ordinairement onctueux; il y en a aussi qui est cassant, d'autre qui est feuilleté, etc.; mais l'un des caractères généraux du quartz dur, opaque ou transparent, est d'avoir la cassure vitreuse, c'est-à-dire par ondes convexes et concaves, également polies et luisantes; et ce caractère très-marqué suffirait pour indiquer que le quartz est un verre, quoiqu'il ne soit pas fusible au feu de nos fourneaux, et qu'il soit moins trans-

a. L'expérience m'a démontré que ces métaux ne contiennent aucune humidité dans leur intérieur.

Ayant exposé au foyer de mon miroir ardent, à quarante et cinquante pieds de distance, des assiettes d'argent et d'assez larges plaques d'or, je fus d'abord un peu surpris de les voir fumer longtemps avant de se fondre; cette fumée était assez épaisse pour faire une ombre très-sensible sur le terrain éclairé, comme le miroir, par la lumière du soleil; elle avait tout l'air d'une vapeur humide, et, s'en tenant à cette première apparence, on aurait pu penser que ces métaux contiennent une bonne quantité d'eau; mais ces mêmes vapeurs étant interceptées, reçues et arrêtées par une plaque d'autre matière, elles l'ont dorée ou argentée : ce dernier effet démontre donc que ces vapeurs, loin d'être aqueuses, sont purement métalliques, et qu'elles ne se séparent de la masse du métal que par une sublimation causée par la chaleur du foyer auquel il était exposé.

1. L'*argile* est un *silicate d'alumine hydraté*. Elle ne peut donc résulter de l'*altération* du *quartz*, qui est simplement de l'*acide silicique pur*. (Voyez, plus loin, l'article des *argiles* et des *glaises*. — Voyez aussi la note 2 de la page 138 du 1er volume.)

parent et beaucoup plus dur que nos verres factices. Indépendamment de sa dureté, de sa résistance au feu et de sa cassure vitreuse, il prend souvent un quatrième caractère, qui est la cristallisation si connue du cristal de roche[1] : or, le quartz dans son premier état, c'est-à-dire en grandes masses produites par le feu, n'est point cristallisé, et ce n'est qu'après avoir été décomposé par l'impression de l'eau que ses particules prennent, en se réunissant, la forme des prismes du cristal ; ainsi le quartz, dans ce second état, n'est qu'un extrait formé par stillation de ce qu'il y a de plus homogène dans sa propre substance.

Le cristal est en effet de la même nature que le quartz[2]; il n'en diffère que par sa forme et par sa transparence : tous deux, frottés l'un contre l'autre, deviennent lumineux; tous deux jettent des étincelles par le choc de l'acier ; tous deux résistent à l'action des acides, et sont également réfractaires au feu; enfin tous deux sont à peu près de la même densité, et par conséquent leur substance est la même.

On trouve aussi du quartz de seconde formation en petites masses opaques et non cristallisées, mais seulement feuilletées et trouées, comme si cette matière de quartz eût coulé dans les interstices et les fentes d'une terre molle qui lui aurait servi de moule : ce quartz feuilleté n'est qu'une stalactite grossière du quartz en masse, et cette stalactite est composée, comme le grès, de grains quartzeux qui ont été déposés et réunis par l'intermède de l'eau. Nous verrons dans la suite que ce quartz troué sert quelquefois de base aux agates et à d'autres matières du même genre.

M. de Gensanne attribue aux vapeurs de la terre l'altération et même la production des quartz qui accompagnent les filons des métaux; il a fait sur cela de bonnes observations et quelques expériences que je ne puis citer qu'avec éloge. Il assure que ces vapeurs, d'abord condensées en concrétions assez molles, se cristallisent ensuite en quartz. « C'est, dit-il, « une observation que j'ai suivie plusieurs années de suite à la mine de « Cramaillot, à Planches-les-Mines en Franche-Comté; les eaux qui suin- « tent à travers les rochers de cette mine forment des stalactites au ciel des « travaux, et même sur les bois, qui ressemblent aux glaçons qui pendent « aux toits pendant l'hiver, et qui sont un véritable quartz. Les extrémités « de ces stalactites, qui n'ont pas encore pris une consistance solide, « donnent une substance grenue, cristalline, qu'on écrase facilement entre « les doigts; et, comme c'est un filon de cuivre, il n'est pas rare, parmi ces « stalactites, d'y en voir quelques-unes qui forment de vraies malachites « d'un très-beau vert. Lorsque les travaux d'une mine ont été abandon- « nés, et que les puits sont remplis d'eau, il n'est pas rare de trouver, au

1. Le *cristal de roche* et le *quartz* (le *quartz pur*, le *quartz hyalin*) sont une seule et même substance.

2. Voyez la note de la page précédente.

« bout d'un certain temps, la surface de ces puits plus ou moins couverte « d'une espèce de matière blanche cristallisée, qui est un véritable quartz, « c'est-à-dire un *gurh* cristallisé. J'ai vu de ces concrétions qui avaient « plus d'un pouce d'épaisseur [a]. »

Je ne suis point du tout éloigné de ces idées de M. de Gensanne; jusqu'à lui, les physiciens n'attribuaient aucune formation réelle et solide aux vapeurs de la terre, mais ces observations et celles que M. de Lassone a faites sur l'émail des grès semblent démontrer que, dans plusieurs circonstances, les vapeurs minérales prennent une forme solide et même une consistance très-dure.

Il paraît donc que le quartz, suivant ses différents degrés de décomposition et d'atténuation, se réduit en grains et petites lames qui se rassemblent en masses feuilletées, et que ses stillations plus épurées produisent le cristal de roche; il paraît de même qu'il passe de l'opacité à la transparence par nuances, comme on le voit dans plusieurs montagnes, et particulièrement dans celles des Vosges, où M. l'abbé Bexon nous assure avoir observé le quartz dans plusieurs états différents : il y a trouvé des quartz opaques ou laiteux, et d'autres transparents ou demi-transparents; les uns disposés par veines et d'autres par blocs, et même par grandes masses, faisant partie des montagnes; et tous ces quartz sont souvent accompagnés de leurs cristaux, colorés ou non colorés. M. Guettard a observé les grands rochers de quartz blancs de Chipelu et d'Oursière [b] en Dauphiné, et il fait aussi mention des quartz des environs d'Allevard, dans cette même province. M. Bowles rapporte que dans le terrain de la Nata, en Espagne, il y a une veine de quartz qui sort de la terre, s'étend à plus d'une demi-lieue, et se perd ensuite dans la montagne; il dit avoir coupé un morceau de ce quartz qui était à demi transparent et presque aussi fin que du cristal de roche; il forme comme une bande ou ruban de quatre doigts de large, entre deux lisières d'un autre quartz plus obscur; et le long de cette même veine il se trouve des morceaux de quartz couverts de cristaux réguliers de couleur de lait [c]. M. Guettard a trouvé de semblables cristaux sur le quartz en Auvergne : la plupart de ces cristaux étaient transparents et quelques-uns étaient opaques, bruns et jaunâtres, ordinairement très-distingués les uns des autres, souvent hérissés de beaucoup d'autres cristaux très-petits, parmi lesquels il y en avait plusieurs d'un beau rouge de grenat. Il en a vu de même sur les bancs de granite, et lorsque ces cristaux sont transparents et violets, on leur donne en Auvergne le nom d'*améthyste*, et celui d'*émeraude* lorsqu'ils sont verts [c]. Je dois observer ici, pour éviter toute

a. *Hist. nat. du Languedoc*, t. II, p. 28 et suiv.
b. *Mém. sur la minéralogie du Dauphiné*, pages 30 et 45.
c. *Hist. nat. d'Espagne*, par M. Bowles, t. I, pages 448 et 449.
d. *Mém. de l'Académie des Sciences*, année 1759.

erreur, que l'améthyste est en effet un cristal de roche coloré, mais que l'émeraude est une pierre très-différente, qu'on ne doit pas mettre au nombre des cristaux, parce qu'elle en diffère essentiellement dans sa composition, l'émeraude étant formée de lames superposées, au lieu que le cristal et l'améthyste sont composés de prismes réunis. Et d'ailleurs cette prétendue émeraude ou cristal vert d'Auvergne n'est autre chose qu'un spath fluor, qui est, à la vérité, une substance vitreuse, mais différente du cristal.

On trouve souvent du quartz en gros blocs détachés du sommet ou séparés du noyau des montagnes; M. Montel, habile minéralogiste, parle de semblables masses qu'il a vues dans les Cévennes, au diocèse d'Alais. « Ces masses de quartz, dit-il, n'affectent aucune figure régulière, leur cou- « leur est blanche, et comme ils n'ont que peu de gerçures, ils n'ont été « pénétrés d'aucune terre colorée ; ils sont opaques, et, quand on les casse, « ils se divisent en morceaux inégaux, anguleux... La fracture représente « une vitrification ; elle est luisante et réfléchit les rayons de lumière, sur- « tout si c'est un quartz cristallin, car on en trouve quelquefois de cette « espèce parmi ces gros morceaux. On ne voit point de quartz d'une forme « ronde dans ces montagnes; il ne s'en trouve que dans les rivières ou dans « les ruisseaux, et il n'a pris cette forme qu'à force de rouler dans le sable [a]. »

Ces quartz en morceaux arrondis et roulés, que l'on trouve dans le lit et les vallées des rivières qui descendent des grandes montagnes primitives, sont les débris et les restes des veines ou masses de quartz qui sont tombées de la crête et des flancs de ces mêmes montagnes, minées et en partie abattues par le temps ; et non-seulement il se trouve une très-grande quantité de quartz en morceaux arrondis dans le lit de ces rivières, mais souvent on voit sur les collines voisines des couches entières composées de ces cailloux de quartz arrondis et roulés par les eaux [b] : ces collines ou montagnes inférieures sont évidemment de seconde formation; et quelquefois ces quartz roulés s'y trouvent mêlés avec la pierre calcaire, et tous deux ont également été transportés et déposés par le mouvement des eaux.

Avant de terminer cet article du quartz, je dois remarquer que j'ai employé partout, dans mes Discours sur la théorie de la terre et dans ceux des époques de la nature, le mot de roc vif pour exprimer la roche quartzeuse de l'intérieur du globe et du noyau des montagnes; j'ai préféré le nom de roc vif à celui du quartz, parce qu'il présente une idée plus familière et plus étendue, et que cette expression, quoique moins précise, suffisait pour me faire entendre; d'ailleurs, j'ai souvent compris sous la dénomination de roc vif non-seulement le quartz pur, mais aussi le quartz mêlé de mica, les jaspes, porphyres, granites et toutes les roches vitreuses en grandes masses que le feu ne peut calciner, et qui par leur dureté étincellent

a. *Mém. de l'Académie des Sciences*, année 1762, page 639.
b. *Hist. nat. d'Espagne*, par M. Bowles, pages 179 et 188.

avec l'acier. Les rocs vitreux primitifs diffèrent des rochers calcaires non-seulement par leur essence, mais aussi par leur disposition; ils ne sont pas posés par bancs ou par couches horizontales, mais ils sont en pleines masses comme s'ils étaient fondus d'une seule pièce[a], autre preuve qu'ils ne tirent pas leur origine du transport et du dépôt des eaux. La dénomination générique de roc vif suffisait aux objets généraux que j'avais à traiter; mais aujourd'hui qu'il faut entrer dans un plus grand détail, nous ne parlerons du roc vif que pour le comparer quelquefois à la *roche morte*, c'est-à-dire à ce même roc quand il a perdu sa dureté et sa consistance par l'impression des éléments humides à la surface de la terre, ou lorsqu'il a été décomposé dans son sein par les vapeurs minérales.

Je dois encore avertir que quand je dis et dirai que le quartz, le jaspe, l'argile pure, la craie et d'autres matières sont infusibles, et qu'au contraire le feldspath, le schorl, la glaise ou argile impure, la terre limoneuse et d'autres matières sont fusibles, je n'entends jamais qu'un degré relatif de fusibilité ou d'infusibilité; car je suis persuadé que tout dans la nature est fusible, puisque tout a été fondu[1], et que les matières qui, comme le quartz et le jaspe, nous paraissent les plus réfractaires à l'action de nos feux, ne résisteraient pas à celle d'un feu plus violent. Nous ne devons donc pas admettre, en histoire naturelle, ce caractère d'infusibilité dans un sens absolu, puisque cette propriété n'est pas essentielle, mais dépend de notre art et même de l'imperfection de cet art, qui n'a pu nous fournir encore les moyens d'augmenter assez la puissance du feu pour refondre quelques-unes de ces mêmes matières fondues par la nature.

Nous avons dit ailleurs[b] que le feu s'employait de trois manières, et que dans chacune les effets et le produit de cet élément étaient très-différents: la première de ces manières est d'employer le feu en grand volume, comme dans les fourneaux de réverbère pour la verrerie et pour la porcelaine; la seconde, en plus petit volume, mais avec plus de vitesse au moyen des soufflets ou des tuyaux d'aspiration, et la troisième en très-petit volume, mais en masse concentrée au foyer des miroirs: j'ai éprouvé, dans un fourneau de glacerie[c], que le feu en grand volume ne peut fondre la mine de fer en grains, même en y ajoutant des fondants[d]; et néanmoins le feu, quoiqu'en moindre volume, mais animé par l'air des soufflets, fond cette même mine de fer sans addition d'aucun fondant. La troisième manière par laquelle on concentre le volume du feu au foyer des miroirs ardents est la

a. « Dans les plus hautes montagnes, on ne rencontre point le roc par bancs; il est solide « partout et comme s'il était fondu d'une pièce. » *Instruction sur l'art des mines*, par M. Delius, traduite de l'allemand, t. I, p. 7.

b. Tome IX, page 29 et suiv.

c. A Rouelle en Bourgogne, où il se fait de très-belles glaces.

d. Tome IX, page 36 et suiv.

1..... *Puisque tout a été fondu.* Voyez la note de la page 10.

plus puissante et en même temps la plus sûre de toutes, et l'on verra, si je puis achever mes expériences au *miroir à échelons*, que la plupart des matières regardées jusqu'ici comme infusibles ne l'étaient que par la faiblesse de nos feux. Mais, en attendant cette démonstration[1], je crois qu'on peut assurer, sans craindre de se tromper, qu'il ne faut qu'un certain degré de feu pour fondre ou brûler, sans aucune exception, toutes les matières terrestres de quelque nature qu'elles puissent être ; la seule différence, c'est que les substances pures et simples sont toujours plus réfractaires au feu que les matières composées, parce que, dans tout mixte, il y a des parties que le feu saisit et dissout plus aisément que les autres, et ces parties une fois dissoutes servent de fondant pour liquéfier les premières.

Nous exclurons donc de l'histoire naturelle des minéraux ce caractère d'infusibilité absolue, d'autant que nous ne pouvons le connaître que d'une manière relative, même équivoque, et jusqu'ici trop incertaine pour qu'on puisse l'admettre, et nous n'emploierons : 1° que celui de la fusibilité relative ; 2° le caractère de la calcination ou non-calcination avant la fusion, caractère beaucoup plus essentiel, et par lequel on doit établir les deux grandes divisions de toutes les matières terrestres, dont les unes ne se convertissent en verre qu'après s'être calcinées, et dont les autres se fondent sans se calciner auparavant ; 3° le caractère de l'effervescence avec les acides, qui accompagne ordinairement celui de la calcination ; et ces deux caractères suffisent pour nous faire distinguer les matières vitreuses des substances calcaires ou gypseuses ; 4° celui d'étinceler ou faire feu contre l'acier trempé, et ce caractère indique plus qu'aucun autre la sécheresse et la dureté des corps ; 5° la cassure vitreuse, spathique, terreuse ou grenue, qui présente à nos yeux la texture intérieure de chaque substance ; 6° enfin les couleurs qui démontrent la présence des parties métalliques dont les différentes matières sont imprégnées. Avec ces six caractères, nous tâcherons de nous passer de la plupart de ceux que les chimistes ont employés ; ils ne serviraient ici qu'à confondre les productions de la nature avec celles d'un art qui quelquefois, au lieu de l'analyser, ne fait que la défigurer[2] ; le feu n'est pas un simple instrument dont l'action soit bornée à diviser ou dissoudre les matières : le feu est lui-même une matière[3] qui s'unit aux autres, et qui en sépare et enlève les parties les moins fixes ; en sorte qu'après le travail de cet élément, les caractères naturels de la plupart des substances sont ou détruits ou changés, et que souvent même l'essence de ces substances en est entièrement altérée.

Le naturaliste, en traitant des minéraux, doit donc se borner aux objets

1. Elle a été donnée depuis. Voyez les notes 1 et 2 de la page 36 du IXe volume.

2. Buffon ne parlerait plus ainsi de la *chimie* de nos jours : la *chimie* en est venue à *analyser* la *nature*, sans la *défigurer*. (Voyez les notes du IXe volume.)

3. Le feu n'est pas une *matière*. (Voyez les notes du IXe volume.)

que lui présente la nature, et renvoyer aux artistes tout ce que l'art a produit : par exemple, il décrira les sels qui se trouvent dans le sein de la terre, et ne parlera des sels formés dans nos laboratoires que comme d'objets accessoires et presque étrangers à son sujet; il traitera de même des terres argileuses, calcaires, gypseuses et végétales, et non des terres qu'on doit regarder comme artificielles, telles que la terre alumineuse, la terre sedlitienne et nombre d'autres qui ne sont que des produits de nos combinaisons; car, quoique la nature ait pu former en certaines circonstances tout ce que nos arts semblent avoir créé, puisque toutes les substances et même les éléments sont convertibles[1] par ses seules puissances[a], et, que pourvue de tous les principes, elle ait pu faire tous les mélanges, nous devons d'abord nous borner à la saisir par les objets qu'elle nous présente et nous en tenir à les exposer tels qu'ils sont, sans vouloir la surcharger de toutes les petites combinaisons secondaires que l'on doit renvoyer à l'histoire de nos arts.

DU JASPE.

Le jaspe[2] n'est qu'un quartz plus ou moins pénétré de parties métalliques; elles lui donnent les couleurs et rendent sa cassure moins nette que celle du quartz; il est aussi plus opaque; mais comme, à la couleur près, le jaspe n'est composé que d'une seule substance, nous croyons qu'on peut le regarder comme une sorte de quartz, dans lequel il n'est entré d'autres mélanges que des vapeurs métalliques; car, du reste, le jaspe, comme le quartz, résiste à l'action du feu [3] et à celle des acides; il étincelle de même avec l'acier; et, s'il est un peu moins dur que le quartz, on peut encore attribuer cette différence à la grande quantité de ces mêmes parties métalliques dont il est imprégné[b] : le quartz, le jaspe, le mica, le feldspath et le schorl doivent être regardés comme les seuls verres primitifs; toutes les autres matières vitreuses en grandes masses, telles que les porphyres, les

a. Voyez le Discours sur les éléments, t. IX.

b. Le jaspe, selon M. Démeste, n'est qu'une sorte de quartz : « Les jaspes, dit-il, sont des « masses quartzeuses, opaques, très-dures, et qui varient beaucoup par les couleurs; ils se « rencontrent par filons, et forment même quelquefois des rochers fort considérables : le « jaspe a presque toujours un œil gras et luisant à sa surface. » Lettres à M. le docteur Bernard, t. I, p. 450.

1. Les *éléments* ne sont point *convertibles*. Nulle substance *primitive* et *simple* ne peut être convertie en une autre.

2. Le *jaspe* est un *quartz* opaque, et mélangé de diverses matières étrangères qui le colorent.

3. Voyez la note 2 de la page 11. — « Il faut remarquer que quelques *jaspes* qui renferment « une grande quantité d'argile ferrugineuse, ou de calcaire, deviennent fusibles au chalumeau. » (Beudant.)

granites et les grès, ne sont que des mélanges ou des débris de ces mêmes verres, qui ont pu, en se combinant deux à deux, former dix matières différentes[a], et combinées trois à trois ont de même pu former encore dix autres matières[b]; et enfin, combinées quatre à quatre ou mêlées toutes cinq ensemble, ont encore pu former cinq matières différentes[c].

Quoique tous les jaspes aient la cassure moins brillante que celle du quartz, ils reçoivent néanmoins également le poli dans tous les sens; leur tissu très-serré a retenu les atomes métalliques dont ils sont colorés, et les métaux ne se trouvant en grande quantité qu'en quelques endroits du globe, il n'est pas surprenant qu'il y ait dans la nature beaucoup moins de jaspe que de quartz; car il fallait pour former les jaspes cette circonstance de plus, c'est-à-dire un grand nombre d'exhalaisons métalliques, qui ne pouvaient être sublimées que dans les lieux abondants en métal : l'on peut donc présumer que c'est par cette raison qu'il y a beaucoup moins de jaspes que de quartz, et qu'ils sont en masses moins étendues.

Mais de la même manière que nous avons distingué deux états dans le quartz, l'un très-ancien produit par le feu primitif, et l'autre plus nouveau occasionné par la stillation des eaux, de même nous distinguerons deux états dans le jaspe : le premier, où, comme le quartz, il a été formé en grandes masses [d] dans le temps de la vitrification générale ; et le second où la stillation des eaux a produit de nouveaux jaspes aux dépens des premiers ; et ces nouveaux jaspes étant des extraits du jaspe primitif, comme le cristal de roche est un extrait du quartz, ils sont pour la plupart encore plus purs et d'un grain plus fin que celui dont ils tirent leur origine; mais nous devons renvoyer à des articles particuliers l'examen des cristaux de

a. 1° Quartz et jaspe; 2° quartz et mica; 3° quartz et feldspath; 4° quartz et schorl; 5° jaspe et mica; 6° jaspe et feldspath; 7° jaspe et schorl; 8° mica et feldspath; 9° mica et schorl; 10° feldspath et schorl.

b. 1° Quartz, jaspe et mica; 2° quartz, jaspe et feldspath; 3° quartz, jaspe et schorl; 4° quartz, mica et feldspath; 5° quartz, mica et schorl; 6° quartz, feldspath et schorl; 7° jaspe, mica et feldspath; 8° jaspe, mica et schorl; 9° jaspe, feldspath et schorl; 10° mica, feldspath et schorl.

c. 1° Quartz, jaspe, mica et feldspath; 2° quartz, jaspe, mica et schorl; 3° quartz, jaspe, feldspath et schorl; 4° jaspe, mica, feldspath et schorl; 5° enfin, quartz, jaspe, mica, feldspath et schorl : en tout vingt-cinq combinaisons ou matières différentes.

d. M. Ferber a vu (à Florence, dans le cabinet de M. Targioni Tozzetti) du jaspe rouge sanguin, veiné de blanc, provenant de Barga, dans les Apennins de la Toscane, où des couches considérables et même des montagnes entières sont, dit-il, formées de jaspe.

Les murs de la Capella di San-Lorenzo, à Florence, sont revêtus de très-belles et grandes plaques de ce jaspe qui prend très-bien le poli.

Un peu au-dessous du château de Montieri, dans le pays de Sienne, est la montagna di Montieri, formée de schiste micacé; on y trouve d'anciennes minières d'argent, de cuivre et de plomb, et une grande couche, au moins de trois toises d'épaisseur, d'un gros jaspe rouge, qui s'étend jusqu'au Castello di Gerfalco; mais ce lit étant composé de plusieurs petites couches minces qui ont beaucoup de fentes, on ne peut pas s'en servir. *Lettres sur la Minéralogie*, etc., page 109.

roche et des autres pierres vitreuses, opaques ou transparentes que nous ne regardons que comme des stalactites du quartz, du jaspe et des autres matières primitives [a]; ces substances secondaires, quoique de même nature que les premières, n'ayant été produites que par l'intermède de l'eau, ne doivent être considérées qu'après avoir examiné les matières dont elles tirent leur origine, et qui ont été formées par le feu primitif. Je ne vois donc, dans toute la nature, que le quartz, le jaspe, le mica, le feldspath et le schorl qu'on puisse regarder comme des matières simples ou presque simples, et auxquelles on peut ajouter encore le grès pur, qui n'est qu'une agrégation de grains quartzeux, et le talc qui de même n'est composé que de paillettes micacées. Nous séparons donc de ces verres primitifs tous leurs produits secondaires, tels que les cailloux, agates, cornalines, sardoines, jaspes-agatés et autres pierres opaques ou demi-transparentes, ainsi que les cristaux de roche et les pierres précieuses, parce qu'elles doivent être mises dans la classe des substances de dernière formation.

Le jaspe primitif a été produit par le feu presque en même temps que le quartz, et la nature montre elle-même en quelques endroits comment elle a formé le jaspe dans le quartz. « On voit dans les Vosges lorraines, dit un « de nos plus habiles naturalistes [b], une montagne où le jaspe traverse et « serpente entre les masses de quartz par larges veines sinueuses qui repré- « sentent les soupiraux par lesquels s'exhalaient les sublimations métalli- « ques; car toutes ces veines sont diversement colorées, et, partout où elles « commencent à prendre des couleurs, la pâte quartzeuse s'adoucit et « semble se fondre en jaspe, en sorte qu'on peut avoir dans le même « échantillon, et la matière quartzeuse et le filon jaspé. Ces veines de jaspe « sont de différentes dimensions; les unes sont larges de plusieurs pieds, « et les autres seulement de quelques pouces; et partout où la veine n'est « pas pleine, mais laisse quelques bouillons ou interstices vides, on voit de « belles cristallisations dont plusieurs sont colorées. On peut contempler en « grand ces effets de la nature dans cette belle montagne; elle est coupée « à pic, par différents groupes, sur trois et quatre cents pieds de hauteur; « et sur ses flancs couverts d'énormes quartiers rompus et entassés, comme « de vastes ruines, s'élèvent encore d'énormes pyramides de ce même

a. Le jaspe rouge, dans lequel M. Ferber dit avoir vu des coquilles pétrifiées, est certainement un de ces jaspes de seconde formation. Voyez ses *Lettres sur la Minéralogie*, etc., p. 19; il s'explique lui-même de manière à n'en laisser aucun doute : « La superficie des montagnes « *calcaires* des environs de Brescia, dit-il (page 33), est composée de petites couches dans « lesquelles on découvre du jaspe, de la pierre à fusil de couleur rouge et noire; on nomme « ces couches la *scaglia*; c'est dans ces environs qu'on vient de trouver des coquilles pétrifiées « dans du jaspe rouge mêlé de quartz. » Ce jaspe, produit dans des couches calcaires, est une stillation vitreuse, comme le silex avec lequel il se trouve. Voyez les mêmes *Lettres sur la Minéralogie*.

b. M. l'abbé Bexon, grand chantre de la Sainte-Chapelle de Paris.

« rocher, tranché et mis à pic du côté du vallon. Cette montagne, la der« nière des Vosges lorraines, sur les confins de la Franche-Comté, à l'en« trée du canton nommé le *Val d'Ajol*[a], fermait en effet un vallon très-pro« fond, dont les eaux par un effort terrible ont rompu la barrière de roche, « et se sont ouvert un passage au milieu de la masse de la montagne, dont « les hautes ruines sont suspendues de chaque côté. Au fond coule un tor« rent, dont le bruit accroît l'émotion qu'inspire l'aspect menaçant et la « sauvage beauté de cet antique temple de la nature, l'un des lieux du « monde peut-être où l'on peut voir une des plus grandes coupes d'une « montagne vitreuse, et contempler plus en grand le travail de la nature « dans ces masses primitives du globe[b]. »

On trouve, en Provence, comme en Lorraine, de grandes masses de jaspe, particulièrement dans la forêt de l'Esterelle; il s'en trouve encore plus abondamment en Allemagne, en Bohême, en Saxe, et notamment à Freyberg[c]. J'en ai vu des tables de trois pieds de longueur, et l'on m'a assuré qu'on en avait tiré des morceaux de huit à neufs pieds dans une carrière de l'archevêché de Saltzbourg.

Il y aussi des jaspes en Italie[d], en Pologne aux environs de Varsovie et de Grodno[e], et dans plusieurs autres contrées de l'Europe. On en retrouve en Sibérie; il y a même près d'Argun[f] une montagne entière de jaspe

a. Les gens du pays nomment la montagne *Chanaroux*, et sa vallée *les Vargottes;* elle est située à deux lieues au midi de la ville de Remiremont, et une lieue à l'orient du bourg de Plombières, fameux par ses eaux minérales chaudes.

b. *Mémoires sur l'histoire naturelle de la Lorraine*, communiqués par M. l'abbé Bexon.

c. On admire dans une salle du Trésor royal de Dresde, dit M. Keysler, un dessus de table d'un jaspe traversé de belles veines de cristal et d'améthyste: ce jaspe se trouve à quatre milles de Dresde, dans le territoire de Freyberg; il n'y a que peu d'années qu'on le reconnut pour ce qu'il est; autrefois les paysans se servaient souvent de pierres semblables, pour faire les murs dont ils ont coutume d'entourer quelques-unes de leurs terres. *Journal étranger*, mois d'octobre 1755, page 166.

d. On trouve dans les églises, dans les palais et les cabinets d'antiquités de Rome et d'autres villes d'Italie:

1° Le *diaspro sanguigno* ou *heliotropio*, qui est oriental; il est vert avec de petites taches couleur de sang:

2° *Diaspro rosso ;* on tire la majeure partie de ce jaspe de la Sicile et de Barga en Toscane; il y en a très-peu qui soit antique ;

3° *Diaspro giallo;* il est brun jaunâtre avec de petites veines ondulées vertes et blanches ;

4° *Diaspro florito reticellato ;* il est très-beau, le fond est blanc, transparent, agatisé, avec des taches brunes foncées, plus ou moins grandes, irrégulières, et des raies ou rubans de la même couleur : les taches sont entourées d'une ligne blanche opaque, couleur de lait, et quelquefois jaune. On voit, dans la belle maison de campagne de Mondragone et autre part, de très-belles tables composées de plusieurs petits morceaux réunis de cette espèce de pierre, elle est antique et très-rare : on a aussi du *diaspro florito* de Sicile, d'Espagne et de Constantinople, qui ressemble au *diaspro florito reticellato. Lettres sur la Minéralogie,* par M. Ferber, pages 335 et 336.

e. Mémoire de M. Guettard, dans ceux de l'*Académie des Sciences*, année 1762, p. 243.

f. « Il y a en Sibérie une montagne de jaspe, située sur un faux bras de l'Argun : nous « montâmes cette montagne avec beaucoup de peine, parce qu'elle est fort rapide ; elle est

vert; enfin on a reconnu des jaspes jusques en Groënland [a]. Quelques voyageurs m'ont dit qu'il y en a des montagnes entières dans la haute Égypte, à quelques lieues de distance de la rive orientale du Nil. Il s'en trouve dans plusieurs endroits des Grandes-Indes, ainsi qu'à la Chine [b], et dans d'autres provinces de l'Asie; on en a vu de même en assez grande quantité et de plusieurs couleurs différentes dans les hautes montagnes de l'Amérique [c].

Plusieurs jaspes sont d'une seule couleur verte, rouge, jaune, grise, brune, noire et même blanche, et d'autres sont mélangés de ces diverses couleurs : on les nomme *jaspes tachés*, *jaspes veinés*, *jaspes fleuris*, etc. Les jaspes verts et les rouges sont les plus communs; le plus rare est le jaspe sanguin, qui est d'un beau vert foncé avec de petites taches d'un rouge vif et semblables à des gouttes de sang, et c'est de tous les jaspes celui qui reçoit le plus beau poli. Le jaspe d'un beau rouge est aussi fort rare, et il y en a de seconde formation, puisqu'un morceau de ce jaspe rouge, cité par M. Ferber, contenait des impressions de coquilles [d]. Tous les jaspes qui ne

« composée d'un beau jaspe vert; mais elle est fort entremêlée de pierres sauvages, et l'on « trouve rarement des morceaux de trois livres pesant, qui soient sans crevasses et purs; car « quoiqu'on rencontre quelquefois des morceaux d'un à deux pieds, ils se fendent en long et « en large, étant exposés pendant quelques jours au grand air. On s'est donné jusqu'à présent « bien des peines inutiles pour trouver de plus gros morceaux dont on pût faire des colonnes, « des tables, etc.; il semble, par la même raison, qu'on n'a guère d'espérance d'être plus « heureux dans la suite; on voit sur toute la montagne, par-ci par-là, des carrières dont on a « tiré anciennement plusieurs milliers de livres de cette pierre précieuse. » *Voyage en Sibérie*, par M. Gmelin, t. II, p. 81.

a. M. Crantz a vu, dans les montagnes du Groënland, du jaspe, soit jaune, soit rouge, avec des veines d'une blancheur transparente. *Hist. génér. des Voyages*, t. XIX, p. 29.

b. Le jaspe est fort recherché à la Chine... on en fait des vases... et diverses sortes de bijoux... ce jaspe se nomme *thuse* dans le pays. On en distingue de deux espèces, dont l'une, qui est précieuse, est une sorte de gros cailloux qui se pêche dans la rivière de Kotau près de la ville royale de Kashgar... l'autre sorte se tire des carrières pour être scié en pièces d'environ deux pouces de large. *Hist. génér. des Voyages*, t. VII, p. 415. — Les montagnes de Tsengar, situées à l'une des extrémités septentrionales du Japon, fournissent des cornalines et du jaspe. *Ibid*, t. X, page 656.

c. Entre les minéraux de la Nouvelle-Espagne, on vante une espèce de jaspe que les Mexicains nomment *eztell*, de couleur d'herbe, avec quelques petites taches de sang... il s'en trouve une autre qu'ils appellent *iztlia*, *yotli quatzalitztli* moucheté de blanc... une troisième nommée *tliayctic*, de couleur plus obscure et sans taches, mais plus pesante, qui, appliquée sur le nombril, guérit les plus douloureuses coliques (ceci est vraisemblablement le jade, qu'on a nommé *pierre néphrétique*)... Les montagnes de Contacomapa et de Gualtepeque, à peu de distance de Chiautla au Mexique, fournissent un beau jaspe vert qui approche du porphyre. *Hist. génér. des Voyages*, t. XII, p. 656... Le gouvernement de Sainte-Marthe a des carrières de jaspe et de porphyre, qui se trouvent dans la province de Tairona. *Ibid.*, t. XIV, page 405.

d. « Le P. Vigo, dominicain, à Morano, près de Venise, me fit voir, outre les coquilles « pétrifiées dans du jaspe rouge mêlé de quartz des environs de Brescia... des pétrifications et « impressions de *cornes d'Ammon*, dans une pierre de corne ou pierre à fusil grise de l'île de « Cérigo dans l'Archipel, qui appartient aux Vénitiens. » *Lettres sur la Minéralogie*, par M. Ferber, p. 33.

sont pas purs et simples, et qui sont mélangés de matières étrangères, sont aussi de seconde formation, et l'on ne doit pas les confondre avec ceux qui ont été produits par le feu primitif, lesquels sont d'une substance uniforme, et ne sont ordinairement que d'une seule couleur dans toute l'épaisseur de leur masse.

Le jade, que plusieurs naturalistes ont regardé comme un jaspe, me paraît approcher beaucoup plus de la nature du quartz [a 1] ; il est aussi dur, il étincelle de même par le choc de l'acier, il résiste également aux acides, à la lime et à l'action du feu, il a aussi un peu de transparence, il est doux au toucher et ne prend jamais qu'un poli gras [b]. Tous ces caractères conviennent mieux au quartz qu'au jaspe, d'autant plus que tous les jades des Grandes-Indes et de la Chine sont blancs ou blanchâtres comme le quartz; et que de ces jades blancs au jade vert, on trouve toutes les nuances du blanc au verdâtre et au vert. On a donné à ce jade vert le nom de *pierre des Amazones*, parce qu'on le trouve en grande quantité dans ce fleuve qui descend des hautes montagnes du Pérou, et entraîne ces morceaux de jade avec les débris du quartz et des granites qui forment la masse de ces montagnes primitives.

DU MICA ET DU TALC.

Le mica[2] est une matière dont la substance est presque aussi simple que celle du quartz et du jaspe, et tous trois sont de la même essence : la formation du mica est contemporaine à celle de ces deux premiers verres ; il

a. M. de Saussure[3] dit avoir remarqué dans certains granits, que « le quartz y semble changer « de nature, devenir plus dense et plus compacte, et prendre par gradations les caractères du « jade. » *Voyage dans les Alpes*, t. I, p. 104.

b. L'*igiada* des minéralogistes italiens, paraît être une espèce de jade; mais, si cela est, M. Ferber a tort de regarder l'*igiada* comme un produit de la pierre ollaire verte : il y aurait bien plus de raison de regarder la pierre ollaire[4] comme une décomposition de la substance du jade en pâte argileuse. Voyer Ferber, p. 119.

1. Le *jade* est un *silicate alcalin d'alumine et de chaux*. C'est un *feldspath*, et non un *quartz*.

2. Il y a plusieurs variétés de *micas*, lesquelles diffèrent par leur *composition chimique* et par leurs *propriétés physiques*.

A prendre les *micas* en général, il y entre de la *silice*, de l'*alumine*, des *oxydes de fer et de manganèse*, de la *magnésie*, de la *chaux*, de la *potasse*, du *fluor*, de la *lithine*. M. Biot a étudié les propriétés optiques des différents *micas*.

3 (*a*). M. Beudant a donné au *jade* le nom de *saussurite*, à cause des belles études de Saussure sur les *euphotides* des Alpes, roches dans la composition desquelles entre le *jade*.

4 (*b*). La *pierre ollaire* n'est ni un *quartz* ni un *jade*. Les *pierres ollaires* sont des *serpentines* ou des *stéatites*.

ne se trouve pas comme eux en grandes masses solides et dures, mais presque toujours en paillettes et en petites lames minces et disséminées dans plusieurs matières vitreuses; ces paillettes de mica ont ensuite formé les talcs[1] qui sont de la même nature, mais qui se présentent en lames beaucoup plus étendues; ordinairement les matières en petit volume proviennent de celles qui sont en grandes masses; ici c'est le contraire, le talc en grand volume ne se forme que des parcelles du mica qui a existé le premier, et dont les particules s'étant réunies par l'intermède de l'eau, ont formé le talc, comme le sable quartzeux s'est réuni par le même moyen pour former le grès.

Ces petites parcelles de mica n'affectent que rarement une forme de cristallisation; et comme le talc réduit en petites particules devient assez semblable au mica, on les a souvent confondus, et il est vrai que les talcs et les micas ont à peu près les mêmes qualités intrinsèques; néanmoins ils diffèrent en ce que les talcs sont plus doux au toucher que les micas, et qu'ils se trouvent en grandes lames, et quelquefois en couches d'une certaine étendue; au lieu que les micas sont toujours réduits en parcelles, qui, quoique très-minces, sont un peu rudes ou arides au toucher : on pourrait donc dire qu'il y a deux sortes de micas, l'un produit immédiatement par le feu primitif, l'autre d'une formation bien postérieure et provenant des débris même du talc dont il a les propriétés; mais tout talc paraît avoir commencé par être mica[2]; cette douceur au toucher, qui fait la qualité spécifique et la différence du talc au mica, ne vient que de la plus grande atténuation de ses parties par la longue impression des éléments humides. Le mica est donc un verre primitif en petites lames et paillettes très-minces, lesquelles d'une part ont été sublimées par le feu ou déposées dans certaines matières, telles que les granites au moment de leur consolidation, et qui d'autre part ont ensuite été entraînées par les eaux, et mêlées avec les matières molles, telles que les argiles, les ardoises et les schistes.

Nous avons dit, dans les volumes précédents [a], que le verre, longtemps exposé à l'air, s'irise et s'exfolie par petites lames minces, et qu'en se décomposant il produit une sorte de mica qui d'abord est assez aigre, et devient ensuite doux au toucher, et enfin se convertit en argile. Tous les verres primitifs ont dû subir ces mêmes altérations lorsqu'ils ont été très-longtemps exposés aux éléments humides, et il en résulte des substances nouvelles, dont quelques-unes ont conservé les caractères de leur première origine; les micas en particulier, lorsqu'ils ont été entraînés par les eaux, ont formé des amas et même des masses en se réunissant; ils ont produit

a. Tome IX, page 512.

1. Le *talc* n'est qu'un *silicate* de *magnésie hydraté*.

2. Le *talc* n'a pas commencé par être *mica* : le *talc* et le *mica* ont une composition différente, et sont tous deux de formation *ignée* et *contemporaine*.

les talcs [1] quand ils se sont trouvés sans mélange, ou bien ils se sont réunis pour faire corps avec des matières qui leur sont analogues; ils ont alors formé des masses plus ou moins tendres [a] : le crayon noir ou molybdène, la craie de Briançon, la craie d'Espagne, les pierres ollaires, les stéatites [2] sont tous composés de particules micacées qui ont pris de la solidité; et l'on trouve aussi des micas en masses pulvérulentes, et dans lesquelles les paillettes micacées ne sont point agglutinées, et ne forment pas des blocs solides. « Il y a, dit M. l'abbé Bexon, des amas assez considérables « de cette sorte de micas au-dessous de la haute chaîne des Vosges, dans « des montagnes subalternes, toutes composées de débris éboulés des « grandes montagnes de granite qui sont derrière et au-dessus. Ces amas « de mica en paillettes ne forment que des veines courtes et sans suite ou « des sacs isolés; le mica y est en parcelles sèches et de différentes cou-« leurs, souvent aussi brillantes que l'or et l'argent, et on le distribue « dans le pays sous le nom de *poudre dorée*, pour servir de poussière à « mettre sur l'écriture.

« J'ai saisi, continue cet ingénieux observateur, la nuance du mica au « talc sur des morceaux d'un granite de seconde formation, remplis de « paquets de petites feuilles talqueuses empilées comme celles d'un livre, « et l'on peut dire que ces feuilles sont de *grand mica* ou de *petit talc;* « car elles ont depuis un demi-pouce jusqu'à un pouce ou plus de dia-« mètre, et elles ont en même temps une partie de la douceur, de la « transparence et de la flexibilité du talc [b]. »

De tous les talcs le blanc est le plus beau [c] : on l'appelle *verre fossile* en Moscovie et en Sibérie où il se trouve en assez grand volume [d] [3]; il se divise

a. « On trouve dans les cantons de Mandagoust, du Vignan, etc., qui font partie des Cévennes, « des micas de différentes sortes, savoir, le jaune, le noir et le blanc... Ils sont unis pour la « plupart à différents granites et à une pierre très-dure, qui est une espèce de schiste, qui se « trouve abondamment dans le lit d'une petite rivière qui passe au village de Costubayne, « paroisse de Mandagoust. Le mica joint à cette pierre est tout blanc et fort transparent; il « donne à la pierre un brillant fort agréable dans sa cassure; on pourrait, à cause de la dureté « de cette pierre et du beau poli qu'elle prend, en faire tout ce qu'on fait avec nos marbres, et « avec plus d'avantage, attendu qu'elle n'est pas calcinable, ne faisant aucune effervescence avec « les acides. » *Mémoires de l'Académie des Sciences*, année 1768, page 546.

b. *Mémoires sur l'Histoire naturelle de la Lorraine*, communiqués par M. l'abbé Bexon.

c. Le talc ordinaire est une espèce de pierre onctueuse, molle, nette, couleur de perle, qu'on peut aisément séparer en lames qui, rendues minces, ont assez de transparence. On coupe sans peine le talc au couteau; il se plie aussi; il est glissant et comme gras à l'attouchement: il se laisse difficilement briser; il résiste à un feu assez véhément, sans souffrir de changement considérable, et aucun menstrue acide ni alcalin en forme humide ne vient à bout de le dissoudre. *Wallerii Mineralog.* Voyez aussi la *Lithogéognosie* de Pott.

d. « Ce n'est qu'à l'an 1705 qu'on peut rapporter les premières recherches du talc, faites sur

1. Voyez la note 2 de la page 30.

2. Le *crayon noir* est du *graphite*, le *molybdène*, dont parle ici Buffon, est du *sulfure de molybdène*, la *craie de Briançon* est du *talc*, la *craie d'Espagne* est du *calcaire*, enfin aucune de ces substances, non plus que les *pierres ollaires* et les *stéatites*, n'est du *mica*.

3. Les *verres de Moscou* sont du *mica*.

aisément en lames minces et aussi transparentes que le verre, mais il se ternit à l'air au bout de quelques années, et perd beaucoup de sa transparence. On en peut faire un bon usage pour les petites fenêtres des vaisseaux, parce qu'étant plus souple et moins fragile que le verre, il résiste mieux à toute commotion brusque, et en particulier à celle du canon.

Il y a des talcs verdâtres, jaunes et même noirs; et ces différentes couleurs, qui altèrent leur transparence, n'en changent pas les autres qualités: ces talcs colorés sont à peu près également doux au toucher, souples et pliants sous la main, et ils résistent, comme le talc blanc, à l'action des acides et du feu.

Ce n'est pas seulement en Sibérie et en Moscovie, que l'on trouve des veines ou des masses de talc; il y en a dans plusieurs autres contrées, à Madagascar [a], en Arabie [b], en Perse [c], où néanmoins il n'est pas en feuillets aussi minces que celui de Sibérie. M. Cook parle aussi d'un talc vert qu'il a vu dans la Nouvelle-Zélande, dont les habitants font commerce entre eux [d]; il s'en trouve de même dans plusieurs endroits du continent et des îles de l'Amérique, comme à Saint-Domingue [e], en Virginie et au Pérou [f], où il est d'une grande blancheur et très-transparent [g]; mais, en citant les relations de ces voyageurs, je dois observer que quelques-uns d'entre eux pourraient s'être trompés en prenant pour du talc des gypses, avec lesquels il est aisé de le confondre; car il y a des gypses si ressemblants au talc, qu'on ne peut guère les distinguer qu'à l'épreuve du feu de calcination; ces gypses sont aussi doux au toucher, aussi transparents que

« le fleuve Witim, en Sibérie : comme il fut trouvé d'une qualité supérieure, les mines les plus « célèbres, exploitées jusqu'alors sur d'autres rivières, furent entièrement négligées..... Le talc « le plus estimé est celui qui est transparent comme de l'eau claire; celui qui tire sur le ver- « dâtre n'a pas à beaucoup près la même valeur; on en a trouvé des tables qui avaient près « de deux aunes en carré; mais cela est fort rare : les tables de trois quarts ou d'une aune « sont déjà fort chères, et se paient sur le lieu un ou deux roubles la livre; le plus commun « est d'un quart d'aune, il coûte huit à dix roubles le pied. La préparation du talc consiste à le « fendre par lames avec un couteau mince à deux tranchants; on s'en sert dans toute la Sibérie « au lieu de vitres pour les fenêtres et les lanternes; il n'est point de verre plus clair et plus « net que le bon talc : dans les villages de la Russie, et même dans certaines villes, on l'emploie « au même usage. La marine russe en fait une grande consommation; tous les vitrages des vais- « seaux sont de talc, parce que, outre sa transparence, il n'est pas cassant, et qu'il résiste aux « plus fortes secousses du canon : cependant il est sujet à s'altérer; quand il est longtemps « exposé à l'air, il s'y forme peu à peu des taches qui le rendent opaque, la poussière s'y attache, « et il est très-difficile d'en ôter la crasse et l'impression de la fumée sans altérer sa substance. » *Voyage en Sibérie*, par M. Gmelin. *Histoire générale des Voyages*, tome XVIII, page 272 et suiv.

a. *Mémoires pour servir à l'Histoire des Indes orientales*. Paris, 1702, page 173.
b. *Voyage de Pietro della Valle*. Rouen, 1745, tome VIII, page 89.
c. *Voyage de Tavernier*. Rouen, 1713, tome II, page 264.
d. *Second Voyage de Cook*, tome II, page 110.
e. *Histoire générale des Voyages*, tome XII, page 218.
f. *Idem*, tome XIV, page 508.
g. *Idem*, tome XIII, page 318.

le talc; j'en ai vu moi-même dans de vieux vitraux d'église, qui n'avaient pas encore perdu toute leur transparence, et même il paraît que le gypse résiste à cet égard plus longtemps que le talc aux impressions de l'air.

Il paraît aussi assez difficile de distinguer le talc de certains spaths autrement que par la cassure; car le talc, quoique composé de lames brillantes et minces, n'a pas la cassure spathique et chatoyante comme les spaths, et il ne se rompt jamais qu'obliquement et sans direction déterminée.

La matière qu'on appelle *talc de Venise*, et fort improprement *craie* d'Espagne, *craie* de Briançon, est différente du talc de Moscovie; elle n'est pas comme ce talc en grandes feuilles minces, mais seulement en petites lames, et elle est encore plus douce au toucher et plus propre à faire le blanc de fard qu'on applique sur la peau.

On trouve aussi du talc en Scanie, qui n'a que peu de transparence. En Norwége, il y en a de deux espèces : la première, blanchâtre ou verdâtre, dans le diocèse de Christiania, et la seconde, brune ou noirâtre, dans les mines d'Aruda [a]. « En Suisse, le talc est fort commun, dit M. Guettard, « dans le canton d'Uri; les montagnes en donnent qui se lève en feuilles « flexibles que l'on peut plier, et qui ressemble en tout à celui qu'on appelle « communément *verre de Moscovie* [b]. » On tire aussi du talc de la Hongrie, de la Bohême, de la Silésie, du Tyrol, du comté de Holberg, de la Styrie, du mont Bructer, de la Suède, de l'Angleterre, de l'Espagne [c], etc.

Nous avons cru devoir citer tous les lieux où l'on a découvert du talc en masse, par la raison que, quoique les micas soient répandus et pour ainsi dire disséminés dans la plupart des substances vitreuses, ils ne forment que rarement des couches de talc pur qu'on puisse diviser en grandes feuilles minces [1].

En résumant ce que j'ai ci-devant exposé, il me paraît que le mica est certainement un verre, mais qui diffère des autres verres primitifs en ce qu'il n'a pas pris comme eux de la solidité, ce qui indique qu'il était exposé à l'action de l'air, et que c'est par cette raison qu'il n'a pu se recuire assez pour devenir solide : il formait donc la couche extérieure du globe vitrifié; les autres verres se sont recuits sous cette enveloppe et ont pris toute leur consistance; les micas au contraire n'en ayant point acquis par la fusion, faute de recuit, sont demeurés friables, et bientôt ont été réduits en parti-

a. *Actes de Copenhague*, année 1677. M. Pott fait à ce sujet une remarque qui me paraît fondée; il dit que Borrichius confond ici le talc avec la pierre ollaire, et il ajoute que Broëmel est tombé dans la même erreur, en parlant de la pierre ollaire dont on fait des pots et plusieurs sortes d'autres vases dans le Semptland : en effet, la pierre ollaire, comme la molybdène, quoique contenant beaucoup de talc, doivent être distinguées et séparées des talcs purs. Voyez les *Mémoires de l'Académie de Berlin*, année 1746, page 65 et suiv.

b. Voyez les *Mémoires de l'Académie des Sciences de Paris*, année 1752, page 328.

c. *Mémoires de l'Académie des Sciences de Berlin*, année 1746.

1. C'est tout le contraire. Le *mica* se divise en *grandes feuilles minces*.

cules et en paillettes; c'est là l'origine de ce verre qui diffère du quartz et du jaspe, en ce qu'il est un peu moins réfractaire à l'action du feu, et qui diffère en même temps du feldspath et du schorl, en ce qu'il est beaucoup moins fusible et qu'il ne se convertit qu'en une espèce de scorie de couleur obscure, tandis que le feldspath et le schorl donnent un verre compacte et communément blanchâtre.

Tous les micas blancs ou colorés sont également aigres et arides au toucher, mais lorsqu'ils ont été atténués et ramollis par l'impression des éléments humides, ils sont devenus plus doux et ont pris la qualité du talc; ensuite les particules talqueuses, rassemblées en certains endroits par l'infiltration ou le dépôt des eaux, se sont réunies par leur affinité, et ont formé les petites couches horizontales ou inclinées, dans lesquelles se trouvent les talcs plus ou moins purs et en plaques plus ou moins étendues.

Cette origine du mica et cette composition du talc me paraissent très-naturelles; mais comme tous les micas ne se présentent qu'en petites lames minces, rarement cristallisées, on pourrait croire que toutes ces paillettes ne sont que des exfoliations détachées par les éléments humides, et enlevées de la surface de tous les verres primitifs en général : cet effet est certainement arrivé, et l'on ne peut pas douter que les parcelles exfoliées des jaspes, du feldspath et du schorl, ne se soient incorporées avec plusieurs matières, soit par sublimation dans le feu primitif, soit par la stillation des eaux, mais il n'en faut pas conclure que les exfoliations de ces trois derniers verres aient formé les vrais micas; car si c'était là leur véritable origine, ces micas auraient conservé, du moins en partie, la nature de ces verres dont ils se seraient détachés par exfoliation, et l'on trouverait des micas d'essence différente, les uns de celle du jaspe, les autres de celle du feldspath ou du schorl, au lieu qu'ils sont tous à peu près de la même nature et d'une essence qui paraît leur être propre et particulière; nous sommes donc bien fondés à regarder le mica comme un troisième verre de nature produit par le feu primitif, et qui, s'étant trouvé à la surface du globe, n'a pu se recuire ni prendre de la solidité comme le quartz et le jaspe.

DU FELDSPATH.

Le feldspath[1] est une matière vitreuse, et dont néanmoins la cassure est spathique; il n'est nulle part en grandes masses comme le quartz et le

1. Les *feldspath* sont des *silicates doubles* : un *silicate* d'*alumine*, qui est constant, et un *silicate alcalin*, qui varie.

Le *feldspath* à base de *potasse*, ou *silicate double* d'*alumine* et de *potasse*, est l'*orthose*;

Le *feldspath* à base de *soude* est l'*albite*;

Le *feldspath* à base de *lithine* est la *pétalite*.

jaspe, et on ne le trouve qu'en petits cristaux incorporés dans les granites et les porphyres, ou quelquefois en petits morceaux isolés dans les argiles les plus pures ou dans les sables qui proviennent de la décomposition des porphyres et des granites, car ce spath est une des substances constituantes de ces deux matières; on l'y voit en petites masses ordinairement cristallisées et colorées. C'est le quatrième de nos verres primitifs; mais, comme il semble ne pas exister à part, les anciens naturalistes ne l'ont ni distingué ni désigné par aucun nom particulier, et comme il est presque aussi dur que le quartz, et qu'ils se trouvent presque toujours mêlés ensemble, on les avait toujours confondus; mais les chimistes allemands, ayant examiné ces deux matières de plus près, ont reconnu que celle du feldspath était différente de celle du quartz, en ce qu'elle est très-aisément fusible, et qu'elle a la cassure spathique; ils lui ont donné le nom de *feldspath* (spath des champs) [a], *fluss-spath* (spath fusible) [b], et on pourrait l'appeler plus proprement *spath dur* ou *spath étincelant*, parce qu'il est le seul des spaths qui soit assez dur pour étinceler sous le choc de l'acier [c].

Comme nous devons juger de la pureté ou plutôt de la simplicité des substances par la plus grande résistance qu'elles opposent à l'action du feu avant de se réduire en verre, la substance du feldspath est moins simple que celle du quartz et du jaspe, que nous ne pouvons fondre par aucun moyen; elle est même moins simple que celle du mica, qui se fond à un feu très-violent; car le feldspath est non-seulement fusible par lui-même et sans addition au feu ordinaire de nos fourneaux, mais même il communique la fusibilité au quartz, au jaspe et au mica, avec lesquels il est intimement lié dans les granites et les porphyres.

Le feldspath est quelquefois opaque comme le quartz, mais plus souvent il est presque transparent; les diverses teintes de violet ou de rouge dont ses petites masses en cristaux sont souvent colorées, indiquent une grande proximité entre l'époque de sa formation et le temps où les sublimations métalliques pénétraient les jaspes et les teignaient de leurs couleurs; cependant les jaspes, quoique plus fortement colorés, résistent à un feu bien supérieur à celui qui met le feldspath en fusion : ainsi sa fusibilité

a. Sans doute parce que c'est dans les cailloux graniteux, répandus dans les champs, qu'on l'a remarqué d'abord.

b. Ce nom devrait être réservé pour le véritable spath fusible ou spath phosphorique qui accompagne les filons des mines, et dont il sera parlé à l'article des matières vitreuses de seconde formation.

c. Caractères du feldspath, suivant M. Bergman : il étincelle avec l'acier; il se fond au feu sans bouillonnement; il ne se dissout qu'imparfaitement dans l'alcali minéral par la voie sèche, mais il fait effervescence avec cet alcali comme le quartz; il se dissout au feu dans le verre de borax sans effervescence, avec bien plus de facilité que le quartz. Nous ajouterons à ces caractères, donnés par M. Bergman, que le feldspath est presque toujours cristallisé en rhombes, et composé de lames brillantes appliquées les unes contre les autres; que de plus sa cassure est spathique, c'est-à-dire par lames longitudinales brillantes et chatoyantes.

n'est pas due aux parties métalliques qui ne l'ont que légèrement coloré, mais au mélange de quelque autre substance. En effet, dans le temps où la matière quartzeuse du globe était encore en demi-fusion, les substances salines, jusqu'alors reléguées dans l'atmosphère avec les matières encore plus volatiles, ont dû tomber les premières; et en se mélangeant avec cette pâte quartzeuse, elles ont formé le feldspath et le schorl, tous deux fusibles, parce que tous deux ne sont pas des substances simples, et qu'ils ont reçu dans leur composition cette matière étrangère.

Et l'on ne doit pas confondre le feldspath avec les autres spaths auxquels il ne ressemble que par sa cassure *lamellée*, tandis que par toutes ses autres propriétés, il en est essentiellement différent, car c'est un vrai verre qui se fond au même degré de feu que nos verres factices : sa forme cristallisée ne doit pas nous empêcher de le regarder comme un véritable verre produit par le feu, puisque la cristallisation peut également s'opérer par le moyen du feu comme par celui de l'eau, et que dans toute matière liquide ou liquéfiée nous verrons qu'il ne faut que du temps, de l'espace et du repos pour qu'elle se cristallise. Ainsi la cristallisation du feldspath a pu s'opérer par le feu; mais, quelque similitude qu'il y ait entre ces cristallisations produites par le feu et celles qui se forment par le moyen de l'eau, la différence des deux causes n'en reste pas moins réelle; elle est même frappante dans la comparaison que l'on peut faire de la cristallisation du feldspath et de celle du cristal de roche[1], car il est évident que la cristallisation de celui-ci s'opère par le moyen de l'eau, puisque nous voyons le cristal se former, pour ainsi dire, sous nos yeux, et que la plupart des cailloux creux en contiennent des aiguilles naissantes ; au lieu que le feldspath, quoique cristallisé dans la masse des porphyres et des granites, ne se forme pas de nouveau ni de même sous nos yeux, et paraît être aussi ancien que ces matières dont il fait partie, quelquefois si considérable, qu'elle excède dans certains granites la quantité du quartz, et dans certains porphyres celle du jaspe, qui cependant sont les bases de ces deux matières.

C'est par cette même raison de sa grande quantité qu'on ne peut guère regarder le feldspath comme un extrait ou une exsudation du quartz ou du jaspe, mais comme une substance concomitante aussi ancienne que ces deux premiers verres. D'ailleurs on ne peut pas nier que le feldspath n'ait une très-grande affinité avec les trois autres matières primitives; car, saisi par le jaspe, il a fait les porphyres[2]; mêlé avec le quartz, il a formé certaines roches dont nous parlerons sous le nom de *pierres de Laponie;* et joint au quartz, au schorl et au mica, il a composé les granites, au lieu qu'on ne le trouve jamais intimement mêlé dans les grès ni dans aucune

1. Le *cristal de roche* est généralement de formation ignée.
2. Le *jaspe* n'entre pas dans la composition des *porphyres.*

autre matière de seconde formation : il n'y existe qu'en petits débris, comme on le voit dans la belle argile blanche de Limoges [1]. Le feldspath a donc été produit avant ces dernières matières, et semble s'être incorporé avec le jaspe et mêlé avec le quartz dans un temps voisin de leur fusion, puisqu'il se trouve généralement dans toute l'épaisseur des grandes masses vitreuses, qui ont ces matières pour base, et dont la fonte ne peut être attribuée qu'au feu primitif, et que, d'autre part, il ne contracte aucune union avec toutes les substances formées par l'intermède de l'eau, car on ne le trouve pas cristallisé dans les grès, et, s'il y est quelquefois mêlé, ce n'est qu'en petits fragments. Le grès pur n'en contient point du tout, et la preuve en est que ce grès est aussi infusible [2] que le quartz, et qu'il serait fusible si sa substance était mêlée de feldspath ; il en est de même de l'argile blanche de Limoges, qui est tout aussi réfractaire au feu que le quartz ou le grès pur, et qui par conséquent n'est pas composée de détriments de feldspath [3], quoiqu'on y trouve de petits morceaux isolés de ce spath, qui n'est pas réduit en poudre comme le quartz dont cette argile paraît être une décomposition.

Le grès [4] pur n'étant formé que de grains de quartz agglutinés, tous deux ne sont qu'une seule et même substance, et ceci semble prouver encore que le feldspath n'a pu s'unir avec le quartz et le jaspe que dans un état de liquéfaction par le feu, et que, quand il est décomposé par l'eau, il ne conserve aucune affinité avec le quartz, et qu'il ne reprend pas dans cet élément la propriété qu'il eut dans le feu de se cristalliser, puisque nulle part dans le grès on ne trouve ce spath sous une forme distincte ni cristallisée de nouveau, quoiqu'on ne puisse néanmoins douter que les grès feuilletés et micacés, qui sont formés des sables graniteux, ne contiennent aussi les détriments du feldspath en quantité peut-être égale à ceux du quartz.

Et puisque ce spath ne se trouve qu'en très-petit volume et toujours mêlé par petites masses, et comme par doses dans les porphyres et granites, il paraît n'avoir coulé dans ces matières et ne s'être uni à leur substance que comme un alliage additionnel auquel il ne fallait qu'un moindre degré de feu pour demeurer en fusion, et l'on ne doit pas être surpris que, dans la vitrification générale, le feldspath et le schorl, qui se sont formés les derniers, et qui ont reçu dans leur composition les parties hétérogènes qui tombaient de l'atmosphère, n'aient pris en même temps beaucoup plus de fusibilité que les trois autres premiers verres dont la substance n'a été que peu ou point mélangée ; d'ailleurs ces deux derniers verres sont demeurés

1. Le *kaolin*.

2. Voyez la note 2 de la page 11.

3. C'est tout le contraire. Cette *argile*, c'est-à-dire le *kaolin*, résulte précisément de la *décomposition* du *feldspath*.

4. Le *grès* est composé de grains de *quartz*, reliés par un ciment de *calcaire* ou de *silice*.

plus longtemps liquides que les autres, parce qu'il ne leur fallait qu'un moindre degré de feu pour les tenir en fusion : ils ont donc pu s'allier avec les fragments décrépités et les exfoliations du quartz et du jaspe, qui déjà étaient à demi consolidés.

Au reste, le feldspath, qui n'a été bien connu en Europe que dans ces derniers temps, entrait néanmoins dans la composition des anciennes porcelaines de la Chine, sous le nom de *petunt-zé*[1] ; et aujourd'hui nous l'employons de même pour nos porcelaines, et pour faire les émaux blancs des plus belles faïences.

Dans les porphyres et les granites, le feldspath est cristallisé tantôt régulièrement en rhombes, et quelquefois confusément et sans figure déterminée; nous n'en connaissions que de deux couleurs, l'un blanc ou blanchâtre, et l'autre rouge ou rouge violet; mais on a découvert depuis peu un feldspath vert qui se trouve, dit-on, dans l'Amérique septentrionale, et auquel on a donné le nom de *pierre de Labrador*[2]. Cette pierre, dont on n'a vu que de petits échantillons, est chatoyante, et composée, comme le feldspath, de cristaux en rhombes; elle a de même la cassure spathique, elle se fond aussi aisément, et se convertit comme le feldspath en un verre blanc : ainsi l'on ne peut douter que cette pierre ne soit de la même nature que ce spath, quoique sa couleur soit différente; cette couleur est d'un assez beau vert, et quelquefois d'un vert bleuâtre et toujours à reflets chatoyants. La grande dureté de cette pierre la rend susceptible d'un très-beau poli; et il serait à désirer qu'on pût l'employer comme le jaspe; mais il y a toute apparence qu'on ne la trouvera pas en grandes masses, puisqu'elle est de la même nature que le feldspath, qui ne s'est trouvé nulle part en assez grand volume pour en faire des vases ou des plaques de quelques pouces d'étendue.

DU SCHORL.

Le schorl[3] est le dernier de nos cinq verres primitifs; et comme il a plusieurs caractères communs avec le feldspath, nous verrons, en les comparant ensemble par leurs ressemblances et par leurs différences, que tous deux ont une origine commune, et qu'ils se sont formés en même temps et par les mêmes effets de nature lors de la vitrification générale.

1. « Le vernis qui recouvre la porcelaine est le *feldspath* lui-même ou *orthose*, non altéré, « que l'on désigne alors sous le nom de *petunt-zé*. » (Beudant.)

2. Ou *labradorite*. — La *labradorite* est essentiellement composée de *silice*, d'*alumine*, de *chaux* et de *soude* : souvent une certaine quantité d'*oxyde de fer* tient lieu d'une proportion correspondante d'une des bases.

3. Le nom de *schorl* a été donné à un grand nombre de *minéraux*. Werner l'appliquait à la *tourmaline* ou *schorl électrique*.

Le schorl est un verre spathique, c'est-à-dire composé de lames longitudinales comme le feldspath ; il se présente de même en petites masses cristallisées, et ses cristaux sont des prismes surmontés de pyramides, au lieu que ceux du feldspath sont en rhombes; ils sont tous deux également fusibles sans addition, seulement la fusion du feldspath s'opère sans bouillonnement, au lieu que celle du schorl se fait en bouillonnant. Le schorl blanc donne, comme le feldspath, un verre blanc, et le schorl brun ou noirâtre donne un verre noir ; tous deux étincellent sous le choc de l'acier, tous deux ne font aucune effervescence avec les acides ; la base de tous les deux est également quartzeuse, mais il paraît que le quartz est encore plus mélangé de matières étrangères dans le schorl que dans le feldspath, car ses couleurs sont plus fortes et plus foncées, ses cristaux plus opaques, sa cassure moins nette et sa substance moins homogène ; enfin, tous deux entrent comme parties constituantes dans la composition de plusieurs matières vitreuses en grandes masses, et en particulier dans celle des porphyres et des granites.

Je sais que quelques naturalistes récents ont voulu regarder comme un schorl les grandes masses d'une matière qui se trouve en Limousin, et qu'ils ont indiquée sous les noms de *basalte antique* ou de *gabro*[1]; mais cette matière, qui ne me paraît être qu'une sorte de *trapp*, est très-différente du schorl primitif; elle ne se présente pas en petites masses cristallisées en prismes surmontés de pyramides; elle est au contraire en masses informes, et personne assurément ne pourra se persuader que les cristaux de schorl, que nous voyons dans les porphyres et les granites, soient de cette même matière de trapp ou de gabro, qui diffère du vrai schorl, tant par l'origine que par la figuration et par le temps de leur formation, puisque le schorl a été formé par le feu primitif, et que ce trapp ou ce gabro n'a été produit que par le feu des volcans.

Souvent les naturalistes, et plus souvent encore les chimistes, lorsqu'ils ont observé quelques rapports communs entre deux ou plusieurs substances, n'hésitent pas de les rapporter à la même dénomination : c'est là l'erreur majeure de tous les méthodistes ; ils veulent traiter la nature par genres, même dans les minéraux, où il n'y a que des sortes et point d'espèces[2]; et ces sortes plus ou moins différentes entre elles, ne peuvent par conséquent être indiquées par la même dénomination ; aussi les méthodes ont-elles mis plus de confusion dans l'histoire de la nature que les obser-

1. *Euphotide* (*granitone*).

2..... *Il n'y a que des sortes et point d'espèces.* Dans les *minéraux*, l'*individualité* tient à la *composition*. Tous les *minéraux*, *composés* de même, sont de même *sorte* ou de même *espèce*. Le nom n'y fait rien : seulement ici l'idée d'*espèce* ne tient qu'à la *composition*, tandis que, dans les *végétaux* et les *animaux*, elle tient à la *composition* et à la *descendance*, laquelle n'est un si bon *caractère* que parce qu'elle implique la *composition*, et nous en est le *signe extérieur* le plus sûr.

vations n'y ont apporté de connaissances; un seul trait de ressemblance suffit souvent pour faire classer dans le même genre des matières dont l'origine, la formation, la texture et même la substance sont très-différentes; et pour ne parler que du schorl, on verra avec surprise, chez ces *créateurs* de genres, que les uns ont mis ensemble le schorl, le basalte, le trapp et la zéolithe; que d'autres l'ont associé non-seulement à toutes ces matières, mais encore aux grenats, aux amiantes, au jade, etc.; d'autres à la pierre d'azur et même aux cailloux; est-il nécessaire de peser ici sur l'obscurité et la confusion qui résultent de ces assemblages mal assortis, et néanmoins présentés avec confiance sous une dénomination commune et comme choses de même genre?

C'est du schorl qui se trouve incorporé dans les porphyres et les granites dont il est ici question, et certainement ce schorl n'est ni basalte, ni trapp, ni caillou, ni grenat, et il faut même le distinguer des tourmalines, des pierres de croix et des autres schorls de seconde formation, qui ne doivent leur origine qu'à la stillation des eaux : ces schorls secondaires sont différents du schorl primitif, et nous en traiterons ainsi que de la pierre de corne et du trapp dans des articles particuliers; mais le vrai, le premier schorl, est, comme le feldspath, un verre primitif qui fait partie constituante des plus anciennes matières vitreuses, et qui quelquefois se trouve dans les produits de leur décomposition, comme dans le cristal de roche, les chrysolithes, les grenats, etc.

Au reste, les rapports du feldspath et du schorl sont même si prochains, si nombreux, qu'on pourrait en rigueur ne regarder le schorl que comme un feldspath[1] un peu moins pur et plus mélangé de matières étrangères, d'autant plus que tous deux sont entrés en même temps dans la composition des matières vitreuses dont nous allons parler.

DES ROCHES VITREUSES

DE DEUX ET TROIS SUBSTANCES, ET EN PARTICULIER DU PORPHYRE.

Apès avoir parlé du quartz, du jaspe, du mica, du feldspath et du schorl, qui sont les cinq substances les plus simples[2] que la nature ait produites par le moyen du feu, nous allons suivre les combinaisons qu'elle en a faite, en les mêlant deux, trois ou quatre, et même toutes cinq ensemble, pour composer d'autres matières par le même moyen du feu dans les premiers temps de la consolidation du globe : ces cinq verres primitifs, en se combi-

1. Tous les *schorls* sont différents des *feldspaths*.
2. Ce ne sont pas les substances *les plus simples*. (Voyez les notes précédentes.)

nant seulement deux à deux, ont pu former dix matières différentes, et de ces dix combinaisons il n'y en a que trois qui n'existent pas ou du moins qui ne soient pas connues.

Les dix combinaisons de ces cinq verres primitifs pris deux à deux sont :

1° Le quartz et le jaspe : cette matière se trouve dans les fentes perpendiculaires et dans les autres endroits où le jaspe est contigu au quartz ; ils sont même quelquefois comme fondus ensemble dans leur jonction, et quelquefois aussi le quartz forme des veines dans le jaspe. J'ai vu une plaque de jaspe noir traversée d'une veine de quartz blanc.

2° Le quartz et le mica : cette matière est fort commune, et se trouve par grandes masses et même par montagnes ; on pourrait l'appeler *quartz micacé* [a].

a. « La pierre, dit M. Ferber, que les Allemands appellent *schiste corné* ou *schiste de corne*, « est formée de quartz et de mica, et ce schiste de corne n'est pas la même chose que la pierre « de corne ; celle-ci est une espèce de silex ou pierre à fusil. »

Nous ne pouvons nous dispenser d'observer que cet habile minéralogiste est ici tombé dans une double méprise : d'abord il n'y a aucun schiste qui soit formé de quartz et de mica, et il n'eût point dû appliquer à ce composé de quartz et de mica le nom de *schiste de corne*, puisqu'il dit que ce schiste de corne n'a rien de commun avec la pierre de corne qui, selon lui, est un silex, ce qui est une seconde méprise, car la pierre de corne [1] n'est point un silex, mais une pierre composée de schiste et de matière calcaire; tout quartz mêlé de mica doit être appelé *quartz micacé* tant que le mica n'a pas changé de nature, et, lorsque par sa décomposition il s'est converti en argile ou en schiste, il faut nommer *quartz schisteux* ou *schiste quartzeux* la par pierre composée des deux.

« Il y a dans le Piémont, continue M. Ferber, des montagnes calcaires et des montagnes « quartzeuses; celles-ci ont des raies plus ou moins fortes de mica, et c'est de cette espèce de « pierres que sont formées les montagnes voisines de Turin. On les nomme *sarris;* on s'en sert « pour les fondations des bâtiments, pour des colonnes, etc. » *Lettres sur la Minéralogie*, par M. Ferber, page 456.

Le même M. Ferber (page 344), en parlant d'un prétendu granit à deux substances, quartz et mica, s'exprime encore dans les termes suivants : « Quand il n'entre point du tout de spath « dur (feldspath) dans la composition des granites, on nomme alors ce mélange de quartz et de « mica *hornberg, hornfels, gestellstein,* ce qui vient de l'usage qu'on en fait dans les fourneaux « de fonderie; lorsque le mica y est plus abondant, la pierre est schisteuse. »

Le nom de *gestellstein* (pierre de fondement ou base des fourneaux), me paraît aussi impropre que celui de schiste corné, pour désigner la matière vitreuse qui n'est composée que de quartz et de mica et non de schiste ; et M. le baron de Dietrich remarque avec raison (p. 491 et 492 des *Lettres sur la Minéralogie*, note du traducteur) « qu'il y a beaucoup de roches com- « posées qui n'ont aucune dénomination; que d'autres, au contraire, en ont tant et de si indé- « terminées que l'on ne s'entend point lorsqu'on se sert de ces noms : par exemple, le *granite,* « la *roche cornée,* ce qu'on nomme en allemand *gestellstein*, sont des noms que l'on confond « souvent et que l'on applique mal. Chaque granite, proprement dit, doit renfermer du quartz, « du spath dur (feldspath) et du mica; mais on nomme aussi *granite* cette même espèce de « pierre quand il n'y a pas de feldspath, tandis qu'alors elle doit être nommée *roche cornée* « (en suédois, *graeberg*); car les parties essentielles de la roche cornée sont du quartz, dans « lequel il y a des taches ou des raies grossières de mica, séparées les unes des autres; mais « lorsque ces raies de mica sont très-rapprochées, et que par là la roche devient schisteuse ou « feuilletée, on la nomme en allemand *gestellstein*, d'après l'usage que l'on en fait pour les

1 (*a*). *Pierre de corne.* On a donné ce nom à trois espèces de roches différentes, dont l'aspect offre plus ou moins d'analogie avec la *corne :* au *quartz-agate grossier*, au *pétrosilex,* et à la *cornéenne*, ou *amphibole compacte.*

3° Le quartz et le feldspath : il y a des roches de cette matière en Provence et en Laponie, d'où M. de Maupertuis nous en a apporté un échantillon [a]. Quelques naturalistes ont appelé cette pierre *granite simple*, parce qu'elle ne contient que du quartz et du feldspath sans mélange de mica ni de schorl; et c'est de cette même composition qu'est formée la roche de Provence décrite par M. Angerstein [b] sous le nom mal appliqué de *pétrosilex*.

« fourneaux..... On désigne aussi par *roche de corne* quelques cailloux (*pétrosilex*)..... on ne « devrait donner le nom de *schiste corné* qu'à l'espèce de pierre dans laquelle le quartz est « intimement lié avec le mica, de manière qu'ils ne sauraient être distingués l'un de l'autre à « la vue. »

Le savant traducteur finit, comme l'on voit, à l'égard du prétendu schiste corné, par tomber dans la mauvaise application des noms qu'il censure.

a. Il s'en est aussi trouvé depuis dans les Alpes : « J'ai trouvé dans les environs de Genève, « dit M. de Saussure, deux variétés du granite simple, c'est-à-dire composé seulement de « quartz et de feldspath : dans l'une, un feldspath blanc forme le fond de la pierre, et le quartz « y est parsemé par petits grains; dans l'autre un feldspath de couleur fauve est entremêlé, à « dose à peu près égale, avec du quartz blanc fragile. » *Voyage dans les Alpes*, t. I, p. 103.

b. « Dans la forêt de l'Esterelle en Provence, entre Cannes et Fréjus, il y a une montagne « de roche grossière et grisâtre, entremêlée de *mica*, de quartz et de feldspath, les mêmes « espèces qui entrent dans la composition des granites, avec cette différence qu'elles sont plus « mûres, plus fines et plus compactes dans ceux-ci que dans l'autre... Et plus loin on trouve « une pierre rougeâtre appelée *pétrosilex*, c'est-à-dire caillou de roche, qui est la mère des « porphyres et des jaspes, de même que la pierre brute grise, dont je viens de parler, est « la mère des granites. On trouve des *pétrosilex* qui sont noirs, bruns, rougeâtres, verts et « bleuâtres.

« A mesure qu'on avance, cette pierre devient plus dure; on y voit des taches opaques d'un « petit feldspath, semblables à celles qu'on voit dans le porphyre d'Égypte : on y aperçoit aussi « de petites taches de plomb, lesquelles se trouvent aussi, quoique rarement, dans les por- « phyres antiques; ces taches sont cristallisées comme les autres; mais on juge par la couleur « que c'est un minéral qu'on appelle *molybdène*, lequel, aussi bien que le schorl ou le *corneus* « *cristallisatus*, peut être compté parmi les minéraux *inconnus*... Vers le sommet de la mon- « tagne de l'Esterelle, ce même porphyre acquiert encore une autre sorte de taches qui, par leur « transparence, ressemblent au verre, étant formées en cristaux spatheux, pyramidaux et « pointus aux deux bouts; mais, à mesure que les taches nouvelles s'accroissent, les autres dis- « paraissent. Ce nouveau porphyre est plus beau que l'autre dans son poli, et ses taches devien- « nent entièrement transparentes quand on le scie en plaques minces. »

Je remarquerai que cette pierre, que M. Angerstein a ci-devant regardée comme *la mère du porphyre*, devient ici une matière dont la finesse de grain, la dureté et la consistance l'ont déterminé à placer cette pierre parmi les jaspes.

« En avançant quelques lieues, continue-t-il, dans les bois de l'Esterelle, on ne remarque « plus qu'une continuité de ce changement alternatif de porphyre et de jaspe; mais dans « certains endroits, et surtout du côté de Fréjus, ces deux sortes de pierre sont amoncelées et « *congelées* l'une avec l'autre, et forment un produit qui a le caractère du marbre sérancolin « des Pyrénées.

« Au sud-ouest, on trouve au pied de la montagne le *pétrosilex*: dans cet endroit il est tantôt « rouge brun, tantôt tirant sur le bleu céleste, tantôt sur le vert; ce qui fait présumer que l'on « pourrait y trouver encore des jaspes et des porphyres verts et bleuâtres, parce qu'on a vu « ci-devant que le *pétrosilex*, ou le caillou de roche d'un rouge brun, a donné l'origine aux « jaspes et aux porphyres de la même couleur.

« En dernier lieu, on remarque une petite colline d'une pierre appelée *corneus*, d'un gris « foncé, mêlée de fibres en forme de petits filets, et de taches de spath cristallisé à quatorze

4° Le quartz et le schorl : cette matière est composée de quartz blanc ou blanchâtre et de schorl, tantôt noir et tantôt vert ou verdâtre, distribué par taches irrégulières ; ce premier mélange, taché de noir sur un fond blanc, a été nommé improprement *jaspe d'Égypte* et *granite oriental*, et le second mélange a été tout aussi mal nommé *porphyre vert*. Nous ne croyons pas qu'il soit nécessaire d'avertir que cette pierre quartzeuse, tachetée de noir ou de vert par le mélange d'un schorl de l'une ou de l'autre de ces couleurs, n'est ni jaspe, ni granite, ni porphyre ; j'ignore si cette matière se trouve en grande masse, mais je sais qu'elle reçoit un beau poli et qu'elle frappe agréablement les yeux par le contraste des couleurs.

5° Le jaspe et le mica : cette combinaison n'existe peut-être pas dans la nature ; du moins je ne connais aucune substance qui la représente ; et lorsque le mica se trouve avec le jaspe il est seulement uni légèrement à sa surface et non pas incorporé dans sa substance.

6° Le jaspe et le feldspath , et 7° le jaspe et le schorl : ces deux mélanges forment également des porphyres.

8° Le mica et le feldspath : il en est de ce mélange, à peu près comme du cinquième , c'est-à-dire de celui du jaspe et du mica ; on trouve en effet du feldspath couvert et chargé de mica, mais qui n'est point incorporé dans sa substance.

9° Le mica et le schorl : cette combinaison ne m'est pas mieux connue, et peut-être n'existe pas plus dans la nature que la précédente et la cinquième.

10° Le feldspath et le schorl : ce mélange est celui qui a formé la matière des ophites [1], dont il y a plusieurs variétés ; mais toutes com-

« pans, et quelquefois congelées en forme de grappes : arrivé à Fréjus, toutes ces pierres dis- « paraissent. » *Remarques sur les montagnes de Provence*, par M. Angerstein, dans les *Mémoires des savants étrangers*, t. II.

Nous devons faire observer que cette idée de M. Angerstein, de regarder la roche grossière et grisâtre de la forêt de l'Esterelle en Provence comme la *mère des granites*, est sans aucun fondement; car les granites ne sont pas des pierres enfantées immédiatement par d'autres pierres, et cette prétendue mère des granites n'est elle-même qu'un granite gris qui ressemble aux autres par sa composition, puisqu'il contient du quartz, du mica et de feldspath, de l'aveu même de l'auteur. Il dit de même que son *pétrosilex* est la *mère des porphyres et des jaspes*, ce qui n'est pas plus fondé, puisque ni le jaspe ni le porphyre ne contiennent point de quartz ; tandis que ce prétendu *pétrosilex*, étant composé de quartz et de feldspath, n'a point de rapport avec les jaspes : il est du nombre des matières de la troisième combinaison dont nous venons de parler, ou, si l'on veut, il fait la nuance entre cette pierre et les granites, parce qu'on y voit quelques taches de *plomb noir* ou *molybdène*, qui, comme l'on sait, est une matière micacée ; il n'est donc pas possible que ce pétrosilex ait produit des jaspes, puisqu'il n'en contient pas la matière; ainsi la distinction que cet observateur fait entre le granite, la roche grisâtre, *mère des granites*, et son pétrosilex, *mère des porphyres et des jaspes*, ne me paraît pas établie sur une juste comparaison; et, de plus, nous verrons que le vrai pétrosilex est une matière différente de celle à laquelle M. Angerstein en applique ici le nom.

1. *Ophites*. Ce nom a été donné à des roches très-différentes : aux *porphyres verts*, à la *dioritine*, etc., etc.

posées de feldspath plus ou moins mêlé de schorl de différentes couleurs.

Des dix combinaisons de ces mêmes cinq verres primitifs, pris trois à trois, et qui dans la spéculation paraissent être également possibles, nous n'en connaissons néanmoins que trois, dont deux forment les granites, et la troisième un porphyre différent des deux premiers : car, 1° le quartz, le feldspath et le mica composent la substance de plusieurs granites ; 2° d'autres granites au lieu de mica sont mêlés de schorl ; et 3° il y a du porphyre composé de jaspe, de feldspath et de schorl.

Enfin des quatre combinaisons des cinq verres primitifs pris quatre à quatre, nous n'en connaissons qu'une qui est encore un granite, dans la la composition duquel le quartz, le mica, le feldspath et le schorl se trouvent réunis. Je doute qu'il y ait aucune matière de première formation qui contienne ces cinq matières ensemble : tant il est vrai que la nature ne s'est jamais soumise à nos abstractions ! car de ces vingt-cinq combinaisons, toutes également possibles en spéculation, nous n'en pouvons compter en réalité que onze, et peut-être même dans ce nombre y en a-t-il quelques-unes qui n'ont pas été produites comme les autres par le feu primitif, et qui n'ont été formées que des détriments des premières réunis par l'intermède de l'eau.

Quoi qu'il en soit, le porphyre [1] est la plus précieuse de ces matières composées : c'est, après le jaspe, la plus belle des substances vitreuses en grandes masses ; il est, comme nous venons de le dire, formé de jaspe, de feldspath et de petites parties de schorl incorporées ensemble. On ne peut le confondre avec les jaspes, puisque ceux-ci sont d'une substance simple et ne contiennent ni feldspath, ni schorl ; on ne doit pas non plus mettre le porphyre au nombre des granites, parce qu'aucun granite ne contient du jaspe, et qu'ils sont composés de trois et même de quatre autres substances qui sont le quartz, le feldspath, le schorl et le mica ; de ces trois ou quatre substances, il n'y a que le feldspath et le schorl qui soient communs aux deux ; le porphyre a donc sa nature propre et particulière, et il paraît être plus éloigné du granite que du jaspe ; car le quartz, qui entre toujours dans la composition des granites [2], ne se trouve point dans les porphyres [3], qui tous ne contiennent que du jaspe, du feldspath et du schorl.

Le nom de porphyre semblerait désigner exclusivement une matière d'un rouge de pourpre, et c'est en effet la couleur du plus beau porphyre ; mais cette dénomination s'est étendue à tous les porphyres de quelque cou-

1. On nomme *porphyres* des roches composées d'une pâte compacte de *pétrosilex amphiboleux*, et enveloppant des cristaux de *feldspath*, des grains de *quartz*, de *mica*, etc.

2. Le *quartz* entre dans quelques-unes des variétés du *porphyre*.

3. Voyez l'article du *granite*.

leur qu'ils soient, car il en est des porphyres comme des jaspes : il y en a de plus ou moins colorés de rouge, de brun, de vert et de différentes nuances de quelques autres couleurs. Le porphyre rouge est semé de très-petites taches plus ou moins blanches et quelquefois rougeâtres; ces taches présentent les parties du feldspath et du schorl, qui sont disséminées et incorporées dans la pâte du jaspe, et le caractère essentiel de tous les porphyres et par lequel ils sont toujours reconnaissables, c'est ce mélange du feldspath ou du schorl, ou de tous deux ensemble, avec la matière du jaspe : ils sont d'autant plus opaques et plus colorés, que le jaspe est entré en plus grande quantité dans leur composition, et ils prennent au contraire un peu de transparence lorsque le feldspath y est en grande quantité. Nous pouvons à ce sujet observer qu'en général, dans les matières vitreuses produites par le feu primitif, plus il y a de transparence et plus il y a de dureté, au lieu que dans les matières calcinables, toutes formées par l'intermède de l'eau, la transparence indique la mollesse. Ainsi moins un porphyre est opaque, plus il est dur, et au contraire plus un marbre est transparent, plus il est tendre : on le voit évidemment dans le marbre de Paros et dans les albâtres; cette différence vient de ce que le spath calcaire est plus tendre que la pâte du marbre dans laquelle il est mêlé, et que le feldspath et le schorl sont aussi durs que le quartz et le jaspe, avec lesquels ils sont incorporés dans les porphyres et les granites.

Il n'y a ni quartz ni mica dans les porphyres, et il est aisé de les distinguer des granites qui contiennent toujours du quartz et souvent du mica; il y a plus de cohérence entre les parties de la matière dans les porphyres que dans les granites, surtout dans ceux où le mélange du mica diminue non-seulement la cohésion des parties, mais aussi la densité de la masse. Dans le porphyre, c'est le fond ou la pâte qui est profondément colorée, et les grains de feldspath et de schorl sont blancs, ou quelquefois ils sont de la couleur du fond, et alors seulement d'une teinte plus faible; dans le granite, au contraire, c'est le feldspath et le schorl qui sont colorés, et le quartz, que l'on peut regarder comme sa pâte, est toujours blanc, et c'est ce qui prouve que le porphyre a la matière du jaspe [1] pour base, comme le granite celle du quartz.

Quelques naturalistes, en convenant avec moi que le feldspath et le schorl entrent comme parties constituantes dans les porphyres, se refusent à croire que la matière qui en fait la pâte soit réellement du jaspe, et ils se fondent sur ce que la cassure du porphyre n'est pas aussi nette que celle du jaspe; mais ils ne font pas attention que parmi les jaspes, il y en a qui ont la cassure un peu terreuse comme le porphyre, et qu'on ne doit le comparer qu'aux jaspes communs qui se trouvent en grandes masses et non

1. Voyez la note 2 de la page 36.

aux jaspes fins qui sont de seconde formation. Ces nouveaux jaspes ont la cassure plus brillante que celle des anciens, desquels ils tirent leur origine, et ces anciens jaspes ne diffèrent pas par leur cassure de la matière qui fait la pâte des porphyres.

Quoique beaucoup moins commun que les granites, le porphyre ne laisse pas de se trouver en fortes masses et même par grands blocs en quelques endroits[a]; il est ordinairement voisin des jaspes, et tous deux portent comme le granite sur des roches quartzeuses; et cette proximité indique entre eux une formation contemporaine. La solidité très-durable de la substance du porphyre atteste de même son affinité avec le jaspe; ils ne se ternissent tous deux que par une très-longue impression des éléments humides, et de toutes les matières du globe que l'on peut employer en grand volume, le quartz, le jaspe et le porphyre sont les plus inaltérables : le temps a effacé et détruit en partie les caractères hiéroglyphques des colonnes et des pyramides du granite égyptien, au lieu que les jaspes et les porphyres, dans les monuments les plus anciens, ne paraissent avoir reçu que de légères atteintes du temps, et il est à croire qu'il en serait de même des ouvrages faits de quartz, si les anciens l'eussent employé; mais comme il n'a ni couleurs brillantes, ni variétés dans sa substance, et que sa grande dureté le rend très-difficile à travailler et à polir, on l'a toujours rejeté; et, d'autre part, les porphyres et les jaspes ne se trouvant que rarement en grandes masses continues, on a de tout temps préféré les granites à ces premières matières pour les grands monuments.

Le quartz, qui forme la roche intérieure du globe, est en même temps la base universelle des autres matières vitreuses; il soutient les masses des granites et celles des porphyres et des jaspes, et tous sont plus ou moins contigus à cette roche primitive à laquelle ils tiennent comme à leur matrice ou mère commune, qui semble les avoir nourris des vapeurs qu'elle a laissé transpirer, et qui leur a fait part des trésors de son sein en les teignant des plus riches couleurs.

M. Ferber, ayant curieusement examiné tous les porphyres en Italie, les distingue en cinq sortes, 1° le porphyre rouge qui est le plus commun, et dont le fond est d'un rouge foncé avec de petites taches blanches et oblongues, souvent irrégulières ou parallélipipèdes. Le fond de ce porphyre est d'un rouge plus ou moins foncé, et quelquefois si brun qu'il tire sur le noir. « On ne peut nier, dit-il, que la matière de ces taches ne soit du « spath dur, opaque, compacte, blanc de lait, et en même temps de la « nature du *schorl*, ce que la forme et la simple vue indiquent assez; il en « est de même des autres sortes de porphyres, et il me paraît que ces taches « sont d'une espèce de pierre qui tient le milieu entre le feldspath et le

a. On en voit à Constantinople de très-hautes colonnes d'une seule pièce, dans l'église de Sainte-Sophie ; on croit que ces colonnes viennent de la Thébaïde.

« schorl. En général, continue-t-il, il y a très-peu de différence essentielle « entre le schorl, le spath dur ou feldspath, le quartz, les autres cailloux « et les grenats. »

Je dois observer que tout ce que dit ici M. Ferber, loin de répandre de la lumière sur ce sujet, y porte de la confusion. Le schorl ne doit pas être confondu avec le feldspath[1]; il n'y a point de pierre dont la substance tienne le milieu entre le feldspath et le schorl. La substance qui, dans les porphyres, se trouve incorporée avec la matière du jaspe, n'est pas uniquement du schorl, mais aussi du feldspath. La différence du schorl au feldspath est bien connue, et certainement le schorl, le *spath dur* (feldspath), le quartz, les *cailloux* et les grenats, ont chacun entre eux des différences essentielles que ce minéralogiste n'aurait pas dû perdre de vue.

« 2° Le porphyre taché de blanc, continue M. Ferber, dont il y a deux « variétés : la première est le porphyre noir, proprement dit, dont le fond « est entièrement noir avec de petites taches oblongues, et qui ne diffère « du porphyre rouge que par cette couleur du fond; la seconde variété est « la *serpentine noire antique*, dont le fond est noir avec de grandes taches « blanches oblongues ou parallélipipèdes.

« 3° Le porphyre à fond brun avec de grandes taches verdâtres oblon- « gues; il s'en trouve aussi dont le fond est d'un brun rougeâtre avec des « taches d'un vert clair, et d'autres dont le fond est d'un brun noirâtre « avec des taches moitié noirâtres et moitié verdâtres.

« 4° Le porphyre vert dont il y a plusieurs variétés : 1° la serpentine « verte antique, dont le fond est vert, et les taches oblongues et paralléli- « pipèdes sont d'un vert plus ou moins clair, et de la nature du *feldspath* « ou du *schorl*. On trouve quelquefois dans ces pierres des bulles telles que « celles qui se forment dans les matières fondues par la sortie de l'air qui y « est renfermé; on y voit aussi assez souvent des taches blanches et transpa- « rentes arrondies irrégulièrement, et qui paraissent être de la nature de « l'agate. 2° Le porphyre à fond vert taché de blanc. 3° Le porphyre à fond « vert foncé avec des taches noires. 4° Le porphyre à fond vert clair ou « plutôt jaune verdâtre taché de noir.

« 5° Le porphyre vert, proprement dit, qui a plusieurs variétés. La pre- « mière à fond vert foncé presque noir, de la nature du jaspe, avec des « taches blanches distinctes, oblongues, en *forme de schorl*, plus grandes « que les taches du porphyre noir, et plus petites que celles de la serpentine « noire antique. La seconde variété est à fond de la nature du jaspe, d'un « vert foncé avec de petites taches blanches, rondes et longues, et ressemble, « à la couleur près, au porphyre rouge. La troisième à fond vert foncé, qui « est de la nature du *trapp ;* les taches sont blanches, quartzeuses, irrégu-

1. Voyez la note 1 de la page 40.

« lières, et quelquefois si grandes et si nombreuses, qu'on dirait, avec « raison, que le fond est blanc ; de temps en temps le fond s'est cristallisé « en rayons de schorl : alors cette espèce de porphyre vert se rapproche « beaucoup de l'espèce du granite qui est mêlé de schorl au lieu de mica. « La quatrième à fond vert foncé de la nature du *trapp*, comme celle du « précédent, avec de petites taches blanches serrées, oblongues comme du « schorl, rarement d'une figure régulière ou déterminée, mais entrelacées « les unes dans les autres et repliées comme de petits vers; les ouvriers « appellent cette variété *porphyre vert fleuri*. La cinquième d'un fond vert « clair de la nature du *trapp,* avec de petites taches oblongues, de figure « déterminée, et détachées les unes des autres, et de petits rayons de schorl « noir [a]. »

Je ne puis m'empêcher d'observer encore que cet habile minéralogiste confond ici le schorl avec le feldspath dans sa description de la première variété du porphyre vert, et qu'en même temps qu'il semble attribuer au feu la formation de cette pierre, il dit qu'on y trouve des agates; or, l'agate étant formée par l'eau, il n'est pas probable que cette pierre de porphyre ait été pour le reste produite par le feu, à moins d'imaginer que l'agate s'est produite par infiltration dans les bulles dont M. Ferber remarque que cette pierre est soufflée.

Je remarquerai aussi que, sur ces cinq variétés, il n'y a que les deux premières qui soient de vrais porphyres, et qu'à l'égard des trois dernières variétés dont le fond n'est pas de jaspe, mais de la matière tendre appelée *trapp,* on ne doit pas les mettre au nombre des porphyres, puisqu'elles en diffèrent non-seulement par leur moindre dureté, mais même par leur composition, et autant que le jaspe diffère du trapp : ceci nous démontre que M. Ferber a confondu, sous le nom de porphyre, plusieurs substances qui sont d'une autre essence, et que celles qu'il nomme *serpentines noires antiques* et *serpentines vertes antiques* sont peut-être, comme le trapp, des matières différentes du porphyre; nous pouvons même dire que ceux qui, comme M. Ferber, dans le Vicentin, et M. Soulavie, dans le Vivarais, n'ont observé la nature qu'en désordre, n'ont pu prendre que de fausses idées de ses ouvrages et se méprendre sur leur formation. Dans ces terrains bouleversés, les matières produites par le feu primitif, mêlées à celles qui ont ensuite été formées par le transport ou l'intermède de l'eau, et toutes confondues avec celles qui ont été altérées, dénaturées ou fondues par le feu des volcans, se présentent ensemble; ils n'ont pu reconnaître leur origine ni même les distinguer assez pour ne pas tomber dans de grandes erreurs sur leur formation et leur essence ; il me paraît donc que, quoique M. Ferber soit l'un des plus attentifs de ces observateurs, on ne peut rien

a. *Lettres sur la Minéralogie,* p. 337 et suiv.

conclure de ces descriptions et observations, sinon qu'il se trouve dans ces terrains volcanisés des matières presque semblables aux vrais porphyres; et, si cela est, n'y a-t-il pas toute raison de penser avec moi que le feu primitif a formé les premiers porphyres, dans lesquels je n'ai admis que le mélange du jaspe, du feldspath et du schorl, parce que je n'ai jamais vu dans le porphyre des parties quartzeuses, et que je pense qu'il faut distinguer les vrais et anciens porphyres produits par le feu primitif de ceux qui l'ont été postérieurement par celui des volcans? ceux-ci peuvent être mêlés de plusieurs autres matières de seconde formation, au lieu que les premiers ne pouvaient être composés que des verres primitifs, seules matières qui existaient alors.

Après le quartz, le jaspe, le mica, le feldspath et le schorl, qui sont les substances les plus simples, on peut donc dire que, de toutes les autres matières en grandes masses et produites par le feu, le porphyre et les roches vitreuses, dont nous venons de parler, sont les plus simples, puisqu'elles ne contiennent que deux ou trois de ces premières substances; cependant ces mêmes roches vitreuses et les porphyres ne sont pas à beaucoup près aussi communs que le granite qui contient trois et souvent quatre de ces substances primitives; c'est de toutes les matières vitreuses la plus abondante et celle qui se trouve en plus grandes masses, puisque le granite forme les chaînes de la plupart des montagnes primitives sur tout le globe de la terre; c'est même cette grande quantité de granite qui a fait penser à quelques naturalistes qu'on devait le regarder comme la pierre primitive de laquelle toutes les autres pierres vitreuses avaient tiré leur origine : je conviens avec eux que le granite a donné naissance à un grand nombre d'autres substances par ses différentes exsudations et décompositions; mais comme il est lui-même composé de trois ou quatre matières très-évidemment reconnaissables, il faut nécessairement admettre la priorité de l'existence de ces mêmes matières, et par cette raison regarder le quartz, le mica, le feldspath et le schorl qu'il contient, comme des substances dont la formation est antérieure à la sienne.

En suivant l'ordre qui nous conduit des substances simples aux matières composées, et toujours en grandes masses, nous avons donc d'abord le quartz, le jaspe, le mica, le feldspath et le schorl, que nous regardons comme des matières simples; ensuite les roches vitreuses, qui ne contiennent que deux de ces cinq premières substances; après quoi viennent les porphyres et les granites, qui en contiennent trois ou quatre : on verra qu'en général le développement des causes et des effets dans la formation des masses primitives du globe s'est fait dans une succession relative aux différents degrés de leur densité, solidité et fusibilité respectives, et que, de tous les mélanges ou combinaisons qui se sont faites des cinq verres primitifs, celle de la réunion du quartz, du mica, du feldspath et du schorl est non-seulement la plus commune, mais qu'elle est tellement universelle et si générale que les granites semblent avoir exclu les résultats de la plupart des autres combinaisons de ces verres primitifs.

DU GRANITE.

De toutes les matières produites par le feu primitif, le granite[1] est la moins simple et la plus variée : il est ordinairement composé de quartz, de feldspath et de schorl ; ou de quartz, de feldspath et de mica ; ou enfin de quartz, de feldspath, de schorl et de mica : de ces quatre substances primitives, les plus fusibles sont le feldspath et le schorl; ces verres de nature se fondent sans addition au même degré de feu que nos verres factices, tandis que le quartz résiste au plus grand feu de nos fourneaux ; le feldspath et le schorl sont aussi beaucoup plus fusibles que le mica, auquel il faut appliquer le feu le plus violent pour le réduire en verre ou plutôt en scories spumeuses. Enfin le feldspath et le schorl communiquent la fusibilité aux matières dans lesquelles ils se trouvent mélangés, telles que les porphyres, les ophites et les granites, qui tous peuvent se fondre sans aucune addition ni fondant étranger[a]; or, ces différents degrés de fusibilité respective dans les matières qui composent le granite, et particulièrement la grande fusibilité du feldspath et du schorl, me semblent suffire pour expliquer d'une manière satisfaisante la formation du granite.

En effet, le feu qui tenait le globe de la terre en liquéfaction a nécessairement eu des degrés différents de force et d'action : le quartz ne pouvait se fondre que par le feu le plus violent, et n'a pu demeurer en fusion qu'autant de temps qu'a duré cette extrême chaleur ; dès qu'elle a diminué, le quartz s'est d'abord consolidé, et sa surface, frappée du refroidissement, s'est fendue, écaillée, égrenée, comme il arrive à toute espèce de verre exposé à l'action de l'air ; toute la superficie du globe devait donc être cou-

a. 1° Un morceau de très-beau granite rouge très-vif, très-dur, faisant feu dans tous les points, enfermé dans un petit creuset de Hesse et recouvert d'un autre, a coulé en verre noir en moins de deux heures ;

2° Un morceau de granite noir et blanc très-dur, du poids de cinq gros vingt-deux grains, a formé dans le même temps une seule masse vitreuse noire, très-compacte, très-homogène ;

3° Un morceau de porphyre très-brun piqué de blanc, très-dur, de deux gros vingt-huit grains, a coulé au point d'enduire absolument le creuset de verre noir : ces trois morceaux antiques ont été trouvés à Autun ;

4° J'ai exposé au même feu de beau quartz blanc d'Auvergne : il y a pris un blanc plus mat, plus opaque, y est devenu plus tendre, plus aisé à égrener au doigt, mais sans aucune fusion, pas même aux endroits où il touchait le creuset. — Lettre de M. de Morveau à M. de Buffon. Dijon, 27 octobre 1778.

1. Le granite se compose de *quartz*, de *feldspath* (*orthose*) et de *mica*.

verte de ces premiers débris de la décrépitation du quartz immédiatement après sa consolidation; et les groupes élancés des montagnes isolées, les sommets des grandes boursouflures du globe, qui dès lors s'étaient faites dans la masse quartzeuse, ont été les premiers lieux couverts de ces débris du quartz, parce que ces éminences, qui présentaient toutes leurs faces au refroidissement, en ont été plus complétement et plus vivement frappées que toutes les autres portions de la terre.

Je dis refroidissement, par rapport à la prodigieuse chaleur qui avait jusqu'alors tenu le quartz en fusion; car, dans le moment de sa consolidation, le feu était encore assez violent pour dissiper les micas, dont l'exfoliation ne fut que le second détriment du quartz déjà brisé en écailles et en grains par le premier degré du refroidissement. Le feldspath et le schorl, bien plus fusibles que le mica, étaient encore en pleine fonte au point de feu où le quartz déjà consolidé s'égrenait faute de recuit, et formait les micas par ses exfoliations [1].

Le feldspath et le schorl doivent donc être considérés comme les dernières fontes des matières vitreuses: ces deux derniers verres, en se refroidissant, durent s'amalgamer avec les détriments des premiers. Le feu qui avait tenu le quartz en fusion était bien plus violent que celui qui tenait dans ce même état le feldspath et le schorl, et ce n'est qu'après la consolidation du quartz et même après sa réduction en débris que les micas se sont formés de ses exfoliations, et ce n'est encore qu'après ce temps que le feldspath et le schorl, auxquels il ne faut qu'un feu médiocre pour rester en fusion, ont pu se réunir avec les détriments de ces premiers verres : ainsi le feldspath et le schorl ont rempli, comme des ciments additionnels, les interstices que laissaient entre eux les grains de quartz ou de jaspe et les particules de mica; ils ont lié ensemble ces débris, qui de nouveau prirent corps et formèrent les granites et les porphyres, car c'est en effet, sous la forme d'un ciment introduit et agglutiné dans les porphyres et les granites, qu'ils s'y présentent.

En effet, les quartz en grains décrépités ou exfoliés en micas devaient couvrir généralement la surface du globe, à l'exception des fentes perpendiculaires qui venaient de s'ouvrir par la retraite que fit sur elle-même toute la matière liquéfiée en se consolidant; le feu de l'intérieur exhalait

1..... *Le quartz s'égrenait et formait les micas par ses exfoliations.* Mais le *quartz* et le *mica* n'ont pas la même *composition.* Le *quartz* est l'*acide silicique*, la *silice pure* (voyez la note de la page 17); et le *mica* se compose de *silice*, d'*alumine*, de *peroxide de fer*, etc. (voyez la note 2 de la page 29).

Ces erreurs de détail sur la *composition chimique* du *quartz*, du *mica*, etc., inévitables à une époque où la veritable *chimie* n'existait pas encore, ne doivent pas nous fermer les yeux sur ce grand et beau tableau des *premières substances* du globe, prenant successivement et graduellement, chacune selon sa nature, chacune à son temps marqué, la consolidation requise, à mesure que le globe se refroidissait.

par ces fentes, comme par autant de soupiraux, les vapeurs métalliques, qui, s'étant incorporées avec la substance du quartz, l'ont modifiée, colorée et convertie en jaspe, lequel ne diffère en effet du quartz que par ces impressions de vapeurs métalliques, et qui, s'étant consolidé et recuit dans ces fentes du quartz, et à l'abri de l'action des éléments humides, est demeuré solide, et n'a fourni à l'extérieur qu'une petite quantité de détriments que le feldspath et le schorl aient pu saisir. Les jaspes ne présentant que leur sommet, et étant du reste contenus dans les fentes perpendiculaires de la grande masse quartzeuse, ne purent recevoir le feldspath et le schorl que dans cette partie supérieure, sur laquelle seule se fit une décrépitation semblable à celle du quartz, parce que cette partie de leur masse était en effet la seule qui pût être réduite en débris par le refroidissement.

Et de fait, les porphyres [1], qui n'ont pu se former qu'à la superficie des jaspes, sont infiniment moins communs que les granites, qui se sont au contraire formés sur la surface entière de la masse quartzeuse; car les granites recouvrent encore aujourd'hui la plus grande partie du globe; et, quoique les quartz percent quelquefois au dehors et se montrent en divers endroits sur de fortes épaisseurs et dans une grande étendue [a], ils n'occupent que de

a. « Les quartz s'offrent à plusieurs endroits dans les Vosges, soit que les masses de granites « éboulées aient découvert les flancs de la masse quartzeuse, ou que des zones ou veines de « quartz percent d'elles-mêmes à la surface. Dans les mines du Thillot et de Château-Lambert, « fouillées dans une des racines de la grande montagne du Balon, et dont l'exploitation fut « autrefois très-riche et pourrait l'être encore, le cuivre se trouve immédiatement dans le « quartz vif, sans autre matrice ni gangue; ce quartz est d'un beau blanc de lait et perce en « larges bandes jusqu'au dehors de la montagne. On rencontre la tranche d'une autre très-« large zone de quartz, coupée dans le bas de la superbe route qui descend de l'autre côté de « cette même grande montagne du Balon sur Giromagny en haute Alsace. Des masses et des « zones de quartz se présentent également sur les coupes de l'autre route qui pénètre la mon-« tagne, de Lorraine en Alsace, par la source de la Moselle, Bussang, Saint-Amarin et Than. « Enfin, en nombre d'autres endroits dans toute la chaîne des Vosges, le quartz se montre entre « les granites, soit à la base, soit aux côtés escarpés des montagnes. » Observations communiquées par M. l'abbé Bexon.

« Dans le canton de Salvert en Auvergne, il y a, dit M. Guettard, une bande de plus de deux « mille toises de long qui n'est que du quartz blanc; elle reprend même du côté de Roche-« d'Agout jusqu'à une petite butte qui est auprès de la paroisse de Biolet, ce qui fait en tout « une longueur de plus de dix mille toises.

« Aux environs de Pont-Gibaud, le long du chemin de Clermont au Mont-Dore, il y a du « quartz; les maisons en sont bâties dans le canton de la Sauvetat : cette pierre est ordinaire-« ment d'un blanc plus ou moins vif, etc. » *Mémoire sur la Minéralogie d'Auvergne*, dans ceux de l'*Académie des Sciences*, année 1759.

Presque tous les rochers du Grimsel (l'une des plus hautes Alpes, d'où sortent les sources de l'Aar et du Rhône) contiennent de beaux cristaux; c'est sur cette montagne composée de quartz, qu'ont été trouvées les plus belles pièces de cristal que l'on connaisse, entre autres celle qu'a vue M. de Haller, et qui pesait six cent quatre-vingt-quinze livres. *Voyages de M. Bourrit*, t. II, chap. III.

« On entrevoit de certaines lois à l'égard de l'arrangement respectif de cet ordre d'anciennes « roches, par tous les systèmes de montagnes qui appartiennent à l'empire russe. La chaîne

1. Voyez la note 1 de la page 44.

petits espaces à la surface de la terre en comparaison des granites, parce que les quartz ont été recouverts et rehaussés, presque partout, par ces mêmes granites, qui ont recueilli dans leur substance presque tous les débris des verres primitifs, et se sont consolidés et groupés sur la roche même du globe, à laquelle ils tiennent immédiatement, et qu'ils chargent presque partout. On trouve le granite comme premier fond au-dessous des bancs calcaires et des couches de l'argile et des schistes, quand on peut en percer l'épaisseur [a], et nous ne devons pas oublier que ce fond actuel de notre terre était la surface du globe primitif avant le travail des eaux [b].

Or, les granites sont non-seulement couchés sur cette antique surface, mais ils sont entassés encore plus en grand dans les groupes des montagnes primitives [c], et nous en avons d'avance indiqué la raison : ces sommets, où

« ouralique, par exemple, a du côté de l'orient, sur toute sa longueur, une très-grande abon« dance de schistes cornés, serpentins et talqueux, riches en filons de cuivre, lesquels forment « le principal accompagnement du granite. Des jaspes de diverses couleurs... forment des lits « de montagnes entières et occupent de très-grands espaces; de ce même côté, il paraît beau« coup de quartz en grandes roches toutes pures. » *Observ. sur la formation des montagnes*, par M. Pallas, p. 50.

a. « Les montagnes du Vicentin et du Véronois sont composées d'un schiste argileux « micacé : comme on n'en perce pas l'épaisseur, on ignore s'il en est de même ici que dans « d'autres pays de montagnes, c'est-à-dire s'il y a au-dessous de ce schiste du granite, ce que « je présume cependant; car le granite perce et s'élève au-dessus du schiste dans les hautes « montagnes du Tyrol, et le granite gris ou granitello se montre déjà vers les sources de la « rivière de Cismonvé qui se jette dans la Brenta. » Ferber, *Lettres sur la Minéralogie*, p. 46.

b. « Il résulte des faits que j'ai rapportés, qu'à l'époque où la mer commençait à couvrir les « Pyrénées de productions marines, il existait déjà de grandes montagnes, purement grani« teuses, qu'elle n'a fait qu'accroître par d'immenses dépôts, provenant de la destruction des « corps marins organisés; mais l'enveloppe des masses de granite, continuellement exposée aux « injures du temps et à l'action des eaux du ciel, ne cesse de diminuer depuis que la mer s'est « retirée du sommet des Pyrénées : les torrents surtout, qui sillonnent de profondes cavités « dans le sein de ces montagnes, entraînent les pierres calcaires et argileuses, et dégagent peu « à peu le granite ; ainsi cette roche, après une longue suite de siècles, se trouvera entièrement « à découvert, telle enfin qu'elle était disposée avant d'avoir servi de base à des matières de « nouvelle formation. Les Pyrénées, parvenues à leur premier état, ressembleront aux mon« tagnes graniteuses du Limousin, qui paraissent avoir subi toutes ces vicissitudes. Les envi« rons de Châteauneuf, village situé à six lieues de Limoges, présentent des bancs inclinés de « marbre gris, enfermés de granite; cette île calcaire est, selon M. Cornuo, ingénieur-géographe « du roi, d'une demi-lieue de diamètre, et distante de plus de dix lieues des contrées calcaires. « Un pareil monument semble avoir été conservé pour indiquer que les montagnes actuelles « du Limousin ne sont que le noyau d'une région autrefois beaucoup plus haute, formée par « les dépôts de la mer, et détruite, après la retraite des eaux, par les mêmes causes qui rabais« sent chaque jour la cime des Pyrénées.

« La constitution intérieure de cette chaîne ne permet pas d'admettre, comme nous l'avons « déjà dit, que les matières qui la composent aient été formées en même temps ; il est aisé, au « contraire, de voir que la formation du granite a précédé celle des bancs calcaires et argileux, « auxquels il sert de base. » *Essai sur la minéralogie des monts Pyrénées*, par M. l'abbé Palassau, p. 154.

c. « Les granites me semblent mériter, mieux que toutes les autres roches, le nom de *roches « primitives*, parce qu'on les trouve plus près du centre, et dans le centre même des hautes « chaînes. » Saussure, *Voyage dans les Alpes*, t. I, page 99. — « C'est une observation générale,

les degrés du refroidissement furent plus rapides, atteignirent plus tôt le point de la fusion et de la consolidation du feldspath et du schorl, en même temps qu'ils leur offraient à saisir de plus grandes épaisseurs de grains quartzeux décrépités.

Aussi les granites forment-ils la plupart de ces grands groupes et de ces hauts sommets élevés sur la base de la roche du globe comme les obélisques de la nature, qui nous attestent ses formations antiques, et sont les premiers et grands ouvrages dans lesquels elle préparait la matière de toutes ses plus riches productions, et où elle indiquait déjà de loin le dessin sur lequel elle devait tracer les merveilles de l'organisation et de la vie[1]; car on ne peut s'empêcher de reconnaître dans la figuration généralement assez régulière des petits solides du feldspath et du schorl cette tendance à la structure organique, prise dans un feu lent et tranquille, qui, en commençant l'union intime de la matière brute avec quelques molécules organiques, la dispose de loin à s'organiser, en y traçant les linéaments d'une figuration régulière : nos fusions artificielles, et plus encore les fusions produites par les volcans, nous offrent des exemples de cette figuration ou cristallisation par le feu dans un grand nombre de matières[a], et même dans tous les métaux et minéraux métalliques.

Si nous considérons maintenant que les grands bancs et les montagnes de granite s'offrent à la superficie de la terre dans tous les lieux où les argiles, les schistes et les couches calcaires n'ont pas recouvert l'ancienne surface du globe, et où le feu des volcans ne l'a point bouleversée, en un mot partout où subsiste la structure primitive de la terre[b], on ne pourra guère se refuser à croire qu'ils sont l'ouvrage de la dernière fonte qui ait eu lieu à sa surface encore ardente, et que cette dernière fonte n'ait été celle du

« que dans les grandes chaînes on trouve au dehors les montagnes calcaires, puis les ardoises.» — L'auteur se fût mieux exprimé en disant *les schistes*, puis les *roches feuilletées primitives*, et enfin les granites. *Idem, ibidem*, p. 402.

a. Voyez l'article *des volcans*, sur les espèces de granites et de porphyres qui se forment quelquefois dans la lave.

b. « Après avoir vu les ruines de l'ancienne Syène, je me rendis aux carrières de granite, qui « sont environ un mille au sud-est. Tout le pays qui est à l'orient, les îles et le lit du Nil, sont « de granite rouge, appelé par Hérodote *pierre thébaïque*. Ces carrières ne sont pas profondes, et « l'on tire la pierre des flancs des montagnes. Je trouvai dedans quelques colonnes ébauchées, « entre autres une carrée, qui était vraisemblablement destinée pour un obélisque... On suit ces « carrières le long du chemin d'Assouan (Syène) à Philæ... L'île d'Éléphantine n'est aussi qu'un « rocher de granite, rouge... et ce sont des rochers de ce même granite, que le Nil a rompus, et « entre lesquels il passe dans ses fameuses cataractes. » *Voyage de Pococke*. Paris, 1772, tome Ier, pages 347, 348, 354 et 360.

1..... *Indiquait de loin le dessin sur lequel elle devait tracer les merveilles de l'organisation et de la vie*. Riches expressions et belle image, mais qu'il ne faut point prendre trop à la lettre. Ce n'est que de *loin*, et de *bien loin*, que la *figuration* du *feldspath* ou du *schorl*, etc. *indique* l'*organisation* et la *vie* (voyez la note 3 de la page 3). Buffon cherche partout des *nuances* : c'est là son point de vue, et il est très-beau; mais entre la *matière brute*, figurée ou non, et la *vie*, entre le *brut* et le *vivant*, il y a un abîme.

feldspath et du schorl, lesquels, des cinq verres primitifs, sont sans comparaison les plus fusibles; et si l'on rapproche ici un fait qui, tout grand et tout frappant qu'il est, ne paraît pas avoir été remarqué des minéralogistes, savoir qu'à mesure que l'on creuse ou qu'on fouille dans une montagne dont la cime et les flancs sont de granite, loin de trouver du granite plus solide et plus beau à mesure que l'on pénètre, l'on voit au contraire qu'au-dessous, à une certaine profondeur, le granite se change, se perd et s'évanouit à la fin, en reprenant peu à peu la nature brute du roc vif et quartzeux. On peut s'assurer de ce changement successif dans les fouilles de mines profondes : quoique ces profondeurs où nous pénétrons soient bien superficielles, en comparaison de celles où la nature a pu travailler les matériaux de ses premiers ouvrages, on ne voit dans ces profondeurs que la roche quartzeuse, dont la partie qui touche aux filons des mines et forme les parois des fentes perpendiculaires est toujours plus ou moins altérée par les eaux ou par les exhalaisons métalliques, tandis que celle qu'on taille dans l'épaisseur vive est une roche sauvage plus ou moins décidément quartzeuse, et dans laquelle on ne distingue plus rien qui ressemble aux grains réguliers du granite. En rapprochant ce second fait du premier, on ne pourra guère douter que les granites n'aient en effet été formés des détriments du quartz décrépité jusqu'à certaines profondeurs, et du ciment vitreux du feldspath et du schorl, qui s'est ensuite interposé entre ces grains de quartz et les micas, qui n'en étaient que les exfoliations.

Il s'est formé des granites à plus grands et à plus petits cristaux de feldspath et de schorl, suivant que les grains quartzeux se sont trouvés plus ou moins rapprochés, plus ou moins gros, et selon qu'ils laissaient entre eux plus d'espace où le feldspath et le schorl pouvaient couler pour se cristalliser. Dans le granite à menus grains, le feldspath et le schorl, presque confondus et comme incorporés avec la pâte quartzeuse, n'ont point eu assez d'espace pour former une cristallisation bien distincte; au lieu que dans les beaux granites à gros grains réguliers, le feldspath et quelquefois le schorl sont cristallisés distinctement, l'un en rhombes et l'autre en prismes [a].

Les teintes de rouge du feldspath et de brun noirâtre du schorl dans les granites sont dues sans doute aux sublimations métalliques, qui de même ont coloré les jaspes, et se sont étendues dans la matière du feldspath et du schorl en fusion. Néanmoins cette teinture métallique ne les a pas tous colorés, car il y a des feldspaths et des schorls blancs ou blanchâtres, et

a. « Le granite (proprement dit) varie par la proportion de ses ingrédients, qui est différente « dans différents rochers, et quelquefois dans les différentes parties d'un même rocher... Il varie « aussi par la grandeur de ses parties, et surtout des cristaux de feldspath, qui ont quelquefois « jusqu'à un pouce de longueur, et d'autres fois sont aussi petits qu'un grain de sable.» Saussure, *Voyage dans les Alpes*, tome Ier, page 105.

dans certains granites et plusieurs porphyres le feldspath ne se distingue pas du quartz par la couleur [a].

Les sommets des montagnes graniteuses sont généralement plus élevés que les montagnes schisteuses ou calcaires: ces sommets paraissent n'avoir jamais été surmontés ni travaillés par les eaux, dont la plus grande hauteur nous est indiquée par les bancs calcaires les plus élevés, car on ne trouve aucun indice de coquilles ou d'autres productions marines dans l'intérieur de ces granites primitifs, à quelque niveau qu'on les prenne, comme jamais aussi l'on ne voit de bancs calcaires interposés dans les masses de granite, ni de granites posés sur des couches calcaires, si ce n'est par fragments roulés et transportés [b], ou par bancs de seconde formation. Tous ces faits importants de l'histoire du globe ne sont que des conséquences nécessaires de l'ordre dans lequel nous venons de voir les grandes formations du feu précéder universellement l'ouvrage des eaux [1].

Les couches que l'eau a déposées sont étendues horizontalement, et c'est dans ce sens, c'est-à-dire en longueur et largeur, que se présentent leurs plus grandes dimensions; les granites au contraire, et tous les autres ouvrages du feu sont groupés en hauteur; leurs pyramides ont toujours plus d'élévation que de base [c]. Il y a de ces masses ou pyramides solides de

a. Le *granito grigio* ou *bigio* est gris, composé de quartz transparent ou opaque et couleur de lait, de spath dur blanc et de mica noir; lorsque toutes ses parties sont en petits grains, on en nomme l'assemblage *granitello*... Le *granito roseo*, ou *granite rouge*, est composé de quartz blanc, de grands morceaux de spath dur rouge et de mica noir... Quelques colonnes de granite et de *granitello* sont clairement parsemées de petites taches noires provenant d'un amas de mica plus grand et plus fréquent dans ces endroits; telles sont les colonnes de la façade du Palais royal de Naples, du côté de la mer; telles sont aussi celles de granite gris antique que j'ai vues à Salerno. Ferber, *Lettres sur la Minéralogie*, page 343 et suiv.

Les différentes couleurs dont le feldspath est susceptible sont, dans le granite, la source d'un nombre de variétés : celle qu'il présente le plus communément est un blanc laiteux; mais on le voit aussi jaune ou fauve, rouge, violet, et rarement, mais pourtant quelquefois d'un beau noir. *Voyage dans les Alpes*, par M. de Saussure, tome Ier, page 105.

b. « Il y a de gros morceaux de granite, de quartz et d'autres pierres, qui viennent des *montes* « *primarii* du Tyrol, épars sur les champs des environs de Gallio d'Asiago, de Camporovere et « d'autres endroits, tous situés dans la montagne... Ces morceaux sont de même nature que ceux « qu'entraînent dans leur cours l'Adige et la Brenta en sortant des montagnes du Tyrol; et il « faut concevoir que le cours de ces rivières, avant qu'elles n'eussent approfondi leurs vallées, « était au niveau de ces morceaux détachés des montagnes, et qui n'ont pu être entraînés et « transportés sur ces couches calcaires que par les eaux. » *Lettres sur la Minéralogie*, par M. Ferber, page 54.

« Arrivés au milieu de la vallée d'Urseren (au mont Saint-Gothard), nous tournâmes à gauche, « et nous montâmes dans une vallée plus élevée, dont les profondeurs sont jonchées de ruines « de montagnes renversées. La Reuss, resserrée des deux côtés entre d'immenses blocs de granite « d'une superbe couleur grise, confusément accumulés, et qui sont des fragments de celui qui « forme tous les sommets des Alpes, s'élance à travers ces débris avec une inconcevable rapi- « dité. » *Lettres sur la Suisse*, par M. Will. Coxe, tome Ier, page 128.

c. Si l'on consulte les auteurs qui ont parlé de la structure des montagnes de granite, on verra « que presque tous disent que les pierres de ce genre se trouvent en masse informe, entassées

1. Voyez la note de la p. 457 du IX[e] volume.

granite, sans fentes ni sutures, d'une très-grande hauteur et d'un volume énorme [a]; on en peut juger non-seulement par l'inspection des montagnes graniteuses [b], mais même par les monuments des anciens : ils ont travaillé des blocs de granite de plus de vingt mille pieds cubes, pour en former des colonnes et des obélisques d'une seule pièce [c], et de nos jours on a remué des masses encore plus fortes, car le bloc de granite qui sert de piédestal à la statue équestre du grand Pierre Ier, élevée par l'ordre d'une Impératrice encore plus grande [d] [1], contient trente-sept mille pieds cubes : cependant ce

« sans aucun ordre : la source de ce préjugé vient principalement de ce qu'on a cru trouver du « désordre partout où l'on n'a pas vu des couches horizontales; mais tout homme qui observera « en grand, et sans aucune prévention, la structure de ces hautes chaînes de montagnes de granite, « reconnaîtra qu'elles sont composées de grandes lames ou feuillets pyramidaux appuyés les uns « contre les autres..... Ces feuillets sont tous à peu près verticaux; ceux du centre ou du cœur « de la chaîne le sont presque toujours; mais les autres, à mesure qu'ils s'en éloignent, s'in- « clinent en s'appuyant contre ce même centre. » Saussure, *Voyage dans les Alpes*, tome Ier, page 502.

a. Le plus bel endroit du passage du mont Saint-Gothard, et celui qui frappe le plus par son aspect, est un chemin taillé sur le roc comme un escalier; là, une seule pièce de granite de quatre vingts pieds de haut sur mille pas de front surplombe ce chemin. *Voyage de M. Bourrit*, tome II, chap. v.

b. « Un œil exercé peut découvrir, même à de grandes distances, la matière dont un pic inac- « cessible est composé, surtout lorsqu'elle est d'un granite dur, comme dans les hautes Alpes. « Les montagnes composées de ce genre de pierres ont leurs sommités terminées par des créne- « lures très-aiguës à angles vifs; leurs faces et leurs flancs sont de grandes tables planes, verti- « cales, dont les angles sont aussi vifs et tranchants. La nuance même que la nature a souvent « mise entre les *roches de corne* molles et les granites durs se marque à ces signes : les crêtes des « sommets qui sont composés d'une roche de corne tendre paraissent arrondies, émoussées, sans « physionomie; mais à mesure que la pierre, en se chargeant de quartz et de feldspath, approche « de la dureté du granite, on voit naître des créneaux plus distincts et des formes plus tran- « chées; ces gradations s'observent à merveille sur l'aiguille inaccessible des *Charmos* qui « domine le *glacier des bois* dans le district de Chamouni. » Saussure, *Voyage dans les Alpes*, tome Ier, page 500.

c. La colonne de Pompée, dont le fût est d'une seule pièce, passe pour être le plus grand monument des anciens en ce genre. « Cette colonne est, dit Thévenot, située à environ deux « cents pas d'Alexandrie; elle est posée sur un piédestal ou base carrée, large d'environ vingt « pieds et haute de deux ou environ, mais faite de plusieurs grosses pierres : pour le fût de la « colonne, il est tout d'une seule pièce de granite, si haute qu'elle n'a pas au monde sa pareille, « car elle a dix-huit cannes de haut, et est si grosse qu'il faut six personnes pour l'embrasser. » *Voyage au Levant*, tome Ier, page 227. En supposant la canne de cinq pieds de longueur, le fût de cette colonne en a quatre-vingt-dix de hauteur sur trente pieds de circonférence, parce que chaque homme, les bras étendus, embrasse aussi cinq pieds : ces dimensions donnent environ vingt mille pieds cubes. — « Nos montagnes européennes, dit M. Ferber, contiennent du granite « rouge et du granite gris, et il n'y a pas de doute que l'on en pourrait tirer des blocs aussi « beaux et aussi grands que le sont ceux des obélisques venus d'Égypte, si on voulait y mettre « la main et y employer les sommes que les Romains dépensaient pour les avoir. » *Lettres sur la Minéralogie*, page 344.

d. Catherine II, actuellement régnante, et dont l'Europe et l'Asie admirent et respectent également le grand caractère et le puissant génie.

1. Buffon pousse la flatterie bien loin; mais Catherine vivait, lui écrivait de belles lettres, et lui envoyait de *superbes fourrures* pour ses hivers. En retour, Buffon l'appelait : *la plus grande personne de l'Univers*. (Voyez, dans mon *Histoire des travaux et des idées de Buffon*, une lettre de Buffon à l'Impératrice de Russie.)

bloc a été trouvé dans un marais, où il était isolé et détaché des hautes masses auxquelles il tenait avant sa chute. « Mais nulle part, nous dit « M. l'abbé Bexon [a], on ne peut prendre une idée plus magnifique de ces « masses énormes de granites que dans nos montagnes des Vosges : elles en « offrent en mille endroits des blocs plus grands que tous ceux que l'on « admire dans les plus superbes monuments, puisque les larges sommets « et les flancs escarpés de ces montagnes ne sont que des piles et des groupes « d'immenses rochers de granite entassés les uns sur les autres [b]. »

Plusieurs observateurs ont déjà reconnu que la plupart des sommets des montagnes, surtout des plus élevées, sont formés de granite [c]. La plus

a. *Mémoires sur l'Histoire naturelle de la Lorraine*, communiqués par M. l'abbé Bexon.

b. On vient depuis peu de commencer à travailler ces granites des Vosges, et les premiers essais ont découvert dans ces montagnes les plus grandes richesses en ce genre ; elles offrent des granites très-beaux et très-variés pour le grain et pour les couleurs, et diverses espèces de porphyres ; on en tire aussi des jaspes richement colorés, et toutes ces matières s'y rencontrent partout dans une extrême abondance : quoique dans une exploitation commencée on n'ait encore attaqué aucune masse considérable, et qu'on se soit borné aux morceaux rompus, épars au penchant des montagnes, et que les habitans entassent en gros murs bruts pour enclore leurs terrains. Le premier établissement de ce travail des granites des Vosges, fait d'abord à Giromagny, dans la haute Alsace, est actuellement transféré, pour plus grande abondance de matières et plus grande facilité de transports, de l'autre côté de la montagne, en Lorraine, dans le vallon de la Moselle, environ quatre lieues au-dessous de sa source. Nous le devons au goût et à l'activité de M. Patu des Hauts-Champs, magistrat qui joint à l'honneur et aux distinctions héréditaires l'amour éclairé du bien public et de grandes connaissances dans les sciences et dans les arts. Son entreprise, qui nous semble très-digne de l'attention et de la faveur du gouvernement, mettrait en valeur des matières précieuses restées jusqu'à présent brutes entre nos mains, et pour lesquelles nous payons jusqu'ici un tribut à l'Italie.

c. Les hautes sommités des Alpes sont presque toutes de granite proprement dit, savoir, de celui qui est composé de quartz, de feldspath et de mica... Le Mont-Blanc, qui s'élève comme un géant au centre des Alpes, est un immense rocher de granite. Saussure, *Voyage dans les Alpes*, tome Ier, pages 105 et 356. — Le sommet du Saint-Gothard est une plate-forme de granite nu. *Lettres sur la Suisse*, par M. William Coxe, traduites par M Ramond, tome Ier, page 193. — Le mont Sinaï (où je l'observai près du couvent) est presque tout de granite rougeâtre et à gros grains. *Descript. de l'Arabie*, par Niebuhr, tome II, page 278. Les observations des derniers voyageurs ont constaté que le Caucase, qui occupe l'espace entre le Pont-Euxin et la mer Caspienne, est une grande masse de granite très-irrégulièrement accompagnée de ces bandes schisteuses qui recouvrent toujours les côtés des grandes chaînes, ainsi que des montagnes secondaires et tertiaires qui les accompagnent... La chaîne célèbre des montagnes d'Oural, qui trace la limite naturelle entre l'Europe et l'Asie, et que le respect des peuples qui l'avoisinent leur a fait appeler la *ceinture de la terre*, est élevée sur une échine de granite et de quartz qui va en serpentant du midi au nord, et dont la plus grande largeur se trouve sur les sources du Jaïck et du Bielaïa... elle arrive en décroissant aux bords de la mer Glaciale, où elle forme le grand cap à l'ouest du golfe de l'Oby... et répond enfin, par des côtes escarpées, à la grande chaîne boréale d'Europe, laquelle ayant parcouru toute la Scandinavie en forme de fer-à-cheval, et élevé le cap Nord, vient remplir de rochers granitiques les basses terres de la Finlande. La grande chaîne altaïque, qui forme un des plus puissants systèmes de montagnes qui aient été reconnus sur notre planète, remplit l'Asie de ses différentes branches; elles partent de ces prodigieux sommets dont la suite règne depuis la grande montagne Ouloutaou, au milieu de la Tartarie déserte, par le Boghdo (montagne souveraine), qui élève ses pics fort au-dessus des neiges, jusqu'aux effroyables groupes de montagnes au nord des Indes, dont le Thibet et le royaume de Cachemire sont hérissés : toute cette suite de sommets est granitique, et il en part des rameaux de même nature qui

grande hauteur où les eaux aient déposé des coquilles n'étant qu'à quinze cents ou deux mille toises au-dessus du niveau actuel de la mer, il y a par

se distribuent entre tous les grands fleuves de l'Asie. (Extrait d'une dissertation de M. Pallas, intitulée : *Observations sur la formation des montagnes.*)

« En traversant le Tyrol pour aller en Italie, on trouve d'abord des montagnes calcaires, « ensuite des montagnes schisteuses, et enfin des montagnes de granite; ces dernières sont les « plus élevées : on redescend par le même ordre de montagnes graniteuses, schisteuses et cal- « caires... La même chose s'observe en montant les autres chaînes considérables de l'Europe, « comme cela est incontestable dans les montagnes Carpathiques, dans celles de Saxe, du « Hartz, de la Silésie, de la Suisse, des Pyrénées, de l'Écosse et de la Laponie, etc.; on peut en « tirer la juste conséquence que le granite forme les montagnes les plus élevées, et en même « temps les plus profondes et les plus anciennes, puisque toutes les autres montagnes sont « appuyées et reposent sur le granite, que le schiste a été posé sur le granite ou à côté de lui, et « que les montagnes calcaires ou autres couches de pierres ou de terres amenées par les eaux « ont encore été placées par-dessus le schiste. » Ferber, *Lettres sur la Minéralogie,* pages 495 et 496. — « Plusieurs montagnes au-dessus du lac de Côme, dans le canton appelé la Grigna, « sont composées de granite; telles sont celles qui environnent en forme d'amphithéâtre le lago « Maggiore, sur lequel sont les charmantes îles Borromées : ce granite a une couleur de chair « pâle. » *Idem*, page 473. — Le même M. Ferber dit expressément ailleurs (page 343) que la partie la plus élevée des Alpes, entre l'Italie et l'Allemagne, est de granite; et il ajoute que ces granites européens ne diffèrent en aucune façon du granite oriental.

Tous les pays du monde offriront donc des granites dans leurs chaînes de montagnes primitives, et si les observations sur cet objet ne sont pas plus multipliées, c'est que de justes notions du règne minéral, pris en grand [1], paraissent avoir jusqu'ici manqué aux observateurs. Quoi qu'il en soit, toutes nos provinces montagneuses, l'Auvergne, le Dauphiné, la Provence, le Languedoc, la Lorraine, la Franche-Comté et même la Bourgogne vers Semur, offrent des granites. La Bretagne depuis la Loire, et partie de la Normandie touchant à la Bretagne, en comprenant Mortain, Argentan, Lisieux, Bayeux, Cherbourg, est appuyée sur une masse de granite. La Suisse, l'Allemagne, l'Espagne, l'Italie, ont les leurs. Les montagnes de la Corse et celles de l'île d'Elbe en sont formées. « Il s'y en trouve, dit M. Ferber (page 441), qui est violet et très- « beau, parce que le feldspath est violet, à grands cubes, larges ou épais, oblongs ou « polygones. »

« Le bas de la montagne de Volvic (en Auvergne) qui a brûlé, est, dit M. Guettard, composé « de granites de différentes couleurs : il y en a de blanc, jaunâtre et gris, qui a des grains de « moyenne grosseur bien liés, et un peu de paillettes talqueuses d'un argenté brillant; un autre « est blanc pointillé de noir à grains moyens et serrés, et à paillettes talqueuses brunes ou « noires; il ressemble beaucoup au carreau de Saint-Sever en Normandie; un troisième est « encore blanc, mais fouetté de jaunâtre et pointillé de brun et de noir; ces grains sont de « moyenne grosseur, serrés, et les paillettes talqueuses, brunes et petites; les deux suivants « sont jaunes, le premier est lavé de blanc pointillé de brun et de noir; ces grains sont peu liés, « de moyenne grosseur, serrés, et les paillettes talqueuses, brunes et petites; on y remarque « outre cela, des plaques qui ont un coup d'œil de spath; le second est jaune rouille de fer « pointillé de blanc, à grains moyens, très-peu liés et à paillettes petites et brunes; enfin, des « deux autres, l'un est noir et couleur de chair à grains serrés et petits, mêlés d'un peu de talc « brun; l'autre est couleur de cerise foncée et brune, à grains moyens et un peu serrés, et à « paillettes talqueuses d'un brun tirant sur le noir. Il y a encore de cette espèce de pierre le « long du chemin qui conduit de Clermont au Mont-d'Or; j'en ai observé qui étaient d'un blanc « jaunâtre, sans paillettes talqueuses, et dont le grain était très-serré; ces granites étaient tra- « versés par des veines de quelques lignes d'épaisseur d'un quartz blanc sale et demi transpa- « rent; d'autres étaient couleur de cerise vif, fouetté de brun avec quelques paillettes talqueuses « d'un brun doré, ou bien ils étaient gris-blancs avec de très-grandes plaques de quartz : cette « pierre se rencontre aussi sur la route de Clermont à Pont-Gibaud, à Rajat, sur le chemin de

1 (c). C'est précisément l'histoire du *règne minéral, pris en grand*, que fait Buffon; et il est le premier qui l'ait faite, ou du moins (et ceci est encore beaucoup) qui ait essayé de la faire.

conséquent un grand nombre de sommets qui se trouvent au-dessus de cette hauteur; mais il s'en faut bien que toutes les pointes moins élevées aient été recouvertes des productions de la mer ou cachées sous l'argile, le schiste et les autres matières transportées par les eaux; plusieurs montagnes, telles que les Vosges, moins hautes que ces grands sommets, sont composées de granites qui n'offrent aucun vestige de productions marines, et ces granites ne sont pas surmontés de bancs calcaires, quoique la mer ait porté dans d'autres endroits ses productions à de bien plus grandes hauteurs. Au reste, ce n'est que dans les hautes montagnes vitreuses que l'on peut voir à nu la structure ancienne et la composition primitive du globe en masses de quartz, en veines de jaspe, en groupes de granite et en filons métalliques [a].

Quelque solide et durable que soit la matière du granite, le temps ne laisse pas de la miner et de la détruire à la longue, et des trois ou quatre substances dont il est composé, le quartz paraît être celle qui a le plus perdu de sa solidité, et cela est peut-être arrivé dès le premier temps qu'il s'est décrépité; car quoique, étant d'une substance plus simple, il soit en lui-même plus solide que le feldspath et le schorl, cependant ces derniers verres, et surtout le feldspath, sont ce qu'il y a de plus durable dans le granite; du moins il est certain que sur les faces des blocs de granite exposés à l'air aux flancs des montagnes, c'est la partie quartzeuse qui tombe en détriment la première avec le mica, et que les rhombes du feldspath restent nus et relevés à la surface du granite dépouillé du mica et des grains de

« Rochefort à Pont-Gibaud, dans les environs de Clermont et du Puy-de-Dôme, dont la base est « de cette pierre, à Gergovie, où il paraît décomposé : tous ces granites sont de différentes cou- « leurs. Auprès d'Aurillac, dans la commanderie de la Salvetat, il y en a de rouges; toutes les « montagnes du canton de Courpierre sont, à ce qu'on dit, composées en grande partie de gra- « nites remplis de talc blanc et jaune. » *Mémoires sur la Minéralogie d'Auvergne*, dans ceux de l'*Académie des Sciences*, année 1759.

Quoique les montagnes qui sont auprès de l'Escurial paraissent toutes de granite bleu, on en trouve aussi du rouge comme celui d'Égypte... Il se décompose au contact de l'air, comme les autres pierres..... et le rouge perd de sa couleur à mesure qu'il se décompose... Il y a aussi d'énormes masses de roche grossière et de granite, avec des morceaux de quartz blanc et de cristal de roche qui y sont enchâssés... Le pied de la montagne de Saint-Ildefonse est de granite, dont on fait des meules de moulin qui ne sont pas de bonne qualité, parce qu'elles deviennent trop unies en s'usant, et qu'on est obligé de les piquer souvent. *Histoire naturelle d'Espagne*, par M. Bowles, pages 440 et 446... M. Bowles ajoute que le granite bleu ou gris de l'Escurial, et le granite rouge de Saint-Ildefonse, ne sont pas comme les granites ordinaires mêlés de spath, ce qui pourrait faire croire que ce sont plutôt des quartz que des granites. *Ibid.*, page 448.

a. « Toutes ces énormes montagnes qui bordent la vallée de Chamouni sont dans la classe « des primitives : on trouve cependant une ou deux carrières de gypse, et des rochers calcaires « parsemés dans le fond de la vallée; on voit aussi quelques bancs d'ardoise appliqués contre « le pied du Mont-Blanc et des montagnes de sa chaîne; mais toutes ces pierres secondaires « n'occupent que le fond ou les bords des vallées, et ne pénètrent point dans le cœur des mon- « tagnes : le centre de celles-ci est de roche primitive, et les sommités assises sur ce centre « sont aussi de cette même roche. » Saussure, *Voyage dans les Alpes*, t. I, p. 431.

quartz qui les environnaient. Cet effet se remarque surtout dans les granites où la quantité du feldspath est plus grande que celle du quartz; et il provient de ce que les cristaux de cette même matière vitreuse sont en masses plus longues et plus profondément implantées que les grains du quartz dans presque tous les granites. Au reste, ces grains de quartz détachés par l'action des éléments humides et entraînés par les eaux s'arrondissent en roulant, et se réduisent bientôt en sables quartzeux et micacés [a], lesquels, comme les sables de grès, se convertissent ensuite en terres argileuses.

On trouve dans l'intérieur de la terre des granites décomposés, dont les grains n'ont que peu d'adhérence et dont le ciment est ramolli [b]; cette décomposition se remarque surtout dans les fentes perpendiculaires où les eaux extérieures peuvent pénétrer par infiltration, et aussi dans les endroits où la masse des rochers est humectée par les vapeurs qui s'élèvent des eaux souterraines [c] : toute humidité s'oppose à la dureté, et la preuve en est que toute masse pierreuse acquiert de la dureté en se séchant à l'air. Cette différence est plus sensible dans les marbres et autres pierres calcaires que dans les matières vitreuses; néanmoins elle se reconnaît dans les granites, et plus particulièrement encore dans le grès qui est toujours humide dans sa carrière, et qui prend plus de dureté après s'être séché à l'air pendant quelques années.

Lorsque les exhalaisons métalliques sont abondantes et en même temps mêlées d'acides et d'autres éléments corrosifs, elles détériorent avec le temps la substance des granites, et même elles altèrent celle du quartz : on le voit dans les parois de toutes les fentes perpendiculaires où se trouvent

a. La chaîne des monts Carpentins en Espagne, est presque toute de granite; il se résout en une espèce de gravier menu, par la dissolution du ciment qui unissait ses parties, et les petits cailloux de quartz restent détachés avec les feuilles de talc et de spath (feldspath) qui, ensuite avec le temps, se décomposent et se convertissent en terre parfaite qui n'est pas de la nature calcaire. *Histoire naturelle d'Espagne*, par M. Bowles, t. I, p. 260.

b. C'est mal à propos que M. de Saussure veut établir (*Voyage dans les Alpes*, t. I, p. 106) diverses espèces de granite sur les divers degrés de dureté de cette pierre, et parce qu'il s'en trouve de tendre au point de *s'égrener entre les doigts*, puisque ce n'est ici qu'une décomposition ou destruction par l'air et par l'eau du *vrai granite*, si pourtant, c'est de ce granite que l'observateur entend parler, de quoi l'on peut douter avec raison, puisqu'il attribue le vice de ces granites devenus tendres à l'effet de « quelque matière saline ou argileuse, entrée dans leur composition » (*ibid.*); mais plus bas il se rétracte, en observant que, si dès l'origine ce principe de mollesse fût entré dans leur combinaison, les fragments roulés que l'on trouve de ces granites « n'eussent pu, sans se réduire en sable, supporter les chocs qui les ont arrondis. » (*Ibid.*)

c. « Si ces eaux sont chaudes, la décomposition des parties de la roche en est plus intime et « plus profonde : les fentes des rochers de granite, d'où coulent les eaux chaudes de Plombières, « se montrent revêtues et remplies d'une argile très-blanche, qui, en la pétrissant, se trouve « encore mêlée de grains de quartz, et qui n'est en effet que la substance du quartz même « dissoute et fondue par l'eau. La douceur au toucher de cette espèce d'argile, et sa facilité à « se délayer dans l'eau qu'elle rend détersive, lui ont fait donner dans le pays le nom impropre « de *savon* ou de *terre savonneuse*; elle se fond à un feu très-modéré en donnant un beau « verre laiteux, et c'est un véritable *pétunt-zé*, propre à entrer dans la plus belle porcelaine. » Morceau extrait de l'*Histoire naturelle de Lorraine*, manuscrite, par M. l'abbé Bexon.

les filons des mines métalliques; le quartz paraît décomposé et le granite adjacent est friable.

Mais cette décomposition d'une petite portion de granite dans l'intérieur de la terre, n'est rien en comparaison de la destruction immense et des débris que dut produire l'action des eaux, lorsqu'elles vinrent battre pour la première fois les pics des montagnes primitives, plus élancés alors qu'ils ne le sont aujourd'hui; leurs flancs nus, exposés aux coups d'un océan terrible, durent s'ébranler, se fendre, se rompre en mille endroits et de mille manières : de là ces blocs énormes qu'on en voit détachés et tombés à leurs pieds; et ces autres blocs qui, comme suspendus et menaçant les vallées, ne semblent plus tenir à leurs sommets que pour attester les efforts qui se firent pour les en arracher[a]; mais tandis que la force des vagues renversait les masses qui offraient le plus de prise ou le moins de résistance, l'eau par une action plus tranquille et tout aussi puissante, attaquait généralement et altérait partout les surfaces des matières primitives, et, transportant la poudre de leurs détriments, en composait de nouvelles substances, telles que les argiles et les grès; mais il dut y avoir aussi dans les amas de ces débris, de gros sables qui n'étaient pas réduits en poudre; et les granites étant les plus composés, et par conséquent les plus destructibles des substances primitives, ils fournirent ces gros sables en plus grande quantité; et l'on conçoit qu'eu égard à leur pesanteur, ces sables ne purent être transportés par les eaux à de très-grandes distances du lieu de leur origine : ils se déposèrent en grande quantité aux environs de leurs masses primitives, ils s'y accumulèrent en couches graniteuses, et ces grains, agglutinés de nouveau par l'intermède de l'eau, ont formé les granites secondaires, bien différents, comme l'on voit, quant à leur origine, des vrais granites primitifs. Et en effet l'on trouve en divers endroits ces nouveaux granites, soit en couches, soit en amas inclinés, et on reconnaît à plusieurs caractères qu'ils sont de seconde formation : 1° à leur position en couches, et quelquefois en sacs entre des matières calcaires[b]; 2° en ce qu'ils sont moins

a. Vous rencontrez (dans une vallée des Pyrénées), des blocs énormes de granite ; ce sont les débris de quelques montagnes formées par le prolongement des masses de granite qu'on trouve vers l'entrée de la vallée de Louron, et qu'un tremblement de terre aura peut-être renversées. Ce bouleversement n'a pu arriver qu'après la formation des bancs calcaires et argileux qui traversent cette vallée, puisque ces bancs sont couverts par les blocs de granite. On voit régner ce désordre dans une grande partie du terrain qui se trouve entre le village de Saint-Paul et celui d'Oo. *Essai sur la Minéralogie des monts Pyrénées*, p. 205.

a. Au-dessus de Lescrinet, du côté d'Aubenas (en Vivarais), on trouve une scissure énorme dans du marbre, remplie de matière granitique, qui démontre bien visiblement que les granites supérieurs sont venus se mouler dans cette fente perpendiculaire. Il fallut donc, pour la formation de ce filon fort curieux : 1° que la roche calcaire existât avant lui; 2° que la fente perpendiculaire de cette carrière matrice se fit après la séparation des eaux de la mer par les lois du retrait; car si la matière calcaire eût été dans un état de vase, elle se fût mélangée par l'action du courant avec la vase de granite, ou avec ses grains sablonneux...; 3° que la roche de

compactes, moins durs et moins durables que les granites antiques; 3° en ce que le feldspath et le schorl n'y sont pas en cristaux bien distincts, mais par petites masses qui paraissent résulter de l'agglutination de plusieurs fragments de ces mêmes substances, et qui n'offrent à l'œil qu'une teinte terne et mate, de couleur briquetée ou d'un gris rougeâtre; 4° en ce que les parcelles du mica y ont formé par leur jonction des feuilles assez grandes, et même de petites piles de ces feuilles qui ressemblent à du talc; 5° enfin, en ce que l'empâtement de toute la pierre est grossier, imparfait, n'ayant ni la cohérence, ni la solidité, ni la cassure vive et vitreuse du vrai granite. On peut vérifier ces différences en comparant les granites des Vosges ou des Alpes avec celui qui se trouve à Semur en Bourgogne : ce granite est de seconde formation; il est friable, peu compacte, mêlé de talc; il est disposé par lits et par couches presque horizontales; il présente donc toutes les empreintes d'un ouvrage de l'eau, au lieu que les granites primitifs n'ont d'autres caractères que ceux d'une vitrification [1].

On ne doit donc rien inférer, rien conclure de la formation de ces granites secondaires à celle du granite primitif dont ils ne sont que des détriments : les grès sont relativement au quartz ce que ces seconds granites sont au premier, et vouloir les réunir pour expliquer leur formation par un principe commun, c'est comme si l'on prétendait rendre raison de l'origine du quartz par la formation du grès.

Ceux qui voudraient persister à croire qu'on doit rapporter à l'eau la formation de tous les granites, même de ceux qui sont élancés à pic, et groupés en pyramides dans les montagnes primitives, ne voient pas qu'ils ne font que reculer, ou plutôt éluder la réponse à la question; car ne doit-on pas leur demander d'où sont venus, et par quel agent ont été formés ces fragments vitreux employés par l'eau pour composer les granites [a], et dès lors ne seront-ils pas forcés à rechercher l'origine des masses, dont ces

granite, en supposant ces trois premiers cas, fût réellement dans un état de pâte molle, puisqu'elle remplit exactement toutes les sinuosités de sa gangue. *Hist. naturelle de la France méridionale*, par M. Soulavie, t. I, pages 385 et 386.

a. Le granite, dit très-bien M. de Saint-Fond, n'est pas la pierre primitive dont est formé le noyau de notre globe, et qui couronne les hautes montagnes... Cette roche étant composée de différentes matières agrégées, bien connues et bien distinctes, elle suppose la préexistence de ces matières. *Vues générales du Dauphiné*, p. 13.

1. « Il ne peut y avoir aucun doute sur la nature ignée des *roches granitiques*, d'après leur « manière d'être injectées dans toutes sortes de dépôts, et les modifications qu'elles ont pro- « duites dans les matières qu'elles ont traversées ou soulevées..... Ces *roches* ont commencé à « paraître dès les premiers dépôts de sédiment, et peut-être même y en a-t-il eu d'antérieurement « épanchées sur la surface du globe; mais elles se sont continuées à toutes les époques jusqu'a- « près les terrains tertiaires... On trouve souvent le *granite* complétement isolé, et formant à « lui seul des dépôts considérables, couvrant de vastes contrées, comme dans le centre de la « France, dans l'Auvergne et le Limousin... Mais alors même on en reconnaît de divers « âges... Le *granite* du Morvan est encore différent, et son apparition se rattache à des époques « plus modernes... » (Beudant.)

fragments vitreux ont été détachés, et ne faut-il pas reconnaître que si l'eau peut diviser, transporter, rassembler les matières vitreuses, elle ne peut en aucune façon les produire ?

La question resterait donc à résoudre dans toute son étendue, quand on voudrait par prévention de système, ou qu'on pourrait par suite d'analogie, établir que les granites primitifs ont été formés par l'eau ou dans le sein des eaux, et il resterait toujours pour fait constant que la grande masse vitreuse, dont les éléments de ces granites sont ou l'extrait ou les débris, est une matière antérieure et étrangère à l'eau, et dont la formation ne peut être attribuée qu'à l'action du feu primitif[1].

Les nouveaux granites sont souvent adossés aux flancs, ou stratifiés aux pieds des grandes masses antiques dont ils tirent leur origine; ils sont étendus en couches ou en lits, plus ou moins inclinés, et souvent horizontaux, au lieu d'être groupés en hauteur, entassés en pyramides, ou empilés en feuillets verticaux [a], comme le sont les véritables granites dans les grandes montagnes primitives : cette différence de position est un effet remarquable et frappant, qui d'un côté caractérise l'action du feu, dont la la force expansive du centre à la circonférence ne pouvait qu'élancer, élever la matière et la grouper en hauteur, tandis que la seconde position présente l'ouvrage de l'eau, qui soumise à la loi de l'équilibre, et ne travaillant que par voie de transport et de dépôt, tend généralement à suivre la ligne horizontale[2].

a. C'est ce que M. de Saussure appelle ***des couches perpendiculaires***, par une association de mots aussi insociables que les idées qu'ils présentent sont incompatibles; car qui dit ***couches*** dit dépôt stratifié, étendu, couché enfin sur une ligne plus ou moins voisine de la ligne horizontale, et dont les feuillets se divisent en ce sens; or, une telle masse, stratifiée horizontalement, ne peut rien offrir de perpendiculaire que les fissures ou sutures qui l'ont accidentellement divisée : la tranche perpendiculaire porte au contraire sa plus grande dimension sur la ligne de hauteur, elle se coupe en lames verticales; et il est aussi impossible qu'elle ait été formée par la même cause que la couche horizontale, qu'il l'est que cette dernière devienne jamais perpendiculaire, si ce n'est par accident[3]; car il est indubitable que toutes les couches stratifiées par la mer, et qui ne doivent pas leur inclinaison aux causes accidentelles, comme la chute des cavernes, la tiennent des inclinaisons même, des pentes ou des coupes des masses primitives auxquelles elles sont venues s'adosser, s'adapter et se superposer, qui, en un mot, leur ont servi de base. Aussi M. de Saussure, après avoir fait la description et l'énumération de plusieurs de ces couches violemment inclinées ou presque perpendiculaires, rappelle-t-il tous ces faits particuliers à une observation qu'il regarde lui-même comme « générale et importante, « savoir, que les montagnes secondaires sont d'autant plus irrégulières et plus inclinées, qu'elles « approchent plus des primitives. »

1. Le ***granite*** est dû à l'action du *feu primitif*, à l'***action ignée*** (voyez la note de la page précédente); tout le monde le sait et le dit aujourd'hui : Buffon (si j'en excepte le seul Leibnitz) a précédé tout le monde.

2. On ne saurait mieux définir les deux actions opposées : l'***action du feu***, « dont la force « expansive ne pouvait qu'élancer, élever la matière et la grouper en hauteur, et l'***ouvrage de l'eau***, « qui, soumise à la loi de l'équilibre, et ne travaillant que par voie de transport et de « dépôt, tend généralement à suivre la ligne horizontale. »

3 (*a*). C'est l'axiome célèbre de Stenon, universellement reçu aujourd'hui : « Toute couche « inclinée est une couche qui a été redressée. »

Les granites secondaires se sont donc formés des premiers débris du granite primitif, et les fragments rompus des uns et des autres, et roulés par les eaux, ont postérieurement rempli plusieurs vallées [a], et ont même formé par leur entassement des montagnes subalternes. Il se trouve des carrières, entières et en bancs étendus, de ces fragments de granites roulés et souvent mêlés de pareils fragments de quartz arrondis, comme ceux de granite, en forme de cailloux [b]. Mais ces couches sont, comme l'on voit, de seconde et même de troisième formation. Et dans le même temps que les

a. « Presque tous les ruisseaux qui se déchargent dans le gave de la vallée de Bastan roulent « des blocs de granite : il y en a d'énormes à une petite distance de Baréges, et en si grande « quantité, qu'on ne peut s'empêcher de penser que cette espèce de pierre a dû former ancien- « nement de hautes montagnes dans cette partie des Pyrénées.

« Les ruisseaux qui descendent du pic de Midi et du pic des Aiguillons entraînent aussi des « blocs de granite. » *Essai sur la Minéralogie des monts Pyrénées*, p. 259.

b. La montagne où est le château de Molina (en Espagne) est très-élevée, et son sommet est composé d'une masse de petits quartz arrondis, et incrustés ou conglutinés avec le ciment naturel formé de sable et de pierre à chaux... A côté de la montagne de la Platilla, il y a une autre montagne composée de roche de *tuf* (ce tuf est un grès feuilleté), en couches inclinées, soutenues par un lit de quartz ronds, fortement conglutinés entre eux, comme ceux qui se trouvent au sommet de la montagne de Molina : ce lit suit la même pente que celui de la roche du tuf qui contient beaucoup de quartz enchâssés, qui viennent de ceux qui se sont détachés de leur grande masse par la destruction de la colline; d'où l'on infère que ces quartz sont d'une origine antérieure aux lits de la roche de tuf, et que celle-ci était un sable menu avant d'être roche.....

A une demi-lieue de Molina, du côté de la mine de la Platilla, il y a une cavité d'environ cent cinquante pieds de profondeur et de vingt à quarante de largeur, formée dans une montagne de roche de sable rouge, sur des bancs de quartz arrondis, conglutinés avec le sable; il y a des fentes perpendiculaires qui séparent ces roches ainsi que le quartz. *Histoire naturelle d'Espagne*, par M. Bowles, pages 179, 180 et 188.

La grande quantité de cailloux de granite, dont le terrain sablonneux de la Pologne est rempli, est, après le sable, ce qu'il y a de plus frappant... ils dominent dans la plupart des terrains qui ont des cailloux, c'est le quartz dans d'autres... Les villes et villages de Pologne, situés dans les endroits où la surface du terrain n'en est point parsemé, ont quelquefois un pavé de ces cailloux ; tous ceux de la Prusse ducale en sont pavés...

La couleur de ces cailloux varie beaucoup : les uns sont gris-blancs et rouges ou couleur de cerise, parsemés de points noirâtres et de verdâtres; d'autres sont gris-terreux ou lie de vin avec des points gris; le fond de la couleur est dans d'autres vert avec des points blancs; la plupart sont très-durs, les grains en sont fins et bien liés, souvent même leur liaison est telle qu'on ne peut les distinguer les uns des autres; ceux-ci approchent beaucoup des porphyres, s'ils n'en sont pas réellement : beaucoup ont des grains plus gros, mélangés avec des lames quartzeuses de plusieurs lignes de large, d'un blanc plus ou moins vif, teint de rouge ou de couleur de cerise; quelques-uns sont intérieurement colorés de gris de fer luisant, ce qui paraît réellement être une matière ferrugineuse, quelques-uns enfin sont veinés de couleur de cerise, de noirâtre et de gris...

Il n'est pas rare de trouver parmi ces cailloux graniteux, d'autres cailloux qui sont de quartz, d'agate ou de jaspe; ceux de quartz sont communément blancs... On en voit de gris, de rouges et de quelques autres couleurs : les agates sont assez ordinairement blanches... cependant j'en ai vu de brunes et de blanches, de rougeâtres, de jaunâtres, de roussâtres et de blanc sale, de grises avec des taches de gris de lin pâle, et de plusieurs autres nuances et variétés. Les jaspes ne sont pas moins diversifiés : il y en a qui sont d'un très-beau rouge, d'autres sont verts, verdâtres, fleuris ou marbrés. Guettard, *Mémoires de l'Académie des Sciences*, année 1762, p. 241 et suiv.

eaux entraînaient, froissaient et entassaient ces fragments massifs, elles transportaient au loin, dispersaient et déposaient partout les parties les plus ténues, et la poussière flottante de ces débris graniteux ou quartzeux; dès lors ces poudres vitreuses ont été mêlées avec les poudres calcaires, et c'est de là que proviennent originairement les sucs quartzeux ou silicés qui transsudent dans les craies et autres couches calcaires formées par le dépôt des eaux.

Et comme le transport de ces débris du granite, du grès et des poudres d'argile, s'est longtemps fait dans le fond des mers, conjointement avec celui des détriments des craies, des marbres et des autres substances calcaires, les unes et les autres ont quelquefois été entraînées, réunies et consolidées ensemble : c'est de leur mélange que se sont formées les *brèches* et autres pierres mi-parties de calcaire et de vitreux ou argileux, tandis que les fragments de quartz et de granite, unis de même par le ciment des eaux, ont formé les *poudingues* purement vitreux, et que les fragments des marbres et autres pierres de même nature ont formé les brèches purement calcaires.

DU GRÈS.

Le grès[1] lorsqu'il est pur est d'une grande dureté, quoiqu'il ne soit composé que des débris du quartz réduits en petits grains qui se sont agglutinés par l'intermède de l'eau ; ce grès, comme le quartz, étincelle sous le choc de l'acier; il est également réfractaire à l'action du feu le plus violent; les détriments du quartz ne formaient d'abord que des sables qui ont pris corps en se réunissant par leur affinité, et ont ensuite formé les masses solides des grès, dans lesquels on ne voit en effet que ces petits grains quartzeux plus ou moins rapprochés, et quelquefois liés par un ciment de même nature qui en remplit les interstices [a]. Ce ciment a pu être porté dans le grès de deux manières différentes; la première par les vapeurs qui s'élèvent de

a. Par ces mots de ciment ou *gluten*, je n'entends pas, comme l'on fait ordinairement, une matière qui a la propriété particulière de réunir des substances dissemblables, et pour ainsi dire d'une autre nature, en faisant un seul volume de plusieurs corps isolés ou séparés, comme la colle qui s'emploie pour le bois, le mortier pour la pierre, etc. : l'habitude de cette acception du mot *ciment* pourrait en imposer ici. Je dois donc avertir que je prends ce mot dans un sens plus général, qui ne suppose ni une matière différente de celle de la masse, ni une force attractive particulière, ni même la séparation absolue des parties avant l'interposition du ciment, mais qui consiste dans leur union encore plus intime, par l'accession de molécules de même nature, qui augmentent la densité de la masse, en sorte que la seule condition essentielle qui fera distinguer ce ciment des matières sera le plus souvent la différence des temps où ce ciment y sera survenu, et où elles auront acquis par là leur plus grande solidité.

1. « On donne le nom de *grès* à des roches arénacées, formées de grains de *quartz hyalin*, « reliés par un ciment de *calcaire* ou de *silice*. » (Dufrénoy.)

l'intérieur de la terre, et la seconde par la stillation des eaux : ces deux causes produisent des effets si semblables, qu'il est assez difficile de les distinguer. Nous allons rapporter à ce sujet les observations faites récemment par un de nos plus savants académiciens, M. de Lassone, qui a examiné avec attention la plupart des grès de Fontainebleau, et qui s'exprime dans les termes suivants.

« Sur les parois extérieures et découvertes de plusieurs blocs de grès le « plus compacte, et presque toujours sur les surfaces de ceux dont on a « enlevé de grandes et larges pièces en les exploitant, j'ai observé un enduit « vitreux très-dur : c'est une lame de deux ou trois lignes d'épaisseur, « comme une espèce de couverte, naturellement appliquée, intimement « inhérente, faisant corps avec le reste de la masse, et formée par une « matière atténuée et subtile, qui en se condensant a pris le caractère pier- « reux le plus décidé, une consistance semblable à celle du *silex*, et presque « à celle de l'agate ; cet enduit vitreux n'est pas bien longtemps à se démon- « trer sur les endroits qu'il revêt. Je l'ai vu établi au bout d'un an sur les « surfaces de certains blocs entamés l'année précédente : on découvre et on « distingue les nuances et la progression de cette nouvelle formation, et, ce « qui est bien remarquable, cette substance vitrée ne paraît et ne se trouve « que sur les faces entamées des blocs, *encore engagés par leur base* dans « la minière sableuse qui doit être regardée comme leur matrice et le vrai « lieu de leur génération [a]. »

Cette observation établit, comme l'on voit, l'existence réelle d'un ciment pierreux, qui même forme en s'accumulant un émail silicé d'une épaisseur considérable; mais je dois remarquer que cet émail se produit non-seulement sur les blocs encore attachés ou enfouis par leur base, comme le dit M. de Lassone, mais même sur ceux qui en sont séparés; car on m'a fait voir nouvellement quelques morceaux de grès qui étaient revêtus de cet émail sur toutes leurs faces : voilà donc le ciment quartzeux ou silicé clairement démontré, soit qu'il ait transsudé de l'intérieur de la pierre, soit que l'eau ou les vapeurs aient étendu cette couche à la superficie de ces morceaux de grès. On en a des exemples tout aussi frappants sur le quartz, dans lequel il se forme de même une matière silicée par la stillation des eaux et par la condensation des vapeurs [b].

a. Mémoires de l'Académie des Sciences, année 1774, pages 209 et suiv.

b. M. de Gensane, savant physicien et minéralogiste très-expérimenté, que j'ai eu souvent occasion de citer avec éloge, a fait des observations que j'ai déjà indiquées, et qui me paraissent ne laisser aucun doute sur cette formation de la matière silicée ou quartzeuse, par la seule condensation des vapeurs de la terre. « Étant descendu, dit-il, dans une galerie de mine (de « plomb) de Pont-Pean, près de Rennes en Bretagne, dont les travaux étaient abandonnés, je « vis au fond de cette galerie toutes les inégalités du roc presque remplies d'une matière très- « blanche, semblable à de la céruse délayée, que je reconnus être un véritable *guhr* ou *sinter*... « C'est une vapeur condensée qui, en se cristallisant, donne un véritable quartz. » M. de Gen-

Mais si nous considérons en général les ciments naturels, il s'en faut bien qu'ils soient toujours, ni partout, les mêmes; il faut d'abord en distinguer de deux sortes, l'un qui paraît homogène avec la matière dont il remplit les interstices, comme dans les nouveaux quartz et les grès où il est plus apparent à la surface qu'à l'intérieur, l'autre qu'on peut dire hétérogène, parce qu'il est d'une substance plus ou moins différente de celle dont il remplit les interstices, comme dans les *poudingues* et les brèches : ce dernier ciment est ordinairement moins dur que les grains qu'il réunit. Nous connaissons d'ailleurs plusieurs espèces de ciments naturels, et nous en traiterons dans un article particulier : ces ciments se mêlent et se combinent quelquefois

sane voulut reconnaître si cette matière provenait de la circulation de l'air dans les travaux, ou si elle transpirait au travers du roc sur lequel elle se formait; pour cela il commença par bien laver la surface du rocher avec une éponge pour ôter le guhr qui s'y trouvait. « Ensuite, « dit-il, je pris quatre écuelles neuves de terre vernissée, que j'appliquai aux endroits du rocher « où j'avais aperçu le plus de guhr, et, avec de la bonne glaise bien pétrie, je les cimentai bien « tout à l'entour de deux bons pouces d'épaisseur, après quoi je plaçai des travers de bois vis-« à-vis mes écuelles, qui formaient presque les quatre angles d'un carré. »

Au bout de huit mois, M. de Gensane leva une de ces écuelles, et il fut fort surpris de voir que le guhr qui s'était formé dessous avait près d'un demi-pouce d'épaisseur, et formait un rond sur la surface du rocher de la grandeur de l'écuelle ; il était très-blanc et avait à peu près la consistance du beurre frais ou de la cire molle; il en prit de la grosseur d'une noix, et remit l'écuelle, comme auparavant, sans toucher les autres... il laissa sécher cette matière à l'ombre, elle prit une consistance grenue et friable, et ressemblait parfaitement à une matière semblable, mais ordinairement tachetée, qu'on trouve dans les filons de différents minéraux, surtout dans ceux de plomb, et à laquelle les mineurs allemands donnent le nom de *leten*. Il y en a quantité dans celui de Pont-Pean, et le minéral y est répandu par grains, la plupart cubiques, et souvent accompagnés de grains de pyrite. « Toute la différence que je trouvais, dit M. de Gensane, « entre ma matière et celle du filon, c'est que la matière était très-blanche, et que celle du filon « était parsemée de taches violettes et roussâtres; je pris de celle du filon qui ne contenait assu-« rément aucun minéral, et la plus blanche que je pus trouver, j'en pris également de la « mienne, et fondis poids égal de ces deux matières dans deux creusets séparés et au même feu; « elles me parurent également fusibles et me donnèrent des scories entièrement semblables..... « Je soupçonnai dès lors que ces matières étaient absolument les mêmes..... Quatorze mois se « passèrent depuis le jour que j'avais visité la première écuelle jusqu'au temps de mon départ « de ces travaux; je fus voir alors mon petit équipage; je trouvai que le guhr n'avait pas sen-« siblement augmenté sur la partie du roc qui était à découvert; et, ayant visité l'écuelle que « j'avais visitée précédemment, j'aperçus l'endroit où j'avais enlevé le guhr recouvert de la même « matière, mais fort mince et très-blanche, au lieu que la partie que je n'avais pas touchée, « ainsi que toute la matière qui était sous les écuelles que je n'avais pas remuées, était toute « parsemée de taches roussâtres et violettes, et absolument semblables à celles qu'on trouve « dans le filon de cette mine, avec cette différence que cette dernière renferme quantité de grains « de mine de plomb dispersés dans les taches violettes, et qui n'avaient pas eu le temps de se « former dans la première.

« Il résulte de cette observation que les guhrs se forment par une espèce de transpiration au « travers des rochers même les plus compactes, et qu'ils proviennent de certaines exhalaisons « ou vapeurs qui circulent dans l'intérieur de la terre, et qui se condensent et se fixent dans les « endroits où la température et les cavités leur permettent de s'accumuler... Cette matière est « une véritable vapeur condensée qui se trouve, dans une infinité d'endroits, renfermée dans « des roches inaccessibles à l'eau. Lorsque le guhr est dissous et chassé par l'eau, il se cristal-« lise très-facilement et forme un vrai quartz. » *Histoire naturelle du Languedoc*, tome II, pages 22 et suiv.

dans la même matière, et souvent semblent faire le fond des substances solides. Mais ces ciments, de quelque nature qu'ils soient, peuvent avoir, comme nous venons de le dire, une double origine : la première est due aux vapeurs ou exhalaisons qui s'élèvent du fond de la terre au moyen de la chaleur intérieure du globe ; la seconde à l'infiltration des eaux qui détachent avec le temps les parties les plus ténues des masses qu'elles lavent ou pénètrent; elles entraînent donc ces particules détachées, et les déposent dans les interstices des autres matières; elles forment même des concrétions qui sont très-dures, telles que les cristaux de roche et autres stalactites du genre vitreux, et cette seconde source des extraits ou ciments pierreux, quoique très-abondante, ne l'est peut-être pas autant que la première qui provient des vapeurs de la terre, parce que cette dernière cause agit à tout instant et dans toute l'étendue des couches extérieures du globe, au lieu que l'autre, étant bornée par des circonstances locales à des effets particuliers, ne peut agir que sur des masses particulières de matière.

On doit se rappeler ici que, dans le temps de la consolidation du globe, toutes les matières s'étant durcies et resserrées en se refroidissant, elles n'auront pu faire retraite sur elles-mêmes, sans se séparer et se diviser par des fentes perpendiculaires en plusieurs endroits. Ces fentes, dont quelques-unes descendent à plusieurs centaines de toises, sont les grands soupiraux par où s'échappent les vapeurs grossières chargées de parties denses et métalliques ; les émanations plus subtiles, telles que celles du ciment silicé, sont les seules qui s'échappent partout, et qui aient pu pénétrer les masses entières du grès pur : aussi n'entre-t-il que peu ou point de substances métalliques dans leur composition, tandis que les fentes perpendiculaires qui séparent les masses du quartz, des granites et autres rochers vitreux, sont remplies de métaux et de minéraux produits par les exhalaisons les plus denses, c'est-à-dire par les vapeurs chargées de parties métalliques. Ces émanations minérales, qui étaient très-abondantes lors de la grande chaleur de la terre, ne laissent pas de s'élever, mais en moindre quantité, dans son état actuel d'attiédissement : il peut donc se former encore tous les jours des métaux, et ce travail de la nature ne cessera que quand la chaleur intérieure du globe sera si diminuée, qu'elle ne pourra plus enlever ces vapeurs pesantes et métalliques. Ainsi le produit de ce travail, déjà petit aujourd'hui, sera peut-être nul dans quelques milliers d'années, tandis que les vapeurs plus subtiles et plus légères, qui n'ont besoin que d'une chaleur très-médiocre pour être sublimées, continueront à s'élever et à revêtir la surface, ou même pénétrer l'intérieur des matières qui leur sont analogues.

Lorsque le grès est pur, il ne contient que du quartz réduit en grains plus ou moins menus, et souvent si petits qu'on ne peut les distinguer qu'à la loupe. Les grès impurs sont au contraire mélangés d'autres substances vitreuses ou métalliques [a], et plus souvent encore de matières calcaires, et ces grès impurs sont d'une formation postérieure à celle des grès purs : en général, il y a plus de grès mélangés de substance calcaire, que de grès simples et purs [b], et ils sont rarement teints d'autres couleurs métalliques que de celles du fer ; on les trouve par collines, par bancs et en très-grandes masses, quelquefois séparées en gros blocs isolés, et seulement environnés

a. Il y a des grès mêlés de mica, et d'autres en plus grand nombre contiennent de petites masses ferrugineuses très-dures, que les ouvriers appellent des *clous*.

« J'ai vu au bas des Vosges, dit M. l'abbé Bexon, des grès mélangés ou semés de mica : ces « grès, dont on peut suivre la bande tout le long du pied de la chaîne des montagnes, et qui « forme comme la dernière lisière entre le pays élevé de granite et le bassin de la plaine cal- « caire, sont généralement déposés en couches, dont les plus épaisses fournissent la pierre de « taille du pays, et dont les plus minces, qui sont feuilletées et se lèvent en tables, telles qu'on « les exploite sur les hauteurs de Plombières, de Valdajol et ailleurs, servent à couvrir les toits « des maisons. Chacune de ces feuilles ou tables a sa surface saupoudrée et brillante de mica: « il paraît même que c'est à cette poudre de mica semée entre les tables du grès que la carrière « doit sa structure en couches feuilletées; car on peut concevoir qu'à mesure que les eaux char- « riaient ensemble le sable quartzeux et la poudre de mica mélangés, le sable, comme le plus « pesant, tombait le premier et formait sa couche, sur laquelle le mica flottant venait ensuite « se déposer, et marquait ainsi le trait d'une seconde feuille. » *Mémoires sur l'Histoire naturelle de la Lorraine.*

b. « En considérant les blocs de grès à Fontainebleau dans leur disposition naturelle, et tels « qu'ils ont été formés, nous les voyons constamment dispersés dans le sable où ils sont enfouis, « et qui est comme leur matrice; ils y sont solitaires et isolés, de même que les silex ou cail- « loux le sont dans des bancs de marne ou de craie, où ils ont pris naissance : c'est exactement « la même disposition, le même arrangement, et la parité est encore établie par la forme à peu « près arrondie que chaque bloc affecte ordinairement dans ses contours; mais ceci n'a lieu en « général que pour les grès purs et homogènes, tels que ceux de Fontainebleau car nous obser- « vons que d'autres, qui sont mixtes ou mélangés, se comportent différemment, à cause sans « doute de leur composition plus compliquée.

« Et même les grès purs de Fontainebleau, quoique formant presque toujours des blocs sépa- « rés, paraissent néanmoins en quelques endroits disposés en bancs ou en masses continues et « horizontales, parce qu'ici les masses sont plus rapprochées, et qu'elles ont une épaisseur et « une étendue plus considérable... .

« J'ai déjà fait remarquer que les grès de Fontainebleau étaient au rang des plus purs et des « plus homogènes; à la vue simple et sans être armée, on reconnaît et on distingue, malgré leur « petitesse et leur ténuité, les grains sableux rapprochés et réunis en une masse compacte, et « formant les blocs d'une manière uniforme : sans doute l'adhérence et l'union réciproque de « ces premières molécules sableuses sont procurées par un fluide subtil et affiné qui, en les « agglutinant, se condense avec elles; la subtilité de ce gluten particulier est telle que, quoique « universellement répandu dans la masse comme un moyen unissant entre tous les corpuscules, « il ne masque et ne fait disparaître que très-faiblement l'apparence et la forme des grains « sableux, de sorte que l'on jugerait qu'ils n'adhèrent entre eux que par le contact immédiat, « sans mélange d'autre matière interposée.

« Cependant plusieurs remarques semblent établir l'existence réelle de ce gluten pierreux, et « peuvent même servir à déterminer sa nature et son caractère.

« En effet, parmi les différents blocs de ce grès, il en est dont les molécules sableuses ont une « agrégation sensiblement plus dense et plus compacte; les fragments de ces blocs les plus durs « laissent à peine apercevoir sur les surfaces de leurs cassures les petits grains arénacés, qui « sont ici beaucoup plus serrés et plus fins, et comme fondus avec la matière qui paraît les « lier. » *Mémoire sur les grès de Fontainebleau*, par M. de Lassone, dans ceux de l'*Académie des Sciences*, année 1774.

du sable qui semble leur servir de matrice [a]; et comme ces amas ou couches de sable sont dans toute leur épaisseur perméables à l'eau, les grès sont toujours humectés par ces eaux filtrées; l'humidité pénètre et réside dans leurs pores, car tous les grès sont humides au sortir de la carrière, et ce n'est qu'après avoir été exposés pendant quelques années à l'air, qu'ils perdent cette humidité dont ils étaient imbus.

Les grès les plus purs, c'est-à-dire ceux dont le sable qui les compose n'a été ni transporté ni mélangé, sont entassés en gros blocs isolés; mais il y en a beaucoup d'autres qui sont étendus en bancs continus et même en couches horizontales, à peu près disposées comme celles des pierres calcaires [b]. Cette différence de position dans les grandes masses de grès paraît nous indiquer qu'elles ont été formées dans des temps différents, et que la formation des grès qui sont en bancs horizontaux, est postérieure à la production de ceux qui se présentent en blocs isolés ; car celle-ci ne suppose que la simple agrégation du sable quartzeux, dans le lieu même où il s'est trouvé après la vitrification générale, au lieu que la position des autres grès par couches horizontales suppose le transport de ces mêmes sables par le mouvement des eaux; et le mélange des matières étrangères qui se trouvent dans ces grès semble prouver aussi qu'ils sont d'une formation moins ancienne que celle des grès purs.

Si l'on voulait douter que l'eau pût former le grès par la seule réunion des molécules du quartz, il serait aisé de le démontrer par la formation du cristal de roche[1], qui est aussi dur que le grès le plus pur, et qui néanmoins n'est formé que des mêmes molécules par la stillation des eaux ; et d'ailleurs on voit un commencement de cette réunion des particules quartzeuses dans la consistance que prend le sable lorsqu'il est mouillé : plus ce sable est sec et plus il est pulvérulent; et dans les lieux où les sables de grès couvrent la surface du terrain, les chemins ne sont jamais plus praticables que quand il a beaucoup plu, parce que l'eau consolide un peu ces sables en rapprochant leurs grains.

Les grès ne se trouvent communément que près des contrées de quartz,

a. « En examinant les blocs encore enfouis dans leurs minières sableuses, on voit en les cas-
« sant leur masse intérieure sensiblement imbue et pénétrée d'une humidité qui s'y est insinuée
« uniformément par toutes les porosités...

« Il est probable que cette humectation intérieure est cause aussi que les grès, dans leur
« minière, sont toujours moins durs, et qu'ils n'achèvent de se durcir que quand ils ont sué
« longtemps en plein air. » *Idem, ibidem.*

b. La Bonne-Ville, capitale de Faucigny, paraît être assise sur un rocher de grès : ce rocher, qui sort de terre sous la porte de la ville qui regarde Genève, est formé d'une pierre de sable mélangée de mica, et disposée par bancs inclinés de trente-huit à quarante degrés ; ces bancs ne passent point par-dessous les bases des montagnes voisines, ils sont d'une date beaucoup plus récente. Saussure, *Voyage dans les Alpes*, tome Ier, page 366.

1. Voyez la note 1 de la page 36.

de granite, et d'autres matières vitreuses [a], et rarement au milieu des terres où il y a des marbres, des pierres calcaires ou des craies; cependant le grès, quoique voisin quelquefois du granite par sa situation, en diffère trop par sa composition pour qu'on puisse leur appliquer quelque dénomination commune, et plusieurs observateurs sont tombés dans l'erreur en appelant granite du grès à gros grains : la composition de ces deux matières est différente, en ce que, dans ces grès composés des détriments du granite, jamais les molécules du feldspath n'ont repris une cristallisation distincte, ni celles du quartz un empâtement commun avec elles, non plus qu'avec les particules du mica; ces dernières sont comme semées sur les autres, et toute la couche, par sa disposition comme par sa texture, ne montre qu'un amas de sables grossièrement agglutinés par une voie bien différente de la fusion intime des grandes masses vitreuses; et l'on peut encore remarquer que ces grès composés de plusieurs espèces de sables sont généralement plus grossiers, moins compactes, et d'un grain plus gros que le grès pur, qui toujours est plus solide et plus dur, et dont le grain plus fin porte évidemment tous les caractères d'une poudre de quartz.

Le grès pur est donc le produit immédiat des détriments du quartz; et lorsqu'il se trouve réduit en poudre impalpable, cette poudre quartzeuse est si subtile, qu'elle pénètre les autres matières solides, et même l'on prétend s'être assuré qu'elle passe à travers le verre. MM. Le Blanc et Clozier ayant placé une bouteille de verre vide et bien bouchée dans une carrière de grès des environs d'Étampes, ils s'aperçurent, au bout de quelques mois, qu'il y avait au dedans de cette bouteille une espèce de poussière, qui était un sable très-fin de la même nature que la poudre de grès [b].

Il n'y a peut-être aucune matière vitreuse dont les qualités apparentes varient autant que celles des grès : « On en rencontre de si tendres, dit « M. de Lassone, que leurs grains à peine liés se séparent aisément par la « simple compression et deviennent pulvérulents; d'autres dont la con- « crétion est plus ferme et qui commencent à résister davantage aux coups « redoublés des instruments de fer; d'autres enfin dont la masse plus dure « et plus lisse est comme sonore, et ne se casse que très-dificilement; et ces « variétés ont plusieurs degrés intermédiaires [c]. »

Le grès que les ouvriers appellent *grisar* est si dur et si difficile à tra-

a. « C'est un fait bien important, à ce que je crois, pour la théorie de la terre, et qui pour- « tant n'avait point encore été observé, que presque toujours, entre les dernières couches secon- « daires et les premières primitives, on trouve des bancs de grès ou de poudingues : j'ai observé « ce phénomène non-seulement dans un grand nombre de montagnes des Alpes, mais encore « dans les Vosges, dans les montagnes des Cévennes, de la Bourgogne et du Forez. » Saussure, *Voyage dans les Alpes*, tome Ier, page 528.

b. *Histoire de l'Académie de Dijon*, tome II, page 29.

c. *Mémoire sur le grès*, par M. de Lassone, dans ceux de l'*Académie des Sciences*, année 1774, page 210.

vailler, qu'ils le rebutent même pour n'en faire que des pavés, tandis qu'il y a d'autres grès si tendres et si poreux que l'eau crible aisément à travers leurs masses; ce sont ceux dont on se sert pour faire les pierres à filtrer. Il y en a de si grossiers et de si terreux, qu'au lieu de se durcir à l'air, ils s'y décomposent en assez peu de temps : en général, les grès les plus purs et les plus durables sont aussi ceux qui ont le grain le plus fin et le tissu le plus serré.

Les grès qu'emploient les paveurs à Paris sont, après le grès grisar, les plus durs de tous; les grès dont on se sert pour aiguiser ou donner du tranchant au fer et à l'acier sont d'un grain fin, mais moins durs que les premiers, et néanmoins ils jettent de même des étincelles en faisant tourner à sec ces meules de grès contre le fer et l'acier; le grès de Turquie [a], qu'on appelle *pierre à rasoir*, à laquelle on donne sa qualité en la tenant pendant quelques mois dans l'huile, et qui sert à repasser et à affiler les rasoirs et autres instruments très-tranchants, n'a qu'un certain degré de dureté, quoique le grain en soit très-fin et la substance très-uniforme et sans mélange d'aucune matière étrangère.

Au reste, le grès pur n'étant composé que des détriments du quartz, il en a toutes les propriétés : il est aussi réfractaire au feu; il résiste de même à l'action de tous les acides, et quelquefois il acquiert le même degré de dureté; enfin le quartz ou le grès, réduits en sable, servent également de base à tous nos verres factices, et entrent en plus ou moins grande quantité dans leur composition.

Les grès sont assez rarement colorés, et ceux qui ont une nuance de jaune, de rouge ou de brun ne doivent cette teinte qu'à l'infiltration de l'eau chargée des molécules ferrugineuses de la terre végétale qui couvre la superficie du terrain où l'on trouve ces grès colorés; la plupart des jaspes sont au contraire très-colorés, et semblent avoir reçu leurs couleurs par la sublimation des matières métalliques dès le premier temps de leur formation : il se peut aussi que quelques grès des plus anciens doivent leur couleur à ces mêmes émanations métalliques; l'une des causes n'exclut pas l'autre, et les effets de toutes deux paraissent constatés par l'observation. « Il n'y a presque point de ces blocs *gréseux* de Fontainebleau, dit M. de « Lassone, où l'on n'aperçoive quelques marques d'un principe ferrugineux : « en général, ceux dont les grains sableux sont les moins liés sont aussi « ceux où le principe ferrugineux est le plus apparent; les portions les plus « externes des blocs, celles par conséquent dont la formation ou la con- « densation est moins ancienne, ont souvent une teinte jaunâtre de couleur

a. M. Valmont de Bomare, dans son ouvrage sur la minéralogie, nous assure qu'il a trouvé un quartier de ce grès de Turquie, en France, près de Morlaix, dans la province de Bretagne, et je suis d'ailleurs très-persuadé que cette espèce de grès n'appartient pas exclusivement à la Turquie, comme son nom semble l'indiquer.

« d'ocre ou de rouille de fer, tandis que les couches plus intérieures ne « sont nullement colorées. Il semble donc que, dans certains grès, cette teinte « disparaisse à mesure que leur densité ou que la concrétion de leurs grains « augmente; cependant on remarque des blocs très-durs dont la masse « entière est pénétrée uniformément de cette couleur ferrugineuse plus ou « moins intense; il y en a parmi ceux-ci quelques-uns où le principe ferru- « gineux est si apparent qu'ils ont une teinte rougeâtre très-foncée. Le « sable, même pulvérulent, et n'ayant encore éprouvé aucune condensation, « coloré en plusieurs endroits par les mêmes teintes, semble aussi participer « du fer, si l'on en juge simplement par la couleur; mais l'aimant n'en « attire aucune parcelle de métal, non plus que du *detritus* des grès rou- « geâtres [a]. »

Cette observation de M. de Lassone me semble prouver assez que les grès sont colorés par le fer, et plus souvent au moyen de l'infiltration des eaux que par la sublimation des vapeurs souterraines : j'ai vu moi-même, dans plusieurs blocs d'un grès très-blanc, de ces petits nœuds ou clous ferrugineux dont j'ai parlé [b], et qui sont d'une si grande dureté qu'ils résistaient à la lime. On doit conclure de ces remarques que l'eau a beaucoup plus que le feu travaillé sur le grès : ce dernier élément n'a fourni que la première matière, c'est-à-dire le quartz, au lieu que l'eau a porté dans la plupart des grès non-seulement des parties ferrugineuses, mais encore une très-grande quantité d'autres matières hétérogènes qui en altèrent la nature ou la forme en leur donnant une figuration qu'ils ne prendraient pas d'eux-mêmes, ce qu'on ne doit attribuer qu'aux substances hétérogènes dont ils sont mélangés.

On trouve, dans quelques sables de grès, des morceaux arrondis, isolés et de différentes grosseurs, les uns entièrement solides et massifs, les autres creux en dedans comme des géodes; mais ce ne sont que des concrétions, des sablons agglutinés par le ciment dont nous avons parlé : ces concrétions se forment dans les petites cavités de la grande masse de sable qui environne les autres blocs de grès, et elles sont de la même nature que ces sables [c].

a. *Mémoires de l'Académie des Sciences*, année 1774.

b. Tome Ier de cette *Histoire naturelle*, page 174.

c. Sur la montagne du Camp de César (près de Compiègne), et dans plusieurs autres lieux où le sable abonde, on rencontre aussi certains corps pierreux isolés, de différentes grosseurs, et presque toujours de forme à peu près arrondie : c'est ce que M. de Réaumur appelle ***marrons de sable*** (*Mémoires de l'Académie des Sciences*, année 1723). On les a regardés comme des rudiments de silex; mais par leur forme, et surtout par l'apparence encore un peu sensible des grains sableux dans leur texture, ils se rapprochent bien plutôt des grès moins purs; ils fermentent avec l'acide nitreux. De semblables marrons de sable existent aussi dans d'autres terrains où le sable est beaucoup plus pur et moins mélangé, mais ils ont un caractère particulier : ce sont des espèces de géodes sableux; quand on les casse, on trouve un vide en partie occupé par un amas de cristaux assez purs, adhérents à toute la voûte intérieure, et produits sans doute par le suc lapidifique, plus abondant et dégagé de toute autre matière. J'ai, dans mon cabinet,

Mais les grès disposés par bancs ou par couches sont presque tous plus ou moins mêlés d'autres matières; il y a des grès mélangés de terre limoneuse, d'autres sont entremêlés d'argile, et plusieurs autres qui ne paraissent pas terreux contiennent une grande quantité de matière calcaire : tous ces grès ont évidemment été formés dans les sables transportés et déposés par les eaux, et c'est par cette raison qu'on les trouve en couches horizontales, au lieu que les grès purs produits par la seule décomposition du quartz se présentent en blocs irréguliers et tels qu'ils se sont formés dans le lieu même sans avoir subi ni transport, ni mélange; aussi ces grès purs, ne contenant aucune matière calcaire, ne font point effervescence avec les acides, et sont les seuls qu'on doive regarder comme de vrais grès; cette distinction est plus importante qu'elle ne le paraît d'abord, et peut nous conduire à l'explication d'un fait reconnu depuis peu : quelques observateurs ont trouvé plusieurs morceaux de grès à Bourbonne-les-Bains[a], à Nemours[b], à Fontainebleau et ailleurs, qui affectaient une figure quadrangulaire et qui étaient pour ainsi dire cristallisés en rhombes; or, cette espèce de cristallisation ou de figuration n'est pas une des propriétés du grès pur[c]; c'est un effet accidentel qui n'est dû qu'au mélange de la matière calcaire avec celle du grès; car ayant fait dissoudre par un acide ces morceaux figurés en rhombes, il s'est trouvé qu'ils contenaient au moins un tiers de substance calcaire sur deux tiers de vrai grès, et qu'aucun des grès, qui n'étaient que peu ou point mélangé de cette matière calcaire, n'a pris cette figure rhomboïdale.

Après avoir considéré les principales matières solides et dures qui se présentent en grandes masses dans le sein ou à la surface de la terre, et qui, comme nous venons de l'exposer, sont ou des verres primitifs ou des agrégats de leurs parties divisées et réduites en grains, nous devons examiner de même les matières en grandes masses qui en tirent leur origine et

quelques-uns de ces géodes sableux que l'on peut regarder comme une espèce de grès; l'eau-forte n'y fait aucune impression apparente. *Mémoire sur le grès*, par M. de Lassone, *Académie des Sciences*, année 1774, pages 221 et 222.

a. *Mémoires de Physique*, par M. Grignon, in 4°, page 353.

b. M. Bezout, savant géomètre de l'Académie des Sciences, a reconnu le premier ces grès figurés dans les carrières de Nemours.

c. Une autre espèce de grès découvert depuis peu dans la forêt de Fontainebleau, du côté de la Belle-Croix, est composé d'un amas de vrais cristaux réguliers, de forme rhomboïdale..... On trouve ce grès indiqué et décrit pour la première fois dans un catalogue imprimé (chez Claude Hérissant, et composé par M. Romé de Lille) d'un riche cabinet d'histoire naturelle, exposé en vente à Paris, dans le mois de juillet de cette année 1774 : dans une note relative à cette indication, on observe que cette espèce de grès n'est pas pure, que l'acide nitreux l'attaque à raison d'une substance calcaire qui entre dans sa mixtion en propoition d'un peu plus d'un tiers sur le total; et l'on ajoute que peut-être la cristallisation de cette pierre sableuse n'a été déterminée que par le mélange et le concours de la matière qui paraît servir de ciment... Dans ce canton de la Belle-Croix, les blocs y sont moins isolés et paraissent former des chaînes ou des bancs plus réguliers. *Mémoire sur le grès*, par M. de Lassone, *Académie des Sciences*, année 1774.

qui en sont les détriments ultérieurs, tels que les argiles, les schistes et les ardoises, qui ne diffèrent des sables vitreux que par une plus grande décomposition de leurs parties intégrantes, mais qui, pour le premier fonds de leur substance, sont de même nature.

DES ARGILES ET DES GLAISES.

L'argile[1], comme nous venons de l'avancer, doit son origine à la décomposition des matières vitreuses[2], qui, par l'impression des éléments humides, se sont divisées, atténuées et réduites en terre. Cette vérité est démontrée par les faits : 1° Si l'on examine les cailloux les plus durs et les autres matières vitreuses exposées depuis longtemps à l'air, on verra que leur surface a blanchi, et que dans cette partie extérieure le caillou s'est ramolli et décomposé, tandis que l'intérieur a conservé sa dureté, sa sécheresse et sa couleur; si l'on recueille cette matière blanche en la râclant, et qu'on la détrempe avec de l'eau, l'on verra que c'est une matière qui a déjà pris le caractère d'une terre spongieuse et ductile, et qui approche de la nature de l'argile; 2° les laves des volcans et tous nos verres factices, de quelque qualité qu'ils soient, se convertissent en terre argileuse[a]; 3° nous voyons

a. « Une partie des laves de la Solfatare (près de Naples) est convertie en argile; il y a des « morceaux dont une partie est encore lave et l'autre partie est changée en argile..... On y voit « encore des schorls blancs en forme de grenat, dont quelques-uns sont également convertis en « argile..... Ce changement des matières vitreuses en argile, par l'intermède de l'acide sulfu- « reux (ou vitriolique) qui les a pénétrées, en quelque façon dissoutes, est sans doute un phé- « nomène remarquable et très-intéressant pour l'histoire naturelle. » *Lettres de M. Ferber sur la Minéralogie*, page 259.

M. Ferber ajoute qu'une partie de cette argile est molle comme une terre, et que l'autre est dure, pierreuse et assez semblable à une pierre à chaux blanche : c'est vraisemblablement cette fausse apparence qui a fait dire à M. de Fougeroux de Bondaroy (*Mémoires de l'Académie des Sciences*, année 1765) que les pierres de la Solfatare étaient calcaires. M. Hamilton a fait la même méprise; mais il paraît certain, dit le savant traducteur des *Lettres de Ferber*, que le plancher de la Solfatare et les collines qui l'environnent ne sont composés que de produits volcaniques convertis par les vapeurs du soufre en terre argileuse : « Je possède moi-même, ajoute « M. le baron de Dietrich, un de ces morceaux moitié lave et moitié argile; et cette argile, étant « travaillée, a souffert les mêmes épreuves que l'argile ordinaire..... On trouve dans la montagne « de Poligni, à deux lieues de Rennes en Bretagne, une terre argileuse blanche ou colorée qui « ne diffère en rien de celle de la Solfatare; on la nomme mal à propos *craie* dans le pays..... « Aux endroits où les vapeurs sulfureuses sortent encore, cette argile est aussi molle que de la

1. « Les *argiles* sont des combinaisons de *silice*, d'*alumine* et d'*eau*, quelquefois pures, « souvent mélangées de matières étrangères, telles que du *carbonate de chaux*, du *carbonate* « *de magnésie*, du *silicate de chaux*, de l'*oxyde de fer*, etc. » (Dufrénoy.)

2. L'*argile*, corps composé, ne peut résulter de la décomposition du *quartz*, lequel n'est que de la *silice pure* (voyez les notes des pages 17 et 18). — M. Mitscherlich pense que l'*argile* tire son origine du *feldspath*, dont la décomposition aurait été déterminée par l'action des *pyrites*.

les sables des granites et des grès, les paillettes du mica, et même les jaspes et les cailloux les plus durs se ramollir, blanchir par l'impression de l'air, et prendre à leur surface tous les caractères de cette terre; et l'argile, pénétrée par les pluies, et mêlée avec le limon des rosées et avec les débris des végétaux, devient bientôt une terre féconde.

Tous les micas, toutes les exfoliations du quartz, du jaspe, du feldspath et du schorl, tous les détriments des porphyres, des granites et des grès, perdent peu à peu leur sécheresse et leur dureté; ils s'atténuent et se ramollissent par l'humidité, et leurs molécules deviennent à la fin spongieuses et ductiles par la même impression des éléments humides. Cet effet, qui se passe en petit sous nos yeux, nous représente l'ancienne et grande formation des argiles après la première chute des eaux sur la surface du globe : ce nouvel élément saisit alors toutes les poudres des verres primitifs; et c'est dans ce temps que se fit la combinaison qui produisit l'acide universel[1] par l'action du feu, dont la terre et l'eau étaient également pénétrées, puisque la terre était encore brûlante et l'eau plus que bouillante.

L'acide[2] se trouve en effet dans toutes les argiles, et ce premier produit de la combinaison du feu, de la terre et de l'eau, indique assez clairement le temps de la chute des eaux, et fixe l'époque de leur premier travail; car aucune des antiques matières vitreuses en grandes masses, telles que les quartz, les jaspes, ni même les granites, ne contiennent l'acide[3] : par conséquent aucune de ces matières, antérieures aux argiles, n'a été touchée ni travaillée par l'eau, dont le seul contact eût produit l'acide par la combinaison nécessaire de cet élément avec le feu qui embrasait encore la terre[a][4].

« farine; on peut y enfoncer un bâton sans trouver de fond, et à mesure que l'on s'éloigne de « l'endroit des vapeurs, la terre est plus raffermie. » *Note de M. le baron de Dietrich*, page 257 des *Lettres de M. Ferber*.

a. Cette origine peut seule expliquer la triple affinité de l'acide avec le feu, la terre et l'eau, et sa formation par la combinaison de ces trois éléments, l'eau n'ayant pu s'unir à la terre vitreuse sans se joindre en même temps à la portion de feu dont cette terre était empreinte; j'observerai de plus l'affinité marquée et subsistante entre les matières vitrescibles et l'acide argileux ou vitriolique[5], qui, de tous les acides, est le seul qui ait quelque prise sur ces substances : on a tenté leur analyse au moyen de cet acide; mais cette analyse ne prouvera rien de plus que la grande analogie établie entre le principe acide et la terre vitrescible dès le temps où il fut universellement engendré dans cette terre à la première chute des eaux. Ces grandes vues de l'His-

1. Il n'y a point d'*acide universel*. Becher avait longtemps cherché un *acide universel*; et Stahl croyait l'avoir trouvé dans l'*acide vitriolique* (*sulfurique*.)

2. Il n'y a dans l'*argile* pure que l'*acide silicique* : les *argiles* sont des *silicates*. (Voyez la note de la page 18.) Mais, au temps de Buffon, on ne connaissait pas l'*acide silicique*; il entend parler de l'*acide vitriolique*, qu'il regarde, avec Stahl, comme le *principe acide* par essence : l'argile contient souvent, en effet, des *pyrites* qui, chauffées à l'air, donnent de l'*acide sulfureux*.

3. Voyez les notes des pages 17 et 18.

4. Voyez, t. IX, p. 65, la théorie chimérique de Buffon sur la formation des *acides*, ou plutôt d'*un seul acide*, par le *feu*, l'*air fixe* et l'*eau*.

5 (*a*). Ou, plus exactement, *sulfureux*.

L'argile serait donc par elle-même une terre très-pure, si peu de temps après sa formation elle n'eût été mêlée, par le mouvement des eaux, de tous les débris des productions qu'elles firent bientôt éclore; ensuite, après la retraite des eaux, toutes les argiles dont la surface était découverte reçurent le dépôt des poussières de l'air et du limon des pluies. Il n'est donc resté d'argiles pures que celles qui dès lors se trouvaient recouvertes par d'autres couches, qui les ont défendues de ces mélanges étrangers. La plus pure de ces argiles est la blanche : c'est la seule terre de cette espèce qui ne soit pas mélangée de matières hétérogènes, c'est un simple détriment du sable quartzeux, qui est aussi réfractaire au feu que le quartz même, duquel cette argile tire son origine[1]. La belle argile blanche de Limoges, celle de Normandie, dont on fait les pipes à fumer, et quelques autres argiles pures, quoiqu'un peu colorées, et dont on fait les creusets et pots de verrerie, doivent être regardées comme des argiles pures, et sont à peu près également réfractaires à l'action du feu : toutes les autres argiles sont mélangées de diverses matières qui les rendent fusibles et leur donnent des qualités différentes de celles de l'argile pure; et ce sont ces argiles mélangées auxquelles on doit donner le nom de *glaises*[2].

La nature a suivi pour la formation des argiles les mêmes procédés que pour celle des grès : les grès les plus purs et les plus blancs se sont formés par la simple réunion des sables quartzeux sans mélange, tandis que les grès impurs ont été composés de différentes matières mêlées avec ces sables quartzeux et transportés ensemble par les eaux. De même les argiles blanches et pures ne sont formées que des détriments ultérieurs des sables du quartz, du grès et du mica, dont les molécules, très-atténuées dans l'eau, sont devenues spongieuses et ont pris la nature de cette terre, au lieu que les glaises, c'est-à-dire les argiles impures, sont composées de plusieurs matières hétérogènes que l'eau y a mêlées et qu'elle a transportées ensemble pour en former les couches immenses qui recouvrent presque partout la masse intérieure du globe; ces glaises servent aussi de fondement et de base aux couches horizontales des pierres calcaires. Et de même qu'on ne trouve que peu de grès purs en comparaison des grès mélangés, on ne trouve aussi que rarement des argiles blanches et pures, au lieu que les glaises ou argiles impures sont universellement répandues.

Pour reconnaître par mes yeux dans quel ordre se sont établis les dépôts

toire naturelle confirment admirablement les idées de l'illustre Stahl, qui de la seule force des analogies et du nombre des combinaisons où il avait vu l'acide vitriolique se travestir et prendre la forme de presque tous les autres acides, avait déjà conclu qu'il était le principe salin primitif, principal, universel[3]. *Remarque de M. l'abbé Bexon.*

1. Voyez la note de la page 18.
2. *Glaises*, c'est-à-dire, *argiles impures* ou *mélangées*. Le *kaolin* est l'*argile pure*.
3 (*a*). Voyez la note 1 de la page précédente.

successifs et les différentes couches de ces glaises, j'ai fait faire une fouille [a] à cinquante pieds de profondeur dans le milieu d'un vallon, surmonté des

a. La ville de Montbard est située au milieu d'un vallon sur une montagne isolée de toutes parts, et ce monticule forme entre les deux chaînes de montagnes qui bornent ce vallon dans sa longueur deux espèces de gorges : ce fut dans l'une de ces gorges qui est du côté du midi, qu'au mois d'août 1774, M. de Buffon fit faire une fouille de cinquante pieds de profondeur et de six pieds de large en carré. Le terrain où l'on creusa est inculte de temps immémorial; c'est un espace vague qui sert de pâturage, et quoique ce terrain paraisse à l'œil à peu près au niveau du vallon, il est cependant plus élevé que la rivière qui l'arrose d'environ trente pieds, et de huit pieds seulement plus qu'un petit étang qui n'est éloigné de cette fouille que de cinquante pas.

Après qu'on eut enlevé le gazon, on trouva une couche de terre brune, d'un pied d'épaisseur, sous laquelle était une autre couche de terre grasse, ductile, d'un jaune foncé et rougeâtre, presque sans aucun gravier, qui était épaisse d'environ trois pieds.

L'argile était stratifiée immédiatement sous ces couches limoneuses, et les premiers lits, qui n'avaient que deux ou trois pouces d'épaisseur, étaient formés d'une terre grasse d'un gris bleuâtre, mais marbré d'un jaune foncé, de la couleur de la couche supérieure; ces lits paraissaient exactement horizontaux, et étaient coupés, comme ceux des carrières, par des fentes perpendiculaires qui étaient si près les unes des autres, qu'il n'y avait pas entre les plus éloignées un demi-pouce de distance; cette terre était très-humide et molle; on y trouva des bélemnites et une très-grande quantité de petits *peignes* ou *coquilles de Saint-Jacques*, qui n'avaient guère plus d'épaisseur qu'une feuille de papier et pas plus de quatre ou cinq lignes de diamètre; ces coquilles étaient cependant toutes très-entières et bien conservées, et la plus grande partie était adhérente à une matière terreuse qui augmentait leur épaisseur d'environ une ligne; mais cette croûte terreuse, qui n'était qu'à la partie convexe de la coquille, s'en séparait en se desséchant, et on la distinguait alors facilement de la vraie coquille : on y trouva encore de petits pétoncles, de l'espèce de ceux qu'on nomme *cunei*, et ces coquilles étaient placées, non pas dans les fentes horizontales des couches, mais entre leurs petites stratifications, et elles étaient toutes à plat et dans une situation parallèle aux couches. Il y avait aussi dans ces mêmes couches des pyrites vitrioliques ferrugineuses qui étaient aplaties et terminées irrégulièrement, et qui n'étaient point formées intérieurement par des rayons tendant au centre comme elles le sont ordinairement : la coupe de ces terres s'étant ensuite desséchée, les couches limoneuses se séparèrent par une grande gerçure des couches argileuses.

A huit pieds de profondeur, on s'aperçut d'une petite source d'eau qui avait son issue du côté de l'étang dont on a parlé, mais qui disparut le lendemain; on remarqua qu'à cette profondeur les couches commençaient à avoir une plus grande épaisseur, que leur couleur était plus brune, et qu'elles n'étaient plus marbrées de jaune intérieurement comme les premières : cette couleur ne paraissait plus qu'à la superficie, et ne pénétrait dans les couches que de l'épaisseur de quelques lignes, et les fentes perpendiculaires étaient plus éloignées les unes des autres; la superficie des couches parut à cette profondeur toute parsemée de paillettes brillantes, transparentes et séléniteuses; ces paillettes, à la chaleur du soleil, devenaient presque dans l'instant blanches et opaques : ces couches contenaient les mêmes espèces de coquillages que les précédentes, et à peu près dans la même quantité. On y trouva aussi un grand nombre de racines d'arbres aplaties et pourries, dans lesquelles les fibres ligneuses étaient encore très-apparentes, quoiqu'il n'y ait point actuellement d'arbres dans ce terrain, et jusque-là on n'aperçut dans ces couches ni sable, ni gravier, ni aucune sorte de terre.

Depuis huit pieds jusqu'à douze, les couches d'argile se trouvèrent encore un peu plus brunes, plus épaisses et plus dures : outre les coquilles des couches supérieures dont on a parlé, il y avait une grande quantité de petits pétoncles à stries demi-circulaires, que les naturalistes nomment *fasciati*, dont les plus grands n'avaient qu'un pouce de diamètre, et qui étaient parfaitement conservés entre ces couches; et à dix pieds de profondeur on trouva un lit de pierre très-mince coupé par un grand nombre de fentes perpendiculaires, et cette pierre, semblable à la plupart des pierres argileuses, était brune, dure, aigre et d'un grain très-fin.

A la profondeur de douze pieds jusqu'à seize, l'argile était à peu près de la même qualité;

deux côtés par des collines de même glaise, couronnées de rochers calcaires jusqu'à trois cent cinquante ou quatre cents pieds de hauteur; et j'ai prié

mais il y avait plus d'humidité dans les fentes horizontales, et la superficie était hérissée de petits grains un peu allongés, brillants et transparents, qui, dans un certain sens, s'exfoliaient comme le gypse, et qui, vus à la loupe, paraissaient avoir six faces, comme les aiguilles de cristal de roche, mais dont les extrémités étaient coupées obliquement et dans le même sens : après avoir lavé une certaine quantité de ces concrétions et leur avoir fait éprouver une chaleur modérée, elles devinrent très-blanches : broyées et détrempées dans l'eau, elles se durcirent promptement comme le plâtre, et on reconnut évidemment que cette matière était de véritable pierre spéculaire [1], le germe pour ainsi dire de la pierre à plâtre. Comme j'examinais un jour les différentes matières qu'on tirait de cette fouille, un troupeau de cochons, que le pâtre ramenait de la campagne, passa près de là, et je ne fus pas peu surpris de voir tout à coup ces animaux se jeter brusquement sur la terre de cette fouille la plus nouvellement tirée et la plus molle, et la dévorer avec avidité; ce qui arriva encore en ma présence plusieurs fois de suite : outre les coquillages des premières couches, celle-ci contenait des limas de mer lisses, d'autres limas hérissés de petits tubercules, des tellines, des cornes d'ammon de la plus petite espèce, et quelques autres plus grandes qui avaient environ quatre pouces de diamètre : elles étaient toutes extrêmement minces et aplaties, et cependant très-entières malgré leur extrême délicatesse; il y avait surtout une grande quantité de bélemnites, toutes conoïdes, dont les plus grandes avaient jusqu'à sept et huit pouces de longueur; elles étaient pointues comme un dard à l'une des extrémités, et l'extrémité opposée à leur base était terminée irrégulièrement et aplatie comme si elle eût été écrasée; elles étaient brunes au dehors et au dedans, et formées d'une matière disposée intérieurement en forme de stries transversales ou rayons qui se réunissaient à l'axe de la bélemnite. Cet axe était dans toutes un peu excentrique, et marqué d'une extrémité à l'autre par une ligne blanche presque imperceptible, et lorsque la bélemnite était d'une certaine grosseur, la base renfermait un petit cône plus ou moins long, composé d'alvéoles en forme de plateaux, emboîtés les uns dans les autres comme les nautiles, au sommet duquel se terminait alors la ligne blanche : ce petit cône était revêtu dans toute sa longueur d'une pellicule crustacée, jaunâtre et très-mince, quoique formée de plusieurs petites couches, et le corps de la bélemnite, disposé en rayons qui recouvraient le tout, devenait d'autant plus mince que le petit cône acquérait un plus grand diamètre; telles étaient à peu près toutes les bélemnites que l'on trouva éparses dans la terre que l'on avait tirée de la fouille, ce qui est commun à toutes celles de cette espèce.

Pour savoir dans quelle situation ces bélemites étaient placées dans les couches de la terre, on en délita plusieurs morceaux avec précaution, et on reconnut qu'elles étaient toutes couchées à plat et parallèlement aux différents lits; mais ce qui nous surprit, et ce qui n'a pas encore été observé, c'est qu'on s'aperçut alors que l'extrémité de la base de toutes ces bélemnites, était toujours adhérente à une sorte d'appendice de couleur jaunâtre, d'une substance semblable à celle des coquilles, et qui avait la forme de la partie évasée d'un entonnoir qui aurait été aplatie, dont plusieurs avaient près de deux pouces de longueur, un pouce de largeur à la partie supérieure, et environ six lignes à l'endroit où ils étaient adhérents à la base de la bélemnite; et en examinant de près ce prolongement testacé ou crustacé, qui est si fragile qu'on ne peut presque le toucher sans le rompre, je remarquai que cette partie de la bélemnite qu'on n'a pas jusqu'ici connue, n'est autre chose que la continuation de la coquille mince ou du têt qui couvre le petit cône chambré dont j'ai parlé, en sorte qu'on peut dire que toutes les bélemnites qui sont actuellement dans les cabinets d'histoire naturelle ne sont point entières, et que ce que l'on en connaît n'est en quelque façon que l'étui ou l'enveloppe d'une partie de la coquille, ou du têt qui renfermait autrefois l'animal.

Jusqu'à présent, les auteurs n'ont pu se concilier sur la nature des bélemnites : les uns, tels que Woodward (*Histoire naturelle de la terre*), les ont regardées comme une matière minérale du genre des talcs : M. Bourguet (*Lettres philosophiques*) a prétendu qu'elles n'étaient autre chose que des dents de ces poissons qu'on nomme *souffleurs*, et d'autres les ont prises pour des

1 (*a*). Ou *sélénite*, variété cristalline du *gypse*.

un de nos bons observateurs en ce genre de tenir registre exact de ce que cette fouille présenterait : il a eu la bonté de le faire avec la plus grande

cornes d'animaux pétrifiées; mais la vraie forme de la bélemnite mieux connue, et surtout cette partie crustacée qui est à sa base lorsqu'elle est entière, pourront peut-être contribuer à fixer les doutes des naturalistes et à la faire mettre au rang des crustacés ou des coquilles fossiles[1]; ce qui me paraît d'autant plus évident qu'elle est calcinable dans toutes ses parties, comme le têt des oursins et les coquilles, et au même degré de feu.

Depuis seize pieds jusqu'à vingt, les lits d'argile avaient jusqu'à dix pouces d'épaisseur, ils étaient beaucoup plus durs que les précédents, d'une couleur encore plus brune, et toujours coupés par des fentes perpendiculaires, mais plus éloignées les unes des autres que dans les lits supérieurs; leur superficie était d'un jaune couleur de rouille, qui ne pénétrait pas ordinairement dans l'intérieur des couches ; mais lorsque les stillations des eaux avaient pu y introduire cette terre jaune qui avait coloré leur superficie, on trouvait souvent entre leurs stratifications, des espèces de concrétions pyriteuses plates, rondes, d'un jaune brun, d'environ un pouce ou un pouce et demi de diamètre, et qui n'avaient pas un quart de pouce d'épaisseur : ces sortes de pyrites étaient placées dans les couches, sur la même ligne, à un pouce ou deux de distance, et se communiquaient par un cordon cylindrique de même matière, un peu aplati, et de deux à trois lignes d'épaisseur.

A cette profondeur, on continua de trouver entre les couches, du gypse ou pierre spéculaire, dont les grains étaient plus gros, plus transparents et plus réguliers; il s'en trouva même des morceaux de la longueur d'un écu, qui étaient formés par des rayons tendants au centre; on commença aussi à apercevoir entre ces couches et dans leurs fentes perpendiculaires, quelques concrétions de charbon de terre, ou plutôt de véritable jayet, sous la forme de petites lames minces, dures, cassantes, très-noires et très-luisantes; ces couches contenaient encore à peu près les mêmes espèces de coquilles que les couches supérieures, et on trouva de plus, dans celles-ci, quantité de petites pinnes et de petits buccins : à la profondeur de seize pieds, l'eau se répandit dans la fouille, et elle paraissait sortir de toute sa circonférence, par de petites sources qui fournissaient dix à onze pouces d'eau pendant la nuit.

A vingt pieds, même quantité d'argile, dont les couches avaient augmenté encore en épaisseur et en dureté, et dont la couleur était plus foncée; elles contenaient les mêmes espèces de coquilles et toujours des concrétions de plâtre.

A vingt-quatre pieds, mêmes matières, sans aucun changement apparent; on trouva à cette profondeur une pinne de près d'un pied de longueur; à vingt-huit pieds la terre était presque aussi dure que la pierre, et on n'aperçut presque plus de gypse ou pierre spéculaire ; on en trouva cependant encore un morceau de la longueur de la main; ces couches contenaient une grande quantité de coquilles fossiles, et surtout différentes espèces de cornes d'ammon, dont les plus grandes avaient près d'un pied de diamètre.

De vingt-huit pieds à trente-six, mêmes matières et de même qualité : à cette profondeur on trouva un lit de pierres argileuses très-bonnes et de la couleur des couches terreuses, dans lesquelles on cessa absolument d'apercevoir du gypse; il y en avait cependant encore quelques veines dans l'intérieur de cette pierre, mais qui n'avait plus la transparence de la sélénite ou pierre spéculaire : cette pierre contenait aussi d'autres petites veines de charbon de terre; il s'en sépara même, en la cassant, quelques morceaux de la grandeur d'environ cinq ou six pouces en carré et d'un doigt d'épaisseur, parmi lesquels il y en avait plusieurs qui étaient traversés de quelques filets d'un jaune brillant. Ce lit de pierre avait trois ou quatre pouces d'épaisseur, il couvrait toute la fouille, et était coupé comme les couches terreuses, par des fentes perpendiculaires: la terre qui était dessous, dans l'espace de quelques pieds de profondeur, était un peu moins brune que celle des couches précédentes, et on y apercevait quelques veines jaunâtres : on trouva ensuite un autre lit de la même espèce de pierre, sous lequel l'argile était très-noire, très-dure et remplie de coquilles comme les couches supérieures; plusieurs de ces coquilles étaient revêtues d'un côté par une incrustation terreuse, disposée par rayons ou filets brillants, et les coquilles elles-mêmes brillaient d'une belle couleur d'or, surtout les bélemnites qui étaient aussi la plupart bronzées, particulièrement d'un côté; cette couleur

1 (*a*). Les *bélemnites*, espèces perdues, étaient des *mollusques céphalopodes*.

attention, comme on peut le voir par la note qu'il m'en a remise, et qui suffira pour donner une idée de la disposition des différents lits de glaise et de la nature des matières qui s'y trouvent mêlées, ainsi que des concrétions qui se forment entre les couches ou dans les fentes perpendiculaires qui en divisent la masse.

On voit que je n'admets ici que deux sortes d'argiles, l'une pure et l'autre impure, à laquelle j'applique spécialement le nom de *glaise*, pour qu'on ne puisse la confondre avec la première; et de même qu'il faut distinguer les argiles simples et pures des glaises ou argiles mélangées, l'on ne doit pas confondre, comme on l'a fait souvent, l'argile blanche avec la marne, qui en diffère essentiellement, en ce qu'elle est toujours plus ou moins mélangée de matière calcaire, ce qui la rend plus ou moins susceptible de calcination et d'effervescence avec les acides, au lieu que l'argile blanche résiste à leur action, et que, loin de se calciner, elle se durcit au feu. Au reste, il ne faut pas prendre dans un sens absolu la distinction

métallique, que les naturalistes ont nommée *armature*, est produite, à mon avis, sur la superficie des coquilles fossiles, par des sucs pyriteux, dont les stillations des eaux se trouvent chargées, et l'acide vitriolique ou alumineux qui entre toujours dans la composition des pyrites y fixe la terre métallique qui sert de base à ces concrétions, comme l'alun dans les teintures attache la matière colorante sur les étoffes, de sorte que la dissolution d'une pyrite ferrugineuse, communique une couleur de rouille ou quelquefois de fer poli, aux matières qui en sont imprégnées; une pyrite cuivreuse, en se décomposant, teint en jaune brillant et couleur d'or la surface de ces mêmes matières, et la couleur des talcs dorés peut être attribuée à la même cause.

On n'aperçut plus dans la suite ni plâtre, ni charbon de terre : l'eau continuait toujours à se répandre, et l'ouvrage ayant été discontinué pendant huit jours, la fouille étant alors profonde de trente-six pieds, elle s'éleva à la hauteur de dix, et lorsqu'on l'eut épuisée pour continuer le travail, les ouvriers en trouvaient le matin un peu plus d'un pied, qui tombait pendant la nuit au fond de la fouille, de différentes petites sources.

A quarante pieds de profondeur, on trouva une couche de terre d'environ un pied d'épaisseur, à peu près de la couleur des couches précédentes, mais beaucoup moins dure, sur laquelle au premier coup d'œil, on croyait apercevoir une infinité d'impressions de feuilles de plantes du genre des capillaires, qui paraissaient former sur cette terre une espèce de broderie d'une couleur moins brune que celle du fond de la couche, dont toutes les feuilles ou petites stratifications portaient de pareilles impressions, en quelque nombre de lames qu'on les divisât; mais en examinant avec attention cette espèce de schiste, il me parut que ce que je prenais d'abord pour des impressions de feuilles de plantes n'était qu'une sorte de végétation minérale, qui n'avait pas la régularité que laisse l'impression des plantes sur les terres molles; cette matière s'enflammait dans le feu et exhalait une odeur bitumineuse très-pénétrante; aussi la regarde-t-on ordinairement comme une annonce de la mine de charbon de terre.

De quarante à cinquante pieds, on ne trouva plus de cette sorte de terre, mais une argile noire beaucoup plus dure encore que celle des lits supérieurs, qu'on ne pouvait arracher qu'à l'aide des coins et de la masse, et qui se levait en très-grandes lames : cette terre contenait beaucoup moins de coquilles que les autres couches, et malgré sa grande dureté elle s'amollissait assez promptement à l'air et s'exfoliait comme de l'ardoise pourrie; en ayant mis un morceau dans le feu, elle y pétilla jusqu'à ce qu'elle eût été réduite en poussière, et elle exhala une odeur bitumineuse très-forte, mais elle ne produisit cependant qu'une flamme très-faible; à cette profondeur on cessa de creuser, et l'eau s'éleva peu à peu à la hauteur de trente pieds. (Mémoire rédigé par M. Nadault.)

que je fais ici de l'argile pure et de la glaise ou argile impure; car dans la réalité il n'y a aucune argile qui soit absolument pure, c'est-à-dire parfaitement uniforme et homogène dans toutes ses parties; l'argile la plus ductile, et qui paraît la plus simple, est encore mêlée de particules quartzeuses, ou d'autres sables vitreux qui n'ont pas subi toutes les altérations qu'ils doivent éprouver pour se convertir en argile : ainsi la plus pure des argiles sera seulement celle qui contiendra le moins de ces sables; mais comme la substance de l'argile et celle de ces sables vitreux est au fond la même, on doit distinguer, comme nous le faisons ici, ces argiles, dont la substance est simple, de toutes les glaises, qui toujours sont mêlées de matières étrangères. Ainsi, toutes les fois qu'une argile ne sera mêlée que d'une petite quantité de particules de quartz, de jaspe, de feldspath, de schorl et de mica, on peut la regarder comme pure, parce qu'elle ne contient que des matières qui sont de sa même essence, et au contraire toutes les argiles mêlées de matière d'essence différente, telles que les substances calcaires, pyriteuses et métalliques, seront des glaises ou argiles impures.

On trouve les argiles pures dans les lieux dont le fond du terrain est de sable vitreux, de quartz, de grès, etc. On trouve aussi de cette argile en petite quantité dans quelques glaises, mais l'origine des argiles blanches qui gisent en grandes masses ou en couches doit être attribuée à la décomposition immédiate des sables quartzeux, au lieu que les petites masses de cette argile qu'on trouve dans la glaise ne sont que des sécrétions de ces mêmes sables décomposés qui étaient contenus et mêlés avec les autres matières dans cette glaise, et qui s'en sont séparés par la filtration des eaux.

Il n'y a point de coquilles ni d'autres productions marines dans les masses d'argile blanche, tandis que toutes les couches de glaise en contiennent en grande quantité, ce qui nous démontre encore pour les argiles les mêmes procédés de formation que pour les grès : l'argile et le grès pur ont donc également été formés par la simple agrégation ou par la décomposition des sables quartzeux, tandis que les grès impurs et les glaises ont été composés de matières mélangées, transportées et déposées par le mouvement des eaux.

Et ce qui prouve encore que l'argile blanche est une terre dont l'essence est simple et que la glaise est une terre mélangée de matières d'essences différentes, c'est que la première résiste à tous nos feux sans éprouver aucune altération, et même sans prendre de la couleur, au lieu que toutes les glaises deviennent rouges par l'impression d'un premier feu, et peuvent se fondre dans nos fourneaux : de plus, les glaises se trouvent également dans les terrains calcaires et dans les terrains vitreux, au lieu que les argiles pures ne se rencontrent qu'avec les matières vitreuses ; elles sont donc formées de leurs détriments sans autre mélange, et il paraît qu'elles n'ont pas été transportées par les eaux, mais produites dans la place même où elles se trouvent, au lieu que toutes les glaises ont subi les altérations que le mélange et le transport n'ont pu manquer d'occasionner.

De la même manière qu'il ne faut pas confondre la marne ni la craie avec l'argile blanche, on ne doit pas prendre pour des glaises les terres limoneuses, qui, quoique grasses et ductiles, ont une autre origine et des qualités différentes de la glaise; car ces terres limoneuses proviennent de la couche universelle de la terre végétale qui s'est formée des résidus ultérieurs des animaux et des végétaux : leurs détriments se convertissent d'abord en terreau ou terre de jardin, et ensuite en limon aussi ductile que l'argile; mais cette terre limoneuse se boursouffle au feu, au lieu que l'argile s'y resserre, et de plus cette terre limoneuse fond bien plus aisément que la glaise même la plus impure.

Il est évident, par le grand nombre de coquilles et autres productions marines qui se trouvent dans toutes les glaises, qu'elles ont été transportées avec les dépouilles des animaux marins, et qu'elles ont été déposées et stratifiées ensemble par couches horizontales dans presque tous les lieux de la terre par les eaux de la mer; leurs couleurs indiquent assez qu'elles sont imprégnées de parties minérales et particulièrement de fer, qui paraît leur donner toutes leurs différentes couleurs. D'ailleurs on trouve presque toujours entre les lits de glaise des pyrites martiales, dont les parties constituantes ont été entraînées de la couche de terre végétale par l'infiltration des eaux, et se sont réunies sous cette forme de pyrites entre les lits de ces argiles impures.

Le fer, en plus ou moins grande quantité, donne toutes les couleurs aux terres qu'il pénètre. La plus noire de toutes les argiles est celle qu'on a improprement appelée *creta nigra fabrilis,* et que les ouvriers connaissent sous le nom de *pierre noire;* elle contient plus de parties ferrugineuses qu'aucune autre argile [a], et la teinte rouge ou rougeâtre qu'elle prend, ainsi que toutes les glaises, à un certain degré de feu, achève de démontrer que le fer est le principe de leurs différentes couleurs.

Toutes les glaises se durcissent au feu, et peuvent même y acquérir une si grande dureté qu'elles étincellent par le choc de l'acier : dans cet état, elles sont plus voisines de celui de la liquéfaction, car on peut les fondre et les vitrifier d'autant plus aisément qu'elles sont plus recuites au feu. Leur

a. « Lorsque la pierre noire a été exposée pendant quelque temps à l'air, elle s'exfolie en « lames minces et se couvre d'une efflorescence d'un jaune verdâtre, qui n'est autre chose que « du vitriol ferrugineux, et si on fait éprouver à cette argile, ainsi couverte de cette matière, la « chaleur d'un feu modéré, seulement pendant quelques instants, elle devient bientôt rouge « extérieurement et blanche à l'intérieur, parce que le vitriol s'en est séparé, et que les parties « les plus fixes de ce sel se sont ramassées sur la superficie et s'y sont converties en colcothar, « ce qui paraît prouver que cette argile aurait été blanche si elle n'eût été mêlée avec aucune « autre matière, et que la matière qui la colorait était le vitriol. » Note communiquée par M. Nadault.

densité augmente à mesure qu'elles éprouvent une chaleur plus grande, et, lorsqu'on les a bien fait sécher au soleil, elles ne perdent ensuite que très-peu de leur poids spécifique, au feu même le plus violent. On a observé, en réduisant en poudre une masse d'argile cuite, que ses molécules avaient perdu leur qualité spongieuse, et qu'elles ne peuvent reprendre leur première ductilité.

Les hommes ont très-anciennement employé l'argile cuite en briques plates pour bâtir, et en vaisseaux creux pour contenir l'eau et les autres liqueurs; et il paraît, par la comparaison des édifices antiques, que l'usage de l'argile cuite a précédé celui des pierres calcaires ou des matières vitreuses, qui, demandant plus de temps et de travail pour être mises en œuvre, n'auront été employées que plus tard, et moins généralement que l'argile et la glaise, qui se trouvent partout, et qui se prêtent à tout ce qu'on veut en faire.

La glaise forme l'enveloppe de la masse entière du globe; les premiers lits se trouvent immédiatement sous la couche de terre végétale, comme sous les bans calcaires auxquels elle sert de base : c'est sur cette terre ferme et compacte que se rassemblent tous les filets d'eau qui descendent par les fentes des rochers ou qui se filtrent à travers la terre végétale. Les couches de glaise, comprimées par le poids des couches supérieures et étant elles-mêmes d'une grande épaisseur, deviennent impénétrables à l'eau, qui ne peut qu'humecter leur première surface; toutes les eaux qui arrivent à cette couche argileuse, ne pouvant la pénétrer, suivent la première pente qui se présente, et sortent en forme de sources entre le dernier banc des rochers et le premier lit de glaise; toutes les fontaines proviennent des eaux pluviales infiltrées et rassemblées sur la glaise, et j'ai souvent observé que l'humidité retenue par cette terre est infiniment favorable à la végétation. Dans les étés les plus secs, comme celui de cette année 1778, les plantes agrestes et surtout les arbres avaient perdu presque toutes leurs feuilles, dès les premiers jours de septembre, dans toutes les contrées dont les terrains sont de sable, de craie, de tuf ou de ces matières mélangées, tandis que dans les pays dont le fond est de glaise, ils ont conservé leur verdure et leurs feuilles. Il n'est pas même nécessaire que la glaise soit immédiatement sous la terre végétale pour qu'elle puisse produire ce bon effet, car dans mon jardin, dont la terre végétale n'a que trois ou quatre pieds de profondeur, et se trouve posée sur un plateau de pierre calcaire de cinquante-quatre pieds d'épaisseur, les charmilles élevées de vingt pieds, et les arbres hauts de quarante, étaient aussi verts que ceux du vallon après deux mois de sécheresse, parce que ces rochers de cinquante-quatre pieds d'épaisseur, portant sur la glaise, en laissent passer par leurs fentes perpendiculaires les émanations humides qui rafraîchissent continuellement la terre végétale où ces arbres sont plantés.

La glaise retient donc constamment à sa superficie une partie des eaux infiltrées dans les terres supérieures ou tombées par les fentes des rochers, et ce n'est que du superflu de ces eaux que se forment les sources et les fontaines qui sourdissent au pied des collines; toute l'eau que la glaise peut admettre dans sa propre substance, toute celle qui peut descendre des couches supérieures aux couches inférieures, par les petites fentes qui les divisent perpendiculairement, sont retenues et contenues en stagnation, presque sans mouvement, entre les différents lits de cette glaise; et c'est dans cet état de repos que l'eau donne naissance aux productions hétérogènes qu'on trouve dans la glaise et que nous devons indiquer ici.

1° Comme il y a dans toutes les argiles transportées et déposées par les eaux de la mer un très-grand nombre de coquilles, telles que cornes d'Ammon, bélemnites et plusieurs autres dépouilles des animaux testacés et crustacés, l'eau les décompose et même les dissout peu à peu; elle se charge de ces molécules dissoutes, les entraîne et les dépose dans les petits vides ou cavités qu'elle rencontre entre les lits d'argile; ce dépôt de matière calcaire devient bientôt une pierre plus ou moins solide, ordinairement plate et en petit volume; cette pierre, quoique formée de substance calcaire, ne contient jamais de coquilles, parce qu'elle n'est composée que de leurs détriments, trop divisés pour qu'on puisse reconnaître les vestiges de leur forme. D'ailleurs les eaux pluviales, en s'infiltrant dans les rochers calcaires et dans les terres qui surmontent les glaises, entraînent un sable de la même nature que ces rochers ou ces terres, et ce sablon calcaire, en se mêlant avec l'argile délayée par l'eau, forme souvent des pierres mi-parties de ces deux substances. On reconnaît ces pierres *argilo-calcaires* à leur couleur, qui est ordinairement bleue, brune ou noire, et comme elles se forment entre les lits de la glaise, elles sont plates et n'ont guère qu'un pouce ou deux d'épaisseur; elles ne sont séparées les unes des autres que par de petites fentes verticales, et elles forment une couche mince et horizontale entre les lits de glaise. Ces pierres mixtes sont presque toujours plus dures que les pierres calcaires pures; elles se calcinent plus difficilement et résistent à l'action des acides, d'autant plus qu'elles contiennent moins de matières calcaires.

2° L'on trouve aussi de petites couches de plâtre entre les lits de glaise: or, le plâtre n'est qu'une matière calcaire pénétrée d'acides[1], et comme il y a dans toutes les glaises, indépendamment des coquilles, une quantité plus ou moins grande de sable calcaire infiltrée par les eaux, et qu'en même temps on ne peut douter que l'acide n'y soit aussi très-abondamment répandu, puisqu'on trouve communément des pyrites martiales dans ces mêmes glaises, il paraît clair que c'est par la réunion de la matière cal-

1. Le *plâtre* est le *gypse*, ou *sulfate de chaux*, calciné.

caire à l'acide que se produisent les premières molécules gypseuses[1], qui, étant ensuite entraînées et déposées par la stillation des eaux, forment ces petites couches de plâtre qui se trouvent entre les lits des glaises.

3° Les pyrites[2] qu'on trouve dans ces glaises sont ordinairement en forme aplatie, et toutes séparées les unes des autres, quoique disposées sur un même niveau entre les lits de glaise; et comme ces pyrites sont composées de la matière du feu fixe, de terre ferrugineuse et d'acide, elles démontrent dans les glaises, non-seulement la présence de l'acide, mais encore celle du fer; et en effet, les eaux, en s'infiltrant, entraînent les molécules de la terre limoneuse qui contient la matière du feu fixe[3], ainsi que celle du fer, et ces molécules, saisies par l'acide, ont produit des pyrites dont l'établissement s'est fait de la même manière que celui des petites couches de plâtre ou de pierre calcaire entre les lits de glaise. La seule différence est que ces dernières matières sont en petites couches continues et d'égale épaisseur, au lieu que les pyrites sont pelotonnées sur un centre ou aplaties en forme de galets, et qu'elles n'ont entre elles ni continuité ni contiguïté que par un petit cordon de matière pyriteuse, qui souvent communique d'une pyrite à l'autre.

4° L'on trouve aussi dans les glaises de petites masses de charbon de terre et de jayet, et de plus il me paraît qu'elles contiennent une matière grasse qui les rend imperméables à l'eau[a]. Or, ces matières huileuses ou bitumineuses, ainsi que le jayet et le charbon de terre, ne proviennent que des détriments des animaux et des végétaux, et ne se trouvent dans la glaise que parce qu'originairement, lorsqu'elle a été transportée et déposée par les eaux de la mer, ces eaux étaient mêlées de terres limoneuses, et déjà fortement imprégnées des huiles végétales et animales, produites par la pourriture et la décomposition des êtres organisés : aussi, plus on descend dans la glaise, plus les couches paraissent être bitumineuses; et ces couches inférieures de la glaise se sont formées en même temps que les couches de charbon de terre; toutes ont été établies par le mouvement et par les sédiments des eaux qui ont transporté et mêlé les glaises avec les débris des coquilles et les détriments des végétaux.

Les glaises ont communément une couleur grise, bleue, brune ou noire, qui devient d'autant plus foncée qu'on descend plus profondément[b]; elles

a. C'est probablement par l'affinité de son huile avec les autres huiles ou graisses, que la glaise peut s'en imbiber et les enlever sur les étoffes; c'est cette huile qui la rend pétrissable et douce au toucher, et lorsque cette huile se trouve mêlée avec des sels, elle forme une terre savonneuse telle que la terre à foulon.

b. Il y a des différences très-marquées, entre une couche de glaise et une autre couche : celles qui se trouvent immédiatement sous la terre végétale sont un peu jaunâtres et marbrées

1. Le *gypse* est un *sulfate de chaux*.

2. Les *pyrites* sont des *sulfures métalliques*, particulièrement des *sulfures de fer*.

3. Voyez la note 3 de la page 23 du volume actuel, et les notes du IXe volume.

exhalent en même temps une odeur bitumineuse, et, lorsqu'on les cuit au feu, elles répandent au loin l'odeur de l'acide vitriolique [1]. Ces indices prouvent encore qu'elles doivent leur couleur au fer, et que, les couches inférieures recevant les égouts des couches supérieures, la teinture du fer y est plus forte et la quantité des acides plus grande : aussi cette glaise des couches les plus basses est-elle non-seulement plus brune ou plus noire, mais encore plus compacte, au point de devenir presque aussi dure que la pierre. Dans cet état, la glaise prend les noms de *schiste* et d'*ardoise;* et quoique ces deux matières ne soient vraiment que des argiles durcies, comme elles en ont dépouillé la ductilité, qu'elles semblent aussi avoir acquis de nouvelles qualités, nous avons cru devoir les séparer des argiles et des glaises, et en traiter dans l'article suivant.

DES SCHISTES ET DE L'ARDOISE.

L'argile diffère des schistes [2] et de l'ardoise [3] en ce que ses molécules sont spongieuses et molles, au lieu que les molécules de l'ardoise ou du schiste

de jaune et de gris; celles qui suivent sont ordinairement d'un gris bleuâtre qui devient d'autant plus foncé et plus brun, qu'elles s'éloignent davantage de la superficie de la terre, et la plupart des couches les plus profondes sont presque noires, et elles brûlent quelquefois, s'enflamment et répandent une odeur bitumineuse comme le charbon de terre; la cause de ces différences me paraît assez évidente, car les premières couches de glaise, étant continuellement humectées par les eaux pluviales, qui ne font que cribler à travers la couche de terre végétale sans s'y arrêter, ne sont molles que parce qu'elles sont toujours imbibées d'eau qui ne peut s'écouler dans cette terre qu'avec lenteur, et les couches inférieures au contraire, étant d'autant plus comprimées par les couches supérieures qu'elles sont plus profondes, et l'eau y pénétrant plus difficilement, sont aussi d'autant plus compactes et d'autant plus dures.

Les couches d'argile les plus superficielles sont jaunâtres ou mêlées de jaune et de gris, parce que les eaux pluviales en s'infiltrant dans la couche de terre végétale, qui est toujours d'un jaune plus ou moins foncé, entraînent les molécules de cette terre les plus atténuées, et en s'écoulant dans les couches de glaise les plus proches y déposent cette terre jaune, et leur communiquent ainsi cette couleur; ces eaux arrivant encore chargées de cette même terre à des couches trop compactes et trop dures pour pouvoir s'y infiltrer, elles serpentent entre les fentes et les joints de ces couches, et abandonnent peu à peu cette terre jaune dont on peut suivre la trace à de grandes profondeurs. (Suite de la note communiquée par M. Nadault.)

1. Les *glaises* ou *argiles impures* contiennent souvent, comme je l'ai déjà dit (page 77, note 2), des *pyrites de fer*, qui, calcinées à l'air, répandent l'odeur, non de l'*acide vitriolique* ou *sulfurique*, mais de l'*acide sulfureux*.

2. *Schistes*. Nom donné à des roches de nature très-différente, mais dont le caractère extérieur, le *caractère empirique*, est d'être divisées en *couches* ou en *feuillets*. — Il y a le *schiste argileux*.

3. Le *phyllade* ou *ardoise* ne contient point d'*argile*. Il appartient aux *roches talqueuses* et non aux *roches argileuses :* il est composé, d'après M. Cordier, de matières talqueuses, atténuées et triturées, déposées à la manière des limons, et mélangées à quelques autres matières, telles que des parties microscopiques de *feldspath* et de *quartz*. — Une ardoise d'Angers, analysée par M. d'Aubuisson, a donné de la *silice*, de l'*alumine*, de l'*oxyde de fer*, de la *magnésie*, de la *potasse* et de l'*eau*.

ont perdu cette mollesse et cette texture spongieuse qui fait que l'argile peut s'imbiber d'eau : le dessèchement seul de l'argile peut produire cet effet, surtout si elle a été exposée à une longue et forte chaleur, puisque nous avons vu ci-devant qu'en réduisant cette argile cuite en poudre, on ne peut plus en faire une pâte ductile ; mais il me paraît aussi que deux mélanges ont pu contribuer à diminuer cette mollesse naturelle de l'argile et à la convertir en schiste et en ardoise. Le premier de ces mélanges est celui du *mica*, le second celui du *bitume;* car toutes les ardoises et les schistes sont plus ou moins parsemés ou pétris de mica, et contiennent aussi une certaine quantité de bitume plus grande dans les ardoises, moindre dans la plupart des schistes, et rendue sensible dans tous deux par la combustion.

Ce mélange de mica et cette teinture de bitume nous montrent la production des schistes et des ardoises comme une formation secondaire dans les argiles, et même en fixent l'époque par deux circonstances remarquables : la première est celle du mica disséminé, qui prouve que dès lors les eaux avaient enlevé des particules de la surface des roches vitreuses primitives et surtout des granites dont elles transportaient les débris ; car dans les argiles pures il ne se trouve pas de mica, ou du moins il y a changé de nature par le travail intime de l'eau sur les poudres vitrescibles dont a résulté la terre argileuse. La seconde circonstance est celle du bitume dont les ardoises se trouvent plus ou moins imprégnées ; ce qui, joint aux empreintes d'animaux et de végétaux sur ces matières, prouve démonstrativement que leur formation est postérieure à l'établissement de la nature vivante dont elles contiennent des débris.

La position des grandes couches des schistes et des lits feuilletés des ardoises mérite encore une attention particulière : les lits de l'ardoise n'ont pas régulièrement une position horizontale ; ils sont souvent fort inclinés comme ceux des charbons de terre[a], analogie que l'on doit réunir à celle de la présence du bitume dans les ardoises. Leurs feuillets se délitent suivant le plan de cette inclinaison, ce qui prouve que les lits ont été déposés suivant la pente du terrain, et que les feuillets se sont formés par le dessèchement et la retraite de la matière, suivant des lignes plus ou moins approchantes de la perpendiculaire.

Les couches des schistes, infiniment plus considérables et plus communes que les lits d'ardoise[b], sont généralement adossées aux flancs des mon-

a. Dans les ardoisières d'Angers, les lits sont presque perpendiculaires ; ils sont aussi fort inclinés à Mézières près de Charleville, à Lavagna dans l'État de Gênes ; cependant en Bretagne, les ardoises sont par lits horizontaux comme les couches de l'argile.

b. On n'a que deux ou trois bonnes carrières d'ardoise en France ; on n'en connaît qu'une ou deux en Angleterre, et une seule en Italie, à Lavagna, dans les États de Gênes ; cette ardoise quoique noire est très-bonne ; toutes les maisons de Gênes en sont couvertes, et l'on en

tagnes primitives, et descendent avec elles pour s'enfouir dans les vallons, et souvent reparaître au delà en se relevant sur la montagne opposée [a].

Après le quartz et le granite, le schiste est la plus abondante des matières solides du genre vitreux : il forme des collines et enveloppe souvent les noyaux des montagnes jusqu'à une grande hauteur. La plupart des monts les plus élevés n'offrent à leur sommet que des quartz ou des granites ; et ensuite, sur leurs pentes et dans leurs contours, ces mêmes quartz et granites qui composent le noyau de la montagne sont environnés d'une grande épaisseur de schiste, dont les couches qui couvrent la base de la montagne se trouvent quelquefois mêlées de quartz et de granites détachés du sommet.

On peut réduire tous les différents schistes à quatre variétés générales : la première, des schistes simples, qui ne sont que des argiles plus ou moins durcies, et qui ne contiennent que très-peu de bitume et de mica ; la seconde, des schistes qui, comme l'ardoise, sont mêlés de beaucoup de mica et d'une assez grande quantité de bitume pour en exhaler l'odeur au feu ; la troisième, des schistes où le bitume est en telle abondance, qu'ils brûlent à peu près comme les charbons de terre de mauvaise qualité ; et enfin les schistes pyriteux, qui sont les plus durs de tous dans leur carrière, mais qui se décomposent dès qu'ils en sont tirés, et s'effleurissent à l'air et par l'humidité. Ces schistes, mêlés et pénétrés de matière pyriteuse, ne sont pas si communs que les schistes imprégnés de bitume ; néanmoins on en trouve des couches et des bancs très-considérables en quelques endroits [b]. Nous verrons dans la suite que cette matière pyri-

revêt l'intérieur des citernes, dans lesquelles on conserve l'huile d'olive à Lucques et ailleurs : l'huile s'y conserve mieux que dans les citernes de plomb ou enduites de plâtre.

a. Le pays schisteux (de la partie des Cévennes voisines de la montagne de l'Espéron) commence, à partir du village de Beaulieu, par le chemin qui conduit au Vigan ; et lorsqu'on est arrivé au ruisseau de Gazel, on trouve des talcs ; quand on est au cap de Morèse et que l'on a descendu environ cinquante toises dans un petit vallon, on trouve des rochers de schiste et d'ardoise propres à couvrir les maisons : le milieu du cap de Morèse, qui regarde le levant, est de talc ; les rochers qui commencent à la rivière d'Arre, et qui se continuent jusqu'au pont de l'Arbon, sont de schiste très-dur et d'ardoise qui s'exfolie aisément : cette étendue peut avoir environ une demi-lieue en longueur et largeur ; dès qu'on est parvenu à mi-côte..... On trouve de grandes tables de schistes, qui composent la couverture du terrain schisteux et ardoisé : ce schiste est ordinairement très-dur, parsemé dans toutes ses parties d'un quartz également très-dur, et qui forme avec lui une liaison intime.... Ces rochers schisteux se divisent par couches, depuis quatre lignes jusqu'à trois pouces d'épaisseur ; ils sont presque toujours dans des bas-fonds, ensevelis à un ou deux pieds dans la terre. Le rocher qui donne de l'ardoise tendre prend toujours de la dureté quand elle est exposée à l'air ; toutes les maisons de ces cantons sont couvertes de cette ardoise. Lorsqu'on monte sur la montagne de l'Espéron, qui commence au cap de Coste, situé sur le chemin qui se trouve presque au haut de la montagne, on observe que le rocher n'est que de schiste ou d'ardoise ; il se continue sur toute la surface de la montagne qui est vis-à-vis de Montpellier, au-dessus du logis du cap de Coste : la plus grande partie du terrain est d'ardoise assez tendre. *Mémoires de M. Montet* dans ceux de l'*Académie des Sciences*, année 1777, page 640.

b. « Plus on avance, dit M. Monnet, vers la Ferrière-Bechet en Normandie, plus la roche

teuse est très-abondante à la surface et dans les premières couches de la terre.

Tous les schistes sont plus ou moins mélangés de particules micacées, et il y en a dans lesquels le mica paraît être en plus grande quantité que l'argile [a]. Ces schistes, ne contenant que peu de bitume et beaucoup de mica, sont les meilleures pierres dont on puisse se servir pour les fourneaux de fusion des mines de fer et de cuivre; ils résistent au feu plus longtemps que le grès, qui s'égrène, quelque dur qu'il soit; ils résistent aussi mieux que les granites, qui se fondent à un feu violent et se convertissent en émail; et ils sont bien préférables à la pierre calcaire, qui peut à la vérité résister pendant quelques mois à l'action de ces feux, mais qui se réduit en poussière de chaux au moment qu'ils cessent et que l'humidité de l'air la saisit, au lieu que les schistes conservent leur nature et leur solidité pendant et après l'action de ces feux continuée très-longtemps [b], car cette action se borne à entamer leur surface, et il faudrait un

« de cette chaîne de collines devient schisteuse, et, lorsqu'on est parvenu dans le village, on « trouve que la roche a fait un saut considérable; car on ne voit alors qu'un schiste noir et « feuilleté, en un mot, un vrai schiste pyriteux... La couleur noire de cette substance, qui « paraissait au jour, fit croire à différents particuliers qu'elle était de même nature que le « crayon noir... Le curé de la Ferrière-Bechet fit fouiller dans sa cour, où ce prétendu crayon « paraissait le meilleur, c'est-à-dire le plus noir... Mais, tandis qu'il formait des projets de « fortune, on s'aperçut que les traces que l'on faisait avec cette matière disparaissaient, et que « cette même matière, mise en tas, s'échauffait et tombait en poussière, que les eaux qui les « avaient lavées étaient vitrioliques et alumineuses.....

« Par tout ce que nous venons de dire, on voit que le schiste de la Ferrière-Bechet diffère « essentiellement de beaucoup de schistes colorés et de beaucoup d'autres qui ne le sont pas : « on a donc eu grand tort de le confondre avec eux, et surtout de lui attribuer les mêmes qua- « lités, comme d'engraisser les terres... Quelques particuliers ayant mis de cette matière dans « leurs champs, elle y brûla tout en fleurissant. » *Mémoire sur la carrière de schiste de la Ferrière-Bechet; Journal de Physique*, mois de septembre 1777, page 214 et suiv.

a. Le *macigno* [1] des Italiens est un schiste de cette espèce; il y en a des collines entières à Fiesoli près de Florence : « Les couches supérieures de ces carrières de *macigno*, dit M. Ferber, « sont feuilletées et minces, entremêlées de petites couches argileuses » (l'auteur aurait dû dire *limoneuses;* car je suis persuadé que ces petites couches entremêlees sont de terre végétale, et non d'argile); « le macigno devient plus compacte en entrant dans la profondeur, et ne forme « plus qu'une masse : on en tire de très-grands blocs... On trouve par-ci par-là, dans le maci- « gno compacte, des rognons d'*argile* endurcie et une multitude de petites taches noires, quel- « quefois même des couches ou veines de charbon de terre » (autre preuve que ce n'est pas de l'argile, mais de la terre végétale ou limoneuse; c'est le bitume de cette terre limoneuse qui a formé les taches noires) : « il y a du macigno de deux couleurs; mais le meilleur pour bâtir et « le plus durable est celui qui est d'un jaune grisâtre, mélangé d'ocre ferrugineuse. » *Lettres sur la Minéralogie*, etc., page 4.

b. Il y a à Walcy, à dix lieues de Clermont en Argonne, près de Sainte-Ménéhould, une pierre dont il semble qu'on peut tirer de très-grands avantages : elle est de couleur argileuse, sans fentes et sans gerçures, même apparentes; l'eau-forte n'y fait aucune impression. Sa principale propriété est de pouvoir résister à l'action du feu le plus violent sans se calciner, si elle est employée sèche; elle peut servir à la construction des voûtes de fourneaux de verreries, de faïencerie, etc. : on assure qu'elle y dure vingt ans sans altération. *Journal historique et politique*, mois de juillet 1774, page 173.

1 (*a*). Le *macigno* est composé de *grès*, d'*argile* et de *calcaire*.

feu de plusieurs années pour en altérer la masse à quelques pouces de profondeur.

Les lits les plus extérieurs des schistes, c'est-à-dire ceux qui sont immédiatement sous la couche de terre végétale, se divisent en grands morceaux qui affectent une figure rhomboïdale[a], à peu près comme les grès, qui sont mêlés de matière calcaire, affectent cette même figure en petit; et, dans les lits inférieurs des schistes, cette affectation de figure est beaucoup moins sensible et même ne se remarque plus : autre preuve que la figuration des minéraux dépend des parties organiques qu'ils renferment, car les premiers lits de schiste reçoivent par la stillation des eaux les impressions de la terre végétale qui les recouvre, et c'est par l'action des éléments actifs contenus dans cette terre que les schistes du lit supérieur prennent une sorte de figuration régulière, dont l'apparence ne subsiste plus dans les lits inférieurs, parce qu'ils ne peuvent rien recevoir de la terre végétale, en étant trop éloignés et séparés par une grande épaisseur de matière impénétrable à l'eau.

Au reste, le schiste commun ne se délite pas en feuillets aussi minces que l'ardoise, et il ne résiste pas aussi longtemps aux impressions des éléments humides; mais il résiste également à l'action du feu avant de se vitrifier, et, comme il contient une petite quantité de bitume, il semble

a. Cette propriété, dit M. Guettard, est trop singulière pour n'en pas dire ici quelque chose : c'est ordinairement dans les petits morceaux qui composent le banc le plus extérieur, et qu'on appelle *cosse*, que cette figure se remarque principalement. Ces morceaux forment des rhombes, des carrés longs, des carrés presque parfaits, des rhomboïdes ou des figures coupées irrégulièrement, mais dont les faces sont toujours d'un parallélogramme : on ne distingue pas aussi bien ces différentes figures dans les quartiers des grands bancs; on peut cependant dire que ces bancs forment de grands carrés longs assez réguliers; c'est une idée qui se présente d'abord lorsqu'on observe exactement une carrière d'ardoise, c'est du moins celle que j'ai prise en voyant la carrière de la Ferrière en Normandie.

Cette carrière, de même que celle d'Angers, a un banc de cosse qui peut avoir un pied ou deux; ce banc n'est qu'un composé de petites pierres posées obliquement sur les autres qui se détachent assez facilement, et qui affectent la figure d'un parallélogramme régulier ou irrégulier : leurs côtés sont unis, ordinairement bien plans, ce qui fait que les pierres tiennent peu, et qu'il est aisé de les séparer les unes des autres. Lorsque ces côtés sont coupés obliquement, l'union de ces pierres est plus grande, elles sont en quelque sorte mieux entrelacées, et font un banc plus difficile à rompre, quoique en général il le soit peu.

Les lits qui suivent celui-ci sont beaucoup plus considérables en hauteur; leurs pierres ne sont pas en petites masses comme celles du lit précédent; elles ont quelquefois quinze ou vingt pieds de hauteur, au lieu que les pierres du lit de cosse n'ont quelquefois que deux ou trois pouces de longueur sur quelques-uns de largeur et d'épaisseur...

Celles des autres bancs qui ont vingt pieds de hauteur sont ordinairement des bancs les plus inférieurs, et même de ceux dont on fait usage; les bancs qui précèdent approchent plus ou moins de cette hauteur, selon qu'ils en sont plus voisins, et la hauteur est toujours proportionnée à la profondeur : c'est aussi suivant ce rapport qu'ils sont d'une pierre plus fine et plus aisée à travailler.... On fouille cinquante, soixante pieds, et même davantage, avant de trouver un bon banc, et lorsqu'on l'a atteint on continue de fouiller jusqu'à ce que le banc change, de sorte que ces carrières ont quelquefois plus de cent pieds de profondeur. *Mémoires de M. Guettard*, dans ceux de l'*Académie des Sciences*, année 1757, page 52.

brûler avant de se fondre; et, comme nous venons de le dire, il y a même des schistes qui sont presque aussi inflammables que le charbon de terre. Ce dernier effet a déçu quelques minéralogistes, et leur a fait penser que le fond du charbon de terre n'était, comme celui des schistes, que de l'argile mêlée de bitume, tandis que la substance de ce charbon est, au contraire, de la matière végétale plus ou moins décomposée, et que, s'il se trouve de l'argile mêlée dans le charbon, ce n'est que comme matière étrangère; mais il est vrai que la quantité de bitume et de matière pyriteuse est peut-être aussi grande dans certains schistes que dans les charbons de terre impurs et de mauvaise qualité. Il y a même des argiles, surtout dans les couches les plus basses, qui sont mêlées d'une assez grande quantité de bitume et de pyrite pour devenir inflammables; elles sont en même temps sèches et dures à peu près comme le schiste, et ce bitume des argiles et des schistes s'est formé dès les premiers temps de la nature vivante par la décomposition des végétaux et des animaux, dont les huiles et les graisses, saisies par l'acide, se sont converties en bitumes; et les schistes, comme les argiles, contiennent ordinairement d'autant plus de bitume, qu'ils sont situés plus profondément et qu'ils sont plus voisins des veines de charbon auxquelles ils servent de lits et d'enveloppe; car, lorsqu'on ne trouve pas l'ardoise au-dessous des schistes, on peut espérer d'y trouver des charbons de terre.

Dans les couches les plus profondes, il y a aussi des argiles qui ressemblent aux schistes, et même aux ardoises, par l'apparence de leur dureté, de leur couleur et de leur inflammabilité; cependant cette argile, exposée à l'air, démontre bientôt les différences qui la séparent de l'ardoise : elle n'est pas longtemps sans s'exfolier, s'imbiber d'humidité, se ramollir et reprendre sa qualité d'argile, au lieu que les ardoises[1], loin de s'amollir à l'air, ne font que s'y durcir davantage, et l'on doit mettre les mauvais schistes au nombre de ces argiles dures.

Comme toutes les argiles, ainsi que les schistes et les ardoises, ont été primitivement formées des sables vitreux atténués et décomposés dans l'eau, on ne peut se dispenser d'admettre différents degrés de décomposition dans ces sables : aussi trouve-t-on dans l'argile des grains encore entiers de ce sable vitreux qui ne sont que peu ou point altérés, d'autres qui ont subi un plus grand degré de décomposition. On y trouve de même de petits lits de ce sable à demi décomposé, et dans les ardoises et les schistes le mica y est souvent aussi atténué, aussi doux au toucher que le talc; en sorte qu'on peut suivre les nuances successives de cette décomposition des sables vitreux jusqu'à leur conversion en argile. Les glaises mélangées de

1. « Les *ardoises* résistent longtemps aux influences météorologiques ; mais, enfin, elles « se transforment en une matière onctueuse, qui ne fait point pâte avec l'eau. » *Dict. univ. d'hist. nat.*

ces sables vitreux, trop peu décomposés, n'ont point encore acquis leur entière ductilité; mais en général l'argile, même la plus molle, devient d'autant plus dure qu'elle est plus desséchée et plus imprégnée de bitume, et d'autant plus feuilletée qu'elle est plus mêlée de mica.

Je ne vois pas qu'on puisse attribuer à d'autres causes qu'au dessèchement et au mélange du mica et du bitume cette sécheresse des ardoises et des schistes, qui se reconnaît jusque dans leurs molécules, et j'imagine que comme elles sont mêlées de particules micacées en assez grande quantité, chaque paillette de mica aura dû attirer l'humidité de chaque molécule d'argile, et que le bitume, qui se refuse à toute humidité, aura pu durcir l'argile au point de la changer en schiste et en ardoise; dès lors les molécules d'argile seront demeurées sèches, et les schistes composés de ces molécules desséchées et de celles du mica auront acquis assez de dureté pour être, comme les bitumes, impénétrables à l'eau; car, indépendamment de l'humidité que les micas ont dû tirer de l'argile, on doit encore observer qu'étant mêlés en quantité dans tous les schistes et ardoises, le seul mélange de ces particules sèches, qui paraît être moins intime qu'abondant, a dû laisser de petits vides par lesquels l'humidité contenue dans les molécules d'argile a pu s'échapper.

Cette quantité de mica que contiennent les ardoises, me semble leur donner quelques rapports avec les talcs; et si l'argile fait le fond de la matière de l'ardoise, on peut croire que le mica en est l'alliage et lui donne la forme, car les ardoises se délitent, comme le talc, en feuilles minces, elles participent de sa sécheresse et résistent de même aux impressions des éléments humides; enfin elles se changent également en verre brun par un feu violent. L'ardoise paraît donc participer de la nature de ce verre primitif; on le voit en la considérant attentivement au grand jour : sa surface présente une infinité de particules micacées, d'autant plus apparentes que l'ardoise est de meilleure qualité.

La bonne ardoise ne se trouve jamais dans les premières couches du schiste; les ardoisières les moins profondes sont à trente ou quarante pieds; celles d'Angers sont à deux cents. Les derniers lits de l'ardoise, comme ceux de l'argile, sont plus noirs que les premiers : cette ardoise noire des lits inférieurs, exposée à l'air pendant quelque temps, prend néanmoins comme les autres la couleur bleuâtre que nous leur connaissons et que toutes conservent très-longtemps; elles ne perdent cette couleur bleue que pour en prendre une plus tendre d'un blanc grisâtre, et c'est alors qu'elles brillent de tous les reflets des particules micacées qu'elles contiennent, et qui se montrent d'autant plus que ces ardoises ont été plus anciennement exposées aux impressions de l'air.

L'ardoise ne se trouve pas dans les argiles molles et pénétrées de l'humidité des eaux, mais dans les schistes, qui ne sont eux-mêmes que des ardoises grossières; les minières d'ardoises s'annoncent ordinairement[a] par un lit de schiste noirâtre de quelques pouces d'épaisseur, qui se trouve immédiatement sous la couche de terre végétale : ce premier lit de pierre schisteuse est divisé par un grand nombre de fentes verticales, comme le sont les premiers lits des pierres calcaires, et l'on peut également en faire du moellon; mais ce schiste, quoique assez dur, n'est pas aussi sec que l'ardoise; il est même spongieux et se ramollit par l'humidité lorsqu'il y est longtemps exposé. Les bancs qui sont au-dessous de ce premier lit ont plus d'épaisseur et moins de fentes verticales; leur continuité augmente avec leur masse à mesure que l'on descend, et il n'est pas rare de trouver des bancs de cette pierre schisteuse de quinze ou vingt pieds d'épaisseur sans délits remarquables. La finesse du grain de ces schistes, leur sécheresse, leur pureté et leur couleur noire augmentent aussi en raison de leur situation à de plus grandes profondeurs, et d'ordinaire c'est au plus bas que se trouve la bonne ardoise.

L'on voit sur quelques-uns de ces feuillets d'ardoise des impressions de poissons à écailles, de crustacés et de poissons mous, dont les analogues vivants ne nous sont pas connus, et en même temps on n'y voit que très-peu ou point de coquilles[1 b]. Ces deux faits paraissent au premier coup d'œil

a. « L'ardoise d'Angers est formée par des bancs plus ou moins hauts, d'une pierre qu'on « lève aisément par feuillets, et qui sont inclinés à l'horizon : ces bancs ont en général une « hauteur verticale assez considérable; les premiers sont ordinairement ceux qui sont les moins « hauts, et celui qui est à la surface de la terre n'est souvent composé que de petits quartiers de « pierre qui ont une figure rhomboïdale, et qui se détachent aisément les uns des autres.

« Après ce banc, il n'est pas rare d'en voir qui ont plusieurs pieds de hauteur, et cette hau- « teur augmente à mesure que les bancs sont plus profonds, de façon que ceux d'en bas ont « vingt à trente pieds dans cette dimension sur une largeur indéterminée ; ce sont communé- « ment ceux qui se délitent avec le plus de facilité; ils sont aussi d'une pierre plus fine, et « probablement plus homogène.

« Ces lits sont rarement séparés les uns des autres par des couches de matières étrangères.... « On ne peut presque jamais creuser une carrière d'ardoise au delà de vingt-cinq foncées ou « deux cent vingt-cinq pieds; on en est empêché par le danger où l'on pourrait se trouver « dans les dernières, les chutes de pierres devenant plus à craindre.

« Ordinairement la pierre des dernières foncées est la plus parfaite; il n'y a cependant pas de « règle sûre à ce sujet; quelquefois la pierre qu'on tire après la première découverte se trouve « bonne pendant deux ou trois foncées, et elle se dément ensuite pendant quatre ou cinq; « d'autres fois, la carrière ne donne de bonne pierre qu'à la quinzième ou seizième foncée..... « d'autres fois enfin, la carrière continue à ne rien valoir; telles ont été celles de *terre rouge* « et de la *maze*.....

« Un point intéressant, c'est de détacher les lames d'ardoise d'une manière uniforme, de « manière qu'elles aient une égale épaisseur dans toute leur étendue... La façon dont les bancs « d'ardoise sont composés facilite ce travail; ce sont en quelque sorte de grands feuillets appli- « qués les uns sur les autres et posés de champ. Ainsi les ouvriers les écartent perpendiculaire- « ment au moyen de leurs coins : cette direction doit faire que les quartiers qu'on veut détacher « ne résistent pas beaucoup aux efforts des ouvriers. » *Mémoires de M. Guettard*, dans ceux de l'*Académie des Sciences*, année 1757, page 52 et suiv.

b. L'ardoise est très-commune dans le canton de Glarus (ou Glaris en Suisse); les plus belles

1. Voyez, sur les *animaux fossiles*, les notes du IXe volume (*Époques de la nature*).

difficiles à concilier, d'autant que les argiles, dont on ne peut douter que les ardoises ne soient au moins en partie composées, contiennent une infinité de coquilles, et rarement des empreintes de poissons. Mais on doit observer que les ardoises et surtout celles où l'on trouve des impressions de poissons sont toutes situées à une grande profondeur, et qu'en même temps les argiles contiennent une plus grande quantité de coquilles dans leurs lits supérieurs que dans les inférieurs, et que même, lorsqu'on arrive à une certaine profondeur, on n'y trouve plus de coquilles; d'autre part, on sait que le plus grand nombre des coquillages vivants n'habitent que les rivages ou les terrains élevés dans le fond de la mer, et qu'en même temps il y a quelques espèces de poissons et de coquillages qui n'en habitent que les vallées à une profondeur plus grande que celle où se trouvent communément tous les autres poissons et coquillages. Dès lors on peut penser que les sédiments argileux qui ont formé les ardoises à cette plus grande profondeur, n'auront pu saisir en se déposant que ces espèces, en petit nombre, de poissons ou de coquillages qui habitent les bas-fonds, tandis que les argiles qui sont situées plus haut que les ardoises, auront enveloppé tous les coquillages des rivages et des hauts-fonds, où ils se trouvent en bien plus grande quantité [a].

Nous ajouterons aux propriétés de l'ardoise, que, quoiqu'elle soit moins dure que la plupart des pierres calcaires, il faut néanmoins employer la masse et les coins pour la tirer de sa carrière; que la bonne ardoise ne fait pas effervescence avec les acides, et qu'aucune ardoise ni aucun schiste ne se réduit en chaux, mais qu'ils se convertissent par un feu violent en une sorte de verre brun, souvent assez spumeux pour nager sur l'eau. Nous observerons aussi qu'avant de se vitrifier, ils brûlent en partie en exhalant

carrières sont dans la vallée de Seruft, d'où l'on en tire des feuilles assez grandes et assez épaisses pour faire des tables, qui font un article considérable d'exportation. — Parmi ces ardoises, on en trouve une quantité innombrable qui portent les plus belles empreintes de plantes marines et terrestres, d'insectes et de poissons, soit entiers, soit en squelettes. J'en ai vu, de choisies dans le Blattenberg, dont la netteté, la perfection et la grandeur ne laissent rien à désirer. *Lettres sur la Suisse*, par M. Will. Coxe, avec les additions de M. Ramond, tome I, page 69.

a. Il se trouve aussi, quoique rarement, des poissons pétrifiés dans les substances calcaires au-dessus des montagnes; mais les espèces de ces poissons ne sont pas inconnues ou perdues, comme celles qui se trouvent dans les ardoises. M. Ferber rapporte qu'on trouve dans la collection de M. Moreni, de Vérone, le poisson ailé et quelques poissons du Brésil, qui ne vivent ni dans la Méditerranée ni dans le golfe Adriatique, la pinne marine, des os d'animaux, des plantes exotiques, pétrifiées et imprimées sur un schiste calcaire, toutes tirées de la montagne du Véronais appelée Monte-Bolca. (*Lettres sur la Minéralogie*, par M. Ferber, page 27.) — Observons que ces poissons, dont les analogues vivants existent encore, n'ont été pétrifiés que bien longtemps après ceux dont les espèces sont perdues [1]; aussi se trouvent-ils au-dessus des montagnes, tandis que les autres ne se trouvent que dans les ardoises à de grandes profondeurs.

1 (*a*)... *Ceux dont les espèces sont perdues.* Voici, encore une fois, la *paléontologie* prévue. (Voyez, dans le IXe volume, les notes sur les *Époques de la nature*.)

une odeur bitumineuse; et enfin que, quand on les réduit en poudre, celle de l'ardoise est douce au toucher comme la poussière de l'argile séchée, mais que cette poudre d'ardoise, détrempée avec de l'eau, ne reprend pas en se séchant sa dureté, ni même autant de consistance que l'argile.

Le même mélange de bitume et de mica, qui donne à l'ardoise sa solidité, fait en même temps qu'elle ne peut s'imbiber d'eau : aussi lorsqu'on veut éprouver la qualité d'une ardoise, il ne faut qu'en faire tremper dans l'eau le bord d'une feuille suspendue verticalement; si l'eau n'est pas pompée par la succion capillaire, et qu'elle n'humecte pas l'ardoise au-dessus de son niveau, on aura la preuve de son excellente qualité, car les mauvaises ardoises, et même la plupart de celles qu'on emploie à la couverture des bâtiments, sont encore spongieuses et s'imbibent plus ou moins de l'humidité, en sorte que la feuille d'ardoise, dont le bord est plongé dans l'eau, s'humectera à plus ou moins de hauteur en raison de sa bonne ou mauvaise qualité[a]: la bonne ardoise peut se polir, et on en fait des tables de toutes dimensions; on en a vu de dix à douze pieds en longueur sur une largeur proportionnée.

Quoiqu'il y ait des schistes plus ou moins durs, cependant on doit dire qu'en général ils sont encore plus tendres que l'ardoise, et que la plupart sont d'une couleur moins foncée; ils ne se divisent pas en feuillets aussi minces que l'ardoise, et néanmoins ils contiennent souvent une plus grande quantité de mica, mais l'argile qui en fait le fond est vraisemblablement composée de molécules grossières, et qui, quoiqu'en partie desséchées, conservent encore leur qualité spongieuse et peuvent s'imbiber d'eau, ou bien leur mica plus aigre et moins atténué n'a pas acquis en s'adoucissant cette tendance à la conformation talqueuse ou feuilletée qu'il paraît communiquer aux ardoises : aussi lorsqu'on réduit le schiste en lames minces, il se détériore à l'air et ne peut servir aux mêmes usages que l'ardoise, mais on peut l'employer en masses épaisses pour bâtir.

J'ai dit que les collines calcaires avaient l'argile pour base, et j'ai entendu non-seulement les glaises ou argiles molles communes, mais aussi les schistes ou argiles desséchées; la plupart des montagnes calcaires sont posées sur

a. M. Samuel Colepress dit que l'ardoise d'Angleterre dure très-longtemps, et qu'il en reste sur les maisons pendant plusieurs siècles. « Pour connaître, dit-il, la bonne ardoise, « prenez : 1° la pierre coupée fort mince, frappez-la contre quelque matière dure : s'il en sort « un son clair, cette pierre n'est point fêlée, mais solide et bonne; 2° lorsqu'on la coupe, il ne « faut pas qu'elle se brise sous le tranchant; 3° si, après avoir été dans l'eau pendant deux, « quatre et même huit heures, elle pèse plus étant bien essuyée qu'auparavant, c'est une « preuve qu'elle s'imbibe d'eau et qu'elle ne peut durer longtemps; 4° la bleue tirant sur le « noir prend volontiers l'eau; celle qui est d'un bleu léger est toujours la plus compacte et la « plus solide : au toucher, elle doit paraître dure et raboteuse, et non soyeuse; 5° si, étant « plongée la moitié dans l'eau pendant une journée entière, elle n'attire pas l'eau au-dessus de « six lignes de son niveau, ce sera une preuve que l'ardoise est d'une contexture ferme. » (*Collection académique*, partie étrangère, tome IV, pages 10 et 11.)

7

l'argile ou sur le schiste [a]. « Les montagnes, dit M. Ferber, de la Styrie « inférieure, de toute la Carniole, et jusqu'à Vienne en Autriche, sont for- « mées de couches horizontales plus ou moins épaisses (de pierre calcaire), « entassées les unes sur les autres, et ont pour base un véritable schiste « argileux, c'est-à-dire une ardoise bleue ou noire, ou bien un *schiste de « corne* mélangé de quartz et de mica, pénétré d'une petite partie d'argile. « J'ai eu, dit-il, presque à chaque pas l'occasion de me convaincre que ce « schiste s'étend sans interruption sous ces montagnes calcaires; quelque- « fois même on le voit à découvert s'élever au-dessus du rez de terre, mais « lorsqu'il s'est montré pendant un certain temps, il s'enfouit de nouveau « sous la pierre calcaire [b]. »

L'argile, ou sous sa propre forme, ou sous celle d'ardoise et de schiste, compose donc la première terre, et forme les premières couches qui aient été transportées et déposées par les eaux; et ce fait s'unit à tous les autres pour prouver que les matières vitrescibles sont les substances premières et primitives, puisque l'argile formée de leurs débris est la première terre qui ait couvert la surface du globe. Nous avons vu de plus que c'est dans cette terre que se trouvent généralement les coquilles d'espèces anciennes, comme c'est aussi sur les ardoises qu'on voit les empreintes des poissons inconnus qui ont appartenu au premier Océan. Ajoutons à ces grands faits une observation non moins importante, et qui rappelle à la fois et l'époque de la formation des couches d'argile et les grands mouvements qui bouleversaient encore alors la première nature : c'est qu'un grand nombre de ces lits de schistes et d'ardoises ne paraissent s'être inclinés que par violence, ayant été déposés sur les voûtes des grandes cavernes avant que leur affaissement ne fît pencher les masses dont elles étaient surmontées, tandis que les couches calcaires, déposées plus tard sur la terre affermie, offrent rarement de l'inclinaison dans leurs bancs, qui sont assez généralement horizontaux, ou beaucoup moins inclinés que ne le sont communément les lits des schistes et des ardoises.

a. « J'ai reconnu..... qu'il y a toujours du schiste sous les terrains calcaires des montagnes « du Padouan, du Vicentin et du Véronais, qui font partie de la chaîne qui sépare l'Alle- « magne de l'Italie, ainsi que dans les montagnes de l'Autriche, de la Styrie et de la Car- « niole. M. Arduini m'a assuré qu'il en est de même dans une partie des Apennins, et « c'est aussi la remarque de M. Targioni Tozzetti dans ses *Voyages en Toscane*, et de « M. le professeur Baldasari, *in actis Academiæ Sienensis*... Il n'y a pas jusqu'au marbre « *salin* de Carrara et de Seravezza qui n'ait du schiste pour base..... Qu'il vous suffise « quant à présent (il parle à M. le chevalier de Born) de savoir que le schiste s'étend sous les « montagnes calcaires du Vicentin et du Véronais, et que, malgré le silence des plus grands « écrivains, il y eut autrefois, dans beaucoup de parties de ces montagnes, des éruptions de « volcans, qui vraisemblablement avaient leur foyer au-dessous de la pierre calcaire, dans le « schiste et même plus bas. » *Lettres sur la Minéralogie*, par M. Ferber, page 30 et suiv.

b. *Lettres sur la Minéralogie*, etc., page 4.

DE LA CRAIE.

Jusqu'ici nous n'avons parlé que des matières qui appartiennent à la première nature : le quartz, le jaspe, les porphyres, les granites, produits immédiats du feu primitif ; les grès, les argiles, les schistes, les ardoises, détriments de ces premières substances, et qui, quoique transportés, pénétrés, figurés par les eaux, et même mélangés des premières productions de ce second élément, n'en appartiennent pas moins à la grande masse primitive des matières vitreuses, lesquelles dans cette première époque composaient seules le globe entier. Maintenant considérons les matières calcaires qui se trouvent en si grande quantité, et en tant d'endroits sur cette première surface du globe, et qui sont proprement l'ouvrage de l'eau même et son produit immédiat : c'est dans cet élément que se sont en effet formées ces substances qui n'existaient pas auparavant, qui n'ont pu se produire que par l'intermède de l'eau, et qui non-seulement ont été transportées, entassées et disposées par ses mouvements, mais même ont été combinées, composées et produites dans le sein de la mer.

Cette production d'une nouvelle substance pierreuse par le moyen de l'eau est un des plus étonnants ouvrages de la nature, et en même temps un des plus universels ; il tient à la génération la plus immense peut-être qu'elle ait enfantée dans sa première fécondité : cette génération est celle des coquillages, des madrépores, des coraux et de toutes les espèces qui filtrent le suc pierreux et produisent la matière calcaire[1], sans que nul autre agent, nulle autre puissance particulière de la nature, puisse ou ait pu former cette substance. La multiplication de ces animaux à coquilles est si prodigieuse, qu'en s'amoncelant ils élèvent encore aujourd'hui en mille endroits des récifs, des bancs, des hauts-fonds, qui sont les sommets des collines sous-marines, dont la base et la masse sont également formées de l'entassement de leurs dépouilles[a]. Et combien dut être encore plus im-

a. « Toutes les îles basses du tropique austral semblent avoir été produites par des animaux « du genre des polypes, qui forment les *lithophytes;* ces animalcules élèvent peu à peu leur « habitation de dessus une base imperceptible, qui s'étend de plus en plus, à mesure que sa « structure s'élève davantage. J'ai vu de ces larges structures à tous les degrés de leur con- « struction. » *Observations de Forster*, à la suite du *Second Voyage du capitaine Cook*, p. 135. — « Ces îles sont généralement liées les unes aux autres par des récifs de rochers de corail. » *Idem, ibid.* — « Nous découvrîmes les îles, vues par M. de Bougainville, par les 17° 24' lati- « tude, et 141° 39' longitude ouest : une de ces îles basses, à moitié submergée, n'était qu'un « grand banc de corail, de vingt lieues de tour. » Cook, *Second Voyage*, tome I, page 293. — « On rencontra une ceinture de petites îles, jointes ensemble par un récif de rochers de corail. »

1. Ce n'est pas des *coquillages*, des *madrépores* et des *coraux* que vient la *matière calcaire;* c'est, au contraire, de la *matière calcaire* que les *coquillages*, les *coraux* et les *madrépores* tirent la substance de leurs *coquilles* et de leurs *productions terreuses.* — Voyez la note de la page 60 et la note 2 de la page 496 du IXe volume.

mense le nombre de ces ouvriers du vieil Océan dans le fond de la mer universelle, lorsqu'elle saisit tous les principes de fécondité répandus sur le globe animé de sa première chaleur !

Sans cette réflexion pourrions-nous soutenir la vue vraiment accablante des masses de nos montagnes calcaires [a], entièrement composées de cette matière toute formée des dépouilles de ces premiers habitants de la mer? nous en voyons à chaque pas les prodigieux amas; nous en avons déjà recueilli mille preuves [b]; chaque contrée peut en offrir de nouvelles, et les articles suivants les confirmeront encore par un plus grand développement [c].

Nous commencerons par la craie [1], non qu'elle soit la plus commune ou

Idem, tome II, page 285. — « Nous abordâmes à l'île Sauvage (une de celles des Amis); ses « bords n'étaient que des rochers de corail. » *Idem*, tome III, page 10. — Cette multitude d'îles basses et de bancs sur lesquels se perdit le navigateur Roggevin ont été revus et reconnus par MM. Byron et Cook; toutes ces îles ne sont soutenues que par des bancs de corail, élevés du fond de la mer jusqu'à sa surface. (Voyez le chapitre XI de la *Relation du Second Voyage du capitaine Cook*, traduction française, tome II, page 275.) Ce fait étonnant a été si bien vu par ces bons observateurs, qu'on ne peut le révoquer en doute, et il fournit à M. Forster cette réflexion frappante : « Le petit ver, dont le corail est l'ouvrage et qui paraît si insensible qu'on « le distingue à peine d'une plante, agrandit son habitation, et construit un édifice de roches, « depuis un point du fond de la mer, que l'art humain ne peut pas mesurer, jusqu'à la surface « des flots : il prépare ainsi une base à la résidence de l'homme. » Forster, *Second Voyage de Cook*, tome II, page 283. — Voyez de plus toutes les relations des navigateurs sur les sondes tombées sur des rochers de coquillages et sur les câbles et grelins des ancres coupés contre les récifs de madrépores et de coraux. — « En traversant la Picardie, la Flandre française, la « Champagne, la Lorraine allemande, le pays Messin, etc., M. Monnet a observé que les « coquilles se montrent jusqu'à plus de trois cents pieds de profondeur perpendiculaire, à com- « mencer des vallées les plus profondes.... On trouve même des bancs de corail ou de madré- « pores auprès de Clermont, village de la principauté de Liége, de plus de soixante pieds de « hauteur. Ces bancs sont droits comme des murailles; ils ressemblent assez à ceux qui sont « décrits par le capitaine Cook, et qui sont situés auprès de la Nouvelle-Guinée; ils renferment « des bancs de bon marbre qu'on exploite. » *Tableau des Voyages minéralogiques* de M. Monnet; *Journal de Physique*, février 1781, page 160 et suiv.

a. M. Monnet profita d'une ouverture qu'on avait faite dans une des plus profondes vallées de Bas-Bolonais, à dessein d'y découvrir du charbon, pour observer jusqu'où vont les bancs de pierre calcaire et les coquilles : cette ouverture de cinq cents pieds de profondeur perpendiculaire, et qui passait le niveau de la mer de plus de cent pieds, a montré autant de coquilles dans son fond que dans sa hauteur. *Tableau des Voyages minéralogiques* de M. Monnet, *Journal de Physique*, février 1781, page 161.

b. Voyez tous les articles de la *Théorie de la Terre*, des *Preuves* et des *Suppléments*, sur les carrières et les montagnes composées de coquillages et autres dépouilles des productions marines.

c. Voyez en particulier les articles de la *pierre calcaire* et du *marbre*.

1. On appelle *craie* un *carbonate de chaux terreux*. « La *craie*, dont on se sert pour écrire « ou pour dessiner, est la *chaux carbonatée terreuse* par excellence; cependant il existe « d'autres variétés de *calcaire terreux*; on en connaît même dans le terrain calcaire juras- « sique... » (Dufrénoy). — La *craie de Meudon*, analysée par Berzélius, a donné :

Chaux.	56,60
Acide carbonique.	43,00
Eau.	0,50

la plus noble des substances calcaires; mais parce que de ces matières, qui toutes également tirent leur origine des coquilles[1], la craie doit en être regardée comme le premier détriment, dans lequel cette substance coquilleuse est encore toute pure, sans mélange d'autre matière, et sans aucune de ces nouvelles formes de cristallisation spathique, que la stillation des eaux donne à la plupart des pierres calcaires; car, en réduisant des coquilles en poudre, on aura une matière toute semblable à celle de la craie pulvérisée.

Il a donc pu se former de grands dépôts de ces poudres de coquilles, qui sont encore aujourd'hui sous cette forme pulvérulente, ou qui ont acquis avec le temps de la consistance et quelque solidité; mais les craies sont en général ce qu'il y a de plus léger et de moins solide dans ces matières calcaires, et la craie la plus dure est encore une pierre tendre; souvent au lieu de se présenter en masses solides, la craie n'est qu'une poussière sans cohésion, surtout dans ses couches extérieures : c'est à ces lits de poussière de craie qu'on a souvent donné le nom de *marne;* mais je dois avertir, pour éviter toute confusion, que ce nom ne doit s'appliquer qu'à une terre mêlée de craie et d'argile, ou de craie et de terre limoneuse, et que la craie est au contraire une matière simple, produite par le seul détriment des substances purement calcaires.

Ces dépôts de poudre coquilleuse ont formé des couches épaisses et souvent très-étendues, comme on le voit dans la province de Champagne, dans les falaises de Normandie, dans l'Ile-de-France, à la Roche-Guyon, etc.; et ces couches composées de poussières légères, ayant été déposées les dernières, sont exactement horizontales, et prennent rarement de l'inclinaison, même dans leurs lits les plus bas, où elles acquièrent plus de dureté que dans les lits supérieurs : cette même différence de solidité s'observe dans toutes les carrières anciennement formées par les sédiments des eaux de la mer. La masse entière de ces bancs calcaires était également molle dans le commencement; mais les couches inférieures, formées avant les autres, se sont consolidées les premières, et en même temps elles ont reçu par infiltration toutes les particules pierreuses que l'eau a détachées et entraînées des lits supérieurs : cette addition de substance a rempli les intervalles et les pores des pierres inférieures, et a augmenté leur densité et leur dureté à mesure qu'elles se formaient et prenaient de la consistance par la réunion de leurs propres parties. Cependant la dureté des matières calcaires est toujours inférieure à celle des matières vitreuses qui n'ont point été altérées ou décomposées par l'eau : les substances coquilleuses, dont les pierres calcaires tirent leur origine, sont par leur nature d'une consistance plus molle et moins solide que les matières vitreuses; mais quoiqu'il n'y ait

1. Voyez la note de la page 99.

point de pierres calcaires aussi dures que le quartz ou les jaspes, quelques-unes, comme les marbres, le sont néanmoins assez pour recevoir un beau poli.

La craie, même la plus durcie, n'est susceptible que du poli gras que prennent les matières tendres, et se réduit au moindre effort en une poussière semblable à la poudre des coquilles; mais quoiqu'une grande partie des craies ne soit en effet que le débris immédiat de la substance des coquilles, on ne doit pas borner à cette seule cause la production de toutes les couches de craie qui se trouvent à la surface de la terre : elles ont, comme les sables vitreux, une double origine; car la quantité de la matière coquilleuse réduite en poussière s'est très-considérablement augmentée par les détriments et les exfoliations qui ont été détachés de la surface des masses solides de pierres calcaires par l'impression des éléments humides; l'établissement local de ces masses calcaires paraît en plusieurs endroits avoir précédé celui des couches de craie. Par exemple, le grand terrain crétacé de la Champagne commence au-dessous de Troyes et finit au delà de Rhétel, ce qui fait une étendue d'environ quarante lieues, sur dix ou douze de largeur moyenne; et la montagne de Reims qui fait saillie sur ce terrain n'est pas de craie, mais de pierre calcaire dure : il en est de même du mont *Aimé*, qui est isolé au milieu de ces plaines de craie, et qui est également composé de bancs de pierres dures très-différentes de la craie, et qui sont semblables aux pierres des montagnes situées de l'autre côté de Vertus et de Bergères. Ces montagnes de pierre dure paraissent donc avoir surmonté de tout temps les collines et les plaines où gisent actuellement les craies, et dès lors on peut présumer que ces couches de craie ont été formées, du moins en partie, par les exfoliations et les poussières de pierre calcaire que les éléments humides auront détachées de ces montagnes, et que les eaux auront entraînées dans les lieux plus bas où gît actuellement la craie. Mais cette seconde cause de la production des craies est subordonnée à la première, et même dans plusieurs endroits de ce grand terrain crétacé la craie présente sa première origine, et paraît purement coquilleuse; elle se trouve composée ou remplie de coquilles entières parfaitement conservées, comme on le voit à Courtagnon et ailleurs; en sorte qu'on ne peut douter que l'établissement local de ces couches de craie mêlée de coquilles ne se soit fait dans le sein de la mer et par le mouvement de ses eaux. D'ailleurs, on trouve souvent les dépôts ou lits de craie surmontés par d'autres matières qui n'ont pu être amenées que par alluvion, comme en Pologne, où les craies sont très-abondantes, et particulièrement dans le territoire de Sadki, où M. Guettard dit, d'après Rzaczynski, qu'on ne trouve la craie qu'au-dessous d'un lit de mine de fer qui est précédé de plusieurs autres couches de différentes matières [a].

a. *Mémoires de l'Académie des Sciences*, année 1762, page 294.

Ces dépôts de craie, formés au fond de la mer par le sédiment des eaux, n'étaient pas originairement d'une matière aussi simple et aussi pure qu'elle l'est aujourd'hui; car on trouve entre les couches de cette matière crétacée de petits lits de substance vitreuse; le *silex*, que nous nommons pierre à fusil, n'est nulle part en aussi grande quantité que dans les craies. Ainsi cette poussière crétacée était mélangée de particules vitreuses et silicées, lorsqu'elle a été transportée et déposée par les eaux; et après l'établissement de ces couches de craie mêlées de parties silicées, l'eau les aura pénétrées par infiltration, se sera chargée de ces particules silicées, et les aura déposées entre les couches de craie, où elles se seront réunies par leur force d'affinité; elles y ont pris la forme et le volume que les cavités ou les intervalles entre les couches leur ont permis de prendre. Cette sécrétion de silex se fait dans les craies de la même manière que celle de la matière calcaire se fait dans les argiles : ces substances hétérogènes, atténuées par l'eau et entraînées par sa filtration, sont également posées entre les grandes couches de craie et d'argile, et disposées de même en lits horizontaux; seulement on observe que les petites masses de pierres calcaires, ainsi formées dans l'argile, sont ordinairement plates et assez minces, au lieu que les masses de silex formées dans la craie sont presque toujours en petits blocs épais et arrondis. Cette différence peut provenir de ce que la résistance de l'argile est plus grande que celle de la craie; en sorte que la force de la masse silicée qui tend à se former soulève ou comprime aisément la craie dont elle se trouve environnée, au lieu que la même force ne peut faire un aussi grand effet dans l'argile qui, étant plus compacte et plus pesante, cède plus difficilement et se comprime moins. Il y a encore une différence très-apparente dans l'établissement de ces deux sécrétions relativement à leur quantité : dans les collines de craie coupées à pic, on voit partout ces lits de silex, dont la couleur brune contraste avec le blanc de la couche de craie; souvent il se trouve de distance à autre plusieurs de ces lits toujours posés horizontalement entre les grands lits de craie, dont l'épaisseur est de plusieurs pieds, en sorte que toute la masse de craie, jusqu'à la dernière couche, paraît être traversée horizontalement par ces petits lits de silex, au lieu que dans les argiles coupées de même aplomb, les petits lits de pierre calcaire ne se trouvent qu'entre les couches supérieures, et n'ont jamais autant d'épaisseur et de continuité que les lits de silex, ce qui paraît encore provenir de la plus grande facilité de l'infiltration des eaux dans la craie qu'elles pénètrent dans toute son épaisseur, au lieu qu'elles ne pénètrent que les premières couches de l'argile, et ne peuvent par conséquent déposer des matières calcaires à une grande profondeur.

La craie est blanche, légère et tendre, et selon ses degrés de pureté elle prend différents noms. Comme toutes les autres substances calcaires, elle se convertit en chaux par l'action du feu et fait effervescence avec les acides;

elle perd environ un tiers de son poids par la calcination, sans que son volume en soit sensiblement diminué, et sans que sa nature en soit essentiellement altérée[1], car en la laissant exposée à l'air et à la pluie, cette chaux de craie reprend peu à peu les parties intégrantes que le feu lui avait enlevées, et dans ce nouvel état on peut la calciner une seconde fois, et en faire de la chaux d'aussi bonne qualité que la première. On peut même se servir de la craie crue pour faire du mortier, en la mêlant avec la chaux, car elle est de même nature que le gravier calcaire, dont elle ne diffère que par la petitesse de ses grains. La craie que l'on connaît sous le nom de blanc d'Espagne est l'une des plus fines, des plus pures et des plus blanches; on l'emploie pour dernier enduit sur les autres mortiers. Cette craie fine ne se trouve pas en grandes couches ni même en bancs, mais dans les fentes des rochers calcaires et sur la pente des collines crétacées; elle y est conglomérée en pelotes plus ou moins grosses, et quand cette craie fine est encore plus atténuée, elle forme d'autres concrétions d'une substance encore plus légère, auxquelles les naturalistes ont donné le nom de *lac lunæ*[a] (nom très-impropre, puisqu'il ne désigne qu'un rapport chimérique), *medulla saxi* (qui ne convient guère mieux, puisque le mot *saxum*, traduit par ces mêmes naturalistes, ne désigne pas la pierre calcaire, mais le roc vitreux); cette matière serait donc mieux désignée par le nom de *fleur de craie*, car ce n'est en effet que la partie la plus ténue de la craie que l'eau détache et dépose ensuite dans les cavités qu'elle rencontre. Et lorsque ce dépôt, au lieu de se faire en masses, ne se fait qu'en superficie, cette même matière prend la forme de lames et d'écailles, auxquelles ces mêmes nomenclateurs[b] en minéralogie ont donné le nom *d'agaric minéral* (ce qui n'est fondé que sur une fausse analogie).

Les hommes, avant d'avoir construit des maisons, ont habité les cavernes; ils se sont mis à l'abri des rigueurs de l'hiver et de la trop grande ardeur de l'été, en se réfugiant dans les antres des rochers, et lorsque cette commodité leur a manqué, ils ont cherché à se la procurer aux moindres frais possibles, en faisant des galeries et des excavations dans les matières les moins dures, telles que la craie. Le nom de *Troglodytes*, habitants des cavernes, donné aux peuples les plus antiques, en est la preuve, aussi bien que le grand nombre de ces grottes que l'on voit encore aux Indes, en Arabie, et dans tous les climats où le soleil est brûlant et l'ombrage rare. La plupart de ces grottes ont été travaillées de main d'homme, et souvent

a. Wormius et plusieurs autres après lui.

b. Ferrante Imperati et d'autres après lui.

1. Quand on calcine la *craie*, elle perd plus d'un tiers de son poids, car elle perd tout son *acide carbonique* (voyez la note de la p. 100); et sa *nature en est essentiellement altérée*, puisqu'elle est réduite à n'être plus que de la *chaux*. La *chaux*, exposée à l'air, absorbe de nouveau de l'*acide carbonique*, et repasse à l'état de *carbonate de chaux*, de *craie*.

agrandies au point de former de vastes habitations souterraines, où il ne manque que la facilité de recevoir le jour, car du reste elles sont saines, et, dans ces climats chauds, fraîches sans humidité. On voit même dans nos coteaux et collines de craie des excavations à rez-de-chaussée, pratiquées avec avantage et moins de dépense qu'il n'en faudrait pour construire des murs et des voûtes, et les blocs tirés de ces excavations servent de matériaux pour bâtir les étages supérieurs. La craie des lits inférieurs est en effet une espèce de pierre assez tendre dans sa carrière, mais qui se durcit à l'air, et qu'on peut employer non-seulement pour bâtir, mais aussi pour les ouvrages de sculpture.

La craie n'est pas si généralement répandue que la pierre calcaire dure; ses couches, quoique très-étendues en superficie, ont rarement autant de profondeur que celles des autres pierres, et, dans cinquante ou soixante pieds de hauteur perpendiculaire, on voit souvent tous les degrés du plus ou moins de solidité de la craie; elle est ordinairement en poussière ou en moellon très-tendre dans le lit supérieur; elle prend plus de consistance à mesure qu'elle est située plus bas; et comme l'eau la pénètre jusqu'à la plus grande profondeur, et se charge des molécules crétacées les plus fines, elle produit non-seulement les pelotes de blanc d'Espagne, de moelle de pierre [a] et de fleur de craie, mais aussi les stalactites solides ou en tuyaux, dont sont formés les tufs. Toutes ces concrétions, qui proviennent des détriments de la craie, ne contiennent point de coquilles; elles sont, comme toutes les autres exsudations ou stillations, composées des particules les plus deliées que l'eau a enlevées et ensuite déposées sous différentes formes dans les fentes ou cavités des rochers, ou dans les lieux plus bas où elles se sont rassemblées.

Ces dépôts secondaires de matières crétacées se font assez promptement pour remplir en quelques années des trous de trois ou quatre pieds de diamètre et d'autant de profondeur; toutes les personnes qui ont planté des arbres dans les terrains de craie ont pu s'apercevoir d'un fait qui doit servir ici d'exemple : ayant planté un bon nombre d'arbres fruitiers dans un terrain fertile en grains, mais dont le fond est d'une craie blanche et molle, et dont les couches ont une assez grande profondeur, les arbres y poussèrent assez vigoureusement la première et la seconde année; ensuite ils languirent et périrent. Ce mauvais succès ne rebuta pas le propriétaire du terrain; on fit des tranchées plus profondes dont on tira toute la craie, et on les remplit ensuite de bonne terre végétale, dans laquelle on planta de nouveaux arbres, mais ils ne réussirent pas mieux, et tous périrent en cinq ou

a. On a aussi nommé cette moelle de pierre ou de craie *farina mineralis*, parce qu'elle ressemble à la farine par sa blancheur et sa légèreté, et qu'on a même prétendu, mais fort mal à propos, qu'elle peut devenir un aliment en la mêlant avec de la farine de grain. *Éphémérides d'Allemagne*, dec. III, observation 219.

six années. On visita alors avec attention le terrain où ces arbres avaient été plantés, et l'on reconnut avec quelque surprise que la bonne terre qui avait été mise dans les tranchées était si fort mêlée de craie, qu'elle avait presque disparu, et que cette très-grande quantité de matière crétacée n'avait été amenée que par la stillation des eaux [a].

Cependant cette même craie, qui paraît si stérile et même si contraire à la végétation, peut l'aider et en augmenter le produit en la répandant sur les terres argileuses trop dures et trop compactes; c'est ce que l'on appelle *marner les terres*, et cette espèce de préparation leur donne de la fécondité pour plusieurs années; mais comme les terres de différentes qualités demandent à être marnées de différentes façons, et que la plupart des marnes dont on se sert diffèrent de la craie, nous croyons devoir en faire un article particulier.

DE LA MARNE.

La marne [1] n'est pas une terre simple, mais composée de craie mêlée d'argile [b] ou de limon; et selon la quantité plus ou moins grande de ces terres argileuses ou limoneuses, la marne est plus ou moins sèche ou plus ou moins grasse : il faut donc, avant de l'employer à l'amendement d'un terrain, reconnaître la quantité de craie contenue dans la marne qu'on y destine, et cela est aisé par l'épreuve des acides [2], et même en la faisant délayer dans l'eau. Or, toute marne sèche, et qui contiendra beaucoup plus de craie que d'argile ou de limon, conviendra pour marner les terres dures et compactes que l'eau ne pénètre que difficilement, et qui se durcissent et se crevassent par la sécheresse; et même la craie pure, mêlée avec ces terres, les rend plus meubles et par conséquent susceptibles d'une culture plus aisée; elles deviennent aussi plus fécondes par la facilité que l'eau et les jeunes racines des plantes, trouvent à les pénétrer et à vaincre la résistance que

a. Note communiquée par M. Nadault.

b. En faisant l'analyse de la marne, on trouve que c'est un composé d'argile et de craie : la première dominant quelquefois, et d'autres fois la seconde, ce qui leur fait donner le nom de *marne forte* et de *marne légère*, et qui ne signifie autre chose que le plus ou moins d'argile qui se trouve mêlée avec la craie; et on dit qu'elle est bonne ou mauvaise pour améliorer un champ, selon le besoin qu'il a plus ou moins d'une de ces matières : sa couleur et sa dureté varient; elle est aisée à connaître, car elle se gerce aisément au soleil, à l'air et à la pluie, qu'elle soit dure ou molle... Celle où il y a beaucoup d'argile ne peut être bonne pour les terres fortes, comme celle de Biscaye et de Guipuzcoa; et celle où il y a trop de matière calcaire ne vaut rien pour les terres légères. *Histoire naturelle d'Espagne*, par M. Bowles.

1. La *marne* est de la *craie* mêlée d'*argile*. On nomme *marne calcaire* celle qui contient plus de *craie* que d'*argile*, et *marne argileuse* celle qui contient plus d'*argile* que de *craie*.

2. Particulièrement de l'*acide nitrique*.

leur trop grande compacité opposait à la germination et au développement des graines délicates; la craie pure et même le sable fin, de quelque nature qu'il soit, peuvent donc être employés avec grand avantage pour marner les terres trop compactes ou trop humides; mais il faut au contraire de la marne mêlée de beaucoup d'argile, ou mieux encore de terre limoneuse, pour les terres stériles par sécheresse et qui sont elles-mêmes composées de craie, de tuf et de sable; la marne la plus grasse est la meilleure pour ces terrains maigres, et pourvu qu'il y ait dans la marne qu'on veut employer une assez grande quantité de parties calcaires pour que l'argile y soit divisée, cette marne presque entièrement argileuse, et même la terre limoneuse toute pure, seront les meilleurs engrais qu'on puisse répandre sur les terrains sableux. Entre ces deux extrêmes, il sera aisé de saisir les degrés intermédiaires, et de donner à chaque terrain la quantité et la qualité de la marne qui pourra convenir pour engrais [a]. On doit seulement observer que dans tous les cas il faut mêler la marne avec une certaine quantité de fumier, et cela est d'autant plus nécessaire que le terrain est plus humide et plus froid. Si l'on répand les marnes sans y mêler de fumier, on perdra beaucoup sur le produit de la première et même de la seconde récolte, car le bon effet de l'amendement marneux ne se manifeste pleinement qu'à la troisième ou quatrième année.

Les marnes qui contiennent une grande quantité de craie sont ordinairement blanches; celles qui sont grises, rougeâtres ou brunes, doivent ces couleurs aux argiles ou à la terre limoneuse dont elles sont mélangées, et ces couleurs plus ou moins foncées, sont encore un indice par lequel on peut juger de la qualité de chaque marne en particulier. Lorsqu'elle est tout à fait convenable à la nature du terrain sur lequel on la répand, il est alors bonifié pour nombre d'années [b], et le cultivateur fait un double profit, le premier par l'épargne des fumiers dont il usera beaucoup moins, et le second par le produit de ses récoltes qui sera plus abondant; si l'on n'a pas à sa portée des marnes de la qualité qu'exigeraient les terrains qu'on veut améliorer, il est presque toujours possible d'y suppléer en répandant de

a. M. Faujas de Saint-Fond parle de certains cantons du Dauphiné qui sont très-fertiles, et dont le sol contient environ un quart de matière calcaire, mêlée naturellement avec un tiers d'argile noire, tenace, mais rendue friable par environ un quart d'un sable sec et grenu; et, pour le surplus, d'un second sable fin, doux et brillant..... Voyez le *Mémoire sur la Marne*, par M. Faujas de Saint-Fond, et les *Affiches du Dauphiné*, octobre 1780.

b. Suivant Pline, la fécondité communiquée aux terres par certaines marnes dure cinquante et jusqu'à quatre-vingts années. Voyez son *Histoire naturelle*, livre XVII, chap. VII et VIII. Il dit aussi que c'est aux Gaulois et aux Bretons qu'on doit l'usage de cet engrais pour la fertilisation des terres. *Idem, ibidem.* — M. de Gensane, en parlant des marnes, fait de bonnes observations sur leur emploi, et il cite un exemple qui prouve que cet engrais est non-seulement utile pour augmenter la production des grains, mais aussi pour faire croître plus promptement et plus vigoureusement les arbres, et en particulier les mûriers blancs. *Histoire naturelle du Languedoc*, tome I.

l'argile sur les terres trop légères, et de la chaux sur les terres trop fortes ou trop humides, car la chaux éteinte est absolument de la même nature que la craie [1], puisqu'elles ne sont toutes deux que de la pierre calcaire réduite en poudre : ce qu'on a dit [a] sur les prétendus sels ou qualités particulières de la marne pour la végétation, sur son eau générative, etc., n'est fondé que sur des préjugés. La cause principale et peut-être unique de l'amélioration des terres est le mélange d'une autre terre différente, et dont les qualités se compensent et font de deux terres stériles une terre féconde [b]. Ce n'est pas que les sels en petite quantité ne puissent aider les progrès de la végétation et en augmenter le produit; mais les effets du mélange convenable des terres sont indépendants de cette cause particulière; et ce serait beaucoup accorder à l'opinion vulgaire, que d'admettre dans la marne des principes plus actifs pour la végétation que dans toute autre terre, puisque par elle-même la marne est d'autant plus stérile qu'elle est plus pure et plus approchante de la nature de la craie.

Comme les marnes ne sont que des terres plus ou moins mélangées et formées assez nouvellement par les dépôts et les sédiments des eaux pluviales, il est rare d'en trouver à quelque profondeur dans le sein de la terre; elles gisent ordinairement sous la couche de la terre végétale, et particulièrement au bas des collines et des rochers de pierres calcaires qui portent sur l'argile ou le schiste. Dans certains endroits la marne se trouve en forme de noyaux ou de pelotes, dans d'autres elle est étendue en petites couches horizontales ou inclinées suivant la pente du terrain; et lorsque les eaux pluviales, chargées de cette matière, s'infiltrent à travers les couches de la terre, elles la déposent en forme de concrétions et de stalactites, qui sont formées de couches concentriques et irrégulièrement groupées. Ces concrétions provenant de la craie et de la marne ne

a. *Œuvres de Palissy;* Paris, 1777, in-4°, page 142 jusqu'à 184.

b. « Entre les diverses couches que l'on perce en fouillant la terre, il en est plusieurs qui « sont le plus heureusement et le plus prochainement disposées à la fécondité; il suffit, en les « mélangeant, de les exposer aux influences de l'air et à l'aspect du ciel pour les rendre végé- « tales.... Telles sont non-seulement les marnes, mais les craies et les argiles, qui, par des « mélanges appropriés aux différents sols, leur communiquent une force de végétation si « vigoureuse et si durable.... Dans ces dépôts précieux, que la nature ne semble avoir cachés à « quelque profondeur que pour les réserver à nos besoins, sont amassés les éléments les plus « précieux à l'espèce humaine.... N'allons donc plus, loin de la douce vue du ciel, arracher « l'or du sein déchiré de la terre... Les vrais trésors sont sous nos pas : ce sont ces terres « douces et fécondes qu'il faut apporter au jour, dont il faut couvrir nos champs, et qui vont « renouveler un sol épuisé par nos déprédations et languissant sous nos mains avides. » Extrait du *Système de la Fertilisation*, par M. l'abbé Bexon; ouvrage que j'ai déjà cité (tome IX, page 247) comme offrant, dans sa brièveté, les vues les plus étendues et les plus profondes.

1. Prise en soi, la *chaux* est la *craie* qui a perdu son *acide carbonique* par la calcination. La *chaux éteinte* est un *hydrate de chaux*. On appelle cet *hydrate : chaux éteinte* pour le distinguer de la *chaux vive*, nom que l'on donne, dans le langage ordinaire, à la *chaux caustique* et *anhydre*.

prennent jamais autant de dureté que celles qui se forment dans les rochers de pierres calcaires dures; elles sont aussi plus impures; elles s'accumulent irrégulièrement au pied des collines pour y former des masses d'une substance à demi pierreuse, légère et poreuse, à laquelle on donne le nom de *tuf*, qui souvent se trouve en couches assez épaisses et très-étendues au bas des collines argileuses couronnées de rochers calcaires.

C'est aussi à cette même matière crétacée et marneuse qu'on doit attribuer l'origine de toutes les incrustations produites par les eaux des fontaines, et qui sont si communes dans tous les pays où il y a de hautes collines de craie et de pierres calcaires. L'eau des pluies, en filtrant à travers les couches de ces matières calcaires, se charge des particules les plus ténues qu'elle soutient et porte avec elle quelquefois très-loin; elle en dépose la plus grande partie sur le fond et contre les bords des routes qu'elle parcourt, et enveloppe ainsi toutes les matières qui se trouvent dans son cours : aussi voit-on des substances de toute espèce et de toute figure, revêtues et incrustées de cette matière pierreuse qui non-seulement en recouvre la surface, mais se moule aussi dans toutes les cavités de leur intérieur; et c'est à cet effet très-simple qu'on doit rapporter la cause qui produit ce que l'on appelle communément des *pétrifications,* lesquelles ne diffèrent des incrustations que par cette pénétration dans tous les vides et interstices de l'intérieur des matières végétales ou animales, à mesure qu'elles se décomposent ou pourrissent.

Dans les craies blanches et les marnes les plus pures, on ne laisse pas de trouver des différences assez marquées, surtout pour les sels qu'elles contiennent : si on fait bouillir quelque temps dans de l'eau distillée une certaine quantité de craie prise au pied d'une colline ou dans le fond d'un vallon, et qu'après avoir filtré la liqueur, on la laisse évaporer jusqu'à siccité, on en retirera du nitre et un mucilage épais d'un rouge brun; en certains lieux même le nitre est si abondant dans cette sorte de craie ou de marne, qui a ordinairement la forme du tuf, que l'on pourrait en tirer du salpêtre en très-grande quantité, et qu'en effet on en tire bien plus abondamment des décombres ou des murs bâtis de ce tuf crétacé que de toute autre matière. Si l'on fait la même épreuve sur la craie pelotonnée qui se trouve dans les fentes des rochers calcaires, et surtout sur ces masses de matière molle et légère de fleur de craie dont nous avons parlé, au lieu de nitre on n'en retirera souvent que du sel marin, sans aucun mélange d'autre sel, et en beaucoup plus grande quantité qu'on ne retire de nitre des tufs et des craies prises dans les vallons et sous la couche de terre végétale; cette différence assez singulière ne vient que de la différente qualité des eaux; car, indépendamment des matières terreuses et bitumineuses qui se trouvent dans toutes les eaux, la plupart contiennent des sels en assez grande quantité et de nature différente, selon la différente qualité du terrain où elles ont passé : par exemple, toutes les eaux dont les sources sont dans la couche de terre végétale ou limoneuse contiennent une assez grande quantité de nitre ; il en est de même de l'eau des rivières et de la plupart des fontaines, au lieu que les eaux pluviales les plus pures[1], et recueillies en plein air avec précaution pour éviter tout mélange, donnent après l'évaporation une poudre terreuse très-fine, d'une saveur sensiblement salée et du même goût que le sel marin ; il en est de même de la neige, elle contient aussi du sel marin comme l'eau de pluie, sans mélange d'autres sels, tandis que les eaux qui coulent sur les terres calcaires ou végétales, ne contiennent point de sel marin, mais du nitre. Les couches de marne stratifiées dans les vallons, au pied des montagnes, sous la terre végétale, fournissent du salpêtre, parce que la pierre calcaire et la terre végétale dont elles tirent leur origine en contiennent. Au contraire les pelotes qui se trouvent dans les fentes, ou dans les joints des pierres et entre les lits des bancs calcaires, ne donnent, au lieu de nitre, que du sel marin, parce qu'elles doivent leur formation à l'eau pluviale tombée immédiatement dans ces fentes, et que cette eau ne contient que du sel marin, sans aucun mélange de nitre[2] ; au lieu que les craies, les marnes et les tufs amassés au bas des collines et dans les vallons, étant perpétuellement baignés par des eaux qui lavent à chaque instant la grande quantité de plantes dont la superficie de la terre est couverte, et qui arrivent par conséquent toutes chargées et imprégnées du nitre qu'elles ont dissous à la superficie de la terre, ces couches reçoivent le nitre d'autant plus abondamment que ces mêmes eaux y demeurent sans écoulement et presque stagnantes.

DE LA PIERRE CALCAIRE.

La formation des pierres calcaires[3] est l'un des plus grands ouvrages de la nature : quelque brute que nous en paraisse la matière, il est aisé d'y reconnaître une forme d'organisation actuelle et des traces d'une organisation antérieure bien plus complète dans les parties dont cette matière est originairement composée. Ces pierres ont en effet été primitivement formées du détriment des coquilles, des madrépores, des coraux et de toutes les autres substances qui ont servi d'enveloppe ou de domicile à ces animaux

1. Les *eaux pluviales les plus pures* sont encore très-impures. On a trouvé dans celles qui ont été recueillies avec le plus de précaution : du *chlorure de sodium*, du *sulfate de chaux*, etc., de l'*acide nitrique* et de l'*ammoniaque*. (Voyez, dans les *Comptes-rendus* de l'Académie des Sciences, t. XXXIV, p. 824, l'analyse de l'*eau de pluie*.)
2. Voyez la note précédente.
3. La *pierre calcaire* est le *carbonate de chaux*.

infiniment nombreux[1], qui sont pourvus des organes nécessaires pour cette production de matière pierreuse; je dis que le nombre de ces animaux est immense, infini, car l'imagination même serait épouvantée de leur quantité si nos yeux ne nous en assuraient pas en nous démontrant leurs débris réunis en grandes masses, et formant des collines, des montagnes, et des terrains de plusieurs lieues d'étendue. Quelle prodigieuse pullulation ne doit-on pas supposer dans tous les animaux de ce genre! Quel nombre d'espèces ne faut-il pas compter, tant dans les coquillages et crustacés actuellement existants, que pour ceux dont les espèces ne subsistent plus[2] et qui sont encore de beaucoup plus nombreux! Enfin, combien de temps et quel nombre de siècles n'est-on pas forcé d'admettre pour l'existence successive des unes et des autres! Rien ne peut satisfaire notre jugement à cet égard, si nous n'admettons pas une grande antériorité de temps pour la naissance des coquillages avant tous les autres animaux, et une multiplication non interrompue de ces mêmes coquillages pendant plusieurs centaines de siècles, car toutes les pierres et craies disposées et déposées en couches horizontales par les eaux de la mer ne sont en effet formées que de ces coquilles ou de leurs débris réduits en poudre, et il n'existe aucun autre agent, aucune autre puissance particulière dans la nature qui puisse produire la matière calcaire, dont nous devons par conséquent rapporter la première origine à ces êtres organisés.

Mais dans les amas immenses de cette matière toute composée des débris des animaux à coquilles, nous devons d'abord distinguer les grandes couches, qui sont d'ancienne formation, et en séparer celles qui, ne s'étant formées que des détriments des premières, sont à la vérité d'une même nature, mais d'une date de formation postérieure; et l'on reconnaîtra toujours leurs différences par des indices faciles à saisir. Dans toutes les pierres d'ancienne formation, il y a toujours des coquilles ou des impressions de coquilles et de crustacés très-évidentes, au lieu que dans celles de formation moderne il n'y a nul vestige, nulle figure de coquilles: ces carrières de pierres parasites, formées du détriment des premières, gisent ordinairement au pied ou à quelque distance des montagnes et des collines, dont les anciens bancs ont été attaqués dans leur contour par l'action de la gelée et de l'humidité; les eaux ont ensuite entraîné et déposé dans les lieux plus bas toutes les poudres et les graviers détachés des bancs supérieurs, et ces débris stratifiés les uns sur les autres par le transport et le sédiment des eaux ont formé ces lits de pierres nouvelles où l'on ne voit aucune impression de coquilles, quoique ces pierres de seconde formation soient comme la pierre ancienne entièrement composées de substance coquilleuse.

Et dans ces pierres de formation secondaire, on peut encore en distin-

1. Voyez la note de la page 99.
2. Voyez la note de la page 96.

guer de plusieurs dates différentes, et plus ou moins modernes ou récentes : toutes celles, par exemple, qui contiennent des coquilles fluviatiles, comme on en voit dans la pierre qui se tire derrière l'Hôpital général à Paris, ont été formées par des eaux vives et courantes, longtemps après que la mer a laissé notre continent à découvert ; et néanmoins la plupart des autres, dans lesquelles on ne trouve aucune de ces coquilles fluviatiles, sont encore plus récentes. Voilà donc trois dates de formation bien distinctes[1] : la première et plus ancienne est celle de la formation des pierres, dans lesquelles on voit des coquilles ou des impressions de coquilles marines, et ces anciennes pierres ne présentent jamais des impressions de coquilles terrestres ou fluviatiles ; la seconde formation est celle de ces pierres mêlées de petites *vis* et limaçons fluviatiles ou terrestres ; et la troisième sera celle des pierres qui, ne contenant aucunes coquilles marines ou terrestres, n'ont été formées que des détriments et des débris réduits en poussière des unes ou des autres[a].

a. « N'y aurait-il pas des pierres de troisième et peut-être de quatrième formation ? Les carrières qui se trouvent dans les plaines à de grandes distances des montagnes, et dont la pierre est si différente de celle d'ancienne formation, semblent annoncer plusieurs décompositions, et conséquemment plusieurs formations.

« Les carrières de seconde formation, non-seulement ne sont pas aussi étendues que les anciennes carrières, mais elles sont toujours placées au-dessous des montagnes dominantes ; elles sont plus proches de la surface de la terre ; leurs bancs réunis ont moins d'épaisseur que les carrières de première formation. Ces carrières plus nouvelles contiennent rarement plus d'un ou deux bancs : on en voit, comme celles d'Anières, à deux lieues de Dijon, sur la route d'Issurtille, où il n'y a qu'un seul banc de cinq à six toises d'épaisseur, sans aucuns lits, et presque sans joints perpendiculaires.

« La petite montagne où se trouve cette carrière est plus basse que la chaîne qui traverse la Bourgogne du nord au sud ; elle est isolée et séparée de cette chaîne par le vallon de Vanton.

« La carrière d'Issurtille ressemble beaucoup à celle d'Anières, excepté qu'elle a le grain moins fin ; elle est de même dans un monticule, isolée et séparée de la grande chaîne par un vallon assez profond : il se trouve dans cette pierre quelques cavités remplies d'un spath fort dur et transparent. La pierre d'Anières, qui est éloignée de trois lieues de celle-ci, n'offre pas les mêmes accidents ; elle est d'une pâte plus douce, plus blanche, et d'un grain plus fin ; il n'y a aucun lit marqué dans la carrière d'Issurtille, où l'on coupe la pierre à volonté, de toute longueur et épaisseur.

« La carrière de Tonnerre est située comme les deux précédentes : cette pierre a le grain encore plus fin, mais plus compacte que celle des deux premières.

« La carrière des Montots, située à Puligny près Clugny, est encore de même nature que les

1. « Le *calcaire* est la matière la plus répandue à la surface du globe, et celle qui constitue la plus grande partie de nos continents. Appartenant essentiellement aux formations sédimentaires, cette substance se trouve en dépôts immenses à tous les étages de la série, depuis les dépôts siluriens jusqu'aux formations les plus récentes ; tantôt composant des couches plus ou moins puissantes qui alternent avec des dépôts divers, arénacés ou argileux, tantôt constituant à elle seule des montagnes et même des chaînes entières. Quelques-uns de ces grands dépôts se distinguent par le mode d'agrégation de leurs particules, les uns ayant une structure compacte, les autres étant terreux et plus ou moins grossiers. Tous sont remplis de débris organiques, dont la nature varie considérablement des plus anciens aux plus modernes, et qui fournissent des caractères importants pour les distinguer les uns des autres. » (Beudant.)

Les lits de ces pierres de seconde formation ne sont pas aussi étendus ni aussi épais que ceux des anciennes et premières couches dont ils tirent leur origine, et ordinairement les pierres elles-mêmes sont moins dures, quoique d'un grain plus fin; souvent aussi elles sont moins pures, et se trouvent mélangées de différentes substances que l'eau a rencontrées et charriées avec la matière de la pierre [a]. Ces lits de pierres nouvelles ne sont dans la réalité que des dépôts semblables à ceux des incrustations, et chacune de ces carrières parasites doit être regardée comme une agrégation d'un grand nombre d'incrustations ou concrétions pierreuses, superposées et stratifiées les unes sur les autres. Elles prennent avec le temps plus ou moins de consistance et de dureté, suivant leur degré de pureté ou selon les mélanges qui sont entrés dans leur composition; il y a de ces concrétions, telles que les albâtres, qui reçoivent le poli; d'autres qu'on peut comparer à la craie par leur blancheur et leur légèreté; d'autres qui ressemblent plus au tuf. Ces lits de pierre de seconde et troisième formation sont ordinairement séparés les uns des autres par des joints ou délits horizontaux assez larges, et qui sont remplis d'une matière pierreuse moins pure et moins liée que l'on nomme *bousin* [b], tandis que dans les pierres de première formation les délits hori-

« précédentes; elle est située au pied de la chaîne de montagnes qui traverse la Bourgogne, « mais elle n'est pas isolée : la pierre est rousse, parfaitement pleine, plus dure, mais d'un « grain aussi fin que celle des carrières précédentes; les bancs ont une très-grande épaisseur, « et elle est très-propre pour la sculpture. » Note communiquée par M. Dumorey, ingénieur du Roi et en chef de la province de Bourgogne.

a. Dans une carrière de cette espèce, dont la pierre est blanche et d'un grain assez fin, située à Condat, près d'Agen, on trouve non-seulement des pyrites, mais du charbon de bois brûlé qui a conservé sa nature de charbon; voici ce que m'en a écrit M. de la Ville de Lacépède, par sa lettre du 7 novembre 1776 : « La carrière de Condat, autant qu'on en peut juger, occupe un « arpent de terre et paraît s'étendre à une assez grande profondeur, quoiqu'elle n'ait été encore « exploitée qu'à celle de deux ou trois toises : les couches supérieures sont fort minces et divi- « sées par un grand nombre de fentes perpendiculaires; elles sont moins dures que celles qui « sont situées plus bas; cette pierre ne contient aucune impression de coquilles, mais elle ren- « ferme plusieurs matières hétérogènes, comme du silex, entre les couches et même dans les « fentes perpendiculaires, des pyrites qui sont comme incorporées avec la substance de la « pierre, et enfin des morceaux de charbon. Vous pourrez, Monsieur, voir par vous-même la « manière dont ces matières étrangères y sont renfermées, en jetant les yeux sur les morceaux « de pierre que je vais avoir l'honneur de vous envoyer au Jardin du Roi, et que vous m'aviez « demandés.... J'ai trouvé aussi des pyrites enchâssées dans des pierres d'une carrière voisine « de celle de Condat, ayant la même composition intérieure et ne contenant point de coquilles; « ces deux carrières occupent les deux côtés d'un très-petit vallon qui les sépare, et sont à peu « près à la même hauteur.... et toutes deux sont situées au bas de plusieurs montagnes, dont « les sommets sont composés de pierres calcinables d'ancienne formation, et d'un grain bien « moins fin que celui des pierres de Condat, qui seules ont cette blancheur éclatante, et cette « facilité à recevoir un beau poli qui les fait employer à la place du marbre. »

b. M. de La Hire fils a reconnu dans une carrière peu fréquentée proche la fausse porte Saint-Jacques, dont toute la hauteur avait peut-être vingt pieds, que toute cette hauteur n'était pas de pierre, mais était interrompue par des lits moins hauts que ceux de la pierre et à peu près également horizontaux, et de la même couleur, mais d'une matière beaucoup plus tendre, grasse, et qui ne se durcit point à l'air comme fait la pierre tendre : on l'appelle *bousin*. Il s'en trouve dans toutes les carrières des environs de Paris : il faut, selon M. de La Hire, que

zontaux sont étroits et remplis de spath. On peut encore remarquer que dans les pierres de première formation il y a plus de solidité, plus d'adhérence entre les grains dans le sens horizontal que dans le sens vertical, en sorte qu'il est plus aisé de les fendre ou casser verticalement qu'horizontalement, au lieu que dans les pierres de seconde et troisième formation il est à peu près également aisé de les travailler dans tous les sens. Enfin, dans les pierres d'ancienne formation, les bancs ont d'autant plus d'épaisseur et de solidité qu'ils sont situés plus bas, au lieu que les lits de formation moderne ne suivent aucun ordre ni pour leur dureté, ni pour leur épaisseur. Ces différences très-apparentes suffisent pour qu'on puisse reconnaître et distinguer au premier coup d'œil une carrière d'ancienne ou de nouvelle pierre.

Mais outre ces couches de première, de seconde et de troisième formation, dans lesquelles la pierre calcaire est en masses uniformes ou par bancs composés de grains plus ou moins fins, on trouve en quelques endroits des amas entassés et très-étendus de pierres arrondies et liées ensemble par un ciment pierreux, ou séparées par des cavités remplies d'une terre presque aussi dure que les pierres avec lesquelles elle fait masse continue, et si solide qu'on ne peut en détacher des blocs qu'au moyen de la poudre [a].

des ravines d'eau aient charrié en certains temps, pendant un hiver par exemple, différentes matières qui se sont arrêtées dans un fond ; là, étant en repos, les plus pesantes se sont précipitées et auront formé un lit de pierre, et les plus légères seront demeurées au-dessus et auront fait le bousin ; une seconde ravine, survenue pendant un autre hiver sur ces deux lits formés et desséchés, en aura fait deux autres pareils, et ainsi de suite jusqu'à ce que le fond où tout s'assemblait ait été comblé. *Histoire de l'Académie des Sciences.*

a. « J'ai suivi, dit M. l'abbé de Sauvages, une chaîne depuis Montmoirac jusqu'à Rousson, « ce qui fait une étendue d'environ deux lieues ; elle se distingue des autres par la forme de « ses pierres et par leur arrangement ; les rochers de ces montagnes et de ces coteaux ne sont « point par lits, ils sont entièrement formés de tas immenses de pierres à chaux de différentes « grosseurs, toutes arrondies, d'un grain extrêmement fin, serré, et si bien lié qu'en choquant « ces pierres, elles tintent pour l'ordinaire ; celles qui se trouvent vers la surface du rocher « sont peu liées entre elles ; mais, pour peu qu'on creuse, on trouve que tous les vides qui les « séparent sont exactement remplis d'une terre dont le grain est plus grossier que celui des « pierres : cette terre a été si bien durcie qu'elle ne fait avec les pierres arrondies qu'une même « masse, dont on ne détache des blocs qu'au moyen de la mine.

« On voit à la cassure de ces rochers, que la terre qui lie les différents morceaux est partout « roussâtre ; mais les morceaux eux-mêmes sont de différentes couleurs, ce qui donnerait, si « cette pierre était taillée et polie, une assez belle espèce de *brèche.*

« Ce rocher de cailloutages, connu à Alais sous le nom d'*amenla*, est de la nature des pierres « calcaires ou des marbres, et fait la plus excellente de toutes les chaux, d'une tenue prompte « et très-forte, et qu'on recherche pour bâtir dans l'eau ; cette chaux demande une plus longue « cuite que les autres, surtout si on emploie les pierres détachées qui ont été longtemps exposées à l'air, ne fussent-elles que de la grosseur d'un œuf de poule ; si on ne les casse en deux, « on a beau les faire rougir dans le four à chaux pendant vingt-quatre heures, comme à l'ordinaire, elles sont trop réfractaires pour se calciner ; elles ne fusent point à l'eau, ou ne se « détrempent jamais bien.

« Le rocher d'amenla ne va pas à une grande profondeur, comme ceux des autres chaînes ; « on en voit dans quelques ravins les fondements ou la base, qui se trouve souvent mêlée de

Ces couches de pierres arrondies sont peut-être d'une date aussi nouvelle que celle des carrières parasites de dernière formation. La finesse du grain de ces pierres arrondies, leur résistance à l'action du feu, plus grande que celle des autres pierres à chaux, le peu de profondeur où se trouve la base de leurs amas, la forme même de ces pierres qui semble démontrer qu'elles ont été roulées, tout se réunit pour faire croire que ce sont des blocs en débris de pierres plus ou moins anciennes, lesquels ont été arrondis par le frottement, et ensuite liés ensemble par une terre mêlée

« couches d'un rocher jaunâtre de pierre morte : ce rocher sur lequel porte l'amenla est fort « commun dans tous les endroits par où passe notre chaîne; il est assez dur dans la carrière, « mais il s'éclate et se calcine pour peu qu'il ait été à l'air, et cela parce qu'il est fort poreux « et qu'il n'est point pénétré de sucs pierreux. En conséquence, sa cassure est mate, et n'a « point de ces grains luisants qui sont communs à toutes les pierres à chaux; aussi, lorsqu'on « les met cuire ensemble, ces pierres mortes ne donnent que de la terre.....

« Ce rocher porte toutes les marques d'un bouleversement et d'un désordre qui a confondu « les pierres avec les coquillages qu'on trouve indifféremment répandus dans toute l'épaisseur « du rocher, et dans les endroits les plus profonds où sa base aboutit.

« C'est principalement de ce désordre et de la forme arrondie des pierres que j'ai conjecturé : « 1° que la pétrification des morceaux arrondis du rocher d'amenla et des coquillages qui s'y « trouvent mêlés est de beaucoup antérieure à celle de la terre qui les lie les uns avec les autres; « 2° que tout le rocher est étranger, pour ainsi dire, dans la place qu'il occupe; 3° que les « pierres d'amenla paraissent s'être arrondies en roulant confusément les unes sur les autres, « de la même façon que les galets de la mer ou des rivières. Qu'on examine les raisons que « j'en rapporte, pour juger si je fais des suppositions trop violentes.

« 1° La terre qui lie les pierres d'amenla de différentes couleurs est elle-même d'une couleur « toujours uniforme et d'un grain plus grossier; cette terre n'est jamais si bien pétrifiée qu'à la « fin elle ne se gerce et ne se calcine à l'air lorsqu'elle y est restée longtemps exposée : aussi la « surface des rochers d'amenla où l'on n'a pas touché est toute soulevée en morceaux détachés, « tandis que les pierres arrondies, ou l'amenla proprement dit, reste entier et n'en devient que « plus dur.....

« C'est à cette cause qu'il faut attribuer la facilité que les couches d'un rocher ont de se « séparer les unes des autres, et c'est ce qui me fait conclure que notre rocher est le produit de « deux pétrifications faites en des temps différents, d'abord celle des pierres arrondies ou des « amenlas, et ensuite celle de la terre qui les lie.

« 2° Dans la cassure d'un bloc, composé de plusieurs amenlas liés par une terre durcie, j'ai « vu souvent des veines blanches de suc pierreux qui traversent un morceau arrondi d'amenla; « mais ces veines ne s'étendent point au delà dans la terre pétrifiée, qui n'est veinée dans aucun « endroit : la veine du caillou n'a point de suite, elle se termine nettement à ses bords; c'est ce « que j'ai remarqué depuis dans un grand nombre de ces espèces de marbres appelés *brèches*, « qui sont dans le cas de nos amenlas.

« Cette observation prouve non-seulement que la pétrification de nos pierres arrondies et de « la terre qui les lie n'a pas été faite ni dans un même lieu ni dans un même temps, car autre- « ment la veine blanche traverserait indifféremment tout le bloc, et passerait de la pierre « arrondie dans la terre qui est durcie autour; mais elle indique encore que les pierres « d'amenla, aujourd'hui arrondies, et probablement anguleuses autrefois, sont des morceaux « détachés d'une plus grosse masse, parce que dans tous les rochers à chaux traversés par des « veines de suc pierreux, ces veines parcourent une assez grande étendue avant de se ter- « miner, et elles ne se terminent communément qu'en s'amortissant en une pointe insensible « qui se perd dans le rocher. Les veines ne sont coupées nettement et avec toute leur largeur « que dans les morceaux détachés; c'est ce qu'on voit au moins tous les jours dans nos rochers « à chaux et dans tous les marbres veinés : nos amenlas seraient-ils les seuls exceptés de la loi « commune? Les veines, tant celles des morceaux qui sont détachés que celles des morceaux

d'une assez grande quantité de substance spathique pour se durcir et faire corps avec ces pierres.

Nous devons encore citer ici d'autres pierres en blocs, qui d'abord étaient liées ensemble par des terres durcies, et qui se sont ensuite séparées lorsque ce ciment terreux a été dissous ou délayé par les éléments humides : on trouve dans le lit de plusieurs rivières un très-grand nombre de ces pierres calcaires arrondies en petit ou gros volume, et à des distances considérables des montagnes dont elles sont descendues [a].

Et c'est à cette même interposition de matière terreuse entre ces blocs en débris qu'on doit attribuer l'origine des pierres trouées qu'on rencontre si communément dans les petites gorges et vallons où les eaux ont autrefois coulé en ruisseaux, qui depuis ont tari ou ne coulent plus que pendant une partie de l'année : ces eaux ont peu à peu délayé la terre contenue dans tous les intervalles de la masse de ces pierres qui se présentent actuellement avec tous leurs vides, souvent trop grands pour qu'elles puissent être employées dans la maçonnerie. Ces pierres à grands trous ne

« qui sont liés en un bloc, montrent qu'ils ont fait partie d'un autre rocher, et que ces morceaux n'ont point toujours été isolés : ceux qui sont accoutumés à voir les pierres en philosophes, et qui en ont beaucoup manié le marteau à la main, sentiront mieux que les autres la force de cette preuve.

« 3° Les coquillages fossiles de cette chaîne sont partout confondus avec la pierre d'amenla jusqu'à la pierre morte qui leur sert de base; mais ils ne vont point au delà, ce qui est une assez forte présomption pour croire que les coquillages et les amenlas ont été portés ou plutôt roulés d'ailleurs sur ce terrain, et qu'ils y sont pour ainsi dire dépaysés.

« 4° Nos amenlas sont arrondis comme les galets de rivières; ils ne sont que de la grosseur des pierres qu'elles entraînent; ils sont enfin de grains et de couleurs différentes : peut-on méconnaître à ces caractères un ramassis de pierres qui ont appartenu originairement à différents rochers de montagnes éloignées les unes des autres? Ces pierres ont été entraînées dans un même endroit, loin de leur première place, comme celles qu'on trouve dans les lits des torrents, des rivières, ou sur le rivage de la mer.

« Ce que je viens de dire indique déjà que l'état primitif de nos amenlas était d'être anguleux, et que leur forme arrondie est l'effet du frottement qu'ils ont éprouvé en roulant.

« On peut cependant objecter contre ce fait que je prétends établir que la rondeur de ces pierres peut tenir à d'autres causes; que les géodes, par exemple, et presque tous les cailloux de pierre à fusil, sont naturellement arrondis, sans qu'on puisse raisonnablement attribuer cette forme à aucun frottement, parce que ces dernières pierres en particulier ont une croûte blanchâtre et opaque, qui semble avoir toujours terminé leur surface, sans avoir souffert aucune altération.

« Mais je demanderai sur cela, si cette croûte se trouvait enclavée dans quelques-uns de ces cailloux, si elle paraissait visiblement plus usée dans certains côtés plus exposés que dans d'autres qui le sont moins, la preuve ou la présomption du frottement ou du roulement ne serait-elle pas bien forte? Heureusement nous l'avons tout entière pour nos amenlas, et nous la trouvons d'une manière incontestable dans les coquilles fossiles de cette chaîne, qui ont sans doute éprouvé une agitation commune avec les autres pierres qui la composent.

« En effet, la plupart des huîtres de cette chaîne se sont arrondies, leurs angles les plus saillants ont été emportés, etc., etc. » *Mémoire de M. de Sauvages*, dans ceux de l'*Académie royale des Sciences de Paris*, année 1746, page 723 jusqu'à 728.

a. Dans le Rhône et dans les rivières et ruisseaux qui descendent du mont Jura, dont tous les contours sont de pierres calcaires jusqu'à une grande hauteur, on trouve une très-grande quantité de ces pierres calcaires arrondies à plusieurs lieues de distance de ces montagnes.

peuvent aussi être taillées régulièrement; elles se brisent sous le marteau, et tiennent ordinairement plus ou moins de la mauvaise qualité de la *roche morte*, qui se divise par écailles ou en morceaux irréguliers. Mais lorsque ces pierres ne sont percées que de petits trous de quelques lignes de diamètre, on les préfère pour bâtir, parce qu'elles sont plus légères et qu'elles reçoivent et saisissent mieux le mortier que les pierres pleines.

Il y a dans le genre calcaire, comme dans le genre vitreux, des pierres vives et d'autres qu'on peut appeler mortes, parce qu'elles ont perdu les principes de leur solidité et qu'elles sont en partie décomposées: ces roches mortes se trouvent le plus souvent au pied des collines, et environnent leur base à quelques toises de hauteur et d'épaisseur, au delà desquelles on trouve la roche vive sur le même niveau; ce qui suffit pour démontrer que cette roche aujourd'hui morte était jadis aussi vive que l'autre, mais qu'étant exposée aux impressions de l'air, de la gelée et des pluies, elle a subi les différentes altérations qui résultent de leur action longtemps continuée, et qui tendent toutes à la désunion de leurs parties constituantes, soit en interrompant leur continuité, soit en décomposant leur substance.

On voit déjà que quoiqu'en général toutes les pierres calcaires aient une première origine commune, et que toutes soient essentiellement de la même nature, il y a de grandes différences entre elles pour les temps de leur formation et une diversité encore plus grande dans leurs qualités particulières. Nous avons parlé des différents degrés de leur dureté, qui s'étendent de la craie jusqu'au marbre : la craie, dans ses couches supérieures, est souvent plus tendre que l'argile sèche, et le marbre le plus dur ne l'est jamais autant, à beaucoup près, que le quartz ou le jaspe : entre ces deux extrêmes, on trouve toutes les nuances du plus ou moins de dureté dans les pierres calcaires, soit de première, soit de seconde ou de troisième formation, car dans ces dernières carrières on rencontre quelquefois des lits de pierre aussi dure que dans les couches anciennes, comme la pierre de *liais*, qui se tire dans les environs de Paris, et dont la dureté vient de ce qu'elle est surmontée de plusieurs bancs d'autres pierres dont elle a reçu les sucs pétrifiants.

Le plus ou moins de dureté des pierres dépend de plusieurs circonstances, dont la première est celle de leur situation au-dessous d'une plus ou moins grande épaisseur d'autres pierres ; et la seconde, la finesse des grains et la pureté des matières dont elles sont formées, leur force d'affinité s'étant exercée avec d'autant plus de puissance que la matière était plus pure, et que les grains se sont trouvés plus fins; c'est à cette cause qu'il faut attribuer la première solidité de ces pierres, et cette solidité se sera ensuite fort augmentée par les sucs pierreux continuellement infiltrés des bancs supérieurs dans les inférieurs : ainsi c'est à ces causes, toutes deux évidentes, qu'on doit rapporter les différences de la dureté de toutes les pierres calcaires pures; car nous ne parlons pas encore ici de certains mélanges hétérogènes qui peuvent augmenter leur dureté; le fer, les autres minéraux métalliques et l'argile même produisent cet effet lorsqu'ils se trouvent mêlés avec la matière calcaire en proportion convenable [a].

Une autre différence qui, sans être essentielle à la nature de la pierre, devient très-importante pour l'emploi qu'on en fait, c'est de résister ou non à l'action de la gelée; il y a des pierres qui, quoiqu'en apparence d'une consistance moins solide que d'autres, résistent néanmoins aux impressions du plus grand froid, et d'autres qui, malgré leur dureté et leur solidité apparente, se fendent et tombent en écailles plus ou moins promptement, lorsqu'elles sont exposées aux injures de l'air. Ces pierres *gelisses* doivent être soigneusement rejetées de toutes les constructions exposées à l'air et à la gelée; néanmoins elles peuvent être employées dans celles qui en sont à l'abri. Ces pierres commencent par se fendre, s'éclater en écailles, et finissent par se réduire avec le temps en graviers et en sables [b].

On reconnaîtra donc les pierres gelisses aux caractères ou plutôt aux défauts que je vais indiquer : elles sont ordinairement moins pesantes [c] et plus poreuses que les autres; elles s'imbibent d'eau beaucoup plus aisément; on n'y voit pas ces points brillants qui dans les bonnes pierres sont les témoins

a. Il est à propos de remarquer qu'il y a certains fossiles qui procurent aux pierres une plus grande dureté que celle qui leur est propre, lorsqu'ils se trouvent mêlés dans une certaine proportion avec les matières lapidifiques : telles sont les terres minérales ferrugineuses, limoneuses, argileuses, etc., qui, quoique d'un autre genre, s'unissent entre elles; c'est ainsi que le mortier, fait avec de gros sable vitrifiable et de la chaux, a plus de force, plus de cohésion que celui dans lequel il n'est entré que de la chaux et du gravier calcaire, et j'ai éprouvé plusieurs fois que de la chaux vive, fondue dans des vaisseaux de verre, s'attachait si fortement à leurs parois qu'il était impossible de les nettoyer et de l'en séparer qu'avec l'eau-forte : c'est pour cela que les pierres rousses, jaunes, grises, noires, rouges, bleuâtres, etc., et tous les marbres sont ordinairement toujours plus durs que les pierres blanches. (Note communiquée par M. Nadault.)

b. M. Dumorey, habile ingénieur et constructeur très-expérimenté, m'a donné quelques remarques sur ce sujet. « J'ai, m'a-t-il dit, constamment observé que les pierres gelisses se « fendent parallèlement à leur lit de carrière, et très-rarement dans le sens vertical ; celle dont « le grain est lisse et luisant est plus sujette à geler que la pierre dont le grain paraît rond, « ou plutôt *grenu*.

« On peut tenir pour certain que, plus le grain de la pierre est aplati et luisant dans ses « fractures, et plus cette pierre est gelisse : toutes les carrières de Bourgogne que j'ai observées « portent ce caractère; il est surtout très-sensible dans celles où il se trouve entre plusieurs « bancs gelisses un seul qui soit exempt de ce défaut, comme on peut l'observer à la carrière « de Saint-Siméon, à la porte d'Auxerre, et dans les carrières de Givry, près Châlon-sur-« Saône, où la pierre qui reçoit le poli gèle, et celle dont le grain est rond et ne peut se polir « ne gèle point. Je présume que cette différence vient de ce que l'expansion de l'eau gelée se « fait plus aisément entre les interstices des grains de la pierre, qu'elle ne peut se faire entre « les lames de celles qui sont formées par des couches horizontales très-minces, ce qui les rend « luisantes et naturellement polies dans leurs fractures. »

c. Le poids des pierres calcaires les plus denses n'excède guère deux cents livres le pied cube, et celui des moins denses cent soixante-quinze livres; toutes les pierres gelisses approchent plus de cette dernière limite que de la première.

du spath ou suc lapidifique dont elles sont pénétrées; car la résistance qu'elles opposent à l'action de la gelée ne dépend pas seulement de leur tissu plus serré, puisqu'il se trouve aussi des pierres légères et très-poreuses qui ne sont pas gelisses, et dont la cohérence des grains est si forte que l'expansion de l'eau gelée dans leurs interstices n'a pas assez de force pour les désunir, tandis que dans d'autres pierres plus pesantes et moins poreuses cet effet de la gelée est assez violent pour les diviser et même pour les réduire en écailles et en sables.

Pour expliquer ce fait, auquel peu de gens ont fait attention, il faut se rappeler que toutes les pierres calcaires sont composées ou des détriments des coquilles, ou des sables et graviers provenant des débris des pierres précédemment formées de ces mêmes détriments liés ensemble par un ciment, qui n'est lui-même qu'un extrait de ce qu'il y a de plus homogène et de plus pur dans la matière calcaire : lorsque ce suc lapidifique en a rempli tous les interstices, la pierre est alors aussi dense, aussi solide et aussi pleine qu'elle peut l'être ; mais quand ce suc lapidifique, en moindre quantité, n'a fait que réunir les grains sans remplir leurs intervalles, et que les grains eux-mêmes n'ont pas été pénétrés de cet élément pétrifiant, qu'enfin ils n'ont pas encore été pierre compacte, mais une simple craie ou poussière de coquilles dont la cohésion est faible, l'eau se glaçant dans tous les petits vides de ces pierres, qui s'en imbibent aisément, rompt tout aussi aisément les liens de leur cohésion, et les réduit en assez peu de temps en écailles et en sables, tandis qu'elle ne fait aucun effet avec les mêmes efforts contre la ferme cohérence des pierres, toutes aussi poreuses, mais dont les grains précédemment pétrifiés ne peuvent ni s'imbiber, ni se gonfler par l'humidité, et qui, se trouvant liés ensemble par le suc pierreux, résistent sans se désunir à la force expansive de l'eau qui se glace dans leurs interstices [a].

a. Les différents degrés de dureté des pierres et la résistance plus ou moins grande qu'elles opposent à l'effet de la gelée ne dépendent pas toujours de leur densité : il y a des pierres très-pesantes et très-dures dont le grain est très-fin, telles que l'albâtre, les marbres blancs, qui sont cependant très-tendres ; il y en a d'autres à gros grains aussi très-compactes, dans lesquelles on aperçoit même quantité de facettes brillantes, mais qui cependant n'ont qu'une médiocre dureté, et que la gelée fait éclater lorsqu'elles s'y trouvent exposées avant que d'avoir été suffisamment desséchées..... Les pierres que la gelée fait éclater s'imbibent d'eau et sont poreuses ; mais ce n'est pas seulement parce qu'elles sont poreuses que la gelée les décompose avec le temps, il s'en trouve qui le sont autant que les pierres ponces, et qui résistent cependant comme celles-ci aux plus fortes gelées, parce que la qualité du gravier dont elles sont formées et du ciment qui les lie est telle que la force d'expansion de l'eau gelée dans leurs interstices n'en peut forcer la résistance ; les pierres que la gelée fait fendre et éclater, ou sont produites par une terre crétacée qui n'a d'autre adhérence que celle que lui procure le dessèchement et la juste-position de ses parties constituantes, et dont le grain n'est presque point apparent, ou elles sont formées de graviers extrêmement fins roulés et arrondis, qui, vus de près, ressemblent à des œufs de poisson unis par une poussière pierreuse, ce qui a fait donner à ces sortes de pierres le nom d'*ammites* ; elles sont ordinairement blanches, toujours tendres, leur cassure

En observant la composition des pierres dans les couches d'ancienne formation, nous reconnaîtrons à n'en pouvoir douter que ces couches pour la plupart sont composées de graviers, c'est-à-dire de débris d'autres pierres encore plus anciennes, et qu'il n'y a guère que les couches de craie qu'on puisse regarder comme produites immédiatement par les détriments des coquilles. Cette observation semble reculer encore de beaucoup la date de la naissance des animaux à coquilles, puisque avant la formation de nos rochers calcaires il existait déjà d'autres rochers de même nature, dont les débris ont servi à leur construction; ces débris ont quelquefois été transportés sans mélange par le mouvement des eaux, d'autres fois ils se sont trouvés mêlés de coquilles; ou bien les graviers et les coquilles auront été déposés par lits alternatifs, car les coquilles sont rarement dispersées dans toute la hauteur des bancs calcaires; souvent sur une douzaine de ces bancs tous posés les uns sur les autres, il ne s'en trouvera qu'un ou deux qui contiennent des coquilles, quoique l'argile, qui d'ordinaire leur sert de base, soit mêlée d'un très-grand nombre de coquilles dispersées dans toute l'étendue de ses couches; ce qui prouve que dans l'argile, où l'eau, n'ayant pas pénétré, n'a pu les décomposer, elles se sont mieux conservées que dans les couches de matière calcaire où elles ont été dissoutes, et ont formé ce suc pétrifiant qui a rempli les pores des bancs inférieurs, et a lié les grains de la pierre qui les compose.

Car c'est à la dissolution des coquilles et des poussières de craie et de pierre qu'on doit attribuer l'origine de ce suc pétrifiant, et il n'est pas nécessaire d'admettre dans ce liquide des qualités semblables à celles des sels, comme l'ont imaginé quelques physiciens[a] pour expliquer la dureté que ce suc donne aux corps qu'il pénètre : on pèche toujours en physique lorsqu'on multiplie les causes sans nécessité, car il suffit ici de considérer que ce liquide ou suc pétrifiant n'est que de l'eau chargée des molécules

est mate et sans points brillants, et à ces caractères on distinguera d'une manière sûre les pierres que la gelée fait éclater de celles qui y résistent..... Ces pierres sont formées ou de matières lapidifiques décomposées, mais qui ne sont pas liées par le suc pierreux, ou de matières propres en effet à entrer dans la composition des pierres, mais qui n'ont pas encore été pierres, qui n'ont pas passé de la pierre au gravier, et du gravier à la pierre.... Les pierres au contraire qui résistent à la gelée sont ordinairement dures, souvent aigres et cassantes; leurs molécules sont serrées et très-adhérentes, et, soit que leur coupe ou cassure soit lisse ou grenue, elles sont toujours parsemées de points brillants; mais ces pierres ne sont telles que parce qu'elles sont composées de matières combinées depuis longtemps sous cette forme, que parce qu'elles ne sont qu'un amas de graviers qui ont été pierres, liés par des concrétions de même nature, plus pures et plus homogènes encore que ces mêmes graviers. (Note communiquée par M. Nadault.)

a. Il y a, dit M. l'abbé de Sauvages, une grande analogie entre les sucs pierreux et les sucs salins, ou les sels proprement dits... Nos sucs pierreux ne faisaient-ils pas eux-mêmes la base de différents sels neutres?..... De même que les sels rendent plus fermes et plus inaltérables les parties des animaux ou des végétaux qu'ils pénètrent, ainsi les sucs pierreux, en s'insinuant dans les craies et les terres, les rendent plus solides. etc. *Mémoires de l'Académie des Sciences*, année 1746, page 733.

les plus fines de la matière pierreuse, et que ces molécules, toutes homogènes et réduites à la plus grande ténuité, venant à se réunir par leur force d'affinité, forment elles-mêmes une matière homogène, transparente et assez dure, connue sous le nom de *spar*[1] ou *spath calcaire*[2], et que, par la même raison de leur extrême ténuité, ces molécules peuvent pénétrer tous les pores des matières calcaires qui se trouvent au-dessous des premiers lits dont elles découlent; qu'enfin et par conséquent elles doivent augmenter la densité et la dureté de ces pierres, en raison de la quantité de ce suc qu'elles auront reçu dans leurs pores. Supposant donc que le banc supérieur imbibé par les eaux fournisse une certaine quantité de ces molécules pierreuses, elles descendront par stillation et se fixeront en partie dans toutes les cavités et les pores des bancs inférieurs, où l'eau pourra les conduire et les déposer, et cette même eau, en traversant successivement les bancs et détachant partout un grand nombre de ces molécules, diminue la densité des bancs supérieurs et augmente celle des bancs inférieurs.

Le dépôt de ce liquide pétrifiant se fait par une cristallisation plus ou moins parfaite, et se manifeste par des points plus ou moins brillants, qui sont d'autant plus nombreux que la pierre est plus pétrifiée, c'est-à-dire plus intimement et plus pleinement pénétrée de cette matière spathique; et c'est par la raison contraire qu'on ne voit guère de ces points brillants dans les premiers lits des carrières qui sont à découvert, et qu'il n'y en a qu'un petit nombre dans ces premiers lits lorsqu'ils sont recouverts de sables ou de terres, tandis que dans les lits inférieurs la quantité de cette substance spathique et brillante surpasse quelquefois la première matière pierreuse. Dans cet état, la pierre est vive et résiste aux injures des éléments et du temps, la gelée ne peut en altérer la solidité, au lieu que la pierre est morte dès qu'elle est privée de ce suc, qui seul entretient sa force de résistance à l'action des causes extérieures : aussi tombe-t-elle avec le temps en sables et en poussières qui ont besoin de nouveaux sucs pour se pétrifier.

On a prétendu que la cristallisation en rhombes était le caractère spécifique du spath calcaire[3], sans faire attention que certaines matières vitreuses ou métalliques et sans mélange de substance calcaire sont cristallisées de même en rhombes, et que d'ailleurs, quoique le spath calcaire semble

1. *Spar :* nom anglais du *spath.* (Voyez la note de la page 55 du Ier volume.)

2. *Spath calcaire :* variété hyaline du *carbonate de chaux* cristallisé. « Le carbonate de « chaux lamellaire était le *spath* par excellence... » (*Dict. univ. d'hist. nat.*)

3. « La *chaux carbonatée* est la substance la plus riche en cristaux variés. Il en a été décrit « plus de huit cents formes différentes. Un grand nombre de ces formes sont produites par « des combinaisons des mêmes facettes qui se représentent associées de différentes manières... « Mais s'il est inutile de se charger la mémoire de la plupart de ces variétés de cristaux, il y a « au contraire de l'intérêt à connaître les différentes facettes qui constituent des formes simples : « elles peuvent se grouper dans les quatre formes dominantes propres au système rhomboédrique. » (Dufrénoy.)

affecter de préférence la figure rhomboïdale, il prend aussi des formes très-différentes; et nos cristallographes, en voulant emprunter des géomètres la manière dont un rhombe peut devenir un octaèdre, une pyramide et même une lentille (parce qu'il se trouve du spath lenticulaire), n'ont fait que substituer des combinaisons idéales aux faits réels de la nature[1]. Il en est de cette cristallisation en rhombe comme de toutes les autres : aucune ne fera jamais un caractère spécifique, parce que toutes varient, pour ainsi dire, à l'infini, et que non-seulement il n'y a guère de formes de cristallisation qui ne soient communes à plusieurs substances de nature différente, mais que réciproquement il y a peu de substances de même nature qui n'offrent différentes formes de cristallisation, témoin la prodigieuse variété de formes des spaths calcaires eux-mêmes. En sorte qu'il serait plus que précaire d'établir des différences ou des ressemblances réelles et essentielles par ce caractère variable et presque accidentel.

Ayant examiné les bancs de plusieurs collines de pierre calcaire, j'ai reconnu presque partout que le dernier banc qui sert de base aux autres et qui porte sur la glaise contient une infinité de particules spathiques brillantes, et beaucoup de cristallisations de spath en assez grands morceaux ; en sorte que le volume de ces dépôts du suc lapidifique est plus considérable que le volume de la première matière pierreuse déposée par les eaux de la mer. Si l'on sépare les parties spathiques, on voit que l'ancienne matière pierreuse n'est que du gravier calcaire, c'est-à-dire des détriments de pierre encore plus ancienne que celle de ce banc inférieur, qui néanmoins a été formé le premier dans ce lieu par les sédiments des eaux : il y a donc eu d'autres rochers calcaires qui ont existé dans le sein de la mer avant la formation des rochers de nos collines, puisque les bancs situés au-dessous de tous les autres bancs ne sont pas simplement composés de coquilles, mais plutôt de gravier et d'autres débris de pierres déjà formées. Il est même assez rare de trouver dans ce dernier banc quelques vestiges de coquilles, et il paraît que ce premier dépôt des sédiments ou du transport des eaux n'est qu'un banc de sable et de gravier calcaire sans mélange de coquilles, sur lequel les coquillages vivants se sont ensuite établis, et ont laissé leurs dépouilles, qui bientôt auront été mêlées et recouvertes par d'autres débris pierreux amenés et déposés comme ceux du premier banc ; car les coquilles, comme je viens de le dire, ne se trouvent pas dans tous les bancs, mais seulement dans quelques-uns, et ces bancs coquilleux sont, pour ainsi dire, interposés entre les autres bancs, dont la pierre est uniquement composée de graviers et de détriments pierreux.

Par ces considérations, tirées de l'inspection même des objets, ne doit-on pas présumer, comme je l'ai ci-devant insinué, qu'il a fallu plus de temps

1. Buffon n'apercevait pas encore ce qui allait bientôt faire la gloire d'Haüy : une science toute nouvelle, la science des lois qui président aux formes primitives et secondaires des minéraux.

à la nature que je n'en ai compté pour la formation de nos collines calcaires, puisqu'elles ne sont que les décombres immenses de ses premières constructions dans ce genre? seulement on pourrait se persuader que les matériaux de ces anciens rochers qui ont précédé les nôtres n'avaient pas acquis dans l'eau de la mer la même dureté que celle de nos pierres, et que, par leur peu de consistance, ils auront été réduits en sable et transportés aisément par le mouvement des eaux. Mais cela ne diminue que de très-peu l'énormité du temps, puisqu'il a fallu que ces coquillages se soient habitués et qu'ils aient vécu et se soient multipliés sans nombre, avant d'avoir péri sur les lits où leurs dépouilles gisent aujourd'hui en bancs d'une si grande étendue et en masses aussi prodigieuses. Ceci même peut encore se prouver par les faits[a], car on trouve des bancs entiers quelquefois épais de plusieurs pieds, composés en totalité d'une seule espèce de coquillages, dont les dépouilles sont toutes couchées sur la même face et au même niveau : cette régularité dans leur position, et la présence d'une seule espèce, à l'exclusion de toutes les autres, semblent démontrer que ces coquilles n'ont pas été amenées de loin par les eaux, mais que les bancs où elles se trouvent se sont formés sur le lieu même, puisqu'en supposant les coquilles transportées, elle se trouveraient mêlées d'autres coquilles, et placées irrégulièrement en tous sens avec les débris pierreux amenés en même temps, comme on le voit dans plusieurs autres couches de pierre. La plupart de nos collines ne se sont donc pas formées par des dépôts successifs amenés par un mouvement uniforme et constant; il faut nécessairement admettre des repos dans ce grand travail, des intervalles considérables de temps entre les dates de la formation de chaque banc, pendant lesquels intervalles certaines espèces de coquillages auront habité, vécu, multiplié sur ce banc, et formé le lit coquilleux qui le surmonte : il faut accorder encore du temps pour que d'autres sédiments de graviers et de matières pierreuses aient été transportés et amenés par les eaux pour recevoir ce dépôt de coquilles.

En ne considérant la nature qu'en général, nous avons dit que soixante-seize mille ans d'ancienneté suffisaient pour placer la suite de ses plus grands travaux sur le globe terrestre, et nous avons donné la raison pour

a. On trouve au sommet de la plupart des plus hautes montagnes des Cévennes de grands bancs de roches calcaires tous parsemés de coquillages..... Ces bancs de roches calcaires sont souvent appuyés sur d'autres bancs considérables de schistes ou roches ardoisées, qui ne sont autre chose que des vases argileuses ou des limons plus ou moins pétrifiés..... Ces bancs de schiste faisaient autrefois un fond de mer.... Mais un fait qui surprendra plus d'un naturaliste, c'est qu'il est des endroits où, au-dessous de ces bancs de schiste, il s'en trouve un second de roche calcaire d'une couleur différente du premier, et dont les incrustations testacées ne paraissent pas les mêmes.

Comment concevoir que la mer ait pu produire dans les mêmes parages une espèce de coquillages dans un temps et une autre espèce dans un autre? Et comment pourrait-on comprendre que la mer a pu déposer ses vases sur un fond de rochers calcaires, sans présumer en même temps que la mer a couvert ces endroits à deux reprises différentes et fort éloignées l'une de l'autre? *Histoire naturelle du Languedoc*, par M. de Gensane, t. I, p. 260 et 261.

laquelle nous nous sommes restreints à cette limite de durée, en avertissant qu'on pourrait la doubler, et même la quadrupler, si l'on voulait se trouver parfaitement à l'aise[1] pour l'explication de tous les phénomènes. En effet, lorsqu'on examine en détail[2] la composition de ces mêmes ouvrages, chaque point de cette analyse augmente la durée et recule les limites de ce temps trop immense pour l'imagination, et néanmoins trop court pour notre jugement.

Au reste, la pétrification a pu se faire au fond de la mer tout aussi facilement qu'elle s'opère à la surface de la terre : les marbres qu'on a tirés sous l'eau vers les côtes de Provence, les albâtres de Malte, les pierres des Maldives[a], les rochers calcaires durs qui se trouvent sur la plupart des hauts-fonds dans toutes les mers, sont des témoins irrécusables de cette pétrification sous les eaux. Le doute de quelques physiciens à cet égard était fondé sur ce que le suc pétrifiant[3] se forme sous nos yeux par la stillation des eaux pluviales dans nos collines calcaires, dont les pierres ont acquis, par un long desséchement, leur solidité et leur dureté, au lieu que, dans la mer, ils présumaient qu'étant toujours pénétrées d'humidité, ces mêmes pierres ne pouvaient acquérir le dernier degré de leur consistance; mais, comme je viens de le dire, cette présomption est démentie par les faits : il y a des rochers au fond des eaux tout aussi durs que ceux de nos terres les plus sèches; les amas de graviers ou de coquilles d'abord pénétrés d'humidité, et sans cesse baignés par les eaux, n'ont pas laissé de se durcir avec le temps par le seul rapprochement et la réunion de leurs parties solides : plus elles se seront rapprochées, plus elles auront exclu les parties humides. Le suc pétrifiant, distillant continuellement de haut en bas, aura, comme dans nos rochers terrestres, achevé de remplir les interstices et les pores des bancs inférieurs de ces rochers sous-marins. On ne doit donc pas être étonné de trouver au fond des mers, à de très-grandes distances de toute terre, de trouver, dis-je, avec la sonde des gra-

a. On tire cette pierre de la mer en tel volume que l'on veut ; elle est polie et de bel emploi... Et la manière dont ces insulaires l'enlèvent est assez ingénieuse : ils prennent des madriers et plateaux de bois de Candon, qui est aussi léger que le liége, et ils les joignent ensemble pour en former un gros volume; ils y attachent un câble, dont ils portent en plongeant l'autre extrémité pour attacher la pierre qu'ils veulent enlever, et comme ces blocs sont isolés et ne sont point adhérents par leur base, le volume de ce bois léger enlève la masse pesante de la pierre. *Voyage de François Pyrard de Laval*; Paris, 1719, t. I, p. 135.

1. Il semble pourtant que Buffon pouvait s'y trouver : il ne s'est imposé aucune gêne dans ses calculs; et lui-même nous le confessait naguère, en termes très-éloquents. (Voyez la note 3 de la p. 550 du IXe volume.)

2... *Lorsqu'on examine en détail* .. L'*Histoire des minéraux* n'est, comme je l'ai déjà dit, que l'*examen détaillé* des faits sur lesquels reposent les *Époques de la nature*. (Voyez la note 2 de la page 1.)

3. Il n'y a pas de *suc pétrifiant*. (Voyez la note de la page 5 du Ier volume.) Le prétendu *suc pétrifiant* n'est que l'eau chargée de *matières minérales*, qu'elle tient en *solution* ou en *suspension*.

viers calcaires aussi durs, aussi pétrifiés que nos graviers de la surface de la terre. En général, on peut assurer qu'il s'est fait, se fait et se fera partout une conversion successive de coquilles en pierres, de pierres en graviers et de graviers en pierres, selon que ces matières se trouvent remplies ou dénuées de cet extrait tiré de leur propre substance[1], qui seul peut achever l'ouvrage commencé par la force des affinités, et compléter celui de la pleine pétrification.

Et cet extrait sera lui-même d'autant plus pur et plus propre à former une masse plus solide et plus dure qu'il aura passé par un plus grand nombre de filières : plus il aura subi de filtrations depuis le banc supérieur, plus ce liquide pétrifiant sera chargé de molécules denses, parce que la matière des bancs inférieurs étant déjà plus dense, il ne peut en détacher que des parties de même densité. Nous verrons dans la suite que c'est à de doubles et triples filtrations qu'on doit attribuer l'origine de plusieurs stalactites du genre vitreux; et quoique cela ne soit pas aussi apparent dans le genre calcaire, on voit néanmoins qu'il y a des spaths plus ou moins purs, et même plus ou moins durs, qui nous représentent les différentes qualités du suc pétrifiant dont ils ne sont que le résidu, ou, pour mieux dire, la substance même cristallisée et séparée de son eau superflue.

Dans les collines, dont les flancs sont ouverts par des carrières coupées à pic, l'on peut suivre les progrès et reconnaître les formes différentes de ce suc pétrifiant et pétrifié : on verra qu'il produit communément des concrétions de même nature que la matière à travers laquelle il a filtré; si la colline est de craie et de pierre tendre sous la couche de terre végétale, l'eau, en passant dans cette première couche et s'infiltrant ensuite dans la craie, en détachera et entraînera toutes les molécules dont elle pourra se charger, et elle les déposera aux environs de ces carrières en forme de concrétions branchues et quelquefois fistuleuses, dont la substance est composée de poudre calcaire mêlée avec de la terre végétale, et dont les masses réunies forment un tuf plus léger et moins dur que la pierre ordinaire. Ces tufs ne sont en effet que des amas de concrétions, où l'on ne voit ni fentes perpendiculaires ni délits horizontaux, où l'on ne trouve jamais de coquilles marines, mais souvent de petits coquillages terrestres et des impressions de plantes, particulièrement de celles qui croissent sur le terrain de la colline même; mais lorsque l'eau s'infiltre dans les bancs d'une pierre plus dure, il lui faut plus de temps pour en détacher des particules, parce qu'elles sont plus adhérentes et plus denses que dans la pierre tendre; et dès lors les concrétions formées par la réunion de ces particules denses deviennent des congélations à peu près aussi solides que les pierres dont

1. *Extrait tiré de leur propre substance :* Définition très-juste du *suc pétrifiant*, lequel n'est en effet autre chose que l'*eau* qui, dans son passage à travers les *matières minérales*, s'est chargée de leurs particules.

elles tirent leur origine; la plupart seront même à demi transparentes, parce qu'elles ne contiennent que peu de matières hétérogènes en comparaison des tufs et des concrétions impures dont nous venons de parler; enfin, si l'eau filtre à travers les marbres et autres pierres les plus compactes et les plus pétrifiées, les congélations ou stalactites seront alors si pures qu'elles auront la transparence du cristal. Dans tous les cas, l'eau dépose ce suc pierreux partout où elle peut s'arrêter et demeurer en repos, soit dans les fentes perpendiculaires, soit entre les couches horizontales des rochers [a], et, par ce long séjour entre ces couches, le liquide pétrifiant pénètre les bancs inférieurs et en augmente la densité [b].

On voit, par ce qui vient d'être exposé, que les pierres calcaires ne peuvent acquérir un certain degré de dureté qu'autant qu'elles sont pénétrées d'un suc déjà pierreux; qu'ordinairement les premières couches des montagnes calcaires sont de pierre tendre, parce qu'étant les plus élevées, elles n'ont pu recevoir ce suc pétrifiant, et qu'au contraire elles l'ont fourni aux couches inférieures. Et lorsqu'on trouve de la pierre dure au sommet des collines, on peut s'assurer, en considérant le local, que ces sommets de collines ont été dans le commencement surmontés d'autres bancs de pierre, lesquels ensuite ont été détruits. Cet effet est évident dans les collines isolées, elles sont toujours moins élevées que les montagnes voisines, et, en prenant le niveau du banc supérieur de la colline isolée, on trouvera, à la

a. On trouve un banc de spath strié ou filamenteux et blanc dans une gorge formée par des monticules qu'on peut regarder comme les premiers degrés de la chaîne de montagnes qui bordent la Limagne et l'Auvergne du côté du couchant, au-dessous de Châtel-Guyon; cette pierre striée, dont le banc est fort étendu, est employée à faire de la chaux, mais il faut beaucoup de temps pour la calciner. On voit dans les rochers que ce spath y est déposé par couches mêlées parmi d'autres couches d'une espèce de pierre graveleuse et grisâtre : dans l'un des rochers, qui a quatorze à quinze pieds d'élévation, les couches de spath ont deux ou trois pouces et plus d'épaisseur, et celles de la pierre grisâtre en ont huit et même douze. La base de ce rocher est distribuée par couches, et la partie supérieure est composée de pierres et de cailloux arrondis, dont plusieurs sont de la grosseur de la tête; ils sont liés par une matière pierreuse, dure, blanchâtre, et parsemée de petits graviers de toutes sortes de couleurs. *Mémoires sur la Minéralogie d'Auvergne*, par M. Guettard, dans ceux de l'*Académie des Sciences*, année 1759.

b. « Les sucs pétrifiants, dit M. l'abbé de Sauvages, sont certainement la cause de la solidité « des pierres; celles qui n'en sont point pour ainsi dire abreuvées ne portent ce nom qu'impro- « prement : telles sont les craies, les marnes, les pierres mortes, etc., qui ne doivent le peu de « solidité qu'elles ont dans la carrière qu'à l'affaissement de leurs parties appliquées l'une sur « l'autre, sans aucun intermède qui les lie : aussi, dès que ces pierres sont exposées aux « injures de l'air, leurs parties, que rien ne fixe et ne retient, s'enflent, s'écartent, se calcinent « et se durcissent en terre; au lieu que ces agents sont trop faibles pour décomposer les pierres « proprement dites..... J'ai été assez heureux pour trouver dans les carrières de nos rochers « des morceaux dont une partie était pétrifiée et avait la cassure brillante, tandis que l'autre, « qui était encore sur le métier, était tendre, mate dans sa cassure, et n'avait rien de plus « qu'une marne, qui à la longue se détrempait à l'air et à la pluie : le milieu de cette pierre « mi-partie participait de la différente solidité des deux, sans qu'on pût assigner au juste le « point où la marne commençait à être de la pierre. » *Mémoires de l'Académie des Sciences*, année 1746, pages 732 et suiv.

même hauteur, dans les collines voisines, le banc correspondant et d'égale dureté, surmonté de plusieurs autres bancs dont il a reçu les sucs pétrifiants, et par conséquent le degré de dureté qu'il a conservé jusqu'à ce jour. Nous avons expliqué [a] comment les courants de la mer[1] ont dû rabaisser les sommets de toutes les collines isolées, et il n'y a eu nul changement, nulle altération dans les couches de ces pierres depuis la retraite des mers, sinon dans celles où le banc supérieur s'est trouvé exposé aux injures de l'air, ou recouvert d'une trop petite épaisseur de terre végétale. Ce premier lit s'est en effet délité horizontalement et fendu verticalement, et c'est là d'où l'on tire ces pierres calcaires dures et minces, appelées *laves* en plusieurs provinces, et dont on se sert au lieu de tuile pour couvrir les maisons rustiques [b]; mais, immédiatement au-dessous de ce lit de pierres minces, on retrouve les bancs solides et épais qui n'ont subi aucune altération, et qui sont encore tels qu'ils ont été formés par le transport et le dépôt des eaux de la mer.

En remontant de nos collines isolées aux carrières des hautes montagnes calcaires, dont les bancs supérieurs n'ont point été détruits, on observera partout que ces bancs supérieurs sont les plus minces, et que les inférieurs deviennent d'autant plus épais qu'ils sont situés plus bas : la cause de cette différence me paraît encore simple. Il faut considérer chaque banc de pierre comme composé de plusieurs petits lits stratifiés les uns sur les autres : or, à mesure que l'eau pénètre et descend à travers les masses de gravier ou de craie, elle se charge de plus en plus des molécules qu'elle en détache, et, dès qu'elle est arrêtée par un lit de pierre plus compacte, elle dépose sur ce lit une partie des molécules dont elle était chargée, et entraîne le reste dans les pores et jusqu'à la surface inférieure de ce lit, et même sur la surface supérieure du lit au-dessous. L'épaisseur des deux lits augmente donc en même temps, et leurs surfaces se rapprochent pour ainsi dire par l'addition de cette nouvelle matière ; enfin ces petits lits se joignent et ne forment plus qu'un seul et même lit, qui se réunit de même à un troisième lit, en sorte que plus il y a de matière lapidifique amenée par la stillation des eaux, plus il se fait de réunions de petits lits, dont la somme fait l'épaisseur totale de chaque banc, et par conséquent cette épaisseur doit être plus grande dans les bancs inférieurs que dans les supérieurs, puisque c'est aux dépens de ceux-ci que leurs joints se remplissent et que leurs surfaces se réunissent.

Pour reconnaître évidemment ce produit du travail de l'eau, il ne faut

a. *Époques de la Nature*, t. IX.

b. Il ne faut pas confondre ces pierres calcaires en *laves* avec les *laves* de grès feuilleté dont nous avons parlé ci-devant, et bien moins encore avec les véritables *laves volcaniques*, qui sont d'une tout autre nature.

1. Voyez les notes 1 et 2 de la page 504 du IXe volume.

que fendre une pierre dans le sens de son lit de carrière : en la divisant horizontalement, on verra que les deux surfaces intérieures qu'on vient de séparer sont réciproquement hérissées d'un très-grand nombre de petits mamelons qui se correspondent alternativement, et qui ont été formés par le dépôt des stillations de l'eau ; la pierre délitée dans ce sens présente une cassure spathique qui est partout convexe et concave et comme ondée de petites éminences, au lieu que la cassure dans le sens vertical n'offre aucun de ces petits mamelons, mais le grain seul de la pierre.

Comme ce travail de l'eau, chargée du suc pétrifiant, a commencé de se faire sur les pierres calcaires dès les premiers temps de leur formation, et qu'il s'est fait sous les eaux par l'infiltration de l'eau de la mer et sur la terre par la stillation des eaux pluviales, on ne doit pas être étonné de la grande quantité de matière spathique qui en est le produit : non-seulement cette matière a formé le ciment de tous les marbres et des autres pierres dures, mais elle a pénétré et pétrifié chaque particule de la craie et des autres détriments immédiats des coquilles pour les convertir en pierre ; elle a même formé de nouvelles pierres en grandes masses, telles que les albâtres, comme nous le prouverons dans l'article suivant ; souvent cette matière spathique s'est accumulée dans les fentes et les cavités des rochers où elle se présente en petits volumes cristallisés et quelquefois en blocs irréguliers, qui par la finesse de leurs grains et le grand nombre de points brillants qu'ils offrent à la cassure, démontrent leur origine et leur composition toujours plus ou moins pure, à mesure que cette matière spathique y est plus ou moins abondante.

Ce spath, cet extrait le plus pur des substances calcaires, est donc le ciment de toutes les pierres de ce genre, comme le suc cristallin, qui n'est qu'un extrait des matières vitreuses, est aussi le ciment de toutes les pierres vitreuses de seconde et de troisième formation[1]; mais, indépendamment de ces deux ciments, chacun analogue aux substances qu'ils pénètrent, et dont ils réunissent et consolident les parties intégrantes, il y a une autre sorte de *gluten* ou ciment commun aux matières calcaires et aux substances formées des débris de matières vitreuses, dont l'effet est encore plus prompt que celui du suc pétrifiant, calcaire ou vitreux. Ce gluten est le bitume[2] qui, dès le premier temps de la mort et de la décomposition des êtres organisés, s'est formé dans le sein de la terre, et a imprégné les eaux de la mer, où il se trouve quelquefois en grande quantité. Il y a de certaines plages voisines des côtes de la Sicile, près de Messine, et de celles de Cadix, en Espagne[a],

a. Cadix est situé dans une presqu'île, sur des rochers, où vient se briser la mer. Ces rochers sont un mélange de différentes matières, comme marbre, quartz, spath, cailloux et coquilles réduites en mortier avec le sable et le gluten ou bitume de la mer, lequel est si puissant dans

1. Voyez la note 3 de la page 124 et la note de la page 125.

2. Le *bitume* tire son origine, comme le dit Buffon, de la *décomposition des êtres organisés.*

où l'on a observé qu'en moins d'un siècle les graviers, les petits cailloux et les sables, de quelque nature qu'ils soient, se réunissent en grandes masses dures et solides, et dont la pétrification sous l'eau ne fait que s'augmenter et se consolider de plus en plus avec le temps; nous en parlerons plus en détail lorsqu'il sera question des pierres mélangées de détriments calcaires et de débris vitreux; mais il est bon de reconnaître d'avance l'existence de ces trois *glutens* ou ciments différents, dont le premier et le second, c'est-à-dire le suc cristallin et le suc spathique réunis au bitume, ont augmenté la dureté des pierres de ces deux genres lorsqu'elles se sont formées sous l'eau : ce dernier ciment paraît être celui de la plupart des pierres schisteuses, dans lesquelles il est souvent assez abondant pour les rendre inflammables; et quoique la présence de ce ciment ne soit pas évidente dans les pierres calcaires, l'odeur qu'elles exhalent lorsqu'on les taille indique qu'il est entré de la matière inflammable dans leur composition.

Mais revenons à notre objet principal, et après avoir considéré la formation et la composition des pierres calcaires, suivons en détail l'examen des variétés de la nature dans leur décomposition : après avoir vu les coupes perpendiculaires des rochers dans les carrières, il faut aussi jeter un coup d'œil sur les pierres errantes qui s'en sont détachées, et dont il y a trois espèces assez remarquables. Les pierres de la première sorte sont des blocs informes qui se trouvent communément sur la pente des collines et jusque dans les vallons; le grain de ces pierres est fin et semé de points brillants sans aucun mélange ni vestige de coquilles; l'une des surfaces de ces blocs est hérissée de mamelons assez longs, la plupart figurés en cannelures et comme travaillés de main d'homme, tandis que les autres surfaces sont unies : on reconnaît donc évidemment le travail de l'eau sur ces blocs, dont la surface cannelée portait horizontalement sur le banc duquel ils ont été détachés; leur composition n'est qu'un amas de congélations grossières faites par les stillations de l'eau à travers une matière calcaire tout aussi grossière.

Les pierres de la seconde sorte ne sont pas des blocs informes; ils affectent au contraire des figures presque régulières : ces blocs ne se trouvent pas communément sur la pente des collines ni dans leurs vallons, mais plutôt dans les plaines au-dessus des montagnes calcaires, et la substance dont ils sont composés est ordinairement blanche; les uns sont irrégulièrement sphériques ou elliptiques, les autres hémisphériques, et quelquefois on en

cet endroit, que l'on observe, dans les décombres qu'on y jette, que les briques, les pierres, le sable, le plâtre, les coquilles, etc., se trouvent, après un certain temps, si bien unis et attachés ensemble, que le tout ne paraît qu'un morceau de pierre. *Histoire naturelle d'Espagne*, par M. Bowles. — M. le prince de Pignatelli d'Egmont, amateur très-éclairé de toutes les grandes et belles connaissances, a eu la bonté de me donner pour le Cabinet du Roi un morceau de cette même nature, tiré sur le rivage de la mer de Sicile, où cette pétrification s'opère en très-peu de temps. Fazzelo, *de Rebus Siculis*, attribue à l'eau du détroit de Carybde cette propriété de cimenter le gravier de ses rivages.

trouve qui sont étroits dans leur milieu, et qui ressemblent à deux moitiés de sphères réunies par un collet : ces sortes de blocs figurés présentent encore la forme de la substance des *astroïtes*, *cerveaux de mer*, etc., dont ils ne sont que les masses entières ou les fragments; leurs rides et leurs pores ont été remplis d'une matière blanche toute semblable à celle de ces productions marines. Les stries et les étoiles que l'on voit à la surface de plusieurs de ces blocs ne laissent aucun doute sur la première nature de ces pierres, qui n'étaient d'abord que des masses coquilleuses produites par les polypes et autres animaux de même genre, et qui dans la suite, par l'addition et la pénétration du suc extrait de ces mêmes substances, sont devenues des pierres solides et même sonores.

La troisième espèce de ces pierres en blocs et en débris se trouve comme la première sur la pente des montagnes calcaires et même dans leurs vallons; ces pierres sont plates comme le moellon commun, et presque toujours renflées dans leur milieu et plus minces sur les bords comme sont les galets; toutes sont colorées de gris foncé ou de bleu dans cette partie du milieu qui est toujours environnée d'une substance pierreuse blanchâtre, qui sert d'enveloppe à tous ces noyaux colorés [a], et qui a été formée postérieurement à ces noyaux; néanmoins ils ne paraissent pas être d'une formation aussi ancienne que ceux de la seconde sorte, car ils ne contiennent point de coquilles; leur couleur et les points brillants dont leur

a. C'est à ces sortes de pierres que l'on peut rapporter celles qui se trouvent à une lieue et demie de Riom en Auvergne, et dont M. Dutour fait mention dans les termes suivants : « La « terre végétale qui couvre la terre crétacée en est séparée par un lit de pierres; ces pierres « sont branchues, baroques, quelquefois percées de part en part par des trous ronds : intérieu- « rement elles sont compactes, nullement farineuses, et de couleur ou grise ou bleuâtre; leur « extérieur est recouvert d'une écorce, tantôt dure, tantôt friable, toujours blanche, et telle « que si on les avait trempées dans de la chaux éteinte : il y a de ces pierres éparses au-dessus « de la terre végétale, mais au-dessous de cette couche végétale qui a environ un pied et demi « d'épaisseur on voit un lit de ces mêmes pierres, si exactement enclavées les unes dans les « autres, qu'il en résulte un banc continu en apparence. Sa surface supérieure est seulement « raboteuse, et ce lit de pierre se continue sur la terre crétacée..... L'espace où se trouvent ces « pierres, ainsi que la terre crétacée qui est au-dessous, était occupé dans les premiers temps « par un banc homogène de pierres calcaires, que les eaux des pluies ont entraîné par succes- « sion de temps. » *Observation sur un banc de terre crétacée*, etc., par M. Dutour, dans les *Mémoires des Savants étrangers*, tome V, page 54. — Aux bords de l'Albarine, surtout près de Saint-Denis, il y a une immensité de cailloux roulés (qui sont bien de terre calcaire, puisqu'on en fait de très-bonne chaux) : ils ont une croûte blanche à peu près concentrique, et un noyau d'un beau gris bleu. Le hasard ne peut avoir fait que des fragments de blocs mêlés se soient usés et arrondis concentriquement suivant leurs couleurs : quelle peut donc être la formation de ces cailloux? (Lettre de M. de Morveau à M. le comte de Buffon, datée de Bourg-en-Bresse le 22 septembre 1778.) — Je puis ajouter à toutes ces notes particulières que, dans presque tous les pays dont les collines sont composées de pierres calcaires, il se trouve de ces pierres dont l'intérieur, plus anciennement formé que l'extérieur, est teint de gris ou de bleu, tandis que les couches supérieures et inférieures sont blanches; ces pierres sont en moellons plats, et il ne leur manque, pour ressembler entièrement aux prétendus cailloux du Rhône, que d'avoir été roulés.

substance est parsemée indiquent qu'ils ont d'abord été formés par une matière pierreuse imprégnée de fer ou de quelque autre minéral qui les a colorés, et qu'après avoir été séparés des rochers où ils se sont formés, ils ont été roulés et aplatis en forme de galets, et qu'enfin ce n'est qu'après tous ces mouvements et ces altérations qu'ils ont été saisis de nouveau par le liquide prétrifiant qui les a tous enveloppés séparément et quelquefois réunis ensemble ; car on trouve de ces pierres à noyau coloré non-seulement en gros blocs, mais même en grands bancs de carrières, qui toutes sont situées sur la pente et au pied des montagnes ou collines calcaires, dont ces blocs ne sont que les plus anciens débris.

On trouve encore sur les pentes douces des collines calcaires dans les champs cultivés une grande quantité de pétrifications de coquilles et de crustacés entières et bien conservées, que le soc de la charrue a détachées et enlevées du premier banc qui gît immédiatement sous la couche de terre végétale ; cela s'observe dans tous les lieux où ce premier banc est d'une pierre tendre et gelisse ; les morceaux de moellon que le soc enlève se réduisent en graviers et en poussière au bout de quelques années d'exposition à l'air, et laissent à découvert les pétrifications qu'ils contenaient et qui étaient auparavant enveloppées dans la matière pierreuse : preuve évidente que ces pétrifications sont plus dures et plus solides que la matière qui les environnait, et que la décomposition de la coquille a augmenté la densité de la portion de cette matière qui en a rempli la capacité intérieure ; car ces pétrifications en forme de coquilles, quoique exposées à la gelée et à toutes les injures de l'air, y ont résisté sans se fendre ni s'égrener, tandis que les autres morceaux de pierre enlevés du même banc ne peuvent subir une seule fois l'action de la gelée sans s'égrener ou se diviser en écailles. On doit donc, dans ce cas, regarder la décomposition de la coquille comme la substance spathique qui a augmenté la densité de la matière pierreuse contenue et moulée dans son intérieur, laquelle, sans cette addition de substance tirée de la coquille même, n'aurait pas eu plus de solidité que la pierre environnante[a]. Cette remarque vient à l'appui de toutes les observations par lesquelles on peut démontrer que l'origine des pierres en général et de la matière spathique en particulier doit être rapportée à la décomposition des coquilles par l'intermède de l'eau. J'ai de plus observé que l'on trouve assez communément une espèce de pétrification dominante dans chaque endroit, et plus abondante qu'aucune autre : il y aura, par exemple, des milliers de cœurs de bœuf (*bucardites*) dans un canton, des milliers

a. « On distingue très-bien, dit M. l'abbé de Sauvages, les sucs pierreux dans les rochers de « Navacelle, au moyen de certains noyaux qui y sont répandus, et dans lesquels ce suc se « trouve ramassé et cristallisé. Ces noyaux, qui arrêtent le marteau des tailleurs de pierre, « ne sont que des coquillages que la pétrification a défigurés : le test de la coquille semble « s'être changé en une matière cristalline qui en occupe la place. » *Mémoires de l'Académie des Sciences*, année 1746, page 716.

de cornes d'Ammon dans un autre, autant d'oursins dans un troisième, souvent seuls, ou tout au plus accompagnés d'autres espèces en très-petit nombre ; ce qui prouve encore que la matière des bancs où se trouvent ces pétrifications n'a pas été amenée et transportée confusément par le mouvement des eaux, mais que certains coquillages se sont établis sur le lit inférieur, et qu'après y avoir vécu et s'être multipliés en grand nombre, ils y ont laissé leurs dépouilles.

L'on trouve encore sur la pente des collines calcaires de gros blocs de pierres calcaires grossières, enterrées à une petite profondeur, qu'on appelle vulgairement des *pierres à four* parce qu'elles résistent sans se fendre aux feux de nos fours et fourneaux, tandis que toutes les autres pierres qui résistent à la gelée et au plus grand froid ne peuvent supporter ce même degré de feu sans s'éclater avec bruit : communément, les pierres légères, poreuses et gelisses peuvent être chauffées jusqu'au point de se convertir en chaux sans se casser, tandis que les plus pesantes et les plus dures sur lesquelles la gelée ne fait aucune impression ne peuvent supporter la première action de ce même feu. Or, notre pierre à four est composée de gros graviers calcaires détachés des rochers supérieurs, et qui, se trouvant recouverts par une couche de terre végétale, se sont fortement agglutinés par leurs angles sans se joindre de près, et ont laissé entre eux des intervalles que la matière spathique n'a pas remplis; cette pierre, criblée de petits vides, n'est en effet qu'un amas de graviers durs, dont la plupart sont colorés de jaune ou de rougeâtre, et dont la réunion ne paraît pas s'être faite par le suc spathique ; car on n'y voit aucun de ces points brillants qui le décèlent dans les autres pierres auxquelles il sert de ciment : celui qui lie les grains de ce gros gravier de la pierre à four n'est pas apparent, et peut-être est-il d'une autre nature ou en moindre quantité que le ciment spathique ; on pourrait croire que c'est un extrait de la matière ferrugineuse qui a lié ces grains en même temps qu'elle leur a donné la couleur [a], ou bien ce ciment, qui n'a pu se former que par la filtration de l'eau pluviale à travers la couche de terre végétale, est un produit de ces mêmes parties ferrugineuses et pyriteuses, provenant de la dissolution des pyrites qui se sont effleuries par l'humidité dans cette terre végétale ; car cette pierre à four, lorsqu'on la travaille, répand une odeur de soufre encore plus forte que celle des autres pierres. Quoi qu'il en soit, cette pierre à four, dont les grains sont gros et pesants, et dont la masse est néanmoins assez légère par la grandeur de ses vides, résiste sans se fendre au feu où les autres s'écla-

a. Il me semble qu'on pourrait rapporter à notre pierre à four celle qu'on nomme ***roussier*** en Normandie. « C'est, dit M. Guettard, une pierre graveleuse et dont il y a des carrières aux « environs de la Trappe... Ces pierres sont d'un jaune rouille de fer; ce sont des amas de gros « sable ou de gravier liés par une matière ferrugineuse qui a été dissoute, et qui s'est filtrée et « déposée entre les grains qui composent maintenant ces pierres par leur réunion. » ***Mémoires de l'Académie des Sciences***, année 1763, page 81.

tent subitement : aussi l'emploie-t-on de préférence pour les âtres des fourneaux, les gueules de four, les contre-cœurs de cheminée, etc.

Enfin l'on trouve, au pied et sur la pente douce des collines calcaires, d'autres amas de gravier ou d'un sable plus fin, dans lesquels il s'est formé plusieurs lits de pierres inclinées suivant la pente du terrain, et qui se délitent très-aisément selon cette même inclinaison : ces pierres ne contiennent point de coquilles et sont évidemment d'une formation nouvelle; leurs bancs inclinés n'ont guère plus d'un pied d'épaisseur et se divisent aisément en moellons plats, dont les deux surfaces sont unies; ces pierres parasites ont été nouvellement formées par l'agrégation de ces sables ou graviers, et elles ne sont ni dures ni pesantes, parce qu'elles n'ont pas été pénétrées du suc pétrifiant, comme les pierres anciennes qui sont posées sous des bancs d'autres pierres.

La dureté, la pesanteur et la résistance à l'action de la gelée dans les pierres, dépend donc principalement de la grande quantité de suc lapidifique dont elles sont pénétrées; leur résistance au feu suppose au contraire des pores très-ouverts et même d'assez grands vides entre leurs parties constituantes; néanmoins plus les pierres sont denses, plus il faut de temps pour les convertir en chaux : ce n'est donc pas que la pierre à four se calcine plus difficilement que les autres, ce n'est pas qu'elle ne se réduise également en chaux, mais c'est parce qu'elle se calcine sans se fendre, sans s'écailler ni tomber en fragments, qu'elle a de l'avantage sur les autres pierres pour être employée aux fours et aux fourneaux, et il est aisé de voir pourquoi ces pierres en se calcinant ne se divisent ni ne s'égrènent; cela vient de ce que les vides, disséminés en grand nombre dans toute leur masse, donnent à chaque grain, dilaté par la chaleur, la facilité de se gonfler, s'étendre et occuper plus d'espace sans forcer les autres grains à céder leur place, au lieu que dans les pierres pleines, la dilatation causée par la chaleur ne peut renfler les grains sans faire fendre la masse en d'autant plus d'endroits qu'elle sera plus solide.

Ordinairement les pierres tendres sont blanches, et celles qui sont plus dures ont des teintes de quelques couleurs; les grises et les jaunâtres, celles qui ont une nuance de rouge, de bleu, de vert, doivent toutes ces couleurs au fer ou à quelque autre minéral qui est entré dans leur composition : et c'est surtout dans les marbres que l'on voit toutes les variétés possibles des plus belles couleurs : les minéraux métalliques ont teint et imprégné la substance de toutes ces pierres colorées dès le premier temps de leur formation; car la pierre rousse même, dont on attribue la couleur aux parties ferrugineuses de la couche végétale, se trouve souvent fort au-dessous de cette couche et surmontée de plusieurs bancs qui n'ont point de couleur; il en est de même de la plupart des marbres colorés; c'est dans le temps de leur formation et de leur première pétrification qu'ils ont reçu leurs couleurs, par le mélange du fer ou de quelque autre minéral; et ce n'est que dans des cas particuliers, et par des circonstances locales que certaines pierres ont été colorées par la stillation des eaux à travers la terre végétale.

Les couleurs, surtout celles qui sont vives ou foncées, appartiennent donc aux marbres et aux autres pierres calcaires d'ancienne formation; et lorsqu'elles se trouvent dans des pierres de seconde et de troisième formation, c'est qu'elles y ont été entraînées avec la matière même de ces pierres par la stillation des eaux. Nous avons déjà parlé de ces carrières en lieu bas qui se sont formées aux dépens des rochers plus élevés; les pierres en sont communément blanches, et il n'y a que celles qui sont mêlées d'une petite quantité d'argile ou de terre végétale qui soient colorées de jaune ou de gris. Ces carrières de nouvelle formation sont très-communes dans les vallées et dans le voisinage des grandes rivières, et il est aisé d'en reconnaître l'origine et de suivre les progrès de leur établissement depuis le sommet des montagnes calcaires jusqu'aux plaines les plus basses [a].

On trouve quelquefois dans ces carrières de nouvelle formation des lits d'une pierre aussi dure que celle des bancs anciens dont elle tire son ori-

a. « Lorsque les eaux pluviales s'infiltrent dans les lits de pierres tendres qui se trouvent à « découvert, elles s'y glacent par le froid, et tendent alors à y occuper plus d'espace; ces « couches, d'autant plus minces qu'elles sont plus près de la superficie, et déjà divisées en « plusieurs pièces par les fentes perpendiculaires, s'éclatent, se fendent en mille endroits, et « c'est ce qui fournit le moellon ou la pierre mureuse; et lorsque ces fragments de pierre sont « entraînés par les torrents, le long de la pente des collines et jusque dans le courant des « rivières, leurs angles alors s'émoussent par les frottements, ils deviennent des galets, et, à « force d'être roulés, ils se réduisent enfin en graviers arrondis plus ou moins fins. L'action de « l'air et les grands froids dégradent de même la coupe perpendiculaire des carrières, et la « surface de toutes les pierres qui se gercent et s'égrènent produit le gravier qui se trouve « ordinairement au pied des carrières; ce gravier continue d'être atténué par les gelées et par « le frottement, lorsqu'il est ensuite entraîné dans des eaux courantes jusqu'à ce qu'il soit enfin « réduit en poussière : telle est l'origine de quelques craies et de toutes les espèces de gravier « qui ne sont que des fragments de différentes grosseurs de toutes les sortes de pierres..... « Les eaux pluviales, en s'infiltrant dans les couches disposées dans l'ordre que nous venons « de voir, doivent donc entraîner dans les plus basses les molécules les plus divisées des lits « supérieurs qu'elles continuent d'atténuer en les exfoliant, et dont elles remplissent les inter- « stices; elles s'unissent alors étroitement, et forment dans ces lits de graviers de petites con- « gélations ou stalactites, qui lient, qui serrent étroitement, qui ne sont enfin qu'un tout con- « tinu de toutes les parties de la couche auparavant divisées, et cela successivement jusqu'à « une certaine hauteur de la carrière, et la pierre alors a acquis sa perfection. Sa coupe ou « cassure est lisse et sans grains apparents, si le gravier qui en fait la base est très-fin; elle est « au contraire rude au toucher et grenue, si elle est formée de gros gravier : il s'en trouvera « aussi qui ne seront qu'un assemblage de galets ou pierres roulées, liées par ce suc pierreux, « par ces petites congélations que nous venons de décrire. J'ai même observé, dans la démo- « lition des remparts d'un très-ancien château, que, dans l'espace de quelques toises, les pierres « n'étaient plus liées par les mortiers, mais par une matière transparente, par une concrétion « pierreuse, que des eaux gouttières avaient produites de la décomposition du mortier des « parties supérieures de ce mur, et qui en remplissait en cet endroit tous les vides, parce que « la chaux n'étant en effet que de la pierre décomposée, elle en conserve toutes les propriétés, « et elle reprend dans certaines circonstances la forme de pierre. » Note communiquée par M. Nadault.

gine; cela dépend, dans ces nouvelles carrières, comme dans les anciennes, de l'épaisseur des lits superposés : les inférieurs recevant le suc pierreux des lits supérieurs, prendront tous les degrés de dureté et de densité à mesure qu'ils en seront pénétrés; mais les pierres qui se trouvent dans les plaines ou dans les vallées voisines des grandes rivières disposées en lits horizontaux ou inclinés, n'ont été formées que des sédiments de craie ou de poussière de pierre, qui primitivement ont été détachés des rochers, et atténués par le mouvement et l'impression de l'eau; ce sont les torrents, les ruisseaux et toutes les eaux courantes sur la terre découverte, qui ont amené ces poudres calcaires dans les vallées et les plaines, et qui souvent y ont mêlé des substances de toute nature : on ne trouve jamais de coquilles marines dans ces pierres, mais souvent des coquilles fluviatiles et terrestres [a]; on y a même trouvé des morceaux de fer [b] et de bois [c], travaillés de main d'homme; nous avons vu du charbon de bois dans quelques-unes de ces pierres; ainsi l'on ne peut douter que toutes les carrières en lieu bas ne soient d'une formation moderne, qu'on doit dater depuis que nos continents, déjà découverts, ont été exposés aux dégradations de leurs parties même les plus solides, par la gelée et par les autres injures des éléments humides. Au reste, toutes les pierres de ces basses carrières ne présentent qu'un grain plus ou moins fin et très-peu de ces points brillants qui indiquent la présence de la matière spathique : aussi sont-elles ordinairement plus légères et moins dures que la pierre des hautes carrières, dans lesquelles les bancs inférieurs sont de la plus grande densité.

Et cette matière spathique, qui remplit tous les vides et s'étend dans les délits et dans les couches horizontales des bancs de pierre, s'accumule aussi le long de leurs fentes perpendiculaires; elle commence par en tapisser les parois, et peu à peu elle les recouvre d'une épaisseur considérable de cou-

a. La pierre qu'on tire à peu de distance de la Seine, près de l'Hôpital général de Paris, et dont j'ai parlé plus haut, est remplie de petites *vis* qui sont communes dans les ruisseaux d'eau vive; cette pierre de la Seine ressemble à peu près aux pierres que l'on tire dans les vallées, entre la Saône et la Vingeanne, auprès du village de Talmay en Bourgogne : je cite ce dernier exemple, parce qu'il démontre évidemment que la matière de ces lits de pierre a été amenée de loin, parce qu'il n'y a aucune montagne calcaire qu'à environ une lieue de distance.

b. Le sieur Dumoutier, maître maçon à Paris, m'a assuré qu'il y a quelques années il avait trouvé dans un bloc de pierre dite de *Saint-Leu*, laquelle ne se tire qu'à la surface de la terre, c'est-à-dire à quelques pieds de profondeur, un corps cylindrique qui lui paraissait être une pétrification, parce qu'il était incrusté de matières pierreuses; mais que, l'ayant nettoyé avec soin, il reconnut que c'était vraiment un canon de pistolet, c'est-à-dire du fer.

c. Dans un bloc de pierre de plusieurs pieds de longueur, sur une épaisseur d'environ un pied ou quinze pouces, tiré des carrières du faubourg Saint-Marceau à Paris, l'ouvrier tailleur de pierre s'aperçut, en la sciant, que sa scie poussait au dehors une matière noire qu'il jugea être des débris de bois pourri; en effet, la pierre ayant été séparée en deux blocs, il trouva qu'elle renfermait dans son intérieur un morceau de bois de près de deux pouces d'épaisseur, sur six à sept pouces de longueur, lequel était en partie pourri et sans aucun indice de pétrification.

ches additionnelles et successives ; elle y forme des mamelons, des stries, des cannelures creuses et saillantes, qui souvent descendent d'en haut jusqu'au point le plus bas, où elle se réunit en congélations, et finit par remplir quelquefois en entier la fente qui séparait auparavant les deux parties du rocher. Cette matière spathique, qui s'accumule dans les cavités et les fentes des rochers, n'est pas ordinairement du spath pur, mais mélangé de parties pierreuses plus grossières et opaques ; on y reconnaît seulement le spath par les points brillants qui se trouvent en plus ou moins grande quantité dans ces congélations.

Et lorsque ces points brillants se multiplient, lorsqu'ils deviennent plus gros et plus distincts, ils ressemblent par leur forme à des grains de sel marin : aussi les ouvriers donnent aux pierres revêtues de ces cristallisations spathiques le nom impropre de *pierres de sel*. Ce ne sont pas toujours les pierres les plus dures, ni celles qui sont composées de gravier, mais celles qui contiennent une très-grande quantité de coquilles et de pointes d'oursins, qui offrent cette espèce de cristallisation en forme de grains de sel, et l'on peut observer qu'elle paraît être toujours en plus gros grains sur la surface qu'à l'intérieur de ces pierres, parce que les grains dans l'intérieur sont toujours liés ensemble.

Ce suc pétrifiant qui pénètre les pierres des bancs inférieurs, qui en remplit les cavités, les joints horizontaux et les fentes perpendiculaires, ne provenant que de la décomposition de la matière des bancs supérieurs, doit, en s'en séparant, y causer une altération sensible : aussi remarque-t-on dans la pierre des premiers bancs des carrières, qu'elle a éprouvé des dégradations ; on n'y voit qu'un très-petit nombre de points brillants ; elle se divise en petits morceaux irréguliers, minces, assez légers, et qui se brisent aisément. L'eau, en passant par ces premiers bancs, a donc enlevé les éléments du ciment spathique qui liait les parties de la pierre, et en même temps elle en a détaché une grande quantité d'autre matière pierreuse plus grossière, et c'est de ce mélange qu'ont été composées toutes les congélations opaques qui remplissent les cavités des rochers ; mais lorsque l'eau chargée de cette même matière passe à travers un second filtre, en pénétrant la pierre des bancs inférieurs dont le tissu est plus serré, elle abandonne et dépose en chemin ces parties grossières, et alors les stalactites qu'elle forme sont du vrai spath pur, homogène et transparent. Nous verrons ci-après que, dans les pierres vitreuses comme dans les calcaires, la pureté des congélations dépend du nombre des filtrations qu'elles ont subies, et de la ténuité des pores dans les matières qui ont servi de filtre.

DE L'ALBATRE.

Cet albâtre[1], auquel les poëtes ont si souvent comparé la blancheur de nos belles, est tout une autre matière que l'albâtre dont nous allons parler : ce n'est qu'une substance gypseuse, une espèce de plâtre très-blanc, au lieu que le véritable albâtre est une matière purement calcaire, plus souvent colorée que blanche, et qui est plus dure que le plâtre, mais en même temps plus tendre que le marbre. Les couleurs les plus ordinaires des albâtres sont le blanchâtre, le jaune et le rougeâtre; on en trouve aussi qui sont mêlés de gris, et de brun ou noirâtre. Souvent ils sont teints de deux de ces couleurs, quelquefois de trois, rarement de quatre ou cinq; l'on verra qu'ils peuvent recevoir toutes les nuances de couleur qui se trouvent dans les marbres sous la masse desquels ils se forment.

L'albâtre d'Italie est un des plus beaux; il porte un grand nombre de taches d'un rouge foncé sur un fond jaunâtre, et il n'a de transparence que dans quelques petites parties. Celui de Malte est jaunâtre, mêlé de gris et de noirâtre, et l'on y voit aussi quelques parties transparentes. Les albâtres, que les Italiens appellent *agatés*, sont ceux qui ont le plus de transparence et qui ressemblent aux agates par la disposition des couleurs. Il y en a même que l'on appelle *albâtre onyx*, parce qu'il présente des cercles concentriques de différentes couleurs; on connaît aussi des albâtres herborisés, et ces herborisations sont ordinairement brunes ou noires. *Volterra* est l'endroit de l'Italie le plus renommé par ses albâtres : on y en compte plus de vingt variétés différentes par les degrés de transparence et les nuances de couleurs. Il y en a de blancs à reflets diaphanes, avec quelques veines noires

1. Sous le nom d'*albâtre*, on comprend deux substances de composition et de structure différentes :

1° Le *sulfate de chaux saccharoïde*, ou *albâtre gypseux*. « Cette *chaux sulfatée*, connue « dans les arts sous le nom d'*albâtre*, est grenue comme le marbre statuaire, et lui serait « complétement identique, sans sa forte translucidité, qui lui donne un aspect particulier. Sa « cassure est grenue et un peu inégale; sa couleur habituelle est le blanc de neige. Quelques « variétés sont légèrement grisâtres, jaunâtres ou rougeâtres; elles affectent toujours des « teintes fort claires. » (Dufrénoy.)

2° Le *carbonate de chaux fibreux*. « Lorsque le *carbonate de chaux fibreux* présente des « zones diversement colorées, il constitue l'*albâtre calcaire* ou l'*albâtre antique*. Il constitue « alors des filons, dont les fibres sont placées perpendiculairement aux salbandes, tandis que « les zones, différemment colorées, sont au contraire dans le sens de la longueur du filon. « Cette double disposition révèle la formation de ces filons par voie de cristallisation neptu- « nienne. On voit, du reste, le *calcaire fibreux* se former tous les jours : les eaux acidulées « ont la propriété de dissoudre la *chaux carbonatée*, mais, en arrivant au contact de l'air, « ces eaux perdent leur acide carbonique, et par suite leur propriété dissolvante. La *chaux* « *carbonatée* se dépose alors sous forme de cristaux, comme dans certaines *stalactites*, ou « sous celle de fibres : les *stalactites* fournissent également des masses fibreuses, et même elles « sont le plus ordinairement à cet état. » (Dufrénoy.)

et opaques, et d'autres qui sont absolument opaques et de couleur assez terne, avec des taches noires et des herborisations branchues.

Tous les albâtres sont susceptibles d'un poli plus ou moins brillant; mais on ne peut polir les albâtres tendres qu'avec des matières encore plus tendres et surtout avec de la cire; et, quoiqu'il y en ait d'assez durs à Volterra et dans quelques autres endroits d'Italie, on assure cependant qu'ils le sont moins que l'albâtre de Perse [a] et de quelques autres contrées de l'Orient.

L'on ne doit donc pas se persuader avec le vulgaire que l'albâtre soit toujours blanc, quoique cela ait passé parmi nous en proverbe : ce qui a donné lieu à cette méprise, c'est que la plupart des artistes et même quelques chimistes ont confondu deux matières, et donné, comme les poëtes, le nom d'albâtre à une sorte de plâtre très-tendre et d'une grande blancheur, tandis que les naturalistes n'ont appliqué ce même nom d'albâtre qu'à une matière calcaire qui se dissout par les acides et se convertit en chaux au même degré de chaleur que la pierre [1] : les acides ne font au contraire aucune impression sur cette autre matière blanche qui est du vrai plâtre ; et Pline avait bien indiqué notre albâtre calcaire, en disant qu'il est de couleur de miel.

Étant descendu en 1740 dans les grottes d'Arcy-sur-Cure, près de Vermanton, je pris dès lors une idée nette de la formation de l'albâtre, par l'inspection des grandes stalactites en tuyaux, en colonnes et en nappes, dont ces grottes, qui ne paraissent être que d'anciennes carrières, sont incrustées et en partie remplies. La colline dans laquelle se trouvent ces anciennes carrières a été attaquée par le flanc à une petite hauteur au-dessus de la rivière de Cure ; et l'on peut juger, par la grande étendue des excavations, de l'immense quantité de pierres à bâtir qui en ont été tirées ; on voit en quelques endroits les marques des coups de marteau qui en ont tranché les blocs ; ainsi l'on ne peut douter que ces grottes, quelque grandes qu'elles soient, ne doivent leur origine au travail de l'homme ; et ce travail est bien ancien, puisque dans ces mêmes carrières abandonnées depuis longtemps, il s'est formé des masses très-considérables, dont le volume augmente encore chaque jour par l'addition de nouvelles concrétions formées, comme les premières, par la stillation des eaux : elles ont filtré dans les joints des bancs calcaires qui surmontent ces excavations et leur servent de voûtes ; ces bancs sont superposés horizontalement et forment toute l'épaisseur et la hauteur de la colline dont la surface est couverte de terre

a. « A Tauris, dans la mosquée d'Osmanla, il y a deux grandes pierres blanches transparentes qui paraissent rouges quand le soleil les éclaire : ils disent que c'est une espèce d'albâtre qui se forme d'une eau qu'on trouve à une journée de Tauris, laquelle, étant mise dans une fosse, se congèle en peu de temps. Cette pierre est fort estimée des Persans, qui en font des tombeaux, des vases, et d'autres ouvrages qui passent pour une rareté à Ispahan ; ils m'ont tous assuré que c'était une congélation d'eau. » *Voyage autour du monde*, par Gemelli Carreri, tome II, page 37.

1. Voyez la note de la page précédente.

végétale : l'eau des pluies passe donc d'abord à travers cette couche de terre et en prend la couleur jaune ou rougeâtre; ensuite elle pénètre dans les joints et les fentes de ces bancs, où elle se charge des molécules pierreuses qu'elle en détache; et enfin elle arrive au-dessous du dernier banc, et suinte en s'attachant aux parois de la voûte, ou tombe goutte à goutte dans l'excavation.

Et cette eau, chargée de matière pierreuse, forme d'abord des stalactites qui pendent de la voûte, qui grossissent et s'allongent successivement par des couches additionnelles, et prennent en même temps plus de solidité à mesure qu'il arrive de nouveaux sucs pierreux [a1]; lorsque ces sucs sont très-abondants, ou qu'ils sont trop liquides, la stalactite supérieure attachée à la voûte laisse tomber par gouttes cette matière superflue qui forme sur le sol des concrétions de même nature, lesquelles grossissent, s'élèvent et se joignent enfin à la stalactite supérieure, en sorte qu'elles forment par leur réunion une espèce de colonne d'autant plus solide et plus grosse, qu'elle s'est faite en plus de temps; car le liquide pierreux augmente ici également le volume et la masse, en se déposant sur les surfaces et pénétrant l'intérieur de ces stalactites, lesquelles sont d'abord légères et friables, et acquièrent ensuite de la solidité par l'addition de cette même matière pierreuse qui en remplit les pores; et ce n'est qu'alors que ces masses concrètes prennent la nature et le nom d'albâtre : elles se présentent en colonnes

a. L'auteur du Traité des pétrifications, qui a vu une grotte près de Neufchâtel, nommée *Trois-ros*, a remarqué que l'eau, qui coule lentement par diverses fentes du roc, s'arrête pendant quelque temps, en forme de gouttes, au haut d'une espèce de voûte formée par les bancs du rocher; là, de petites molécules cristallines, que l'eau entraine en passant à travers les bancs, se lient par leurs côtés pendant que la goutte demeure suspendue, et y forme de petits tuyaux, à mesure que l'air s'échappe par la partie inférieure de la petite bulle qu'il formait dans la goutte d'eau : ces tuyaux s'allongent peu à peu en grossissant, par une accession continuelle de nouvelle matière, puis ils se remplissent; de sorte que les cylindres qui en résultent sont ordinairement arrondis vers le bout d'en bas, tandis qu'ils sont encore suspendus au rocher; mais dès qu'ils s'unissent avec les particules cristallines qui, tombant plus vite, forment un sédiment à plusieurs couches au bas de la grotte, ils ressemblent alors à des arbres, qui du bas s'élèvent jusqu'au comble de la voûte.

Ces cylindres acquièrent un plus grand diamètre en bas par le moyen de la nouvelle matière qui coule le long de leur superficie, et ils deviennent souvent raboteux, à cause des particules cristallines qui s'y arrêtent en tombant dessus, comme une pluie menue, lorsque l'eau abonde plus qu'à l'ordinaire dans l'entre-deux des rochers : la configuration intérieure de leur masse, faite à rayons et à couches concentriques, quelquefois différemment colorées par une petite quantité de terre fine qui s'y mêle et les rend semblables aux aubiers des arbres, jointe aux circonstances dont on vient de parler, peuvent tromper les plus éclairés.

Il se forme aussi plusieurs autres masses, plus ou moins régulières, de *stalactite* dans des cavernes de pierre à chaux et de marbre; ces masses ne diffèrent entre elles, par rapport à leur matière, que par le plus grand ou le moindre mélange de terre fine de différentes couleurs, que l'eau enlève souvent du roc même avec les particules cristallines, ou qu'elle amène des couches de terre supérieures aux roches dans les couches de stalactite. *Traité des Pétrifications*, in-4°, Paris, 1742, pages 4 et suiv.

1. Ce que Buffon appelle ici *suc pierreux* est le *carbonate de chaux*, dissous par l'eau chargée d'*acide carbonique*. (Voyez la note de la p. 137. — Voyez aussi les notes des pages 124 et 125.)

cylindriques, en cônes plus ou moins obtus, en culs-de-lampe, en tuyaux et aussi en incrustations figurées contre les parois verticales ou inclinées de ces excavations, et en nappes déliées ou en tables épaisses et assez étendues sur le sol; il paraît même que cette concrétion spathique, qui est la première ébauche de l'albâtre, se forme aussi à la surface de l'eau stagnante dans ces grottes, d'abord comme une pellicule mince, qui peu à peu prend de l'épaisseur et de la consistance, et présente par la suite une espèce de voûte qui couvre la cavité ou encore pleine ou épuisée d'eau [a]. Toutes ces masses concrètes sont de même nature; je m'en suis assuré en faisant tirer et enlever quelques blocs des unes et des autres, pour les faire travailler et polir par des ouvriers accoutumés à travailler le marbre; ils reconnurent, avec moi, que c'était du véritable albâtre qui ne différait des plus beaux albâtres qu'en ce qu'il est d'un jaune un peu plus pâle et d'un poli moins vif; mais la composition de la matière et sa disposition par ondes ou veines circulaires est absolument la même [b] : ainsi tous les albâtres doivent leur origine aux concrétions produites par l'infiltration des eaux à travers les matières calcaires. Plus les bancs de ces matières sont épais et durs, plus les albâtres qui en proviennent seront solides à l'intérieur et brillants au poli. L'albâtre, qu'on appelle oriental, ne porte ce nom que parce qu'il a le grain plus fin, les couleurs plus fortes et le poli plus vif que les autres albâtres, et l'on trouve en Italie, en Sicile, à Malte, et même en France [c] de ces albâtres

a. Dans la caverne de la Balme (au mont Vergi), j'étais étonné d'entendre quelquefois le fond résonner sous nos pieds, comme si nous eussions marché sur une voûte retentissante; mais, en examinant le sol, je vis qu'il était d'une matière cristallisée, et que je marchais sur un faux fond, soutenu à une distance assez grande du vrai fond de la galerie; je ne pouvais comprendre comment s'était formée cette croûte ainsi suspendue, lorsque, en observant des eaux stagnantes au fond de la caverne, je vis qu'il se formait à leur surface une croûte cristalline, d'abord semblable à une poussière incohérente, mais qui peu à peu prenait de l'épaisseur et de la consistance, au point que j'avais peine à la rompre à grands coups de marteau partout où elle avait deux pouces d'épaisseur. Je compris alors que si ces eaux venaient à s'écouler, cette croûte, contenue par les bords, formerait un faux fond semblable à celui qui avait résonné sous nos pieds. Saussure, *Voyage dans les Alpes*, t. I, p. 388.

b. Lorsque l'on scie transversalement une grosse stalactite ou colonne d'albâtre, on voit sur la tranche les couches circulaires dont la stalactite est formée; mais, si on la scie sur sa longueur, l'albâtre ne présente que des veines longitudinales, en sorte que le même albâtre paraît être différent, selon le sens dans lequel on le travaille.

c. On trouve à deux lieues de Mâcon, du côté du midi, une grande carrière d'albâtre très-beau et très-bien coloré, qui a beaucoup de transparence en plusieurs endroits; cette carrière est située dans la montagne que l'on appelle Solutrie, dans laquelle il s'est fait un éboulement considérable par son propre poids. (Note communiquée par M. Dumorey.) — « Les eaux d'Aix « en Provence, dit M. Guettard, produisent un albâtre brun foncé, mêlé de taches blanchâtres « qui le varient agréablement, et le font prendre pour un albâtre oriental..... Cet albâtre s'est « formé dans une ancienne conduite faite par les Romains, et qui porte à Aix l'eau d'une « source qui est à une petite demi-lieue de cette ville..... Cette espèce d'aqueduc était bouché « en entier par la substance dont il s'agit. ... Un morceau de cet albâtre, qui est dans le cabinet « de M. le duc d'Orléans, a pris un très-beau poli, qui fait voir que cet albâtre est composé de « plusieurs couches d'une ligne ou à peu près d'épaisseur, et qui paraissent elles-mêmes, à

qu'on peut nommer orientaux par la beauté de leurs couleurs et l'éclat de leur poli; mais leur origine et leur formation sont les mêmes que celles des albâtres communs, et leurs différences ne doivent être attribuées qu'à la qualité différente des pierres calcaires qui en ont fourni la matière : si cette pierre s'est trouvée dure, compacte et d'un grain fin, l'eau ne pouvant la pénétrer qu'avec beaucoup de temps, elle ne se chargera que de molécules très-fines et très-denses qui formeront des concrétions plus pesantes, et d'un grain plus fin que celui des stalactites produites par des pierres plus grossières, en sorte qu'il doit se trouver dans ces concrétions, ainsi que dans les albâtres, de grandes variétés, tant pour la densité que pour la finesse du grain et l'éclat du poli.

La matière pierreuse que l'eau détache en s'infiltrant dans les bancs calcaires est quelquefois si pure et si homogène, que les stalactites qui en résultent sont sans couleurs et transparentes, avec une figure de cristallisation régulière; ce sont ordinairement de petites colonnes à pans terminées par des pyramides triangulaires; et ces colonnes se cassent toujours obliquement. Cette matière est le spath, et les concrétions qui en contiennent une grande quantité forment des albâtres plus transparents que les autres, mais qui sont en même temps plus difficiles à travailler.

Il ne faut pas bien des siècles ni même un très-grand nombre d'années, comme on pourrait le croire, pour former les albâtres : on voit croître les stalactites en assez peu de temps; on les voit se grouper, se joindre et s'étendre pour ne former que des masses communes, en sorte qu'en moins d'un siècle elles augmentent peut-être du double de leur volume. Étant descendu, en 1759, dans les mêmes grottes d'Arcy pour la seconde fois, c'est-à-dire dix-neuf ans après ma première visite, je trouvai cette augmentation de volume très-sensible et plus considérable que je ne l'avais imaginé; il n'était plus possible de passer dans les mêmes défilés par lesquels j'avais passé en 1740 ; les routes étaient devenues trop étroites ou trop basses; les cônes et les cylindres s'étaient allongés; les incrustations s'étaient épaissies;

« la loupe, n'être qu'un amas de quelques autres petites couches très-minces : ces couches « sont ondées, et, rentrant ainsi les unes dans les autres, elles font un tout serré et com- « pacte.....

« Quant à sa formation, on ne peut pas s'empêcher de reconnaître qu'elle est la suite des « dépôts successifs d'une matière qui a été charriée par un fluide : les ondes de deux larges « bandes qu'on voit sur le côté du morceau en question le démontrent invinciblement ; elles « semblent même prouver que la pierre a dû se former dans un endroit où l'eau était resserrée « et contrainte : en effet, cette eau devait souffrir quelque retardement sur les côtés du canal, « et accélérer son mouvement dans le milieu ; ainsi l'eau de ce milieu devait agir et presser « l'eau des côtés, qui en résistant ne pouvait, par conséquent, que souffrir différentes cour- « bures et occasionner, par une suite nécessaire, des sinuosités que le dépôt a conservées. La « rapidité, ou le plus grand mouvement du milieu de l'eau, a encore dû être cause de la « matière la plus fine et la plus pure : les parties les plus grossières et les plus lourdes ont dû « être rejetées sur les bords et s'y déposer aisément, vu la tranquillité du mouvement de l'eau « dans ces endroits. » *Mémoires de l'Académie des Sciences*, année 1754, pages 131 et suiv.

et je jugeai qu'en supposant égale l'augmentation successive de ces concrétions, il ne faudrait peut-être pas deux siècles pour achever de remplir la plus grande partie de ces excavations.

L'albâtre est donc une matière qui, se produisant et croissant chaque jour, pourrait, comme le bois, se mettre, pour ainsi dire, en coupes réglées à deux ou trois siècles de distance; car, en supposant qu'on fît aujourd'hui l'extraction de tout l'albâtre contenu dans quelques-unes des cavités qui en sont remplies, il est certain que ces mêmes cavités se rempliraient de nouveau d'une matière toute semblable, par les mêmes moyens de l'infiltration et du dépôt des eaux gouttières qui passent à travers les couches supérieures de la terre et les joints des bancs calcaires.

Au reste, cet accroissement des stalactites, qui est très-sensible et même prompt dans certaines grottes, est quelquefois très-lent dans d'autres. « Il « y a près de vingt ans, dit M. l'abbé de Sauvages, que je cassai plusieurs « stalactites dans une grotte où personne n'avait encore touché; à peine se « sont-elles allongées aujourd'hui de cinq ou six lignes : on en voit couler « des gouttes d'eau chargées de suc pierreux, et le cours n'en est interrompu « que dans les temps de sécheresse [a]. » Ainsi la formation de ces concrétions dépend non-seulement de la continuité de la stillation des eaux, mais encore de la qualité des rochers, et de la quantité de particules pierreuses qu'elles en peuvent détacher : si les rochers ou bancs supérieurs sont d'une pierre très-dure, les stalactites auront le grain très-fin et seront longtemps à se former et à croître; elles croîtront au contraire en d'autant moins de temps que les bancs supérieurs seront de matières plus tendres et plus poreuses, telles que sont la craie, la pierre tendre et la marne.

La plupart des albâtres se décomposent à l'air, peut-être en moins de temps qu'il n'en faut pour les former : « la pierre dont on se sert à Venise « pour la construction des palais et des églises, est une pierre calcaire blan- « che, qu'on tire d'Istria, parmi laquelle il y a beaucoup de stalactites d'un « tissu compacte et souvent d'un diamètre deux fois plus grand que celui du « corps d'un homme très-gros; ces stalactites se forment en grande abon- « dance dans les voûtes souterraines des montagnes calcaires du pays. Ces « pierres se décomposent si facilement, que l'on vit, il y a quelques années, « à l'entablement supérieur de la façade d'une belle église neuve, bâtie de « cette pierre, plusieurs grandes stalactites qui s'étaient formées successi- « vement par l'égouttement lent des eaux qui avaient séjourné sur cet enta- « blement : c'est de la même manière qu'elles se forment dans les souterrains « des montagnes, puisque leur grain ou leur composition y ressemble [b]. » Je ne crois pas qu'il soit nécessaire de faire observer ici que cette pierre

a. *Mémoires de l'Académie des Sciences*, année 1746, page 747.
b. *Lettres de M. Ferber*, pag. 41 et 42.

d'Istria est une espèce d'albâtre : on le voit assez par la description de sa substance et de sa décomposition.

Et lorsqu'une cavité naturelle ou artificielle se trouve surmontée par des bancs de marbre qui, de toutes les pieres calcaires, est la plus dense et la plus dure, les concrétions formées dans cette cavité par l'infiltration des eaux ne sont plus des albâtres, mais de beaux marbres fins et d'une dureté presque égale à celle du marbre dont ils tirent leur origine, et qui est d'une formation bien plus ancienne : ces premiers marbres contiennent souvent des coquilles et d'autres productions de la mer, tandis que les nouveaux marbres, ainsi que les albâtres, n'étant composés que de particules pierreuses détachées par les eaux, ne présentent aucun vestige de coquilles, et annoncent par leur texture que leur formation est nouvelle.

Ces carrières parasites de marbre et d'albâtre, toutes formées aux dépens des anciens bancs calcaires, ne peuvent avoir plus d'étendue que les cavités dans lesquelles on les trouve; on peut les épuiser en assez peu de temps, et c'est par cette raison que la plupart des beaux marbres antiques ou modernes ne se retrouvent plus; chaque cavité contient un marbre différent de celui d'une autre cavité, surtout pour les couleurs, parce que les bancs des anciens marbres qui surmontent ces cavernes sont eux-mêmes différemment colorés, et que l'eau, par son infiltration, détache et emporte les molécules de ces marbres avec leurs couleurs : souvent elle mêle ces couleurs ou les dispose dans un ordre différent; elle les affaiblit ou les charge, selon les circonstances; cependant on peut dire que les marbres de seconde formation sont en général plus fortement colorés que les premiers dont ils tirent leur origine.

Et ces marbres de seconde formation peuvent, comme les albâtres, se régénérer dans les endroits d'où on les a tirés, parce qu'ils sont formés de même par la stillation des eaux. Baglivi [a] rapporte un grand nombre d'exemples qui prouvent évidemment que le marbre se reproduit de nouveau dans les mêmes carrières : il dit que l'on voyait de son temps des chemins très-unis, dans des endroits où cent ans auparavant il y avait eu des carrières très-profondes; il ajoute qu'en ouvrant des carrières de marbre on avait rencontré des haches, des pics, des marteaux et d'autres outils renfermés dans le marbre, qui avaient vraisemblablement servi autrefois à exploiter ces mêmes carrières, lesquelles se sont remplies par la suite des temps, et sont devenues propres à être exploitées de nouveau.

On trouve aussi plusieurs de ces marbres de seconde formation qui sont mêlés d'albâtre; et dans le genre calcaire, comme en tout autre, la nature passe, par degrés et nuances, du marbre le plus fin et le plus dur, à l'albâtre et aux concrétions les plus grossières et les plus tendres.

a. *De lapidum vegetatione.*

La plupart des albâtres, et surtout les plus beaux, ont quelque transparence, parce qu'ils contiennent une certaine quantité de spath qui s'est cristallisé dans le temps de la formation des stalactites dont ils sont composés; mais, pour l'ordinaire, la quantité du spath n'est pas aussi grande que celle de la matière pierreuse, opaque et grossière, en sorte que l'albâtre qui résulte de cette composition est assez opaque quoiqu'il le soit toujours moins que les marbres.

Et lorsque les albâtres sont mêlés de beaucoup de spath, ils sont plus cassants et plus difficiles à travailler, par la raison que cette matière spathique cristallisée se fend, s'égrène très-facilement et se casse presque toujours en sens oblique; mais aussi ces albâtres sont souvent les plus beaux, parce qu'ils ont plus de transparence et prennent un poli plus vif que ceux où la matière pierreuse domine sur celle du spath. On a cité, dans l'histoire de l'Académie des Sciences[a], un albâtre trouvé par M. Puget aux environs de Marseille, qui est si transparent, que, par le poli très-parfait dont il est susceptible, on voit, à plus de deux doigts de son épaisseur, l'agréable variété de couleurs dont il est embelli : le marbre à demi transparent, que M. Pallas a vu dans la province d'Ischski en Tartarie, est vraisemblablement un albâtre semblable à celui de Marseille. Il en est de même du bel albâtre de Grenade en Espagne, qui, selon M. Bowles, est aussi brillant et transparent que la plus belle cornaline blanche, mais qui néanmoins est fort tendre, à moitié blanc et à moitié couleur de cire[b] : en général la transparence dans les pierres calcaires, les marbres et les albâtres, ne provient que de la matière spathique qui s'y trouve incorporée et mêlée en grande quantité, car les autres matières pierreuses sont opaques.

Au reste, on peut regarder comme une espèce d'albâtre toutes les incrustations et même les ostéocolles et les autres concrétions pierreuses moulées sur des végétaux ou sur des ossements d'animaux : il s'en trouve de cette dernière espèce en grande quantité dans les cavernes du margraviat de Bareith, dont S. A. S. monseigneur le margrave d'Anspach a eu la bonté de m'envoyer la description suivante. « On connaît assez les marbres qui « renferment des coquilles ou des pétrifications qui leur ressemblent... Mais « ici on trouve des masses pierreuses pétries d'ossements d'une manière « semblable : elles sont nées, pour ainsi dire, de la conglutination des « fragments des stalactites de la pierre calcaire grise qui fait la base de « toute la chaîne de ces montagnes, d'un peu de sable, d'une substance

a. Année 1703, pag. 17. — « Dans certaines grottes, comme dans celle de la montagne de Lumiani près de Vicence en Italie, les cristallisations spathiques sont jaunâtres et ressemblent « au plus beau sucre candi; les cristaux sont en forme de pyramides triangulaires, dont le « sommet est très-aigu : communément elles sont verticales; de nouvelles pyramides sortent « des côtés de ces premières et deviennent horizontales : on peut en détacher de très-grands « blocs. » Note de M. le baron de Dietrich, dans les *Lettres de M. Ferber*, page 23.

b. *Histoire naturelle d'Espagne*, par M. Bowles, pag. 424 et 425.

« marneuse est une quantité infinie de fragments d'os. Il y a dans une « seule pierre, dont on a trouvé des masses de quelques centaines de « livres, un mélange de dents de différentes espèces, de côtes, de cartilages, « de vertèbres, de phalanges, d'os cylindriques, en un mot de fragments « d'os de tous les membres qui y sont par milliers. On trouve souvent dans « ces mêmes pierres un grand os qui en fait la pièce principale, et qui est « entouré d'un nombre infini d'autres; il n'y a pas la moindre régularité « dans la disposition des couches. Si l'on versait de la chaux détrempée sur « un mélange d'esquilles, il en naîtrait quelque chose de semblable. Ces « masses sont déjà assez dures dans les cavernes.... mais lorsqu'elles sont « exposées à l'air, elles durcissent au point que, quand on s'y prend comme « il faut, elles sont susceptibles d'un médiocre poli. On trouve rarement des « cavités dans l'intérieur; les interstices sont remplis d'une matière com- « pacte que la pétrification a encore décomposée davantage. Je m'en suis à « la fin procuré, avec beaucoup de peines, une collection si complète, que « je puis présenter presque chaque os remarquable du squelette de ces ani- « maux, enchâssé dans une propre pièce, dont il fait l'os principal. En « entrant dans ces cavernes, pour la première fois, nous en avons trouvé « une si grande quantité, qu'il eût été facile d'en amasser quelques char- « retées.

« Un heureux destin m'avait réservé à moi et à mes amis, entre autres, « un morceau de cette pierre osseuse à peu près de trois pieds de long sur « deux de large et autant d'épaisseur.... La curiosité nous le fit mettre en « pièces, car il était impossible de le faire passer par ces détroits pour le « sortir en entier; chaque morceau, à peu près de deux livres, nous pré- « senta plus de cent fragments d'os..... j'eus le plaisir de trouver dans le « milieu une dent canine, longue de quatre pouces, bien conservée; nous « avons aussi trouvé des dents molaires de différentes espèces dans d'autres « morceaux de cette même masse [a]. »

Par cet exemple des cavernes de Bareith, où les ossements d'animaux dont elle est remplie se trouvent incrustés et même pénétrés de la matière pierreuse amenée par la stillation des eaux, on peut prendre une idée générale de la formation des ostéocolles animales qui se forment par le même mécanisme que les ostéocolles végétales [b], telles que les mousses pétrifiées et

a. *Description des cavernes du margraviat de Bareith*, par Jean-Frédéric Esper, in-folio, pag. 27.

b. « M. Gleditsch donne une bonne description des ostéocolles qui se trouvent en grande quantité dans les terrains maigres du Brandebourg : « Ce fossile, dit-il, est connu de tout le « monde dans les deux Marches, où on l'emploie depuis plusieurs siècles à des usages tant « internes qu'externes..... On le trouve dans un sable plus ou moins léger, blanc, gris, rouge « ou jaunâtre, fort ressemblant à l'espèce de sable qu'on trouve ordinairement au fond des « rivières : celui qui touche immédiatement l'ostéocolle est plus blanc et plus mou que le « reste..... Quand, dans les temps pluvieux, cette terre, qui s'attache fortement aux mains,

toutes les autres concrétions dans lesquelles on trouve des figures de végétaux; car supposons qu'au lieu d'ossements d'animaux accumulés dans ces cavernes, la nature ou la main de l'homme y eussent entassé une grande quantité de roseaux ou de mousses, n'est-il pas évident que ce même suc pierreux aurait saisi les mousses et les roseaux, les aurait incrustés en

« vient à se dissoudre dans les lieux élevés, les eaux l'entraînent en forme d'émulsion dans les « creux qui se trouvent au-dessous..... Elle ne diffère guère de la marne, et se trouve attachée « au sable dans des proportions différentes..... Mais plus le sable est voisin des branches du « fossile, plus la quantité de cette terre augmente; il n'y a pas grande différence entre elle et « la matière même du fossile : on trouve aussi cette terre dans les fonds et même sous quelques « étangs, etc.....

« Les vents, les pluies, etc., en enlevant le sable, laissent quelquefois à découvert l'ostéo- « colle..... Quelquefois on en trouve çà et là des pièces rompues..... Quand on aperçoit des « branches, on les dégage du sable avec précaution, et on les suit jusqu'au tronc qui jette des « racines sous terre de plusieurs côtés.....

« Tant que le tronc entier est encore renfermé dans le sable, la forme du fossile ne l'offre « aux yeux que d'un côté, et alors elle représente assez parfaitement le bas du tronc d'un vieil « arbre..... Les racines descendent en partie jusqu'à la profondeur de quatre à six pieds, et « s'étendent en partie obliquement de tous côtés..... Le tronc du fossile, dont la grandeur et « l'épaisseur varient, doit sans doute son origine au tronc de quelque arbre mort, et en « partie carié, ce qui se prouve suffisamment par la lésion et la destruction de sa structure « intérieure.....

« Les racines les plus fortes sont plus ou moins grosses que le bras; elles s'amincissent peu « à peu en se divisant, de sorte que les dernières ramifications ont à peine une circonférence « qui égale une plume d'oie. Pour les productions capillaires des racines, elles ne se trouvent « en aucun endroit du fossile, sans doute parce que leur ténuité et la délicatesse de leur texture « ne leur permet pas de résister à la putréfaction..... On trouve rarement les grosses racines « pétrifiées et durcies dans le sable, elles y sont plutôt un peu humides et molles; et exposées « à l'air, elles deviennent sèches et friables.....

« La masse terrestre, qui, à proprement parler, constitue notre fossile, est une vraie terre « de chaux, et, quand on l'a nettoyée du sable et de la pourriture qui peuvent y rester, l'acide « vitriolique, avec lequel elle fait une forte effervescence, la dissout en partie. La matière de « notre fossile, lorsqu'elle est encore renfermée dans le sable, est molle; elle a de l'humidité; « sa cohérence est lâche, et il s'en exhale une odeur âcre, assez faible cependant; ou bien elle « forme un corps graveleux, pierreux, insipide et sans odeur; tout cela met en évidence que la « terre de chaux de ce fossile n'est point du gravier fin, lié par le moyen d'une glu, comme « le prétendent quelques auteurs.

« Mais lorsqu'on peut remarquer dans la composition de la matière de notre fossile quelque « proportion, elle consiste, pour l'ordinaire, en parties égales de sable et de terre de chaux.

« Ce fossile est dû à des troncs d'arbres dont les fibres ont été atténuées et pourries par l'hu- « midité..... Il se forme dans ces troncs et dans ces racines des cavités où s'insinuent facile- « ment, par le moyen de l'eau, le sable et la terre de chaux qu'elle a dissous : cette terre, « entrant par tous les trous et les endroits cariés, descend jusqu'aux extrémités de toute la tige « et des racines, jusqu'à ce qu'avec le temps toutes ces cavités se trouvent exactement rem- « plies; l'eau superflue trouve aisément une issue, dont les traces se manifestent dans le centre « poreux des branches; voilà comment ce fossile se forme..... L'humidité croupissante qui est « perpétuellement autour du fossile est le véritable obstacle à son endurcissement.

« Quelques auteurs ont regardé comme de l'ostéocolle une certaine espèce de tuf en partie « informe, en partie composé de l'assemblage de plusieurs petits tuyaux de différente nature : « ce tuf se trouve en abondance dans plusieurs contrées de la Thuringe et en d'autres « endroits.....

« L'expérience, jointe au consentement de plusieurs auteurs, dépose que le terrain naturel « et le plus convenable à l'ostéocolle est un terroir stérile, sablonneux et léger; au contraire, un

dehors, et remplis en dedans et même dans tous leurs pores; que dès lors ces concrétions pierreuses en auront pris la forme, et qu'après la destruction et la pourriture de ces matières végétales, la concrétion pierreuse subsistera et se présentera sous cette même forme? nous en avons la preuve démonstrative dans certains morceaux qui sont encore roseaux en partie, et du reste ostéocolles: je connais aussi des mousses dont le bas est pleinement

« terrain gras, consistant, argileux, onctueux et limoneux, etc., lorsqu'il vient à être délayé « par l'eau, laisse passer lentement et difficilement l'eau elle-même, et à plus forte raison « quelque autre terre, comme celle dont l'ostéocolle est formée; l'ostéocolle se mêlerait intime- « ment à la terre grasse, dans l'intérieur de laquelle elle formerait des lits plats, plutôt que de « pénétrer une substance aussi consistante. » (Extrait des *Mémoires de l'Académie de Prusse*, par M. Paul; Avignon, 1768, tome V, in-12, page 1 et suiv. du Supplément à ce volume.)

M. Bruckmann dit, comme M. Gleditsch, que les ostéocolles ne se trouvent point dans les terres grasses et argileuses, mais dans les terrains sablonneux; il y en a près de Francfort-sur-l'Oder, dans un sable blanchâtre, mêlé d'une matiere noire, qui n'est que du bois pourri : l'ostéocolle est molle dans la terre, mais plutôt friable que ductile; elle se dessèche et durcit en très-peu de temps à l'air : c'est une espèce de marne, ou du moins une terre qui lui est fort analogue. Les différentes figures des ostéocolles ne viennent que des racines auxquelles cette matière s'attache; de là provient aussi la ligne noire qu'on trouve presque toujours dans leur milieu : elles sont toutes creuses, à l'exception de celles qui sont formées de plusieurs petites fibres de racines accumulées et réunies par la matière marneuse ou crétacée. Voyez la *Collection académique*, partie étrangère, t. II, pag. 155 et 156.

M. Beurer, de Nuremberg, ayant fait déterrer grand nombre d'ostéocolles, en a trouvé une dans le temps de sa formation : c'était une souche de peuplier noir qui, par son extrémité supérieure, était encore ligneuse, et dont la racine était devenue une véritable ostéocolle. Voyez les *Transact. philosophiques*, année 1745, n° 476.

M. Guettard a aussi trouvé des ostéocolles en France, aux environs d'Étampes, et particulièrement sur les bords de la rivière de Louette. « L'ostéocolle d'Étampes, dit cet académicien, « forme des tuyaux longs depuis trois ou quatre pouces jusqu'à un pied, un pied et demi et « plus : le diamètre de ces tuyaux est de deux, trois, quatre lignes et même d'un pouce; les « uns, et c'est le plus grand nombre, sont cylindriques, les autres sont formés de plusieurs « portions de cercles, qui réunies forment une colonne à plusieurs pans. Il y en a d'aplatis; les « bords de quelques autres sont roulés en dedans suivant leur longueur, et ne sont par consé- « quent que demi-cylindriques; plusieurs n'ont qu'une seule couche, mais beaucoup plus en « ont deux ou trois. On dirait que ce sont autant de cylindres renfermés les uns dans les « autres : le milieu d'un tuyau cylindrique, fait d'une ou de deux couches, en contient quelque- « fois une troisième qui est prismatique triangulaire. Quelques-uns de ces tuyaux sont coni- « ques; d'autres, ceux-ci sont cependant rares, sont courbés et forment presque un cercle. De « quelque figure qu'ils soient, leur surface interne est lisse, polie et ordinairement striée; « l'extérieure est raboteuse et bosselée; la couleur est d'un assez beau blanc de marne ou de « craie à l'extérieur; celle de la surface interne est quelquefois d'un jaune tirant sur le rou- « geâtre, et, si elle est blanche, ce blanc est toujours un peu sale..... Il y a aussi de l'ostéo- « colle sur l'autre bord de la rivière, mais en moindre quantité..... On en trouve encore de « l'autre côté de la ville, dans un endroit qui regarde les moulins à papier qui sont établis « sur une branche de la Chalouette, et sur les bords des fossés de cette ville qui sont de ce « côté.....

« M. Guettard rapporte encore plusieurs observations pour prouver que la formation de l'os- « téocolle des environs d'Étampes n'est due qu'à des plantes qui se sont chargées de particules « de marne et de sable des montagnes voisines, qui auront été entraînées par des averses « d'eau et arrêtées dans les mares par les plantes qui y croissent, et sur lesquelles ces parti- « cules de marne et de sable se seront déposées successivement. » Voyez les *Mémoires de l'Académie des Sciences*, année 1754, page 269 jusqu'à 288.

incrusté, et dont le dessus est encore vert et en état de végétation. Et, comme nous l'avons dit, tout ce qu'on appelle pétrifications ne sont que des incrustations qui non-seulement se sont appliquées sur la surface des corps, mais en ont même pénétré et rempli les vides et les pores en se substituant peu à peu à la matière animale ou végétale, à mesure qu'elle se décomposait.

On vient de voir, par la note précédente, que les ostéocolles ne sont que des incrustations d'une matière crétacée ou marneuse; et ces incrustations se forment quelquefois en très-peu de temps, aussi bien au fond des eaux que dans le sein de la terre. M. Dutour, correspondant de l'Académie des Sciences, cite une ostéocolle qu'il a vu se former en moins de deux ans. « En « faisant nettoyer un canal, je remarquai, dit-il, que tout le fond était « comme tapissé d'un tissu fort serré de filets pierreux, dont les plus gros « n'avaient que deux lignes de diamètre et qui se croisaient en tout sens. « Les filets étaient de véritables tuyaux moulés sur des racines d'ormes fort « menues qui s'y étaient desséchées et qu'on pouvait aisément en tirer. La « couleur de ces tuyaux était grise, et leurs parois, qui avaient un peu plus « d'un tiers de ligne d'épaisseur, étaient assez fortes pour résister sans se « briser à la pression des doigts. A ces marques, je ne pus méconnaître l'os- « téocolle, mais je ne pus aussi m'empêcher d'être étonné du peu de temps « qu'elle avait mis à se former; car ce canal n'était construit que depuis « environ deux ans et demi, et certainement les racines qui avaient servi de « noyau à l'ostéocolle étaient de plus nouvelle date[a]. » Nous avons d'autres exemples d'incrustations qui se font encore en moins de temps dans de certaines circonstances. Il est dit, dans l'Histoire de l'Académie des Sciences[b], que M. de La Chapelle avait apporté une pétrification fort épaisse, tirée de l'aqueduc d'Arcueil, et qu'il avait appris des ouvriers, que ces pétrifications ou incrustations se font par lits chaque année; que pendant l'hiver il ne s'en fait point, mais seulement pendant l'été; et que, quand l'hiver a été très-pluvieux et abondant en neiges, les pétrifications qui se forment pendant l'été suivant sont quelquefois d'un pied d'épaisseur; ce fait est peut-être exagéré, mais au moins on est sûr que souvent en une seule année ces dépôts pierreux sont de plus d'un pouce ou deux : on en trouve un exemple dans la même Histoire de l'Académie[c]. Le *ruisseau de craie*, près de Besançon, enduit d'une incrustation pierreuse les tuyaux de bois de sapin où l'on fait passer son eau pour l'usage de quelques forges; il forme dans leur intérieur en deux ans d'autres tuyaux d'une pierre compacte d'environ un pouce et demi d'épaisseur. M. de Luc dit qu'on voit dans le Valais des eaux aussi claires qu'il soit possible, et qui ne laissent pas de former de tels amas de tuf, qu'il

a. *Histoire de l'Académie des Sciences*, année 1761, page 24.
b. *Idem*, année 1713, page 23.
c. Année 1720, page 23.

en résulte des saillies considérables sur les faces des montagnes [a], etc.

Les stalactites, quoique de même nature que les incrustations et les tufs, sont seulement moins impures et se forment plus lentement. On leur a donné différents noms suivant leurs différentes formes, mais M. Guettard dit avec raison que les stalactites, soit en forme pyramidale ou cylindrique ou en tubes, peuvent être regardées comme une même sorte de concrétions [b]. Il parle d'une concrétion en très-grande masse qu'il a observée aux environs de Crégi, village peu éloigné de Meaux, qui s'est formée par le dépôt de l'eau d'une fontaine voisine, et dans laquelle on trouve renfermés des mousses, des chiendents et d'autres plantes qui forment des milliers de petites ramifications, dont les branches sont ordinairement creuses, parce que ces plantes se sont à la longue pourries et entièrement détruites [c]. Il cite aussi les incrustations en forme de planches de sapin qui se trouvent aux environs de Besançon. « Lorsqu'on voit pour la première fois, dit cet « Académicien, un morceau de ce dépôt pierreux, il n'y a personne qui ne « le prenne d'abord pour une planche de sapin pétrifiée.... Rien en effet « n'est plus propre à faire prendre cette idée que ces espèces de planches : « une de leurs surfaces est striée de longues fibres longitudinales et parallèles, « comme peuvent être celles des planches de sapin ; la continuité de ces fibres « est quelquefois interrompue par des espèces de nœuds semblables à ceux « qui se voient dans ce bois ; ces nœuds sont de différentes grosseurs et « figures. L'autre surface de ces planches est en quelque sorte ondée à peu « près comme serait une planche de sapin mal polie. Cette grande ressem- « blance s'évanouit cependant lorsqu'on vient à examiner ces sortes de plan- « ches. On s'aperçoit aisément alors qu'elles ne font voir que ce qu'on « remarquerait sur des morceaux de plâtre ou de quelque pâte qu'on aurait « étendue sur une planche de sapin... On s'assure facilement dès lors que « ces planches pierreuses ne sont qu'un dépôt fait sur des planches de ce « bois ; et, si on les casse, on le reconnaît encore mieux, parce que les stries « de la surface ne se continuent pas dans l'intérieur [d]. »

M. Guettard cite encore un autre dépôt pierreux qui se fait dans les bassins du château d'Issy près Paris : ce dépôt contient des groupes de plantes *verticillées*, toutes incrustées. Ces plantes, telles que la girandole d'eau, sont très-communes dans toutes les eaux dormantes ; la quantité de ces plantes fait que les branches des différents pieds s'entrelacent les unes avec les autres, et lorsqu'elles sont chargées du dépôt pierreux, elles forment des groupes que l'on pourrait prendre pour des plantes pierreuses ou des plantes marines semblables à celles qu'on appelle *corallines*.

a. *Lettres à la reine d'Angleterre*, page 17.
b. *Mémoires de l'Académie des Sciences*, année 1754, page 17.
c. *Idem*, *ibidem*, page 58 et suiv.
d. *Idem*, *ibidem*, page 131 et suiv.

Par ce grand nombre d'exemples, on voit que l'incrustation est le moyen aussi simple que général par lequel la nature conserve pour ainsi dire à perpétuité les empreintes de tous les corps sujets à la destruction; ces empreintes sont d'autant plus exactes et fidèles, que la pâte qui les reçoit est plus fine; l'eau la plus claire et la plus limpide ne laisse pas d'être souvent chargée d'une très-grande quantité de molécules pierreuses qu'elle tient en dissolution, et ces molécules, qui sont d'une extrême ténuité, se moulent si parfaitement sur les corps les plus délicats, qu'elles en représentent les traits les plus déliés : l'art a même trouvé le moyen d'imiter en ceci la nature; on fait des cachets, des reliefs, des figures parfaitement achevées, en exposant des moules au jaillissement d'une eau chargée de cette matière pierreuse [a]; et l'on peut aussi faire des pétrifications artificielles, en tenant longtemps dans cette eau des corps de toute espèce : ceux qui seront spongieux ou poreux recevront l'incrustation tant au dehors qu'en dedans, et si la substance animale ou végétale qui sert de moule vient à pourrir, la concrétion qui reste paraît être une vraie pétrification, c'est-à-dire le corps même qui s'est pétrifié, tandis qu'il n'a été qu'incrusté à l'intérieur comme à l'extérieur.

DU MARBRE.

Le marbre [1] est une pierre calcaire dure et d'un grain fin, souvent colorée et toujours susceptible de poli : il y a, comme dans les autres pierres calcaires, des marbres de première, de seconde et peut-être de troisième formation.

a. C'est aux bains de Santo-Filippo, sur le penchant de la montagne de Santa-Fiora, près de Sienne, que M. le docteur Leonardo Vegni a établi sa singulière manufacture d'impressions de médailles et de bas-reliefs, formés par la poudre calcaire que déposent ces eaux : pour cela, il les fait tomber d'assez haut sur des lattes de bois placées en travers sur un grand cuveau; l'eau par cette chute rejaillit en gouttes contre les parois de la cuve, auxquelles sont attachés les modèles et les médailles; et en peu de temps on les voit couvertes d'une incrustation très-fine et très-compacte.... On peut même colorer ce sédiment pierreux en rouge, en faisant filtrer l'eau qui doit le déposer à travers du bois de Fernambouc : il faut que cette matière soit bien abondante dans les eaux, puisqu'on assure qu'on a déjà fait par ce moyen des bustes entiers, et que M. le docteur Vegni espère réussir à en faire des statues massives de grandeur humaine. Voyez la note de M. le baron de Dietrich, page 174 des *Lettres de M. Ferber.*

1. Le *marbre* n'est qu'un *carbonate de chaux :* le *carbonate de chaux saccharoïde.*
Les variétés du *marbre* sont presque innombrables; mais on peut les ramener à quatre séries principales : les *marbres simples*, les *brèches,* les *marbres composés* et les *lumachelles.* Un grand nombre de ces variétés sont *fossilifères;* car, comme tous les autres *calcaires,* le *marbre* est un produit *neptunien :* son caractère cristallin est dû à une *action ignée* postérieure, qui en a changé la texture : il appartient aux *roches métamorphiques* (voyez la note 2 de la p. 533 du IXe volume). — « Une matière, dont l'art ancien fit un grand et noble usage, le *marbre granulaire* (*saccharoïde*), doit être considéré comme une couche de sédiment modifiée par la « chaleur terrestre et par le voisinage d'une roche d'éruption. » (Humboldt : *Cosmos,* t. I, p. 300.) — C'est l'*action ignée* qui a fait disparaître toute trace de *fossiles* dans le *marbre.*

Ce que nous avons dit au sujet des carrières parasites suffit pour donner une juste idée de la composition des pierres ou des marbres que ces carrières renferment; mais les anciens marbres ne sont pas composés, comme les nouveaux, de simples particules pierreuses réduites par l'eau en molécules plus ou moins fines; ils sont formés, comme les autres pierres anciennes, de débris de pierres encore plus anciennes, et la plupart sont mêlés de coquilles et d'autres productions de la mer; tous sont posés par bancs horizontaux ou parallèlement inclinés, et ils ne diffèrent des autres pierres calcaires que par les couleurs, car il y a de ces pierres qui sont presque aussi dures, aussi denses et d'un grain aussi fin que les marbres, et auxquelles néanmoins on ne donne pas le nom de *marbres*, parce qu'elles sont sans couleur décidée, ou plutôt sans diversité de couleurs : au reste, les couleurs, quoique très-fortes ou très-foncées dans certains marbres, n'en changent point du tout la nature; elles n'en augmentent sensiblement ni la dureté ni la densité, et n'empêchent pas qu'ils ne se calcinent et se convertissent en chaux, au même degré de feu que les autres pierres dures. Les pierres à grain fin et que l'on peut polir font la nuance entre les pierres communes et les marbres qui tous sont de la même nature que la pierre, puisque tous font effervescence avec les acides, que tous ont la cassure grenue, et que tous peuvent se réduire en chaux. Je dis tous, parce que je n'entends parler ici que des marbres purs, c'est-à-dire de ceux qui ne sont composés que de matière calcaire sans mélange d'argile, de schiste, de lave ou d'autre matière vitreuse; car ceux qui sont mêlés d'une grande quantité de ces substances hétérogènes ne sont pas de vrais marbres, mais des pierres mi-parties, qu'on doit considérer à part.

Les bancs des marbres anciens ont été formés, comme les autres bancs calcaires, par le mouvement et le dépôt des eaux de la mer, qui a transporté les coquilles et les matières pierreuses, réduites en petit volume, en graviers, en galets, et les a stratifiées les unes sur les autres; et il paraît que l'établissement local de la plupart de ces bancs de marbre d'ancienne formation a précédé celui des autres bancs de pierre calcaire, parce qu'on les trouve presque toujours au-dessous de ces mêmes bancs, et que dans une colline composée de vingt ou trente bancs de pierre, il n'y a d'ordinaire que deux ou trois bancs de marbre, souvent un seul, toujours situé au-dessous des autres, à peu de distance de la glaise qui sert de base à la colline; en sorte que communément le banc de marbre porte immédiatement sur cette argile, ou n'en est séparé que par un dernier banc qui paraît être l'égout de tous les autres, et qui est mêlé de marbre, de pyrites et de cristallisations spathiques d'un assez grand volume.

Ainsi, par leur situation au-dessous des autres bancs de pierre calcaire, les bancs de ces anciens marbres ont reçu les couleurs et les sucs pétrifiants dont l'eau se charge toujours en pénétrant d'abord la terre végétale, et ensuite tous les bancs de pierre qui se trouvent entre cette terre et le banc de marbre; et l'on peut distinguer par plusieurs caractères ces marbres d'ancienne formation : les uns portent des empreintes de coquilles dont on voit la forme et les stries; d'autres, comme les *lumachelles*, paraissent composés de petites coquilles de la figure des limaçons; d'autres contiennent des bélemnites, des orthocératites, des astroïtes, des fragments de madrépores, etc. : tous ces marbres qui présentent des impressions de coquilles, sont moins communs que ceux qu'on appelle *brèches*, qui n'offrent que peu ou point de ces productions marines, et qui sont composés de galets et de graviers arrondis, liés ensemble par un ciment pierreux, de sorte qu'ils s'ébrèchent en les cassant, et c'est de là qu'on les a nommés *brèches*.

On peut donc diviser en deux classes ces marbres d'ancienne formation : la première comprend tous ceux auxquels on a donné ce nom de brèches, et l'on pourrait appeler *marbres coquilleux* ceux de la seconde classe; les uns et les autres ont des veines de spath, qui cependant sont plus fréquentes et plus apparentes dans les marbres coquilleux que dans les brèches, et ces veines se sont formées lorsque la matière de ces marbres, encore molle, s'est entr'ouverte par le desséchement; les fentes se sont dès lors peu à peu remplies du suc lapidifique qui découlait des bancs supérieurs, et ce suc spathique a formé les veines qui traversent le fond du marbre en différents sens; elles se trouvent ordinairement dans la matière plus molle qui a servi de ciment pour réunir les galets, les graviers et les autres débris de pierre ou des marbres anciens dont ils sont composés; et ce qui prouve évidemment que ces veines ne sont que des fentes remplies du suc lapidifique, c'est que dans les bancs qui ont souffert quelque effort, et qui se sont rompus après le desséchement par un tremblement de terre ou par quelque autre commotion accidentelle, on voit que la rupture, qui dans ce cas a séparé les galets et les autres morceaux durs en deux parties, s'est ensuite remplie de spath, et a formé une petite veine si semblable à la fracture, qu'on ne peut la méconnaître. Ce que les ouvriers appellent des *fils* ou des *poils*, dans les blocs de pierre calcaire, sont aussi de petites veines de spath, et souvent la pierre se rompt dans la direction de ces fils en la travaillant au marteau; quelquefois aussi ce spath prend une telle solidité, surtout quand il est mêlé de parties ferrugineuses, qu'il semble avoir autant et plus de résistance que le reste de la matière.

Il en est des taches comme des veines, dans certains marbres d'ancienne formation : on y voit évidemment que les taches sont aussi d'une date postérieure à celle de la masse même de ces marbres, car les coquilles et les débris des madrépores répandus dans cette masse, ayant été dissous par l'intermède de l'eau, ont laissé dans plusieurs endroits de ces marbres, des cavités qui n'ont conservé que le contour de leur figure, et l'on voit que ces petites cavités ont été ensuite remplies par une matière blanche ou colorée, qui forme des taches d'une figure semblable à celle de ces corps marins dont elle a pris la place ; et lorsque cette matière est blanche, elle est de la même nature que celle du marbre blanc, ce qui semble indiquer que le marbre blanc lui-même est de seconde formation, et a été, comme les albâtres, produit par la stillation des eaux. Cette présomption se confirme lorsque l'on considère qu'il ne se trouve jamais d'impression de coquilles ni d'autres corps marins dans le marbre blanc [1], et que dans ses carrières on ne remarque point les fentes perpendiculaires ni même les délits horizontaux, qui séparent et divisent par bancs et par blocs les autres carrières de pierres calcaires ou de marbres d'ancienne formation : on voit seulement sur ce marbre blanc de très-petites gerçures qui ne sont ni régulières ni suivies ; l'on en tire des blocs d'un très-grand volume et de telle épaisseur que l'on veut, tandis que, dans les marbres d'ancienne formation, les blocs ne peuvent avoir que l'épaisseur du banc dont on les tire, et la longueur qui se trouve entre chacune des fentes perpendiculaires qui traversent ce banc. L'inspection même de la substance du marbre blanc, et les grains spathiques que l'on aperçoit à sa cassure, semblent démontrer qu'il a été formé par la stillation des eaux ; et l'on observe de plus que lorsqu'on le taille il obéit au marteau dans tous les sens, soit qu'on l'entame horizontalement ou verticalement, au lieu que, dans les marbres d'ancienne formation, le sens horizontal est celui dans lequel on les travaille plus facilement que dans tout autre sens.

Les marbres anciens sont donc composés :

1° Des débris de pierres dures ou de marbres encore plus anciens et réduits en plus ou moins petit volume. Dans les brèches, ce sont des morceaux très-distincts, et qui ont depuis quelques lignes jusqu'à quelques pouces de diamètre. Ceux que les nomenclateurs ont appelés *marbres oolithes*, qui sont composés de petits graviers arrondis, semblables à des œufs de poissons, peuvent être mis au rang des brèches ainsi que les *poudingues calcaires*, composés de gros graviers arrondis.

2° D'un ciment pierreux ordinairement coloré qui lie ces morceaux dans les brèches, et réunit les parties coquilleuses avec les graviers dans les autres marbres : ce ciment, qui fait le fond de tous les marbres, n'est qu'une matière pierreuse anciennement réduite en poudre et qui avait acquis son dernier degré de pétrification avant de se réunir, ou qui l'a pris depuis par la susception du liquide pétrifiant.

Mais les marbres de seconde formation ne contiennent ni galets ni graviers arrondis et ne présentent aucune impression de coquilles : ils sont, comme nous l'avons dit, uniquement composés de molécules pierreuses, charriées et déposées par la stillation des eaux, et dès lors ils sont plus uni-

1. Voyez la note de la page 150.

formes dans leur texture et moins variés dans leur composition; ils ont ordinairement le grain plus fin et des couleurs plus brillantes que les premiers marbres, desquels néanmoins ils tirent leur origine. On peut en donner des exemples dans tous les marbres antiques et modernes : ceux auxquels on donne le nom d'*antiques* ne nous sont plus connus que par les monuments où ils ont été employés, car les carrières dont ils ont été tirés sont perdues, tandis que ceux qu'on appelle *marbres modernes* se tirent encore actuellement des carrières qui nous sont connues. Le *cipolin* parmi ces marbres antiques, et le *sérancolin* parmi les marbres modernes, sont tous deux de seconde formation; le jaune et le vert antiques et modernes, les marbres blancs et noirs, tous ceux, en un mot, qui sont nets et purs, qui ne contiennent point de galets ni de productions marines dont la figure soit apparente, et qui ne sont, comme l'albâtre, composés que de molécules pierreuses, très-petites et disposées d'une manière uniforme, doivent être regardés comme des marbres de seconde formation, parmi lesquels il y en a, comme les marbres blancs de Carrare, de Paros, etc., auxquels on a donné mal à propos le nom de *marbres salins*, uniquement à cause qu'ils offrent à leur cassure et quelquefois à leur surface de petits cristaux spathiques en forme de grains de sel; ce qui a fait dire à quelques observateurs superficiels [a] que ces marbres contenaient une grande quantité de sels.

En général, tout ce que nous avons dit des pierres calcaires anciennes et modernes doit s'appliquer aux marbres; la nature a employé les mêmes moyens pour les former : elle a d'abord accumulé et superposé les débris des madrépores et des coquilles, elle en a brisé, réduit en poudre la plus grande quantité, elle a déposé le tout par lits horizontaux, et ces matières, réunies par leur force d'affinité, ont pris un premier degré de consistance, qui s'est bientôt augmenté dans les lits inférieurs par l'infiltration du suc pétrifiant qui n'a cessé de découler des lits supérieurs; les pierres les plus dures et les marbres se sont, par cette cause, trouvés au-dessous des autres bancs de pierre; plus il y a eu d'épaisseur de pierre au-dessus de ce banc inférieur, plus la matière en est devenue dense; et lorsque le suc pétrifiant, qui en a rempli les pores, s'est trouvé fortement imprégné des couleurs du fer ou d'autres minéraux, il a donné les mêmes couleurs à la masse entière de ce dernier banc; on peut aisément reconnaître et bien voir ces couleurs dans la carrière même ou sur des blocs bruts; en les mouillant avec de

a. Le docteur Targioni Tozzetti rapporte très-sérieusement une observation de Leeuwenhoeck qui prétend avoir découvert dans l'albâtre une très-grande quantité de sel, d'où ce docteur italien conjecture que la plus grande partie de la pâte blanche qui compose l'albâtre est une espèce de sel fossile qui, venant à être rongé par les injures de l'air ou par l'eau, laisse à découvert les cristallisations en forme d'aiguilles : « Il y a toujours, dit-il, dans les albâtres une grande « quantité de sel; on le voit tout à fait ressemblant à celui de la mer, dans certains mor- « ceaux que je garde dans mon cabinet. » Voyez le *Journal étranger*, mois d'août 1755, pag. 104 et suiv.

l'eau, elle fait sortir ces couleurs, et leur donne pour le moment autant de lustre que le poli le plus achevé.

Il n'y a que peu de marbres, du moins en grand volume, qui soient d'une seule couleur. Les plus beaux marbres blancs ou noirs sont les seuls que l'on puisse citer, et encore sont-ils souvent tachés de gris et de brun ; tous les autres sont de plusieurs couleurs, et l'on peut même dire que toutes les couleurs se trouvent dans les marbres, car on en connaît des rouges et rougeâtres ; des orangés, des jaunes et jaunâtres ; des verts et verdâtres ; des bleuâtres plus ou moins foncés et des violets ; ces deux dernières couleurs sont les plus rares, mais cependant elles se voient dans la *brèche violette* et dans le marbre appelé *bleu turquin ;* et du mélange de ces diverses couleurs, il résulte une infinité de nuances différentes dans les marbres gris, isabelles, blanchâtres, bruns ou noirâtres. Dans le grand nombre d'échantillons qui composent la collection des marbres du Cabinet du Roi, il s'en trouve plusieurs de deux, trois et quatre couleurs, et quelques-uns de cinq et six : ainsi les marbres sont plus variés que les albâtres dans lesquels je n'ai jamais vu du bleu ni du vert.

On peut augmenter par l'art la vivacité et l'intensité des couleurs que les marbres ont reçues de la nature. Il suffit pour cela de les chauffer : le rouge deviendra d'un rouge plus vif ou plus foncé, et le jaune se changera en orangé ou en petit rouge. Il faut un certain degré de feu pour opérer ce changement qui se fait en les polissant à chaud ; et ces nouvelles nuances de couleur, acquises par un moyen si simple, ne laissent pas d'être permanentes, et ne s'altèrent ni ne changent par le refroidissement ni par le temps : elles sont durables parce qu'elles sont profondes, et que la masse entière du marbre prend par cette grande chaleur ce surcroît de couleur qu'elle conserve toujours.

Dans tous les marbres on doit distinguer la partie du fond, qui d'ordinaire est de couleur uniforme, d'avec les autres parties qui sont par taches ou par veines, souvent de couleurs différentes ; les veines traversent le fond et sont rarement coupées par d'autres veines, parce qu'elles sont d'une formation plus nouvelle que le fond, et qu'elles n'ont fait que remplir les fentes occasionnées par le desséchement de cette matière du fond : il en est de même des taches, mais elles ne sont guère traversées d'autres taches, sinon par quelques filets d'herborisations qui sont d'une formation encore plus récente que celle des veines et des taches ; et l'on doit remarquer que toutes les taches sont irrégulièrement terminées et comme frangées à leur circonférence, tandis que les veines sont au contraire sans dentelures ni franges, et nettement tranchées des deux côtés dans leur longueur.

Il arrive souvent que dans la même carrière, et quelquefois dans le même bloc, on trouve des morceaux de couleurs différentes, et des taches ou des veines situées différemment ; mais pour l'ordinaire les marbres d'une contrée se ressemblent plus entre eux qu'à ceux des contrées éloignées, et cela leur est commun avec les autres pierres calcaires qui sont d'une texture et d'un grain différents dans les différents pays.

Au reste, il y a des marbres dans presque tous les pays du monde, et dès qu'on y voit des pierres calcaires, on peut espérer de trouver des marbres au-dessous [a]. Dans la seule province de Bourgogne qui n'est pas renommée pour ses marbres, comme le Languedoc ou la Flandre, M. Guettard [b] en compte cinquante-quatre variétés. Mais nous devons observer que, quoiqu'il y ait de vrais marbres dans ces cinquante-quatre variétés, le plus grand nombre mérite à peine ce nom : leur couleur terne, leur grain grossier, leur poli sans éclat, doivent les faire rejeter de la liste des beaux marbres, et ranger parmi ces pierres dures qui font la nuance entre la pierre et le marbre [c].

Plusieurs de ces marbres sont d'ailleurs sujets à un très-grand défaut; ils sont *terrasseux*, c'est-à-dire parsemés de plus ou moins grandes cavités remplies d'une matière terreuse qui ne peut recevoir le poli; les ouvriers ont coutume de pallier ce défaut, en remplissant d'un mastic dur ces cavités ou terrasses; mais le remède est peut-être pire que le mal, car ce mastic s'use au frottement et se fond à la chaleur du feu : il n'est pas rare de le voir couler par gouttes contre les bandes et les consoles des cheminées.

Comme les marbres sont plus durs et plus denses que la plupart des autres pierres calcaires, il faut un plus grand degré de chaleur pour les convertir en chaux ; mais aussi cette chaux de marbre est bien meilleure, plus grasse et plus tenace que la chaux de pierre commune : on prétend que les Romains n'employaient pour les bâtiments publics que de la chaux de marbre, et que c'est ce qui donnait une si grande consistance à leur mortier, qui devenait avec le temps plus dur que la pierre.

Il y a des marbres revêches dont le travail est très-difficile : les ouvriers les appellent *marbres fiers*, parce qu'ils résistent trop aux outils et qu'ils ne leur cèdent qu'en éclatant ; il y en a d'autres qui, quoique beaucoup moins durs, s'égrènent au lieu de s'éclater. D'autres en grand nombre sont, comme nous l'avons dit, parsemés de cavités ou *terrasses;* d'autres sont traversés par un très-grand nombre de fils d'un spath tendre, et les ouvriers les appellent *marbres filandreux*.

Au reste, toutes les fois que l'on voit des morceaux de vingt à trente pieds de longueur et au-dessus, soit en pierre calcaire, soit en marbre, on doit être assuré que ces pierres ou ces marbres sont de seconde formation, car dans les bancs de marbres anciens et qui ont été formés et déposés par le

a. « Quoto enim loco non suum marmor invenitur? » dit Pline.

b. *Mém. de l'Académie des Sciences*, année 1763, page 145 jusqu'à la page 150.

c. J'ai fait exploiter pendant vingt ans la carrière de marbre de Montbard, et ce que je dis des autres marbres de Bourgogne est d'après mes propres observations.

transport des eaux de la mer, on ne peut tirer que des blocs d'un bien moindre volume. Les pierres qui forment le fronton de la façade du Louvre, la colonne de marbre qui est auprès de Moret, et toutes les autres longues pièces de marbre ou de pierre, employées dans les grands édifices et dans les monuments, sont toutes de nouvelle formation.

On ne sera peut-être pas fâché de trouver ici l'indication des principaux lieux, soit en France, soit ailleurs, où l'on trouve des marbres distingués : on verra par leur énumération qu'il y en a dans toutes les parties du monde.

Dans le pays de Hainaut, le marbre de Barbançon est noir veiné de blanc, et celui de Rance est rouge sale, mêlé de taches et de veines grises et blanches.

Celui de Givet que l'on tire près de Charlemont, sur les frontières du Luxembourg, est noir veiné de blanc, comme celui de Barbançon, mais il est plus net et plus agréable à l'œil.

On tire de Picardie le marbre de Boulogne, qui est une espèce de brocatelle, dont les taches sont fort grandes et mêlées de quelques filets rouges.

Un autre marbre qui tient encore de la brocatelle, se tire de la province de Champagne; il est taché de gris comme s'il était parsemé d'yeux de perdrix. Il y a encore, dans cette même province, des marbres nuancés de blanc et de jaunâtre.

Le marbre de Caen en Normandie est d'un rouge entremêlé de veines et de taches blanches : on en trouve de semblable près de Cannes en Languedoc.

Depuis quelques années on a découvert dans le Poitou, auprès de La Bonardelière, une carrière de fort beaux marbres; il y en a de deux sortes : l'un est d'un assez beau rouge foncé, agréablement coupé et varié par une infinité de taches de toutes sortes de formes qui sont d'un jaune pâle; l'autre, au contraire, est uniforme dans sa couleur; les blocs en sont gris ou jaunes, sans aucun mélange ni taches [a].

Dans le pays d'Aunis, M. Peluchon a trouvé, à deux lieues de Saint-Jean-d'Angely, un marbre coquillier qu'il compare pour la beauté aux beaux marbres coquilliers d'Italie; il est en couches dans sa carrière, et il se présente en blocs et en plateaux de quatre à cinq pieds en carré. Il est composé, comme les lumachelles, d'une infinité de petits coquillages. Il y en a du jaunâtre et du gris, et tous deux reçoivent un très-beau poli [b].

Dans le Languedoc, on trouve aussi diverses sortes de marbres, qui méritent d'être employés à l'ornement des édifices par la beauté et la variété de leurs couleurs : on en tire une fort grande quantité auprès de la ville de Cannes, diocèse de Narbonne; il y en a d'incarnat ou d'un rouge pâle, marqués de veines et de taches blanches; d'autres qui sont d'un bleu tur-

a. *Gazette d'Agriculture* du mardi 4 juin 1776.
b. *Idem*, du mardi 8 août 1775.

quin, et dans ces marbres turquins, il y en a qui sont mouchetés d'un gris clair.

Il y a aussi, dans les environs de Cannes, une autre sorte de marbre que l'on appelle *griotte*, parce que sa couleur approche beaucoup de celle des cerises de ce nom; il est d'un rouge foncé mêlé de blanc sale : un autre marbre du même pays est appelé *cervelas*, parce qu'il a des taches blanches sur un fond rougeâtre [a].

En Provence, le marbre de la Sainte-Baume est renommé; il est taché de rouge, de blanc et de jaune; il approche de celui que l'on appelle *brocatelle d'Italie :* ce marbre est un des plus beaux qu'il y ait en France.

En Auvergne, il se trouve du marbre rougeâtre mêlé de gris, de jaune et de vert.

En Gascogne, le marbre sérancolin, dans le *val d'Aure* ou *vallée d'Aure*, est d'un rouge de sang ordinairement mêlé de gris et de jaune; mais il s'y trouve aussi des parties spathiques et transparentes. Ses carrières, qui étaient de seconde formation, et dont on a tiré des blocs d'un très-grand volume, sont actuellement épuisées.

Près de Comminges, dans la même province de Gascogne, on trouve à Saint-Bertrand un marbre verdâtre mêlé de taches rouges et de quelques taches blanches.

Le marbre *campan* vient aussi de Gascogne : on le tire près de Tarbes; il est mêlé plus ou moins de blanc, de rouge, de vert et d'isabelle; le plus commun de tous est celui qu'on appelle *vert-campan*, qui, sur un beau vert, n'est mêlé que de blanc. Tous ces marbres sont de seconde formation, et on en a tiré d'assez grands blocs pour en faire des colonnes.

Maintenant, si nous passons aux pays étrangers, nous trouverons qu'il y a dans le Groënland, sur les bords de la mer, beaucoup de marbres de toutes sortes de couleurs; mais la plupart sont noirs et blancs, parsemés de veines spathiques; le rivage est aussi couvert de quartiers informes de marbre rouge avec des veines blanches, vertes et d'autres couleurs [b].

En Suède et en Angleterre, il y a de même des marbres dont la plupart varient par leurs couleurs.

En Allemagne, on en trouve aux environs de Saltzbourg et de Lintz différentes variétés : les uns sont d'un rouge lie de vin, d'autres sont olivâtres veinés de blanc, d'autres rouges et rougeâtres, avec des veines blanches, et d'autres sont d'un blanc pâle veinés de noirâtre [c]. Il y en a quelques-uns à Bareith, ainsi qu'en Saxe et en Silésie, dont on peut faire des statues, et on tire des environs de Brême du marbre jaune taché de blanc.

A Altorf près de Nuremberg, on a découvert depuis peu une sorte de

a. *Hist. naturelle du Languedoc*, par M. de Gensane, t. II, p. 199.
b. *Hist. générale des Voyages*, t. XIX, p. 28.
c. *Mém. de l'Académie des Sciences*, année 1763, page 213.

marbre remarquable par la quantité de bélemnites et de cornes d'Ammon qu'il contient. Sa carrière est située dans un endroit bas et aquatique; la couche en est horizontale, et n'a que dix-huit à dix-neuf pouces d'épaisseur; elle est recouverte par dix-huit pieds de terre, et se prolonge sous les collines sans changer de direction; elle est divisée par une infinité de fentes perpendiculaires qui ne sont éloignées l'une de l'autre que de trois, quatre et cinq pieds, et ces fentes se multiplient d'autant plus que la couche de marbre s'éloigne davantage des terrains humides, ce qui fait qu'on ne peut pas obtenir de grands blocs de ce marbre; sa couleur, lorsqu'il est brut, paraît être d'un gris d'ardoise, mais le poli lui donne une couleur verte mêlée de gris brun, qui est agréablement relevée par les différentes figures que le mélange des coquilles y a dessinées [a].

Le pays de Liége et la Flandre fournissent des marbres plus ou moins beaux et plus ou moins variés dans leurs couleurs. On en tire de plusieurs sortes aux environs de Dinant : l'une est d'un noir très-pur et très-beau; une autre est aussi d'un très-beau noir, mais rayée de quelques veines blanches; une troisième est d'un rouge pâle avec de grandes plaques et quelques veines blanches; une quatrième est de couleur grisâtre et blanche, mêlée d'un rouge couleur de sang; et une cinquième, qui vient aussi de Liége, est d'un noir pur et reçoit un beau poli.

On tire, aux environs de Namur, un marbre qui est aussi noir que ce dernier marbre de Liége; mais il est traversé par quelques filets gris.

Dans le pays des Grisons, il se trouve à Puschiavio plusieurs sortes de marbres : l'un est de couleur incarnate; un autre, qui se tire sur le mont Jule, est très-rouge; un autre, qui est de couleur blanche, forme un grand rocher auprès de Sanada; il y a un autre marbre à Tirano, qui est entièrement noir.

A Valmara, dans la Valteline, il y a du marbre rouge, mais en petites masses et seulement propre à faire des mortiers à piler.

Dans le Valais, on trouve, près des sources du Rhin, du marbre noir veiné de blanc.

Le canton de Glaris a aussi des marbres noirs veinés de blanc : on en tire de semblables auprès de Guppenberg, de Schwanden et de Psefers, où il se trouve un autre marbre qui est de couleur grise-brune, parsemée de lentilles striées et convexes des deux côtés.

Le canton de Zurich fournit du marbre noir veiné de blanc, qui se tire à Vendenchwil; un autre qui est aussi de couleur noire, mais rayé ou veiné de jaune, se trouve à Albisrieden.

Le canton de Berne renferme aussi différentes sortes de marbres : il y en a dont le fond est couleur de chair à Scheuznach, et tout auprès de ce marbre

a. *Description manuscrite du marbre d'Altorf*, découvert par le sieur J. Frédérich Baudet, bourguemaître, envoyée à M. le comte de Buffon.

couleur de chair on en voit du noir. Entre Aigle et Olon, on tire encore du marbre noir; à Spiez, le marbre noir est veiné de blanc, et à Grindelwald il est entièrement noir [a].

Les marbres d'Italie sont en fort grand nombre, et ont plus de réputation que tous les autres marbres de l'Europe ; celui de Carrare, qui est blanc, se tire vers les côtes de Gênes, et en blocs de telle grandeur que l'on veut ; son grain est cristallin, et il peut être comparé, pour sa blancheur, à l'ancien marbre de Paros.

Le marbre de *Saravezza*, qui se trouve dans les mêmes montagnes que celui de Carrare, est d'un grain encore plus fin que ce dernier : on y voit aussi un marbre rouge et blanc, dont les taches blanches et rouges sont quelquefois tellement distinctes les unes des autres, que ce marbre ressemble à une brèche et qu'on peut lui donner le nom de *brocatelle* ; mais il se trouve de temps en temps une teinte de noirâtre mélangée dans ce marbre. Sa carrière est en masse presque continue comme celui de Carrare, et comme celles de tous les autres marbres cristallins blancs ou d'autres couleurs qui se trouvent dans le Siennois et dans le territoire de Gênes : tous sont disposés en très-grandes masses, dans lesquelles on ne voit aucun indice de coquilles, mais seulement quelques crevasses qui sont remplies par une cristallisation de spath calcaire [b]. Ainsi il ne paraît pas douteux que tous ces marbres ne soient de seconde formation.

Les environs de Carrare fournissent aussi deux sortes de marbres verts : l'une, que l'on nomme improprement *vert d'Égypte*, est d'un vert foncé avec quelques taches de blanc et de gris de lin ; l'autre, que l'on nomme *vert de mer*, est d'une couleur plus claire mêlée de veines blanches.

On trouve encore un marbre sur les côtes de Gênes, dont la couleur est d'un gris d'ardoise mêlé de blanc sale ; mais ce marbre est sujet à se tacher et à jaunir après avoir reçu le poli.

On tire encore sur le territoire de Gênes le marbre *porto-venere* ou *porte-cuivre*, dont la couleur est noire, veinée de jaune, et qui est moins estimé lorsqu'il est veiné de blanchâtre.

Le marbre de *Margore*, qui se tire du Milanez, est fort dur et assez commun : sa couleur est un gris d'ardoise mêlé de quelques veines brunes ou couleur de fer.

Dans l'île d'Elbe, on trouve à Sainte-Catherine une carrière abondante de marbre blanc veiné de vert noirâtre [c].

Le beau marbre de Sicile est d'un rouge brun mêlé de blanc et isabelle : ces couleurs sont très-vives et disposées par taches carrées et longues.

a. M. Guettard, *Mém. de l'Académie des Sciences*, année 1752, pag. 325 et suiv.

b. *Lettres sur la Minéralogie*, par M. Ferber, traduites par M. le baron de Dietrich, p. 449 et suiv.

c. *Observations sur les mines de fer de l'île d'Elbe*, par M. Ermenegildo Pini ; *Journal de Physique*, mois de décembre 1778.

Tous les marbres précédents sont modernes ou nouvellement connus ; les carrières de ceux que l'on appelle *antiques* sont aujourd'hui perdues, comme nous l'avons dit, et réellement perdues à jamais, parce qu'elles ont été épuisées ainsi que la matière qui les formait : on ne compte que treize ou quatorze variétés de ces marbres antiques [a], dont nous ne ferons pas l'énumération, parce qu'on peut se passer de décrire, dans une histoire naturelle générale, les détails des objets particuliers qui ne se trouvent plus dans la nature.

Le marbre blanc de Paros est le plus fameux de tous ces marbres antiques : c'est celui que les grands artistes de la Grèce ont employé pour faire ces belles statues que nous admirons encore aujourd'hui, non-seulement par la perfection de l'ouvrage, mais encore par sa conservation depuis plus de vingt siècles. Ce marbre s'est trouvé dans les îles de Paros, de Naxos et de Tinos; il a le grain plus gros que celui de Carrare, et il est mêlé d'une grande quantité de petits cristaux de spath, ce qui fait qu'il s'égrène aisément en le travaillant; et c'est ce même spath qui lui donne un degré de transparence presque aussi grande que celle de l'albâtre, auquel il ressemble encore par son peu de dureté : ce marbre est donc évidemment de seconde formation; on le tire encore aujourd'hui des grandes grottes ou cavernes qui se trouvent sous la montagne que les anciens ont nommée *Marpesia*. Pline dit qu'ils donnaient à ce marbre l'épithète de *lychnites*, parce que les ouvriers le travaillaient sous terre à la lumière des flambeaux. Dapper, dans sa description des îles de l'Archipel [b], rapporte que dans cette montagne *Marpesia*, il y a des cavernes extraordinairement profondes, où la lumière du jour ne peut pénétrer, et que le grand seigneur, ainsi que les grands de la Porte, n'emploient pas d'autre marbre que celui qu'on en tire pour décorer leurs plus somptueux bâtiments.

Il y a dans l'île de *Thasos*, aujourd'hui *Tasso*, quelques montagnes dont les rochers sont d'un marbre fort blanc, et d'autres rochers d'un marbre tacheté et parsemé de veines d'un beau jaune : ce marbre était en grande estime chez les Romains, comme il l'est encore dans tous les pays voisins de cette île [c].

En Espagne, comme en Italie et en Grèce, il y a des collines et même des montagnes entières de marbre blanc : on en tire aussi dans les Pyrénées du côté de Bayonne, qui est semblable au marbre de Carrare, à l'exception de son grain qui est plus gros, et qui lui donne beaucoup de rapport au marbre blanc de Paros; mais il est encore plus tendre que ce dernier, et sa couleur blanche est sujette à prendre une teinte jaunâtre. Il se trouve aussi dans les mêmes montagnes un autre marbre d'un vert brun taché de rouge.

a. Voyez l'Encyclopédie, article *Maçonnerie*.
b. Pages 261 et 262.
c. Dapper, *Description de l'Archipel*, p. 254.

M. Bowles donne, dans les termes suivants la description de la montagne de *Filabres* près d'Almeria, qui est tout entière de marbre blanc. « Pour se « former, dit-il, une juste idée de cette montagne, il faut se figurer un bloc « ou une pièce de marbre blanc d'une lieue de circuit, et de deux mille pieds « de hauteur, sans aucun mélange d'autres pierres ni terre ; le sommet est « presque plat, et on découvre en différents endroits le marbre, sans que les « vents, les eaux, ni les autres agents qui décomposent les rochers les plus « durs, y fassent la moindre impression... Il y a un côté de cette montagne « coupé presque à plomb, et qui depuis le vallon paraît comme une énorme « muraille de plus de mille pieds de hauteur, toute d'une seule pièce solide « de marbre, avec si peu de fentes et si petites, que la plus grande n'a pas « six pieds de long ni plus d'une ligne de large [a]. »

On trouve, aux environs de Molina, du marbre couleur de chair et blanc; et à un quart de lieue du même endroit, il y a une colline de marbre rougeâtre, jaune et blanc, qui a le grain comme le marbre de Carrare.

La carrière de marbre de Naquera, à trois lieues de Valence, n'est pas en masses épaisses : ce marbre est d'un rouge obscur, orné de veines capillaires noires qui lui donnent une grande beauté. Quoiqu'on le tire à fleur de terre, et que ses couches ne soient pas profondes, il est assez dur pour en faire des tables épaisses et solides, qui reçoivent un beau poli.

On trouve à Guipuscoa en Navarre, et dans la province de Barcelone, un marbre semblable au sérancolin [b].

En Asie, il y a certainement encore beaucoup plus de marbres qu'en Europe, mais ils sont peu connus, et peut-être la plupart ne sont pas découverts; le docteur Shaw parle du marbre herborisé du mont Sinaï, et du marbre rougeâtre qui se tire aux environs de la mer Rouge. Chardin assure qu'il y a de plusieurs sortes de marbres en Perse, du blanc, du noir, du rouge, et du marbré de blanc et de rouge [c].

A la Chine, disent les voyageurs, le marbre est si commun, que plusieurs ponts en sont bâtis : on y voit aussi nombre d'édifices où le marbre blanc est employé, et c'est surtout dans la province de *Schang-Tong* qu'on en trouve en quantité [d]; mais on prétend que les Chinois n'ont pas les arts nécessaires pour travailler le marbre aussi parfaitement qu'on le fait en Europe. Il se trouve, à douze ou quinze lieues de Pékin, des carrières de marbre blanc, dont on tire des masses d'une grandeur énorme, et dont on voit de très-hautes et de très-grosses colonnes dans quelques cours du palais de l'Empereur [e].

a. *Hist. naturelle d'Espagne*, pag. 127 et suiv.
b. *Idem*, pag. 26, 138 et 177.
c. *Voyage en Perse*, t. II, p. 23.
d. *Hist. générale des Voyages*, t. V, p. 439.
e. *Idem*, t. VII, p. 515.

Il y a aussi à Siam, selon La Loubère, une carrière de beau marbre blanc [a]; et comme ce marbre blanc est plus remarquable que les marbres de couleur, les voyageurs n'ont guère parlé de ces derniers, qui doivent être encore plus communs dans les pays qu'ils ont parcourus [b]. Ils en ont reconnu quelques-uns en Afrique, et le marbre africain était très-estimé des Romains; mais le docteur Shaw, qui a visité les côtes d'Alger, de Tunis et de l'ancienne Carthage en observateur exact, et qui a recherché les carrières de ces anciens marbres, assure qu'elles sont absolument perdues, et que le plus beau marbre qu'il ait pu trouver dans tout le pays, n'était qu'une pierre assez semblable à la pierre de Lewington en Angleterre [c]. Cependant Marmol [d] parle d'un marbre blanc qui se trouve dans la montagne d'Hentèle, l'une des plus hautes de l'Atlas; et l'on voit dans la ville de Maroc de grands piliers et des bassins d'un marbre blanc fort fin, dont les carrières sont voisines de cette ville.

Dans le Nouveau-Monde, on trouve aussi du marbre en plusieurs endroits. M. Guettard parle d'un marbre blanc et rouge qui se tire près du *portage talon* de la *petite rivière* au Canada, et qui prend un très-beau poli, quoiqu'il soit parsemé d'un grand nombre de points de plomb qui pourraient faire prendre ce marbre pour une mine de plomb.

Plusieurs voyageurs ont parlé des marbres du diocèse de la Paz au Pérou, dont il y a des carrières de diverses couleurs [e]. Alphonse Barba cite le pays d'*Atacama*, et dit qu'on y trouve des marbres de diverses couleurs et d'un grand éclat. « Dans la ville impériale de Potosi, il y avait, dit-il, un grand « morceau de ce marbre, taillé en forme de table de six palmes et six doigts « de longueur, cinq palmes et six doigts de large, et deux doigts d'épais- « seur; ce grand morceau représentait une espèce de treillage ou jalousie, « formé d'un beau mélange de couleurs très-vives en rouge clair, brun, « noir, jaune, vert et blanc... A une lieue des mines de *Verenguela*, il y a « d'autres marbres qui ne sont pas inférieurs à ceux d'Atacama pour le « lustre, sans avoir néanmoins les mêmes variétés de couleurs, car ils sont « blancs et transparents en quelques endroits comme l'albâtre [f]. »

A la vue de cette énumération que nous venons de faire de tous les mar-

a. Histoire générale des Voyages, t. IX, p. 307.

b. Il y a des carrières de très-beau marbre blanc (aux Philippines), qui ont été inconnues pendant plus de deux cents ans: on en doit la découverte à don Estevan Roxas y Melo..... Ces carrières sont à l'est de Manille..... La montagne qui renferme ce précieux dépôt s'étend à plusieurs lieues du nord au sud.... Mais cette carrière est restée là, on n'en parle presque plus, et on fait déjà venir de Chine (comme on le faisait auparavant) les marbres dont on a besoin à Manille. *Voyage dans les mers de l'Inde*, par M. le Gentil; Paris, 1781, t. II, in-4°, pag. 35 et 36.

c. Voyage en Afrique, traduit de l'anglais, t. I, p. 303.

d. L'Afrique de Marmol, t. II, p. 74.

e. Voyez *Hist. générale des Voyages*, t. XIII, p. 318.

f. Métallurgie d'Alphonse Barba, t. I, pag. 57 et suiv.

bres des différents pays, on pourrait croire que, dans la nature, les marbres de seconde formation sont bien plus communs que les autres, parce qu'à peine s'en trouve-t-il deux ou trois dans lesquels il soit dit qu'on ait vu des impressions de coquilles; mais ce silence sur les marbres de première formation ne vient que de ce qu'ils ont été moins recherchés que les seconds, parce que ceux-ci sont en effet plus beaux, d'un grain plus fin, de couleurs plus décidées, et qu'ils peuvent se tirer en volume bien plus grand et se travailler plus aisément : ces avantages ont fait que dans tous les temps on s'est attaché à exploiter ces carrières de seconde formation de préférence à celles des premiers marbres, dont les bancs horizontaux sont toujours surmontés de plusieurs autres bancs de pierre qu'il faut fouiller et débiter auparavant, tandis que la plupart des marbres de seconde formation se trouvent, comme les albâtres, ou dans des cavernes souterraines, ou dans des lieux découverts et plus bas que ceux où sont situés les anciens marbres. Car quand il se trouve des marbres de seconde formation jusqu'au-dessus des collines, comme dans l'exemple de la montagne de marbre blanc cité par M. Bowles, il faut seulement en conclure que jadis ce sommet de colline n'était que le fond d'une caverne dans laquelle ce marbre s'est formé, et que l'ancien sommet était plus élevé et recouvert de plusieurs bancs de pierre ou de marbre qui ont été détruits après la formation du nouveau marbre : nous avons cité un exemple à peu près pareil au sujet des bancs de pierres calcaires dures qui se trouvent quelquefois au sommet des collines [a].

Dans les marbres anciens, il n'y a que de la matière pierreuse en masse continue ou en morceaux séparés, avec du spath en veines ou en cristaux et des impressions de coquilles; ils ne contiennent d'autres substances hétérogènes que celles qui leur ont donné des couleurs, ce qui ne fait qu'une quantité infiniment petite, relativement à celle de leur masse, en sorte qu'on peut regarder ces premiers marbres, quoique colorés, comme entièrement composés de matières calcaires : aussi donnent-ils de la chaux qui est ordinairement grise, et qui, quoique colorée, est aussi bonne et même meilleure que celle de la pierre commune. Mais dans les marbres de seconde formation, il y a souvent plus ou moins de mélange d'argile ou de terre limoneuse avec la matière calcaire [b]. On reconnaîtra, par l'épreuve de la

a. Voyez ci-devant l'article de la *pierre calcaire*.

b. Les veines vertes qui se rencontrent dans le marbre Campan sont dues, selon M. Bayen, à une matière schisteuse. Il en est de même de celles qui se trouvent dans le marbre cipolin ; et, par les expériences qu'il a faites sur ce dernier marbre, il a reconnu que les veines blanches contenaient aussi une petite portion de quartz.

La matière verte d'un autre morceau de cipolin, soumis à l'expérience, était une sorte de mica qui, selon M. Daubenton, était le vrai *talcite*.

Un morceau de vert antique, soumis de même à l'expérience, a fourni aussi une matière talqueuse.

Un échantillon de marbre rouge appelé *griotte* a fourni à M. Bayen du schiste couleur de lie de vin.

calcination, la quantité plus ou moins grande de ces deux substances hétérogènes; car si les marbres contiennent seulement autant d'argile qu'en contient la marne, ils ne feront que de la mauvaise chaux; et, s'ils sont composés de plus d'argile, de limon, de lave, ou d'autres substances vitreuses que de matière calcaire, ils ne se convertiront point en chaux, ils résisteront à l'action des acides, et, n'étant marbres qu'en partie, on doit, comme je l'ai dit, les rejeter de la liste des vrais marbres, et les placer dans celle des pierres mi-parties et composées de substances différentes.

Or, l'on ne doit pas être étonné qu'il se trouve de ces mélanges dans les marbres de seconde formation : à la vérité, ceux qui auront été produit, précisément de la même manière que les albâtres, dans des cavernes uniquement surmontées de pierres calcaires ou de marbres, ne contiendront de même que des substances pierreuses et spathiques, et ne différeront des albâtres qu'en ce qu'ils seront plus denses et plus uniformément remplis de ces mêmes sucs pierreux ; mais ceux qui se seront formés, soit au-dessous des collines d'argile surmontées de rochers calcaires, soit dans des cavités au-dessus desquelles il se trouve des matières mélangées, des marnes, des tuffeaux, des pierres argileuses, des grès ou bien des laves et d'autres matières volcaniques, seront tous également mêlés de ces différentes matières; car ici la nature passe, non pas par degrés et nuances d'une même matière, mais par doses différentes de mélange, du marbre et de la pierre calcaire la plus pure à la pierre argileuse et au schiste.

Mais, en renvoyant à un article particulier les pierres mi-parties et composées de matière vitreuse et de substance calcaire, nous pouvons joindre aux marbres brèches une grande partie des pierres appelées *poudingues*[1], qui sont formées de morceaux arrondis et liés ensemble par un ciment qui, comme dans les marbres brèches, fait le fond de ces sortes de pierres. Lorsque les morceaux arrondis sont de marbre ou de pierre calcaire, et que le ciment est de cette même nature, il n'est pas douteux que ces poudingues entièrement calcaires ne soient des espèces de marbres brèches, car ils n'en diffèrent que par quelques caractères accidentels, comme de ne se trouver qu'en plus petits volumes et en masses assez irrégulières, d'être plus ou moins durs ou susceptibles de poli, d'être moins homogènes dans leur composition, etc., mais, étant au reste formés de même et entièrement composés de matière calcaire, on ne doit pas les séparer des marbres brèches, pourvu

Un échantillon envoyé d'Autun, sous le nom de *marbre noir antique*, avait de la disposition à se séparer par couches, et son grain n'avait aucun rapport avec celui des marbres proprement dits; M. Bayen a reconnu que ce marbre répandait une forte odeur bitumineuse, et qu'il serait bien placé avec les bitumes, ou du moins avec les schistes bitumineux. *Examen chimique de différentes pierres*, par M. Bayen; *Journal de Physique* de juillet 1778.

1. *Poudingues* : nom que l'on donne aux roches *conglomérées*, formées par la réunion de *fragments roulés* et *arrondis* de roches diverses. Suivant la nature de leur composition, les *poudingues* reçoivent des noms distincts : tels sont les *poudingues quartzeux, siliceux, calcaire*, etc.

toutefois qu'ils aient à un certain degré la qualité qu'on exige de tous les marbres, c'est-à-dire qu'ils soient susceptibles de poli.

Il n'en est pas de même des poudingues, dont les morceaux arrondis sont de la nature du silex ou du caillou, et dont le ciment est en même temps de matière vitreuse, tels que les cailloux de Rennes et d'Angleterre : ces poudingues sont, comme l'on voit, d'un autre genre, et doivent être réunis aux cailloux en petites masses, et souvent ils ne sont que des débris du quartz, du jaspe et du porphyre.

Nous avons dit que toutes les pierres arrondies et roulées par les eaux du Rhône, que M. de Réaumur prenait pour de vrais cailloux, ne sont que des morceaux de pierre calcaire : je m'en suis assuré, non-seulement par mes propres observations, mais encore par celles de plusieurs de mes correspondants. M. de Morveau, savant physicien et mon très-digne ami, m'écrit, au sujet de ces prétendus cailloux, dans les termes suivants. « J'ai observé, « dit-il, que ces cailloux gris noirs, veinés d'un beau blanc, si communs « aux bords du Rhône, qu'on a regardés comme de vrais cailloux, ne sont « que des pierres calcaires roulées et arrondies par le frottement, qui toutes « me paraissent venir de Millery en Suisse, seul endroit que je connaisse où « il y ait une carrière analogue ; de sorte que les masses de ces pierres, qui « couvrent plus de quarante lieues de pays, sont des preuves non équivo- « ques d'un immense transport par les eaux [a]. » Il est certain que des eaux aussi rapides que celles du Rhône peuvent transporter d'assez grosses masses de pierres à de très-grandes distances ; mais l'origine de ces pierres arrondies me paraît bien plus ancienne que l'action du courant des fleuves et des rivières, puisqu'il y a des montagnes presque entièrement composées de ces pierres arrondies qui n'ont pu y être accumulées que par les eaux de la mer : nous en avons déjà donné quelques exemples. M. Guettard rapporte, « qu'entre Saint-Chaumont en Lyonnais et Rives-de-Gier, les rochers « sont entièrement composés de *cailloux* roulés... que les lits des montagnes « ne sont faits eux-mêmes que de ces amas de cailloux entassés... que le « chemin qui est au bas des montagnes est également rempli de ces cail- « loux roulés... qu'on en retrouve après Bourgnais ; qu'on n'y voit que de « ces pierres dans les chemins, de même que dans les campagnes voisines « et dans les coupes des fossés... qu'ils ressemblent à ceux qui sont roulés « par le Rhône... que des coupes de montagnes assez hautes, telles que « celles qui sont à la porte de Lyon, en font voir abondamment ; qu'ils sont « au-dessous d'un lit qu'on prendrait pour un sable marneux... que le che- « min qui conduit de Lyon à Saint-Germain est également rempli de ces « cailloux ; qu'avant d'arriver à Fontaine, on passe une montagne qui en « est composée ; que ces cailloux sont de la grosseur d'une noix, d'un

a. Lettre de M. de Morveau à M. de Buffon, datée de Bourg-en-Bresse, le 22 sept. 1778.

« melon et de plusieurs autres dimensions entre ces deux-ci; qu'on en voit « des masses qui forment de mauvais poudingues... que ces cailloux roulés « se voient aussi le long du chemin qui est sur le bord de la Saône; que « les montagnes en sont presque entièrement formées, et qu'elles renfer- « ment des poudingues semblables à ceux qui sont de l'autre côté de la « rivière[a].

M. de La Galissonière, cité par M. Guettard, dit « qu'en sortant de Lyon, « à la droite du Rhône, on rencontre des poudingues; qu'on trouve dans « quelques endroits du Languedoc de ces mêmes pierres; que tous les bords « du Rhône en Dauphiné en sont garnis, et même à une très-grande éléva- « tion au-dessus de son lit, et que tout le terrain est rempli de ces cailloux « roulés, mais qui me paraissent, ajoute M. de La Galissonière, plutôt des « pierres noires calcaires que de vrais cailloux ou silex : ils forment dans « plusieurs endroits des poudingues; le plus grand nombre sont noirs, mais « il y en a aussi de jaunes, de rougeâtres et très-peu de blancs[b]. »

M. Guettard fait encore mention de plusieurs autres endroits où il a vu de ces cailloux roulés et des poudingues formés par leur assemblage en assez grosses masses. « Après avoir passé Luzarches et la Morlaix, on monte, « dit-il, une montagne dont les pierres sont blanches, calcaires, remplies « de pierres *numismales*, de peignes et de différentes autres coquilles mal « conservées, et d'un si grand nombre de cailloux roulés, petits et de « moyenne grosseur, qu'on pourrait regarder ces rochers comme des pou- « dingues coquilliers : en suivant cette grande route, on retrouve les cail- « loux roulés à Creil, à Fitz-James et dans un endroit appelé *la Folie* : ils ne « diffèrent pas essentiellement de ceux qui se présentent dans les cantons « précédents, ni par leur grosseur, ni par leur couleur qui est communé- « ment noirâtre. Cette couche noire est celle que j'ai principalement remar- « quée dans les cailloux roulés que j'ai observés parmi les sables de deux « endroits bien éloignés de ces derniers. Ces sables sont entre Andreville et « Épernon[c]. » Les cailloux roulés qui se trouvent dans les plaines de la Crau d'Arles sont aussi des pierres calcaires de couleur bleuâtre : on voit de même sur les bords et dans le lit de la rivière Necker, près de Cronstadt en Allemagne, des masses considérables de poudingues formés de morceaux calcaires, arrondis, blancs, gris roussâtres, etc.; il se trouve des masses semblables de ces galets réunis sur les montagnes voisines et jusqu'à leur sommet, d'où ils ont sans doute roulé dans les plaines et dans le lit des rivières.

On peut regarder le marbre appelé *brèche antique* comme un poudingue calcaire, composé de gros morceaux arrondis bien distincts, les uns

a. *Mémoires de l'Académie des Sciences*, année 1753, page 158.
b. *Idem*, *ibidem*, page 159.
c. *Idem*, année 1753, page 186.

blancs, bleus, rouges, et les autres noirs, ce qui rend cette brèche très-belle par ses variétés de couleurs. La brèche d'Alep est de même composée, comme la brèche antique, de morceaux arrondis, dont la couleur est isabelle. La brèche de Saravèze ou Saravèche présente des morceaux arrondis d'un bien plus grand diamètre, dont la plupart tirent sur la couleur violette, et dont les autres sont blancs ou jaunâtres. Dans la brèche violette commune, il y a des morceaux arrondis assez gros et d'autres bien plus petits; la plupart sont blancs et les autres d'un violet faible.

Tous les poudingues calcaires sont donc des espèces de brèches[1], et on ne les en aurait pas séparés si d'ordinaire ils ne se fussent pas trouvés différents des brèches par leur ciment, qui est moins dur et qui ne peut recevoir le poli. Il ne manque donc à ces poudingues calcaires qu'un degré de pétrification de plus pour être entièrement semblables aux plus beaux marbres brèches, de la même manière que dans les poudingues composés de vrais cailloux vitreux arrondis, il ne manque qu'un degré de pétrification dans leur ciment pour en faire des matières aussi dures que les porphyres ou les jaspes.

DU PLATRE ET DU GYPSE.

Le plâtre et le gypse[2] sont des matières calcaires, mais imprégnées d'une assez grande quantité d'acide vitriolique pour que ce même acide et même tous les autres n'y fassent plus d'impression : cet acide vitriolique est seul dans le gypse, mais il est combiné dans le plâtre avec d'autres acides ; et, pour que les noms ne fassent pas ici confusion, j'avertis que j'appelle *gypse* ce que les nomenclateurs ont nommé *sélénite*, par le rapport très-éloigné qu'ont les reflets de la lumière sur le gypse avec la lumière de la lune.

Ces deux substances, le gypse et le plâtre, qui sont au fond les mêmes, ne sont jamais bien dures; souvent elles sont friables, et toujours elles se calcinent à un degré de chaleur moindre que celui du feu nécessaire pour convertir la pierre calcaire en chaux. On les broie après la calcination ; et, en les détrempant alors avec de l'eau, on en fait une pâte ductile qui reçoit toutes sortes de formes, qui se sèche en assez peu de temps, se durcit en se

1. La *brèche* est une réunion de *fragments anguleux* : elle diffère du *poudingue* en ce que les *fragments* de celui-ci sont *arrondis* (voyez la note de la page 165). On distingue deux sortes de *brèches* : la *brèche calcaire* ou de *carbonate de chaux*, et la *brèche siliceuse*, formée, en grande partie, de *quartz* ou de *fragments siliceux*.

2. Le *plâtre* et le *gypse* ne sont, tous deux, que du *sulfate de chaux* (voyez la note de la page 86 et la note 1 de la page 87) : mais le *gypse* est le *sulfate de chaux* hydraté, et le *plâtre* est le *gypse* calciné, chauffé, et qui a perdu son eau de cristallisation. A l'état de *gypse*, le *sulfate de chaux* est aussi dur que la pierre ; à l'état de *plâtre* (c'est-à-dire après la calcination), il est pulvérulent et farineux.

séchant, et prend une consistance aussi ferme que celle des pierres tendres ou de la craie dure.

Le gypse et le plâtre calcinés forment, comme la chaux vive, une espèce de crème à la surface de l'eau, et l'on observe que, quoiqu'ils refusent de s'unir avec les acides, ils s'imbibent facilement de toutes les substances grasses. Pline dit que cette dernière propriété des gypses était si bien connue, qu'on s'en servait pour dégraisser les laines : c'est aussi en polissant les plâtres à l'huile, qu'on leur donne un lustre presque aussi brillant que celui d'un beau marbre.

L'acide qui domine dans tous les plâtres est l'acide vitriolique; et si cet acide était seul dans toutes ces matières, comme il l'est dans le gypse, on serait en droit de dire que le gypse et le plâtre ne sont absolument qu'une seule et même chose; mais l'on verra, par quelques expériences rapportées ci-après, que le plâtre contient non-seulement de l'acide vitriolique, mais aussi des acides nitreux et marins, et que par conséquent on ne doit pas regarder le gypse et le plâtre comme des substances dont l'essence soit absolument la même : je ne fais cette réflexion qu'en conséquence de ce que nos chimistes disent « que le plâtre ou gypse n'est qu'un sel vitriolique à « base de terre calcaire, c'est-à-dire une vraie sélénite [a]. » Il me semble qu'on peut distinguer l'un de l'autre, en disant que le gypse n'est en effet imprégné que de l'acide vitriolique, tandis que le plâtre contient non-seulement l'acide vitriolique avec la base calcaire, mais encore une portion d'acides nitreux et marins. D'ailleurs le prétendu gypse, fait artificiellement en mêlant de l'acide vitriolique avec une terre calcaire, ne ressemble pas assez au gypse ou au plâtre produit par la nature pour qu'on puisse dire que c'est une seule et même chose : M. Pott avoue même que ces deux produits de l'art et de la nature ont des différences sensibles; mais, avant de prononcer affirmativement sur le nombre et la qualité des éléments dont le plâtre est composé après la calcination, il faut d'abord le voir et l'examiner dans son état de nature.

Les plâtres sont disposés, comme les pierres calcaires, par lits horizontaux; mais tout concourt à prouver que leur formation est postérieure à celle de ces pierres. 1° Les masses ou couches de plâtre surmontent généralement les bancs calcaires et n'en sont jamais surmontés; ces plâtres ne sont recouverts que de couches plus ou moins épaisses d'argile ou de marne amoncelées, et souvent mélangées de terre limoneuse. 2° La substance du plâtre n'est évidemment qu'une poudre détachée des masses calcaires anciennes, puisque le plâtre ne contient point de coquilles, et qu'on y trouve, comme nous le verrons, des ossements d'animaux terrestres, ce qui suppose une formation postérieure à celle des bancs calcaires. 3° Cette épais-

a. *Dictionnaire de Chimie*, in-12; Paris, 1778, t. II, p. 429.

seur d'argile, dont on voit encore la plupart des carrières de plâtre surmontées, semble être la source d'où l'acide a découlé pour imprégner les plâtres, en sorte que la formation des masses plâtreuses paraît tenir à la circonstance de ces dépôts d'argile rapportés sur les débris des matières calcaires, telles que les craies, qui dès lors ont reçu par stillation les acides, et surtout l'acide vitriolique plus abondant qu'aucun autre dans les argiles, ce qui n'empêche pas que, lors de sa formation, le plâtre n'ait aussi reçu d'autres principes salins, dont l'eau de la mer était imprégnée, et c'est en quoi le plâtre diffère du gypse dans lequel l'acide vitriolique est seul combiné avec la terre calcaire.

Mais de quelque part que viennent les acides contenus dans le plâtre, il est certain que le fond de sa substance n'est qu'une poussière calcaire qui ne diffère de la craie qu'en ce qu'elle est fortement imprégnée de ces mêmes acides; et ce mélange d'acides dans la matière calcaire suffit pour en changer la nature, et pour donner aux stalactites qui se forment dans le plâtre des propriétés et des formes toutes différentes de celles des spaths et autres concrétions calcaires : les parties intégrantes du gypse, vues à la loupe, paraissent être tantôt des prismes engrenés les uns dans les autres, tantôt de longues lames avec des fibres uniformes en filaments allongés, comme dans l'alun de plume, auquel l'acide donne aussi cette forme, mais dans une matière bien différente, puisque la base de l'alun est argileuse, au lieu que celle de tout plâtre est calcaire.

La plupart des auteurs ont employé sans distinction le nom de *gypse* et celui de *plâtre* pour signifier la même chose ; mais, pour éviter une seconde confusion de noms, nous n'appellerons *plâtre* que celui qui est opaque, et que l'on trouve en grands bancs comme la pierre calcaire, d'autant que le nom de *gypse* n'est connu ni dans le commerce, ni par les ouvriers qui nomment plâtre toute matière gypseuse et opaque : nous n'appliquerons donc le nom de gypse qu'à ce que l'on appelait sélénite[1], c'est-à-dire à ces morceaux transparents et toujours de figure régulière que l'on trouve dans toutes les carrières plâtreuses.

Le plâtre ressemble, dans son état de nature, à la pierre calcaire tendre; il est de même opaque et si friable, qu'il ne peut recevoir le moindre poli; le gypse au contraire est transparent dans toute son épaisseur; sa surface est luisante, et colorée de jaunâtre, de verdâtre, et quelquefois elle est d'un blanc clair. Les dénominations de *pierre spéculaire* ou de *miroir d'âne*, que le vulgaire avec quelques nomenclateurs ont données à cette matière cristallisée, n'étant fondées que sur des rapports équivoques ou ridicules, nous préférons avec raison le nom de *gypse ;* car le talc, aussi bien que le gypse, pourrait être appelé *pierre spéculaire*, puisque tous deux sont transparents,

1. Variété cristalline du *gypse* (voyez la note de la page 80).

et la dénomination de *miroirs à âne*, ou *miroir d'âne*, n'aurait jamais dû sortir de la plume de nos docteurs [1].

Le gypse est transparent et s'exfolie, comme le talc, en lames étendues et minces ; il perd de même sa transparence au feu ; mais il en diffère même à l'extérieur, en ce que le talc est plus doux et comme onctueux au toucher ; il en diffère aussi par sa cassure spathique et chatoyante ; il est calcinable et le talc ne l'est pas ; le plus petit degré de feu rend opaque le gypse le plus transparent, et il prend par la calcination plus de blancheur que l'autre plâtre.

De quelque forme que soient les gypses, ce sont toujours des stalactites du plâtre qu'on peut comparer aux spaths des matières calcaires : ces stalactites gypseuses sont composées ou de grandes lames appliquées les unes contre les autres, ou de simples filets posés verticalement les uns sur les autres, ou enfin de grains à facettes irrégulières, réunis latéralement les uns auprès des autres ; mais toutes ces stalactites gypseuses sont transparentes, et par conséquent plus pures que les stalactites communes de la pierre calcaire [a] ; et quand je réduis à ces trois formes de lames, de filets et de grains, les cristallisations gypseuses, c'est seulement parce qu'elles se trouvent le plus communément, car je ne prétends pas exclure les autres formes qui ont été ou qui seront remarquées par les observateurs, puisqu'ils trouveront en ce genre, comme je l'ai moi-même observé dans les spaths calcaires, des variétés presque innombrables dans la figure de ces cristallisations, et qu'en général la forme de cristallisation n'est pas un caractère constant, mais plus équivoque et plus variable qu'aucun autre des caractères par lesquels on doit distinguer les minéraux.

Nous pensons qu'on peut réduire à trois classes principales les stalactites transparentes de tous les genres : 1° les cristaux quartzeux, ou cristaux de roche qui sont les stalactites du genre vitreux, et sont en même temps les plus dures et les plus diaphanes ; 2° les spaths, qui sont les stalactites des matières calcaires, et qui ne sont pas à beaucoup près aussi durs que les

a. M. Sage, savant chimiste de l'Académie des Sciences, distingue neuf espèces de matières plâtreuses : 1° la terre gypseuse, blanche et friable comme la craie, et qui n'en diffère qu'en ce qu'elle ne fait point effervescence avec les acides ; 2° l'albâtre gypseux qui est susceptible de poli, et qui est ordinairement demi-transparent ; 3° la pierre à plâtre qui n'est point susceptible de poli ; 4° le gypse ou sélénite cunéiforme, appelé aussi *pierre spéculaire, miroir d'âne*, et vulgairement *talc de Montmartre ;* 5° le gypse ou sélénite rhomboïdale, dont il a trouvé des morceaux dans une argile rouge et grise de la montagne de Saint-Germain-en-Laye ; 6° le gypse ou sélénite prismatique décaèdre, dont il a vu des morceaux dans l'argile noire de Picardie ; 7° la sélénite basaltine en prismes hexaèdres dans une argile grise de Montmartre ; 8° le gypse ou sélénite lenticulaire, dont les cristaux sont opaques ou demi-transparents, et forment des groupes composés de petites masses orbiculaires renflées dans le milieu, amincies vers les bords ; 9° enfin le gypse ou sélénite striée, composée de fibres blanches, opaques et parallèles, ordinairement brillantes et satinées : on la trouve en Franche-Comté, à la Chine, en Sibérie, et on lui donne communément le nom de *gypse de la Chine. Éléments de Minéralogie docimastique*, nouvelle édition, t. I, pag. 241 et 242.

1. Ni peut-être cette plaisanterie de la plume de Buffon.

cristaux vitreux; 3° les gypses qui sont les stalactites des matières plâtreuses, et qui sont les plus tendres de toutes. Le degré de feu, qui est nécessaire pour faire perdre la transparence à toutes ces stalactites, paraît proportionnel à leur dureté : il ne faut qu'une chaleur très-médiocre pour blanchir le gypse et le rendre opaque; il en faut une plus grande pour blanchir le spath et le réduire en chaux, et enfin le feu le plus violent de nos fourneaux ne fait que très-peu d'impression sur le cristal de roche, et ne le rend pas opaque. Or, la transparence provient en partie de l'homogénéité de toutes les parties constituantes du corps transparent, et sa dureté dépend du rapprochement de ces mêmes parties et de leur cohésion plus ou moins grande : selon que ces parties intégrantes seront elles-mêmes plus solides, et à mesure qu'elles seront plus rapprochées les unes des autres par la force de leur affinité, le corps transparent sera plus dur. Il n'est donc pas nécessaire d'imaginer, comme l'ont fait les chimistes, une *eau de cristallisation*[1], et de dire que cette eau produit la cohésion et la transparence, et que, la chaleur la faisant évaporer, le corps transparent devient opaque et perd sa cohésion par cette *soustraction* de son eau de cristallisation. Il suffit de penser que, la chaleur dilatant tous les corps, un feu médiocre suffit pour briser les faibles liens des corps tendres, et qu'avec un feu plus puissant on vient à bout de séparer les parties intégrantes des corps les plus durs; qu'enfin ces parties séparées et tirées hors de leur sphère d'affinité ne pouvant plus se réunir, le corps transparent est pour ainsi dire désorganisé et perd sa transparence, parce que toutes ses parties sont alors situées d'une manière différente de ce qu'elles étaient auparavant.

Il y a des plâtres de plusieurs couleurs. Le plâtre le plus blanc est aussi le plus pur, et celui qu'on emploie le plus communément dans les enduits pour couvrir le plâtre gris, qui ferait un mauvais effet à l'œil et qui est ordinairement plus grossier que le blanc. On connaît aussi des plâtres rougeâtres, jaunâtres, ou variés de ces couleurs; elles sont toutes produites par les matières ferrugineuses et minérales, dont l'eau se charge en passant à travers les couches de la terre végétale; mais ces couleurs ne sont pas dans les plâtres aussi fixes que dans les marbres : au lieu de devenir plus foncées et plus intenses par l'action du feu, comme il arrive dans les marbres chauffés, elles s'effacent au contraire dans les plâtres au même degré de chaleur, en sorte que tous les plâtres après la calcination sont dénués de couleurs et paraissent seulement plus ou moins blancs. Si l'on expose à l'action du feu le gypse composé de grandes lames minces, on voit ces lames se désunir et se séparer les unes des autres; on les voit en même

1. L'*eau de cristallisation* n'est que l'*eau ordinaire*, qui, après avoir servi à la *cristallisation*, en permettant aux molécules minérales, dégagées les unes des autres, de prendre l'arrangement régulier qui constitue la *forme cristalline* (voyez la note 4 de la page 6), reste, dans certains cas, interposée entre les molécules du *cristal*.

temps blanchir et perdre toute leur transparence. Il en est de même du gypse en filets ou en grains : la différente figure de ces stalactites gypseuses n'en change ni la nature ni les propriétés.

Les bancs de plâtre ont été, comme ceux des pierres calcaires, déposés par les eaux en couches parallèles, séparées par lits horizontaux ; mais, en se desséchant, il s'est formé dans tout l'intérieur de leur masse un nombre infini de fentes perpendiculaires qui la divisent en colonnes à plusieurs pans. M. Desmarets a observé cette figuration dans les bancs de plâtre à Montmartre; ils sont entièrement composés de prismes posés verticalement les uns contre les autres, et ce savant académicien les compare aux prismes de basalte [a], et croit que c'est par la retraite de la matière que cette figuration a été produite; mais je pense au contraire, comme je l'ai déjà dit [b], que toute matière ramollie par le feu ou par l'eau ne peut prendre cette figuration en se desséchant que par son renflement et non par sa retraite, et que ce n'est que par la compression réciproque que ces prismes peuvent s'être formés et appliqués verticalement les uns contre les autres. Les basaltes se renflent par l'action du feu qu'ils contiennent, et l'on sait que le plâtre en se séchant, au lieu de faire retraite, prend de l'extension; et c'est par cette extension de volume et par ce renflement réciproque et forcé, que les différentes parties de sa masse prennent cette figure prismatique à plus ou moins de faces, suivant la résistance plus ou moins grande de la matière environnante.

Le plâtre semble différer de toutes les autres matières par la propriété qu'il a de prendre très-promptement de la solidité, après avoir été calciné, réduit en poudre et détrempé avec de l'eau; il acquiert même tout aussi promptement, et sans addition d'aucun sable ni ciment, un degré de dureté égal à celui du meilleur mortier fait de sable et de chaux : il prend corps de lui-même, et devient aussi solide que la craie la plus dure, ou la pierre tendre; il se moule parfaitement, parce qu'il se renfle en se desséchant ; enfin il peut recevoir une sorte de poli, qui, sans être brillant, ne laisse pas d'avoir un certain lustre.

La grande quantité d'acides dont la matière calcaire est imprégnée dans tous les plâtres [1] et même saturée, ne fait en somme qu'une très-petite addi-

a. *Mém. de l'Académie des Sciences,* année 1780.

b. *Époques de la Nature.*

1. Le *plâtre* est le *gypse calciné*, et qui a perdu son eau de cristallisation (voyez les notes des pages 86 et 87). Le *gypse* est le *sulfate de chaux*; le *sulfate de chaux* se compose de :

Chaux	33 00
Acide sulfurique	46 00
Eau	21 00
	100 00

La variété calcarifère de Paris donne :

Chaux	29 39
Acide sulfurique	41 00
Eau	18 77
Carbonate de chaux	7 63
Argile	3 21
	100 00

tion de substance, car elle n'augmente sensiblement ni le volume ni la masse de cette même matière calcaire : le poids du plâtre est à peu près égal à celui de la pierre blanche dont on fait de la chaux, mais ces dernières pierres perdent plus du tiers et quelquefois moitié de leur pesanteur en se convertissant en chaux, au lieu que le plâtre ne perd qu'environ un quart par la calcination [a]. De même il faut une quantité plus que double d'eau pour fondre une quantité donnée de chaux, tandis qu'il ne faut qu'une quantité

a. J'ai mis dans le foyer d'une forge un morceau de plâtre du poids de deux livres, et après lui avoir fait éprouver une chaleur de la plus grande violence, pendant l'espace de près de huit heures, lorsque je l'en ai tiré, il ne pesait plus que vingt-quatre onces trois gros. Il m'a paru qu'il avait beaucoup diminué de volume; sa couleur était devenue jaunâtre; il était beaucoup plus dur qu'auparavant, surtout à sa surface; il n'avait ni odeur ni goût, et l'eau-forte n'y a fait aucune impression. Après l'avoir broyé avec peine, je l'ai détrempé dans une suffisante quantité d'eau; mais il ne s'en est pas plus imbibé que si c'eût été du verre en poudre, et il n'a acquis ensuite ni dureté ni cohésion. J'ai répété encore cette expérience de la manière suivante : j'ai fait calciner un morceau de plâtre dans un fourneau à chaux, et au degré de chaleur nécessaire pour la calcination de la pierre; après l'avoir retiré du fourneau, j'ai observé que sa superficie s'était durcie et était devenue jaunâtre; mais ce qui m'a surpris, c'est que ce plâtre exhalait une odeur de soufre extrêmement pénétrante; l'ayant cassé, je l'ai trouvé plus tendre à l'intérieur que lorsqu'il a été cuit à la manière ordinaire, et, au lieu d'être blanc, il était d'un bleu clair : j'ai remis encore une partie de ce morceau de plâtre dans un fourneau de la même espèce, sa superficie y a acquis beaucoup plus de dureté, l'intérieur était aussi beaucoup plus dur qu'auparavant; le feu avait enlevé sa couleur bleue, et l'odeur de soufre se faisait sentir beaucoup moins. Celui qui n'avait éprouvé que la première calcination s'est réduit facilement en poudre; l'autre au contraire était parsemé de grains très-durs, qu'il fallait casser à coups de marteau : ayant détrempé ces deux morceaux de plâtre pulvérisé dans de l'eau pour essayer d'en former une pâte, le premier a exhalé une odeur de soufre si forte et si pénétrante, que j'avais peine à la supporter; mais je ne me suis pas aperçu que le mélange de l'eau ait rendu l'odeur du second plus sensible, et ils n'ont acquis l'un et l'autre, en se desséchant, ni dureté ni cohésion.

J'ai fait calciner un autre morceau de plâtre, du poids d'environ trois livres, au degré de chaleur qu'on fait ordinairement éprouver à cette pierre lorsqu'on veut l'employer : après avoir broyé ce plâtre, je l'ai détrempé dans douze pintes d'eau de fontaine, que j'ai fait bouillir pendant l'espace de deux heures dans des vaisseaux de terre vernissés : j'ai versé ensuite l'eau par inclinaison dans d'autres vaisseaux; et, après l'avoir filtrée, j'ai continué de la faire évaporer par ébullition; pendant l'évaporation, sa superficie s'est couverte d'une pellicule formée de petites concrétions gypseuses, qui se précipitaient au fond du vaisseau lorsqu'elles avaient acquis un certain volume : la liqueur étant réduite à la quantité d'une bouteille, j'en ai séparé ces concrétions gypseuses, qui pesaient environ une once, et qui étaient blanches et demi-transparentes. En ayant mis sur des charbons allumés, loin d'y acquérir une plus grande blancheur, comme il serait arrivé au plâtre cru, elles y sont devenues presque aussitôt brunes; j'ai filtré la liqueur, qui était alors d'un jaune clair et d'un goût un peu lixiviel, et l'ayant fait évaporer au feu de sable dans un grand bocal, il s'y est encore formé des concrétions gypseuses. Lorsque la liqueur a été réduite à la quantité d'un verre, sa couleur m'a paru plus foncée, et, l'ayant goûtée, j'y ai démêlé une saveur acide et néanmoins salée; je l'ai filtrée avant qu'elle ait été refroidie, et, l'ayant mise dans un lieu frais, j'ai trouvé le lendemain, au fond du vaisseau, trente-six grains de nitre bien cristallisé, formé en aiguilles ou petites colonnes à six faces, qui s'est enflammé sur les charbons en fulminant comme le nitre le plus pur. J'ai fait ensuite évaporer pendant quelques instants le peu de liqueur qui me restait, et j'en ai encore retiré la même quantité de matière saline, d'une espèce différente à la vérité de la première; car c'était du sel marin, sans aucun mélange d'autres sels, qui était cristallisé en cubes, mais dont la face attachée au vaisseau avait la forme du sommet d'une pyramide dont

égale d'eau pour détremper le plâtre calciné, c'est-à-dire plus de deux livres d'eau pour une livre de chaux vive, et une livre d'eau seulement pour une livre de plâtre calciné.

Une propriété commune à ces deux matières, c'est-à-dire à la chaux et au plâtre calciné, c'est que toutes deux, exposées à l'air après la calcination, tombent en poussière et perdent la plus utile de leurs propriétés : on ne peut plus les employer dans cet état. La chaux, lorsqu'elle est ainsi décomposée par l'humidité de l'air, ne fait plus d'ébullition dans l'eau, et ne s'y détrempe ou délaie que comme la craie; elle n'acquiert ensuite aucune consistance par le desséchement, et ne peut pas même reprendre par une seconde calcination les qualités de la chaux vive; et de même le plâtre en poudre ne

l'extrémité aurait été coupée; le reste de la liqueur s'est ensuite épaissi, et il ne s'y est formé aucuns cristaux salins.

J'ai fait calciner dans un fourneau à chaux un autre morceau de plâtre; il pesait, après l'avoir calciné, dix onces : sa superficie était devenue très-dure, et il exhalait une forte odeur de soufre; l'ayant cassé, l'intérieur s'est trouvé très-blanc, mais cependant parsemé de taches et de veines bleues, et l'odeur sulfureuse était encore plus pénétrante au dedans qu'au dehors; après l'avoir broyé, j'ai versé quelques gouttes d'eau-forte sur une pincée de ce plâtre, et il a été sur-le-champ dissous avec beaucoup d'effervescence, quoique les esprits acides soient sans action sur le plâtre cru et sur celui qui n'a éprouvé qu'une chaleur modérée; j'en ai ensuite détrempé une once avec de l'eau, mais ce mélange ne s'est point échauffé d'une manière sensible, comme il serait arrivé à la chaux; cependant il s'en est élevé des vapeurs sulfureuses extrêmement pénétrantes : ce plâtre a été très-longtemps à se sécher, et il n'a acquis ni dureté ni adhésion.

On sait en général que les corps qui sont imprégnés d'une grande quantité de sels et de soufre sont ordinairement très-durs : telles sont les pyrites vitrioliques et plusieurs autres concrétions minérales. On observe de plus que certains sels ont la propriété de s'imbiber d'une quantité d'eau très-considérable, et de faire paraître les liquides sous une forme sèche et solide : si on fait dissoudre dans une quantité d'eau suffisante une livre de sel de Glauber, qu'on aura fait sécher auparavant à la chaleur du feu ou aux rayons du soleil jusqu'à ce qu'il soit réduit en une poudre blanche, on retirera de cette dissolution environ trois livres de sel bien cristallisé; ce qui prouve que l'eau qu'il peut absorber est en proportion double de son poids. Il se peut donc faire que la petite quantité de sel que le plâtre contient contribue, en quelque chose, à sa cohésion; mais je suis persuadé que c'est principalement au soufre auquel il est uni qu'on doit attribuer la cause du prompt desséchement et de la dureté qu'il acquiert, après avoir éprouvé l'effervescence, en comparaison de celle qu'acquiert la chaux vive jetée dans l'eau; cette effervescence est cependant assez semblable et très-réelle, puisqu'il y a mouvement intestin, chaleur sensible et augmentation de volume : or, toute effervescence occasionne une raréfaction, et même une génération d'air, et c'est par cette raison que le plâtre se renfle et qu'il pousse en tous sens, même après qu'il a été mis en œuvre; mais cet air produit par l'effervescence est bientôt absorbé et fixé de nouveau dans les substances qui abondent en soufre. En effet, selon M. Hales (*Statique des végétaux*, expérience CIII), le soufre absorbe l'air, non-seulement lorsqu'il brûle, mais même lorsque les matières où il se trouve incorporé fermentent : il donne pour exemple des mèches, faites de charpie de vieux linges trempées dans du soufre fondu et ensuite enflammé, qui absorbèrent cent quatre-vingt-dix-huit pouces cubiques d'air. On sait d'ailleurs que cet air ainsi fixé, et qui a perdu son ressort, attire avec autant de force qu'il repousse dans son état d'élasticité; on peut donc croire que le ressort de l'air contenu dans le plâtre, ayant été détruit durant l'effervescence par le soufre auquel il est uni, les parties constituantes de ce mixte s'attirent alors mutuellement, et se rapprochent assez pour lui donner la dureté et la densité que nous lui voyons prendre en aussi peu de temps. (Note communiquée par M. Nadault.)

se durcit plus lorsqu'il a été éventé, c'est-à-dire abandonné trop longtemps aux injures de l'air.

La chaux fondue n'acquiert pas à la longue, ni jamais par le simple desséchement, le même degré de consistance que le plâtre prend en très-peu de temps après avoir été, comme la pierre calcaire, calciné par le feu et détrempé dans l'eau : cette différence vient en grande partie de la manière dont on opère sur ces deux matières. Pour fondre la chaux, on la noie d'une grande quantité d'eau qu'elle saisit avidement; dès lors elle fermente, s'échauffe et bout en exhalant une odeur forte et lixivielle : on détrempe le plâtre calciné avec une bien moindre quantité d'eau ; il s'échauffe aussi, mais beaucoup moins, et il répand une odeur désagréable qui approche de celle du foie de soufre; il se dégage donc de la pierre à chaux, comme de la pierre à plâtre, beaucoup d'air fixe [1] et quelques substances volatiles, pyriteuses, bitumineuses et salines, qui servent de liens à leurs parties constituantes, puisque étant enlevées par l'action du feu, leur cohérence est en grande partie détruite; et ne doit-on pas attribuer à ces mêmes substances volatiles, fixées par l'eau, la cause de la consistance que reprennent le plâtre et les mortiers de chaux? En jetant de l'eau sur la chaux, on fixe les molécules volatiles auxquelles ses parties solides sont unies : tant que dure l'effervescence [2], ces molécules volatiles font effort pour s'échapper, mais lorsque toute effervescence a cessé et que la chaux est entièrement saturée d'eau, on peut la conserver pendant plusieurs années et même pendant des siècles sans qu'elle se dénature, sans même qu'elle subisse aucune altération sensible. Or, c'est dans cet état que l'on emploie le plus communément la chaux pour en faire du mortier : elle est donc imbibée d'une si grande quantité d'eau, qu'elle ne peut acquérir de la consistance qu'en perdant une partie de cette eau par la sécheresse des sables avec lesquels on la mêle; il faut même un très-long temps pour que ce mortier se sèche et se durcisse en perdant par une lente évaporation toute son eau superflue; mais comme il ne faut au contraire qu'une petite quantité d'eau pour détremper le plâtre, et que, s'il en était noyé comme la pierre à chaux, il ne se sécherait ni ne durcirait pas plus tôt que le mortier, on saisit pour l'employer le moment où l'effervescence est encore sensible, et quoique cette effervescence soit bien plus faible que celle de la chaux bouillante, cependant elle n'est pas sans chaleur, et même cette chaleur dure pendant une heure ou deux ; c'est alors que le plâtre exhale la plus grande partie de son odeur. Pris dans cet état et disposé par la main de l'ouvrier,

1. *Acide carbonique.*

2. 1° L'effervescence, qui se manifeste quand on verse de l'*eau* sur de la *chaux vive*, est due au grand dégagement de chaleur, qui résulte de la combinaison de la chaux avec l'eau.

2° La dureté, que prennent les mortiers, est due à l'action de l'*acide carbonique* de l'air sur la *chaux* : l'*acide carbonique*, en s'unissant à la *chaux*, donne un *carbonate de chaux*.

le plâtre commence par se renfler, parce que ses parties spongieuses continuent de se gonfler de l'eau dans laquelle il a été détrempé; mais, peu de temps après, il se durcit par un desséchement entier. Ainsi l'effet de sa prompte cohésion dépend beaucoup de l'état où il se trouve au moment qu'on l'emploie : la preuve en est que le mortier fait avec de la chaux vive se sèche et se durcit presque aussi promptement que le plâtre gâché, parce que la chaux est prise alors dans le même état d'effervescence que le plâtre; cependant ce n'est qu'avec beaucoup de temps que ces mortiers faits avec la chaux, soit vive, soit éteinte, prennent leur entière solidité, au lieu que le plâtre prend toute la sienne dès le premier jour. Enfin cet endurcissement du plâtre, comme le dit très-bien M. Macquer [a], « peut venir du mélange de celles de ses par- « ties qui ont pris un caractère de *chaux vive* pendant la calcination, avec « celles qui n'ont pas pris un semblable caractère et qui servent de ciment.» Mais ce savant chimiste ajoute que cela peut venir aussi de ce que le plâtre reprend *l'eau de sa cristallisation, et se cristallise de nouveau précipitamment et confusément.* La première cause me paraît si simple et si vraie, que je suis surpris de l'alternative d'une seconde cause, dont on ne connaît pas même l'existence; car cette eau de cristallisation n'est, comme le phlogistique, qu'un être de méthode et non de la nature [1].

Les plâtres n'étant que des craies ou des poudres de pierres calcaires imprégnées et saturées d'acides, on trouve assez souvent des couches minces de plâtre entre les lits d'argile, comme l'on y trouve aussi de petites couches de pyrites et de pierres calcaires: toutes ces petites couches sont de nouvelle formation, et proviennent également du dépôt de l'infiltration des eaux. Comme l'argile contient des pyrites et des acides, et qu'en même temps la terre végétale qui la couvre est mêlée de sable calcaire et de parties ferrugineuses, l'eau se charge de toutes ces particules calcaires, pyriteuses, acides et ferrugineuses, et les dépose ou séparément ou confusément entre les joints horizontaux et les petites fentes verticales des bancs ou lits d'argile : lorsque l'eau n'est chargée que des molécules de sable calcaire pur, son sédiment forme une concrétion calcaire tendre, ou bien une pierre semblable à toutes les autres pierres de seconde formation; mais quand l'eau se trouve à la fois chargée d'acides et de molécules calcaires, son sédiment sera du plâtre. Et ce n'est ordinairement qu'à une certaine profondeur dans l'argile que ces couches minces de plâtre sont situées, au lieu qu'on trouve les petites couches de pierres calcaires entre les premiers lits d'argile : les pyrites se forment de même, soit dans la terre végétale, soit dans l'argile par la substance du feu fixe [2] réunie à la terre ferrugineuse et à

a. *Dictionnaire de Chimie*, page 430.

1. Voyez la note de la page 172.

2. Voyez les notes précédentes (soit dans le IXe volume, soit dans celui-ci) sur le *feu fixe*, l'*acide*, etc.

l'acide. Au reste, M. Pott[a] a eu tort de douter que le plâtre fût une matière calcaire, puisqu'il n'a rien de commun avec les matières argileuses que l'acide qu'il contient, et que sa base, ou pour mieux dire sa substance, est entièrement calcaire, tandis que celle de l'argile est vitreuse.

Et de même que les sables vitreux se sont plus ou moins imprégnés des acides et du bitume des eaux de la mer en se convertissant en argile, les sables calcaires, par leur long séjour sous ces mêmes eaux, ont dû s'imprégner de ces mêmes acides, et former des plâtres, principalement dans les endroits où la mer était le plus chargée de sels : aussi les collines de plâtre, quoique toutes disposées par lits horizontaux, comme celles des pierres calcaires, ne forment pas des chaînes étendues, et ne se trouvent qu'en quelques endroits particuliers; il y a même d'assez grandes contrées où il ne s'en trouve point du tout [b].

Les bancs des carrières à plâtre, quoique superposés horizontalement, ne suivent pas la loi progressive de dureté et de densité qui s'observe dans les bancs calcaires : ceux de plâtre sont même souvent séparés par des lits interposés de marne, de limon, de glaise, et chaque banc plâtreux est pour ainsi dire de différente qualité, suivant la proportion de l'acide mêlé dans la substance calcaire. Il y a aussi beaucoup de plâtres imparfaits, parce que la matière calcaire est très-souvent mêlée avec quelque autre terre, en sorte qu'on trouve assez communément un banc de très-bon plâtre entre deux bancs de plâtre impur et mélangé.

Au reste, le plâtre cru le plus blanc ne l'est jamais autant que le plâtre calciné, et tous les gypses ou stalactites de plâtre, quoique transparents, sont toujours un peu colorés, et ne deviennent très-blancs que par la calcination; cependant l'on trouve en quelques endroits le gypse d'un blanc transparent dont nous avons parlé, et auquel on a donné improprement le nom d'*albâtre*.

a. *Litho-géognosie*, t. II.

b. « Cronstedt dit que le gypse est le fossile qui manque le plus en Suède; que cependant il « en possède des morceaux qui ont été trouvés à une grande profondeur, dans la montagne de « Kupferberg, dans une carrière d'ardoise qui est auprès de la fabrique d'alun d'Andrarum, « et qu'il a aussi un morceau d'alabastrite ou gypse strié que l'on a trouvé près de Nykioping. « Il rapporte ensuite diverses expériences qu'il a faites sur des substances gypseuses, et il « ajoute : 1° que le gypse calciné avec de la matière inflammable donne des indications d'acide « sulfureux et d'une terre alcaline; 2° que l'on trouve du gypse dans la mine de Kupferberg, « près d'Andrarum, entremêlé de couches d'ardoise et de pyrites, et qu'à Westersilberberg on « le rencontre avec du vitriol blanc; 3° que l'acide vitriolique est le seul des trois acides miné- « raux qui puisse donner à la terre calcaire la propriété de prendre corps et de se durcir avec « l'eau, après avoir été légèrement calcinée, car l'acide de sel marin, en dissolvant la chaux, « forme ce qu'on appelle (très-improprement) le sel ammoniac fixe. Pour l'acide du nitre, il « n'a point encore été trouvé dans le règne minéral : il faut conclure de là que la nature, dans « la formation du gypse, emploie les mêmes matières que l'art; cependant la combinaison « qu'elle fait paraît bien plus parfaite. » *Expériences sur le gypse dans un recueil de Mémoires sur la Chimie*, traduit de l'allemand; Paris, 1764, t. II, pag. 337 et suiv.

Le gypse est le plâtre le plus pur, comme le spath est aussi la pierre calcaire la plus pure : tous deux sont des extraits de ces matières, et le gypse est peut-être plus abondant proportionnellement dans les bancs plâtreux, que le spath ne l'est dans les bancs calcaires; car on trouve souvent entre les lits de pierre à plâtre des couches de quelques pouces d'épaisseur de ce même gypse transparent et de figure régulière; les fentes perpendiculaires ou inclinées, qui séparent de distance à autre les blocs des bancs de plâtre, sont aussi incrustées et quelquefois entièrement remplies de gypse transparent et formé de filets allongés. Et il paraît en général qu'il y a beaucoup moins de stalactites opaques dans les plâtres que dans les pierres calcaires.

Les plâtres colorés, gris, jaunes ou rougeâtres, sont mélangés de parties minérales : la craie ou la pierre blanche réduite en poudre aura formé les plus beaux plâtres; la marne qui est composée de poudre de pierre, mais mélangée d'argile ou de terre limoneuse, n'aura pu former qu'un plâtre impur et grossier, plus ou moins coloré suivant la quantité de ces mêmes terres [a]. Aussi voit-on dans les carrières plusieurs bancs de plâtres imparfaits, et le bon plâtre se fait souvent chercher bien au-dessous des autres.

Les couches de plâtre, comme celles de craie, ne se trouvent pas sous les couches des pierres dures ou des rochers calcaires; et ordinairement les collines à plâtre ne sont composées que de petit gravier calcaire, de tuffeau, qu'on doit regarder comme une poussière de pierre, et enfin de marne, qui n'est aussi que de la poudre de pierre mêlée d'un peu de terre. Ce n'est que dans les couches les plus basses de ces collines, et au-dessous de tous les plâtres, qu'on trouve quelquefois des bancs calcaires avec des impressions de coquilles marines. Ainsi toutes ces poudres de pierre, soit craie, marne ou tuffeau, ont été déposées par des alluvions postérieures, avec les plâtres, sur les bancs de pierre qui ont été formés les premiers; et la masse entière de la colline plâtreuse porte sur cette pierre ou sur l'argile ancienne et le schiste qui sont le fondement et la base générale et commune de toutes les matières calcaires et plâtreuses.

Comme le plâtre est une matière très-utile, il est bon de donner une indication des différents lieux qui peuvent en fournir, et où il se trouve par couches d'une certaine étendue, à commencer par la colline de Montmartre à Paris : on en tire des plâtres blancs, gris, rougeâtres, et il s'y trouve une très-grande quantité de gypse, c'est-à-dire des stalactites transparentes et jaunâtres en assez grands morceaux plus ou moins épais et composés de

a. « On croirait, dit M. Bowles, que les feuilles d'argile, mêlées avec la terre calcaire, que « l'on trouve souvent étendue sur le plâtre, en sont de véritables couches, mais cela n'est pas : « elles sont de cette façon, parce que le temps de leur destruction n'est pas encore arrivé, et le « plâtre est dans cet endroit plus nouveau que l'argile mêlée de terre calcaire, que je trouvai, « par des expériences, être un plâtre imparfait. » *Hist. naturelle d'Espagne*, p. 192.

lames minces appliquées les unes contre les autres [a]. Il y a aussi de bon plâtre à Passy, à Montreuil près de Créteil, à Gagny et dans plusieurs autres endroits aux environs de Paris; on en trouve de même à Decize en Nivernais, à Sombernon près de Vitteaux en Bourgogne, où le gypse est blanc et très-transparent. « Dans le village de Charcey, situé à trois lieues au cou« chant de Châlon-sur-Saône, sur la route de cette ville à Autun, il y a, « m'écrit M. du Morey, des carrières de très-beau plâtre blanc et gris : ces « carrières s'étendent dans une grande partie du territoire; elles sont à peu « de profondeur en terre, on les découvre souvent en cultivant les vignes « qui couvrent la colline où elles se trouvent; elles sont placées presque au « pied du coteau, qui est dominé de toutes parts des montagnes les plus éle« vées du pays; la surface de tout le coteau n'est pas sous des pentes uni« formes, elle est au contraire coupée presque en tous sens par des anciens « ravins qui forment dans ce pays un nombre de petits monticules disposés « sur la croupe générale de la montagne. Ce plâtre est de la première qualité « pour l'intérieur des appartements, mais moins fort que celui de Mont« martre, et que celui de Salins en Franche-Comté, lorsqu'il est exposé aux « injures de l'air [b]. » M. Guettard a donné la description de la carrière à plâtre de Serbeville en Lorraine près de Lunéville [c] : dans cette plâtrière,

a. « Dans les carrières de Montmartre, dit M. Guettard, les bancs sont ordinairement entre« coupés d'une bande de pierre spéculaire, qui est quelquefois d'un pied, et d'autres fois n'a « que quelques pouces : cette pierre est communément d'un jaune transparent, mais quelque« fois sa couleur est d'un brun ou d'un verdâtre de glaise : elle se trouve ordinairement dans « des terres de l'une ou de l'autre de ces couleurs, elle y est en petites paillettes; le total forme « une bande qui n'a que quelques pouces : elle sépare ordinairement le second banc de pierre « à plâtre, qui est un de ceux qui sont au-dessous des pierres veinées; le premier l'est par une « couche de l'autre pierre spéculaire. Cette couche forme communément des masses de mor« ceaux arrangés irrégulièrement, de façon cependant qu'on peut la distinguer en deux parties : « je veux dire qu'une partie des morceaux semble pendre du banc supérieur de pierre à plâtre, « et l'autre s'élever du banc inférieur qu'elle sépare; quelquefois il se trouve des morceaux qui « sont isolés, et qui ont une figure triangulaire dont la base forme un angle aigu et rentrant; « les autres morceaux qui composent les masses irrégulières des autres couches affectent égale« ment plus ou moins cette figure, et tous se lèvent par feuillets. »

M. Guettard ajoute qu'il en est à peu près de même de toutes les carrières à plâtre des environs de Paris. Voyez les *Mémoires de l'Académie des Sciences*, année 1756, page 239.

b. Note communiquée par M. du Morey, ingénieur en chef de la province de Bourgogne, à M. de Buffon, 22 juillet 1779.

c. « Le canton de Lunéville en Lorraine, dit M. Guettard, ne m'offrit rien de plus curieux, « par rapport à l'histoire naturelle, qu'une carrière à plâtre qui est à Serbeville, village peu « éloigné de Lunéville; les bancs dont cette carrière est composée sont dans cet ordre : 1° un « lit de terre de vingt-huit pieds; 2° un cordon rougeâtre de deux à trois pieds; 3° un lit de « *châlin* noir de quatre pieds; 4° un cordon jaune de deux pieds; 5° un lit de châlin verdâtre « de quatre à cinq pieds; 6° un lit de *crasses*, moitié bonnes, moitié mauvaises, de trois pieds; « 7° un lit de quatre pieds de pierres appelées *moutons*; 8° un filet d'un pouce de *tarque*; « 9° un lit d'un demi-pied de carreau, bon pour la maçonnerie; 10° un lit de plâtre gris d'un « pied; 11° un lit d'un pied de moellon de pierre calcaire jaunâtre, bleuâtre ou mêlée de deux « couleurs et coquillière. On y voit des empreintes de cames, des peignes ou des noyaux de ces « coquilles, et de jolies dendrites noires : ce dernier banc est plus considérable que je ne viens

les derniers bancs ne portent pas sur l'argile, mais sur un banc de pierres calcaires mêlées de coquilles; il a aussi parlé de quelques-unes des carrières à plâtre du Dauphiné [a]; et, en dernier lieu, M. Pralon a très-bien décrit celle de Montmartre près Paris [b].

En Espagne, aux environs de Molina, il y a plusieurs carrières de plâtre [c]; on en voit une colline entière à Dovenno près de Liria, et l'on y voit des bancs de plâtre blanc, gris et rouge [d]. On trouve aussi du plâtre rouge au sommet d'une montagne calcaire à Albaracin, qui paraît être l'un des lieux les plus élevés de l'Espagne [e], et il y en a de même près d'Alicante, qui est un des lieux les plus bas, puisque cette ville est située sur les bords de la mer; elle est voisine d'une colline dont les bancs inférieurs sont de plâtre de différentes couleurs [f].

En Italie, le comte Marsigli a donné la description de la carrière à plâtre de *Saint-Raphaël*, aux environs de Bologne, où l'on a fouillé à plus de deux cents pieds de profondeur [g]. On trouve aussi du bon plâtre dans plu-

« de le dire, ou bien il est suivi d'autres bancs de différentes épaisseurs; on ne les perce que « lorsqu'on fait des canaux pour l'écoulement des eaux des pluies.....

« Les uns ou les autres des lits ou des bancs de cette carrière, et surtout les petits, forment « des ondulations qui donnent à penser que les dépôts auxquels ils sont dus ont été faits par les « eaux.....

« Quoique l'on fasse une distinction entre ces plâtres, et qu'on donne à l'un le nom de *blanc* « préférablement à l'autre, celui-ci n'est pas néanmoins réellement noir; il n'est seulement « qu'un peu moins blanc que l'autre : on met à part le plus blanc, et l'on mêle ensemble toutes « les autres espèces; ces espèces sont le plâtre qu'on appelle par préférence le *noir*, la *crasse*, « le *rouge*, le *tarque*, le *mouton* et le *très-noir*. Le rouge est d'une couleur de chair ou de « cerise pâle, le tarque est brun noirâtre, et la crasse tire sur le gris blanc; le blanc même le « plus beau n'est pas transparent, mais les uns et les autres de ces bancs en fournissent qui « sont fibreux, d'un blanc-sale soyeux, et qui a de la transparence. » *Mém. de l'Académie des Sciences*, année 1763, pag. 156 et suiv.

a. Voyez les *Mémoires sur la minéralogie du Dauphiné*, tome II, pag. 278, 279, 286, 289 et 290.

b. Voyez le *Journal de Physique* d'octobre 1780, pag. 289 et suiv.

c. « Il y en a de plus de soixante pieds de profondeur, qui ont plus de trente couches, depuis « deux lignes jusqu'à deux pieds d'épaisseur, qui paraissent avoir été déposées et charriées avec « une gradation successive, selon qu'on le voit par leurs feuillets et leurs couleurs; mais ce « n'est cependant qu'une seule et même masse de plâtre, variée seulement par l'arrangement « des parties. » *Histoire naturelle d'Espagne*, par M. Bowles, pag. 191 et 192.

d. *Histoire naturelle d'Espagne*, par M. Bowles, page 106.

e. *Idem*, *ibidem*.

f. « Au bas de cette montagne, dit M. Bowles, il y a une couche de *marne* ou terre à chaux « mêlée d'argile, jaune, rouge et grise, laquelle sert de couverture à une base de plâtre rouge, « blanc, châtain, couleur de rose, noir, gris et jaune, qui est le fondement de toute la mon- « tagne. » *Idem*, *ibidem*, p. 84.

g. « Il y a dans ce lieu trois espèces de gypse : dans la première, située parallèlement à « l'horizon et disposée par lits alternatifs avec des lits de terre, est le gypse commun nommé « *scaglia* par les ouvriers du pays ; on l'employait autrefois tout brut dans les fondations des « tours, et même pour les ornements des portes et des fenêtres; mais à présent, étant brûlé et « réduit en poudre, il passe pour un excellent ciment, surtout si on le mêle avec de la chaux « pour qu'il résiste mieux à l'humidité.

La seconde espèce de gypse, appelée *scagliola*, est située perpendiculairement à l'horizon.

sieurs provinces de l'Allemagne, et il y en a de très-blanc dans le duché de Wurtemberg.

Dans quelques endroits [a] de la Pologne, dit M. Guettard, « le vrai plâtre « n'est pas rare; celui de Rohatin (starostie de Russie) est entièrement « semblable au plâtre des environs de Paris, que l'on appelle *grygnard :* il « est composé de morceaux de pierres spéculaires, jaunâtres et brillantes « qui affectent une figure triangulaire; les bancs de cette pierre sont de « toutes sortes de largeurs et d'épaisseurs. » On trouve encore du plâtre et du beau gypse aux environs de Bâle en Suisse, dans le pays de Neufchâtel et dans plusieurs autres endroits de l'Europe.

Il y a de même du plâtre dans l'île de Chypre, et presque dans toutes les provinces de l'Asie. On en fait des magots à la Chine et aux Indes.

L'on ne peut donc guère douter que cette matière ne se trouve dans toutes les parties du monde, quoiqu'elle se présente seulement dans des lieux particuliers et toujours dans le voisinage de la pierre calcaire; car le plâtre n'étant composé que de substance calcaire réduite en poudre, il ne peut se trouver que dans les endroits peu éloignés des rochers, dont les eaux auront détaché ces particules calcaires, et comme il contient aussi beaucoup d'acide vitriolique, cette combinaison suppose le voisinage de la terre limoneuse, de l'argile et des pyrites, en sorte que les matières plâtreuses ne se seront

« dans les fentes de la montagne : c'est une espèce de talc imparfait, et peut-être la pierre « spéculaire de Pline. On la calcine et on la réduit en poudre très-fine, blanche comme la neige, « dont on fait des figures moulées aussi élégantes que celles du plus beau marbre blanc faites « au ciseau.

« La troisième espèce de gypse est oblique à l'horizon : elle ressemble à l'alun de plume, et « peut en être une espèce impure et imparfaite.

« On rencontre aussi quelquefois dans les fentes de cette montagne certaine croûte que les « ouvriers appellent *œil de gypse* et *nervature :* cette matière reçoit le poli comme le marbre, « et ne cède point au plus bel albâtre par la distribution des taches. » *Collection académique*, partie étrangère, t. VI, p. 476.

a. « Rzaczynski indique plusieurs endroits de la Pologne qui fournissent du plâtre sous la « forme de pierre spéculaire, ou sous celle qui lui est le plus ordinaire : selon cet auteur, la « pierre spéculaire est commune entre Crovie et Sonez, dans le village de Posadza (situé, « comme les deux derniers endroits, dans la petite Pologne), le palatinat de Russie, et près le « village de Marchocice; elle est abondante proche Podkamien; les caves de Saruki sont creu- « sées dans des roches de cette pierre.....

« L'autre espèce de plâtre se tire en grande Pologne, près Goska, distant de deux lieues de « Keinia, près Vapno; du canton de Paluki, et dans d'autres endroits de la petite Pologne..... « Les campagnes de Skala-Trembowla en ont qui ressemble à de l'albâtre, et auquel il ne « manque que de la dureté pour être, selon Rzaczynski, regardé comme un marbre. Ces « endroits ne sont pas les seuls qui fournissent de cette pierre : on en rencontre çà et là, sui- « vant cet auteur..... On trouve encore du plâtre à Bolestraszice, à Lakodow, à dix lieues de « Léopol, dans le palatinat de Russie : ce plâtre est transparent, l'on en fait des vitres; ce « n'est sans doute que de la pierre spéculaire. Celui que les Italiens appellent *alun-scagliola*, « et qui n'est que de la pierre spéculaire, se trouve à Zawale et à Czarnakozynce. Ces endroits « donnent également du plâtre ordinaire et blanc; ils sont de Podolie ou du territoire de « Kuminice. » *Mémoire de M. Guettard*, dans ceux de l'*Académie des Sciences*, année 1762, pag. 301 et 302.

formées, comme nous l'avons dit, que dans les terrains où ces deux circonstances se trouvent réunies.

Quelque hautes que soient certaines collines à plâtre, il n'est pas moins certain que toutes sont d'une formation plus nouvelle que celle des collines calcaires : outre les preuves que nous en avons déjà données, cela peut se démontrer par la composition même de ces éminences plâtreuses; les couches n'en sont pas arrangées comme dans les collines calcaires; quoique posées horizontalement, elles ne suivent guère un ordre régulier, elles sont placées confusément les unes sur les autres, et chacune de ces couches est de matière différente; elles sont souvent surmontées de marne ou d'argile, quelquefois de tuffeau ou de pierres calcaires en débris et aussi de pyrites, de grès et de pierre meulière : une colline à plâtre n'est donc qu'un gros tas de décombres amenés par les eaux dans un ordre assez confus, et dans lequel les lits de poussière calcaire qui ont reçu les acides des lits supérieurs sont les seuls qui se soient convertis en plâtre. Cette formation récente se démontre encore par les ossements d'animaux terrestres [a] qu'on trouve dans ces couches de plâtre, tandis qu'on n'y a jamais trouvé de coquilles marines. Enfin elle se démontre évidemment, parce que dans cet immense tas de décombres, toutes les matières sont moins dures et moins solides que dans les carrières de pierres anciennes. Ainsi la nature, même dans son désordre, et lorsqu'elle nous paraît n'avoir travaillé que dans la confusion, sait tirer de ce désordre même des effets précieux et former des matières utiles, telles que le plâtre, avec de la poussière inerte et des acides destructeurs; et comme cette poussière de pierre, lorsqu'elle est fortement imprégnée d'acides, ne prend pas un grand degré de dureté, et que les couches de plâtre sont plus ou moins tendres dans toute leur étendue, soit en longueur ou en largeur, il est arrivé que ces couches, au lieu de se fendre comme les couches de pierre dure par le dessèchement de distance en distance sur leur longueur, se sont au contraire fendues dans tous les sens, en se renflant tant en largeur qu'en longueur; et cela doit arriver dans toute matière molle qui se renfle d'abord par le dessèchement avant de prendre sa consistance. Cette même matière se divisera par ce renflement en prismes plus ou moins gros et à plus ou moins de faces, selon qu'elle sera plus ou moins tenace dans toutes ses parties. Les couches de pierre au contraire, ne se renflant point par le dessèchement, ne se sont fendues que par leur retraite et de loin en loin, et plus fréquemment sur leur longueur que sur leur largeur, parce que ces matières plus dures avaient trop de consistance, même avant

a. Nous avons au Cabinet du Roi des mâchoires de cerf avec leurs dents, trouvées dans les carrières de plâtre de Montmartre, près Paris [1].

1 (*a*). Indice curieux. C'est de ces carrières à plâtre de Montmartre que Cuvier a tiré, plus tard, tant d'*espèces fossiles*, et, l'on peut le dire, les premiers matériaux avec lesquels il a commencé le vaste édifice de la *paléontologie*.

le desséchement, pour se fendre dans ces deux dimensions, et que dès lors les fentes perpendiculaires n'ont pu se faire que par effort sur l'endroit le plus faible, où la matière s'est trouvée un peu moins dure que le reste de la masse, et qu'enfin le desséchement seul, c'est-à-dire sans renflement de la matière, ne peut la diviser que très-irrégulièrement et jamais en prismes ni en aucune autre figure régulière.

DES PIERRES COMPOSÉES DE MATIÈRES VITREUSES ET DE SUBSTANCES CALCAIRES.

Dès que les eaux se furent emparées du premier débris des grandes masses vitreuses, et que la matière calcaire eut commencé à se produire dans leur sein par la génération des coquillages, bientôt ces détriments vitreux et calcaires furent transportés, déposés tantôt seuls et purs, et tantôt mélangés et confondus ensemble suivant les différents mouvements des eaux. Les mélanges qui s'en formèrent alors durent être plus ou moins intimes, selon que ces poudres étaient ou plus ténues ou plus grossières, et suivant que la mixtion s'en fit plus ou moins complétement. Les mélanges les plus imparfaits nous sont représentés par la marne, dans laquelle l'argile et la craie sont mêlées sans adhésion, et confondues sans union proprement dite. Une autre mixtion un peu plus intime est celle qui s'est faite, par succession de temps, de l'acide des argiles[1] qui s'est déposé sur les bancs calcaires, et en ayant pénétré l'intérieur les a transformés en gypse et en plâtre. Mais il y a d'autres matières mixtes, où les substances argileuses et calcaires sont encore plus intimement unies et combinées, et qui paraissent appartenir de plus près aux grandes et antiques formations de la nature : telles sont ces pierres qui, avec la forme feuilletée des schistes, et ayant en effet l'argile pour fond de leur substance, offrent en même temps dans leur texture une figuration spathique, semblable à celle de la pierre calcaire, et contiennent réellement des éléments calcaires intimement unis et mêlés avec les parties schisteuses. La première de ces pierres mélangées est celle

1. L'*acide des argiles* est l'*acide silicique* (voyez la note 2 de la page 512 du IXe volume, et la note 2 de la page 77 du volume actuel). — L'*acide silicique* n'a pu transformer les *bancs calcaires* en *gypse* et en *plâtre;* mais, dans l'*argile*, il se trouve souvent des *pyrites* ou *sulfures de fer* (voyez la note 2 de la page 77), qui, en se décomposant au contact de l'air, produisent de l'*acide sulfurique*. « On observe fréquemment dans les *argiles* de tous les âges des coquilles « dont le test est en partie transformé à l'état de *chaux sulfatée*, par suite de la décomposition « de *pyrites de fer*, qui a donné naissance à de l'*acide sulfurique*, puis à de la *chaux sulfatée*. » (Dufrénoy.)

que les minéralogistes ont désignée sous le nom bizarre de *pierre de corne*[a][1]. Elle se trouve souvent en grandes masses adossées aux montagnes de granites, ou contiguës aux schistes qui les revêtent et qui forment les montagnes du second ordre. Or, cette position semble indiquer l'époque de la formation de ces schistes spathiques, et la placer, ainsi que nous l'avons indiqué, au temps de la production des dernières argiles et des premières matières calcaires qui durent en effet être contemporaines ; et ce premier mélange des détriments vitreux et calcaires paraît être le plus intime comme le plus ancien de tous : aussi la combinaison de l'acide des couches argileuses, déposées postérieurement sur des bancs calcaires, est bien moins parfaite dans la pierre gypseuse, puisqu'elle est bien plus aisément réductible que ne l'est la pierre de corne, qui souffre, sans se calciner, le feu nécessaire pour la fondre. La pierre à plâtre au contraire se cuit et se calcine à une médiocre chaleur : on sait de même que de simples lotions, ou un précipité par l'acide, suffisent pour faire la séparation des poudres calcaires et argileuses dans la marne, parce que ces poudres y sont restées dans un état d'incohérence, qu'elles n'y sont pas mêlées intimement, et qu'elles n'ont point subi la combinaison qui leur eût fait prendre la figuration spathique, véritable indice de la lapidification calcaire.

Cette *pierre de corne* est plus dure que le schiste simple, et en diffère par la quantité plus ou moins grande de matière calcaire qui fait toujours partie de sa substance : on pourrait donc désigner cette pierre sous un nom moins impropre que celui de *pierre de corne*, et même lui donner une dénomination précise, en l'appelant *schiste spathique*, ce qui indiquerait en même temps et la substance schisteuse qui lui sert de base, et le mélange calcaire qui en modifie la forme et en spécifie la nature[b]. Et ces pierres de corne ou

a. Ce nom de pierre de corne (*hornstein*) avait d'abord été donné par les mineurs allemands à ces silex en lames qui, par leur couleur brune et leur demi-transparence, offrent quelque ressemblance avec la corne ; mais Wallerius a changé cette acception, qui du moins était fondée sur une apparence, et les minéralogistes, d'après lui, appliquent, sans aucune analogie entre le mot et la chose, cette dénomination de pierre de corne aux *schistes spathiques* plus ou moins calcaires dont nous parlons.

b. Quoique M. de Saussure reproche aux minéralogistes français d'avoir méconnu la pierre de corne, et de l'avoir confondue, sous le nom de *schiste*, avec toutes sortes de pierres qui se divisent par feuillets, soit argileuses, soit marneuses ou calcaires (*Voyage dans les Alpes*, t. I, p. 77), il est pourtant vrai que ces mêmes minéralogistes n'ont fait qu'une erreur infiniment plus légère que celle où il tombe lui-même en rangeant les *roches primitives* au nombre des *roches feuilletées ;* mais, sans insister sur cela, nous observerons seulement que le nom de *schiste* ne désigna jamais chez les bons naturalistes aucune pierre feuilletée purement calcaire ou marneuse, et que, dans sa véritable acception, il signifia toujours spécialement les pierres argileuses qui se divisent naturellement par feuillets, et qui sont plus ou moins mélangées d'autres substances, mais dont la base est toujours l'argile : or la pierre de corne n'est en effet qu'une espèce de ces pierres mélangées de parties argileuses et calcaires, et nous croyons

1. *Cornéenne* ou *amphibole compacte* (voyez la note de la page 41). L'*amphibole* se compose de *silice*, de *chaux*, de *magnésie* et d'*oxyde de fer*, avec des traces d'*alumine*, d'*eau*, et d'*oxyde de manganèse*.

schistes spathiques ne diffèrent en effet entre eux que par la plus ou moins grande quantité de matière calcaire qu'ils contiennent. Ceux où la substance argileuse est presque pure ont le grain semblable à celui du schiste pur [a]; mais ceux où la matière calcaire ou spathique abonde offrent à leur cassure un grain brillant, écailleux, avec un tissu fibreux [b], et même montrent distinctement dans leur texture une figuration spathique en lames rectangulaires, striées; et c'est dans ce dernier état que quelques auteurs ont donné à leur *pierre de corne* le nom de *horn-blende* [1], et que Wallerius l'a indiquée sous la dénomination de *corneus spathosus*.

Les schistes spathiques sont en général assez tendres, et le plus dur de ces schistes spathiques ou *pierres de corne* est celle que les Suédois ont appelée *trapp* [2] (escalier), parce que cette pierre se casse par étages ou plans superposés, comme les marches d'un escalier [c]. La pierre de corne com-

devoir la ranger sous une même dénomination avec ces pierres, et ce n'était pas la peine d'inventer un nom sans analogie pour ne nous rien apprendre de nouveau, et pour désigner une substance qui n'est qu'un schiste mélangé de parties calcaires. En rappelant donc cette pierre au nom générique de *schiste*, auquel elle doit rester subordonnée, il ne s'agit que de lui assigner une épithète spécifique, qui la classe et la distingue dans son genre; et comme le nom de *spath*, malgré les raisons qu'il y aurait eu de ne l'appliquer qu'à une seule substance, paraît avoir été adopté pour désigner des substances très-différentes, je croirais qu'il serait à propos d'appeler les prétendues pierres de corne, *schistes spathiques*, puisqu'en effet leur texture offre toujours une cristallisation plus ou moins apparente en forme de spath.

a. M. de Saussure. *Voyage dans les Alpes*, t. I, p. 69.

b. *Corneus fissilis*. Wallerius, sp. 170.

c. « On trouve le trapp dans plusieurs endroits de la Suède, souvent dans des montagnes de « première formation, remplissant des veines étroites et d'une structure si subtile, que ses « particules sont impalpables; quand il est noir, il sert comme la pierre de touche, à éprouver « l'or et l'argent; il n'y a dans ces montagnes aucun vestige de feu souterrain...

« On en rencontre aussi dans les montagnes par couches, surtout dans celles d'Ostrogothie; « il porte sur une couche de pierre calcaire pleine d'animaux marins pétrifiés; cette dernière « couche est posée sur un lit de pierre sablonneuse, qui est couchée horizontalement sur le « granite.....

« Dans les monts Kinne-kulle, Billigen et Mœsberg, cette couche de trapp est ordinairement « en pente; dans ceux de Hunne et de Halleberg, elle s'élève comme un mur perpendiculaire, « de plus de cent pieds de haut, rempli de fentes, tant horizontales que verticales, qui donnent « naissance à des prismes pour la plupart quadrangulaires : immédiatement sous cette couche, « on trouve un schiste noir parallèle à l'horizon, ce qui éloigne toute idée de regarder le trapp « comme le produit d'un incendie volcanique. » Extrait de M. Bergmann, dans le *Journal de Physique*, septembre 1780 — Le même M. Bergmann, dans sa lettre à M. de Troïl (*Lettres sur l'Islande*, p. 448), s'exprime ainsi : « Dans toutes les montagnes disposées par couches qui « se trouvent dans la Vestrogothie, la couche supérieure est de trapp, placée sur une ardoise « noire; il n'y a nulle apparence que cette matière de trapp ait jamais été fondue. » Mais quand ensuite cet habile chimiste veut attribuer au basalte la même origine, il se trompe; car il est certain que le basalte a été fondu, et son idée sur l'identité du trapp et du basalte, fondée sur la ressemblance de leurs produits dans l'analyse, ne prouve rien autre chose, sinon que le feu a pu, comme l'eau, envelopper, confondre les mêmes matières.

Le trapp, suivant M. de Morveau, contient beaucoup de fer; il a tiré quinze par cent de fer

1. *Hornblende :* variété noire de l'*amphibole* (voyez la note de la page précédente).

2. Le *trapp* ou *dolérite* se compose de *silice*, d'*alumine*, de *chaux*, d'*oxyde de fer* et d'*oxyde de manganèse*.

mune est moins dure que le trapp : quelques autres pierres de corne sont si tendres, qu'elles se laissent entamer avec l'ongle [a]. Leur couleur varie entre le gris et le noir; il s'en trouve aussi de vertes, de rouges de diverses teintes. Toutes sont fusibles à un degré de feu assez modéré, et donnent en se fondant un verre noir et compacte. Wallerius observe qu'en humectant ces pierres, elles rendent une odeur d'argile : ce fait seul, joint à l'inspection, aurait dû les lui faire placer à la suite des pierres argileuses ou des schistes; et la nature passe en effet par nuances des schistes simples ou purement argileux à ces schistes composés, dont ceux qui sont le moins mélangés de parties calcaires n'offrent pas la figuration spathique, et ne peuvent, de l'aveu des minéralogistes, se distinguer qu'à peine du schiste pur.

Quoique le trapp et les autres pierres de corne ou schistes spathiques, qui ne contiennent qu'une petite quantité de matière calcaire, ne fassent aussi que peu ou point d'effervescence avec les acides, néanmoins en les traitant à chaud avec l'acide nitreux, on en obtient par l'alcali fixe un précipité gélatineux, de même nature que celui que donnent la zéolithe et toutes les autres matières mélangées de parties vitreuses et de parties calcaires.

Ce schiste spathique se trouve en grand volume et en masses très-considérables mêlées parmi les schistes simples : M. de Saussure, qui le décrit sous le nom de *pierre de corne*, l'a rencontré en plusieurs endroits des Alpes. « A demi-lieue de *Chamouni*, dit ce savant professeur, en suivant la « rive droite de l'Arve, la base d'une montagne, de laquelle sortent plu- « sieurs belles sources, est une *roche de corne* mêlée de mica et de quartz. « Ses *couches* sont à peu près *verticales*, souvent brisées et diversement « dirigées [b]. » Ce mélange de mica, ce voisinage du quartz, cette violente inclinaison des masses me paraissent s'accorder avec ce que je viens de dire sur l'origine et le temps de la formation de cette pierre mélangée : il faut en effet que ce soit dans le temps où les micas étaient flottants et disséminés sur les lieux où se trouvaient les débris plus ou moins atténués des quartz, et dans des positions où les masses primitives, rompues en différents angles, n'offraient comme parois ou comme bases que de fortes inclinaisons et des pentes raides; ce n'est, dis-je, que dans ces positions que les couches de formation secondaire ont pu prendre les grandes inclinaisons des pentes et des faces contre lesquelles on les voit appliquées. En effet, M. de Saussure nous fournit de ces exemples de *roches de corne*, adossées à des granites [c];

d'un morceau de trapp qui lui avait été envoyé de Suède par M. Bergmann : celui-ci assure que le trapp se fond au feu sans bouillonnement, que l'alcali minéral le dissout par la voie sèche avec effervescence, et que le borax le dissout sans effervescence. *Opuscules* de M. Bergmann, t. II, diss. 25.

a. *Idem, ibidem*, p. 70.

b. *Voyage dans les Alpes*, t. I, p. 433.

c. *Idem, ibidem*, t. I, p. 531.

mais ne se méprend-il pas lorsqu'il dit que des blocs ou tranches de granite, qui se rencontrent quelquefois enfermés dans ces roches de corne, s'y sont produits ou introduits postérieurement à la formation de ces mêmes roches? Il me semble que c'est lors de leur formation même que ces fragments de granite primitif y ont été renfermés, soit qu'ils y soient tombés en se détachant des sommets plus élevés [a], soit que la force même des flots les y ait entraînés dans le temps que les eaux charriaient la pâte molle des argiles mélangées des poudres calcaires, dont est formée la substance des schistes spathiques; car nous sommes bien éloignés de croire que ces tranches ou prétendus filons de granite se soient produits, comme le dit M. de Saussure, par cristallisation et par l'infiltration des eaux; ce ne serait point alors du véritable granite primitif, mais une concrétion secondaire et formée par l'agglutination des sables graniteux [b]. Ces deux formations doivent être soigneusement distinguées, et l'on ne peut pas, comme le fait ici ce savant auteur, donner la même origine et le même temps de formation aux masses primitives et à leurs productions secondaires ou stalactites : ce serait bouleverser toute la généalogie [1] des substances du règne minéral.

Il y a aussi des schistes spathiques, dans lesquels le quartz et le feldspath se trouvent en fragments et en grains dispersés, et comme disséminés dans la substance de la pierre : M. de Saussure en a vu de cette espèce dans la même vallée de *Chamouni* [c]. La formation de ces pierres ne me paraît pas difficile à expliquer, en se rappelant qu'entre les détriments des quartz, des granites et des autres matières vitreuses primitives entraînées par les eaux, la poudre la plus ténue et la plus décomposée forma les argiles; et que les sables plus vifs et non décomposés formèrent le grès : or, il a dû se trouver, dans cette destruction des matières primitives, de gros sables, qui bientôt furent saisis et agglutinés par la pâte d'argile pure, ou d'argile déjà mélangée de substances calcaires [d]. Ces gros sables, eu égard à leur

a. L'observation même de M. de Saussure aurait pu le convaincre que la matière de ces tranches de granite a été amenée par le mouvement des eaux, et qu'elle s'est déposée en même temps que la matière de la pierre de corne dans laquelle ce granite est inséré, puisqu'il remarque qu'où elles se présentent, les couches de la roche de corne *s'interrompent brusquement*, et paraissent s'être *inégalement affaissées. Voyage dans les Alpes*, page 533.

b. M. de Saussure remarque lui-même dans cette pierre de *petites fentes rectilignes.....* qui lui paraissent l'*effet d'un commencement de retraite*.

c. « Les rochers des Montées (route de Servoz à Chamouni, le long de la rive de l'Arve), « contiennent, outre la pierre de corne, d'autres éléments des montagnes primitives, tels que le « quartz et le feldspath : dans quelques endroits, la pierre de corne est dispersée en très-petite « quantité, sous la forme d'une poudre grise, dans les interstices des grains de quartz et de « feldspath, et là les rochers sont durs; ailleurs la pierre de corne, de couleur verte, forme des « veines suivies et parallèles entre elles, qui règnent entre les grains de quartz et de feldspath, « et là le rocher est plus tendre. » *Voyage dans les Alpes*, t. I, p. 425.

d. M. de Saussure, après avoir parlé d'une pierre composée d'un mélange de quartz et de

1. *La généalogie des substances du règne minéral*... C'est là le problème à résoudre : l'honneur de Buffon sera de l'avoir posé.

pesanteur, n'ont point été charriés loin du lieu de leur origine; et ce sont en effet ces grains de quartz, de feldspath et de schorl, qui se trouvent incorporés et empâtés dans la pierre argileuse spathique, ou pierre de corne, voisine des vrais granites [a]. Enfin, il est évident que la formation des schistes spathiques et le mélange de substances argileuses et calcaires qui les composent, ainsi que la formation de toutes les autres pierres mixtes, supposent nécessairement la décomposition des matières simples et primitives dont elles sont composées; et vouloir conclure [b] de la formation de ces productions secondaires à celle des masses premières, et de ces pierres remplies de sables graniteux aux véritables granites, c'est exactement comme si l'on voulait expliquer la formation des premiers marbres par les brèches, ou celle des jaspes par les poudingues.

Après les pierres dans lesquelles une portion de matière calcaire s'est combinée avec l'argile, la nature nous en offre d'autres où des portions de matière argileuse se sont mêlées et introduites dans les masses calcaires : tels sont plusieurs marbres, comme le *vert-campan* des Pyrénées, dont les zones vertes sont formées d'un vrai schiste, interposé entre les tranches calcaires rouges qui font le fond de ce marbre mixte; telles sont aussi les *pierres de Florence*, où le fond du tableau est de substance calcaire pure, ou teinte par un peu de fer, mais dont la partie qui représente des ruines contient une portion considérable de terre schisteuse [c], à laquelle, suivant toute apparence, est due cette figuration sous différents angles et diverses coupes, lesquelles sont analogues aux lignes et aux faces angulaires sous lesquelles on sait que les schistes affectent de se diviser lorsqu'ils sont mêlés de la matière calcaire.

Ces pierres mixtes, dans lesquelles les veines schisteuses traversent le fond calcaire, ont moins de solidité et de durée que les marbres purs; les portions schisteuses sont plus tendres que le reste de la pierre, et ne résistent

spath calcaire, et l'avoir improprement appelé *granite*, ajoute (page 425) que cette matière *se trouve par filons dans les montagnes de roche de corne :* or, cette stalactite des roches de corne nous fournit une preuve de plus que ces roches sont composées du mélange des débris des masses vitreuses et des détriments des substances calcaires.

a. C'est à la même origine qu'il faut rapporter cette pierre que M. de Saussure appelle *granite veiné* (page 118), dénomination qui ne peut être plausible que dans le langage d'un naturaliste qui parle sans cesse de *couches perpendiculaires :* ce prétendu granite veiné est composé de lits de graviers graniteux, restés purs et sans mélange, et stratifiés près du lieu de leur origine, voisinage que cet observateur regarde comme formant un passage très-important pour conduire à la formation des vrais granites (page 117); mais ce passage en apprend sur la formation du granite à peu près autant que le passage du grès au quartz en pourrait apprendre sur l'origine de cette substance primitive.

b. « Je ferai voir combien ce genre mixte nous donne de lumière sur la formation des gra- « nites proprement dits, ou granites en masses. » Saussure, *Voyage dans les Alpes*, t. I, p. 427. On peut voir d'ici quelle espèce de lumière pourra résulter d'une analogie si peu fondée.

c. Voyez la dissertation que M. Bayen, savant chimiste, a donnée sous le titre d'*Examen chimique de différentes pierres.*

pas longtemps aux injures de l'air : c'est par cette raison que le marbre campan, employé dans les jardins de Marly et de Trianon, s'est dégradé en moins d'un siècle. On devrait donc n'employer pour les monuments que des marbres reconnus pour être sans mélange de schistes, ou d'autres matières argileuses qui les rendent susceptibles d'une prompte altération et même d'une destruction entière [a].

Une autre matière mixte, et qui n'est composée que d'argile et de substance calcaire, est celle qu'on appelle à Genève et dans le Lyonnais *molasse* [1], parce qu'elle est fort tendre dans sa carrière. Elle s'y trouve en grandes masses [b], et on ne laisse pas de l'employer pour les bâtiments, parce qu'elle se durcit à l'air; mais comme l'eau des pluies et même l'humidité de l'air la pénètrent et la décomposent peu à peu, on doit ne l'employer qu'à couvert; et c'est en effet pour éviter la destruction de ces pierres molasses, qu'on est dans l'usage, le long du Rhône et à Genève, de faire avancer les toits de cinq à six pieds au delà des murs extérieurs, afin de les défendre de la pluie [c]. Au reste, cette pierre, qui ne peut résister à l'eau, résiste très-bien au feu, et on l'emploie avantageusement à la construction des fourneaux de forges et des foyers de cheminées.

Pour résumer ce que nous venons de dire sur les pierres composées de matières vitreuses et de substance calcaire en grandes masses, et dont nous ne donnerons que ces trois exemples, nous dirons : 1° que les *schistes spathiques* ou *roches de corne* représentent le grand mélange et la combinaison intime qui s'est faite des matières calcaires avec les argiles, lorsqu'elles étaient toutes deux réduites en poudre, et que ni les unes ni les autres n'avaient encore aucune solidité; 2° que les mélanges moins intimes, formés par les transports subséquents des eaux, et dans lesquels chacune des matières vitreuses et calcaires ne sont que mêlées et moins intimement liées, nous sont représentés par ces marbres mixtes et ces pierres dessinées, dans

a. Voyez la dissertation citée.

b. « En 1779, on ouvrit un chemin près de Lyon, au bord du Rhône, dans une montagne « presque toute de molasse; la coupe perpendiculaire de cette montagne présentait une infinité « de couches successives légèrement ondées, d'épaisseurs différentes, dont le tissu plus ou moins « serré et les nuances diversifiées annonçaient bien des dépôts formés à différentes époques : « j'y ai remarqué des lits de gravier dont l'interposition était visiblement l'effet de quelques « inondations, qui avaient interrompu de temps à autre la stratification de la molasse. » Note communiquée par M. de Morveau.

c. « Le pont de Bellegarde sur la Valsime, à peu de distance de son confluent avec le Rhône, « est assis sur un banc de molasse que les eaux avaient creusé de plus de quatre-vingts pieds, « à l'époque de l'année 1778; la comminution lente des deux talus avait tellement travaillé sous « les culées de ce pont, qu'elles se trouvaient en l'air. Il a fallu le reconstruire, et les ingénieurs ont eu la précaution de jeter l'arc beaucoup au delà des deux bords, laissant pour « ainsi dire la part du temps hors du point de fondation, et calculant la durée de cet édifice « sur la progression de cette comminution. » Suite de la note communiquée par M. de Morveau.

1. *Molasse : grès* plus ou moins *argileux* et *calcaire*.

lesquelles la matière schisteuse se reconnaît à des caractères non équivoques, et paraît avoir été ou déposée par entassements successifs, et alternativement avec la matière calcaire, ou introduite en petite quantité dans les scissures et les fentes de ces mêmes matières calcaires; 3° que les mélanges les plus grossiers et les moins intimes de l'argile et de la matière calcaire nous sont représentés par la pierre molasse et même par la marne; et nous pouvons aisément concevoir dans combien de circonstances ces mélanges de schiste ou d'argile et de substance calcaire, plus ou moins grossiers, ou plus ou moins intimes, ont dû avoir lieu, puisque les eaux n'ont cessé, tant qu'elles ont couvert le globe, comme elles ne cessent encore au fond des mers, de travailler, porter et transporter ces matières, et par conséquent de les mélanger dans tous les lieux où les lits d'argile se sont trouvés voisins des couches calcaires, et où ces dernières n'auraient pas encore recouvert les premières.

Cependant ces éléments ne sont pas les seuls que la nature emploie pour le mélange et l'union de la plupart des mixtes : indépendamment des détriments vitreux et calcaires, elle emploie aussi la terre végétale qu'on doit distinguer des terres calcaires ou vitreuses, puisqu'elle est produite en grande partie par la décomposition des végétaux et des animaux terrestres, dont les détriments contiennent non-seulement les éléments vitreux et calcaires qui forment la base des parties solides de leur corps, mais encore tous les principes actifs des êtres organisés, et surtout une portion de ce feu qui les rendait vivants ou végétants. Ces molécules actives[1] tendent sans cesse à former des combinaisons nouvelles dans la terre végétale; et nous ferons voir dans la suite que les plus brillantes comme les plus utiles des productions du règne minéral appartiennent à cette terre qu'on n'a pas jusqu'ici considérée d'assez près.

DE LA TERRE VÉGÉTALE.[2]

La terre purement brute, la terre élémentaire, n'est que le verre primitif[3] d'abord réduit en poudre et ensuite atténué, ramolli et converti en argile par l'impression des éléments humides; une autre terre, un peu moins brute, est la matière calcaire produite originairement par les dépouilles des

1. Voyez les notes des pages 3 et 4.
2. La *terre végétale* est la *partie* du sol propre à la végétation. On l'appelle *argileuse*, *calcaire* ou *siliceuse*, suivant que l'*argile*, le *calcaire* ou le *sable siliceux* domine dans sa composition.
3. ... *N'est que le verre primitif*, c'est-à-dire, selon Buffon, le *quartz* (voyez la p. 17) : « le « quartz est le premier des verres primitifs... »

coquillages [1], et de même réduite en poudre par les frottements et par le mouvement des eaux ; enfin une troisième terre, plus organique que brute [2], est la terre végétale composée des détriments des végétaux et des animaux [3] terrestres.

Et ces trois terres simples, qui par la décomposition des matières vitreuses, calcaires et végétales, avaient d'abord pris la forme d'argile, de craie et de limon, se sont ensuite mêlées les unes avec les autres, et ont subi tous les degrés d'atténuation, de figuration et de transformation qui étaient nécessaires pour pouvoir entrer dans la composition des minéraux et dans la structure organique des végétaux et des animaux.

Les chimistes et les minéralogistes ont tous beaucoup parlé des deux premières terres ; ils ont travaillé, décrit, analysé les argiles et les matières calcaires ; ils en ont fait la base de la plupart des corps mixtes ; mais j'avoue que je suis étonné qu'aucun d'eux n'ait traité de la terre végétale ou limoneuse, qui méritait leur attention du moins autant que les deux autres terres. On a pris le limon pour de l'argile ; cette erreur capitale a donné lieu à de faux jugements, et a produit une infinité de méprises particulières. Je vais donc tâcher de démontrer l'origine et de suivre la formation de la terre limoneuse, comme je l'ai fait pour l'argile : on verra que ces deux terres sont d'une différente nature, qu'elles n'ont même que très-peu de qualités communes, et qu'enfin ni l'argile, ni la terre calcaire, ne peuvent influer autant que la terre végétale sur la production de la plupart des minéraux de seconde formation.

Mais avant d'exposer en détail les degrés ou progrès successifs par lesquels les détriments des végétaux et des animaux se convertissent en terre limoneuse, avant de présenter les productions minérales qui en tirent immédiatement leur origine, il ne sera pas inutile de rappeler ici les notions qu'on doit avoir de la terre considérée comme l'un des quatre éléments [4]. Dans ce sens, on peut dire que l'élément de la terre entre comme partie essentielle dans la composition de tous les corps : non-seulement elle se trouve toujours dans tous en plus ou moins grande quantité, mais par son union avec les trois autres éléments, elle prend toutes les formes possibles ; elle se liquéfie, se fixe, se pétrifie, se métallise, se resserre, s'étend, se sublime, se volatilise et s'organise suivant les différents mélanges et les

1. Voyez la note de la page 99.

2. Voyez les notes des pages 3 et 4.

3. La *terre végétale* se compose de deux parties : une *partie minérale* et une *partie organique*. La *partie organique* provient de la décomposition des substances constitutives des *végétaux* et des *animaux*. La *partie minérale* provient, soit du *sol* (voyez la note 2 de la page précédente), soit du *détritus* même des *végétaux* et des *animaux*, lesquels, par leur entière décomposition, laissent un *résidu minéral*, semblable aux *cendres*.

4. *La terre,... l'un des quatre éléments.* Nous sommes bien loin du temps où l'on considérait la *terre* comme un *élément* (voyez la note 2 de la page 1 du IXe volume). La terre, *primitive* et *pure*, n'est qu'une terre *idéale*, selon l'expression même qu'emploiera bientôt Buffon.

degrés d'activité, de résistance et d'affinité de ces mêmes principes élémentaires.

De même, si l'on ne considère la terre en général que par ses caractères les plus aisés à saisir, elle nous paraîtra, comme on la définit en chimie, une matière sèche, opaque, insipide, friable, qui ne s'enflamme point, que l'eau pénètre, étend et rend ductile, qui s'y délaie et ne se dissout pas comme le sel. Mais ces caractères généraux sont, ainsi que toutes les définitions, plus abstraits que réels; étant trop absolus, ils ne sont ni relatifs, ni par conséquent applicables à la chose réelle : aussi ne peuvent-ils appartenir qu'à une terre qu'on supposerait être parfaitement pure, ou tout au plus mêlée d'une très-petite quantité d'autres substances non comprises dans la définition. Or, cette terre idéale n'existe nulle part[1], et tout ce que nous pouvons faire pour nous rapprocher de la réalité, c'est de distinguer les terres les moins composées de celles qui sont les plus mélangées. Sous ce point de vue plus vrai, plus clair et plus réel qu'aucun autre, nous regarderons l'argile, la craie et le limon, comme les terres les plus simples de la nature, quoique aucune des trois ne soit parfaitement simple[2]; et nous comprendrons dans les terres composées, non-seulement celles qui sont mêlées de ces premières matières, mais encore celles qui sont mélangées de substances hétérogènes, telles que les sables, les sels, les bitumes, etc., etc. : toute terre qui ne contient qu'une très-petite quantité de ces substances étrangères conserve à peu près toutes ses qualités spécifiques et ses propriétés naturelles; mais, si le mélange hétérogène domine, elle perd ces mêmes propriétés; elle en acquiert de nouvelles toujours analogues à la nature du mélange, et devient alors terre combustible ou réfractaire, terre minérale ou métallique, etc., suivant les différentes combinaisons des substances qui sont entrées dans sa composition.

Ce sont en effet ces différents mélanges qui rendent les terres pesantes ou légères, poreuses ou compactes, molles ou dures, rudes ou douces au toucher : leurs couleurs viennent aussi des parties minérales ou métalliques qu'elles renferment; leur saveur douce, âcre ou astringente, provient des sels; et leur odeur, agréable ou fétide, est due aux particules aromatiques, huileuses et salines dont elles sont pénétrées.

De plus, il y a beaucoup de terres qui s'imbibent d'eau facilement; il y en a d'autres sur lesquelles l'eau ne fait que glisser; il y en a de grasses, de tenaces, de très-ductiles, et d'autres dont les parties n'ont point d'adhésion, et semblent approcher de la nature du sable ou de la cendre; elles ont chacune différentes propriétés et servent à différents usages : les terres argileuses les plus ductiles, lorsqu'elles sont fort chargées d'acide, servent au dégraissage des laines; les terres bitumineuses et végétales, telles que les

1. Voyez la note 4 de la page précédente.
2. Voyez les notes précédentes sur l'*argile*, la *craie*, etc.

tourbes et les charbons de terre, sont d'une utilité presque aussi grande que le bois; les terres calcaires et ferrugineuses s'emploient dans plusieurs arts, et notamment dans la peinture; plusieurs autres terres servent à polir les métaux, etc. Leurs usages sont aussi multipliés que leurs propriétés sont variées; et de même, dans les différentes espèces de nos terres cultivées, nous trouverons que telle terre est plus propre qu'une autre à la production de telles ou telles plantes, qu'une terre stérile par elle-même peut fertiliser d'autres terres par son mélange, que celles qui sont les moins propres à la végétation, sont ordinairement les plus utiles pour les arts, etc.

Il y a, comme l'on voit, une grande diversité dans les terres composées; et il se trouve aussi quelques différences dans les trois terres que nous regardons comme simples, l'argile, la craie et la terre végétale. Cette dernière terre se présente même dans deux états très-différents : le premier sous la forme de terreau, qui est le détriment immédiat des animaux et des végétaux; et le second sous la forme de limon, qui est le dernier résidu de leur entière décomposition. Ce limon, comme l'argile et la craie, n'est jamais parfaitement pur, et ces trois terres, quoique les plus simples de toutes, sont presque toujours mêlées de particules hétérogènes, et du dépôt des poussières de toute nature répandues dans l'air et dans l'eau.

Sur la grande couche d'argile qui enveloppe le globe, et sur les bancs calcaires auxquels cette même argile sert de base, s'étend la couche universelle de la terre végétale, qui recouvre la surface entière des continents terrestres, et cette même terre n'est peut-être pas en moindre quantité sur le fond de la mer, où les eaux des fleuves la transportent et la déposent de tous les temps et continuellement, sans compter celle qui doit également se former des détriments de tous les animaux et végétaux marins. Mais, pour ne parler ici que de ce qui est sous nos yeux, nous verrons que cette couche de terre, productrice et féconde, est toujours plus épaisse dans les lieux abandonnés à la seule nature que dans les pays habités, parce que cette terre étant le produit des détriments des végétaux et des animaux, sa quantité ne peut qu'augmenter partout où l'homme et le feu, son ministre de destruction, n'anéantissent pas les êtres vivants et végétants. Dans ces terres indépendantes de nous et où la nature seule règne, rien n'est détruit ni consommé d'avance; chaque individu vit son âge; les bois, au lieu d'être abattus au bout de quelques années, s'élèvent en futaies et ne tombent de vétusté que dans la suite des siècles, pendant lesquels leurs feuilles, leurs menus branchages, et tous leurs déchets annuels et superflus, forment à leur pied des couches de terreau, qui bientôt se convertit en terre végétale, dont la quantité devient ensuite bien plus considérable par la chute de ces mêmes arbres trop âgés. Ainsi d'année en année, et bien plus encore de siècle en siècle, ces dépôts de terre végétale se sont augmentés partout où rien ne s'opposait à leur accumulation.

Cette couche de terre végétale est plus mince sur les montagnes que dans les vallons et les plaines, parce que les eaux pluviales dépouillent les sommets et les pentes de ces éminences, et entraînent le limon qu'elles ont délayé ; les ruisseaux, les rivières, le charrient et le déposent dans leur lit, ou le transportent jusqu'à la mer ; et, malgré cette déperdition continuelle des résidus de la nature vivante, sa force productrice est si grande, que la quantité de ce limon végétal augmenterait partout, si nous n'affamions pas la terre par nos jouissances anticipées et presque toujours immodérées. Comparez à cet égard les pays très-anciennement habités avec les contrées nouvellement découvertes : tout est forêt, terreau, limon dans celles-ci ; tout est sable aride ou pierre nue dans les autres.

Cette couche de terre la plus extérieure du globe est non-seulement composée des détriments des végétaux et des animaux, mais encore des poussières de l'air et du sédiment de l'eau des pluies et des rosées : dès lors elle se trouve mêlée des particules calcaires ou vitreuses, dont ces deux *éléments* sont toujours plus ou moins chargés ; elle se trouve aussi plus grossièrement mélangée de sable vitreux ou de graviers calcaires dans les contrées cultivées par la main de l'homme ; car le soc de la charrue mêle avec cette terre les fragments qu'il détache de la couche inférieure, et, loin de prolonger la durée de sa fécondité, souvent la culture amène la stérilité. On le voit dans ces champs en montagnes où la terre est si mêlée, si couverte de fragments et de débris de pierres, que le laboureur est obligé de les abandonner ; on le voit aussi dans ces terres légères qui portent sur le sable ou la craie, et dont, après quelques années, la fécondité cesse par la trop grande quantité de ces matières stériles que le labour y mêle : on ne peut leur rendre ni leur conserver de la fertilité qu'en y portant des fumiers et d'autres amendements de matières analogues à leur première nature. Ainsi cette couche de terre végétale n'est presque nulle part un limon vierge, ni même une terre simple et pure : elle serait telle si elle ne contenait que les détriments des corps organisés ; mais comme elle recueille en même temps tous les débris de la matière brute, on doit la regarder comme un composé mi-parti de brut et d'organique[1], qui participe de l'inertie de l'un et de l'activité de l'autre, et qui, par cette dernière propriété et par le nombre infini de ses combinaisons, sert non-seulement à l'entretien des animaux et des végétaux, mais produit aussi la plus grande partie des minéraux, et particulièrement les minéraux figurés[2], comme nous le démontrerons dans la suite par différents exemples.

Mais auparavant il est bon de suivre de près la marche de la nature dans la production et la formation successive de cette terre végétale. D'abord

1. *Composé mi-parti de brut et d'organique :* véritable définition de la *terre végétale* (voyez la note 3 de la page 192).

2. Voyez la note 2 de la page 3.

composée des seuls détriments des animaux et des végétaux, elle n'est encore, après un grand nombre d'années, qu'une poussière noirâtre, sèche, très-légère, sans ductilité, sans cohésion, qui brûle et s'enflamme à peu près comme la tourbe. On peut distinguer encore dans ce terreau les fibres ligneuses et les parties solides des végétaux; mais avec le temps, et par l'action et l'intermède de l'air et de l'eau, ces particules arides de terreau acquièrent de la ductilité et se convertissent en terre limoneuse : je me suis assuré de cette réduction ou transformation par mes propres observations.

Je fis sonder en 1734, par plusieurs coups de tarière, un terrain d'environ soixante-dix arpents d'étendue, dont je voulais connaître l'épaisseur de bonne terre, et où j'ai fait une plantation de bois qui a bien réussi : j'avais divisé ce terrain par arpents, et l'ayant fait sonder aux quatre angles de chacun de ces arpents, j'ai retenu la note des différentes épaisseurs de terre, dont la moindre était de deux pieds, et la plus forte de trois pieds et demi. J'étais jeune alors[1], et mon projet était de reconnaître au bout de trente ans la différence que produirait sur mon bois semé l'épaisseur plus ou moins grande de cette terre, qui partout était franche et de bonne qualité. J'observai, par le moyen de ces sondes, que, dans toute l'étendue de ce terrain, la composition des lits de terre était à très-peu près la même, et j'y reconnus clairement le changement successif du terreau en terre limoneuse. Ce terrain est situé dans une plaine au-dessus de nos plus hautes collines de Bourgogne : il était pour la plus grande partie en friche de temps immémorial, et comme il n'est dominé par aucune éminence, la terre est sans mélange apparent de craie ni d'argile; elle porte partout sur une couche horizontale de pierre calcaire dure.

Sous le gazon, ou plutôt sous la vieille mousse qui couvrait la surface de ce terrain, il y avait partout un petit lit de terre noire et friable, formée du produit des feuilles et des herbes pourries des années précédentes ; la terre du lit suivant n'était que brune et sans adhésion ; mais les lits au-dessous de ces deux premiers prenaient par degrés de la consistance et une couleur jaunâtre, et cela d'autant plus qu'ils s'éloignaient davantage de la superficie du terrain. Le lit le plus bas, qui était à trois pieds ou trois pieds et demi de profondeur, était d'un orangé rougeâtre, et la terre en était très-grasse, très-ductile, et s'attachait à la langue comme un véritable bol [a].

a. M. Nadault, ayant fait quelques expériences sur cette terre limoneuse la plus grasse, m'a communiqué la note suivante : « Cette terre étant très-ductile et pétrissable, j'en ai, dit-il, formé « sans peine de petits gâteaux qui se sont promptement imbibés d'eau et renflés, et qui, en se « desséchant, se sont raccourcis selon leurs dimensions : l'eau-forte avec cette terre n'a produit « ni ébullition ni effervescence ; elle est tombée au fond de la liqueur sans s'y dissoudre, comme « l'argile la plus pure. J'en ai mis dans un creuset à un feu de charbon assez modéré avec de « l'argile : celle-ci s'y est durcie à l'ordinaire jusqu'à un certain point; mais l'autre au con-

1. Souvenir plein de grâce, sous la plume d'un grand homme.

Je remarquai dans cette terre jaune plusieurs grains de mine de fer; ils étaient noirs et durs dans le lit inférieur, et n'étaient que bruns et encore friables dans les lits supérieurs de cette même terre. Il est donc évident que les détriments des animaux et des végétaux, qui d'abord se réduisent en terreau, forment avec le temps et le secours de l'air et de l'eau, la terre jaune ou rougeâtre, qui est la vraie terre limoneuse dont il est ici question; et de même on ne peut douter que le fer contenu dans les végétaux ne se retrouve dans cette terre et ne s'y réunisse en grains; et comme cette terre végétale contient une grande quantité de substance organique, puisqu'elle n'est produite que par la décomposition des êtres organisés, on ne doit pas être étonné qu'elle ait quelques propriétés communes avec les végétaux : comme eux elle contient des parties volatiles et combustibles; elle brûle en partie ou se consume au feu; elle y diminue de volume, et y perd considérablement de son poids; enfin elle se fond et se vitrifie au même degré de feu auquel l'argile ne fait que se durcir [a]. Cette terre limoneuse a encore la propriété de s'imbiber d'eau plus facilement que l'argile, et d'en absorber une plus grande quantité; et comme elle s'attache fortement à la langue, il paraît que la plupart des bols ne sont que cette même terre aussi pure et aussi atténuée qu'elle peut l'être; car on trouve ces bols en pelotes ou en petits lits dans les fentes et cavités, où l'eau, qui a pénétré la couche de terre limoneuse, s'est en même temps chargée des molécules les plus fines de cette même terre, et les a déposées sous cette forme de bol.

On a vu, à l'article de l'argile, le détail de la fouille que je fis faire, en 1748, pour reconnaître les différentes couches d'un terrain argileux jusqu'à cinquante pieds de profondeur: la première couche de ce terrain était d'une terre limoneuse d'environ trois pieds d'épaisseur. En suivant les travaux de cette fouille, et en observant avec soin les différentes matières qui en ont été tirées, j'ai reconnu, à n'en pouvoir douter, que cette terre limoneuse était entraînée par l'infiltration des eaux à de grandes profondeurs

« traire, quoique avec toutes les qualités apparentes de l'argile, s'est extrêmement raréfiée, et « a perdu beaucoup de son poids; elle a acquis, à la vérité, un peu de consistance et de solidité « à sa superficie, mais cependant si peu de dureté, qu'elle s'est réduite en poussière entre mes « doigts. J'ai fait ensuite éprouver à cette terre le degré de chaleur nécessaire pour la parfaite « cuisson de la brique : les gâteaux se sont alors déformés; ils ont beaucoup diminué de volume, « se sont durcis au point de résister au burin, et leur superficie devenue noire, au lieu d'avoir « rougi comme l'argile, s'est émaillée, de sorte que cette terre en cet état approchait déjà de la « vitrification; ces mêmes gâteaux, remis une seconde fois au fourneau et au même degré de « chaleur, se sont convertis en un véritable verre d'une couleur obscure, tandis qu'une sem- « blable cuisson a seulement changé en bleu foncé la couleur rouge de l'argile, en lui procu- « rant un peu plus de dureté; et j'ai en effet éprouvé qu'il n'y avait qu'un feu de forge qui pût « vitrifier celle-ci. » Note remise par M. Nadault à M. de Buffon, en 1774.

a. « La terre limoneuse, que l'on nomme communément *herbue* parce qu'elle gît sous « l'herbe ou le gazon, étant appliquée sur le fer que l'on chauffe au degré de feu pour le « souder, se gonfle et se réduit en un mâchefer noir vitreux et sonore. » Remarque de M. de Grignon.

dans les joints et les délits des couches inférieures, qui toutes étaient d'argile; j'en ai suivi la trace jusqu'à trente-deux pieds : la première couche argileuse la plus voisine de la terre limoneuse était mi-partie d'argile et de limon, marbrée des couleurs de l'un et de l'autre, c'est-à-dire de jaune et de gris d'ardoise; les couches suivantes d'argile étaient moins mélangées, et dans les plus basses, qui étaient aussi les plus compactes et les plus dures, la terre jaune, c'est-à-dire le limon, ne pénétrait que dans les petites fentes perpendiculaires, et quelquefois aussi dans les délits horizontaux des couches de l'argile. Cette terre limoneuse incrustait la superficie des glèbes argileuses; et lorsqu'elle avait pu s'introduire dans l'intérieur de la couche, il s'y trouvait ordinairement des concrétions pyriteuses, aplaties et de figure orbiculaire, qui se joignaient par une espèce de cordon cylindrique de même substance pyriteuse, et ce cordon pyriteux aboutissait toujours à un joint ou à une fente remplie de terre limoneuse : je fus dès lors persuadé que cette terre contribuait plus que toute autre à la formation des pyrites martiales, lesquelles, par succession de temps, s'accumulent et forment souvent des lits qu'on peut regarder comme les mines du vitriol ferrugineux.

Mais lorsque les couches de terre végétale se trouvent posées sur des bancs de pierres solides et dures, les stillations des eaux pluviales chargées des molécules de cette terre, étant alors retenues et ne pouvant descendre en ligne droite, serpentent entre les joints et les délits de la pierre, et y déposent cette matière limoneuse; et comme l'eau s'insinue avec le temps dans les matières pierreuses, les parties les plus fines du limon pénètrent avec elle dans tous les pores de la pierre, et la colorent souvent de jaune ou de roux; d'autres fois l'eau chargée de limon ne produit dans la pierre que des veines ou des taches.

D'après ces observations, je demeurai persuadé que cette terre limoneuse, produite par l'entière décomposition des animaux et des végétaux [1], est la première matrice des mines de fer en grains, et qu'elle fournit aussi la plus grande partie des éléments nécessaires à la formation des pyrites. Les derniers résidus du détriment ultérieur des êtres organisés prennent donc la forme de bol, de fer en grains et de pyrite; mais lorsqu'au contraire les substances végétales n'ont subi qu'une légère décomposition, et qu'au lieu de se convertir en terreau et ensuite en limon à la surface de la terre, elles se sont accumulées sous les eaux, elles ont alors conservé très-longtemps leur essence, et, s'étant ensuite bituminisées par le mélange de leurs huiles avec l'acide, elles ont formé les tourbes et les charbons de terre.

Il y a en effet une très-grande différence dans la manière dont s'opère la décomposition des végétaux à l'air ou dans l'eau : tous ceux qui périssent

1. Les *animaux* et les *végétaux*, en se décomposant, ne font que rendre à la terre ce qu'ils lui avaient pris : le *fer*, qu'ils semblent *fournir* à la terre, ils l'en avaient *tiré*.

et sont gisants à la surface de la terre, étant alternativement humectés et desséchés, fermentent et perdent par une prompte effervescence la plus grande partie de leurs principes inflammables ; la pourriture succède à cette effervescence, et, suivant les degrés de la putréfaction, le végétal se désorganise, se dénature, et cesse d'être combustible dès qu'il est entièrement pourri : aussi le terreau et le limon, quoique provenant des végétaux, ne peuvent pas être mis au nombre des matières vraiment combustibles; ils se consument ou se fondent au feu plutôt qu'ils ne brûlent; la plus grande partie de leurs principes inflammables s'étant dissipée par la fermentation, il ne leur reste que la terre, le fer et les autres parties fixes qui étaient entrées dans la composition du végétal.

Mais lorsque les végétaux, au lieu de pourrir sur la terre, tombent au fond des eaux ou y sont entraînés, comme cela arrive dans les marais et sur le fond des mers, où les fleuves amènent et déposent des arbres par milliers, alors toute cette substance végétale conserve pour ainsi dire à jamais sa première essence : au lieu de perdre ses principes combustibles par une prompte et forte effervescence, elle ne subit qu'une fermentation lente, et dont l'effet se borne à la conversion de son huile en bitume; elle prend donc sous l'eau la forme de tourbe ou de charbon de terre, tandis qu'à l'air elle n'aurait formé que du terreau et du limon.

La quantité de fer contenue dans la terre limoneuse est quelquefois si considérable, qu'on pourrait lui donner le nom de terre ferrugineuse, et même la regarder comme une mine métallique; mais quoique cette terre limoneuse produise ou plutôt régénère par sécrétion le fer en grains, et que l'origine primordiale de toutes les mines de cette espèce appartienne à cette terre limoneuse, néanmoins les minières de fer en grains dont nous tirons le fer aujourd'hui ont presque toutes été transportées et amenées par alluvion, après avoir été lavées par les eaux de la mer, c'est-à-dire séparées de la terre limoneuse où elles s'étaient anciennement formées.

La matière ferrugineuse, soit en grains, soit en rouille, se trouve presque à la superficie de la terre en lits ou couches peu épaisses; il semble donc que ces mines de fer devraient être épuisées, dans toutes les contrées habitées, par l'extraction continuelle qu'on en fait depuis tant de siècles[a]. Et en

a. « On peut se faire une idée de la quantité de mines de fer qu'on tire de la terre, dans le seul royaume de France, par le calcul suivant :

« Les mines	de Dauphiné rendent	40 livres	de fonte pour cent livres de mine.
	de Bretagne	43	
	de Bourgogne	30	
	de Champagne	33	
	de Normandie	30	
	de Franche-Comté	36	
	de Berry	34	

effet le fer pourra bien devenir moins commun dans la suite des temps, car la quantité qui s'en reproduit dans la terre végétale ne peut pas, à beaucoup près, compenser la consommation qui s'en fait chaque jour.

On observe, dans ces mines de fer, que les grains sont tous ronds ou un peu oblongs, que leur grosseur est la même dans chaque mine, et que cependant cette grosseur varie beaucoup d'une minière à une autre : cette différence dépend de l'épaisseur de la couche de terre végétale où ces grains de fer se sont anciennement formés, car on voit que plus l'épaisseur de la terre est grande, plus les grains de mine de fer qui s'y forment sont gros, quoique toujours assez petits.

Nous remarquerons aussi que ces terres dans lesquelles se forment les grains de la mine de fer paraissent être de la même nature que les autres terres limoneuses où cette formation n'a pas lieu : les unes et les autres sont d'abord, dans leurs premières couches, noirâtres, arides et sans cohésion, mais leur couleur noire se change en brun dans les couches inférieures et ensuite en un jaune foncé; la substance de cette terre devient ductile; elle s'imbibe facilement d'eau et s'attache à la langue. Toutes les propriétés de ces terres limoneuses et ferrugineuses sont les mêmes, et la mine de fer en grains, après avoir été broyée et détrempée dans l'eau, semble reprendre les caractères de ces mêmes terres au point de ne pouvoir distinguer la poudre du minerai, de celle de la terre limoneuse. Le fer, décomposé et réduit en rouille, paraît reprendre aussi la forme et les qualités de sa terre

« Ce produit est le terme moyen dans chacune de ces provinces : la variété générale est de « 16 à 50 pour cent.

« L'on peut regarder, pour terme moyen du produit des mines de France, 33 pour cent, qui « est aussi le plus général.

« Le poids commun des mines lavées et préparées pour être fondues est de 115 livres le « pied cube.

« Il faut, sur ce pied, 22 $\frac{1}{2}$ pieds cubes de mine pour produire un mille de fonte, qui rend com- « munément 667 livres de fer forgé.

« Il y a en France environ cinq cents fourneaux de fonderie qui produisent annuellement « 300 millions de fonte, dont $\frac{1}{2}$ passe dans le commerce en fonte moulée; les $\frac{4}{5}$ restants sont « convertis en fer, et en produisent 168 millions, qui est le produit annuel, à peu de chose près, « de la fabrication des forges françaises.

« 300 millions de fonte, à raison de 22 $\frac{1}{2}$ pieds cubes de minerai par mille, donnent 7 millions « 950 mille pieds cubes de minerai, équivalant à 36805 toises 120 pieds cubes.

« Or, comme le minerai de fer, surtout celui qui se retire de minières formées par alluvion, « telles que sont celles de la majeure partie de nos provinces, est mélangé de terre, de sable, de « pierres et de coquilles fossiles, qui sont des matières étrangères que l'on en sépare par le « lavage; que ces matières excèdent deux, trois, et souvent quatre fois le volume du mine- « rai, qui en est séparé par le lavage, le crible et l'égrappoir, on peut donc tripler la masse « générale du minerai extrait annuellement en France des minières, et la porter à 110416 toises « cubes, qui est le total de l'extraction annuelle des mines, non compris les déblais qui les « recouvrent. » Note communiquée par M. de Grignon.

En prenant un pied d'épaisseur pour mesure moyenne des mines en grains que l'on exploite en France, on a remué pour cela 662496 toises d'étendue sur un pied d'épaisseur, ce qui fait 736 arpents de 900 toises chacun, et 96 toises de plus de terrain qu'on épuise de minerai chaque année, et pendant un siècle 73610 arpents.

matrice. Ainsi la terre ferrugineuse et la terre limoneuse ne diffèrent que par la plus ou moins grande quantité de fer qu'elles contiennent, et la mine de fer en grains n'est qu'une sécrétion qui se fait dans cette même terre d'autant plus abondamment, qu'elle contient une plus grande quantité de fer décomposé : on sait que chaque pierre et chaque terre ont leurs stalactites particulières et différentes entre elles, et que ces stalactites conservent toujours les caractères propres des matières qui les ont produites; la mine de fer en grains est dans ce sens une vraie stalactite de la terre limoneuse; ce n'est d'abord qu'une concrétion terreuse qui peu à peu prend de la dureté par la seule force de l'affinité de ses parties constituantes, et qui n'a encore aucune des propriétés essentielles du fer.

Mais comment cette matière minérale peut-elle se séparer de la masse de terre limoneuse, pour se former si régulièrement en grains aussi petits, en aussi grande quantité, et d'une manière si achevée qu'il n'y en a pas un seul qui ne présente à sa surface le brillant métallique? Je crois pouvoir satisfaire à cette question par les simples faits que m'a fournis l'observation. L'eau pluviale s'infiltre dans la terre végétale, et crible d'abord avec facilité à travers les premières couches, qui ne sont encore que la poussière aride des parties de végétaux à demi décomposés; trouvant ensuite des couches plus denses, l'eau les pénètre aussi, mais avec plus de lenteur, et lorsqu'elle est parvenue au banc de pierre qui sert de base à ces couches terreuses, elle devient nécessairement stagnante, et ne peut plus s'écouler qu'avec beaucoup de temps; elle produit alors, par son séjour dans ces terres grasses, une sorte d'effervescence; l'air qui y était contenu s'en dégage, et forme dans toute l'étendue de la couche une infinité de bulles qui soulèvent et pressent la terre en tous sens, et y produisent un égal nombre de petites cavités dans lesquelles la mine de fer vient se mouler. Ceci n'est point une supposition précaire, mais un fait qu'on peut démontrer par une expérience très-aisée à répéter : en mettant dans un vase transparent une quantité de terre limoneuse bien détrempée avec de l'eau, et la laissant exposée à l'air dans un temps chaud, on verra quelques jours après cette terre en effervescence se boursoufler et produire des bulles d'air, tant à sa partie supérieure que contre les parois du verre qui la contient; on verra le nombre de ces bulles s'augmenter de jour en jour, au point que la masse entière de la terre paraît en être criblée. Et c'est là précisément ce qui doit arriver dans les couches des terres limoneuses; car elles sont alternativement humectées par les eaux pluviales et desséchées selon les saisons. L'eau, chargée des molécules ferrugineuses, s'insinue par stillation dans toutes ces petites cavités, et en s'écoulant elle y dépose la matière ferrugineuse dont elle s'était chargée en parcourant les couches supérieures, et elle en remplit ainsi toutes les petites cavités, dont les parois lisses et polies donnent à chaque grain le brillant ou le luisant que présente leur surface,

Si l'on divise ces grains de mine de fer en deux portions de sphère, on reconnaîtra qu'ils sont tous composés de plusieurs petites couches concentriques, et que dans les plus gros il y a souvent une cavité sensible, ordinairement remplie de la même substance ferrugineuse, mais qui n'a pas encore acquis sa solidité, et qui s'écrase aisément comme les grains de mine eux-mêmes, qui commencent à se former dans les premières couches de la terre limoneuse : ainsi dans chaque grain la couche la plus extérieure qui a le brillant métallique, est la plus solide de toutes et la plus *métallisée*, parce qu'ayant été formée la première, elle a reçu par infiltration et retenu les molécules ferrugineuses les plus pures, et a laissé passer celles qui l'étaient moins pour former la seconde couche du grain, et il en est de même de la troisième et de la quatrième couche, jusqu'au centre qui ne contient que la matière la plus terreuse et la moins métallique. Les œtites ou géodes ferrugineuses ne sont que de très-gros grains de mine de fer, dans lesquels on peut voir et suivre plus aisément ce procédé de la nature.

Au reste, cette formation de la mine de fer en grains, qui se fait par sécrétion dans la terre limoneuse, ne doit pas nous induire à penser qu'on puisse attribuer à cette cause la première origine de ce fer, car il existait dans le végétal et l'animal avant leur décomposition [1]; l'eau ne fait que rassembler les molécules du métal et les réunir sous la forme de grains; on sait que les cendres contiennent une grande quantité de particules de fer ; c'est ce même fer contenu dans les végétaux, que nous retrouvons en forme de grains dans les couches de la terre limoneuse. Le mâchefer qui, comme je l'ai prouvé [a], n'est que le résidu des végétaux brûlés, se convertit presque entièrement en rouille ferrugineuse; ainsi les végétaux, soit qu'ils soient consumés par le feu ou consommés par la pourriture, rendent également à la terre une quantité de fer peut-être beaucoup plus grande [2] que celle qu'ils en ont tirée par leurs racines, puisqu'ils reçoivent autant et plus de nourriture de l'air et de l'eau que de la terre.

Les observations, rapportées ci-dessus, démontrent en effet que les grains de la mine fer se forment dans la terre végétale par la réunion de toutes les particules ferrugineuses, que l'on sait être contenues dans les détriments des végétaux et des animaux dont cette terre est composée; mais il faut encore y ajouter tous les débris et toutes les poudres des fers usés par les frottements, dont la quantité est immense : elles se trouvent disséminées dans cette terre végétale et s'y réunissent de même en grains; et comme rien n'est perdu dans la nature, ce fer, qui se régénère pour ainsi dire sous

a. Voyez tome IX.

1. Oui, sans doute (voyez la note 3 de la page 192); mais, avant d'*exister* dans le *végétal* et dans l'*animal*, il avait *préexisté* dans la *terre* (voyez la note de la page 198).

2. Non pas *plus grande*. Ils rendent la *quantité* qu'ils avaient prise. (Voyez la note de la page 198).

nos yeux, semblerait devoir augmenter la quantité de celui que nous consommons; mais ces grains de fer, qui sont nouvellement formés dans nos terres végétales, y sont rarement en assez grande quantité pour qu'on puisse les recueillir avec profit; il faudrait pour cela que la nature, par une seconde opération, eût séparé ces grains de fer du reste de la terre où ils ont été produits, comme elle l'a fait pour l'établissement de nos mines de fer en grains, qui presque toutes ont jadis été amenées et déposées par alluvion sur les terrains où nous les trouvons aujourd'hui.

Le fer en lui-même, et dans sa première origine, est une matière qui, comme les autres substances primitives, a été produite par le feu, et se trouve en grandes masses et en roches dans plusieurs parties du globe, et particulièrement dans les pays du Nord [a]: c'est du détriment et des exfoliations de ces premières masses ferrugineuses que proviennent originairement toutes les particules de fer répandues à la surface de la terre, et qui sont entrées dans la composition des végétaux et des animaux. C'est de même par les exsudations de ces grandes roches de fer que se sont formées par l'intermède de l'eau toutes les mines spathiques de ce métal, qui ne sont que des stalactites de ces masses primordiales : tous les débris des roches primitives ont été dès les premiers temps transportés et déposés avec ceux des matières vitreuses, dans toute l'étendue de la surface et des couches extérieures du globe.

Les premières terres limoneuses ayant été délayées et entraînées par les eaux, ce grand lavage aura fait la séparation de tous les grains de fer contenus dans cette terre; le mouvement de la mer aura ensuite transporté ces grains avec les matières qui se sont trouvées d'un poids et d'un volume à peu près égal, en sorte qu'après avoir séparé les grains de fer de la terre où ils s'étaient formés, ce même mouvement des eaux les aura mêlés avec d'autres matières qui n'ont aucun rapport à leur formation : aussi ces mines d'alluvion offrent-elles de grandes différences, non-seulement dans leur mélange, mais même dans leur gisement et leur accumulation.

On appelle mines dilatées ou mines en *nappes* les minières de fer en grains qui sont étendues sur une grande surface plane, et qui souvent forment des couches qu'on peut suivre très-loin; ces mines sont ordinairement en très-petits grains, et presque toujours mélangées, les unes de sable vitreux ou d'argile, les autres de petits graviers calcaires et de débris de coquilles. On nomme mines en *nids* ou en *sacs* celles qui sont accumulées dans les fentes et dans les intervalles qui se trouvent entre les rochers ou les bancs de pierre; et ces mines en nids sont communément plus pures et en grains plus gros que les mines en nappes; elles sont souvent mêlées de sable

a. On connaît les grandes roches de fer qui se trouvent en Suède, en Russie et en Sibérie, et quelques voyageurs m'ont assuré que la plus grande partie du haut terrain de la Laponie n'est pour ainsi dire qu'une masse ferrugineuse.

vitreux et de petits cailloux, et, quoique situées dans les fentes des rochers calcaires, elles ne contiennent ni sable calcaire ni coquilles : leurs grains étant spécifiquement plus pesants que ces matières, n'ont été transportés qu'avec des substances d'égale pesanteur, telles que les petits cailloux, les calcédoines, etc.

Toutes ces mines de fer en grains ont également été déposées par les eaux de la mer : on les trouve plus souvent et on les découvre plus aisément au-dessus des collines que dans le fond des vallons, parce que l'épaisseur de la terre qui les couvre n'est pas aussi grande; souvent même les grains de fer se présentent à la surface du terrain, ou se montrent par le labour à quelques pouces de profondeur.

Il résulte de nos observations que la terre végétale ou limoneuse est la première matrice de toutes les mines de fer en grains, et il me semble qu'il en est de même de la pyrite martiale; ce minéral, quoique de formes variées et différentes, est néanmoins toujours régulièrement figuré; or, je crois pouvoir avancer que c'est du détriment des substances organisées que la pyrite tire en partie son origine; car elle se forme ou dans la couche même de la terre végétale, ou dans les dépôts de cette même terre, entre les joints des pierres calcaires et les délits des argiles, où l'eau chargée de particules limoneuses s'est insinuée par infiltration, et a déposé avec ces particules les éléments nécesaires à la composition de la pyrite.

Car quels sont en effet les éléments de sa composition? du feu fixe, de l'acide [1] et de la terre ferrugineuse, tous trois intimement réunis par leur affinité. Or cette matière du feu fixe ne vient-elle pas du détriment des corps organisés et des substances inflammables qu'ils contiennent? Le fer se trouve également dans ces mêmes détriments, puisque tous les animaux et végétaux en recèlent, même de leur vivant, une assez considérable quantité; et, comme l'acide vitriolique abonde dans l'argile, on ne doit pas être étonné de voir des pyrites partout où la terre végétale s'est insinuée dans les argiles, puisque tous les principes de leur composition se trouvent alors réunis. Il est vrai qu'on trouve aussi des pyrites, et quelquefois en grande quantité, dans les masses d'argile, où il ne paraît pas que la terre limoneuse ait pénétré; mais ces mêmes argiles contenant un nombre immense de coquilles et de débris de végétaux et d'animaux, les pyrites s'y seront formées de même par l'union des principes renfermés dans tous ces corps organisés.

La mine de fer en grains et la pyrite sont donc des produits de la terre végétale. Plusieurs sels se forment de même dans cette terre par les acides et les alcalis qui peuvent y saisir des bases différentes, et enfin les bitumes [2] s'y produisent aussi par le mélange de l'acide avec les huiles végétales ou les graisses animales; et comme cette couche extérieure du globe reçoit

1. Voyez la note 4 de la page 77.
2. Voyez la note 2 de la page 128.

encore les déchets de tout ce qui sert à l'usage de l'homme, les particules de l'or et de l'argent, et de tous les autres métaux et matières de toute nature qui s'usent par les frottements, on doit par conséquent y trouver une petite quantité d'or ou de tout autre métal.

C'est donc de cette terre, de cette poussière que nous foulons aux pieds, que la nature sait tirer ou régénérer la plupart de ses productions en tous genres; et cela serait-il possible si cette même terre n'était pas mélangée de tous les principes organiques et actifs qui doivent entrer dans la composition des êtres organisés et des corps figurés?

La terre limoneuse, ayant été entraînée par les eaux courantes et déposée au fond des mers, accompagne souvent les matières végétales qui se sont converties en charbon de terre; elle indique par sa couleur les affleurements extérieurs des veines de ce charbon. « Nous observerons, dit M. de « Gensane, que dans tous les endroits où il se trouve des charbons de « terre ou d'autres substances bitumineuses, on aperçoit des terres *fauves* « plus ou moins foncées, qui, dans les Cévennes surtout, forment un indice « certain du voisinage de ces charbons. Ces terres, bien examinées, ne sont « autre chose que des roches calcaires, dissoutes par un acide qui leur fait « contracter une qualité ferrugineuse, et conséquemment cette couleur « ocreuse : lorsque la dissolution de ces pierres est en quelque sorte par- « faite, les terres rouges qui en proviennent, prennent une consistance « *argileuse*, et forment de véritables bols ou des ocres naturelles [a]. » J'avoue que je ne puis être ici du sentiment de cet habile minéralogiste : ces terres fauves, qui se trouvent toujours dans le voisinage des charbons de terre, ne sont que des couches de terre limoneuse; elles peuvent être mêlées de matière calcaire, mais elles sont en elles-mêmes le produit de la décomposition des végétaux; le fer qu'elles contenaient se change en rouille par l'humidité, et le bol, comme je l'ai dit, n'est que la partie la plus fine et la plus atténuée de cette terre limoneuse, qui n'a de commun avec l'argile que d'être, comme elle, ductile et grasse.

De la même manière que la matière végétale plus ou moins décomposée a été anciennement transportée par les eaux et a formé les veines de charbon, de même la matière ferrugineuse, contenue dans la terre limoneuse, a été transportée, soit dans son état de mine en grains, soit dans celui de rouille : nous venons de parler de ces mines de fer en grains, transportées par alluvion et déposées dans les fentes des rochers calcaires : les rouilles de fer et les ocres ont été transportées et déposées de même par les eaux de la mer. M. Le Monnier, premier médecin ordinaire du roi, décrit une mine d'ocre qui se trouve dans le Berri près de Vierzon, entre deux lits de sable [b]. M. Guettard en a observé une autre à Bitry, lieu qui n'est pas éloi-

a. *Hist. naturelle du Languedoc*, t. I, p. 189.

b. « Les herborisations que j'ai faites, dit-il, dans la forêt de Vierzon, m'ont conduit si près

gné de Donzy en Nivernais; elle est à trente pieds de profondeur, et porte, comme celle de Vierzon, sur un lit de sable qui n'est point mêlé d'ocre [a] : une autre à Saint-George-sur-la-Prée, dans le Berri, qui est à cinquante ou soixante pieds de profondeur [b], la veine d'ocre portant également sur le

« d'une mine d'ocre, que je n'ai pu me dispenser d'aller l'examiner. On n'en voit pas beau-« coup de cette espèce, et j'ai même ouï dire que c'était la seule qui fût en France : elle appar-« tient à un marchand de Tours, qui la fait exploiter; elle est située dans la seigneurie de « la Beuvrière, paroisse de Saint-George, à deux lieues de Vierzon sur les bords du Cher. « Lorsque j'y suis arrivé, les puits étaient remplis d'eau, à l'exception d'un seul dans lequel je « suis descendu : il est au milieu d'un champ dont la superficie est un peu sablonneuse, blan-« châtre, sans que la terre soit cependant trop maigre. L'ouverture de ce puits est un carré, « dont chacun des côtés peut avoir une toise et demie; sa profondeur est de dix-huit ou « vingt toises; ce ne sont d'abord que différents lits de terre commune et d'un sable rougeâtre : « on traverse ensuite un massif de grès fort tendre, dont le grain est fin et se durcit beaucoup « à l'air; cette masse est épaisse d'environ vingt-quatre pieds; suivent ensuite différents lits de « terre argileuse et de cailloutage; enfin vient un banc de sablon très-fin, blanc et de l'épais-« seur d'un pied : c'est immédiatement au-dessous de ce banc de sable que se trouve la pre-« mière veine d'ocre. Cette veine a la même épaisseur que le banc de sablon : elle est horizon-« tale autant que j'en ai pu juger; et, comme on l'aperçoit tout autour du puits, je n'ai pu « décider si elle court du midi au nord, ou si elle suit une autre direction.

« Ce lit d'ocre est suivi par un autre banc de sablon, et celui-ci par une autre veine d'ocre, et « le mineur m'a assuré qu'en creusant davantage, on voit aussi différents lits d'ocre et de sable « se succéder les uns aux autres; je n'en ai vu que deux lits de chacun, parce que le puits où « je suis descendu était tout nouvellement fait. L'ocre est molle, grasse et parfaitement homo-« gène; c'est une chose assez singulière que la nature ait ainsi réuni les deux contraires, le « sable et l'ocre, savoir la matière la moins liante avec celle qui paraît avoir le plus de ducti-« lité, et cela sans le moindre mélange; car la séparation des veines de sable et d'ocre est par-« faite, et n'est pour ainsi dire qu'une ligne géométrique. Quand je dis que les veines d'ocre « sont si pures, j'entends qu'il n'y a aucun mélange de sable, et je ne parle pas de quelques « noyaux durs, ferrugineux et de la grosseur du poing, qui sont de véritables pierres œtites, « car on en trouve assez fréquemment dans l'ocre; leur surface est à peu près ronde, et l'épais-« seur de la croûte d'environ deux lignes : elles contiennent un peu d'ocre mêlée d'une terre « ferrugineuse et friable. On n'emploie point d'autre machine pour tirer l'ocre de la carrière « que le tourniquet simple dont se servent nos potiers de terre des environs de Paris; elle est « pâle et presque blanche dans la veine, et jaunit à mesure qu'elle sèche, mais elle devient « rouge quand on la calcine : le sablon qui l'environne n'a de particulier que quelques brillants « talqueux dont il est semé, et son goût vitriolique assez considérable. Toute cette mine est fort « humide, et, malgré la largeur de l'ouverture, l'eau qui distillait des côtés formait au bas une « pluie fort incommode : cette eau sentait aussi le vitriol, et rougissait avec l'infusion de noix « de galle. » *Observations d'histoire naturelle*; Paris, 1739, page 118.

a. Les trous que l'on ouvre pour tirer l'ocre n'ont au plus que trente pieds de profondeur..... Les matières qui précèdent l'ocre sont : 1° un banc de sable terreux; 2° un banc de glaise qui est d'un blanc cendré ou d'un bleuâtre tirant sur le noir, qui sert à faire de la poterie : ce banc est fort épais; 3° un autre banc de glaise de couleur tirant sur le violet : il est tantôt plus violet que rouge, tantôt plus rouge que violet; 4° un petit banc, ou plutôt un lit d'une espèce de grès jaune ou d'un brun jaunâtre; 5° le banc d'ocre, dont l'épaisseur fait au moins le tiers de la hauteur de l'excavation; et 6° un banc de sable qui est sous l'ocre et qu'on ne perce jamais.... L'ocre est très-jaune lorsqu'on la tire de la terre; elle est toujours alors un peu mouillée; elle prend à la superficie, en se desséchant, une couleur légèrement cendrée. Pour la tirer, on la détache du banc en assez gros quartiers avec des coins de bois coniques, que l'on frappe d'un maillet de bois. *Mém. de l'Académie des Sciences*, année 1762, pag. 155 et suiv

b. On trouve au-dessus de cette mine d'ocre : 1° quatre à cinq pieds de terre commune; 2° quinze à seize pieds d'une terre argileuse mêlée de cailloutage; 3° trois et quatre pieds de gros sable rouge; 4° cinq à six pieds d'un grès gris et luisant, quelquefois si dur qu'on est

sable; une troisième à Tanay, en Brie, qui n'est qu'à dix-sept à dix-huit-pieds de profondeur, et appuyée de même sur un banc de sable [a]. « L'ocre, « dit très-bien M. Guettard, est douce au toucher, s'attache à la langue, « devient rouge au feu, s'y durcit, y devient un mauvais verre si le feu « est violent, donne beaucoup de fer avec le phlogistique, et ne se dissout « pas aux acides minéraux, mais à l'eau commune. » Et il ajoute, avec raison, que toutes les terres qui ont ces qualités peuvent être regardées comme de véritables ocres; mais je ne puis m'empêcher de m'écarter de son sentiment, en ce qu'il pense que les ocres sont des glaises; car je crois avoir prouvé ci-devant que ce sont des terres ferrugineuses, qui ne proviennent pas des glaises ou argiles, mais de la terre végétale ou limoneuse, laquelle contient beaucoup de fer, tandis que les glaises n'en contiennent que très-peu.

On trouve aussi des mines de fer en ocre ou rouille dans le fond des marécages et des autres eaux stagnantes. Le limon des eaux des pluies et des rosées est une sorte de terre végétale qui contient du fer dont les molécules peuvent se rassembler dans cette terre limoneuse au-dessous de l'eau comme au-dessous de la surface de la terre : c'est cette espèce de mine de fer que les minéralogistes ont appelée *vena palustris;* elle a les mêmes propriétés et sert au même usage que les autres mines de fer en grains, et son origine primordiale est la même ; ce sont les roseaux, les joncs et les autres végétaux aquatiques, dont les débris, accumulés au fond des marais, y forment les couches de cette terre limoneuse dans laquelle le fer se trouve sous la forme de rouille. Souvent ces mines de marais sont plus épaisses et plus abondantes que les mines terrestres, parce que les couches de terres limoneuses y sont elles-mêmes plus épaisses, par la raison que toutes les plantes qui croissent dans ces eaux y retombent en pourriture, et qu'il ne s'en fait aucune consommation, au lieu que, sur la terre, l'homme et le feu en détruisent plus que la pourriture.

obligé d'employer la poudre pour le rompre; 5° dix à vingt pieds d'une terre brune plus ferme et plus solide que l'argile; 6° deux ou trois pieds d'une terre jaunâtre aussi fort dure; 7° le banc d'ocre qui n'a tout au plus que huit à neuf pouces d'épaisseur; 8° un sable passablement fin dont on ne connaît pas la profondeur..... Ici l'ocre ne se trouve point par quartiers séparés, elle forme un lit continu dans toute sa longueur, et conserve presque partout son épaisseur; elle est tendre dans la mine, et on la coupe aisément avec la bêche; elle est originairement d'un jaune foncé, mais elle pâlit un peu, et durcit en se séchant. L'ocre n'est point mélangée de glaise d'aucune couleur..... et elle ne renferme aucun caillou dans son intérieur; seulement il y a par-dessous une espèce de gravier de l'épaisseur de deux à trois doigts. *Mémoires de l'Académie des Sciences*, année 1762, pag. 133 et suiv.

a Cette carrière est ouverte : 1° dans une terre labourable : cette terre est maigre, blanchâtre et a peu de consistance; elle peut avoir environ trois pieds d'épaisseur; 2° cinq à six pieds d'une terre grise propre à faire de la poterie; 3° huit à neuf pieds d'une autre terre (l'auteur n'en dit pas la nature, mais il est à présumer que c'est aussi une espèce de glaise); 4° environ un pouce d'une terre couleur de lie de vin; 5° environ un pouce d'une matière pyriteuse qui ressemble à du potin; 6° le banc d'ocre, qui a huit ou neuf pouces et quelquefois un pied d'épaisseur; 7° un sable verdâtre qu'on ne perce pas. *Idem, ibidem.*

Je ne puis répéter assez que cette couche de terre végétale qui couvre la surface du globe est non-seulement le trésor des richesses de la nature vivante, le dépôt des molécules organiques qui servent à l'entretien des animaux et des végétaux, mais encore le magasin universel des éléments qui entrent dans la composition de la plupart des minéraux : on vient de voir que les bitumes, les charbons de terre, les bols, les ocres, les mines de fer en grains et les pyrites en tirent leur première origine, et nous prouverons de même que le diamant et plusieurs autres minéraux régulièrement figurés se forment dans cette même terre, matrice de tous les êtres[1].

Comme cette dernière assertion pourrait paraître hasardée, je dois rappeler ici ce que j'ai écrit en 1772[a] sur la nature du diamant, quelques années avant qu'on eût fait les expériences par lesquelles on a démontré que c'était une substance inflammable ; je l'avais présumé[2] par l'analogie de sa puissance de réfraction, qui, comme celle de toutes les huiles et autres substances inflammables, est proportionnellement beaucoup plus grande que leur densité. Cet indice, comme l'on voit, ne m'avait pas trompé, puisque deux ou trois ans après on a vu des diamants s'enflammer et brûler au foyer du miroir ardent. Or, je prétends que le diamant qui prend une figure régulière et se cristallise en octaèdre est un produit immédiat de la terre végétale ; et voici la raison que je puis en donner d'avance, en attendant les preuves plus particulières que je réserve pour l'article où je traiterai de cette brillante production de la terre. On sait que les diamants, ainsi que plusieurs autres pierres précieuses, ne se trouvent que dans les climats du Midi, et qu'on n'a jamais trouvé de diamants dans le Nord, ni même dans les terres des zones tempérées ; leur formation dépend donc évidemment de l'influence du soleil sur les premières couches de la terre, car la chaleur propre du globe est à très-peu près la même à une petite profondeur dans tous les climats froids ou chauds : ainsi, ce ne peut être que par cette plus grande influence du soleil sur les terres des climats méridionaux que le diamant s'y forme à l'exclusion de tous les autres climats ; et comme cette influence agit principalement sur la couche la plus extérieure du globe, c'est-à-dire sur celle de la terre végétale, et qu'elle n'a nulle action sur les couches intérieures, on ne peut attribuer qu'à cette même terre végétale la formation du diamant et des autres pierres précieuses qui ne se trouvent que dans les contrées du Midi ; d'ailleurs l'inspection nous a démontré que la gangue du diamant est une terre rouge semblable à la

a. Tome IX.

1. *Matrice de tous les êtres* : expression bien pompeuse, et qui pourtant a un côté vrai. La *terre végétale*, formée elle-même des débris de toutes les substances *organiques* et *minérales*, (voyez la note 3 de la page 192), sert, à son tour, à la formation et au développement de tous les *êtres*.

2. Voyez la note de la page 53 du IXe volume.

terre limoneuse. Ces considérations seules suffiraient pour prouver en général que tous les minéraux qui ne se trouvent que sous les climats les plus chauds, et le diamant[1] en particulier, ne sont formés que par les éléments contenus dans la terre végétale, et combinés avec la lumière et la chaleur que le soleil y verse en plus grande quantité que partout ailleurs.

Nous avons dit qu'il n'y a rien de combustible dans la nature que ce qui provient des êtres organisés; nous pouvons avancer de même qu'il n'y a rien de régulièrement figuré dans la matière que ce qui a été travaillé par les molécules organiques, soit avant, soit après la naissance de ces mêmes êtres organisés : c'est par la grande quantité de ces molécules organiques contenues dans la terre végétale que se fait la production de tous les végétaux et l'entretien des animaux; leur développement, leur accroissement ne s'opèrent que par la susception de ces mêmes molécules qui pénètrent aisément toutes les substances ductiles; mais lorsque ces molécules actives ne rencontrent que des matières dures et trop résistantes, elles ne peuvent les pénétrer, et tracent seulement à leur superficie les premiers linéaments de l'organisation qui forment les traits de leur figuration.

Mais revenons à la terre végétale prise en masse, et considérée comme la première couche qui enveloppe le globe. Il n'y a que très-peu d'endroits sur la terre qui ne soient pas couverts de cette terre : les sables brûlants de l'Afrique et de l'Arabie, les sommets nus des montagnes composées de quartz ou de granite, les régions polaires, telles que Spitzberg et Sandwich, sont les seules terres où la végétation ne peut exercer sa puissance, les seules qui soient dénuées de cette couche de terre végétale, qui fait la couverture et produit la parure du globe. « Les roches pelées et stériles de la « terre de Sandwich, dit M. Forster, ne paraissent pas couvertes du « moindre grain de terreau, et on n'y remarque aucune trace de végéta- « tion..... Dans la baie de Possession, nous avons vu deux rochers où la « nature commence son grand travail de la végétation [a]; elle a déjà formé « une légère enveloppe de sol au sommet des rochers, mais son ouvrage « avance si lentement, qu'il n'y a encore que deux plantes, un *gramen* et « une espèce de pimprenelle..... A la terre de Feu, vers l'ouest, et à la « terre des États, dans les cavités et les crevasses des piles énormes de « rochers qui composent ces terres, il se conserve un peu d'humidité, et le « frottement continuel des morceaux de roc détachés, précipités le long « des flancs de ces masses grossières, produit de petites particules d'une « espèce de sable : là, dans une eau stagnante, croissent peu à peu quel- « ques plantes du genre des algues, dont les graines y ont été portées par

a. C'est plutôt que le travail de la nature expire sur ces extrémités polaires ensevelies déjà par les progrès du refroidissement, et qui sont à jamais perdues pour la nature vivante.

1. Le *diamant* est le *carbone pur*. M. Despretz est parvenu, de nos jours, à le reproduire artificiellement.

« les oiseaux : ces plantes créent à la fin de chaque saison des atomes de « terreau, qui s'accroît d'une année à l'autre; les oiseaux, la mer et le vent « apportent d'une île voisine sur ce commencement de terreau les graines « de quelques-unes des plantes à mousse qui y végètent durant la belle « saison. Quoique ces plantes ne soient pas véritablement des mousses, « elles leur ressemblent beaucoup..... Toutes, ou du moins la plus grande « partie, croissent d'une manière analogue à ces régions, et propre à for« mer du terreau et du sol sur les rochers stériles. A mesure que ces plantes « s'élèvent, elles se répandent en tiges et en branches qui se tiennent aussi « près l'une de l'autre que cela est possible; elles dispersent ainsi de nou« velles graines, et enfin elles couvrent un large canton; les fibres, les « racines, les tuyaux et les feuilles les plus inférieures tombent peu à peu en « putréfaction, produisent une espèce de tourbe ou de gazon, qui insensi« blement se convertit en terreau et en sol; le tissu serré de ces plantes « empêche l'humidité qui est au-dessous de s'évaporer, fournit ainsi à la « nutrition de la partie supérieure, et revêt à la longue tout l'espace d'une « verdure constante..... Je ne puis pas oublier, ajoute ce naturaliste voya« geur, la manière particulière dont croît une espèce de gramen dans l'île « du *Nouvel-An*, près de la Terre-des-États, et à la Géorgie australe. Ce « gramen est perpétuel, et il affronte les hivers les plus froids; il vient tou« jours en touffes ou panaches à quelque distance l'un de l'autre : chaque « année les bourgeons prennent une nouvelle tête, et élargissent le panache « jusqu'à ce qu'il ait quatre ou cinq pieds de haut, et qu'il soit deux ou « trois fois plus large au sommet qu'au pied. Les feuilles et les tiges de ce « gramen sont fortes et souvent de trois à quatre pieds de long. Les pho« ques et les pingouins se réfugient sous ces touffes, et comme ils sortent « souvent de la mer tout mouillés, ils rendent si sales et si boueux les sen« tiers entre les panaches, qu'un homme ne peut y marcher qu'en sautant « de la cime d'une touffe à l'autre. Ailleurs les oiseaux appelés *nigauds* « s'emparent de ces touffes et y font leurs nids : ce gramen et les éjections « des phoques, des pingouins et des nigauds donnent peu à peu une éléva« tion plus considérable au sol du pays[a]. »

On voit, par ce récit, que la nature se sert de tous les moyens possibles pour donner à la terre les germes de sa fécondité, et pour la couvrir de ce terreau ou terre végétale qui est la base et la matrice de toutes ses productions. Nous avons déjà exposé, à l'article des *volcans*[b], comment les laves et toutes les autres matières volcanisées se convertissent avec le temps en terre féconde; nous avons démontré la conversion du verre primitif en argile par l'intermède de l'eau : cette argile, mêlée des détriments des ani-

a. Voyez les *Observations* de M. Forster, à la suite du *Second Voyage de Cook*, tome V, page 30 et suiv.

b. Voyez les *Époques de la Nature*, article des *laves*. Tome IX.

maux marins, n'a pas été longtemps stérile ; elle a bientôt produit et nourri des plantes, dont la décomposition a commencé de former les couches de terre végétale, qui n'ont pu qu'augmenter partout où ce travail successif de la nature n'a point trouvé d'obstacle ou souffert de déchet.

On a vu ci-devant que l'argile et le limon, ou, si l'on veut, la terre argileuse et la terre limoneuse, sont deux matières fort différentes, surtout si l'on compare l'argile pure au limon pur, l'une ne provenant que du verre primitif décomposé par les éléments humides, et l'autre n'étant au contraire que le résidu ou produit ultérieur de la décomposition des corps organisés; mais dès que les couches extérieures de l'argile ont reçu les bénignes impressions du soleil, elles ont acquis peu à peu tous les principes de la fécondité par le mélange des poussières de l'air et du sédiment des pluies; et bientôt les argiles couvertes ou mêlées de ces limons terreux sont devenues presque aussi fécondes que la terre limoneuse ; toutes deux sont également spongieuses, grasses, douces au toucher, et susceptibles de concourir à la végétation par leur ductilité : ces caractères communs sont cause que ni les minéralogistes, ni même les chimistes, ne les ont pas assez distinguées, et que l'on trouve en plusieurs endroits de leurs écrits le nom de terre argileuse, au lieu de celui de terre limoneuse. Cependant il est très-essentiel de ne les pas confondre, et de convenir avec nous que les terres primitives et simples peuvent se réduire à trois : l'argile, la craie et la terre limoneuse, qui toutes trois diffèrent par leur essence autant que par leur origine.

Et quoique la craie ou terre calcaire puisse être regardée comme une terre animale, puisqu'elle n'a été produite que par les détriments des coquilles[1], elle est néanmoins plus éloignée que l'argile de la nature de la terre végétale; car cette terre calcaire ne devient jamais aussi ductile : elle se refuse longtemps à toute fécondation; la sécheresse de ses molécules est si grande, et les principes organiques qu'elle contient sont en si petite quantité, que par elle-même elle demeurerait stérile à jamais, si le mélange de la terre végétale ou de l'argile ne lui communiquait pas les éléments de la fécondation. Nous avons déjà eu occasion d'observer que les pays de craie et de pierre calcaire sont beaucoup moins fertiles que ceux d'argile et de cailloux vitreux : ces mêmes cailloux, loin de nuire à la fécondité, y contribuent en se décomposant ; leur surface blanchit à l'air, et s'exfolie avec le temps en poussière douce et ductile; et comme cette poussière se trouve en même temps imprégnée du limon des rosées et des pluies, elle forme bientôt une excellente terre végétale, au lieu que la pierre calcaire, quoique réduite en poudre, ne devient pas ductile, mais demeure aride, et n'acquiert jamais autant d'affinité que l'argile avec la terre végétale : il lui

1. Voyez la note de la page 99.

faut donc beaucoup plus de temps qu'à l'argile pour s'atténuer au point de devenir féconde. Au reste, toute terre purement calcaire, et tout sable encore aigre et purement vitreux, sont à peu près également impropres à la végétation, parce que le sable vitreux et la craie ne sont pas encore assez décomposés, et n'ont pas acquis le degré de ductilité nécessaire pour entrer seuls dans la composition des êtres organisés.

Et comme l'air et l'eau contribuent beaucoup plus que la terre à l'accroissement des végétaux, et que des expériences bien faites nous ont démontré que dans un arbre, quelque solide qu'il soit, la quantité de terre qu'il a consommée pour son accroissement ne fait qu'une très-petite portion de son poids et de son volume, il est nécessaire que la majeure et très-majeure partie de sa masse entière ait été formée par les trois autres éléments, l'air, l'eau et le feu : les particules de la lumière et de la chaleur se sont fixées avec les parties aériennes et aqueuses pendant tout le temps du développement de toutes les parties du végétal. Le terreau et le limon sont donc produits originairement par ces trois premiers éléments combinés avec une très-petite portion de terre : aussi la terre végétale contient-elle très-abondamment et très-évidemment tous les principes des quatre éléments réunis aux molécules organiques, et c'est par cette raison qu'elle devient la mère de tous les êtres organisés et la matrice de tous les corps figurés [1].

J'ai rapporté, dans mon Mémoire sur la force du bois [a], des essais sur différentes terres dont j'avais fait remplir de grandes caisses, et dans lesquelles j'ai semé des graines de plusieurs arbres : ces épreuves suffisent pour démontrer que ni les sables calcaires, ni les argiles, ni les terreaux trop nouveaux, ni les fumiers, tous pris séparément, ne sont propres à la végétation ; que les graines les plus fortes, telles que les glands, ne poussent que de très-faibles racines dans toutes ces matières, où ils ne font que languir et périssent bientôt : la terre végétale elle-même, lorsqu'elle est réduite en parfait limon et en bol, est alors trop compacte pour que les racines des plantes délicates puissent y pénétrer ; la meilleure terre, après la terre de jardin, est celle qu'on appelle *terre franche*, qui n'est ni trop massive, ni trop légère, ni trop grasse, ni trop maigre, qui peut admettre l'eau des pluies, sans la laisser trop promptement cribler, et qui néanmoins ne la retient pas assez pour qu'elle y croupisse. Mais c'est au grand art de l'agriculture que l'histoire naturelle doit renvoyer l'examen particulier des propriétés et qualités des différentes terres soumises à la culture : l'expérience du laboureur donnera souvent des résultats que la vue du naturaliste n'aura pas aperçus.

Dans les pays habités, et surtout dans ceux où la population est nom-

a. Voyez tome XII de cette édition.

1. Voyez la note 1 de la page 208.

breuse et où presque toutes les terres sont en culture, la quantité de terre végétale diminue de siècle en siècle, non-seulement parce que les engrais qu'on fournit à la terre ne peuvent équivaloir à la quantité des productions qu'on en tire, et qu'ordinairement le fermier avide ou le propriétaire passager, plus pressés de jouir que de conserver, effruitent, affament leurs terres en les faisant porter au delà de leurs forces, mais encore parce que cette culture donnant d'autant plus de produit que la terre est plus travaillée, plus divisée, elle fait qu'en même temps la terre est plus aisément entraînée par les eaux : ses parties les plus fines et les plus substantielles, dissoutes ou délayées, descendent par les ruisseaux dans les rivières, et des rivières à la mer; chaque orage en été, chaque grande pluie d'hiver, charge toutes les eaux courantes d'un limon jaune, dont la quantité est trop considérable pour que toutes les forces et tous les soins de l'homme puissent jamais en réparer la perte par de nouveaux amendements : cette déperdition est si grande et se renouvelle si souvent, qu'on ne peut même s'empêcher d'être étonné que la stérilité n'arrive pas plus tôt, surtout dans les terrains qui sont en pente sur les coteaux. Les terres qui les couvraient étaient autrefois grasses, et sont déjà devenues maigres à force de culture; elles le deviendront toujours de plus en plus, jusqu'à ce qu'étant abandonnées à cause de leur stérilité, elles puissent reprendre, sous la forme de friche, les poussières de l'air et des eaux, le limon des rosées et des pluies, et les autres secours de la nature bienfaisante, qui toujours travaille à rétablir ce que l'homme ne cesse de détruire.

DU CHARBON DE TERRE.

Nous avons vu, dans l'ordre successif des grands travaux de la nature [a], que les roches vitreuses ont été les premières produites par le feu primitif; qu'ensuite les grès, les argiles et les schistes se sont formés des débris et de la détérioration de ces mêmes roches vitreuses par l'action des éléments humides, dès les premiers temps après la chute des eaux et leur établissement sur le globe; qu'alors les coquillages marins ont pris naissance et se sont multipliés en innombrable quantité, avant et durant la retraite de ces mêmes eaux; que cet abaissement des mers s'est fait successivement, par l'affaissement des cavernes et grandes boursouflures de la terre qui s'étaient formées au moment de sa consolidation par le premier refroidissement; qu'ensuite à mesure que les eaux laissaient en s'abaissant les parties hautes du globe à découvert, ces terrains élevés se couvraient d'arbres et d'autres végétaux, lesquels, abandonnés à la seule nature, ne croissaient et ne se

a. Voyez les quatre premières époques, t. IX.

multipliaient que pour périr de vétusté et pourrir sur la terre, ou pour être entraînés par les eaux courantes au fond des mers; qu'enfin ces mêmes végétaux, ainsi que leurs détriments en terreau et en limon, ont formé les dépôts en amas ou en veines que nous retrouvons aujourd'hui dans le sein de la terre sous la forme de charbon, nom assez impropre parce qu'il paraît supposer que cette matière végétale a été attaquée et cuite par le feu, tandis qu'elle n'a subi qu'un plus ou moins grand degré de décomposition par l'humidité, et qu'elle s'est conservée au moyen de son huile convertie par les acides en bitume [1].

Les débris et résidus de ces immenses forêts et de ce nombre infini de végétaux, nés plusieurs centaines de siècles avant l'homme, et chaque jour augmentés, multipliés sans déperdition, ont couvert la surface de la terre de couches limoneuses, qui de-même ont été entraînées par les eaux, et ont formé en mille et mille endroits, des dépôts en masses et des couches d'une très-grande étendue sur le fond de la mer ancienne; et ce sont ces mêmes couches de matière végétale que nous retrouvons aujourd'hui à d'assez grandes profondeurs dans les argiles, les schistes, les grès et autres matières de seconde formation qui ont été également transportées et déposées par les eaux ; la formation de ces veines de charbon est donc bien postérieure à celle des matières primitives, puisqu'on ne les trouve qu'avec leurs détriments et dans les couches déposées par les eaux, et que jamais on n'a vu une seule veine de ce charbon dans les masses primitives de quartz ou de granite.

Comme la masse entière des couches ou veines de charbon a été roulée, transportée et déposée par les eaux en même temps et de la même manière que toutes les autres matières calcaires ou vitreuses réduites en poudre, la substance du charbon se trouve presque toujours mélangée de matières hétérogènes, et, selon qu'elle est plus pure, elle devient plus utile et plus propre à la préparation qu'elle doit subir pour pouvoir remplacer comme combustible tous les usages du bois : il y a de ces charbons qui sont si mêlés de poudre de pierre calcaire [a], qu'on ne peut en faire que de la chaux, soit qu'on les brûle en grandes ou en petites masses; il y en a d'autres qui contiennent une si grande quantité de grès que leur résidu après la combustion n'est qu'une espèce de sable vitreux; plusieurs autres sont

a. A Alais et dans plusieurs autres endroits du Languedoc, on fait de la chaux avec le charbon même, sans autre pierre ni matières calcaires que celles qu'il contient, et aussi sans autre substance combustible que son propre bitume, qui, après s'être consumé, laisse à nu la base calcaire que le charbon contenait en grande quantité.

1. « Le *charbon de terre* ne provient point de végétaux carbonisés par le feu, mais de végé- « taux décomposés par la voie humide, sous l'influence de l'acide sulfurique. La preuve la plus « frappante en faveur de cette opinion a été donnée par Gœppert, qui a vu un fragment de « l'arbre à ambre, transformé en charbon noir, sans que l'ambre eût subi d'altération : le « charbon et l'ambre s'y trouvaient *juxtaposés*. » (Humboldt : *Cosmos*, tome I, page 550.)

mélangés de matière pyriteuse; mais tous, sans exception, tirent leur origine des matières végétales et animales, dont les huiles et les graisses se sont converties en bitume [a].

Il y a donc beaucoup de charbons de terre trop impurs pour pouvoir être préparés et substitués aux mêmes usages que le charbon de bois : celui qu'on pourrait appeler *pur* ne serait pour ainsi dire que du bitume comme le jayet, qui me paraît faire la nuance entre les bitumes et le charbon de terre; mais dans les meilleurs charbons il se trouve toujours quelques-unes des matières étrangères dont nous venons de parler, et qu'il est difficile d'en séparer; la qualité du charbon est souvent détériorée par l'efflorescence des pyrites martiales occasionnée par l'humidité de la terre; comme cette efflorescence ne se fait point sans mouvement et sans chaleur, c'est toujours aux dépens du charbon, parce que souvent cette chaleur le pénètre, le consume et le dessèche. Et lorsqu'on lui fait subir une demi-combustion semblable à celle du bois qu'on cuit en charbon, l'on ne fait que lui enlever et convertir en vapeurs de soufre les parties pyriteuses, qui souvent y sont trop abondantes.

Mais avant de parler de la préparation et des usages infiniment utiles de ce charbon, il faut d'abord en considérer la substance dans son état de nature : il me paraît certain, comme je viens de le dire, que la ma-

a. M. de Gensane distingue cinq espèces de charbon de terre, qui sont : 1° la houille; 2° le charbon de terre cubique qu'on appelle aussi *carré*; 3° le charbon à facette ou ardoisé; 4° le charbon jayet; 5° le bois fossile. (Je dois observer que M. de Gensane est le seul des minéralogistes qui ait présenté cette division des charbons de terre, dans laquelle le bois fossile ne doit pas être compris tant qu'il n'est pas bitumineux.)

La houille est une terre noire bitumineuse et combustible; elle se trouve toujours fort près de la surface de la terre et voisine des véritables veines de charbon... Le charbon de terre cubique a ses parties constituantes disposées par cubes, arrangés les uns contre les autres, de sorte qu'en les pilant même très-menu, ces mêmes parties conservent toujours une configuration cubique : il est fort luisant à la vue; il s'en trouve qui représente les plus belles couleurs de l'iris, qui ne sont que l'effet d'une légère efflorescence de soufre... Le charbon à facettes ou ardoisé ne diffère du charbon cubique que par la configuration de ses parties constituantes, et qu'en ce qu'il est plus sujet que le précédent à renfermer des grains de pyrites qui détériorent sa qualité : on distingue, à la vue simple, qu'il est composé de petites lames entassées les unes sur les autres, dont l'ensemble forme de petits corps irréguliers, rangés les uns à côté des autres... Le charbon jayet est une substance bitumineuse plus ou moins compacte, lisse et fort luisante; il est plus pesant que les charbons précédents; sa dureté est fort variable : il y en a qui est si dur, qu'il prend un assez beau poli, et qu'on le taille comme les pierres; on en fait dans bien des endroits des boutons d'habits, des colliers et d'autres menus ouvrages de cette espèce. Il y en a d'autre qui est si mou qu'on le pelote dans la main, et toutes ces différences ne viennent que du plus ou du moins de substance huileuse que ce fossile renferme; car il est bon de remarquer qu'il n'est point de charbon de terre de quelque espèce qu'il soit, qui ne contienne une portion plus ou moins considérable d'une huile connue sous le nom de *pétrole* ou d'*asphalte*. *Histoire naturelle du Languedoc*, par M. de Gensane, t. I, p. 49 et suiv. — Le jayet n'est pas, comme le dit M. de Gensane, plus pesant que les charbons de terre; il est au contraire plus léger, car les charbons de terre ordinaires ne surnagent point dans l'eau, au lieu que le jayet y surnage, et c'est même par cette propriété qu'on peut le distinguer du charbon.

tière qui en fait le fond est entièrement végétale[1]. J'ai cité[a] les faits par lesquels il est prouvé qu'au-dessus du toit et dans la couverture de la tête de toutes les veines de charbon, il se trouve des bois fossiles et d'autres végétaux dont l'organisation est encore reconnaissable, et que souvent même on y rencontre des couches de bois à demi charbonnifié[b] : on reconnaît les vestiges des végétaux non-seulement dans la substance du charbon, mais encore dans les terres et les schistes dont ils sont environnés ; il est donc évident que tous les charbons de terre tirent leur origine du détriment des végétaux.

De même, on ne peut pas nier que le charbon de terre ne contienne du bitume, puisqu'il en répand l'odeur et l'épaisse fumée au moment qu'on le brûle ; or le bitume n'étant que de l'huile végétale ou de la graisse animale[2] imprégnée d'acide, la substance entière du charbon de terre n'est donc formée que de la réunion des débris solides et de l'huile liquide des végétaux, qui se sont ensuite durcis par le mélange des acides. Cette vérité, fondée sur ces faits particuliers, se prouve encore par le principe

a. Voyez les *Epoques de la Nature*, t. IX.

b. Outre les impressions de plantes assez communes dans le toit de ces mines, on rencontre fréquemment dans leur voisinage ou dans les fouilles qu'entraîne leur exploitation, des portions de bois, et même des arbres entiers.

M. l'abbé de Sauvages fait mention dans les *Mémoires de l'Académie des Sciences* (année 1743, p. 413), de fragments de bois pierreux fortement incrustés, du côté de l'écorce, d'un ou deux pouces de charbon de terre dans lequel s'était faite cette pétrification.

Il est très-ordinaire de trouver, au-dessus des mines de houille, du bois qui n'est point du tout décomposé; mais à mesure qu'on le trouve enfoui plus profondément, il est sensiblement plus altéré.

A Bull près de Cologne et de Bonn, M. de Bury, fameux houilleur de Liége, en faisant fouiller dans un vallon, trouva une espèce de *terre houille*, qui n'était autre chose que du bois qui avait été couvert par une montagne de terre.

Il y a plusieurs mines dans lesquelles on ne peut méconnaître des troncs et des branches d'arbres qui ont conservé leur texture fibreuse, compacte, comme on en trouve à Querfurt, dont la couleur est d'un brun jaunâtre. M. Darcet a vu, dans la mine de Wentorcastle, un tronc de la grosseur d'un mât de petit vaisseau qui était implanté dans l'argile, tout à fait à l'extrémité et hors de la mine ; la partie supérieure était du vrai charbon de terre absolument semblable à celui de la mine, tandis que la partie de dessous de ce même tronc était encore du bois, et ne sautait pas en éclats comme celle du dessus ; mais elle se fendait, et la hache y était retenue comme elle a coutume de s'arrêter dans le bois.

Outre ces troncs d'arbres épars, ces débris de bois, il est des endroits où l'on ne connaît pas de mines de charbon de terre, et où l'on rencontre à une grande profondeur des amas de bois fossiles, disposés par bancs séparés les uns des autres par des lits terreux, et qui présentent en tout des soupçons raisonnables d'un passage de la nature ligneuse à celle de la houille, d'une vraie transmutation de bois en charbon de terre. *Du charbon de terre*, par M. Morand, pages 5 et 6. M. de Gensane cite lui-même quelques mines de charbon de terre dont les têtes sont composées de bois fossiles : « nous avons trouvé, dit-il, près le moulin de Puziols (diocèse de « Narbonne), deux veines de charbon de terre, dont les têtes renferment beaucoup de bois fossiles semblables à ceux de Cazarets près de Saint-Jean-de-Couculcs, diocèse de Montpellier. » *Histoire naturelle du Languedoc*, t. II, p. 177.

1. Voyez la note de la page 214.
2. Voyez la note 2 de la page 128.

général qu'aucune substance dans la nature n'est combustible[1] qu'en raison de la quantité de matière végétale ou animale qu'elle contient, puisque avant la naissance des animaux et des végétaux, la terre entière a non-seulement été brûlée, mais fondue et liquéfiée par le feu ; en sorte que toute matière purement brute ne peut brûler une seconde fois [2].

Et l'on aurait tort de confondre ici le soufre avec les bitumes, par la raison qu'ils se trouvent souvent ensemble dans le charbon de terre : le soufre ne provient que de la combustion des pyrites formées elles-mêmes de l'acide et du feu fixe [3] contenus dans les substances organisées, au lieu que les bitumes ne sont que leurs huiles grossières imprégnées d'acide : aussi les bitumes ne contiennent point de soufre, et les soufres ne contiennent point de bitume ; ces deux combinaisons opposées dans des matières qui toutes deux proviennent du détriment des corps organisés, indiquent assez que les moyens employés par la nature pour les former sont différents l'un de l'autre, puisque ces deux produits ne se réunissent ni ne se rencontrent ensemble. En effet le soufre est formé par l'action du feu, et le bitume par celle de l'acide sur l'huile ; le soufre se produit par la combinaison du feu fixe [a][4], contenu dans les substances organisées lorsqu'il est saisi par l'acide vitriolique ; les bitumes, au contraire, ne sont que les huiles mêmes des végétaux décomposés par l'eau et mêlés avec les acides : aussi l'odeur du soufre et celle du bitume sont-elles très-différentes dans la combustion ; et l'un des plus grands défauts que puisse avoir le charbon de terre, surtout pour les usages de la métallurgie, c'est d'être trop mêlé de matière pyriteuse, parce que dans la combustion, les pyrites donnent une grande quantité de soufre ; l'excellente qualité du charbon vient au contraire de la pureté de la matière végétale et de l'intimité de son union avec le bitume [b] ; néanmoins les charbons trop bitumineux ont peu de cha-

a. Si l'on objecte qu'il se produit du soufre non-seulement par le feu, mais sans feu, et par ce que l'on appelle la ***voie humide***, comme dans les voiries et les fosses d'aisances, je répondrai que ce passage ou changement ne se fait que par une effervescence accompagnée d'une chaleur qui fait ici le même effet que le feu.

b. « Les charbons de terre brûlent d'autant plus longtemps qu'ils prennent difficilement le « feu ; ils se consument d'autant plus promptement qu'ils s'enflamment plus aisément ; ces « circonstances sont plus ou moins marquées, selon que les charbons sont purs, bitumineux et « compactes : ainsi, celui qui s'allume difficilement en donnant une belle flamme claire et

1. .... ***N'est combustible.*** Le ***soufre*** est ***très-combustible***, et ne contient pourtant aucune ***matière végétale*** ni ***animale*** (voyez la note 4 de la page 16).

2. ..... ***Brûler une seconde fois :*** toute ***matière brute peut brûler***, c'est-à-dire être ***liquéfiée*** et ***fondue*** par le ***feu***, une seconde fois. A la chaleur de la pile, toutes les matières sont ***fusibles***. (Voyez les notes 1 et 2 de la page 36 du IXe volume.)

3. Les ***pyrites*** sont des ***sulfures métalliques*** (voyez la note 2 de la page 87). Le ***soufre***, pris en soi, ne provient pas des ***pyrites*** : c'est, au contraire, le ***soufre***, qui, uni aux ***métaux***, donne les ***pyrites***.

4. Voyez les notes précédentes sur le prétendu ***feu fixe***.

leur et donnent une flamme trop passagère, et il paraît que la parfaite qualité du charbon vient de la parfaite union du bitume avec la base terreuse, qui ne permet que successivement les progrès et le développement du feu.

Or les matières végétales se sont accumulées en masses, en couches, en veines, en filons, ou se sont dispersées en petits volumes, suivant les différentes circonstances; et lorsque ces grandes masses, composées de végétaux et de bitume, se sont trouvées voisines de quelques feux souterrains, elles ont produit, par une espèce de distillation naturelle, les sources de pétrole, d'asphalte et des autres bitumes liquides que l'on voit couler quelquefois à la surface de la terre, mais plus ordinairement à de certaines profondeurs dans son intérieur, et même au fond des lacs [a]

« brillante, comme fait le charbon de bois, est réputé de la meilleure espèce..... Si, au con- « traire, le charbon de terre se décompose ou se désunit facilement, s'il se consume aussi aisé- « ment qu'il prend flamme, il est d'une qualité inférieure.

« Une des propriétés du charbon de terre est de s'étendre en s'enflammant comme l'huile, le « suif, la cire, la poix, le soufre, le bois et autres matières inflammables : on doit en général « juger avantageusement d'un charbon qui au feu se déforme d'abord en se grillant, et qui « acquiert ensuite de la solidité; les uns, et ce sont les meilleurs, comme la *houille grasse*, le « charbon dit *maréchal*, flambent, se liquéfient plus ou moins en brûlant comme la poix, se « gonflent, se collent ensemble dans les vaisseaux fermés, ils se réduisent entièrement en « liquescence. On remarque que cette espèce ne se dissout ni dans l'eau, ni dans les huiles, ni « dans l'esprit-de-vin; les autres enfin s'embrasent sans donner ces phénomènes. » — Il serait à désirer que M. Morand eût indiqué où se trouvent ces charbons qui se réduisent entièrement en liquescence dans les vaisseaux fermés; nous n'en connaissons point de cette espèce : j'observerai de plus qu'il n'y a point de charbon de terre que l'esprit-de-vin n'attaque plus ou moins.

« Le charbon de terre est encore de bonne espèce quand il donne peu de fumée, ou lorsque « la fumée qu'il répand est noire, quand son exhalaison est plutôt *résineuse* que *sulfureuse*, « et qu'elle n'est point incommode.

« Toutes ces circonstances, tant dans la manière dont il brûle que dans les phénomènes « résultants au feu surtout, dépendent, comme de raison, de la qualité plus ou moins *bitu-* « *mineuse* ou plus ou moins *pyriteuse* du charbon.

« Un charbon qui est en grande partie ou en totalité bitumineux brûle fort vite en donnant « une odeur de *naphte;* celui qui l'est peu ne se soutient pas facilement en masse quand le feu « l'attaque à un certain degré : il en est qui est d'assez bonne durée, mais le feu dissipant « promptement la portion de graisse qui y était alliée, les petites alvéoles ou loges dans les- « quelles elle était renfermée se désunissent, se séparent par petites parcelles, quelquefois assez « grandes..... Ces sortes de charbons ne peuvent tenir au soufflet, le vent les enlève, et ils sont « très-peu profitables au feu; d'autres au contraire, qui étaient friables, sont d'un bon usage, « leurs parties se réunissant et se collant au feu.

« De même que le bitume est dans quelques charbons le seul principe inflammable, il s'en « trouve d'autres qui doivent à la pyrite presque seule leur inflammabilité. » — Je ne sais si cette assertion est bien fondée, car tous les charbons de terre que nous connaissons donnent du bitume ou ne brûlent pas. « C'est ainsi que les charbons, selon qu'ils sont plus ou moins « chargés de pyrites, se consument plus ou moins lentement : celui de Newcastle est long à se « consumer; mais celui de Suntherland, au comté de Durham, qui est très-pyriteux, brûle plus « longtemps encore jusqu'à ce qu'il se réduise en cendres. » *Du Charbon de terre*, etc., par M. Morand, pag. 1152 et 1153.

a. L'asphalte est en très-grande quantité dans la mer morte de Judée, à laquelle on a même donné le nom de *lac Asphaltique:* ce bitume s'élève à la surface de l'eau, et les voyageurs ont

et de quelques plages de la mer [a]. Ainsi toutes les huiles qu'on appelle *terrestres*, et qu'on regarde vulgairement comme des huiles minérales, sont des bitumes qui tirent leur origine des corps organisés et qui appartiennent encore au règne végétal ou animal : leur inflammabilité, la constance et la durée de leur flamme, la quantité très-petite de cendres, ou plutôt de matière charbonneuse qu'ils laissent après la combustion, démontrent assez que ce ne sont que des huiles plus ou moins dénaturées par les sels de la terre, qui leur donnent en même temps la propriété de se durcir et de faire ciment dans la plupart des matières où ils se trouvent incorporés.

Mais pour nous en tenir à la seule considération du charbon de terre dans son état de nature, nous observerons d'abord qu'on peut passer par degrés, de la tourbe récente et sans mélange de bitume, à des tourbes plus anciennes devenues bitumineuses, du bois charbonnifié aux véritables charbons de terre, et que par conséquent on ne peut guère douter, indépendamment des preuves rapportées ci-devant, que ces charbons ne soient de véritables végétaux que le bitume a conservés. Ce qui me fait insister sur ce point, c'est qu'il y a des observateurs qui donnent à ces charbons une tout autre origine : par exemple, M. Genneté prétend que le charbon de terre est produit par un certain roc ou grès auquel il donne le nom d'*agas* [b]; et M. de Gensane, l'un de nos plus savants minéralogistes, veut que la substance de ce charbon ne soit que de l'argile. La première opinion n'est fondée que sur ce que M. Genneté a vu des veines de charbon sous des bancs de grès ou d'agas, lesquelles veines paraissent s'augmenter ou se régénérer dans les endroits vides dont on a tiré le charbon quelques années auparavant : il dit positivement que le roc (*agas*) est la matrice du charbon [c]; que, dans le pays de Liége, la masse de ce roc est à celle du charbon comme 25 sont à 1 ; en sorte qu'il y a vingt-cinq pieds cubiques de roc pour un pied cube de charbon, et qu'il est étonnant que ces vingt-cinq pieds de roc suffisent pour fournir le suc nécessaire à la formation d'un pied

remarqué dans les plaines voisines de ce lac plusieurs pierres et mottes de terre bitumineuses. *Voyage de Pietro della Valle*, t. II, p. 76.

a. Flacourt dit avoir vu entre le cap Vert et cap de Bonne-Espérance un espace de mer qui avait une teinture jaune, comme d'une huile ou bitume qui surnageait, et qui, venant à se figer par succession de temps, durcit ainsi que l'ambre jaune ou succin. *Voyage à Madagascar*, t. I, p. 237.

b. « La matrice dans laquelle s'arrangent les veines de houille est une sorte de grès dur comme du fer, dans l'intérieur de la terre, mais qui se réduit en poussière lorsqu'il est exposé à l'air : les houilleurs nomment cette pierre *agas*. » Genneté, *Connaissance des veines de houille*, etc., p. 24. — J'ai vu de ces pierres pyriteuses qui sont en effet très-dures dans l'intérieur de la terre, et dont on ne peut percer les bancs qu'à force de poudre, et qui se décomposent à l'air; elles se trouvent assez souvent au-dessus des veines de charbon.

c. *Connaissance des veines de houille*, etc., p. 25.

cube de charbon[a] : il assure qu'il se reproduit dans ces mêmes veines trente ou quarante ans après qu'elles ont été vidées, et que ce charbon nouvellement produit les remplit dans ce même espace de temps[b]. « On « voit, ajoute-t-il, que la houille est formée d'un suc bitumineux qui distille « du roc, s'y arrange en veines d'une grande régularité, s'y durcit comme « la pierre; et voilà aussi sans doute pourquoi elle se reproduit. Mais pen- « dant mille ans qu'une veine de houille demeure entre les bancs de roc « qui la soutiennent et la couvrent, sans aucun vide, et sans que cette « veine augmente en épaisseur, non plus qu'en long et en large, et encore « sans qu'elle fasse dépôt ailleurs, autant qu'on sache, que devient donc « le suc bitumineux qui, dans quarante ans, peut reproduire et produit en « effet une semblable veine? Je ne sais, continue-t-il, s'il est possible de « dévoiler ce mystère[c]. »

M. Genneté est peut-être de tous nos minéralogistes celui qui a donné les meilleurs renseignements pour l'exploitation des mines de charbon, et je rends bien volontiers justice au mérite de cet habile homme, qui a joint à une excellente pratique de très-bonnes remarques; mais sa théorie, que je viens d'exposer, ne me paraît tirée que d'un fait particulier dont il ne fallait pas faire un principe général : il est certain, et je l'ai vu moi-même, qu'il se forme, dans quelques circonstances, des charbons nouveaux par la stillation des eaux, de la même manière qu'il se forme de nouvelles pierres, des albâtres et des marbres nouveaux dans tous les endroits vides qui se trouvent au-dessous des matières de même espèce; ainsi dans une veine de charbon, tranchée verticalement et abandonnée depuis du temps, on voit, sur les parois et entre les petits lits de l'ancien charbon, une concrétion ordinairement brune et quelquefois blanchâtre, qui n'est qu'une véritable stalactite ou concrétion de la même nature que le charbon dont elle tire son origine par la filtration de l'eau. Ces incrustations charbonneuses peuvent augmenter avec le temps, et peut-être remplir dans une longue succession d'années une fente de quelques pouces, ou si l'on veut de quelques pieds de largeur ; mais, pour que cet effet soit produit, il est nécessaire qu'il y ait au-dessus ou autour de la fente ou cavité qui se remplit, une masse de charbon, laquelle puisse fournir non-seulement le bitume, mais encore les autres parties composantes de ce charbon qui se forme, c'est-à-dire la partie végétale, sans quoi ce nouveau charbon ne ressemblerait pas à l'autre; et s'il ne découlait que du bitume, la stillation ne formerait que du bitume pur et non pas du charbon : or, M. Genneté convient et même affirme que les veines anciennement vidées se remplissent, en quarante ans, de charbon tout semblable à celui qu'elles contenaient, et que cela ne se

a. *Connaissance des veines de houille*, etc., p. 25.
b. *Idem*, p. 123.
c. *Idem*, p. 124.

fait que par le suintement du bitume fourni par le roc voisin de cette veine : dès lors, il faut qu'il convienne aussi que cette veine ne pourrait par ce moyen être remplie d'autre chose que de bitume et non pas de charbon ; il faut de même qu'il fasse attention à une chose très-naturelle et très-possible, c'est qu'il y a certaines pierres, agas ou autres, qui non-seulement sont bitumineuses, mais encore mélangées par lits ou par filons de vraie matière de charbon, et que très-probablement les veines qu'il dit s'être remplies de nouveau, étaient environnées et couvertes de cette espèce de roche à demi charbonneuse, et dès lors ce mystère, qu'il ne croit pas possible de dévoiler, est un effet très-simple et très-ordinaire dans la nature. Il me semble qu'il n'est pas nécessaire d'en dire davantage pour qu'on soit bien convaincu que jamais ni le grès, ni l'agas, ni aucune autre roche, n'ont été les matrices d'aucun charbon de terre, à moins qu'ils n'en soient eux-mêmes mélangés en très-grande quantité.

L'opinion de M. de Gensane est beaucoup mieux appuyée, et ne me paraît s'éloigner de la vérité que par un point sur lequel il était assez facile de se méprendre : c'est de regarder l'argile et le limon, ou pour mieux dire la terre argileuse et la terre limoneuse, comme n'étant qu'une seule et même chose. Le charbon de terre, selon M. de Gensane, est une terre argileuse, mêlée d'assez de bitume et de soufre pour qu'elle soit combustible. « A la vérité, dit-il, ce charbon, dans son état naturel, ne contient aucun « soufre formé, mais il en renferme tous les principes, qui, dans le mo- « ment de la combustion, se développent, se combinent ensemble, et font « un véritable soufre [a]. »

Il me semble que ce savant auteur n'aurait pas dû faire entrer le soufre dans sa définition du charbon de terre, puisqu'il avoue que le soufre ne se forme que dans sa combustion ; il ne fait donc pas partie réelle de la composition naturelle du charbon, et en effet l'on connaît plusieurs de ces charbons qui ne donnent point de soufre à la combustion : ainsi l'on ne doit point compter le soufre dans les matières dont tout charbon de terre est essentiellement composé, ni dire avec M. de Gensane qu'on doit regarder les veines de charbon de terre comme de vraies mines de soufre [b]. « Et ce « qui prouve évidemment que dans le charbon pur il n'y a point de soufre « formé, c'est qu'en raffinant le cuivre, le plomb et l'argent avec du char- « bon pur, on n'observe pas la moindre décomposition du métal : point de « *matte*, point de *plackmall*, même après plusieurs heures de chauffe [c]. » Mais un autre point bien plus important, c'est l'assertion positive que le fond du charbon de terre n'est que de l'argile [d] ; en sorte que, suivant ce

a. *Hist. naturelle du Languedoc*, par M. de Gensane, t. I, p. 12.
b. *Idem, ibidem*, p. 13.
c. Note communiquée par M. le Camus de Limare, le 5 juillet 1780.
d. *Hist. naturelle du Languedoc*, par M. de Gensane, t. I, p. 23.

physicien, tous les naturalistes se sont trompés lorsqu'ils ont dit que ces charbons étaient des débris de forêts et d'autres végétaux ensevelis par des bouleversements quelconques [a]. « Il est vrai, continue-t-il, que la mer Baltique charrie tous les printemps une quantité de bois qu'elle amène du « Nord, et qu'elle arrange par couches sur les côtes de la Prusse, qui sont « successivement recouvertes par les sables ; mais ces bois ne deviendraient « jamais charbon de terre, s'il n'y survenait pas une substance bitumi- « neuse qui se combine avec eux pour leur donner cette qualité,: sans cette « combinaison, ils se pourriront et deviendront terre. » Ceci m'arrête une seconde fois; car l'auteur convenant que le charbon de terre peut se former de bois et de bitume, pourquoi veut-il que tous les charbons soient composés de terre argileuse? et ne suffit-il pas de dire que, partout où les bois et autres débris de végétaux se seront bituminisés par le mélange de l'acide, ils seront devenus charbons de terre? Et pourquoi composer cette matière combustible d'une matière qui ne peut brûler? N'y a-t-il pas nombre de charbons qui brûlent en entier, et ne laissent après la combustion que des cendres même encore plus douces et plus fines que celles du bois [b]? Il est donc très-certain que ces charbons qui brûlent en entier ne contiennent pas plus d'argile que le bois; et ceux qui se boursouflent dans la combustion, et laissent une sorte de scorie semblable à du mâchefer léger, n'offrent ce résidu que parce qu'ils sont en effet mêlés, non pas d'argile, mais de limon, c'est-à-dire de terre végétale, dans laquelle toutes les parties fixes du bois se sont rassemblées : or, j'ai démontré en plusieurs endroits de cet ouvrage, et surtout dans les Mémoires de la partie expérimentale, que l'origine du mâchefer ne doit point être attribuée au fer, puisqu'on trouve le même mâchefer dans le feu de l'orfévre comme dans celui du forgeron, et que j'ai fait moi-même du mâchefer en grande quantité avec du charbon de bois seul et sans addition d'aucun minéral; dès lors le charbon de terre doit en produire comme le charbon de bois, et lorsqu'il en donne en plus grande quantité, c'est que sous le même volume il contient plus de parties fixes que le charbon de bois. J'ai encore prouvé, dans ces mêmes Mémoires et dans l'article précédent, que le limon ou la terre végétale est le dernier résidu des végétaux décomposés, qui d'abord

a. *Hist. naturelle du Languedoc*, par M. de Gensane, t. I, p. 24.

b. « A Birmingham, on emploie dans les cheminées une autre espèce de charbon qui est « plus cher que le charbon de terre ordinaire; on l'appelle *flew-coal:* la mine est située à sept « milles au nord de Birmingham, à *Wedgbory near Warsal in Staffordshire ;* on le tire par « gros morceaux qui ont beaucoup de consistance, et il se vend trois *pence and penny* le cent, « du poids de cent douze livres, faisant à peu près un quintal poids de marc. Ce charbon s'al- « lume avec du papier, comme du bois de sapin; sa flamme est blanche et claire, son feu très- « ardent; il est d'ailleurs sans odeur, et il se réduit en une cendre blanche aussi légère que « celle du bois. » — Cette espèce de charbon n'a point été décrite dans M. Morand, ni dans aucun autre ouvrage de ma connaissance. (Note communiquée par M. le Camus de Limare, le 5 juillet 1780.)

se réduisent en terreau et par succession de temps en limon : j'ai de même averti qu'il ne fallait pas confondre cette terre végétale ou limoneuse avec l'argile, dont l'origine et les qualités sont toutes différentes, même à l'égard des effets du feu, puisque l'argile s'y resserre et que le limon se boursoufle; et cela seul prouverait qu'il n'y a jamais d'argile, du moins en quantité sensible, dans le charbon de terre, et que dans ceux qui laissent, après la combustion, une scorie boursouflée, il y a toujours une quantité considérable de ce limon formé des parties fixes des végétaux : ainsi, tout charbon de terre pur n'est réellement composé que de matières provenant plus ou moins immédiatement des végétaux.

Pour mieux entendre la génération primitive du charbon de terre et développer sa composition [1], il faut se rappeler tous les degrés, et même tâcher de suivre les nuances de la décomposition des végétaux, soit à l'air, soit dans l'eau : les feuilles, les herbes et les bois abandonnés et gisants sur la terre commencent par fermenter; et, s'ils sont accumulés en masses, cette effervescence est assez forte pour les échauffer au point qu'ils brûlent ou s'enflamment d'eux-mêmes ; l'effervescence développe donc toutes les parties du feu fixe que les végétaux contiennent, et ces parties ignées étant une fois enlevées, le terreau produit par la décomposition de ces végétaux n'est qu'une espèce de terre qui n'est plus combustible, parce qu'elle a perdu, et pour ainsi dire exhalé dans l'air, les principes de sa combustibilité. Dans l'eau, la décomposition est infiniment plus lente, l'effervescence insensible, et ces mêmes végétaux conservent très-longtemps, et peut-être à jamais, les principes combustibles qu'ils auraient en très-peu de temps perdus dans l'air : les tourbes nous représentent cette première décomposition des végétaux dans l'eau; la plupart ne contiennent pas de bitume et ne laissent pas de brûler. Il en est de même de tous ces bois fossiles noirs et luisants, qui sont décomposés au point de ne pouvoir en reconnaître les espèces, et qui cependant ont conservé assez de leurs principes inflammables pour brûler, et qui ne donnent en brûlant aucune odeur de bitume ; mais lorsque ces bois ont été longtemps enfouis ou submergés, ils se sont bituminisés d'eux-mêmes par le mélange de leur huile avec les acides ; et quand ces mêmes bois se sont trouvés sous des couches de terres mêlées

1. On peut diviser les *charbons de terre* en quatre groupes :

Le *graphite*, qui renferme 95 à 96 pour 100 de *carbone*, circonstance qui l'a fait considérer comme du *carbone natif*, et placer à côté du *diamant* ;

Les *anthracites*, combustible des terrains de transition ;

Les *houilles*, combustible du terrain houiller ;

Les *lignites*, combustible des terrains postérieurs à la formation houillère.

« Ces divisions ne sont pas absolues, car on trouve dans les terrains houillers des couches « anthraciteuses: elles ne sont pas même exactes, les calcaires des Alpes contenant à la fois du « graphite et des anthracites; mais elles sont générales et représentent l'ensemble des caractères « des charbons fossiles. » (Dufrénoy.)

de pyrites ou abreuvées de sucs vitrioliques, ils sont devenus pyriteux, et dans cet état ils donnent en brûlant une forte odeur de soufre.

En suivant cette décomposition des végétaux sur la terre, nous verrons que les herbes, les roseaux et même les bois légers et tendres, tels que les peupliers, les saules, donnent en se pourrissant un terreau noir tout semblable à la terre que l'on trouve souvent par petits lits très-minces au-dessus des mines de charbon, tandis que les bois solides, tels que le chêne, le hêtre, conservent de la solidité, même en se décomposant, et forment ces couches de bois fossiles qui se trouvent aussi très-souvent au-dessus des mines de charbon; enfin le terreau, par succession de temps, se change en limon ou terre végétale qui est le dernier résidu de la décomposition de tous les êtres organisés : l'observation m'a encore démontré cette vérité [a]; mais tout le terreau dont la décomposition se sera faite lentement, et qui, ne s'étant pas trouvé accumulé en grandes masses, n'aura par conséquent pas perdu la totalité de ses principes combustibles par une prompte fermentation, et le limon, qui n'est que le terreau même seulement plus atténué, aura aussi conservé une partie de ces mêmes principes. Le terreau, en se changeant en limon, de noir devient jaune ou roux par la dissolution du fer qu'il contient; il devient aussi onctueux et pétrissable par le développement de son huile végétale : dès lors tout terreau et même tout limon, n'étant que les résidus des substances végétales, ont également retenu plus ou moins de leurs principes combustibles; et ce sont les couches anciennes de ces mêmes bois, terreaux et limons, lesquelles se présentent aujourd'hui sous la forme de tourbe, de bois fossile, de houille et de charbon; car il est encore nécessaire, pour éviter toute confusion, de distinguer ici ces deux dernières matières, quoique la plupart des écrivains aient employé leurs noms comme synonymes; mais nous n'adopterons, avec M. de Gensane, celui de houille [b] que pour ces terres noires et combustibles qui se trouvent sou-

a. Voyez l'article précédent, qui a pour titre : *de la terre végétale*.

b. « Les charbons de pierre s'annoncent souvent par des veines d'une terre noire combus- « tible, que nous avons ci-devant désignée par le nom de *houille*, et qui forme ordinairement « la tête des véritables veines de charbon. » *Hist. naturelle du Languedoc*, t. I, p. 31. — M. Morand, de l'Académie des Sciences, qui a fait un très-grand et bon ouvrage sur le charbon de terre, a regardé, avec la plupart des minéralogistes, les noms de *houille* et de *charbon de terre* comme synonymes; il dit que dans le pays de Liége on distingue les matières combustibles des mines en houille grasse, en houille maigre, en charbons forts et en charbons faibles... Cette houille grasse s'emploie à Liége dans les foyers, elle se colle aisément au feu, elle rend plus de chaleur que la houille maigre..... Elle se réduit pour la plus grande partie en cendres grisâtres, mais plus graveleuses que celles du bois; son feu est trop ardent, et elle est trop grasse pour que les maréchaux puissent s'en servir : le feu de la houille maigre est plus faible, elle est presque généralement en usage pour les feux domestiques... Elle dure plus longtemps au feu, et, lorsque son peu de bitume est consumé, elle se réduit en braise, qu'on allume sans qu'elle donne de l'odeur ni presque de fumée. Les charbons forts sont d'une couleur noire plus décidée et plus frappante que les charbons faibles; ils sont gras au toucher et comme onctueux par la grande quantité de bitume qu'ils contiennent : ces charbons forts sont excellents dans

vent au-dessus, et quelquefois au-dessous des veines de charbon, et qui sont l'un des plus sûrs indices de la présence de ce fossile; et ces houilles ne sont autre chose que nos terreaux [a] purs ou mêlés d'une petite quantité de bitume : la vase qui se dépose dans la mer par couches inclinées, suivant la pente du terrain, et s'étend souvent à plusieurs lieues du rivage comme à la Guiane, n'est autre chose que le terreau des arbres ou autres végétaux qui, trop accumulés sur ces terres inhabitées, sont entraînés par les eaux courantes; et les huiles végétales de cette vase, saisies par les acides de la mer, deviendront avec le temps de véritables houilles bitumineuses, mais toujours légères et friables, comme le terreau dont elles tirent leur origine, tandis que les végétaux eux-mêmes moins décomposés, étant de même entraînés et déposés par les eaux, ont formé les véritables veines de charbon de terre dont les caractères distinctifs et différents de ceux de la houille se reconnaissent à la pesanteur du charbon, toujours plus compacte que la houille, et au gonflement qu'il prend au feu en s'y boursouflant comme le limon, et en donnant de même une scorie plus ou moins poreuse.

Ainsi je crois pouvoir conclure de ces réflexions et observations, que l'argile n'entre que peu ou point dans la composition du charbon de terre; que le soufre n'y entre que sous la forme de matière pyriteuse qui se combine avec la substance végétale, de sorte que l'essence du charbon est entièrement de matière végétale, tant sous la forme de bitume que sous celle du végétal même. Les impressions si multipliées des différentes plantes qu'on voit dans tous les schistes limoneux qui servent de toits aux veines de charbon sont des témoins qu'on ne peut récuser, et qui démontrent que c'est aux végétaux qu'est due la substance combustible que ces schistes contiennent.

Mais, dira-t-on, ces schistes qui non-seulement couvrent, mais accompagnent et enveloppent de tous côtés et en tous lieux les veines de charbon, sont eux-mêmes des argiles durcies et qui ne laissent pas d'être combustibles : à cela je réponds que la méprise est ici la même; ces schistes com-

tous les cas où il faut un feu d'une grande violence, comme dans les plus grosses forges; ils pénètrent également les parties du fer, les rendent propres à recevoir toutes sortes d'impressions, réunissent même les parties qui ne seraient pas assez liées; mais, par sa trop grande ardeur, ce charbon fort ne convient pas plus aux maréchaux que la houille grasse.

Le charbon faible est toujours un charbon qui se trouve aux extrémités d'une veine; il donne beaucoup moins de chaleur que le charbon fort, et ne peut servir qu'aux cloutiers, aux maréchaux et aux petites forges, pour lesquelles on a besoin d'un feu plus doux..,... Son usage ordinaire est pour les briquetiers ou tuiliers, et pour les fours à chaux où le feu trop violent des charbons forts pénétrerait trop précipitamment les parties de la terre et de la pierre, les diviserait et les détruirait..... Les charbons faibles se trouvent aussi dans les veines très-minces, ils sont toujours menus, et souvent en poussière. *Du Charbon de terre*, etc., pag. 77 et suiv.

a. « C'est dans une pareille terre que j'ai trouvé, à huit pieds de profondeur, des racines « encore très-reconnaissables, environnées de terreau où l'on aperçoit déjà quelques couches de petits cubes de charbon. » Note communiquée par M. de Morveau.

bustibles qui accompagnent la veine du charbon sont, comme l'on voit, mêlés de la substance des végétaux dont ils portent les impressions; la même matière végétale qui a fait le fond de la substance du charbon, a dû se mêler aussi avec le schiste voisin, et dès lors ce n'est plus du schiste pur ou de la simple argile durcie, mais un composé de matière végétale et d'argile, un schiste limoneux imprégné de bitume, et qui dès lors a la propriété de brûler. Il en est de même de toutes les autres terres combustibles que l'on pourrait citer, car il ne faut pas perdre de vue le principe général que nous avons établi, savoir, que rien n'est combustible que ce qui provient des corps organisés[1].

Après avoir considéré la nature du charbon de terre, recherché son origine, et montré que sa formation est postérieure à la naissance des végétaux[2], et même encore postérieure à leur destruction et à leur accumulation dans le sein de la terre, il faut maintenant examiner la direction, la situation et l'étendue des veines de cette matière, qui, quoique originaire de la surface de la terre, ne laisse pas de se trouver enfoncée à de grandes profondeurs: elle occupe même des espaces très-considérables et se rencontre dans toutes les parties du globe[a]. Nous sommes assurés, par des observations constantes, que la direction la plus générale des veines de charbon est du levant au couchant[b], et que quand cette *allure* (comme disent les ouvriers) est interrompue par une *faille*[c], qu'ils appellent *caprice de pierre*, la veine, que cet

a. « La trace de charbon de terre qui m'est la mieux connue, dit M. Genneté, est celle qui « file d'Aix-la-Chapelle par Liége, Hui, Namur, Charleroi, Mons et Tournai, jusqu'en Angle- « terre, en passant sous l'Océan, et qui d'Aix-la-Chapelle traverse l'Allemagne, la Bohême, la « Hongrie..... Cette traînée de veines est d'une lieue et demie à deux lieues de largeur, tantôt « plus et tantôt moins; elle s'étend sous terre dans les plaines comme dans les montagnes. » *Connaissance des veines de houille*, etc., p. 36.

b. « Cette loi, quoique assez générale, est sujette à quelques exceptions : la mine de Litry en « Normandie va du nord-est au sud-est, sur dix heures; celle de Languin en Bretagne marche « sur la même direction; elle s'incline au couchant sur quarante-cinq degrés; celle de Mon- « trelais, dans la même province, suit la même direction. » Note communiquée par M. de Grignon. — « Celle d'Épinac en Bourgogne va du levant au couchant, inclinant au nord de « trente à trente-cinq degrés. L'épaisseur commune est de sept à huit pieds, souvent de quatre, « et quelquefois de douze et de quinze : la veine principale qu'on exploite est bien réglée et « très-abondante, mais elle est entrecoupée de nerfs. Le charbon est ardoisé et pyriteux, peu « propre par conséquent pour la forge, à cause de l'acide sulfureux qui se dégage des pyrites « dans la combustion, et qui corrode le fer dans les différentes chauffes qu'on lui donne. » Note communiquée par M. de Limare.

c. « Les houilleurs du pays de Liége appellent *faille* ou *voile* un grand banc de pierre qui « passe à travers les veines de houille qu'il rencontre en couvrant les unes, et coupant ou

1. Voyez la note 1 de la page 217.

2. Voyez la note 1 de la page 517 du IXe volume. — « Tout porte à croire que, dans l'ancien « monde, de puissantes émissions de gaz acide carbonique se mêlèrent à l'atmosphère, favori- « sèrent l'acte par lequel les végétaux s'assimilent le carbone, et formèrent ainsi les forêts pri- « mitives, origine de l'inépuisable amas de matières combustibles (lignites et charbon de terre) « que les révolutions du globe ont enfoui dans les couches terrestres. » (Humboldt : *Cosmos*, t. I, p. 227.)

obstacle fait tourner au nord ou au midi, reprend bientôt sa première direction du levant au couchant : cette direction, commune au plus grand nombre des veines de charbon, est un effet particulier dépendant de l'effet général du mouvement qui a dirigé toutes les matières transportées par les eaux de la mer, et qui a rendu les pentes de tous les terrains plus rapides du côté du couchant [a]. Les charbons de terre ont donc suivi la loi générale imprimée par le mouvement des eaux à toutes les matières qu'elles pouvaient transporter, et en même temps ils ont pris l'inclinaison de la pente du terrain sur lequel ils ont été déposés, et sur lequel ils sont disposés toujours parallèlement à cette pente; en sorte que les veines de charbon, même les plus étendues, courent presque toutes du levant au couchant, et ont leur inclinaison au nord en même temps qu'elles sont plus ou moins inclinées dans chaque endroit, suivant la pente du terrain sur lequel elles ont été déposées [b]: il

« dévoyant les autres, depuis le sommet d'une montagne jusqu'au plus profond..... Ces failles « sont toutes inclinées..... Une faille aura depuis quarante-deux jusqu'à cent soixante-quinze « pieds d'épaisseur dans son sommet, c'est-à-dire au haut de la terre, et quatre cent vingt pieds « d'épaisseur à la profondeur de trois mille cent quatre-vingt-deux pieds : les veines qui sont « coupées par les failles s'y perdent, en s'y continuant, par de très-petits filets détournés, ou « enfin elles sautent par derrière au-dessus ou au-dessous de leur position naturelle, et jamais « en droiture..... Quelquefois, en sortant des failles, les veines se relèvent ou descendent contre « elles avant de reprendre leur direction. » *Connaissance des veines de houille*, etc., pages 39 et 40. — Je dois observer que M. Morand a raison, et fait une critique juste de ce que M. Genneté dit au sujet des failles, dont en effet il ne paraît guère possible de déterminer les dimensions d'une manière aussi précise que l'a fait cet observateur. Voyez l'ouvrage de M. Morand sur le *Charbon de terre*, page 868. — « Cette critique de ce que dit M. Genneté est « d'autant plus juste que, par la planche 3 de son Traité, il ne paraît pas qu'aucune de ces trois « *failles* qui y sont figurées aient été traversées ni même reconnues à différentes profondeurs, « comme cela doit être pour déterminer sûrement les différentes épaisseurs et qualités des « failles.

« Il en est de même des cinq veines cotées 57, 58, 59, 60 et 61, dont il n'est pas possible de « fixer aussi précisément les courbures et les profondeurs, quand on ne les a reconnues que « dans un seul point, comme l'indique (figure 7, table 3) le plan qu'il en donne sans échelle · « encore ces cinq veines n'ont-elles été reconnues qu'à peu de distance de la superficie. Il ne « dit pas non plus si l'on a remarqué, par les différents travaux des figures 1, 2, 3, 4, 5 et 6, « table 3, que les épaisseurs et qualités des bancs de rochers qui séparent les autres veines et « les dimensions de ces mêmes veines aient été si exactement analogues dans les deux extré- « mités de ces ouvrages, qu'on ait dû en conclure le parallélisme parfait décrit dans cette même « table 3. » Note communiquée par M. le Camus de Limare, le 5 juillet 1780.

a. Voyez les *Époques de la Nature*, t. IX, pag. 544 et suiv.

b. « La conformité, dit M. de Gensane, que j'ai toujours remarquée entre la configuration du « fond de la mer et celle des couches de charbon de terre est si frappante, que je la regarde « comme une preuve de fait, qui équivaut à une démonstration de tout ce que nous avons dit « sur son origine : les bords de la mer, dans la plupart de ses parages, commencent d'abord par « une pente plus ou moins rapide, qui prend successivement une position qui approche toujours « de plus en plus de l'horizontale, à mesure que le terrain s'avance au-dessous des eaux de la « mer; la même chose arrive aux veines de charbon de terre; leur tête, qui est près de la sur- « face du terrain, conserve toujours une certaine pente, souvent assez rapide jusqu'à une cer- « taine profondeur, après quoi elles prennent une position qui est presque horizontale; et « l'épaisseur de ces veines est pour l'ordinaire d'autant plus forte qu'elles approchent davantage « de cette dernière position. Il y a d'autres parages où les bords de la mer sont fort escarpés y en a même qui approchent de la perpendiculaire; mais cette grande différence dans leur inclinaison n'empêche pas qu'en général cette inclinaison n'approche, dans chaque veine, de plus en plus de la ligne horizontale, à mesure que l'on descend plus profondément; c'est alors l'endroit que les ouvriers appellent le *plateur* de la mine, c'est-à-dire le lieu plat et horizontal auquel aboutit la partie inclinée de la veine. Souvent, en suivant ce plateur fort loin, on trouve que la veine se relève et remonte non-seulement dans la même direction du levant au couchant, mais encore sous le même degré à très-peu près d'inclinaison qu'elle avait avant d'arriver au plateur; mais ceci n'est qu'un effet particulier, et qui n'a été encore reconnu que dans quelques contrées, telles que le pays de Liége : il dépend de la forme primitive du terrain, comme nous l'expliquerons tout à l'heure; d'ordinaire, lorsque les veines inclinées sont arrivées à la ligne de niveau, elles ne descendent plus et ne remontent pas de l'autre côté de cette ligne [a].

A cette disposition générale des veines, il faut ajouter un fait tout aussi général, c'est que la même veine va en augmentant d'épaisseur, à mesure qu'elle s'enfonce plus profondément, et que nulle part son épaisseur n'est plus grande que tout au fond, lorsqu'on est arrivé au plateur ou ligne horizontale; il est donc évident que ces couches ou veines de charbon qui, dans leur inclinaison, suivent la pente du terrain, et qui deviennent en même temps d'autant plus épaisses que la pente est plus douce, et encore plus épaisses dès qu'il n'y a plus de pente, suivent en cela la même loi que toutes les autres matières transportées par les eaux et déposées sur des terrains

« jusqu'à une forte profondeur au-dessous des eaux; il arrive également qu'on rencontre des « veines ou couches de charbon dont la situation est presque perpendiculaire, mais cela est « très-rare, et cela doit être, parce que dans les endroits où les bords de la mer sont fort escarpés, il y a toujours des courants qui ne permettent que difficilement aux vases de s'y reposer. « Enfin on remarque souvent au fond de la mer des filons ou amas de sables connus sous le « nom de *bancs*: ceux qui connaissent les mines de charbon me sont témoins qu'elles forment « aussi quelquefois des courbures ou dos d'âne fort analogues à ces bancs; lorsque ces dépôts « de vase se forment dans des anses de la mer, qui, par la retraite des eaux, deviennent des « vallées, les veines de charbon y ont deux têtes, une de chaque côté de la vallée dont elles « coupent le fond; en sorte que la coupe verticale de ces veines forme une anse de panier renversée, dont les deux extrémités s'appuient contre les montagnes : telles sont les veines de « charbon des environs de Liége. » ***Histoire naturelle du Languedoc***, t. I, pag. 35 et suiv.

a. « L'inclinaison des veines de charbon, dit M. de Gensane, n'affecte pas une aire de vent « déterminée; il y en a qui penchent vers le levant, d'autres vers le couchant, et ainsi des autres « points de l'horizon; elles n'ont rien de commun non plus avec le penchant des montagnes « dans lesquelles elles se trouvent. » — Je dois observer que ce rapport de l'inclinaison des veines avec le penchant des montagnes a existé anciennement et nécessairement, et l'observation de M. de Gensane doit être particularisée pour les terrains qui ont subi des changements depuis le temps du dépôt des veines. (Voyez ci-après.) « Quelquefois, continue-t-il, « les veines sont inclinées dans le même sens que le penchant de la montagne; d'autres fois, « elles entrent directement dans l'intérieur de la montagne et penchent vers sa base ou vers « son centre; mais aussi, lorsqu'une veine a pris sa direction, elle s'en écarte rarement : elle « peut bien former quelque inflexion, mais elle reprend ensuite sa direction ordinaire. » ***Hist. naturelle du Languedoc***, par M. de Gensane, t. I, pag. 36 et 37.

inclinés : ces dépôts, faits par alluvion sur ces terrains en pente, ne sont pas seulement composés de veines de charbon, mais encore de matières de toute espèce, comme de schistes, de grès, d'argile, de sable, de craie, de pierre calcaire, de pyrites; et, dans cet amas de matières étrangères qui séparent les veines, il s'en trouve souvent qui sont en grandes masses dures et en bancs inclinés, toujours parallèlement aux veines de charbon.

Il y a ordinairement plusieurs couches de charbon les unes au-dessus des autres et séparées par une épaisseur de plusieurs pieds et même de plusieurs toises de ces matières étrangères. Les veines de charbon s'écartent rarement de leur direction; elles peuvent, comme nous venons de le dire, former quelque inflexion, mais elles reprennent ensuite leur première direction; il n'en est pas absolument de même de leur inclinaison : par exemple, si la veine la plus extérieure de charbon a son inclinaison de dix degrés, la la seconde veine, quoiqu'à vingt ou trente pieds plus bas que la première, aura dans le même endroit la même inclinaison d'environ dix degrés; et si, en fouillant plus profondément, il se trouve une troisième, une quatrième veine, etc., elles auront encore à peu près le même degré d'inclinaison, mais ce n'est que quand elles ne sont séparées que par des couches d'une médiocre épaisseur; car si la seconde veine, par exemple, se trouve éloignée de la première par une épaisseur très-considérable, comme de cent cinquante ou deux cents pieds perpendiculaires, alors cette veine qui est à deux cents pieds au-dessous de la première est moins inclinée, parce qu'elle prend plus d'épaisseur à mesure qu'elle descend, et qu'il en est de même de la masse intermédiaire de matières étrangères, qui sont aussi toujours plus épaisses à une plus grande profondeur.

Pour rendre ceci plus sensible, supposons un terrain en forme d'entonnoir, c'est-à-dire une plaine environnée de collines dont les pentes soient à peu près égales : si cet entonnoir vient à se remplir par des alluvions successives, il est certain que l'eau déposera ses sédiments, tant sur les pentes que sur le fond, et dans ce cas les couches déposées se trouveront également épaisses en descendant d'un côté et en remontant de l'autre; mais ce dépôt formera sur le plan du fond une couche plus épaisse que sur les pentes, et cette couche du fond augmentera encore d'épaisseur par les matières qui pourront descendre de la pente. Aussi les veines de charbon sont-elles, comme nous venons de le dire, toujours plus épaisses sur leur plateur que dans le cours de leur inclinaison; les lits qui les séparent sont aussi plus épais par la même raison. Maintenant, si, dans ce même terrain en entonnoir, il se fait un second dépôt de la même matière de charbon, il est évident que comme l'entonnoir est rétréci et les pentes adoucies par le premier dépôt, cette seconde veine, plus extérieure que la première, sera un peu moins inclinée, et n'aura qu'une moindre étendue dans son plateur. en sorte que s'il s'est formé de cette même manière plusieurs veines les unes au-dessus des autres, et chacune séparée par de grandes épaisseurs de matières étrangères, ces veines et ces matières auront d'autant plus d'inclinaison qu'elles seront plus intérieures, c'est-à-dire plus voisines du terrain sur lequel s'est fait le premier dépôt; mais comme cette différence d'inclinaison n'est pas fort sensible dans les veines qui ne sont pas à de grandes distances les unes des autres en profondeur, les minéralogistes se sont accordés à dire que toutes les veines de charbon sont parfaitement parallèles; cependant il est sûr que cela n'est exactement vrai que quand les veines ne sont séparées que par des lits de médiocre ou petite épaisseur; car celles qui sont séparées par de grandes épaisseurs ne peuvent pas avoir la même inclinaison, à moins qu'on ne suppose un entonnoir d'un diamètre immense, c'est-à-dire une contrée entière comme le pays de Liége, dont tout le sol est composé de veines de charbon jusqu'à une très-grande profondeur.

M. Genneté a donné l'énumération[a] de toutes les couches ou veines de

a. « Pour donner, dit-il, l'idée la plus complète de la marche variée des veines qui garnissent un même terrain, j'ai choisi la montagne de Saint-Gilles près de Liége, qui est « presque dans le milieu de la trace où ces veines filent du levant au couchant, et où le penchant de la montagne fait découvrir le plus grand nombre de veines avec les plus grandes « profondeurs auxquelles on puisse les atteindre... Le diamètre du plateau (de cette montagne) « est d'environ mille pieds: c'est aussi la longueur de la première veine.... qui s'étend de tous « côtés, tant en longueur qu'en largeur, ainsi que toutes les autres qui suivent.

	Épaisseur des veines.		Distance entre les veines.
	Pieds.	Pouces.	Pieds.
Distance du gazon à la première veine........................			21
Épaisseur de cette première..................................	1	3	
Cette première veine n'a partout qu'un seul lit ou épaisseur uniforme; elle a un doigt d'épaisseur de *houage* (terre noire, meuble, qui se trouve dessous ou entre les bancs de houille), en dessous, ce qui la rend très-facile à l'exploitation.			
Distance de la première à la seconde veine....................			42
Épaisseur de la deuxième veine...............................	1	7	
Elle est séparée en deux lits, par un doigt d'épaisseur de houage.			
Distance de la deuxième à la troisième veine..................			84
Épaisseur de la troisième veine..............................	4	3	
Cette troisième veine est quelquefois séparée en deux par un ou deux pieds de roc, et, à prendre la chose en général, on peut compter depuis un pied jusqu'à une et même deux toises de distance entre ces deux lits de houille, qui ne font cependant qu'une seule veine.			
Distance de la troisième à la quatrième.......................			49
Épaisseur de la quatrième veine..............................	1	7	
Elle a trois pouces de houage en bas; sa houille est bonne, et brûle comme le charbon du meilleur bois.			
Distance de la quatrième à la cinquième veine.................			42
Épaisseur de la cinquième veine..............................	1	3	
Cette cinquième veine est mêlée de pierres qui prennent la moitié de son épaisseur, et la réduisent à sept ou huit pouces, divisée en trois couches; elle renferme quelquefois des pyrites			

charbon de la montagne de Saint-Gilles au pays de Liége, et j'ai cru devoir en donner ici le tableau, quoiqu'il y ait beaucoup plus de fictif et de con-

	Épaisseur des veines.		Distance entre les veines.
	Pieds.	Pouces.	Pieds.
sulfureuses, qui lui donnent une odeur désagréable en brûlant.			
Distance de la cinquième à la sixième veine..................			56
Épaisseur de la sixième veine..................................	»	7	
Distance de la sixième à la septième veine..........................			56
Épaisseur de cette septième veine...............................	2	3	
La houille de cette veine est de bonne qualité; c'est à cette veine que commence à toucher la grande faille qui coupe ensuite toutes celles qui sont au-dessous.			
Distance entre la septième et la huitième veine................			21
Épaisseur de la huitième veine.................................	2	7	
Elle est séparée en deux, par une épaisseur de deux à trois pouces de pierres, et a en dessous environ trois pouces de houage.			
Distance de la huitième à la neuvième veine.................			28
Épaisseur de la neuvième veine...............................	1	3	
Elle est séparée en trois branches par deux lits de pierres, qui font qu'elle ne vaut presque rien.			
Distance de la neuvième à la dixième veine..................			35
Épaisseur de cette dixième veine..............................	1	»	
Elle est de bonne qualité, quoique difficile à exploiter.			
Distance de la dixième à la onzième veine.....................			28
Épaisseur de cette onzième veine.............................	3	3	
Elle a en dessous deux ou trois doigts d'épaisseur de houage, et est excellente.			
Distance de la onzième à la douzième veine.....................			91
Épaisseur de cette douzième veine............................	1	2	
La houille de cette veine répand une mauvaise odeur en brûlant, parce qu'elle renferme des *boutures* ou *pyrites sulfureuses*: exposée à l'air pendant les pluies, celle qui est émiettée fermente et s'enflamme d'elle-même, et c'est pour cela qu'on ne peut exploiter cette veine pendant l'hiver, puisque la houille ne pourrait se conserver en tas à l'air libre pour la vente, sans accident.			
Distance de la douzième à la treizième veine..........			21
Épaisseur de cette treizième veine.............................	1	7	
Elle est divisée en trois bancs par deux lits de pierres, d'un à deux doigts d'épaisseur, et a en dessous environ un demi-doigt de houage.			
Distance de la treizième à la quatorzième veine...............			90
Épaisseur de cette quatorzième veine..........................	4	»	
Elle est séparée en deux branches presque égales, par un banc de pierres noires et de veine mitoyenne (ou fausse veine terreuse qui n'est ni de vraie houille, ni proprement terre, ni véritable pierre, mais un composé des trois fondues ensemble), le tout d'un pied d'épaisseur, et a en dessous deux ou trois doigts d'épaisseur de houage.			
Distance de la quatorzième à la quinzième veine..............			77
Épaisseur de cette quinzième veine............................	3	3	
Elle est quelquefois séparée en deux par un lit de pierre et de			

jectural que de réel dans son exposition : il prétend que ces veines sont au nombre de soixante-une, et que la dernière est à quatre mille cent vingt-

	Épaisseur des veines.		Distance entre les veines.
	Pieds.	Pouces.	Pieds.
matière bitumineuse, ce qui n'empêche pas que la veine ne soit excellente.			
Distance de la quinzième à la seizième veine..................			56
Épaisseur de cette seizième veine............................	3	»	
Elle est quelquefois d'une seule pièce, et d'autres fois elle a trois couches; alors celle de dessus et celle de dessous sont les plus épaisses; souvent il y a un peu de houage, et souvent il n'y en a point.			
Distance de la seizième à la dix-septième veine................			42
Épaisseur de cette dix-septième veine........................	3	»	
Il y a un lit de deux doigts d'épaisseur qui la divise en deux branches; c'est encore ici une veine d'élite : il y a depuis deux jusqu'à cinq doigts d'épaisseur de houage sous cette veine.			
Distance de la dix-septième à la dix-huitième veine....			91
Épaisseur de cette dix-huitième veine.........................	1	3	
Cette veine est bonne; elle est tantôt d'une seule pièce, et tantôt de deux couches : elle a quelquefois du houage, et d'autres fois elle n'en a point.			
Distance de la dix-huitième à la dix-neuvième veine...........			87
Épaisseur de cette dix-neuvième veine.......................	5	6	
Elle a un lit de pierres qui la divise en deux branches, et ce lit, n'étant que d'un pied en quelques endroits, se trouve de plusieurs pieds d'épaisseur en d'autres : il y a un demi-pied de houage sous la dernière couche du bas; la veine a quelquefois des pyrites sulfureuses.			
Distance de la dix-neuvième à la vingtième veine.............			42
Épaisseur de cette vingtième veine..........................	3	»	
Elle est quelquefois d'une seule pièce, et d'autres fois de deux couches, qui sont séparées par un doigt de houage.			
Distance de la vingtième à la vingt et unième veine...........			98
Épaisseur de cette vingt et unième veine......................	2	3	
Elle est souvent séparée en deux couches par un lit de sept à huit pouces de roc : celle de dessus est la plus épaisse, et est quelquefois divisée par deux doigts de houage.			
Distance de la vingt et unième à la vingt-deuxième veine.......			49
Épaisseur de cette vingt-deuxième veine................	4	»	
C'est la meilleure de toutes les veines; cependant il s'y trouve quelquefois des pyrites, mais aisées à séparer : elle a deux doigts de houage en bas.			
Distance de la vingt-deuxième à la vingt-troisième veine.......			28
Épaisseur de cette vingt-troisième veine......................	1	7	
La houille donne au feu un peu de mauvaise odeur; elle a trois couches, celle d'en bas et celle d'en haut sont les plus épaisses : il y a un doigt de houage sous celle du milieu; la veine contient souvent des pyrites.			
Distance de la vingt-troisième à la vingt-quatrième veine.......			42
Épaisseur de cette vingt-quatrième veine......................	»	7	
Il y a un demi-pied de houage en dessous.			
Distance de la vingt-quatrième à la vingt-cinquième veine......			35

cinq pieds liégeois de profondeur, tandis que, dans la réalité et de fait, les travaux les plus profonds de la montagne de Saint-Gilles ne sont parvenus

	Épaisseur des veines.		Distance entre les veines.
	Pieds.	Pouces.	Pieds.
Épaisseur de cette vingt-cinquième veine	1	2	
Elle contient beaucoup de pyrites sulfureuses, et est divisée en deux couches.			
Distance de la vingt-cinquième à la vingt-sixième veine			84
Épaisseur de cette vingt-sixième veine	3	3	
Elle est aussi divisée en deux couches, et a depuis deux jusqu'à trois pouces de houage au-dessous.			
Distance de la vingt-sixième à la vingt-septième veine			45
Epaisseur de cette vingt-septième veine	2	3	
Cette veine est bonne et toute d'une pièce.			
Distance de la vingt-septième à la vingt-huitième veine			42
Épaisseur de cette vingt-huitième veine	2	3	
Cette veine est bonne et aussi d'une seule pièce : elle a deux doigts de houage.			
Distance de la vingt-huitième à la vingt-neuvième veine			98
Épaisseur de cette vingt-neuvième veine	5	7	
Il y a deux lits de pierres qui divisent la veine en trois : l'un de ces lits de pierres a trois pouces, et l'autre un pied d'épaisseur; elle est mise au nombre des meilleures veines, et a un pouce de houage au milieu.			
Distance de la vingt-neuvième à la trentième veine			24
Épaisseur de cette trentième veine	3	»	
Elle est divisée en deux couches : il y a quelquefois du houage et toujours des pyrites sulfureuses.			
Distance de la trentième à la trente et unième veine			49
Épaisseur de cette trente et unième veine	2	3	
Il y a deux lits de pierre qui la divisent en trois branches, et qui ont chacun sept à huit pouces d'épaisseur : ces trois branches donnent de la houille qui est peu estimée.			
Distance de la trente et unième à la trente-deuxième veine			94
Épaisseur de cette trente-deuxième veine	3	»	
C'est ici une bonne veine, divisée en deux couches par une épaisseur de deux doigts de houage.			
Distance entre la trente-deuxième et la trente-troisième veine			70
Épaisseur de cette trente-troisième veine	4	7	
Il y a un lit de pierres de sept pouces d'épaisseur, qui la divise en deux branches à peu près égales : la houille de cette veine est un peu moins noire que celle des autres veines; il y a trois doigts de houage au-dessous.			
Distance entre la trente-troisième et la trente-quatrième veine			42
Épaisseur de cette trente-quatrième veine	1	3	
Il y a encore ici trois couches de houille, dont la supérieure est la plus épaisse, avec un demi-doigt de houage au-dessous.			
Distance de la trente-quatrième à la trente-cinquième veine			70
Épaisseur de cette trente-cinquième veine	3	7	
Cette trente-cinquième veine est bonne : elle a deux doigts de houage au-dessous.			
Distance de la trente-cinquième à la trente-sixième veine			91
Épaisseur de cette trente-sixième veine	3	»	
Il y a deux lits de pierres, chacun de quatre à cinq pouces			

qu'à la vingt-troisième veine, laquelle ne se trouve qu'à douze cent quatre-vingt-huit pieds liégeois, c'est-à-dire à mille soixante-treize pieds de Paris

	Épaisseur des veines.		Distance entre les veines.
	Pieds.	Pouces.	Pieds.
d'épaisseur, qui séparent la veine en trois branches : cette veine porte sur deux doigts de houage, et renferme quelquefois des pyrites sulfureuses.			
Distance de la trente-sixième à la trente-septième veine.........			35
Épaisseur de cette trente-septième veine......................	2	7	
Il y a un lit de pierres qui divise la veine en deux branches, dont la supérieure a un demi-doigt de houage : cette veine renferme quelques pyrites.			
Distance de la trente-septième à la trente-huitième veine.......			28
Épaisseur de cette trente-huitième veine......................	1	»	
Souvent cette veine est d'une seule pièce, et souvent elle est divisée en deux couches, dont l'inférieure porte sur une épaisseur de deux doigts de houage.			
Distance de la trente-huitième à la trente-neuvième veine.......			14
Épaisseur de cette trente-neuvième veine......................	1	5	
Cette veine a deux couches; celle de dessus est la plus épaisse, et porte sur un doigt de houage.			
Distance de la trente-neuvième à la quarantième veine.........			42
Épaisseur de cette quarantième veine.......	»	7	
Distance de la quarantième à la quarante et unième veine.......			56
Épaisseur de cette quarante et unième veine..................	2	3	
Cette veine est composée de deux couches; celle de dessous est la plus épaisse, et porte sur deux doigts de houage.			
Distance de la quarante et unième à la quarante-deuxième veine.			42
Épaisseur de cette quarante-deuxième veine...................	4	8	
Il y a un lit de pierres de deux doigts d'épaisseur, qui divise la veine en deux branches; celle de dessus est la plus forte, et celle de dessous a trois doigts de houage.			
Distance de la quarante-deuxième à la quarante-troisième veine.			49
Épaisseur de cette quarante-troisième veine..................	1	7	
Distance de la quarante-troisième à la quarante-quatrième veine.			67
Épaisseur de cette quarante-quatrième veine..................	3	»	
Distance de la quarante-quatrième à la quarante-cinquième veine...			42
Épaisseur de cette quarante-cinquième veine..................	2	»	
Elle est divisée en deux couches; celle de dessous a deux doigts de houage.			
Distance de la quarante-cinquième à la quarante-sixième veine.			21
Épaisseur de cette quarante-sixième veine....................	4	»	
Distance de la quarante-sixième à la quarante-septième veine...			105
Épaisseur de cette quarante-septième veine...................	2	»	
Elle est composée de deux couches; celle d'en bas a un doigt d'épaisseur de houage.			
Distance de la quarante-septième à la quarante-huitième veine..			70
Épaisseur de cette quarante-huitième veine...................	»	7	
Distance de la quarante-huitième à la quarante-neuvième veine.			7
Épaisseur de cette quarante-neuvième veine...................	1	3	
Distance de la quarante-neuvième à la cinquantième veine......			70
Épaisseur de cette cinquantième veine........................	»	$4\frac{1}{2}$	
Distance de la cinquantième à la cinquante et unième veine.....			7

de profondeur, suivant le calcul même des distances rapportées par cet

	Épaisseur des veines. Pieds.	Pouces.	Distance entre les veines. Pieds.
Épaisseur de cette cinquante et unième veine.................	1	3	
Distance de la cinquante et unième à la cinquante-deuxième veine..			35
Épaisseur de cette cinquante-deuxième veine.................	3	»	
Elle est divisée en deux couches; celle de dessous a quatre pouces de houage.			
Distance de la cinquante-deuxième à la cinquante-troisième veine..			84
Épaisseur de cette cinquante-troisième veine.................	4	»	
Il y a un lit de pierres d'un pied d'épaisseur, qui divise la veine en deux branches; celle d'en bas a un pied de houage.			
Distance de la cinquante-troisième à la cinquante-quatrième veine..			70
Épaisseur de cette cinquante-quatrième veine.................	3	3	
Elle est difficile à exploiter, à cause des pierres qui s'y trouvent mêlées.			
Distance de la cinquante-quatrième à la cinquante-cinquième veine..			56
Épaisseur de cette cinquante-cinquième veine.................	3	3	
Cette veine est bonne, facile à exploiter avec trois pouces de houage en dessous.			
Distance de la cinquante-cinquième à la cinquante-sixième veine.			84
Épaisseur de cette cinquante-sixième veine.................	1	7	
Elle est divisée en deux couches; celle de dessus est la plus épaisse, et porte sur un doigt d'épaisseur de houage : il y a ici une faille dont on a déjà parlé, qui a quatre cent vingt pieds d'épaisseur, et qui sépare la cinquante-sixième veine de la cinquante-septième.			
Distance de la cinquante-sixième à la cinquante-septième veine..			420
Épaisseur de cette cinquante-septième veine.................	2	7	
Il y a un lit de pierres qui, depuis trois pouces, s'élargit jusqu'à vingt et vingt et un pieds, et divise ainsi la veine en deux branches.			
Distance de la cinquante-septième à la cinquante-huitième veine..			105
Épaisseur de cette cinquante-huitième veine.................	1	»	
Distance de la cinquante-huitième à la cinquante-neuvième veine..			126
Épaisseur de cette cinquante-neuvième veine.................	3	3	
Elle est divisée en deux couches par deux doigts d'épaisseur de houage, et contient beaucoup de pyrites.			
Distance de la cinquante-neuvième à la soixantième veine......			154
Épaisseur de cette soixantième veine........................	1	2	
Distance de la soixantième à la soixante et unième veine.......			126
Épaisseur de cette soixante et unième et dernière veine.........	3	8	
Cette veine est d'élite; elle porte sur trois pouces de houage, et est divisée en deux couches. »			

M. Genneté ajoute que le houage se trouve toujours sous les veines ou bien entre elles, et que toutes celles où il y a de cette espèce de terre sont plus faciles à exploiter que les autres, parce que l'on y fait entrer aisément les coins de fer pour détacher la houille et l'enlever en morceaux. *Connaissance des veines de houille*, etc., page 47 jusqu'à la page 81.

auteur [a]. Les autres travaux des environs ne sont pas aussi profonds [b]. M. Genneté a donc eu tort de faire entendre que les mines du pays de Liége ont été fouillées jusqu'à quatre mille cent vingt-cinq pieds de profondeur : tout ce qu'il aurait pu dire, c'est que si l'on voulait exploiter par le sommet de la montagne de Saint-Gilles sa soixante-unième veine, il faudrait creuser jusqu'à quatre mille cent vingt-cinq pieds de profondeur perpendiculaire, c'est-à-dire à trois mille quatre cent trente-huit pieds de Paris, si toutefois cette veine conserve la même courbure qu'il lui suppose. Rejetant donc comme conjecturales et peut-être imaginaires toutes les veines supposées par M. Genneté au delà de la vingt-troisième, qui est la plus profonde de toutes celles qui ont été fouillées, et n'en comptant en effet que vingt-trois au lieu de soixante-une, on verra, par la comparaison entre elles de ces veines de charbon, toutes situées les unes au-dessous des autres, que leur épaisseur n'est pas relative à la profondeur où elles gisent; car dans le nombre des veines supérieures, de celles du milieu et des inférieures, il s'en trouve qui sont à peu près également épaisses ou minces, sans aucune règle ni aucun rapport avec leur situation en profondeur.

On verra aussi que l'épaisseur plus ou moins grande des matières étrangères interposées entre les veines de charbon n'influe pas sur leur épaisseur propre.

Il en est encore de même de la bonne ou mauvaise qualité des charbons : elle n'a nul rapport ici avec les différentes profondeurs d'où on les tire; car on voit par le tableau que le meilleur charbon de ces vingt-trois veines est celui qui s'est trouvé dans les quatrième, septième, dixième, onzième, quinzième, dix-septième, dix-huitième et vingt-deuxième veines; en sorte que dans les veines les plus basses, ainsi que dans celles du milieu, et dans les plus extérieures, il se trouve également du très-bon, du médiocre et du mauvais charbon; cela prouve encore que c'est une même matière amenée et déposée par les mêmes moyens, qui a formé les unes et les autres de ces différentes veines, et qu'un séjour plus ou moins long dans le sein de la terre n'a pas changé leur nature ni même leur qualité, puisque les plus profondes et par conséquent les plus anciennement déposées sont absolument de la même essence et qualité que les plus modernes; mais cela n'empêche pas qu'ici, comme ailleurs, la partie du milieu et le fond de la veine ne soient toujours celles où se trouve le meilleur charbon : celui de la partie supérieure est toujours plus maigre et plus léger, et à mesure que les rameaux de la veine approchent plus de la surface de la terre, le charbon en est moins compacte, et il paraît avoir été altéré par la stillation des eaux [c].

a. Voyez la planche III, figure 1, de M. Genneté.

b. Note communiquée par M. le Camus de Limare.

c. « Il y a deux espèces de charbon : le premier gras, compacte, luisant et lent à s'en-

Dans ces vingt-trois veines, il y en a huit de très-bon charbon, dix de médiocre qualité, et cinq qui donnent une très-mauvaise odeur par la grande quantité de pyrites qu'elles contiennent; et comme l'une de ces veines pyriteuses se trouve être la dernière, c'est-à-dire la vingt-troisième, on voit que les pyrites, qui ne se forment ordinairement qu'à de médiocres profondeurs, ne laissent pas de se trouver à plus de douze cent quatre-vingts pieds liégeois dans l'intérieur de la terre, ou mille soixante-treize pieds de Paris; ce qui démontre qu'elles y ont été déposées en même temps que la matière végétale qui fait le fond de la substance du charbon.

On voit encore, en comparant les épaisseurs de ces différentes veines, qu'elles varient depuis sept pouces jusqu'à cinq pieds et demi, et que celle des lits qui les séparent varie depuis vingt-un pieds jusqu'à quatre-vingt-dix-huit, mais sans aucune proportion ni relation des unes aux autres. Les veines les plus épaisses sont les troisième, quatorzième, dix-neuvième, vingt-deuxième, et la plus mince est la sixième.

Au reste dans une même montagne, et souvent dans une contrée tout entière, les veines de charbon ne varient pas beaucoup par leur épaisseur, et l'on peut juger dès la première veine de ce qu'on peut attendre des suivantes; car si cette veine est mince, toutes les autres le seront aussi. Au contraire si la première veine qu'on découvre se trouve épaisse, on peut présumer avec fondement que celles qui sont au-dessous ont de même une forte épaisseur.

Dans les différents pays, quoique la direction des veines soit partout assez constante et toujours du levant au couchant, leur situation varie autant que leur inclinaison; on vient de voir que dans celui de Liége, elles se trouvent pour ainsi dire à toutes profondeurs. Dans le Hainaut, aux villages d'Anzin, de Fresnes, etc., elles sont fort inclinées avant d'arriver à leur plateur, et se trouvent à trente ou trente-quatre toises au-dessous de la surface du terrain, tandis que dans le Forez elles sont presque horizontales et à fleur de terre, c'est-à-dire à deux ou trois pieds au-dessous de sa surface ; il en est à peu près de même en Bourgogne, à Montcenis, Épinac, etc. , où les premières veines ne sont qu'à quelques pieds. Dans le Bourbonnais, à Fins, elles se trouvent à deux, trois ou quatre toises et sont peu inclinées, tandis qu'en Anjou, à Saint-George, Chatel-Oison et Concourson, où elles remontent à la surface, c'est-à-dire à deux, trois et quatre pieds, elles ont dans leur commencement une si forte inclinaison qu'elles approchent de la

« flammer, mais qui, l'étant une fois, donne un feu vif, une flamme blanche, et jette une « fumée épaisse..... Cette espèce est la meilleure, et est appelée *charbon de pierre*..... On ne « trouve ce bon charbon que dans la profondeur, où il conserve une portion plus considérable « de bitume qui le rend plus compacte et plus onctueux..... La seconde espèce de charbon est « tendre, friable et sujette à se décomposer à l'air; il s'allume facilement, mais sa chaleur « est faible..... Sa situation superficielle est cause qu'il a perdu la partie la plus subtile de son « bitume. » *Mémoire sur le charbon minéral*, par M. de Tilly, pages 5 et 6.

perpendiculaire ; et ces veines, presque verticales à leur origine, ne font plateur qu'à sept cents pieds de profondeur.

Nous avons dit [a] que les mines d'ardoise et celles de charbon de terre avaient bien des rapports entre elles par leur situation et leur formation : ceci nous en fournit une nouvelle preuve de fait, puisqu'en Anjou, où les ardoises sont posées presque perpendiculairement, les charbons se trouvent souvent de même dans cette situation perpendiculaire. Dans l'Albigeois, à Carmeaux, la veine de charbon ne se trouve qu'à deux cents pieds, et elle fait son plateur à quatre cents pieds [b].

L'épaisseur des veines est aussi très-différente dans les différents lieux : on vient de voir que toutes celles du pays de Liége sont très-minces, puisque les plus fortes n'ont que cinq pieds et demi d'épaisseur dans la montagne de Saint-Gilles, et sept pieds dans quelques autres contrées de ce même pays. Mais il y a deux manières dont les charbons ont été déposés : la première en veines étendues sur des terrains en pente, et la seconde en masses sur le fond des vallées, et ces dépôts en masses seront toujours plus épais que les veines en pentes. Il y a de ces masses de charbon qui ont jusqu'à dix toises d'épaisseur : or si les veines étaient partout très-minces, on pourrait imaginer avec M. Genneté qu'elles ne sont en effet produites que par le suintement des bitumes des grosses couches intermédiaires; mais comment concevoir qu'une masse de dix toises d'épaisseur ait pu se produire par cette voie? On ne peut donc pas douter que ces masses si épaisses ne soient des dépôts de matière végétale accumulés l'un sur l'autre quelquefois jusqu'à soixante pieds d'épaisseur.

Quoique les veines soient à peu près parallèles les unes au-dessus des autres, cependant il arrive souvent qu'elles s'approchent ou s'éloignent beaucoup, en laissant entre elles de plus ou moins grandes distances en hauteur, et ces intervalles sont toujours remplis de matières étrangères, dont les épaisseurs sont aussi variables et toujours beaucoup plus fortes que celle des couches de charbon : celles-ci sont en général assez minces; et communément elles sont d'un pied, deux pieds, jusqu'à six ou sept d'épaisseur; celles qui sont beaucoup plus épaisses ne sont pas des couches ou veines qui se prolongent régulièrement, mais plutôt, comme nous venons de l'exposer, des amas ou masses en dépôts qui ne se trouvent que dans quelques endroits, et dont l'étendue n'est pas considérable.

Les mines de charbon les plus profondes que l'on connaisse en Europe sont celles du comté de Namur qu'on assure être fouillées jusqu'à deux mille quatre cents pieds du pays [c], ce qui revient à peu près à deux mille pieds de France ; celles de Liége, où l'on est descendu à mille soixante-treize

a. *Époques de la Nature*, tome IX.
b. *Mémoire sur le charbon minéral*, par M. de Tilly, pag. 13 et suiv.
c. *Du Charbon de terre*, etc., par M. Morand, p. 133.

pieds; celle de Witehaven près de Moresby, qui passe pour être la plus profonde de toute la Grande-Bretagne, n'a que cent trente brasses, c'est-à-dire six cent quatre-vingt-treize de nos pieds: on y compte vingt couches ou veines de charbon les unes au-dessous des autres.

Dans toutes les mines de charbon et dans quelque pays que ce soit, les surfaces du banc de charbon par lesquelles il est appliqué au toit et au sol sont lisses, luisantes et polies, et on trouve souvent de petits lits durs et pierreux dans la veine même de charbon, lesquels la traversent et la suivent horizontalement. Le cours des veines est aussi assez fréquemment gêné ou interrompu par des bancs de pierre qu'on appelle des *creins :* ils n'ont ordinairement que peu d'étendue; mais ils sont souvent d'une matière si dure qu'ils résistent à tous les instruments; ces creins partent du toit ou du sol de la veine et quelquefois de tous les deux; ils sont de la même nature que le banc inférieur ou supérieur auquel ils sont attachés. Les failles dont nous avons parlé sont d'une étendue bien plus considérable que les creins, et souvent elles terminent la veine ou du moins l'interrompent entièrement et dans une grande longueur; elles partent de la plus grande profondeur, traversent toutes les veines et autres matières intermédiaires, et montent quelquefois jusqu'à la surface du terrain : dans le pays de Liége, elles ont pour la plupart quinze ou vingt toises d'épaisseur sans aucune direction ni inclinaison réglées; il y en a de verticales, d'obliques et d'horizontales en tous sens; elles ne sont pas de la même substance dans toute leur étendue; ce ne sont que d'énormes fragments de schiste, de roche, de grès ou d'autres matières pierreuses superposées irrégulièrement, qui semblent s'être éboulées dans les vides de la terre [a].

Les schistes, qui couvrent et enveloppent les veines, sont souvent mêlés de terre limoneuse et presque toujours imprégnés de bitume et de matières pyriteuses; ils contiennent aussi des parties ferrugineuses et deviennent rouges par l'action du feu; plusieurs de ces schistes sont combustibles. On a des exemples de bonnes veines de charbon qui se sont trouvées au-dessous d'une mine de fer, et dans lesquelles le schiste qui sert de toit au charbon est plus ferrugineux que les autres schistes; il y en a qui sont presque entièrement pyriteux, et les charbons qu'ils recouvrent ont un enduit doré et varié d'autres couleurs luisantes : ces charbons pyriteux conservent même ces couleurs après avoir subi l'action du feu; mais ils les perdent bientôt s'ils demeurent exposés aux injures de l'air, car il n'y a pas de soufre en nature dans les charbons de terre, mais seulement de la pyrite plus ou moins décomposée, et comme le fer est bien plus abondant que le cuivre dans le sein de la terre, la quantité des pyrites ferrugineuses ou martiales étant beaucoup plus grande que celle des pyrites cuivreuses, presque toutes

a. *Du Charbon de terre*, etc., par M. Morand, pag. 59 et suiv.

les veines de charbon sont mêlées de pyrites martiales, et ce n'est qu'en très-peu d'endroits où il s'en trouve de mélangées avec les pyrites cuivreuses.

Lors donc qu'il se trouve du soufre en nature dans quelques mines de charbon comme dans celle de *Witehaven* en Angleterre, où le schiste qui fait l'enveloppe de la veine de charbon est entièrement incrusté de soufre[a], cet effet ne provient que du feu accidentel qui s'est allumé dans ces mines par l'effervescence des pyrites et l'inflammation de leurs vapeurs; les mines de charbon dans lesquelles il ne s'est fait aucun incendie ne contiennent point de soufre naturel, quoique presque toutes soient mêlées d'une plus ou moins grande quantité de parties pyriteuses.

Ces charbons pyriteux sont donc imprégnés de l'acide vitriolique et des terres minérales et végétales qui servent de base à l'acide pour la composition de la pyrite; ces charbons se décomposent à l'air, et très-souvent il se produit à leur surface des filets d'alun par leur efflorescence : par exemple, les eaux qui sortent des mines de Montcenis en Bourgogne sont très-alumineuses, et il n'est pas même rare de trouver des terres alumineuses près des charbons de terre. On tire aussi quelquefois de l'alun de la substance même du charbon ; on en a des exemples dans la mine de Laval en France[b]; dans celle de Nordhausen en Allemagne[c], et dans celle du pays de Liége où M. Morand[d] a trouvé une grande quantité d'alun formé en cristaux sur les pierres schisteuses du toit des veines de charbon : « le territoire de ce pays, « dit-il, ouvert pour les mines de houille, l'est également pour des terres « d'alun dont les mines sont appelées *alunières*. »

L'alun n'est pas le seul sel qui se trouve dans les charbons de terre : il y a certaines mines de charbon, comme celles de Nicolaï en Silésie, qui contiennent du sel marin, et dont on tire des pierres quelquefois recouvertes d'une grande quantité de sel gemme. En général, tout ce qui entre dans la composition des pyrites et de la terre végétale doit se trouver dans les charbons de terre, car la décomposition de ces substances végétales et pyriteuses y répand tous les sels formés de l'union des acides avec les terres végétales et ferrugineuses.

Quoique nous ayons dit que les veines de charbon étaient ordinairement couvertes et enveloppées par un schiste plus ou moins mêlé de terre végétale ou limoneuse, ce n'est cependant pas une règle sans exception, car il y a quelques mines où le toit et le sol de la veine de charbon sont de grès, et même de pierre calcaire plus ou moins dure : on en a des exemples dans les mines des territoires de Mons, de Juliers, et dans certains endroits de

a. *Transactions philosophiques*, année 1733.
b. *Essai sur les Mines*, par M. Hellot, de l'Académie des Sciences.
c. Bruckmann, *Epistol. itinera.*, cap. XX, n° 13.
d. *Du Charbon de terre*, etc., par M. Morand, p. 23.

l'Allemagne, cités par le savant chimiste M. Lehmann ; on peut voir, dans le troisième volume de ses *Essais sur l'histoire naturelle des couches de la terre*, tous les lits qui surmontent et accompagnent les veines de charbon de terre en Misnie près de *Vettin* et de *Loébegin ;* en Thuringê dans le comté de Hohenstein, dans tout le terrain qui environne le Hartz jusques auprès du comté de Mansfeld ; et encore les mines du duché de Brunswick près de Helmstadt. On voit, dans le tableau que M. Lehmann donne de ces différents lits, que les veines de charbon se trouvent également sous le schiste, sous une matière spatheuse, sous des pierres feuilletées composées d'argile et d'un peu de pierre calcaire, etc.; et l'on peut observer que dans les lits qui séparent les différentes veines de charbon, il n'y a ni ordre de matières, ni suite régulière, et que ces lits sont, dans tous les autres terrains à charbon, comme jetés au hasard, l'argile sur la marne, la pierre calcaire sur le schiste, les substances spathiques sur les sables argileux, etc.

Dans l'immense quantité de décombres et de débris de toute espèce qui surmontent et accompagnent les veines de charbon de terre, il se trouve quelquefois des métaux, des demi-métaux ou minéraux métalliques ; le fer y est abondamment répandu sous la forme d'ocre, et quelquefois en grains de mine[a] ; le cuivre et l'argent s'y trouvent plus rarement, et l'on doit regarder comme chose extraordinaire ce que l'on raconte de la mine de charbon de Chemnitz en Saxe qui contient un très-beau vert de gris, et produit dans certains essais trente livres de bon cuivre de rosette et cinq onces et demie d'argent par quintal : il me paraît évident que cette quantité de cuivre et d'argent ne se trouve pas dans un quintal de charbon, et qu'on doit regarder cette mine de cuivre comme isolée et séparée de celle du charbon. Il en est à peu près de même des mines de calamine, qui sont assez fréquentes dans le pays de Liége : toutes les mines métalliques de seconde formation peuvent se trouver, comme celles de charbon, dans les couches de la terre qui sont elles-mêmes d'une formation secondaire. Il peut, par cette même raison, se trouver quelques filets ou grains de métal charriés et déposés par la stillation des eaux dans le charbon de terre, qui se seront formés dans cette matière de la même manière qu'ils se forment dans toutes les autres couches de la terre : ces mines métalliques secondaires et parasites tirent leur origine des anciens filons, et n'en sont que des particules détachées par l'eau ou déposées dans le sein de la terre par la décomposition des anciens filons métalliques ; et ce n'est que par ce moyen qu'il peut se trouver quelquefois dans le charbon de terre, comme dans toute

a. « En Angleterre, à Bilston et à Brosely sur la Severne, le toit des veines de charbon est « rempli de cailloux arrondis plus ou moins gros, qui sont de la vraie mine de fer : c'est une « pierre compacte fort dure, sans cependant faire feu avec l'acier, et de couleur d'ardoise plus « ou moins foncée ; elle est quelquefois mêlée de petites veines de cristallisations calcaires ; il « faut la griller une et deux fois à l'air libre avant de la fondre avec du coke dans les hauts- « fourneaux ordinaires. » Note communiquée par M. le Camus de Limare.

autre matière, de petites portions de métaux. M. Kurella en donne quelques exemples; il cite un morceau de charbon de terre qui laissait apercevoir une mine d'argent pur [a], et ce morceau venait apparemment des mines de Hesse, dans le charbon desquelles on trouve en effet un peu d'argent assez pur; celle de Richenffein en Silésie contient de l'or ; une de celles du comté de Buckingham dans la Grande-Bretagne donne du plomb, et M. Morand dit que l'étain se trouve aussi quelquefois dans le charbon de terre [b]. Tous les métaux peuvent donc s'y trouver, mais en parcelles et en débris comme toutes les autres matières qui sont de formation secondaire.

Nous devons encore observer au sujet des veines, des couches et des masses de charbon, qu'il s'en trouve très-souvent de grands amas qui ne se prolongent pas au loin en veines régulières, et qui néanmoins occupent des espaces assez grands : ces amas ont dû se former toutes les fois que les arbres et autres matières végétales se sont trouvés amoncelés sur des fonds creux environnés d'éminences; ainsi ces amas n'ont point de communication entre eux, et ne sont pas disposés par veines dirigées du levant au couchant. Ces mines en masses sont bien plus faciles à exploiter que les mines en veines; elles sont ordinairement plus épaisses et situées moins profondément : dans le Bourbonnais, l'Auvergne, le Forez et la Bourgogne, et dans plusieurs autres provinces de France, les mines dont on tire le plus de charbon sont en amas et non pas en veines prolongées; elles ont ordinairement huit et dix pieds d'épaisseur de charbon et souvent beaucoup plus.

Mais, comme nous l'avons dit, toutes les mines de charbon, soit en veines ou en amas, ne se trouvent que dans les couches de seconde formation, dont les matières ont été amenées et déposées par les eaux de la mer; on n'en a jamais trouvé dans les grandes masses vitreuses de première formation, telles que le quartz, les jaspes et les granites : c'est toujours dans les collines et montagnes du second ordre, et surtout dans celles dont la construction par bancs est la plus irrégulière, que gisent ces amas et ces veines de charbon, et la plus grande partie de la masse de ces montagnes est d'ordinaire un schiste ou une argile différemment modifiée; souvent aussi ce sont ou des grès plus ou moins décomposés, ou des pierres calcaires plus ou moins dures, ou des terres presque toujours imprégnées de matières pyriteuses qui leur donnent plus de pesanteur et une grande dureté. M. Lehmann dit avec quelque raison que le schiste qui sert presque toujours d'assise et de plancher au charbon de terre, n'est qu'une argile durcie, feuilletée, sulfureuse, alumineuse et bitumineuse. Mais je ne vois pas comment on peut en conclure avec lui que ce schiste est bitumineux lorsque sa portion argileuse a été imprégnée d'acide vitriolique, et qu'il est fétide lorsque cette même portion

a. *Essais et expériences chimiques*, in-8°.
b. *Du Charbon de terre*, etc., par M. Morand, p. 138.

argileuse a été imprégnée d'acide marin[a]; car le bitume ne se forme pas par le mélange de la terre argileuse avec l'acide vitriolique, mais par celui de ce même acide avec l'huile des végétaux, à moins que cet habile chimiste n'ait, comme M. de Gensane, pris le limon ou la terre limoneuse pour de l'argile. Il ajoute que des observations réitérées ont fait connaître que ces schistes, ardoises, ou pierres feuilletées, occupent la partie du milieu du terrain sur lequel les mines de charbon sont portées, et que ces mines occupent toujours la partie la plus basse; ce qui n'est pas exactement vrai, puisque l'on trouve souvent des couches de schiste au-dessous des veines de charbon.

Les mines de charbon les plus aisées à exploiter ne sont pas celles qui sont dans les plaines ou dans le fond des vallons : ce sont au contraire celles qui gisent en montagnes, et desquelles on peut tirer les eaux par des galeries latérales, tandis que dans les plaines il faut des pompes ou d'autres machines pour élever les eaux, qui sont quelquefois en telle abondance qu'on est obligé d'abandonner les travaux et de renoncer à l'exploitation de ces mines noyées; et ces eaux, lorsqu'elles ont croupi, prennent souvent une qualité funeste; l'air s'y corrompt aussi dès qu'il n'a pas une libre circulation ; les accidents causés par les vapeurs qui s'élèvent de ces mines sont peut-être aussi fréquents que dans les mines métalliques. Le docteur Lister est le premier qui ait observé la nature de ces vapeurs; il en distingue quatre sortes : la première, qu'il nomme exhalaison *fleurs de pois* parce qu'elle a l'odeur de cette fleur, n'est pas mortelle, et ne se fait guère sentir qu'en été; la seconde, qu'il appelle *exhalaison fulminante*, produit en effet un éclair et une forte détonation, en prenant feu à l'approche d'une chandelle, et l'on a remarqué qu'elle ne s'enflammait pas par les étincelles du briquet, en sorte que, pour éclairer les ouvriers dans ces profondeurs entièrement obscures, on s'est quelquefois servi d'une meule, qui, frottée continuellement contre des morceaux d'acier, produisait assez d'étincelles pour leur donner de la lumière sans courir le risque d'enflammer la vapeur; la troisième, qu'il regarde comme l'exhalaison commune et ordinaire dans toutes ces mines, est un mauvais air qu'on a peine à respirer ; on reconnaît la présence de cette exhalaison à la flamme d'une chandelle qui commence par tourner et diminuer jusqu'à extinction; il en serait de même de la vie, si l'on s'obstinait à demeurer dans cet air qui paraît avoir perdu partie de son élasticité; enfin la quatrième vapeur est celle que Lister nomme *exhalaison globuleuse :* c'est un amas de ce même mauvais air qui s'attache à la voûte de la mine en forme d'un ballon, dont l'enveloppe n'est pas plus épaisse qu'une toile d'araignée; lorsque ce ballon vient à s'ouvrir, la vapeur qui en sort suffoque, étouffe ceux qui la respirent. Je crois, avec M. Morand,

a. Voyez l'ouvrage de M. Lehmann sur les couches de la terre, tome III, page 287.

qu'on peut réduire ces quatre sortes de vapeurs à deux : l'une n'est qu'un simple brouillard de mauvais air auquel nous donnerons le nom de *mouffette* ou *pousse*[a]; cet air qui éteint les lumières et fait périr les hommes, est l'acide aérien ou air fixe[1], aujourd'hui bien connu, qui existe plus ou moins dans tout air, et qui n'a pu être encore ni composé ni décomposé par l'art[2]; les ventilateurs et le feu lui-même ne le purifient pas et ne font que le déplacer; il faut donc entretenir une libre circulation dans les mines. Cette vapeur devient plus abondante lorsque les travaux ont été interrompus pendant quelques jours, et dans les grandes chaleurs de l'été le brouillard est quelquefois si fort qu'on est obligé de cesser les ouvrages; il se condense souvent en filets qui voltigent; et ce sont apparemment ces filets réunis qui forment les globes dont parle Lister. La seconde exhalaison est la vapeur qui s'enflamme et qu'on appelle *feu grieux*[b] [3]; c'est vraiment de l'air inflammable[4], tout pareil à celui qui sort des marais et de toutes les eaux croupies; cet air siffle et pétille dans certains charbons, surtout lorsqu'ils sont amoncelés; ils s'enflamment quelquefois d'eux-mêmes comme le feraient des pyrites entassées. Les ouvriers savent reconnaître qu'ils sont menacés de cette exhalaison, et qu'elle va s'allumer par l'effet très-naturel qu'elle produit de repousser l'air de l'endroit d'où elle vient : aussi dès qu'ils s'en aperçoivent, ils se hâtent d'éteindre leurs chandelles; ils sont encore avertis par les étincelles bleuâtres que la flamme de ces chandelles jette alors en assez grande quantité[c].

Les mauvais effets de toutes ces exhalaisons peuvent être prévenus en purifiant l'air par le feu, et surtout en lui donnant une grande et libre circulation. Souvent les ventilateurs et les puits d'air ne suffisent pas; il faut établir dans les mines des fourneaux d'aspiration. Au reste, ce n'est guère que dans les mines où le charbon est très-pyriteux, que ce feu grieux s'allume, et l'on a observé qu'il est plus fréquent dans celles où les eaux croupissent; mais dans les mines de charbon purement bitumineux ou peu

a. L'action de la mouffette ou pousse est telle qu'elle éteint la chandelle, et qu'ensuite cette chandelle éteinte ne donne pas la moindre fumée, et qu'un charbon ardent qui a été soumis à la mouffette revient sans aucun vestige de chaleur. *Du Charbon de terre*, par M. Morand, pag. 34 et 157.

b. On connait plusieurs mines dans lesquelles le feu grieux se conserve depuis longtemps... Dans la mine de Mulhein (à une lieue de Cologne)... l'odeur qui accompagne ce feu ressemble à celle de la poudre à canon enflammée. *Du Charbon de terre*, par M. Morand, p. 930.

c. *Idem*, pag. 34 et suiv.

1. Le *gaz acide carbonique* (voyez la note 1 de la page 176), successivement nommé *air fixé*, *air fixe*, *acide méphytique*, *acide aérien*, *acide crayeux*.

2. Il l'a été par l'*art* de la nouvelle chimie, et ç'a été l'une des premières et des plus belles découvertes de cette science : il se compose de *carbone* et d'*oxygène*.

3. *Grieu* ou *grisou* : gaz *hydrogène carboné*, qui se dégage dans les mines de houille, et détone au contact des lumières, en produisant de graves accidents.

4. *Air inflammable* : c'est le *gaz hydrogène*. — Le *gaz inflammable des marais* est du gaz *hydrogène carboné*, quelquefois *sulfuré* et *phosphoré*, etc.

mélangé de parties pyriteuses, cette vapeur inflammable ne se manifeste point et n'existe peut-être pas.

Comme il y a plusieurs charbons de terre qui sont extrêmement pyriteux, les embrasements spontanés sont assez fréquents dans leurs mines; et quand une fois le feu s'est allumé, il est non-seulement durable, mais perpétuel : on en a plusieurs exemples, et l'on a vainement tenté d'arrêter le progrès de cet incendie souterrain dont l'effet peu violent n'est pas accompagné de fortes explosions, et n'est nuisible que par la perte du charbon qu'il consume. Souvent ces mines ont été enflammées par les vapeurs même qu'elles exhalent, et qui prennent feu à l'approche des chandelles allumées pour éclairer les ouvriers [a] [1].

Dans le travail des mines de charbon de terre, l'on est toujours plus ou moins incommodé par les eaux : les unes y coulent en sources vives, les autres n'y tombent qu'en suintant par les fentes des rochers et des terres supérieures, et les mineurs les plus expérimentés assurent que plus ils creusent, plus les eaux diminuent, et qu'elles sont plus abondantes vers la superficie. Cette observation est conforme aux idées qu'on doit avoir de la quantité des eaux souterraines, qui, ne tirant leur origine que des eaux pluviales, sont d'autant plus abondantes qu'elles ont moins d'épaisseur de terre à traverser; et ce ne doit être que quand on laisse tomber les eaux des excavations supérieures dans les travaux inférieurs qu'elles paraissent être en plus grande quantité à cette profondeur plus grande; enfin on a aussi observé que l'étendue superficielle et la direction des suintements et du volume des sources souterraines varient selon les différentes couches des matières où elles se trouvent [b].

a. La vapeur sulfureuse qui s'élève de certaines mines de charbon, loin de concentrer la flamme des chandelles et de l'éteindre, l'augmente et l'étend à une hauteur marquée : la flamme de cette chandelle fait alors l'effet d'une mèche qui allume toute la partie de la mine où cette vapeur était rassemblée. A Pensneth-Chasen, le feu a pris de cette manière par une chandelle dans une carrière de charbon, et depuis ce temps on en voit sortir la flamme et la fumée. Voyez, sur ce sujet, *Transactions philosophiques*, nº 429, et aussi les nºs 109, 282 et 442. — Je dois observer que les auteurs qui ont avancé, comme on le voit ici, que c'est la vapeur sulfureuse qui s'enflamme, se sont trompés : cette vapeur sulfureuse, loin de s'allumer, éteint au contraire les chandelles allumées. C'est donc à l'air inflammable et non à la vapeur sulfureuse qu'il faut attribuer l'inflammation dans les mines de charbon. Mais la cause la plus commune de l'embrasement des mines de charbon est l'inflammation des pyrites par l'humidité de la terre, lorsqu'elle est abreuvée d'eau : on ne peut parvenir à étouffer ce feu qu'en inondant pendant un certain temps toute la mine incendiée. Ces accidents sont très-fréquents dans les mines de charbon qui ont été exploitées sans ordre par les paysans : la quantité de puits et d'ouvertures qu'ils ont laissés sur la direction des veines sont autant de réceptacles aux eaux de pluie, qui venant à rencontrer des pyrites, causent ces incendies.

b. Dans les substances molles et dans les lits profondément enfouis, les fentes sont assez éloi-

1. C'est pour prévenir cet accident qu'ont été imaginées les *lampes de sûreté*. Partant de cette observation que l'*hydrogène carboné* est d'une inflammation assez difficile, et que la chaleur rouge ne suffit pas pour la produire, on a imaginé d'envelopper la flamme d'une double toile métallique. Rien de plus célèbre, en ce genre, que la *lampe de Davy*.

Tout le monde sait que l'eau qui ne peut se répandre remonte à la même hauteur dont elle est descendue : rien ne démontre mieux que les eaux souterraines, même les plus profondes, proviennent uniquement des eaux de la superficie, puisqu'en perçant la terre jusqu'à cette profondeur avec des tarières, on se procure des eaux jaillissantes à la surface; mais lorsqu'au lieu de former un siphon dans la terre, comme l'on fait avec la tarière, on y perce de larges puits et des galeries, l'eau s'épanche au lieu de remonter, et se ramasse en si grande quantité que l'épuisement en est quelquefois au-dessus de toutes nos forces et des ressources de l'art; les machines les plus puissantes que l'on emploie dans les mines de charbon sont les pompes à feu dont ordinairement on peut augmenter les effets autant qu'il est nécessaire pour se débarrasser des eaux, et sans qu'il en coûte d'autres frais que ceux de la construction de la machine, puisque c'est le charbon même de la mine qui sert d'aliment au feu, dont l'action, par le moyen des vapeurs de l'eau bouillante, fait mouvoir les pistons de la pompe [a]; mais quand la

gnées les unes des autres et plus étroites : dans les matières calcaires, elles sont perpendiculaires à l'horizon; dans les bancs de grès et de roc vif, elles sont obliques ou irrégulièrement placées; dans quelques matières compactes, comme marbres, pierres dures, et dans les premières couches, elles sont plus multipliées et plus larges; souvent elles descendent depuis le sommet des masses jusqu'à leur base; d'autres fois elles pénètrent jusque dans les lits inférieurs : les unes vont en diminuant de largeur, d'autres ont dans toute leur étendue les mêmes dimensions. Pour ce qui est des temps auxquels on doit s'attendre davantage à la rencontre embarrassante des eaux, il est d'observation qu'elles sont en général plus abondantes en hiver, suivant l'espèce de température et suivant les pluies : c'est ordinairement en mars qu'elles donnent davantage, à cause des fontes des neiges; on les a vues quelquefois très-basses à Noël. *Du Charbon de terre*, par M. Morand, p. 873

a. « Les machines ou pompes à feu sont particulièrement appliquées à ces grands épuise- « ments dans quantité de mines de charbon de la Grande-Bretagne.... La plus considérable est « celle de Walker, où les eaux, ramassées à cent toises de profondeur, s'élèvent à quatre-vingt- « neuf toises jusqu'à un percement ou aqueduc de quatre pieds de haut et de deux cent cin- « quante toises de long : sa puissance est de trente-quatre mille quatre cent seize livres; elle a « d'effort trois mille quatre-vingt-seize..... On se sert aussi d'une pompe à feu dans la mine de « charbon de Fresnes, proche Condé, de laquelle M. Morand donne la description. *Du Charbon « de terre*, page 404, 405 et 468.... Il y a dix pompes à feu dans la seule mine d'Anzin; il y « en a une à Montrelais en Bretagne, et l'on en monte actuellement (septembre 1779) une d'une « puissance supérieure à la mine d'Anzin, pour remplacer l'ancienne, qui était défectueuse. » Note communiquée par M. le chevalier de Grignon. — M. le Camus de Limare m'a informé qu'on a trouvé nouvellement en Angleterre les moyens de donner à ces machines à feu un degré de perfection qui produit un beaucoup plus grand effet avec une moindre consommation de matière combustible; voici la notice que M. de Limare a eu la bonté de me communiquer à ce sujet : « La nouvelle machine à feu que MM. Boulton et Watt[1] viennent d'établir en Angle- « terre avec le plus grand succès, en vertu d'un arrêt du parlement qui leur en accorde le « privilége exclusif, est infiniment supérieure aux anciennes machines pour l'effet et pour « l'économie.

« Ce n'est plus le poids de l'atmosphère qui donne le mouvement au piston; c'est l'action seule « de la vapeur qui agit, et sa condensation se fait dans un vaisseau qu'ils appellent le *con- « densoir*, et qui est distinct du cylindre où agit le piston. Ce condensoir est toujours au même

1 (*a*). Il est curieux de voir paraître, et, si je puis ainsi parler, de voir naître, sous une citation de Buffon, le nom de Watt, devenu depuis si fameux, et à si juste titre.

profondeur est très-grande et que les eaux sont trop abondantes, cette machine, la meilleure de toutes, n'a pas encore assez de puissance pour les épuiser.

Les eaux qui coulent dans les terres voisines des mines de charbon sont de qualités différentes : il y en a de très-pures et bonnes à boire ; mais ce ne sont que celles qui viennent des terres situées au-dessus des charbons ; celles qui se trouvent dans le fond de leur mine sont quelquefois bitumineuses et plus souvent vitrioliques et alumineuses ; l'alun ou le vitriol martial, qu'elles tiennent en dissolution, sont eux-mêmes très-souvent altérés par différents mélanges [a] ; mais de quelque qualité que soient les eaux, celles qui croupissent dans la profondeur des mines les rendent souvent inabordables par les vapeurs funestes qu'elles produisent. L'air et l'eau ont également besoin d'être agités sans cesse pour conserver leur salubrité ; l'état de stagnation dans ces deux éléments est bientôt suivi de la corruption, et l'on ne saurait donner trop d'attention dans les travaux des mines à la liberté de mouvement et de circulation toujours nécessaire à ces deux éléments.

Après avoir exposé les faits qui ont rapport à la nature des charbons de terre, à leur formation, leur gisement, la direction, l'étendue, l'épaisseur de leurs veines en général, il est bon d'entrer dans le détail particulier des différentes mines qui ont été et qui sont encore travaillées avec succès, tant en France que dans les pays étrangers, et de montrer que cette matière se

« degré de chaleur que la vapeur même, sans que l'injection de l'eau froide le refroidisse en « aucune façon ; la vapeur étant introduite dans la capacité d'une roue qui contient une matière « fluide, elle donne à cette roue un mouvement circulaire avec une force relative à la capacité « de la roue et à la quantité de vapeurs qu'elle peut recevoir. Quoiqu'on ne puisse bien juger de « ce mécanisme dont on tient le jeu caché, son effet est considérable, et l'expérience l'a con- « firmé : la même machine, changée et disposée sur les principes ci-dessus, donne un effet « presque double, et consomme infiniment moins de charbon que par l'ancienne méthode, ce « qui a fait adopter la nouvelle par toute l'Angleterre où MM. Boulton et Watt en ont déjà établi « plusieurs avec beaucoup d'avantage pour eux et pour les propriétaires.

« Pour juger de l'effet étonnant de cette machine, il suffit de savoir qu'avec le feu de cent « livres de charbon de terre de bonne qualité, elle élève

« A la hauteur de 1 pied	500000	pieds cubes d'eau.
« A celle de .... 10 pieds	50000	
« A celle de ... 100 pieds	5000	
« A celle de .. 1000 pieds	500	

« Quant aux conditions, MM. Boulton et Watt se font donner, pour toute chose, le tiers du « bénéfice que produit annuellement leur nouvelle machine, comparée à l'effet et à la dépense « d'une ancienne machine de pareille force qui aurait à élever le même volume d'eau d'une « profondeur égale : ce tiers doit leur appartenir pendant les quatorze années de la durée de « leur privilége ; plusieurs entrepreneurs des mines d'étain de Cornouaille, assurés par leur « propre expérience du succès constant de cette nouvelle machine, ont racheté, pour une somme « comptant, cette indemnité annuelle, qu'ils doivent payer pendant quatorze ans à MM. Boul- « ton et Watt. » Paris, le 5 juillet 1780.

a. *Du Charbon de terre*, etc., par M. Morand, p. 29.

trouve partout où l'on sait la chercher : après quoi nous donnerons les moyens qu'il faut employer pour en faire usage et la substituer sans inconvénient au bois et au charbon de bois dans nos fourneaux, nos poêles et nos cheminées.

Il y a, dans la seule étendue du royaume de France, plus de quatre cents mines de charbon de terre en pleine exploitation, et ce nombre, quoique très-considérable, ne fait peut-être pas la dixième partie de celles qu'on pourrait y trouver. Dans toutes ou presque toutes ces mines, il y a trois ou quatre sortes de charbon : le charbon pur, qui est ordinairement au centre de la veine; le charbon pierreux, communément mêlé de plus ou moins de matières calcaires ou de grès ; le charbon schisteux et le charbon pyriteux. Ceux qui contiennent du schiste sont les plus rares de tous, et cela seul prouverait que la substance principale du charbon ne peut être de l'argile, puisque le vrai schiste n'est lui-même qu'une argile durcie. Il y a des charbons qui se trouvent pyriteux dans toute l'épaisseur et l'étendue de leur veine : ce sont les moins propres de tous aux travaux de la métallurgie; mais comme on peut les épurer en les faisant cuire, et qu'ordinairement ils contiennent moins de bitume que les autres, ils donnent aussi moins de fumée, et conviennent souvent mieux pour l'usage des cheminées que les charbons trop chargés de bitume. La grande quantité de soufre, qui se forme par la combustion des premiers, ne peut qu'altérer les métaux, surtout le fer que la plus petite quantité d'acide sulfureux suffit pour rendre aigre et cassant. Le charbon pierreux ne se trouve pas dans le centre des veines, à moins qu'elles ne soient fort minces : il est ordinairement situé le long des parois et sur le fond des bancs pierreux qui forment le toit et le sol de la veine. Les charbons schisteux sont de même situés sur le sol ou sous le toit schisteux de la veine : ces charbons pierreux ou schisteux ne sont pas d'un meilleur usage que le charbon pyriteux, et ils ont encore le désavantage de ne pouvoir être épurés à cause de la grande quantité de leurs parties pierreuses ou schisteuses ; il ne reste donc, à vrai dire, que le charbon de la première sorte, c'est-à-dire le charbon pur, dont on puisse faire une matière avantageusement combustible et propre à remplacer le charbon de bois dans tous les emplois qu'on en peut faire.

Et dans ce charbon de la première sorte et le meilleur de tous, on distingue encore celui qui se tire en gros blocs que l'on appelle *charbon pérat*, dont la qualité est néanmoins la même que celle du charbon plus menu [a], qui se nomme *charbon maréchal* : le charbon pérat a pris ce nom aux mines de Rive-de-Gier, et il n'est ainsi appelé que quand il est en gros morceaux. C'est par cette seule raison de son gros volume, qu'il est plus estimé pour les grilles des teintures et des fourneaux; mais il n'est pas pour cela d'une

a. Charbon pérat est une dénomination locale qui signifie *charbon pierreux* ou *charbon de pierre.*

qualité supérieure au charbon *maréchal*, car l'un et l'autre se tirent de la même veine, et l'on distingue par le volume trois sortes de charbon : le *pérat* est celui qui arrive à la superficie du terrain en gros morceaux et sans être brisé ; le second, qui est en morceaux de médiocre grosseur, se nomme *charbon grêle ;* et ce n'est que celui qui est émietté ou qui est composé des débris des deux autres qu'on appelle *charbon maréchal*. Le bon charbon pèse de cinquante-cinq à soixante livres le pied cube ; mais cette estimation est difficile à faire avec précision, surtout pour le charbon qui se brise en le tirant : les charbons les plus pesants sont souvent les plus mauvais, parce que leur grande pesanteur ne vient que de la grande quantité de parties pyriteuses, terreuses ou schisteuses qu'ils contiennent ; les charbons trop légers pèchent par un autre défaut, c'est de ne donner que peu de chaleur en brûlant et de se consumer trop vite. Pour que la qualité du charbon soit parfaite, il faut que la matière végétale qui en fait le fond ait été bituminisée dans son premier état de décomposition, c'est-à-dire avant que cette substance ait été décomposée par la pourriture, car quand le végétal est trop détruit, l'acide ne peut en bituminiser l'huile qui n'y existe plus. Cette matière végétale, qui n'a subi que les premiers effets de la décomposition, aura dès lors conservé toutes ses parties combustibles ; et le bitume qui par lui-même est une huile inflammable, couvrant et pénétrant cette substance végétale, le composé de ces deux matières doit contenir, sous le même volume, beaucoup plus de parties combustibles que le bois : aussi la chaleur du charbon de terre est-elle bien plus forte et plus durable que celle du charbon végétal.

Ce que je viens de dire au sujet de la décomposition plus ou moins grande de la matière végétale [1] dans les charbons de terre, peut se démontrer par les faits : on trouve au-dessus de quelques mines de charbon des bois fossiles, dans lesquels l'organisation est presque aussi apparente que dans les arbres de nos forêts ; ensuite on trouve très-communément des veines d'autres bois qui ne diffèrent guère des premiers que par le bitume qu'ils contiennent, et dans lesquels l'organisation est encore très-reconnaissable ; mais, à mesure qu'on descend, les traits de cette organisation s'oblitèrent, et il n'en reste que peu ou point d'indices dans la suite de la veine. Il arrive souvent que cette bonne veine porte sur une autre veine de mauvais charbon

1. Voyez la note 2 de la page 226. « Dans les contrées volcaniques..., les émissions d'acide « carbonique, qu'on nomme aussi *mouffettes*, apparaissent comme un dernier effort volcanique. « Aux *époques antérieures*, la chaleur plus forte du globe terrestre et le nombre considérable « de failles, que les roches ignées n'avaient pas encore comblées, favorisèrent puissamment « ces émissions... Dans les régions toujours chaudes, toujours humides de cette atmosphère « surchargée de gaz acide carbonique, les végétaux rencontrèrent des conditions si favorables « à leur développement et une abondance telle de substances propres à leur nutrition qu'ils « purent former les matériaux des couches de charbon de terre et de lignites, sources presque « inépuisables de force et de bien-être pour les nations. » (Humboldt : *Cosmos*, t. I, p. 246.)

terreux et pourri, parce que sa substance végétale, s'étant pourrie trop promptement, n'a pu s'imprégner d'une assez grande quantité de bitume pour se conserver. On doit donc ajouter cette cinquième sorte de charbon aux quatre premières sous le nom de *charbon terreux*, parce qu'en effet sa substance n'est qu'un terreau pourri. Enfin une sixième sorte est le charbon le plus compacte, que l'on pourrait appeler *charbon de pierre* à cause de sa dureté; il contient une grande quantité de bitume, et le fond paraît en être de terre limoneuse, parce qu'il laisse après la combustion une scorie vitreuse et boursouflée. Et lorsque le limon ou le terreau se trouve en trop grande quantité ou avec trop peu de bitume, ces charbons ainsi composés ne sont pas de bonne qualité : ils donnent également beaucoup de scories ou mâchefer par la combustion; mais tous deux sont très-bons, lorsqu'ils ne contiennent qu'une petite quantité de terre et beaucoup de bitume.

On trouve donc, dans ces immenses dépôts accumulés par les eaux, la matière végétale dans tous ses états de décomposition, et cela seul suffirait pour qu'il y eût des charbons de qualités très-différentes : la quantité de cette matière, anciennement accumulée dans les entrailles de la terre, est si considérable, qu'on ne peut en faire l'estimation autrement que par comparaison. Or, une bonne mine de charbon fournit seule plus de matière combustible que les plus vastes forêts, et il n'est pas à craindre que l'on épuise jamais ces trésors de feu, quand même l'homme, venant à manquer de bois, y substituerait le charbon de terre pour tous les usages de sa consommation.

Les meilleurs charbons de France sont ceux du Bourbonnais, de la Bourgogne, de la Franche-Comté et du Hainaut; on en trouve aussi d'assez bons dans le Lyonnais, l'Auvergne, le Limousin et le Languedoc : ceux qu'on connaît en Dauphiné ne sont que de médiocre qualité [a]. Nous croyons devoir donner ici les notices que nous avons recueillies sur quelques-unes des mines principales qui sont actuellement en exploitation.

On tire d'assez bon charbon de la mine d'Épinac, qui est située en Bourgogne près du village de Résille, à quatre lieues d'Autun : on y connaît plusieurs veines qui se dirigent toutes de l'est à l'ouest, s'inclinant au nord

a. « On m'a envoyé, de Dauphiné, une caisse remplie de mauvais charbon provenant d'une « fouille près de Saint-Jean, à deux ou trois lieues de Grenoble, qui est du bois de hêtre très- « reconnaissable, imparfaitement bituminisé. » Note communiquée par M. de Morveau, le 24 septembre 1779. — « Je connais les différentes espèces de charbon du Dauphiné; elles sont « toutes mauvaises et ne peuvent soutenir la préparation : j'en ai fait une épreuve de trois « mille cinq cents livres qui m'a prouvé cette vérité. Celui que j'ai employé était de Vaurappe; « ce n'est qu'une pierre à chaux imbue de bitume et de soufre très-volatil; celui de la Motte ne « vaut guère mieux. J'en ai vu une autre mine près de la Grande-Chartreuse, qui annonce « une meilleure qualité; mais elle ne montre que des *veinules* et des mouches qui se coupent « et se perdent dans le rocher; celui que l'on m'a apporté des montagnes d'Alvard ne vaut rien « du tout. » Lettre de M. le chevalier de Grignon à M. de Buffon, datée d'Alvard, le 21 septembre 1778.

de trente à trente-cinq degrés [a]. Celle qu'on exploite actuellement n'a pas d'épaisseur réglée; elle a ordinairement sept à huit pieds, quelquefois douze à quinze, d'autres fois elle n'en a que quatre. Son mur a toute la consistance nécessaire, mais le toit, composé d'un schiste friable et d'une terre limoneuse que l'eau dissout facilement, s'écroulerait bientôt si on ne l'étayait par de bons boisages et par des massifs pris dans la veine même. Le charbon de cette mine est très-pyriteux : aussi n'est-il nullement propre aux usages des forges, la quantité de soufre que produisent les pyrites devant corroder et détruire le fer; cependant il se trouve dans l'épaisseur de la veine de petits lits de très-bon charbon qui serait propre à la forge, s'il était extrait et trié avec soin.

La mine de Montcenis, ainsi que celle de Blansy et autres des environs, sont dirigées de l'est à l'ouest, et s'inclinent vers le nord de vingt-cinq ou trente degrés. On exploite deux veines principales, dont les épaisseurs varient depuis dix jusqu'à quarante-cinq pieds : la première extraction comme celle de la plupart de nos mines de France a été mal conduite; on l'a commencée par la tête de la veine, en sorte que les ouvriers sont souvent exposés à percer dans les ouvrages supérieurs, et à y éprouver des éboulements. Le lit de cette mine de Montcenis est un schiste très-dur et pyriteux d'un pied d'épaisseur, dans lequel on voit des empreintes de plantes en grand nombre. Le charbon de la tête de cette mine est fort pyriteux, mais celui qui se tire plus profondément l'est beaucoup moins, et en général ce charbon a le défaut de s'émietter à l'air : il faut donc l'employer au sortir de la minière, car on ne peut le transporter au loin sans qu'il subisse une grande altération et ne tombe en détriments; dans cet état de décomposition il ne donne que très-peu de chaleur et se consume en peu de temps, au lieu que dans son premier état, au sortir de la mine, il fait un feu durable.

Les mines de Rive-de-Gier dans le Lyonnais, sont en grande et pleine

a. La mine de Champagney, près de Béfort en Alsace, est inclinée de quarante-cinq degrés : plus les terrains sont bas, moins généralement les veines de charbon de terre sont inclinées; elles sont même horizontales dans les pays de plaine, et ce n'est que dans les montagnes qu'elles sont violemment inclinées; au reste, l'inclinaison des mines n'est nulle part aussi marquée et aussi singulière que dans le pays de Liége. « Les veines de charbon de terre sont communément inclinées à l'horizon, dit M. Morand : tantôt elles s'approchent de la ligne perpendiculaire, et elles se nomment alors *pendage de roisse*; tantôt elles sont presque horizontales, et on les désigne alors par le nom de *pendage de plature*. Toutes ces veines prennent leur origine au jour, c'est-à-dire à la surface de la terre; elles descendent ensuite dans la même direction jusqu'à une certaine profondeur; alors elles forment, à une distance plus ou moins grande, différents angles, qui les rapprochent insensiblement de la ligne horizontale; elles remontent ensuite à la surface de la terre, en formant une figure symétrique fort régulière : il y a donc apparence, d'après ces observations, que les pendages de roisse deviennent pendages de plature dans toutes les veines du pays de Liége, et qu'ils redeviennent ensuite pendages de roisse. Ce qu'on observe encore de très-singulier, c'est que presque jamais les veines ne marchent seules; elles sont toujours accompagnées d'autres veines qui marchent parallèlement avec elles, qui se fléchissent sur les mêmes angles, et qui toutes ensemble forment une figure presque régulière. » *Journal de Physique*, etc., mois de juillet 1773, page 69.

exploitation : il y a actuellement, dit M. de Grignon, plus de huit cents ouvriers occupés à l'extraction du charbon par vingt-deux puits qui communiquent aux galeries des différentes minières, dont les plus profondes sont à quatre cents pieds. On tire de ces mines, comme de presque toutes les autres, trois sortes de charbon : le pérat en très-gros blocs et de la meilleure qualité; le maréchal qui est menu et qui est séparé du banc de pérat par une couche de mauvais charbon mou; et enfin un charbon dur, compacte et terreux, qui est voisin du toit et des lisières de la mine. Ce toit est un schiste rougeâtre et limoneux qui brunit et noircit à mesure qu'il est plus voisin du charbon, et dans cette partie il porte un grand nombre d'empreintes de végétaux. Le charbon de ces mines de Rive-de-Gier est plus compacte et plus pesant que celui de Montcenis; son feu est plus âpre et plus durable; il donne une flamme vive, rouge et abondante; il n'est que peu pyriteux, mais très-bitumineux.

La plupart des mines du Forez [a], du Bourbonnais [b], de l'Auvergne [c], sont

a. Les mines de charbon se trouvent dans le haut Forez; elles sont en montagnes, et par conséquent aisées à exploiter, en tirant les eaux par des galeries latérales : les charbons se trouvent presque à la superficie dans les fonds: ces mines sont très-abondantes autour de Saint-Étienne, dont le territoire peut être regardé comme le centre de toutes les mines de cette province; elles embrassent une longueur d'environ six lieues du levant au couchant, occupant un vallon dont la plus grande largeur, du midi au nord, n'est pas d'une demi-lieue. *Du Charbon de terre*, etc., par M. Morand, p. 160.

b. La mine du Bourbonnais, qui fournit Paris depuis plus d'un siècle, est dans la terre de Fims, paroisse de Chatillon, à quatre lieues environ de Moulins. Il y a une autre mine à trois lieues et demie de Moulins, sur la route de Limoges, dans le territoire de Noyan : le charbon de cette mine, ouverte depuis quelque temps, est en beaux morceaux très-solides, séparés seulement de distance en distance par des feuillets considérables d'un très-beau spath. La seconde veine a souvent sept à huit pieds d'épaisseur; la première n'en a que trois et demi sur quatre à cinq toises de largeur. *Du Charbon de terre*, etc., par M. Morand, p. 161.

c. C'est particulièrement dans la Limagne ou Basse-Auvergne que les mines de charbon sont très-abondantes; elles n'y sont pas par veines, mais par assez grandes masses, traversées de temps en temps par des bandes schisteuses qui ne se continuent pas : les endroits remarquables par leurs mines de charbon sont Sauxilanges, à sept lieues de Clermont; Salverre, Charbonnière, Sainte-Fleurine, Lande-sur-Alagnon, Frugère, Anson, Bois-Gros, Gros-Ménil, Fosse, la Brosse et Brassager. *Idem*, *ibidem*, page 156. — C'est au-dessous de Brioude, entre les rivières d'Alagnon et d'Allier, que se trouve la plus grande partie des fouilles, et la mine la plus abondante est dans le territoire de Sainte-Fleurine : le charbon s'y trouve à une médiocre profondeur. Le centre de ces mines est le champ appelé la *Fosse*, d'où on a autrefois tiré du charbon réputé le meilleur de tout ce quartier; les autres ne sont que des rameaux qui partent de ce champ ou qui viennent s'y rendre, mais séparés par des rocs : les charbons provenant de ces branches sont tous d'une qualité bien inférieure à celle de la maîtresse mine... Le bon charbon de cette mine est au-dessous d'un roc grisâtre très-dur, de sept à huit toises d'épaisseur, c'est d'abord une terre noire, sensiblement bitumineuse, puis un schiste qui fait le toit de la veine dans laquelle on distingue trois membres : le premier charbon peut avoir depuis quinze jusqu'à vingt-cinq pieds d'épaisseur; il est séparé du second par un roc noir, argileux et imprégné de bitume charbonneux : le second membre de charbon est à peu près de la même épaisseur que le premier; il est aussi placé sur un roc qui sert de toit au troisième membre, qui renferme le meilleur charbon, appelé *puceau*, et qui porte encore sur un lit de roc.... Dans ces mines, le charbon se présente quelquefois en tas. *Du Charbon de terre*, etc., par M. Morand, page 588.

en amas et non pas en veines; elles sont donc plus faciles à exploiter : aussi l'on en tire une très-grande quantité de charbon, dont il y en a de très-bonne qualité. Dans le Nivernais près de Decize, il se trouve des mines en amas et d'autres en veines. On y connaît quatre ou cinq couches ou veines régulières les unes au-dessus des autres, courant parallèlement, étant depuis dix jusqu'à vingt toises de distance les unes des autres latéralement. Le charbon de ces veines ne commence à être bon qu'à quatre toises et plus de profondeur : elles ont depuis deux pieds jusqu'à cinq pieds d'épaisseur ; leur toit est un schiste avec des impressions de plantes, et le lit est un grès à demi décomposé. Les mines en amas du même canton sont mêlées de schiste et de grès ; mais en général tout ce charbon est pyriteux, et quelquefois il prend feu de lui-même, lorsque après l'extraction on le laisse exposé à l'air.

Il y a des mines de charbon dans le Quercy aux environs de Montauban ; il y en a dans le Rouergue, où le territoire de Cransac, qui est d'une grande étendue, n'est, pour ainsi dire, qu'une mine de charbon ; il y en a une autre mine à Severac-le-Castel sur une montagne, dont le charbon est pyriteux et sensiblement chargé de vitriol ; une autre à Mas-de-Bannac, élection de Milhaud. On en a aussi découvert dans le bas Limousin à une lieue de Bourganeuf, dans les environs d'Argental, dans ceux de Maynac et dans le territoire de Varets à peu de distance de Brives[a]. Dans toute l'étendue du terrain, depuis la rive du Lot qui est en face de Levignac jusqu'à Firminy, on ne peut pas faire un pas qu'on ne trouve du charbon : dans beaucoup d'endroits on n'a pas besoin de creuser pour le tirer. Dans ce même canton il y a une masse très-étendue de ce charbon, qui est minée par un embrasement souterrain : la première époque de cet incendie n'est point connue, on voit sortir une fumée fort épaisse des crevasses de cette minière enflammée[b]. Il y a aussi en Bourgogne, au canton de la Gachère, près de Saint-Berain, une mine de charbon enflammée qui donne de la fumée et une forte odeur d'acide sulfureux ; on ne peut pas toucher sans se brûler un bâton qu'on y a plongé seulement pendant une minute ; ce n'est qu'une inflammation pyriteuse produite par l'eau qui séjourne dans cet endroit, et qu'on pourrait éteindre en le desséchant[c]. Il y a encore près de Saint-Étienne-en-Forez une mine de charbon qui brûle depuis plus de cinq cents ans, auprès de laquelle on avait établi une manufacture pour tirer de l'alun des récréments de cette mine brûlée ; et enfin une autre auprès de Saint-Chaumont, qui brûle très-lentement et profondément.

En Languedoc il y a aussi beaucoup de charbon de terre. M. l'abbé de Sauvages, très-bon observateur, assure qu'il en existe différentes mines

a. *Du Charbon de terre*, etc., par M. Morand, p. 155.
b. *Idem*, page 534.
c. Note communiquée par M. de Morveau, le 4 septembre 1779.

dans la chaîne de collines, qui s'étend depuis Anduse jusqu'à Villefort, ce qui fait une étendue d'environ dix lieues de longueur[a].

Dans le Lyonnais, les principaux endroits où l'on trouve du charbon de terre sont le territoire de Gravenand, celui du Mouillon, ceux de Saint-Genis-Terre-Noire, qui tous trois sont dans la même montagne, située à un demi-quart de lieue de la ville de Rive-de-Gier, et les eaux de leurs galeries s'écoulent dans le Gier. Les terrains de Saint-Martin-la-Plaine, Saint-Paul-en-Jarrest, Rive-de-Gier et Saint-Chaumont contiennent aussi des mines de charbon. M. de la Tourette, secrétaire de l'Académie des sciences de Lyon, et correspondant de celle de Paris, a donné une description détaillée des matières qui se trouvent au-dessus d'une de ces mines du Lyonnais, par laquelle il paraît que le bon charbon ne se trouve qu'à cent pieds dans certains endroits, et à cent cinquante environ dans d'autres : il y a deux veines l'une au-dessus de l'autre, dont la plus extérieure a depuis huit jusqu'à dix-huit pieds d'épaisseur d'un charbon propre aux maréchaux. La seconde veine n'est séparée de la première que par un lit de grès dur et d'un grain fin, de six à neuf pouces d'épaisseur : ce grès sert de toit à la seconde veine qui a dix à quinze pieds d'épaisseur, et dont le charbon est plus compacte que celui de la première veine, mais encore plus pyriteux.

Il y a du charbon de terre en Dauphiné près de Briançon, et entre Sézanne et Sertriches, dans le même endroit où l'on tire la craie de Briançon, et à Ternay, élection de Vienne. Les charbons de Voreppe, de Saint-Laurent, de la montagne de Soyers, ainsi que ceux du village de la Motte et du Val-des-Charbonniers, qui tous se tirent pour l'usage des maréchaux, ne

a. Les principales et celles qui en fournissent à presque tout le Languedoc sont, dit-il, aux environs d'Alais et du Château-des-Portes : elles affectent toujours les endroits dont le terrain ou les rochers sont une espèce de grès d'un grain quartzeux, grisâtre, irrégulier dans sa forme et sa grosseur..... Les mines des environs d'Alais sont ordinairement par veines, resserrées au fond d'un rocher..... Le charbon y paraît entassé sans aucune distinction de lits; lorsque les veines aboutissent à la superficie, le charbon est altéré dans sa couleur et dans sa consistance, jusqu'à une toise de profondeur; on ne tire d'abord que de la terre noirâtre : à mesure que l'on creuse, le grain devient plus ferme, d'un noir plus foncé et plus luisant. C'est le charbon dont on se sert pour les fours à chaux.

Ces mines sont toujours accompagnées de deux espèces de schistes, connus parmi les mineurs du pays sous le nom de *fisse*... La première espèce de fisse, qu'on appelle les *gardes du charbon,* parce qu'elle lui est immédiatement appliquée, et qu'elle l'accompagne partout, est une pierre bitumineuse, mince, tendre et noire; elle ne diffère de l'*ampelitis* ordinaire que parce qu'elle est pliée ou ondée, et qu'elle a souvent le poli et le luisant du jayet travaillé.

Au-dessous de cette première *fisse*, on en trouve une autre dont les couches sont plus nombreuses et plus aplaties : c'est une ardoise feuilletée, tantôt noire, tantôt rousse, et toujours fort grossière ; elle se distingue principalement de la première par des empreintes végétales.

Quoique nos mines de charbon soient à l'abri des eaux pluviales, elles ne laissent pas quelquefois d'être humectées par des sources bitumineuses, aussi anciennes peut-être que les mines, et qui sont plus fréquentes à mesure que les mines sont plus profondes : les ouvriers en sont souvent incommodés; mais ils assurent qu'en revanche, il n'y a pas de meilleur charbon que celui qui est voisin de ces sources. *Observations lithologiques*, etc., dans les *Mémoires de l'Académie des Sciences,* année 1747, page 700.

sont pas de bien bonne qualité. On en trouve en Provence, près d'Aubagne, à Pépin route de Marocelle; mais ce charbon de la mine de Pépin répand, longtemps après avoir été tiré de la mine, une odeur particulière et désagréable.

En Franche-Comté, la mine de Champagney, à deux lieues de Béfort, est très-abondante, et le charbon en est de fort bonne qualité : la veine a souvent huit pieds d'épaisseur, et elle est partout d'une égale bonté; elle paraît s'étendre dans toute la base du monticule qui la renferme; il y a plusieurs autres mines de charbon dans les environs de Champagney et dans quelques autres endroits de cette province[a]; il y en a aussi quelques mines en Lorraine, mais l'exploitation n'en a pas encore été assez suivie pour qu'on juge de la qualité de ces charbons. En Alsace, il s'en trouve près de Schelestat[b].

Il n'y a point de mines de charbon dans le Cambrésis; mais celles du Hainaut sont en grand nombre, et celles de Fresnes et d'Anzin sont devenues fameuses. On a commencé à fouiller celle de Fresnes en 1717 et celle d'Anzin en 1734 : on en tire aussi aux environs de Condé. Le charbon de ces mines est en général de bonne qualité[c]; on assure même qu'il est plus gras et qu'il dure plus au feu que celui d'Angleterre : le charbon qui se tire à Fresnes est plus compacte que les autres, et pèse un dixième et plus que celui d'Anzin. Le charbon de Quiévrain, à deux lieues et demie de Valenciennes, est aussi d'une excellente qualité : on a fouillé quelques-unes de ces mines jusqu'à sept cents pieds de profondeur[d]. M. Morand dit que, dans la mine de M. des Androuins près de Charleroi, l'eau est tirée de soixante-trois toises de profondeur, et que le charbon est placé à cent huit toises au-dessous, ce qui fait en tout cent soixante-onze toises ou mille vingt-six pieds de profondeur[e].

Dans l'Anjou, l'on a trouvé des mines de charbon de terre à Concourson, à Saint-George de Chateloison, à Doué, et à Montreuil-Bellay : les charbons qui se tirent près de la surface du terrain ne sont pas si bons que ceux qui

a. Les mines de Ronchamp, en Franche-Comté, présentent un phénomène bien singulier et que je n'ai vu nulle part. Dans les masses de charbon, immédiatement sous les lames de pyrites plus particulièrement que dans les couches de pur charbon, il se trouve une couche légère de charbon de bois bien caractérisé par le brillant, la couleur, le tissu fibreux, une consistance pulvérulente, noircissant les doigts; et lorsqu'un morceau de houille contenant des lames de ce charbon de bois est épuré, qu'il est encore rouge et que l'on souffle dessus, le charbon de terre s'éteint et celui de bois s'embrase de plus en plus.

L'on trouve fréquemment à la toiture de ces mines, parmi le grand nombre d'impressions de plantes de toute espèce, des roseaux (bambous) de trois à quatre pouces de diamètre aplatis, et qui ne sont point détruits ni charbonnifiés. (Lettre de M. le chevalier de Grignon à M. de Buffon; Besançon, le 27 mai 1781.)

b. Du Charbon de terre, par M. Morand, pag. 149 et suiv.

c. Idem, p. 144 et suiv.

d. Idem, p. 182.

e. Idem, p. 453.

gisent à une plus grande profondeur ; la veine a ordinairement six à sept pieds d'épaisseur. Ce charbon d'Anjou est de bonne qualité; cependant on n'a de temps immémorial trouvé dans cette province que des veines éparses sous des rocs placés à dix-huit pieds de profondeur, auxquels succède une terre qu'on y appelle *houille*, qui est une espèce de mauvais charbon, avant-coureur du véritable ; les veines y sont très-sujettes aux *creins*, et par conséquent irrégulières : il y en a cinq de reconnues; leur épaisseur est depuis un pied jusqu'à quatre, et même jusqu'à douze pieds, suivant M. de Voglie; elles paraissent être une dépendance de celles de Saumur avec lesquelles elles se rapportent en tout. Leur direction générale est du levant au couchant[a].

Dans la basse Normandie, il se trouve du charbon de terre à Litry, et la veine se rencontre à peu de profondeur au-dessous d'une bonne mine de fer en grains ; elle se forme en plateur à quatre cents pieds. Ce charbon, mêlé de beaucoup de pyrites, n'est que d'une qualité médiocre, et il est à peu près semblable à celui qu'on apporte du Havre, et qui vient de Sunderland en Angleterre[b].

En Bretagne il y a des mines considérables de charbon à Montrelais et à Languin, dans les environs de Nantes : l'on a aussi tenté des exploitations à Quimper, à Plogol et à Saint-Brieux, et l'on aperçoit des affleurements de charbon dans plusieurs autres endroits de cette province[c].

On pourrait citer un grand nombre d'autres exemples qui prouveraient qu'il y a dans le royaume de France des charbons en aussi grande quantité, et peut-être d'aussi bonne qualité qu'en aucune autre contrée du monde. Cependant comme c'est un préjugé établi, et qui jusqu'à présent n'était pas mal fondé, que les charbons d'Angleterre étaient d'une qualité bien supérieure à ceux de France, il est bon de les faire connaître : on verra que la nature n'a pas mieux traité à cet égard l'Angleterre que les autres contrées, mais que l'attention du gouvernement, ayant secondé l'industrie des particuliers, a rendu profitable et infiniment utile à cette nation ce qui est demeuré sans produit entre nos mains.

On distingue dans la Grande-Bretagne trois espèces de charbon de terre. Le charbon commun se tire des provinces de Newcastle, de Northumberland, de Cumberland et de plusieurs autres ; il est destiné pour le feu des cuisines de Londres, et c'est aussi presque le seul qu'on emploie à tous les ouvrages métalliques d'Angleterre.

La seconde espèce est le charbon d'Ecosse ; on s'en sert pour chauffer les appartements des bonnes maisons : ce charbon est feuilleté et comme formé en bandes séparées par des couches plus petites que les bandes, et néanmoins

a. *Du Charbon de terre*, par M. Morand, pag. 545 et 547.
b. *Idem*, p. 570.
c. Note communiquée par M. le chevalier de Grignon.

plus marquées et plus distinctes à cause de leur éclat. Il se tire en grosses masses bien solides, d'une texture fine, et, quoique formé de bandes et de petites couches, il ne s'effeuille point; il est bitumineux et brûle librement, en faisant un feu clair, et tombe en cendres[a].

La troisième espèce, que les Anglais appellent *culm*, se trouve dans le *Glamorganshire*, et en divers endroits de cette province. C'est un charbon fort léger, d'un tissu plus lâche, composé de filets capillaires disposés par paquets qui paraissent arrangés en quelques endroits de manière à représenter dans beaucoup de parties des feuillets assez étendus, très-lisses et très-polis, lesquels, pour la plupart, affectent une forme circonscrite en portion de cercle, avec des rayons divergents. Ce charbon est peu ou presque point pyriteux; il brûle aisément et fait un feu vif, ardent et âpre. Dans la province de Cornouailles, il est d'un très-grand usage, particulièrement pour la fonte des métaux, à laquelle on l'applique de préférence.

On trouve dans les comtés de Lancastre et de Chester, une espèce de charbon qu'on n'apporte pas à Londres, c'est le *kennel* ou *candle-coal:* communément il sert de pierre à marquer de même que ce qu'on appelle le *charbon du toit;* il se tire en grosses masses très-solides, d'une texture extrêmement fine, et d'un beau noir luisant comme le jayet. Ce charbon ne contient aucune portion pyriteuse; il est si pur et si doux, qu'on peut le tourner et le polir pour faire des plateaux d'encrier, des tablettes, etc. L'on aperçoit sur certains morceaux des couches concentriques, comme on en trouverait dans un tronçon de bois. Ce charbon brûle facilement et se réduit en cendres[b].

On doit encore ajouter à ces charbons d'Angleterre celui qu'on appelle *flint-coal* parce qu'il est presque aussi dur que la pierre, et que ses fractures sont luisantes comme celles du verre. La veine de ce charbon a deux à trois pieds d'épaisseur, et se trouve dans les environs de la Severn au-dessous de la veine principale qui fournit le *best-coal* ou le meilleur charbon : il faut y joindre aussi le *flew-coal* des mines de Wedgbery dans la province de Stafford.

Il est fait mention dans les *Transactions philosophiques* de Londres, année 1683, de quelques mines de charbon, de leur inclinaison, etc. M. Beaumont en cite six qui probablement n'en font qu'une, puisqu'on les

a. « L'Écosse va de pair, dit M. Morand, avec la partie méridionale de l'Angleterre pour « l'abondance du charbon de terre : on en trouve des mines près d'Édimbourg et dans le comté « de Lenox, dans les provinces de Fife, de Sterlin, de Sutherland, de Dernoch, etc. M. Stra- « chey a donné, dans les *Transactions philosophiques*, année 1725, la description des mines « de charbon qui se trouvent en Écosse; elles ne sont pas à une grande profondeur; la plupart « n'ont que d'un à quatre pieds et demi d'épaisseur de charbon : la seule mine qui soit fort « épaisse est celle d'Anchenchaugh, à six milles de Kilsyth, qui a dix-huit pieds d'épaisseur, « et que les sources d'eau trop abondantes empêchent d'exploiter. » *Du Charbon de terre*, par M. Morand, pag. 99, 113 et suiv.

b. *Idem, ibidem*, pag. 3 et suiv.

trouve toutes dans un espace de cinq milles d'Angleterre au nord de *Stony-Easton*. Il a vu, dit-il, dans l'une de ces mines une fente ou crevasse, dont les parois étaient chargées d'empreintes de végétaux; et une autre fente tout enduite d'un bronze pyriteux formant des espèces de dendrites : dans quelques-unes de ces mines les lits horizontaux étaient comme dorés du soufre qu'elles contiennent; il observe, comme chose en effet singulière, qu'on a trouvé deux ou trois cents livres de bonne mine de plomb dans l'une de ces mines de charbon. Il ajoute que de l'autre côté de *Stony-Easton*, c'est-à-dire au sud-est, à deux milles de distance, on voit le commencement d'une mine de charbon, dont la première veine se divise en plusieurs branches à la distance de quatre milles vers l'orient; que cette mine, dont on tire beaucoup de charbon, exhale continuellement des vapeurs enflammées qui s'élèvent quelquefois jusqu'à son ouverture, et qui ont été funestes à nombre de personnes. C'est probablement au feu de ces vapeurs, lorsqu'elles s'enflamment, qu'on doit attribuer cette poussière de soufre qui dore les lits de ces veines de charbon, car on n'a trouvé du soufre en nature que dans les mines dont les vapeurs se sont enflammées, ou qui ont été elles-mêmes embrasées; on y voit des fleurs de soufre adhérentes à leurs parois, et sous ces fleurs de soufre il se trouve quelquefois une croûte de sel ammoniaque.

Les fameuses mines de Newcastle ont été examinées et décrites par M. Jars, de l'Académie des Sciences, très-habile minéralogiste[a] : il décrit aussi quelques autres mines; celle de Whitehaven, petite ville située sur les côtes occidentales d'Angleterre, qui fait un grand commerce de charbon de

a. On rencontre ordinairement un lit de roc noirâtre au-dessus et au-dessous de la couche de charbon : on peut mettre ce roc au rang des schistes vitrioliques; ensuite on a différentes hauteurs de couches de charbon, cinq, six, sept, huit, et quelquefois une seule à cent toises, qui est la plus grande profondeur qui ait été exploitée jusqu'à présent dans le pays.....

On trouve aussi dans plusieurs endroits des couches de pierre à chaux,.... dont l'épaisseur varie d'une très-petite distance à l'autre.... On méprise toutes les couches de charbon qui n'ont pas deux pieds et demi d'épaisseur.... Quelquefois, dans une couche épaisse de huit pieds, il y a deux ou trois lits différents, c'est-à-dire que la couche est divisée par une espèce de schiste ou charbon pierreux de quelques pouces d'épaisseur.... Le charbon que l'on tire à trente ou quarante toises de profondeur est meilleur que celui qu'on tire à cent toises : on rencontre souvent des couches d'un pied à un pied et demi d'épaisseur que l'on traverse et qu'on ne peut exploiter, quoique la qualité du charbon en soit souvent bien supérieure à celle des couches inférieures. *Voyages métallurgiques*, par M. Jars, pag. 188 et 189.

Ce charbon de Newcastle se détache quelquefois, au moyen de coins de fer, par gros morceaux, et c'est le plus estimé. *Idem*, *ibidem*, p. 192.

Le charbon de Newcastle n'est pas également bon dans toutes les veines; il y est plus ou moins bitumineux, sulfureux et pierreux. Cette dernière espèce est très-commune : elle se vend à bas prix et s'emploie pour les machines à feu; mais, en général, ce qu'on nomme du *bon charbon* passe pour être d'une excellente qualité.... Il est extrêmement bitumineux; il se colle très-facilement, et forme une voûte, ce qui le rend très-propre à forger le fer; mais il faut le remuer souvent pour les autres usages, sans quoi le bitume se réunit tout ensemble en une seule masse dans laquelle l'air ne peut circuler. La grande abondance de bitume fait qu'il donne beaucoup de fumée, ce qui le rend désagréable dans les appartements. *Idem*, *ibidem*.

terre. La montagne où s'exploite la mine a environ cent vingt toises perpendiculaires jusqu'au plus profond des travaux : on compte dans cette hauteur une vingtaine de couches différentes, mais il n'y en a que trois d'exploitables. Leur pente est communément d'une toise perpendiculaire sur six à sept toises de longueur.

La première de ces couches exploitables est séparée de la seconde par des rochers d'environ quinze toises d'épaisseur ; elle a depuis quatre jusqu'à cinq pieds d'épaisseur en charbon un peu pierreux et d'une qualité médiocre. On n'en extrait que pour chauffer les chaudières où l'on évapore l'eau de la mer pour en retirer le sel.

La seconde couche est de sept à huit pieds d'épaisseur; le charbon y est divisé par deux différents lits d'une terre très-dure et de couleur noirâtre, qu'on nomme *mettle :* cette terre est très-vitriolique et s'effleurit à l'air. La couche supérieure de *mettle* a un pied d'épaisseur, et l'inférieure seulement quatre à cinq pouces. On distingue la veine de charbon en six lits, dont les charbons portent différents noms.

Des trois grandes couches exploitables, la troisième, qui est d'environ vingt toises plus basse que la seconde, est la meilleure : elle a dix pieds d'épaisseur, et elle est toute de bon charbon, sans aucun mélange de *mettle* [a].

On rencontre souvent des dérangements dans les veines, principalement dans leur inclinaison. Le rocher du toit, et surtout celui du mur, font monter ou descendre la veine tout à coup. Il y a un endroit où elles sont éloignées de quinze toises perpendiculaires de la ligne horizontale. D'autres fois ces rochers coupent presque entièrement les couches, et ne laissent apercevoir qu'un petit filet ou une trace presque imperceptible de la veine.

a. « Dans les montagnes d'Alston-Moor, dit M. Jars, comté de Cumberland, on trouve une « espèce de charbon sans bitume, mais sulfureux; on le nomme *crow-coal;* il n'est pas bon « pour la forge, mais excellent pour cuire la chaux : et comme il ne fait pas de fumée, il est « bon pour les appartements....

« L'exploitation des mines de Whitehaven est très-étendue, puisque, depuis l'entrée, les tra- « vaux sont ouverts pendant une demi-lieue de France, toujours en suivant la pent de la « couche... Une partie des ouvrages où l'on travaille chaque jour se trouve plus d'un quart de « lieue entièrement sous la mer; mais il n'y a point de danger, puisqu'on estime que les « rochers qui sont entre l'eau et l'ouvrage ont plus de cent toises d'épaisseur.....

« Ce charbon se détache en gros morceaux de la mine, à l'aide de coins et de masses de fer... .

« Il y a six veines dans la mine de Workington, qui sont toutes exploitables : elles sont à peu « près à neuf ou dix toises de distance les unes des autres; la supérieure n'a que deux pieds « trois pouces d'épaisseur... Mais il y en a une autre qui a sept pieds, dans laquelle néanmoins « il n'y a que quatre pieds de charbon : elle se trouve séparée par deux lits de terre noire; j'en « ai vu un tas qui a effleuri et s'est échauffé au point qu'il a pris feu : il en sort une fumée qui « se condense en soufre dans les ouvertures par où elle sort. La dernière couche, qui est à « soixante toises perpendiculaires dans l'endroit du puits, a quatre pieds d'épaisseur; son char- « bon est pur et d'une très-bonne qualité... Ces mines, ainsi que celle de Whitehaven, ont été « sujettes de tout temps à un mauvais air qui a coûté la vie à un grand nombre d'ouvriers. » *Voyages métallurgiques*, par M. Jars, pag. 238 et suiv.

M. Jars fait encore mention des mines de Worsleg dans le comté de Lancastre, dont la pente paraît être de deux toises sur sept, et dont le charbon est moins bitumineux et moins bon que celui de Newcastle, quoique la nature des rochers soit la même; mais la veine la plus profonde n'est qu'à vingt toises. Il en est de même à tous égards des mines du comté de Stafford.

« En Écosse, il y a, dit M. Jars, au village de *Carron* près de *Falkirck*, « plusieurs mines de charbon qui ne sont qu'à une demi-lieue de la mer.... « Il y a trois couches de charbon l'une sur l'autre que l'on connaît, mais « on ne sait pas s'il y en a de plus profondes.... Il y en a une à quarante « toises de profondeur qui est la première; la seconde à dix toises plus bas, « et la troisième à cinq toises encore au-dessous de la seconde. La pente de « ces couches, qui est du côté du sud, est d'une toise sur dix à douze... Mais « ces veines varient comme dans presque toutes les mines; quelquefois elles « remontent et forment entre elles deux plans inclinés. Dans ce cas la veine « s'appauvrit, diminue en épaisseur et est quelquefois entièrement coupée, « continuant ainsi jusqu'à ce qu'elle reprenne son inclinaison ordinaire.... « La seconde couche a trois et quatre pieds d'épaisseur : sa partie supé- « rieure est composée d'un charbon dur et compacte, faisant un feu clair et « agréable.... On l'envoie à Londres, où il est préféré à celui de Newcastle « pour brûler dans les appartements. La partie du milieu de la couche est « d'une qualité moins compacte; son charbon est feuilleté et se sépare par « lames comme le *schiste*. Entre les lames il ressemble parfaitement à du « poussier de charbon de bois. On y peut ramasser aussi une poudre noire, « qui teint les doigts, comme fait le charbon de bois.... Ce charbon, qu'on « nomme *clod-coal*, est destiné pour les forges de fer. La couche inférieure « est un charbon très-compacte, et souvent pierreux près du mur; il se « consomme dans le pays....

« Les mines de charbon de *Kinneil*, près de la ville de *Bousron-Sloness* en « Écosse, sont au bord de la mer. La disposition de leurs couches et la qua- « lité du charbon sont à peu près les mêmes qu'à Carron.

« Les environs d'Édimbourg ont aussi plusieurs mines de charbon.... Il y « en a une à trois ou quatre milles du côté du sud, où il y a deux veines « parallèles, d'environ quarante à cinquante degrés d'inclinaison du côté du « midi; ce qui est tout à fait contraire à l'inclinaison des couches du rocher « qu'on voit au jour et dans la mer à deux ou trois milles plus loin : ces « couches sont inclinées au nord-ouest. Il en est de même des mines de « charbon qu'on exploite un peu plus loin; elles ont beaucoup de rapport « avec celles de Newcastle. La qualité des rochers qui composent les couches « est la même, mais le charbon est moins bon qu'à Newcastle pour la forge, « parce qu'il est moins bitumineux; il est meilleur pour les appartements[a]. »

a. *Voyages métallurgiques*, par M. Jars, pag. 265 et suiv.

En Irlande, le charbon provenant de la mine de *Castle-Comber*, village à soixante milles sud-ouest de Dublin, brûle dès le premier instant qu'on le met au feu sans faire la moindre fumée. Seulement on voit une flamme bleue fortement empreinte de soufre, qui paraît constamment au-dessus du feu [a].

Une autre mine est celle d'Ydof, province de Leinster, et c'est la première qu'on ait découverte en Irlande; elle est si abondante qu'elle fournit toutes les provinces voisines. Son charbon est très-pesant, produit le même effet que le charbon de bois, et dure au feu bien plus longtemps [b].

« Dans le pays de Liége, dit M. Jars, la Meuse, qui traverse cette ville, « met une grande différence dans la disposition des veines de charbon... « Elles commencent à une lieue au levant de la ville, et s'étendent jusqu'à « deux lieues au delà du côté du couchant. On trouve à moitié chemin de « cette distance les plus fortes exploitations... La suite des veines va plus « loin du côté du couchant: la raison est que, par un dérangement total « dans leur disposition, elles sont interrompues à une lieue et demie de « Liége, mais elles reprennent ensuite dans une disposition presque per- « pendiculaire, pour continuer de la même manière pendant plusieurs « lieues. Au nord de la ville, et au midi de l'autre côté de la Meuse, les « veines se prolongent au plus à une demi-lieue; mais toujours dans la « direction de l'est à l'ouest... Il y a apparence que ce sont les mêmes cou- « ches, quoique leur inclinaison change de distance en distance, tantôt « au midi, tantôt au nord. En général tous les lits de charbon et le rocher « sont très-irréguliers dans cette partie [c]. »

a. *Description des Mines de charbon de Castle-Comber; Journal étranger*, mois de décembre 1758.

b. *Du Charbon de terre*, par M. Morand, p. 116.

c. *Voyages métallurgiques*, par M. Jars, pag. 28 et 288. — « On a fait, dit le même auteur, « une observation remarquable dans le pays de Liége; elle est assez générale lorsqu'il ne se « rencontre aucun obstacle : toute couche de charbon qui paraît à la surface de la terre, au « midi, s'enfonce du côté du nord, et va jusqu'à une certaine profondeur en formant un plan « incliné, devient ensuite presque horizontale pendant une certaine distance, pour remonter du « côté du nord par un second plan incliné jusqu'à la surface de la terre, et cela dans un éloigne- « ment de son autre sortie, proportionné à son inclinaison et à sa profondeur.

« Nous avons vérifié cette singulière observation près Saint-Gilles, à trois quarts de lieue au « couchant de la ville de Liége : il y a plus, la première couche, qui est près du jour, forme « une infinité de plans inclinés qui viennent se réunir à un même centre, de sorte qu'on peut « voir tout autour les endroits où elle vient sortir à la surface de la terre : les couches infé- « rieures suivent la même loi; mais, par rapport à l'étendue qu'elles prennent en plongeant, on « n'aperçoit que deux plans inclinés, qui sont très-sensibles; par exemple, en visitant les mines « du Verbois, qui sont un peu plus au nord-ouest de Liége que celles de Saint-Gilles, nous « avons observé que les couches dirigées de l'est à l'ouest sont inclinées du côté du midi, tandis « que celles qu'on exploite à Saint-Gilles, qui ont la même direction, s'inclinent du côté du « nord. L'expérience a prouvé à tous les houilleurs de ce pays que, dans l'un et l'autre endroit, « on exploitait les mêmes couches, formant, comme nous l'avons dit, deux plans inclinés; mais, « entre Saint-Gilles et le Verbois, il y a un vallon qui a la même direction que les couches, et « même inclinaison de chaque côté..... On exploite à une des portes de la ville, au nord de la

Ce pays de Liége est peut-être de toute l'Europe la contrée la mieux fournie de charbon de terre ; c'est du moins celle où l'on a le plus anciennement exploité ces mines, et où on les a fouillées le plus profondément. Nous avons dit que leur direction générale et commune est du levant au couchant : les veines du charbon n'y sont jamais exactement en ligne droite, elles s'élèvent et s'abaissent alternativement suivant la pente du terrain qui leur sert d'assise ; ces veines passent par-dessous les rivières, et vont en s'abaissant vers la mer ; les veines que l'on fouille d'un côté d'une rivière ou d'une montagne répondent exactement à celles de l'autre côté ; les mêmes couches de terre, les mêmes bancs de pierre, accompagnent les unes et les autres ; le charbon s'y trouve partout de la même espèce. Ce fait a

« Meuse, les mêmes couches, mais inférieures, qui prennent leur inclinaison du côté du midi « sous la ville, en se rapprochant de la rivière ; et il est très-douteux que dans cet endroit elles « se relèvent pour sortir au jour : cela n'est pas probable, mais plutôt de l'autre côté de la « Meuse.... On compte du côté du nord plus de quarante couches de charbon, séparées les unes « des autres par de petits rochers d'une épaisseur depuis cinq jusqu'à dix-sept toises, sans pou- « voir faire mention de celles qu'on ne connaît pas, et qui peut-être sont encore plus bas. « Ces couches ne sont pas dans la même mine : il n'y en a point d'assez profondes pour cela ; « mais la même chose s'observe dans différentes exploitations ; car il est des mines qui, étant « beaucoup inférieures à d'autres, ou éloignées des endroits où sortent au jour les veines supé- « rieures, ne peuvent rencontrer que celles qui sont au-dessous de ces premières : ces couches « n'ont qu'une moyenne épaisseur, c'est-à-dire de trois à quatre pieds ; on n'en a vu qu'une de « six pieds.....

« Les couches de charbon qui sont séparées des précédentes par la Meuse sont bien différentes « des premières ; avec leur direction de l'est à l'ouest, elles sont presque perpendiculaires, ou « du moins approchant plus de la ligne perpendiculaire que de l'horizontale : lorsqu'elles s'in- « clinent, c'est au nord ou au midi ; mais ce qu'elles ont de particulier, c'est qu'on nous a « assuré qu'elles imitaient les premières dans leur marche, c'est-à-dire qu'elles s'enfoncent en « terre d'un côté, pour venir ressortir de l'autre, mais avec une irrégularité très-singulière : « par exemple, une telle couche ou veine descend à peu près perpendiculairement jusqu'à « trente toises de profondeur ; là elle prend une inclinaison de quarante degrés pendant une « distance de vingt toises, reprend ensuite la ligne perpendiculaire, et puis remonte enfin, fait « des sauts en s'enfonçant par des angles plus ou moins grands, et forme ainsi des plans « inclinés de toute espèce ; d'autres entrent dans la terre par une ligne perpendiculaire, pren- « nent au fond une position presque horizontale, et remontent d'un autre côté au jour par une « ligne oblique. Toutes les couches du même district, étant toujours parallèles, observent la « même loi, et par conséquent les mêmes sauts.

« On désigne les couches par des noms relatifs à leur position : on les divise en deux espèces « principales ; celles qui font un angle avec la ligne horizontale, depuis zéro jusqu'à quarante- « cinq degrés, sont appelées *veines et pendage de plature*, et celles qui font un angle avec la « même ligne, depuis quarante-cinq degrés jusqu'à quatre-vingt-dix, *veines à pendage de* « *roisse* : on les subdivise ensuite en *demi-plature*, *demi-roisse*, *quart de plature*, *quart de* « *roisse*.

« Les unes et les autres sont sujettes à un grand dérangement dans leur pente ou inclinai- « son ; on rencontre souvent des bancs de pierre de quinze à vingt toises d'épaisseur, lesquels « coupent depuis la superficie de la terre jusqu'au plus profond où l'on ait été jusqu'à présent, « non-seulement toutes les couches ou veines de charbon, mais aussi tous les lits de rochers « qui se trouvent entre elles ; de façon que, lorsqu'on a traversé un de ces bancs, on retrouve « de l'autre côté les mêmes lits et couches correspondantes, qui ne sont plus sur une même « ligne horizontale, mais plus hautes ou plus basses : on nomme ces bancs de pierre *failles*.

« C'est ordinairement une pierre sablonneuse, espèce de grès, quelquefois moins dur que

été vérifié plusieurs fois par des sondes qui ont fait reconnaître les mêmes terres et les mêmes bancs jusqu'à quatre cents pieds de profondeur [a].

A une lieue et demie à l'est d'Aix-la-Chapelle, il y a plusieurs mines de charbon : pour parvenir aux veines, l'on traverse une espèce de grès fort dur que l'on ne peut percer qu'avec la poudre ; ce grès est par lits dans la même direction et inclinaison que la veine de charbon, mais il est tout rempli de fentes ou de joints, de façon qu'il se sépare en morceaux. Au-dessous du grès, on trouve une terre noire très-dure de plusieurs pieds d'épaisseur ; elle sert de toit au charbon, le *mur* est de la même espèce de terre dure ; l'une et l'autre paraissent contenir des empreintes de plantes ; exposée à l'air, cette terre s'effleurit et s'attendrit.

Ce charbon contient très-peu de bitume : il est très-pyriteux, et par conséquent nullement propre à l'usage des forges ; mais il est bon pour les appartements [b].

En Allemagne, il y a plusieurs endroits où l'on trouve des mines de charbon : celles de Zwichaw consistent en deux couches de quatre, cinq,

« celui qui compose les lits de rochers : on évite de s'en approcher en exploitant une couche « de charbon ; ils fournissent assez souvent beaucoup d'eau, soit parce qu'ils sont poreux, « soit aussi parce que toutes les couches supérieures venant s'y terminer laissent du cours à « l'eau qu'elles renferment contre leurs parois. On trouve aussi quelquefois dans ces bancs de « rochers des rognons de charbon, et même des sacs qui ont quelquefois vingt et trente pieds « d'étendue, entourés par le rocher.....

« Tous les rochers qui composent les terrains aux environs de Liége sont une espèce de grès « très-dur et très-compacte, qui est placé par couches comme le charbon, et qui les divise..... Il « en est un autre à grains très-fins, qui paraît être un mélange de sable mêlé de mica blanc et « lié par une terre argileuse très-fine ; celui-ci se décompose facilement à l'air, par feuillets « comme un schiste.... Celui qui est plus près du charbon que les précédents est d'une couleur « noirâtre, quelquefois un peu rougeâtre ; il paraît être composé de sable très-fin, réuni par un « limon avec lequel il forme un corps dur, mais il s'attendrit et se décompose à l'air : il s'at- « tache à la langue comme la terre à foulon.....

« Le charbon est encore divisé, soit au toit, soit au mur du rocher, par une terre noire schis- « teuse dure ; elle se décompose aisément à l'air, et ses lits, lorsqu'on les sépare, présentent des « empreintes de plantes.

« Les rochers sont partout à peu près les mêmes, et répétés autant de fois qu'il y a de cou- « ches de charbon.

« Le charbon est d'abord plus ou moins bitumineux, c'est ce qu'on appelle *houille grasse* ou « *houille maigre* : lorsqu'elle ne contient que très-peu de bitume, on la nomme *clute*..... Celle « du milieu perd de sa qualité à l'air et s'y décompose en partie..... Il y en a d'autres qui, avec « les mêmes qualités, sont très-pierreuses..... Malgré les puits établis pour la circulation de « l'air, le feu ne laisse pas de prendre quelquefois aux mouffettes et de faire de fort grands « ravages. » *Voyages métallurgiques*, par M. Jars, pag. 288 jusqu'à 297.

a. *Du Charbon de terre*, par M. Morand, pag. 64 et suiv.

b. *Voyages métallurgiques*, par M. Jars, pages 306 et 307. — Nota. « Je crois que M. Jars « et le docteur Méad, que nous avons cités ci-devant, peuvent avoir raison : le charbon très- « bitumineux est le plus désagréable dans les appartements par la fumée noire et épaisse qu'il « répand ; le pyriteux est plus supportable, en ce qu'il ne donne qu'une odeur d'acide sulfu- « reux qui n'est point malsaine, et que le courant de la cheminée emporte d'autant plus faci- « lement que cette vapeur est très-volatile : si l'on sépare à Liége les pyrites du charbon, c'est « que leur combustion détruit les grilles de fer, et que chaque particulier peut faire ce triage « chez lui sans aucun frais. » Note communiquée par M. le Camus de Limare.

six pieds d'épaisseur, qui ne sont séparées l'une de l'autre que par une couche mince d'argile; leur profondeur n'est qu'à environ trois toises au-dessous de la surface du terrain ; la veine de dessous est meilleure que celle de dessus; elles ont vingt-cinq ou trente degrés d'inclinaison[a]. Il s'en trouve aux environs de Marienbourg en Misnie; dans plusieurs endroits du duché de Magdebourg; dans la principauté d'Anhalt, à Bernbourg; dans le cercle du Haut-Rhin, à Aï près Cassel; dans le duché de Meckelbourg, à Plauen; en Bohême, aux environs de Tœplitz; dans le comté de Glatz, à Hansdorf; en Silésie, à Gablan, Rottenbach et Gottsberg; dans le duché de Schweidnitz, à Reichenstein; dans le Haut-Palatinat, près de Sultzbach; dans le Bas-Palatinat, à Bazharach, etc.[b]. Il y a, dit M. Ferber, des mines de charbon fossile à Votschberg, à cinq ou six lieues de Feistritz, et de meilleures encore à *Luim*, à dix milles de Votschberg dans la Styrie supérieure[c]. A quatre lieues de la ville de *Rhène*, à une demi-lieue du village d'*Ypenbure*, sur la route d'Osnabruck, on trouve des mines de charbon qu'on emploie à l'usage des salines. En sortant d'Ypenbure, on passe une montagne au nord de laquelle est un vallon, et ensuite une autre montagne où l'on exploite les mines de charbon. A deux lieues plus loin, il y a d'autres mines qui sont environnées des mêmes rochers; on prétend que c'est la même couche de charbon qui s'y prolonge. Comme jusqu'à présent on n'a exploité qu'une couche de charbon, on conjecture que c'est la même qui règne dans tout le pays: on l'exploite dans cette mine à deux cents pieds de profondeur perpendiculaire; elle a une pente inclinée du couchant au levant, qui est à peu près celle de la montagne. La veine a communément deux pieds et demi d'épaisseur en charbon qui paraît être de très-bonne qualité, quoiqu'il y ait quelques morceaux dans lesquels on aperçoive des lames de pyrites; cette veine est précédée d'une couche de terre noire; et cette couche, entremêlée de quelques petits morceaux de charbon, a un pied et demi, deux et trois pieds d'épaisseur. Le toit qui recouvre la veine est un lit de six, huit, dix pouces d'épaisseur de graviers réunis en pierre assez dure, au-dessus duquel est le grès disposé par bancs[d].

On trouve aux environs de *Vétine*, petite ville des Etats du roi de Prusse, plusieurs mines de charbon; elles sont situées sur le plateau d'une colline fort étendue; elles sont au nombre de plus de vingt actuellement en exploitation : une de ces mines qui a été visitée par M. Jars, et qui est à trois quarts de lieue de Vétine, a trente-neuf toises de profondeur, savoir, vingt-six toises depuis la surface de la terre jusqu'à la première veine de charbon, onze toises depuis cette première jusqu'à la seconde, et deux toises depuis

a. *Voyages métallurgiques*, par M. Jars, pag. 306 et 307.
b. *Du Charbon de terre*, par M. Morand, p. 116.
c. *Lettres sur la Minéralogie*; Strasbourg, 1776, in-8°, p. 7.
d. *Voyages métallurgiques*, par M. Jars, pag. 312 et 313.

la seconde jusqu'à la troisième, ce qui varie néanmoins très-souvent par les dérangements que les veines éprouvent dans leur inclinaison, et qui les rapprochent plus ou moins, surtout les inférieures, qui sont quelquefois immédiatement l'une sur l'autre.

La première couche a jusqu'à huit pieds d'épaisseur; la seconde deux pieds et demi; la troisième un pied et demi ou deux pieds : on traverse plusieurs bancs de rochers pour parvenir au charbon, surtout un rocher rouge qui paraît être une terre sablonneuse durcie, mêlée de mica blanc; un rocher blanchâtre, semé aussi de mica blanc, se trouve plus près des veines et les sépare entre elles; ce rocher y forme des creins qui quelquefois les coupent presque entièrement. Le rocher qui sert de toit au charbon est bleuâtre; c'est une espèce d'argile durcie, qui contient des empreintes de plantes, surtout de fougères. Celui du mur est sablonneux, d'un blanc noirâtre. Ces rochers s'attendrissent à l'air et s'y effleurissent. Les veines ont leur direction sud-est, nord-ouest, et leur pente du côté du midi. Le charbon est un peu pyriteux, mais paraît être d'assez bonne qualité. Dans la première veine, on remarque un lit de quelques pouces d'épaisseur qui suit toujours le charbon, et qui divise la veine en deux parties: c'est un charbon très-pierreux.

A Dielau, la plus grande profondeur de la mine que l'on exploite est à quarante toises. Le charbon se trouve dans un filon tantôt incliné, tantôt presque perpendiculaire, et qui est coupé et détourné quelquefois par des *creins*. Le rocher dans lequel ce filon se trouve est semblable à celui de Vétine.

A Gibienstein, situé à une demi-lieue de la ville de Halle en Saxe, on a trouvé une veine de charbon qui paraissait au jour et qui a plusieurs pieds d'épaisseur; on n'a point encore reconnu son inclinaison ni sa direction. Le charbon qu'on en tire est peu bitumineux, et mêlé avec beaucoup de pyrites; il ressemble fort à celui de Lay en Bourbonnais [a]. M. Hoffmann dit que cette mine s'étend bien loin sous une grande partie de la ville et du faubourg, ensuite dans les campagnes vers le midi jusqu'au bourg de Lieben, où on la rencontre souvent en faisant des puits, de même qu'à Dielau à une lieue et demie de Halle. Sa texture est semblable à celle d'un amas de morceaux de bois en copeaux [b].

En Espagne, il y a des mines de charbon de terre dans plusieurs provinces, et particulièrement en Galice, aux Asturies, dans le royaume de Léon et aussi dans la Basse-Andalousie près de Séville, dans la Nouvelle-Castille, et même auprès de Madrid [c]. M. le Camus de Limare, l'un de nos

a. *Voyages métallurgiques*, par M. Jars, p. 314 jusqu'à 320.
b. *Oryctographia Halensis.* Hoffmann. oper. supplem. pars 2; Genevæ, p. 13, cité par M. Morand, p. 448.
c. *Du Charbon de terre*, etc., par M. Morand, p. 448.

plus habiles minéralogistes, a fait ouvrir le premier cette mine de charbon près de Madrid, et il a eu la bonté de me communiquer la notice que je joins ici [a].

En Savoie, on trouve une espèce de charbon de terre d'assez mauvaise qualité, et le principal usage qu'on en fait est pour évaporer les eaux des sources salées [b]. De toute la Suisse, le canton de Berne est le plus riche en mines de charbon : il s'en trouve aussi dans le canton de Zurich, dans le pays de Vaud aux environs de Lausanne, mais la plupart de ces charbons sont d'assez médiocre qualité [c].

En Italie, dont la plus grande partie a été ravagée par le feu des volcans, on trouve moins de charbon de terre qu'en Angleterre et en France. M. Tozzetti a donné de très-bonnes observations [d] sur les bois fossiles de

a. « La mine de charbon qu'on exploite dans la basse Andalousie est située à six lieues au « nord de Séville, dans le territoire du bourg de *Villanueva-del-Rio*, sur le bord de la rivière « de Guezna, qui se jette dans le Guadalquivir : la veine a sa direction du levant au couchant, « et son inclinaison de soixante-cinq à soixante-dix degrés au nord; son épaisseur varie depuis « trois pieds jusqu'à quatre pieds et demi : elle fournit de très-bon charbon, quand on sait le « séparer des nerfs et des parties terreuses dont les veines sont toujours entremêlées; mais « comme les concessionnaires actuels la font exploiter par des paysans, et qu'on met en vente « indistinctement le bon et le mauvais charbon, la qualité en est décriée, le débit médiocre, et « l'on préfère à Séville et à Cadix le charbon qu'on tire de Marseille et d'Angleterre, quoique « le double plus cher.

« Quant à celle qu'on a découverte près de Madrid, à six lieues au nord, au pied de la chaîne « des montagnes de l'Escurial, sur le bord de la rivière de Mançanarez, qui passe à Madrid, « c'est moi qui y ai fait la première tentative en 1763, au moyen d'un puits de soixante-dix « pieds de profondeur et d'une traverse; j'avais reconnu plusieurs veines dont la plus forte « avait six pouces d'épaisseur, toutes d'un bitume desséché, assez dur, mais terne et brûlant « faiblement : leur direction est aussi du levant au couchant, avec une pente d'un pied par « toise au nord-ouest; on a depuis continué ce travail, mais on n'y a pas encore trouvé de « vrai charbon. » Note communiquée par M. le Camus de Limare.

b. « Le charbon qu'on tire en Savoie, près de Moutier en Tarentaise, n'est qu'un charbon « terreux ou terre-houille un peu bitumineuse : on l'emploie cependant avec du bois sous les « chaudières des salines du roi; mais la chaleur que donne ce charbon est si faible, que si l'on « continue à s'en servir, ce n'est que pour diminuer la consommation des forêts voisines, qui « s'appauvrissent de plus en plus. » Note communiquée par M. le Camus de Limare.

c. « *Du Charbon de terre*, par M. Morand, p. 451.

d. Il dit que ces bois fossiles sont semblables à de gros troncs d'arbres qui ne forment point une couche continue comme les autres matières des collines où ils se trouvent, mais qu'ils sont ordinairement séparés les uns des autres, souvent deux ensemble et toujours d'une nature différente de celle du terrain où ils sont ensevelis : ils sont d'une couleur extrêmement noire, avec autant de lustre que le charbon artificiel; mais ils sont plus denses et plus lourds, surtout lorsqu'on ne fait que les tirer de la terre; car à la longue ils perdent leur humidité et deviennent moins pesants, quoiqu'ils aillent toujours au fond de l'eau : il est constant que dans leur origine ces charbons étaient des troncs d'arbres ; on ne peut manquer de s'en convaincre en les voyant dans la terre même ; la plupart conservent leurs racines et sont revêtus d'une écorce épaisse et rude; ils ont des nœuds, des branches, etc. ; on y voit les cercles concentriques et les fibres longitudinales du bois. Les mêmes choses se remarquent dans les charbons du val d'*Asno di sopra* et du val de *Cecina* : ceux-ci sont seulement plus onctueux que les autres, et même le bitume dont ils sont imbibés s'est trouvé quelquefois en si grande abondance qu'ils en ont regorgé; cette matière s'est fait jour à travers les troncs, a passé dans les racines et dans tous les vides de l'arbre, et y a formé une incrustation singulière qui imite la

Saint-Cerbone et de Strido : j'ai cru devoir en faire l'extrait dans la note ci-jointe, parce que les faits qu'il rapporte sont autant de preuves du changement des matières végétales en véritable charbon, et de la différence des formes que prend le bitume en se durcissant; mais le récit de ce savant observateur me paraît plutôt prouver que le bitume s'est formé dans l'arbre même, et a été ensuite comme extravasé, et non pas qu'un bitume étranger soit venu, comme il le croit, pénétrer ces troncs d'arbres, et former ensuite à leur surface de petites protubérances : ce qui me confirme dans cette opi-

forme des pierreries; elle compose des couches, de l'épaisseur d'une ligne au plus, partagées en petites écuelles rondes, aussi serrées l'une contre l'autre que le peuvent être des cercles : ces petites écuelles sont toutes de la même grandeur dans la même couche, et laissent apercevoir une cavité reluisante, unie, hémisphérique, qui se rétrécit par le fond, devient circulaire, ensuite cylindrique, et se termine en plan; chacune de ces cavités est entièrement pleine d'un suc bitumineux, consolidé comme le reste du charbon fossile : ce suc, par la partie qui déborde la cavité, est aplani; le reste prend la forme des parois qui le renferment, sans y être néanmoins attaché qu'au fond, où il finit en plan; ce qui forme un petit corps qu'on peut détacher avec peu de force, comme avec la pointe d'une épingle dont on toucherait le bord : on le verrait sortir et montrer la figure hémisphérique en petits cylindres.

Dans le charbon qu'on tire promptement de la terre, les surfaces extérieures de ces petits corps multipliés, étant aplanies et contiguës les unes aux autres, forment une croûte aplanie aussi d'un bout à l'autre; mais à mesure que le charbon se dessèche, cette croûte paraît pleine de petites fentes occasionnées par le retirement de ces corps et par leur séparation mutuelle : les couches aplanies, formées par les *pierreries*, sont irrégulières et éparses çà et là sur le tronc du charbon fossile; elles sont, outre cela, doubles, c'est-à-dire que l'une incruste une face, l'autre une autre; et elles se rencontrent réciproquement avec les surfaces des corpuscules renfermés dans les petites écuelles. Précisément dans l'endroit où ces deux couches se rencontrent, la masse du charbon fossile reste sans liaison et comme coupée; de là vient que ces grands troncs se rompent si facilement et se subdivisent en massifs de diverses figures et de diverses grosseurs : ces subdivisions, si aisées à faire, sont cause que dans les endroits où le charbon fossile se transporte on a de la peine à comprendre que les morceaux qu'on en voit soient des portions d'un grand tronc d'arbre, comme on le reconnaît aisément dans les lieux où il se trouve.

On y voit encore plusieurs masses bitumineuses incrustées de *pierreries*, mais détachées entièrement de l'arbre. M. Tozzetti soupçonne que dans leur origine elles faisaient portion d'un tronc de charbon fossile, anciennement rompu, qui était resté enseveli dans la terre. Notre physicien ne serait pas non plus éloigné de croire que ce fût du bitume qui, n'ayant pas trouvé une matière végétale pour s'y attacher, se serait coagulé lui-même; il est certain qu'en rompant quelques-unes de ces coagulations détachées on n'y découvre point les fibres longitudinales du bois, qui en sont les marques distinctives, mais on y voit seulement un amas prodigieux de globules rangés par ordre, et semblables à des rayons qui partent d'un centre et qui aboutissent à une circonférence : il faut ajouter qu'à la surface de ces coagulations les corpuscules qui remplissent les petites écuelles sont moins écrasés par dehors que ceux des couches formées sur les troncs des charbons fossiles, ce qui ferait croire que, dans le premier cas, ils ont eu la liberté de s'étendre autant qu'ils pouvaient, sans trouver de résistance dans des corpuscules contigus : ce n'est pas tout, M. Tozzetti trouve encore une preuve de coagulation de bitume pur dans une autre masse toute pleine de globules, et dans laquelle il ne découvre pas la moindre trace de plante.

Telle est la nature de ces charbons fossiles; l'auteur y joint leur usage : ils ont de la peine à s'allumer, mais lorsqu'ils le sont une fois, ils produisent un feu extrêmement vif, et restent longtemps sans se consumer; d'ailleurs, ils répandent une odeur désagréable qui porte à la tête et aux poumons, précisément comme le charbon d'Angleterre, et la cendre qui en résulte est de couleur de safran. *Journal étranger*, mois d'août 1755, p. 97 jusqu'à 103.

nion, c'est l'expérience que j'ai faite [a] sur un gros morceau de cœur de chêne que j'ai tenu pendant près de douze ans dans l'eau pour reconnaître jusqu'à quel point il pouvait s'imbiber d'eau; j'ai vu se former au bout de quelques mois, et plus encore après quelques années, une substance grasse et tenace à la surface de ce bloc de bois; ce n'était que son huile qui commençait à se bituminiser. On essuyait à chaque fois ce bloc pour avoir son poids au juste; sans cela l'on aurait vu le bitume se former en petites protubérances dans cette substance grasse, comme M. Tozzetti l'a observé sur les troncs d'arbres de Saint-Cerbone.

On voit, dans les Mémoires de l'Académie de Stockholm, qu'il y a des mines de charbon en Suède, surtout dans la Scanie ou Gothie méridionale. Dans celles qui sont voisines de Bosrup, les couches supérieures laissent apercevoir sensiblement un tissu ligneux, et on y trouve une terre d'ombre [b] mêlée avec le charbon; il y a dans la Westrogothie une mine d'alun où l'on trouve du charbon, dont M. Morand a vu quelques morceaux qui présentaient un reste de nature ligneuse, au point que dans quelques-uns on croit reconnaître le tissu du hêtre [c].

Dans un discours très-intéressant sur les productions de la Russie, l'auteur donne les indications des mines de charbon de terre qui se trouvent dans cette contrée [d].

En Sibérie, à quelque distance de la petite rivière *Sclowa*, qui tombe dans le fleuve *Lena*, on trouve une mine de charbon de terre : elle est située vis-à-vis d'une île appelée *Beresowi;* elle s'étend horizontalement fort loin, et son épaisseur est de dix à onze pouces; le charbon n'est pas d'une bonne

a. Voyez tome IX.

b. Cette terre bitumineuse appelée quelquefois *momie-végétale* est tantôt solide, tantôt friable, et se trouve en beaucoup d'endroits; il s'en rencontre derrière les bains de Freyenwald dans un endroit nommé le *Trou-Noir*.

c. *Du Charbon de terre*, par M. Morand, p. 89.

d. Nous avons des charbons de terre en plusieurs endroits; on en trouve auprès de l'Argoun, à Tscatboutschinskaya et auprès de la Chilka, à dix werstes au-dessus de la forge de Chilka, dans le district de Nertschink; auprès de l'Angara, au-dessous d'Irkoutsk et auprès du Kitoï, à quinze werstes avant qu'il se jette dans l'Angara, au-dessous d'Irkoutsk et auprès de Kitoï, à quinze werstes avant qu'il se jette dans l'Angara, près de Kitoïs-Koïslanitz; dans le voisinage du Jéniséï et d'Abakanskoi-ostrog, près du fleuve d'Abakan, dans la montagne Isik; de même à dix werstes de Krasnoyarsk, près du Jésinéï; à Krontoï-logh; à Koltschedanskoi-ostrog, près du fleuve d'Iset; auprès du fleuve de Belaya, à cinq werstes du village de Konsetkonlova; à Kizyliak, dans le district d'Ousa; auprès du fleuve de Syryansk, dans le village du même nom; dans le district de Koungour, à la droite du Volga; à Gorodiztsche, à vingt werstes au-dessus de Sinbirsk, et en plusieurs endroits à deux cents werstes au-dessous de cette ville, principalement entre Kaspour et Boghayarlenskoye, monastère auprès du fleuve de Toretz; à Balka, Skalewayace; et auprès du fleuve de Belayalonghan, dans le district de Baghmout; à Niask, dans le gouvernement de Varonege; auprès de Lokka, dans le voisinage de Katonga; enfin à Kiestzkoiyam, auprès du fleuve de Kresnetscha, et auprès du petit fleuve de Kroubitza, qui se jette dans la Msta, dans la chaine des montagnes de Valdai, etc. *Discours sur les productions de la Russie*, par M. Guldenstaed. Pétersbourg, 1776, p. 52.

qualité, car tant qu'il est dans la terre, il est ferme, mais aussitôt qu'il est exposé à l'air il tombe par morceaux [a].

A la Chine, le charbon de terre est aussi commun et aussi connu qu'en Europe, et de tout temps les Chinois en ont fait grand usage, parce que le bois leur manque presque partout, preuve évidente de l'ancienneté de leur nombreuse population [b]. Il en est de même du Japon [c], et l'on pourrait assurer qu'il existe de même des charbons de terre dans toutes les autres parties de l'Asie. On en a trouvé à Sumatra, aux environs de Sillida [d]; on en connaît aussi quelques mines en Afrique et à Madagascar [e].

En Amérique, il y a des mines de charbon de terre comme dans les autres parties du monde. Celles du cap Breton sont horizontales, faciles à exploiter, et ne sont qu'à six ou huit pieds de profondeur : un feu, qu'il n'est pas possible d'étouffer, a embrasé une de ces mines [f], dont les trois principales sont situées, la première dans les terres de la baie de Moridiemée; la seconde dans celles de la baie des Espagnols, et la troisième dans la petite île Bras-d'Or ; cette dernière a cela de particulier que son charbon contient de l'antimoine. Le toit de ces mines est, comme partout ailleurs, chargé d'empreintes de végétaux [g]. Il y a aussi des mines de charbon à Saint-Domingue [h], à Cumana, dans la Nouvelle-Andalousie [i] ; et l'on a trouvé, en 1768, une de ces mines dans l'île de la Providence, l'une des Lucaies, où le charbon est de bonne qualité. On en connaît d'autres au Canada dans les terres de Saquenai, vers le bord septentrional du fleuve Saint-Laurent, et dans celles de l'Acadie ou

a. *Histoire générale des Voyages*, tome XVIII, p. 303.

b. On ne connaît pas de pays aussi riche que la Chine en mines de charbon : les montagnes, surtout celles des provinces de Chensi, de Chami et de Pecheli, en renferment un grand nombre... Le charbon qui se brûle à Pékin et qui s'appelle *moui* vient de ces mêmes montagnes, à deux lieues de cette ville : depuis plus de quatre mille ans elles en fournissent à la ville et à la plus grande partie de la province, où les pauvres s'en servent pour échauffer leurs poêles. Sa couleur est noire; on le trouve entre les rochers en veines fort profondes : quelques-uns le broient, surtout parmi le peuple ; ils en mouillent la poudre et la mettent comme en pains. Ce charbon ne s'allume pas facilement, mais il donne beaucoup de chaleur et dure fort longtemps au feu ; la vapeur en est quelquefois si désagréable qu'elle suffoquerait ceux qui s'endorment près des poêles, s'ils n'avaient pas la précaution de tenir près d'eux un bassin rempli d'eau, qui attire la fumée et qui en diminue beaucoup la puanteur. Ce charbon est à l'usage de tout le monde, sans distinction de rang, car le bois est d'une extrême rareté : on s'en sert de même dans les fournaises pour fondre le cuivre ; mais les ouvriers en fer trouvent qu'il rend ce métal trop dur. *Histoire générale des Voyages*, tome VI, p. 486.

c. Le charbon de terre ne manque pas au Japon : il sort en abondance de la province de Tikusen, des environs de Kuganissu et des provinces septentrionales. *Histoire générale des Voyages*, tome X, p. 655.

d. *Du Charbon de terre*, par M. Morand, p. 441.

e. *Histoire générale des Voyages*, tome VIII, p. 619.

f. *Histoire politique et philosophique des deux Indes*, tome VI, p. 138.

g. *Histoire générale des Voyages*, tome XII, p. 218.

h. *Voyage de Coréal aux Indes occidentales*; Paris, 1722, tome I, page 123.

i. *Du Charbon de terre*, par M. Morand, p. 89.

Nouvelle-Écosse; enfin on en a vu jusque dans les terres de la baie Disko sur la côte du Groënland [a].

Ainsi l'on peut trouver dans tous les pays du monde, en fouillant les entrailles de la terre, cette matière combustible déjà très-nécessaire aujourd'hui dans les contrées dénuées de bois, et qui le deviendra bien davantage à mesure que le nombre des hommes augmentera, et que le globe qu'ils habitent se refroidira ; et non-seulement cette matière peut en tout et partout remplacer le bois pour les usages du feu, mais elle peut même devenir plus utile que le charbon de bois pour les arts, au moyen de quelques précautions et préparations dont il est bon de faire ici mention, parce qu'elles nous donneront encore des connaissances sur les différentes matières dont ces charbons sont composés ou mélangés.

A Liége et dans les environs, où l'usage du charbon est si ancien, on ne se sert pour le chauffage ordinaire, dans le plus grand nombre des maisons, que du menu charbon, c'est-à-dire des débris du charbon qui se tire en blocs et en masses; on sépare seulement de ces menus charbons les matières étrangères qui s'y trouvent mêlées en volume apparent, et surtout les pyrites qui pourraient faire explosion dans le feu ; et pour augmenter la quantité et la durée du feu de ce charbon, on le mêle avec des terres grasses, limoneuses ou argileuses [b] des environs de la mine, et ensuite on en fait des

a. *Du Charbon de terre,* par M. Morand, p. 442.

b. « L'action du feu sur le mélange de partie d'argile et de partie humide ne se fait, dit « M. Morand, qu'au fur et à mesure; ces dernières ne commencent à être attaquées que lorsque « la terre grasse perdant son humidité, s'échauffant et se desséchant peu à peu, communique « de proche en proche sa chaleur aux molécules de houille qu'elle enveloppe; la graisse, l'huile « ou le bitume qui y est incorporé se cuit par degré, au point de s'étendre aussi de proche en « proche à ces molécules d'argile et de venir à la surface de la pelote, d'où elle découle quel- « quefois en pleurs ou en gouttes. La masse d'air subtil qui n'a pas un libre essor se dégage en « même temps, s'échappe peu à peu; les vapeurs sulfureuses, bitumineuses, odorifères ou « même malfaisantes qu'on voudra y supposer, ne pouvant point se dissiper ensemble et « former un volume, s'en séparent et s'évaporent insensiblement. » — (Je ne puis me dispenser d'observer au savant auteur que son explication pèche en ce que les bitumes ne tiennent pas d'autre air subtil que de l'air inflammable.)

« Dans cette espèce de corollaire, on entrevoit deux propriétés distinctes qui appartiennent à « la façon donnée au charbon de terre : 1° une économie sur la matière même; 2° une sorte de « correctif aux vapeurs de houille.

« Le premier effet résultant de cette impastation paraît sensible, puisque le feu n'a point une « prise absolue sur le combustible soumis à son action; l'argile ajoutée au charbon arrête la « combustion, retient, tant qu'elle ne se consume pas, une portion de houille, de manière que cet « amalgame, en ne résistant point trop au feu, y résiste assez pour que la houille ne s'en sépare « point avant d'être consumée : la destruction du charbon par le feu est ralentie en consé- « quence; il s'en consomme nécessairement une moindre quantité dans un même espace de « temps que si le charbon recevait à nu l'action de la flamme... Les rédacteurs de l'Encyclo- « pédie ne font point difficulté d'avancer que ces pelotes donnent une chaleur plus durable et « plus ardente que celle du charbon de terre seul.

« Les Chinois ne trouvent pas seulement que leur *mout*, ou pelotes de houille, donne une « chaleur beaucoup plus forte que le bois, et qui coûte infiniment moins, mais en outre ils « y trouvent l'avantage de ménager leur bois, et ils prétendent encore par cet apprêt se garantir « de l'incommodité de l'odeur.

pelotes qu'on appelle des *hochets,* qui peuvent se conserver et s'accumuler sans s'effleurir, en sorte que chaque famille du peuple fait sa provision de hochets en été pour se chauffer en hiver [a].

Mais l'usage du charbon de terre, sans mélange ni addition de terre étrangère, est encore plus commun que celui de ces masses mélangées, et c'est aussi ce que nous devons considérer plus particulièrement. Avec du charbon de terre en gros morceaux et de bonne qualité, le feu dure trois ou quatre fois plus longtemps qu'avec du charbon de bois : si vingt livres de bois [b] durent trois heures, vingt livres de charbon en dureront douze. En Languedoc, dit M. Venel [c], les feux de bûches et de rondins de bois sec, dans les foyers ordinaires, coûtent plus du double que les pareils feux de houille faits sur les grilles ordinaires. Cet habile chimiste recommande de ne pas négliger les braises qui se détachent du charbon de terre en brûlant, car, en les remettant au feu, leur durée et leur effet correspondent au moins au quart du feu de houille neuve, et de plus ces braises ont l'avantage de ne point donner de fumée : les cendres même du charbon de terre peuvent

« Plusieurs physiciens sont du même sentiment. M. Zimmerman (*Journal économique*, « avril 1751) donne cette préparation comme un moyen de brûler le charbon de terre sans dés- « agrément et sans danger. M. Scheuchzer, dans son *Voyage des Alpes*, pense de même : « l'opinion des commissaires nommés par l'Académie des Sciences est aussi positive sur ce « point. » *Du Charbon de terre*, par M. Morand, p. 1286.

a. Voyez, dans l'ouvrage de M. Morand, le détail des procédés pour la façon des hochets, page 355 et suiv. « Le feu de ces hochets est d'une fort longue durée, dit cet auteur; il se con- « serve longtemps sans qu'on y touche : on ne le renouvelle que deux fois par jour, et trois fois « lorsqu'il fait un grand froid. A Valenciennes, on fait des briquettes dans un moule de fer en « ovale, de cinq pouces et demi de long sur quatre pouces de large, mesure prise en dedans. « L'argile que l'on emploie avec le charbon pour former ces briquettes est de deux sortes : « l'une, qui est très-commune dans les fosses, est le *bleu marle* ou *marle à boulets*, parce qu'on « s'en sert pour faire les briquettes qu'on appelle *boulets;* c'est une espèce d'argile calcaire qui « tient à la langue et qui fait effervescence avec les acides. Une seconde terre, que l'on emploie « aussi dans les briquettes, se tire des bords de l'Escaut, où elle est déposée dans le temps des « grandes eaux : c'est un limon sableux, argileux, de couleur jaune obscure, et qui se manie « comme une bonne argile. A Try, distant de Valenciennes d'une lieue, et à Monceau, qui est à « deux lieues de cette ville, on emploie au chauffage la houille d'Anzin; on fait entrer dans les « briquettes de la *marle* qui se trouve dans ces deux endroits. Ces marles sont des terres argi- « leuses, calcaires, blanches comme de la craie, faisant effervescence avec les acides. Selon les « ouvriers, les briquettes faites avec la marle brûlent mieux que celles qui sont faites avec du « limon, et il ne faut qu'un dixième de marle et neuf parties de charbon... On délaie une « mesure d'argile dans l'eau, de manière à en faire une bouillie claire et coulante, que l'on verse « au milieu d'un grand cercle de houille : si on met trop d'argile, les briquettes brûlent plus « difficilement, et, si on en met en trop petite quantité, la houille ne peut faire corps avec « l'argile, et les briquettes n'ont point de solidité. La proportion ordinaire est d'une partie de « détrempe sur six de houille; on mêle le tout ensemble de la même façon que l'on mêle le « sable et la chaux pour faire du mortier : lorsque cette masse a pris la consistance d'une « matière un peu solide, l'ouvrier place à côté de lui un carreau de pierre, et fait avec une « palette ce que les Liégeois font avec leurs mains; et, à mesure qu'il fait les briquettes, il « les arrange dans l'endroit où on veut les garder, de la même façon que l'on arrange les « briques pour former une muraille. » *Du Charbon de terre*, par M. Morand, pag. 487 et suiv.

b. M. de La Ville, de l'Académie de Lyon, cité par M. Morand, page 1259.

c. *Comparaison du feu de houille et du feu de bois*, etc., partie Ire, page 186.

être utilement employées. M. Kurela, cité par M. Morand, dit qu'en pétrissant ces cendres seules avec de l'eau, on en peut faire des gâteaux qui brûlent aussi bien que les pelotes ou briquettes neuves, et qui donnent une chaleur d'une aussi longue durée.

On prendrait, au premier coup d'œil, la braise du charbon de terre pour de la braise de charbon de bois brûlé, mais il faut pour cela qu'il ait subi une combustion presque entière; car s'il n'éprouve qu'une demi-combustion pour la préparation qui le réduit en *coak*[1], il ressemble alors au charbon de bois qui n'a brûlé de même qu'à demi. « Cette opération, dit très-bien « M. Jars, est à peu près la même que celle pour convertir le bois en « charbon[a]. »

M. Jars donne, dans un autre Mémoire, la manière dont on fait les *cinders* à Newcastle[b], dans des fourneaux construits pour cette opération, et dont

a. Elle consiste à former en rond sur le terrain une couche de charbon cru, de douze à quinze pieds de diamètre, autour duquel il y a toujours un mélange de poussière de charbon et de cendres, des opérations qui ont précédé.

Cette couche circulaire est arrangée de façon qu'elle n'a pas plus de sept à huit pouces d'épaisseur à ses extrémités, et un pied et demi au plus d'épaisseur dans son milieu ou centre : c'est là qu'on place quelques charbons allumés, qui, en peu de temps, portent le feu dans toute la charbonnière. Un ouvrier veille à cet embrasement, et avec une pelle de fer prend de la poussière qui est autour, et jette dans les parties où le feu est trop ardent la quantité suffisante pour empêcher que le charbon se consume, et point assez pour éteindre la flamme qui s'étend sur toute la surface... Le charbon réduit en coak est beaucoup plus léger qu'il n'était avant d'être grillé, il est aussi moins noir; cependant il l'est plus que les coaks appelés *cinders*; il ne se colle point en brûlant. *Voyages métallurgiques*, par M. Jars, troisième Mémoire, page 273.

Pour former des coaks, on fait une place ronde d'environ dix ou douze pieds de diamètre, que l'on remplit avec de gros charbon, rangé de façon que l'air puisse circuler dans le tas, dont la forme est celle d'un cône d'environ cinq pieds de hauteur depuis le sommet jusqu'à sa base. Le charbon ainsi rangé, on en place quelques-uns allumés dans la partie supérieure, après quoi on couvre le tout avec de la paille, sur laquelle on met de la poussière de charbon qui se trouve tout autour, de façon qu'il y en ait au moins un bon pouce d'épaisseur sur toute la surface.

On a toujours plusieurs de ces fourneaux allumés à la fois: deux ouvriers dirigent toute l'opération, l'un pendant le jour, l'autre pendant la nuit ; ils doivent avoir attention d'examiner de quel côté vient le vent, et de boucher les ouvertures lorsqu'il s'en forme de nuisibles à l'opération, ce qui contribuerait à la destruction des coaks. *Idem*, page 236, douzième Mémoire.

b. Quand on a mis dans le four à griller la quantité de charbon nécessaire, on y met le feu avec un peu de bois ou avec du charbon déjà allumé... Mais, pour l'ordinaire, on introduit le charbon lorsque le fourneau est encore chaud et presque rouge; ainsi il s'allume de lui-même.

On ferme ensuite la porte, et l'on met de la terre dans les jointures, seulement pour boucher les plus grandes ouvertures qui proviennent de la dégradation de la maçonnerie, car il faut toujours laisser un passage à l'air, sans lequel le charbon ne pourrait brûler. L'ouverture qui est au-dessus du fourneau, et qu'on peut appeler *cheminée*, est destinée pour la sortie de la fumée, et par conséquent pour l'évaporation du bitume; l'embouchure de cette cheminée n'est pas toujours également ouverte. La science de l'ouvrier consiste à ménager le courant de la fumée, sans quoi il risquerait de consumer les cinders à mesure qu'ils se forment : la règle

1. *Coak* ou *coke* · charbon qui résulte de la distillation de la *houille*. — « On se sert du « *coke* pour le chauffage domestique; mais on l'emploie surtout pour le chauffage des locomo- « tives et la fonte des métaux. Dans la fabrication du fer, il remplace la *houille*, qui ne peut « être employée dans le travail des hauts-fourneaux, à cause de sa fusion facile et de la grande « quantité de *soufre* qu'elle contient. » (Pelouze et Frémy.)

il donne aussi la description. Enfin, dans un autre Mémoire, le même académicien expose très-bien les différents procédés de la cuisson du charbon de terre dans le Lyonnais, et l'usage qu'on en fait pour les mines de cuivre à Saint-Bel [a].

qu'on suit à cet égard, comme la plus sûre, est de n'ouvrir la cheminée qu'autant qu'il le faut pour que la fumée ne ressorte point par la porte : pour cela, on a une grande brique que l'on pousse plus ou moins sur l'ouverture, à mesure que l'évaporation avance, et que, par conséquent, le volume de la fumée diminue; à la fin, on bouche presque entièrement l'ouverture de la cheminée.

Cette opération dure trente à quarante heures; mais communément on ne retire les cinders qu'au bout de quarante-huit heures : le charbon, réduit en cinders, forme dans le fourneau une couche d'une seule masse, remplie de fentes et de crevasses, disposées en rayons perpendiculaires au sol du fourneau, de toute l'épaisseur de la couche. On pourrait aussi les comparer à des briques placées de champ : quoique le tout fasse corps, il est aisé de le diviser pour le retirer du fourneau ; à cet effet, lorsque l'ouvrier a ouvert la porte, il met une barre de fer en travers devant l'ouverture, afin de supporter un rable de fer avec lequel il attire une certaine quantité de cinders hors du fourneau, sur lesquels un autre ouvrier jette un peu d'eau : ils prennent ensuite chacun une pelle de fer en forme de grille, afin que les cendres et les menus cinders puissent passer au travers; ils éloignent ainsi de l'embouchure du fourneau les cinders, qui achèvent de s'éteindre par le seul contact de l'air.

Le fourneau n'est pas plus tôt vide qu'on y met de nouveau charbon nécessaire pour une seconde opération; et comme ce fourneau est encore très-chaud et même rouge, le charbon s'y enflamme aussitôt, et le procédé se conduit comme ci-devant.

On estime à un quart le déchet du charbon dans cette opération, c'est-à-dire le déchet du volume; quant au poids, il est bien moindre.

Les cendres qu'on retire du fourneau sont passées à la claie, sur une claie de fer, pour en séparer les petits morceaux de cinders, lesquels sont vendus séparément. *Voyages métallurgiques*, par M. Jars, dixième Mémoire, page 209.

a. Après avoir formé un plan horizontal sur le terrain, on arrange le charbon, morceau par morceau, pour en composer une pile d'une forme à peu près semblable à celle que l'on donne aux allumèles pour faire du charbon de bois, et de la contenue d'environ cinquante à soixante quintaux : il est nécessaire de ne point donner à ces charbonnières trop d'élévation, quoique dans le même diamètre; l'inconvénient serait encore plus grand, si on avait placé indifféremment le charbon de toute grosseur.

Une charbonnière construite de cette manière peut et doit avoir dix, douze et jusqu'à quinze pieds de diamètre, et deux pieds et demi au plus de hauteur dans le centre.

Au sommet de la charbonnière on ménage une ouverture d'environ six à huit pouces de profondeur, destinée à recevoir le feu qu'on y introduit avec quelques charbons allumés quand la pile est arrangée; alors on la recouvre, et on peut s'y prendre de diverses manières.

La meilleure et la plus prompte, c'est d'employer de la paille et de la terre franche qui ne soit pas trop sèche : toute la surface de la charbonnière se couvre de cette paille, mise assez serrée pour que l'épaisseur d'un bon pouce de terre et pas davantage, placé dessus, ne tombe pas entre les charbons, ce qui nuirait à l'action du feu.

On peut suppléer au défaut de paille par des feuilles sèches, lorsqu'on est dans le cas de s'en procurer : j'ai aussi essayé de me servir de gazon ou mottes, mais il n'en a pas résulté un bon effet.

Une autre méthode qui, attendu la cherté et la rareté de la paille, est mise en pratique aujourd'hui aux mines de Rive-de-Gier par les ouvriers que les intéressés aux mines de cuivre employaient à cette opération, avec un succès que j'ai éprouvé, est celle de recouvrir les charbonnières avec le charbon même; cela se fait comme il suit :

L'arrangement de la charbonnière étant achevé, on en recouvre la partie inférieure depuis le sol du terrain jusqu'à la hauteur d'environ un pied avec du menu charbon cru, tel qu'il vient de la carrière et des déblais qui se font dans le choix du gros charbon; le restant de la surface

M. Gabriel Jars, de l'Académie de Lyon, et frère de l'académicien que je viens de citer, a publié un très-bon Mémoire *sur la manière de préparer le charbon de terre, pour le substituer au charbon de bois dans les travaux métallurgiques, mise en usage depuis l'année* 1769 *dans les mines de Saint-Bel*, dans lequel l'auteur dit, avec grande raison, que « le charbon de terre « est, comme tous les autres bitumes, composé de parties huileuses et « acides; que dans ces acides on distingue un acide sulfureux auquel il « croit que l'on peut attribuer principalement les déchets que l'on éprouve « lorsqu'on l'emploie dans la fonte des métaux : le soufre et les acides « dégagés par l'action du feu, dans la fusion, attaquent, rongent et détruisent « les parties métalliques qu'ils rencontrent; voilà les ennemis que l'on doit « chercher à détruire; mais la difficulté de l'opération consiste à détruire « ce principe rongeur, en conservant la plus grande quantité possible de « parties huileuses, phlogistiques et inflammables, qui seules opèrent la « fusion, et qui lui sont unies. C'est à quoi tend le procédé dont je vais « donner la méthode; on peut le nommer le *désoufrage* : après l'opération, « le charbon minéral n'est plus à l'œil qu'une matière sèche, spongieuse, « d'un gris noir qui a perdu de son poids et acquis du volume, qui s'allume « plus difficilement que le charbon cru, mais qui a une chaleur plus vive « et plus durable. »

M. Gabriel Jars donne ensuite une comparaison détaillée des effets et du produit du feu des coaks, et de celui du charbon de bois pour la fonte des

est recouvert avec tout ce qui s'est séparé en très-petits morceaux des coaks : par cette méthode on n'a pas besoin, comme pour les autres, de pratiquer des trous autour de la circonférence pour l'évaporation de la fumée; les interstices qui se trouvent entre ces menus *coaks* y suppléent et font le même effet; le feu agit également partout.

Lorsque la charbonnière est recouverte jusqu'au sommet, l'ouvrier apporte, comme il a été dit, quelques charbons allumés qu'il jette dans l'ouverture, et achève d'en remplir la capacité avec d'autres charbons; quand il juge que le feu a pris et que la charbonnière commence à fumer, il en recouvre le sommet, et conduit l'opération comme celle du charbon de bois, ayant soin d'empêcher que le feu ne passe par aucun endroit, pour que le charbon ne se consume pas; ainsi du reste jusqu'à ce qu'il ne fume plus, ou du moins que la fumée en sorte claire, signe constant de la fin du *désoufrage :* pour toute cette manœuvre, l'expérience des ouvriers est très-nécessaire.

Une telle charbonnière tient le feu quatre jours, et plusieurs heures de moins si l'on a recouvert avec de la paille et de la terre : lorsqu'il ne fume plus, on recouvre le tout avec de la poussière pour étouffer le feu, et on le laisse ainsi pendant douze ou quinze heures; après ce temps, on retire les coaks, partie par partie, à l'aide des râteaux de fer, en séparant le menu qui sert à couvrir d'autres charbonnières.

Lorsque les coaks sont refroidis, on les enferme dans un magasin bien sec : s'il s'y trouve quelques morceaux de charbon qui ne soient pas bien désoufrés, on les met à part pour les faire passer dans une nouvelle charbonnière; on en a de cette manière plusieurs en feu, dont la manœuvre se succède.

Trois ouvriers ayant un emplacement assez grand peuvent préparer dans une semaine trois cent cinquante, jusqu'à quatre cents quintaux de coaks. Les charbons de Rive-de-Gier perdent en désoufrage à Saint-Bel trente-cinq pour cent, de manière que cent livres de charbon cru sont réduites à soixante-cinq livres de braises; ce fait a été vérifié plusieurs fois. *Voyages métallurgiques*, par M. Jars, quinzième Mémoire, p. 325.

minerais de cuivre; il dit que les Anglais fondent la plupart des minerais de fer avec les coaks, dont ils obtiennent un fer coulé excellent qui se moule très-bien; mais que jamais ils ne sont parvenus à en faire un bon fer forgé [a].

Au reste, il y a des charbons qu'il serait peut-être plus avantageux de lessiver à l'eau, que de cuire au feu pour les réduire en coaks. M. de Grignon a proposé de se servir de cette méthode, et particulièrement pour le charbon d'Épinac; mais M. de Limare pense au contraire que le charbon d'Épinac, n'étant que pyriteux, ne doit pas être lessivé, et qu'il n'y a nul autre moyen de l'épurer que de le préparer en coak; la lessive à l'eau ne pouvant servir que pour les charbons chargés d'alun, de vitriol ou d'autres sels qu'elle peut dissoudre, mais non pas pour ceux où il ne se trouve que peu ou point de ces sels dissolubles à l'eau.

Le charbon de Montcenis, quoique à peu de distance de celui d'Épinac, est d'une qualité différente : il faut l'employer au moment qu'il est tiré, sans quoi il fermente bientôt et perd sa qualité; il demande à être désoufré [1] par le moyen du feu, et l'on a nouvellement établi des fourneaux et des hangars pour cette opération.

Le charbon de Rive-de-Gier dans le Lyonnais est moins bitumineux, mais en même temps un peu pyriteux; et en général il est plus compacte que

a. De quelque manière que le charbon de terre ait été torréfié, soit qu'il l'ait été à l'air libre, soit qu'il l'ait été dans des fosses comme à Newcastle, ou dans des fourneaux comme à Sultzbach, l'expérience ne lui a encore été avantageuse que pour les ouvrages qui se jettent en moule : dans les grandes opérations métallurgiques, ce charbon, si l'on veut suivre l'idée commune, n'est pas encore suffisamment *désoufré;* les braises qu'il donne ne remplissent pas à beaucoup près le but qu'on se propose : le fer provenant des forges de Sultzbach, et qui, porté à la filière, se trouvait une *fonte grise* et fort douce, a été reconnu être le produit de plusieurs affinages; en total, la fonte du fer qu'on obtient avec leur feu a toujours deux défauts considérables : on convient d'abord généralement que la qualité du fer est avilie, qu'il est cassant et hors d'état de rendre beaucoup de service. Dans la quantité de métal fondu au feu de charbon de terre, cru ou converti en braises, il se trouve toujours un déchet considérable; dans une semaine on avait fondu à Lancashire, avec le seul charbon de bois, quinze ou seize tonnes de fer (la tonne pèse deux mille), et avec les houilles on n'en a eu que cinq ou six.

Cet inconvénient se remarque également pour toutes les autres espèces de mines : un fourneau de réverbère anglais, chauffé avec le bois de hêtre, même avec des fagots, fait rendre à la mine de plomb dix pour cent plus que lorsqu'on le chauffe avec le charbon de terre.

Depuis plus de quarante ans on a commencé à vouloir l'employer, mais inutilement, pour la mine de cuivre : il y a vingt-huit ans qu'on avait encore voulu essayer en France, dans le travail d'une mine de cuivre, d'introduire l'usage du charbon de terre, tant pour le grillage que pour la fonte du minéral; on le mettait sur du bois dans le grillage, et on en mêlait neuf parties avec une partie de charbon de bois dans le fourneau allemand pour la fonte : une portion de cuivre, traitée de cette manière, s'est trouvée détruite et a causé des pertes considérables qui ont obligé les entrepreneurs d'abandonner cette fabrication. *Du Charbon de terre*, par M. Morand, pag. 1186 et 1187. — Ces observations de M. Morand paraîtraient d'abord contredire ce que nous avons cité d'après M. Jars; mais comme ces dernières expériences ont été faites avec du charbon cru, et que les autres avaient été faites avec des charbons épurés en coaks, leurs résultats devaient être différents.

1. Le *désoufrage* est une demi-combustion, qui enlève à la *houille* une partie de son *soufre*, lequel se dégage à l'état d'*acide sulfureux*. — Voyez la note de la page 272.

celui de Montcenis : il est d'une grande activité; son feu est âpre et durable; il donne une flamme vive, rouge et abondante; son poids est de cinquante-quatre livres le pied cube, lorsqu'il est désoufré; et dans cet état il pèse autant que le charbon brut de Saint-Chaumont, qui, quoique assez voisin de celui de Rive-de-Gier, est d'une qualité très-différente, car il est friable, léger, et à peu près de la même nature que celui de Montcenis, à l'exception qu'il est un peu moins pyriteux; il ne pèse cru que cinquante-quatre livres le pied cube, et ce poids se réduit à trente-six lorsqu'il est désoufré.

De toutes les méthodes connues pour épurer le charbon, celle qui se pratique aux environs de Gand est l'une des meilleures : on se sert des charbons crus de Mons et de Valenciennes, et le coak est si bien fait, dit M. de Limare, qu'on s'en sert sans inconvénient dans les blanchisseries de toile fine et de batiste : on l'épure dans des fourneaux entourés de briques, où l'on a ménagé des registres pour diriger l'air et le porter aux parties qui en ont besoin; mais on assure que la méthode du sieur Ling, qui a mérité l'approbation du gouvernement, est encore plus avantageuse; et je ne puis mieux terminer cet article qu'en rapportant le résultat des expériences qui ont été faites à Trianon, le 12 janvier 1779, avec du charbon du Bourbonnais désoufré à Paris par cette méthode du sieur Ling, par lesquelles expériences il est incontestablement prouvé que le charbon préparé par ce procédé, a une grande supériorité sur toutes les matières combustibles, et particulièrement sur le charbon cru, soit pour le chauffage ordinaire, soit pour les arts de métallurgie, puisque ces expériences démontrent :

1° Que le charbon ainsi préparé, quoique diminué de masse par l'épurement, tient le feu bien plus longtemps qu'un volume égal de charbon cru;

2° Qu'il a infiniment plus de chaleur, puisque, dans un temps donné et égal, des masses de métal de même volume acquièrent plus de chaleur sans se brûler ;

3° Que ce charbon de terre préparé est bien plus commode pour les ouvriers, qui ne sont point incommodés des vapeurs sulfureuses et bitumineuses qui s'exhalent du charbon cru ;

4° Que ce charbon préparé est plus économique, soit pour le transport, puisqu'il est plus léger, soit dans tous les usages qu'on en peut faire, puisqu'il se consomme moins vite que le charbon cru ;

5° Que la propriété précieuse que le charbon, préparé par cette méthode, a d'adoucir le fer le plus aigre et de l'améliorer, doit lui mériter la préférence non-seulement sur le charbon cru, mais même sur le charbon de bois ;

6° Enfin, que le charbon de terre épuré par cette méthode peut servir à tous les usages auxquels on emploie le charbon de bois, et avec un très-grand avantage, attendu que quatre livres de ce charbon épuré font autant de feu que douze livres de charbon de bois.

DU BITUME.

Quoique les bitumes[1] se présentent sous différentes formes ou plutôt dans des états différents, tant par leur consistance que par les couleurs, ils n'ont cependant qu'une seule et même origine primitive, mais ensuite modifiée par des causes secondaires : le naphte, le pétrole, l'asphalte, la poix de montagne, le succin, l'ambre gris, le jayet, le charbon de terre, tous les bitumes, en un mot, proviennent originairement des huiles animales ou végétales altérées par le mélange des acides; mais quoique le soufre provienne aussi des substances organisées, on ne doit pas le mettre au nombre des bitumes, parce qu'il ne contient point d'huile, et qu'il n'est composé que du feu fixe de ces mêmes substances combiné avec l'acide vitriolique.

Les matières bitumineuses sont ou solides comme le succin et le jayet, ou liquides comme le pétrole et le naphte, ou visqueuses, c'est-à-dire d'une consistance moyenne entre le solide et le liquide, comme l'asphalte et la poix de montagne : les autres substances plus dures, telles que les schistes bitumineux, les charbons de terre, ne sont que des terres végétales ou limoneuses plus ou moins imprégnées de bitume.

Le naphte est le bitume liquide le plus coulant, le plus léger, le plus transparent et le plus inflammable. Le pétrole, quoique liquide et coulant, est ordinairement coloré et moins limpide que le naphte : ces deux bitumes ne se durcissent ni ne se coagulent à l'air; ce sont les huiles les plus ténues et les plus volatiles du bitume. L'asphalte, que l'on recueille sur l'eau ou dans le sein de la terre, est gras et visqueux dans ce premier état; mais bientôt il prend à l'air un certain degré de consistance et de solidité : il en est de même de la poix de montagne, qui ne diffère de l'asphalte qu'en ce qu'elle est plus noire et moins tenace.

Le succin, qu'on appelle aussi *karabé* et plus communément *ambre jaune*, a d'abord été liquide et a pris sa consistance à l'air, et même à la surface des eaux et dans le sein de la terre : le plus beau succin est transparent et de couleur d'or; mais il y en a de plus ou moins opaque, et de toutes les nuances de couleur du blanc au jaune et jusqu'au brun noirâtre; il renferme souvent de petits débris de végétaux et des insectes terrestres, dont la forme est parfaitement conservée[a]; il est électrique comme la résine

a. M. Keysler dit qu'on ne voit dans le succin que des empreintes de végétaux et d'animaux

1. « Les bitumes paraissent être pour la plupart le résultat de la décomposition des corps « organiques, mais il en est pour lesquels cette origine est loin d'être certaine : tels sont les « bitumes qui s'écoulent des terrains volcaniques, etc. Les bitumes qui proviennent de la « décomposition des corps organiques doivent donc présenter des différences correspondantes à « celles que ces corps affectent... Souvent, d'ailleurs, les différents bitumes sont mélangés « ensemble : deux seulement, l'*huile de naphte* et l'*asphalte* se présentent avec des caractères « assez constants; les autres pourraient bien n'être que des mélanges, en proportions variées, de « ces deux-là. » (Dufrénoy.) — Voyez la note 2 de la page 128.

végétale, et par l'analyse chimique on reconnaît qu'il ne contient d'autres matières solides qu'une petite quantité de fer, et qu'il est presque unique-composé d'huile et d'acide [a]. Et comme l'on sait d'ailleurs qu'aucune substance purement minérale ne contient d'huile, on ne peut guère douter que le succin [1] ne soit un pur résidu des huiles animales ou végétales saisies et pénétrées par les acides, et c'est peut-être à la petite quantité de fer contenue dans ces huiles qu'il doit sa consistance et ses couleurs plus ou moins jaunes ou brunes.

Le succin se trouve plus fréquemment dans la mer que dans le sein de la terre [b], où il n'y en a que dans quelques endroits et presque toujours en petits morceaux isolés : parmi ceux que la mer rejette, il y en a de différents degrés de consistance, et même il s'en trouve des morceaux assez mous; mais aucun observateur ne dit en avoir vu dans l'état d'entière liquidité, et celui que l'on tire de la terre a toujours un assez grand degré de fermeté.

L'on ne connaît guère d'autre minière de succin que celle de Prusse [2],

terrestres, et jamais de poissons. *Bibliothèque raisonnée*, 1742. *Voyage de Keysler*..... Cependant d'autres auteurs assurent qu'il s'y trouve quelquefois des poissons et des œufs de poissons (*Collection académique*, partie étrangère, tome IV, page 208). On m'a présenté, cette année 1778, un morceau d'environ deux pouces de diamètre, dans l'intérieur duquel il y avait un petit poisson d'environ un pouce de longueur; mais, comme la tranche de ce morceau de succin était un peu entamée, il m'a paru que c'était de l'ambre ramolli, dans lequel on a eu l'art de renfermer le petit poisson sans le déformer.

a. De deux livres de succin entièrement brûlé, M. Bourdelin n'a obtenu que dix-huit grains d'une terre brune, sans saveur, saline, et contenant un peu de fer. Voyez les *Mémoires de l'Académie royale des Sciences*.

b. On trouve du jayet et de l'ambre jaune dans une montagne près de Bugarach en Languedoc, à douze ou treize lieues de la mer, et cette montagne en est séparée par plusieurs autres montagnes. On trouve aussi du succin dans les fentes de quelques rochers en Provence (*Mémoires de l'Académie des Sciences*, années 1700 et 1703). — Il s'en trouve en Sicile, le long des côtes d'Agrigente, de Catane; à Bologne, vers la marche d'Ancône; et dans l'Ombrie, à d'assez grandes distances de la mer. Il en est de même de celui que M. le marquis de Bonnac a vu tirer dans un endroit du territoire de Dantzick, séparé de la mer par de grandes hauteurs. M. Guettard, de l'Académie des Sciences, conserve dans son Cabinet un morceau de succin qui a été trouvé dans le sein de la terre en Pologne, à plus de cent lieues de distance de la mer Baltique, et un autre morceau trouvé à Newburg, à vingt lieues de distance de Dantzick : il y en a dans des lieux encore plus éloignés de la mer, en Podolie, en Volhinie; le lac Lubien de Posnanie en rejette souvent, etc. *Mémoires de l'Académie des Sciences*, année 1762, pages 231 et suiv.

1. « Le *succin* donne, à la distillation, plusieurs *carbures d'hydrogène* liquides;... ces « *carbures* sont isomériques avec l'*essence de térébenthine*; il se forme, dans cette distillation, « un acide volatil, que l'on a nommé *acide succinique*..... L'*acide succinique* paraît préexister, « du reste, en partie dans le *succin*. » (Pelouze et Frémy.) — « Le succin a été originairement « analogue aux résines qui s'écoulent encore aujourd'hui de nos arbres : il se rapproche de la « *gomme copale* par ses propriétés principales. » (Dufrénoy.)

2. « Les localités où existe le succin sont nombreuses : il se trouve associé aux lignites dans « les terrains d'argile plastique et dans la partie inférieure des terrains crétacés... La plus « grande partie du succin vient des côtes méridionales de la mer Baltique, en Prusse, où la « mer le rejette entre Kœnigsberg et Memel. » (Dufrénoy.)

dont M. Neumann a donné une courte description, par laquelle il paraît que cette matière se trouve à une assez petite profondeur dans une terre dont la première couche est de sable, la seconde d'argile mêlée de petits cailloux de la grosseur d'un pouce, la troisième de terre noire remplie de bois fossiles à demi décomposés et bitumineux, et enfin la quatrième d'un minéral ferrugineux : c'est sous cette espèce de mine de fer que se trouve le succin par morceaux séparés et quelquefois accumulés en tas.

On voit que les huiles de la couche de bois ont dû être imprégnées de l'acide contenu dans l'argile de la couche supérieure, et qui en descendait par la filtration des eaux ; que ce mélange de l'acide avec l'huile du bois a rendu bitumineuse cette couche végétale ; qu'ensuite les parties les plus ténues et les plus pures de ce bitume sont descendues de même sur la couche du minerai ferrugineux, et qu'en la traversant elles se sont chargées de quelques particules de fer, et qu'enfin c'est du résultat de cette dernière combinaison que s'est formé le succin qui se trouve au-dessous de la mine de fer.

Le jayet[1] diffère du succin en ce qu'il est opaque et ordinairement très-noir ; mais il est de même nature, quoique ce dernier ait quelquefois la transparence et le beau jaune de la topaze ; car, malgré cette différence si frappante, les propriétés de l'un et de l'autre sont les mêmes ; tous deux sont électriques, ce qui a fait donner au jayet le nom d'*ambre noir*, comme on a donné au succin celui d'*ambre jaune ;* tous deux brûlent de même, seulement l'odeur que rend alors le jayet est encore plus forte et sa fumée plus épaisse que celle du succin : quoique solide et assez dur, le jayet est fort léger, et on a souvent pris pour du jayet certains bois fossiles noirs, dont la cassure est lisse et luisante, et qui paraissent en effet ne différer du vrai jayet que parce qu'ils ne répandent aucune odeur bitumineuse en brûlant.

On trouve quelques minières de jayet en France : on en connaît une dans la province de Roussillon près de Bugarach [a]. M. de Gensane fait mention

a. « J'allai, dit M. Le Monnier, visiter une mine de jayet... Elle ressemble de loin à un tas de « charbon de terre appliqué contre un rocher fort élevé, au bas duquel est l'entrée d'une petite « caverne dans laquelle on voit plusieurs veines de jayet qui courent dans une terre légère, et « même dans les fentes du rocher : cette matière est dure, sèche, légère, fragile et irrégulière « dans sa figure, si ce n'est qu'on voit plusieurs cercles concentriques dans ses fragments. On « en trouve aussi quelques morceaux, mais moins beaux, sur le tas qui est à l'entrée de la mine, « parmi une terre noire bitumineuse : cette terre pourrait être regardée comme une espèce de « jayet impur ; car, brûlée sur la pelle, elle répand la même odeur que le plus beau jayet ; « l'un et l'autre brûlent difficilement, pétillent un peu en s'échauffant, et la fumée qu'ils répandent est noire, épaisse et d'une odeur de bitume fort désagréable : on travaille assez proprement cette matière à Bugarach ; on en fait des colliers, des chapelets, etc.... En donnant « quelques coups de pioche sur ce tas pour découvrir quelques morceaux de jayet, j'ai aperçu

1. Le *jayet* ou *jais* ou *lignite compacte :* « La texture ligneuse y est souvent apparente et « indiquée par des zones concentriques dues aux couches successives du bois... En France, on « exploite le *jais* à Sainte-Colombe, dans le département de l'Aude. » (Dufrénoy.)

d'une autre dans le Gévaudan, sur le penchant de la montagne près de Vebron [a], et d'une autre près de Rouffiac, diocèse de Narbonne, où l'on faisait dans ces derniers temps de jolis ouvrages de cette matière [b]. On a trouvé dans la glaise, en creusant la montagne de Saint-Germain-en-Laye, un morceau de bois fossile, dont M. Fougeroux de Bondaroy a fait une exacte comparaison avec le jayet. « On sait, dit ce savant académicien, que « la couleur du jayet est noire, mais que la superficie de ses lames n'a point « ce luisant qu'offre l'intérieur du morceau dans sa cassure; c'est aussi ce « qu'il est aisé de reconnaître dans le morceau de bois de Saint-Germain. « Dans l'intérieur d'une fente ou d'un morceau rompu, on voit une couleur « d'un noir d'ivoire bien plus brillant que sur la surface du morceau. La « dureté du jayet et du morceau de bois est à peu près la même : étant polis « ils offrent la même nuance de couleur; tous deux brûlent et donnent de « la flamme sur les charbons; le jayet répand une odeur bitumineuse ou de « pétrole; certains morceaux du bois en question donnent une pareille « odeur, surtout lorsqu'ils ne contiennent point de pyrites. Ce morceau de « bois est donc changé en jayet, et il sert à confirmer le sentiment de ceux « qui croient le jayet produit par des végétaux [c]. »

On trouve du très-beau jayet en Angleterre dans le comté d'York et en plusieurs endroits de l'Écosse : il y en aussi en Allemagne et surtout à Wurtemberg. M. Bowles en a trouvé en Espagne près de Peralegos, « dans une « montagne où il y a, dit-il, des veines de bois bitumineux, qui ont jusqu'à « un pied d'épaisseur... On voit très-bien que c'est du bois, parce que l'on « en trouve des morceaux avec leur écorce et leurs fibres ligneuses, mêlés « avec le véritable jayet dur [d]. »

Il me semble que ces faits suffisent pour qu'on puisse prononcer que le succin et le jayet tirent immédiatement leur origine des végétaux, et qu'ils ne sont composés que d'huiles végétales devenues bitumineuses par le mélange des acides; que ces bitumes ont d'abord été liquides, et qu'ils se sont durcis par leur simple desséchement, lorsqu'ils ont perdu les parties

« des morceaux de véritable succin : la couleur en était un peu foncée, mais ils en avaient « parfaitement l'odeur et l'électricité. J'ai trouvé de même, en continuant de fouiller, des bois « pétrifiés avec des circonstances très-favorables pour appuyer la vérité de cette transmutation... Le jayet paraît s'insinuer non-seulement dans les bois pétrifiés, mais encore dans les « pierres jusque dans les moindres fentes; or, si le jayet, qui, dans sa plus grande fluidité, « n'est jamais qu'un bitume liquide, et peut-être une espèce de pétrole, s'insinue si bien entre « les fibres du bois et les plus petites fentes des autres corps solides, n'en doit-on pas conclure « que cette matière, que nous voyons aujourd'hui dure et compacte, a été autrefois très-fluide, « et que ce n'est pour ainsi dire qu'une espèce d'huile desséchée et durcie par la succession du « temps. » *Observations d'histoire naturelle*, Paris, 1739, page 215.

a. *Histoire naturelle du Languedoc*, t. II, p. 244.

b. *Idem, ibidem*, p. 189.

c. *Sur la montagne de Saint-Germain*, par M. Fougeroux de Bondaroy. *Mémoires de l'Académie des Sciences*, année 1769.

d. *Histoire naturelle d'Espagne*, par M. Bowles, pag. 206 et 207.

aqueuses de l'huile et des acides dont ils sont composés. Le bitume, qu'on appelle *asphalte*[1], nous en fournit une nouvelle preuve : il est d'abord fluide, ensuite mou et visqueux, et enfin il devient dur par la seule dessiccation.

L'asphalte des Grecs est le même que le bitume des Latins : on l'a nommé particulièrement *bitume de Judée*, parce que les eaux de la mer Morte et les terrains qui l'environnent en fournissent une grande quantité ; il a beaucoup de propriétés communes avec le succin et le jayet ; il est de la même nature, et il paraît, ainsi que la poix de montagne, le pétrole et le naphte, ne devoir sa liquidité qu'à une distillation des charbons de terre et des bois bitumineux qui, se trouvant voisins de quelque feu souterrain, laissent échapper les parties huileuses les plus légères, de la même manière à peu près que ces substances bitumineuses donnent leurs huiles dans nos vaisseaux de chimie. Le naphte, le pétrole et le succin paraissent être les huiles les plus pures que fournisse cette espèce de distillation, et le jayet, la poix de montagne et l'asphalte sont les huiles plus grossières. L'Histoire-Sainte nous apprend que la mer Morte, ou le lac Asphaltique de Judée, était autrefois le territoire de deux villes criminelles qui furent englouties : on peut donc croire qu'il y a eu des feux souterrains qui, agissant avec violence dans ce lieu, ont été les instruments de cet effet ; et ces feux ne sont pas encore entièrement éteints[a] ; ils opèrent donc la distillation de toutes les matières végétales et bitumineuses qui les avoisinent et produisent cet asphalte liquide que l'on voit s'élever continuellement à la surface du lac maudit, dont néanmoins les Arabes et les Égyptiens ont su tirer beaucoup d'utilité, tant pour goudronner leurs bateaux que pour embaumer leurs parents et leurs oiseaux sacrés ; ils recueillent sur la surface de l'eau cette huile liquide, qui par sa légèreté la surmonte comme nos huiles végétales.

a. On m'a assuré que le bitume, pour lequel ce lac a toujours été fameux, s'élève quelquefois du fond en grosses bulles ou bouteilles, qui, dès qu'elles parviennent à la surface de l'eau et touchent l'air extérieur, crèvent en faisant un grand bruit, accompagné de beaucoup de fumée, comme la poudre fulminante des chimistes, et se dispersent en divers éclats ; mais cela ne se voit que sur les bords, car vers le milieu l'éruption se manifeste par des colonnes de fumée qui s'élèvent de temps en temps sur le lac : c'est peut-être à ces sortes d'éruptions qu'on doit attribuer un grand nombre de trous ou de creux qu'on trouve autour de ce lac, et qui ne ressemblent pas mal, comme dit fort bien M. Maundrelle, à certains endroits qu'on voit en Angleterre, et qui ont servi autrefois de fourneaux à faire de la chaux ; le bitume, en montant ainsi, est vraisemblablement accompagné de soufre, aussi trouve-t-on l'un et l'autre pêle-mêle répandu sur les bords. Ce soufre ne diffère en rien du soufre ordinaire ; mais le bitume est friable, plus pesant que l'eau, et il rend une mauvaise odeur lorsqu'on le frotte ou qu'on le met sur le feu ; il n'est point violet, comme l'*asphaltus* de Dioscoride, mais noir et luisant comme du jayet. *Voyage de M. Shaw*, traduit de l'anglais ; La Haye, 1743, tome II, pag. 73 et 74.

1. « L'*asphalte* ressemble extérieurement à la houille ;... il entre en fusion à la température « de l'eau bouillante, s'enflamme facilement et brûle avec une flamme luisante, en répandant « une fumée épaisse et laissant peu de cendres : à la distillation sèche, il donne une huile « bitumineuse particulière, très-peu d'eau, des gaz combustibles et des traces d'ammoniaque. » (Dufrénoy.)

L'asphalte se trouve non-seulement en Judée et en plusieurs autres provinces du Levant, mais encore en Europe et même en France. J'ai eu occasion d'examiner et même d'employer l'asphalte de Neufchâtel; il est de la même nature que celui de Judée : en le mêlant avec une petite quantité de poix, on en compose un mastic avec lequel j'ai fait enduire il y a trente-six ans un assez grand bassin au Jardin du Roi, qui depuis a toujours tenu l'eau. On a aussi trouvé de l'asphalte en Alsace, en Languedoc sur le territoire d'Alais et dans quelques autres endroits. La description, que nous a donnée M. l'abbé de Sauvages de cet asphalte d'Alais, ajoute encore une preuve à ce que j'ai dit de sa formation par une distillation *per ascensum*. « On voit, dit-il, régner auprès de Servas, à quelque distance d'Alais, sur « une colline d'une grande étendue, un banc de rocher de marbre qui pose « sur la terre et qui en est couvert : il est naturellement blanc, mais cette « couleur est si fort altérée par l'asphalte qui le pénètre, qu'il est vers sa « surface supérieure d'un brun clair et ensuite très-foncé à mesure que le « bitume approche du bas du rocher : le terrain du dessous n'est point « pénétré de bitume, à la réserve des endroits où la tranche du banc est « exposée au soleil; il en découle en été du bitume qui a la couleur et la « consistance de la poix noire végétale; il en surnage sur une fontaine voi- « sine, dont les eaux ont en conséquence un goût désagréable...

« Dans le fond de quelques ravines et au-dessous du rocher d'asphalte, « je vis un terrain mêlé alternativement de lits de sable et de lits de charbon « de pierre, tous parallèles à l'horizon [a]. » On voit, par cet exposé, que l'asphalte ne se trouve pas au-dessous, mais au-dessus des couches ou veines bitumineuses de bois et de charbons fossiles, et que par conséquent il n'a pu s'élever au-dessus que par une distillation produite par la chaleur d'un feu souterrain.

Tous les bitumes liquides, c'est-à-dire l'asphalte, la poix de montagne, le pétrole et le naphte, coulent souvent avec l'eau des sources qui se trouvent voisines des couches de bois et de charbon fossiles. A Begrède près d'Anson en Languedoc, il y a une fontaine qui jette du bitume que l'on recueille à fleur d'eau : on en recueille de même à Gabian, diocèse de Béziers [b], et cette fontaine de Gabian est fameuse par la quantité de pétrole qu'elle produit; néanmoins il paraît par un Mémoire de M. Rivière, publié en 1717, et par un autre Mémoire, sans nom d'auteur, imprimé à Béziers en 1752, que cette source bitumineuse a été autrefois beaucoup plus abondante qu'elle ne l'est aujourd'hui; car il est dit qu'elle a donné avant 1717, pendant plus de quatre-vingts ans, trente-six quintaux de pétrole par an, tandis qu'en 1752 elle n'en donnait plus que trois ou quatre quintaux. Ce pétrole est d'un rouge brun foncé; son odeur est forte et désagréable; il

a. Voyez les *Mémoires de l'Académie des Sciences*, année 1746, pag. 720 et 721.

b. *Histoire naturelle du Languedoc*, par M. de Gensane, t. I, pag. 201 et 274.

s'enflamme très-aisément, et même la vapeur qui s'en élève lorsqu'on le chauffe, prend feu si l'on approche une chandelle ou toute autre lumière, à trois pieds de hauteur au-dessus : l'eau n'éteint pas ce pétrole allumé, et lors même que l'on plonge dans l'eau des mèches bien imbibées de cette huile inflammable, elles continuent de brûler quoique au-dessous de l'eau. Elle ne s'épaissit ni ne se fige par la gelée, comme le font la plupart des huiles végétales, et c'est par cette épreuve qu'on reconnaît si le pétrole est pur ou s'il est mélangé avec quelqu'une de ces huiles. A Gabian, le pétrole ne sort de la source qu'avec beaucoup d'eau qu'il surnage toujours, car il est beaucoup plus léger, et l'est même plus que l'huile d'olive : « Une seule « goutte de ce bitume, dit M. Rivière, versée sur une eau dormante, a « occupé dans peu de temps un espace d'une toise de diamètre tout émaillé « des plus vives couleurs, et, en s'étendant davantage, il blanchit et enfin « disparaît ; au reste, ajoute-t-il, cette huile de pétrole naturelle est la même « que celle qui vient du succin dans la cornue vers le milieu de la *distilla-* « *tion* [a]. »

Cependant ce pétrole de Gabian n'est pas, comme le prétend l'auteur du Mémoire imprimé à Béziers en 1752, le vrai naphte de Babylone : à la vérité, beaucoup de gens prennent le naphte et le pétrole [1] pour une seule et même chose ; mais le naphte des Grecs, qui ne porte ce nom que parce que c'est la matière inflammable par excellence, est plus pur que l'huile de Gabian ou que toute autre huile terrestre que les Latins ont appelée *petroleum*, comme huile sortant des rochers avec l'eau qu'elle surnage. Le vrai naphte est beaucoup plus limpide et plus coulant ; il a moins de couleur, et prend feu plus subitement à une distance assez grande de la flamme : si l'on en frotte du bois ou d'autres corps combustibles, ils continueront de brûler quoique plongés dans l'eau [b] ; au reste le terrain dans lequel se trouve le pétrole de Gabian est environné et peut-être rempli de matières bitumineuses et de charbon de terre [c].

A une demi-lieue de distance de Clermont en Auvergne, il y a une source bitumineuse assez abondante et qui tarit par intervalles : « L'eau de cette

a. *Mémoire* de M. Rivière, page 6.

b. Boërhaave, *Elementa chimiæ*, t. I, p. 191.

c. *Mémoire sur le pétrole* ; Béziers, 1752.

1. « Incolore ou légèrement jaunâtre, l'*huile de naphte* est fluide comme l'alcool ; son odeur « est faible ; elle est insoluble dans l'eau ;... elle dissout les résines et l'asphalte. Cette dernière « propriété fait que, dans la nature, l'on trouve constamment l'*huile de naphte* mélangée « d'une certaine quantité de bitume, qui la colore et lui donne quelquefois une odeur assez « forte.

« L'*huile de pétrole* est d'un jaune brunâtre plus ou moins foncé. Elle est moins fluide que « l'*huile de naphte* ;... elle contient les mêmes principes que cette *huile*, mais dans des pro- « portions différentes : peut-être même pourrait-on la regarder comme cette *huile* tenant de « l'*asphalte* en dissolution. Les différentes variétés d'*huile de pétrole* ne différeraient dans ce « cas que par la proportion de *bitume* qu'elles auraient dissoute. » (Dufrénoy.) — Voyez la note de la page 277.

« source, dit M. Le Monnier, a une amertume insupportable; la surface de « l'eau est couverte d'une couche mince de bitume qu'on prendrait pour de « l'huile, et qui, venant à s'épaissir par la chaleur de l'air, ressemble en « quelque façon à de la poix.... En examinant la nature des terres qui envi-« ronnent cette fontaine, et en parcourant une petite butte qui n'en est pas « fort éloignée, j'ai aperçu du bitume noir qui découlait d'entre les fentes « des rochers; il se sèche à mesure qu'il reste à l'air, et j'en ai ramassé « environ une demi-livre : il est sec, dur et cassant, et s'enflamme aisément; « il exhale une fumée noire fort épaisse, et l'odeur qu'il répand ressemble à « celle de l'asphalte; je suis persuadé que par la distillation on en retirerait « du pétrole[a]. » Ce bitume liquide de Clermont est, comme l'on voit, moins pur que celui de Gabian; et depuis le naphte, que je regarde comme le bitume le mieux distillé par la nature, au pétrole, à l'asphalte, à la poix de montagne, au succin, au jayet et au charbon de terre, on trouve toutes les nuances et tous les degrés d'une plus ou moins grande pureté dans ces matières qui sont toutes de même nature.

« En Auvergne, dit M. Guettard, les monticules qui contiennent le plus « de bitume, sont ceux du *Puy-de-Pège* (*poix*) et du Puy-de-Cronelles : « celui de Pège se divise en deux têtes, dont la plus haute peut avoir douze « ou quinze pieds; le bitume y coule en deux ou trois endroits... A côté de « ce monticule se trouve une petite élévation d'environ trois pieds de hau-« teur sur quinze de diamètre : selon M. Ozy, cette élévation n'est que de « bitume qui se dessèche à mesure qu'il sort de la terre; la source est au « milieu de cette élévation. Si l'on creuse en différents endroits autour et « dessus cette masse de bitume, on ne trouve aucune apparence de rocher. « Le Puy-de-Cronelles, peu éloigné du précédent, peut avoir trente ou « quarante pieds de hauteur; le bitume y est solide, on en voit des morceaux « durs entre les crevasses des pierres; il en est de même de la partie la plus « élevée du Puy-de-Pège[b]. »

a. Parmi les charbons de terre, il en est qui, à l'odeur près, ressemblent fort à l'asphalte, quant à la pureté et au coup d'œil, comme il en est qui diffèrent peu du jayet, comme aussi on voit du jayet qu'on pourrait confondre aisément avec l'asphalte et quelques charbons de terre : la matière bitumineuse qui se tire dans le voisinage de Virtemberg, fort ressemblante à du succin qui n'aurait passé que légèrement au feu, et qu'on appelle *succin*, parait tenir un milieu entre le charbon de terre et le jayet. *Du Charbon de terre et de ses mines*, par M. Morand, page 18.—Le charbon, que les Anglais appellent *kennel coal,* est très-pur et ressemble au jayet; et l'on peut croire que la différence qu'il y a entre les bitumes et les charbons de terre provient de ce que ceux-ci sont mêlés de parties terreuses qui en divisent le bitume et empêchent qu'ils ne puissent, comme les autres bitumes, se liquéfier au feu et s'allumer si promptement; mais aussi le charbon de terre est de toutes les matières de ce genre bitumineux celle qui conserve le feu plus longtemps et plus fortement... Mais, au reste, ces matières terreuses qui altèrent le bitume des charbons de terre ne sont pas celles qui s'y trouvent en plus grande quantité. *Idem, ibidem.*

. *Mémoire sur la minéralogie d'Auvergne*, dans ceux de l'*Acad. des Sciences,* année 1759... Les pierres bitumineuses de l'Auvergne se trouvent dans des endroits qui forment une suite de

En Italie, dans les duchés de Modène, Parme et Plaisance, le pétrole est commun : le village de Miano, situé à douze milles de Parme, est un des lieux d'où on le tire dans certains puits construits de manière que cette huile vienne se rassembler dans le fond [a].

monticules posés dans le même alignement : peut-être y a-t-il ailleurs de semblables pierres, car je sais qu'on a trouvé du bitume sur le Puy-de-Pelon, à Chamalière près de Clermont, et au pied des montagnes à l'ouest... Dans le fond des caves des Bénédictins de Clermont, où l'on trouve du bitume, on ramasse une terre argileuse d'un brun foncé, et recouverte d'une poussière jaune soufrée : la pierre du roc où les caves sont creusées est brune, ou brun jaunâtre, ou lavée de blanc; le bitume recouvre ces pierres en partie : il est sec, noir et brillant; enfin il y a encore à Machaut, hauteur qui est à un quart de lieue de Riom, sur la route de Clermont, une source de poix dont les paysans se servent pour graisser les essieux des voitures. Indépendamment du bitume de Pont-du-Château, le roc sur lequel est construite l'écluse de cet endroit est d'une pierre argileuse, gris verdâtre et parsemée de taches noires et rondes qui paraissent bitumineuses. *Idem*, *ibidem*.

a. « On rencontre à Miano, dit M. Fougeroux de Bondaroy, plusieurs de ces puits anciens « abandonnés; mais on n'y compte maintenant que trois puits qui fournissent du pétrole « blanc, et à quelque distance de ce village, deux autres qui donnent du pétrole roux... On « creuse les puits au hasard et sans y être conduit par aucun indice, à cent quatre-vingts pieds « environ de profondeur... L'indice le plus sûr de la présence du pétrole est l'odeur qui s'élève « du fond de la fouille, et qui se fait sentir d'autant plus vivement qu'on parvient à une plus « grande profondeur, et qui vers la fin de l'ouvrage devient si forte que les ouvriers en creu- « sant et faisant les murs du puits ne peuvent pas rester une demi-heure ou même un quart « d'heure sans être remplacés par d'autres, et souvent on les retire évanouis : on creuse donc « le puits jusqu'à ce qu'on voie sortir le pétrole, qui se filtre à travers les terres, et qui quel- « quefois sort avec force et par jets; c'est ordinairement lorsqu'on est parvenu à cent quatre- « vingts pieds ou environ de profondeur qu'on obtient le pétrole : souvent, en creusant le puits, « on aperçoit quelques filets de pétrole qui se perdent en continuant l'ouvrage... Les puits sont « abandonnés l'hiver et dès la fin de l'automne; mais au printemps les propriétaires envoient « tous les deux ou trois jours tirer le pétrole avec des seaux comme on tire de l'eau... L'un des « trois puits de Miano donne le pétrole, joint avec l'eau sur laquelle il surnage; cette eau est « claire et limpide, et un peu salée... Le pétrole, au sortir des puits, est un peu trouble, parce « qu'il est mêlé d'une terre légère, et il ne devient clair que lorsqu'il a déposé cette substance « étrangère au fond des vases dans lesquels on le conserve... Les environs de Miano, où l'on « tire le pétrole, ne fournissent point de vraie pierre; la montagne voisine n'est même composée « que d'une terre verdâtre, compacte et argileuse... Cette terre, appelée dans le pays *cocco*, mise « sur des charbons, ne donne point de flamme; elle se cuit au feu, et de verdâtre elle y devient « rougeâtre : elle se fond et s'amollit dans l'eau et y devient maniable; elle n'a point un goût « décidé sur la langue, elle ne fleurit point à l'air; elle fait une vive *effervescence avec l'acide* « *nitreux*. » — (Cette dernière propriété me paraît indiquer que le *cocco* n'est pas une terre argileuse, mais plutôt une terre limoneuse, mêlée de matière calcaire.) — « Dans le lieu « appelé *Salso-Maggiore*, continue M. de Bondaroy, et aux environs, à dix lieues de Parme, « il y a des puits d'eau salée qui donnent aussi du pétrole d'une couleur rousse très-foncée... « La terre de Salso-Maggiore est semblable au cocco de Miano, mais d'une couleur plus plom- « bée... Elle devient beaucoup plus verdâtre dans les lits inférieurs, et c'est de ces derniers lits « que sort l'eau salée avec le pétrole, depuis quatre-vingts jusqu'à cent cinquante brasses en « profondeur. » Extrait du *Mémoire* de M. Fougeroux de Bondaroy, sur le pétrole, dans ceux de l'*Académie des Sciences*, année 1770. — « A douze milles de Modène, dit Bernardino Rama- « zini, du côté de l'Apennin, on voit un rocher escarpé et stérile au milieu d'un vallon, et qui « donne naissance à plusieurs sources d'huile de pétrole : on descend dans ce rocher par un « escalier de vingt-quatre marches, au bas duquel on trouve un petit bassin rempli d'une eau « blanchâtre qui sort du rocher, et sur laquelle l'huile de pétrole surnage; il se répand à cent « toises à la ronde une odeur désagréable, ce qui ferait croire que cette source a subi quelque

Les sources de naphte et de pétrole sont encore plus communes dans le Levant qu'en Italie; quelques voyageurs assurent qu'on brûle plus d'huile de naphte que de chandelle à Bagdad[a]. « Sur la route de Schiras à Bender-« Congon, à quelques milles de Bennaron vers l'orient, on voit, dit Gemelli « Carreri, la montagne de Darap toute de pierre noire, d'où distille le fameux « baume-momie qui, s'épaississant à l'air, prend aussi une couleur noirâtre : « quoiqu'il y ait beaucoup d'autres baumes en Perse, celui-ci a la plus « grande réputation; la montagne est gardée par ordre du roi; tous les ans « les vizirs de Geaxoux, de Schiras et de Lar, vont ensemble ramasser la « momie qui coule et tombe dans une conque où elle se coagule; ils l'en-« voient au roi sous leur cachet pour éviter toute tromperie, parce que ce « baume est éprouvé et très-estimé en Arabie et en Europe, et qu'on n'en « tire pas plus de quarante onces par chaque année[b]. » Je ne cite ce passage tout au long que pour rapporter à un bitume, ce prétendu baume des momies : nous avons au Cabinet du Roi les deux boîtes d'or remplies de ce baume-momie ou *mumia*, que l'ambassadeur de Perse apporta et présenta à Louis XIV; ce baume n'est que du bitume, et le présent n'avait de mérite que dans l'esprit de ceux qui l'ont offert[c]. Chardin parle de ce baume-momie[d], et il le reconnaît pour un bitume; il dit qu'outre les momies ou corps desséchés qu'on trouve en Perse dans la province de Corassan, il y a une autre sorte de mumie ou bitume précieux qui distille des rochers, et qu'il y a deux mines ou deux sources de ce bitume : l'une dans la Caramanie déserte au pays de Lar, et que c'est le meilleur pour les fractures, blessures, etc.; l'autre dans le pays de Corassan. Il ajoute que ces mines sont gardées et fermées ; qu'on ne les ouvre qu'une fois l'an en présence d'officiers de la province, et que la plus grande partie de ce bitume précieux est envoyée au trésor du roi. Il me paraît plus que vraisemblable que ces

« altération, puisque François Arioste, qui l'a décrite il y a trois siècles, la vante surtout pour sa « bonne odeur. On amasse l'huile de pétrole deux fois par semaine sur le bassin principal, « environ six livres à chaque fois : le terrain est rempli de feux souterrains qui s'échappent de « temps en temps avec violence; quelques jours avant ces éruptions, les bestiaux fuient les « pâturages des environs. » *Collection académique*, partie étrangère, tome VI, p. 477.

a. *Voyage de Thévenot;* Paris, 1664, t. II, p. 118.

b. *Voyage autour du monde;* Paris, 1719, t. II, p. 274.

c. Sa Majesté Louis XIV fit demander à l'ambassadeur du roi de Perse : 1° le nom de cette drogue; 2° à quoi elle est propre; 3° si elle guérit les maladies, tant internes qu'externes; 4° si c'est une drogue simple ou composée. L'ambassadeur répondit : 1° que cette drogue se nomme en persan *momia;* 2° qu'elle est spécifique pour les fractures des os, et généralement pour toutes les blessures; 3° qu'elle est employée pour les maladies internes et externes; qu'elle guérit les ulcères internes et externes, et fait sortir le fer qui pourrait être resté dans les blessures; 4° que cette drogue est simple et naturelle; qu'elle distille d'un rocher dans la province de Dezar, qui est une des plus méridionales de la Perse; enfin qu'on peut s'en servir en l'appliquant sur les blessures, ou en la faisant fondre dans le beurre ou dans l'huile. — Cette notice était jointe aux deux boîtes qui renferment cette drogue.

d. Le nom de *momie*, ou *mumia* en persan, vient de *moum*, qui signifie cire, gomme, onguent.

propriétés spécifiques, attribuées par les Persans à leur baume-momie, sont communes à tous les bitumes de même consistance, et particulièrement à celui que nous appelons *poix de montagne*[1]; et, comme on vient de le voir, ce n'est pas seulement en Perse que l'on trouve des bitumes de cette sorte, mais dans plusieurs endroits de l'Europe et même en France, et peut-être dans tous les pays du monde[a], de la même manière que l'asphalte ou bitume de Judée s'est trouvé non-seulement sur la mer Morte, mais sur d'autres lacs et dans d'autres terres très-éloignées de la Judée. On voit en quelques endroits de la mer de Marmara, et particulièrement près d'Héraclée, une matière bitumineuse qui flotte sur l'eau en forme de filets que les nautoniers grecs ramassent avec soin, et que bien des gens prennent pour une sorte de pétrole; cependant elle n'en a ni l'odeur, ni le goût, ni la consistance; les filets sont fermes et solides, et approchent plus en odeur et en consistance du bitume de Judée[b].

Dans la Thébaïde, du côté de l'est, on trouve une montagne appelée *Gebel-el-Moël* ou montagne de l'huile, à cause qu'elle fournit beaucoup d'huile de pétrole[c]. Oléarius et Tavernier font mention du pétrole qui se trouve aux environs de la mer Caspienne : ce dernier voyageur dit « qu'au « couchant de cette mer un peu au-dessus de Chamack, il y a une roche qui « s'avance sur le rivage, de laquelle distille une huile claire comme de l'eau, « jusque-là que des gens s'y sont trompés et ont cru en pouvoir boire; « elle s'épaissit peu à peu, et au bout de neuf ou dix jours elle devient grasse « comme de l'huile d'olive, gardant toujours sa blancheur... Il y a trois ou « quatre grandes roches fort hautes assez près de là qui distillent aussi la « même liqueur, mais elle est plus épaisse et tire sur le noir. On transporte « cette dernière huile dans plusieurs provinces de la Perse, où le menu « peuple ne brûle autre chose[d]. » Léon l'Africain parle de la poix qui se trouve dans quelques rochers du mont Atlas et des sources qui sont infectées de ce bitume; il donne même la manière dont les Maures recueillent cette poix de montagne qu'ils rendent liquide par le moyen du feu[e]. On trouve à Madagascar cette même matière que Flacour appelle *de la poix de terre* ou

a. MM. Pering et Browal donnent la description d'une substance grasse, que l'on tire d'un lac de la Finlande, près de Maskoter, que ces physiciens n'hésitent pas à mettre dans le genre des bitumes. *Mémoires de l'Académie de Suède*, t. III, année 1743.

b. *Description de l'Archipel*, par Dapper; Amsterdam, 1703, p. 497.

c. *Voyage en Égypte*, par Granger; Paris, 1745, p. 202.

d. Les six *Voyages de Tavernier*; Rouen, 1713, t. II, p. 307.

e. Léon Africain, Description; Lugd. Batav., part. II, p. 771.

1. *Poix de montagne*, *poix minérale* ou *malthe*. « Le *malthe* est mou et glutineux : la « ligne de séparation entre ce bitume et l'*asphalte* est peu tranchée; cependant il est constamment mou, tandis que l'*asphalte* devient solide... Le *malthe* contient ordinairement de « l'*huile de naphte*, et c'est à sa présence qu'est dû le ramollissement de ce bitume : il offre « une espèce de passage entre l'*huile de pétrole* et l'*asphalte*, se rapprochant d'autant plus de « la première qu'il contient davantage de pétrole, et réciproquement. » (Dufrénoy.)

bitume judaïque[a]. Enfin jusqu'au Japon les bitumes sont non-seulement connus, mais très-communs, et Kæmpfer assure qu'en quelques endroits de ces îles, l'on ne se sert que d'huile bitumineuse au lieu de chandelle[b].

En Amérique, ces mêmes substances bitumineuses ne sont pas rares. Dampier a vu de la poix de montagne en blocs de quatre livres pesant, sur la côte de Carthagène : la mer jette ce bitume sur les grèves sablonneuses de cette côte, où il demeure à sec. Il dit que cette poix fond au soleil, et est plus noire, plus aigre au toucher et plus forte d'odeur que la poix végétale[c]. Garcilasso qui a écrit l'histoire du Pérou, et qui y était né, rapporte qu'anciennement les Péruviens se servaient de bitume pour embaumer leurs morts : ainsi le bitume et même ses usages ont été connus de tous les temps, et presque de tous les peuples policés.

Je n'ai rassemblé tous ces exemples que pour faire voir que, quoique les bitumes se trouvent sous différentes formes dans plusieurs contrées, néanmoins les bitumes purs sont infiniment plus rares que les matières dont ils tirent leur origine : ce n'est que par une seconde opération de la nature qu'ils peuvent s'en séparer et prendre de la liquidité ; les charbons de terre, les schistes bitumineux, doivent être regardés comme les grandes masses de matières que les feux souterrains mettent en distillation pour former les bitumes liquides qui nagent sur les eaux ou coulent des rochers. Comme le bitume, par sa nature onctueuse, s'attache à toute matière et souvent la pénètre, il faut la circonstance particulière du voisinage d'un feu souterrain pour qu'il se manifeste dans toute sa pureté ; car il me semble que la nature n'a pas d'autre moyen pour cet effet. Aucun bitume ne se dissout ni ne se délaie dans l'eau : ainsi ces eaux qui sourdissent avec du bitume n'ont pu enlever par leur action propre ces particules bitumineuses ; et dès lors n'est-il pas nécessaire d'attribuer à l'action du feu l'origine de ce bitume coulant, et même à l'action d'un vrai feu et non pas de la température ordinaire de l'intérieur de la terre ? car il faut une assez grande chaleur pour que les bitumes se fondent, et il en faut encore une plus grande pour qu'ils se résolvent en naphte et en pétrole, et tant qu'ils n'éprouvent que la température ordinaire, ils restent durs, soit à l'air, soit dans la terre : ainsi tous les bitumes coulants doivent leur liquidité à des feux souterrains, et ils ne se trouvent que dans les lieux où les couches de terre bitumineuse et les veines de charbon sont voisines de ces feux qui non-seulement en liquéfient le bitume, mais le distillent et en font élever les parties les plus ténues pour former le naphte et les pétroles, lesquels, se mêlant ensuite avec des matières moins pures, produisent l'asphalte et la poix de montagne, ou se coagulent en jayet et en succin.

a. *Voyage à Madagascar ;* Paris, 1661, p. 162.
b. *Histoire du Japon ;* par Kæmpfer ; La Haye, 1729, t. I, p. 96.
c. *Voyage de Dampier ;* Rouen, 1715, t. III, p. 391.

Nous avons déjà dit que le succin a certainement été liquide, puisqu'on voit dans son intérieur des insectes dont quelques-uns y sont profondément enfoncés ; il faut cependant avouer que jusqu'à présent aucun observateur n'a trouvé le succin dans cet état de liquidité, et c'est probablement parce qu'il ne faut qu'un très-petit temps pour le consolider : ces insectes s'y empêtrent peut-être lorsqu'il distille des rochers et lorsqu'il surnage sur l'eau de la mer, où la chaleur de quelque feu souterrain le sublime en liqueur, comme l'huile de pétrole, l'asphalte et les autres bitumes coulants.

Quoiqu'on trouve en Prusse et en quelques autres endroits des mines de succin dans le sein de la terre, cette matière est néanmoins plus abondante dans certaines plages de la mer : en Prusse et en Poméranie, la mer Baltique jette sur les côtes une grande quantité de succin, presque toujours en petits morceaux de toutes les nuances de blanc, de jaune, de brun et de différents degrés de pureté; et à la vue encore plus qu'à l'odeur, on serait tenté de croire que le succin n'est qu'une résine comme la copale[1] à laquelle il ressemble; mais le succin est également impénétrable à l'eau, aux huiles et à l'esprit-de-vin, tandis que les résines qui résistent à l'action de l'eau se dissolvent en entier par les huiles, et surtout par l'esprit-de-vin : cette différence suppose donc dans le succin une autre matière que celle des résines, ou du moins une combinaison différente de la même matière; or on sait que toutes les huiles végétales concrètes sont, ou des gommes qui ne se dissolvent que dans l'eau, ou des résines qui ne se dissolvent que dans l'esprit-de-vin, ou enfin des gommes-résines qui ne se dissolvent qu'imparfaitement par l'une et par l'autre; dès lors ne pourrait-on pas présumer, par la grande ressemblance qui se trouve d'ailleurs entre le succin et les résines, que ce n'est en effet qu'une gomme-résine dans laquelle le mélange des parties gommeuses et résineuses est si intime et en telle proportion, que ni l'eau ni l'esprit-de-vin ne peuvent l'attaquer ; l'exemple des autres gommes-résines, que ces deux menstrues n'attaquent qu'imparfaitement, semble nous l'indiquer.

En général, on ne peut pas douter que le succin, ainsi que tous les autres bitumes liquides ou concrets, ne doivent leur origine aux huiles animales et végétales imprégnées d'acide ; mais comme indépendamment des huiles, les animaux et végétaux contiennent des substances gélatineuses et mucilagineuses en grande quantité, il doit se trouver des bitumes uniquement composés d'huile, et d'autres mêlés d'huile et de matière gélatineuse ou mucilagineuse; des bitumes produits par les seules résines, d'autres par les gommes-résines mêlées de plus ou moins d'acides, et c'est à ces diverses combinaisons des différents résidus des substances animales ou végétales, que sont dues les variétés qui se trouvent dans les qualités des bitumes.

1. *Copale fossile* ou *résine fossile*. On en distingue de plusieurs sortes : la *résine de Highgate*, la *berengelite*, etc.

Par exemple, l'ambre gris[1] paraît être un bitume qui a conservé les parties les plus odorantes des résines dont le parfum est aromatique; il est dans un état de mollesse et de viscosité dans le fond de la mer auquel il est attaché, et il a une odeur très-désagréable et très-forte dans cet état de mollesse avant son desséchement: l'avidité avec laquelle les oiseaux, les poissons et la plupart des animaux terrestres le recherchent et l'avalent, semble indiquer que ce bitume contient aussi une grande quantité de matière gélatineuse et nutritive. Il ne se trouve pas dans le sein de la terre : c'est dans celui de la mer, et surtout dans les mers méridionales qu'il est en plus grande quantité; il ne se détache du fond que dans le temps des plus grandes tempêtes, et c'est alors qu'il est jeté sur les rivages ; il durcit en se séchant, mais une chaleur médiocre le ramollit plus aisément que les autres bitumes; il se coagule par le froid, et n'acquiert jamais autant de fermeté que le succin; cependant, par l'analyse chimique, il donne les mêmes résultats et laisse les mêmes résidus; enfin, il ne resterait aucun doute sur la conformité de nature entre cet ambre jaune ou succin et l'ambre gris, si ce dernier se trouvait également dans le sein de la terre et dans la mer; mais jusqu'à ce jour il n'y a qu'un seul homme[a] qui ait dit qu'on a trouvé de l'ambre gris dans la terre en Russie; néanmoins comme l'on n'a pas d'autres exemples qui puissent confirmer ce fait, et que tout l'ambre gris que nous connaissons a été, ou tiré de la mer, ou rejeté par ses flots, on doit présumer que c'est dans la mer seulement que l'huile et la matière gélatineuse dont il est composé se trouvent dans l'état nécessaire à sa formation. En effet, le fond de la mer doit être revêtu d'une très-grande quantité de substance gélatineuse animale par la dissolution de tous les corps des animaux qui y vivent et périssent[b], et cette matière gélatineuse doit y être tenue dans un état de mollesse et de fraîcheur, tandis que cette même matière gélatineuse des animaux terrestres, une fois enfouie dans les couches de la terre, s'est bientôt entièrement dénaturée par le desséchement ou le mélange qu'elle a subi : ainsi ce n'est que dans le fond de la mer que doit se trouver cette matière dans son état de fraîcheur; elle y est mêlée avec un bitume liquide; et comme la liquidité des bitumes n'est produite que par la chaleur des feux souterrains, c'est aussi dans les mers dont le fond est chaud, comme celles de la Chine et du Japon, qu'on trouve l'ambre gris en plus grande quantité; et il paraît encore que c'est à la matière

a J'ajouterai sans hésiter, dit l'auteur, que la formation de l'ambre gris est la même que celle de l'ambre jaune ou succin, parce que je sais qu'il n'y a pas longtemps qu'on a trouvé en Russie de l'ambre gris en fouillant la terre. *Collect. acad.*, partie étrangère, t. IV, p. 297.

b. M. de Montbeillard a observé, en travaillant à l'histoire des insectes, qu'il y a plusieurs classes d'animaux et insectes marins, tels que les polypes et autres, dont la chair est parfumée, et il est tout naturel que cette matière soit entrée dans la composition de l'ambre gris.

1. On ne sait point encore ce que c'est que l'*ambre gris*, et il est peu de substances dont la nature et l'origine aient donné lieu à plus d'hypothèses. On a supposé que c'était un produit de la *matière biliaire* de certains *cétacés*, le résultat d'une sécrétion animale, analogue au *musc* et au *castoréum*, etc., etc.

gélatineuse, molle dans l'eau, et qui prend de la consistance par le dessèchement, que l'ambre gris doit la mollesse qu'on lui remarque tant qu'il est dans la mer, et la propriété de se durcir promptement en se desséchant à l'air, tout comme on peut croire que c'est par l'intermède de la partie gommeuse de sa gomme-résine, que le succin peut avoir dans les eaux de la mer une demi-fluidité.

L'ambre gris, quoique plus précieux que l'ambre jaune, est néanmoins plus abondant : la quantité que la nature en produit est très-considérable, et on le trouve presque toujours en morceaux bien plus gros que ceux du succin [a], et il serait beaucoup moins rare s'il ne servait pas de pâture aux animaux. Les endroits où la mer le rejette en plus grande quantité dans l'ancien continent sont les côtes des Indes méridionales [b], et particulièrement des îles Philippines et du Japon, et sur les côtes du Pégu et de Bengale [c]; celles de l'Afrique, entre Mozambique [d] et la mer Rouge, et entre le cap Vert [e] et le royaume de Maroc [f].

a. Le capitaine William Keching dit que les Maures lui avaient appris qu'on avait trouvé sur les côtes de Monbassa, de Madagoxa, de Pata et de Brava, de prodigieuses masses d'ambre gris, dont quelques-unes pesaient jusqu'à vingt quintaux, et si grosses enfin qu'une seule pouvait cacher plusieurs hommes. *Histoire générale des Voyages*, t. I, p. 469. — Plusieurs voyageurs parlent de morceaux de cinquante et de cent livres pesant. Voyez Linscot, les anciennes relations des Indes, l'*Histoire d'Éthiopie*, par Gaëtan Charpy, etc.

b. La mer jette à Jolo beaucoup d'ambre : on assure à Manille qu'avant que les Espagnols eussent pris possession de cette île, les naturels ne faisaient pas de cas de l'ambre, et que les pêcheurs s'en servaient pour faire des torches ou flambeaux, avec lesquels ils allaient pêcher pendant la nuit, mais qu'eux, Espagnols, en relevèrent bientôt le prix...

La mer apporte l'ambre sur les côtes de Jolo vers la fin des vents d'ouest ou d'aval : on y en a quelquefois trouvé de liquide comme en fusion, lequel, ayant été ramassé et bénéficié, s'est trouvé très-fin et de bonne qualité. Je ne rapporte point en détail ce que pensent les naturels de Jolo sur la nature de l'ambre... Ce qui est très-singulier, c'est la quantité qui s'en trouve sur les côtes occidentales de cette île, quoique très-petite, puisqu'elle n'a que quatre à cinq lieues du nord au sud, pendant qu'on n'en trouve point, ou presque point, à Mindanao, qui est une île très-considérable en comparaison de Jolo. On pourrait peut-être apporter de cette différence la raison suivante : Jolo se trouve comme au milieu de toutes les autres îles de ces mers, et dans le canal de ces violents et furieux courants qu'on y ressent, et qui sont occasionnés par le resserrement des mers en ces parages; et ce qui semblerait appuyer ces raisons est que l'ambre ne vient sur les côtes de Jolo que sur la fin des vents d'aval ou d'ouest. *Voyage dans les mers de l'Inde*, par M. le Gentil; Paris, 1781, t. II, in-4°, pag. 84 et 85.

c. On en recueille aussi sur les côtes du Pégu et de Bengale, etc. *Voyage de Mandeslo*, suite d'Oléarius, t. II, p. 139.

d. Quand le gouverneur de Mozambique revient à Goa, au bout de trois ans que son gouvernement est fini, il emporte environ d'ordinaire avec lui pour trois cent mille *pardos* d'ambre gris, et le pardos est de vingt sous de notre monnaie; il s'en trouve quelquefois des morceaux d'une grosseur considérable. *Voyages de Tavernier*, t. IV, p. 73. — Il vient de l'ambre gris en abondance de Mozambique et de Sofala. *Relation de Saris : Histoire générale des Voyages*, t. II, p. 185.

e. On trouve quelquefois de l'ambre gris aux îles du cap Vert, et particulièrement à l'île de Sal; et l'on prétend que si les chats sauvages, et même les tortues vertes, ne mangeaient pas cette précieuse gomme, on y en trouverait beaucoup davantage. Robertz, dans l'*Histoire générale des Voyages*, t. II, p. 323.

f. Sur le bord de l'Océan, dans la province de Sui, au royaume de Maroc, on rencontre

En Amérique, il s'en trouve dans la baie de Honduras, dans le golfe de la Floride, sur les côtes de l'île du Maragnon au Brésil; et tous les voyageurs s'accordent à dire que si les chats sauvages, les sangliers, les renards, les oiseaux, et même les poissons et les crabes n'étaient pas fort friands de cette drogue précieuse, elle serait bien plus commune[a] : comme elle est d'une odeur très-forte au moment que la mer vient de la rejeter, les Indiens, les Nègres et les Américains la cherchent par l'odorat plus que par les yeux, et les oiseaux, avertis de loin par cette odeur, arrivent en nombre pour s'en repaître, et souvent indiquent aux hommes les lieux où ils doivent la chercher[b]. Cette odeur désagréable et forte s'adoucit peu à peu à mesure que l'ambre gris se sèche et se durcit à l'air; il y en a de différents degrés de consistance et de couleur différente : du gris, du brun, du noir et même du blanc, mais le meilleur et le plus dur paraît être le gris cendré. Comme les poissons, les oiseaux et tous les animaux qui fréquentent les eaux ou les bords de la mer avalent ce bitume avec avidité, ils le rendent mêlé de la matière de leurs excréments, et cette matière étant d'un blanc de craie dans les oiseaux, cet ambre blanc, qui est le plus mauvais de tous, pourrait bien être celui qu'ils rendent avec leurs excréments, et de même l'ambre noir serait celui que rendent les cétacés et les grands poissons dont les déjections sont communément noires.

Et comme l'on a trouvé de l'ambre gris dans l'estomac et les intestins de quelques cétacés [c], ce seul indice a suffi pour faire naître l'opinion que

beaucoup d'ambre gris, que ceux du pays donnent à bon marché aux Européens qui y trafiquent. *L'Afrique* de Marmol; Paris, 1667, t. II, p. 30. — On tire des rivières de Gambie, de Catsiao et de Saint-Domingo de très-bons ambres gris : dans le temps que j'étais sur la mer, elle en jeta sur le rivage une pièce d'environ trente livres; j'en achetai quatre livres, dont une partie fut vendue en Europe, au prix de huit cents florins la livre. *Voyage de Vaden de Broeck*, t. IV, p. 308.

a. Voyez l'*Histoire générale des Voyages*, tome II, pag. 187, 363, 367; tome V, pag. 210, et tome XIV, pag. 247. — L'ambre gris est assez commun sur quelques côtes de Madagascar et de l'île Sainte-Marie : après qu'il y a eu une grande tourmente, on le trouve sur le rivage de la mer. C'est un bitume qui provient du fond de l'eau, se coagule par succession de temps, et devient ferme : les poissons, les oiseaux, les crabes, les cochons, l'aiment tant qu'ils le cherchent incessamment pour le dévorer. *Voyage de Flacour*, pag. 29 et 150.

b. *Histoire des Aventuriers*, etc.; Paris, 1686, t. Ier, pag. 307 et 308. — Le nommé Barker a trouvé et ramassé lui-même un morceau d'ambre gris, dans la baie de Honduras, sur une grève sablonneuse, qui pesait plus de cent livres; sa couleur tirait sur le noir, et il était dur à peu près comme un fromage, et de bonne odeur après qu'il fut séché. *Voyage de Dampier*, t. Ier, p. 20.

c. « Kæmpfer dit qu'on le tire principalement des intestins d'une baleine assez commune « dans la mer du Japon, et nommée *fiaksiro :* il y est mêlé avec les excréments de l'animal, « qui sont comme de la chaux, et presque aussi durs qu'une pierre. C'est par leur dureté qu'on « juge s'il s'y trouvera de l'ambre gris; mais ce n'est pas de là qu'il tire son origine. De quelque « manière qu'il croisse au fond de la mer ou sur les côtes, il paraît qu'il sert de nourriture à « ces baleines, et qu'il ne fait que se perfectionner dans leurs entrailles: avant qu'elles l'aient « avalé, ce n'est qu'une substance assez difforme, plate, gluante, semblable à la bouse de vache, « et d'une odeur très-désagréable : ceux qui le trouvent dans cet état, flottant sur l'eau ou jeté « sur le rivage, le divisent en petits morceaux, qu'ils pressent pour lui donner la forme de

c'était une matière animale qui se produisait particulièrement dans le corps des baleines[a], et que peut-être c'était leur sperme, etc.; d'autres ont imaginé que l'ambre gris était de la cire et du miel tombés des côtes dans les eaux de la mer, et ensuite avalés par les grands poissons, dans l'estomac desquels ils se convertissaient en ambre, ou devenaient tels par le seul mélange de l'eau marine; d'autres ont avancé que c'était une plante comme les champignons ou les truffes, ou bien une racine qui croissait dans le terrain du fond de la mer; mais toutes ces opinions ne sont fondées que sur de petits rapports ou de fausses analogies : l'ambre gris, qui n'a pas été connu des Grecs ni des anciens Arabes, a été dans ce siècle reconnu pour un véritable bitume[1], par toutes ses propriétés; seulement il est probable, comme je l'ai insinué, que ce bitume qui diffère de tous les autres par la consistance et l'odeur, est mêlé de quelques parties gélatineuses ou mucilagineuses des animaux et des végétaux qui lui donnent cette qualité particulière; mais l'on ne peut douter que le fond et même la majeure partie de sa substance ne soit un vrai bitume.

Il paraît que l'ambre gris mou et visqueux tient ferme sur le fond de la mer, puisqu'il ne s'en détache que par force dans le temps de la plus grande agitation des eaux : la quantité jetée sur les rivages, et qui reste après la déprédation qu'en font les animaux, démontre que c'est une production abondante de la nature et non pas le sperme de la baleine, ou le miel des abeilles, ou la gomme de quelque arbre particulier ; ce bitume rejeté, ballotté par la mer, remplit quelquefois les fentes des rochers contre lesquels les flots viennent se briser. Robert Lade décrit l'espèce de pêche qu'il en a vu faire sur les côtes des îles Lucaies; il dit que l'ambre gris se trouve toujours en beaucoup plus grande quantité dans la saison où les vents règnent avec le plus de violence, et que les plus grandes richesses en ce genre se trouvaient entre la petite île d'Éleuthère et celle de Harbour, et que l'on ne doutait pas que les Bermudes n'en continssent encore plus : « Nous commençâmes, dit-il, notre recherche par l'île d'Éleuthère dans un « jour fort calme, le 14 de mars, et nous rapportâmes ce même jour douze « livres d'ambre gris : cette pêche ne nous coûta que la peine de plonger

« boule; à mesure qu'il durcit, il devient plus solide et plus pesant; d'autres le mêlent et le « pétrissent avec de la farine de cosses de riz, qui en augmente la quantité et relève la couleur. « Il y a d'autres manières de le falsifier; mais, si l'on en fait brûler un morceau, le mélange « se découvre aussitôt par la couleur, l'odeur et les autres qualités de la fumée. Les Chinois, « pour le mettre à l'épreuve, en râclent un peu dans de l'eau de thé bouillante : s'il est véri- « table, il se dissout et se répand avec égalité, ce que ne fera pas celui qui est sophistiqué. Les « Japonais n'ont appris que des Chinois et des Hollandais la valeur de l'ambre gris : à l'exemple « de la plupart des nations orientales de l'Asie, ils lui préfèrent l'ambre jaune. » *Histoire générale des Voyages*, t. X, p. 657.

a. Voyez les *Transactions philosophiques*, nos 385 et 387, et la réfutation de cette opinion dans les nos 433, 434 et 435.

1. Voyez la note de la page 290.

« nos crochets de fer dans les lieux que notre guide nous indiquait, et nous « eussions encore mieux fait si nous eussions eu des filets..... L'ambre mou « se pliait de lui-même, et embrassait le crochet de fer avec lequel il se « laissait tirer jusque dans la barque; mais, faute de filets, nous eûmes le « regret de perdre deux des plus belles masses d'ambre que j'aie vues de « ma vie; leur forme étant ovale, elles ne furent pas plus tôt détachées que « glissant sur le crochet elles se perdirent dans la mer..... Nous admirâmes « avec quelle promptitude ce qui n'était qu'une gomme mollasse dans le « sein de la mer prenait assez de consistance en un quart d'heure pour « résister à la pression de nos doigts : le lendemain, notre ambre gris était « aussi ferme et aussi beau que celui qu'on vante le plus dans les magasins « de l'Europe..... Quinze jours que nous employâmes à la pêche de l'ambre « gris ne nous en rapportèrent qu'environ cent livres; notre guide nous « reprocha d'être venus trop tôt, il nous pressait de faire le voyage des Ber- « mudes, assurant qu'il y en avait encore en plus grande quantité... qu'on « en avait tiré une masse de quatre-vingts livres pesant, ce qui cessa de « m'étonner lorsque j'appris, dit ce voyageur, qu'on en avait trouvé, sur les « côtes de la Jamaïque, une masse de cent quatre-vingts livres[a]. »

Les Chinois, les Japonais, et plusieurs autres peuples de l'Asie, ne font pas de l'ambre gris autant de cas que les Européens : ils estiment beaucoup plus l'ambre jaune ou succin qu'ils brûlent en quantité par magnificence, tant à cause de la bonne odeur que sa fumée répand, que parce qu'ils croient cette vapeur très-salubre, et même spécifique pour les maux de tête et les affections nerveuses[b].

L'appétit véhément de presque tous les animaux pour l'ambre gris n'est pas le seul indice par lequel je juge qu'il contient des parties nutritives, mucilagineuses, provenant des végétaux, ou même des parties gélatineuses des animaux; et sa propriété, analogue avec le musc et la civette, semble confirmer mon opinion. Le musc et la civette sont, comme nous l'avons dit[c], de pures substances animales : l'ambre gris ne développe sa bonne odeur et ne rend un excellent parfum que quand il est mêlé de musc et de civette en dose convenable ; il y a donc un rapport très-voisin entre les parties odorantes des animaux et celles de l'ambre gris, et peut-être toutes deux sont-elles de même nature.

a. *Voyage de Robert Lade*; Paris, 1744, t. II, pages 48, 51, 72, 98, 99 et 492.

b. *Histoire du Japon*, par Kæmpfer, Appendice, t. II, p. 50.

c. Voyez l'article de l'animal *musc*, tome III, page 393, et ceux de la *civette* et du *zibet*, tome *id.*, page 92.

DE LA PYRITE MARTIALE.

Je ne parlerai point ici des pyrites cuivreuses ni des pyrites arsenicales ; les premières ne sont qu'un minerai de cuivre, et les secondes, quoique mêlées de fer, diffèrent de la pyrite martiale[1] en ce qu'elles résistent aux impressions de l'air et de l'humidité, et qu'elles sont même susceptibles de recevoir le plus vif poli : le nom de *marcassites*, sous lequel ces pyrites arsenicales sont connues, les distingue assez pour qu'on ne puisse les confondre avec la pyrite qu'on appelle *martiale* parce qu'elle contient une plus grande quantité de fer que de tout autre métal ou demi-métal. Cette pyrite, quoique très-dure, ne peut se polir et ne résiste pas à l'impression même légère des éléments humides ; elle s'effleurit à l'air, et bientôt se décompose en entier : la décomposition s'en fait par une effervescence accompagnée de tant de chaleur, que ces pyrites amoncelées, soit par la main de l'homme, soit par celle de la nature, prennent feu d'elles-mêmes dès qu'elles sont humectées, ce qui démontre qu'il y a dans la pyrite une grande quantité de feu fixe[2], et comme cette matière du feu ne se manifeste sous une forme solide que quand elle est saisie par l'acide, il faut en conclure que la pyrite renferme également la substance du feu fixe et celle de l'acide ; mais comme la pyrite elle-même n'a pas été produite par l'action du feu, elle ne contient point de soufre formé, et ce n'est que par la combustion qu'elle peut en fournir[a] ; ainsi l'on doit se borner à dire que les pyrites contiennent les principes dont le soufre se forme par le moyen du feu, et non pas affirmer qu'elles contiennent du soufre tout formé : ces deux substances, l'une de feu, l'autre d'acide, sont dans la pyrite intimement réunies et liées à une terre, souvent calcaire, qui leur sert de base, et qui toujours contient une plus ou moins grande quantité de fer ; ce sont là les seules substances dont la pyrite martiale est composée ; elles concourent par leur mélange et leur union intime à lui donner un assez grand degré de dureté pour étinceler contre l'acier ; et comme la matière du feu fixe provient des corps organisés, les molécules organiques, que cette matière a conservées, tracent dans ce minéral les premiers linéaments de l'organisation en lui donnant une forme régulière, laquelle, sans être déterminée à telle ou telle figure, est néanmoins toujours achevée régulièrement, en sphères, en ellipses, en prismes, en pyramides, en

a. On pourra dire que la combustion n'est pas toujours nécessaire pour produire du soufre, puisque les acides séparent le même soufre, tant des pyrites que des compositions artificielles dans lesquelles on a fait entrer le soufre tout formé ; mais cette action des acides n'est-elle pas une sorte de combustion, puisqu'ils n'agissent que par le feu qu'ils contiennent ?

1. La *pyrite martiale* est le *bisulfure de fer*. Ces *pyrites*, grillées et exposées à l'air, absorbent l'oxygène et se transforment en un *sulfate de protoxyde de fer*. Il se produit en outre, dans cette opération, de l'*acide sulfurique* libre.

2. Voyez la note 4 de la page 217.

aiguilles, etc., car il y a des pyrites de toutes ces formes différentes, selon que les molécules organiques[1] contenues dans la matière du feu ont par leur mouvement tracé la figure et le plan sur lequel les particules brutes ont été forcées de s'arranger.

La pyrite est donc un minéral de figure régulière et de seconde formation, et qui n'a pu exister avant la naissance des animaux et des végétaux : c'est un produit de leurs détriments plus immédiat que le soufre, qui, quoiqu'il tire sa première origine de ces mêmes détriments des corps organisés, a néanmoins passé par l'état de pyrite[2], et n'est devenu soufre que par l'effervescence ou la combustion : or l'acide, en se mêlant avec les huiles grossières des végétaux, les convertit en bitume, et saisissant de même les parties subtiles du feu fixe que ces huiles renfermaient, il en compose les pyrites en s'unissant à la matière ferrugineuse qui lui est plus analogue qu'aucune autre, par l'affinité qu'a le fer avec ces deux principes du soufre ; aussi les pyrites se trouvent-elles sur toute la surface de la terre jusqu'à la profondeur où sont parvenus les détriments des corps organisés, et la matière pyriteuse n'est nulle part plus abondante que dans les endroits qui en contiennent les détriments, comme dans les mines de charbon de terre, dans les couches de bois fossiles, et même dans l'argile, parce qu'elle renferme les débris des coquillages et tous les premiers détriments de la nature vivante au fond des mers. On trouve de même des pyrites sous la terre végétale dans les matières calcaires, et dans toutes celles où l'eau pluviale peut déposer la terre limoneuse et les autres détriments des corps organisés.

La force d'affinité qui s'exerce entre les parties constituantes des pyrites est si grande, que chaque pyrite a sa sphère particulière d'attraction ; elles se forment ordinairement en petits morceaux séparés, et on ne les trouve que rarement en grands bancs ni en veines continues[a], mais seulement en petits lits, sans être réunies ensemble, quoique à peu près contiguës, et à peu de distance les unes des autres : et lorsque cette matière pyriteuse se trouve trop mélangée, trop impure pour pouvoir se réunir en masse régulière, elle reste disséminée dans les matières brutes, telles que le schiste ou la pierre calcaire dans lesquelles elle semble exercer encore sa grande force d'attraction ; car elle leur donne un degré de dureté qu'aucun autre mélange ne pourrait leur communiquer ; les grès même, qui se trouvent pénétrés de la matière pyriteuse, sont communément plus durs que les autres ; le charbon pyriteux est aussi le plus dur de tous les charbons de terre ; mais cette

a. Il y a dans le comté d'Alais, en Languedoc, une masse de pyrites de quelques lieues d'étendue, sur laquelle on a établi deux manufactures de vitriol : il y a aussi près de Saint-Dizier, en Champagne, un banc de pyrites martiales dont on ne connaît pas l'étendue, et ces pyrites en masses continues sont posées sur un banc de grès.

1. Voyez les notes de la page 3.
2. Voyez la note 3 de la page 217.

dureté, communiquée par la pyrite, ne subsiste qu'autant que ces matières durcies par son mélange, sont à l'abri de l'action des éléments humides; car ces pierres calcaires, ces grès et ces schistes si durs, parce qu'ils sont pyriteux, perdent à l'air en assez peu de temps, non-seulement leur dureté, mais même leur consistance.

Le feu fixe, d'abord contenu dans les corps organisés, a été pendant leur décomposition saisi par l'acide, et tous deux, réunis à la matière ferrugineuse, ont formé des pyrites martiales en très-grande quantité, dès le temps de la naissance et de la première mort des animaux et des végétaux : c'est à cette époque, presque aussi ancienne que celle de la naissance des coquillages, à laquelle il faut rapporter le temps de la formation des couches de la terre végétale et du charbon de terre, et aussi les amas de pyrites qui ont fait, en s'échauffant d'elles-mêmes, le premier foyer des volcans; toutes ces matières combustibles sont encore aujourd'hui l'aliment de leurs feux, et la matière première du soufre qu'ils exhalent. Et comme, avant l'usage que l'homme a fait du feu, rien ne détruisait les végétaux que leur vétusté, la quantité de matière végétale accumulée pendant ces premiers âges est immense : aussi s'est-il formé des pyrites dans tous les lieux de la terre, sans compter les charbons qui doivent être regardés comme les restes précieux de cette ancienne matière végétale, qui s'est conservée dans son baume ou son huile, devenue bitume par le mélange de l'acide.

Le bitume et la matière pyriteuse proviennent donc également des corps organisés : le premier en est l'huile, et la seconde la substance du feu fixe, l'un et l'autre saisis par l'acide; la différence essentielle entre le bitume et la pyrite martiale consiste en ce que la pyrite ne contient point d'huile, mais du feu fixe, de l'acide et du fer. Or nous verrons que le fer a la plus grande affinité avec le feu fixe et l'acide, et nous avons déjà démontré que ce métal, contenu en assez grande quantité dans tous les corps organisés, se réunit en grains et se régénère dans la terre végétale dont il fait partie constituante : ce sont donc ces mêmes parties ferrugineuses, disséminées dans la terre végétale, que la pyrite s'approprie dans sa formation, en les dénaturant au point que, quoique contenant une grande quantité de fer, la pyrite ne peut être mise au nombre des mines de fer, dont les plus pauvres donnent plus de métal que les pyrites les plus riches ne peuvent en rendre, surtout dans les travaux en grand, parce qu'elles brûlent plus qu'elles ne fondent, et que, pour en tirer le fer, il faudrait les griller plusieurs fois, ce qui serait aussi long que dispendieux, et ne donnerait pas encore une aussi bonne fonte que les vraies mines de fer.

La matière pyriteuse, contenue dans la couche universelle de la terre végétale, est quelquefois divisée en parties si ténues qu'elle pénètre avec l'eau, non-seulement dans les joints des pierres calcaires, mais même à travers leur masse, et que, se rassemblant ensuite dans quelque cavité, elle y forme des pyrites massives. M. de Lassone en cite un exemple dans les carrières de Compiègne[a], et je puis confirmer ce fait par plusieurs autres semblables : j'ai vu, dans les derniers bancs de plusieurs carrières de pierre et de marbre, des pyrites en petites masses et en grand nombre, la plupart plates et arrondies, d'autres anguleuses, d'autres à peu près sphériques, etc. J'ai vu qu'au-dessous de ce dernier banc de pierre calcaire qui était situé sous les autres, à plus de cinquante pieds de profondeur, et qui portait immédiatement sur la glaise, il s'était formé un petit lit de pyrites aplaties, entre la pierre et la glaise ; j'en ai vu de même dans l'argile à d'assez grandes profondeurs, et j'ai suivi, dans cette argile, la trace de la terre végétale avec laquelle la matière pyriteuse était descendue par la filtration des eaux. L'origine des pyrites martiales, en quelque lieu qu'elles se trouvent, me paraît donc bien constatée : elles proviennent, dans la terre végétale, des détriments des corps organisés lorsqu'ils se rencontrent avec l'acide, et elles se trouvent partout où ces détriments ont été transportés anciennement par les eaux de la mer, ou infiltrés dans des temps plus modernes par les eaux pluviales[b].

Comme les pyrites ont un poids presque égal à celui d'un métal, qu'elles ont aussi le luisant métallique, qu'enfin elles se trouvent quelquefois dans les terrains voisins des mines de fer, on les a souvent prises pour de vraies mines; cependant il est très-aisé de ne s'y pas méprendre, même à la première inspection, car elles sont toutes d'une figure décidée, quoique irrégulière et souvent différente; d'ailleurs, on ne les trouve guère mêlées en quantité avec la mine de fer en grains ; s'il s'en rencontre dans les mines de fer en grandes masses, elles s'y sont formées comme dans les

a. Les rocs de pierre qui se trouvent fort avant dans la terre, aux environs de Compiègne, avaient pour la plupart des cavités dont quelques-unes avaient jusqu'à un demi-pied de diamètre et plus. Dans ces cavités, on remarquait de petits mamelons ou protubérances adhérentes aux parois, qui s'étaient formés en manière de stalactites; mais ce qu'il y a de plus singulier, c'est une pyrite qui s'était formée dans une de ces cavités par un guhr pyriteux, filtré à travers le tissu même du bloc de pierre. *Mémoires de l'Académie des Sciences*, année 1771, page 86.

b. Dans la chaîne des collines d'Alais, M. l'abbé de Sauvages a observé une grande quantité de pyrites : « Elles sont, dit-il, principalement composées d'une matière inflammable, d'un « acide vitriolique et d'une terre vitrifiable et métallique qui leur donne une si grande dureté « qu'on en tire des étincelles avec le fusil lorsque la terre métallique est ferrugineuse.

« Cette matière dissoute, qui forme les pyrites, a suivi dans nos rochers des routes pareilles à « celles des sucs pierreux ordinaires :

« 1° Elle a pénétré intimement les pores de la pierre, et quoiqu'on ne l'y distingue pas tou- « jours dans les cassures, on ne peut pas douter de sa présence par l'odeur que donnent les « pierres qu'on a fait calciner à demi ;

« 2° Elle s'est épanchée et cristallisée dans des veines qu'on prendrait pour de petits filons « métalliques.

« Lorsque le suc pyriteux a été plus abondant et qu'il a rencontré des cavités ou des fentes « assez larges pour n'y point être gêné, il s'est répandu comme les sucs pierreux dans ces « fentes, il s'y est cristallisé d'une façon régulière. » Voyez les *Mémoires de l'Académie des Sciences*, année 1746, p. 732 jusqu'à 740.

bancs de pierre, par la filtration des eaux ; elles sont aussi plus dures que les mines de fer, et lorsqu'on les mêle au fourneau, elles les dénaturent et les brûlent au lieu de les faire fondre. Elles ne sont pas disposées comme les mines de fer en amas ou en couches, mais toujours dispersées, ou du moins séparées les unes des autres même dans les petits lits où elles sont le plus contiguës.

Lorsqu'elles se trouvent amoncelées dans le sein de la terre, et que l'humidité peut arriver à leur amas, elles produisent les feux souterrains dont les grands effets nous sont représentés par les volcans, et les moindres effets par la chaleur des eaux thermales, et par les sources de bitume fluide que cette chaleur élève par distillation.

La pyrite, qui paraît n'être qu'une matière ingrate et même nuisible, est néanmoins l'un des principaux instruments dont se sert la nature pour reproduire le plus noble de tous ses éléments : elle a renfermé dans cette matière vile le plus précieux de ses trésors, ce feu fixe, ce feu sacré qu'elle avait départi aux êtres organisés, tant par l'émission de la lumière du soleil que par la chaleur douce dont jouit en propre le globe de la terre [1].

Je renvoie aux articles suivants ce que nous avons à dire, tant au sujet des marcassites, que sur les pyrites jaunes cuivreuses, les blanches arsenicales, les galènes du plomb, et en général sur les minerais métalliques, dont la plupart ne sont que des pyrites plus ou moins mêlées de métal.

DES MATIÈRES VOLCANIQUES.

Sous le nom de *matières volcaniques,* je n'entends pas comprendre toutes les matières rejetées par l'explosion des volcans, mais seulement celles qui ont été produites ou dénaturées par l'action de leurs feux : un volcan dans une grande éruption, annoncée par les mouvements convulsifs de la terre, soulève, détache et lance au loin les rochers, les sables, les terres, toutes les masses en un mot qui s'opposent à l'exercice de ses forces; rien ne peut résister à l'élément terrible dont il est animé; l'océan de feu qui lui sert de base, agite et fait trembler la terre avant de l'entr'ouvrir; les résistances qu'on croirait invincibles, sont forcées de livrer passage à ses flots enflammés; ils enlèvent avec eux les bancs entiers ou en débris des pierres les plus dures, les plus pesantes, comme les couches de terre les plus légères; et projetant le tout sans ordre et sans distinction, chaque volcan forme, au-dessus

1. Buffon fait jouer aux *pyrites* un beaucoup trop grand rôle : d'abord, leurs *grands effets* ne sont pas représentés par les *volcans* (voyez les notes du chapitre suivant sur les *matières volcaniques*); ensuite, elles ne renferment pas le *feu fixe*, car il n'y a pas de *feu fixe*; et enfin, ce *feu sacré*, « que la nature a départi aux êtres organisés, » ou n'est qu'un vain mot, ou est la *vie* même, et la *vie* ne vient pas des *pyrites*.

ou autour de sa montagne, des collines de décombres de ces mêmes matières, qui faisaient auparavant la partie la plus solide et le massif de sa base.

On retrouve, dans ces amas immenses de matières projetées, les mêmes sortes de pierres vitreuses ou calcaires, les mêmes sables et terres dont les unes n'ayant été que déplacées et lancées sont demeurées intactes, et n'ont reçu aucune atteinte de l'action du feu; d'autres qui en ont été sensiblement altérées, et d'autres enfin qui ont subi une si forte impression du feu, et souffert un si grand changement, qu'elles ont pour ainsi dire été transformées, et semblent avoir pris une nature nouvelle et différente de celle de toutes les matières qui existaient auparavant.

Aussi avons-nous cru devoir distinguer dans la matière purement brute deux états différents, et en faire deux classes séparées [a] : la première composée des produits immédiats du feu primitif, et la seconde des produits secondaires de ces foyers particuliers de la nature dans lesquels elle travaille en petit comme elle opérait en grand dans le foyer général de la vitrification du globe ; et même ses travaux s'exercent sur un plus grand nombre de substances, et sont plus variés dans les volcans qu'ils ne pouvaient l'être dans le feu primitif, parce que toutes les matières de seconde formation n'existaient pas encore, les argiles, la pierre calcaire, la terre végétale n'ayant été produites que postérieurement par l'intermède de l'eau, au lieu que le feu des volcans agit sur toutes les substances anciennes ou nouvelles, pures ou mélangées, sur celles qui ont été produites par le feu primitif, comme sur celles qui ont été formées par les eaux, sur les substances organisées et sur les masses brutes ; en sorte que les matières volcaniques se présentent sous des formes bien plus diversifiées que celles des matières primitives.

Nous avons recueilli et rassemblé pour le Cabinet du Roi une grande quantité de ces productions de volcans : nous avons profité des recherches et des observations de plusieurs physiciens, qui, dans ces derniers temps, ont soigneusement examiné les volcans actuellement agissants et les volcans éteints; mais, avec ces lumières acquises et réunies, je ne me flatte pas de donner ici la liste entière de toutes les matières produites par leurs feux, et encore moins de pouvoir présenter le tableau fidèle et complet des opérations qui s'exécutent dans ces fournaises souterraines, tant pour la destruction des substances anciennes que pour la production ou la composition des matières nouvelles.

Je crois avoir bien compris, et j'ai tâché de faire entendre [b], comment se fait la vitrification des laves dans les monceaux immenses de terres brûlées, de cendres et d'autres matières ardentes projetées par explosion dans les éruptions du volcan ; comment la lave jaillit en s'ouvrant des issues au bas de ces monceaux; comment elle roule en torrents, ou se répand comme

a. Voyez le premier article de cette histoire des Minéraux.
b. Voyez tome Ier, article des *Laves et des Basaltes*.

un déluge de feu, portant partout la dévastation et la mort; comment cette même lave, gonflée par son feu intérieur, éclate à sa surface, et jaillit de nouveau pour former des éminences élevées au-dessus de son niveau; comment enfin, précipitant son cours du haut des côtes dans la mer, elle forme ces colonnes de basalte qui, par leur renflement et leur effort réciproque, prennent une figure prismatique, à plus ou moins de pans suivant les différentes résistances, etc. : ces phénomènes généraux me paraissent clairement expliqués; et quoique la plupart des effets particuliers en dépendent, combien n'y a-t-il pas encore de choses importantes à observer sur la différente qualité de ces mêmes laves et basaltes, sur la nature des matières dont ils sont composés, sur les propriétés de celles qui résultent de leur décomposition? Ces recherches supposent des études pénibles et suivies : à peine sont-elles commencées; c'est pour ainsi dire une carrière nouvelle trop vaste pour qu'un seul homme puisse la parcourir tout entière, mais dans laquelle on jugera que nous avons fait quelques pas, si l'on réunit ce que j'en ai dit précédemment à ce que je vais y ajouter [a].

Il était déjà difficile de reconnaître dans les premières matières celles qui ont été produites par le feu primitif, et celles qui n'ont été formées que par l'intermède de l'eau [1] : à plus forte raison aurons-nous peine à distinguer celles qui, étant également des produits du feu, ne diffèrent les unes des autres qu'en ce que les premières n'ont été qu'une fois liquéfiées ou sublimées, et que les dernières ont subi une seconde et peut-être une troisième action du feu [2]. En prenant donc en général toutes les matières rejetées par les volcans, il se trouvera dans leur quantité un certain nombre de substances qui n'ont pas changé de nature : le quartz, les jaspes et les micas doivent se rencontrer dans les laves, sous leur forme propre ou peu altérée; le feldspath, le schorl, les porphyres et granites peuvent s'y trouver aussi, mais avec de plus grandes altérations, parce qu'ils sont plus fusibles; les grès et les argiles s'y présenteront convertis en poudres et en verres; on y verra les matières calcaires calcinées; le fer et les autres métaux sublimés en safran, en litharge; les acides et alcalis devenus des sels concrets; les

a. Voyez l'article entier des *Volcans : Époques de la Nature*, t. IX, p. 528 et suiv., et *Additions*, t. I, p. 383 et suiv.

1..... *Les matières produites par le feu primitif, et celles qui n'ont été formées que par l'intermède de l'eau*... « Leibnitz, le premier, pose les deux principes qui ont successive- « ment formé et reformé le globe, le *feu* et l'*eau*; et, désormais, tout l'effort de la *géologie* « sera de démêler les effets distincts de ces deux grands agents. » (Voyez mon livre intitulé : *De la longévité humaine et de la quantité de vie sur le globe* : au chapitre de l'*apparition de la vie sur le globe*.)

2. Les *matières volcaniques* n'ont pas subi d'autre *action du feu* que les *matières produites par le feu primitif*. Elles sont également le produit de ce *feu primitif*; elles en sont également le produit direct : toutes ces *matières* viennent d'une seule et même source, le *feu primitif*, le *feu central*; et cette unité de *source*, d'*origine*, de *cause*, est le grand progrès qu'a fait la *théorie du globe* depuis Buffon. (Voyez, t. I et IX, toutes mes précédentes notes sur les *volcans*.)

pyrites converties en soufres vifs; les substances organisées végétales ou animales réduites en cendres; et toutes ces matières mélangées à différentes doses ont donné des substances nouvelles, et qui paraissent d'autant plus éloignées de leur première origine qu'elles ont perdu plus de traits de leur ancienne forme.

Et si nous ajoutons à ces effets de la force du feu qui par lui-même consume, disperse et dénature, ceux de la puissance de l'eau qui conserve, rapproche et rétablit, nous trouverons encore dans les matières volcanisées des produits de ce second élément : les bancs de basalte ou de laves auront leurs stalactites comme les bancs calcaires ou les masses de granites; on y trouvera de même des concrétions, des incrustations, des cristaux, des spaths, etc. Un volcan est à cet égard un petit univers; il nous présentera plus de variétés dans le règne minéral, que n'en offre le reste de la terre dont les parties solides n'ayant souffert que l'action du premier feu, et ensuite le travail des eaux, ont conservé plus de simplicité : les caractères imprimés par ces deux éléments, quoique difficiles à démêler, se présentent néanmoins avec des traits mieux prononcés; au lieu que dans les matières volcaniques, la substance, la forme, la consistance, tout, jusqu'aux premiers linéaments de la figure, est enveloppé, ou mêlé, ou détruit, et de là vient l'obscurité profonde où se trouve jusqu'à ce jour la minéralogie des volcans.

Pour en éclaircir les points principaux, il nous paraît nécessaire de rechercher d'abord quelles sont les matières qui peuvent produire et entretenir ce feu, tantôt violent, tantôt calme et toujours si grand, si constant, si durable qu'il semble que toutes les substances combustibles de la surface de la terre ne suffiraient pas pour alimenter pendant des siècles une seule de ces fournaises dévorantes; mais si nous nous rappelons ici que tous les végétaux produits pendant plusieurs milliers d'années ont été entraînés par les eaux et enfouis dans les profondeurs de la terre, où leurs huiles converties en bitumes les ont conservés; que toutes les pyrites formées en même temps à la surface de la terre ont suivi le même cours et ont été déposées dans les profondeurs où les eaux ont entraîné la terre végétale; qu'enfin la couche entière de cette terre, qui couvrait dans les premiers temps les sommets des montagnes, est descendue avec ces matières combustibles pour remplir les cavernes qui servent de voûtes aux éminences du globe, on ne sera plus étonné de la quantité et du volume, ni de la force et de la durée de ces feux souterrains. Les pyrites humectées par l'eau s'enflamment d'elles-mêmes; les charbons de terre dont la quantité est encore plus grande que celle des pyrites, les limons bitumineux qui les avoisinent, toutes les terres végétales anciennement enfouies [1], sont autant de dépôts iné-

1. Buffon accumule inutilement toutes ces matières : les *dépôts bitumineux*, les *pyrites* (voyez la note de la page 299), les *charbons de terre*, etc.; la *source* réelle est bien autrement puissante, inépuisable, immense, que celle qu'il imagine : cette *source* est la ***masse intérieure***

puisables de substances combustibles dont les feux une fois allumés peuvent durer des siècles de siècles, puisque nous avons des exemples de veines de charbon de terre dont les vapeurs s'étant enflammées ont communiqué leur feu à la mine entière de ces charbons qui brûlent depuis plusieurs centaines d'années, sans interruption et sans une diminution sensible de leur masse.

Et l'on ne peut guère douter que les anciens végétaux et toutes les productions résultantes de leur décomposition n'aient été transportés et déposés par les eaux de la mer, à des profondeurs aussi grandes que celles où se trouvent les foyers des volcans[1], puisque nous avons des exemples de veines de charbon de terre, exploitées à deux mille pieds de profondeur[a], et qu'il est plus que probable qu'on trouverait des charbons de terre et des pyrites, enfouis encore plus profondément.

Or chacune de ces matières, qui servent d'aliment au feu des volcans, doit laisser après la combustion différents résidus, et quelquefois produire des substances nouvelles : les bitumes en brûlant donneront un résidu charbonneux, et formeront cette épaisse fumée qui ne paraît enflammée que dans l'obscurité. Cette fumée enveloppe constamment la tête du volcan, et se répand sur ses flancs en brouillard ténébreux ; et lorsque les bitumes souterrains sont en trop grande abondance, ils sont projetés au dehors avant d'être brûlés : nous avons donné des exemples de ces torrents de bitume vomis par les volcans, quelquefois purs et souvent mêlés d'eau. Les pyrites dégagées de leurs parties fixes et terreuses, se sublimeront sous la forme de soufre, substance nouvelle[2], qui ne se trouve ni dans les produits du feu primitif ni dans les matières formées par les eaux ; car le soufre, qu'on dit être formé par la voie humide, ne se produit qu'au moyen d'une forte effervescence dont la grande chaleur équivaut à l'action du feu : le soufre ne pouvait en effet exister avant la décomposition des êtres organisés et la conversion de leurs détriments en pyrites, puisque sa substance ne contient que l'acide et le feu qui s'était fixé dans les végétaux ou animaux, et qu'elle se forme par la combustion de ces mêmes pyrites, déjà remplies du feu fixe

a. Voyez l'article du *Charbon de terre*.

même du globe. « Suivant les phases diverses que les sciences chimiques ont parcourues, les « phénomènes volcaniques ont été successivement attribués aux bitumes, puis aux pyrites ou à « un mélange humide de soufre et de fer réduits en poussière, tantôt à des pyrophores naturels, « tantôt aux métaux des alcalis et des terres... La nouvelle géognosie préfère en chercher la « cause dans la chaleur centrale de notre globe, chaleur dont l'existence se révèle à la surface « par la température croissant rapidement avec la profondeur, sous toutes les latitudes, et dont « l'origine remonte à ces époques cosmogoniques où notre planète fut elle-même formée par la « condensation progressive d'une partie de l'atmosphère nébuleuse du soleil. » (Humboldt : *Cosmos*, t. I, p. 270.)

1. Les *foyers des volcans* (je n'ai plus besoin de le redire) sont à des *profondeurs* bien plus grandes que ne le supposait Buffon. (Voyez les notes des pages 57 et 58 du t. Ier.)

2. Le *soufre* est une *substance primitive*, et, jusqu'ici du moins, une *substance simple*. (Voyez la note 4 de la page 16.)

qu'elles ont tiré des corps organisés [1]; le sel ammoniaque se formera et se sublimera de même par le feu du volcan; les matières végétales ou animales contenues dans la terre limoneuse, et particulièrement dans les terreaux, les charbons de terre, les bois fossiles et les tourbes, fourniront cette cendre qui sert de fondant pour la vitrification des laves; les matières calcaires, d'abord calcinées et réduites en poussière de chaux, sortiront en tourbillons encore plus épais, et paraîtront comme des nuages massifs en se répandant au loin; enfin la terre limoneuse se fondra, les argiles se cuiront, les grès se coaguleront, le fer et les autres métaux couleront, les granites se liquéfieront, et des unes ou des autres de ces matières, ou du mélange de toutes, résultera la composition des laves, qui dès lors doivent être aussi différentes entre elles que le sont les matières dont elles sont composées.

Et non-seulement ces laves contiendront les matières liquéfiées, fondues, agglutinées et calcinées par le feu; mais aussi les fragments de toutes les autres matières qu'elles auront saisies et ramassées en coulant sur la terre, et qui ne seront que peu ou point altérées par le feu; enfin elles renfermeront encore dans leurs interstices et cavités les nouvelles substances que l'infiltration et la stillation de l'eau aura produites avec le temps en les décomposant, comme elle décompose toutes les autres matières.

La cristallisation, qu'on croyait être le caractère le plus sûr de la formation d'une substance par l'intermède de l'eau, n'est plus qu'un indice équivoque depuis qu'on sait qu'elle s'opère par le moyen du feu comme par celui de l'eau [2]: toute matière liquéfiée par la fusion donnera, comme les autres liquides, des cristallisations; il ne leur faut pour cela que du temps, de l'espace et du repos; les matières volcaniques pourront donc contenir des cristaux, les uns formés par l'action du feu et les autres par l'infiltration des eaux; les premiers dans le temps que ces matières étaient encore en fusion, et les seconds longtemps après qu'elles ont été refroidies. Le feldspath est un exemple de la cristallisation par le feu primitif, puisqu'on le trouve cristallisé dans les granites qui sont de première formation. Le fer se trouve souvent cristallisé dans les mines primordiales, qui ne sont que des rochers de pierres ferrugineuses attirables à l'aimant, et qui ont été formées comme les autres grandes masses vitreuses par le feu primitif: ce même fer se cristallise sous nos yeux par un feu lent et tranquille; il en est de même des autres métaux et de tous les régules métalliques. Les matières volcaniques pourront donc renfermer ou présenter au dehors toutes ces substances cristallisées par le feu : ainsi je ne vois rien dans la nature, de tout ce qui a été formé par le feu ou par l'eau, qui ne puisse se trouver dans le produit des volcans, et je vois en même temps que leurs feux ayant combiné beaucoup plus de substances que le feu primitif, ils ont donné naissance au

1. Voyez la note de la page 299.
2. Voyez la note 1 de la page 36.

soufre et à quelques autres minéraux qui n'existent qu'en vertu de cette seconde action du feu. Les volcans ont formé des verres de toutes couleurs dont quelques-uns sont d'un beau bleu céleste, et ressemblent à une scorie ferrugineuse [a]; d'autres verres aussi fusibles que le feldspath; des basaltes ressemblants aux porphyres; des laves vitreuses presque aussi dures que l'agate, et auxquelles on a donné, quoique très-improprement, le nom d'*agate noire d'Islande;* d'autres laves qui renferment des grenats blancs, des schorls et des chrysolithes, etc. On trouve donc un grand nombre de substances anciennes et nouvelles, pures ou dénaturées, dans les basaltes, dans les laves, et même dans la pouzzolane et dans les cendres des volcans. « Le *monte Berico* près de Vicence, dit M. Ferber, est une colline entière« ment formée de cendres de volcan d'un brun noirâtre, dans lesquelles se « trouve une très-grande quantité de cailloux de calcédoine ou opale : les « uns formant des *druses* dont les parois peuvent avoir l'épaisseur d'un « brin de paille, les autres ayant la figure de petits cailloux elliptiques, « creux intérieurement, et quelquefois remplis d'eau ; la grandeur de ces « derniers varie depuis le diamètre d'un petit pois jusqu'à un demi-pouce… « Ces cailloux ressemblent assez aux calcédoines et aux opales : les boules « de calcédoine et de zéolithe de Féroé et d'Islande se trouvent nichées « dans une terre d'un brun noirâtre, de la même manière que les cailloux « dont il est ici question [b]. »

Mais, quoiqu'on trouve dans les produits ou dans les éjections des volcans presque toutes les matières brutes ou minérales du globe, il ne faut pas s'imaginer que le feu volcanique les ait toutes produites à beaucoup près; et je crois qu'il est toujours possible de distinguer, soit par un examen exact, soit par le rapport des circonstances, une matière, produite par le feu secondaire des volcans[1], de toutes les autres qui ont été précédemment formées par l'action du feu primitif ou par l'intermède de l'eau. De la même manière que nous pouvons imiter dans nos fourneaux toutes les pierres pré-

a. Je vis à Venise, chez M. Morosini, l'agate noire d'Islande (*cronstedt minéral,* § 295), et un verre bleu céleste, qui ressemblait si fort à une espèce de scorie de fer bleu que je ne pouvais me persuader que ce fût autre chose; mais différents connaisseurs dignes de foi m'assurèrent unanimement qu'on trouvait en abondance de ces verres bleus et noirs parmi les matières volcaniques du Véronais, du Vicentin et d'Azulano, dans l'État vénitien. *Lettres de M. Ferber,* pag. 33 et 34. — Je dois observer que ces verres bleus, auxquels M. Ferber et M. le baron de Dietrich semblent donner une attention particulière, ne la méritent pas, car rien n'est si commun que des verres bleus dans les laitiers de nos fourneaux où l'on fond les mines de fer : ainsi ces mêmes verres se doivent trouver dans les produits des volcans.

b. *Lettres de M. Ferber sur la Minéralogie*, p. 24 et 25.

1… *Le feu secondaire des volcans.* Le *feu* des *volcans* n'est point un *feu secondaire*, c'est le *feu primitif*. (Voyez la note 2 de la page 301.) Les matières, produites par les *volcans* et celles que Buffon appelle le *produit du feu primitif* diffèrent entre elles, non d'*origine*, mais de *nature*. Chaque époque géologique a sa nature de *produits ignés*; et ces produits sont d'autant plus différents qu'ils appartiennent à des époques plus éloignées les unes des autres : c'est pourquoi les *granites* diffèrent beaucoup des laves actuelles.

cieuses [a], que nous faisons des verres de toutes couleurs, et même aussi blancs que le cristal de roche [b], et presque aussi brillants que le diamant [c], que dans ces mêmes fourneaux nous voyons se former des cristallisations sur les matières fondues lorsqu'elles sont en repos, et que le feu est longtemps soutenu, nous ne pouvons douter que la nature n'opère les mêmes effets avec bien plus de puissance dans ses foyers immenses, allumés depuis nombre de siècles, entretenus sans interruption et fournis, suivant les circonstances, de toutes les matières dont nous nous servons pour nos compositions. Il faut donc, en examinant les matières volcaniques, que le naturaliste fasse comme le lapidaire, qui rejette au premier coup d'œil et sépare les *stras*, et autres verres de composition, des vrais diamants et des pierres précieuses ; mais le naturaliste a ici deux grands désavantages : le premier est d'ignorer ce que peut faire et produire un feu dont la véhémence et la continuité ne peuvent être comparées avec celles de nos feux ; le second est l'embarras où il se trouve pour distinguer dans ces mêmes matières volcaniques celles qui, étant vraies substances de nature, ont néanmoins été plus ou moins altérées, déformées ou fondues par l'action du feu, sans cependant être entièrement transformées en verres ou en matières nouvelles ; cependant au moyen d'une inspection attentive, d'une comparaison exacte et de quelques expériences faciles sur la nature de chacune de ces matières, on peut espérer de les reconnaître assez pour les rapporter aux substances naturelles, ou pour les en séparer et les joindre aux compositions artificielles, produites par le feu de nos fourneaux.

Quelques observateurs, émerveillés des prodigieux effets produits par ces feux souterrains, ayant sous leurs yeux les gouffres et les montagnes formées par leurs éruptions, trouvant dans les matières projetées des substances de toute espèce, ont trop accordé de puissance et d'effet aux volcans; ne voyant dans les terrains volcanisés que confusion et bouleversement, ils ont transporté cette idée sur le globe entier, et ont imaginé [1] que toutes les montagnes s'étaient élevées par la violente action et la force de ces feux intérieurs dont ils ont voulu remplir la terre jusqu'au centre : on a même attribué à un feu central, réellement existant, la température ou chaleur

a. Voyez l'ouvrage de M. de Fontanieu, de l'Académie des Sciences, sur la *Manière d'imiter toutes les pierres précieuses.*

b. Le verre ou cristal de Bohême, le flintglass, etc.

c. Les verres brillants, connus vulgairement sous le nom de *stras.*

1... *Ont imaginé;* et, sans trop s'en douter, ils avaient raison : toutes les montagnes ont été *soulevées* par la *violente action et la force du feu intérieur dont est rempli le centre de la terre.* — Il est bien digne de remarque que Buffon, le plus éloquent et le plus puissant propagateur de l'idée du *feu primitif*, du *feu concentré*, du *feu permanent* dans l'intérieur du globe (voyez la note 3 de la page 20 du t. IXe), n'ait aperçu aucun des effets nécessaires de cette *force* expansive, invincible, toujours prête à faire explosion, et à produire quelqu'un de ces grands phénomènes, que, par un dernier complément de ses propres vues, nous y ramenons aujourd'hui : les *tremblements de terre*, les *volcans*, le *soulèvement des montagnes*, etc., etc.

actuelle de l'intérieur du globe.[1] Je crois avoir suffisamment démontré la fausseté de ces idées : quels seraient les aliments d'une telle masse de feu? pourrait-il subsister, exister sans air? et sa force expansive n'aurait-elle pas fait éclater le globe en mille pièces? et ce feu, une fois échappé après cette explosion, pourrait-il redescendre et se trouver encore au centre de la terre? son existence n'est donc qu'une supposition qui ne porte que sur des impossibilités, et dont, en l'admettant, il ne résulterait que des effets contraires aux phénomènes connus et constatés. Les volcans ont à la vérité rompu, bouleversé les premières couches de la terre en plusieurs endroits; ils en ont couvert et brûlé la surface par leurs éjections enflammées; mais ces terrains volcanisés, tant anciens que nouveaux, ne sont pour ainsi dire que des points sur la surface du globe, et en comptant avec moi dans le passé cent fois plus de volcans qu'il n'y en a d'actuellement agissants, ce n'est encore rien en comparaison de l'étendue de la terre solide et des mers : tâchons donc de n'attribuer à ces feux souterrains que ce qui leur appartient, ne regardons les volcans que comme des instruments, ou si l'on veut comme des causes secondaires[2], et conservons au feu primitif et à l'eau, comme causes premières, le grand établissement et la disposition primordiale de la masse entière de la terre.

Pour achever de se faire des idées fixes et nettes sur ces grands objets, il faut se rappeler ce que nous avons dit au sujet des montagnes primitives, et les distinguer en plusieurs ordres : les plus anciennes, dont les noyaux et les sommets sont de quartz et de jaspe, ainsi que celles des granites et porphyres qui sont presque contemporaines, ont toutes été formées par les boursouflures du globe dans le temps de sa consolidation; les secondes dans l'ordre de formation sont les montagnes de schiste ou d'argile qui enveloppent souvent les noyaux des montagnes de quartz ou de granites, et qui n'ont été formées que par les premiers dépôts des eaux après la conversion des sables vitreux en argile; les troisièmes sont les montagnes calcaires, qui généralement surmontent les schistes ou les argiles, et quelquefois les quartz et les granites, et dont l'établissement est, comme on l'on voit, encore postérieur à celui des montagnes argileuses[a][3] : ainsi les petites ou

a. « Remarquez encore que, dans mon voyage de l'Italie par le Tyrol, j'ai d'abord traversé « des montagnes calcaires, ensuite des schisteuses, et enfin de granite; que ces dernières étaient

1. Mais, sans doute; et à quoi pourrait-on attribuer la *température ou chaleur de l'intérieur du globe* qu'à un *feu central, réellement existant?* Buffon oublie-t-il ce qu'il nous a dit de « cette grande chaleur qui réside dans l'intérieur du globe, et qui sans cesse en émane à l'extérieur? » (Voyez t. IX, page 20 et suiv., ou plutôt voyez tout le tome IXe et tout le Ier.) Non, il ne l'oublie pas; mais il ne voit qu'à demi la puissance et les effets de cette grande et première cause de tous les bouleversements, de tous les changements, de toutes les *révolutions* du globe.

2. Les *volcans* ne sont pas même, à parler rigoureusement, des *causes secondaires* : ce ne sont que des *instruments*, des effets du *feu primitif*.

3. Naguère encore, Buffon disait que toutes les montagnes avaient été formées dès le *pre-*

grandes éminences formées par le soulèvement ou l'effort des feux souterrains, et les collines produites par les éjections des volcans, ne doivent être considérées que comme des tas de décombres, provenant de ces premières matières projetées et accumulées confusément.

On se tromperait donc beaucoup si l'on voulait attribuer aux volcans les plus grands bouleversements qui sont arrivés sur le globe : l'eau a plus influé que le feu sur les changements qu'il a subis depuis l'établissement des montagnes primitives ; c'est l'eau qui a rabaissé, diminué ces premières éminences, ou qui les a enveloppées et couvertes de nouvelles matières; c'est l'eau qui a miné, percé les voûtes des cavités souterraines qu'elle a fait écrouler, et ce n'est qu'à l'affaissement de ces cavernes qu'on doit attribuer l'abaissement des mers et l'inclinaison des couches de la terre, telle qu'on la voit dans plusieurs montagnes, qui sans avoir éprouvé les violentes secousses du feu, sans s'être entr'ouvertes pour lui livrer passage, se sont néanmoins affaissées, rompues, et ont penché, en tout ou en partie, par une cause plus simple et bien plus générale, c'est-à-dire par l'affaissement des cavernes dont les voûtes leur servaient de base[1] ; car lorsque ces voûtes se sont enfoncées, les terres supérieures ont été forcées de s'affaisser, et c'est alors que leur continuité s'est rompue, que leurs couches horizontales se sont inclinées, etc. ; c'est donc à la rupture et à la chute des cavernes ou boursouflures du globe, qu'il faut rapporter tous les grands changements qui se sont faits dans la succession des temps. Les volcans n'ont produit qu'en petit quelques effets semblables [a], et seulement dans les portions de

« les plus élevées ; que je suis redescendu de la partie la plus élevée de la province par des « montages schisteuses et ensuite calcaires : souvenez-vous de plus qu'on observe la même « chose en montant les autres chaînes de montagnes considérables de l'Europe, comme cela « est incontestable dans les montagnes Carpathiques, celles de la Saxe, du Hartz, de la Silésie, « de la Suisse, des Pyrénées, de l'Écosse et de la Laponie, etc., il paraît qu'on peut en tirer « la juste conséquence que le granite forme les montagnes les plus élevées, et en même temps « les plus profondes et les plus anciennes que l'on connaisse en Europe, puisque toutes les « autres montagnes sont appuyées et reposent sur le granite ; que le schiste argileux, qu'il soit « pur ou mêlé de quartz et de mica, c'est-à-dire que ce soit du schiste corné ou du grès, a été « posé sur le granite ou à côté de lui, et que les montagnes calcaires ou autres couches de « pierre ou de terre amenées par les eaux ont encore été placées par-dessus le schiste. » *Lettres sur la Minéralogie*, par M. Ferber, etc., p. 495 et 496.

a. « La vue des crevasses obliques remplies d'une lave couleur de rouille qui sont dans le

mier temps de la consolidation du globe (*Époques de la nature*, t. IX, p. 495; voyez aussi la note 2 de cette même page, et la note de la page 506 du même volume) : il reconnaît aujourd'hui des montagnes de *divers âges*, de *divers temps :* de *plus anciennes*, de *secondes dans l'ordre de formation*, de *troisièmes*, etc. — « Buffon ne distinguait pas d'abord les mon-« tagnes des diverses époques. Mais plus tard les observations de Saussure, de Pallas et de « Deluc l'obligèrent à modifier son système pour qu'il fût en harmonie avec les faits que « ces savants avaient observés. Il surmonta toutes les difficultés avec beaucoup de génie... » (Cuvier.)

1. *Les cavernes dont les voûtes servent de base...* (Voyez la note 1 de la page 509 du IXe volume.)

terre où se sont trouvées ramassées les pyrites et autres matières inflammables et combustibles qui peuvent servir d'aliment à leur feu, matières qui n'ont été produites que longtemps après les premières, puisque toutes proviennent des substances organisées.

Nous avons déjà dit que les minéralogistes semblent avoir oublié, dans leur énumération des matières minérales, tout ce qui a rapport à la terre végétale; ils ne font pas même mention de sa conversion en terre limoneuse ni d'aucune de ses productions minérales; cependant cette terre est à nos pieds, sous nos yeux, et ses anciennes couches sont enfouies dans le sein de la terre, à toutes les profondeurs où se trouvent aujourd'hui les foyers des volcans, avec toutes les autres matières qui entretiennent leur feu, c'est-à-dire les amas de pyrites, les veines de charbon de terre, les dépôts de bitume et de toutes les substances combustibles : quelques-uns de ces observateurs ont bien remarqué que la plupart des volcans semblaient avoir leur foyer dans les schistes [a], et que leur feu s'était ouvert une issue, non-seulement dans les couches de ces schistes, mais encore dans les bancs et les rochers calcaires qui d'ordinaire les surmontent; mais ils n'ont pas pensé que ces schistes et ces pierres calcaires avaient, pour base commune, des voûtes de cavernes dont la cavité était en tout ou en partie remplie de terre végétale, de pyrites, de bitume, de charbon et de toutes les substances nécessaires à l'entretien du feu; que par conséquent, ces foyers de volcan ne peuvent pas être à de plus grandes profondeurs que celle où les eaux de la mer ont entraîné et déposé les matières végétales des premiers âges[1], et que par la même conséquence les schistes et pierres cal-

« schiste de Recoaro fournit une des preuves les plus convaincantes que le foyer des volcans « existe à la plus grande profondeur dans le schiste et même au-dessous : les fissures qu'on « voit ici dans le schiste doivent encore leur origine au dessèchement des parties précédem- « ment imprégnées d'eau, aux violentes commotions et tremblements de terre, enfin aux efforts « prodigieux que fait de bas en haut la matière enflammée d'un volcan; de là les couches « calcaires, dont la position primitive était horizontale, sont devenues obliques, telles que sont « les couches calcaires supérieures de la Scaglia, adossées aux côtés des monts Euganéens; de « là les fissures des roches calcaires ont été remplies de laves, qui ont même pénétré entre « leurs différentes couches et les ont séparées, comme il se voit dans la vallée de Polisella, « dans le Véronais et en beaucoup d'autres endroits.

« Les flots et les inondations ont déposé des couches accidentelles (*strata tertiara*) qui ont « couvert tout le désordre causé par les volcans; de nouvelles éruptions sont survenues, et il est « facile d'entrevoir que, dans peut-être plusieurs milliers d'années, ces événements peuvent « s'être réitérés un grand nombre de fois : cette succession de révolutions, dues alternativement « au feu et à l'eau, doit avoir occasionné une grande confusion et un mélange surprenant des « produits de ces deux éléments. » *Lettres sur la Minéralogie*, par M. Ferber, etc., p. 65 et 66

a. Lettres sur la Minéralogie, par M. Ferber, p. 70 et suiv.

1. On voit, une fois de plus, combien étaient encore bornées, et, si je puis ainsi dire, *petites*, les idées que se faisait Buffon des *volcans* (voyez la note 2 de la page 534 du t. IX). Les *foyers des volcans* sont à de bien autres *profondeurs* que celles où les *eaux de la mer ont entraîné et déposé les premières matières végétales*. (Voyez mes précédentes notes sur les *volcans*.)

caires qui surmontent le foyer du volcan n'ont d'autre rapport avec son feu que de lui servir de cheminée; que de même la plupart des substances, telles que les soufres, les bitumes et nombre d'autres minéraux sublimés ou projetés par le feu du volcan, ne doivent leur origine qu'aux matières végétales et aux pyrites qui lui servent d'aliment; qu'enfin la terre végétale étant la vraie matrice de la plupart des minéraux figurés qui se trouvent à la surface et dans les premières couches du globe, elle est aussi la base de presque tous les produits immédiats de ce feu des volcans[1].

Suivons ces produits en détail, d'après le rapport de nos meilleurs observateurs, et donnons des exemples de leur mélange avec les matières anciennes. On voit, au *monte Ronca* et en plusieurs autres endroits du Vicentin, des couches entières d'un mélange de laves et de marbre, ou de pierres calcaires réunies en une sorte de brèche, à laquelle on peut donner le nom de *brèche-volcanique;* on trouve un autre marbre-lave dans une grande fente perpendiculaire d'un rocher calcaire, laquelle descend jusqu'à l'*Astico,* torrent impétueux, et ce marbre, qui ressemble à la *brèche africaine,* est composé de lave noire et de morceaux de marbre blanc dont le grain est très-fin, et qui prend parfaitement le poli. Cette lave en brocatelle ou en brèche n'est point rare; on en trouve de semblables dans la vallée d'*Eriofredo,* au-dessus de *Tonnesa*[a], et dans nombre d'autres endroits des terrains volcanisés de cette contrée : ces marbres-laves varient tant par les couleurs de la lave que par les matières calcaires qui sont entrées dans leur composition.

Les laves du pays de *Tresto* sont noires et remplies, comme presque toutes les laves, de cristallisations blanches à beaucoup de facettes de la nature du schorl auxquelles on pourrait donner le nom de grenats blancs : ces petits cristaux de grenats ou schorls blancs ne peuvent avoir été saisis que par la lave en fusion, et n'ont pas été produits dans cette lave même par cristallisation, comme semble l'insinuer M. Ferber en disant « qu'ils « sont d'une nature et d'une figure qui ne s'est vue jusqu'ici dans aucun « terrain de notre globe, sinon dans la lave, et que leur nombre y est pro- « digieux. On trouve, ajoute-t-il, au milieu de la lave différentes espèces « de cailloux qui font feu avec l'acier, telles que des pierres à fusil, des « jaspes, des agates rouges, noires, blanches, verdâtres et de plusieurs « autres couleurs, des hyacinthes, des chrysolithes, des cailloux de la nature « des calcédoines, et des opales qui contiennent de l'eau[b]. » Ces derniers

a. *Lettres de M. Ferber*, p. 67.

b. *Lettres de M. Ferber*, p. 70, 73 et 80. — On achète souvent à Naples des verres artificiels au lieu de pierres précieuses du Vésuve, qui sont des variétés de schorl de diverses couleurs qui sortent de ce volcan. *Idem, ibidem*, p. 146.

1. La *terre végétale* n'est point la *première base de tous les produits immédiats du feu des volcans.* La *première base* des *produits immédiats du feu des volcans* est dans les substances mêmes qui composent le *noyau central* du globe *en fusion.*

faits confirment ce que nous venons de dire au sujet des cristaux de schorl qui, comme les pierres précédentes, ont été enveloppés dans la lave.

Toutes les laves sont plus ou moins mêlées de particules de fer; mais il est rare d'y voir d'autres métaux, et aucun métal ne s'y trouve en filons réguliers et qui aient de la suite; cependant le plomb et le mercure en cinabre, le cuivre et même l'argent, se rencontrent quelquefois en petite quantité dans certaines laves : il y en a aussi qui renferment des pyrites, de la manganèse, de la blende, et de longues et brillantes aiguilles d'antimoine[a].

Les matières fondues par le feu des volcans ont donc enveloppé des substances solides et des minéraux de toutes sortes; les poudres calcinées qui s'élèvent de ces gouffres embrasés se durcissent avec le temps et se convertissent en une espèce de tuffeau assez solide pour servir à bâtir. Près du Vésuve, ces cendres terreuses rejetées se sont tellement unies et endurcies par le laps de temps, qu'elles forment aujourd'hui une pierre ferme et compacte dont ces collines volcaniques sont entièrement composées[b].

On trouve aussi dans les laves différentes cristallisations qui peuvent provenir de leur propre substance, et s'être formées pendant la condensation et le refroidissement qui a suivi la fusion des laves : alors, comme le pense

a. *Lettres sur la Minéralogie*, par M. Ferber, p. 85 et 86.

b. « Pompéia et Herculanum étaient bâties de ce tuf et de laves : ces villes ont été couvertes « de cendres, qui se sont converties en tuf; sous les jardins de Portici on a découvert trois « différents lits de laves les uns sous les autres, et on ignore le nombre des couches volcaniques « qu'on trouverait encore au-dessous; c'est de ce tuf qu'on se sert encore aujourd'hui pour la « construction des maisons de Naples... Les catacombes ont été creusées par les anciens dans « ce même tuf... On trouve de temps en temps, dans ce tuf et dans les cendres, des cristaux de « schorl blanc en forme de grenats arrondis à beaucoup de facettes; ils sont à demi transpa- « rents et vitreux, ou bien ils sont changés en une farine argileuse... Il y a même de ces « cristaux dans les pierres ponces rouges que renferme la cendre qui a enseveli Pompéia... La « mer détache une quantité de pierres ponces des collines de tuf, contre lesquelles elle se brise; « tout le rivage, depuis Naples jusqu'à Pouzzole, en est couvert : les flots y déposent aussi un « sable brillant ferrugineux, attirable à l'aimant, que les eaux ont arraché et lavé hors des « cendres contenues dans les collines de tuf... Différentes collines des environs de Naples ren- « ferment encore des cendres non endurcies et friables de diverses couleurs qu'on nomme « *pouzzolanes.* » M. le baron de Dietrich remarque avec raison que la vraie pouzzolane n'est pas précisément de la cendre endurcie et friable, comme le dit M. Ferber, mais plutôt de la pierre ponce réduite en très-petits fragments, et je puis observer que la bonne pouzzolane, c'est-à-dire celle qui, mêlée avec la chaux, fait les mortiers les plus durables et les plus impénétrables à l'eau, n'est ni la cendre fine ou grossière pure, ni les graviers de ponce blanche, et qu'il n'y a que la pouzzolane mélangée de beaucoup de parties ferrugineuses qui soit supérieure aux mortiers ordinaires : c'est, comme nous le dirons (à l'article des *ciments de nature*), le ciment ferrugineux qui donne la dureté à presque toutes les terres et même à plusieurs pierres. Au reste, la meilleure pouzzolane, qui vient des environs de Pouzzole, est grise; celle des provinces de l'État-Ecclésiastique est jaune, et il y a en a de noire sur le Vésuve. M. le baron de Dietrich ajoute que la meilleure pouzzolane des environs de Rome se tire d'une colline qui est à la droite de la Via Appia, hors de la porte de Saint-Sébastien, et que les grains de cette pouzzolane sont rougeâtres. *Lettres de M. Ferber*, p. 181.

M. Ferber[a], les molécules de matières homogènes se sont séparées du reste du mélange et se sont réunies en petites masses, et quand il s'en est trouvé une plus grande quantité, il en a résulté des cristaux plus grands. Ce naturaliste dit, avec raison, qu'en général les minéraux sont disposés à adopter des figures déterminées dans la fluidité de fusion par le feu, comme dans la fluidité humide ; et nous ne devons pas être étonnés qu'il se forme des cristaux dans les laves, tandis qu'il ne s'en voit aucun dans nos verres factices; car la lave, coulant lentement et formant de grandes masses très-épaisses, conserve à l'intérieur son état de fusion assez longtemps pour que la cristallisation s'opère : il ne faut dans le verre, dans le fer et dans toute autre matière fondue, que du repos et du temps pour qu'elle se cristallise[1]; et je suis persuadé qu'en tenant longtemps en fonte celle de nos verres factices, il pourrait s'y former des cristaux fort semblables à ceux qui peuvent se trouver dans les laves des volcans[b].

a. « Il y a de ces cristaux, dit M. Ferber, depuis la grandeur d'une tête d'épingle jusqu'à un « pouce de diamètre; ils se trouvent dans la plupart des laves des volcans anciens et modernes ; « ils sont serrés les uns contre les autres; on peut en frappant sur les laves les en détacher, et, « lorsqu'ils sont tombés, il reste dans la lave une cavité qui conserve l'empreinte des cristaux, « et qui est aussi régulière que les cristaux mêmes : il y a communément au centre un petit « grain de schorl noir... Il se trouve aussi dans quelques laves du Vésuve de petites colonnes « de schorl blanc transparent, avec ou sans pyramides à leur sommet; et aussi des rayons de « schorl noir, minces et en aiguilles, ou plus épais et plus gros, arrondis en hexagones...

« On trouve dans ces mêmes laves du mica de schorl feuilleté noir, en feuilles plus ou moins « grandes, quelquefois hexagones très-brillantes; il paraît que ce ne sont que de petites parti- « cules qui ont été détachées par la grande chaleur du schorl noir en colonnes; peut-être ce « schorl était-il feuilleté dans son origine.

« On y trouve du schorl noir disséminé par petits points dans les laves.

« Des cristaux de schorl noir fort brillants, hexagones, oblongs, si petits qu'on ne peut décou- « vrir leur figure qu'au moyen de la loupe : la pluie les lave hors des collines de cendres ; ils « sont attirables par l'aimant, soit qu'ils aient eux-mêmes cette propriété, soit qu'ils la doivent « au sable ferrugineux avec lequel ils sont mêlés.

« Du schorl vert foncé et noirâtre ou clair, couleur de chrysolithe et d'émeraude: il est ren- « fermé dans une lave noire compacte. Il y en a de la grandeur d'un pouce; il a la dureté « d'un vrai schorl, ou tout au plus celle d'un cristal de quartz coloré, avec la figure duquel « il a du rapport ; néanmoins les Napolitains le qualifient de pierre précieuse, ainsi que l'es- « pèce suivante.

« Du schorl hexagone jaunâtre, couleur de hyacinthe ou de topaze...

« Qu'on examine avec la loupe la lave noire la plus ferme et la plus compacte, on n'y décou- « vrira que de petits points ou cristaux de schorl blanc; ce qui prouve qu'ils sont une partie « intégrante, et même essentielle de la lave. » *Lettres sur la Minéralogie*, par M. Ferber, pages 200 jusqu'à 230.

b. J'avais deviné juste, puisque je viens de voir dans le journal de M. l'abbé Rozier, du mois de septembre 1779, que M. James Keir a observé cette cristallisation dans du verre qui s'était solidifié très-lentement. « La forme, dit-il, la régularité et la grandeur des cristaux ont varié « selon les circonstances... Les échantillons n° 1 ont été pris au fond d'un grand pot, qui était « resté dans un fourneau de verrerie pendant qu'on laissait éteindre lentement le feu; la masse « de la matière chauffée était si grande, que la chaleur dura longtemps sans ajouter du chauf- « fage, et que la concrétion du verre fut très-longue. Je trouvai la partie supérieure du verre « changée en une matière blanche, opaque, ou plutôt demi-opaque, dont la couleur et le tissu

1. Voyez la note de la page 8, et la note 4 de la page 6.

Les laves, comme les autres matières vitreuses ou calcaires, doivent avoir leurs stalactites propres et produites par l'intermède de l'eau ; mais il ne faut pas confondre ces stalactites avec les cristaux que le feu peut avoir

« ressemblaient à une espèce de verre de Moscovie; sous cette croûte, qui avait un pouce « d'épaisseur ou davantage, le verre était transparent, quoique fort obscurci, et devenu d'un « gros bleu, d'un vert foncé qu'il était. On trouvait sur ce verre plusieurs cristaux blancs opa- « ques, qui avaient généralement la forme d'un solide vu de côté... Leur surface se termine « par des lignes plutôt elliptiques que circulaires, disposées de manière qu'une section trans- « versale du cristal est un hexagone... On voit au milieu de chaque base du cristal une cavité « conique... La grandeur des cristaux contigus ou voisins les uns des autres ne différait pas « beaucoup, quoique celle de ceux qui se trouvaient à différentes profondeurs du même pot le « fût considérablement : leur plus grand diamètre était d'environ un vingtième de pouce... Ils « ne sont pas tous exactement configurés ; mais la plupart ont une régularité si frappante, qu'on « ne peut douter que la cristallisation ne soit parfaite.

« Le verre marqué n° 2 offre une autre espèce de cristallisation : je l'ai pris au fond d'un « pot qui avait été tiré du fourneau pendant que le verre était rouge. Il y a deux sortes de « cristaux : les uns sont des colonnes hautes d'environ un huitième de pouce, larges d'un cin- « quième de leur hauteur, et irrégulièrement cannelées ou sillonnées de rainures ; les autres... « ont leurs bases presque du même diamètre que les précédents, mais leur hauteur est beau- « coup moindre, et ne fait qu'environ un sixième de leur largeur. Leurs bases se terminent par « des lignes qui paraissent déchirées et irrégulières; mais plusieurs tendent à une forme hexa- « gone dont la régularité peut avoir été troublée par le mouvement du verre fondu, qui, en « tirant le pot du fourneau, aura forcé et plié ces cristaux très-minces pendant qu'ils étaient « chauds et flexibles.

« Les échantillons n° 3 sortent d'un pot de verrerie, sur le côté duquel avait coulé un peu de « verre fondu, qui y adhéra assez longtemps pour former différentes sortes de cristaux : l'inté- « rieur de ces échantillons est aussi couvert d'un verre différemment cristallisé. Quelques cris- « taux semblent des demi-colonnes.... d'autres paraissent composés de plusieurs demi-colonnes « réunies sur un même plan, autour du centre commun, comme les rayons d'une roue. Plusieurs « de ces rayons semblent s'étrécir en approchant du centre de la roue, et ressemblent par « conséquent plus à des segments de morceaux de cônes coupés suivant leur axe qu'à des « cylindres...

« L'échantillon de verre n° 4 avait coulé par la fente d'un pot, et adhéra assez longtemps aux « barres de la grille du fourneau pour cristalliser. Quelques cristaux paraissent oblongs comme « des aiguilles, d'autres globulaires ou d'une figure approchante : plusieurs de ceux qui sont « en aiguilles se joignent à un centre commun; et quoique le trop prompt refroidissement du « verre les ait probablement empêchés de s'unir en assez grand nombre pour former des cris- « taux globulaires complets, ils montrent assez comment ceux qui le sont ont pu le devenir.

« Toutes les cristallisations que je viens de décrire ont été observées sur un verre à vitre d'un « vert noir qui se coule à Stourbridge. Il est composé de sable, de terre calcaire et de cendres « de végétaux lessivées.

« Il y a encore souvent des cristallisations dans le verre des bouteilles ordinaires, dont les « matériaux sont presque les mêmes que ceux dont je viens de parler, sauf des scories de fer « qu'on y ajoute quelquefois. Je mets ici l'échantillon n° 5 : les cristaux n'y sont pas enfouis « dans un verre transparent non cristallisé, mais saillant à la surface de la masse qui en est « toute opaque et cristallisée. Ils semblent une lame d'épée à deux faces, tronquée par la pointe.

« Je n'ai vu de cristaux si parfaits que dans ces deux sortes de verre : c'est qu'étant plus « fluides et moins tenaces que tout autre quand on les fond, les particules qui constituent les « cristaux se joignent plus aisément, et s'appliquent les unes aux autres avec moins de résis- « tance de la part du milieu...

« La cristallisation change considérablement quelques propriétés du verre : elle détruit sa « transparence et lui donne une blancheur opaque ou demi-opaque ; elle augmente sa densité, « car celle d'un morceau de verre cristallisé était à celle de l'eau comme 2676 à 1000, au lieu « que la densité d'un morceau non cristallisé, pris à côté du premier, conséquemment fait des

formés[a] : il en est de même de la *lave noire scoriforme* qui se trouve dans la bouche du Vésuve en grappes branchues comme des coraux, et que M. Ferber dit être une stalactite de laves, puisqu'il convient lui-même que ces prétendues stalactites sont des portions de la même matière qui ont souffert un feu plus violent ou plus long que le reste de la lave[b]. Et quant aux véritables stalactites produites dans les laves par l'infiltration de l'eau, le même M. Ferber nous en fournit des exemples dans ces cristallisations en aiguilles qu'il a vues attachées à la surface intérieure des cavités de la lave, et qui s'y forment comme les cristaux de roche dans les cailloux creux. La grande dureté de ces cristallisations concourt encore à prouver qu'elles ont été produites par l'eau ; car les cristaux du genre vitreux, tels que le cristal de roche[1], qui sont formés par la voie des éléments humides, sont plus durs que ceux qui sont produits par le feu.

Dans l'énumération détaillée et très-nombreuse que cet habile minéralogiste fait de toutes les laves du Vésuve, il observe que les micas qui se trouvent dans quelques laves pourraient bien n'être que les exfoliations des schorls contenus dans ces laves : cette idée semble être d'autant plus juste, que c'est de cette manière et par exfoliation que se forment tous les micas des verres artificiels et naturels, et les premiers micas ne sont, comme nous l'avons dit, que les exfoliations en lames minces qui se sont séparées de la surface des verres primitifs. Il peut donc exister des micas volcaniques

« mêmes matériaux et exposé à la même chaleur et aux autres circonstances, était à celle de « l'eau comme 2662 à 1000 : la cristallisation diminue encore la fragilité du verre, car celui qui « est cristallisé ne se fêle pas si tôt en passant du chaud au froid.

« La cristallisation est toujours accompagnée ou précédée de l'évaporation des parties les « plus légères et les plus fluides du verre : un morceau transparent, exposé jusqu'à ce qu'il fût « entièrement cristallisé, perdit un cinquante-huitième de son poids ; et d'autres expériences « me donnent à croire que le verre trop chargé de flux salins se cristallise plus difficilement « que les autres verres plus durs, jusqu'à ce qu'il en ait perdu le superflu par l'évaporation... « La description de mes cristaux vitreux montre des cristallisations fort variées dans la même « espèce de matière soumise à différentes circonstances : elles varient même souvent dans le « même morceau de verre, comme je l'ai fait voir, quoique les circonstances n'aient pas changé. » *Journal de Physique*, septembre 1779, pag. 187 et suiv.

a. « Dans l'intérieur de quelques morceaux de lave qu'on avait rompue, il y avait de petites « cavités de la grandeur d'une noix, dont les parois étaient revêtues de cristaux blancs, demi- « transparents, en rayons allongés, pyramidaux, pointus ou plats ; quelques-uns avaient une « légère teinte d'améthyste : c'est justement de la même manière que les boules d'agate et les « *géodes* sont garnies intérieurement de cristaux de quartz. Il était impossible de découvrir sur « toute la circonférence intérieure la plus petite fente dans la lave. Ces cristaux étaient de la « nature du schorl, mais très-durs ; je leur donnerais aussi volontiers le nom de *quartz* ; « il y avait un peu de terre brune fine et légère comme de la cendre, qui leur était attenante.

« J'ai conservé un de ces morceaux, parce qu'il me paraît une preuve très-convaincante de la « possibilité de la cristallisation produite par le feu, et je pense que c'est pendant le refroi- « dissement que se forment le grand nombre de cristaux de schorl blanc en forme de grenats, « qu'on voit en si grand nombre dons les laves d'Italie. » *Lettres sur la Minéralogie*, par M. Ferber, pag. 286 et 287.

b. *Lettres sur la Minéralogie*, par M. Ferber, p. 239.

1. Voyez la note 1 de la page 36.

comme des micas de nature, parce qu'en effet le feu des volcans a fait des verres comme le feu primitif. Dès lors on doit trouver parmi les laves des masses mêlées de mica : aussi M. Ferber fait mention d'une lave grise compacte avec quantité de lames de mica et de schorl en petits points dispersés, qui ressemble si fort à quelques espèces de granites gris à petits grains qu'à la vue il serait très-facile de les confondre.

Le soufre se sublime en flocons et s'attache en grande quantité aux cavités et aux faîtes de la bouche des volcans. La plus grande partie du soufre du Vésuve est en forme irrégulière et en petits grains. On voit aussi de l'arsenic mêlé de soufre dans les ouvertures intérieures de ce volcan, mais l'arsenic se disperse irrégulièrement sur la lave et en petite quantité : il y a de même dans les crevasses et cavités de certaines laves une plus ou moins grande quantité de sel ammoniac blanc; ce sel se sublime quelque temps après l'écoulement de la lave, et l'on en voit beaucoup dans le cratère de la plupart des volcans[a]. Dans quelques morceaux de lave de l'Etna, il se trouve quantité de matière charbonneuse végétale mêlée d'une substance saline, ce qui prouve que c'est un véritable *natron*, une espèce de soude formée par les feux volcaniques, et que c'est à la combustion des végétaux que cette substance saline est due[b]; et à l'égard du vitriol, de l'alun et des autres sels qu'on rencontre aussi dans les matières volcaniques, nous ne les regarderons pas comme des produits immédiats du feu, parce que leur production varie suivant les circonstances, et que leur formation dépend plus de l'eau que du feu.

Mais, avant de terminer cette énumération des matières produites par le feu des volcans, il faut rapporter, comme nous l'avons promis, les observations qui prouvent qu'il se forme par les feux volcaniques des substances assez semblables au granite et au porphyre, d'où résulte une nouvelle preuve de la formation des granites et porphyres de nature par le feu primitif : il faut seulement nous défier des noms qui font ici, comme partout ailleurs, plus d'embarras que les choses. M. Ferber a quelque raison de dire « qu'en général il y a très-peu de différence essentielle entre le « schorl, le spath dur (feldspath), le quartz et les grenats des laves[c]. »

a. M. le baron de Dietrich observe, avec sa sagacité ordinaire, que la formation du sel ammoniac est une preuve de plus de la communication de la mer avec le Vésuve, et que l'acide marin qui le compose ne provient que du sel contenu dans les eaux de la mer qui pénètrent dans les entrailles de ce volcan. *Lettres sur la Minéralogie*, par M. Ferber, note de la page 247. — Nous ajouterons que la production du sel ammoniac, supposant la sublimation de l'alcali volatil, est une preuve incontestable de la présence des matières animales et végétales enfouies sous les soupiraux des volcans; et, quant à la communication de la mer avec leurs foyers, s'il fallait un fait de plus pour la prouver, l'éruption du Vésuve de 1631 nous le fournirait, au rapport de Braccini (*Descriz. dell' erult. del Vesuvio*, p. 100). Le volcan, dans cette éruption, vomit, avec son eau, des coquilles marines. (Remarques de M. l'abbé Bexon.)

b. *Recherches sur les volcans éteints*, par M. Faujas de Saint-Fond, in-fol., pag. 70 et suiv.

c. *Lettres sur la Minéralogie*, p. 338.

Cela est vrai pour le schorl et le feldspath, et je suis comme persuadé qu'originairement ces deux matières n'en font qu'une, à laquelle on pourrait encore réunir, sans se méprendre, les cristaux volcaniques en forme de grenats; mais le quartz diffère de tous trois par son infusibilité[1] et par ses autres qualités primordiales, tandis que le feldspath, le schorl, soit en feuilles, soit en grains ou grenats, sont des verres également fusibles, et qui peuvent aussi avoir été produits également par le feu primitif et par celui des volcans : les exemples suivants confirmeront cette idée, que je crois bien fondée.

Les schorls noirs en petits rayons, que l'on aperçoit quelquefois dans le porphyre rouge et presque toujours dans les porphyres verts, sont de la même nature que le feldspath, à la couleur près.

Une lave noire de la Toscane, dans laquelle le schorl est en grandes taches blanches et parallélipipèdes, a quelque ressemblance avec le porphyre appelé *serpentine noire antique :* le verre de la lave remplace ici la matière du jaspe, et le schorl celle du feldspath.

La lave rouge des montagnes de Bergame, contenant de petits grenats blancs, ressemble au vrai porphyre rouge[a].

Les granites gris à petits grains, et qu'on appelle *granitelli*, contiennent moins de feldspath que les granites rouges; et ce feldspath, au lieu d'y être en gros cristaux rhomboïdaux, n'y paraît ordinairement qu'en petites molécules sans forme déterminée. Néanmoins on connaît une espèce de granite gris à grandes taches blanches parallélipipèdes, et la matière de ces taches,

a. « On trouve le long de l'Adige, sur la chaussée de Vérone à Newmarck, grand nombre « de pierres roulées, telles 1° que du porphyre rouge tacheté de blanc, pareil à celui que j'ai « vu en morceaux détachés entre Bergame, Brescia et Vérone, qui forme dans le Bergamasque « des montagnes entières, et qu'on y nomme *sarrès :* je ne puis prendre cette pierre que pour « une lave rouge qui ressemble au porphyre; 2° une espèce de porphyre noir avec des taches « blanches oblongues, semblable, à la couleur près, au *serpentine verd' antico;* 3° du granite « gris *granitello;* 4° entre San-Michele et Newmarck, il y a beaucoup de morceaux détachés « d'un porphyre qui compose les montagnes qui sont au delà de Newmark, et que je vais « décrire.

« Immédiatement après Newmarck, il y a, à main droite, des montagnes de porphyre contiguës, qui occupent une étendue considérable; elles sont formées : 1° de porphyre noir avec « des taches blanches, transparentes, rondes, de la nature du schorl; 2° de porphyre avec des « taches de spath dur rougeâtre; 3° de porphyre rouge avec des taches blanches : il y en a d'un « rouge clair, d'un rouge foncé et de couleur de foie; 4° le rouge est tout à fait pareil à la « pierre qu'on nomme *sarrès* dans le Bergamasque, avec la différence seulement que, dans les « morceaux détachés du sarrès, les taches de spath dur sont devenues opaques et couleur de « lait par l'action de l'air, tandis que, dans les montagnes de porphyre rouge, ces taches sont « en partie du spath dur couleur de chair, et en partie une espèce de schorl vitreux, transparent, pareil à celui des cristaux en forme de grenats des laves du Vésuve; mais le schorl du « porphyre n'a point adopté de figure régulière : même les taches transparentes blanches, qui « sont dans le porphyre noir du n° 1, sont un schorl vitreux, et leur forme est ou oblongue ou « indéterminée. En général, la ressemblance de ces espèces de porphyre avec les différentes « laves du Vésuve, etc., est si grande, que l'œil le plus habitué ne saurait les distinguer, et je

1. Voyez la note 2 de la page 11.

dit M. Ferber [a], tient le milieu entre le schorl et le spath dur (feldspath). Il y a aussi des granites gris qui renferment, au lieu de mica ordinaire, du mica de schorl.

Nous devons observer ici que le granite noir et blanc qui n'a que peu ou point de particules de feldspath, mais de grandes taches noires oblongues de la nature du schorl, ne serait pas un véritable granite si le feldspath y manque, et si, comme le croit M. Ferber, ces taches de schorl noir remplacent le mica; d'autant que les rayons de schorl noir « y sont, dit-il, « en telle abondance, si grands, si serrés... qu'ils paraissent faire le fond « de la pierre. » Et à l'égard du granite vert de M. Ferber, dont le fond est blanc verdâtre avec de grandes taches noires oblongues, et qu'il dit être de la même nature du schorl, et des prétendus porphyres à fond vert de la nature du *trapp* dont nous avons parlé d'après lui [b], nous présumons qu'on doit plutôt les regarder comme des productions volcaniques que comme de vrais granites ou de vrais porphyres de nature.

Les basaltes qu'on appelle *antiques*, et les basaltes modernes, ont également été produits par le feu des volcans, puisqu'on trouve dans les basaltes égyptiens les mêmes cristaux de schorl en grenats blancs et de schorl noir en rayons et feuillets, que dans les laves ou basaltes modernes et récents; que, de plus, le basalte noir, qu'on nomme mal à propos *basalte oriental*, est mêlé de petites écailles blanches de la nature du schörl, et que sa fracture est absolument pareille à celle de la lave du *Monte Albano;* qu'un autre basalte noir antique, dont on a des statues, est rempli de petits cristaux en forme de grenats, et présente quelques feuilles brillantes de schorl noir; qu'un autre basalte noir antique est mêlé de petites parties de quartz, de feldspath et de mica, et serait par conséquent un vrai granite si ces trois

« n'hésite plus d'avancer que les montagnes de porphyre qui sont derrière Newmarck sont de « vraies laves, sans cependant vouloir tirer de là une conclusion générale sur la formation des « porphyres : une circonstance que j'aurais presque oubliée m'en donne de nouvelles preuves. « Toutes ces montagnes de porphyre sont composées de colonnes quadrangulaires, pour la plu- « part rhomboïdales, détachées, ou encore attenantes les unes aux autres : ce porphyre a donc « la qualité d'adopter cette figure en se fendant et se rompant, comme différentes laves ont la « propriété de se cristalliser en colonnes de basalte. Ces hautes montagnes de porphyre de « différente couleur s'étendent jusqu'à Bandrol, d'abord à main droite seulement, ensuite des « deux côtés du chemin. Ce porphyre s'est partout séparé en grandes ou petites colonnes, géné- « ralement quadrangulaires, à sommet tronqué et uni; les faces qui touchent d'autres colonnes « sont lisses; leur figure enfin est si régulière et si exacte, que personne ne saurait la regarder « comme accidentelle : il faut nécessairement convenir que ces colonnes sont dues à une cris- « tallisation; les angles des sommets tronqués sont pour la plupart inclinés, ou le diamètre des « colonnes est communément rhomboïdal; mais quelques-unes ont la figure de vrais paralléli- « pipèdes rectangles, de la longueur d'un doigt jusqu'à celle d'une aune et demie de Suède, « et d'un quart d'aune et plus de diamètre. Il y a beaucoup de ces grandes colonnes plantées « sur la chaussée, comme la lave en colonne ou le basalte l'est aux environs de Bolzano. » *Lettres de M. Ferber*, pag. 487 et suiv.

a. *Lettres sur la Minéralogie*, pag. 346 et 481.

b. Voyez l'article du *porphyre*.

substances y étaient réunies comme dans le granite de nature, et non pas nichées séparément comme elles le sont dans ce basalte ; qu'enfin on trouve dans un autre basalte antique, brun ou noirâtre, des bandes ou larges raies de granite rouge à petits grains [a]. Ainsi le vrai basalte antique n'est point une pierre particulière, ni différente des autres basaltes, et tous ont été produits, comme les laves, par le feu des volcans. Et à l'égard des bandes de granite observées dans le dernier basalte, comme elles paraissent être de vrai granite, on doit présumer qu'elles ont été enveloppées par la lave en fusion et incrustées dans son épaisseur.

Puisque le feu primitif a formé une si grande quantité de granites, on ne doit pas être étonné que le feu des volcans produise quelquefois des matières qui leur ressemblent ; mais comme au contraire il me paraît certain que c'est par la voie humide que les cristaux de roche [1] et toutes les pierres précieuses ont été formées, je pense qu'on doit regarder comme des corps étrangers toutes les chrysolithes, hyacinthes, topazes, calcédoines, opales, etc., qui se trouvent dans les différentes matières fondues par le feu des volcans, et que toutes ces pierres ou cristaux ont été saisis et enveloppés par les laves et basaltes lorsqu'ils coulaient en fusion sur la surface des rochers vitreux, dont ces cristaux ne sont que des stalactites, que l'ardeur du feu n'a pas dénaturées. Et quant aux autres cristallisations qui se trouvent formées dans les cavités des laves, elles ont été produites par l'infiltration de l'eau après le refroidissement de ces mêmes laves.

Aux observations de M. Ferber et de M. le baron de Dietrich sur les matières volcaniques et volcanisées, nous ajouterons celles de MM. Desmarest, Faujas de Saint-Fond et de Gensane, qui ont examiné les volcans éteints de l'Auvergne, du Velay, du Vivarais et du Languedoc ; et, quoique j'aie déjà fait mention de la plupart de ces volcans éteints [b], il est bon de recueillir et de présenter ici les différentes substances que ces observateurs ont reconnues aux environs de ces mêmes volcans, et qu'ils ont jugé avoir été produites par leurs anciennes éruptions.

M. de Gensane parle d'un volcan dont la bouche se trouve au sommet de la montagne qui est entre Lunas et Lodève, et qui a dû être considérable, à

a. « Ces bandes, dit M. Ferber, sont unies à la pierre sans aucune séparation, non comme « les cailloux dans les brèches, ni comme si c'était d'anciennes fentes refermées par du gra- « nite, mais exactement comme si le basalte et le granite avaient été mous en même temps, et « s'étaient incorporés ainsi l'un dans l'autre en s'endurcissant... Ce basalte diffère du précédent « en ce que les particules qui constituent le granite y sont réunies, et que par là elles forment « un véritable granite ; au lieu que, dans l'espèce précédente, ces parties du granite sont dis- « persées et placées chacune séparément dans le basalte... Plusieurs savants italiens sont dans « l'opinion que le granite même peut aussi être formé par le feu. » *Lettres sur la Minéralogie*, page 350.

b. Voyez *Histoire naturelle*, t. Ier, p. 398.

1. Voyez la note 1 de la page 36.

en juger par la quantité de laves qu'on peut observer dans tout le terrain circonvoisin [a]. Il a reconnu trois volcans dans le voisinage du fort Brescou, sur l'un desquels M. l'évêque d'Agde (Saint-Simon-Sandricourt) a fait, en prélat citoyen, des défrichements et de grandes cultures en vignes qui produisent de bons vins. Ce vieux volcan, stérile jusqu'alors, est couvert d'une si grande épaisseur de laves que le fond du puits que M. l'évêque d'Agde a fait faire dans sa vigne est à cent quatre pieds de profondeur, et entièrement taillé dans ce banc de laves, sans qu'on ait pu en trouver la dernière couche [b], quoique le fond du puits soit à trois pieds au-dessous du niveau de la mer [c]. M. de Gensane ajoute qu'il a compté, dans le seul Bas-Languedoc, dix volcans éteints, dont les bouches sont encore très-visibles.

M. Desmarest prétend distinguer deux sortes de basaltes [d] [1] : il dit avoir comparé le basalte noir, dont on voit plusieurs monuments antiques à Rome, avec ce qu'il appelle le basalte noir des environs de Tulle en Limousin; il assure avoir vu dans cette pierre des environs de Tulle les même lames, les mêmes taches et bandes de quartz ou de feldspath et de zéolithe que dans le basalte noir antique : néanmoins, ce prétendu basalte de Tulle n'en est point un; c'est une pierre argileuse mêlée de mica noir et de schorl, qui n'a pas à beaucoup près la dureté de la lave compacte ou du basalte, et qui ne porte d'ailleurs aucun caractère ni aucun indice d'un produit de volcan; au contraire, les basaltes gris, noirs et verdâtres des anciens sont, de l'aveu même de cet académicien, composés de petits grains assez semblables à ceux d'une lave compacte et d'un tissu serré, et ces basaltes ressemblent entièrement au basalte d'Antrim en Irlande et à celui d'Auvergne [e].

a. *Histoire naturelle du Languedoc*, t. II, p. 16.

b. *Idem*, t. II, pag. 158 et 159.

c. Dans l'île d'*Ischia*, autrefois *Ænaria*, et l'une des anciennes *Pythécuses*, il y a des laves qui ont jusqu'à deux cents pieds d'épaisseur. (Note de M. le baron de Dietrich : *Lettres de Ferber*, page 275.)

d. « La première, dit-il, est le basalte noir ou le schorl en grandes masses, et composé de « petites lames que quelques naturalistes italiens appellent aussi *gabbro*; la seconde est le « basalte gris et même un peu verdâtre... Assez souvent les blocs un peu considérables de ce « basalte offrent des taches, et même des sortes de bandes assez suivies, ou de quartz ou de « feldspath rosacé, ou même de zéolithe, qui les traversent en différents sens... Le basalte noir « a une grande affinité avec le granite... Cette pierre est d'une dureté fort grande, et, vu son « mélange avec le granite, il est difficile qu'on en trouve des blocs un peu considérables... La « collection des antiquités du Capitole offre un grand nombre de statues de basalte noir... Elles « sont de la plus grande dureté, d'un beau noir foncé, et la pierre rend un son clair... Les statues du palais Barberin sont de cette même matière, quoique moins pure, car on y voit des « points blancs quartzeux et des taches de granite. » — Ces points blancs quartzeux ne sont-ils pas le schorl en grenats blancs, qui se trouvent dans presque toutes les laves et basaltes? Voyez les *Mémoires de l'Académie des Sciences*, année 1773, pag. 599 et suiv.

e. « On distingue trois substances qui sont renfermées dans les laves : les points quartzeux « et même les granites entiers; le schorl ou gabbro; les matières calcaires, celles qui sont de la « nature de la zéolithe ou de la base de l'alun : ces deux dernières substances présentent dans les

1. Voyez, dans le volume suivant, mes notes sur les *basaltes*.

M. Faujas de Saint-Fond a très-bien observé toutes les matières produites par les volcans : ses recherches assidues et suivies pendant plusieurs années, et pour lesquelles il n'a épargné ni soins, ni dépenses, l'ont mis en état de publier un grand et bel ouvrage sur les volcans éteints, dans lequel nous puiserons le reste des faits que nous avons à rapporter, en les comparant avec les précédents.

Il a découvert, dans les volcans éteints du Vivarais, les mêmes pouzzolanes grises, jaunes, brunes et roussâtres qui se trouvent au Vésuve et dans les autres terrains volcanisés de l'Italie : les expériences faites dans les bassins du jardin des Tuileries, et vérifiées publiquement, ont confirmé l'identité de nature de ces pouzzolanes de France et d'Italie, et on peut présumer qu'il en est de même des pouzzolanes de tous les autres volcans.

Cet habile naturaliste a remarqué dans une lave grise, pesante et très-dure, des cristaux assez gros, mais confus, lesquels réduits en poudre ne

« laves toutes les matières du travail de l'eau, depuis la stalactite simple jusqu'à l'agate et la « calcédoine. Ces substances étrangères existaient auparavant dans le terrain où la lave a « coulé, elle les a entraînées et enveloppées; car j'ai observé que dans certains cantons, cou- « verts de laves compactes ou d'autres productions de feu, on n'y trouve pas un seul vestige « de ces cristaux de *gabbro*, si les substances qui composent l'ancien sol n'en contiennent point « elles-mêmes. »

Mais nous devons observer qu'indépendamment de ces matières vitreuses ou calcaires, saisies dans leur état de nature, et qui sont plus ou moins altérées par le feu, on trouve aussi dans les laves des matières qui, comme nous l'avons dit, s'y sont introduites depuis par le travail successif des eaux. « Elles sont, comme le dit M. Desmarest, le résultat de l'infiltration lente « d'un fluide chargé de ces matières épurées, et qui a même souvent pénétré des masses d'un « tissu assez serré; elles ne s'y trouvent alors que dans un état cristallin et spathique....... « Elles ont pris la forme de stalactites en gouttes rondes ou allongées, en filets déliés, en tuyaux « creux; et toutes ces formes se retrouvent au milieu des laves compactes comme dans les vides « des terres cuites. » *Mémoires de l'Académie des Sciences*, année 1773, page 624.

A ce fait, qui ne m'a jamais paru douteux, M. Desmarest en ajoute d'autres qui mériteraient une plus ample explication. « Les matériaux, dit-il, que le feu a fondus pour produire le basalte « sont les granites. » — Les granites ne sont pas les seuls matériaux qui entrent dans la composition des basaltes, puisqu'ils contiennent peut-être plus de fer, ou d'autres substances, que de matières graniteuses. — « Les granites, continue cet académicien, ont éprouvé par le feu « différents degrés d'altération qui se terminent au basalte : on y voit le spath fusible (feld- « spath), qui dans quelques-uns est grisâtre, et qui dans d'autres forme un fond noir d'un « grain serré; et au milieu de ces échantillons on démêle aisément le quartz qui reste en cris- « taux ou intacts, ou éclatés par lames, ou réduits à une couleur d'un blanc terne, comme le « quartz blanc rougi au feu et refroidi subitement. » — Le quartz n'est point en cristaux dans les granites de nature, c'est le feldspath qui seul y est en cristaux rhomboïdaux : ainsi le quartz ne peut pas *rester en cristaux intacts*, etc., dans les basaltes. Cette même remarque doit s'étendre sur ce qui suit. — « J'ai deux morceaux de granite, dit cet académicien, dont une « partie est totalement fondue, pendant que l'autre n'est que faiblement altérée... On y suit des « bandes alternatives et distinctes de quartz qui est cuit à blanc, et du spath fusible (feldspath) « qui est fondu et noir. L'examen des granites fondus à moitié donne lieu de reconnaître que « plusieurs espèces de pierres dures, quelques pierres de *vérole*, certaines *ophytes*, ne sont que « des granites dont la base, qui est le spath fusible (feldspath), a reçu un degré de fusion « assez complet, ce qui en fait le fond, et dont les taches ne sont produites que par les cris- « taux quartzeux du granite non altéré. » *Mémoires de l'Académie des Sciences*, année 1773, pag. 705 jusqu'à 756.

faisaient aucune effervescence avec l'acide nitreux, mais se convertissaient au bout de quelques heures en une gelée épaisse, ce qui annonce, dit-il, que cette matière est une espèce de zéolithe; mais je dois observer que ce caractère par lequel on a voulu désigner la zéolithe est équivoque, car toute matière mélangée de vitreux et de calcaire se réduira de même en gelée. Et d'ailleurs cette réduction en gelée n'est pas un indice certain, puisqu'en augmentant la quantité de l'acide on parvient aisément à dissoudre la matière en entier.

Le même M. de Saint-Fond a observé que le fer est très-abondant dans toutes les laves, et que souvent il s'y présente dans l'état de rouille, d'ocre, ou de chaux; on voit en effet des laves dont les surfaces sont revêtues d'une couche ocreuse produite par la décomposition du fer qu'elles contenaient, et où d'autres couches ocreuses encore plus décomposées se convertissent ultérieurement en une terre argileuse qui happe à la langue [a].

Ce même naturaliste rapporte, d'après M. Pazumot, qu'on a d'abord trouvé des zéolithes dans les laves d'Islande, qu'ensuite on en a reconnu dans différents basaltes en Auvergne, dans ceux du Vieux-Brisach en Alsace, dans les laves envoyées des îles de France et de Bourbon, et dans celles de l'île de Feroë. M. Pazumot est en effet le premier qui ait écrit sur la zéolithe trouvée dans les laves, et son opinion est que cette substance n'est pas un produit immédiat du feu, mais une reproduction formée par l'intermède de l'eau et par la décomposition de la terre volcanisée : c'est aussi le sentiment de M. de Saint-Fond; cependant il avoue qu'il a trouvé de la zéolithe dans l'intérieur du basalte le plus compacte et le plus dur. Il n'est donc guère possible de supposer que la zéolithe[1] se soit formée dans ces basaltes par la décomposition de leur propre substance; et M. de Saint-Fond pense que ces dernières zéolithes étaient formées auparavant, et qu'elles ont seulement été saisies et enveloppées par la lave lorsqu'elle était en fusion. Mais alors comment est-il possible que la violence du feu ne les ait pas dénaturées, puisqu'elles sont enfermées dans la plus grande épaisseur de la lave où la chaleur était la plus forte? aussi notre observateur convient-il qu'il y

a. Il m'a remis, pour le Cabinet du Roi, une très-belle collection en ce genre, dans laquelle on peut voir tous les passages du basalte noir le plus dur à l'état argileux. Les différents morceaux de cette collection présentent toutes les nuances de sa décomposition : l'on y reconnaît de la manière la plus évidente, non-seulement toutes les modifications du fer, qui en se décomposant a produit les teintes les plus variées, mais l'on y voit jusqu'à des prismes bien conformés, entièrement convertis en substance argileuse, de manière à pouvoir être coupés avec un couteau aussi facilement que la terre à foulon, tandis que le schorl noir, renfermé dans les prismes, n'a éprouvé aucune altération.

Un fait digne de la plus grande attention, c'est que, dans certaines circonstances, les eaux s'infiltrant à travers ces laves à demi décomposées, ont entraîné leurs molécules ferrugineuses,

1. Sous le nom de *zéolithe*, on a confondu d'abord plusieurs *silicates alumineux hydratés*, à base *calcaire* ou *alcaline*, distingués aujourd'hui en diverses espèces : la *chabasie*, l'*hydrolithe*, la *scolézithe*, etc.

a des circonstances où le feu et l'eau ont pu produire des zéolithes [a], et il en donne des raisons assez plausibles.

Il dit, après l'avoir éprouvé par comparaison, que le basalte noir du Vivarais est plus dur que le basalte antique ou égyptien [b]; il a trouvé, sur le plus haut sommet de la montagne du Mézine en Velay, un basalte gris-blanc un peu verdâtre, dur et sonore, qui se rapproche par la couleur et par le grain du balsalte gris verdâtre d'Égypte, et dans lequel on remarque quelques lames d'un feldspath blanc vitreux qui a le coup d'œil et le brillant d'une eau glacée. Ces lames sont souvent formées en parallélogrammes, et il y a des morceaux où le feldspath renferme lui-même de petites aiguilles de schorl noir [c].

et les ont déposées et réunies sous la forme d'hématites dans les cavités adjacentes; alors les laves terreuses, dépouillées de leur fer, ont perdu leur couleur, et ne se présentent plus que comme une terre argileuse et blanche, sur laquelle l'aimant n'a plus d'action.

a. « Il y a, dit-il, lieu de croire : 1° que la zéolithe est une pierre mixte et de seconde for- « mation, produite par l'union intime de la matière calcaire avec la terre vitrifiable;

« 2° Que la voie humide est en général celle que la nature emploie ordinairement pour la « formation de cette pierre, et que la plupart des zéolithes qu'on trouve dans les laves et dans « les basaltes y sont étrangères, et y ont été prises accidentellement pendant que la matière était « en fusion;

« 3° Que les eaux ont pu et peuvent encore attaquer la zéolithe engagée dans les laves, la « déplacer et la déposer en lames, quelquefois même en petits cristaux dans les fissures du « basalte;

« 4° Que les feux souterrains doivent aussi former des combinaisons de la matière calcaire « avec la terre vitrifiable, ou de la terre vitrifiable avec certaines substances salines, propres à « servir de base aux zéolithes; mais qu'il faut toujours que l'eau vienne perfectionner ce que « le feu n'a fait qu'ébaucher. »

M. de Saint-Fond donne ensuite une très-bonne définition du basalte dans les termes suivants : « J'entends, dit-il, par le mot *basalte*, une substance volcanique noire, quelquefois « grise ou un peu verdâtre, inattaquable aux acides, fusible sans addition, donnant, quand elle « est pure et non altérée, quelques étincelles lorsqu'on la frappe avec l'acier trempé, suscep- « tible du poli, et devenant alors une des meilleures pierres de touche. Cette substance doit être « regardée comme la matière la plus homogène, la plus fondue, et en même temps la plus « compacte que rejettent les volcans. » *Recherches sur les volcans éteints*, etc., pages 133 et 134.

b. Il observe quelques différences dans la pâte de ce basalte égyptien, d'après les belles statues de cette matière que M. le duc de Chaulnes a rapportées de son voyage d'Égypte; elles présentent les variétés suivantes : 1° un basalte noir, dur et compacte, dont la pâte offre un grain serré, mais sec et âpre au toucher dans les cassures, et néanmoins susceptible d'un beau poli; 2° un basalte d'un grain semblable, mais d'une teinte verdâtre; 3° un basalte d'un gris lavé tirant au vert. Au reste, M. Faujas de Saint-Fond ne regarde pas comme un basalte, ni même comme un produit des volcans, la matière de quelques statues égyptiennes qui, quoique d'une belle couleur noire, n'est qu'une pierre argileuse mêlée de mica et de schorl noir en très-petits grains, et cette pierre est bien moins dure que le basalte. Notre observateur recommande enfin de ne pas confondre avec le basalte la matière de quelques statues égyptiennes d'un gris noirâtre, qui n'est qu'un granite à grain fin, ou une sorte de granitello.

c. « Ce basalte, frappé avec l'acier trempé, jette beaucoup d'étincelles.... Sa croûte se déna- « ture quelquefois et devient d'un rouge jaunâtre: mais, au lieu de se rendre friable ou argi- « leuse, cette espèce d'écorce semble se transformer en une autre substance, et, perdant sa cou- « leur noire, elle ressemble alors à un granite rougeâtre : on peut même dire que ce basalte « lui ressemble tellement qu'on y distingue le même grain, et qu'on y voit une multitude de

Enfin, il remarque aussi très-bien que les dendrites[1] qu'on voit à la superficie de quelques basaltes, sont produites par le fer que l'eau dissout et dépose en forme de ramifications.

A l'égard de la figure prismatique que prennent les basaltes, notre observateur m'en a remis, pour le Cabinet du Roi, des triangulaires, c'est-à-dire à trois pans, qu'il dit être les plus rares, des quadrangulaires, des pentagones, des hexagones, des eptagones et des octogones, tous en prismes bien formés; et, après une infinité de recherches, il avoue n'avoir jamais trouvé du basalte à neuf pans, quoique Molineux dise en avoir vu dans le comté d'Antrim.

Dans certaines laves que M. de Saint-Fond appelle *basaltes irréguliers*, il a reconnu de la zéolithe en noyau, avec du schorl noir. Dans un autre basalte du Vivarais, il a vu un gros noyau de feldspath blanc à demi transparent, luisant, et ressemblant à du spath calcaire; et ce feldspath renfermait lui-même une belle aiguille prismatique de schorl noir. « Il y a de ces « basaltes, dit-il, qui contiennent des noyaux de pierre calcaire et de pierre « vitrifiable de la nature de la pierre à rasoir, et d'autres noyaux qui res- « semblent à du tripoli. » Il a vu, dans d'autres blocs, de la chrysolite verdâtre[2]; dans d'autres, du spath calcaire blanc, cristallisé et à demi transparent. D'autres morceaux sont entremêlés de couches de basaltes et de petites couches de pierre calcaire. D'autres renferment des fragments de granite blanc mêlés de schorl noir; il y en a même dont le granite est en plaques si intimement jointes et liées au basalte que, malgré le poli, la ligne de jonction n'est pas sensible; enfin, dans la cavité d'un autre morceau de basalte, il a reconnu un dépôt ferrugineux sous la forme d'hématite qui en tapisse tout l'intérieur et qui est de couleur gorge-de-pigeon, très-chatoyante. On voit sur cette hématite quelques gros grains d'une espèce de calcédoine blanche et demi-transparente : une des faces de ce même morceau est recouverte de dendrites ferrugineuses[a]; et parmi les laves proprement dites, il en a remarqué plusieurs qui sont tendres, friables et prennent peu à peu la nature d'une terre argileuse[b].

« points de schorl noir; il n'y manquerait que du mica pour en faire du granite complet... « Cette espèce de granite incomplet n'est point un vrai granite adhérent accidentellement à la « lave, mais une lave réellement changée en granite par le temps, et dont la surface s'est « décomposée. » *Recherches sur les volcans éteints*, par M. Faujas de Saint-Fond, p. 142.

a. Idem, ibidem, page 166.

b. « C'est ici un des plus intéressants passages des laves poreuses à l'état d'argile blanche, et « l'on peut suivre par l'observation tous les degrés de cette décomposition : il faut pour cela « que la lave se soit dépouillée de toutes ses parties ferrugineuses. Ce fer, détaché des laves « par l'impression des éléments humides, a été déposé par l'eau sur les laves blanches, et elles « ont formé des couches de plusieurs pouces d'épaisseur adhérentes à leur superficie; ce fer

1. *Dendrites :* imitations d'arbres, de plantes, de rameaux, qui se forment à la surface de certains minéraux.

2. *Olivine* ou *chrysolithe des volcans.*

Il remarque, avec raison, que la *pierre de Gallinace*[1] qu'on a nommée *agate noire d'Islande*, n'a aucun rapport avec les agates, et que ce n'est qu'un verre demi-transparent, une sorte d'émail qui se forme dans les volcans, et que nous pouvons même imiter en tenant de la lave à un feu violent et longtemps continué. On trouve de cette pierre de gallinace non-seulement en Islande, mais dans les montagnes volcaniques du Pérou. Les anciens Péruviens la travaillaient pour en faire des miroirs qu'on a trouvés dans leurs tombeaux. Mais il ne faut pas confondre cette pierre de gallinace avec la *pierre d'Incas*[2] qui est une marcassite dont ils faisaient aussi des miroirs [a]. On rencontre de même, sur l'Etna et sur le Vésuve, quelques

« est tantôt en forme de véritable hématite brune, dure, dont la surface est luisante; d'autres « fois, il a fait des couches de fer *limoneux*, tendre, friable et affectant une espèce d'organisa- « tion assez constante; enfin le fer des laves, s'agglutinant à la matière argileuse, a formé une « multitude de géodes ferrugineuses de différentes formes et grosseurs; et, si l'on suit tous les « degrés de la décomposition des laves, on les verra se ramollir et finir par se convertir en « terre ferrugineuse et en argile. »

Voici, selon le même M. de Saint-Fond, l'ordre dans lequel on observe les laves dans une montagne non loin du château de Polignac :

1° Basalte gris noirâtre; 2° laves poreuses noires, dont on trouve des masses immédiatement après le basalte; 3° laves grises et jaunâtres, poreuses, tendres et friables : première altération de cette lave, qui perd sa couleur et son adhésion;... 4° lave très-blanche, poreuse, légère, qui s'est dépouillée de son fer, et qui a passé à l'état d'argile blanche, friable et farineuse; on y voit quelques petits morceaux moins dénaturés, qui ont conservé une teinte presque imperceptible de noir; 5° comme le fer qui a abandonné ces laves ne s'est point perdu, les eaux l'ont déposé après ces laves blanches, et en ont formé des espèces de couches de plusieurs pouces d'épaisseur, adhérentes aux laves : ce fer est tantôt en forme de véritable hématite brune, dure, dont la surface est luisante et globuleuse; d'autres fois il a fait des couches de fer *limoneux*, tendre, friable et affectant une espèce d'organisation assez constante, qui imite la contexture de certains madrépores de l'espèce des *cérébrites;* enfin, le fer des laves, s'agglutinant à la matière argileuse, a formé une multitude d'*ætites* ou de géodes ferrugineuses de différentes formes et grosseurs, pleines d'une substance terreuse, martiale, qui résonnent et font du bruit lorsqu'on les agite : plusieurs de ces géodes ont une organisation intérieure très-singulière, qui est l'ouvrage de l'eau; 6° après ces géodes, qui sont dispersées dans les laves décomposées, on trouve une argile blanche, solide et peu liante, formée par l'eau qui a réuni les molécules des laves poreuses décomposées : ou c'est peut-être ici une lave compacte, totalement changée en argile; 7° la couche qui vient après cette dernière est une argile verdâtre qui devient savonneuse et peut se pétrir : elle doit peut-être sa couleur aux couches d'hématite, qui se décomposent à leur tour, et viennent colorer en vert ce dernier banc d'argile qui est le plus considérable, et qui n'offre aucune régularité dans sa position et dans son site. ***Recherches sur les volcans éteints***, etc., pag. 171 et suiv.

a. On distingue dans les *guaques*, ou tombeaux des Péruviens, deux sortes de miroirs de pierre, les uns de *pierres d'Incas*, les autres d'une pierre nommé *gallinace :* la première n'est pas transparente, elle est molle, de la couleur du plomb. Les miroirs de cette pierre sont ordinairement ronds, avec une de leurs surfaces plates, aussi lisses que le plus fin cristal; l'autre est ovale, ou du moins un peu sphérique, mais moins unie. Quoiqu'ils soient de différentes grandeurs, la plupart ont trois ou quatre pouces de diamètre. M. d'Ulloa en vit un qui n'avait pas moins d'un pied et demi, dont la principale superficie était concave, grossissait beaucoup les objets, aussi polie qu'une pierre pourrait le devenir entre les mains de nos plus habiles ouvriers. Le défaut de la pierre d'Incas est d'avoir des veines et des paillettes qui la rendent

1. Variété d'*obsidienne*.
2. *Obsidienne hyaline.*

morceaux de gallinace, mais en petite quantité; et M. de Saint-Fond n'en a trouvé qu'en un seul endroit du Vivarais, dans les environs de Rochemaure : ce morceau est tout à fait semblable à la gallinace d'Islande; il est de même très-noir et d'une substance dure, donnant des étincelles avec l'acier, mais on y voit des bulles de la grosseur de la tête d'une épingle, toutes d'une rondeur exacte [a], ce qui paraît être une démonstration de plus de sa formation par le feu.

Indépendamment de toutes les variétés dont nous venons de faire mention, il se trouve très-fréquemment dans les terrains volcanisés des brèches et des poudingues que M. de Saint-Fond distingue, avec raison [b], par la différence des matières dont ils sont composés.

facile à briser, et qui gâtent la superficie : on soupçonne qu'elle n'est qu'une composition : à la vérité, il se trouve encore dans les coulées des pierres de cette espèce, mais rien n'empêche de croire qu'on a pu les fondre pour en perfectionner la figure et la qualité.

La pierre de gallinace est extrêmement dure, mais aussi cassante que la pierre à feu : son nom vient de sa couleur, aussi noire que celle du gallinazo. Les miroirs de cette pierre sont travaillés des deux côtés et fort bien arrondis; leur poli ne le cède en rien à celui de la pierre d'Incas : entre ces derniers miroirs, il s'en trouve de plats, de concaves et de convexes, et fort bien travaillés. On connaît encore des carrières de cette pierre; mais les Espagnols n'en font aucun cas, parce qu'avec de la transparence et de la dureté, cette pierre a des pailles. *Histoire générale des Voyages*, t. XIII, pag. 577 et 578.

a. *Recherches sur les volcans éteints*, etc., pag. 172.

b. « Les brèches volcaniques sont remaniées par le feu, et amalgamées avec des laves plus « modernes qui s'en emparent pour en former un seul et même corps... Ces brèches imitent « certains marbres, certains porphyres composés de morceaux irréguliers de diverses matières... « Lorsque les fragments de lave encastrés dans ces brèches ont été primitivement roulés et « arrondis, ou par les eaux, ou par d'autres circonstances, cette brèche doit prendre, à cause « de l'arrondissement des pierres, le nom de *poudingue volcanique*, pour la distinguer de la « véritable brèche volcanique dont les fragments sont irréguliers. » *Idem*, *ibid.*, p. 173.

Ces dernières brèches se trouvent souvent en très-grandes masses; l'église cathédrale et la plupart des maisons de la ville du Puy-en-Velay sont construites d'une brèche volcanique, dont il y a de très-grands rochers à la montagne de Danis. Cette brèche est quelquefois en masses irrégulières; mais, pour l'ordinaire, elle est posée par couches fort épaisses, qui ont été produites par les éruptions de l'ancien volcan de Danis. Il y a près du château de Rochemaure des masses énormes d'une autre brèche volcanique formée par une multitude de très-petits éclats irréguliers de basalte noir, dur et sain, de quelques grains de schorl noir vitreux, le tout confondu et mêlé de fragments d'une pierre blanchâtre et tirant un peu sur la couleur de rose tendre. « Cette pierre, ajoute M. de Saint-Fond, a le grain fin et serré, et paraît avoir été vive« ment calcinée; mais elle ne fait aucune effervescence avec les acides, et c'est peut-être une « pierre argileuse qui a perdu une partie de son gluten et de son éclat : elle est aussi tachetée « de très-petits points noirs qui pourraient être du schorl altéré, ou des points ferrugineux ; il « y a aussi dans ces brèches volcaniques des zones de spath calcaire blanc, et même de « grandes bandes qui paraissent être l'ouvrage de l'eau... D'autres brèches contiennent des « fragments de quartz roulés et arrondis, du jaspe un peu brûlé, et le reste de la masse est un « composé d'éclats de basalte de différentes grandeurs, parmi lesquels il se trouve aussi du spath « calcaire, des points de schorl, des agates rouges en fragments de la nature des cornalines, « des pierres calcaires, le tout agglutiné par une pâte jaunâtre qui ressemble à une espèce de « matière sablonneuse... Une autre est composée de fragments de basalte noir encastrés dans « une pâte de spath calcaire blanc et en masse... Un de ces poudingues volcaniques est composé « de morceaux de basalte noir, durs et arrondis, et il contient de même des cailloux de granite « roulés et des noyaux de feldspath arrondis, le tout lié par une pâte graniteuse composée

La pouzzolane[1] n'est que le détriment des matières volcaniques : vue à la loupe elle présente une multitude de grains irréguliers ; on y voit aussi des points de schorl noir détachés, et très-souvent de petites portions de basalte pur ou altéré. On trouve de la pouzzolane dans presque tous les cantons volcanisés, particulièrement dans les environs des cratères ; il y en a plusieurs espèces et de différentes couleurs dans le Vivarais et en plus grande abondance dans le Velay[a].

Et je crois qu'on pourrait mettre encore au nombre des pouzzolanes cette matière d'un rouge ferrugineux qui se trouve souvent entre les couches des basaltes, quoiqu'elle se présente comme une terre bolaire qui happe à la langue et qui est grasse au toucher. En la regardant attentivement, on y voit beaucoup de paillettes de schorl noir, et souvent même des portions de lave qui n'ont pas encore été dénaturées et qui conservent tous les caractères de la lave ; mais ce qui prouve sa conformité de nature avec la pouzzolane, c'est qu'en prenant dans cette matière rouge celle qui est la plus liante, la plus pâteuse, on en fait un ciment avec de la chaux vive, et que dans ce ciment le liant de la terre s'évanouit, et qu'il prend consistance dans l'eau comme la plus excellente pouzzolane[b].

Les pouzzolanes ne sont donc pas des cendres, comme quelques auteurs l'ont écrit, mais de vrais détriments des laves et des autres matières volcanisées ; au reste il me paraît que notre savant observateur assure trop généralement *qu'il n'y a point de véritables cendres dans les volcans*, et qu'il n'y existe *absolument* que la matière de la lave cuite, recuite, calcinée, réduite ou en scories graveleuses, ou en poudre fine : d'abord il me semble que, dans tout le cours de son ouvrage, l'auteur est dans l'idée que la lave[2] se forme dans le gouffre ou foyer même du volcan, et qu'elle est projetée hors du cratère sous sa forme liquide et coulante ; tandis qu'au contraire la lave ne se forme que dans les éminences ou monceaux de matières ardentes rejetées et accumulées, soit au-dessus du cratère[c], comme dans le Vésuve, soit à quelque distance des bouches d'éruption, comme dans l'Etna ; la lave ne se forme donc que par une vitrification postérieure à l'éjection, et cette vitrification ne se fait que dans les monceaux de matières rejetées ; elle ne

« de feldspath, de mica et de quelques points de schorl noir. » *Recherches sur les volcans éteints*, etc., pag. 176 et suiv.

a. *Idem, ibidem*, p. 181.

b. *Idem*, p. 180.

c. Voyez, dans le volume II, l'article qui a rapport aux *basaltes* et aux *laves*.

1. « Le *volcan* commence par lancer des *fumées* abondantes, composées de gaz divers et de « vapeurs d'eau, puis des matières pulvérulentes, dont la quantité devient quelquefois immense « et qu'on appelle *cendres volcaniques*; il s'y joint ensuite, et souvent dès le principe, des « fragments de pierres poreuses incandescentes, nommées *rapilli* ou *lapilli* ou *pouzzolanes*. » (Beudant.)

2. La *lave* se forme, en effet, dans le *foyer même du volcan* ; et ce foyer est le noyau même du globe en fusion. (Voyez les notes précédentes sur les *volcans*).

sort que du pied de ces éminences ou monceaux, et dès lors cette matière vitrifiée ne contient en effet point de cendres; mais les monceaux eux-mêmes en contenaient en très-grande quantité, et ce sont ces cendres qui ont servi de fondant pour former le verre de toutes les laves. Ces cendres sont lancées hors du gouffre des volcans : et proviennent des substances combustibles qui servent d'aliment à leur feu; les pyrites, les bitumes et les charbons de terre, tous les résidus des végétaux et animaux[1] étant les seules matières qui puissent entretenir le feu, il est de toute nécessité qu'elles se réduisent en cendres dans le foyer même du volcan, et qu'elles suivent le torrent de ses projections : aussi plusieurs observateurs, témoins oculaires des éruptions des volcans, ont très-bien reconnu les cendres projetées, et quelquefois emportées fort loin par les vents; et si, comme le dit M. de Saint-Fond, l'on ne trouve pas de cendres autour des anciens volcans éteints, c'est uniquement parce qu'elles ont changé de nature par le laps de temps, et par l'action des éléments humides.

Nous ajouterons encore ici quelques observations de M. de Saint-Fond, au sujet de la formation des pouzzolanes. Les laves poreuses se réduisent en sable et en poussière; les matières qui ont subi une forte calcination sans se fondre, deviennent friables et forment une excellente pouzzolane. La couleur en est jaunâtre, grise, noire ou rougeâtre, en raison des différentes altérations qu'a éprouvées la matière ferrugineuse qu'elles contiennent[a], et il ajoute que c'est uniquement à la quantité du fer contenu dans les laves et basaltes qu'on doit attribuer leur fusibilité : cette dernière assertion me paraît trop exclusive; ce n'est pas en effet au fer, du moins au fer seul, qu'on doit attribuer la fusibilité des laves, c'est au *salin* contenu dans les cendres rejetées par le volcan, qu'elles ont dû leur première vitrification; et c'est au mélange des matières vitreuses, calcaires et salines, autant et plus qu'aux parties ferrugineuses, qu'elles doivent la facilité de se fondre une seconde fois. Les laves se fondent comme nos verres factices et comme toute autre matière vitreuse mélangée de parties calcaires ou salines, et en général tout mélange et toute composition produit la fusibilité; car l'on sait que plus les matières sont pures et plus elles sont réfractaires au feu; le quartz, le jaspe,

a. « L'air et l'humidité attaquent la surface des laves les plus dures : les fumées acides, sulfureuses qui s'élèvent dans les terrains volcanisés, les pénètrent, les attendrissent, et changent leur couleur noire en rouge, et les convertissent en pouzzolane ocreuse... Le basalte lui-même le plus compacte et le plus dur se convertit en une pouzzolane rouge ou grise, douce au toucher, et d'une très-bonne qualité; j'ai observé, dit-il, dans le Vivarais, des bancs entiers de basalte converti en pouzzolane rouge : ces bancs, ainsi décomposés, étaient recouverts par d'autres bancs intacts et sains, d'un basalte dur et noir... On trouve dans la montagne de Chenavasi, en Vivarais, le basalte décomposé attenant encore au basalte sain, et on peut y suivre la dégradation de sa décomposition. » *Recherches sur les volcans éteints*, etc., page 206.

A l'égard de la substance même des laves en général, M. de Saint-Fond pense « qu'elles ont

1. Voyez la note de la page 302.

l'argile et la craie purs y résistent également[1], tandis que toutes les matières mixtes s'y fondent aisément; et cette épreuve serait le meilleur moyen de distinguer les substances simples des matières composées, si la fusibilité ne dépendait pas encore plus de la force du feu que du mélange des matières; car selon moi, les substances les plus simples et les plus réfractaires ne résisteraient pas à cette action du feu si l'on pouvait l'augmenter à un degré convenable.

En comparant toutes les observations que je viens de rapporter, et donnant même aux différentes opinions des observateurs toute la valeur qu'elles peuvent avoir, il me paraît que le feu des volcans peut produire des matières assez semblables aux porphyres et granites, et dans lesquelles le feldspath, le mica et le schorl se reconnaissent sous leur forme propre; et ce fait seul une fois constaté suffirait pour qu'on dût regarder comme plus que vraisemblable la formation du porphyre et du granite par le feu primitif, et à plus forte raison celle des matières premières dont ils sont composés.

Mais, dira-t-on, quelque sensibles que soient ces rapports, quelque plausibles que paraissent les conséquences que vous en tirez, n'avez-vous pas annoncé que la figuration de tous les minéraux n'est due qu'au travail des molécules organiques qui, ne pouvant en pénétrer le fond par la trop grande résistance de leur substance dure, ont seulement tracé sur la superficie les premiers linéaments de l'organisation, c'est-à-dire les traits de la figuration? Or il n'y avait point de corps organisés dans ce premier temps où le feu primitif a réduit le globe en verre; et même est-il croyable que dans ces feux de nos fourneaux ardents où nous voyons se former des cristaux, il y ait des molécules organiques qui concourent à la forme régulière qu'ils prennent? Ne suffit-il pas d'admettre la puissance de l'attraction et l'exercice de sa force par les lois de l'affinité pour concevoir que toutes les parties homogènes se réunissant, elles doivent prendre en conséquence des figures régulières, et se présenter sous différentes formes relatives à leur différente nature, telles que nous les voyons dans ces cristallisations?

Ma réponse à cette importante question est que, pour produire une forme

« pour base une matière quartzeuse ou vitrifiable unie avec beaucoup de fer, et que leur fusibilité n'est due qu'à ce même fer; il dit que le basalte est de toutes les matières volcaniques « celle qui est la plus intimement liée et combinée avec les éléments ferrugineux; que le fer y « est très-voisin de l'état métallique, et que c'est à cette cause qu'on peut attribuer la facilité « qu'a le basalte de se fondre; que les laves se trouvent plus ou moins altérées, en raison des « différentes impressions et modifications qu'a éprouvées le principe ferrugineux... Que la pouzzolane, le tuffeau, les laves tendres, rouges, jaunâtres ou de différentes couleurs, les laves « poreuses, les laves compactes, sont toutes les mêmes quant à leur essence, et ne diffèrent que « par les modifications que le feu ou les vapeurs y ont occasionnées... Qu'enfin la pouzzolane « rouge ou d'un brun rougeâtre, étant une des productions volcaniques non-seulement la plus « riche en fer, mais celle où ce minéral se trouve atténué et le plus à découvert, doit former « un ciment de la plus grande dureté. » *Idem*, page 207.

1. Voyez les notes précédentes sur le *quartz*, le *jaspe*, etc.

régulière dans un solide, la puissance de l'attraction seule ne suffit pas, et que l'affinité, n'étant que la même puissance d'attraction, ses lois ne peuvent varier que par la diversité de figure des particules sur lesquelles elle agit pour les réunir[a]: sans cela toute matière réduite à l'homogénéité prendrait la forme sphérique, comme la prennent les gouttes d'eau, de mercure et de tout autre liquide, et comme l'ont prise la terre et les planètes dans le temps de leur liquéfaction. Il faut donc nécessairement que tous les corps qui ont des formes régulières avec des faces et des angles, reçoivent cette impression de figure de quelque autre cause que de l'affinité; il faut que chaque atome soit déjà figuré avant d'être attiré et réuni par l'affinité; et comme la figuration est le premier trait de l'organisation, et qu'après l'attraction, il n'y a d'autre puissance active dans la nature, que celle de la chaleur et des molécules organiques qu'elle produit, il me semble qu'on ne peut attribuer qu'à ces mêmes éléments actifs le travail de la figuration[1].

L'existence des molécules organiques a précédé celle des êtres organisés : elles sont aussi anciennes que l'élément du feu; un atome de lumière ou de chaleur est par lui-même une molécule active, qui devient organique dès qu'elle a pénétré un autre atome de matière; ces molécules organiques une fois formées ne peuvent être détruites; le feu le plus violent ne fait que les disperser sans les anéantir[2] : nous avons prouvé que leur essence était inaltérable, leur existence perpétuelle, leur nombre infini; et qu'étant aussi universellement répandues que les atomes de la lumière, tout concourt à démontrer qu'elles servent également à l'organisation des animaux, des végétaux, et à la figuration des minéraux, puisque après avoir pris à la surface de la terre leur organisme tout entier, dans l'animal et le végétal, retombant ensuite dans la masse minérale, elles réunissent tous les êtres sous la même loi, et ne font qu'un seul empire de tous les règnes de la nature.

DU SOUFRE.

La nature, indépendamment de ses hautes puissances auxquelles nous ne pouvons atteindre, et qui se déploient par des effets universels, a de plus les facultés de nos arts qu'elle manifeste par des effets particuliers : comme

a. Voyez, dans les volumes précédents, l'article qui a pour titre : *De la Nature, seconde vue.*

1. Voyez les notes de la page 3.

2. Buffon pose des *molécules indestructibles*, *indestructibles* même par le *feu le plus violent* : aussi ne les appelle-t-il plus *organiques*; il les appelle *actives*, et les fait dériver d'un *atome de lumière ou de chaleur*. Cuvier avait essentiellement raison : « s'il eût existé des « *molécules organiques*, elles auraient été décomposées et détruites par le feu primitif du globe. » Les *molécules organiques* ne sont qu'un mot.

nous, elle sait fondre et sublimer les métaux, cristalliser les sels, tirer le vitriol et le soufre des pyrites, etc. Son mouvement plus que perpétuel, aidé de l'éternité du temps, produit, entraîne, amène toutes les révolutions, toutes les combinaisons possibles; pour obéir aux lois établies par le souverain Être, elle n'a besoin ni d'instruments, ni d'adminicules, ni d'une main dirigée par l'intelligence humaine; tout s'opère, parce qu'à force de temps tout se rencontre, et que, dans la libre étendue des espaces et dans la succession continue du mouvement, toute matière est remuée, toute forme donnée, toute figure imprimée; ainsi tout se rapproche ou s'éloigne, tout s'unit ou se fuit, tout se combine ou s'oppose, tout se produit ou se détruit par des forces relatives ou contraires, qui seules sont constantes, et, se balançant sans se nuire, animent l'univers et en font un théâtre de scènes toujours nouvelles, et d'objets sans cesse renaissants.

Mais en ne considérant la nature que dans ses productions secondaires, qui sont les seules auxquelles nous puissions comparer les produits de notre art, nous la verrons encore bien au-dessus de nous; et, pour ne parler que du sujet particulier dont je vais traiter dans cet article, le soufre qu'elle produit au feu de ses volcans est bien plus pur, bien mieux cristallisé, que celui dont nos plus grands chimistes ont ingénieusement trouvé la composition[a]: c'est bien la même substance; ce soufre artificiel et celui de la nature ne sont également que la matière du feu rendue fixe par l'acide, et la démonstration de cette vérité, qui ne porte que sur l'imitation par notre art d'un procédé secondaire de la nature, est néanmoins le triomphe de la chimie, et le plus beau trophée qu'elle puisse placer au haut du monument de toutes ses découvertes.

L'élément du feu qui, dans son état de liberté, ne tend qu'à fuir, et divise toute matière à laquelle on l'applique, trouve sa prison et des liens dans cet acide, qui lui-même est formé par l'intermède des autres éléments; c'est par la combinaison de l'air et du feu que l'acide primitif a été produit, et dans les acides secondaires, les éléments de la terre et de l'eau sont tellement combinés qu'aucune autre substance simple ou composée n'a autant d'affinité avec le feu; aussi cet élément se saisit de l'acide dès qu'il se trouve dans son état de pureté naturelle et sans eau superflue, il forme avec lui un nouvel être qui est le soufre, uniquement composé de l'acide et du feu [1].

a. Ils sont allés jusqu'à déterminer la proportion dans laquelle l'acide vitriolique et le feu fixe entrent chacun dans le soufre. Stahl a trouvé « que, dans la composition du soufre, l'acide vitrio-« lique faisait environ quinze seizièmes du poids total, et même un peu plus, et que le phlo-« gistique faisait un peu moins d'un seizième... M. Brandt dit, d'après ses propres expériences, « que la proportion du principe inflammable à celle de l'acide vitriolique est à peu près de

1. Nous voici de nouveau dans la *chimie idéale* de Buffon : un *acide*, un *feu fixe*, ce *feu* et cet *acide* qui, se saisissant l'un l'autre, forment le *soufre*, etc. (Voyez mes notes précédentes sur tout cela.)

Pour voir clairement ces rapports importants, considérons d'abord le soufre tel que la nature nous l'offre au sommet de ses volcans : il se sublime, s'attache et se cristallise contre les parois des cavernes qui surmontent tous les feux souterrains ; ces chapiteaux des fournaises embrasées par le feu des pyrites sont les grands récipients de cette matière sublimée ; elle ne se trouve nulle part en aussi grande abondance, parce que nulle part l'acide et le feu ne se rencontrent en aussi grand volume, et n'agissent avec autant de puissance.

Après la chute des eaux et la production de l'acide, la nature a d'abord renfermé une partie de la matière du feu dans les pyrites, c'est-à-dire, dans les petites masses ferrugineuses et minérales où l'acide vitriolique, se trouvant en quantité, a saisi cet élément du feu, et le retiendrait à perpétuité, si l'action des éléments humides[a] ne survenait pour le dégager et lui rendre sa liberté ; l'humidité, en agissant sur la matière terreuse et s'unissant en même temps à l'acide, diminue sa force, relâche peu à peu les nœuds de son union avec le feu, qui reprend sa liberté dès que ses liens sont brisés : dans cet incendie le feu, devenu libre, emporte avec sa flamme une portion de l'acide auquel il était uni dans la pyrite, et cet acide pur, et séparé de la terre qui reste fixe, forme, avec la substance de la flamme, une nouvelle matière uniquement composée de feu fixé par l'acide, sans mélange de terre ni de fer, ni d'aucune autre matière.

Il y a donc une différence essentielle entre le soufre et la pyrite, quoique tous deux contiennent également la substance du feu saisie par l'acide, puisque le soufre n'est composé que de ces deux substances pures et simples, tandis qu'elles sont incorporées dans la pyrite avec une terre fixe de fer ou d'autres minéraux : le mot de *soufre minéral*, dont on a tant abusé, devrait être banni de la physique, parce qu'il fait équivoque et présente une fausse idée ; car ce soufre minéral n'est pas du soufre, mais de la pyrite, et de même toutes les substances métalliques, qu'on dit être minéralisées par le soufre, ne sont que des pyrites qui contiennent, à la vérité, les principes du soufre, mais dans lesquelles il n'est pas formé. Les pyrites martiales et cuivreuses, la galène de plomb, etc., sont autant de pyrites dans lesquelles la substance du feu et celle de l'acide se trouvent plus ou moins intimement unies aux parties fixes de ces métaux : ainsi les pyrites ont été formées par une grande opération de la nature, après la production

« 3 à 50 (ou d'un dix-septième) en poids ; mais ni M. Brandt ni M. Stahl n'ont pas connu « l'influence de l'air dans la combinaison de leurs expériences, en sorte que cette proportion « n'est pas certaine. » *Dictionnaire de Chimie*, par M. Macquer, article *Soufre*.

a. L'eau seule ne décompose pas les pyrites : le long des falaises des côtes de Normandie, les bords de la mer sont jonchés de pyrites que les pêcheurs ramassent pour en faire du vitriol.

La rivière de Marne, dans la partie de la Champagne crayeuse qu'elle arrose, est jonchée de pyrites martiales qui restent intactes tant qu'elles sont dans l'eau, mais qui s'effleurissent dès qu'elles sont exposées à l'air.

de l'acide et des matières combustibles, remplies de la substance du feu; et le soufre ne s'est formé que par une opération secondaire, accidentelle et particulière, en se sublimant avec l'acide par l'action des feux souterrains. Les charbons de terre et les bitumes qui, comme les pyrites, contiennent de l'acide, doivent par leur combustion produire de même une grande quantité de soufre: aussi toutes les matières, qui servent d'aliment au feu des volcans et à la chaleur des eaux thermales, donnent également du soufre dès que par les circonstances locales, l'acide, et le feu qui l'accompagne et l'enlève, peuvent être arrêtés et condensés par le refroidissement.

On abuse donc du nom de *soufre*, lorsqu'on dit que les métaux sont minéralisés par le soufre; et, comme les abus vont toujours en augmentant, on a aussi donné le même nom de *soufre* à tout ce qui peut brûler: ces applications équivoques ou fausses viennent de ce qu'il n'y avait dans aucune langue une expression qui pût désigner le feu dans son état fixe. Le *soufre* des anciens chimistes représentait cette idée[a], le *phlogistique*[1] la représente dans la chimie récente, et l'on n'a rien gagné à cette substitution de termes; elle n'a même fait qu'augmenter la confusion des idées, parce qu'on ne s'est pas borné à ne donner au phlogistique que les propriétés du feu fixe : ainsi le mot ancien de *soufre* ou le mot nouveau de *phlogistique*, dans la langue des sciences, n'auraient pas fait de mal s'ils n'eussent exprimé que l'idée nette et claire du feu dans son état fixe; cependant *feu fixe* est aussi court, aussi aisé à prononcer que *phlogistique*, et *feu fixe* rappelle l'idée principale de l'élément du feu, et le représente tel qu'il existe dans les corps combustibles, au lieu que *phlogistique* qu'on n'a jamais bien défini, qu'on a souvent mal appliqué, n'a fait que brouiller les idées, et rendre obscures les explications des choses les plus claires ; la réduction des chaux métalliques en est un exemple frappant, car elle s'explique, s'entend aussi clairement que la précipitation, sans qu'il soit nécessaire d'avoir recours, avec nos chimistes, à l'absence ou à la présence du phlogistique.

a. Le soufre des philosophes hermétiques était un tout autre être que le soufre commun : ils le regardaient comme le principe de la lumière, comme celui du développement des germes et de la nutrition des corps organisés (voyez Georg. Wolfgang Wedel, *Éphémérides d'Allemagne*, années 1678, 1679, et la *Collection académique*, partie étrangère, tome III, pag. 415 et 416); et sous ces rapports il paraît qu'ils considéraient particulièrement, dans le soufre, son feu fixe, indépendamment de l'acide dans lequel il se trouve engagé : dans ce point de vue, ce n'est plus du soufre qu'il s'agit, mais du feu même, en tant que fixé dans les différents corps de la nature: il en fait l'activité, le développement et la vie, et, en ce sens, le soufre des alchimistes peut en effet être regardé comme le principe des phénomènes de la chaleur, de la lumière, du développement et de la nutrition des corps organisés. (Observation communiquée par M. l'abbé Bexon.)

1. On a cherché, de bonne heure, le principe actif de la *combustion* : les alchimistes crurent l'avoir trouvé dans le *soufre*; Beccher imagina le *phlogistique*; Stahl rendit ce *phlogistique* fameux; Lavoisier a découvert enfin l'*oxygène*. (Voyez, dans le tome IX, la note de la page 23 et la note 4 de la page 27.)

Dans la nature, et surtout dans la matière brute, il n'y a d'êtres réels et primitifs que les quatre éléments [1] : chacun de ces éléments peut se trouver en un état différent de mouvement ou de repos, de liberté ou de contrainte, d'action ou de résistance, etc. Il y aurait donc tout autant de raison de faire un nouveau mot pour l'air fixe, mais heureusement on s'en est abstenu jusqu'ici ; ne vaut-il pas mieux en effet désigner par une épithète l'état d'un élément, que de faire un être nouveau de cet état en lui donnant un nom particulier? Rien n'a plus retardé le progrès des sciences que la *logomachie*, et cette création de mots nouveaux à *demi techniques*, à *demi métaphoriques*, et qui dès lors ne représentent nettement, ni l'effet ni la cause : j'ai même admiré la justesse de discernement des anciens; ils ont appelé *pyrites* les matières minérales qui contiennent en abondance la substance du feu ; avons-nous eu raison de substituer à ce nom celui de *soufre*, puisque les minerais ne sont en effet que des pyrites? Et de même les anciens chimistes ont entendu, par le mot de *soufre*, la matière du feu contenue dans les huiles, les résines, les esprits ardents, et dans tous les corps des animaux et des végétaux, ainsi que dans la substance des minéraux ; avons-nous aujourd'hui raison de lui substituer celui de phlogistique? Le mieux eût été de n'adopter ni l'un ni l'autre: aussi n'ai-je employé, dans le cours de cet ouvrage, que l'expression de *feu fixe* [a] au lieu de *phlogistique*, comme je n'emploie ici que celle de *pyrite* au lieu de *soufre minéral*.

Au reste, si l'on veut distinguer l'idée du feu fixe de celle du phlogistique, il faudra, comme je l'ai dit [b], appeler *phlogistique*, le feu qui, d'abord étant fixé dans les corps, est en même temps animé par l'air et peut en être séparé; et laisser le nom de *feu fixe* à la matière propre du feu fixé dans ces mêmes corps, et qui sans l'adminicule de l'air auquel il se réunit ne pourrait s'en dégager.

Le feu fixe est toujours combiné avec l'air fixe, et tous deux sont les principes inflammables de toutes les substances combustibles ; c'est en raison de la quantité de cet air et du feu fixe qu'elles sont plus ou moins inflammables : le soufre, qui n'est composé que d'acide pur et de feu fixe, brûle en entier et ne laisse aucun résidu après son inflammation [2] ; les autres substances qui sont mêlées de terres ou de parties fixes, laissent toutes des cendres ou des résidus charbonneux après leur combustion, et en général toute inflammation, toute combustion n'est que la mise en liberté, par le concours de l'air, du feu fixe contenu dans les corps, et c'est alors que ce

a. Le phlogistique et le feu fixe sont la même chose [3], dit très-bien M. de Morveau, et le soufre n'est composé que de feu et d'acide vitriolique. *Éléments de Chimie*, t. II, p. 21.

b. Voyez l'introduction aux minéraux, tome IX de cette *Histoire naturelle*.

1. Voyez la note 2 de la page 1 du IXe volume.

2... *Ne laisse aucun résidu :* au contact de l'air, il se transforme en *gaz acide sulfureux*, sans laisser de résidu, lorsqu'il est pur.

3 (*a*). Oui, la même chose, c'est-à-dire une pure hypothèse.

feu animé par l'air devient *phlogistique;* or le feu libre, l'air et l'eau, peuvent également rendre la liberté au feu fixe [1] contenu dans les pyrites; et comme au moment qu'il est libre le feu reprend sa volatilité, il emporte avec lui l'acide auquel il est uni, et forme du soufre par la seule condensation de cette vapeur.

On peut faire du soufre par la fusion ou par la sublimation : il faut pour cela choisir les pyrites qu'on a nommées *sulfureuses*, et qui contiennent la plus grande quantité de feu fixe et d'acide, avec la moindre quantité de fer, de cuivre, ou de toute autre matière fixe; et, selon qu'on veut extraire une grande ou petite quantité de soufre, on emploie différents moyens [a], qui néanmoins se réduisent tous à donner du soufre par fusion ou par sublimation.

Cette substance, tirée des pyrites par notre art, est absolument semblable à celle du soufre que la nature produit par l'action de ses feux souterrains : sa couleur est d'un jaune citrin; son odeur est désagréable, et plus forte lorsqu'il est frotté ou échauffé; il est électrique comme l'ambre ou la résine; sa saveur n'est insipide que parce que le principe aqueux de son acide y étant absorbé par l'excès du feu, il n'a aucune affinité avec la salive, et qu'en général, il n'a pas plus d'action sur les matières aqueuses qu'elles

a. Pour tirer le soufre des pyrites, et particulièrement des pyrites cuivreuses, on forme, à l'air libre, des tas de pyrites qui ont environ vingt pieds en carré et neuf pieds de haut : on arrange ces pyrites sur un lit de bûches et de fagots; on laisse à ces tas une ouverture qui sert d'évent, ou comme le cendrier sert à un fourneau; on enduit les parois extérieures des tas, qui forment comme des espèces de murs, avec de la pyrite en poudre et en petites particules que l'on mouille; alors on met le feu au bois, et on le laisse brûler pendant plusieurs mois; on forme à la partie supérieure des tas ou de ces massifs des trous ou des creux qui forment comme des bassins dans lesquels le soufre fondu par l'action du feu va se rendre, et d'où on le puise avec des cuillers de fer; mais ce soufre ainsi recueilli n'est point parfaitement pur, il a besoin d'être fondu de nouveau dans des chaudières de fer : alors les parties pierreuses et terreuses qui s'y trouvent mêlées tombent au fond de la chaudière, et le soufre pur nage à leur surface. Telle est la manière dont on fixe le soufre au *Hartz*...

Une autre manière, qui est aussi en usage en Allemagne, consiste à faire griller les pyrites ou la mine de cuivre sous un hangar couvert d'un toit qui va en pente; ce toit oblige la fumée qui part du tas que l'on grille à passer par-dessus une auge remplie d'eau froide; par ce moyen, cette fumée, qui n'est composée que de soufre, se condense et tombe dans l'auge...

En Suède, on se sert de grandes retortes de fer qu'on remplit au tiers de pyrites, et on obtient le soufre par distillation; on ne met qu'un tiers de pyrites, parce que le feu les fait gonfler considérablement : il passe une partie du soufre qui suinte au travers des retortes et qui est fort pur, on le débite pour de la fleur de soufre; quant au reste du soufre, il est reçu dans des récipients remplis d'eau; on enlève ce soufre des récipients, on le porte dans des chaudières de fer, où on le fait fondre, afin qu'il dépose les matières étrangères dont il était mêlé : lorsque les pyrites ont été dégagées du soufre qu'elles contenaient, on les jette dans un tas à l'air libre; après qu'elles ont été exposées aux injures de l'air, ces tas sont sujets à s'enflammer d'eux-mêmes, après quoi le soufre en est totalement dégagé; mais, pour prévenir l'inflammation, on lave ces pyrites calcinées, et l'on en tire du vitriol, qu'elles ne donneraient point si on les avait laissé s'embraser; après qu'il a été purifié, on le fond de nouveau, on le prend avec des cuillers

1... *Rendre la liberté au feu fixe.* Nous dirions aujourd'hui, en ajoutant un peu aux idées de Buffon : rendre libre le *calorique latent.*

n'en ont sur lui; sa densité est à peu près égale à celle de la pierre calcaire [a]; il est cassant, presque friable, et se pulvérise aisément, il ne s'altère pas par l'impression des éléments humides, et même l'action du feu ne le décompose pas lorsqu'il est en vaisseaux clos, et privé de l'air nécessaire à toute inflammation. Il se sublime sous sa même forme, au haut du vaisseau clos, en petits cristaux auxquels on a donné le nom de *fleurs de soufre:* celui qu'on obtient par la fusion, se cristallise de même en le laissant refroidir très-lentement; ces cristaux sont ordinairement en aiguilles, et cette forme aiguillée, propre au soufre, se voit dans les pyrites et dans presque tous les minéraux où le feu fixe et l'acide se trouvent combinés en grande quantité avec le métal; il se cristallise aussi en octaèdres, dans les grands soupiraux des volcans.

Le degré de chaleur nécessaire pour fondre le soufre ne suffit pas pour l'enflammer: il faut pour qu'il s'allume porter de la flamme à sa surface, et dès qu'il aura reçu l'inflammation il continuera de brûler. Sa flamme est légère et bleuâtre, et ne peut même communiquer l'inflammation aux autres matières combustibles, que quand on donne plus d'activité à la combustion du soufre en augmentant le degré de feu; alors sa flamme devient plus lumineuse, plus intense, et peut enflammer les matières sèches et combustibles [b]: cette flamme du soufre, quelque intense qu'elle puisse être, n'en est pas moins pure; elle est ardente dans toute sa substance, elle n'est accompagnée d'aucune fumée et ne produit point de suie : mais elle répand une vapeur suffocante qui n'est que celle de l'acide encore combiné avec le feu fixe, et à laquelle on a donné le nom d'*acide sulfureux* [1] *:* au reste, plus len-

de fer, et on le verse dans des moules qui lui donnent la forme de bâtons arrondis. C'est ce qu'on appelle *soufre en canons...*

Aux environs du mont Vésuve et dans d'autres endroits de l'Italie, où il se trouve du soufre, on met les terres qui sont imprégnées de cette substance dans des pots de terre, de la forme d'un pain de sucre ou d'un cône fermé par la base, et qui ont une ouverture au sommet : on arrange ces pots dans un grand fourneau destiné à cet usage, en observant de les coucher horizontalement; on donne un feu modéré qui suffise pour faire fondre le *soufre*, qui découle par l'orifice qui est à la pointe des pots, et qui est reçu dans d'autres pots dans lesquels on a mis de l'eau froide où le soufre se fige.

Après toutes ces purifications, le soufre renferme encore souvent des substances qui en rendraient l'usage dangereux, et il faut, pour le séparer de ces substances, le sublimer. (Encyclopédie, article *Soufre.*) — Voyez à peu près les mêmes procédés pour l'extraction du soufre des pyrites dans le pays de Liége, *Collection académique,* partie étrangère, tome II, page 10; et dans le *Journal de Physique,* mai 1781, page 366, quelques vues utiles sur cette exploitation en général, et en particulier sur celle que l'on pourrait faire en Languedoc.

a. Le soufre volatil pèse environ cent quarante-deux livres le pied cube, et le soufre en canon cent trente-neuf à cent quarante livres. Voyez la Table de M. Brisson.

b. Si l'on ne donne au soufre que le petit degré de feu nécessaire pour commencer à le faire brûler, sa flamme bleuâtre ne se voit que dans l'obscurité, et ne peut pas allumer les corps les plus combustibles. M. Baumé a fait ainsi brûler tout le soufre qui est dans la poudre à tirer, sans l'enflammer. *Dictionnaire de Chimie,* par M. Macquer, article *Soufre.*

1. Voyez la note 2 de la page 333.

tement on fait brûler le soufre, plus la vapeur est suffocante, et plus l'acide qu'elle contient devient pénétrant; c'est, comme l'on sait, avec cet acide sulfureux qu'on blanchit les étoffes, les plumes et les autres substances animales [a].

L'acide que le feu libre emporte ne s'élève avec lui qu'à une certaine hauteur; car dès qu'il est frappé par l'humidité de l'air, qui se combine avec l'acide, le feu est forcé de fuir, il quitte l'acide et s'exhale tout seul, cet acide dégagé dans la combustion du soufre est du pur acide vitriolique [1] : « Si l'on veut le recueillir au moment que le feu l'abandonne, il ne faut que « placer un chapiteau au-dessus du vase, avec la précaution de le tenir « assez éloigné pour permettre l'action de l'air qui doit entretenir la com- « bustion, et de porter dans l'intérieur du chapiteau une certaine humidité « par la vapeur de l'eau chaude; on trouvera dans le récipient, ajusté au « bec du chapiteau, l'acide vitriolique, connu sous le nom d'*esprit de* « *vitriol*, c'est-à-dire un acide peu concentré et considérablement affaibli « par l'eau [b]. On concentre cet acide et on le rend plus pur en le distillant : « l'eau, comme plus volatile, s'élève la première et emporte un peu d'a- « cide; plus on réitère la distillation, plus il y a de déchet, mais aussi plus « l'acide qui reste se concentre, et ce n'est que par ce moyen qu'on peut « lui donner toute sa force et le rendre tout à fait pur [c]. » Au reste, on a imaginé depuis peu le moyen d'effectuer dans des vaisseaux clos la combustion du soufre: il suffit pour cela d'y joindre un peu de nitre [2] qui fournit l'air nécessaire à cette combustion, et d'après ce principe on a construit des appareils de vaisseaux clos pour tirer l'esprit de vitriol en grand, sans danger et sans perte; c'est ainsi qu'on y procède actuellement dans plusieurs manufactures [d], et spécialement dans la belle fabrique de sels minéraux, établie à Javelle, sous le nom et les auspices de monseigneur le comte d'Artois.

a. L'acide sulfureux volatil a la propriété de détruire et de décomposer les couleurs; il blanchit les laines et les soies; sa vapeur s'attache si fortement à ces sortes d'étoffes, que l'on ne peut plus leur faire prendre de couleur, à moins de les bouillir dans de l'eau de savon ou dans une dissolution d'alcali fixe; mais il faut prendre garde de laisser ces étoffes trop longtemps exposées à la vapeur du soufre, parce qu'elle pourrait les endommager et les rendre cassantes. Encyclopédie, article *Soufre*.

b. *Éléments de Chimie*, par M. de Morveau, t. II, p. 22.

c. *Idem*, *ibidem*.

d. C'est à Rouen où l'on a commencé à faire de l'huile de vitriol en grand par le soufre; il s'en fait annuellement dans cette ville et dans les environs quatorze cents milliers : on en fait à Lyon sans intermède du salpêtre. (Note communiquée par M. de Grignon.)

1... *Du pur acide vitriolique*. Le *soufre*, en brûlant dans l'air libre, produit seulement de l'*acide sulfureux*, et non pas de l'*acide sulfurique* (*vitriolique*). La formation de l'*acide sulfurique* est plus compliquée. On le produit en faisant rencontrer ensemble, dans de vastes chambres de plomb, de l'*acide sulfureux*, de l'*air*, des vapeurs *aqueuses* et *nitreuses*. « La « théorie de la fabrication de l'*acide sulfurique* peut être résumée ainsi : c'est l'*acide azotique* « qui transforme presque toujours l'*acide sulfureux* en *acide sulfurique*. » (Pelouze et Frémy.)

2. Voyez la note précédente.

L'eau ne dissout point le soufre et ne fait même aucune impression à sa surface; cependant si l'on verse du soufre en fusion dans de l'eau, elle se mêle avec lui, et il reste mou[1] tant qu'on ne le fait pas sécher à l'air; il reprend sa solidité et toute sa sécheresse dès que l'eau dont il s'est humecté par force, et avec laquelle il n'a que peu ou point d'adhérence, est enlevée par l'évaporation.

Voilà sur la composition de la substance du soufre et sur ses principales propriétés, ce que nos plus habiles chimistes ont reconnu et nous représentent comme choses incontestables et certaines; cependant elles ont besoin d'être modifiées, et surtout de n'être pas prises dans un sens absolu si l'on veut s'approcher de la vérité, en se rapprochant des faits réels de la nature. Le soufre, quoique entièrement composé de feu fixe et d'acide, n'en contient pas moins les quatre éléments[2], puisque l'eau, la terre et l'air se trouvent unis dans l'acide vitriolique[3], et que le feu même ne se fixe que par l'intermède de l'air.

Le phlogistique n'est pas, comme on l'assure, une substance simple, identique et toujours la même dans tous les corps, puisque la matière du feu y est toujours unie à celle de l'air[4], et que sans le concours de ce second élément, le feu fixe ne pourrait ni se dégager ni s'enflammer : on sait que l'air fixe prend souvent la place du feu fixe en s'emparant des matières que celui-ci quitte; que l'air est même le seul intermède par lequel on puisse dégager le feu fixe, qui alors devient le phlogistique. Ainsi le soufre, indépendamment de l'air fixe qui est entré dans sa composition, se charge encore de nouvel air dans son état de fusion : cet air fixe s'unit à l'acide, la vapeur même du soufre fixe l'air et l'absorbe, et enfin le soufre, quoique contenant le feu fixe en plus grande quantité que toutes les autres substances combustibles, ne peut s'enflammer comme elles, et continuer à brûler que par le concours de l'air.

En comparant la combustion du soufre à celle du phosphore, on voit que dans le soufre l'air fixe prend la place du feu fixe à mesure qu'il se dégage et s'exhale en flamme, et que dans le phosphore, c'est l'air fixe qui se dégage le premier, et laisse le feu fixe reprendre sa liberté; cet effet s'opère sans le secours extérieur du feu libre, et par le seul contact de l'air[5]; et dans

1. Pour obtenir le *soufre mou*, il faut ne verser le *soufre* dans l'eau qu'à la température de plus de 260 degrés, température où il devient fluide.

2. Le *soufre* est un corps *simple*. (Voyez la note 2 de la page 303.)

3. L'*acide sulfurique* (*vitriolique*) est composé de *soufre* et d'*oxygène* : le reste est de l'imagination de Buffon.

4. Voyez, sur le *prétendu phlogistique*, composé de *feu* et d'*air*, la note 3 de la page 25 du IXe volume.

5. Le *phosphore* brûle en effet, dans l'air, à la température ordinaire, tandis que le *soufre* a besoin d'être chauffé; et cela tient uniquement à ce que le *phosphore* est plus fusible que le *soufre*.

toute matière où il se trouve des acides, l'air s'unit avec eux et se fixe encore plus aisément que le feu même dans les substances les plus combustibles.

Dans les explications chimiques on attribue tous les effets au phlogistique, c'est-à-dire au feu fixe seul, tandis qu'il n'est jamais seul, et que l'air fixe est très-souvent la cause immédiate ou médiate de l'effet : heureusement que, dans ces dernières années, d'habiles physiciens, ayant suivi les traces du docteur Hales[1], ont fait entrer cet élément dans l'explication de plusieurs phénomènes, et ont démontré que l'air se fixait en s'unissant à tous les acides, en sorte qu'il contribue presque aussi essentiellement que le feu, non-seulement à toute combustion, mais même à toute calcination, soit à chaud, soit à froid.

J'ai démontré [a] que la combustion et la calcination sont deux effets du même ordre, deux produits des mêmes causes [2]; et lorsque la calcination se fait à froid, comme celle de la céruse par l'acide de l'air, c'est que cet acide contient lui-même une assez grande quantité de feu fixe, pour produire une petite combustion intérieure qui s'annonce par la calcination, de la même manière que la combustion intérieure des pyrites humectées se manifeste par l'inflammation.

On ne doit donc pas supposer, avec Stahl et tous les autres chimistes, que le soufre n'est composé que de phlogistique et d'acide, à moins qu'ils ne conviennent avec moi que le phlogistique n'est pas une substance simple, mais composée de feu et d'air, tous deux fixes ; que de plus ce phlogistique ne peut pas être identique et toujours le même, puisque l'air et le feu s'y trouvent combinés en différentes proportions et dans un état de fixité plus ou moins constant; et de même on ne doit pas prononcer dans un sens absolu, que le soufre, uniquement composé d'acide et de phlogistique, ne contient point d'eau, puisque l'acide vitriolique en contient [3], et qu'il a même avec cet élément assez d'affinité pour s'en saisir avidement.

L'eau, l'air et le feu peuvent également se fixer dans les corps, et l'on sera forcé, pour exposer au vrai leur composition, d'admettre une eau fixe [4], comme l'on a été obligé d'admettre un air fixe, après avoir admis le feu fixe; et de même on sera conduit par des réflexions fondées et par des observations ultérieures à ne pas regarder l'élément de la terre comme absolument fixe, et on ne conclura pas, d'après l'idée que *toute terre est fixe*, qu'il n'existe point de terre dans le soufre, parce qu'il ne donne ni suie ni

a. Tome IX, pages 39 et suiv.

1. Voyez la note de la page 33 du IXe volume.

2. Rapprochement très-juste. (Voyez la note 2 de la page 40 du IXe volume.)

3. Le *soufre* ne contient point d'*eau*, et l'*acide sulfurique*, ou *vitriolique*, n'en contient pas nécessairement : il y a l'*acide sulfurique anhydre*.

4. La théorie devait nécessairement en venir là. Pourquoi pas une *eau fixe*, puisqu'il y avait un *feu fixe* et un *air fixe?*

résidu après sa combustion : cela prouve seulement[1] que la terre du soufre est volatile, comme celle du mercure, de l'arsenic et de plusieurs autres substances.

Rien ne détourne plus de la route qu'on doit suivre dans la recherche de la vérité, que ces principes secondaires dont on fait de petits axiomes absolus, par lesquels on donne l'exclusion à tout ce qui n'y est pas compris : assurer que le soufre ne contient que le feu fixe et l'acide vitriolique, ce n'est pas en exclure l'eau, l'air et la terre, puisque dans la réalité ces trois éléments s'y trouvent comme celui du feu.

Après ces réflexions, qui serviront de préservatif contre l'extension qu'on pourrait donner à ce que nous avons dit, et à ce que nous dirons encore sur la nature du soufre, nous pourrons suivre les travaux de nos savants chimistes, et présenter les découvertes qu'ils ont faites sur ses autres propriétés. Ils ont trouvé moyen de faire du soufre artificiel, semblable au soufre naturel, en combinant l'acide vitriolique avec le phlogistique ou feu fixe animé par l'air [a]; ils ont observé que le soufre qui dissout toutes les matières métalliques, à l'exception de l'or et du zinc [b], n'attaque point les pierres ni les autres matières terreuses, mais qu'étant uni à l'alcali, il devient, pour ainsi dire, le dissolvant général de toutes matières : l'or même ne lui résiste pas [c], le zinc seul se refuse à toute combinaison avec le foie de soufre.

a. Pour prouver que c'est l'acide vitriolique qui forme le soufre avec le phlogistique ou feu fixe, il suffit de mettre cet acide dans une cornue, de lui présenter des charbons noirs, de l'huile ou autre matière que nous savons contenir du phlogistique, ou même de se servir d'une cornue fêlée, par où il puisse s'introduire quelque portion de la matière de la flamme, car tous ces moyens sont également bons : la liqueur qui passera dans le récipient ne sera plus simplement de l'acide, ce sera de l'acide et du feu fixe combinés, un véritable soufre, qui ne différera absolument du soufre solide que parce qu'il sera rendu miscible à l'eau par l'intermède de l'air uni à l'acide.

On produit sur-le-champ le même soufre volatil en portant un charbon allumé à la surface de l'acide... Ceci n'est encore qu'un soufre liquide... Mais on fait du soufre solide avec les mêmes éléments, en prenant du tartre vitriolé qui soit d'acide vitriolique bien pur et d'alcali fixe; on prend deux parties d'alcali fixe et une partie de poussière de charbon : ce mélange donnera en peu de temps, dans un creuset couvert et exposé au feu, une masse fondue que l'on pourra couler sur une pierre graissée, et cette masse sera rouge, cassante, exhalera une forte odeur désagréable, et c'est ce que l'on nomme *foie de soufre*.

Le foie de soufre étant dissoluble dans l'eau de quelque manière qu'on le fasse, si on dissout celui dont nous venons de donner la préparation, et qu'on verse dans la dissolution un acide quelconque, il s'empare de l'alcali, qui était partie constituante du foie de soufre, et il se précipite à l'instant une poudre jaune, qui est un vrai soufre produit par l'art, que l'on peut réduire en masse, cristalliser ou sublimer en fleurs, tout de même que le soufre naturel. *Éléments de Chimie*, par M. de Morveau, t. II, pag. 24 et suiv.

b. Les affinités du soufre sont dans l'ordre suivant : les alcalis, le fer, le cuivre, l'étain, le plomb, l'argent, le bismuth, le régule d'antimoine, le mercure, l'arsenic et le cobalt. *Dictionnaire de Chimie*, article *Soufre*.

c. Le foie de soufre divise l'or au moyen du sel de tartre, mais il ne l'altère point. *Éléments*

1. Non : cela prouve seulement que la prétendue *terre* pure, *fixe* ou *élémentaire*, n'est qu'une *terre idéale*. (Voyez la note 4 de la page 192.)

Les acides[1] n'ont sur le soufre guère plus d'action que l'eau, mais tous les alcalis fixes ou volatils et les matières calcaires l'attaquent, le dissolvent et le rendent dissoluble dans l'eau : on a donné le nom de *foie de soufre* au composé artificiel du soufre et de l'alcali[a]; mais ici, comme en tout le reste, notre art se trouve non-seulement devancé, mais surpassé par la nature. Le foie de soufre[2] est en effet l'une de ces combinaisons générales qu'elle a produites et produit même le plus continuellement et le plus universellement; car dans tous les lieux où l'acide vitriolique se rencontre avec les détriments des substances organisées, dont la putréfaction développe et fournit à la fois l'alcali et le phlogistique, il se forme du foie de soufre : on en trouve dans tous les cloaques, dans les terres des cimetières et des voiries, au fond des eaux croupies, dans les terres et pierres plâtreuses[3], etc., et la formation de ce composé des principes du soufre unis à l'alcali nous offre la production du soufre même sous un nouveau point de vue.

En effet, la nature le produit non-seulement par le moyen du feu, au sommet des volcans et des autres fournaises souterraines, mais elle en forme incessamment par les effervescences particulières de toutes les matières qui en contiennent les principes : l'humidité est la première cause de cette effervescence; ainsi l'eau contribue, quoique d'une manière moins apparente et plus sourde, plus que le feu peut-être à la production et au développement des principes du soufre; et ce soufre, produit par la voie humide, est de la même essence que le soufre produit par le feu des volcans, parce que la cause de leur production, quoique si différente en apparence, ne laisse pas d'être au fond la même : c'est toujours le feu qui s'unit à l'acide vitriolique, soit par l'inflammation des matières pyriteuses, soit par leur effervescence occasionnée par l'humidité; car cette effervescence n'a pour cause que le feu renfermé dans l'acide, dont l'action lente et continue équivaut ici à l'action vive et brusque de la combustion et de l'inflammation.

de Chimie, par M. de Morveau, t. II, p. 39. — Suivant Stahl, ce fut au moyen du foie de soufre que Moïse réduisit en poudre le Veau d'or, suivant les paroles de l'Exode, chap. XXXIII, v. 20 : « Tulit vitulum quem fecerant, et combussit igne, contrivitque donec in pulverem redegit, « postea sparsit in superficiem aquarum, et potavit filios Israël. » Voyez son Traité intitulé : *Vitulus aureus igne combustus.*

a. Le foie de soufre se prépare ordinairement avec l'alcali fixe végétal, mais il se fait aussi avec les autres alcalis. *Éléments de Chimie*, par M. de Morveau, t. II, p. 37.

1. L'*acide azotique* oxyde le *soufre* et forme de l'*acide sulfurique* (voyez la note de la page 336); l'*acide chlorique* et tous les autres acides énergiques en font autant.

2. Il y a deux *foies de soufre :* le premier, formé par la voie humide, est un mélange d'*hyposulfite de potasse* et de *penta-sulfure de potassium;* le second, obtenu par la voie sèche, contient aussi un *sulfure de potassium*, mais moins sulfuré.

3. Lorsque le *plâtre* se trouve en contact avec des matières organiques, il se forme, par suite de la décomposition de ces matières, du sulfure de *calcium*, et non pas du *foie de soufre.*

Ainsi le soufre se produit sous nos yeux en une infinité d'endroits, où jamais les feux souterrains n'ont agi [a], et non-seulement nous trouvons ce soufre tout formé partout où se sont décomposés les débris des substances du règne animal et végétal; mais nous sommes forcés d'en reconnaître la présence dans tous les lieux où se manifeste celle du foie de soufre, c'est-à-dire dans une infinité de substances minérales qui ne portent aucune empreinte de l'action des feux souterrains.

Le foie de soufre répand une odeur très-fétide, et par laquelle on ne peut manquer de le reconnaître : son action n'est pas moins sensible sur une infinité de substances, et seul il fait autant et peut-être plus de dissolutions, de changements et d'altérations dans le règne minéral que tous les acides ensemble : c'est par ce foie de soufre naturel, c'est-à-dire par le mélange de la décomposition des pyrites et des matières alcalines, que s'opère souvent la minéralisation des métaux; il se mêle aussi aux substances terreuses et aux pierres calcaires; plusieurs de ces substances annoncent, par leur odeur fétide, la présence du foie de soufre; cependant les chimistes ignorent encore comment il agit sur elles.

Le foie de soufre ou sa seule vapeur, noircit et altère l'argent : il précipite en noir tous les métaux blancs; il agit sur toutes les substances métalliques par la voie humide comme par la voie sèche; lorsqu'il est en liqueur et qu'on y plonge des lames d'argent, il les noircit d'abord et les rend bientôt aigres et cassantes; il convertit en un instant le mercure en éthiops [b], et la chaux de plomb en galène [c]; il ternit sensiblement l'étain, il rouille le fer; mais on n'a pas assez suivi l'ordre de ses combinaisons, soit avec les métaux, soit avec les terres; on sait seulement qu'il attaque le cuivre, et l'on n'a point examiné la composition qui résulte de leur union; on ne connaît pas mieux l'état dans lequel il réduit le fer par la voie sèche; on ignore quelle est son action sur les demi-métaux [d], et quels peuvent être les résultats de son mélange avec les matières calcaires par la voie humide, comme par la voie sèche; néanmoins ces connaissances, que la chimie aurait dû

a. On trouve, en Franche-Comté, des géodes sulfureuses qui contiennent un soufre tout formé, et produit, suivant toute apparence, par l'efflorescence des pyrites dans des lieux où elles auront en même temps éprouvé la chaleur de la putréfaction et de la fermentation.

b. On a observé que cet éthiops, fait par le foie de soufre en liqueur, devient d'un assez beau rouge au bout de quelques années, et que le foie de soufre volatil agit encore plus promptement sur le mercure, car le précipité passe au rouge en trois ou quatre jours, et se cristallise en aiguilles comme le cinabre. *Éléments de Chimie*, par M. de Morveau, tome II, pages 40 et 41.

c. Le foie de soufre s'unit au plomb par la voie sèche... Si l'on fait chauffer du foie de soufre en liqueur, dans lequel on ait mis une chaux de plomb, elle se trouve convertie au bout de quelques instants en une sorte de galène artificielle. *Idem*, *ibidem*, p. 41.

d. Le nickel fondu avec le foie de soufre forme une masse métallique d'un jaune verdâtre qui attire l'humidité de l'air; sa dissolution filtrée laisse précipiter des écailles métalliques que l'on peut refondre : c'est un mélange de soufre et de nickel; il ne détonne pas avec le nitre. *Éléments de Chimie*, par M. de Morveau, t. II, p. 45.

nous donner, seraient nécessaires pour reconnaître clairement l'action du foie de soufre dans le sein de la terre, et ses différentes influences sur les substances, tant métalliques que terreuses[1] : on connaît mieux son action sur les substances animales et végétales; il dissout le charbon[2] même par la voie humide, et cette dissolution est de couleur verte.

La nature a de tout temps produit, et produit encore tous les jours du foie de soufre par la voie humide ; la seule chaleur de la température de l'air ou de l'intérieur de la terre suffit pour que l'eau se corrompe, surtout l'eau qui se trouve chargée d'acide vitriolique, et cette eau putréfiée produit du vrai foie de soufre; toute autre putréfaction, soit des animaux ou des végétaux, donnera de même du foie de soufre dès qu'elle se trouvera combinée avec les sels vitrioliques : ainsi le foie de soufre est une matière presque aussi commune que le soufre même; ses effets sont aussi plus fréquents, plus nombreux que ceux du soufre qui ne peut se mêler avec l'eau qu'au moyen de l'alcali, c'est-à-dire en devenant foie de soufre.

Au reste, cette matière se décompose aussi facilement qu'elle se compose, et tout foie de soufre fournira du soufre en le mêlant avec un acide qui, s'emparant des matières alcalines en séparera le soufre et le laissera précipiter : on a seulement observé que ce soufre précipité par les acides minéraux est blanc, et que celui qui est précipité par les acides végétaux, et particulièrement par l'acide du vinaigre, est d'un jaune presque orangé.

On sépare le soufre de toutes les substances métalliques et de toutes les matières pyriteuses par la simple torréfaction : l'arsenic et le mercure sont les seuls qui étant plus volatils que le soufre, se subliment avec lui, et ne peuvent en être séparés par cette opération qu'il faut modifier, et faire alors en vaisseaux clos avec des précautions particulières.

L'huile paraît dissoudre le soufre comme l'eau dissout les sels[a] : les huiles grasses et par expression agissent plus promptement et plus puissamment que les huiles essentielles qui ne peuvent le dissoudre qu'avec le

a. Il en est à peu près de cette dissolution du soufre par les huiles comme de celle de la plupart des sels dans l'eau : les huiles peuvent tenir en dissolution une plus grande quantité de soufre à chaud qu'à froid ; il arrive de là qu'après que l'huile a été saturée de soufre à chaud, il y a une partie de ce soufre qui se sépare de l'huile par le seul refroidissement, comme cela arrive à la plupart des sels; et l'analogie est si marquée entre ces deux effets, que, lorsque le refroidissement des dissolutions de soufre est lent, cet excès de soufre se dissout à l'aide de la chaleur, se cristallise dans l'huile, de même que les sels se cristallisent dans l'eau en pareille circonstance. Le soufre n'est point décomposé par l'union qu'il contracte avec les huiles, tant qu'on ne lui fait supporter que le degré de chaleur nécessaire à sa dissolution, car on peut le séparer de l'huile, et on le retrouve pourvu de toutes ses propriétés. *Dictionnaire de Chimie*, par M. Macquer, article *Soufre*.

1. Cela ne serait plus vrai aujourd'hui. On connaît très-bien aujourd'hui l'action du *foie de soufre* sur les substances *métalliques* et *terreuses*, etc.

2. Le *foie de soufre* n'a aucune action sur le *charbon*.

secours d'une chaleur assez forte pour le fondre; et, malgré cette affinité très-apparente du soufre avec les huiles, l'analyse chimique a démontré qu'il n'y a point d'huile dans la substance du soufre, et que dans aucune huile végétale ou animale il n'y a d'acide vitriolique; mais lorsque cet acide se mêle avec les huiles il forme les bitumes, et comme les charbons de terre et les bitumes en général sont les principaux aliments des feux souterrains, il est évident qu'étant décomposés par l'embrasement produit par les pyrites, l'acide vitriolique des pyrites et des bitumes s'unit à la substance du feu, et produit le soufre qui se sublime, se condense et s'attache au haut de ces fournaises souterraines.

Nous donnerons ici une courte indication des différents lieux de la terre où l'on trouve du soufre en plus grande quantité et de plus belle qualité [a].

L'Islande est peut-être la contrée de l'univers où il y en a le plus [b], parce que cette île n'est pour ainsi dire qu'un faisceau de volcans. Le soufre des

a. Le passage suivant de Pline indique quelques-uns des lieux d'où les anciens tiraient le soufre, et prouve que dès lors le territoire de Naples était tout volcanique. « Mira, dit-il, sul- « phuris naturà quo plurima domantur; nascitur in insulis Æoliis inter Siciliam et Italiam, « quas ardere diximus; sed nobilissimum in Melo insulâ. In Italiâ quoque invenitur, in Nea- « politano, Campanoque agro collibus qui vocantur *Leucogæi*. Ibi e cuniculis effossum perfici- « tur igni. Genera quatuor; vivum quod Græci *apyron* vocant, nascitur solidum, hoc est « gleba... vivum effoditur, translucetque, et viret. Alterum genus appellant *glebam*, fullonum « tantum officinis familiare... *egulæ* vocatur hoc genus. Quarto autem ad ellychnia maximè « conficienda. » Pline, lib. XXXV, cap. L.

b. Anderson assure que le terrain de l'Islande est de soufre jusqu'à six pouces de profondeur; cela ne peut être vrai que de quelques endroits; mais il est certain que le soufre y est généralement fort abondant, car les districts de Huscoin et de Krisevig en fournissent considérablement, soit sur la pente des montagnes, soit en différents endroits de la plaine. On peut charger dans une heure de temps quatre-vingts chevaux d'un soufre naturel, en supposant chaque charge de cent quatre-vingt-douze livres, ce qui fait quinze mille trois cent soixante livres. La terre qui couvre ce soufre est stérile, sèche et chaude; elle est composée de sable, de limon et de gravier de différentes couleurs, blanc, jaune, rouge et bleu. On connaît les endroits où il y a du soufre par une élévation en dos d'âne, qui paraît sur la terre, et qui a des crevasses dans le milieu, d'où il sort une chaleur beaucoup plus forte que des autres endroits; on ne fait qu'ôter la superficie de la terre, et on trouve dans le milieu le soufre en morceaux, pur, beau et assez ressemblant au sucre candi : il faut le casser pour le détacher du fond. On peut fouiller jusqu'à la profondeur de deux ou trois pieds; mais la chaleur devient alors trop forte et le travail trop pénible : plus on s'écarte du milieu de cette veine, plus les morceaux de soufre deviennent rares et petits, jusqu'à ce qu'ils ne soient plus que comme du gravier. On ramasse ce soufre avec des pelles, et il est d'une qualité un peu inférieure à l'autre: ce n'est que dans les nuits claires de l'été que l'on y travaille, la chaleur du soleil incommoderait trop les ouvriers; ils sont même obligés d'envelopper leurs souliers de quelques gros morceaux de vieux drap pour en garantir les semelles, qui, sans cette précaution, seraient bientôt brûlées.

Depuis 1722 jusqu'en 1728, on a tiré une grande quantité de soufre de ces deux endroits; mais celui qui avait obtenu le privilége pour ce commerce étant mort, personne ne l'a continué : d'ailleurs les Islandais ne se livrent pas volontiers à ces travaux, qui leur ôtent le temps dont ils n'ont pas trop pour leurs pêches. Extrait des *Mémoires de Horrebows sur l'Islande*, dans le *Journal étranger*, mois d'avril 1758, et de ceux d'*Anderson*, dans la *Bibliothèque raisonnée*, mois de mars 1747.

volcans de Kamtschatka [a], celui du Japon [b], de Ceylan [c], de Mindanao [d], de l'île *Jerun*, à l'entrée du golfe Persique [e]; et dans les mers occidentales; celui du Pic de Téнériffe [f], de Saint-Domingue [g], etc., sont également connus des voyageurs. Il se trouve aussi beaucoup de soufre au Chili [h], et encore plus dans les montagnes du Pérou, comme dans presque toutes les montagnes à volcans. Le soufre de Quito et celui de la Guadeloupe passent pour être les plus purs, et l'on en voit des morceaux si beaux et si transparents qu'on les prendrait au premier coup d'œil pour de bel ambre jaune [i].

a. Les montagnes entre lesquelles coule la rivière d'Osernajo, qui sort du lac de Kurilly, renferment des marcassites cuivreuses, du soufre vierge transparent, de la mine de soufre dans une terre crayeuse... Vers le milieu du cours de cette rivière, sont deux volcans qui étaient encore enflammés en 1743, et vers sa source, est une montagne blanchâtre, coupée à pic et formée de pierres blanches, semblables à des canots dressés perpendiculairement à côté les uns des autres...

Le soufre vierge se trouve autour de Cambalinos, à Lopatka et à la montagne de Kronotzkoi, mais en plus grande quantité, et la plupart à la baie d'Olutor, où il suinte tout transparent comme celui de Casan, hors d'un rocher; les morceaux n'ont pas au-dessus de la grosseur d'un pouce : on en trouve partout dans les cailloux près de la mer; en général, il y en a dans tous les endroits où il y avait autrefois des sources chaudes. *Journal de Physique,* mois de juillet 1781, pag. 40 et 41.

b. Le soufre vient principalement de la province de Satzuma, où on le tire d'une petite île voisine, qui en produit une si grande quantité, qu'on l'appelle l'*île du soufre :* il n'y a pas plus de cent ans qu'on s'est hasardé d'y aller... On n'y trouva ni enfer ni diables (comme le peuple le croyait), mais un grand terrain plat qui était tellement couvert de soufre, que, de quelque côté qu'on marchât, une épaisse fumée sortait de dessous les pieds : depuis ce temps-là, cette île rapporte au prince de Satzuma environ vingt caisses d'argent par an, du soufre qu'on y tire de la terre... Le pays de Sinabarra, particulièrement aux environs des bains chauds, produit aussi d'excellent soufre; mais les habitants n'osent pas le tirer de la terre, de peur d'offenser le génie tutélaire du lieu. *Histoire naturelle et civile du Japon*, par Kæmpfer; La Haye, 1729, tome I, page 92.

c. Dans l'île de Ceylan, il y a du soufre, mais le roi défend qu'on le tire des mines. *Histoire générale des Voyages*, t. VIII, p. 549.

d. Les volcans de l'île de Mindanao, l'une des Philippines, donnent beaucoup de soufre, surtout celui de Sauxil. *Idem*, t. X, p. 399.

e. Le terrain de l'île nommée Jerun, à l'entrée du golfe Persique, est si stérile qu'il ne produit presque que du sel et du soufre. *Idem*, t. I, p. 98.

f. Il sort au sud du Pic de Ténériffe plusieurs ruisseaux de soufre qui descendent dans la région de la neige; aussi paraît-elle entremêlée dans plusieurs endroits de veines de soufre. *Idem*, t. II, p. 250.

g. Dans l'île de Saint-Domingue, on trouve des minières de soufre et de pierres ponces. *Idem*, t. XII, p. 218.

h. Dans le Corrégiment de Copiago, dans les Cordillères du Chili, à quarante lieues du port, vers l'est-sud-est, on trouve des mines du plus beau soufre du monde, qui se tire pur d'une veine d'environ deux pieds de large. *Hist. générale des Voyages*, t. XIII, p. 414. — Dans les hautes montagnes de la Cordillère, à quarante lieues vers l'est, sont des mines du plus beau soufre qu'on puisse voir : on le tire tout pur d'une veine d'environ deux pieds de large, sans qu'il ait besoin d'être purifié. Frezier, *Voyage à la mer du Sud;* Paris, 1732, p. 128.

i. La soufrière de la Guadeloupe est la montagne la plus élevée de cette île; elle a été autrefois volcan... Elle est encore embrasée dans son intérieur; on y trouve une si grande quantité de soufre, qui se sublime par la chaleur souterraine en grande abondance, que cet endroit paraît inépuisable... Le cratère a environ vingt-cinq toises de diamètre, et il sort de la fumée par les fentes qui sont au-dessous; dans toute cette étendue, il y a beaucoup de soufre dont

Celui qui se recueille sur le Vésuve et sur l'Etna est rarement pur ; et il en est de même du soufre que certaines eaux thermales, comme celles d'Aix-la-Chapelle et de plusieurs sources en Pologne [a], déposent en assez grande quantité : il faut purifier tous ces soufres qui sont mélangés de parties hétérogènes, en les faisant fondre et sublimer pour les séparer de tout ce qu'ils ont d'impur.

Presque tout le soufre qui est dans le commerce vient des volcans, des solfatares, et autres cavernes et grottes qui se trouvent ou se sont trouvées au-dessus des feux souterrains, et ce n'est guère que dans ces lieux que le soufre se présente en abondance et tout formé ; mais ses principes existent en bien d'autres endroits, et l'on peut même dire qu'ils sont universellement répandus dans la nature, et produits partout où l'acide vitriolique, rencontrant les débris des substances organisées, s'est saisi et surchargé de leur feu fixe, et n'attend qu'une dernière action de cet élément pour se dégager des masses terreuses ou métalliques dans lesquelles il se trouve comme enseveli et emprisonné : c'est ainsi que les principes du soufre existent dans les pyrites, et que le soufre se forme par leur combustion ; et partout où il y a des pyrites, on peut former du soufre ; mais ce n'est que dans les contrées où les matières combustibles, bois ou charbons de terre, sont abondantes, qu'on trouve quelque bénéfice à tirer le soufre des pyrites [b]. On ne fait ce travail en grand que dans quelques endroits de l'Allemagne et

l'odeur est suffocante... Il y a dans cette soufrière différentes sortes de soufres ; il y en a qui ressemble parfaitement à des fleurs de soufre ; d'autre se trouve en masses compactes, et est d'un beau jaune d'or ; enfin l'on en rencontre des morceaux qui sont d'un jaune transparent comme du succin. Encyclopédie, article *Soufre.*

a. Une fontaine sulfureuse qui est auprès de Sklo ou de Jaworow, sur la droite du chemin en venant de Léopold, a ses environs d'un tuf sableux, jaunâtre, semblable à celui des montagnes que l'on passe en venant de Varsovie à Léopold ; le vrai bassin de la fontaine, dit M. Guettard, et qu'elle s'est formé elle-même, peut avoir quatre à cinq pieds de largeur ; l'eau sort du milieu... Les plantes, les feuilles, les petits morceaux de bois qui peuvent se trouver dans le bassin ou sur ses bords sont chargés d'une matière blanche et sulfureuse, dont on voit aussi beaucoup de flocons qui nagent dans l'eau, et qui vont se déposer sur les bords du petit ruisseau qui sort du bassin..... M. Guettard s'est assuré, par l'expérience, que cette source est sulfureuse. *Mém. de l'Académie des Sciences*, année 1762, page 312. — C'est particulièrement dans l'étendue de la Pologne, qui renferme les fontaines salées et les mines de sel gemme, que se trouvent encore les mines de soufre et les fontaines sulfureuses. Rzaczynski dit du moins qu'il y a des fontaines sulfureuses près des salines de Bochnia et de Wielizka. M. Schober parle d'une fontaine d'une odeur si disgracieuse, qu'il ne put se déterminer à en goûter ; l'eau de cette fontaine sort d'une montagne appelée Zarky, ou *montagne de soufre.....* Son odeur disgracieuse lui vient probablement des parties sulfureuses qu'elle tire de la montagne Zarky, qui en est remplie : ce soufre est d'un beau jaune et renfermé dans une pierre bleuâtre calcaire. On a autrefois exploité cette mine ; elle est négligée maintenant.

On tire du soufre, suivant Rzaczynski, des écumes que la rivière appelée Ropa forme sur ses bords ; cette rivière traverse Biecz, ville du palatinat de Cracovie. Humenne, ville qui appartient à la Hongrie, mais dont un faubourg dépend de la Pologne, a un petit ruisseau qui donne un soufre noir que l'on rend blanchâtre au feu. *Idem, ibidem*, p. 311.

b. Pour connaître si les pyrites dont on veut tirer le soufre en contiennent assez pour payer les frais, il faut en mettre deux quintaux dans un scorificatoire pour les griller ; après quoi on

de la Suède, où les mines de cuivre se présentent sous la forme de pyrites; on est forcé de les griller plusieurs fois pour en faire exhaler le soufre que l'on recueille comme le premier produit de ces mines. Le point essentiel de cette partie de l'exploitation des mines de cuivre, dont on peut voir ci-dessous les procédés en détail [a], est d'empêcher l'inflammation du soufre en même temps qu'on détermine son écoulement dans des bassins pour l'y

pèsera ces deux quintaux, et on verra combien il y aura eu de déchet, et cette perte est comptée pour la quantité de soufre qu'elle contenait.

On connaîtra cette quantité plus précisément en distillant les pyrites dans une cornue : il faut alors les briser en petits morceaux; on ramasse tout le soufre qui passe à la distillation dans l'eau qu'on tient dans le récipient; on le fait sécher ensuite, et on le joint à celui qui demeure attaché au col de la cornue pour connaître le poids du total. *Traité de la fonte des mines* de Schlutter, t. I, p. 255.

a. Il y a des ateliers construits exprès à Schwartzemberg en Saxe, et en Bohême dans un endroit nommé Alten-Sattel : on y retire le soufre des pyrites sulfureuses; les fourneaux construits pour cela reçoivent des tuyaux de terre dans lesquels on met ces pyrites; et, après que ces tuyaux ont été bien lutés pour que le soufre ne puisse en sortir, on adapte les récipients de fer, dans lesquels on a mis un peu d'eau au bec de ces tuyaux qui sortent des fourneaux, et on les lute ensemble; ensuite on échauffe les fourneaux avec du bois, pour faire distiller le soufre des pyrites dans l'eau des récipients... On casse les pyrites de la grosseur d'une petite noix; on en fait entrer trois quintaux dans onze tuyaux, de manière qu'il n'y en ait pas plus dans l'un que dans l'autre; on bouche ensuite le tuyau du côté le plus ouvert avec des couvercles de terre.... Après avoir bien luté, de l'autre côté du fourneau, ces mêmes tuyaux avec les récipients... on fait du feu dans le fourneau, mais peu à peu, afin que les tuyaux ne prennent de chaleur que ce qu'il en faut pour faire distiller le soufre... Et au bout d'environ huit heures de feu, on trouve que le soufre a passé dans les récipients... L'on fait alors sortir les pyrites usées pour en remettre de nouvelles à la même quantité de trois quintaux; l'on répète les mêmes manœuvres que dans la première distillation, et on recommence une troisième opération.

On retire ensuite du vitriol des pyrites usées ou brûlées. Ces onze tuyaux dans lesquels on a mis, en trois fois, neuf quintaux de pyrites, rendent, en douze heures, depuis cent jusqu'à cent cinquante livres de soufre cru; et comme on passe chaque semaine environ cent vingt-six quintaux de pyrites par le fourneau, on en retire depuis quatorze jusqu'à dix-sept quintaux de soufre cru. *Traité de la fonte des mines* de Schlutter, tome II, pag. 235 et suiv. — M. Jars, dans ses *Voyages métallurgiques*, tome III, page 308, ajoute ce qui suit au procédé décrit par Schlutter.

On met dans ce fourneau onze tuyaux de terre que l'on a auparavant enduits avec de l'argile, et on y introduit, par leur plus grande ouverture, trente à trente-cinq livres de pyrite réduite en petits morceaux; on les bouche ensuite très-exactement, de même que les récipients de forme carrée, qu'on remplit d'eau et qu'on recouvre avec leur couvercle de plomb bien luté : après quatre heures de feu, on ôte les pyrites et on les jette dans l'eau pour en faire une lessive que l'on fait évaporer pour en obtenir le vitriol; on met de nouvelles pyrites concassées dans les tuyaux, et l'on répète la même opération toutes les quatre heures, et toutes les douze heures, on ouvre les récipients pour en retirer le soufre; de sorte que le travail d'une semaine est d'environ cent quarante quintaux de pyrites, pour lesquels on consomme quatre cordes et demie de bois, ou quinze cent cinquante-trois pieds cubes, y compris celui que l'on brûle pour la purification du soufre, comme le dit Schlutter. Cette opération se fait dans un fourneau plus petit que celui que décrit cet auteur, car il ne peut y entrer que trois cucurbites de chaque côté : elles sont de fer, ayant deux pieds et demi de hauteur, dix-huit pouces dans leur plus grand diamètre, et une ouverture de sept pouces, à laquelle il y a un chapiteau de terre, dont le bec entre dans un récipient de fer, que Schlutter nomme *avant-coulant*.

Ces cucurbites se remplissent avec du soufre cru que l'on a retiré des pyrites, et en contiennent ensemble sept quintaux : pour la conduite de l'opération et la manière d'en obtenir le soufre et de le mouler, on suit le même procédé que Schlutter a décrit. — Dans le haut Hartz,

recueillir; cependant il est encore alors impur et mélangé, et ce n'est que du soufre brut qu'il faut purifier en le séparant des parties terreuses ou métalliques qui lui restent unies : on procède à cette purification en faisant fondre ce soufre brut dans de grands vases à un feu modéré; les parties terreuses se précipitent et le soufre pur surnage [a]; alors on le verse dans des

quand le grillage de la mine de plomb tenant argent de Ramelsberg a resté au feu pendant quinze jours ou environ, le minerai et le noyau de vitriol qui est par-dessus deviennent très-gras, c'est-à-dire qu'ils paraissent comme enduits d'une espèce de vernis; alors il faut faire dans le dessus du grillage vingt ou vingt-cinq trous avec une barre de fer, au bout de laquelle il y a un globe de plomb : on unit ces trous avec du *menu vitriol*, et c'est là où le soufre se rassemble; on l'y puise trois fois par jour, le matin, à midi et le soir, pour le jeter dans un seau où l'on a mis un peu d'eau. Ce soufre, tel qu'il vient des grillages, se nomme *soufre cru;* on l'envoie aux fabriques de soufre pour le purifier : lorsque les trous dont on vient de parler sont ajustés, on ramasse tout autour la matière du grillage, c'est-à-dire qu'on ôte le minéral du bas du grillage, d'un pied ou environ, afin que l'air puisse pénétrer dans ce grillage, et par la chaleur du feu qui l'anime y séparer le soufre; s'il arrive que ce soufre reste un peu en arrière, on ramasse une seconde fois le grillage pour introduire plus d'air, ce qui se fait jusqu'à trois fois. Pendant toute cette manœuvre, il faut bien prendre garde que le grillage ne se refende, soit par dessus, soit par les côtés; si cela arrivait, il faudrait boucher les fentes sur-le-champ, car, faute de cette précaution, il arrive souvent que le grillage se met en feu, que tout le soufre se brûle et se consume, aussi bien que la partie supérieure du noyau de vitriol. *Traité de la fonte des mines* de Schlutter, t. II, pag. 167 et 168.

Le printemps et l'automne sont les saisons les plus convenables pour rassembler le soufre dans les trous dont on a parlé, surtout quand l'air est sec : c'est donc selon que l'air est sec ou humide qu'on peut puiser peu à peu, depuis dix jusqu'à vingt quintaux de soufre cru. *Idem, ibidem*, p. 169.

S'il arrive que pendant un beau temps le grillage devienne extrêmement gras d'un côté ou de l'autre, que le soufre perce et traverse le *menu vitriol* qui en fait la couverture, on y fait une autre couverture avec du même métal, qu'on humecte auparavant d'un peu d'eau, et l'on choisit pour cela les côtés du grillage qui ne sont pas exposés au vent d'est, parce qu'il les sèche trop : lorsque cette ouverture est fermée, on ouvre et l'on creuse un peu le grillage, d'abord seulement d'un pied, et l'on met des planches devant pour en entretenir la chaleur, en empêchant le vent d'y entrer; alors le soufre y dégoutte, et forme différentes figures que l'on ôte le matin et le soir... Mais il n'y a point de soufre à espérer pendant l'hiver, dans les fortes pluies, quand l'air est trop chaud, et quand le vent d'est souffle un peu fort. *Idem, ibidem*, p. 170.

a. Dans les travaux du bas Hartz, le soufre cru, tel qu'il a d'abord été tiré des pyrites, se porte dans des fabriques où il est purifié... On en met d'abord deux quintaux et demi, tel qu'il vient des grillages, dans un chaudron de fer encastré dans un fourneau; on le casse en morceaux, que l'on met l'un après l'autre dans le chaudron, où on le fond avec un feu doux de bois de sapin; il faut cinq heures pour cette première opération, mais la seconde n'en exige que trois ou environ. Le vitriol et la mine qui se trouvent encore dans le soufre se précipitent par leur poids au fond du chaudron d'où on les retire, après quoi on verse le soufre liquide dans un vase pour le faire refroidir; s'il contient encore quelque impureté, elle se dépose pendant le refroidissement du soufre, tant au fond que sur les parois du vase; si, après cette dépuration, le soufre paraît clair et jaune, on le coule dans des moules de bois, qu'on a trempés dans l'eau auparavant, afin que le soufre puisse s'en détacher aisément et se retirer des moules, qui sont en forme de cylindre creux. C'est ce qu'on nomme *soufre jaune :* on peut le vendre tel qu'il est.....

Ce qui se précipite dans le commencement de la fonte du soufre brut ne sert plus de rien; mais ce qui se dépose et s'attache dans le fond et contre les parois du vase est du soufre gris. Lorsqu'on en a une quantité suffisante, on le remet dans un chaudron pour le refondre; de là on le verse dans un vase ou chaudron de cuivre, où le tout se refroidit pendant que les impuretés se déposent, ce qui forme des pains de soufre de près de deux cents livres; le dessous en

moules ou lingotières dans lesquelles il prend la forme de canons ou de pains, sous laquelle on le connaît dans le commerce; mais ce soufre, quoique déjà séparé de la plus grande partie de ses impuretés, n'est ni transparent ni aussi pur que celui qui se trouve formé en cristaux sur la plupart des volcans; ce soufre cristallisé doit sa transparence et sa grande pureté à la sublimation qui s'en est faite dans ces volcans, et par la même raison le soufre artificiel le plus pur, ou ce que l'on appelle *fleur de soufre*, n'est autre chose que du soufre sublimé en vaisseaux clos, et qui se présente en poudre ou fleur très-pure, qui est un amas de petits cristaux aiguillés et très-fins, que l'œil, aidé de la loupe, y distingue.

DES SELS.

Les matières salines [1] sont celles qui ont de la saveur; mais d'où leur vient cette propriété qui nous est si sensible, et qui affecte les sens du goût, de l'odorat et même celui du toucher? Quel est ce principe salin? Comment et quand a-t-il été formé? Il était certainement contenu et relégué dans l'atmosphère, avec toutes les autres matières volatiles, dans le temps de l'incandescence du globe; mais, après la chute des eaux et la dépuration de l'atmosphère, la première combinaison qui s'est faite dans cette sphère encore ardente a été celle de l'union de l'air et du feu; cette union a produit l'acide primitif : toutes les matières aqueuses, terreuses ou métalliques avec lesquelles cet acide primitif a pu se combiner, sont devenues des substances salines; et comme cet acide s'est formé par la seule union de l'air avec le feu, il me paraît que ce premier acide le plus simple et le plus pur

est encore gris, mais le soufre jaunâtre qui est par-dessus se perfectionne par la distillation, et se convertit en soufre jaune.

Il ne faut pas que le feu soit trop violent pendant la purification du soufre, parce qu'il perdrait sa belle couleur jaune et deviendrait gris.

On purifie aussi par la distillation le soufre qui n'est que jaunâtre, pour lui donner une plus belle couleur.

Cette distillation se fait dans un fourneau où il y a huit cucurbites de fer fondu, dans lesquelles on met huit quintaux de soufre jaunâtre; on adapte au-devant de ces cucurbites des tuyaux qui aboutissent à des pots de terre; ces pots sont percés au fond et par devant, afin de laisser un passage au soufre qui doit y tomber pour se rendre ensuite dans un bassin; à mesure que les bassins se remplissent, on en retire le soufre, que l'on met dans un vase ou chaudron de cuivre, où il se refroidit, comme dans la précédente purification; ensuite on le coule dans les moules : lorsque ce vase ou chaudron est plein, les cucurbites ne sont plus qu'à moitié pleines; on cesse le feu pendant environ une demi-heure, pendant que l'on coule en moule le soufre déjà purifié; ensuite on recommence le feu pour achever la distillation, et répéter ensuite la même manœuvre que dans la première distillation. Il ne faut pas faire un trop grand feu, car on risquerait de faire embraser le soufre : cette distillation dure huit heures. *Traité de la fonte des mines* de Schlutter, t. II, pag. 222 et suiv.

1. Voyez, sur les *sels*, la note 2 de la page 62 du IXe volume.

de tous, est l'acide aérien, auquel les chimistes récents ont donné le nom d'*acide méphitique,* qui n'est que de l'air fixe [1], c'est-à-dire de l'air fixé par le feu.

Cet acide primitif est le premier principe salin ; il a produit tous les autres acides et alcalis ; il n'a pu se combiner d'abord qu'avec les verres primitifs, puisque les autres matières n'existaient pas encore : par son union avec cette terre vitrifiée, il a pris plus de masse et acquis plus de puissance, et il est devenu *acide vitriolique,* qui, étant plus fixe et plus fort, s'est incorporé avec toutes les substances qu'il a pu pénétrer ; l'acide aérien, plus volatil, se trouve universellement répandu, et l'acide vitriolique réside principalement dans les argiles et autres détriments des verres primitifs ; il s'y manifeste sous la forme d'alun : ce second acide a aussi saisi dans quelques lieux les substances calcaires et a formé les gypses ; il a saisi la plupart des minéraux métalliques, et leur a causé de grandes altérations ; il en a pour ainsi dire converti quelques-uns dans sa propre substance, en leur donnant la forme du vitriol.

En second lieu, l'acide primitif, que je désignerai dorénavant par le nom d'*acide aérien,* s'est uni avec les matières métalliques qui, comme les plus pesantes, sont tombées les premières sur le globe vitrifié ; et en agissant sur ces minerais métalliques, il a formé l'acide arsenical ou l'arsenic, qui, ayant encore plus de masse que le vitriolique, a aussi plus de force, et de tous est le plus corrosif ; il se présente dans la plupart des mines dont il a minéralisé et corrompu les substances.

Ensuite, mais plusieurs siècles après, cet acide primitif, en s'unissant à la matière calcaire, a formé l'*acide marin* [2], qui est moins fixe et plus léger que l'acide vitriolique, et, qui par cette raison, s'est plus universellement répandu, et se présente sous la forme de sel gemme dans le sein de la terre, et sous celle de sel marin dans l'eau de toutes les mers ; cet acide marin n'a pu se former qu'après la naissance des coquillages, puisque la matière calcaire n'existait pas auparavant [3].

Peu de temps après, ce même acide aérien et primitif est entré dans la composition de tous les corps organisés ; et, se combinant avec leurs principes, il a formé par la fermentation les acides animaux et végétaux, et l'*acide nitreux* par la putréfaction de leurs détriments ; car il est certain que

1. L'*acide méphitique* ou *air fixe* est, comme il a déjà été dit, l'*acide carbonique.*

2. Voilà, de nouveau, l'imagination de Buffon, qui se donne carrière : un *acide primitif,* ce premier acide produit par l'*union de l'air et du feu*, et de cet *acide aérien* tous les autres acides ; d'abord le *vitriolique*, puis l'*arsenical*, puis l'*acide marin*, etc. Et pourtant cette *généalogie*, tout *idéale*, semble comme une première aperception de la belle théorie de Lavoisier : l'*oxygène, élément* actif de l'*air*, principe unique et commun de tous les *acides*. Il est vrai que cette théorie même de Lavoisier n'est plus aujourd'hui qu'un cas particulier de la théorie générale de l'*acidification* : l'*oxygène* n'est pas le seul *principe acidifiant*. (Voyez la note 2 de la page 64 du IXe volume.)

3. Voyez la note de la page 99.

cet acide aérien existe dans toutes les substances animales ou végétales, puisqu'il s'y manifeste sous sa forme primitive d'air fixe; et comme on peut le retirer sous cette même forme, tant de l'acide nitreux que des acides vitriolique et marin, et même de l'arsenic, on ne peut douter qu'il ne fasse partie constituante [1] de tous ces acides qui ne sont que secondaires, et qui, comme l'on voit, ne sont pas simples, mais composés de cet acide primitif différemment combiné, tant avec la matière brute qu'avec les substances organisées.

Cet acide primitif réside dans l'atmosphère, et y réside en grande quantité sous sa forme active : il est le principe et la cause de toutes les impressions qu'on attribue aux éléments humides ; il produit la rouille du fer, le vert-de-gris du cuivre, la céruse du plomb, etc., par l'action qu'il donne à l'humidité de l'air ; mêlé avec les eaux pures, il les rend acides ou acidules; il aigrit les liqueurs fermentées; avec le vin il forme le vinaigre; enfin, il me paraît être le seul et vrai principe, non-seulement de tous les acides, mais de tous les alcalis, tant minéraux que végétaux et animaux.

On peut le retirer du *natron* ou alcali qu'on appelle *minéral*, ainsi que de l'alcali fixe végétal, et encore plus abondamment de l'alcali volatil, en sorte qu'on doit réduire tous les acides et tous les alkalis à un seul principe salin; et ce principe est l'acide aérien qui a été le premier formé, et qui est le plus simple, le plus pur de tous, et le plus universellement répandu : cela me paraît d'autant plus vrai que nous pouvons par notre art rappeler à cet acide tous les autres acides, ou du moins les rapprocher de sa nature, en les dépouillant, par des opérations appropriées, de toutes les matières étrangères avec lesquelles il se trouve combiné dans ces sels ; et que, de même, il n'est pas impossible de ramener les alcalis à l'état d'acide, en les séparant des substances animales et végétales avec lesquelles tout alcali se trouve toujours uni ; car quoique la chimie ne soit pas encore parvenue à faire cette conversion ou ces réductions, elle en a assez fait pour qu'on puisse juger par analogie de leur possibilité : le plus ingénieux des chimistes, le célèbre Stahl, a regardé l'acide vitriolique comme l'acide universel [2], et comme le seul principe salin; c'est la première idée d'après laquelle il a voulu établir sa théorie des sels; il a jugé que, quoique la chimie n'ait pu jusqu'à ce jour ramener démonstrativement les alcalis à l'acide, c'est-à-dire résoudre ce que la nature a combiné, il ne fallait s'en prendre qu'à l'impuissance de nos moyens. Rien n'est mieux vu : ce grand chimiste a ici consulté la simplicité de la nature [3]; il a senti qu'il n'y avait qu'un principe salin, et comme l'acide

1. Tout cela pourrait être vrai de l'*acide aérien* de Buffon, s'il y avait un tel acide, mais ne l'est sûrement pas de l'*acide carbonique*, qui n'est *partie constituante* d'aucun autre acide.

2. Voyez la note 1 de la page 77.

3. *La simplicité de la nature.* On n'atteint jusqu'à la *simplicité de la nature* que par une analyse longue et profonde des phénomènes, et l'on voit alors combien la limite en est reculée : il ne faut pas se trop presser de poser cette limite.

vitriolique est le plus puissant des acides, il s'est cru fondé à le regarder comme l'acide primitif; c'était ce qu'il pouvait penser de mieux dans un temps où l'on n'avait que des idées confuses de l'acide aérien, qui est non-seulement plus simple, mais plus universel que l'acide vitriolique; mais lorsque cet habile homme a prétendu que son acide universel et primitif n'est composé que de *terre et d'eau,* il n'a fait que mettre en avant une supposition dénuée de preuves et contraire à tous les phénomènes, puisque de fait, l'air et le feu entrent peut-être plus que la terre et l'eau dans la substance de tout acide, et que ces deux éléments constituent seuls l'essence de l'acide primitif.

Des quatre éléments qui sont les vrais principes de tous les corps, le feu seul est actif; et lorsque l'air, la terre et l'eau exercent quelque impression, ils n'agissent que par le feu qu'ils renferment, et qui seul peut leur donner une puissance active: l'air surtout, dont l'essence est plus voisine de celle du feu que celle des deux derniers éléments, est aussi plus actif. L'atmosphère est le réceptacle général de toutes les matières volatiles; c'est aussi le grand magasin de l'acide primitif, et d'ailleurs tout acide considéré en lui-même, surtout lorsqu'il est concentré, c'est-à-dire séparé autant qu'il est possible de l'eau et de la terre, nous présente les propriétés du feu animé par l'air: la corrosion par les acides minéraux n'est-elle pas une espèce de brûlure? La saveur acide, amère ou âcre de tous les sels, n'est-elle pas un indice certain de la présence et de l'action d'un feu qui se développe dès qu'il peut, avec l'air, se dégager de la base aqueuse ou terreuse à laquelle il est uni? Et cette saveur, qui n'est que la mise en liberté de l'air et du feu, ne s'opère-t-elle pas par le contact de l'eau et de toute matière aqueuse, telle que la salive, et même par l'humidité de la peau? Les sels ne sont donc corrosifs et même sapides que par le feu et l'air qu'ils contiennent. Cette vérité peut se démontrer encore par la grande chaleur que produisent tous les acides minéraux dans leur mélange avec l'eau, ainsi que par leur résistance à l'action de la forte gelée: la présence du feu et de l'air dans le principe salin me paraît donc très-évidemment démontrée par les effets, quand même on regarderait, avec Stahl, l'acide vitriolique comme l'acide primitif et le premier principe salin; car l'air s'en dégage en même temps que le feu par l'intermède de l'eau comme dans la pyrite; et cette action de l'humidité produit non-seulement de la chaleur, mais une espèce de flamme intérieure et de feu réellement actif, qui brûle en corrodant toutes les substances auxquelles l'acide peut s'unir, et ce n'est que par le moyen de l'air que le feu contracte cette union avec l'eau.

L'acide aérien altère aussi tous les sucs extraits des végétaux; il produit le vinaigre et le tartre; il forme dans les animaux l'acide auquel on a donné le nom d'*acide phosphorique:* ces acides des végétaux et des animaux, ainsi que tous ceux qu'on pourrait regarder comme intermédiaires, tels que l'acide des citrons, des grenades, de l'oseille, et ceux des fourmis, de la moutarde, etc., tirent également leur origine de l'acide aérien modifié dans chacune de ces substances par la fermentation, ou par le mélange d'une plus ou moins grande quantité d'huile; et même les substances dont la saveur est douce, telles que le sucre, le miel, le lait, etc., ne diffèrent de celles qui sont aigres et piquantes, comme les citrons, le vinaigre, etc., que par la quantité et la qualité du mucilage et de l'huile qui enveloppe l'acide; car leur principe salin est le même, et toutes leurs saveurs, quoique si différentes, doivent se rapporter à l'acide primitif, et à son union avec l'eau, l'huile et la terre mucilagineuse des substances animales et végétales[1].

On adoucit tous les acides et même l'acide vitriolique, en les mêlant aux substances huileuses, et particulièrement à l'esprit-de-vin; et c'est dans cet état huileux, mucilagineux et doux, que l'acide aérien se trouve dans plusieurs substances végétales, et dans les fruits dont l'acidité ou la saveur plus douce ne dépend que de la quantité d'eau, d'huile et de terre atténuée et mucilagineuse dans lesquelles cet acide se trouve combiné; l'acide animal appartient aux végétaux comme aux animaux, car on le tire de la moutarde et de plusieurs autres plantes, aussi bien que des insectes et autres animaux; on doit donc en inférer que les acides animaux et les acides végétaux sont les mêmes, et qu'ils ne diffèrent que par la quantité ou la qualité des matières avec lesquelles ils sont mêlés; et, en les examinant en particulier, on verra bien que le vinaigre, par exemple, et le tartre étant tous deux des produits du vin, leurs acides ne peuvent différer essentiellement; la fermentation a seulement plus développé celui du vinaigre, et l'a même rendu volatil et presque spiritueux : ainsi tous les acides des animaux ou des végétaux, et même les acerbes, qui ne sont que des acides mêlés d'une huile amère, tirent leur première origine de l'acide aérien.

Les acides minéraux sont beaucoup plus forts que les acides animaux et végétaux. « Ces derniers acides, dit M. Macquer, retiennent toujours de « l'huile, *au lieu que les acides minéraux n'en contiennent point du tout*[a]. » Il me semble que cette dernière assertion doit être interprétée; car il faut reconnaître que si les acides minéraux dans leur état de pureté ne contiennent aucune huile, ils peuvent en passant à l'état de sel, par leur union avec diverses terres, se charger en même temps de parties huileuses; et en effet, la matière grasse des sels dans les *eaux mères*, paraît être une substance huileuse, puisqu'elle se réduit à l'état charbonneux par la combustion[b]: les sels minéraux contiennent donc une huile qui paraît leur être essentielle,

a. *Dictionnaire de Chimie*, par M. Macquer, article *Sel*.

b. *Lettres de M. Desmeste*, t. I, p. 51.

1. Il serait inutile, et presque puéril, de s'arrêter à chacune de ces explications arbitraires de phénomènes, alors si peu démêlés encore. La chimie de Buffon est la chimie qu'on *imaginait*, avant d'avoir trouvé la vraie.

et celle qui se trouve de plus dans les acides tirés des animaux et des végétaux ne leur est qu'accessoire ; c'est probablement par l'affinité de cette matière grasse avec les huiles végétales et les graisses animales que l'acide minéral peut se combiner dan les végétaux et dans les animaux.

Les acides et les alcalis sont des principes salins, mais ne sont pas des sels : on ne les trouve nulle part dans leur état pur et simple, et ce n'est que quand ils sont unis à quelque matière qui puisse leur servir de base qu'ils prennent la forme de sel, et qu'ils doivent en porter le nom ; cependant les chimistes les ont appelés *sels simples*, et ils ont nommé *sels neutres* les vrais sels. Je n'ai pas cru devoir employer cette dénomination, parce qu'elle n'est ni nécessaire ni précise ; car si l'on appelle *sel neutre* tout sel dont la base est une et simple, il faudra donner le nom d'*hépar* aux sels dont la base n'est pas simple, mais composée de deux matières différentes, et donner un troisième, quatrième, cinquième nom, etc., à ceux dont la base est composée de deux, trois, quatre, etc., matières différentes : c'est là le défaut de toutes les nomenclatures méthodiques ; elles sont forcées de disparaître dès que l'on veut les appliquer aux objets réels de la nature.

Nous donnerons donc le nom de *sel* à toutes les matières dans lesquelles le principe salin est entré, et qui ont une saveur sensible ; et nous ne présenterons d'abord que les sels qui sont formés par la nature, soit en masses solides dans le sein de la terre, soit en dissolution dans l'air et dans l'eau : on peut appeler *sels fossiles* ceux qu'on tire de la terre ; les vitriols, l'alun, la sélénite, le natron, l'alcali fixe végétal, le sel marin, le nitre, le sel ammoniac, le borax, et même le soufre et l'arsenic, sont tous des sels formés par la nature ; nous tâcherons de reconnaître leur origine et d'expliquer leur formation, en nous aidant des lumières que la chimie a répandues sur cet objet plus que sur aucun autre, et les réunissant aux faits de l'histoire naturelle qu'on ne doit jamais en séparer.

La nature nous offre en stalactites les vitriols du fer, du cuivre et du zinc ; l'alun en filets cristallisés ; la sélénite en gypse aussi cristallisé ; le natron en masse solide et pure, ou simplement mêlé de terre ; le sel marin en cristaux cubiques et en masses immenses ; le nitre en efflorescences cristallisées ; le sel ammoniac en poudre sublimée par les feux souterrains ; le borax en eau gélatineuse, et l'arsenic en terre métallique ; elle a d'abord formé l'acide aérien par la seule et simple combinaison de l'air et du feu ; cet acide primitif s'étant ensuite combiné avec toutes les matières terreuses et métalliques, a produit l'acide vitriolique avec la terre vitrifiable, l'arsenic avec les matières métalliques, l'acide marin avec les substances calcaires, l'acide nitreux avec les détriments putréfiés des corps organisés : il a de même produit les alcalis par la végétation ; l'acide du tartre et du vinaigre par la fermentation ; enfin, il est entré sous sa propre forme dans tous les corps organisés : l'air fixe que l'on tire des matières calcaires, celui qui s'élève par la première fermentation de tous les végétaux, ou qui se forme par la respiration des animaux, n'est que ce même acide aérien, qui se manifeste aussi par sa saveur dans les eaux acidules, dans les fruits, les légumes et les herbes ; il a donc produit toutes les substances salines, il s'est étendu sur tous les règnes de la nature; il est le premier principe de toute saveur [1], et, relativement à nous, il est pour l'organe du goût ce que la lumière et les couleurs sont pour le sens de la vue.

Et les odeurs qui ne sont que des saveurs plus fines, et qui agissent sur l'odorat qui n'est qu'un sens de goût plus délicat, proviennent aussi de ce premier principe salin [2], qui s'exhale en parfums agréables dans la plupart des végétaux, et en mauvaises odeurs dans certaines plantes et dans presque tous les animaux; il s'y combine avec leurs huiles grossières ou volatiles, il s'unit à leur graisse, à leurs mucilages; il s'élabore avec leur sève et leur sang, il se transforme en acides aigres, acerbes ou doux, en alcalis fixes ou volatils, par le travail de l'organisation auquel il a grande part; car, c'est après le feu le seul agent de la nature, puisque c'est par ce principe salin que tous les corps acquièrent leurs propriétés actives, non-seulement sur nos sens vivants [3] du goût et de l'odorat, mais encore sur les matières brutes et mortes, qui ne peuvent être attaquées et dissoutes que par le feu ou par ce principe salin. C'est le ministre secondaire de ce grand et premier agent qui, par sa puissance sans bornes, brûle, fond ou vitrifie toutes les substances passives, que le principe salin, plus faible et moins puissant, ne peut qu'attaquer, entamer et dissoudre, et cela parce que le feu y est tempéré par l'air auquel il est uni, et que quand il produit de la chaleur ou d'autres effets semblables à ceux du feu, c'est qu'on sépare cet élément de la base passive dans laquelle il était renfermé.

Tous les sels dissous dans l'eau se cristallisent en forme assez régulière, par une évaporation lente et tranquille ; mais lorsque l'évaporation de l'eau se fait trop promptement, ou qu'elle est troublée par quelque mouvement extérieur, les cristaux salins ne se forment qu'imparfaitement et se groupent confusément. Les différents sels donnent des cristaux de figures différentes ; ils se produisent principalement à la surface du liquide, à mesure qu'il s'évapore, ce qui prouve que l'air contribue à leur formation, et qu'elle ne dépend pas uniquement du rapprochement des parties salines qui s'unissent, à la vérité, par leur attraction mutuelle, mais qui ont besoin pour cela d'être mises en liberté parfaite : or elles n'obtiennent cette liberté entière qu'à la surface du liquide, parce que sa résistance augmente avec sa densité par l'évaporation; en sorte que les parties salines se trouvent, à la vérité, plus

1. Chaque *corps*, chaque ***substance*** a sa ***saveur propre***; et l'***acide aérien*** n'a que la sienne.

2. Il faut dire des ***odeurs*** ce qui vient d'être dit des saveurs.

3. ***Nos sens vivants*** : Buffon avait ***soixante-dix-huit ans***, lorsqu'il écrivait ces pages, et pourtant comme il a encore l'expression énergique, et comme son imagination va toujours vite !

voisines par la diminution du volume du liquide, mais elles ont en même temps plus de peine à vaincre sa résistance, qui augmente dans la même proportion que ce volume diminue ; et c'est par cette raison que toutes les cristallisations des sels s'opèrent plus efficacement et plus abondamment à la surface qu'à l'intérieur du liquide en évaporation.

Lorsque l'on a tiré par ce moyen tout le sel en cristaux que le liquide chargé de sel peut fournir, il en reste encore dans l'*eau-mère*, mais ce sel y est si fort engagé avec la matière grasse qu'il n'est plus susceptible de rapprochement de cristallisation ; et même si cette matière grasse est en très-grande quantité, l'eau ne peut plus en dissoudre le sel ; cela prouve que la solubilité dans l'eau n'est pas une propriété inhérente et essentielle aux substances salines.

Il en est du caractère de la cristallisation comme de celui de la solubilité : la propriété de se cristalliser n'est pas plus essentielle aux sels que celle de se dissoudre dans l'eau, et l'un de nos plus judicieux physiciens, M. de Morveau, a eu raison de dire « que la saveur est le seul caractère distinctif « des sels, et que les autres propriétés, qu'on a voulu ajouter à celle-ci pour « perfectionner leur définition, n'ont servi qu'à rendre plus incertaines les « limites que l'on voulait fixer..., la solubilité par l'eau ne convenant pas « plus aux sels qu'à la gomme et à d'autres matières : il en est de même de « la cristallisation, puisque tous les corps sont susceptibles de se cristalliser « en passant de l'état liquide à l'état solide ; et il en est encore de même, « ajoute-t-il, de la qualité qu'on suppose aux sels de n'être point combus- « tibles par eux-mêmes ; car, dans ce cas, le nitre ammoniacal ne serait « plus un sel[a]. »

Nos définitions, qui pèchent si souvent par défaut, pèchent aussi, comme l'on voit, quelquefois par excès : l'un nuit au complément, et l'autre à la précision de l'idée qui représente la chose, et les énumérations qu'on se permet de faire en conséquence de cette extension des définitions nuisent encore plus à la netteté de nos vues, et s'opposent au libre exercice de l'esprit en le surchargeant de petites idées particulières, souvent précaires, en lui présentant des méthodes arbitraires qui l'éloignent de l'ordre réel des choses, et enfin, en l'empêchant de s'élever au point de pouvoir généraliser les rapports que l'on doit en tirer. Quoiqu'on puisse donc réduire tous les sels de la nature à un seul principe salin, et que ce principe primitif soit, selon moi, l'acide aérien[1], la nombreuse énumération qu'on a faite des sels sous différents noms ne pouvait manquer de s'opposer à cette vue générale ; on a cru jusqu'au temps de Stahl, et plusieurs chimistes croient encore, que les principes salins, dans l'acide nitreux et dans l'acide marin, sont très-dif-

a. *Éléments de Chimie*, t. I, p. 127.

1. Voyez la note 2 de la page 349.

férents de celui de l'acide vitriolique, et que ces mêmes principes sont non-seulement différents, mais opposés et contraires dans les acides et dans les alcalis; or n'est-ce pas admettre autant de causes qu'il y a d'effets dans un même ordre de choses? C'est donner la nomenclature pour la science, et substituer la méthode au génie [1].

De la même manière qu'on a fait et compté trois sortes d'acides relativement aux trois règnes, les acides minéraux, végétaux et animaux, on compte aussi trois sortes d'alcalis, le minéral, le végétal et l'animal; et néanmoins ces trois alcalis doivent se réduire à un seul, et même l'alcali peut aussi se ramener à l'acide, quoiqu'ils paraissent opposés, et qu'ils agissent violemment l'un contre l'autre.

Nous ne suivrons donc pas, en traitant des sels, l'énumération très-nombreuse qu'on en a faite en chimie, d'autant que chaque jour ce nombre peut augmenter, et que les combinaisons qui n'ont pas encore été tentées pourraient donner de nouveaux résultats salins dont la formation, comme celle de la plupart des autres sels, ne serait due qu'à notre art; nous nous contenterons de présenter les divisions générales, en nous attachant particulièrement aux sels que nous offre la nature, soit dans le sein et à la surface de la terre, soit au sommet de ses volcans [a].

a. Si l'on veut se satisfaire à cet égard, on peut consulter la table ci-jointe, que mon illustre ami, M. de Morveau, vient de publier. Cette nomenclature, quoique très-abrégée, paraîtra néanmoins encore assez nombreuse.

TABLEAU DE NOMENCLATURE CHIMIQUE,

Contenant les principales dénominations analogiques, et des exemples de formation des noms composés.

RÈGNES.	ACIDES.	Les sels formés de ces acides prennent les noms génériques de
DES TROIS RÈGNES.		
Minéral	Méphitique ou air fixe	Méphites.
	Vitriolique	Vitriols.
	Nitreux	Nitres.
	Muriatique, ou du sel marin.	Muriates.
	Régalin	Régaltes.
	Arsenical	Arséniates.
	Boracin ou sel sédatif	Borax.
	Fluorique ou du spath fluor	Fluors.
Végétal	Acéteux ou vinaigre	Acètes.
	Tartareux ou du tartre	Tartres.
	Oxalin ou de l'oseille	Oxaltes.
	Saccharin ou du sucre	Saccbartes.
	Citrin ou du citron	Citrates.
	Lignique ou du bois	Lignites.
Animal	Phosphorique	Phosphates.
	Formicin ou des fourmis	Formiates.
	Sébacé ou du suif	Sébates.
	Galactique ou du lait	Galactes.

1. Buffon a fait l'inverse : il a substitué le *génie* à la *méthode*.

Nous venons de voir que la première division des acides et des alcalis en minéraux, végétaux et animaux, est plutôt une partition nominale qu'une division réelle, puisque tous ne sont au fond que la même substance saline, qui, seule et sans secours, entre dans les végétaux et les animaux, et qui attaque aussi la plupart des matières vitrifiables, calcaires et métalliques; ce n'est que relativement à ce dernier effet qu'on lui a donné le nom d'*acide minéral;* et comme cette division en acides minéraux, végétaux et animaux

BASES OU SUBSTANCES qui s'unissent aux acides.	EXEMPLES pour la classe des vitriols.	EXEMPLES pris de diverses classes.
Phlogistique	Soufre vitriolique ou soufre commun	Soufre méphitique ou plombagine.
Alumine ou terre de l'argile	Vitriol alumineux ou alun	Nitre alumineux.
Calce ou terre calcaire	Vitriol calcaire ou sélénite	Muriate calcaire.
Magnésie	Vitriol magnésien ou sel d'Epsom	Acète de magnésie.
Barote ou terre du spath pesant	Vitriol barotique ou spath pesant	Tartre barotique.
Potasse ou alcali fixe végétal.	Vitriol de potasse ou tartre vitriolé	Arséniate de potasse.
Soude ou alcali fixe minéral	Vitriol de soude ou sel de Glauber	Borax de soude ou borax commun.
Ammoniac ou alcali volatil	Vitriol ammoniacal	Fluor ammoniacal.
Or	Vitriol d'or	Régalte d'or.
Argent	Vitriol d'argent	Oxalte d'argent.
Platine	Vitriol de platine	Saccharte de platine.
Mercure	Vitriol de mercure	Citrate de mercure.
Cuivre	Vitriol de cuivre ou vitriol de Chypre	Lignite de cuivre.
Plomb	Vitriol de plomb	Phosphate de plomb.
Étain	Vitriol d'étain	Formiate d'étain.
Fer	Vitriol de fer ou couperose verte	Sébaste martial.
Antimoine (au lieu de régule d')	Vitriol antimonial	Muriate antimonial ou beurre d'antimoine.
Bismuth	Vitriol de bismuth	Galacte de bismuth.
Zinc	Vitriol de zinc ou couperose blanche	Borax de zinc.
Arsenic	Vitriol d'arsenic	Muriate d'arsenic.
Cobalt	Vitriol de cobalt	Saccharte de cobalt.
Nickel	Vitriol de nickel	Formiate de nickel.
Manganèse	Vitriol de manganèse	Oxalte de manganèse.
Esprit-de-vin	Éther vitriolique	Éther lignique ou éther de Goettling, etc., etc.

Les dix-huit acides, les vingt-quatre bases et les produits de leur union forment ainsi quatre cent soixante-quatorze dénominations claires et méthodiques, indépendamment des *hépars,* ou composés à trois parties, dont les noms viennent encore dans ce système, comme *hépar de soude, hépar ammoniacal, pyrite d'argent,* etc., etc. Voyez le *Journal de Physique,* t. XIX, mai 1782, page 382.

a été universellement adoptée, je ne sais pourquoi l'on n'a pas rappelé l'acide nitreux à l'acide végétal et animal, puisqu'il n'est produit que par la putréfaction des corps organisés : cependant on le compte parmi les acides minéraux, parce qu'il est le plus puissant après l'acide vitriolique; mais cette puissance même et ses autres propriétés me semblent démontrer que c'est toujours le même acide, c'est-à-dire l'acide aérien, qui a passé par les végétaux et par les animaux dans lesquels il s'est exalté avec la matière du feu, par la fermentation putride de leurs corps, et que c'est par ces combinaisons multipliées qu'il a pris tous les caractères particuliers qui le distinguent des autres acides.

Dans les végétaux, lorsque l'acide aérien se trouve mêlé d'huile douce ou enveloppé de mucilage, la saveur est agréable et sucrée : l'acide des fruits, du raisin, par exemple, ne prend de l'aigreur que par la fermentation, et néanmoins tous les sels tirés des végétaux contiennent de l'acide, et ils ne diffèrent entre eux que par les qualités qu'ils acquièrent en fermentant et qu'ils empruntent de l'air en se joignant à l'acide qu'il contient; et de même que tous les acides végétaux aigres ou doux, acerbes ou sucrés, ne prennent ces saveurs différentes que par les premiers effets de la fermentation, l'acide nitreux n'acquiert ses qualités caustiques et corrosives que par cette même fermentation portée au dernier degré, c'est-à-dire à la putréfaction : seulement nous devons observer que l'acide animal entre peut-être autant et plus que le végétal dans le nitre; car comme cet acide subit encore de nouvelles modifications en passant du végétal à l'animal, et que tous deux se trouvent réunis dans les matières putréfiées, ils s'y rassemblent, s'exaltent ensemble, et se combinant avec l'alcali fixe végétal, ils forment le nitre dont l'acide, malgré toutes ces transformations, n'en est pas moins essentiellement le même que l'acide aérien.

Tous les acides tirent donc leur première origine de l'acide aérien, et il me semble qu'on ne pourra guère en douter si l'on pèse toutes les raisons que je viens d'exposer, et auxquelles je n'ajouterai qu'une considération qui est encore de quelque poids. On conserve tous les acides, même les plus forts et les plus concentrés, dans des flacons ou vaisseaux de verre; ils entameraient toute autre matière : or, dans les premiers temps, le globe entier n'était qu'une masse de verre sur laquelle les acides minéraux, s'ils eussent existé, n'auraient pu faire aucune impression, puisqu'ils n'en font aucune sur notre verre : l'acide aérien au contraire agit sur le verre, et peu à peu l'entame, l'exfolie, le décompose et le réduit en terre; par conséquent cet acide est le premier et le seul qui ait agi sur la masse vitreuse du globe, et comme il était alors aidé d'une forte chaleur, son action en était d'autant plus prompte et plus pénétrante; il a donc pu, en se mêlant intimement avec la terre vitrifiée, produire l'acide vitriolique qui n'a plus d'action sur cette même terre, parce qu'il en contient et qu'elle lui sert de base : dès lors cet acide, le plus fort et le plus puissant de tous, n'est néanmoins ni le plus simple de tous ni le premier formé ; il est le second dans l'ordre de formation, l'arsenic est le troisième, l'acide marin le quatrième, etc., parce que l'acide primitif aérien n'a d'abord pu saisir que la terre vitrifiée ; ensuite la terre métallique[a], puis la terre calcaire, etc., à mesure et dans le même ordre que ces matières se sont établies sur la masse du globe vitrifié : je dis à mesure et dans le même ordre, parce que les matières métalliques sont tombées les premières de l'atmosphère où elles étaient reléguées et étendues en vapeurs; elles ont rempli les interstices et les fentes du quartz et des autres verres primitifs, où l'acide aérien les ayant saisies a produit l'acide arsenical; ensuite, après la production et la multiplication des coquillages, les matières calcaires, formées de leurs débris, se sont établies, et l'acide aérien les ayant pénétrées a produit l'acide marin , et successivement les autres acides et les alcalis après la naissance des animaux et des végétaux ; enfin, la production des acides et des alcalis a nécessairement précédé la formation des sels, qui tous supposent la combinaison de ces mêmes acides ou alcalis avec une matière terreuse ou métallique, laquelle leur sert de base et contient toujours une certaine quantité d'eau qui entre dans la cristallisation de tous les sels; en sorte qu'ils sont beaucoup moins simples que les acides ou alcalis, qui seuls sont les principes de leur essence saline.

Ceci était écrit, ainsi que la suite de cette histoire naturelle des sels, et j'étais sur le point de livrer cette partie de mon ouvrage à l'impression, lorsque j'ai reçu (au mois de juillet de cette année 1782), de la part de M. le chevalier Marsilio Landriani, de Milan, le troisième volume de ses opuscules *physico-chimiques*, dans lequel j'ai vu, avec toute satisfaction, que cet illustre et savant physicien a pensé comme moi sur l'acide primitif. Il dit expressément « que l'acide universel, élémentaire, primitif, dans lequel « peuvent se résoudre tous les acides connus jusqu'à ce jour, est l'acide « *méphitique*, cet acide qui, étant combiné avec la chaux vive, l'adoucit et la « *neutralise*, qui, mêlé avec les eaux les rend acidules et pétillantes ; c'est « l'*air fixe* de Black, le *gaz méphitique* de Macquer, l'*acide atmosphérique* « de Bergman. »

M. le chevalier Landriani prouve son assertion par des expériences ingénieuses[b] : il a pensé avec notre savant académicien, M. Lavoisier[1], que l'air

a. Les mines spathiques et les malachites contiennent notamment une très-grande quantité d'acide aérien.

b. « Que l'on prenne une certaine quantité d'acide vitriolique, qu'on y mêle une quantité « donnée d'esprit-de-vin rectifié, comme pour faire l'éther vitriolique, qu'on en recueille les « produits aériformes au moyen de l'appareil pneumatique, on obtiendra une quantité notable « d'air fixe, de tout point semblable à celui qui se tire de la pierre calcaire, des substances alca-

1. Qu'il est doux de voir Lavoisier, déjà connu de Buffon! Ainsi donc, après le génie de l'*histoire naturelle* le génie de la *chimie*, après Buffon Lavoisier : quelle admirable succession de travaux et de gloire!

fixe ou l'acide méphitique, se forme par la combinaison de l'air et du feu [1], et il conclut par dire : « Il me paraît hors de doute, 1° que l'air déphlogis-« tiqué, au moment qu'il s'élève des corps capables de le produire, se « change en air fixe, s'il est surpris par le phlogistique dans le moment « de sa formation ;

« lines, de celles qui sont en fermentation, etc.; que l'on répète l'expérience avec d'autres « acides, tels que le marin, le nitreux, avec les précautions nécessaires pour éviter les explo-« sions et autres accidents, il se développera toujours dans la distillation une quantité notable « d'air fixe.

« J'ai tenté la même expérience, avec le même succès, avec l'acide de l'arsenic *, le phospho-« rique, le vinaigre radical; j'ai toujours obtenu une quantité notable d'air fixe, ayant les « mêmes propriétés que celui que l'on obtient par les procédés du docteur Priestley, et je ne « doute pas que l'on n'en tirât tout autant de l'acide spathique, de celui du sucre et du tarta-« reux, puisque le sucre seul, décomposé par le feu, donne beaucoup d'air inflammable et d'air « fixe, tel qu'on le tire aussi de l'acide du sucre, traité à la manière du célèbre Bergman. « (Voyez les *Opuscules choisis* de Milan, tome II.) Quant à l'acide tartareux découvert par « Bergman, sans prendre la peine de le combiner avec l'esprit-de-vin, on sait, par les expé-« riences de M. Berthollet [2], que la crème de tartre donne une prodigieuse quantité d'air fixe, « et je ne doute pas que l'acide tartareux pur n'en produisît autant.

« A l'extrémité d'un tube de verre ouvert des deux bouts, que l'on adapte avec de la cire « d'Espagne un gros fil de fer dont une portion entrera dans le tube, l'autre restera dehors et « sera terminée par une petite boule de métal; que l'on remplisse le tube de mercure, et que « l'on y introduise une certaine quantité d'air déphlogistiqué, tiré du précipité rouge, et une « petite colonne d'eau de chaux, et que l'on décharge une grosse bouteille de Leyde plusieurs « fois de suite à travers la colonne d'air, l'eau de chaux prendra de la blancheur, et déposera « sur la superficie du mercure une quantité sensible de poudre blanche : si, au lieu d'eau de « chaux, on avait introduit dans le tube de la teinture de tournesol, elle aurait rougi par la « précipitation de l'air fixe que l'air déphlogistiqué tire du précipité rouge; que l'on substitue « de l'air déphlogistiqué, tiré du turbith minéral qu'on aura bien lavé, afin de le dépouiller de « tout acide surabondant, et que cet air soit phlogistiqué par des décharges réitérées de la bou-« teille de Leyde, toujours il s'engendrera de l'air fixe. La même production d'air fixe aura lieu « si l'on emploie de l'air déphlogistiqué tiré, ou du précipité couleur de brique obtenu par la « solution du sublimé corrosif décomposé avec l'alcali caustique, ou de l'air déphlogistiqué, « tiré des fleurs de zinc, saturées d'acide arsenical, ou du sel mercuriel acéteux, lavé dans « beaucoup d'eau pour le dépouiller de tout acide surabondant, et qui n'aurait point été inti-« mement combiné; en un mot, tout air déphlogistiqué quelconque, obtenu par un acide quel-« conque, est en partie convertible en air fixe par les décharges réitérées de la bouteille de « Leyde. » *Opuscules physico-chimiques* de M. le chevalier Landriani; Milan, 1781, pages 62 et suiv.

* La découverte de cet acide arsenical est due au célèbre Schéele [3]; cet acide se tire aisément en distillant de l'acide nitreux sur de l'arsenic cristallin, qui met à découvert l'acide arsenical. Voyez, dans les *Opuscules choisis* de Milan, tome II, le procédé commode et sûr de l'illustre Fabroni pour tirer ce nouvel acide; et la dissertation de Bergman, qui renferme tout ce qui est su sur cet acide. (Note de M. de Morveau.)

1. Lavoisier ne pensa pas ainsi bien longtemps : dès la première édition de son *Traité de chimie*, il dit : « Il y a deux manières d'analyser le *carbone*, sa combustion par le moyen de « l'air ou plutôt du *gaz oxygène*, et son *oxygénation* par l'*acide nitrique*. On le convertit, « dans les deux cas, en *acide carbonique*. » (T. I, p. 228.)

2 (*b*). Berthollet, encore un grand nom et un beau génie !

3 (*). Enfin, Schéele ! Au moment où Buffon allait déposer la plume, et écrivait ses dernières critiques contre la vieille chimie, s'avançait rapidement la génération brillante qui nous a donné la chimie nouvelle.

« 2° Que comme il résulte des expériences que les acides nitreux, « vitriolique, marin, phosphorique, arsenical, unis à certaines terres peuvent « se changer en air déphlogistiqué, lequel de son côté peut aisément se « convertir en air fixe; et comme d'autre part l'acide du sucre, celui de la « crème de tartre, celui du vinaigre, celui des fourmis, etc., peuvent aussi « aisément se convertir en air fixe, par le moyen de la chaleur, il est assez « démontré que tous les acides peuvent être convertis en air fixe, et que cet « air fixe est peut-être l'acide universel, comme étant le plus commun et « se rencontrant le plus fréquemment dans les diverses productions de la « nature. »

Je suis sur tout cela du même avis que M. le chevalier Landriani, et je n'ai d'autre mérite ici que d'avoir reconnu, d'après mon système général sur la formation du globe, que le plus pur et le plus simple des acides avait dû se former le premier par la combinaison de l'air et du feu, et que par conséquent on devait le regarder comme l'acide primitif dont tous les autres ont tiré leur origine; mais je n'étais pas en état de démontrer par les faits, comme ce savant physicien vient de le faire, que tous les acides de quelque espèce qu'ils soient, peuvent être convertis en cet acide primitif, ce qui confirme victorieusement mon opinion ; car cette conversion des acides doit être réciproque et commune, en sorte que tous les acides ont pu être formés par l'acide aérien, puisque tous peuvent être ramenés à la nature de cet acide.

Il me paraît donc plus certain que jamais, tant par ma théorie que par les expériences de M. Landriani, que l'acide aérien, c'est-à-dire l'air fixe ou fixé par le feu, est vraiment l'acide primitif, et le premier principe salin dont tous les autres acides et alcalis tirent leur origine, et cet acide uniquement composé d'air et de feu n'a pu former les autres substances salines qu'en se combinant avec la terre et l'eau : aussi tous les autres acides contiennent de la terre et de l'eau ; et la quantité de ces deux éléments est plus grande dans tous les sels que celle de l'air et du feu; ils prennent différentes formes selon les doses respectives des quatre éléments, et selon la nature de la terre qui leur sert de base; et comme la proportion de la quantité des quatre éléments dans les principes salins, et la qualité différente de la terre qui sert de base à chaque sel, peuvent toutes se combiner les unes avec les autres, le nombre des substances salines est si grand qu'il ne serait guère possible d'en faire une exacte énumération; d'ailleurs toutes les combinaisons salines, faites par l'art de la chimie, ne doivent pas être mises sur le compte de la nature; nos premières considérations doivent donc tomber sur les sels qui se forment naturellement, soit à la surface, soit à l'intérieur de la terre : nous les examinerons séparément, et les présenterons successivement en commençant par les sels vitrioliques.

ACIDE VITRIOLIQUE[1] ET VITRIOLS[2].

Cet acide est absolument sans odeur et sans couleur; il ressemble à cet égard parfaitement à l'eau : néanmoins sa substance n'est pas aussi simple ni même, comme le dit Stahl, uniquement composée des seuls éléments de la terre et de l'eau; il a été formé par l'acide aérien, il en contient une grande quantité[3], et sa substance est réellement composée d'air et de feu unis à la terre vitrifiable, et à une très-petite quantité d'eau qu'on lui enlève aisément par la concentration; car il perd peu à peu sa liquidité par la grande chaleur, et peut prendre une forme concrète[a] par la longue application d'un feu violent; mais dès qu'il est concentré, il attire puissamment l'humidité de l'air, et par l'addition de cette eau il acquiert plus de volume; il perd en même temps quelque chose de son activité saline : ainsi l'eau ne réside dans cet acide épuré qu'en très-petite quantité[4], et il n'y a de terre qu'autant qu'il en faut pour servir de base à l'air et au feu, qui sont fortement et intimement unis à cette terre vitrifiable[5].

Au reste, cet acide et les autres acides minéraux ne se trouvent pas dans la nature seuls et dégagés[6], et on ne peut les obtenir qu'en les tirant des substances avec lesquelles ils se sont combinés, et des corps qui les contiennent. C'est en décomposant les pyrites, les vitriols, le soufre, l'alun et les bitumes qu'on obtient l'acide vitriolique[b] : toutes ces matières en sont

a. Quelques chimistes ont donné le nom d'*huile de vitriol glaciale* à cet acide concentré au point d'être sous forme concrète : à mesure qu'on le concentre, il perd de sa fluidité, il file et paraît gras au toucher comme l'huile; on l'a par cette raison nommé *huile de vitriol*, mais très-improprement, car il n'a aucun caractère spécifique des huiles, ni l'inflammabilité. Le toucher gras de ce liquide semble provenir, comme celui du mercure, du grand rapprochement de ses parties; et c'est en effet, après le mercure, le liquide le plus dense qui nous soit connu : aussi, lorsqu'il est soumis à la violente action du feu, il prend une chaleur beaucoup plus grande que l'eau et que tout autre liquide, et, comme il est peu volatil et point inflammable, il a l'apparence d'un corps solide pénétré de feu et presque en incandescence.

b. Ce n'est pas que la nature ne puisse faire dans ses laboratoires tout ce qui s'opère dans les nôtres : si la vapeur du soufre en combustion se trouve renfermée sous des voûtes de cavernes, l'acide sulfureux s'y condensera en acide vitriolique. M. Joseph Baldassari nous offre même à ce sujet une très-belle observation : ce savant a trouvé dans une grotte du territoire de Sienne, au milieu d'une masse d'incrustation déposée par les eaux thermales des bains de Saint-Phi-

1. *Acide vitriolique : l'acide sulfurique.*
2. *Vitriols :* ancien nom des *sulfates.* — On appelait *vitriol blanc* le *sulfate de zinc*, *vitriol bleu* le sulfate de *cuivre*, *vitriol vert* le *sulfate de fer*, etc.
3. Voyez la note 1 de la page 350.
4. Voyez la note 3 de la page 338.
5. Voyez la note de la page 337.
6. L'*acide sulfurique* ou *vitriolique* se trouve à l'état de liberté dans quelques sources, dans le *Rio-Vinagre*, par exemple, qui prend naissance près du volcan de Paracé, dans l'Amérique méridionale. Dolomieu l'a recueilli dans plusieurs grottes de l'Etna; il se trouve dans les cavernes d'où sortent les sources d'Aix en Savoie, etc.

plus ou moins imprégnées, toutes peuvent aussi lui servir de base, et il forme avec elles autant de différents sels, desquels on le retire toujours sous la même forme et sans altération.

On a donné le nom de *vitriol* à trois sels métalliques, formés par l'union de l'acide vitriolique avec le fer, le cuivre et le zinc[1]; mais on pourrait, sans abuser du nom, l'étendre à toutes les substances dans lesquelles la présence de l'acide vitriolique se manifeste d'une manière sensible : le vitriol du fer est vert, celui du cuivre est bleu, et celui du zinc est blanc; tous trois se trouvent dans le sein de la terre, mais en petite quantité, et il paraît que ce sont les seules matières métalliques que la nature ait combinées avec cet acide; et quand même on serait parvenu par notre art à faire d'autres vitriols métalliques, nous ne devons pas les mettre au nombre des substances naturelles, puisqu'on n'a jamais trouvé de vitriols d'or, d'ar-

lippe, « un véritable acide vitriolique, pur, naturellement concret, et sans aucun mélange de « substances étrangères... Cette grotte est située dans une petite montagne, sur la pente d'une « montagne plus haute, qui paraît avoir été un ancien volcan... Le fond de cette grotte et ses « parois jusqu'à la hauteur d'environ une brasse et demie, dit M. Baldassari, sont entièrement « recouverts d'une belle croûte jaune de soufre en petits cristaux, et tous les corps étran- « gers, transportés par le vent ou par quelque autre cause dans le fond de cette caverne, y « sont enduits d'une couche de soufre plus ou moins épaisse, suivant le temps qu'ils y ont « séjourné.

« Au-dessus de cette zone de soufre, le reste des parois et la voûte de la grotte sont tapissées « d'une innombrable quantité de concrétions groupées, recouvertes d'efflorescences qui laissent « sur la langue l'impression d'une saveur acide, mais d'un acide parfaitement semblable à celui « qu'on retire du vitriol par la distillation, et n'ent rien de ce goût austère et astringent des « vitriols et de l'alun... Le fond de la grotte exhale une vapeur chaude, qui répand une forte « odeur de soufre, et s'élève à la même hauteur que la bande soufrée, c'est-à-dire à une brasse « et demie... Mais cette vapeur ne s'élève que par le vent du midi...

« On voit, dans la masse des incrustations, une grande fente qui a plus de trente brasses de « profondeur, et dont les parois, dans la partie basse, sont recouvertes de soufre, et, dans la « haute, des mêmes efflorescences salines que celles dont on vient de parler...

« La vapeur du fond de la grotte est une émanation de ce que les chimistes appellent *acide* « *sulfureux volatil*... L'odeur en est très-forte et suffocante : aussi trouvai-je beaucoup d'in- « sectes morts dans cette grotte, et l'un de mes compagnons ayant, en se baissant, plongé « sa tête dans l'atmosphère infecte, fut obligé de la relever promptement pour éviter la « suffocation.

« Cet acide sulfureux volatil détruisit les couleurs du papier bleu que je jetai par terre, il « devint cendré; un morceau de soie cramoisie fut aussi pareillement décoloré, et tout ce que « nous avions d'argent sur nous, comme boucles, etc., devint noir avec quelques taches « jaunes...

« Cette vapeur forme un soufre sur le fond des parois de la grotte... Et, après la formation « de ce soufre, une portion de l'acide vitriolique excédante rencontre et regagne les parois et la « voûte de la grotte, c'est-à-dire les incrustations qui y sont attachées; l'acide s'y attache sous « la forme d'efflorescences, ou de filets qui sont de véritable acide vitriolique pur, concret et « exempt de toute combinaison. »

M. Baldassari a observé depuis de semblables efflorescences sulfureuses et vitrioliques à Saint-Albino, dans le voisinage de Monte-Pulciano et aux lacs de Travale, où il a trouvé des branches d'arbres couvertes de concrétions de soufre et de vitriol. *Journal de Physique*, mai 1776, pag. 397 et suiv.

1. Voyez la note 2 de la page 362.

gent, de plomb, d'étain, ni d'antimoine, de bismuth, de cobalt, etc., dans aucun lieu, soit à la surface, soit à l'intérieur de la terre.

Le vitriol vert ou le vitriol ferrugineux[1], appelé vulgairement *couperose*, se présente dans toutes les mines de fer, où l'eau chargée d'acide vitriolique a pu pénétrer : c'est sous les glaises ou les plâtres que gisent ordinairement ces mines de vitriol, parce que les terres argileuses et plâtreuses sont imprégnées de cet acide qui, se mêlant avec l'eau des sources souterraines, ou même avec l'eau des pluies, descend par stillation sur la matière ferrugineuse, et se combinant avec elle forme ce vitriol vert qui se trouve, tantôt en masses assez informes, auxquelles on donne le nom de pierres *atramentaires* [a], et tantôt en stalactites plus ou moins opaques, et quelquefois cristallisées : la forme de ces cristaux vitrioliques est rhomboïdale, et assez semblable à celle des cristaux du spath calcaire[2]. C'est donc dans les mines de fer, de seconde et de troisième formation, abreuvées par les eaux qui découlent des matières argileuses et plâtreuses, qu'on rencontre ce vitriol natif, dont la formation suppose non-seulement la décomposition de la matière ferrugineuse, mais encore le mélange de l'acide en assez grande quantité ; toute matière ferrugineuse imprégnée de cet acide donnera du vitriol ; aussi le tire-t-on des pyrites martiales, en les décomposant par la calcination ou par l'humidité.

Cette pyrite, qui n'a aucune saveur dans son état naturel, se décompose, lorsqu'elle est exposée longtemps à l'humidité de l'air, en une poudre saline, acerbe et styptique ; en lessivant cette poudre pyriteuse, on en retire du vitriol par l'évaporation et le refroidissement : lorsqu'on veut en obtenir en grande quantité, on entasse ces pyrites les unes sur les autres, à deux ou trois pieds d'épaisseur ; on les laisse exposées aux impressions de l'air pendant trois ou quatre ans, et jusqu'à ce qu'elles se soient réduites en poudre, on les remue deux fois par an pour accélérer cette décomposition ; on recueille l'eau de la pluie qui les lessive pendant ce temps, et on la conduit dans des chaudières où l'on place des ferrailles qui s'y dissolvent en partie par l'excès de l'acide, ensuite on fait évaporer cette eau, et le vitriol se présente en cristaux [b].

a. Parce qu'elles servent, comme le vitriol lui-même, à composer les diverses sortes de teintures noires ou d'encre, *atramentum ;* c'est l'étymologie que Pline nous en donne lui-même : « Diluendo (dit-il en parlant du vitriol), fit atramentum tingendis coriis, unde atramenti sutorii « nomen. » Liv. XXXIV, chap. XII.

b. Dans le grand nombre de fabriques de vitriol de fer, celle de Newcastle, en Angleterre, est remarquable par la grande pureté du vitriol qui s'y produit : nous empruntons de M. Jars la description de cette fabrique de Newcastle. « Les pyrites martiales, dit-il, que l'on trouve

1. Voyez la note 2 de la page 362.

2. Le *sulfate de fer* se reproduit, dans les mines, par la décomposition du ***bisulfure de fer.*** Il ne se trouve presque jamais en cristaux ; il se présente sous la forme d'efflorescences verdâtres, ou sous celle de filaments soyeux qui ont reçu le nom d'***alun de plume***, matière qui est un mélange de ***sulfate d'alumine*** et de ***sulfate de fer***.

On peut aussi tirer le vitriol des pyrites par le moyen du feu qui dégage, sous la forme de soufre, une partie de l'acide et du feu fixe qu'elles contiennent [a]; on lessive ensuite la matière qui reste après cette extraction du soufre, et pour charger d'acide l'eau de ce résidu, on la fait passer successivement sur d'autres résidus également *désoufrés*, après quoi on l'évapore dans des chaudières de plomb : la matière pyriteuse n'est pas épuisée de vitriol par cette première opération; on la reprend pour l'étendre à l'air, et au bout de dix-huit mois ou deux ans, elle fournit par une semblable lessive de nouveau vitriol.

Il y a dans quelques endroits des terres qui sont assez mêlées de pyrites décomposées pour donner du vitriol par une seule lessive : au reste on ne se sert que de chaudières de plomb pour la fabrication du vitriol, parce que l'acide rongerait le fer et le cuivre. Pour reconnaître si la lessive vitriolique est assez chargée, il faut se servir d'un *pèse-liqueur;* dès que cet instrument

« très-fréquemment dans les mines de charbon que l'on exploite aux environs de la ville de « Newcastle, joint à la propriété qu'elles ont de tomber aisément en efflorescence, ont donné « lieu à l'établissement de plusieurs fabriques de vitriol ou couperose.

« Telles qu'elles sont extraites des mines, elles sont vendues à des compagnies qui les paient « à raison de huit livres sterling les vingt tonnes (vingt quintaux la tonne), rendues aux fabri- « ques qui, pour la commodité du transport, sont placées au bord d'une rivière sur le penchant « de la montagne; au-dessus, on a formé plusieurs emplacements pour y recevoir la pyrite, « lesquels ont, à la vérité, la même inclinaison que la montagne, mais dont on a regagné le « niveau avec des murs construits sur le devant et sur les côtés, de même que si l'on eût voulu « y pratiquer des réservoirs; le sol, dont la forme est un plan incliné, est battu avec de la « bonne argile, capable de retenir l'eau; et dans les endroits où ces plans se réunissent, il y a « des canaux qui communiquent à un autre principal placé le long du mur de devant.

« C'est sur ce sol que l'on met et que l'on étend la pyrite pour y être décomposée, soit par « l'humidité répandue dans l'atmosphère, soit par l'eau des pluies, qui, en filtrant à travers, « se charge de vitriol avant que d'arriver dans les canaux, et de ceux-ci se rend dans deux « grands réservoirs, d'où on l'élève ensuite pour la mettre dans les chaudières...

« Ayant mis dans le fond de la chaudière de la vieille ferraille, que l'on arrange le long des « côtés latéraux, et jamais dans le milieu, où le feu a trop d'action, on la remplit avec de « l'eau des réservoirs, et partie avec des eaux mères, ayant soin de la tenir toujours pleine « pendant l'ébullition jusqu'à ce qu'il se forme une pellicule. La durée d'une évaporation varie « suivant le degré de force que l'eau a acquise; trois à quatre jours suffisent quelquefois pour « concentrer celle d'une pleine chaudière; d'autres fois, elle exige une semaine entière : après « ce temps, on transvase cette eau dans une des caisses de cristallisation, où elle reste plus ou « moins de temps, suivant le degré de chaleur de l'atmosphère...

« Chaque chaudière produit communément quatre tonnes ou quatre-vingts quintaux de vitriol, « indépendamment de celui qui est contenu dans les eaux mères; il se vend aux Hollandais à « raison de quatre livres sterling la tonne; si on l'établit à un si bas prix, il faut observer « que l'on n'a eu, pour ainsi dire, que les premières dépenses de l'établissement à faire, puis- « que cette pyrite n'a pas besoin d'être calcinée, et que les seuls frais sont ceux de l'évaporation, « qui sont d'un mince objet dans un pays où le charbon est à très-bas prix; d'ailleurs, ce vitriol « est de la meilleure qualité, puisqu'il n'est composé que du fer et de l'acide vitriolique : il « n'en est pas de même de celui que l'on fabrique communément en Allemagne et en France « avec des pyrites extraites d'un filon, qui contiennent presque toujours du cuivre ou du zinc, « dont il est comme impossible de les priver entièrement, surtout avec bénéfice. » *Voyages métallurgiques*, t. III, pag. 316 et suiv.

a. Voyez les procédés de cette extraction, sous l'article du *Soufre*.

indiquera que la lessive contient vingt-huit onces de vitriol, on pourra la faire évaporer pour obtenir ce sel en cristaux; il faut environ quinze jours pour opérer cette cristallisation, et l'on a observé qu'elle réussit beaucoup mieux pendant l'hiver qu'en été [a].

Nous avons en France quelques mines de vitriol naturel : « On en exploite, « dit M. de Gensane, une au lieu de la Fonds près Saint-Julien-de-Valgogne; « le travail y est conduit avec la plus grande intelligence; le minéral y est « riche et en grande abondance, et le vitriol qu'on y fabrique est certaine-« ment de la première qualité [b]. » Il doit se trouver de semblables mines dans tous les endroits où la terre limoneuse et ferrugineuse se trouve mêlée d'une grande quantité de pyrites décomposées [c].

Il se produit aussi du vitriol par les eaux sulfureuses qui découlent des volcans ou des solfatares : « La formation de ce vitriol, dit M. l'abbé « Mazéas, s'opère de trois façons; la première, par les vapeurs qui s'élè-« vent des solfatares et des ruisseaux sulfureux ; ces vapeurs en retombant « sur les terres ferrugineuses les recouvrent peu à peu d'une efflorescence « de vitriol..... La seconde se fait par la filtration des vapeurs à travers

a. Le vitriol martial d'Angleterre est en cristaux de couleur verte brune, d'un goût doux, astringent, approchant de celui du vitriol blanc. Le vitriol dans lequel il y a une surabondance de fer est d'un beau vert pur; c'est celui dont on se sert pour l'opération de l'huile de vitriol : celui d'Allemagne est en cristaux d'un vert bleuâtre, assez beaux, d'un goût âcre et astringent; ils participent non-seulement du fer, mais encore d'une portion de cuivre : cette espèce convient fort à l'opération de l'eau-forte.

Le vitriol vert se tire encore d'une autre matière que des pyrites : dans les mines de cuivre où l'on exploite le cuivre, le fond des galeries est toujours abreuvé d'une eau provenant de la condensation des vapeurs qui règnent dans ces mines; quelquefois même il sort, par quelques ouvertures naturellement pratiquées dans le bas de ces mines, une liqueur minérale très-bleuâtre ou légèrement verdâtre : c'est le *vitriolum ferreum cupreum aquis immixtum*. On adapte à l'orifice de cette issue un tuyau de bois qui conduit la liqueur dans une citerne remplie de vieille ferraille : la partie cuivreuse en dissolution, qui donnait au mélange une couleur bleue, fait divorce et se dépose en forme d'une boue roussâtre sur les morceaux de fer, qui ont plus d'affinité avec l'acide vitriolique que n'en a le cuivre; alors la liqueur, de bleuâtre qu'elle était pour la plus grande partie, se change en une belle couleur verte, simple et martiale; on la décante dans une autre citerne, dont le niveau est pratiqué à la base de la précédente : on y plonge de nouveau un morceau de fer, lequel, s'il ne rougit pas ni ne se dissout point, fournit une preuve constante que l'eau ne participe que d'un fer pur, et qu'elle en est suffisamment chargée; alors on procède à l'évaporation et à la cristallisation : celle-ci se fait en portant la liqueur chaude, soit dans différents tonneaux de bois de chêne ou de sapin, lesquels sont garnis d'un bon nombre de branches de bois fourchues, longues de quinze pouces, et différemment entre-croisées, soit dans des fosses ou des auges garnies de planches, dans lesquelles on suspend des morceaux de bois qui ressemblent à des herses, étant hérissés de plus de cinquante chevilles ou pointes; c'est ainsi qu'en multipliant les surfaces sur lesquelles le vitriol s'attache et se cristallise l'on accélère la cristallisation et sa régularité. *Minéralogie* de Valmont de Bomare, t. I, p. 303.

b. *Histoire naturelle du Languedoc*, t. I, p. 176.

c. Avant de quitter Cazalla en Espagne, je fus voir une mine de vitriol qui est à une demi-lieue, dans le rocher d'une montagne appelée les Châtaigniers... La pierre est pyriteuse et ferrugineuse, et l'on y voit des fleurs et des taches profondes de jaune verdâtre, et une sorte de farine. Bowles, *Histoire naturelle d'Espagne*.

« les terres; ces sortes de mines fournissent beaucoup plus de vitriol « que les premières; elles se trouvent communément sur le penchant des « montagnes qui contiennent des mines de fer, et qui ont des sources d'eau « sulfureuses : la troisième manière est lorsque la terre ferrugineuse con- « tient beaucoup de soufre; on s'aperçoit, dès qu'il a plu, d'une chaleur sur « la surface de la terre causée par une fermentation intestine... Il se forme « du vitriol en plus ou moins grande quantité dans ces terres [a]. »

Le vitriol bleu[1], dont la base est le cuivre, se forme comme le vitriol de fer; on ne le trouve que dans les mines secondaires où le cuivre est déjà décomposé, et dont les terres sont abreuvées d'une eau chargée d'acide vitriolique. Ce vitriol cuivreux se présente aussi en masses ou en stalactites, mais rarement cristallisées, et les cristaux sont plus souvent dodécaèdres qu'hexaèdres ou rhomboïdaux : on peut tirer ce vitriol des pyrites cuivreuses et des autres minerais de ce métal qui sont presque tous dans l'état pyriteux [b].

On peut aussi employer des débris ou rognures de cuivre avec l'alun pour faire ce vitriol; on commence par jeter sur ces morceaux de cuivre du soufre pulvérisé; on les met ensemble dans un four, et on les plonge ensuite dans une eau où l'on a fait dissoudre de l'alun : l'acide de l'alun ronge et détruit les morceaux de cuivre; on transvase cette eau dans des baquets de plomb lorsqu'elle est suffisamment chargée, et en la faisant

a. Mémoires sur les solfatares des environs de Rome, t. V des *Mémoires des Savants étrangers*, p. 319.

b. On ne peut tirer le vitriol bleu que de la véritable mine de cuivre ou de la matte crue qui en provient : plus la mine de cuivre est pure, plus elle contient de cuivre, plus le vitriol est d'un beau bleu; cependant il y a moins de bénéfice à convertir le cuivre en vitriol que de le convertir en métal, attendu qu'on ne le tire pas tout d'une mine par la lessive, et qu'il en coûterait beaucoup trop pour retirer ce reste de cuivre par la fonte.

Lorsqu'on veut faire du vitriol bleu d'une mine de cuivre, il faut la griller ou griller sa matte... On met cette mine toute chaude dans des cuves qu'on ne remplit qu'à moitié; ou bien si on l'a laissé refroidir après le grillage, il faut que l'eau qu'on verse dessus soit bouillante, ce qui est encore mieux, surtout dans les endroits où, comme à Goslar, il y a dans l'atelier une chaudière exprès pour faire chauffer l'eau : la lessive du vitriol bleu se fait comme celle du vitriol vert; et si pendant vingt-quatre heures elle ne s'enrichit pas assez et ne contient pas au moins dix onces de vitriol, on peut la laisser séjourner pendant quarante-huit heures, ou bien verser cette lessive sur d'autre mine calcinée, afin d'en faire une lessive double : après que la lessive a séjourné le temps nécessaire sur la mine, on la transporte dans d'autres cuves pour qu'elle puisse s'y clarifier; ensuite on tire la mine qui a été lessivée et on la grille de nouveau, ou pour la fondre, ou pour en faire une seconde lessive.

Les eaux mères qui restent après la cristallisation du vitriol se remettent dans la chaudière avec de la lessive neuve, comme dans la fabrication du vitriol vert; on verse dans une cuve à rafraîchir les lessives cuites, et après qu'elles y ont déposé leur limon, on les transvase dans des cuves à cristalliser, et l'on y suspend des roseaux ou des échalas de bois, après lesquels le vitriol se cristallise. *Traité de la fonte des mines* de Schlutter, t. II, pag. 638 et 639.

1. *Vitriol bleu :* le *sulfate de cuivre* (voyez la note 2 de la page 362). Le *sulfate de cuivre* est également le résultat de la décomposition du *sulfure de cuivre*; et il se trouve en dissolution dans les eaux qui sortent des mines, et qu'on appelle *eaux de cémentation*.

évaporer on obtient le vitriol qui se forme en beaux cristaux bleus [a]; c'est de cette apparence cristalline ou vitreuse que le nom même de *vitriol* est dérivé [b].

Le vitriol de zinc [1] est blanc, et se trouve aussi en masses et en stalactites dans les minières de pierre calaminaire ou dans les blendes; il ne se présente que très-rarement en cristaux à facettes, sa cristallisation la plus ordinaire dans le sein de la terre est en filets soyeux et blancs [c].

On peut ajouter à ces trois vitriols métalliques, qui tous trois se trouvent dans l'intérieur de la terre, une substance grasse à laquelle on a donné le nom de *beurre fossile* [2], et qui suinte des schistes alumineux; c'est une vraie stalactite vitriolique ferrugineuse, qui contient plus d'acide qu'aucun des autres vitriols métalliques, et par cette raison M. le baron de Dietrich a cru pouvoir avancer que ce beurre fossile n'est que de l'acide vitriolique concret [d]; mais si l'on fait attention que cet acide ne prend une forme concrète

a. Pline a parfaitement connu cette formation des cristaux du vitriol, et même il en décrit le procédé mécanique avec autant d'élégance que de clarté : « Fit in Hispaniæ puteis, dit-il, id « genus aquæ habentibus... decoquitur... et in piscinas ligneas funditur, immobilibus super « has transtris dependent restes, quibus adhærescens limus, vitreis acinis imaginem quamdam « uvæ reddit; color cæruleus per-quam spectabili nitore, vitrumque creditur. » *Histoire naturelle*, lib., XXXIV, ch. XII.

b. Les Grecs, qui apparemment connaissaient mieux le vitriol de cuivre que celui de fer, avaient donné à ce sel un nom qui désignait son affinité avec ce premier métal; c'est la remarque de Pline : « Græci cognationem æris nomina fecerunt... appellantes chalcantum. » Lib. XXXIV, cap. XII.

c. La base du vitriol blanc est le zinc : on l'a souvent nommé *vitriol de Goslard*, parce qu'on le tire des mines de plomb et d'argent de Rammelsberg, près de Goslard; on leur fait subir un premier grillage par lequel on retire du soufre, et, pour obtenir le vitriol blanc, on fait les mêmes opérations que pour le vitriol vert. Ce vitriol blanc se fabrique toujours en été; il faut que la lessive soit chargée de quinze ou dix-sept onces de vitriol avant de la mettre dans des cuves où elle doit déposer son limon jaune; car s'il en restait dans la lessive lorsqu'on la verse dans la chaudière pour la faire bouillir, le vitriol, au lieu d'être blanc, se cristalliserait rougeâtre... L'ébullition de la lessive du vitriol blanc doit être continuée plus longtemps que celle du vitriol vert... Lorsque la lessive est suffisamment évaporée, on la transvase dans la cuve à *rafraichir*, et de là dans des cuviers de cristallisation où l'on arrange des lattes et des roseaux; elle y reste quinze jours, après quoi on retire le vitriol blanc pour le mettre dans la caisse à égoutter, puis on le calcine et on l'enferme dans des barils. *Traité de la fonte des mines* de Schlutter, t. II, p. 639. — Wallerius, suivant la remarque de M. Valmont de Bomare (*Minéralogie*, t. I, p. 307), observe que le vitriol de zinc, indépendamment de ce demi-métal, paraît contenir aussi du fer, du cuivre, et même du plomb : cela peut être, en le considérant dans un état d'impureté et de mélange, mais il n'en est pas moins vrai que le zinc est sa base.

d. M. le baron de Dietrich dit (note 34) que ce minéral est décrit par M. Pallas, sous le nom de *kamenoja maslo*; en allemand, *stein butters*, c'est-à-dire *beurre fossile*. « Ce n'est, dit « M. de Dietrich, autre chose qu'un acide vitriolique chargé de quelques parties ferrugineuses « et de beaucoup de matières terreuses et grasses... On en tire d'un schiste alumineux fort dur « et brun à Willischtan, sur la rive droite de l'Aï; il suinte des fentes des rochers et des grottes « formées dans ces schistes, sous la forme d'une matière grasse d'un blanc jaunâtre, qui se « durcit un peu en la faisant sécher. Lorsqu'on examine avec attention les endroits les plus « propres de ces grottes, on le découvre sous la forme d'aiguilles fines; c'est, selon toute appa-

1. *Vitriol de zinc* : le *sulfate de zinc*. (Voyez la note 2 de la page 362.)
2. *Sulfate hydraté* de *fer* et d'*alumine*, mou et souvent terreux.

qu'après une très-forte concentration et par la continuité d'un feu violent, et qu'au contraire ce beurre vitriolique se forme, comme les autres stalactites, par l'intermède de l'eau, il me semble qu'on ne doit pas hésiter à le rapporter aux vitriols que la nature produit par la voie humide.

Après ces vitriols à base métallique, on doit placer les vitriols à base terreuse qui, pris généralement, peuvent se réduire à deux : le premier est l'alun[1] dont la terre est argileuse ou vitreuse, et le second est le gypse que les chimistes ont appelé *sélénite*, et dont la base est une terre calcaire. Toutes les argiles sont imprégnées d'acide vitriolique, et les terres qu'on appelle *alumineuses* ne diffèrent des argiles communes, qu'en ce qu'elles contiennent une plus grande quantité de cet acide; l'alun y est toujours en particules éparses, et c'est très-rarement qu'il se présente en filets cristallisés : on le retire aisément de toutes les terres et pierres argileuses en les faisant calciner et ensuite lessiver à l'eau.

Le gypse, qu'on peut regarder comme un vitriol calcaire, se présente en stalactites et en grands morceaux cristallisés dans toutes les carrières de plâtre.

Mais lorsque la quantité de terre contenue dans l'argile et dans le plâtre est très-grande en comparaison de celle de l'acide, il perd en quelque sorte sa propriété la plus distinctive; il n'est plus corrosif, il n'est pas même sapide, car l'argile et le plâtre n'affectent pas plus nos organes que toute autre matière; et sous ce point de vue, on doit rejeter du nombre des substances salines ces deux matières, quoiqu'elles contiennent de l'acide.

Nous devons, par la même raison, ne pas compter au nombre des vitriols

« rence, de l'acide vitriolique concret natif, comme celui qui a été découvert par le docteur « Balthasar en Toscane : dès que le temps est humide, cette matière suinte avec bien plus « d'abondance hors des rochers.

« Il y a un schiste argileux vitriolique sur la rivière de Tomsk, près de la ville de ce nom, « dont on extrait du vitriol impur jaune, qu'on vend mal à propos à Tomsk pour du beurre « fossile. C'est à Krasnojark qu'on trouve le véritable beurre fossile en grande abondance et à « bon marché; on l'y apporte des bords du fleuve Jeniseï et de ceux du fleuve Mana, où on le « trouve dans les crevasses et cavités d'un schiste alumineux noir, à la surface duquel il est « attaché sous la forme d'une croûte épaisse et raboteuse : il y en a aussi en aiguilles; il y est « en général très-blanc, léger, et lorsqu'on le brûle à la flamme qui le liquéfie facilement, et « qu'on le fait bouillir, il s'en élève des vapeurs vitrioliques rouges, et le résidu est une terre « légère très-blanche et savonneuse. On trouve la même matière dans un schiste alumineux « brun, sur le rivage de Chilok, près du village de Parkina; le peuple se sert de cette matière « en guise de remède pour arrêter les diarrhées et dyssenteries, les pertes des femmes en « couches, les fleurs blanches et autres écoulements impurs : on le donne pour vomitif aux « enfants, afin de les débarrasser des glaires qu'ils ont sur la poitrine; enfin on s'en sert encore « en cas de nécessité, au lieu de vitriol, pour teindre le cuir en noir; et l'on prétend que les « forgerons en font usage pour faire de l'acier : ce dernier fait aurait mérité d'être constaté. » *Voyage de M. Pallas*, t. II, pag. 88, 626, 697; et t. III, p. 258.

1. On comprend aujourd'hui, sous le nom d'*alun*, un grand nombre de *sulfates doubles*, formés par un *sulfate de protoxyde*, et un *sulfate de sesquioxyde*, quelle qu'en soit la *base*, et, en outre, par vingt-quatre *équivalents d'eau*.

L'alun ordinaire est un *sulfate double d'alumine* et de *potasse* ou *d'ammoniaque*.

ou substances vraiment salines, toutes les matières où l'acide en petite quantité se trouve non-seulement mêlé avec l'une ou l'autre terre argileuse ou calcaire, mais avec toutes deux, comme dans les marnes et dans quelques autres terres et pierres mélangées de parties vitreuses, calcaires, limoneuses et métalliques : ces sels à double base forment un second ordre de matières salines, auxquelles on peut donner le nom d'*hépar;* mais toute matière simple, mixte ou composée de plusieurs substances différentes, dans laquelle l'acide est engagé ou saturé, de manière à n'être pas senti ni reconnu par la saveur, ne doit ni ne peut être comptée parmi les sels sans abuser du nom; car alors presque toutes les matières du globe seraient des sels, puisque presque toutes contiennent une certaine quantité d'acide aérien. Nous devons ici fixer nos idées par notre sensation; toutes les matières insipides ne sont pas des sels, toutes celles au contraire dont la saveur offense, irrite ou flatte le sens du goût, seront des sels, de quelque nature que soit leur base et en quelque nombre ou quantité qu'elles puissent être mélangées; cette propriété est générale, essentielle, et même la seule qui puisse caractériser les substances salines et les séparer de toutes les autres matières : je dis le seul caractère distinctif des sels, car l'autre propriété par laquelle on a voulu les distinguer, c'est-à-dire la solubilité dans l'eau, ne leur appartient pas exclusivement ni généralement, puisque les gommes et même les terres se dissolvent également dans toutes liqueurs aqueuses, et que d'ailleurs on connaît des sels que l'eau ne dissout point [a], tels que le soufre qui est vraiment salin, puisqu'il contient l'acide vitriolique en grande quantité.

Suivons donc l'ordre des matières dans lesquelles la saveur saline est sensible; et ne considérant d'abord que les composés de l'acide vitriolique, nous aurons, dans les minéraux, les vitriols de fer, de cuivre et de zinc auxquels on doit ajouter l'alun, parce que tous sont non-seulement sapides, mais même corrosifs.

L'acide vitriolique, qui par lui-même est fixe, devient volatil en s'unissant à la matière du feu libre sur laquelle il a une action très-marquée, puisqu'il la saisit pour former le soufre, et qu'il devient volatil avec lui dans sa combustion; cet acide sulfureux volatil [1] ne diffère de l'acide vitriolique fixe que par son union avec la vapeur sulfureuse dont il répand l'odeur; et le mélange de cette vapeur à l'acide vitriolique, au lieu d'augmenter sa force, la diminue beaucoup; car cet acide, devenu volatil et sulfureux, a beaucoup moins de puissance pour dissoudre; son affinité avec

a. *Lettres de M. Demeste*, t. I, p. 44.

1. L'*acide sulfurique* et l'*acide sulfureux* ne sont que des degrés différents de l'*oxydation* du *soufre* : l'*acide sulfureux* en est le degré inférieur.

L'*acide sulfureux* est indécomposable par la chaleur, quand il est libre; mais, combiné avec les *bases alcalines*, et chauffé, il se décompose, et produit un *sulfate* et un *sulfure*.

les autres substances est plus faible; tous les autres acides peuvent le décomposer, et de lui-même il se décompose par la seule évaporation : la fixité n'est donc point une qualité essentielle à l'acide vitriolique; il peut se convertir en acide aérien, puisqu'il devient volatil et se laisse emporter en vapeurs sulfureuses.

L'acide sulfureux fait seulement plus d'effet que l'acide vitriolique sur les couleurs tirées des végétaux et des animaux; il les altère, et même les fait disparaître avec le temps, au lieu que l'acide vitriolique fait reparaître quelques-unes de ces mêmes couleurs, et en particulier celle des roses; l'acide sulfureux les détruit toutes, et c'est d'après cet effet qu'on l'emploie pour donner aux étoffes la plus grande blancheur et le plus beau lustre.

L'acide sulfureux me paraît être l'une des nuances que la nature a mises entre l'acide vitriolique et l'acide nitreux; car toutes les propriétés de cet acide sulfureux le rapprochent évidemment de l'acide nitreux, et tous deux ne sont au fond que le même acide aérien qui, ayant passé par l'état d'acide vitriolique, est devenu volatil dans l'acide sulfureux [1], et a subi encore plus d'altération avant d'être devenu acide nitreux par la putréfaction des corps organisés: ce qui fait la principale différence de l'acide sulfureux et de l'acide nitreux, c'est que le premier est beaucoup plus chargé d'eau que le second, et que par conséquent, il n'est pas aussi fortement uni avec la matière du feu.

Après les vitriols métalliques, nous devons considérer les sels que l'acide vitriolique a formés avec les matières terreuses, et particulièrement avec la terre argileuse qui sert de base à l'alun; nous verrons que cette terre est la même que celle du quartz, et nous en tirerons une nouvelle démonstration de la conversion réelle du verre primitif en argile.

LIQUEUR DES CAILLOUX.

J'ai dit et répété plus d'une fois dans le cours de mes ouvrages, que l'argile tirait son origine de la décomposition des grès et des autres débris du quartz réduits en poudre, et atténués par l'action des acides et l'impression de l'eau; je l'ai même démontré par des expériences faciles à répéter, et par lesquelles on peut convertir en assez peu de temps la poudre de grès en argile, par la simple action de l'acide aérien et de l'eau; j'ai rapporté de semblables épreuves sur le verre pulvérisé; j'ai cité les observations réitérées et constantes qui nous ont également prouvé que les laves les plus solides des volcans se convertissent en terre argileuse, en sorte qu'indé-

1. Voyez la note 1 de la page 336.

pendamment des recherches chimiques et des preuves qu'elles peuvent fournir, la conversion des sables vitreux en argiles m'était bien démontrée; mais une vérité, tirée des analogies générales, fait peu d'effet sur les esprits accoutumés à ne juger que par les résultats de leur méthode particulière : aussi la plupart des chimistes doutent encore de cette conversion, et néanmoins les résultats bien entendus de leur propre méthode me semblent confirmer cette même vérité aussi pleinement qu'ils peuvent le désirer; car après avoir séparé dans l'argile l'acide de sa base terreuse, ils ont reconnu que cette base était une terre vitrifiable; ils ont ensuite combiné par le moyen du feu le quartz pulvérisé avec l'alcali dissous dans l'eau, et ils ont vu que cette matière précipitée devient soluble comme la terre de l'alun par l'acide vitriolique; enfin ils en ont formé un composé fluide qu'ils ont nommé *liqueur des cailloux*[1]. « Une demi-partie d'alcali et une partie de « quartz pulvérisé, fondues ensemble, dit M. de Morveau, forment un beau « verre transparent, qui conserve sa solidité : si on change les proportions « et que l'on mette, par exemple, quatre parties d'alcali pour une partie de « terre quartzeuse, la masse fondue participera d'autant plus des propriétés « salines; elle sera soluble par l'eau, ou même se résoudra spontanément « en liqueur par l'humidité de l'air; c'est ce que l'on nomme *liqueur des* « *cailloux :* le quartz y est tenu en dissolution par l'alcali, au point de « passer par le filtre.

« Tous les acides, et même l'eau chargée d'air fixe, précipitent cette « liqueur des cailloux, parce qu'en s'unissant à l'alcali, ils le forcent d'a- « bandonner la terre; quand les deux liqueurs sont concentrées, il se fait « une espèce de miracle chimique, c'est-à-dire que le mélange devient « solide... On peut conclure de toutes les expériences faites à ce sujet : « 1° que la terre quartzeuse éprouve pendant sa combinaison avec l'alcali, « par la fusion, une altération qui la rapproche de l'état de l'argile, et la « rend susceptible de former de l'alun avec l'acide vitriolique; 2° que la « terre argileuse et la terre quartzeuse, altérées par la vitrification, ont « une affinité marquée, même par la voie humide, avec l'alcali privé « d'air, etc... Aussi l'argile et l'alun sont bien réellement des sels vitrio- « liques à base de terre vitrifiable...

« L'argile est un sel avec excès de terre... et il est certain qu'elle con- « tient de l'acide vitriolique, puisqu'elle décompose le nitre et le sel marin « à la distillation; on démontre que sa base est alumineuse, en saturant « d'acide vitriolique l'argile dissoute dans l'eau et formant ainsi un vérita- « ble alun; on fait passer enfin l'alun à l'état d'argile, en lui faisant prendre « une nouvelle portion de terre alumineuse, précipitée et édulcorée : il faut « l'employer tandis qu'elle est encore en bouillie, car elle devient beau-

1. *Liqueur des cailloux :* c'est un *silicate de potasse.*

« coup moins soluble en séchant, et cette circonstance établit une nouvelle « analogie entre elle et la terre précipitée de la liqueur des cailloux[a]. »

Cette terre qui sert de base à l'alun est argileuse ; elle prend au feu, comme l'argile, toutes sortes de couleurs; elle y devient rougeâtre, jaune, brune, grise, verdâtre, bleuâtre et même noire, et si l'on précipite la terre vitrifiable de la liqueur des cailloux, cette terre précipitée a toutes les propriétés de la terre de l'alun; car en l'unissant à l'acide vitriolique on en fait de l'alun, ce qui prouve que l'argile est de la même essence que la terre vitrifiable ou quartzeuse.

Ainsi les recherches chimiques, bien loin de s'opposer au fait réel de la conversion des verres primitifs en argile[1], le démontrent encore par leurs résultats, et il est certain que l'argile ne diffère du quartz ou du grès réduits en poudre que par l'atténuation des molécules de cette poudre quartzeuse sur laquelle l'acide aérien, combiné avec l'eau, agit assez longtemps pour les pénétrer, et enfin les réduire en terre : l'acide vitriolique ne produirait pas cet effet, car il n'a point d'action sur le quartz ni sur les autres matières vitreuses; c'est donc à l'acide aérien qu'on doit l'attribuer : son union d'une part avec l'eau, et d'autre part le mélange des poussières alcalines avec les poudres vitreuses, lui donnent prise sur cette même matière quartzeuse; ceci me paraît assez clair, même en rigoureuse chimie, pour espérer qu'on ne doutera plus de cette conversion des verres primitifs en argile, puisque toutes les argiles sont mélangées des débris de coquilles et d'autres productions du même genre, qui toutes peuvent fournir à l'acide aérien l'intermède alcalin, nécessaire à sa prompte action sur la matière vitrifiable; d'ailleurs l'acide aérien, seul et sans mélange d'alcali, attaque avec le temps toutes les matières vitreuses; car le quartz, le cristal de roche et tous les autres verres produits par la nature, se ternissent, s'irisent et se décomposent à la surface par la seule impression de l'air humide, et par conséquent la conversion du quartz en argile a pu s'opérer par la seule combinaison de l'acide aérien et de l'eau : ainsi les expériences chimiques prouvent ce que les observations en histoire naturelle m'avaient indiqué, savoir, que l'argile est de la même essence que le quartz, et qu'elle n'en diffère que par l'atténuation de ses molécules réduites en terre par l'impression de l'acide primitif et de l'eau.

Et ce même acide aérien, en agissant dès les premiers temps sur la matière quartzeuse, y a pris une base qui l'a fixé, et en a fait l'acide le plus puissant de tous, l'acide vitriolique qui, dans le fond, ne diffère de l'acide primitif que par sa fixité, et par la masse et la force que lui donne la substance vitrifiable qui lui sert de base; mais l'acide aérien étant répandu dans toute

a. *Éléments de Chimie*, par M. de Morveau, t. II, pag. 59, 70 et 71.

1. Voyez la note 2 de la page 138 du Ier volume.

l'étendue de l'air, de la terre et des eaux, et le globe entier n'étant dans le premier temps qu'une masse vitrifiée, cet acide primitif a pénétré toutes les poudres vitreuses, et les ayant atténuées, ramollies et humectées par son union avec l'eau, les a peu à peu décomposées, et enfin converties en terres argileuses.

ALUN.[1]

L'acide aérien[2] s'étant d'abord combiné avec les poudres du quartz et des autres verres primitifs, a produit l'acide vitriolique par son union avec cette terre vitrifiée, laquelle s'étant ensuite convertie et réduite en argile par cette action même de l'acide et de l'eau, cet acide vitriolique s'y est conservé et s'y manifeste sous la forme d'alun, et l'on ne peut douter que ce sel ne soit composé d'acide vitriolique et de terre argileuse; mais cette terre de l'alun est-elle de l'argile pure comme M. Bergman, et, d'après lui, la plupart des chimistes récents le prétendent? il me semble qu'il y a plusieurs raisons d'en douter, et qu'on peut croire avec fondement que cette argile qui sert de base à l'alun n'est pas pure, mais mélangée d'une certaine quantité de terre limoneuse et calcaire, qui toutes deux contiennent de l'alcali.

1° Deux de nos plus savants chimistes, MM. Macquer et Baumé, ont reconnu des indices de substances alcalines dans cette terre : « Quoique « essentiellement argileuse, dit M. Macquer, la terre de l'alun paraît cepen- « dant exiger un certain degré de calcination, et même le concours des sels « alcalis pour former facilement et abondamment de l'alun avec de l'acide « vitriolique; et M. Baumé est parvenu à réduire l'alun en une espèce de « sélénite, en combinant avec ce sel la plus grande quantité possible de sa « propre terre [a]. » Cela me paraît indiquer assez clairement que cette terre qui sert de base à l'alun n'est pas une argile pure, mais une terre vitreuse mélangée de substances alcalines et calcaires.

2° M. Fougeroux de Bondaroy, l'un de nos savants académiciens, qui a fait une très-bonne description [b] de la carrière dont on tire l'alun de Rome, dit expressément : « Je regarde cette pierre d'alun comme calcaire, puis- « qu'elle se calcine au feu..... La chaux que l'on fait de cette pierre a la « propriété de se durcir sans aucun mélange de sable ou d'autres terres,

a. *Dictionnaire de Chimie*, t. IV, pag. 9 et suiv.

b. *Mémoires de l'Académie des Sciences*, année 1766, pag. 1 et suiv.

1. *Sulfate double d'alumine et de potasse*, ou d'*ammoniaque*. (Voyez la note de la p. 369.)

2. L'*acide aérien*, aujourd'hui l'*acide carbonique* (c'est Bergman qui lui avait donné ce nom d'*acide aérien*), ne se combine pas avec le *quartz*; et, quand même cette combinaison aurait lieu, comment l'*acide carbonique* et le *quartz* réunis donneraient-ils l'*acide sulfurique*?

« lorsque après avoir été humectée on la laisse sécher. » Cette observation de M. de Bondaroy semble démontrer que les pierres de cette carrière de la *Tolfa*, dont on tire l'alun de Rome[1], seraient de la même nature que nos pierres à plâtre, si la matière calcaire n'y était pas mêlée d'une plus grande quantité d'argile ; ce sont, à mon avis, des marnes plus argileuses que calcaires, qui ont été pénétrées de l'acide vitriolique, et qui par conséquent peuvent fournir également de l'alun et de la sélénite.

3° L'alun ne se tire pas de l'argile blanche et pure qui est de première formation, mais des glaises ou argiles impures qui sont de seconde formation, et qui toutes contiennent des corps marins, et sont par conséquent mélangées de substance calcaire, et souvent aussi de terre limoneuse.

4° Comme l'alun se tire aussi des pyrites, et même en grande quantité, et que les pyrites contiennent de la terre ferrugineuse et limoneuse, il me semble qu'on peut en inférer que la terre qui sert de base à l'alun est aussi mélangée de terre limoneuse, et je ne sais si le grand boursouflement que ce sel prend au feu ne doit être attribué qu'à la raréfaction de son eau de cristallisation, et si cet effet ne provient pas, du moins en partie, de la nature de la terre limoneuse qui, comme je l'ai dit, se boursoufle au feu, tandis que l'argile pure y prend de la retraite.

5° Et ce qui me paraît encore plus décisif, c'est que l'acide vitriolique, même le plus concentré, n'a aucune action sur la terre vitrifiable pure, et qu'il ne l'attaque qu'autant qu'elle est mélangée de parties alcalines ; il n'a donc pu former l'alun avec la terre vitrifiable simple ou avec l'argile pure, puisqu'il n'aurait pu les saisir pour en faire la base de ce sel, et qu'en effet il n'a saisi l'argile qu'à cause des substances calcaires ou limoneuses dont cette terre vitrifiable s'est trouvée mélangée.

Quoi qu'il en soit, il est certain que toutes les matières dont on tire l'alun ne sont ni purement vitreuses ni purement calcaires ou limoneuses, et que les pyrites, les pierres d'alun et les terres alumineuses, contiennent non-seulement de la terre vitrifiable ou de l'argile en grande quantité, mais aussi de la terre calcaire ou limoneuse en petite quantité ; ce n'est que quand cette terre de l'alun a été travaillée par des opérations qui en ont séparé les terres calcaires et limoneuses qu'elle a pu devenir une argile pure sous la main de nos chimistes. Cependant M. le baron de Dietrich prétend [a]

a. *Lettres sur la Minéralogie*, par M. Ferber. Note de M. le baron de Dietrich, pag. 315 et 316.

1. « La *pierre d'alun* ou *alunite*, qu'on trouve à la Tolfa, peut être représentée dans sa com-« position par de l'*alun ordinaire* combiné à un excès d'*alumine hydratée*. Lorsqu'on soumet « cette pierre à une légère calcination, on déshydrate environ les deux tiers de l'*alumine* « qu'elle contient, et l'on rend cet excès de base insoluble... La *pierre d'alun*, ainsi calcinée, « est abandonnée à l'air, où elle se désagrége ; on la traite ensuite par l'eau : les liqueurs, « convenablement évaporées, donnent de l'*alun* pur, que l'on nomme *alun de Rome*. » (Pelouze et Frémy.)

« que la pierre qui fournit l'alun, et que l'on tire à la Tolfa, est une véri- « table argile qui ne contient point, ou très-peu de parties calcaires; « que la petite quantité de sélénite qui se forme pendant la manipulation, « ne prouve pas qu'il y ait de la terre calcaire dans la pierre d'alun..... et « que la chaux qui produit la sélénite peut très-bien provenir des eaux avec « lesquelles on arrose la pierre après l'avoir calcinée. » Mais, quelque confiance que puissent mériter les observations de cet habile minéralogiste, nous ne pouvons nous empêcher de croire que la terre dont on retire l'alun ne soit composée d'une grande quantité d'argile, et d'une certaine portion de terre limoneuse et de terre calcaire; nous ne croyons pas qu'il soit nécessaire d'insister sur les raisons que nous venons d'exposer, et qui me semblent décisives ; l'impuissance de l'acide vitriolique sur les matières vitrifiables suffit seule pour démontrer qu'il n'a pu former l'alun avec l'argile pure : ainsi l'acide vitriolique a existé longtemps avant l'alun, qui n'a pu être produit qu'après la naissance des coquillages et des végétaux, puisque leurs détriments sont entrés dans sa composition.

La nature ne nous offre que très-rarement et en bien petite quantité de l'alun tout formé[1]; on a donné à cet alun natif le nom d'*alun de plume*[2], parce qu'il est cristallisé en filets qui sont arrangés comme les barbes d'une plume[a]; ce sel se présente plus souvent en efflorescence de formes différentes sur la surface de quelques minéraux pyriteux ; sa saveur est acerbe et styptique, et son action très-astringente : ces effets qui proviennent de l'acide vitriolique démontrent qu'il est plus libre et moins saturé dans l'alun que dans la sélénite, qui n'a point de saveur sensible, et en général le plus ou moins d'action de toute matière saline dépend de cette différence; si l'acide est pleinement saturé par la matière qu'il a saisie, comme dans l'argile et le gypse, il n'a plus de saveur, et moins il est saturé, comme dans

a. Les rochers qui entourent l'île de Melo sont d'une nature de pierre légère, spongieuse, qui semble porter l'empreinte de la destruction. La pierre des anciennes carrières que je visitai offre les mêmes caractères; toutes les parois de ces galeries souterraines sont couvertes d'alun qui s'y forme continuellement; on y trouve le superbe et véritable alun de plume, qu'il ne faut pas confondre avec l'amiante, quoique à la première inspection il soit souvent facile de s'y tromper. L'alun de Melo était fort estimé des anciens; Pline en parle, et paraît même désigner cet alun de plume dans le passage suivant : « Concreti aluminis unum genus schiston appellant « Græci, in capillamenta quædam canescentia dehiscens; unde quidam trichitin potiùs appellavere. » Lib. xxxv, cap. xv. *Voyage pittoresque de la Grèce*, par M. le comte de Choiseul-Gouffier, in-folio, page 12.

1. L'*alun* existe tout formé dans la nature. — On le prépare aussi par l'art; et tous les procédés, qu'on emploie pour cela, se réduisent à traiter le *sulfate d'alumine* par le *sulfate d'ammoniaque* ou de *potasse*. — Quant au *sulfate d'alumine* même, on peut le former également, d'une manière directe et de toutes pièces, en traitant l'*argile* par l'*acide sulfurique* libre, ou en faisant réagir l'*acide sulfurique*, qui se produit dans la calcination des *pyrites de fer*, sur des *schistes alumineux*.

2. L'*alun de plume* est un mélange de *sulfate d'alumine* et de *sulfate de fer*, qui affecte une disposition filamenteuse.

l'alun et les vitriols métalliques, plus il est corrosif; cependant la qualité de la base dans chaque sel influe aussi sur sa saveur et son action; car plus la matière de ces bases est dense et pesante, plus elle acquiert de masse et de puissance par son union avec l'acide, et plus la saveur du sel qui en résulte a de force.

Il n'y a point de mines d'alun proprement dites, puisqu'on ne trouve nulle part ce sel en grandes masses comme le sel marin, ni même en petites masses comme le vitriol; mais on le tire aisément des argiles qui portent le nom de *terres alumineuses*, parce qu'elles sont plus chargées d'acide, et peut-être plus mélangées de terre limoneuse ou calcaire que les autres argiles : il en est de même de ces pierres d'alun dont nous venons de parler, et qui sont *argilo-calcaires;* on le retire aussi des pyrites dans lesquelles l'acide vitriolique se trouve combiné avec la terre ferrugineuse et limoneuse : la simple lessive à l'eau chaude suffit pour extraire ce sel des terres alumineuses; mais il faut laisser effleurir les pyrites à l'air, ainsi que ces pierres d'alun, ou les calciner au feu et les réduire en poudre avant de les lessiver pour en obtenir l'alun.

L'eau bouillante dissout ce sel plus promptement et en bien plus grande quantité que l'eau froide; il se cristallise par l'évaporation et le refroidissement; la figure de ses cristaux [1] varie comme celle de tous les autres sels. M. Bergman assure néanmoins que quand la cristallisation de l'alun n'est pas troublée, il forme des octaèdres parfaits [a], transparents et sans couleur comme l'eau. Cet habile et laborieux chimiste prétend aussi s'être assuré que ces cristaux contiennent trente-neuf parties d'acide vitriolique, seize parties et demie d'argile pure, et quarante-cinq parties et demie d'eau [b] [2]; mais je soupçonne que dans son eau, et peut-être même dans son acide vitriolique, il est resté de la terre calcaire ou limoneuse, car il est certain que la base de l'alun en contient : l'acide, quoiqu'en si grande quantité, relativement à celle de la terre qui lui sert de base, est néanmoins si fortement uni avec cette terre qu'on ne peut l'en séparer par le feu le plus violent [3]; il n'y a d'autre moyen de les désunir qu'en offrant à cet acide des

a. M. Demeste dit avec plus de fondement, ce me semble, que « ce sel se cristallise en effet « en octaèdres rectangles lorsqu'il est avec excès d'acide, mais que la forme de ces octaèdres « varie beaucoup; que leurs côtés et leurs angles sont souvent tronqués, et que d'ailleurs il a « vu des cristaux d'alun parfaitement cubiques, et d'autres rectangles. » *Lettres*, t. II, p. 220.

b. *Opuscules chimiques*, t. I, pag. 309 et 310.

1. « La forme primitive de l'*alun* est le cube; les cristaux les plus habituels sont l'octaèdre : « ces cristaux sont souvent empilés les uns sur les autres et forment des espèces de colonnes « hérissées de pointes à leurs extrémités. » (Dufrénoy.)

2. Suivant Berzélius, l'*alun* est composé de 36, 85 *sulfate d'alumine*, 18, 15 *sulfate de potasse* et 45 d'*eau*.

3. « Si on chauffe l'*alun* à une température élevée, on le décompose complétement. Le résidu « de cette décomposition est un mélange d'*alumine* et de *sulfate de potasse*. A une chaleur très- « intense, le *sulfate de potasse* est lui-même décomposé par l'*alumine*, et le résidu est formé « alors d'*alumine* et de *potasse*. » (Pelouze et Frémy.)

alcalis, ou quelque matière inflammable avec lesquelles il ait encore plus d'affinité qu'avec sa terre; on retire par ce moyen l'acide vitriolique de l'alun calciné, on en forme du soufre artificiel, et du pyrophore qui a la propriété de s'enflammer par le seul contact de l'air [a].

L'alun qui se tire des matières pyriteuses s'appelle dans le commerce *alun de glace* ou *alun de roche;* il est rarement pur, parce qu'il retient presque toujours quelques parties métalliques, et qu'il est mêlé de vitriol de fer. L'alun connu sous le nom d'*alun de Rome* [b] est plus épuré et sans mélange

a. *Dictionnaire de Chimie*, par M. Macquer, article *Alun.*

b. La carrière de la Tolfa, qui fournit l'*alun de Rome...*, forme, dit M. de Bondaroy, une montagne haute de cent cinquante ou cent soixante pieds:... les pierres dont elle est formée ne sont point arrangées par lits, comme la plupart des pierres calcaires,... mais par masses et par blocs...

La pierre d'alun tient un peu à la langue... et, selon les ouvriers, elle se décompose lorsqu'on la laisse longtemps exposée à l'air... Pour faire calciner cette pierre, on l'arrange sur la voûte de plusieurs fourneaux qui sont construits sous terre, de manière que chaque pierre laisse entre elle un petit intervalle pour laisser parvenir le feu jusqu'au haut du fourneau... et on ne retire ces pierres qu'après qu'elles ont subi l'action du feu pendant douze ou quatorze heures... Lorsqu'elles sont bien calcinées, elles se rompent aisément, s'attachent fortement sur la langue, et y laissent le goût styptique de l'alun... Mais une calcination trop vive gâterait ces pierres, et il vaut mieux qu'elles soient moins calcinées, parce qu'il est aisé de remédier à ce dernier inconvénient en les remettant au feu...

Ces pierres calcinées sont ensuite arrangées en forme de muraille disposée en talus, pour recevoir l'eau dont on les arrose de temps à autre pendant l'espace de quarante jours; mais s'il survient des pluies continuelles, elles sont entièrement perdues, parce que l'eau, en les décomposant plus qu'il ne faudrait, se charge des sels et les entraîne avec elle... Lorsque les pierres sont parvenues à un juste degré de décomposition, c'est-à-dire lorsque leurs parties sont entièrement désunies, on peut en former une pâte blanche pétrifiable... On les porte alors dans les chaudières que l'on a remplies d'eau, et dont le fond est de plomb... tandis que cette eau des chaudières est en ébullition, on remue la matière avec une pelle, on la débarrasse des écumes qui nagent sur sa surface, et ensuite on fait évaporer l'eau qui a dissous les sels d'alun;... et lorsqu'on juge qu'elle est assez chargée de sel, on la fait passer dans un cuvier, ensuite dans des cuves de bois de chêne, dont la forme est carrée; et c'est dans ces dernières cuves qu'on la laisse cristalliser... Au bout d'environ quinze jours, on voit l'alun se cristalliser, le long de l'intérieur des cuves, en cristaux fort irréguliers; mais quelquefois, à l'ouverture de la décharge des cuves, l'alun se forme en beaux cristaux et d'une forme très-régulière...

Les ierres ne donnent peut-être pas en sel d'alun la cinquantième partie de leur poids... elles sont très-peu attaquables par les acides... n'étincellent que faiblement avec le briquet, et les ouvriers prétendent que les meilleures n'étincellent point du tout... Elles ont le grain fin, et sont aisées à casser... La terre qui reste après la calcination et la cristallisation du sel, tient beaucoup de la nature d'une argile lavée.

Je regarde cette pierre comme calcaire, puisqu'elle se calcine au feu;... cependant les expériences faites par d'habiles chimistes ont démontré que la terre qui fait la base de l'alun est vitrifiable... *La chaux que l'on fait de cette pierre a la propriété de se durcir sans aucun mélange de sable ou d'autres terres, lorsque, après avoir été humectée, on la laisse sécher.* Dans toute chaux il se trouve de la craie; dans celle-ci, il semble qu'on trouve du sable ou une vraie terre glaise : la pierre d'alun non calcinée et broyée en poudre fine prend une consistance approchante de celle d'une terre grasse lorsqu'on l'a humectée d'eau... La meilleure est jaunâtre, un peu grise. *Mémoires de l'Académie des Sciences*, année 1766, pag. 1 et suiv. — M. l'abbé Guénée prétend néanmoins que la meilleure terre d'alun est blanche comme de la craie, et le sentiment des ouvriers s'accorde en cela avec le sien : ils rejettent les pierres grume-

sensible de vitriol de fer, quoiqu'il soit un peu rouge ; on le tire en Italie des pierres alumineuses de la carrière de la Tolfa : il y a de semblables carrières de pierre d'alun en Angleterre[a], particulièrement à Whitby, dans le comté d'York, ainsi qu'en Saxe, en Suède, en Norwége[b], et dans les pays

leuses, qui s'égrènent facilement entre les doigts, et celles qui sont rougeâtres. *Lettres de M. Ferber*, note, page 316.

Les montagnes alumineuses de la Tolfa, disposées en rochers blancs, comme de la craie, sont, dit M. Ferber, séparées par un vallon qui a plusieurs petites issues sur les côtes, et qui ne doit son origine qu'à l'immensité de pierres alumineuses qu'on en a tirées. . Les mineurs, soutenus par des cordes sur les bords escarpés des rochers auxquels ils sont adossés, font, dans cette situation, des trous qu'ils chargent de poudre... ensuite on y met le feu, après quoi on détache les pierres que la poudre a fait éclater... L'argile alumineuse est d'un gris blanc ou blanche comme de la craie; elle est compacte et assez dure : en la raclant avec un couteau, on en obtient une poudre argileuse qui ne fait point effervescence avec les acides; elle est déjà pénétrée de l'acide vitriolique, et sa base est une terre argileuse .. Il y a dans la même carrière une argile molle, blanche comme de la craie, et une autre d'un gris bleuâtre, que l'acide a commencé à tacher de blanc... La pierre d'alun de la Tolfa est donc une argile durcie, pénétrée et blanchie par l'acide vitriolique; cette pierre renferme quelques petites parties calcaires qui se forment en sélénite pendant la fabrication de l'alun; elles s'attachent aux vaisseaux : cette argile ou pierre d'alun compacte, sans être schisteuse, est disposée en masses et non par couches.

Les masses d'argile blanche de la Tolfa sont traversées de haut en bas par diverses petites veines de quartz gris blanc, presque perpendiculaires, de trois à quatre pouces d'épaisseur. Il y a de la pierre d'alun blanche à taches rougeâtres, qui ressemble à un savon marbré rouge et blanc. *Lettres sur la Minéralogie*, pag. 315 et suiv.

a. Il y a, dit Daniel Colwal (*Transactions philosophiques*, année 1678), des mines de pierres qui fournissent de l'alun dans la plupart des montagnes situées entre Scarboroug et la rivière de Tées, dans le comté d'York, et encore près de Preston, dans le Lancashire; cette pierre est d'une couleur bleuâtre et a quelque ressemblance avec l'ardoise.

Les meilleures mines sont celles qui se trouvent les plus profondes en terre, et qui sont arrosées de quelques sources; les mines sèches ne valent rien; mais aussi, lorsque l'humidité est trop grande, elle gâte les pierres et les rend nitreuses.

Il se rencontre dans ces mines des veines d'une autre pierre de même couleur, mais qui n'est pas si bonne : ces mines sont quelquefois à soixante pieds de profondeur. La pierre, exposée à l'air avant d'être calcinée, se brise d'elle-même et se met en fragments, qui, macérés dans l'eau, donnent du vitriol ou de la couperose, au lieu qu'elle donne de l'alun lorsqu'elle a été calcinée auparavant; cette pierre calcinée conserve sa dureté tant qu'elle reste dans la terre ou sous l'eau : quelquefois il sort de l'endroit d'où l'on tire la mine un ruisseau dont les eaux, étant évaporées par la chaleur du soleil, donnent de l'alun natif; on calcine cette mine avec le fraisil ou charbon à demi consumé de Newcastle, avec du bois et du genêt. Cette calcination se fait sur plusieurs bûchers, que l'on charge jusqu'à environ huit à dix verges d'épaisseur, et à mesure que le feu gagne le dessus, on recharge de nouvelle mine quelquefois à la hauteur de soixante pieds successivement, et cette hauteur n'empêche pas que le feu ne gagne toujours le dessus, c'est-à-dire le sommet, sans qu'on lui fournisse de nouvel aliment: il est même plus ardent sur la fin, et dure tant qu'il reste des matières sulfureuses unies à la pierre. *Collection académique*, partie étrangère, t. VI, p. 193.

b. M. Jars nous donne une notice de ces différentes mines d'alun : « Au sud et au nord de la « ville de Whitby, dit-il, le long des côtes de la mer, le terrain a été tellement lavé par les « eaux, que le rocher d'alun y est entièrement à découvert sur une étendue de plus de douze « milles, où il est exploité sur une hauteur perpendiculaire de cent pieds au-dessus de son « niveau : ce rocher s'étend aussi fort avant dans les terres... Il se délite par lames comme le « schiste; il est de couleur d'ardoise, mais beaucoup plus friable qu'elle, se décompose aisément « à l'air, et y perd de même entièrement sa qualité alumineuse, s'il est lavé par les pluies. On « trouve très-souvent entre ses lames ou feuillets de petits grains de pyrites, des bélemnites,

de Hesse et de Liége, de même que dans quelques provinces d'Espagne [a]. On extrait l'alun dans ces différentes mines, à peu près par les mêmes procédés qui consistent à faire effleurir à l'air, pendant un temps suffisant, la terre ou pierre alumineuse, à la lessiver ensuite, et à faire cristalliser l'alun par

« mais surtout une très-grande quantité de cornes d'Ammon, enveloppées d'un rocher plus dur « et de forme arrondie. On prétend que les lits de ce rocher vont jusqu'à une profondeur que « l'on ne peut déterminer au-dessous du niveau de la mer, mais qu'il y est de moindre qualité; « d'ailleurs on a pour plusieurs siècles à exploiter de celui qui est à découvert...

« La mine d'alun de Schwemsal, en Saxe, est située au bord de la rivière de la Molda, dans « une plaine dont le terrain est très-sablonneux : le minerai y est par couches, dont on en « distingue deux qui s'étendent sur une lieue d'arrondissement, et très-faciles à exploiter, « puisqu'elles se trouvent près de la surface de la terre, et qu'elles sont presque horizontales... « Le minerai n'est point en roc, comme celui de Whitby; il consiste en une terre durcie, mais « très-friable, dont les morceaux se détachent en surfaces carrées, comme la plupart des char- « bons de terre : ces surfaces sont très-noires; mais, si l'on brise ces morceaux, on voit que « l'intérieur est composé de petites couches très-minces d'une terre brune schisteuse; le « minerai d'ailleurs contient beaucoup de bitume, peu de soufre, et tombe facilement en efflo- « rescence : c'est pourquoi on ne le fait pas griller; il n'est besoin que de l'exposer à l'air pour « en développer l'alun... Le minerai reste exposé à l'air pendant deux ans avant que d'être « lessivé; alors il est en majeure partie décomposé et tombe presque en poussière.

« Il arrive très-souvent que le minerai éprouve une fermentation si considérable qu'il s'en- « flamme, et, comme il serait dangereux de perdre beaucoup d'alun, on y remédie aussitôt « que l'on s'en aperçoit, en ouvrant le tas dans l'endroit où se forme l'embrasement : le seul « contact de l'air suffit pour l'arrêter ou l'éteindre, sans qu'il soit besoin d'y jeter de l'eau; « lorsque le minerai a été deux ans en efflorescence, il prend dans son intérieur une couleur « jaunâtre, qui est due sans doute à une terre martiale : on y voit entre ses couches de l'alun « tout formé, et sur toute la longueur de la surface extérieure du tas des lignes d'une matière « blanche, qui n'est autre chose que ce sel tout pur.

« A Christineoff, en Suède, le rocher alumineux est une espèce d'ardoise noire qui se délite « aisément, et qui contient très-souvent entre ses lits des roguons de pyrite martiale de diffé- « rentes grosseurs, mais dont la forme est presque toujours celle d'une sphère aplatie : on y « trouve encore des couches d'un rocher noir, à grandes et petites facettes d'un pied d'épais- « seur, qui, par la mauvaise odeur qu'il donne en le frottant, peut être mis dans la classe des « *pierres de porc* : on y voit aussi des petites veines perpendiculaires d'un gypse très-blanc.

« Ces couches de minerai ont une très-grande étendue; on prétend même avoir reconnu « qu'elles avaient une continuité à plus d'une lieue; mais ce qu'il y a de certain, c'est qu'on « ignore encore leur profondeur.

« Sur le penchant d'une petite montagne opposée à la ville de Christiania en Norwége, et « presque au niveau de la mer, on exploite une mine d'alun qui a donné lieu à un établisse- « ment assez considérable... L'espèce de minerai que l'on a à traiter est proprement une ardoise, « qui contient entre ses lits quantité de rognons de pyrites martiales; on l'exploite de la même « manière qu'en Suède, à tranchée ouverte et à peu de frais.

« Sur la route de Grossalmrode à Cassel, on trouve plusieurs mines d'alun qui sont exploitées « par des particuliers... Le minerai d'alun forme une couche d'une très-grande étendue, sur « huit à neuf toises d'épaisseur, et dont la couleur et la texture le rapprochent beaucoup de « l'espèce de celui de Schwensal que l'on exploite en Saxe, mais surtout dans la partie infé- « rieure de la couche : il est de même tendre et friable, et tombe facilement en efflorescence; « mais souvent il est mêlé de bois fossile très-bitumineux, et quelquefois aussi de ce bois « pétrifié. « *Voyages minéralogiques*, t. III, pag. 288, 293, 297, 303 et 305.

a. Les Espagnols prétendent que l'alun d'Aragon est encore meilleur que celui de Rome. « Ce sel, dit M. Bowles, se trouve formé dans la terre comme le salpêtre et le sel commun; il « ne faut pour le raffiner qu'une simple lessive, qui le filtre et lui ôte toute l'impureté de la « terre... Après cette lessive, on le fait évaporer au feu, ensuite on verse la liqueur dans

l'évaporation de l'eau[a]; l'alun de Rome est celui qui est le plus estimé et qu'on assure être le plus pur : tous les aluns sont, comme l'on voit, des productions de notre art, et le seul sel de cette espèce que la nature nous offre tout formé, est l'alun de plume, qui ne se trouve que dans les cavités[b] où suintent et s'évaporent les eaux chargées de ce sel en dissolution. Cet alun est très-pur, mais nulle part il n'est en assez grande quantité pour faire un objet de commerce, et encore moins pour fournir à la consommation que l'on fait de l'alun dans plusieurs arts et métiers.

Ce sel a en effet des propriétés utiles, tant pour la médecine que pour les arts, et surtout pour la teinture et la peinture : la plupart des pastels ne sont que des terres d'alun teintes de différentes couleurs; il sert à la teinture en ce qu'il a la propriété d'ouvrir les pores et d'entamer la surface des laines et des soies qu'on veut teindre, et de fixer les couleurs jusque dans leur substance; il sert aussi à la préparation des cuirs, à lisser le papier, à argenter le cuivre, à blanchir l'argent, etc. Mis en suffisante quantité sur la poudre à canon, il la préserve de l'humidité et même de l'inflammation ; il s'oppose aussi à l'action du feu sur le bois et sur les autres matières combustibles, et les empêche de brûler si elles en sont fortement imprégnées; on le mêle avec le suif pour rendre les chandelles plus fermes : on frotte d'alun calciné les formes qui servent à imprimer les toiles et papiers pour y faire adhérer les couleurs; on en frotte de même les balles d'imprimerie pour leur faire prendre l'encre, etc.

Les Asiatiques ont, avant les Européens, fait usage de l'alun; les plus anciennes fabriques de ce sel étaient en Syrie et aux environs de Constan-

« d'autres vaisseaux, où on laisse l'alun se cristalliser au fond. » *Histoire naturelle d'Espagne*, pag. 390 et suiv.

a. Dans quelques-unes de ces exploitations, on fait griller le minerai ; mais, comme le remarque très-bien M. Jars, cette opération n'est bonne que pour celles de ces mines qui sont très-pyriteuses, et serait pernicieuse dans les autres, où la combustion détruirait une portion de l'alun, et qu'il suffit de laisser effleurir à l'air, où elles s'échauffent d'elles-mêmes.

b. Dans l'une des mines du territoire de Latera, on trouve contre les parois de la voûte le plus bel alun de plume cristallisé en petites aiguilles, blanc-argenté, tantôt très-pur, tantôt combiné avec du soufre; on y trouve aussi une pierre argileuse bleuâtre, crevassée, au milieu de laquelle l'alun s'est fait jour pour se cristalliser en efflorescence : cette mine est située dans un tuf volcanique où l'on trouve du soufre en masses errantes et disséminées... Il se trouve au fond de ces mines une eau vitriolique qui découle de la voûte ; cette eau, en filtrant à travers les couches qui surmontent la voûte, y forme une croûte, et dépose cet alun natif que l'on trouve aussi cristallisé de même dans plusieurs pierres... Il y a aussi de l'alun cristallisé et en efflorescence sur les parois des voûtes à Puzzola, comme à Mulino près de Latera .. Il y a deux sources auprès des mines del Mulino, dont l'eau est chargée d'une terre alumineuse, blanchâtre, qui lui donne un goût très-styptique... Le limon que l'eau abandonne, ainsi que les petites branches et herbes qui y surnagent ou qui restent à sec, se revêtissent d'une croûte alumineuse qui s'en détache aisément, et qui est sans mélange de terre : les grenouilles que l'on met dans cette eau ne peuvent y vivre, et cependant on y voit une très-grande quantité de petits vermisseaux qui y multiplient : mais il n'y croît point de végétaux, et ces deux sources exhalent une odeur de foie de soufre très-désagréable. M. Cassini fils : *Mémoires de l'Académie des Sciences*, année 1777, pag. 580 et suiv.

tinople et de Smyrne, dans le temps des califes, et ce n'est que vers le milieu du XVe siècle que les Italiens transportèrent l'art de fabriquer l'alun dans leur pays, et que l'on découvrit les mines alumineuses d'Ischia, de Viterbe, etc. Les Espagnols établirent ensuite, dans le XVIe siècle, une manufacture d'alun près de Carthagène à Almazaran, et cet établissement subsiste encore. Depuis ce temps on a fabriqué de l'alun en Angleterre, en Bohême et dans d'autres provinces de l'Allemagne, et aujourd'hui on en connaît sept manufactures en Suède, dont la plus considérable est celle de Garphyttau dans la Noricie[a].

Il y a en France assez de mines pyriteuses, et même assez de terres alumineuses pour qu'on pût y faire tout l'alun dont on a besoin sans l'acheter de l'étranger, et néanmoins je n'en connais qu'une seule petite manufacture en Roussillon près des Pyrénées; cependant on en pourrait fabriquer de même en Franche-Comté, où il y a une grande quantité de terres alumineuses à quelque distance de Norteau[b]. M. de Gensane, qui a reconnu ces terres, en a aussi trouvé en Vivarais près de la Gorce : « Plusieurs veines de cette « terre alumineuse, sont, dit-il, parsemées de charbon *jayet*, et l'on y trouve « par intervalles de l'alun natif[c]. » Il y a aussi près de Soyon, des mines de couperose et d'alun[d]; on voit encore beaucoup de terres alumineuses aux environs de Roquefort et de Cascastel[e]; d'autres près de Cornillon[f], dans le diocèse d'Uzès, dans lesquelles l'alun se forme naturellement; mais combien n'avons-nous pas d'autres richesses que nous foulons aux pieds, non par dédain ni par défaut d'industrie, mais par les obstacles qu'on met, ou le peu d'encouragement que l'on donne à toute entreprise nouvelle[1] !

a. *Opuscules chimiques* de M. Bergman, t. I, pag. 304 et suiv.

b. M. de Gensane, *Mémoires des Savants étrangers*, t. IV.

c. *Histoire naturelle du Languedoc*, t. III, p. 177.

d. *Histoire naturelle du Languedoc*, t. III, p. 201.

e. *Idem*, *ibidem*, p. 177.

f. Les couches de terres alumineuses y sont séparées par d'autres couches d'une terre à foulon très-précieuse : cette terre est de la plus grande finesse et d'une blancheur éclatante; elle est de la nature des kaolins, et très-propre à la fabrique des porcelaines, parce que le feu n'altère point sa blancheur et qu'elle est très-liante : on en fait des pipes à tabac d'une beauté surprenante. Au-dessous de toutes ces couches, on trouve un autre banc d'une terre également fine, et qui ne diffère de la précédente que par la couleur qui est d'un jaune de citron, assez semblable à la terre que nous appelons *jaune de Naples*, mais plus fine : sa couleur est permanente et résiste à l'action du feu; elle est par conséquent propre à colorer la faïence, en la mêlant avec le feldspath. *Idem*, t. I, pages 158 et 159.

1. Aujourd'hui, grâce aux travaux des savants français : Descroizilles, Vauquelin, Chaptal, Thénard et Roard, notre pays n'est plus, à cet égard, tributaire de l'étranger. Il s'y fabrique des quantités énormes d'*alun*. Ces fabriques se sont multipliées surtout en Picardie, où se trouvent des gîtes énormes de *schistes alumineux*.

AUTRES COMBINAISONS DE L'ACIDE VITRIOLIQUE.

Nous venons de voir que cet acide, le plus fort et le plus puissant de tous, a saisi les terres argileuses et calcaires, dans lesquelles il se manifeste sous la forme d'alun et de sélénite; que l'argile et le plâtre, quoique imprégnés de cet acide, n'ont néanmoins aucune saveur saline, parce qu'il y a excès de terre sur la quantité d'acide, et qu'il y est pleinement saturé ; que l'alun au contraire, dont la base n'est que de la terre argileuse mêlée d'une petite portion de terre alcaline, a une saveur styptique et des effets astringents, parce que l'acide n'y est pas saturé; qu'il en est de même de tous les vitriols métalliques dont la base, étant d'une matière plus dense que la terre vitreuse ou calcaire, a donné à ces sels plus de masse et de puissance : nous avons vu que les terres alumineuses ne sont que des argiles mélangées, et plus fortement imprégnées que les autres d'acide vitriolique; que l'alun, qu'on peut regarder comme un vitriol à base terreuse, retient dans ses cristaux une quantité d'eau plus qu'égale à la moitié de son poids, et que cette eau n'est pas essentielle à sa substance saline, puisqu'il la perd aisément au feu sans se décomposer; qu'il s'y boursoufle comme la terre limoneuse, et qu'en même temps qu'il se laisse dépouiller de son eau, il retient très-fixement l'acide vitriolique, et devient après la calcination presque aussi corrosif que cet acide même.

Maintenant, si nous examinons les autres matières avec lesquelles cet acide se trouve combiné, nous reconnaîtrons que l'alcali minéral ou marin [1], qui est le seul sel alcali naturel et qui est universellement répandu, est aussi le seul avec lequel l'acide vitriolique se soit naturellement combiné sous la forme d'un sel cristallisé auquel on a donné le nom du chimiste *Glauber* [2]. On trouve ce sel dans l'eau de la mer, et généralement dans toutes les eaux qui tiennent du sel gemme ou marin en dissolution ; mais la nature n'en a formé qu'une très-petite quantité en comparaison de celle du sel gemme ou marin qui diffère de ce sel de Glauber, en ce que ce n'est pas l'acide vitriolique, mais l'acide marin qui est uni avec l'alcali dans le sel marin, qui de tous les sels naturels est le plus abondant.

Lorsque l'on combine l'acide vitriolique avec l'*alcali végétal* [3], il en résulte un sel cristallisable, d'une saveur amère et salée, auquel on a donné plusieurs noms différents, et singulièrement celui de *tartre vitriolé* [4] : ce sel, qui est dur et qui décrépite au feu, ne se dissout que difficilement dans l'eau

1. *Alcali minéral* ou *marin* : ancien nom de la *soude*.
2. *Sel de Glauber* : ancien nom du *sulfate de soude*.
3. *Alcali végétal* : ancien nom de la *potasse*.
4. *Tartre vitriolé* : ancien nom du *sulfate de potasse*.

et ne se trouve pas cristallisé par la nature, quoique tous les sels formés par l'acide vitriolique puissent se cristalliser.

L'acide vitriolique qui se combine dans les terres vitreuses, calcaires et métalliques, et se présente sous la forme d'alun, de sélénite et de vitriol, se trouve encore combiné dans le sel d'Epsom[1] avec la *magnésie*, qui est une terre particulière différente de l'argile, et qui paraît aussi avoir quelques propriétés qui la distinguent de la terre calcaire : en la supposant mixte et composée des deux, elle approche beaucoup plus de la craie que de l'argile. Cette terre *magnésie*[2] ne se trouve point en grandes masses comme les argiles, les craies, les plâtres, etc.; néanmoins elle est mêlée dans plusieurs matières vitreuses et calcaires; on l'a reconnue par l'analyse chimique dans les schistes bitumineux, dans les terres plâtreuses, dans les marnes, dans les pierres appelées *serpentines*, dans l'*ampélite*, et l'on a observé qu'elle forme, à la surface et dans les interstices de ces matières, un sel amer fort abondant; l'acide vitriolique est combiné dans ce sel jusqu'à saturation; et lorsqu'on l'en retire en lui offrant un alcali, la magnésie qui lui servait de base se présente sous la forme d'une terre blanche, légère, sans saveur, et presque sans ductilité lorsqu'on la mêle avec l'eau : ces propriétés lui sont communes avec les terres calcaires imprégnées d'acide vitriolique, dont sans doute la magnésie retient encore quelques parties après avoir été précipitée de la dissolution de son sel; elle se rapproche encore plus de la nature de la terre calcaire, en ce qu'elle fait une grande effervescence avec tous les acides, et qu'elle fournit de même une très-grande quantité d'air fixe ou d'acide aérien, et qu'après avoir perdu cet air par la calcination, elle se dissout comme la chaux dans tous les acides : seulement cette magnésie calcinée n'a pas la causticité de la chaux, et ne se dissout pas de même lorsqu'on la mêle avec l'eau, ce qui la rapproche de la nature du plâtre; cette différence de la chaux vive et de la magnésie calcinée, semble provenir de la plus grande puissance avec laquelle la chaux retient l'acide aérien, que la calcination n'enlève qu'en partie à la terre calcaire et qu'elle enlève en plus grande quantité à la magnésie; cette terre n'est donc au fond qu'une terre calcaire qui, d'abord imprégnée, comme le plâtre, d'acide vitriolique, se trouve encore plus abondamment fournie d'acide aérien que la pierre calcaire ou le plâtre; et ce dernier acide est la seule cause de la différence des propriétés de la magnésie et des qualités particulières de son sel : il se forme en grande quantité, à la surface des matières qui contiennent de la magnésie; l'eau des pluies ou des sources le dissout et l'emporte dans les eaux dont on le tire par l'évaporation; et ce sel, formé de l'acide vitriolique à base de magnésie, a pris son nom de la fontaine d'*Epsom* en Angleterre, de l'eau de laquelle on le tire en grande quantité. M. Brownrigg assure avoir trouvé du sel

1. *Sel d'Epsom* : ancien nom du *sulfate de magnésie*.
2. La *magnésie* est l'*oxyde* du *magnésium*, comme la *chaux* est celui du *calcium*, etc.

d'Epsom cristallisé dans les mines de charbon de Withaven : il était en petites masses solides, transparentes, et en filaments blancs argentins, tantôt réunis, tantôt isolés, dont quelques-uns avaient jusqu'à trois pouces de longueur[a].

La saveur de ce sel n'est pas piquante, elle est même fraîche, mais suivie d'un arrière-goût amer ; sa qualité n'est point astringente ; il est donc en tout très-différent de l'alun, et comme il diffère aussi de la sélénite par sa saveur et par sa solubilité dans l'eau, on a jugé que la magnésie qui lui sert de base était une terre entièrement différente de l'argile et de la craie ; d'autant que cette même magnésie combinée avec d'autres acides, tels que l'acide nitreux ou celui du vinaigre, donne encore des sels différents de ceux que l'argile ou la terre calcaire donne en les combinant avec ces mêmes acides : mais si l'on compare ces différences avec les rapports et les ressemblances que nous venons d'indiquer entre la terre calcaire et la magnésie, on ne pourra douter, ce me semble, qu'elle ne soit au fond une vraie terre calcaire, d'abord pénétrée d'acide vitriolique, et ensuite modifiée par l'acide aérien, et peut-être aussi par l'alcali végétal dont elle paraît avoir plusieurs propriétés.

La seule chose qui pourrait faire penser que cette terre magnésie est mêlée d'une petite quantité d'argile, c'est que dans les matières argileuses, elle est si fortement unie à la terre alumineuse qu'on a de la peine à l'en séparer ; mais cet effet prouve seulement que la terre de l'alun n'est pas une argile pure, et qu'elle contient une certaine quantité de terre alcaline ; ainsi tout considéré, je regarde la magnésie comme une sorte de plâtre[1] : ces deux matières sont également imprégnées d'acide vitriolique, elles ont les mêmes propriétés essentielles, et quoique la magnésie ne se présente pas en grandes masses comme le plâtre, elle est peut-être en aussi grande quantité sur la terre et dans l'eau ; car on en retire des cendres de tous les végétaux, et plus abondamment des *eaux mères*, du nitre et du sel marin, autre preuve que ce n'est au fond qu'une terre calcaire modifiée par la végétation et la putréfaction.

L'acide vitriolique en se combinant avec les huiles végétales a formé les bitumes[b], et s'est pleinement saturé ; car il n'a plus aucune action sur le bitume qui n'a pas plus de saveur sensible que l'argile et le plâtre dans lesquels cet acide est de même pleinement saturé.

a. Voyez les *Éléments de chimie*, par M. de Morveau, t. I, p. 132.

b. L'acide vitriolique versé sur les huiles d'amande, d'olive, de navette, et même sur les huiles essentielles, les noircit sur-le-champ, et les rend plus solides ; le mélange acquiert avec le temps, une consistance et des propriétés qui le rapprochent sensiblement du bitume, quand l'huile est plus terreuse, et de la résine quand l'huile est plus légère et plus volatile... On n'a point examiné l'action de l'acide vitriolique sur les résines, les gommes et les sucs gommo-

1. Voyez la note 2 de la page 384.

Si l'on expose à l'action de l'acide vitriolique les substances végétales et animales dans leur état naturel, « il agit à peu près comme le feu, s'il est « bien concentré; il les dessèche, les crispe et les réduit presque à l'état « charbonneux, et de là on peut juger qu'il en altère souvent les principes « en même temps qu'il les sépare [a]. » Ceci prouve bien que cet acide n'est pas uniquement composé des principes aqueux et terreux, comme Stahl et ses disciples l'ont prétendu, mais qu'il contient aussi une grande quantité d'air actif et de feu réel. Je crois devoir insister ici sur ce que j'ai déjà dit à ce sujet, parce que le plus grand nombre des chimistes pensent que l'acide vitriolique est l'acide primitif, et que pour le prouver ils ont tâché d'y ramener ou d'en rapprocher tous les autres acides. Or leur grand maître en chimie a voulu établir sa théorie des sels sur deux idées, dont l'une est générale, l'autre particulière : la première, *que l'acide vitriolique est l'acide universel et le seul principe salin qu'il y ait dans la nature, et que toutes les autres substances salines, acides ou alcalines, ne sont que des modifications de cet acide altéré, enveloppé, déguisé par des substances accessoires*; nous n'avons pas adopté cette idée, qui néanmoins a le mérite de se rapprocher de la simplicité de la nature. L'acide vitriolique sera, si l'on veut, le second acide; mais l'acide aérien est le premier, non-seulement dans l'ordre de leur formation, mais encore parce qu'il est le plus pur et le plus simple de tous, n'étant composé que d'air et de feu, tandis que l'acide vitriolique et tous les autres acides sont mêlés de terre et d'eau : nous nous croyons donc fondés à regarder l'acide aérien comme l'acide primitif, et nous pensons qu'il faut substituer cette idée à celle de ce grand chimiste, qui le premier a senti qu'on devait ramener tous les acides à un seul acide primitif et universel; mais sa seconde supposition, *que cet acide universel n'est composé que de terre et d'eau*, ne peut se soutenir, non-seulement parce que les effets ne s'accordent point avec la cause supposée, mais encore parce que cette idée particulière et secondaire me paraît opposée, et même contraire à toute théorie, puisque alors l'air et le feu, les deux principaux agents de la nature, seraient exclus de toute substance essentiellement saline et réellement active, attendu que toutes ne contiendraient que ce même principe salin, uniquement composé de terre et d'eau.

Dans la réalité, l'acide est après le feu l'agent le plus actif de la nature, et c'est par le feu et par l'air contenus dans sa substance qu'il est actif, et qu'il le devient encore plus lorsqu'il est aidé de la chaleur, ou lorsqu'il se trouve combiné avec des substances qui contiennent elles-mêmes beaucoup d'air et de feu, comme dans le nitre; il devient au contraire d'autant plus faible qu'il est mêlé d'une plus grande quantité d'eau, comme dans les

résineux... Avec l'acide vitriolique et l'esprit-de-vin on produit l'éther. *Éléments de chimie*, par M. de Morveau, t. III, pages 121 et 122.

a. *Éléments de chimie*, par M. de Morveau, t. III, p. 123.

cristaux d'alun, la crême de tartre, les sels ou les sucs des plantes fermentées ou non fermentées, etc.

Les chimistes ont, avec raison, distingué les substances salines par elles-mêmes, des matières qui ne sont salines que par le mélange des principes salins avec d'autres substances : « *Tous* les acides et alcalis minéraux, « végétaux et animaux, tant fixes que volatils, *fluors* ou concrets, doivent, « dit M. Macquer, être regardés comme des substances salines par elles-« mêmes; il y a même quelques autres substances qui n'ont point de pro-« priétés acides ou alcalines décidées, mais qui ayant celles des sels en « général, et pouvant communiquer les propriétés salines aux composés « dans lesquels elles entrent, peuvent par cette raison être regardées « comme des substances essentiellement salines; tels sont l'arsenic et le sel « sédatif... Toutes ces substances, quoique essentiellement salines, diffèrent « beaucoup entre elles, surtout par les degrés de force et d'activité, et par « leur attraction plus ou moins grande avec les matières dans lesquelles « elles peuvent se combiner; comparez, par exemple, la force de l'acide « vitriolique avec la faiblesse de l'acide du tartre... Les acides minéraux « sont plus forts que les acides tirés des végétaux et des animaux, et parmi « les acides minéraux l'acide vitriolique est le plus fort, le plus inaltérable, « et par conséquent le plus pur, le plus simple, le plus sensiblement et « essentiellement sel... Parmi les autres substances salines, celles qui parais-« sent les plus actives, les plus simples, tels que les *autres acides minéraux*, « *nitreux et marins*, sont en même temps celles dont les propriétés se *rap-* « *prochent le plus de celles de l'acide vitriolique*. On peut faire prendre à « l'acide vitriolique plusieurs des propriétés caractéristiques de l'acide « nitreux, en le combinant d'une certaine manière avec le principe inflam-« mable, comme on le voit par l'exemple de l'acide sulfureux volatil : les « acides huileux végétaux deviennent d'autant plus forts et plus *semblables* « *à l'acide vitriolique*, qu'on les dépouille plus exactement de leurs prin-« cipes huileux; et peut-être parviendrait-on *à les réduire en acide vitrio-* « *lique pur*, en multipliant les opérations, et réciproquement l'acide vitrio-« lique et le nitreux, affaiblis par l'eau et traités avec une grande quantité « de matières huileuses, et encore mieux avec l'esprit-de-vin, prennent des « caractères d'acides végétaux.... Les propriétés des alcalis fixes semblent, « à la vérité, s'éloigner beaucoup de celles des acides en général, et par « conséquent de l'acide vitriolique; cependant comme il entre dans la « composition des alcalis fixes une grande quantité de terre, qu'on peut « séparer beaucoup de cette terre par des distillations et calcinations réité-« rées, et qu'à mesure qu'on dépouille ces substances salines de leur prin-« cipe terreux, elles deviennent d'autant moins fixes et d'autant plus déli-« quescentes, en un mot qu'elles se *rapprochent d'autant plus de l'acide* « *vitriolique* à cet égard, il ne paraîtra pas hors de vraisemblance que *les*

« *alcalis ne puissent devoir leurs propriétés salines à un principe salin* « *de la nature de l'acide vitriolique*, mais beaucoup déguisé par la quan« tité de terre, et vraisemblablement des principes inflammables auxquels « il est joint dans ces combinaisons; et les alcalis volatils sont des matières « salines essentiellement de même nature que l'alcali fixe, et qui ne doivent « leur volatilité qu'à une différente proportion et combinaison de leurs « principes prochains [a]. »

J'ai cru devoir rapporter tous ces faits, avoués par les chimistes, et tels qu'ils sont consignés dans les ouvrages d'un des plus savants et des plus circonspects d'entre eux, pour qu'on ne puisse plus douter de l'unité du principe salin [1]; qu'on cesse de voir les acides nitreux et marin, et les acides végétaux et animaux comme essentiellement différents de l'acide vitriolique, et qu'enfin on s'habitue à ne pas regarder les alcalis comme des substances salines d'une nature opposée, et même contraire à celle des acides : c'était l'opinion dominante depuis plus d'un siècle, parce qu'on ne jugeait de l'acide et de l'alcali qu'en les opposant l'un à l'autre, et qu'au lieu de chercher ce qu'ils ont de commun et de semblable, on ne s'attachait qu'à la différence que présentent leurs effets, sans faire attention que ces mêmes effets dépendent moins de leurs propriétés salines, que de la qualité des substances accessoires dont ils sont mélangés, et dans lesquelles le principe salin ne peut se manifester sous la même forme, ni s'exercer avec la même force et de la même manière que dans l'acide, où il n'est ni contraint ni masqué.

Et cette conversion des acides et des alcalis qui, dans l'opinion de Stahl, peuvent tous se ramener à l'acide vitriolique, est supposée réciproque, en sorte que cet acide peut devenir lui-même un alcali ou un autre acide; mais tous, sous quelque forme qu'ils se présentent, proviennent originairement de l'acide aérien [2].

Reprenant donc le principe salin dans son essence et sous sa forme la plus pure, c'est-à-dire sous celle de l'acide aérien, et le suivant dans ses combinaisons, nous trouverons qu'en se mêlant avec l'eau, il en a formé des liqueurs spiritueuses : toutes les eaux acidules et mousseuses, le vin, le cidre, la bière, ne doivent leurs qualités qu'au mélange de cet acide aérien qu'ils contiennent sous la forme d'air fixe; nous verrons qu'étant ensuite absorbé par ces mêmes matières, il leur donne l'aigreur du vinaigre, du tartre, etc., qu'étant entré dans la substance des végétaux et des animaux,

a. *Dictionnaire de chimie*, article *Sel*.

1. Voyez la note 2 de la page 349.

2. Toutes ces conversions des *acides* en *alcalis*, de tous les *acides* en *acide vitriolique*, de l'*acide vitriolique* en tous les autres, etc. : tout cela n'est que pure abstraction; ce sont de vains fantômes qu'a dissipés la nouvelle chimie par ses notions exactes sur la composition intime des corps.

il a formé l'acide animal et tous les alcalis par le travail de l'organisation. Cet acide primitif, s'étant d'abord combiné avec la terre vitrifiée, a formé l'acide vitriolique, lequel a produit avec les substances métalliques, les vitriols de fer, de cuivre et de zinc; avec l'argile et la terre calcaire, l'alun et la sélénite; le sel de Glauber avec l'alcali minéral, et le sel d'*Epsom* ou de *Sedlitz* avec la magnésie.

Ce sont là les principales combinaisons sous lesquelles se présente l'acide vitriolique, car nulle part on ne le trouve dans son état de pureté et sous sa forme liquide, et cela par la raison qu'ayant une très-grande tendance à s'unir avec le feu libre, avec l'eau et avec la plupart des substances terreuses et métalliques, il s'en saisit partout, et ne demeure nulle part sous cette forme liquide, que nous lui connaissons lorsqu'il est séparé par notre art de toutes les substances auxquelles il est naturellement uni : cet acide, bien déflegmé et concentré, pèse spécifiquement plus du double de l'eau, et par conséquent beaucoup plus que la terre commune; et comme sa fluidité diminue à mesure qu'on le concentre, on doit croire que si l'on pouvait l'amener à un état concret et solide, il aurait plus de densité que les pierres calcaires et les grès [a]; mais comme il a une très-grande affinité avec l'eau, et que même il attire l'humidité de l'air, il n'est pas étonnant que, ne pouvant être condensé que par une forte chaleur, il ne se trouve jamais sous une forme sèche et solide dans le sein de la terre.

Dans les eaux qui découlent des collines calcaires, et qui se rassemblent sur la glaise qui leur sert de base, l'acide vitriolique de la glaise se trouve combiné avec la terre calcaire; ces eaux contiennent donc de la sélénite en plus ou moins grande quantité, et c'est de là que vient la crudité de presque toutes les eaux de puits; la sélénite dont elles sont imprégnées leur donne une sorte de sécheresse dure qui les empêche de se mêler au savon, et de pénétrer les pois et autres graines que l'on veut faire cuire : si l'eau a filtré profondément dans l'épaisseur de la glaise, la saveur de l'acide vitriolique y devient plus sensible, et dans les lieux qui recèlent des feux souterrains, ces eaux deviennent sulfureuses par leur mélange avec l'acide sulfureux volatil, etc.

L'acide aérien et primitif, en se combinant avec la terre calcaire, a produit l'acide marin, qui est moins fixe et moins puissant que le vitriolique, et auquel cet acide aérien a communiqué une partie de sa volatilité : nous exposerons les propriétés particulières de cet acide dans les articles suivants.

a. En supposant que l'eau distillée pèse dix mille, le grès des tailleurs de pierre ne pèse que vingt mille huit cent cinquante-cinq; ainsi l'acide vitriolique bien concentré pesant plus du double de l'eau, pèse au moins autant que le grès.

ACIDES DES VÉGÉTAUX ET DES ANIMAUX.

La formation des acides végétaux et animaux par l'acide aérien est encore plus immédiate et plus directe que celle des acides minéraux, parce que cet acide primitif a pénétré tous les corps organisés, et qu'il y réside sous sa forme propre et en grande quantité.

Si l'on voulait compter les acides végétaux par la différence de leur saveur, il y en aurait autant que de plantes et de fruits, dont le goût agréable ou répugnant est varié presque à l'infini ; ces végétaux plus ou moins fermentés présenteraient encore d'autres acides plus développés et plus actifs que les premiers; mais tous proviennent également de l'acide aérien [1].

Les acides végétaux que les chimistes ont le mieux examinés sont ceux du vinaigre et du tartre, et ils n'ont fait que peu d'attention aux acides des végétaux non fermentés. Tous les vins, et en particulier celui du raisin, se font par une première fermentation de la liqueur des fruits, et cette première fermentation leur ôte la saveur sucrée qu'ils ont naturellement ; ces liqueurs vineuses exposées à l'air, c'est-à-dire à l'action de l'acide aérien [2], l'absorbent et s'aigrissent : l'acide primitif est donc également la cause de ces deux fermentations, il se dégage dans la première, et se laisse absorber dans la seconde. Le vinaigre n'est formé que par l'union de cet acide aérien avec le vin [3], et il conserve seulement une petite quantité d'huile inflammable ou d'esprit-de-vin qui le rend spiritueux ; aussi s'évapore-t-il à l'air, et il n'en attire pas l'humidité comme les acides minéraux ; d'ailleurs, il est mêlé, comme le vin, de beaucoup d'eau, et le moyen le plus sûr et le plus facile de concentrer le vinaigre est de l'exposer à une forte gelée; l'eau qu'il contient se glace, et ce qui reste est un vinaigre très-fort, dans lequel l'acide est concentré ; mais il faut s'attendre à ne tirer que cinq pour cent d'un vinaigre qu'on fait ainsi geler, et ce vinaigre concentré par la gelée est plus sujet à s'altérer que l'autre, parce que le froid, qui lui a enlevé toute son eau, ne lui a rien fait perdre de son huile ; il faut donc l'en dégager par la distillation pour l'obtenir et le conserver dans son état de pureté et de plus grande force. Cependant la pureté de cet acide n'est jamais absolue ; quelque épuré qu'il soit, il retient toujours une certaine quantité d'huile éthérée qui ne peut que l'affaiblir ; il n'a aucune action directe sur les matières vitreuses, et cependant il agit comme l'acide aérien sur les substances calcaires et métalliques ; il convertit le fer en rouille, le cuivre en vert-de-gris, etc. ; il

1. Non pas de l'*acide aérien*, mais de l'*oxygène* de l'air, combiné avec le principe propre de chacun d'eux. (Voyez la note 2 de la p. 349.)

2. C'est-à-dire, à parler comme nous parlons aujourd'hui : *à l'action de l'oxygène de l'air.*

3. L'*acide acétique*, qui se forme dans la fermentation du *vin*, résulte de l'action de l'*oxygène* de l'air, et non de celle de l'*acide aérien.*

dissout avec effervescence les terres calcaires, et forme avec elles un sel très-amer, qui s'effleurit à l'air; il agit de même sur les alcalis : c'est par son union avec l'alcali végétal[1], que se fait la *terre foliée* de tartre[2] qui est employée en médecine comme un puissant apéritif; on distingue, dans la saveur de cette terre, le goût du vinaigre et celui de l'alcali fixe dont elle est chargée, et elle attire, comme l'alcali, l'humidité de l'air. On peut aisément en dégager l'acide du vinaigre, en offrant à son alcali un acide plus puissant.

Le vinaigre dissout avec effervescence l'alcali fixe minéral[3] et l'alcali volatil : cet acide forme avec le premier, un sel dont les cristaux et les qualités sont à peu près les mêmes que celles de la terre foliée du tartre, et il produit avec l'alcali volatil un sel ammoniacal qui attire puissamment l'humidité de l'air; enfin l'acide du vinaigre peut dissoudre toutes les substances animales et végétales. M. Gellert assure que cet acide, aidé d'une chaleur longtemps continuée, réduit en bouillie les bois les plus durs, ainsi que les cornes et les os des animaux.

Les substances qui sont susceptibles de fermentation contiennent du tartre tout formé, avant même d'avoir fermenté[a]; il se trouve en grande quantité dans tous les sucs du raisin et des autres fruits sucrés : ainsi l'on doit regarder le tartre comme un produit immédiat de la végétation, qui ne souffre point d'altération par la fermentation, puisqu'il se présente sous sa même forme dans les résidus du vin et du vinaigre après la distillation.

Le tartre est donc un dépôt salin qui se sépare peu à peu des liqueurs vineuses, et prend une forme concrète et presque *pierreuse*, dans laquelle on distingue néanmoins quelques parties cristallisées : la saveur du tartre, quoique acide, est encore sensiblement *vineuse;* les chimistes ont donné le nom de *crème de tartre*[4] au sel cristallisé que l'on en tire, et ce sel n'est pas simple; il est combiné avec l'alcali végétal. L'acide, contenu dans ce sel

a. M. Wiegleb dit que l'acide oxalin, ou sel essentiel de l'oseille, appartient naturellement aux sels tartareux, et forme un acide particulier uni à un alcali fixe, qui en est saturé avec excès : il se distingue des autres sels tartareux, tant par un goût acide supérieur que par la figure de ses cristaux, et de plus, par les qualités toutes particulières des parties constituantes de l'acide qui lui est propre : on le prépare en grande quantité dans différentes contrées avec le suc de l'oseille, comme en Suisse, en Souabe, au Hartz et dans les forêts de Thuringe; mais celui qui se fait en Suisse a l'avantage d'être parfaitement blanc, en cristaux assez gros et très-beaux.

Par les expériences de M. Wiegleb sur le sel oxalin, il paraît que ce sel est exactement un pur acide végétal, et que cet acide a une très-grande affinité avec la terre calcaire. Le même auteur s'est convaincu que l'acide du sel d'oseille pouvait décomposer le nitre et le sel marin; et que néanmoins cet acide n'est proprement, ni de l'acide nitreux, ni de l'acide marin, ni de l'acide vitriolique. Extrait du *Journal de physique*, supplément au mois de juillet 1782.

1. *Alcali végétal :* c'est-à-dire la *potasse.* (Voyez la note 3 de la page 383.)
2. *Terre foliée de tartre :* c'est-à-dire l'*acétate neutre de potasse.*
3. C'est-à-dire la *soude.* (Voyez la note 1 de la page 383.)
4. *Bitartrate de potasse.*

de tartre, se sépare de sa base par la seule action du feu, il s'élève en grande quantité, et sous sa forme propre d'acide aérien, et la matière qui reste après cette séparation est une terre alcaline qui a les mêmes propriétés que l'alcali fixe végétal : la preuve évidente que l'acide aérien est le principe salin de l'acide du tartre, c'est qu'en essayant de le recueillir, il fait explosion et brise les vaisseaux.

Le sel de tartre n'attaque pas les matières vitreuses, et néanmoins il se combine et forme un sel avec la terre de l'alun, autre preuve que cette terre qui sert de base à l'alun, n'est pas une terre vitreuse pure, mais mélangée de parties alcalines, calcaires ou limoneuses ; car l'acide du tartre agit avec une grande puissance sur les substances calcaires, et il s'unit avec effervescence à l'alcali fixe végétal ; ils forment ensemble un sel auquel les chimistes ont donné le nom de *sel végétal*[1] ; il s'unit de même et fait effervescence avec l'alcali minéral, et ils donnent ensemble un autre sel connu sous le nom de *sel de seignette*[2] ; ces deux sels sont au fond de la même essence, et ne diffèrent pas plus l'un de l'autre que l'alcali végétal diffère de l'alcali minéral, qui, comme nous l'avons dit, sont essentiellement les mêmes[3]. Nous ne suivrons pas plus loin les combinaisons de la crème de tartre, et nous observerons seulement qu'elle n'agit point du tout sur les huiles.

Au reste, le sel du tartre est l'un des moins solubles dans l'eau ; il faut qu'elle soit bouillante, et en quantité vingt fois plus grande que celle du sel pour qu'elle puisse le dissoudre.

Les vins rouges donnent du tartre plus ou moins rouge, et les vins blancs du tartre grisâtre, et plus ou moins blanc ; leur saveur est à peu près la même et d'un goût aigrelet plutôt qu'acide.

Le sucre, dont la saveur est si agréable, est néanmoins un sel essentiel[4] que l'on peut tirer en plus ou moins grande quantité de plusieurs végétaux : il est l'un des plus dissolubles dans l'eau, et lorsqu'on le fait cristalliser avec précaution, il donne de beaux cristaux ; c'est ce sucre purifié que nous appelons *sucre candi*. Le principe acide de ce sel est encore évidemment l'acide aérien ; car le sucre étant dissous dans l'eau pure fermente, et cet acide s'en dégage en partie par une évaporation spiritueuse ; le reste demeure fortement uni avec l'huile et la terre mucilagineuse, qui donnent à ce sel sa saveur douce et agréable. M. Bergman a obtenu un acide très-puissant en combinant le sucre avec une grande quantité d'acide nitreux[5] ; mais cet acide composé ne doit point être regardé comme l'acide principe du sucre, puisqu'il est formé par le moyen d'un autre acide qui en est très-différent ; et, quoique

1. *Tartrate de potasse.*
2. *Tartrate double de potasse et de soude.*
3. Voyez les notes 1 et 3 de la page 391.
4. Voyez la note 2 de la page 62 du IXe volume.
5. *L'acide*, qu'a obtenu Bergman par la réaction de l'*acide nitrique* sur le *sucre*, est l'*acide oxalique*.

les propriétés de l'acide nitreux et de cet acide saccharin ne soient pas les mêmes, on ne doit pas en conclure, avec ce savant chimiste, que ce même acide saccharin n'ait rien emprunté de l'acide nitreux qu'on est obligé d'employer pour le former.

Les propriétés les mieux constatées et les plus évidentes des acides animaux sont les mêmes que celles des acides végétaux, et démontrent suffisamment que le principe salin est le même dans les uns et les autres: c'est également l'acide aérien différemment modifié par la végétation ou par l'organisation animale, d'autant que l'on retire cet acide de plusieurs plantes aussi bien que des animaux. Les fourmis[1] et la moutarde[2] fournissent le même acide et en grande quantité; cet acide est certainement aérien, car il est très-volatil, et si l'on met en distillation une masse de fourmis fraîches et qui n'aura pas eu le temps de fermenter, une grande partie de l'acide animal s'en dégage et se volatilise sous sa propre forme d'air fixe ou d'acide aérien; et cet acide, recueilli et séparé de l'eau avec laquelle il a passé dans la distillation, a les mêmes propriétés à peu près que l'acide du vinaigre : il se combine de même avec les alcalis fixes, et forme des sels qui, par l'odeur urineuse, décèlent leur origine animale.

Les chimistes récents ont donné le nom d'*acide phosphorique* à l'acide qu'ils ont tiré, non-seulement de l'urine et des excréments, mais même des os et des autres parties solides des animaux; mais il en est à peu près de cet acide phosphorique des os, comme de l'acide du sucre, parce qu'on ne peut obtenir le premier que par le moyen de l'acide vitriolique, et le second par celui de l'acide nitreux, ce qui produit des acides composés, qui ne sont plus les vrais acides du sucre et des os; lesquels considérés en eux-mêmes et dans leur simplicité se réduiront également à la forme d'acide aérien[3]; et, s'il est vrai, comme le dit M. Proust[a][4], qu'on ait trouvé de l'acide phosphorique dans des mines de plomb blanches, on ne pourra guère douter qu'il ne puisse tirer en partie son origine de l'acide vitriolique.

Un de nos habiles chimistes[b] s'est attaché à prouver par plusieurs expé-

a. *Journal de physique*, février 1781, p. 145 et suiv.

b. M. Brongniard, démonstrateur en chimie aux écoles du Jardin du Roi. Il a fait sur ce sujet un grand nombre d'expériences par lesquelles il a reconnu que l'acide phosphorique est produit par une modification de l'acide aérien, qui s'en dégage en quantité considérable dans la décomposition de l'acide phosphorique, et même dans sa concentration : si on fait brûler du phosphore en vaisseaux clos, on obtient une très-grande quantité d'air fixe ou acide aérien, et

1. L'*acide des fourmis* est un acide particulier, l'*acide formique*, et n'est point l'*acide aérien*. M. Dœbereiner a réussi, le premier, à produire artificiellement l'*acide formique* : en soumettant, soit l'*acide tartrique*, soit le *sucre*, à l'action oxydante d'un mélange de *bioxyde de manganèse*, d'*acide sulfurique* et d'*eau*, il a obtenu un acide identique avec celui des *fourmis*.

2. La moutarde ne fournit pas plus l'*acide aérien* que ne le font les *fourmis*.

3. L'*acide phosphorique*, combinaison du *phosphore* avec l'*oxygène*, est l'*acide phosphorique* et n'est pas l'*acide aérien*.

4. A qui la chimie a dû plus tard la belle découverte du *sucre de raisin*.

riences, contre les assertions d'un autre habile chimiste, que l'acide phosphorique est tout formé dans les animaux, et qu'il n'est point le produit du feu ou de la fermentation [a]; cela se peut et je serais même très-porté à le croire, pourvu que l'on convienne que cet acide phosphorique, tout formé dans les animaux ou dans les excréments, n'est pas absolument le même que celui qu'on en tire en employant l'acide vitriolique, dont la combinaison ne peut que l'altérer et l'éloigner d'autant plus de sa forme originelle d'acide aérien, que le travail de l'organisation suffit pour le convertir en acide phosphorique, tel qu'on le retire de l'urine, sans le secours de l'acide vitriolique ni d'aucun autre acide.

ALCALIS ET LEURS COMBINAISONS.

De la même manière qu'on doit réduire tous les acides au seul acide aérien, on peut aussi lui ramener les alcalis, en les réduisant tous à l'alcali minéral ou marin [1] : c'est même le seul sel que la nature nous présente dans un état libre et non *neutralisé*. On connaît cet alcali sous le nom de *natron* [2], il se forme contre les murs des édifices, ou sur la terre et les eaux dans les climats chauds; on m'en a envoyé, de *Suez*, des morceaux assez gros et assez purs; cependant il est ordinairement mêlé de terre calcaire [b] : ce sel,

en même temps l'acide phosphorique coule le long des parois des récipients; ce même acide, soumis ensuite à l'action du feu dans une cornue de verre, donne des vapeurs abondantes et presque incoercibles; si, au lieu de faire brûler ainsi le phosphore, on l'expose seulement à l'action de l'air dans une atmosphère tempérée et humide, le phosphore se décompose en brûlant presque insensiblement; il donne une flamme très-légère, et laisse échapper une très-grande quantité d'air fixe; on peut s'en convaincre en imbibant un linge d'une solution alcaline caustique; au bout d'un certain laps de temps, l'alcali est saturé d'acide aérien et cristallisé très-parfaitement : ces expériences prouvent d'une manière convaincante, que l'acide phosphorique est le résultat d'une modification particulière de l'acide aérien, qui ne peut avoir lieu qu'au moyen de la végétation et de l'animalisation.

a. *Journal de Physique*, mars 1781, p. 234 et suiv.

b. Le natron qui nous vient d'Égypte se tire de deux lacs, l'un voisin du Caire, et l'autre à quelque distance d'Alexandrie; ces lacs sont secs pendant neuf mois de l'année, et se remplissent en hiver d'une eau qui découle des éminences voisines; cette eau saline n'est pas limpide, mais trouble et rougeâtre; les premières chaleurs du printemps la font évaporer, et le natron se forme sur le sol du lac d'où on le tire en morceaux solides et grisâtres, qui deviennent plus blancs en les exposant à l'air pour les laisser s'égoutter : on a donné le nom de *sel mural* au natron qui se forme contre les vieux murs; il est ordinairement mêlé d'une grande quantité de substance calcaire, et dans cet état il est neutralisé.

1. L'*alcali minéral* ou *marin*, c'est-à-dire la *soude*. — On sait très-bien aujourd'hui ce que sont les *alcalis* : ce sont des *métaux oxydés*, métaux particuliers, distincts, et qui ne sont nullement réductibles les uns dans les autres, et tous à un.

2. Le *carbonate de soude*. — Le *carbonate de soude*, qui existe tout formé dans la nature, est le même que celui qu'on obtient artificiellement. — On le tirait anciennement des *fucus* et autres plantes marines, brûlées et réduites en cendres. On le produit aujourd'hui de toutes pièces, en décomposant, par la *craie* et le *charbon*, le *sulfate de soude*, provenant lui-même de l'action de l'*acide sulfurique* sur le *sel marin*.

auquel on a donné le nom d'*alcali minéral*, pourrait, comme le nitre, être placé dans le règne végétal, puisqu'il est de la même nature que l'alcali qu'on tire de plusieurs plantes qui croissent dans les terres voisines de la mer; et que d'ailleurs, il paraît se former par le concours de l'acide aérien, et à peu près comme le salpêtre; mais celui-ci ne se présente nulle part en masses ni même en morceaux solides, au lieu que le natron, soit qu'il se forme sur la terre ou sur l'eau, devient compacte et même assez solide [a].

Les anciens ont parlé du natron sous le nom de *nitre :* sur quoi le P. Hardouin se trompe, lorsqu'il dit [b] que le *nitrum* de Pline est *exactement la même chose que notre salpêtre;* car il est clair que Pline, sous le nom de *nitre*, parle du natron qui se forme, dit-il, dans l'eau de certains lacs d'Égypte, vers *Memphis* et *Naucratis*, et qui a la propriété qu'il lui attribue de conserver les corps. A sa causticité, augmentée par la falsification qu'en faisaient dès lors les Égyptiens en y mêlant de la chaux [c], on le reconnaît évidemment pour l'alcali minéral ou natron, bien différent du vrai nitre ou salpêtre.

On emploie le natron dans le Levant aux mêmes usages que nous employons la *soude*, et ces deux alcalis sont en effet de même nature; nous tirions autrefois du natron d'Alexandrie, où s'en fait le commerce [d]; et si

a. Granger, dans son *Voyage en Égypte*, parle de plaines sablonneuses et d'un lac où se forme le natron : « Le sel du lac, dit-il, était congelé sur la surface des eaux, et assez épais « pour y passer avec nos chameaux... Le lac s'emplit des eaux des pluies qui commencent en « décembre et finissent en février : ces eaux y déposent les sels dont elles se sont chargées sur « les montagnes et dans les plaines sablonneuses; après quoi elles se filtrent à travers une terre « grasse et argileuse, et vont par des canaux souterrains aboutir à plusieurs puits dont l'eau est « bonne à boire : on voit aux environs de ce lac des bœufs sauvages, des gazelles, etc.

« Outre le natron qu'on tire du fond de ce lac en morceaux de douze et quinze livres, avec « une barre de fer, on y trouve de cinq autres espèces de sel : tous ces sels sont bientôt rem- « placés par de nouveaux sels que les pluies y apportent. On jette, dans les creux d'où on le « tire, des plantes sèches, des os, des guenilles, ce qui a donné lieu de croire à plusieurs « personnes que ces sortes de choses étaient changées en sel par la vertu des eaux du lac, mais « cela n'est pas vrai.

« Le natron appartient au Grand Seigneur : le pacha du Caire le donne à ferme, et c'est « ordinairement le plus puissant des beys qui le prend, et qui en donne quinze mille quintaux « au Grand Seigneur; il n'y a que les habitants de la dépendance de Terranée, qui soient « employés à pêcher et à transporter le natron qui est gardé par dix soldats et vingt Arabes « affidés. « *Voyages en Égypte*; Paris, 1745, p. 167 et suiv.

b. Quarante-sixième section, chapitre x du trente et unième livre.

c. Voyez Pline à l'endroit cité.

d. A deux journées du Caire est le lac de natron : les vaisseaux du Havre et des Sables-d'Olonne en viennent charger à Alexandrie pour Rouen, parce qu'on s'en sert en Normandie pour blanchir les toiles, ce qui les brûle; les Égyptiens s'en servent au lieu de levain, c'est pourquoi ils ont tous les bourses grosses sans être incommodés; l'âcreté, ou plutôt la qualité mordante de cette pierre est si grande, que, si l'on en met dans un pot où il y ait de la viande, elle la fait cuire et la rend tendre. Si l'on jette dans ce lac un animal mort, et même un arbre, il devient natron et se pétrifie, ce qui a été fort bien décrit par Ovide, et peu entendu de ceux qui n'ont point vu ces merveilles de la nature, lorsqu'il a dit que quelques corps ont été changés

ce sel alcalin était moins cher que le sel de soude auquel il peut suppléer, et que nous tirons aussi de l'étranger, il ne faudrait pas abandonner ce commerce qui paraît languir.

La plupart des propriétés de cet alcali minéral sont les mêmes que celles de l'alcali fixe végétal, et ils ne diffèrent entre eux que par quelques effets [a], qu'on peut attribuer à l'union plus intime de la base terreuse dans l'alcali minéral que dans l'alcali végétal, mais tous deux sont essentiellement de la même nature.

en pierres par les dieux qui en ont eu compassion *Voyages de La Boullaye le Gouz;* Paris, 1657, page 383. — « Le lac du natron, éloigné de dix lieues du monastère *Dir Syadet*, ou de « Notre-Dame, paraît comme un grand étang glacé, sur la glace duquel il serait tombé un peu « de neige... Ce lac est divisé en deux ; le plus septentrional se fait par une eau qui sourdit de « dessous terre sans qu'on remarque le lieu, et le méridional se fait par une grosse source qui « bouillonne; il y a bien de l'eau de la hauteur du genou qui sort de la terre, et qui aussitôt « se congèle... Et généralement le natron se fait et parfait en un an par cette eau qui est rou- « geâtre : au-dessus il y a un sel rouge de l'épaisseur de six doigts, puis un natron noir dont « on se sert pour la lessive, et enfin est le natron qui est presque comme le premier sel, mais « plus solide; au-dessus il y a une fontaine douce... De ce lac on va à un autre lac, où se voit, « vers le temps de la Pentecôte, du sel qui se forme en pyramides, et qu'on appelle pour cela « *sel pyramidal.* » *Voyages de Thévenot;* Paris, 1664, t. I, pag. 487 et suiv.

a. L'alcali fixe minéral, qu'on suppose ici dans son plus grand degré de pureté, diffère de l'alcali fixe végétal : 1° en ce qu'il attire moins l'humidité de l'air, et qu'il ne se résout point en liqueur, comme le fait l'alcali fixe végétal;

2° Lorsqu'il est dissous dans l'eau, si l'on traite cette dissolution par évaporation et refroidissement, l'alcali minéral se coagule en cristaux, précisément comme le font les sels neutres; en quoi il diffère du sel alcali fixe ordinaire ou végétal, qui, lorsqu'il est bien calciné, est très-déliquescent, et ne se cristallise que lorsqu'il est uni avec beaucoup de *gaz méphitique;*

3° L'alcali fixe minéral, dissous par la fusion, convertit en verre toutes les terres comme l'alcali végétal; mais on a observé que, toutes choses égales d'ailleurs, il vitrifie mieux, et qu'il forme des verres plus solides et plus durables...

4° Avec l'acide vitriolique, l'alcali minéral forme un sel neutre cristallisé, nommé *sel de Glauber;* mais ce sel diffère beaucoup du tartre vitriolé par la figure de ses cristaux, qui sont d'ailleurs beaucoup plus gros, par la quantité d'eau beaucoup plus grande qu'il retient dans sa cristallisation, par sa dissolubilité dans l'eau qui est beaucoup plus considérable, enfin par le peu d'adhérence qu'il a avec l'eau de sa cristallisation : cette propriété est telle que le sel de Glauber, exposé à l'air, y perd l'eau de sa cristallisation, ainsi que sa transparence et sa forme, et s'y change en une poussière blanche comme l'alcali minéral. Comme l'acide est le même dans le tartre vitriolé et dans le sel de Glauber, il est clair que les différences qui se trouvent entre ces deux sels ne peuvent venir que de la nature de leurs bases alcalines : toutes les propriétés qui distinguent le sel de Glauber du tartre vitriolé doivent donc être regardées comme des différences entre l'alcali végétal et le minéral; il en est de même de toutes les combinaisons de ce dernier acide avec les autres acides;

5° Avec l'acide nitreux, l'alcali minéral forme une espèce particulière de nitre, susceptible de détonation et de cristallisation; mais il diffère du nitre ordinaire, ou à base d'alcali végétal, par la figure de ses cristaux, qui, au lieu d'être en longues aiguilles, sont formés en solides à six faces rhomboïdales, c'est-à-dire dont deux angles sont aigus et deux obtus : cette figure, qui approche de la cubique, a fait donner à ce sel le nom de *nitre cubique* ou de *nitre quadrangulaire :* elle est due à l'alcali marin;

6° Avec l'acide marin, l'alcali minéral forme le *sel commun*, qui se cristallise en cubes parfaits, et qui diffère du sel neutre formé par le même acide uni à l'alcali végétal, singulièrement par sa saveur, qui est infiniment plus agréable. *Dictionnaire de Chimie*, par M. Macquer, article *Alcali minéral.*

C'est de la cendre des plantes qui contiennent du sel marin que l'on obtient l'alcali fixe végétal en grande quantité, et quoique tiré des végétaux, il est le même que l'alcali minéral ou marin : la différence de leurs effets n'est bien sensible que sur les acides végétaux et sur les huiles dont ils font des sels de différentes sortes, et des savons plus ou moins fermes.

On obtient donc par la combustion et l'incinération des plantes qui croissent près de la mer, et qui par conséquent sont imprégnées de sel marin ; on obtient, dis-je, en grande quantité l'alcali minéral ou marin, qui porte le nom de *soude*[1], et qu'on emploie dans plusieurs arts et métiers.

On distingue dans le commerce deux sortes de soudes : la première, qui provient de la combustion des kalis[2] et autres plantes terrestres qui croissent dans les climats chauds et dans les terres voisines de la mer ; la seconde, qu'on se procure de même par la combustion et la réduction en cendres des *fucus*, des *algues* et des autres plantes qui croissent dans la mer même ; et néanmoins la première soude contient beaucoup plus d'alcali marin que la seconde, et ce sel alcali est, comme nous l'avons dit, le même que le natron : ainsi la nature sait former ce sel encore mieux que l'art ; car nos soudes ne sont jamais pures ; elles sont toujours mêlées de plusieurs autres sels, et surtout de sel marin, souvent elles contiennent aussi des parties ferrugineuses et d'autres matières terreuses qui ne sont point salines.

C'est par son alcali fixe que la soude produit tous ses effets : ce sel sert de fondant dans les verreries et de détergent dans les blanchisseries ; avec les huiles il forme les savons, etc. Au reste, on peut employer la soude telle qu'elle est, sans en tirer le sel, si l'on ne veut faire que du verre commun ; mais il la faut épurer pour faire des verres blancs et des glaces. Le sel marin, dont l'alcali de la soude est presque toujours mêlé, ne nuit point à la vitrification, parce qu'il est très-fusible, et qu'il ne peut que faciliter la fusion des sables vitreux, et entraîner les impuretés dont ils peuvent être souillés ; le *fiel du verre* qui s'élève au-dessus du verre fondu, n'est qu'un mélange de ces impuretés et des sels.

L'alcali fixe végétal ou minéral doit également sa formation au travail de la nature dans la végétation, car on le peut tirer également de tous les végétaux dans lesquels il est seulement en plus ou moins grande quantité.

1. Voyez la note 1 de la page 383.

2. « Ce nom d'origine arabe, qui remonte jusqu'à Matthiole, a été employé par tous les « anciens pour désigner diverses plantes qui croissent sur le bord de la mer, et que l'on brûle « pour tirer la *soude* de leurs cendres. Tournefort et Adanson avaient adopté ce nom pour le « genre principal dont toutes les espèces offrent ce produit. Linnæus y a substitué celui de « *salsola*, maintenant préféré..... D'autres plantes qui fournissent de la soude plus ou moins « estimée, et auxquelles on donne le nom de *kali*, sont réparties dans les genres *salicornia*, « *plantago*, *chenopodium*, *anabasis*, *galenia*, *mesembryanthemum*, *aizoon*, *reaumuria*, « *batis*. » (Laurent de Jussieu.)

Ce sel végétal, lorsqu'il est pur, se présente sous la forme d'une poudre blanche, mais non cristallisée; sa saveur est si violente et si caustique, qu'il brûlerait et cautériserait la langue si on le goûtait sans le délayer auparavant dans une grande quantité d'eau; il attire l'humidité de l'air en si grande abondance qu'il se résout en eau : cet alcali qu'on appelle *fixe*, ne l'est néanmoins qu'à un feu très-modéré, car il se volatilise à un feu violent, et cela prouve assez que la chaleur peut le convertir en alcali volatil, et que tous deux sont au fond de la même essence : l'alcali fixe a plus de puissance que les autres sels pour vitrifier les substances terreuses ou métalliques : il les fait fondre et les convertit presque toutes en verre solide et transparent.

Les cendres de nos foyers contiennent de l'alcali fixe végétal, et c'est par ce sel qu'elles nettoient et détergent le linge par la lessive : cet alcali que fournissent les cendres des végétaux est fort impur, cependant on en fait beaucoup dans les pays où le bois est abondant; on le connaît dans les arts, sous le nom de *potasse*[1], et quoique impur il est d'un grand usage dans les verreries, dans la teinture et dans la fabrication du salpêtre.

C'est sans fondement qu'un de nos chimistes a prétendu que le tartre ne contient point d'alcali [a]; cette opinion a été bien réfutée par M. Bernard : l'alcali fixe se trouve tout formé dans les végétaux, et le tartre, qui n'est qu'un de leurs résidus, ne peut manquer d'en contenir; et d'ailleurs la lie de vin, brûlée et réduite en cendres, fournit une grande quantité d'alcali aussi bon, et même plus pur que celui de la soude.

C'est par la combinaison de l'acide marin avec l'alcali minéral que s'est formé le sel marin ou sel commun[2] dont nous faisons un si grand usage : il se trouve non-seulement dissous dans l'eau de toutes les mers et de plusieurs fontaines, mais il se présente encore en masses solides et en très-grands amas dans le sein de la terre; et quoique l'acide de ce sel, c'est-à-dire l'acide marin[3], provienne originairement de l'acide aérien, comme tous les autres acides, il a des propriétés particulières qui l'en distinguent; il est plus faible que les acides vitrioliques et nitreux, et on l'a regardé comme le troisième dans l'ordre des acides minéraux; cette distinction est fondée sur la différence de leurs effets; l'acide marin est moins puissant, moins actif que les deux premiers, parce qu'il contient moins d'air et de feu, et d'ailleurs, il acquiert des propriétés particulières par son union avec l'alcali; et s'il était possible de le dépouiller et de le séparer en entier de cette base alcaline, peut-être reprendrait-il les qualités de l'acide vitriolique ou de l'acide aérien, qui, comme nous l'avons dit, est l'acide primitif dont la

a. Voyez le *Journal de Physique*, mars 1781, *Mémoire sur l'alcali fixe.*

1. Voyez la note 3 de la page 383.
2. Le *sel marin* ou *sel commun* est le *chlorure de sodium*.
3. L'*acide marin* est l'*acide chlorhydrique*.

forme ne varie que par les différentes combinaisons qu'il subit ou qu'il a subies en s'unissant à d'autres substances.

L'acide marin diffère de l'acide vitriolique en ce qu'il est plus léger, plus volatil, qu'il a de l'odeur, de la couleur, et qu'il produit des vapeurs; toutes ces qualités semblent indiquer qu'il contient une bonne quantité d'acide aérien provenant du détriment des corps organisés; il diffère de l'acide nitreux par sa couleur, qui est d'un jaune mêlé de rouge, par ses vapeurs qui sont blanches, par son odeur qui tire sur celle du safran, et parce qu'il a moins d'affinité avec les terres absorbantes et les sels alcalis; enfin cet acide marin n'est pas susceptible d'un aussi grand degré de concentration que les acides vitriolique et nitreux, à cause de sa volatilité qui est beaucoup plus grande [a].

Au reste, comme l'acali minéral ou marin et l'alcali fixe végétal sont de la même nature, et qu'ils sont presque universellement répandus, on ne peut guère douter que l'alcali ne se soit formé dès les premiers temps, après la naissance des végétaux, par la combinaison de l'acide primitif aérien avec les détriments des substances animales et végétales : il en est de même de l'acide marin, qui se trouve combiné dans des matières de toute espèce; car, indépendamment du sel commun dont il fait l'essence avec l'alcali minéral, il se combine aussi avec les alcalis végétaux et animaux, fixes ou volatils, et il se trouve dans les substances calcaires, dans les matières nitreuses, et même dans quelques substances métalliques, comme dans la mine d'*argent cornée;* enfin, il forme le sel ammoniac[1] lorsqu'il s'unit avec l'alcali volatil par sublimation dans le feu des volcans.

L'alcali minéral et l'alcali végétal, qui sont au fond les mêmes[2], sont aussi tous deux fixes : le premier se trouve presque pur dans le natron, et le second se tire plus abondamment des cendres du tartre que de toute autre matière végétale. On leur donne la dénomination d'*alcalis caustiques*, lorsqu'ils prennent en effet une plus grande causticité par l'addition de l'acide aérien contenu dans les chaux terreuses ou métalliques; par cette union ces alcalis commencent à se rapprocher de la nature de l'acide : l'alcali volatil[3] appartient plus aux animaux qu'aux végétaux, et, lorsqu'il est de même imprégné de l'acide aérien, il ne peut plus se cristalliser, ni même prendre une forme solide, et dans cet état on l'a nommé *alcali fluor*[4].

L'acide phosphorique paraît être l'acide le plus actif qu'on puisse tirer des animaux; si l'on combine cet acide des animaux avec l'alcali volatil, qui

a. *Dictionnaire de Chimie*, par M. Macquer, article *Acide marin.*

1. *Sel ammoniac :* l'*hydrochlorate d'ammoniaque.*

2. L'*alcali minéral* et l'*alcali végétal*, la *soude et la potasse*, le *sodium* et le *potassium*, sont des substances très-distinctes, et non pas *les mêmes.*

3. *Alcali volatil :* l'*ammoniaque.*

4. *Alcali fluor :* l'*ammoniaque liquide* ou en dissolution dans l'eau.

est aussi leur alcali le plus exalté, il en résulte un sel auquel les chimistes récents ont donné le nom de sel *microcosmique*, et dont M. Bergman a cru devoir faire usage dans presque toutes ses analyses chimiques : ce sel est en même temps ammoniacal et phosphorique, et lorsque l'acide du phosphore se trouve combiné avec une substance calcaire, comme dans les os des animaux, il semble que les propriétés salines disparaissent; car ce sel phosphorique à base calcaire[1] n'a plus aucune saveur sensible : la substance calcaire des os fait sur l'acide phosphorique le même effet que la craie sur l'acide vitriolique; cet acide animal, et l'acide végétal *acéteux* ou *tartareux*, contiennent sensiblement beaucoup de cet air fixe ou acide aérien, duquel ils tirent leur origine.

SEL MARIN[2] ET SEL GEMME.[3]

L'eau de la mer contient une grande quantité d'acide et d'alcali, puisque le sel qu'on en retire en la faisant évaporer est composé des deux; elle est aussi imprégnée de bitume, et c'est ce qui fait qu'elle est en même temps saline et amère; or, le bitume est composé d'acide et d'huile[4], et d'ailleurs la décomposition de tous les corps organisés dont la mer est peuplée produit une immense quantité d'huile : l'eau marine contient donc non-seulement les acides et les alcalis, mais encore les huiles et toutes les matières qui peuvent provenir de la décomposition des corps, à l'exception de celles que ces substances prennent par la putréfaction à l'air libre; encore se forme-t-il à la surface de la mer, par l'action de l'acide aérien, des matières assez semblables à celles qui sont produites sur la terre par la décomposition des animaux et des végétaux.

La formation du sel marin n'a pu s'opérer qu'après la production de l'acide et de l'alcali[5], puisqu'ils en sont les substances constituantes; l'acide aérien a été formé dès les premiers temps, après l'établissement de l'atmosphère, par le simple mélange de l'air et du feu; mais l'alcali n'a été produit que dans un temps subséquent par la décomposition des corps organisés. L'eau de la mer n'était d'abord que simplement acide ou même acidule, elle est devenue plus acide est plus salée par l'union de l'acide primitif avec les alcalis et les autres acides; ensuite elle a pris de l'amertume par le mélange du bitume, et enfin elle s'est chargée de graisse et d'huile par la

1. *Sel phosphorique à base calcaire :* le *phosphate de chaux.*
2. *Sel marin :* le *chlorure de sodium.*
3. *Sel gemme :* le *chlorure de sodium,* disposé en bancs, en dépôts, en couches, tel qu'on le trouve dans ses gisements.
4. Voyez les précédentes notes sur les *bitumes.*
5. Il n'y a plus rien à dire sur toute cette *chimie chimérique* de Buffon : la science n'existait pas; le plus beau génie ne peut se passer des faits.

décomposition des corps de tous les cétacés, poissons et amphibies dont la substance est, comme l'on sait, plus huileuse que celle des animaux terrestres.

Et cette salure, cette amertume et cette huile de l'eau de la mer n'ont pu qu'augmenter avec le temps, parce que tous les fleuves qui arrivent à ce grand réceptacle des eaux sont eux-mêmes chargés de parties salines, bitumineuses et huileuses que la terre leur fournit, et que toutes ces matières étant plus fixes et moins volatiles que l'eau, l'évaporation ne les enlève pas; leur quantité ne peut donc qu'augmenter, tandis que celle de l'eau reste toujours la même, puisque les eaux courantes sur la terre ramènent à la mer tout ce que les vapeurs poussées par les vents lui enlèvent.

On doit encore ajouter à ces causes de l'augmentation de la salure des mers la quantité considérable de sel que les eaux qui filtrent dans l'intérieur de la terre dissolvent et détachent des masses purement salines qui se trouvent en plusieurs lieux, et jusqu'à d'assez grandes profondeurs; on a donné le nom de *sel gemme* à ce sel fossile : il est absolument de la même nature que celui qui se tire de l'eau de la mer par l'évaporation ; il se trouve sous une forme solide, concrète et cristallisée, en amas immenses, dans plusieurs régions du globe, et notamment en Pologne[a], en Hongrie[b], en Russie et en Sibérie[c]. On en trouve aussi en Allemagne, dans les envi-

a. Les mines de sel de Wieliczka, dit M. Guettard, sont sans contredit un des beaux ouvrages de la nature : on ne peut voir qu'avec une espèce d'admiration ces masses énormes de sel renfermées dans le sein de la terre...

Quiconque a vu une carrière de pierre à plâtre pareille à celles des environs de Paris, peut aisément se former l'idée des mines de sel de Wieliczka... Les grands bancs de sel, de même que les grands bancs de pierres, se trouvent dans le fond de ces mines; ils sont surmontés de bancs beaucoup moins considérables, et ceux-ci sont précédés de lits de différentes terres ou de sable dans l'ordre suivant :

1° Un banc de sable à grains fins, arrondis en forme d'œufs blancs ou jaunâtres, et quelquefois rougeâtres;

2° Plusieurs lits de glaise ou argile dont la couleur ordinaire est un jaune rouille de fer, ou bien un grès plus ou moins formé, quelquefois verdâtre; elles sont aussi plus ou moins mêlées de sable ou de petits graviers. *Mémoires de l'Académie des Sciences*, année 1762, pag. 493 et suiv.

b. Près de la ville d'Éperies se trouve une mine de sel qui a cent quatre-vingts brasses de profondeur : les veines de sel sont larges, on en tire des morceaux qui pèsent jusqu'à deux milliers. La couleur de ce sel est grise, mais, étant broyé, il est blanc; il est composé de parties pointues. La même mine donne un autre sel composé de carrés et de tables; et un troisième qui paraît composé de plusieurs branches.

Le sel de cette mine est de plusieurs couleurs; celui qui est mêlé avec la terre en conserve un peu la couleur. On en voit d'autres morceaux bien cristallisés, qui ont une légère couleur bleue, et le comte de Rothall en avait, en 1670, un morceau d'un très-beau jaune; il y en a des morceaux si durs, qu'on leur donne la figure que l'on veut. Cependant ces morceaux de sel s'humectent bientôt dans les cabinets, et, si on les met dans une étuve, ils perdent leur transparence. *Collection académique*, partie étrangère, t. II, pag. 211, 212 et suiv.

c. M. Pallas observe, dans la relation de ses voyages, qu'il y a une immense quantité de sel dans l'empire de Russie : il suffirait, selon lui, d'en exploiter les riches salines pour cesser de tirer de l'étranger cette denrée de première nécessité. Les lacs salés sont surtout très-com-

rons de Hall, près de Salzbourg[a], dans quelques provinces de l'Espagne[b], et spécialement en Catalogne, où l'on voit près de la ville de Cardonne une

muns dans le gouvernement d'Orembourg, le pays des Baskirs, etc.; il y en a parmi ceux des Kirguis un très-curieux, dont les eaux sont salées d'un côté et douces de l'autre. La surface du lac d'Indéri est couverte d'une glace de sel assez forte pour qu'on puisse traverser ce lac sans le moindre danger, et cette denrée y est assez abondante pour fournir à la consommation de tout l'empire, si des communications en facilitaient le transport dans les autres provinces; elle serait alors aussi commune dans les marchés que les besoins en sont multipliés. (Extrait de la *Gazette de France* du lundi 17 janvier 1774, article *Pétersbourg.*) — Il y a dans le désert entre le Volga et l'Oural, à quatre-vingts werstes de Yenatayevska, une vaste carrière de sel fossile très-pur; les Kalmouks appellent cet endroit Tschaptschatschi : cette mine de sel est peut-être capable d'en fournir autant que celle d'Hetzk dans le gouvernement d'Orembourg, d'où l'on tire cinq cent mille *pouds* de sel par an. (Extrait du *Discours* de M. Guldenstaed *sur les productions de la Russie;* Pétersbourg, 1776, pag. 55 et suiv.)

Une montagne d'où l'on tire du sel en Sibérie est à trente werstes à l'orient des sources salées, et, comme elles, sur le rivage droit du Kaptendei; elle a trente brasses de hauteur, et de l'orient à l'occident deux cent dix brasses de longueur. Depuis le pied jusqu'aux deux tiers de la hauteur, elle est composée de cristaux cubiques de sel assez gros, où l'on ne trouve pas le moindre mélange de terre ou d'autre matière hétérogène. La montagne est couverte à son sommet d'une terre glaise rougeâtre, d'où l'on tire un talc blanc de la plus belle espèce, et elle est fort rapide du côté de la rivière : le sel de la source est précisément de même qualité que celui de la montagne, et la nature ne saurait produire un meilleur sel de cuisine. *Hist. générale des Voyages,* t. XVIII, p. 282. — Il y a quatorze salines sur la rive droite du Kawda en Sibérie; ces salines ont deux sources d'eau salée qui produisent du sel fort blanc cristallin; mais, comme l'eau est faible, il lui faut trois fois vingt-quatre heures pour se réduire en sel. *Idem, ibidem*, p. 469.

a. En Allemagne, il y a des mines de sel dans une montagne appelée le Diremberg, près de Hall ou Hallein, sur la Salza, à quatre lieues de Salzbourg... On entre d'abord dans une galerie étroite, par laquelle on marche l'espace d'un quart de lieue entre des canaux couverts; dans l'un coule de l'eau douce, dans l'autre de l'eau salée, qu'un tuyau de bois conduit jusqu'à Hall : au bout de cette galerie, on descend un puits de trente pieds de profondeur... Ensuite on parcourt des galeries semblables à la première, et l'on arrive à un second puits, puis à un troisième et à un quatrième, que l'on descend comme le premier : ces puits forment les différents étages de la mine; elle peut avoir douze cent soixante pieds de profondeur, et huit mille cinquante de longueur, à en juger par les proportions d'une machine de bois qui représente ces mines, et qu'on montre dans ces souterrains.

Les galeries aboutissent à des chambres; c'est dans ces chambres qu'on ramasse le sel, qui en quelque sorte végète sur les murs, en y formant différents dessins, tels à peu près que ceux qu'on voit sur les vitres lorsqu'il gèle. La hauteur de ces chambres est d'environ six pieds; leur étendue est différente et leur forme irrégulière : la plus grande a neuf cent dix pieds de longueur sur trois cent quatre-vingt-cinq de largeur; l'étendue de ces chambres, qui se soutiennent sans appui, est une des choses les plus extraordinaires de ces mines. M. Guettard, *Mémoires de l'Académie des Sciences,* année 1763, pag. 203 et suiv.

b. Près de Villena, à quelques lieues d'Alicante, il y a un marais d'où l'on tire le sel pour la consommation des villages voisins; et à quatre lieues de là, une montagne isolée, toute de sel gemme, couvert seulement d'une couche de plâtre de différentes couleurs ..

Il y a beaucoup de salines dans la juridiction de Mingranilla; on travaille à quelques-unes, et non aux autres : le sel gemme qu'on en tire est excellent, parce que cette espèce est toujours plus salée que celle qui se fait par évaporation, y ayant moins d'eau dans sa cristallisation...

A une demi-lieue de là, on descend un peu pour entrer dans un terrain de plâtre où sont quelques collines... Au bas de la couverture de plâtre, il y a un banc de sel gemme dont on ne sait point la profondeur, parce que, quand les excavations passent trois cents pieds, il en coûte beaucoup pour tirer le sel, et que quelquefois le terrain s'enfonce ou se remplit d'eau; alors on

montagne entière de sel[a] : en d'autres endroits, les amas de sel gemme forment des bancs d'une très-grande épaisseur sur une étendue de deux ou trois lieues en longueur et d'une largeur indéterminée, comme on l'a observé dans la mine de Wieliczka, en Pologne, qui est la plus célèbre de toutes celles du Nord.

Les bancs de sel y sont surmontés de plusieurs lits de glaises, mêlés, comme les autres glaises, d'un peu de sable et de débris de coquilles et autres productions marines. L'argile ou glaise contient l'acide, et les corps marins contiennent l'alcali ; on pourrait donc imaginer qu'ils ont fourni l'alcali nécessaire pour former avec l'acide ce sel fossile ; mais lorsqu'on jette les yeux sur l'épaisseur énorme de ces bancs de sel, on voit que, quand même la glaise et les corps marins qu'elle renferme se seraient entièrement dépouillés de leur acide et de leur alcali, ils n'auraient pu produire

creuse de nouveaux puits, car tout l'endroit est une masse énorme de sel, mêlé en certaines places avec un peu de terre de plâtre, et dans d'autres, pur et rougeâtre, et le plus souvent cristallin... Dans la mine de Cardona, au contraire, il n'y a point de plâtre, et cependant le sel en est si dur et si bien cristallisé, que l'on en fait des statues, de petits autels et des meubles curieux. Celui de Mingranilla est dur aussi, mais moins que celui de Cardona, parce qu'il se casse, comme quelques spaths fragiles... Cette mine a dû être couverte anciennement d'une épaisseur de plus de huit cents pieds de matières étrangères, que les eaux ont peu à peu entraînées dans les lieux les plus bas...

Dans une montagne où est le village de Valliera, on trouve une mine de sel gemme qui paraît hors de terre : du côté de l'entrée, et à environ vingt pas en dedans, on voit que le sel, qui est blanc et abondant, a pénétré dans les couches de plâtre. Cette mine peut avoir environ quatre cents pas de longueur, et différentes galeries latérales en ont plus de quatre-vingts, soutenues par des piliers de sel qui la font ressembler à une église gothique ; le sel suit la direction de la colline en penchant un peu au nord, comme les veines du plâtre ; ce sel n'a qu'environ cinq pieds de haut... Il paraît avoir rongé différentes couches de plâtre et de margue (marne) pour se placer où il est, quoiqu'il reste cependant assez de ces matières.

Au bout de la principale galerie,... on voit que la bande de sel descend jusqu'au vallon, et passe à la colline qui est vis-à-vis... La voûte de cette mine est de plâtre... Ensuite il y a deux pouces de sel blanc, séparé du plâtre par quelques filons de terre saline ; après, il y a trois doigts de sel pur et deux de sel de pierre, et une bande de terre ; ensuite une autre bande bleue, suivie de deux pouces de sel ; après quoi il y a des bandes alternatives de terre et de sel cristallin jusqu'au lit de la mine qui est de plâtre ; descendant au vallon et montant aux collines qui sont vis-à-vis, les bandes de terre sont d'un bleu obscur, et les lits de sel sont de couleur blanche : cette mine est très-élevée eu égard à la mer, parce que depuis Bayonne on monte toujours pour y arriver. *Histoire naturelle d'Espagne*, par M. Bowles, pag. 376 et suiv.

a. La ville de Cardonne est située au pied d'une montagne de sel, qui est presque coupée perpendiculairement du côté de la rivière : cette montagne est une masse énorme de sel solide de quatre ou cinq cents pieds de haut, sans raies, ni fentes, ni couches, et il n'y a point de plâtre aux environs ; elle a une lieue de circuit... On ignore la profondeur du sel, qui pour l'ordinaire est blanc ; il y en a aussi du rouge... d'autre d'un bleu clair, mais ces couleurs disparaissent lorsque le sel est écrasé, car dans cet état il est blanc...

La superficie de la montagne est grande ; cependant les pluies ne font pas diminuer le sel : la rivière qui coule au pied est néanmoins salée, et, quand il pleut, la salaison augmente et fait mourir le poisson ; mais ce mauvais effet ne s'étend pas à plus de trois lieues, après quoi le poisson se porte aussi bien qu'ailleurs. *Histoire naturelle d'Espagne*, par M. Bowles, pag. 410 et suiv. — Les anciens ont parlé de ces montagnes de sel de l'Espagne. « Est, dit Aulu-Gelle, « in his regionibus (Hispaniæ) mons ex sale mero magnus ; quantùm demas, tantùm adcres- « cit. » Aulu-Gelle, lib. II, cap. XXII, *ex Catone*.

que les dernières couches superficielles de ces bancs, dont l'épaisseur étonne encore plus que leur étendue; il me semble donc que, pour concevoir la formation de ces masses immenses de sel pur, il faut avoir recours à une cause plus puissante et plus ancienne que celle de la stillation des eaux et de la dissolution des sels contenus dans les terres qui surmontent ces salines: elles ont commencé par être des marais salants, où l'eau de la mer en stagnation a produit successivement les couches de sel qui composent ces bancs, et qui se sont déposées les unes sur les autres à mesure qu'elles se formaient par l'évaporation des eaux qui arrivaient pour remplacer les premières, et qui laissaient de même déposer leur sel après l'évaporation; en sorte que dans le temps où la chaleur du globe était beaucoup plus grande qu'elle ne l'est aujourd'hui, le sel a dû se former bien plus promptement et plus abondamment qu'il ne se forme dans nos marais salants; aussi ce sel gemme est-il communément plus solide et plus pur que celui que nous obtenons en faisant évaporer les eaux salées; il a retenu moins d'eau dans sa cristallisation; il attire moins l'humidité de l'air et ne se dissout qu'avec beaucoup de temps dans l'eau, à moins qu'on n'aide la dissolution par le secours de la chaleur.

On vient de voir par les notes précédentes que ces grands amas de sel gemme se trouvent[1] tous ou sous des couches de glaises et de marne, ou sous des bancs de plâtre, c'est-à-dire sous des matières déposées et transportées par les eaux, et que par conséquent la formation de ces amas de sel est à peu près contemporaine aux dernières alluvions des eaux, dont les dépôts sont en effet les glaises mêlées de craie et les plâtres, matières dont la substance est analogue à celle du sel marin, puisqu'elles contiennent en même temps l'acide et l'alcali, qui font l'essence de sa composition; cependant, je le répète, ce ne sont pas les parties salines contenues dans ces bancs argileux, marneux et plâtreux, qui seules ont pu produire ces énormes dépôts de sel gemme, quand même ces bancs de terre auraient été de huit cents pieds plus épais, comme le dit M. Bowles; et ce ne peut être que par des alternatives d'alluvion et de desséchement et par une évaporation prompte que ces grandes masses de sel ont pu s'accumuler.

Pour faire mieux entendre cette formation successive, supposons que le sol sur lequel porte la dernière couche saline fût alternativement baigné par les marées, et que pendant les six heures de l'alluvion du flux la chaleur fût

1. « Les dépôts salifères, enfermés dans le sein de la terre, se trouvent tous dans les terrains « de sédiment, depuis le calcaire pénéen jusque dans les terrains tertiaires. Ces dépôts sont « formés en grande partie de matières argileuses, qu'on nomme *argiles salifères*, grisâtres « ou rougeâtres, au milieu desquelles le sel est tantôt disséminé, tantôt en nids, en veines « ou en amas plus ou moins considérables, avec du sulfate de chaux, quelquefois anhydre, « dont la quantité est plus ou moins grande. Dans certaines localités, ces dépôts sont « immenses, et constituent des montagnes entières où le sel est quelquefois à nu, et peut être « exploité à ciel ouvert, comme le sont les carrières de pierres à bâtir. » (Beudant.)

alors assez grande, comme elle l'était en effet, pour causer, dans cet intervalle de six heures, la prompte évaporation de quelques pouces d'épaisseur d'eau, il se sera dès lors formé sur ce sol une première couche de sel de quelques lignes d'épaisseur, et, douze heures après, cette première couche aura été surmontée d'une autre produite par la même cause; en sorte que dans les lieux où la marée s'élevait à une grande hauteur, les amas de sel ont pu prendre presque autant d'épaisseur : cette cause a certainement produit un tel effet dans plusieurs lieux de la terre, et particulièrement dans ceux où les amas de sel ne sont pas d'une très-grande épaisseur, et quelques-uns de ces amas semblent offrir encore la trace des ondes qui les ont accumulés[a]; mais dans les lieux où ces amas sont épais de cinquante et peut-être de cent pieds, comme à Wieliczka en Pologne, et à Cardonne, en Catalogne, on peut encore supposer très-légitimement une seconde circonstance qui a pu concourir comme cause avec la première. Cette circonstance s'est trouvée dans les lieux où la mer formait des anses ou des bassins, dans lesquels son eau stagnante devait s'évaporer presque aussi vite qu'elle se renouvelait, ou bien s'évaporait en entier lorsqu'elle ne pouvait être renouvelée[b]. On peut se former une idée de ces anciens bassins de la mer et de leur produit en sel par les lacs salés que nous connaissons en plusieurs endroits de la surface de la terre; une chaleur double de celle de la température actuelle causerait en peu de temps l'entière évaporation de l'eau et laisserait au fond toute la masse de sel qu'elle tient en dissolution, et l'épaisseur de ce dépôt salin serait proportionnelle à la quantité d'eau contenue dans le bassin et enlevée par l'évaporation; en sorte, par exemple, qu'en supposant huit cents brasses ou quatre mille pieds de profondeur au bassin, on aurait au moins cent pieds d'épaisseur de sel après l'évaporation de cette eau, qui, comme l'on sait, contient communément un quarantième de sel relativement à son poids; je dis cent pieds au moins, car ici le volume augmente plus que pro-

a. Aux environs de la ville de Northwich, dans le comté de Chester en Angleterre, et dans un terrain plat, on exploite quantité de mines de sel. Le sel en roc ou en masse s'y trouve à vingt toises de profondeur perpendiculaire, recouvert d'une espèce de schiste noir, et au-dessus d'un sable que l'on voit sur toute la surface.

Dans la crainte de rencontrer des sources d'eau qui gêneraient, ou peut-être détruiraient l'exploitation, on n'a pas approfondi dans la masse de sel au-dessous de dix toises; de sorte qu'on en ignore absolument l'épaisseur : on n'a pas même osé la sonder.

Le sel en roc paraît avoir été déposé par couches ou lits de plusieurs couleurs; il est généralement d'un rouge foncé, ressemblant à peu près à la couleur du sable qui compose la surface du terrain; d'autres de différentes nuances, et enfin de celui qui est parfaitement blanc et pur, sans aucun mélange. Mais ce qu'il y a encore de très-particulier, c'est que ces couches de sel sont dans une position qui ferait croire que le dépôt s'en fait par ondes, comme on voit ceux que la mer fait sur ses côtes. *Voyages métallurgiques*, par M. Jars, t. III, p. 332.

b. L'été du Groënland, moins long qu'ailleurs, y est pourtant assez chaud pour qu'on soit obligé de se dégarnir quand on marche, surtout dans les baies et les vallons où les rayons du soleil se concentrent sans que les vents de mer y pénètrent. L'eau qui reste dans les bassins et les creux des rochers après le flux s'y coagule au soleil, et s'y cristallise en un très-beau sel de la plus grande blancheur. *Histoire générale des Voyages*, t. XIX, p. 20.

portionnellement à la masse; je ne sais si cette augmentation relative a été déterminée par des expériences, mais je suis persuadé qu'elle est considérable, tant par la quantité d'eau que le sel retient dans sa cristallisation que par les matières grasses et terreuses dont l'eau de la mer est toujours chargée, et que l'évaporation ne peut enlever.

Quoi qu'il en soit, les vues que je viens de présenter sont suffisantes pour concevoir la formation de ces prodigieux dépôts de sel sur lesquels nous croyons devoir donner encore quelques détails importants. Voici l'ordre des différents bancs de terre et de pierre qu'on trouve avant de parvenir au sel dans les mines de Wieliczka : « Le premier lit, celui qui s'étend jusqu'à « l'extérieur de la mine, est de sable, c'est-à-dire un amas de grains fins « arrondis, blancs, jaunâtres et même rougeâtres. Ce banc de sable est suivi « de plusieurs lits de terre argileuse plus ou moins colorée; mais le plus « ordinairement ces terres ont la couleur de rouille de fer. Ces lits de terre, « à une certaine profondeur, sont séparés par des lames de pierre que leur « peu d'épaisseur, jointe à leur couleur noirâtre, ferait regarder comme « des ardoises; ce sont des pierres feuilletées... On descend d'abord dans « le premier étage par une espèce de puits de huit pieds en carré, ayant deux « cents pieds de France de profondeur, au lieu de six cents, comme on a « voulu le dire... On y trouve une chapelle taillée dans la masse du sel, et « qui peut avoir environ trente pieds de longueur sur vingt-quatre de lar- « geur et dix-huit de hauteur; tous les ornements et les images de cette « chapelle sont aussi faits avec du sel... Il n'y a que neuf cents pieds de « profondeur depuis le sommet de la mine jusque dans l'endroit le plus « profond... Et il est étonnant qu'on ait voulu persuader au public qu'il y « avait dans cette mine une espèce de ville souterraine, puisqu'il n'y a dans « les galeries que quelques petites chambres qui sont destinées à enfermer « les outils des ouvriers lorsqu'ils s'en vont le soir de la mine...

« Plus on pénètre profondément dans ces salines, plus l'on trouve le sel « abondant et pur; si l'on rencontre quelques couches de terre, elles n'ont « ordinairement que deux à trois pieds d'épaisseur et fort peu d'étendue; « toutes ces couches sont d'une glaise plus ou moins sableuse.

« On n'a trouvé jusqu'à présent dans ces mines aucune production vol- « canique, telles que soufre, bitume, charbon minéral, etc., comme il « s'en trouve dans les salines de Halle, de la haute Saxe et du comté de « Tyrol. On y trouve beaucoup de coquilles, principalement des bivalves et « des madrépores...

« Je n'assurerai pas que ces mines aient, comme on le dit, trois lieues « d'étendue en tous sens... Mais il y a lieu de croire qu'elles communiquent « à celles de Bochnia (ville à cinq milles au levant de Wieliczka), où l'on « exploite le même sel; le travail de Wieliczka a toujours été dirigé du « côté de Bochnia, et celui de Bochnia du côté de Wieliczka jusqu'en 1772,

« qu'on se trouva arrêté de part et d'autre par un lit de terre marneuse « ne contenant pas un atome de sel... Mais l'administration ayant dirigé « l'exploitation du côté du midi, on trouva du sel beaucoup plus pur...

« On détache ce sel de la masse, en blocs qui ont ordinairement sept à « huit pieds de longueur sur quatre de largeur et deux d'épaisseur ; on « emploie pour cela des coins de fer, et on opère à peu près de la manière « qu'on le fait dans nos carrières pour en tirer la pierre de taille... Lors- « que ces gros blocs sont ainsi détachés, on les divise en trois ou quatre « parties dont on fait des cylindres pour faciliter le transport...

« Les morceaux de sel que l'on trouve quelquefois dans cette mine de « Wieliczka se rencontrent par cubes isolés dans les couches de glaises, sans « affecter de marche régulière, et quelquefois formant des bandes de deux « à trois pouces d'épaisseur dans la masse du sel ; mais celui qui se trouve « en grain dans la glaise est toujours le plus beau, et on conduit presque « tout ce sel blanc dans l'endroit que l'on appelle la Chancellerie, qui est « un bureau où travaillent quatre commis pendant la journée : tout ce qui « orne cette Chancellerie, comme tables, armoires, etc., est en sel... Avec « les morceaux de sel blanc les plus transparents, on travaille de jolis « ouvrages qui ont différentes formes, comme des crucifix, des tables, des « chaises, des tasses à café, des canons montés sur leurs affûts, des mon- « tres, des salières, etc.[a]. »

Nous ne pouvons douter qu'il n'y ait en France des mines de sel gemme[1], puisque nous y connaissons un grand nombre de fontaines salées, et dans nos provinces même les plus éloignées de la mer ; mais la recherche de ces mines est prohibée, et même l'usage de l'eau qui en découle nous est interdit par une loi fiscale, qui s'oppose au droit si légitime d'user de ce que la nature nous offre avec profusion ; loi de proscription contre l'aisance de l'homme et la santé des animaux, qui, comme nous, doivent participer aux bienfaits de la mère commune, et qui faute de sel ne vivent et ne se multiplient qu'à demi ; loi de malheur, ou plutôt sentence de mort contre les générations à venir, qui n'est fondée que sur le mécompte et sur l'ignorance, puisque le libre usage de cette denrée, si nécessaire à l'homme et à tous les êtres vivants, ferait plus de bien et deviendrait plus utile à l'État que le produit de la prohibition, car il soutiendrait et augmenterait la vigueur, la santé, la propagation, la multiplication des hommes et de tous les animaux utiles. La gabelle fait plus de mal à l'agriculture que la grêle et la gelée ; les bœufs, les chevaux, les moutons, tous nos premiers aides dans cet art de première nécessité et de réelle utilité, ont encore plus

a. *Observations sur les mines de sel gemme de Wieliczka*, par M. Bernard : *Journal de Physique*, mois de décembre 1780, pag. 159 et suiv.

1. Les principales *salines* de France, aujourd'hui exploitées, sont celles de Dieuze et de Vic, en Lorraine.

besoin que nous de ce sel qui leur était offert comme l'assaisonnement de leur insipide herbage et comme un préservatif contre l'humidité putride dont nous les voyons périr; tristes réflexions, que j'abrége en disant que l'anéantissement d'un bienfait de la nature est un crime dont l'homme ne se fût jamais rendu coupable s'il eût entendu ses véritables intérêts.

Les mines de sel se présentent dans tous les pays où l'on a la liberté d'en faire usage[a]; il y en a tout autant en Asie qu'en Europe, et le despotisme oriental, qui nous paraît si pesant pour l'humanité, s'est cependant abstenu de peser sur la nature : le sel est commun en Perse et ne paie aucun droit[b]; les salines y sont en grand nombre, tant à la surface que dans l'intérieur de

a. Nous séjournâmes un jour à Bex (dans le voisinage de Lausanne en Suisse), et nous l'employâmes à visiter les *salines* qui sont dans la montagne : on y cherche, en poussant des galeries dans le sein du rocher, la *masse de sel*, où une source d'eau prend en y passant celui qu'elle charrie et qu'on en tire à grands frais. Le rocher montre en quelques endroits des veines de ce sel qui font espérer qu'on trouvera cette masse. *Lettres de M. de Luc*, citoyen de Genève, pag. 9 et 10.

b. Le sel se fait par la nature toute seule, et sans aucun art; le soufre et l'alun se font de même : il y a deux sortes de sel dans le pays, celui des terres et celui des mines ou de roche. Il n'y a rien de plus commun en Perse que le sel, car d'un côté il n'y a nul droit dessus, et de l'autre vous trouvez des plaines entières, longues de dix lieues et plus, toutes couvertes de sel, et vous en trouvez d'autres qui sont couvertes de soufre et d'alun : on en passe quantité de cette sorte en voyageant dans la Parthide, dans la Perside, dans la Caramanie. Il y a une plaine de sel proche de Cachan, qu'il faut passer pour aller en Hircanie, où vous trouvez le sel aussi net et aussi pur qu'il se puisse. Dans la Médie et à Ispahan, le sel se tire des mines, et on le transporte par gros quartiers, comme la pierre de taille; il est si dur en des endroits, comme dans la Caramanie déserte, qu'on en emploie les pierres dans la construction des maisons des pauvres gens. *Voyages de Chardin en Perse*, etc.; Amsterdam, 1711, tome II, page 23. — Cette dernière particularité n'est point du tout fabuleuse; Pline parle de ces constructions en masses de sel, que l'on cimente, ajoute-t-il, en les mouillant : « Gerris, Arabiæ oppido, muros « domosque massis salis faciunt, aquâ ferruminantes. » Au reste, de pareilles structures ne peuvent subsister que dans un pays tel que l'Arabie, où il ne pleut jamais. — En sortant de la ville de Kom, à notre droite, nous découvrîmes la montagne de Kilesim, qui n'est que médiocrement haute; mais elle est ceinte de tous côtés de plusieurs collines stériles et pierreuses, qui ne produisent que du sel, aussi bien que toute la campagne voisine, et qui est toute blanche de sel et de salpêtre : cette montagne, de même que celles de Nochtznan, de Kulb, d'Urumi, de Kemre, de Hemedan, de Bisetum et de Suldur, fournissent toute la Perse de sel, que l'on en tire comme d'une carrière. *Voyages d'Oléarius en Moscovie:* Paris, 1656, tome II, page 5. — Il y a quantité de montagnes dans la Perse... Il y en a plusieurs d'où l'on tire le sel comme on tire des pierres d'une carrière, et pour la valeur d'un sou on en donne un pied et demi en carré. Il se trouve aussi des plaines dont le sable n'est que pur sel, mais il n'a pas le même effet que celui de France, et il en faut le double pour saler raisonnablement les viandes. *Voyages de Tavernier en Turquie*, etc., tome II, pag. 10 et 11. — Quelques montagnes aux environs du château de Thaïkan, à deux journées nord-est-quart-de-nord de Balack, ville située sur les frontières de Perse, sont composées du plus beau sel de roche : cette ville de Balack a été ruinée par les Tartares. *Histoire générale des Voyages*, tome VII, page 318. — L'on trouve quantité de ruisseaux d'eau salée, au bord desquels s'épaissit et se forme un sel très-blanc; et ce qui est bien davantage, proche de Congo, il y a une plaine qui, par l'espace de plusieurs milles, est toute blanche de sel, lequel venant à se fondre en temps de pluie, et par ce moyen effaçant entièrement les chemins, cause une extrême confusion, et donne aux passants une peine incroyable. *Voyages d'Orient*, par le P. Philippe, carme déchaussé; Lyon, 1669, tome II, page 104.

la terre. On voit aux environs d'Astracan une montagne de sel gemme[a] où les habitants du pays et même les étrangers ont la liberté d'en prendre autant qu'il leur plaît[b]; il y a aussi des plaines immenses qui sont pour ainsi dire toutes couvertes de sel[c]; on voit une semblable plaine de sel en Natolie[d]. Pline dit que Ptolémée, en plaçant son camp près de Péluse, découvrit sous le sable une couche de sel que l'on trouva s'étendre de l'Égypte à l'Arabie[e]. La mer Caspienne et plusieurs autres lacs sont plus ou moins salés[f]: ainsi, dans les terres les plus éloignées de l'Océan, l'on ne manque pas plus de sel que dans les contrées maritimes, et partout il ne

a. On trouve dans la province d'Astracan une montagne de sel qui, bien qu'on y en prenne journellement, semble ne point diminuer : ce sel est dur et aussi transparent que du cristal. Il est permis à toutes sortes de gens d'y en faire couper, ce qui a enrichi beaucoup de marchands. *Voyages historiques de l'Europe*; Paris, 1693, tome II, pag. 34 et 35.

b. Pline cite une montagne de sel aux Indes, laquelle était, dit-il, pour le souverain, son possesseur, une source inépuisable de richesse. « Sunt et montes nativi salis, ut in Indiâ Oro-« menus, in quo lapidicinarum modo cæditur renascens; majusque regum vectigal ex eo, quàm « ex auro atque margaritis. » Lib. XXXI, cap. I, sect. 39.

c. Au delà du Volga, vers le couchant, s'étend une longue bruyère de plus de soixante-dix lieues d'Allemagne jusqu'au Pont-Euxin; et vers le midi, une autre de plus de quatre-vingts lieues le long de la mer Caspie... Mais ces déserts ne sont point si stériles qu'ils ne produisent du sel en plus grande quantité que les marais de France et d'Espagne; ceux de ces quartiers-là les appellent Mozakoski. Kainkowa et Gwoftonki, qui sont à dix, quinze et trente werstes d'Astracan, ont des veines salées, que le soleil cuit et fait nager sur l'eau l'épaisseur d'un doigt, comme un cristal de roche, et en si grande quantité, qu'en payant deux liards d'impôt de chaque poud, c'est-à-dire du poids de quarante livres, on en emporte tant que l'on veut; il sent la violette comme en France, et les Moscovites en font un grand trafic, en le portant sur le bord du Volga, où ils le mettent en de grands monceaux jusqu'à ce qu'ils aient la commodité de le transporter ailleurs. Petreins, dans son *Histoire de Moscovie*, dit qu'à deux lieues d'Astracan, il y a deux montagnes, qu'il nomme Bussin, qui produisent du sel de roche en si grande abondance, que, quand trente mille hommes y travailleraient incessamment, ils n'en pourraient pas tarir les sources; mais je n'ai pu rien apprendre de ces montagnes imaginaires : cependant il est certain que le fond des veines salées dont nous venons de parler est inépuisable, et que l'on n'en a pas sitôt enlevé une croûte qu'il ne s'y en fasse aussitôt une nouvelle. Le même Petreins se trompe aussi quand il dit que ces montagnes fournissent de sel, la Médie, la Perse et l'Arménie, puisque ces provinces ne manquent point de marais salants, non plus que la Moscovie, ainsi que nous le verrons dans la suite. *Voyages d'Oléarius*; Paris, 1656, tome I, page 319.

d. Tavernier parle d'une plaine de Natolie, qui a environ dix lieues de long et une ou deux de large, qui n'est qu'un lac salé dont l'eau se congèle et se forme en sel qu'on ne peut dissoudre qu'avec peine, si ce n'est dans l'eau chaude; ce lac fournit de sel presque toute la Natolie, et la charge d'une charrette, tirée par deux buffles, ne coûte sur le lieu qu'environ quarante-cinq sous de notre monnaie : il s'appelle Douslac, c'est-à-dire la place de sel, et le bacha de Couchahur, petite ville qui est à deux journées, en retire vingt-quatre mille écus par an. *Voyages de Tavernier*, tome I, page 124.

e. « Invenit et juxta Pelusium Ptolemæus rex, cùm castra faceret; quo exemplo postea inter « Ægyptum et Arabiam cœptum est inveniri, detractis arenis. » Lib. XXXI, cap. I, sect. 39.

f. Pline, en parlant des rivières salées, qu'il place dans la mer Caspienne, dit que le sel forme une croûte à la surface, sous laquelle le fleuve coule comme s'il était glacé; ce qu'on ne peut néanmoins entendre que des mers et des anses, où l'eau tranquille et dormante et baissant dans les chaleurs donnait lieu à la voûte de sel de se former : « Sed et summa fluminum duran-« tur in salem, amne reliquo veluti sub gelu fluente, ut apud Caspias portas, quæ *salis flumina* « appellantur. » *Hist. nat.*, lib. XXXI, cap. I, sect. 39.

coûte que les frais de l'extraction ou de l'évaporation. On peut voir, dans les notes ci-jointes, la manière dont on recueille le sel à la Chine, au Japon et dans quelques autres provinces de l'Asie [a]. En Afrique, il y a peut-être

a. Les parties occidentales de la Chine qui bordent la Tartarie sont bien pourvues de sel, malgré leur éloignement de la mer; outre les salines qui se trouvent dans quelques-unes de ces provinces, on voit dans quelques autres une sorte de terre grise, comme dispersée de côté et d'autre, en pièces de trois ou quatre arpents, qui rend une prodigieuse quantité de sel. Pour le recueillir, on rend la surface de la terre aussi unie que la glace, en lui laissant assez de pente pour que l'eau ne s'y arrête point; lorsque le soleil vient à la sécher, jusqu'à faire paraître blanches les particules de sel qui s'y trouvent mêlées, on les rassemble en petits tas, qu'on bat ensuite soigneusement, afin que la pluie puisse s'y imbiber : la seconde opération consiste à les étendre sur de grandes tables un peu inclinées, qui ont des bords de quatre ou cinq doigts de hauteur; on y jette de l'eau fraîche, qui, faisant fondre les parties de sel, les entraîne avec elle dans de grands vaisseaux de terre, où elles tombent goutte à goutte par un petit tube. Après avoir ainsi dessalé la terre, on la fait sécher, on la réduit en poudre, et on la remet dans le lieu d'où on l'a tirée : dans l'espace de sept ou huit jours, elle s'imprègne de nouvelles parties de sel, qu'on sépare encore par la même méthode.

Tandis que les hommes sont occupés de ce travail aux champs, leurs femmes et leurs enfants s'emploient, dans des huttes bâties au même lieu, à faire bouillir le sel dans de grandes chaudières de fer, sur un fourneau de terre percé de plusieurs trous, par lesquels tous les chaudrons reçoivent la même chaleur; la fumée passant par un long noyau, en forme de cheminée, sort à l'extrémité du fourneau : l'eau, après avoir bouilli quelque temps, devient épaisse et se change par degrés en un sel blanchâtre, qu'on ne cesse pas de remuer avec une grande spatule de fer jusqu'à ce qu'il soit devenu tout à fait blanc. *Histoire générale des Voyages*, tome VI, pag. 486 et 487. — Au Japon, le sel se fait avec de l'eau de la mer : on creuse un grand espace de terre qu'on remplit de sable fin, sur lequel on jette de l'eau de la mer, et on le laisse sécher; on recommence la même opération jusqu'à ce que le sable paraisse assez imbibé de sel; alors on le ramasse, on le met dans une cuve, dont le fond est percé en trois endroits; on y jette encore de l'eau de la mer, qu'on laisse filtrer au travers du sable: on reçoit cette eau dans de grands vases, pour la faire bouillir jusqu'à certaine consistance, et le sel qui en sort est calciné dans de petits pots de terre jusqu'à ce qu'il devienne blanc. *Histoire naturelle du Japon*, par Kæmpfer, tome I, page 95.

Chez les Mogols, il y a une mine de sel mêlée de sable à la profondeur d'un pouce sous terre; cette région en est remplie : les Mogols, pour le purifier, mettent ce mélange dans un bassin où ils jettent de l'eau; le sel venant à se dissoudre, ils le versent dans un autre bassin et le font bouillir; après quoi ils le font sécher au soleil. Ils s'en procurent encore plus aisément dans leurs étangs d'eau de pluie, où il se ramasse de lui-même dans des trous; et, séchant au soleil, il laisse une croûte de sel fin et pur, qui est quelquefois épaisse de deux doigts, et qui se lève en masse. *Histoire générale des Voyages*, tome VII, page 464. — La province de Portalona, au couchant de l'île de Ceylan, a un port de mer d'où une partie du royaume tire du sel et du poisson... A l'égard des parties orientales que l'éloignement et la difficulté des chemins empêchent de tirer du sel de ce port, la nature a pourvu à leurs besoins d'une autre manière. Le vent d'est fait entrer l'eau de la mer dans le port de Leaouva; et lorsque ensuite le vent d'ouest amène le beau temps, cette eau se congèle, et fournit aux habitants plus de sel qu'ils n'en peuvent employer. *Idem*, tome VIII, page 520.

Dans le royaume d'Asem, on fait du sel en faisant sécher et brûler ensuite cette verdure qui se trouve ordinairement sur les eaux dormantes : les cendres qui en proviennent étant bouillies et passées servent de sel. La seconde méthode est de prendre de grandes feuilles de figuier que l'on sèche et que l'on brûle de même. Les cendres sont une espèce de sel d'une âcreté si piquante, qu'il serait impossible d'en manger s'il n'était adouci : on met les cendres dans l'eau; on les y remue l'espace de dix ou douze heures; ensuite on passe cette eau trois fois dans un linge, et puis on la fait bouillir; à mesure qu'elle bout, le fond s'épaissit, et lorsqu'elle est consumée, on trouve au fond de la chaudière un sel blanc et d'assez bon goût. C'est de la cendre

encore plus de mines de sel qu'en Europe et en Asie : les voyageurs citent les salines du cap de Bonne-Espérance[a] : Kolbe surtout s'étend beaucoup

des mêmes feuilles qu'on fait dans le royaume d'Asem une lessive dont on blanchit les soies; si le pays avait plus de figuiers, les habitants feraient toutes leurs soies blanches, parce que la soie de cette couleur est beaucoup plus claire que l'autre. *Hist. génér. des Voy.*, t. IX, p. 548.

a. Dans les environs de la baie de Saldanha, qui sont habités par les Kochoquas ou Salthanchaters, il y a plusieurs mines de sel dont les étrangers font commerce... Il y a aussi des salines dans plusieurs endroits du pays des Damaquas, mais elles ne sont d'aucun usage, parce qu'elles sont trop éloignées des habitations européennes, et que les Hottentots ne mangent jamais de sel... Dans toutes les terres du cap de Bonne-Espérance, le sel est formé par l'action du soleil sur l'eau des pluies; ces eaux s'amassent dans des espèces de bassins naturels pendant la saison des pluies; elles entraînent avec elles, en descendant des montagnes et des collines, un limon gras dont la couleur est plombée, et c'est sur ce limon que se forme le sel dans les bassins.

L'eau, en descendant dans ces bassins, est toujours noirâtre et sale; mais au bout de quelque temps elle devient claire et limpide, et ne redevient noirâtre que dans le mois d'octobre, temps auquel elle commence à devenir salée; à mesure que la chaleur de l'été devient plus grande, elle prend un goût plus âcre et plus salé, et sa couleur devient enfin d'un rouge foncé : les vents de sud-est, soufflant alors avec force, agitent cette eau et accélèrent l'évaporation... Le sel commence à paraître sur les bords; sa quantité augmente de jour en jour, et vers le solstice d'été les bassins se trouvent remplis d'un beau sel blanc, dont la couche a quelquefois six pouces d'épaisseur, surtout si les pluies ont été assez considérables pour remplir d'eau ces creux ou ces bassins naturels...

Dès que le sel est ainsi formé, chaque habitant des colonies en fait sa provision pour toute l'année; il n'a besoin pour cela d'aucune permission, ni de payer aucun droit : il y a seulement deux bassins qui sont réservés pour la Compagnie hollandaise et pour le gouvernement, et dans lesquels les colons ne prennent point de sel...

Ce sel du cap de Bonne-Espérance est blanc et transparent; ses grains ont ordinairement six angles, et quelquefois plus; le plus blanc et le plus fin est celui qui se tire du milieu du bassin, c'est-à-dire de l'endroit où la couche de sel est la plus épaisse... Celui des bords est grossier, dur et amer; cependant on le préfère pour saler la viande et le poisson, parce qu'il est plus dur à fondre que celui du milieu du bassin; mais ni l'un ni l'autre ne vaut celui d'Europe pour ces sortes de salaisons, et les viandes qui en sont salées ne peuvent jamais soutenir un long voyage.

La manière dont se forme ce sel ressemble trop à celle dont se produit le nitre pour ne pas supposer que le sel du Cap vient en bonne partie du nitre que le terrain et l'air contiennent dans ce pays... Ces parties nitreuses descendent peu à peu sur la terre où elles restent renfermées jusqu'à ce que les pluies, tombant en abondance, lavent le terrain et les entraînent avec elles dans les bassins... D'un autre côté, on a lieu de présumer que le terrain des vallées du Cap est naturellement salé, puisque l'herbe qui croît dans ces vallées a un goût d'amertume et de salure, et que les Hollandais nomment ces pâturages *terres saumaches;* et ce fait seul serait suffisant pour expliquer la formation du sel dans les terrains du cap de Bonne-Espérance.

Enfin pour prouver que l'air est chargé de particules salsugineuses au Cap, M. Kolbe rapporte une expérience qui a été faite par un de ses amis, dont il résulte que si l'on reçoit dans un vaisseau les vents qui soufflent au Cap, il se forme sur les parois de ce vaisseau de petites gouttes qui, augmentant peu à peu, le remplissent en entier; que cette eau qui, d'abord ne paraît pas être salée, étant exposée dans un endroit où la chaleur et l'air puissent agir en même temps sur l'eau et sur le vaisseau, elle devient dans l'espace de trois ou quatre heures salsugineuse et blanchâtre, paraît comme mélangée de vert de mer et de bleu céleste, et laisse un sédiment qui prend la forme de gelée.

Lorsque après cela on couvre légèrement le vaisseau et qu'on le met sur un fourneau, cette eau devient d'abord jaune, ensuite rougeâtre, et enfin elle prend une couleur d'un rouge écarlate; il s'y forme après cela divers corps de différentes figures : les parties *nitreuses* sont sexangulaires, cannelées et oblongues, les *vitrioliques* (ou plutôt de sel marin) ont la figure

sur la manière dont s'y forme le sel et sur les moyens de le recueillir. En Abyssinie, il y a de vastes plaines toutes couvertes de sel, et l'on y connaît aussi des mines de sel gemme[a]; il s'en trouve de même aux îles du cap Vert[b], au cap Blanc[c]; et comme la chaleur est excessive au Sénégal, en Guinée et dans toutes les terres basses de l'Afrique, le sel s'y forme par une évaporation prompte et presque continuelle[d]; il s'en forme aussi sur la côte

cubique, et les *urinaires* prennent une figure sexangulaire, ronde et étoilée. On démêle aussi les parties de sel, les unes sont jaunes, les autres blanches et brillantes, etc... Telle est, ajoute M. Kolbe, l'expérience que mon correspondant a faite et qu'il a réitérée soixante-dix fois et toujours avec le même succès; toujours il a retiré de cette eau *aérienne* les trois principes, etc. *Description du cap de Bonne-Espérance;* Amsterdam, 1741, partie II, pages 110, 128, 195 et jusqu'à 202. — L'on peut dire que partout l'air des environs de la mer est salé à peu près comme au Cap, et cet air salé, pompé par la végétation, donne un goût salin à ses productions. Il y a des raisins et d'autres fruits salés : les différentes plantes dont on fait le varech le sont plus ou moins suivant les différents parages. Celles qui sont le plus proche des embouchures des fleuves le sont moins que celles qui croissent sur les écueils des hautes mers.

a. Le P. Lobo dit qu'en partant du port de Baylno sur la mer Rouge, il traversa de grandes plaines de sel qui aboutissent aux montagnes de Duan, par lesquelles l'Abyssinie est séparée du pays des Galles et des Mores... Le même auteur dit que la principale monnaie des Abyssins est le sel qu'on donne par morceaux de la longueur d'une palme, larges et épais de quatre doigts : chacun en porte un petit morceau dans sa poche; lorsque deux amis se rencontrent, ils tirent leurs petits morceaux de sel et se le donnent à lécher l'un à l'autre. *Bibliothèque raisonnée,* t. I, pages 56 et 58. — On se sert en Éthiopie de sel de roche pour la petite monnaie : il est blanc comme la neige, et dur comme la pierre; on le tire de la montagne Lafla, et on le porte dans les magasins de l'empereur, où on le forme en tablettes qu'on appelle *amouly,* ou en demi-tablettes qu'on nomme *courman.* Chaque tablette est longue d'un pied, large et épaisse de trois pouces : dix de ces tablettes valent trois livres de France. On les rompt selon le paiement qu'on a à faire, et on se sert de ce sel également pour la monnaie et pour l'usage domestique. M. Poncet, suite des *Lettres édifiantes.* Paris, 1704, quatrième Recueil, p. 329.

b. L'île de Sal, l'une de celles du cap Vert, tire son nom de la grande quantité de sel qui s'y congèle naturellement, toute l'île étant pleine de marais salants; le terroir est fort stérile, ne produisant aucun arbre, etc. *Nouveau voyage autour du monde*, par Dampier; Rouen, 1715, t. I, p. 92. — Il y a des mines de sel dans l'île de Buona-Vista, l'une des îles du cap Vert; on en charge des vaisseaux, et l'on en conduit dans la Baltique. *Histoire générale des voyages,* t. II, p. 293. — L'île de Mai est la plus célèbre des îles du cap Vert par son sel, que les Anglais chargent tous les ans dans leurs vaisseaux. Barbot assure que cette île pourrait en fournir tous les ans la cargaison de mille vaisseaux. Ce sel se charge dans des espèces de marais salants où les eaux de la mer sont introduites dans le temps des marées vives, par de petits aqueducs pratiqués dans le banc de sable : ceux qui le viennent charger le prennent à mesure qu'il se forme, et le mettent en tas dans quelques endroits secs avant que l'on y introduise de l'eau nouvelle. Dans cet étang, le sel ne commence à se congeler que dans la saison sèche; au lieu que dans les salines des Indes occidentales, c'est au temps des pluies, particulièrement dans l'île de la Tortue. *Histoire générale des Voyages,* t. II, p. 372.

c. A six journées de la ville de Hoden, derrière le cap Blanc, on trouve une ville nommée Teggazza, d'où l'on tire tous les ans une grande quantité de sel de roche, qui se transporte sur le dos des chameaux à Tumbuto, et de là dans le royaume de Melly, qui est du pays des Nègres. *Histoire générale des Voyages*, t. II, p. 293. — Ces nègres regardent le sel comme un préservatif contre la chaleur; ils en font chaque jour dissoudre un morceau dans un vase rempli d'eau, et l'avalent avec avidité, ils croient lui être redevables de leur santé et de leurs forces. *Idem, ibidem.*

d. On ne saurait presque s'imaginer combien est considérable le gain que les Nègres font à cuire le sel sur la côte de Guinée... Tous les Nègres du pays sont obligés à venir quérir le sel

d'Or[a], et il y a des mines de sel gemme au Congo[b] : en général, l'Afrique, comme la région la plus chaude de la terre, a peu d'eau douce, et presque tous les lacs et autres eaux stagnantes de cette partie du monde sont plus ou moins salés.

L'Amérique, surtout dans les contrées méridionales, est assez abondante en sel marin ; il s'en trouve aussi dans les îles, et notamment à Saint-

sur la côte ; ainsi, il ne vous sera pas difficile de comprendre que le sel y doit être extrêmement cher, et les gens du commun sont forcés de se contenter, en place de sel, d'une certaine herbe un peu salée, leur bourse ne pouvant souffrir qu'ils achètent du sel.

Quelques milles dans les terres derrière Ardra, d'où viennent la plupart des esclaves, on en donne un et quelquefois deux pour une poignée de sel...

Voici la manière de cuire le sel : quelques-uns font cuire l'eau de la mer dans des bassins de cuivre aussi longtemps qu'elle se mette ou se change en sel ; mais c'est la manière la plus longue, et par conséquent la moins avantageuse ; aussi ne fait-on cela que dans les lieux où le pays est si haut, que la mer ou les rivières salées n'y peuvent couler par-dessus ; mais dans les autres endroits où l'eau des rivières ou de la mer se répand souvent, ils creusent de profondes fosses pour y renfermer l'eau qui se dérobe, ensuite de quoi le plus fin ou le plus doux de cette eau se sèche peu à peu par l'ardeur du soleil, et devient plus propre pour en tirer dans peu de temps beaucoup de sel.

En d'autres endroits ils ont des salines où l'eau est tellement séchée par la chaleur du soleil, qu'ils n'ont pas besoin de la faire cuire, mais n'ont qu'à l'amasser dans ces salines.

Ceux qui n'ont pas les moyens d'acheter des bassins de cuivre, ou qui ne veulent pas employer leur argent à ces bassins, ou bien encore qui craignent que l'eau de mer devant cuire si longtemps, ces bassins ne fussent bientôt percés par le feu, prennent des pots de terre dont ils mettent dix ou douze les uns contre les autres, et font ainsi deux longues rangées, étant attachés les uns aux autres avec de l'argile, comme s'ils étaient maçonnés, et sous ces pots il y a comme un fourneau, où l'on met continuellement du bois ; cette manière est la plus ordinaire dont ils se servent, et avec laquelle cependant ils ne tirent pas tant de sel ni si promptement. Le sel est extrêmement fin et blanc sur toute la côte (à l'exception des environs d'Acra), principalement dans le pays de Fantin, où il surpasse presque la neige en blancheur. *Voyages de Bosman* ; Utrecht, 1705, pages 321 et suiv.

Le long du rivage du canal de Biyurt, quelques lieues au-dessus de la barre du fleuve du Sénégal, la nature a formé des salines fort riches ; on en compte huit éloignées l'une de l'autre d'une ou deux lieues : ce sont de grands étangs d'eau salée, au fond desquels le sel se forme en masse ; on le brise avec des crocs de fer pour le faire sécher au soleil : à mesure qu'on le tire de l'étang, il s'en forme d'autre. On s'en sert pour saler les cuirs ; il est corrosif et fort inférieur en bonté au sel de l'Europe. Chaque étang a son fermier qui se nomme *ghiodin* ou *komessu*, sous la dépendance du roi de Kayor. *Histoire générale des Voyages*, t. II, page 489.

a. La côte d'Or, en Afrique, fournit un fort bon sel et en abondance... La méthode des Nègres est de faire bouillir l'eau de la mer dans des chaudières de cuivre, jusqu'à sa parfaite congélation... Ceux qui sont situés plus avantageusement creusent des fosses et des trous, dans lesquels ils font entrer l'eau de la mer pendant la nuit : la terre étant d'elle-même salée et nitreuse, les parties fraîches de l'eau s'exhalent bientôt à la chaleur du soleil, et laissent de fort bon sel, qui ne demande pas d'autres préparations. Dans quelques endroits, on voit des salines régulières où la seule peine des habitants est de recueillir le sel chaque jour. *Histoire générale des Voyages*, t. IV, pages 216 et suiv.

b. Le pays de Sogno est voisin des mines de Demba, d'où l'on tire à deux ou trois pieds de terre un sel de roche d'une beauté parfaite, aussi clair que la glace, sans aucun mélange : on le coupe en pièces d'une aune de long, qui se transportent dans toutes les parties du pays. De Lille place les mines de sel dans le pays de Bamba : ce pays de Sogno fait partie du royaume de Congo. *Idem*, *ibidem*, p. 626.

Domingue[a] et sur plusieurs côtes du continent[b]; ainsi que dans les terres de l'isthme de Panama[c], dans celles du Pérou[d], de la Californie[e] et jusque dans les terres Magellaniques[f].

Il y a donc du sel dans presque tous les pays du monde[g], soit en masses

a. L'île de Saint-Domingue a, dans plusieurs endroits de ses côtes, des salines naturelles, et l'on trouve du sel minéral dans une montagne voisine du lac Xaragua, plus dur et plus corrosif que le sel marin, avec cette propriété que les brèches que l'on y fait se réparent, dit-on, dans l'espace d'un an. Oviédo ajoute que toute la montagne est d'un très-bon sel, aussi luisant que le cristal, et comparable à celui de Cardonne en Catalogne. *Hist. génér. des Voyages*, t. XII, p. 218. — Il y a dans cette île de très-belles salines, qui sans être cultivées donnent du sel aussi blanc que la neige, et étant travaillées en pourraient fournir davantage que toutes les salines de France, de Portugal et d'Espagne. Il se rencontre de ces salines au midi, dans la baie d'Ocoa, dans le cul-de-sac, à un lieu nommé *coridon*, au septentrion de l'île vers l'orient, à Caracol, à Limonade, à Monte Christo; il y en a encore en plusieurs autres lieux, et ce ne sont ici que les principales. Outre ces salines marines l'on trouve dans les montagnes des mines de sel qu'on appelle ici *sel gemme*, qui est aussi beau et aussi bon que le sel marin : je l'ai moi-même éprouvé, et l'ai trouvé beaucoup meilleur que le premier. *Histoire des Aventuriers Boucaniers*. Paris, 1686, t. I, p. 84.

b. Derrière le cap d'Araya en Amérique, qui est vis-à-vis de la pointe occidentale de la Marguerite, la nature a placé une saline qui serait utile aux navigateurs, si elle n'était pas trop éloignée du rivage; mais dans l'intérieur du golfe, le continent forme un coude près duquel est une autre saline, la plus grande peut-être qu'on ait connue jusqu'aujourd'hui; elle n'est pas à plus de trois cents pas du rivage, et l'on y trouve dans toutes les saisons de l'année un excellent sel, quoique moins abondant au temps des pluies : quelques-uns croient que les flots de la mer, poussés dans l'étang par les tempêtes, et n'ayant point d'issues pour en sortir, y sont coagulés par l'action du soleil, comme il arrive dans les salines artificielles de France et d'Espagne; d'autres jugent que les eaux salées s'y rendent de la mer par des conduits souterrains, parce que le rivage paraît trop convexe pour donner passage aux flots; enfin d'autres encore attribuent aux terres mêmes une qualité saline, qu'elles communiquent aux eaux de pluie : ce sel est si dur, qu'on ne peut en tirer sans y employer des instruments de fer. *Histoire générale des voyages*, t. XIV, p. 393.

c. Les Indiens de cet isthme tirent leur sel de l'eau de la mer, qu'ils cuisent dans des pots de terre jusqu'à ce qu'elle soit évaporée, et que le sel reste au fond en forme de gâteau; ils en coupent à mesure qu'ils en ont besoin, mais cette voie est si longue qu'ils n'en peuvent pas faire en grande quantité, et qu'ils l'épargnent beaucoup. *Voyages de Wafer*, suite de Dampier, t. IV, p. 241. — Le sel minéral ou sel de pierre se trouve très-abondamment au Pérou; il y a aussi dans la province de Lipes, une plaine de sel de plus de quarante lieues de longueur sur seize de largeur, à l'endroit le plus étroit. *Métallurgie d'Alphonse Barba*, t. I, p. 24 et suiv.

d. Le port de Punta, dans le Corrégiment de Guyaquil au Pérou, est si riche en salines, qu'il suffit seul pour fournir du sel à toute la province de Quito. *Histoire générale des Voyages*, t. XIII, p. 366.

e. Ce n'est pas de la mer qu'on tire le sel pour la Californie; il y a des salines dont le sel est blanc et luisant comme du cristal, mais en même temps si dur qu'on est souvent obligé de le rompre à grands coups de marteau. Il serait d'un bon débit dans la Nouvelle-Espagne où le sel est rare. M. Poncet, suite des *Lettres édifiantes* ; Paris, 1705, cinquième Recueil, p. 271.

f. Vers le port Saint-Julien en Amérique, environ cinquante degrés de latitude sud, le voyageur Narborough vit, en 1669, un marais qui n'avait pas moins de deux milles de long, et sur lequel il trouva deux pouces d'épaisseur d'un sel très-blanc, qu'on aurait pris de loin pour un pavé fort uni : ce sel était également agréable au palais et à l'odorat. *Histoire générale des Voyages*, t. XI, p. 36. George Anson dit la même chose dans son *Voyages autour du monde*, page 58.

g. Les voyageurs nous disent qu'au pays d'Asem, aux Indes orientales, le sel naturel manque absolument, et que les habitants y suppléent par un sel artificiel. « Pour cet effet, ils prennent « de grandes feuilles de la plante qu'on nomme aux Indes *figuier d'Adam*; ils les font sécher,

solides à l'intérieur de la terre, soit en poudre cristallisée à sa surface, soit en dissolution dans les eaux courantes ou stagnantes. Le sel en masse ou en poudre cristallisée ne coûte que la peine de le tirer de sa mine ou celle de le recueillir sur la terre; celui qui est dissous dans l'eau ne peut s'obtenir que par l'évaporation, et dans les pays[1] où les matières combustibles sont rares, on peut se servir avantageusement de la chaleur du soleil, et même l'augmenter par des miroirs ardents, lorsque la masse de l'eau salée n'est pas considérable; et l'on a observé que les vents secs font autant et peut-être plus d'effet que le soleil sur la surface des marais salants. On voit, par le témoignage de Pline, que les Germains et les Gaulois tiraient le sel des fontaines salées par le moyen du feu[a]; mais le bois ne leur coûtait rien ou si peu qu'ils n'ont pas eu besoin de recourir à d'autres moyens : aujourd'hui, et même depuis plus d'un siècle, on fait le sel en France par la seule évaporation, en attirant l'eau de la mer dans de grands terrains qu'on appelle des *marais salants.* M. Montel a donné une description très-exacte des marais salants de Pécais, dans le Bas-Languedoc[b]; on peut en lire l'ex-

« et, après les avoir fait brûler, les cendres qui restent sont mises dans l'eau, qui en adoucit « l'âpreté; on les y remue pendant dix à douze heures, après quoi l'on passe cette eau au tra- « vers d'un linge, et on la fait bouillir : à mesure qu'elle bout, le fond s'épaissit, et quand elle « est consumée, on y trouve pour sédiment au fond du vase un sel blanc et assez bon; mais « c'est là le sel des riches, et les pauvres de ce pays en emploient d'un ordre fort inférieur. « Pour le faire, on ramasse l'écume verdâtre qui s'élève sur les eaux dormantes et en couvre la « superficie; on fait sécher cette matière, on la brûle, et les cendres qui en proviennent étant « bouillies, il en vient une espèce de sel, que le commun peuple d'Asem emploie aux mêmes « usages que nous employons le nôtre. » *Académie des Sciences de Berlin*, année 1745, p. 73.

a. « Galliæ, Germaniæque ardentibus lignis aquam salsam infundunt. » Pline, lib. XXXI, cap. I, sect. 39.

b. Ces salines de Pécais sont situées à une lieue et demie d'Aigues-Mortes, dans une plaine dont l'étendue est d'environ une lieue et demie en tout sens : ce terrain est presque tout sablonneux et limoneux, mêlé avec un débris de coquillages que la mer y a jeté... Ce terrain est coupé de canaux creusés exprès pour la facilité du transport des sels, qui ne se fait qu'en hiver ou dans des barques; on le dépose dans le grand entrepôt pour le compte du roi...

On compte dix-sept salines dans tout le terrain de Pécais; mais il n'y en a que douze qui soient en valeur, et toutes sont éloignées de la mer d'environ deux mille toises. Ce terrain de Pécais est plus bas que les étangs, qui sont séparés de la mer par une plage, et qui communiquent avec elle par quelques ouvertures; il est aussi plus bas que le bras du Rhône qui passe à Saint-Gilles, dont on a tiré un canal qui arrive à Pécais : il y a des digues, tant du côté de ce bras du Rhône que du côté des étangs, pour empêcher les inondations...

Toute l'eau dont on se sert dans les douze salines vient des étangs... Ces salines sont divisées en compartiments de cinquante, cent, etc., arpents chacun; plus ils sont grands et plus la récolte de sel est abondante, parce que l'eau salée qui vient des étangs parcourt plus d'espace et a plus de temps pour s'évaporer... C'est au commencement de mai que l'on fait les premiers travaux, en divisant les grands compartiments en d'autres plus petits : cette séparation se fait par le

1. « Dans les pays froids, où l'on ne peut appliquer à l'eau de mer la méthode des marais « salants, on extrait le sel en exposant l'eau de mer à une température très-basse : l'eau se « divise en deux parties; l'une se solidifie d'abord, c'est de l'eau presque pure, tandis que « l'autre reste liquide et retient en dissolution tous les sels solubles; en enlevant de temps en « temps les glaçons qui se sont formés, on finit par obtenir une eau très-chargée de sel, que l'on « évapore ensuite dans des chaudières. » (Pelouze et Frémy.)

trait dans la note ci-dessous : on ne fait à Pécais qu'une récolte de sel chaque année, et le temps nécessaire à l'évaporation est de quatre ou cinq mois, depuis le commencement de mai jusqu'à la fin de septembre.

Il y a de même des marais salants en Provence, dans lesquels on fait quelquefois deux récoltes chaque année, parce que la chaleur et la sécheresse de l'été y sont plus grandes ; et comme la mer Méditerranée n'a ni

moyen des bâtardeaux, des piquets, des fascines et de la terre... On ne fait entrer qu'environ un pied et demi d'eau sur le terrain, et comme il est imprégné de sel depuis plusieurs siècles, l'eau, à force de rouler dessus, se charge d'une plus grande quantité de sel... L'eau évaporée par la chaleur du soleil produit à sa surface une pellicule, et lorsqu'elle est prête à former le sel, elle paraît quelquefois rouge ou de couleur de rose, quand on la regarde à une certaine distance, et d'autres fois claire et limpide ; mais les ouvriers en jugent par une épreuve fort simple : ils plongent la main dans l'eau salée, et tout de suite ils la présentent à l'air ; s'il se forme dans l'instant sur la surface de la peau de petits cristaux et une légère croûte saline, ils jugent que l'eau est au point requis, et qu'il faut la conduire aux réservoirs, ensuite aux puits à roue, et enfin dans les tables pour la faire cristalliser... Les puits à roue n'ont ordinairement que cinq à six pieds de profondeur... Les tables ont des rebords formés de terre, pour y retenir huit à douze lignes d'eau que l'on y fait entrer toutes les vingt-quatre heures, et on ne lève du sel qu'après avoir réitéré l'introduction de l'eau sur les tables une vingtaine de fois, c'est-à-dire au bout de vingt jours : si la cristallisation a bien réussi, il reste après ce temps une épaisseur de sel d'environ trois pouces ou de deux pouces et demi... Ce sel est quelquefois si dur, surtout lorsque les vents du nord ont régné pendant l'évaporation, qu'il faut se servir de pelles de fer pour le détacher... On enlève ce sel ainsi formé sur les tables, et on en forme des monceaux en forme de pyramides, qui contiennent chacun environ quatre-vingts ou quatre-vingt-six minots de sel, du poids de cent livres par minot ; au bout de vingt-quatre heures, on rassemble tous ces petits monceaux de sel, et on en forme, sur un terrain élevé, des amas qui ont quelquefois cent toises de long, onze de large et cinq de hauteur, que l'on couvre ensuite de paille ou de roseau, en attendant qu'on puisse les faire transporter sur les grands entrepôts de vente, où l'on charge le sel pour l'approvisionnement des greniers du roi...

On ne fait chaque année, dans toutes les salines de Pécais, qu'une seule récolte ; dans les salines de Provence, à ce qu'on m'a assuré, on fait quelquefois une seconde récolte de sel qui est fort inférieur à celui de la première.

Si dans l'espace de quatre mois, que dure toute la manœuvre de l'opération, il survient des pluies fréquentes, des vents de mer ou des orages, on fait une mauvaise récolte ; il faudrait toujours, pour bien réussir, un soleil ardent et un vent de nord ou nord-ouest... Les inondations du Rhône, qui répandent des eaux douces sur le terrain des salines, font quelquefois perdre la récolte d'une année...

Suivant le règlement des gabelles, on doit ne laisser le sel en tas que pendant une année, pour lui faire perdre cette amertume et cette âcreté qu'on lui trouve lorsqu'il est récemment fabriqué ; mais il y reste bien plus longtemps, car les propriétaires ne le vendent ordinairement aux fermiers généraux qu'au bout de trois, quatre et quelquefois cinq ans ; au bout de ce temps, il est si dur qu'on ne peut le détacher qu'avec des pics de fer.

Dans les bonnes récoltes, on tire des salines de Pécais jusqu'à cinq cent treize mille minots de sel... On le vend au roi sur le pied de quarante-deux livres quinze sous le gros muid (c'est-à-dire cinq sous le minot, pesant cent livres)... Elles produisent au roi environ sept à huit millions par an...

Les bords des canaux qui conduisent l'eau dans les puits à roue sont couverts de belles cristallisations de sel, que l'on est obligé de détacher de temps en temps, parce qu'avec le temps elles intercepteraient le passage de l'eau... La surface de l'eau qui coule au milieu du canal est couverte d'une pellicule mince, qui est un indice pour connaître quand une dissolution de certains sels doit être être mise à cristalliser...

La plaine de sel que l'on voit sur les compartiments, et dont la blancheur se fait apercevoir de loin, ne commence à paraître que dans les premiers jours de juin, temps où les eaux sont

flux ni reflux, il y a plus de sûreté et moins d'inconvénients à établir des marais salants dans son voisinage que dans celui de l'Océan. Les seuls marais salants de Pécais, dit M. Montel, rapportent à la ferme générale sept ou huit millions par an : pour que la récolte du sel soit regardée comme bonne, il faut que la couche de sel, produite par l'évaporation successive pendant quatre à cinq mois, soit épaisse de deux pouces et demi ou trois

déjà prêtes à être conduites dans les puits à roue, et se soutient jusqu'au mois d'octobre ou de novembre. Dans certaines années, cette cristallisation ne dure pas si longtemps : tout dépend des pluies plus ou moins abondantes...

L'eau évaporée au point requis, à mesure qu'on l'élève par les seaux des puits à roue, se cristallise aux parois de ces seaux, surtout si le soleil est ardent et si le vent du nord règne; on est alors obligé d'y faire passer l'eau des étangs, ou de détacher deux fois par jour ces cristallisations, pour qu'elles ne remplissent pas toute la capacité du seau; mais ce dernier travail serait trop pénible, et on préfère la première manœuvre. On sait que le sel marin a la propriété de grimper dès qu'on lui présente quelque corps pendant qu'il cristallise; c'est à cette propriété que sont dues ces cristallisations auxquelles les ouvriers donnent toutes sortes de figures, comme de lacs d'amour, de crucifix, d'étoiles, d'arbres, etc... Elles sont formées à l'aide de morceaux de bois auxquels le sel s'attache, en sorte qu'il prend la figure qu'on a donnée à ces morceaux de bois : toutes ces cristallisations sont des amas de cubes très-réguliers et d'une grosseur très-considérable...

On tire de l'écume qui surnage les eaux salées que l'on fait passer aux tables un sel qui est friable et très-blanc, et que l'on emploie à l'usage des salières dont on se sert pour la table; mais ce sel est plus amer que l'autre, parce qu'il contient du sel de Glauber et du sel marin à base terreuse... Ce sel de Glauber se trouve en quantité dans l'eau de la mer que l'on puise sur nos côtes .. Nous trouvions principalement le sel de Glauber à la partie inférieure de la cristallisation ou de la masse totale des deux sels cristallisés : la raison en est que le sel de Glauber, étant très-soluble dans une moindre quantité d'eau que le sel marin, est entraîné au-dessous de ce dernier sel par la dernière partie de l'eau qui reste avant l'entière dissipation. C'est par la même raison qu'on ne voit pas un atome de sel de Glauber dans ces belles cristallisations que le sel forme en grimpant, ni dans toutes les croûtes salines qui s'attachent aux puits à roue, etc.... C'est ce sel de Glauber et le sel marin à base terreuse qui donnent de l'amertume au sel nouvellement fabriqué, et qui s'en séparent ensuite, parce qu'ils sont très-solubles : lorsque le sel est pendant quelques années conservé en tas avant d'être mis dans les greniers du roi, il en est meilleur et plus propre à l'usage de nos cuisines...

Au moyen de ce que le sel de Pécais reste pendant trois, quatre ou cinq ans rassemblé en monceaux avant d'être vendu aux fermiers du roi, il se sépare de tout son sel de Glauber et du sel marin à base terreuse, et devient enfin le sel le meilleur, le plus salant, le moins amer du royaume, et peut-être de l'Europe; il est encore le plus dur, le plus beau, et celui qui est formé en plus gros cristaux bien compactes et bien secs : par là les surfaces qu'il présente à l'air étant les plus petites possibles, il est très-peu sujet à l'influence de son humidité, tandis que les sels en neige qu'on tire par une forte évaporation sur le feu, soit de l'eau de la mer, soit des puits salants, comme en Franche-Comté, en Lorraine, etc., sont au contraire très-exposés, par leur état de corps rare, par la multiplication de leurs surfaces, à être pénétrés par l'humidité de l'air dont le sel marin se charge facilement; ces sels formés sur le feu contiennent d'ailleurs tout leur sel de Glauber et beaucoup de sel marin à base terreuse, ou du moins une bonne partie; celui de Bretagne et de Normandie les contient dans la même proportion où ils sont dans l'eau de la mer, car on y évapore jusqu'à dessiccation; et celui de Franche-Comté et de Lorraine en contient une partie, quoiqu'on enlève le sel avant que toute la liqueur soit consumée sur les poêles...

Il faut au surplus que les ouvriers qui fabriquent le sel à Pécais prennent garde que les tables ne manquent jamais d'eau pendant tout le temps de sa saunaison, parce que, selon eux, le sel s'échaufferait et serait difficile à battre ou à laver. *Mémoires de M. Montel*, dans ceux de l'*Académie des Sciences*, année 1763, pag. 441 et suiv.

pouces. Il est dit, dans la *Gazette d'agriculture*, « qu'en 1775, il y avait « plus de quinze cents hommes employés à recueillir et entasser le sel dans « les marais de Pécais : indépendamment de ces salines et de celles de « Saint-Jean et de Roquemaure, où le sel s'obtient par industrie, il s'en « forme tout naturellement des quantités mille fois plus considérables dans « les marais qui s'étendent jusque auprès de Martigues en Provence ; l'ima- « gination peut à peine se figurer la quantité étonnante de sel qui s'y trouve « cette année : *tous les hommes, tous les bestiaux de l'Europe ne pourraient « la consommer en plusieurs années*, et il s'en forme à peu près autant tous « les ans.

« Pour garder, ce n'est pas dire conserver, mais bien perdre tout ce sel, « il y aura une brigade de gardes à cheval, nommée dans le pays du nom « sinistre de *Brigade noire*, laquelle va campant d'un lieu à un autre, et « envoyant journellement des détachements de tous les côtés. Ces gardes « ont commencé à camper vers la fin de mai; ils resteront sur pied, sui- « vant la coutume, jusqu'à ce que les pluies d'automne aient fondu et dis- « sipé tout ce sel naturel [a]. »

On voit, par ce récit, qu'on pourrait épargner le travail des hommes, et la dépense des digues et autres constructions nécessaires au maintien des marais salants, si l'on voulait profiter de ce sel que nous offre la nature; il faudrait seulement l'entasser comme on entasse celui qui s'est déposé dans les marais salants, et le conserver pendant trois ou quatre ans, pour lui faire perdre son amertume et son eau superflue : ce n'est pas que ce sel trop nouveau soit nuisible à la santé, mais il est de mauvais goût, et tout celui qu'on débite au public, dans les greniers à sel, doit, par les règlements, avoir été *facturé* deux ou trois ans auparavant.

Malgré l'inconvénient des marées, on n'a pas laissé d'établir des marais salants sur l'Océan comme sur la Méditerranée, surtout dans le Bas-Poitou, le pays d'Aunis, la Saintonge, la Bretagne et la Normandie : le sel s'y fait de même par l'évaporation de l'eau marine. « Or on facilite cette évapo- « ration, dit M. Guettard, en faisant circuler l'eau autour de ces marais, « et en la recevant ensuite dans de petits carrés qui se forment au moyen « d'espèces de vannes; l'eau par son séjour s'y évapore plus ou moins « promptement, et toujours proportionnellement à la force de la chaleur du « soleil; elle y dépose ainsi le sel dont elle est chargée [b]. » Cet académicien décrit ensuite avec exactitude les salines de Normandie dans la baie d'Avranches, sur une plage basse où le mouvement de la mer se fait le moins sentir, et donne le temps nécessaire à l'évaporation. Voici l'extrait de cette description : on ramasse le sable chargé de ce dépôt salin, et cette récolte se fait pendant neuf ou dix mois de l'année, on ne la discontinue que

a. *Gazette d'Agriculture* du mardi 12 septembre 1775, article *Paris*.
b. *Mémoires de l'Académie des Sciences*, année 1758, pag. 99 et suiv.

depuis la fin de décembre jusqu'au commencement d'avril...... On transporte ce sable mêlé de sel dans un lieu sec, où on en fait de gros tas en forme de spirale, ce qui donne la facilité de monter autour pour les exhausser autant qu'on le juge à propos; on couvre ces tas avec des fagots, sur lesquels on met un enduit de terre grasse pour empêcher la pluie de pénétrer... Lorsqu'on veut travailler ce sable salin, on découvre peu à peu le tas, et à mesure qu'on enlève le sable, on le lave dans une fosse enduite de glaise bien battue, et revêtue de planches, entre les joints desquelles l'eau peut s'écouler; on met dans cette fosse cinquante ou soixante boisseaux de ce sable salin, et on y verse trente ou trente-cinq seaux d'eau; elle passe à travers le sable et dissout le sel qu'il contient; on la conduit par des gouttières dans des cuves carrées de trois pieds, qui sont placées dans un bâtiment qui sert à l'évaporation; on examine avec une éprouvette si cette eau est assez chargée de sel, et si elle ne l'est pas assez, on enlève le sable de la fosse et on y en remet du nouveau : lorsque l'eau se trouve suffisamment salée, on la transvase dans des vaisseaux de plomb, qui n'ont qu'un ou deux pouces de profondeur sur vingt-six pouces de longueur et vingt-deux de largeur; on place ces plombs sur un fourneau qu'on échauffe avec des fagots bien secs; l'évaporation se fait en deux heures, on remet alors de la nouvelle eau salée dans les vaisseaux de plomb, et on la fait évaporer de même. La quantité de sel que l'on retire en vingt-quatre heures, au moyen de ces opérations répétées, est d'environ cent livres dans trois vaisseaux de plomb des dimensions ci-dessus : on donne d'abord un feu assez fort, et on le continue ainsi jusqu'à ce qu'il se forme une petite fleur de sel sur l'écume de cette eau, on enlève alors cette écume et on ralentit le feu; l'évaporation étant achevée, on remue le sel avec une pelle pour le dessécher, on le jette dans des paniers en forme d'entonnoir où il peut s'égoutter : ce sel, quoique tiré par le moyen du feu et dans un pays où le bois est cher, ne se vend guère que trois livres dix sous les cinquante livres pesant [a]. Il y a aussi en Bretagne soixante petites fabriques de sel par évaporation, tiré des vases et sables de la mer, dans lesquels on mêle un tiers de sel gris pour le purifier, et porter les liqueurs à quinze sur cent.

On fait aussi du sel en grand dans quelques cantons de cette même province de Bretagne; on tire des marais salants de la baie de Bourgneuf seize ou dix-sept mille muids de sel, et l'on estime que ceux de Guérande et du Croisic produisent, année commune, environ vingt-cinq mille muids [b].

En Franche-Comté, en Lorraine et dans plusieurs autres contrées de l'Europe et des autres parties du monde, le sel se tire de l'eau des fontaines salées. M. de Montigny, de l'Académie des Sciences, a donné une bonne

a. Voyez le *Mémoire* de M. Guettard, depuis la page 99 jusqu'à 116.

b. *Observations d'histoire naturelle*, par M. le Monnier, t. IV, p. 432.

description des salines de la Franche-Comté, et du travail qu'elles exigent; voici l'extrait de ses observations : « Les eaux, dit M. de Montigny, de tous « les puits salés, tant de Salins que de Montmorot, contiennent en dissolu- « tion, avec le sel marin ou *sel gemme*, des gypses ou sélénites gypseuses, « des sels composés de l'acide vitriolique engagé dans une base terreuse, « du sel de Glauber, des sels déliquescents, composés de l'acide marin « engagé dans une base terreuse; une terre alcaline très-blanche que l'on « sépare du sel gemme, lorsqu'on le tient longtemps en fusion dans un « creuset; enfin une espèce de glaise très-fine, et quelques parties grasses, « bitumineuses, ayant une forte odeur de pétrole. Toutes ces eaux portent « un principe alcalin surabondant... Elles ne sont point mêlées de vitriols « métalliques...

« Les sels en petits grains, ainsi que les sels en pain, se sont également « trouvés chargés d'un alcali terreux... Ainsi ces sels ne sont pas comme « le sel marin dans un état de neutralité parfaite.

« Le sel à gros grains de Montmorot est le seul que nous ayons trouvé « parfaitement neutre... Ce sel à gros grains est tiré des mêmes eaux que « le sel à petits grains, mais il est formé par une évaporation beaucoup « plus lente; il vient en cristaux plus gros, très-réguliers, et en même temps « beaucoup plus purs... Si les eaux des fontaines salées ne contenaient que « du sel gemme en dissolution, l'évaporation de ces eaux, plus lente ou « plus prompte, n'influerait en rien sur la pureté du sel... On ne peut donc « séparer les matières étrangères de ces sels de Franche-Comté que par « une très-lente évaporation, et cependant c'est avec les sels à petits grains, « faits par une très-prompte évaporation, que l'on fabrique tous les sels en « pains, dont l'usage est général dans toute la Franche-Comté... On met « les pains de sel qu'on vient de fabriquer sur des lits de braises ardentes « où ils restent pendant vingt-cinq, trente et même quarante heures, jus- « qu'à ce qu'ils aient acquis la sécheresse et la dureté nécessaires pour « résister au transport [a]..... Le mélange de sel de Glauber, de gypse, de « bitume et de sel marin à base terreuse, qui vient par la réduction de ces « eaux, est d'une amertume inexprimable...

« La saveur et la qualité du sel marin sont fort alterées par le mélange

a. Nous devons observer que cette pratique de mettre le sel à l'exposition du feu, pour le durcir, est très-préjudiciable à la pureté et à la qualité du sel :

1° Parce que, pour mouler le sel, il faut qu'il soit humecté de son eau mère, que le feu ne fait que dessécher en agglutinant la masse saline, et cette eau mère est une partie impure qui reste dans le sel;

2° Une partie du gypse se décompose, son acide vitriolique agit sur la base du sel marin, le dénature et le rend amer;

3° Le sel marin le plus pur reçoit une altération très-sensible par la calcination; il devient plus caustique, une partie de l'acide s'en dissipe et laisse une base terreuse qui procède de la décomposition de l'alcali minéral. La décomposition du sel est si sensible, que l'on ne peut rester dans les étuves du grillage, à cause des vapeurs acides qui affectent la poitrine et les yeux.

« du gypse, lorsque les eaux ne reçoivent pas assez de chaleur pour en « opérer la séparation, et la quantité du gypse est fort considérable dans « les eaux de Salins... Le gypse de Salins rend le sel d'un blanc opaque, « et le gypse de Montmorot lui donne sa couleur grise... Lorsque les eaux « sont faibles en salure comme celles de Montmorot, on a trouvé le moyen « de les concentrer par une méthode ingénieuse [a] et qui multiplie l'évapo- « ration sans feu. »

Ces fontaines salées de la Franche-Comté, qui fournissent du sel à toute cette province et à une partie de la Suisse, ne sont pas plus abondantes que celles qui se trouvent en Lorraine et qui s'exploitent dans les petites villes de Dieuze, Moyenvic et Château-Salins, toutes situées le long de la vallée qu'arrose la rivière de *Seille*. A Rosières, dans la même province, était une saline des plus belles de l'Europe, par l'étendue de son bâtiment de graduation; mais cette saline est détruite depuis environ vingt ans : à Dieuze, non plus qu'à Moyenvic et à Château-Salins, on n'a pas besoin de ces grands bâtiments ou hangars de graduation pour évaporer l'eau, parce que d'elle-même elle est assez chargée pour qu'on puisse, en la soumettant immédiatement à l'ébullition, en tirer le sel avec profit.

Il se trouve aussi des sources et fontaines salées dans le duché de Bourgogne, et dans plusieurs autres provinces, où la ferme générale entretient des gardes pour empêcher le peuple de puiser de l'eau dans ces sources: si l'on refuse ce sel aux hommes, on devrait au moins permettre aux animaux de s'abreuver de cette eau, en établissant des bassins dans lesquels ces mêmes gardes ne laisseraient entrer que les bœufs et les moutons qui ont autant et peut-être plus besoin que l'homme de ce sel, pour prévenir les maladies de pourriture qui les font périr, ce qui, je le répète, cause beaucoup plus de perte à l'État, que la vente du sel ne donne de profit.

Dans quelques endroits, ces fontaines salées forment de petits lacs; on en voit un aux environs de Courtaison, dans la principauté d'Orange : « Des hommes, dit M. Guettard, intéressés à ce qu'on ne fasse point d'usage « de cette eau, ordonnent de *trépigner* et mêler ainsi avec la terre le sel

a. Des pompes mues par un courant d'eau élèvent les eaux salées dans des réservoirs placés au haut d'un vaste hangar, long et étroit, d'où on les fait tomber par gouttes, au moyen de plusieurs files de robinets, sur des lits d'épines accumulées jusqu'à la hauteur d'environ dix-huit pieds; l'eau, répandue en lames très-déliées, et divisée presque à l'infini sur tous les branchages des épines, est reçue dans un vaste bassin formé de planches de sapin, qui sert de base à tout le hangar; de ce bassin, les mêmes eaux sont relevées et reportées par d'autres pompes dans le réservoir supérieur : on les fait ainsi passer et repasser à plusieurs reprises sur les épines, ce qui fait qu'elles deviennent de plus en plus salées... et lorsqu'elles ont acquis onze à douze degrés de salure, c'est-à-dire lorsqu'elles sont en état de rendre environ douze livres de sel par cent livres d'eau, on les fait couler dans les poêles de la saline pour les évaporer au feu, et dans cet état les eaux de Montmorot sont encore inférieures en salure au degré naturel des eaux de Salins. *Mémoires* de M. de Montigny, dans ceux de l'*Académie des Sciences*, année 1762, page 118.

« qui peut dans la belle saison se cristalliser sur les bords de cet étang; « l'eau en est claire et limpide, un peu onctueuse au toucher, d'un goût « passablement salé. Ce petit lac est éloigné de la mer d'environ vingt « lieues; s'il n'était dû qu'à une masse d'eau de mer restée dans cet « endroit, bientôt la seule évaporation aurait suffi pour le tarir : ce lac ne « reçoit point de rivière, il faut donc nécessairement qu'il sorte de son « fond des sources d'eau salées pour l'entretenir [a]. »

En d'autres pays, où la nature, moins libérale que chez nous, est en même temps moins insultée, et où on laisse aux habitants la liberté de recueillir et de solliciter ses bienfaits, on a su se procurer, et pour ainsi dire créer des sources salées, là où il n'en existait pas, en conduisant par de grands et ingénieux travaux, des cours d'eau à travers des couches de terres ou de pierres imbues ou imprégnées de sel, que ces eaux dissolvent et dont elles sortent chargées. C'est à M. Jars que nous devons la connaissance et la description de cette singulière exploitation qui se fait dans le voisinage de la ville de Hall en Tyrol. « Le sel, dit-il, est mélangé dans « cette mine avec un rocher de la nature de l'ardoise, qui en contient dans « tous ses lits ou divisions... Pour extraire le sel de cette masse, on com« mence par ouvrir une galerie, en partant d'un endroit où le rocher est « ferme, et on l'avance d'une vingtaine de toises; ensuite on en fait une « seconde de chaque côté d'environ dix toises, et d'autres encore qui leur « sont parallèles; de sorte qu'il ne reste dans cet espace que des piliers « distants les uns des autres de cinq pieds, et qui ont à peu près les mêmes « dimensions en carré, sur six pieds de hauteur, qui est celle des galeries : « pendant qu'on travaille à ces excavations, d'autres ouvriers sont occupés « à faire des mortaises ou entailles de chaque côté de la galerie principale, « qui a été commencée dans le rocher ferme, pour y placer des pièces de « bois, et y former une digue qui serve à retenir l'eau; et dans la partie « inférieure de cette digue on laisse une ouverture pour y mettre une « bonde ou un robinet. Lorsque le tout est exactement bouché, on y fait « arriver de l'eau douce par des tuyaux qui partent du sommet de la mon« tagne; peu à peu le sel se dissout à mesure que l'eau monte dans la « galerie..... Dans quelques-unes des excavations de cette mine, l'eau « séjourne cinq, six et même douze mois avant que d'être saturée, ce qui « dépend de la richesse de la veine de sel et de l'étendue de l'excavation... « Ce n'est que quand l'eau est entièrement saturée, que l'on ouvre les robi« nets des digues, pour la faire couler et la conduire par des tuyaux de « bois jusqu'à Hall, où sont les chaudières d'évaporation [b]. »

Dans les contrées du Nord où l'eau de la mer se glace, on pourrait tirer le sel de cette eau, en la recevant dans des bassins peu profonds, et la

a. *Mémoires sur la minéralogie du Dauphiné*, t. I, pag. 180 et suiv.
b. *Voyages métallurgiques*, t. III, pag. 328 et 329.

laissant exposée à la gelée : le sel abandonne la partie qui se glace et se concentre dans la portion inférieure de l'eau, qui, par ce moyen assez simple, se trouve beaucoup plus salée qu'elle ne l'était auparavant[1].

Il semble que la nature ait pris elle-même le soin de combiner l'acide et l'alcali pour former ce sel qui nous est le plus utile, le plus nécessaire de tous, et qu'elle l'ait en même temps accumulé, répandu en immense quantité sur la terre et dans toutes les mers; l'air même est imprégné de ce sel; il entre dans la composition de tous les êtres organisés; il plaît au goût de l'homme et de tous les animaux : il est aussi reconnaissable par sa figure que recommandable par sa qualité; il se cristallise plus facilement qu'aucun autre sel; et ses cristaux sont des cubes presque parfaits[a][2]; il est moins soluble que plusieurs autres sels, et la chaleur de l'eau, même bouillante, n'augmente que très-peu sa solubilité; néanmoins il attire si puissamment l'humidité de l'air, qu'il se réduit en liqueur si on le tient dans des lieux très-humides; il décrépite sur le feu par l'effort de l'air qui se dégage alors de ses cristaux, dont l'eau s'évapore en même temps; et cette eau de cristallisation qui dans certains sels, comme l'alun, paraît faire plus de la moitié de la masse saline[3], n'est dans le sel marin qu'en petite quantité, car en le faisant calciner et même fondre à un feu violent, il n'éprouve aucune décomposition et forme une masse opaque et blanche, également saline et du même poids à peu près [b] qu'avant la fusion, ce qui prouve qu'il ne perd au feu que de l'air et qu'il contient très-peu d'eau.

Ce sel, qui ne peut être décomposé par le feu, se décompose néanmoins par les acides vitrioliques et nitreux, qui, ayant plus d'affinité avec son acide, s'en saisissent et lui font abandonner sa base alcaline[4]; autre preuve que les trois acides, vitriolique, nitreux et marin, sont de la même nature au fond, et qu'ils ne diffèrent que par les modifications qu'ils ont subies. aucun de ces trois acides ne se trouve pur dans le sein de la terre; et lorsqu'on les compare, on voit que l'acide marin ne diffère du vitriolique, qu'en ce qu'il est moins pesant et plus volatil, qu'il saisit moins fortement les substances alcalines et qu'il ne forme presque toujours avec elles que des sels déliquescents : il ressemble à l'acide nitreux par cette dernière propriété, qui prouve que tous deux sont plus faibles que l'acide vitriolique dont on peut croire qu'ils se sont formés, en ne perdant pas de vue leur première origine qu'il ne faut pas confondre avec leur formation secondaire et leur conversion réciproque. L'acide aérien a été le premier formé; il

a. Les grains figurés en trémies sont de petits cubes groupés les uns contre les autres.

b. Le sel marin ne perd qu'un huit-centième de son poids par la calcination.

1. Voyez la note de la page 415.

2. Voyez la note 1 de la page 377.

3. Voyez la note 2 de la page 377.

4. *Acide marin* : ancien nom de l'*acide hydrochlorique* ou *chlorhydrique* (longtemps nommé *acide muriatique*).

n'est composé que d'air et de feu : ces deux éléments, en se combinant avec la terre vitrifiée, ont d'abord produit l'acide vitriolique; ensuite l'acide marin s'est produit par leur combinaison avec les matières calcaires, et enfin l'acide nitreux a été formé par l'union de ce même acide aérien avec la terre limoneuse et les autres débris putréfiés des corps organisés.

Comme l'acide marin est plus volatil que le nitreux et le vitriolique, on ne peut le concentrer autant; il ne s'unit pas de même avec la matière du feu, mais il se combine pleinement avec les alcalis fixe et volatil; il forme avec le premier le sel marin, et avec le second, un sel très-piquant, qui se sublime par la chaleur.

Quoique l'acide marin ne soit qu'un faible dissolvant en comparaison des acides vitriolique et nitreux, il se combine néanmoins avec l'argent et avec le mercure; mais sa propriété la plus remarquable, c'est qu'étant mêlé avec l'acide nitreux, ils font ensemble ce que l'acide vitriolique[1] ne peut faire, ils dissolvent l'or qu'aucun autre dissolvant ne peut entamer; et quoique l'acide marin soit moins puissant que les deux autres, il forme néanmoins des sels plus corrosifs avec les substances métalliques; il les dissout presque toutes avec le temps, surtout lorsqu'il est aidé de la chaleur, et il agit même plus efficacement sur leurs chaux que les autres acides.

Comme toute la surface de la terre a été longtemps sous les eaux, et que c'est par les mouvements de la mer qu'ont été formées toutes les couches qui enveloppent le noyau du globe fondu par le feu, il a dû rester après la retraite des eaux une grande quantité des sels qui y étaient dissous; ainsi les acides de ces sels doivent être universellement répandus : on a donné le nom d'*acide méphitique* à leurs émanations volatiles; cet *acide méphitique* n'est que notre acide aérien, qui, sous la forme d'air fixe, se dégage des sels, et enlève une petite quantité de leur acide particulier auquel il était uni par l'intermède de l'eau; aussi cet acide se manifeste-t-il dans la plupart des mines sous la forme de *mouffette suffocante*[2], qui n'est autre chose que de l'air fixe stagnant dans ces profonds souterrains : et ce phénomène offre une nouvelle et grande preuve de la production primitive de l'acide aérien, et de sa dispersion universelle dans tous les règnes de la nature. Toutes les matières minérales en effervescence, et toutes les substances végétales ou animales en fermentation, peuvent donc produire également de l'acide méphitique; mais les seules matières animales et végétales en putréfaction produisent assez de cet acide pour donner naissance au sel de nitre.

1. Ce mélange de l'*acide nitrique* et de l'*acide chlorhydrique* est l'***eau régale***, ce fameux *dissolvant de l'or* des anciens chimistes.

2. Voyez les notes de pages **244** et **245**.

NITRE[1].

L'acide nitreux[2] est moins fixe que l'acide vitriolique, et moins volatil que l'acide marin; tous trois sont toujours fluides, et on ne les trouve nulle part dans un état concret, quoiqu'on puisse amener à cet état l'acide vitriolique, en le concentrant par une chaleur violente, mais il se résout bientôt en liqueur dès qu'il est refroidi. Cet acide ne prend point de couleur au feu, et il y reste blanc; l'acide marin y devient jaune, et l'acide nitreux paraît d'abort vert, mais sa vapeur en se mêlant avec l'air devient rouge, et il prend lui-même cette couleur rouge par une forte concentration : cette vapeur que l'acide nitreux exhale, a de l'odeur et colore la partie vide des vaisseaux de verre dans lesquels on le tient renfermé; comme plus volatil, il est aussi moins pesant que l'acide vitriolique, qui pèse plus du double de l'eau, tandis que la pesanteur spécifique de l'acide nitreux n'est que de moitié plus grande que celle de l'eau pure.

Quoique plus faible à certains égards que l'acide vitriolique, l'acide nitreux ne laisse pas que de le vaincre à la distillation, en le séparant de l'alcali. Or l'acide vitriolique ayant plus d'affinité que l'acide nitreux avec l'alcali, comment se peut-il que cet alcali lui soit enlevé par ce second acide? Cela ne prouve-t-il pas que l'acide aérien réside en grande quantité dans l'acide nitreux, et qu'il est la cause médiate de cette décomposition opposée à la loi commune des affinités?

On peut enlever à tous les sels l'eau qui est entrée dans leur cristallisation, et sans laquelle leurs cristaux ne se seraient pas formés[3]; cette eau, ni la forme en cristaux, ne sont donc point essentielles aux sels, puisque après en avoir été dépouillés, ils ne sont point décomposés, et qu'ils conservent toutes leurs propriétés salines. Le nitre seul se décompose lorsqu'on le prive de cette eau de cristallisation, et cela démontre que l'eau, ainsi que l'acide aérien, entrent dans la composition de ce sel, non-seulement comme parties intégrantes de sa masse; mais même comme parties constituantes de sa substance et comme éléments nécessaires à sa formation.

Le nitre est donc de tous les sels le moins simple, et quoique les chimistes aient abrégé sa définition en disant que c'est un sel composé d'acide nitreux et d'alcali fixe végétal[4], il me paraît que c'est non-seulement un composé, mais même un *surcomposé*[5] de l'acide aérien par l'eau, la terre et

1. *Nitre*. Le *nitrate* ou *azotate de potasse*.
2. L'*acide nitrique* ou *azotique*. Jusqu'ici l'acide *azoteux* ou *nitreux* n'a point été obtenu pur, à l'état de liberté. On ne le connaît que mélangé avec d'autres composés nitreux.
3. Voyez la note de la page 172.
4. Voyez, ci-dessus, la note 1.
5. Il n'est *surcomposé* ni d'*acide aérien*, ni de *feu fixe*, etc. Toute cette *surcomposition* n'est que de la *chimie* de Buffon.

le feu fixe des substances animales et végétales exaltées par la fermentation putride; il réunit les propriétés des acides minéraux, végétaux et animaux : quoique moins fort que l'acide vitriolique par sa qualité dissolvante il produit d'autres plus grands effets; il semble même augmenter la force du plus puissant des éléments, en donnant au feu plus de violence et plus d'activité.

L'acide nitreux attaque presque toutes les matières métalliques; il dissout avec autant de promptitude que d'énergie toutes les substances calcaires et toutes les terres mêlées des détriments des végétaux et des animaux; il forme avec presque toutes des sels déliquescents. Il agit aussi très-fortement sur les huiles, et même il les enflamme lorsqu'il est bien concentré; mais en l'affaiblissant avec de l'eau et l'unissant à l'huile il forme des sels savonneux; et en le mêlant dans cet état aqueux avec l'esprit-de-vin, il s'adoucit au point de perdre presque toute son acidité, et l'on en peut faire une liqueur éthérée, semblable à l'éther qui se fait avec l'esprit-de-vin et l'acide vitriolique. Ce dernier acide peut prendre une forme concrète à force de concentration; l'acide nitreux plus volatil reste toujours liquide et s'exhale continuellement en vapeurs; il attire l'humidité de l'air, mais moins fortement que l'acide vitriolique : il en est de même de l'effet que ces deux acides produisent en les mêlant avec l'eau; la chaleur est plus forte et le bouillonnement plus grand par le vitriolique que par le nitreux; celui-ci est néanmoins très-corrosif, et ce qu'on appelle *eau-forte*[1] n'est que ce même acide nitreux, affaibli par une certaine quantité d'eau.

Cet acide, ainsi que tous les autres, provient originairement de l'acide aérien[2], et il semble en être plus voisin que les deux autres acides minéraux; car il est évidemment uni à une grande quantité d'air et de feu : la preuve en est que l'acide nitreux ne se trouve que dans les matières imprégnées des déjections ou des débris putréfiés des végétaux et des animaux, qui contiennent certainement plus d'air et de feu qu'aucun des minéraux[3]; ce n'est qu'en unissant ces acides minéraux avec l'acide aérien ou avec les substances qui en contiennent, qu'on peut les amener à la forme d'acide nitreux; par exemple, on peut faire du nitre avec de l'acide vitriolique et de l'urine[a]; et de même l'acide sulfureux volatil, qui n'est que l'acide vitriolique uni avec l'air et le feu, approche autant de la nature de l'acide nitreux qu'il s'éloigne de celle de l'acide vitriolique, duquel néanmoins il ne diffère que par ce mélange qui le rend volatil, et lui donne l'odeur du

a. M. Pietch, dans une dissertation couronnée par l'Académie de Berlin en 1749, assure qu'ayant imbibé d'urine et d'acide vitriolique une pierre calcaire, et l'ayant laissée exposée quelque temps à l'air, il l'a trouvée après cela toute remplie de nitre. *Éléments de Chimie*, par M. de Morveau, t. II, p. 126.

1. L'*eau-forte* est l'*acide nitrique*.

2. Il n'en provient pas plus que les autres. (Voyez les notes précédentes sur l'*acide aérien*.)

3. C'est qu'un de ses éléments constitutifs est l'*azote*, principe essentiel de tous les *animaux* et de plusieurs *végétaux*.

soufre qui brûle. De plus, l'acide nitreux et l'acide sulfureux se ressemblent encore, et diffèrent de l'acide vitriolique en ce qu'ils altèrent beaucoup plus les couleurs des végétaux que l'acide vitriolique, et que les cristallisations des sels qu'ils forment avec l'alcali se ressemblent entre elles autant qu'elles diffèrent de celle du tartre vitriolé [a].

Tout nous porte donc à croire que l'acide nitreux est moins simple et plus surchargé d'air et de feu que tous les autres acides; que même, comme nous l'avons dit, ce sel est un *surcomposé* de feu et d'air accumulés et concentrés avec une petite portion d'eau et de terre, par le travail profond et la chaleur intime de l'organisation animale et végétale; qu'enfin ces mêmes éléments y sont exaltés et développés par la fermentation putride.

De tous les sels le nitre est celui qui se dissout, se détruit et s'évanouit le plus complétement et le plus rapidement, et toujours avec une explosion qui démontre le combat intestin et la puissante expansion des fluides élémentaires, qui s'écartent et se fuient à l'instant que leurs liens sont rompus.

En présentant le phlogistique, c'est-à-dire le feu animé par l'air, à l'acide vitriolique, le feu, comme nous l'avons dit, se fixe par cet acide, et il en résulte une nouvelle substance qui est le soufre [1]. En présentant de même le phlogistique à l'acide du nitre, il devrait, suivant l'ingénieuse idée de Stahl, se former un soufre nitreux; mais tel est l'excès du feu renfermé dans cet acide, que le soufre s'y détruit à l'instant même qu'il se forme, la moindre accession d'un nouveau feu suffisant pour le dégager de ses liens et le mettre en explosion.

Cette détonation du nitre est le plus terrible phénomène que la nature, sollicitée par notre art, ait jusqu'ici manifesté. Si le feu de Prométhée fut dérobé aux cieux, celui-ci semble pris au Tartare, portant partout la ruine et la mort: combiné par un génie funeste, ou plutôt soufflé par le démon de la guerre, il est devenu le grand instrument de la destruction des hommes et de la dévastation de la terre.

Ce redoutable effet du nitre enflammé est causé par la propriété qu'il a de s'allumer en un instant dans toutes les parties de sa masse, dès qu'elles peuvent être atteintes par la flamme. La surabondance de son propre feu n'attend que le plus léger contact de cet élément pour s'y réunir en rompant ses liens avec une force et une violence à laquelle rien ne peut résister. L'inflammation de la première particule communiquant son feu à celles qui l'avoisinent, et ainsi de proche en proche dans toute la masse, avec une inconcevable rapidité, et dans un instant pour ainsi dire indivisible, la somme de toutes ces explosions simultanées forme la détonation totale,

a. *Dictionnaire de Chimie*, par M. Macquer, t. I, article *Acide nitreux*.

1. Voyez la note de la page 330.

d'autant plus redoutable qu'elle est plus renfermée, et que les résistances qu'on lui oppose sont plus grandes ; car c'est encore une des propriétés particulières du nitre, et qui décèle de plus en plus sa nature ignée et aérienne, que de brûler et détoner en vaisseaux clos, et sans avoir besoin, comme toute autre matière combustible, du contact et du ressort de l'air libre.

La plus grande force de la poudre à canon tient donc à ce que tout son nitre s'enflamme, et s'enflamme à la fois, ou dans le plus petit temps possible : or, cet effet dépend d'abord de la pureté du nitre, et ensuite de la proportion et de l'intimité de son mélange avec le soufre et le charbon, destinés à porter l'inflammation sur toutes les parties du nitre. L'expérience a fait connaître que la meilleure proportion de ce mélange pour faire la poudre à canon est de soixante-quinze parties de nitre, sur quinze parties et demie de soufre, et neuf parties et demie de charbon ; néanmoins le charbon et le soufre ne contribuent pas par eux-mêmes à l'explosion du nitre ; ils ne servent dans la composition de la poudre qu'à porter et communiquer subitement le feu à toutes les parties de sa masse ; et même l'on pourrait dans le mélange supprimer le charbon et ne se servir que du soufre pour porter la flamme sur le nitre ; car M. Baumé dit avoir fait de très-bonne poudre à canon par cette seule mixtion du soufre et du nitre.

Comme cet usage du nitre ou salpêtre n'est malheureusement que trop universel, et que la nature semble s'être refusée à nous offrir ce sel en grande quantité, on a cherché des moyens de s'en procurer par l'art, et ce n'est que de nos jours qu'on a tâché de perfectionner la pratique de ces procédés : c'est l'objet du prix annoncé pour l'année prochaine [a] par l'Académie des Sciences sur les nitrières artificielles. Ces recherches auront sans doute pour point de vue d'exposer au libre contact de l'air, sous le plus de surface possible, et dans un degré de température et d'humidité convenables à la fermentation, un mélange proportionné de matieres végétales et animales en putréfaction. Les substances animales produisent à la vérité du nitre en plus grande abondance que les matières végétales ; mais ce nitre formé par la putréfaction des animaux est à base terreuse et sans alcali fixe, et les végétaux putréfiés, ou les résidus de leur combustion, peuvent seuls fournir au nitre cette base d'alcali fixe.

On obtiendra donc du bon nitre toutes les fois qu'on exposera au contact et à l'impression de l'air des matières végétales et animales en putréfaction, soit en les mêlant avec des terres et pierres poreuses, suivant le procédé que nous indique la nature, en nous offrant le nitre produit dans les plâtras et les craies, soit en projetant ces matières sur des fagots ou fascines, ainsi que le propose M. Macquer, supposé néanmoins que ce mélange

a. Ceci a été écrit dans l'année 1781.

soit entretenu dans le degré de température et d'humidité nécessaires pour soutenir la fermentation putride; car cette dernière circonstance n'est pas moins essentielle que le concours de l'air pour la production du nitre, même de celui qui se forme naturellement.

La nature n'a point produit de nitre en masse; il semble qu'elle ait, comme nous, besoin de tout son art pour former ce sel; c'est par la végétation qu'elle le travaille et le développe dans quelques plantes, telles que les *boraginées*, les *soleils*, etc., et il est à présumer que ces plantes dans lesquelles le nitre est tout formé le tirent de la terre et de l'air avec la sève; car l'acide aérien réside dans l'atmosphère et s'étend à la surface de la terre; il devient acide nitreux en s'unissant aux éléments des matières animales et végétales putréfiées, et il se formerait du nitre presque partout, si les pluies ne le dissolvaient pas à mesure qu'il se produit : aussi l'on ne trouve du nitre en nature et en quantité sensible, que dans quelques endroits des climats secs et chauds, comme en Espagne et en Orient [a], et dans le nouveau continent au Pérou [b], sur des terrains de tout temps incultes où la putréfaction des corps organisés s'est opérée sans trouble, et a été aidée de la chaleur et maintenue par la sécheresse. Ces terres sont quelquefois couvertes d'une couche de salpêtre de deux ou trois lignes d'épaisseur; il est semblable à celui que l'on recueille sur les parois des vieux murs en les balayant légèrement avec un houssoir, d'où lui vient le nom

a. En revenant du mont Sinaï à Suez, nous fûmes coucher dans un vallon dont toute la terre était si couverte de nitre qu'il semblait qu'il eût neigé : au milieu passait un ruisseau dont les eaux en avaient le goût. *Voyages de Monconys;* Lyon, 1645, page 248. — La plupart du salpêtre qui se vend à Guzarate vient d'un endroit à soixante lieues d'Agra, et on le tire des terres qui ont été longtemps en friche. La terre noire et grasse est celle qui en rend le plus, quoique l'on en tire aussi d'autres terres, et on le fait en la manière suivante : ils font des fosses qu'ils remplissent de terre salpêtreuse, et y font couler par une rigole autant d'eau qu'il faut pour la détremper, à quoi ils emploient les pieds, en la démêlant jusqu'à ce qu'elle devienne comme de la bouillie; quand ils croient que l'eau a attiré à elle tout le salpêtre qui était dans la terre, ils en prennent la partie la plus claire et la mettent dans une autre fosse, où elle s'épaissit, et alors ils le font cuire dans des poêles, comme le sel, en l'écumant incessamment; et après cela ils le mettent dans des pots de terre, où le reste de la lie va au fond: et quand l'eau commence à se geler, ils la tirent de ces pots pour la faire sécher au soleil, où il achève de se durcir et de prendre la forme en laquelle on l'apporte en Europe. *Voyages de Mandeslo*, suite d'*Oléarius*, t. II, p. 230. — Le salpêtre vient en quantité d'Agra et de Patna, ville de Bengala, et le raffiné coûte trois fois plus que celui qui ne l'est pas. Les Hollandais ont établi un magasin à Choupar, à quatorze lieues au-dessus de Patna, et leurs salpêtres y étant raffinés, ils les font transporter par la rivière jusqu'à Ongueli. Ils avaient fait venir des chaudières de Hollande, et pris des raffineurs pour raffiner eux-mêmes leurs salpêtres; mais cela ne leur a pas réussi, parce que les gens du pays, voyant que les Hollandais leur voulaient ôter le gain du raffinement, ne leur fournirent plus de petit-lait, sans quoi le salpêtre ne se peut blanchir, car il n'est point du tout estimé s'il n'est fort blanc et transparent. *Voyages de Tavernier*, t. II, p. 366.

b. Sur les côtes de la mer Pacifique, près de Lima, on rencontre une grande quantité de salpêtre que l'on pourrait ramasser avec la pelle, et dont on ne fait aucun usage : c'est principalement sur les terres qui servent de pâturage, et qui ne produisent que des graminées, que l'on trouve le plus abondamment ce sel. M. Dombay, *Journal de Physique*, mars 1780, page 212.

de *salpêtre de houssage;* c'est par la même raison que l'on trouve des couches de salpêtre naturel sur la craie et sur le tuf calcaire dans les endroits caverneux, où ces terres sont à l'abri des pluies, et j'en ai moi-même recueilli sous des voûtes et dans les cavités des carrières de pierre calcaire où l'eau avait pénétré et entraîné ce sel qui s'était formé à la surface du terrain. Mais rien ne prouve mieux la nécessité du concours de l'acide aérien pour la formation du nitre que les observations de M. le duc de La Rochefoucauld, l'un de nos plus illustres et plus savants académiciens; il les a faites sur le terrain de la montagne de la Roche-Guyon, située entre Mantes et Vernon; cette montagne n'est qu'une masse de craie, dans laquelle on a pratiqué quelques habitations où l'on a trouvé et recueilli du nitre en efflorescence et quelquefois cristallisé : cela n'a rien d'extraordinaire, puisque ces lieux étaient habités par les hommes et les animaux; aussi M. le duc de La Rochefoucauld s'est-il attaché à reconnaître si la craie de l'intérieur de la montagne contenait du nitre comme en contiennent ses cavités et sa surface, et il s'est convaincu, par des observations exactes et appuyées d'expériences décisives, que ni le nitre ni l'acide nitreux n'existent dans la craie qui n'a pas été exposée aux impressions de l'air, et il prouve par d'autres expériences que cette seule impression de l'air suffit pour produire l'acide nitreux dans la craie. Voilà donc évidemment l'acide nitreux ramené à l'acide aérien; car l'alcali végétal, qui sert de base au nitre, est tout aussi évidemment produit par la décomposition putride des végétaux, et c'est par cette raison qu'on trouve du nitre tout formé dans la terre végétale et sur la surface spongieuse de la craie, des tufs et des autres substances calcaires [a]; mais en général le salpêtre naturel n'est nulle part assez abondant pour qu'on puisse en ramasser une grande quantité, et pour y suppléer on est obligé d'avoir recours à l'art : une simple lessive suffit pour le tirer de ces terres où il se forme naturellement; les matières qui en contiennent le plus sont les terres crétacées et surtout les débris des mortiers et des plâtres qui ont été employés dans les bâtiments, et cependant on n'en extrait guère qu'une livre par quintal; et, comme il s'en fait une prodigieuse consommation, on a cherché à combiner les matières et les circonstances nécessaires pour augmenter et accélérer la formation de ce sel.

En Prusse et en Suède, on fait du salpêtre en amoncelant par couches alternatives du gazon, des cendres, de la chaux et du chaume [b]; on délaie

a. En Normandie, du côté d'Évreux, près du château de M. le duc de Bouillon, il y a une fabrique de salpêtre entretenue par la lixiviation des raclures de la craie des rochers, que l'on ratisse sept à huit fois par an.

b. Sur quoi un physicien (M. Tronson du Coudray, *Journal de Physique*, mai 1772) a remarqué que l'addition de la chaux produisait un mauvais effet dans cette extraction du salpêtre, des particules calcaires se mêlant dans sa cristallisation, et le rendant moins pur et plus déliquescent; mais nous ne serons pas également du même avis que ce physicien sur l'inutilité prétendue des cendres dans la lessive des plâtras, puisqu'il déclare lui-même que la quantité de

ces trois premières matières avec de l'urine et de l'eau mère de salpêtre; on arrose de temps en temps d'urine les couches qui forment ce monceau qu'on établit sous un hangar à l'abri de la pluie; le salpêtre se forme et se cristallise à la surface du tas en moins d'un an, et on assure qu'il s'en produit ordinairement pendant dix ans. Nous avons suivi cette méthode en France, et on pourra peut-être la perfectionner [a]; mais jusqu'à ce jour on a cherché le salpêtre dans toutes les habitations des hommes et des animaux, dans les caves, les écuries, les étables et dans les autres lieux humides et couverts; c'est une grande incommodité pour les habitants de la campagne et même pour ceux des villes, et il est fort à désirer que les nitrières artificielles puissent suppléer à cette recherche, plus vexatoire qu'un impôt.

Après avoir recueilli les débris et les terres où le salpêtre se manifeste, on mêle ces matières avec des cendres, et on lessive le mélange par une grande quantité d'eau; on fait passer cette eau, déjà chargée de sel, sur de nouvelles terres toujours mêlées de cendres, jusqu'à ce qu'elle contienne douze livres de matière saline sur cent livres d'eau; ensuite on fait bouillir ces eaux pour les réduire par l'évaporation, et on obtient le nitre qui se cristallise par le refroidissement. Au lieu de cendres on pourrait mêler de la potasse avec les terres nitreuses, car la cendre des végétaux n'agit ici que par son sel, et la potasse n'est que le sel de cette cendre.

Au reste, la matière saline dont les eaux sont chargées jusqu'à douze pour cent [b] est un mélange de plusieurs sels, et particulièrement de sel marin combiné avec différentes bases; mais comme ce sel se précipite et se cristallise le premier, on l'enlève aisément, et on laisse le nitre qui est encore en dissolution se cristalliser lentement; il prend alors une forme concrète, et on le sépare du reste de la liqueur; mais comme après cette première cristallisation elle contient encore du nitre, on la fait évaporer et refroidir une seconde fois pour obtenir le surplus de ce sel, qui se manifeste de même en cristaux, après quoi il ne reste que l'*eau mère,* dont les sels ne peuvent plus se cristalliser [c]; mais ce nitre n'est pas encore assez pur pour en faire

sels obtenus de plus, en soustrayant les cendres, n'était que des sels déliquescents. Voyez le *Journal de Physique* cité.

a. Il y a quatorze ou quinze nitrières artificielles nouvellement établies en Franche-Comté, plusieurs en Bourgogne, et quelques-unes dans d'autres provinces.

b. La quantité de salpêtre tenue en dissolution est absolument relative au degré de température de l'eau, et même avec des différences très-considérables. Il résulte des expériences de M. Tronson du Coudray qu'il faut huit livres d'eau pour dissoudre à froid une livre de salpêtre à la température de trois degrés au-dessus de la glace, mais que trois livres d'eau suffisent pour dissoudre ce même poids dans un air tempéré: par les grandes chaleurs de l'été, deux livres d'eau peuvent tenir dix livres de salpêtre en dissolution... Une eau déjà saturée de sel marin dissout néanmoins encore, dans un air tempéré, les deux tiers de salpêtre que dissoudrait un pareil poids d'eau pure, etc. *Journal de Physique,* mai 1772, pag. 233 et 234.

c. *Eléments de Chimie* par M. de Morveau, t. II, pag. 132 et suiv.

de la poudre à canon, il faut le dissoudre et le faire cristalliser une seconde et même une troisième fois pour lui donner toute la pureté et la blancheur qu'il doit avoir avant d'être employé à cet usage.

Le nitre s'enflamme sur les charbons ardents avec un bruit de sifflement, et lorsqu'on le fait fondre dans un creuset il fait explosion et détonne dès qu'on lui offre quelque matière inflammable, et particulièrement du charbon réduit en poudre. Ce sel purifié est transparent; il n'attire que faiblement l'humidité de l'air; il n'a que peu ou point d'odeur; sa saveur est désagréable; néanmoins on l'emploie dans les salaisons pour donner aux viandes une couleur rouge. La forme de ses cristaux varie beaucoup; ils se présentent tantôt en prismes rayés dans leur longueur, tantôt en rhombes, tantôt en parallélipipèdes rectangles ou obliques. M. le docteur Demeste a scrupuleusement examiné toutes ces variétés de figure[a], et il pense qu'on pourrait les réduire au parallélipipède, qui est, dit-il, la forme primitive de ce sel.

La plupart des sels peuvent perdre leur forme cristallisée et être privés de leur eau de cristallisation sans être décomposés et sans que leur essence saline en soit altérée; le nitre seul se décompose par le concours de l'air lorsqu'il est en fusion; son eau de cristallisation se réduit en vapeurs et enlève avec elle l'acide, en sorte qu'il ne reste au fond du creuset que de l'alcali fixe, preuve évidente que l'acide du nitre est le même que l'acide aérien : au reste, comme le nitre se dissout bien plus parfaitement et en bien plus grande quantité dans l'eau bouillante que dans l'eau froide, il se cristallise plus par le refroidissement que par l'évaporation, et les cristaux seront d'autant plus gros que le refroidissement aura été plus lent.

La saveur du nitre n'est pas agréable comme celle du sel marin; elle est cependant plus fraîche, mais elle laisse ensuite une impression répugnante au goût. Ce sel se conserve à l'air : comme il est chargé d'acide aérien, il n'attire pas celui de l'atmosphère, il ne perd pas même sa transparence dans un air sec, et ne devient déliquescent que par une surcharge d'humidité; il se liquéfie très-aisément au feu, et à un degré de chaleur bien inférieur à celui qui est nécessaire pour le faire rougir; il se fond sans grand mouvement intérieur et sans boursouflement à l'extérieur, lors même qu'on pousse la fonte jusqu'au rouge. En laissant refroidir ce nitre fondu, il forme une masse solide et demi-transparente, à laquelle on a donné le nom impropre de *cristal minéral*, car ce n'est que du nitre qui n'est plus cristallisé et qui du reste a conservé toutes ses propriétés.

L'acide vitriolique et l'arsenic, qui ont encore plus d'affinité que l'acide nitreux avec l'alcali, décomposent le nitre en lui enlevant l'alcali sans toucher à son acide, ce qui fournit le moyen de retirer cet acide du nitre

a. *Lettres* de M. Demeste à M. le docteur Bernard, t. I, pag. 225 et suiv.

par la distillation. L'alcali qui reste retient une certaine quantité d'arsenic, et c'est ce qu'on appelle *nitre fixé par l'arsenic;* c'est un très-bon fondant, et duquel on peut se servir avantageusement pour la vitrification : nous ne parlerons pas des autres combinaisons de l'acide nitreux, et nous nous réservons de les indiquer dans les articles où nous traiterons de la dissolution des métaux.

SEL AMMONIAC[1].

Ce sel est ainsi nommé du mot grec *ammos*, qui signifie du sable, parce que les anciens ont écrit qu'on le trouvait dans les sables, qui avaient aussi donné leur nom au temple de Jupiter Ammon; cette tradition, néanmoins, ne s'est pas pleinement confirmée, car ce n'est qu'au-dessus des volcans et des autres fournaises souterraines que nous sommes assurés qu'il se trouve réellement du sel ammoniac formé par la nature : c'est un composé de l'acide marin et de l'alcali volatil[2], et cette union ne peut se faire que par le feu ou par l'action d'une grande chaleur. On a dit que l'ardeur du soleil, dans les terrains secs des climats les plus chauds, produisait ce sel dans les endroits où la terre se trouvait arrosée de l'urine des animaux, et cela ne paraît pas impossible, puisque l'urine putréfiée donne de l'alcali volatil et que la chaleur du soleil dans un temps de sécheresse peut équivaloir à l'action d'un feu réel; et comme il y a sur la surface de la terre des contrées où le sel marin abonde, il peut s'y former du sel ammoniac par l'union de l'acide de ce sel avec l'alcali volatil de l'urine et des autres matières animales ou végétales en putréfaction, et de même dans les lieux où il se sera rencontré d'autres sels acides, vitrioliques, nitreux, etc., il en aura résulté autant de différents sels ammoniacaux qu'il y a de combinaisons diverses entre l'acide de ces sels et l'alcali volatil; car, quoiqu'on puisse dire aussi qu'il y a plusieurs alcalis volatils, parce qu'en effet ils diffèrent

1. Le *sel ammoniac* est le *chlorhydrate d'ammoniaque.* — « Le *chlorhydrate d'ammoniaque* « se trouve dans l'urine humaine et dans la fiente de quelques animaux, particulièrement des « chameaux. Il existe en petite quantité dans les environs des volcans et dans les fissures de « certaines mines de houille en combustion. » (Pelouze et Frémy.)

L'*ammoniaque* (ou *gaz ammoniac*) se compose d'*azote* et d'*hydrogène.* La découverte de la composition de l'*ammoniaque* a été la belle découverte de Berthollet.

Berzélius a donné le nom d'*ammonium* au radical, encore *hypothétique*, de l'*ammoniaque.*

2. Voyez la note précédente. — « On obtient directement le *chlorhydrate d'ammoniaque* en « unissant l'*ammoniaque* et l'*acide chlorhydrique* à l'état gazeux : ces deux gaz se com- « binent à volumes égaux pour former le *sel ammoniac.* — Ce *sel* a été pendant longtemps « fabriqué exclusivement en Égypte. On l'obtenait, dans ce pays, en recueillant les produits « volatils qui proviennent de la combustion de la fiente des chameaux. — On prépare mainte- « nant, chez nous, le *chlorhydrate d'ammoniaque* en décomposant le *sulfate d'ammoniaque* « par le *chlorure de sodium.* » (Pelouze et Frémy.)

entre eux par quelques qualités qu'ils empruntent des substances dont on les tire, cependant tous les chimistes conviennent qu'en les purgeant de ces matières étrangères tous ces alcalis volatils se réduisent à un seul, toujours semblable à lui-même lorsqu'il est amené à un point de pureté convenable [a].

De tous les sels ammoniacaux [1], celui que la nature nous présente en plus grande quantité est le sel ammoniac, formé de l'acide marin et de l'alcali volatil ; les autres, qui sont composés de ce même alcali avec l'alcide vitriolique [2], l'acide nitreux [3] ou avec les acides végétaux et animaux, n'existent pas sur la terre ou ne s'y trouvent qu'en si petite quantité qu'on peut les négliger dans l'énumération des productions de la nature. Mais de la même manière que l'alcali fixe et minéral s'est combiné en immense quantité avec l'acide marin, comme le moins éloigné de son essence, et a produit le sel commun, l'alcali volatil a aussi saisi de préférence cet acide marin plus volatil, et par conséquent plus conforme à sa nature que les deux autres acides minéraux; il n'est donc pas impossible que le sel ammoniac se forme dans tous les lieux où l'alcali volatil et le sel marin se trouvent réunis; les anciens relateurs ont écrit que l'urine des chameaux produit sur les sables salés de l'Arabie et de la Libye du sel ammoniac en grande quantité. Mais les voyageurs récents n'ont ni recherché ni vérifié ce fait, qui néanmoins me paraît assez probable [4].

Les acides en général s'unissent moins intimement avec l'alcali volatil qu'avec les alcalis fixes, et l'acide marin en particulier n'est qu'assez faiblement uni avec l'alcali volatil dans le sel ammoniac ; c'est peut-être par cette raison que tous les sels ammoniacaux ont une saveur beaucoup plus vive et plus piquante que les sels composés des mêmes acides et de l'alcali fixe; ces sels ammoniacaux sont aussi plus volatils et plus susceptibles de décomposition, parce que l'alcali volatil n'est pas aussi fortement uni que l'alcali fixe avec leur acide.

On trouve du sel ammoniac tout formé et sublimé au-dessus des solfatares et des volcans [5]; et ce fait nous fournit une nouvelle preuve de ce que j'ai dit au sujet des matières qui servent d'aliment à leurs feux : ce sont les pyrites, les terres limoneuses et végétales, les terreaux, le charbon de terre, les bitumes et toutes les substances, en un mot, qui sont composées des détriments des végétaux et des animaux, et c'est par le choc de l'eau de la mer contre le feu que se font les explosions des volcans ; l'incendie de ces

a. Voyez le *Dictionnaire* de M. Macquer, article *Alcali volatil.*

1. Il y a plusieurs *sels ammoniacaux* : le *chlorhydrate*, le *sulfate*, le *nitrate*, les *phosphates*, les *sulfhydrates*, les *carbonates*, etc., etc.

2. Le *sulfate d'ammoniaque.*

3. L'*azotate* ou *nitrate d'ammoniaque.*

4. Voyez les notes 1 et 2 de la page 433.

5. Voyez la note 1 de la page 433.

matières animales et végétales humectées d'eau marine doit donc former du sel ammoniac, qui se sublime par la violence du feu, et qui se cristallise par le refroidissement contre les parois des solfatares et des volcans. Le savant minéralogiste Cronstedt dit : « Qu'il serait aisé d'assigner l'origine « du sel ammoniac, s'il était prouvé que les volcans sont produits par des « ardoises formées de végétaux décomposés et d'animaux putréfiés avec « l'*humus*, car on sait, ajoute-t-il, que les pétrifications ont des principes qui « donnent un sel urineux. » Mais les ardoises ne sont pas, comme le dit Cronstedt, de l'*humus* ou *terre végétale;* elles ne sont pas formées de cette terre et de végétaux décomposés ou d'animaux putréfiés, et les volcans ne sont pas produits par les ardoises, car c'est cette même terre *humus*, ce sont les détriments des végétaux et des animaux dont elle est composée, qui sont les véritables aliments des feux souterrains; ce sont de même les charbons de terre, les bitumes, les pyrites et toutes les matières composées ou chargées de ces détriments des corps organisés qui causent leur incendie et entretiennent leur feu, et ce sont ces mêmes matières qui contiennent des sels urineux en bien plus grande quantité que les pétrifications; enfin, c'est là la véritable origine du sel ammoniac dans les volcans : il se forme par l'union de l'acide de l'eau marine à l'alcali volatil des matières animales et végétales, et se sublime ensuite par l'action du feu.

Le sel ammoniac et le phosphore[1] sont formés par ces deux mêmes principes salins; l'acide marin qui seul ne s'unit pas avec la matière du feu, la saisit dès qu'il est joint à l'alcali volatil et forme le sel ammoniac ou le phosphore, suivant les circonstances de sa combinaison; et même lorsque l'acide marin ou l'acide nitreux sont combinés avec l'alcali fixe minéral, ils produisent encore le phosphore, car le sel marin *calcaire* et le nitre *calcaire* répandent et conservent de la lumière assez longtemps après leur calcination, ce qui semble prouver que la base de tout phosphore est l'alcali, et que l'acide n'en est que l'accessoire. C'est donc aussi l'alcali volatil plutôt que l'acide marin qui fait l'essence de tous les sels ammoniacaux, puisqu'ils ne diffèrent entre eux que par leurs acides, et que tous sont également formés par l'union de ce seul alcali; enfin c'est par cette raison que tous les sels ammoniacaux sont à demi volatils.

Le sel ammoniac, formé par la combinaison de l'alcali volatil avec l'acide marin, se cristallise lorsqu'il est pur, soit par la sublimation, soit par la simple évaporation, toutes deux néanmoins suivies du refroidissement : comme ses cristaux conservent une partie de la volatilité de leur alcali,

1. Le *phosphore* est un corps simple. Il n'a de commun avec l'*ammoniaque* que de se trouver de même, en abondance, dans les produits animaux. — « La découverte du *phosphore* remonte « à l'année 1669; elle est due à Brandt et à Kunckel, qui retiraient ce corps des phosphates « contenus dans l'urine. En 1769, Gahn et Schéele signalèrent dans les os l'existence d'une « proportion considérable de *phosphate de chaux*, et firent connaître un procédé facile pour en « retirer le *phosphore*. » (Pelouze et Frémy.)

la chaleur du soleil suffit pour les dissiper en les volatilisant. Au reste, ce sel est blanc, presque transparent, et lorsqu'il est sublimé dans des vaisseaux clos, il forme une masse assez compacte, dans laquelle on remarque des filets appliqués dans leur longueur parallèlement les uns aux autres[a]; il attire un peu l'humidité de l'air et devient déliquescent avec le temps; l'eau le dissout facilement, et l'on a observé qu'il produit un froid plus que glacial dans sa dissolution : ce grand refroidissement est d'autant plus marqué que la chaleur de l'air est plus grande et qu'on le dissout dans une eau plus chaude; et la dissolution se fait bien plus promptement dans l'eau bouillante que dans l'eau froide.

L'action du feu ne suffit pas seule pour décomposer le sel ammoniac : il se volatilise à l'air libre ou se sublime comme le soufre en vaisseaux clos, sans perdre sa forme et son essence; mais on le décompose aisément par les acides vitriolique et nitreux, qui sont plus puissants que l'acide marin et qui s'emparent de l'alcali volatil, que cet acide plus faible est forcé d'abandonner; on peut aussi le décomposer par les alcalis fixes et par les substances calcaires et métalliques qui s'emparent de son acide, avec lequel elles ont plus d'affinité que l'alcali volatil.

La décomposition de ce sel par la craie ou par toute autre matière calcaire offre un phénomène singulier; c'est que d'un sel ammoniac que nous supposons composé de parties égales d'acide marin et d'alcali volatil, on retire par cette décomposition beaucoup plus d'alcali volatil, au point que sur une livre de sel composée de huit onces d'acide marin et de huit onces d'alcali volatil, on retire quatorze onces de ce même alcali : ces six onces de surplus ont certainement été fournies par la craie, laquelle, comme toutes les autres substances calcaires, contient une très-grande quantité d'air et d'eau qui se dégagent ici avec l'alcali volatil pour en augmenter le volume et la masse, autre preuve que l'air fixe ou acide aérien peut se convertir en alcali volatil.

Indépendamment de l'acide aérien, il entre encore de la matière inflammable dans l'alcali volatil, et par conséquent dans la composition du sel ammoniac; il fait par cette raison fuser le nitre lorsqu'on les chauffe ensemble; il rehausse la couleur de l'or si on le projette sur la fonte de ce métal; il sert aussi, et par la même cause, à fixer l'étamage sur le cuivre et sur le fer. On fait donc un assez grand usage de ce sel, et comme la nature n'en fournit qu'en très-petite quantité, on aurait dû chercher les moyens d'en fabriquer par l'art[1]; mais jusqu'ici on s'est contenté de s'en procurer par le commerce; on le tire des Indes-Orientales, et surtout de

a. *Dictionnaire de Chimie*, par M. Macquer, article *Sel ammoniac*.

1. C'est ce qu'on a, en effet, *cherché*, et *trouvé*. On en fabrique aujourd'hui, en France, une grande quantité, en décomposant le *sulfate d'ammoniaque* par le *chlorure de sodium*. (Voyez la note 2 de la page 433.)

l'Égypte[a], où l'on en fait tous les ans plusieurs centaines de quintaux : c'est des déjections des animaux et des hommes que l'on extrait ce sel en Égypte[b]. On sait que faute de bois on y ramasse soigneusement les excréments de tous les animaux ; on les mêle avec un peu de paille hachée pour leur donner du corps et les faire sécher au soleil ; ils deviennent combustibles par ce desséchement, et l'on ne se sert guère d'autres matières pour faire du feu ; on recueille avec encore plus de soin la suie que leur combustion produit abondamment ; cette suie contient l'alcali volatil et l'acide marin, tous deux nécessaires à la formation du sel ammoniac : aussi ne faut-il que la renfermer dans des vaisseaux de verre qu'on en remplit au trois quarts et qu'on chauffe graduellement au point de faire sublimer l'alcali volatil ; il enlève avec lui une portion de l'acide marin, et ils forment ensemble au haut du vaisseau une masse considérable de sel ammoniac. Vingt-six livres de cette suie animale donnent, dit-on, six livres de sel ammoniac : ce qu'il y a de sûr, c'est que l'Égypte en fournit l'Europe et l'Asie ; néanmoins on fabrique aussi du sel ammoniac dans quelques endroits des Indes-Orientales ; mais il ne nous en arrive que rarement et en petite quantité ; on le distingue aisément de celui d'Égypte, il est en forme de pain de sucre, et l'autre est en masse aplatie ; leur surface est également noircie de l'huile fuligineuse de la suie, et il faut les laver pour les rendre blancs au dehors comme ils le sont au dedans.

La saveur de ce sel est piquante et salée, et en même temps froide et amère ; son odeur pénétrante est urineuse, et il y a toute raison de croire qu'il peut en effet se former dans les lieux où l'alcali volatil de l'urine putréfiée se combine avec l'acide du sel marin. Ses cristaux sont en filets

a. On fait du sel ammoniac dans plusieurs lieux de l'Égypte, et surtout à Damanhour, qui est un village situé dans le Delta, avec de la suie animale que l'on met dans des ballons de verre avec du sel marin, dissous dans l'urine de chameaux ou d'autres bêtes de somme. Sicard, dans les *Nouveaux voyages des missionnaires dans le Levant*, t. II. — Le sel *ammoniac* se tire simplement de la suie provenue de la fiente de toutes sortes de quadrupèdes : les plantes les plus ordinaires dont ces animaux se nourrissent en Égypte sont la criste-marine, *salicornia ;* l'arroche ou patte d'oie, *chenopodium ;* le kali de Naples, *mesembryanthemum :* toutes plantes qui sont très-chargées de sel marin. On emploie aussi avec succès les excréments humains, qui passent pour fournir une grande quantité de sel ammoniac.... On regarde même comme la meilleure la suie provenant des excréments humains... Vingt-six livres de bonne suie, traitée et bien chauffée dans de gros matras de verre, donnent environ six livres de sel ammoniac ; ce sel s'attache peu à peu, et forme une masse en forme de gâteau à la partie supérieure du matras, que l'on brise pour en détacher cette masse, qui est convexe par-dessus et plate par-dessous : elle est noirâtre à l'extérieur et blanchâtre à l'intérieur. C'est dans cet état que l'on envoie d'Égypte le sel ammoniac dans toute l'Europe et l'Asie, et on en exporte d'Égypte chaque année environ huit cent cinquante quintaux. Voyez les *Mémoires de l'Académie de Suède*, année 1751.

b On pourrait faire en France, comme en Égypte, du sel ammoniac ; car dans plusieurs de nos provinces qui sont dégarnies de bois, telles que certaines parties de la Bretagne, du Dauphiné, du Limousin, de la Champagne, etc., les pauvres gens ne brûlent que des excréments d'animaux.

arrangés en forme de barbes de plumes, à peu près comme ceux de l'alun; ils sont pliants et flexibles, au lieu que ceux de l'alun sont raides et cassants. Au reste, on peut tirer du sel ammoniac de toutes les matières qui contiennent du sel marin et de l'alcali volatil. Il y a même des plantes comme la moutarde, les choux, etc., qui fournissent du sel ammoniac, parce qu'elles sont imprégnées de ces deux sels.

On recueille le sel ammoniac qui se sublime par l'action des feux souterrains, et même l'on aide à sa formation en amoncelant des pierres sur les ouvertures et fentes par où s'exhalent les fumées ou vapeurs enflammées; elles laissent sur ces pierres une espèce de suie blanche et salée, de laquelle on tire du sel marin et du sel ammoniac; quelquefois aussi cette suie est purement ammoniacale, et cela arrive lorsque l'acide marin dégagé de sa base s'est combiné avec l'alcali volatil des substances animales et végétales, qui, sous la forme de bitume, de charbon de terre, etc., servent d'aliment au feu des volcans : le Vésuve, l'Etna et toutes les solfatares en produisent, et l'on en trouve aussi sur les vieux volcans éteints, ou qui brûlent tranquillement et sans explosion; on cite le pays de Calmouks en Tartarie, et le territoire d'Orenbourg en Sibérie, comme très-abondants en sel ammoniac; on assure que dans ces lieux il a formé d'épaisses incrustations sur les rochers, et que même il se présente quelquefois en masses jointes à du soufre ou d'autres matières volcaniques.

BORAX[1].

Le borax est un sel qui nous vient de l'Asie, et dont l'origine et même la fabrication ne nous sont pas bien connues : il paraît néanmoins que ce sel est formé ou du moins ébauché par la nature, et que les anciens Arabes qui lui ont donné son nom savaient le facturer et en faisaient un grand usage; mais ils ne nous ont rien transmis de ce qu'ils pouvaient savoir sur sa formation dans le sein de la terre, et sur la manière de l'extraire et de le préparer[2]; les voyageurs modernes nous apprennent seulement que ce sel

1. Le *borax* est le ***borate de soude***, combinaison de ***soude*** et d'***acide borique***.

Gay-Lussac et Thénard ont isolé le ***bore***, en décomposant par du ***potassium*** l'***acide borique***, combinaison d'*oxygène* et de ***bore***.

Le ***bore*** est un corps pulvérulent, d'un beau verdâtre, plus pesant que l'eau, complétement fixe, sans odeur ni saveur.

2. « Le *borax*, à l'état natif, est d'un gris verdâtre, couleur qu'il doit à une matière orga- « nique. On le purifie par la fusion, la dissolution dans l'eau et la cristallisation. C'est ainsi « qu'on obtient les cristaux de *borax*, qui se rencontrent dans le commerce. » (*Dict. univ. d'hist. nat.*)

se trouve dans quelques provinces de la Perse[a], de la Tartarie méridionale[b] et dans quelques contrées des Indes orientales[c]. La meilleure relation est celle qui a été publiée par l'un de nos plus laborieux et savants naturalistes, M. Valmont de Bomare[d], par laquelle il paraît que ce sel se trouve dans des terres grasses et dans des pierres tendres, arrosées ou peut-être formées du dépôt des eaux qui découlent des montagnes à mines métalliques,

a. Le borax est un sel minéral qui naît aux Indes orientales, en Perse, en Transylvanie; après qu'il a été tiré de la terre, on le raffine peu à peu comme les autres sels, et il se condense en beaux morceaux blancs, nets, durs, transparents, secs; il se garde facilement sans s'humecter; il a d'abord un goût un peu amer, après quoi il devient douceâtre : on s'en sert pour souder quelques métaux, et principalement l'or, ce qui l'a fait appeler *chrysocolla;* il est aussi quelquefois employé dans la médecine comme un remède incisif et apéritif. *Collection académique*, partie française, t. II, p. 28.

b. Le borax, dont les orfévres se servent pour purifier l'or et l'argent, se trouve dans la montagne de la province de Purbet, sous le Razia Biberom, vers la grande Tartarie... Le borax vient de la rivière de Jankenckav, laquelle, en sortant de la montagne, entre dans la rivière de Maseroov, laquelle traverse toute la province, et produit cette drogue, qui croît au fond de l'eau comme le corail : les Guzarates l'appellent *jankenckhav*, et le gardent dans des bourses de peau de mouton, qu'ils remplissent d'huile pour le mieux conserver. *Voyages de Mandeslo*, suite d'*Oléarius*; Paris, 1656, t. II, p. 250.

c. Il n'y a point d'autres précautions à prendre, dans l'achat du borax qui se fait dans la province de Guzarate, que de voir s'il est bien blanc et bien transparent, de même que le salpêtre. Suite des *Voyages de Tavernier;* Rouen, 1713, t. V, p. 184.

d. On nous a écrit en 1754 d'Ispahan, dit M. de Bomare, que le borax brun, tel qu'on l'envoie en Europe, se retirait d'une terre sablonneuse ou d'une pierre tendre, grisâtre, grasse, que l'on trouve seulement en Perse et dans l'empire du grand Mogol, à Golconde et à Visapour, proche des torrents et au bas des montagnes, d'où il découle une eau mousseuse, laiteuse, un peu âcre et lixivielle. Ces pierres sont de différentes grosseurs; on les expose à l'air, afin qu'elles subissent une sorte d'efflorescence, jusqu'à ce qu'elles paraissent rouges à leur superficie, quelquefois verdâtres, obscures et brunâtres : c'est là ce qu'on appelle *matrice de borax, borax gras, brut*, et *pierre de borax*. Tantôt ce sel se retire d'une eau épaisse, que l'on trouve dans des fosses très-profondes près d'une mine de cuivre de Perse : cette liqueur a l'œil verdâtre, et la saveur d'un sel fade; on a soin de ramasser non-seulement cette liqueur, mais encore la matière comme gélatineuse, qui la contient : on fait une espèce de lessive, tant de l'eau que de la terre graisseuse et des pierres dont nous venons de faire mention, jusqu'à ce qu'elles soient tout à fait insipides; on mélange ensuite toutes les dissolutions chargées de borax; on les fait évaporer à consistance requise; puis on procède à la cristallisation, en versant la liqueur à demi refroidie dans des fosses enduites de glaise ou d'argile blanchâtre, et recouvertes d'un chapeau enduit de la même matière; on laisse ainsi la liqueur se cristalliser, et, au bout de trois mois environ, on trouve une couche de cristaux diffus, opaques, terreux, verdâtres et visqueux, d'un goût nauséabond, qui flottent dans une partie de la liqueur qui n'a point totalement cristallisé; on les expose quelque temps à l'air, afin qu'ils sèchent un peu : c'est ce qu'on appelle *borax gras* de la première purification.

On dissout de nouveau ce sel dans une quantité suffisante d'eau; puis l'on donne quelques jours à la dissolution, pour que les particules les plus hétérogènes s'en séparent et se précipitent; ensuite on la décante; on l'évapore et on la met à cristalliser dans une autre fosse que la première, mais également enduite d'argile grasse : après l'espace de deux mois, on trouve des cristaux plus purs, plus réguliers que les précédents; ils sont demi-blancs, verdâtres, grisâtres, un peu transparents, cependant toujours couverts d'une substance grasse, dont on les dépouille facilement en Hollande. C'est en cet état qu'on apporte en Europe ces cristaux de la seconde purification, auxquels l'on donne improprement le nom de *borax brut*, ou *borax de la première fonte*. *Minéralogie de M. de Bomare*, t. I, pag. 344 et 345.

ce qui semble indiquer que ce sel est en dissolution dans ces eaux, et que la terre grasse ou la pierre tendre ont été pénétrées de cette eau saline et minérale. On appelle *tinkal* ou *borax brut* la matière qu'on extrait de ces terres et pierres par la lessive et l'évaporation, et c'est sous cette forme et sous ce nom qu'on l'apporte en Europe, où l'on achève de le purifier.

Dans leur état de pureté, les cristaux du borax ressemblent à ceux de l'alun; ils contiennent cependant moins d'eau et en exigent une plus grande quantité pour se dissoudre, et même ils ne se dissolvent bien que dans l'eau chaude. Au feu, ce sel se gonfle moins que l'alun, mais il s'y liquéfie et s'y calcine de même; enfin il se convertit en une sorte de verre salin, qu'on préfère au borax même dans plusieurs usages, parce qu'étant dépouillé de toute humidité, il n'est point sujet à se boursoufler: ce verre de borax n'est ni dur ni dense, et il participe moins des qualités du verre que de celles du sel; il se décompose à l'air, y devient farineux; il se dissout dans l'eau, et donne par l'évaporation des cristaux tout semblables à ceux du borax; ainsi ce sel, en se vitrifiant, loin de se dénaturer, ne fait que s'épurer davantage et acquérir des propriétés plus actives, car ce verre de borax est le plus puissant de tous les fondants, et lorsqu'on le mêle avec des terres de quelque qualité qu'elles soient, il les convertit toutes en verres solides et plus ou moins transparents, suivant la nature de ces terres.

Tout ceci paraît déjà nous indiquer que le borax contient une grande quantité d'alcali, et cela se prouve encore par l'effet des acides sur ce sel; ils s'emparent de son alcali et forment des sels tout semblables à ceux qu'ils produisent en se combinant avec l'alcali minéral ou marin, et non-seulement on peut enlever au borax son alcali par les acides vitriolique, nitreux et marin, mais aussi par les acides végétaux [a]; ainsi la présence de l'alcali fixe [1] dans le borax est parfaitement démontrée; mais ce n'est cependant pas cet alcali seul qui constitue son essence saline, car après en avoir séparé par les acides cet alcali, il reste un sel qui n'est lui-même ni acide ni alcali, et qu'on ne sait comment définir: M. Homberg, de l'Académie des Sciences, est le premier qui en ait parlé, il l'a nommé *sel sédatif* [2], et ce nom n'a rapport qu'à quelques propriétés calmantes que cet habile chimiste a cru lui reconnaître, mais on ignore encore quel est le principe salin de ce sel singulier; et comme sur les choses incertaines il est permis de faire des conjectures, et que j'ai ci-devant réduit tous les sels simples à trois sortes, savoir:

a. Voyez, sur ce sujet, les travaux de MM. Lémery, Geoffroy et Baron, dans les *Mémoires de l'Académie des Sciences.*

1. C'est-à-dire de la *soude.* Voyez la note 1 de la page 383.

2. Le *sel sédatif* est l'*acide borique.* — « *L'acide borique* existe dans la nature, tantôt combiné « à la *soude* (*borax*), tantôt à la *magnésie* (*boracite*). — *L'acide borique* existe en Toscane « dans de petits lacs qui portent le nom de *lagoni*... On évapore ces eaux;... lorsque les liqueurs « sont arrivées à une concentration convenable, il suffit de les laisser refroidir pour obtenir de « l'*acide borique* cristallisé. » (Pelouze et Frémy.)

les acides, les alcalis et les arsenicaux, il me semble qu'on peut soupçonner avec fondement que le sel sédatif a l'arsenic pour principe salin.

D'abord, il paraît certain que ce sel existe tout formé dans le borax et qu'il y est uni avec l'alcali, dont les acides ne font que le dégager, puisqu'en le combinant de nouveau avec l'alcali on en refait du borax. 2° Le sel sédatif n'est point un acide, et cependant il semble suppléer l'acide dans le borax, puisqu'il y est uni avec l'alcali; or, il n'y a dans la nature que l'arsenic qui puisse faire fonction d'acide avec les substances alcalines. 3° On obtient le sel sédatif du borax par sublimation, il s'élève et s'attache au haut des vaisseaux clos en filets déliés ou en lames minces, légères et brillantes, et c'est sous cette forme qu'on conserve ce sel. On peut aussi le retirer du borax par la simple cristallisation; il paraît être aussi pur que celui qu'on obtient par la sublimation, car il est également brillant et aussi beau, il est seulement plus pesant, quoique toujours très-léger; et l'on ne peut s'empêcher d'admirer la légèreté de ce sel obtenu par sublimation : un gros, dit M. Macquer, suffit pour emplir un assez grand bocal. 4° C'est toujours par le moyen des acides qu'on retire le sel sédatif du borax, soit par sublimation ou par cristallisation; et M. Baron, habile chimiste, de l'Académie des Sciences, a bien prouvé qu'il ne se forme pas, comme on pourrait l'imaginer, par la combinaison actuelle de l'alcali avec les acides dont on se sert pour le retirer du borax: ainsi ce sel n'est certainement point un acide connu. 5° Les chimistes ont regardé ce sel comme simple, parce qu'il ne leur a pas été possible de le décomposer : il a résisté à toutes les épreuves qu'ils ont pu tenter, et il a conservé son essence sans altération. 6° Ce sel est non-seulement le plus puissant fondant des substances terreuses, mais il produit le même effet sur les matières métalliques.

Ainsi, quoique le sel sédatif paraisse simple et qu'il le soit en effet plus que le borax, il est néanmoins composé de quelques substances salines et métalliques, si intimement unies que notre art ne peut les séparer, et je présume que ces substances peuvent être de l'arsenic et du cuivre, auquel on sait que l'arsenic adhère si fortement qu'on a grande peine à l'en séparer : ceci n'est qu'une conjecture, un soupçon; mais comme d'une part le borax ne se trouve que dans des terres ou des eaux chargées de parties métalliques, et particulièrement dans le voisinage des mines de cuivre en Perse; et que d'autre part le sel sédatif n'est ni acide ni alcali, et qu'il a plusieurs propriétés semblables à celles de l'arsenic, et qu'enfin il n'y a de sels simples dans la nature que l'acide, l'alcali et l'arsenic, j'ai cru que ma conjecture était assez fondée pour la laisser paraître, en la soumettant néanmoins à toute critique, et particulièrement à l'arrêt irrévocable de l'expérience, qui la détruira ou la confirmera : je puis, en attendant, citer un fait qui paraît bien constaté; M. Cadet, l'un de nos savants chimistes, de l'Académie des Sciences, a tiré du borax un culot de cuivre par des dissolutions et des filtrations réitérées, et ce seul fait suffit pour démontrer que le cuivre est une des substances dont le borax est composé; mais il sera peut-être plus difficile d'y reconnaître l'arsenic [1].

Le sel sédatif est encore plus fusible, plus vitrifiable et plus vitrifiant que le borax, et cependant il est privé de son alcali, qui, comme l'on sait, est le sel le plus fondant et le plus nécessaire à la vitrification ; dès lors, ce sel sédatif contient donc une matière qui, sans être alcaline, a néanmoins la même propriété vitrifiante : or, je demande quelle peut être cette matière, si ce n'est de l'arsenic, qui seul a ces propriétés, et qui même peut fondre et vitrifier plusieurs substances que les alcalis ne peuvent vitrifier?

Ce sel se dissout dans l'esprit-de-vin ; il donne à sa flamme une belle couleur verte, ce qui semble prouver encore qu'il est imprégné de quelques éléments métalliques, et particulièrement de ceux du cuivre ; il est vrai qu'en supposant ce sel composé d'arsenic et de cuivre, il faut encore admettre dans sa composition une terre vitrescible capable de saturer l'arsenic et d'envelopper le cuivre, car ce sel sédatif a très-peu de saveur, et ses effets, au lieu d'être funestes comme ceux de l'arsenic et du cuivre, ne sont que doux et même salutaires ; mais ne trouve-t-on pas la même différence d'effets entre le sublimé corrosif et le mercure doux? Un autre fait qui va encore à l'appui de ma conjecture, c'est que le borax fait pâlir la couleur de l'or, et l'on sait que l'arsenic le pâlit ou blanchit de même, mais on ne sait pas, et il faudrait l'essayer, si en jetant à plusieurs reprises une grande quantité de borax sur l'or en fusion il ne le rendrait pas cassant comme fait l'arsenic ; s'il produisait cet effet, on ne pourrait guère douter que le borax et le sel sédatif ne continssent de l'arsenic. Au reste, il faudrait faire de préférence cet essai sur le sel sédatif qui est débarrassé d'alcali, et qui a, comme le borax, la propriété de blanchir l'or. Enfin on peut comparer au borax le *nitre fixé par l'arsenic*, qui devient par ce mélange un très-puissant fondant, et qu'on peut employer au lieu de borax pour opérer la vitrification ; tous ces rapports me semblent indiquer que l'arsenic fait partie du borax, mais qu'il adhère si fortement à la base métallique de ce sel qu'on ne peut l'en séparer.

Au reste, il n'est pas certain qu'on ne puisse tirer le sel sédatif que du seul borax, puisque M. Hoëffer assure que les eaux du lac Cherchiago, dans le territoire de Sienne, en Italie, en fournissent une quantité assez considérable, et cependant il ne dit pas que ces mêmes eaux fournissent du borax [a].

On apporte de Turquie, de Perse, du continent des Indes et même de l'île de Ceylan, du *tinkal* ou *borax brut* de deux sortes : l'un est mou et

a. Voyez le *Mémoire* de M. Hoëffer, directeur de pharmacie du grand-duc de Toscane, imprimé à Florence en 1778.

1. Voyez la note 1 de la page 438.

rougeâtre, et l'autre est ferme et gris ou verdâtre; on leur enlève ces couleurs et l'onctuosité dont ils sont encore imprégnés en les purifiant. Autrefois, les Vénitiens étaient, et actuellement les Hollandais sont les seuls qui aient le secret de ce petit art, et les seuls aussi qui fassent le commerce de ce sel; cependant on assure que les Anglais en tirent de plusieurs endroits des Indes, et qu'ils en achètent des Hollandais à Ceylan.

Le borax bien purifié doit être fort blanc et très-leger; on le falsifie souvent en le mêlant d'alun; il porte alors une saveur styptique sur la langue, et, volume pour volume, il est bien moins léger que le borax pur, qui n'a d'ailleurs presque point de saveur, et dont les cristaux sont plus transparents que ceux de l'alun : on distingue donc à ces deux caractères sensibles le borax pur du borax mélangé.

La plus grande et la plus utile propriété du borax est de faciliter plus qu'aucun autre sel la fusion des métaux; il en rassemble aussi les parties métalliques et les débarrasse des substances hétérogènes qui s'y trouvent mêlées, en les réduisant en scories qui nagent au-dessus du métal fondu; il le défend aussi de l'action de l'air et du feu, parce qu'il forme lui-même un verre qui sert de bain au métal avec lequel il ne se confond ni ne se mêle; et comme il en accélère et facilite la fusion, il diminue par conséquent la consommation des combustibles et le temps nécessaire à la fonte, car il ne faut qu'un feu modéré pour qu'il exerce son action fondante; on s'en sert donc avec tout avantage pour souder les métaux, dont on peut par son moyen réunir les pièces les plus délicates sans les déformer; il a éminemment cette utile propriété de réunir et souder ensemble tous les métaux durs et difficiles à fondre.

Quoiqu'à mon avis le borax contienne de l'arsenic, il est néanmoins autant ami des métaux que l'arsenic se montre leur ennemi : le borax les rend liants et fusibles et ne leur communique aucune des qualités de l'arsenic, qui, lorsqu'il est seul et nu, les aigrit et les corrode; et d'ailleurs l'action du borax est subordonnée à l'art, au lieu que l'arsenic agit par sa propre activité, et se trouve répandu et produit par la nature dans presque tout le règne minéral; et à cet égard l'arsenic comme sel devrait trouver ici sa place.

Nous avons dit que des trois grandes combinaisons salines de l'acide primitif ou aérien, la première s'est faite avec la terre vitreuse, et nous est représentée par l'acide vitriolique; la seconde s'est opérée avec la terre calcaire, et a produit l'acide marin; et la troisième avec la substance métallique a formé l'arsenic. L'excès de causticité qui le caractérise et ses autres propriétés semblent en effet tenir à la masse et à la densité de la base que nous lui assignons; mais l'arsenic est un protée qui non-seulement se montre sous la forme de sel, mais se produit aussi sous celle d'un régule métallique, et c'est à cause de cette propriété qu'on lui a donné le nom et le rang de demi-métal : ainsi nous remettons à en traiter à la suite des demi-métaux, dont il paraît être le dernier, quoique par des traits presque aussi fortement marqués, il s'unisse et s'assimile aux sels.

Nous terminerons donc ici cette histoire naturelle des sels, peut-être déjà trop longue; mais j'ai dû parler de toutes les matières salines que produit la nature, et je n'ai pu le faire sans entrer dans quelque discussion sur les principes salins, et sans exposer avec un peu de détail les différents effets des acides et des alcalis amenés par notre art à leur plus grand degré de pureté; j'ai tâché d'exposer leurs propriétés essentielles, et je crois qu'on en aura des idées nettes, si l'on veut me lire sans préjugés : j'aurais encore plus excédé les bornes que je me suis prescrites, si je me fusse livré à comparer avec les sels produits par la nature tous ceux que la chimie a su former par ses combinaisons; les sels sont, après le feu, les plus grands instruments de ce bel art[1], qui commence à devenir une science par sa réunion avec la physique.

DU FER.

On trouve rarement les métaux sous leur forme métallique dans le sein de la terre; ils y sont ordinairement sous une forme minéralisée, c'est-à-dire altérée par le mélange intime de plusieurs matières étrangères, et la quantité des métaux purs est très-petite en comparaison de celle des métaux minéralisés; car à l'exception de l'or, qui se trouve presque toujours dans l'état de métal, tous les autres métaux se présentent le plus souvent dans l'état de minéralisation. Le feu primitif, en liquéfiant et vitrifiant toute la masse des matières terrestres du globe, a sublimé en même temps les substances métalliques, et leur a laissé d'abord leur forme propre et particulière; quelques-unes de ces substances métalliques ont conservé cette forme native, mais la plupart l'ont perdue par leur union avec des matières étrangères et par l'action des éléments humides. Nous verrons que la production des métaux purs et celle des métaux mélangés de matière vitreuse par le feu primitif sont contemporaines, et qu'au contraire les métaux minéralisés par les acides et travaillés par l'eau sont d'une formation postérieure.

Tous les métaux sont susceptibles d'être sublimés par l'action du feu; l'or, qui est le plus fixe de tous, ne laisse pas de se sublimer par la chaleur[a], et il en est de même de tous les autres métaux et minéraux métalliques :

a. Voyez les preuves, page 18, du volume actuel, note *a*.

1. Buffon ne voit encore dans la *chimie* qu'un art; mais, comme il l'annonce lui-même, cet *art* allait bientôt constituer une *science*, et une grande science.

ainsi lorsque le feu primitif eut réduit en verre les matières fixes de la masse terrestre, les substances métalliques se sublimèrent et furent par conséquent exclues de la vitrification générale; la violence du feu les tenait élevées au-dessus de la surface du globe; elles ne tombèrent que quand cette chaleur extrême, commençant à diminuer, leur permit de rester dans un état de fusion sans être sublimées de nouveau. Les métaux qui, comme le fer et le cuivre, exigent le plus de feu pour se fondre, durent se placer les premiers sur la roche du globe encore tout ardente : l'argent et l'or, dont la fusion ne suppose qu'un moindre degré de feu, s'établirent ensuite et coulèrent dans les fentes perpendiculaires de cette roche déjà consolidée; ils remplirent les interstices que le quartz décrépité leur offrait de toutes parts, et c'est par cette raison qu'on trouve l'or et l'argent vierge en petits filets dans la roche quartzeuse. Le plomb et l'étain, auxquels il ne faut qu'une bien moindre chaleur pour se liquéfier, coulèrent longtemps après ou se convertirent en chaux, et se placèrent de même dans les fentes perpendiculaires; enfin tous ces métaux, souvent mêlés et réunis ensemble, y formèrent les filons primitifs des mines primordiales, qui toutes sont mélangées de plusieurs minéraux métalliques. Et le mercure, qu'une médiocre chaleur volatilise, ne put s'établir que peu de temps avant la chute des eaux et des autres matières également volatiles.

Quoique ces dépôts des différents métaux se soient formés successivement et à mesure que la violence du feu diminuait, comme ils se sont faits dans les mêmes lieux, et que les fentes perpendiculaires ont été le réceptacle commun de toutes les matières métalliques fondues ou sublimées par la chaleur intérieure du globe, toutes les mines sont mêlées de différents métaux et minéraux métalliques [a]; en effet il y a presque toujours plusieurs métaux dans la même mine : on trouve le fer avec le cuivre, le plomb avec l'argent, l'or avec le fer, et quelquefois tous ensemble; car il ne faut pas croire, comme bien des gens se le figurent, qu'une mine d'or ou d'argent ne contienne que l'une ou l'autre de ces matières; il suffit, pour qu'on lui donne cette dénomination, que la mine soit mêlée d'une assez grande quantité de l'un ou de l'autre de ces métaux pour être travaillée avec profit; mais souvent et presque toujours le métal précieux y est en moindre quantité que les autres matières minérales ou métalliques.

Quoique les faits subsistants s'accordent parfaitement avec les causes et

a. Les métaux et demi-métaux n'ont pas chacun leur mine particulière, et leurs minerais ne sont pas des corps homogènes : au contraire, presque toutes les substances métalliques sont souvent confondues ensemble, et l'on présume même que quelques-unes, telles que le zinc et la platine, résultent du mélange des autres.

L'argent, le plomb, le cuivre, l'arsenic et le cobalt se trouvent assez souvent confondus dans le même filon de mine, en des quantités presque égales. *Mémoires de Physique*, par M. de Grignon, in-4°, p. 272.

les effets que je suppose, on ne manquera pas de contester cette théorie de l'établissement local des mines métalliques : on dira qu'on peut se tromper en estimant par comparaison et jugeant par analogie les procédés de la nature ; que la vitrification de la terre et la sublimation des métaux par le feu primitif, n'étant pas des faits démontrés, mais de simples conjectures, les conséquences que j'en tire ne peuvent qu'être précaires et purement hypothétiques; enfin l'on renouvellera sans doute l'objection triviale si souvent répétée contre les hypothèses, en s'écriant qu'en bonne physique il ne faut ni comparaisons ni systèmes.

Cependant il est aisé de sentir que nous ne connaissons rien que par comparaison, et que nous ne pouvons juger des choses et de leurs rapports qu'après avoir fait une ordonnance de ces mêmes rapports, c'est-à-dire un système. Or les grands procédés de la nature sont les mêmes en tout, et lorsqu'ils nous paraissent opposés, contraires ou seulement différents, c'est faute de les avoir saisis et vus assez généralement pour les bien comparer. La plupart de ceux qui observent les effets de la nature, ne s'attachant qu'à quelques points particuliers, croient voir des variations et même des contrariétés dans ses opérations, tandis que celui qui l'embrasse par des vues plus générales reconnait la simplicité de son plan et ne peut qu'admirer l'ordre constant et fixe de ses combinaisons, et l'uniformité de ses moyens d'exécution : grandes opérations, qui, toutes fondées sur des lois invariables, ne peuvent varier elles-mêmes ni se contrarier dans les effets; le but du philosophe naturaliste doit donc être de s'élever assez haut pour pouvoir déduire d'un seul effet général, pris comme cause, tous les effets particuliers; mais, pour voir la nature sous ce grand aspect, il faut l'avoir examinée, étudiée et comparée dans toutes les parties de son immense étendue; assez de génie, beaucoup d'étude, un peu de liberté de penser, sont trois attributs sans lesquels on ne pourra que défigurer la nature, au lieu de la représenter : je l'ai souvent senti en voulant la peindre, et malheur à ceux qui ne s'en doutent pas! leurs travaux, loin d'avancer la science, ne font qu'en retarder les progrès ; de petits faits, des objets présentés par leurs faces obliques ou vus sous un faux jour, des choses mal entendues, des méthodes scolastiques, de grands raisonnements fondés sur une métaphysique puérile ou sur des préjugés, sont les matières sans substance des ouvrages de l'écrivain sans génie; ce sont autant de tas de décombres qu'il faut enlever avant de pouvoir construire. Les sciences seraient donc plus avancées si moins de gens avaient écrit : mais l'amour-propre ne s'opposera-t-il pas toujours à la bonne foi? L'ignorant se croit suffisamment instruit; celui qui ne l'est qu'à demi, se croit plus que savant, et tous s'imaginent avoir du génie ou du moins assez d'esprit pour en critiquer les productions; on le voit par les ouvrages de ces écrivains qui n'ont d'autre mérite que de crier contre les systèmes, parce qu'ils sont non-seulement incapables d'en faire, mais peut-être même d'entendre la vraie signification de ce mot qui les épouvante ou les humilie; cependant tout système n'est qu'une combinaison raisonnée, une ordonnance des choses ou des idées qui les représentent, et c'est le génie seul qui peut faire cette ordonnance, c'est-à-dire un système en tout genre, parce que c'est au génie seul qu'il appartient de généraliser les idées particulières, de réunir toutes les vues en un faisceau de lumière, de se faire de nouveaux aperçus, de saisir les rapports fugitifs, de rapprocher ceux qui sont éloignés, d'en former de nouvelles analogies, de s'élever enfin assez haut, et de s'étendre assez loin pour embrasser à la fois tout l'espace qu'il a rempli de sa pensée; c'est ainsi que le génie seul peut former un ordre systématique des choses et des faits, de leurs combinaisons respectives, de la dépendance des causes et des effets; de sorte que le tout rassemblé, réuni, puisse présenter à l'esprit un grand tableau de spéculations suivies, ou du moins un vaste spectacle dont toutes les scènes se lient et se tiennent par des idées conséquentes et des faits assortis [1].

Je crois donc que mes explications sur l'action du feu primitif, sur la sublimation des métaux, sur la formation des matières vitreuses, argileuses et calcaires, sont d'accord avec les procédés de la nature dans ses plus grandes opérations, et nous verrons que l'ensemble de ce système et ses autres rapports seront encore confirmés par tous les faits que nous rapporterons dans la suite, en traitant de chaque métal en particulier.

Mais, pour ne parler ici que du fer, on ne peut guère douter que ce métal n'ait commencé à s'établir le premier sur le globe, et peu de temps après la consolidation du quartz, puisqu'il a coloré les jaspes et les cristaux de feldspath, au lieu que l'or, l'argent, ni les autres métaux ne paraissent pas être entrés comme le fer dans la substance des matières vitreuses produites par le feu primitif; et ce fait prouve que le fer, plus capable de résister à la violence du feu, s'est en effet établi le premier et dès le temps de la consolidation des verres de nature : car le fer primordial se trouve toujours intimement mêlé avec la matière vitreuse, et il a formé avec elle de très-grandes masses et même des montagnes à la surface du globe, tandis que les autres métaux, dont l'établissement a été postérieur, n'ont occupé que les intervalles des fentes perpendiculaires de la roche quartzeuse dans lesquelles ils se trouvent par filons et en petits amas [a].

a. Pline dit, avec raison, que, de toutes les substances métalliques, le fer est celle qui se trouve en plus grandes masses, et qu'on a vu des montagnes qui en étaient entièrement formées : « Metallorum omnium vena ferri largissima est : Cantabriæ maritimâ parte quam Oceanus alluit, mons præruptè altus, incredibile dictu, totus ex eâ materie est. » Lib. XXXIV, cap. XV.

1. Page admirable d'éloquence, de pensées justes et grandes, et où nous retrouvons la première vigueur de BUFFON.

Aussi n'existe-t-il nulle part de grandes masses de fer pur et pareil à notre fer forgé[1], ni même semblable à nos fontes de fer, et à peine peut-on citer quelques exemples de petits morceaux de fonte ou régule de fer trouvés dans le sein de la terre, et formés sans doute accidentellement par le feu des volcans, comme l'on trouve aussi et plus fréquemment des morceaux d'or, d'argent et de cuivre, qu'on reconnaît évidemment avoir été fondus par ces feux souterrains[a].

La substance du fer de nature n'a donc jamais été pure, et dès le temps de la consolidation du globe, ce métal s'est mêlé avec la matière vitreuse, et s'est établi en grandes masses dans plusieurs endroits à la surface, et jusqu'à une petite profondeur dans l'intérieur de la terre. Au reste, ces grandes masses ou roches ferrugineuses ne sont pas également riches en métal : quelques-unes donnent soixante-dix ou soixante-douze pour cent de fer en fonte, tandis que d'autres n'en donnent pas quarante ; et l'on sait que cette fonte de fer qui résulte de la fusion des mines n'est pas encore du métal, puisque avant de devenir fer elle perd au moins un quart de sa masse par le travail de l'affinerie ; on est donc assuré que les mines de fer en roche les plus riches ne contiennent guère qu'une moitié de fer, et que l'autre moitié de leur masse est de matière vitreuse ; on peut même le reconnaître en soumettant ces mines à l'action des acides qui en dissolvent le fer et laissent intacte la substance vitreuse.

D'ailleurs ces roches de fer, que l'on doit regarder comme les mines primordiales de ce métal dans son état de nature, sont toutes attirables à l'ai-

a. Les mines d'argent de Huantafaya et celles de cuivre mélangées d'or de Coquimbo sont situées dans des contrées où il ne pleut jamais et où il fait chaud, tandis que toutes les autres mines riches du Pérou sont situées dans les Cordillères, du côté où il pleut abondamment, et qui est recouvert de neige, et où il fait un froid excessif dans quelques saisons de l'année ; mais ces mines de Huantafaya et de Coquimbo doivent être regardées comme des mines accidentelles qu'on pourrait appeler mines de *fondition*, parce que ces métaux ont été mis en fonte par un feu de volcan, et qu'ils ont été déposés en fusion dans les fentes des rochers ou dans le sable. Les morceaux de mine de Huantafaya que j'ai acquis, Monsieur, pour le Cabinet, et que je vous remettrai, laissent apercevoir les mêmes accidents que l'on observe dans les ateliers où l'on fond en grand le métal pour les monnaies. Il y a entre autres un gros morceau de cette mine d'argent de Huantafaya qui présente une cristallisation de soufre, ce qui prouve qu'il a été formé par le feu d'un volcan. (Extrait d'une lettre de M. Dombey, correspondant du Cabinet d'Histoire naturelle, à M. de Buffon, datée de Lima, le 2 novembre 1781.)

1. « Le *fer* existe sous quatre états différents : à l'état natif, à l'état d'oxyde (anhydre ou « hydraté), combiné avec les corps combustibles, particulièrement avec le soufre, et enfin à « l'état de sel (*sulfate, carbonate, phosphate, silicate*, etc.). Le fer natif peut se trouver en « filons ou en masses considérables, isolés et situés à la surface de la terre, et le plus souvent « loin de toute espèce de mine de fer.

« Le *fer natif* en filons est très-rare : en masses isolées, on le rencontre plus souvent..... « Ainsi, dans l'Amérique méridionale, à Olumpa, on a trouvé une masse de fer qui pèse 1,500 « kilogrammes ; en Afrique, il existe une masse semblable, que les Maures exploitent, etc. » (Thénard.)

On a longtemps discuté sur l'origine de ces masses de fer : on les rapproche aujourd'hui des *aérolithes*, ou pierres tombées de l'atmosphère.

mant [a], preuve évidente qu'elles ont été produites par l'action du feu, et qu'elles ne sont qu'une espèce de fonte impure de fer, mélangée d'une plus ou moins grande quantité de matière vitreuse; nos mines de fer en grain, en ocre ou en rouille, quoique provenant originairement des détriments de ces roches primitives, mais ayant été formées postérieurement par l'intermède de l'eau, ne sont point attirables à l'aimant, à moins qu'on ne leur fasse subir une forte impression du feu à l'air libre [b]. Ainsi la propriété d'être attirable à l'aimant appartenant uniquement aux mines de fer qui ont passé par le feu, on ne peut guère se refuser à croire que ces énormes rochers de fer attirables à l'aimant n'aient en effet subi la violente action du feu dont ils portent encore l'empreinte, et qu'ils n'aient été produits dans le temps de la dernière incandescence et de la première condensation du globe.

Les masses de l'aimant ne paraissent différer des autres roches de fer, qu'en ce qu'elles ont été exposées aux impressions de l'électricité de l'atmosphère, et qu'elles ont en même temps éprouvé une plus grande ou plus longue action du feu qui les a rendues magnétiques par elles-mêmes et au plus haut degré; car on peut donner le magnétisme à tout fer ou toute matière ferrugineuse, non-seulement en la tenant constamment dans la même situation, mais encore par le choc et par le frottement, c'est-à-dire par toute cause ou tout mouvement qui produit de la chaleur et du feu : on doit donc penser que les pierres d'aimant étant de la même nature que les autres roches ferrugineuses, leur grande puissance magnétique vient de ce qu'elles ont été exposées à l'air, et travaillées plus violemment ou plus longtemps par la flamme du feu primitif; la substance de l'aimant paraît même indiquer que le fer qu'elle contient a été altéré par le feu et réduit en un état de régule très-difficile à fondre, puisqu'on ne peut traiter les pierres d'aimant à nos fourneaux, ni les fondre avantageusement pour en

a. Comme toutes les mines de Suède sont très-attirables à l'aimant, on se sert de la boussole pour les trouver : cette méthode est fort en usage, et elle est assez sûre, quoique les mines de fer soient souvent enfouies à plusieurs toises de profondeur (voyez les *Voyages métallurgiques* de M. Jars, tome I). Mais elle serait inutile pour la recherche de la plupart de nos mines de fer en grain, dont la formation est due à l'action de l'eau, et qui ne sont point attirables à l'aimant avant d'avoir subi l'action du feu.

b. Les mines de fer en grain ne sont en général point attirables à l'aimant; il faut, pour qu'elles le deviennent, les faire griller à un feu assez vif et à l'air libre : j'en ai fait l'expérience sur la mine de Villers près Montbard, qui se trouve en sacs, entre des rochers calcaires, et qui est en grains assez gros; ayant fait griller une once de cette mine à feu ouvert, et l'ayant fait broyer et réduire en poudre, l'aimant en a tiré six gros et demi; mais, ayant fait mettre une pareille quantité de cette mine dans un creuset couvert et bien bouché, qu'on a fait rougir à blanc, et ayant ensuite écrasé cette mine ainsi grillée au moyen d'un marteau, l'aimant n'en a tiré aucune partie de fer, tandis que dans un autre creuset mis au feu en même temps, et qui n'était pas bouché, cette même mine, réduite ensuite en poudre par le marteau, s'est trouvée aussi attirable par l'aimant que la première. Cette expérience m'a démontré que le feu seul ou le feu fixe ne suffit pas pour rendre la mine de fer attirable à l'aimant, et qu'il est nécessaire que le feu soit libre et animé par l'air pour produire cet effet.

tirer du fer, comme l'on en tire de toutes les autres pierres ferrugineuses ou mines de fer en roche, en les faisant auparavant griller et concasser [a].

Toutes les mines de fer en roche doivent donc être regardées comme des espèces de fontes de fer, produites par le feu primitif; mais on ne doit pas compter au nombre de ces roches primordiales de fer celles qui sont mêlées de matière calcaire; ce sont des mines secondaires, des concrétions spathiques, en masses plus ou moins distinctes ou confuses, et qui n'ont été formées que postérieurement par l'intermède de l'eau : aussi ne sont-elles point attirables à l'aimant, elles doivent être placées au nombre des mines de seconde et peut-être de troisième formation; de même il ne faut pas confondre avec les mines primitives, vitreuses et attirables à l'aimant, celles qui, ayant éprouvé l'impression du feu dans les volcans, ont acquis cette propriété qu'elles n'avaient pas auparavant; enfin il faut excepter encore les sables ferrugineux et magnétiques, tels que celui qui est mêlé dans la platine, et tous ceux qui se trouvent mélangés dans le sein de la terre, soit avec les mines de fer en grains, soit avec d'autres matières; car ces sablons ferrugineux, attirables à l'aimant, ne proviennent que de la décomposition du mâchefer ou résidu ferrugineux des végétaux brûlés par le feu des volcans ou par d'autres incendies.

On doit donc réduire le vrai fer de nature, le fer primordial, aux grandes masses des roches ferrugineuses attirables à l'aimant, et qui ne sont mélangées que de matières vitreuses; ces roches se trouvent en plus grande quantité dans les régions du Nord que dans les autres parties du globe; on sait qu'en Suède, en Russie, en Sibérie, ces mines magnétiques sont très-communes, et qu'on les cherche à la boussole; on prétend aussi qu'en Laponie, la plus grande partie du terrain n'est composée que de ces masses ferrugineuses; si ce dernier fait est aussi vrai que les premiers, il augmenterait la probabilité déjà fondée, que la variation de l'aiguille aimantée provient de la différente distance et de la situation où l'on se trouve, relativement au gisement de ces grandes masses magnétiques : je dis la variation de l'aiguille aimantée, car je ne prétends pas que sa direction vers les pôles, doive être uniquement attribuée à cette même cause; je suis persuadé que cette direction de l'aimant et un des effets de l'électricité du globe, et que le froid des régions polaires influe plus qu'aucune autre cause sur la direction de l'aimant [b].

Quoi qu'il en soit, il me paraît certain que les grandes masses des mines de fer en roche ont été produites par le feu primitif, comme les autres

a. On trouve quelquefois de l'aimant blanc qui ne paraît pas avoir passé par le feu, parce que toutes les matières ferrugineuses se colorent au feu en rouge-brun ou en noir; mais cet aimant blanc n'est peut-être que le produit de la décomposition d'un aimant primitif, reformé par l'intermède de l'eau. Voyez ci-après l'article de l'*Aimant*.

b. Voyez ci-après l'article de l'*Aimant*.

grandes masses des matières vitreuses. On demandera peut-être pourquoi ce premier fer de nature produit par le feu ne se présente pas sous la forme de métal, pourquoi l'on ne trouve dans ces mines aucune masse de fer pur et pareil à celui que nous fabriquons à nos feux? J'ai prévenu cette question en prouvant que [a] le fer ne prend de la ductilité que parce qu'il a été comprimé par le marteau : c'est autant la main de l'homme que le feu, qui donne au fer la forme de métal, et qui change en fer ductile la fonte aigre, en épurant cette fonte, et en rapprochant de plus près les parties métalliques qu'elle contient; cette fonte de fer, au sortir du fourneau, reste, comme nous l'avons dit, encore mélangée de plus d'un quart de matières étrangères; elle n'est donc, tout au plus, que d'un quart plus pure que les mines en roche les plus riches, qui par conséquent ont été mêlées, par moitié, de matières vitreuses dans la fusion opérée par le feu primitif.

On pourra insister en retournant l'objection contre ma réponse, et disant qu'on trouve quelquefois de petits morceaux de fer pur ou natif dans certains endroits, à d'assez grandes profondeurs, sous des rochers ou des couches de terre, qui ne paraissent pas avoir été remuées par la main des hommes, et que ces échantillons du travail de la nature, quoique rares, suffisent pour prouver que notre art et le secours du marteau ne sont pas des moyens uniques ni des instruments absolument nécessaires, ni par conséquent les seules causes de la ductilité et de la pureté de ce métal, puisque la nature, dénuée de ces adminicules de notre art, ne laisse pas de produire du fer assez semblable à celui de nos forges.

Pour satisfaire à cette instance, il suffira d'exposer que par certains procédés nous pouvons obtenir du régule de fer sans instruments ni marteaux et par le seul effet d'un feu bien administré et soutenu longtemps au degré nécessaire pour épurer la fonte sans la brûler, en laissant ainsi remuer par le feu, successivement et lentement, les molécules métalliques qui se réunissent alors par une espèce de départ ou séparation des matières hétérogènes dont elles étaient mélangées. Ainsi, la nature aura pu, dans certaines circonstances, produire le même effet; mais ces circonstances ne peuvent qu'être extrêmement rares, puisque par nos propres procédés, dirigés à ce but, on ne réussit qu'à force de précautions.

Ce point, également intéressant pour l'histoire de la nature et pour celle de l'art, exige quelques discussions de détail dans lesquelles nous entrerons volontiers par la raison de leur utilité. La mine de fer jetée dans nos fourneaux, élevés de vingt à vingt-cinq pieds et remplis de charbons ardents, ne se liquéfie que quand elle est descendue à plus des trois quarts de cette hauteur; elle tombe alors sous le vent des soufflets et achève de se fondre

a. Tome IX, quatrième Mémoire sur la ténacité du fer.

au-dessus du creuset qui la reçoit, et dans lequel on la tient pendant quelques heures, tant pour en accumuler la quantité que pour la laisser se purger des matières hétérogènes qui s'écoulent en forme de verre impur qu'on appelle *laitier :* cette matière, plus légère que la fonte de fer, en surmonte le bain dans le creuset; plus on tient la fonte dans cet état, en continuant le feu, plus elle se dépouille de ses impuretés; mais comme l'on ne peut la brasser autant qu'il le faudrait, ni même la remuer aisément dans ce creuset, elle reste nécessairement encore mêlée d'une grande quantité de ces matières hétérogènes, en sorte que les meilleures fontes de fer en contiennent plus d'un quart, et les fontes communes près d'un tiers, dont il faut les purger pour les convertir en fer [a]. Ordinairement on fait, au bout de douze heures, ouverture au creuset; la fonte coule comme un ruisseau de feu dans un long et large sillon où elle se consolide en un lingot ou *gueuse* de quinze cents à deux mille livres de poids; on laisse ce lingot se refroidir au moule, et on l'en tire pour le conduire sur des rouleaux, et le faire entrer, par l'une de ses extrémités, dans le foyer de l'affinerie, où cette extrémité, chauffée par un nouveau feu, se ramollit et se sépare du reste du lingot; l'ouvrier perce et pétrit avec des *ringards* [b] cette loupe à demi liquéfiée, qui, par ce travail, s'épure et laisse couler par le fond du foyer une partie de la matière hétérogène que le feu du fourneau de fusion n'avait pu séparer; ensuite l'on porte cette loupe ardente sous le marteau, où la force de la percussion fait sortir de sa masse encore molle le reste des substances impures qu'elle contenait; et ces mêmes coups redoublés du marteau rapprochent et réunissent, en une masse solide et plus allongée, les parties de ce fer que l'on vient d'épurer, et qui ne prennent qu'alors la forme et la ductilité du métal.

Ce sont là les procédés ordinaires dans le travail de nos forges, et, quoiqu'ils paraissent assez simples, ils demandent de l'intelligence et supposent de l'habitude et même des attentions suivies. L'on ne doit pas traiter autrement les mines pauvres qui ne donnent que trente ou même quarante livres de fonte par quintal; mais avec des mines riches en métal, c'est-à-dire avec celles qui donnent soixante-dix, soixante ou même cinquante-cinq pour cent, on peut obtenir du fer et même de l'acier sans faire passer ces mines par l'état d'une fonte liquide et sans les couler en lingots : au lieu des hauts-fourneaux entretenus en feu sans interruption pendant plusieurs mois, il ne faut pour ces mines riches que de petits fourneaux qu'on charge et vide plus d'une fois par jour; on leur a donné le nom de *fourneaux à la catalane*, ils n'ont que trois ou quatre pieds de hauteur; ceux de Styrie en ont

a. Dans cet épurement même de la fonte, pour la convertir en fer par le travail de l'affinerie et par la percussion du marteau, il se perd quelques portions de fer que les matières hétérogènes entraînent avec elles, et on en retrouve une partie dans les scories de l'affinerie.

b. On appelle *ringards* des barreaux de fer pointus par l'une de leurs extrémités.

dix ou douze, et quoique la construction de ces fourneaux à la catalane et de ceux de Styrie soit différente, leur effet est à peu près le même ; au lieu de gueuses ou lingots d'une fonte coulée, on obtient dans ces petits fourneaux des *massets* ou loupes formées par coagulation, et qui sont assez épurées pour qu'on puisse les porter sous le marteau au sortir de ces fourneaux de liquation ; ainsi, la matière de ces massets est bien plus pure que celle des gueuses, qu'il faut travailler et purifier au feu de l'affinerie avant de les mettre sur l'enclume. Ces massets contiennent souvent de l'acier qu'on a soin d'en séparer, et le reste est du bon fer ou du fer mêlé d'acier. Voilà donc de l'acier et du fer, tous deux produits par le seul régime du feu et sans que l'ouvrier en ait pétri la matière pour la dépurer ; et de même, lorsque dans les hauts-fourneaux on laisse quelques parties de fonte se recuire au feu pendant plusieurs semaines, cette fonte, d'abord mêlée d'un tiers ou d'un quart de substances étrangères, s'épure au point de devenir un vrai régule[1] de fer qui commence à prendre de la ductilité : ainsi la nature a pu et peut encore par le feu des volcans produire des fontes et des régules de fer semblables à ceux que nous obtenons dans ces fourneaux de liquation sans le secours du marteau ; et c'est à cette cause qu'on doit rapporter la formation de ces morceaux de fer ou d'acier qu'on a regardés comme natifs, et qui, quoique très-rares, ont suffi pour faire croire que c'était là le vrai fer de la nature, tandis que dans la réalité elle n'a formé, par son travail primitif, que des roches ferrugineuses, toutes plus impures que les fontes de notre art[2].

Nous donnerons dans la suite les procédés par lesquels on peut obtenir des fontes, des aciers et des fers de toutes qualités ; l'on verra pourquoi les mines de fer riches peuvent être traitées différemment des mines pauvres ; pourquoi la méthode catalane, celle de Styrie et d'autres, ne peuvent être avantageusement employées à la fusion de nos mines en grains ; pourquoi dans tous les cas nous nous servons du marteau pour achever de consolider le fer, etc. Il nous suffit ici d'avoir démontré par les faits que le feu primitif n'a point produit de fer pur semblable à notre fer forgé ; mais que la quantité tout entière de la matière de fer s'est mêlée, dans le temps de la consolidation du globe, avec les substances vitreuses, et que c'est de ce mélange que sont composées les roches primordiales de fer et d'aimant ; qu'enfin, si l'on tire quelquefois du sein de la terre des morceaux de fer, leur formation, bien postérieure, n'est due qu'à la main de l'homme ou à la rencontre fortuite d'une mine de fer dans le gouffre d'un volcan.

Reprenant donc l'ordre des premiers temps, nous jugerons aisément que les roches ferrugineuses se sont consolidées presque en même temps que les rochers graniteux se sont formés, c'est-à-dire après la consolidation et la

1. *Régule* : métal épuré à l'aide de la fusion.
2. Voyez la note de la page 448.

réduction en débris du quartz et des autres premiers verres : ces roches sont composées de molécules ferrugineuses intimement unies avec la matière vitreuse; elles ont d'abord été fondues ensemble ; elles se sont ensuite consolidées par le refroidissement, sous la forme d'une pierre dure et pesante; elles ont conservé cette forme primitive dans tous les lieux où elles n'ont pas été exposées à l'action des éléments humides; mais les parties extérieures de ces roches ferrugineuses s'étant trouvées, dès le temps de la première chute des eaux, exposées aux impressions des éléments humides, elles se sont converties en rouille et en ocre. Cette rouille, détachée de leurs masses, aura bientôt été transportée, comme les sables vitreux, par le mouvement des eaux et déposée sur le fond de cette première mer, lequel, dans la suite, est devenu la surface de tous nos continents.

Par cette décomposition des premières roches ferrugineuses, la matière du fer s'est trouvée répandue sur toutes les parties de la surface du globe, et par conséquent cette matière est entrée avec les autres éléments de la terre dans la composition des végétaux et des animaux, dont les détriments, s'étant ensuite accumulés, ont formé la terre végétale dans laquelle la mine de fer en grain s'est produite par la réunion de ces mêmes particules ferrugineuses disséminées et contenues dans cette terre, qui, comme nous l'avons dit [a], est la vraie matrice de la plupart des minéraux figurés, et en particulier des mines de fer en grains.

La grande quantité de rouille détachée de la surface des roches primitives de fer, et transportée par les eaux, aura dû former aussi des dépôts particuliers en plusieurs endroits; chacune de nos mines d'ocre est un de ces anciens dépôts, car l'ocre ne diffère de la rouille de fer que par le plus ou moins de terre qui s'y trouve mêlée. Et lorsque la décomposition de ces roches primordiales s'est opérée plus lentement, et qu'au lieu de se convertir en rouille grossière, la matière ferrugineuse a été atténuée et comme dissoute par une action plus lente des éléments humides, les parties les plus fines de cette matière ayant été saisies et entraînées par l'eau ont formé par stillation des concrétions ou stalactites ferrugineuses, dont la plupart sont plus riches en métal que les mines en grains et en rouille.

On peut réduire toutes les mines de fer de seconde formation à ces trois états de mines en grains, de mines en ocre ou en rouille, et de mines en concrétions; elles ont également été produites par l'action et l'intermède de l'eau; toutes tirent leur origine de la décomposition des roches primitives de fer, de la même manière que les grès, les argiles et les schistes proviennent de la décomposition des premières matières vitreuses.

J'ai démontré, dans l'article de la terre végétale [b], comment se sont for-

a. Voyez l'article de la *Terre végétale*, page 191.
b. *Ibid.*, p. *id.* et suiv.

més les grains de la mine de fer ; nous les voyons, pour ainsi dire, se produire sous nos yeux par la réunion des particules ferrugineuses disséminées dans cette terre végétale, et ces grains de mine contiennent quelquefois une plus grande quantité de fer que les roches de fer les plus riches ; mais comme ces grains sont presque toujours très-petits, et qu'il n'est jamais possible de les trier un à un ni de les séparer en entier des terres avec lesquelles ils sont mêlés, surtout lorsqu'il s'agit de travailler en grand, ces mines en grains ne rendent ordinairement par quintal que de trente-cinq à quarante-cinq livres de fonte et souvent moins, tandis que plusieurs mines en roche donnent depuis cinquante jusqu'à soixante et au delà ; mais je me suis assuré, par quelques essais en petit, qu'on aurait au moins un aussi grand produit en ne faisant fondre que le grain net de ces mines de seconde formation ; elles peuvent être plus ou moins riches en métal, selon que chaque grain aura reçu dans sa composition une plus ou moins forte quantité de substance métallique, sans mélange de matières hétérogènes ; car de la même manière que nous voyons se former des stalactites plus ou moins pures dans toutes les matières terrestres, ces grains de mine de fer qui sont de vraies stalactites de la terre végétale imprégnée de fer peuvent être aussi plus ou moins purs, c'est-à-dire plus ou moins chargés de parties métalliques ; et par conséquent ces mines peuvent être plus riches en métal que le minéral en roche, qui, ayant été formé par le feu primitif, contient toujours une quantité considérable de matière vitreuse ; je dois même ajouter que les mines en stalactites et en masses concrètes en fournissent un exemple sensible : elles sont, comme les mines en grains, formées par l'intermède de l'eau, et quoiqu'elles soient toujours mêlées de matières hétérogènes, elles donnent assez ordinairement une plus grande quantité de fer que la plupart des mines de première formation.

Ainsi, toute mine de fer, soit qu'elle ait été produite par le feu primitif ou travaillée par l'eau, est toujours mélangée d'une plus ou moins grande quantité de substances hétérogènes ; seulement on doit observer que dans les mines produites par le feu le fer est toujours mélangé avec une matière vitreuse, tandis que dans celles qui ont été formées par l'intermède de l'eau, le mélange est plus souvent de matière calcaire[a] : ces dernières mines,

a. « Les mines de fer de Rougei en Bretagne sont en masses de rocher, de trois quarts de lieue « d'étendue, sur quinze à dix-huit pieds d'épaisseur, disposées en bancs horizontaux ; elles sont « de seconde formation, et sont en même temps mêlées de matières silicées. » Je ne cite cet exemple que pour faire voir que les mines de seconde formation se trouvent quelquefois mêlées de matières vitreuses ; mais, dans ce cas, ces matières vitreuses sont elles-mêmes de seconde formation : ce fait m'a été fourni par M. de Grignon, qui a observé ces mines en Bretagne. — Les fameuses mines de fer de Hattemberg, en Carinthie, sont dans une montagne qui est composée de pierres calcaires grisâtres, disposées par couches, et qui se divisent en feuillets lorsqu'elles sont longtemps exposées à l'air. Le minerai y est rarement en filons réguliers, et il se trouve presque toujours en grandes masses. *Voyages minéralogiques* de M. Jaskevisch ; *Journal de Physique,* décembre 1782.

qu'on nomme *spathiques*[a] à cause de ce mélange de spath ou de parties calcaires, ne sont point attirables à l'aimant, parce qu'elles n'ont pas été produites par le feu et qu'elles ont été, comme les mines en grains ou en rouille, toutes formées du détriment des premières roches ferrugineuses qui ont perdu leur magnétisme par cette décomposition; néanmoins lorsque ces mines secondaires, formées par l'intermède de l'eau, se trouvent mêlées de sablons ferrugineux qui ont passé par le feu, elles sont alors attirables à l'aimant, parce que ces sablons, qui ne sont pas susceptibles de rouille, ne perdent jamais cette propriété d'être attirables à l'aimant.

La fameuse montagne d'Eisenhartz, en Styrie, haute de quatre cent quatre-vingts toises, est presque toute composée de minéraux ferrugineux de différentes qualités : on en tire, de temps immémorial, tout le fer et l'acier qui se fabriquent dans cette contrée, et l'on a observé[b] que le minéral propre à faire de l'acier était différent de celui qui est propre à faire du bon fer. Le minéral le plus riche en acier, que l'on appelle *phlint*, est blanc, fort dur et difficile à fondre; mais il devient rouge ou noir et moins dur en s'effleurissant dans la mine même; celui qui est le plus propre à donner du fer doux est le plus tendre, il est aussi plus fusible et quelquefois environné de rouille ou d'ocre : le noyau et la masse principale de cette montagne sont sans doute de fer primordial produit par le feu primitif, duquel les autres minéraux ferrugineux ne sont que des exsudations, des concrétions, des stalactites plus ou moins mélangées de matière calcaire, de pyrites et d'autres substances dissoutes ou délayées par l'eau et qui sont entrées dans la composition de ces masses secondaires lorsqu'elles se sont formées.

De quelque qualité que soient les mines de fer en roches solides, on est obligé de les concasser et de les réduire en morceaux gros comme des noisettes avant de les jeter au fourneau; mais pour briser plus aisément les blocs de ce minéral ordinairement très-dur, on est dans l'usage de les faire griller au feu; on établit une couche de bois sec, sur laquelle on met ces gros morceaux de minéral que l'on couvre d'une autre couche de bois, puis un second lit de minéral, et ainsi alternativement jusqu'à cinq ou six pieds de hauteur, et après avoir allumé le feu on le laisse consumer tout ce qui est combustible et s'éteindre de lui-même : cette première action du feu rend le minéral plus tendre; on le concasse plus aisément et il se trouve plus disposé à la fusion qu'il doit subir au fourneau; toutes les roches de fer qui ne sont mélangées que de substances vitreuses exigent qu'on y joigne une certaine quantité de matière calcaire pour en faciliter la fonte; celles au contraire qui ne contiennent que peu ou point de matière vitreuse, et qui sont mélangées de substances calcaires, demandent l'addition de quelque matière vitrescible, telle que la terre limoneuse, qui, se fondant

a. Il y a de ces mines spathiques attirables à l'aimant dans le Dauphiné et dans les Pyrénées.
b. *Voyages métallurgiques*, par M. Jars, t. I, pag. 29 et 30.

aisément, aide à la fusion de ces mines de fer et s'empare des parties calcaires dont elles sont mélangées.

Les mines qui ont été produites par le feu primitif sont, comme nous l'avons dit, toutes attirables à l'aimant, à moins que l'eau ne les ait décomposées et réduites en rouille, en ocre, en grains ou en concrétions; car elles perdent dès lors cette propriété magnétique; cependant les mines primitives ne sont pas les seules qui soient attirables à l'aimant; toutes celles de seconde formation qui auront subi l'action du feu soit dans les volcans, soit par les incendies des forêts, sont également et souvent aussi susceptibles de cette attraction; en sorte que si l'on s'en tenait à cette seule propriété, elle ne suffirait pas pour distinguer les mines ferrugineuses de première formation de toutes les autres qui, quoique de formation bien postérieure, sont également attirables à l'aimant; mais il y a d'autres indices assez certains par lesquels on peut les reconnaître. Les matières ferrugineuses primitives sont toutes en très-grandes masses et toujours intimement mêlées de matière vitreuse; celles qui ont été produites postérieurement par les volcans ou par d'autres incendies ne se trouvent qu'en petits morceaux, et le plus souvent en paillettes et en sablons, et ces sablons ferrugineux et très-attirables à l'aimant sont ordinairement bien plus réfractaires au feu que la roche de fer la plus dure : ces sablons ont apparemment essuyé une si forte action du feu qu'ils ont pour ainsi dire changé de nature et perdu toutes leurs propriétés métalliques, car il ne leur est resté que la seule qualité d'être attirables à l'aimant, qualité communiquée par le feu, et qui, comme l'on voit, n'est pas essentielle à toute matière ferrugineuse, puisque les mines qui ont été formées par l'intermède de l'eau en sont dépourvues ou dépouillées, et qu'elles ne reprennent ou n'acquièrent cette propriété magnétique qu'après avoir passé par le feu.

Toute la quantité, quoique immense, du fer disséminé sur le globe provient donc originairement des débris et détriments des grandes masses primitives, dans lesquelles la substance ferrugineuse est mêlée avec la matière vitreuse et s'est consolidée avec elle; mais ce fer disséminé sur la terre se trouve dans des états très-différents, suivant les impressions plus ou moins fortes qu'il a subies par l'action des autres éléments et par le mélange de différentes matières. La décomposition la plus simple du fer primordial est sa conversion en rouille : les faces des roches ferrugineuses, exposées à l'action de l'acide aérien [1], se sont couvertes de rouille, et cette rouille de fer, en perdant sa propriété magnétique, a néanmoins conservé ses autres qualités, et peut même se convertir en métal plus aisément que la roche dont elle tire son origine. Ce fer, réduit en rouille et transporté dans cet état par les eaux sur toute la surface du globe, s'est plus ou moins

1. C'est-à-dire, *à l'action de l'oxygène de l'air*. (Voyez la note 2 de la page 390.)

mêlé avec la terre végétale : il s'y est uni et atténué au point d'entrer avec la sève dans la composition de la substance des végétaux, et, par une suite nécessaire, dans celle des animaux; les uns et les autres rendent ensuite ce fer à la terre par la destruction de leur corps[1]. Lorsque cette destruction s'opère par la pourriture, les particules de fer provenant des êtres organisés n'en sont pas plus magnétiques, et ne forment toujours qu'une espèce de rouille plus fine et plus ténue que la rouille grossière dont elles ont tiré leur origine; mais si la destruction des corps se fait par le moyen du feu, alors toutes les molécules ferrugineuses qu'ils contenaient reprennent, par l'action de cet élément, la propriété d'être attirables à l'aimant, que l'impression des éléments humides leur avait ôtée; et comme il y a eu dans plusieurs lieux de la terre de grands incendies de forêts, et presque partout des feux particuliers et des feux encore plus grands dans les terrains volcanisés, on ne doit pas être surpris de trouver à la surface et dans l'intérieur des premières couches de la terre des particules de fer attirables à l'aimant, d'autant que les détriments de tout le fer fabriqué par la main de l'homme, toutes les poussières de fer produites par le frottement et par l'usure, conservent cette propriété tant qu'elles ne sont pas réduites en rouille. C'est par cette raison que dans une mine dont les particules en rouille ou les grains ne sont point attirables à l'aimant, il se trouve souvent des paillettes ou sablons magnétiques qui, pour la plupart, sont noirs et quelquefois brillants comme du mica : ces sablons, quoique ferrugineux, ne sont ni susceptibles de rouille, ni dissolubles par les acides, ni fusibles au feu; ce sont des particules d'un fer qui a été brûlé autant qu'il peut l'être, et qui a perdu, par une trop longue ou trop violente action du feu, toutes ses qualités, à l'exception de la propriété d'être attiré par l'aimant, qu'il a conservée ou plutôt acquise par l'impression de cet élément.

Il se trouve donc dans le sein de la terre beaucoup de fer en rouille et une certaine quantité de fer en paillettes attirables à l'aimant. On doit rechercher le premier pour le fondre, et rejeter le second, qui est presque infusible. Il y a dans quelques endroits d'assez grands amas de ces sablons ferrugineux que des artistes peu expérimentés ont pris pour de bonnes mines de fer, et qu'ils ont fait porter à leur fourneau sans se douter que cette matière ne pouvait s'y fondre. Ce sont ces mêmes sablons ferrugineux qui se trouvent toujours mêlés avec la platine et qui font même partie de la substance de ce minéral.

Voilà donc déjà deux états sous lesquels se présente le fer disséminé sur la terre : celui d'une rouille qui n'est point attirable à l'aimant et qui se fond aisément à nos fourneaux, et celui de ces paillettes ou sablons magnétiques qu'on ne peut réduire que très-difficilement en fonte; mais indé-

1... *Les uns et les autres rendent ce fer à la terre :* voilà Buffon ramené à l'explication vraie. (Voyez les notes des pages 198 et 202.)

pendamment de ces deux états, les mines de fer de seconde formation se trouvent encore sous plusieurs autres formes, dont la plus remarquable, quoique la plus commune, est en grains plus ou moins gros; ces grains ne sont point attirables à l'aimant, à moins qu'ils ne renferment quelques atomes de ces sablons dont nous venons de parler, ce qui arrive assez souvent lorsque les grains sont gros; les ætites ou géodes ferrugineuses doivent être mises au nombre de ces mines de fer en grains, et leur substance est quelquefois mêlée de ces paillettes attirables à l'aimant; la nature emploie les mêmes procédés pour la formation de ces géodes ou gros grains, que pour celle des plus petits; ces derniers sont ordinairement les plus purs, mais tous, gros et petits, ont au centre une cavité vide ou remplie d'une matière qui n'est que peu ou point métallique; et plus les grains sont gros, plus est grande proportionnellement la quantité de cette matière impure qui se trouve dans le centre. Tous sont composés de plusieurs couches superposées et presque concentriques; et ces couches sont d'autant plus riches en métal, qu'elles sont plus éloignées du centre. Lorsqu'on veut mettre au fourneau de grosses géodes, il faut en séparer cette matière impure qui est au centre, en les faisant concasser et laver. Mais on doit employer de préférence les mines en petits grains, qui sont aussi plus communes et plus riches que les mines en géodes ou en très-gros grains.

Comme toutes nos mines de fer en grains ont été amenées et déposées par les eaux de la mer, et que, dans ce mouvement de transport, chaque flot n'a pu se charger que de matières d'un poids et d'un volume à peu près égal, il en résulte un effet qui, quoique naturel, a paru singulier; c'est que, dans chacun de ces dépôts, les grains sont tous à très-peu près égaux en grosseur, et sont en même temps de la même pesanteur spécifique. Chaque minière de fer a donc son grain particulier : dans les unes les grains sont aussi petits que la graine de moutarde; dans d'autres ils sont comme de la graine de navette, et dans d'autres ils sont gros comme des pois. Et les sables ou graviers, soit calcaires, soit vitreux, qui ont été transportés par les eaux avec ces grains de fer, sont aussi du même volume et du même poids que les grains, à très-peu près, dans chaque minière. Souvent ces mines en grains sont mêlées de sables calcaires, qui, loin de nuire à la fusion, servent de castine ou fondant; mais quelquefois aussi elles sont enduites d'une terre argileuse et grasse, si fort adhérente aux grains qu'on a grande peine à la séparer par le lavage; et si cette terre est de l'argile pure, elle s'oppose à la fusion de la mine, qui ne peut s'opérer qu'en ajoutant une assez grande quantité de matière calcaire : ces mines mélangées de terres *attachantes*, qui demandent beaucoup plus de travail au lavoir et beaucoup plus de feu au fourneau, sont celles qui donnent le moins de produit relativement à la dépense. Cependant, en général, les mines en grains coûtent moins à exploiter et à fondre que la plupart des mines en roches, parce que celles-ci exigent de grands travaux pour être tirées de leur carrière, et qu'elles ont besoin d'être grillées pendant plusieurs jours avant d'être concassées et jetées au fourneau de fusion.

Nous devons ajouter à cet état du fer en grains celui du fer en stalactites ou concrétions continues, qui se sont formées, soit par l'agrégation des grains, soit par la dissolution et le flux de la matière dont ils sont composés, soit par des dépôts de toute autre matière ferrugineuse, entraînée par la stillation des eaux : ces concrétions ou stalactites ferrugineuses sont quelquefois très-riches en métal, et souvent aussi elles sont mêlées de substances étrangères et surtout de matières calcaires, qui facilitent leur fusion et rendent ces mines précieuses par le peu de dépense qu'elles exigent et le bon produit qu'elles donnent.

On trouve aussi des mines de fer mêlées de bitume et de charbon de terre ; mais il est rare qu'on puisse en faire usage, parce qu'elles sont presque aussi combustibles que ce charbon [a], et que souvent la matière ferrugineuse y est réduite en pyrites, et s'y trouve en trop petite quantité pour qu'on puisse l'extraire avec profit.

Enfin le fer disséminé sur la terre se trouve encore dans un état très-différent des trois états précédents ; cet état est celui de pyrite, minéral ferrugineux, dont le fond n'est que du fer décomposé et intimement lié avec la substance du feu fixe qui a été saisie par l'acide ; la quantité de ces pyrites ferrugineuses est peut-être aussi grande que celle des mines de fer en grains et en rouille : ainsi lorsque les détriments du fer primordial n'ont été attaqués que par l'humidité de l'air ou l'impression de l'eau, ils se sont convertis en rouille, en ocre, ou formés en stalactites et en grains ; et quand ces mêmes détriments ont subi une violente action du feu, soit dans les volcans, soit par d'autres incendies, ils ont été brûlés autant qu'ils pouvaient l'être, et se sont transformés en mâchefer, en sablons et paillettes attirables à l'aimant ; mais lorsque ces mêmes détriments, au lieu d'être travaillés par les éléments humides ou par le feu, ont été saisis par l'acide chargé de la substance du feu fixe, ils ont, pour ainsi dire, perdu leur nature de fer, et ils ont pris la forme de pyrites que l'on ne doit pas compter au nombre des vraies mines de fer, quoiqu'elles contiennent une grande quantité de matière ferrugineuse, parce que le fer y étant dans un état de destruction et intimement uni ou combiné avec l'acide et le feu fixe, c'est-à-dire avec le soufre qui est le destructeur du fer, on ne peut ni séparer ce métal ni le rétablir par les procédés ordinaires ; il se sublime et brûle, au lieu de fondre, et même une assez petite quantité de pyrites, jetées dans un fourneau avec la mine de fer, suffit pour en gâter la fonte ; on doit donc éviter avec soin l'emploi des mines mêlées de parties pyriteuses,

a. M. Cronstedt, dans les *Mémoires de l'Académie de Suède*, année 1751, t. XII, p. 230, a donné la description détaillée d'une de ces mines de fer combustible.

qui ne peuvent donner que de fort mauvaise fonte et du fer très-cassant.

Mais ces mêmes pyrites, dont on ne peut guère tirer les parties ferrugineuses par le moyen du feu, reproduisent du fer en se décomposant par l'humidité : exposées à l'air, elles commencent par s'effleurir à la surface, et bientôt elles se réduisent en poudre; leurs parties ferrugineuses reprennent alors la forme de rouille, et dès lors on doit compter ces pyrites décomposées au nombre des autres mines de fer ou des rouilles disséminées, dont se forment les mines en grains [a] et en concrétions. Ces concrétions se trouvent quelquefois mélangées avec de la terre limoneuse, et même avec de petits cailloux ou du sable vitreux; et lorsqu'elles sont mêlées de matières calcaires, elles prennent des formes semblables à celle du spath, et on les a dénommées *mines spathiques* : ces mines sont ordinairement très-fusibles et souvent fort riches en métal [b]. Quelques-unes, comme celle de Conflans en Lorraine, sont en assez grandes masses et en gros blocs, d'un grain serré et d'une couleur tannée; ce minéral est rempli de cristallisations de spath, de bélemnites, de cornes d'Ammon, etc., il est très-riche et donne du fer de bonne qualité [c].

Il en est de même des mines de fer cristallisées, auxquelles on a donné le nom d'*hématites* [d], parce qu'il s'en trouve souvent qui sont d'un rouge

a. Quelques minéralogistes ont même prétendu que toutes les mines de fer en grains et en concrétions doivent leur origine à la décomposition des pyrites. « Toutes les mines de Champagne, dit M. de Grignon, sont produites par la décomposition des pyrites martiales... Celles « de Poisson, de Noncourt et de Montreuil sont les plus abondantes, les plus riches et les meilleures de la province; on les appelle, quoique improprement, *mines en roche*, parce qu'on « les tire en assez grand volume, et qu'elles se trouvent dans les fentes des rochers calcaires... « Elles sont formées par le dépôt de la destruction des pyrites, et elles ont dans leur structure « une infinité de formes différentes, par feuillets, par cases carrées ou oblongues, et ces mines « en masses sont encore mêlées avec d'autres mines en petits grains, semblables à toutes les « autres mines en grains de ce canton, sur plus de vingt lieues d'étendue depuis Saint-Dizier, « en remontant vers les sources de la Marne, de la Blaise et de l'Aube. » *Mémoires de Physique*, etc., pag. 22 et 25. — Je dois observer que cette opinion serait trop exclusive : la destruction des pyrites martiales n'est pas la seule cause de la production des mines en concrétions ou en grains, puisque tous les détriments des matières ferrugineuses doivent les produire également, et que d'ailleurs la décomposition et la dissémination universelle de la matière ferrugineuse par l'eau ont précédé nécessairement la formation des pyrites, qui ne sont en effet produites que dans les lieux où la matière ferrugineuse, l'acide et le feu fixe des détriments des végétaux et des animaux se sont trouvés réunis. Aussi M. de Grignon modifie-t-il son opinion dans sa préface, page 7 : « Je prouve, dit-il, par des observations locales, que toutes les mines « de fer de Champagne sont le produit de la décomposition des pyrites, qui sont abondantes « dans cette province, *ou du ralliement des particules de fer disséminées dans les corps détruits « qui en contiennent, ou du fer même décomposé*; que ces mines ont été le jouet des eaux dont « elles ont suivi l'impulsion, et qui les ont accumulées ou étendues entre des couches de terre « de diverses qualités, ou les ont ensachées entre des fentes de rochers. »

b. La mine spathique, connue en Dauphiné sous le nom de *maillat*, donne plus de cinquante pour cent, et celle de Champagne, que M. de Grignon appelle *mine tuberculeuse*, *isabelle*, *spathique*, donne soixante-cinq pour cent. Voyez *Mémoires de Physique*, p. 29.

c. *Idem*, *ibidem*, p. 378.

d. L'hématite peut être regardée comme une chaux de fer, mais toujours cristallisée; cette

couleur de sang : ces hématites cristallisées doivent être considérées comme des stalactites des mines de fer sous lesquelles elles se trouvent ; elles sont quelquefois étendues en lits horizontaux d'une assez grande épaisseur, sous des couches beaucoup plus épaisses de mines en rouille ou en ocre [a] ; et l'on voit évidemment que ces hématites sont produites par la stillation d'une eau chargée de molécules ferrugineuses qu'elle a détachées en passant à travers cette grande épaisseur d'ocre ou de rouille. Au reste, toutes les hématites[1] ne sont pas rouges : il y en a de brunes et même de couleur plus foncée [b] ; mais lorsqu'on les réduit en poudre, elles prennent toutes une couleur d'un rouge plus ou moins vif, et l'on peut les considérer en général comme l'un des derniers produits de la décomposition du fer par l'intermède de l'eau.

Les hématites, les mines spathiques et autres concrétions ferrugineuses de quelques substances qu'elles soient mêlées, ne doivent pas être confondues avec les mines du fer primordial ; elles ne sont que de seconde ou de

cristallisation est en aiguilles ou en rayons, souvent divergents, et qui paraissent tendre du centre à la circonférence. On distingue trois sortes de mines de fer en hématites : l'une cristallisée et striée comme le cinabre, une autre grenue et compacte, une troisième en masse homogène et lisse ; c'est de cette dernière, qu'on appelle *sanguine*, que se servent les dessinateurs ; celle qu'on nomme *brouillamini* n'est qu'un bol ferrugineux, durci par le dessèchement à l'air. (Note communiquée par M. de Grignon.)

a. Je crois qu'on doit rapporter à ces couches d'hématites en grandes masses la mine de fer qui se tire à Rouez, dans le Maine, et de laquelle M. de Burbure m'a envoyé la description suivante : « Cette mine, située à cinq quarts de lieue de Sillé-le-Guillaume, est très-riche ; elle « est dans une terre ocreuse qui a plus de trente pieds d'épaisseur ; il part de la partie infé- « rieure de cette mine plusieurs filons qui, en s'enfonçant, vont aboutir à de gros blocs isolés de « mines de fer ; ces blocs se rencontrent à vingt ou vingt-six pieds de profondeur, et sont com- « posés de particules ferrugineuses qui paraissent être sans mélange ; ils ont aussi des rami- « fications qui, en se prolongeant, vont se joindre à d'autres masses de mines de fer, moins « pures que ces premiers blocs, parce qu'elles renferment dans l'intérieur de petites pierres qui « y sont incorporées et intimement unies ; néanmoins les forgerons leur trouvent une sorte de « mérite qui les font préférer aux autres masses ferrugineuses plus homogènes, car, si elles « renferment moins de fer, elles ont l'avantage de se fondre plus aisément, à cause des pierres « qu'elles renferment, et qui en facilitent la fusion. » Note communiquée par M. de Burbure, lieutenant de la maréchaussée à Sillé-le-Guillaume. — C'est à cette même sorte de mine que l'on peut rapporter celles auxquelles on donne le nom de *mines tapées*, qui sont des mines de concrétions en masses et couches, et qui gisent souvent sous les mines en ocre ou en rouille, et qui, quoique en grands morceaux, sont ordinairement plus riches en métal ; la plupart sont spathiques ou mélangées de matières calcaires. (Note communiquée par M. de Grignon.)

b. Entre les pierres ferrugineuses noires de ce canton, je ne vis, dit M. Bowles, aucune hématite rouge ; et ce qu'il y a de singulier, c'est qu'à une demi-lieue de là on en trouve beaucoup de rouges et point de noires.... On voit dans les mines de fer de la Biscaye des hématites qui sont enchâssées dans les creux des veines, et qui sont singulières par leurs différentes formes et grosseurs : on en trouve qui sont grosses comme la tête d'un homme... D'autres sont plates comme des rognons de bœuf... Il y en a qui sont jaunes et rouges en dedans... Ces hématites sont très-pesantes et contiennent beaucoup de fer, mais souvent c'est un fer aigre et intraitable. *Histoire naturelle d'Espagne*, par M. Bowles, pag. 69 et 334.

1. *Hématites*. Il y en a deux variétés : la *rouge* et la *brune*. La première est le *fer oligiste*, ou *peroxyde de fer*, ou *fer oxydé rouge* ; la seconde est le *peroxyde de fer hydraté*.

troisième formation : les premières roches de fer ont été produites par le feu primitif, et sont toutes intimement mélangées de matières vitreuses; les détriments de ces premières roches ont formé les rouilles et les ocres que le mouvement des eaux a transportées sur toutes les parties du globe; les particules plus ténues de ces rouilles ferrugineuses ont été pompées par les végétaux, et sont entrées dans leur composition et dans celle des animaux, qui les ont ensuite rendues à la terre, par la pourriture et la destruction de leur corps[1]. Ces mêmes molécules ferrugineuses, ayant passé par le corps des êtres organisés, ont conservé une partie des éléments du feu dont elles étaient animées, pendant qu'ils étaient vivants; et c'est de la réunion de ces molécules de fer animées de feu, que se sont formées les pyrites qui ne contiennent en effet que du fer, du feu fixe et de l'acide, et qui d'ailleurs, se présentant toujours sous une forme régulière, n'ont pu la recevoir que par l'impression des molécules organiques, encore actives dans les derniers résidus des corps organisés. Et comme les végétaux, produits et détruits dans les premiers âges de la nature, étaient en nombre immense, la quantité des pyrites, produites par leurs résidus, est de même si considérable qu'elle surpasse en quelques endroits celle des mines de fer en rouille et en grains, et les pyrites se trouvent souvent enfouies à de plus grandes profondeurs que les unes et les autres.

C'est de la décomposition successive de ces pyrites et de tous les autres détriments du fer primordial ou secondaire, que se sont ensuite formées les concrétions spathiques et les mines en masses ou en grains, qui toutes sont de seconde et de troisième formation : car indépendamment des mines en rouille ou en grains, qui ont autrefois été transportées, lavées et déposées par les eaux de la mer, indépendamment de celles qui ont été produites par la destruction des pyrites et par celle de tout le fer dont nous faisons usage, on ne peut douter qu'il ne se forme encore tous les jours de la mine de fer en grains dans la terre végétale, et des pyrites dans toutes les terres imprégnées d'acide, et que par conséquent les mines secondaires de fer ne puissent se reproduire plusieurs fois de la même manière qu'elles ont d'abord été produites, c'est-à-dire avec les mêmes molécules ferrugineuses, provenant originairement des détriments des roches primordiales de fer, qui se sont mêlées dans toutes les matières brutes et dans tous les corps organisés, et qui ont successivement pris toutes les formes sous lesquelles nous venons de les présenter.

Ainsi ces différentes transformations du fer n'empêchent pas que ce métal ne soit un dans la nature, comme tous les autres métaux : ses mines, à la vérité, sont plus sujettes à varier que toutes les autres mines métalliques, et comme elles sont en même temps les plus difficiles à traiter, et

1. Voyez la note de la page 458.

que les expériences, surtout en grand, sont longues et très-coûteuses, et que les procédés, ainsi que les résultats des routines ou méthodes ordinaires, sont très-différents les uns des autres, bien des gens se sont persuadé que la nature, qui produit partout le même or, le même argent, le même cuivre, le même plomb, le même étain, s'était prêtée à une exception pour le fer, et qu'elle en avait formé de qualités très-différentes, non-seulement dans les divers pays, mais dans les mêmes lieux. Cependant cette idée n'est point du tout fondée : l'expérience m'a démontré que l'essence du fer est toujours et partout la même [a], en sorte que l'on peut avec les plus mauvaises mines, venir à bout de faire des fers d'aussi bonne qualité qu'avec les meilleures; il ne faut pour cela que purifier ces mines en les purgeant de la trop grande quantité de matières étrangères qui s'y trouvent ; le fer qu'on en tirera sera dès lors aussi bon qu'aucun autre.

Mais pour arriver à ce point de perfection, il faut un traitement différent suivant la nature de la mine; il faut l'essayer en petit et la bien connaître avant d'en faire usage en grand, et nous ne pouvons donner sur cela que des conseils généraux, qui trouveront néanmoins leur application particulière dans un très-grand nombre de cas. Toute roche primordiale de fer, ou mine en roche mélangée de matière vitreuse, doit être grillée pendant plusieurs jours, et ensuite concassée en très-petits morceaux avant d'être mise au fourneau : sans cette première préparation, qui rend le minéral moins dur, on ne viendrait que très-difficilement à bout de le briser, et il refuserait même d'entrer en fusion au feu du fourneau, ou n'y entrerait qu'avec beaucoup plus de temps; il faut toujours y mêler une bonne quantité de castine ou matière calcaire. Le traitement de ces mines exige donc une plus grande dépense que celui des mines en grains, par la consommation plus grande des combustibles employés à leur réduction; et à moins qu'elles ne soient, comme celles de Suède, très-riches en métal, ou que les combustibles ne soient à très-bas prix, le produit ne suffit pas pour payer les frais du travail.

Il n'en est pas de même des mines en concrétions et en masses spathiques ou mélangées de matières calcaires, il est rarement nécessaire de les griller [b] : on les casse aisément au sortir de leur minière, et elles se fondent avec une grande facilité et sans addition, sinon d'un peu de terre limoneuse ou d'autre matière vitrifiable lorsqu'elles se trouvent trop chargées

a. Voyez ce que j'ai dit à ce sujet dans la Partie expérimentale, t. IX, quatrième Mémoire et suivants.

b. Il y a cependant dans les Pyrénées et dans le Dauphiné des mines spathiques où la matière calcaire est si intimement unie et en si grande quantité avec la substance ferrugineuse, qu'il est nécessaire de les griller, afin de réduire en chaux cette matière calcaire, que l'on en sépare ensuite par le lavage; mais ces sortes de mines ne font qu'une légère exception à ce qui vient d'être dit.

de substance calcaire; ces mines sont donc celles qui donnent le plus de produit relativement à la dépense.

Pour qu'on puisse se former quelque idée du gisement et de la qualité des mines primordiales ou roches de fer, nous croyons devoir rapporter ici les observations que M. Jars, de l'Académie des Sciences, a faites dans ses voyages. « En Suède, dit-il, la mine de Nordmarck, à trois lieues au nord « de Philipstadt, est en filons perpendiculaires, dans une montagne peu « élevée au milieu d'un très-large vallon; les filons suivent la direction de « la montagne qui est du nord au sud, et ils sont presque tous à très-peu « près parallèles; ils ont en quelques endroits sept ou huit toises de lar- « geur. Les montagnes de ce district, et même de toute cette province, « sont de granite; mais les filons de mine de fer se trouvent aux environs, « dans une espèce de pierre bleuâtre et brunâtre : cette pierre est unie « aux filons de fer, comme le quartz l'est au plomb, au cuivre, etc. Lors- « que le granite s'approche du filon, il le dérange et l'oblitère; ainsi les « filons de fer ne se trouvent point dans le granite : le meilleur indice est le « mica blanc et noir à grandes facettes; on est presque toujours sûr de « trouver, au-dessous, du minéral riche. Il y a aussi de la pierre calcaire « aux environs des granites; mais le fer ne s'y trouve qu'en rognons et non « pas en filons, ce qui prouve qu'il est de seconde formation dans ces « pierres calcaires. Le minéral est attirable à l'aimant; il est très-dur, très- « compacte et fort pesant, il donne plus de cinquante pour cent de bonne « fonte; ces mines sont en masses, et on les travaille comme nous exploi- « tons nos carrières les plus dures avec de la poudre.

« Les mines de Presberg, à deux lieues à l'orient de Philipstadt, sont de « même en filons et dans des rochers assez semblables à ceux de Nord- « marck; ces filons sont quelquefois accompagnés de grenats, de schorl « et d'une pierre micacée assez semblable à la craie de Briançon; ils sont « situés dans une presqu'île environnée d'un très-grand lac; ils sont paral- « lèles et vont comme la presqu'île, du nord au sud.

« On dédaigne d'exploiter les filons qui n'ont pas au moins une toise « d'épaisseur; le minéral rend en général cinquante pour cent de fonte. « Les filons sont presque perpendiculaires, et les différentes mines ont « depuis douze jusqu'à quarante toises de profondeur.

« On fait griller le minéral avant de le jeter dans les hauts-fourneaux, qui « ont environ vingt-cinq pieds de hauteur; on le fond à l'aide d'une castine « calcaire.

« Les mines de Danemora, dans la province d'Upland, à une lieue « d'Upsal, sont les meilleures de toute la Suède : le minéral est communément « uni avec une matière fusible [a], en sorte qu'il se fond seul et sans addition

a. J'observerai que, si cette mine est de première formation, la matière dont le minéral est mélangé et qui lui est intimement unie ne doit pas être calcaire, mais que ce pourrait être du

« de matière calcaire. Ces mines de Danemora sont au bord d'un grand « lac ; les filons en sont presque perpendiculaires et parallèles dans une « direction commune du nord-est au sud-ouest; quoique tous les rochers « soient de granite, les filons de fer sont toujours, comme ceux des mines « précédentes, dans une pierre bleuâtre [a] : il y a actuellement dix mines « en exploitation sur trois filons bien distincts; la plus profonde de ces « mines est exploitée jusqu'à quatre-vingts toises de profondeur; elle est, « comme toutes les autres, fort incommodée par les eaux : on les exploite « comme des carrières de pierres dures, en faisant au jour de très-grandes « ouvertures. Le minéral est très-attirable à l'aimant; on lui donne sur « tous les autres la préférence pour être converti en acier; on y trouve « quelquefois de l'asbeste : on exploite ces mines tant avec la poudre à « canon qu'avec de grands feux de bois allumés, et l'on jette ce bois depuis « le dessus de la grande ouverture. Après l'extraction de ces pierres de fer « en quartiers, plus ou moins gros, on en impose de deux pieds de hau-« teur sur une couche de bois de sapin de deux pieds d'épaisseur, et l'on « couvre le minéral d'un pied et demi de poudre de charbon, et ensuite « on met le feu au bois : le minéral, attendri par ce grillage [b], est broyé « sous un marteau ou bocard, après quoi on le jette au fourneau seul et « sans addition de castine. »

Dans plusieurs endroits, les mines de fer en roche sont assez magnétiques pour qu'on puisse les trouver à la boussole; cet indice est l'un des

feldspath ou du schorl, qui non-seulement sont très-fusibles par eux-mêmes, mais qui communiquent de la fusibilité aux substances dans lesquelles ils se trouvent incorporés.

a. M. Jars ne dit pas si cette pierre bleue est vitreuse ou calcaire; sa couleur bleue provient certainement du fer qui fait partie de sa substance, et je présume que sa fusibilité peut provenir du feldspath et du schorl qui s'y trouvent mêlés, et qu'elle ne contient point de substance calcaire à laquelle on pourrait attribuer sa fusibilité. Ma présomption est fondée sur ce que cette mine descend jusqu'à quatre-vingts toises dans un terrain qui n'est environné que de granite, et où M. Jars ne dit pas avoir observé des bancs de pierre calcaire; il me paraît donc que cette mine de Danemora est de première formation, comme celles de Presberg et de Nordmarck, et que, quoiqu'elle soit plus fusible, elle ne contient que de la matière vitreuse, comme toutes les autres mines de fer primitives.

b. « Le but du rôtissage des mines est moins pour dissiper les parties volatiles, quoiqu'il « remplisse cet objet lorsque le minéral en contient, que de rompre le gluten, et de désunir les « parties terreuses d'avec les métalliques.... De dur et compacte il devient, après le rôtissage, « tendre, friable et attirable par l'aimant, supposé qu'il ne le fût pas auparavant : l'air avec « le temps peut produire le même effet que le rôtissage, mais il ne rend pas le minerai atti-« rable par l'aimant... Si le rôtissage est trop fort, le minerai produit moins de métal... En « Norwége et en Suède, où les minerais sont attirables par l'aimant, et par conséquent plus « métallisés naturellement que ceux que nous avons en France, on les rôtit toujours préala-« blement à la fonte qui se fait dans les hauts-fourneaux...

« Si l'on prend les mêmes espèces de minerai de fer, que l'on en fasse rôtir la moitié, et « qu'on les fonde séparément... on obtiendra des fontes dont la différence sera sensible; la « fonte qui proviendra du minerai rôti sera plus pure que l'autre, le feu du grillage ayant « commencé à désunir les parties terreuses d'avec les métalliques, et à dissiper l'acide sulfureux « s'il y en avait, ainsi que les parties volatiles. » *Voyages métallurgiques*, par M. Jars, t. I, pag. 8 et 12.

plus certains pour distinguer les mines de première formation par le feu, de celles qui n'ont ensuite été formées que par l'intermède de l'eau; mais de quelque manière et par quelque agent que ces mines aient été travaillées, l'élément du fer est toujours le même [a], et l'on peut, en y mettant tous les soins nécessaires, faire du bon fer avec les plus mauvaises mines : tout dépend du traitement de la mine et du régime du feu, tant au fourneau de fusion qu'à l'affinerie.

Comme l'on sait maintenant fabriquer le fer dans presque toutes les parties du monde, nous pouvons donner ici l'énumération des mines de fer qui se travaillent actuellement chez tous les peuples policés. On connaît en France celles d'Allevard en Dauphiné, qui sont en masses concrètes, et qui donnent de très-bon fer et d'assez bon acier par la fonte, que l'on appelle *acier de rive :* « J'ai vu, dit M. de Grignon, environ vingt filons de mines « spathiques dans les montagnes d'Allevard; il y en a qui ont six pieds et « plus de largeur sur une hauteur incommensurable; ils marchent régu- « lièrement et sont presque tous perpendiculaires; on donne le nom de « *maillat* à ceux des filons dont le minerai fond aisément et donne du fer « doux, et l'on appelle *rive* les filons dont le minerai est bien moins « fusible et produit du fer dur; c'est avec le mélange d'un tiers de *maillat* « sur deux tiers de rives, qu'on fait fondre la mine de fer dont on fait « ensuite de bon acier connu sous le nom d'*acier de rive* [b]. »

Les mines du Berri [c], de la Champagne, de la Bourgogne, de la Franche-

a. Le fer est un : ce qui en a fait douter, c'est la variété presque infinie qui se trouve dans les fers, telle qu'avec la même mine et dans la même forge on a souvent de bon et de mauvais fer; mais ce n'est pas que l'élément du fer ne soit le même, et ces différences viennent d'abord des matières hétérogènes qu'on est obligé de fondre avec la mine, et ensuite du différent travail des ouvriers à l'affinerie. On fait, en Suède, le meilleur fer du monde avec les plus mauvaises mines, c'est-à-dire avec les mines les plus aigres et les plus réfractaires; mais au moyen du grillage, avant de les jeter au fourneau, et ensuite en tenant plus longtemps la fonte en fusion, et enfin par l'emploi du charbon doux à l'affinerie, on donne au fer un grand degré de perfection. Nous pouvons rendre bons tous nos mauvais fers en les forgeant une seconde fois et repliant la barre sur elle-même; le marteau en fera sortir une matière vitrifiée, il y aura du déchet pour le volume et le poids, mais la qualité du fer en sera bien meilleure. Nous pouvons de même purifier nos fontes d'abord en les laissant plus longtemps au fourneau, et mieux encore en les faisant fondre une seconde fois.

Pour avoir du bon fer avec toute espèce de mines, en masse de pierre ou roche, il faut nécessairement les faire griller d'abord en les réduisant en très-petits morceaux avant de les jeter au fourneau : cette préparation par le grillage n'est pas nécessaire pour les mines en grains, qu'il suffira de bien laver pour en séparer, autant qu'il est possible, les terres et les sables. *Mémoires de Physique*, de M. de Grignon, p. 39.

b. Note communiquée par M. le chevalier de Grignon, le 21 septembre 1778.

c. Dans le Berri, le fer est si commun que je ne crois pas qu'on puisse assigner aucun endroit dont on n'en puisse tirer : aussi travaille-t-on beaucoup ce métal, et fait-il l'objet d'un commerce important. On ne le cherche pas bien profondément dans les entrailles de la terre, et il n'est pas distribué par filons comme les autres métaux; il est répandu sur la surface, ou tout au plus à quelques pieds de profondeur... On creuse jusqu'à quatre ou cinq pieds, et on en tire une terre jaune mêlée de cailloux et de petites boules rougeâtres, grosses comme des pois :

Comté, du Nivernais, du Languedoc [a] et de quelques autres provinces de France, sont pour la plupart en rouille et en grains, et fournissent la plus grande partie des fers qui se consomment dans le royaume : en général, on peut dire qu'il y a en France des mines de fer de presque toutes les sortes; celles qui sont en masses solides se trouvent non-seulement en Dauphiné, mais aussi dans le Roussillon, le comté de Foix, la Bretagne et la Lorraine, et celles qui sont en grains ou en rouille se présentent en grand nombre dans presque toutes les autres provinces de ce royaume.

L'Espagne a aussi ses mines de fer dont quelques-unes sont en masses concrètes, qui se sont formées de la dissolution et du détriment des masses primitives; d'autres qui fournissent beaucoup de vitriol ferrugineux et qui paraissent être produites par l'intermède de l'eau chargée d'acide : il y en a d'autres en ocre et en grains dans plusieurs endroits de la Catalogne, de l'Aragon, etc. [b].

c'est la mine de fer; la meilleure est celle qui est la plus ronde, pesante, rouge et brillante en dedans, et non pas noire. On débarrasse cette mine de la terre jaune (qui est une espèce d'ocre), en la mettant dans des corbeilles que l'on promène dans les mares; l'eau délaie et emporte la terre, et ne laisse que la mine et les cailloux : par une autre opération, mais fort grossière, on sépare les cailloux d'avec la mine, en sorte qu'il en reste toujours une quantité considérable. Cette mine en grains donne un fer très-doux, mais fournit peu; on la mêle avec une autre qu'on tire en gros quartiers, dans des carrières au village de Sans, près Sancerre; on casse celle-ci en petits morceaux d'un pouce cubique, etc. *Observations d'histoire naturelle*, par M. le Monnier; Paris, 1739, p. 117.

a. On trouve dans le vallon de Trépalon (diocèse d'Alais) une quantité de mines de fer à l'opposite de celles de charbon; elles sont d'une bonne qualité... Leurs veines, après avoir traversé le Gardon, un peu au-dessous de la Blaquière, se trouvent recouvertes d'un banc d'ocre naturelle qui est très-belle, et dont on pourrait tirer parti. Les veines de fer traversent celles du charbon, qu'elles interceptent un peu au-dessus du Mas-des-Bois, après quoi celles de charbon reprennent leurs cours et se divisent en deux branches vers la Blaquière. *Histoire naturelle du Languedoc*, par M. de Gensane, t. I, p. 216. — A un petit quart de lieue des mines de charbon (qui se trouvent entre Bize et le Pont-de-Cabessac, au diocèse de Narbonne), au lieu appelé Saint-Aulaire, sur le chemin de Montaulieu, on trouve de très-bonnes mines de fer; elles sont en général en grenailles rondes, semblables à de la dragée de plomb; et ces grenailles sont fort pesantes, et donnent ordinairement du fer de la première qualité : cette espèce de minéral est ici très-abondante... Nous avons trouvé également de très-bonnes mines de fer au pied de la montagne du Tauch (même diocèse), et à Segure, auprès du ruisseau, une mine d'argent mêlée de mine de fer... La montagne de Bergueiroles, dans la paroisse de Saint-Paul-de-la-Coste, au diocèse d'Alais... est pénétrée de toutes parts par de grosses veines presque horizontales de mine de fer cristallisée, blanche et noire : ces veines, qui sont les unes au-dessus des autres, sont séparées par de fortes couches de pierre à chaux, en sorte que le minéral n'a pas la moindre communication avec les roches vitrifiables, et se trouve à plus de deux cents toises au-dessus de la base de la montagne, qui, comme presque toutes les montagnes calcaires, porte sur un fond schisteux... Je puis dire la même chose des riches mines de fer des Corbières, telles que celles de Cascatel, d'Aveja, de Villerouge et autres..... J'ai trouvé dans les landes de Cérisy, au diocèse de Bayeux, quantité de coquillages bivalves, dont toute la substance de la coquille et du poisson est changée en véritable mine de fer. J'ai aussi trouvé dans les Corbières, au diocèse de Narbonne, des morceaux de bois entièrement changés en mine de fer. *Histoire naturelle du Languedoc*, par M. de Gensane, t. II, pag. 12, 13, 14, 175, 176 et 183.

b. Entre Alcocer et Orellena, il y a une mine de fer dans une espèce de grès, où j'ai vu

En Italie, les mines de fer les plus célèbres sont celles de l'île d'Elbe : on en a fait récemment de longues descriptions, qui néanmoins sont assez peu exactes ; ces mines sont ouvertes depuis plusieurs siècles, et fournissent du fer à toutes les provinces méridionales de l'Italie [a].

l'ocre la plus belle et le plus fine qu'il y ait au monde. On traverse une rude montagne pour arriver à Nabalvillar, où il y a des pierres hématites, et une espèce de terre noire qui reluit en la frottant dans les mains; c'est un minéral mort de fer réfractaire, dont on ne peut jamais rien tirer... En sortant d'Albaracin par l'est, on trouve, à la distance de quelques milles, une mine de fer en terre calcaire, entourée d'un grès rougeâtre, et aussitôt après on trouve une autre mine noire de fer, où le métal est comme de gros grains de raisin. D'Albaracin nous fûmes à Moline d'Aragon, en traversant les montagnes, où il y a deux mines de fer ; l'une est dans la partie calcaire de la montagne, et donne du fer si doux qu'on peut le travailler à froid... La seconde mine est à une lieue de la première... Elle donne un fer aigre ; elle est dans une roche de quartz, et est plus abondante que la première... Cette mine, qui donne quarante pour cent de métal, est un peu dure à fondre. *Histoire naturelle d'Espagne*, par M. Bowles, p. 56, 107 et 274. — La mine de Saromostro provient de la dissolution et du dépôt du fer par l'eau... C'est un composé de lames ou petites écailles très-minces, appliquées les unes sur les autres... Il est si sûr que cette mine se forme journellement, qu'on ne doit pas être étonné de ce qu'on y a trouvé des fragments de pics, de pioches, etc., dans des endroits que l'on a creusés il y a plusieurs siècles, et qui se sont ensuite remplis de minéral... Le minéral forme un lit interrompu, qui varie dans son épaisseur depuis trois pieds jusqu'à dix : la couverture est une roche calcaire de deux à six pieds d'épaisseur... Aux environs de Bilbao (en Biscaye), on découvre le fer en quelques endroits sur la terre; et à un quart de lieue de la ville est une montagne remplie d'une mine de fer qui contient du vitriol : c'est une vaste colline ou un monceau énorme de mine de fer, qui charrie et attire un acide vitriolique, lequel, pénétrant dans la roche ferrugineuse, dissout le métal, et fait paraître à la superficie des plaques de vitriol vertes, bleues et blanches. Vis-à-vis de cette montagne, de l'autre côté de la rivière, il y en a une autre semblable qui produit une grande quantité de vitriol, qui est de toute couleur, jaune clair, etc...

A peu de distance de ce grand rocher ferrugineux, un ingénieur fit couper un morceau de la montagne pour aplanir la nouvelle promenade de la ville; et comme il la fit couper d'aplomb et de cinquante à quatre-vingts pieds de hauteur, on découvrit la mine de fer, qui est en véritables veines, qui plongent tantôt directement, tantôt obliquement, et représentent grossièrement les racines d'un arbre. Il y a des veines qui ont un pouce de diamètre, et d'autres qui sont plus grosses que le bras, variant à l'infini, selon le plus ou moins de résistance que la terre oppose au charriage de l'eau, car on ne peut douter que ce ne soit son ouvrage. *Idem*, pag. 326, 331 et suiv.

a. Dans l'île d'Elbe, deux montagnes méritent principalement l'attention des minéralogistes, savoir le mont Calamita et celui de Rio, où sont les célèbres mines de fer... A la distance d'environ deux milles de l'endroit où se trouve la pierre d'aimant, dans ce mont Calamita, le terrain commence à être ferrugineux et parsemé de pierres hématites noirâtres ou rougeâtres, et de pierres ferrugineuses micacées et écailleuses : on y trouve, surtout du côté de la mer, plusieurs morceaux d'aimant détachés des grandes masses de la montagne, et d'autres qui y sont enfoncés, et il semble que la montagne n'est elle-même qu'un amas de blocs ferrugineux et de morceaux d'aimant, car toute la superficie est couverte de ces morceaux écroulés.

On exploite la mine de Rio en plein air, comme une carrière de marbre... Toute la superficie de la montagne est couverte d'une terre ferrugineuse rougeâtre et noirâtre, mêlée de quantité de petites écailles luisantes de minéral de fer... L'intérieur de la montagne, suivant ce qu'on découvre dans les excavations, présente un amas irrégulier de diverses matières : 1° des masses de minéral de différentes qualités... La première, que les ouvriers appellent *ferrata*, et l'autre *luciola*. La ferrata a presque la couleur et le brillant du fer, même de l'acier lustré, et est très-dure, très-pesante : c'est l'hématite couleur de fer de Cronstedt; la luciola, qui est un

Dans la Grande-Bretagne, il se trouve beaucoup de mines de fer; la disette de bois fait que depuis longtemps on se sert de charbon de terre pour les fondre : il faut que ce charbon soit épuré lorsqu'on veut s'en servir, surtout à l'affinerie; sans cette préparation il rendrait le fer très-cassant. Les principales mines de fer de l'Écosse sont près de la bourgade

minéral écailleux de fer micacé, est moins dure, moins pesante et moins riche que la ferrata... Ces mines ne courent point par filons, elles sont en masses solitaires plus ou moins grosses, et quelquefois voisines les unes des autres; elles n'ont point de directions constantes, et l'on en trouve du haut en bas de la montagne, et jusqu'au niveau de la mer... Le bon minéral de fer est le plus souvent accompagné d'une terre argileuse de différentes couleurs, qui paraît être de la même nature que le schiste argileux qui abonde dans cette montagne.

On trouve aussi dans la même montagne des pyrites, mais en médiocre quantité.... et quelques morceaux d'aimant... Cette mine de Rio est très-abondante, et fournit du fer à Naples, au duché de Toscane, à la république de Gênes, à la Corse, à la Romagne, etc... Et l'on voit par un passage d'Aristote que les Grecs, de son temps, tiraient déjà du fer de cette île; elle a été célébrée par Virgile, Strabon et d'autres auteurs anciens, à cause de l'abondance de son fer....

Le fer que produit cette mine de Rio est d'une très-bonne qualité; il égale en bonté celui de Suède... On réduit la mine en fusion, sans addition d'aucun fondant....

La montagne de Rio n'est point disposée par couches horizontales, et il semble que les matières ferrugineuses, ocreuses et argileuses y aient été jetés confusément. *Observations sur les mines de fer de l'île d'Elbe; Journal de Physique*, mois de décembre 1778, pag. 416 et suiv. — Les montagnes de l'île d'Elbe, dit M. Ferber, sont de granite : il y en a du violet qui est très-beau, parce que le spath dur (feldspath) qu'il renferme est violet et à grands cubes, larges ou épais, oblongs et polygones....

La mine de fer n'est pas en veines ou filons, et cependant il y a une montagne entière, qui n'est formée que de mine de fer environnée de granite... La montagne ferrugineuse de l'île d'Elbe consiste pour la plupart en une mine compacte; c'est ou de l'hématite couleur de fer, ou de la mine de fer attirable par l'aimant sans être grillée. Il y a aussi du vrai aimant très-bon et très-fort : ces mines se cristallisent dans toutes les cavités en forme de crête de coq, en polygones et autres stalactites de différentes formes... On trouve aussi dans ces mines de la pyrite cristallisée, ou des marcassites polygones et cubiques, un peu de pyrite cuivreuse, de l'amiante blanc, de la crème de loup (*spuma lupi*) en longues aiguilles concentriques. Dans les fentes, qui souvent sont très-longues et larges, et qu'on peut appeler des *filons*, il y a beaucoup de bol blanc, rouge et couleur de foie : une partie de cette terre bolaire est quelquefois endurcie jusqu'à la consistance d'un vrai jaspe. *Lettres sur la Minéralogie*, pag. 440 et suiv. — M. le baron de Dietrich ajoute qu'il ne paraît pas qu'on ait tiré du fer dans aucun autre endroit de l'île d'Elbe que dans cette montagne; la mine de fer n'est qu'à une portée de fusil de la mer: « tous les rochers, dit-il, que l'on voit sur le rivage sont ferrugineux; cent cinquante ouvriers « y travaillent constamment; on se sert de poudre à canon pour l'exploiter; on assure qu'on « trouvait toujours la même quantité de mine jusqu'à six ou sept milles de distance... Toutes « les mines de fer de l'île d'Elbe, qui ont un aspect métallique, cristallisées ou micacées, sont « attirables à l'aimant; celles, au contraire, qui sont simplement ocreuses ou sous la forme de « chaux, ne le sont point sans avoir été grillées. . » — La pierre d'aimant ne se trouve pas dans la mine de fer de Rio; c'est sur la montagne la plus haute de l'île d'Elbe, située à cinq milles de Capoliori, qu'il faut chercher cette pierre... Environ à deux milles de la place où on la trouve, la terre est couverte de grands morceaux de pierres ferrugineuses, qui ressemblent à une mine de fer en roche, et paraissent avoir subi l'action du feu... « J'étais, dit M. de Die- « trich, muni de limaille de fer et d'une boussole; à une certaine distance de l'endroit où je « trouvai la véritable pierre d'aimant, l'aiguille se porta entièrement au midi, parce que la « pierre d'aimant était en effet au midi de mon chemin et sur les bords escarpés de la mer... « La pierre d'aimant rougie au feu et ensuite refroidie perd sa vertu magnétique. » Note sur la *Minéralogie* de Ferber, page 440.

de Carron [a]; celles de l'Angleterre se trouvent dans le duché de Cumberland [b] et dans quelques autres provinces.

Dans le pays de Liége [c], les mines de fer sont presque toutes mêlées d'argile, et dans le comté de Namur [d] elles sont au contraire mélangées de matière calcaire. La plupart des mines d'Alsace et de Suisse [e] gisent aussi sur des pierres calcaires : toute la partie du mont Jura, qui commence aux confins du territoire de Schaffouse, et qui s'étend jusqu'au comté de Neuchâtel, offre en plusieurs endroits des indices certains de mines de fer.

Toutes les provinces d'Allemagne ont de même leurs mines de fer, soit en roche, en grains, en ocre, en rouille ou en concrétions : celles de Styrie [f] et de Carinthie [g], dont nous avons parlé, sont les plus fameuses;

a. A Carron, en Écosse, on use de cinq espèces de mines de fer, qui ne rendent pas plus de trente pour cent de fer en gueuse; les unes sont en pierres, d'autres en grains, et d'autres en hématites ou tête vitrée : on joint à ces mines, avant de les jeter au fourneau, un sixième de minerai plus riche, que l'on fait venir du duché de Cumberland, qui est aussi une espèce d'hématite ou tête vitrée... L'*ironstone* ou pierre de fer, qui se trouve auprès de Carron en Écosse, se tire d'une terre molle et argileuse; elle se trouve en morceaux près de la superficie de la terre, et est très-pauvre; mais la bonne mine de fer est en rognons dans une espèce d'argile, et se trouve en couches presque horizontales, et cette mine en rognons surmonte un lit de schiste sous lequel se trouve une veine de charbon : la nature de ce minerai de fer est d'un gris noir et d'un grain serré. *Voyages métallurgiques* de M. Jars, p. 270.

b. Les mines qu'on trouve aux environs de la forge de Cliftonfurnace, dans le duché de Cumberland, sont à peu près semblables à celles que l'on tire aux environs de Carron en Écosse, mais elles sont en général plus riches en fer; quelques-unes sont en pierres roulées, et on les nomme *pierres de fer*. *Idem*, page 235. — On trouve des *ironstone* ou pierres de fer en plusieurs endroits, et même dans le voisinage des mines de charbon près de Lichtfield et de Dudley, et dans la province de Lancastre; et quelquefois ces pierres de fer forment des couches qui s'enfoncent à une assez grande profondeur. *Du Charbon de terre*,, par M. Morand, page 1202.

c. Selon M. Krenger, les mines de fer du pays de Liége sont toutes argileuses, et au contraire celles du comté de Namur sont toutes calcaires; il en est de même des mines d'Alsace. *Journal de Physique*, mois de septembre 1775, p. 227.

d. Les mines du comté de Namur sont des ocres plus ou moins dures, et dont quelques-unes sont d'un assez beau rouge... Ces minerais produisent en général un fer cassant à froid, et par conséquent très-bon pour la fabrication des clous... On ne grille point le minerai. Voyez les *Voyages métallurgiques* de M. Jars, t. I, p. 310.

e. Selon M. Guettard, le fer est très-commun en Suisse : le mont Jura offre de toutes parts des indices de mines de fer en grains, qui se trouvent aussi très-communément dans plusieurs autres cantons de la Suisse; il y en a de fort abondantes dans le comté de Sargans, qui donnent au fourneau de fort bon acier. Voyez les *Mémoires de l'Académie des Sciences*, année 1752, pag. 343 et 344.

f. La mine de fer de Styrie, qui est écailleuse, et que les Allemands appellent *stahlstein* ou *pierre d'acier*, donne en effet de l'acier par la fonte, et peut aussi donner de très-bon fer. M. le baron Dietrich dit qu'on trouve des mines écailleuses, toutes semblables à celles de Styrie, dans le pays de Nassau-Siegen, dans la Saxe, le Tyrol, etc., et que partout on en fait de très-bon fer ou de l'excellent acier; et il ajoute que la mine d'Allevard, en Dauphiné, est de la même nature, et que l'on fait dans le pays de Bergame et de Brescia de très-bon acier d'une mine à peu près pareille. *Lettres sur la Minéralogie*, par M. Ferber, note, pag. 37 et 38.

g. Depuis douze cents ans, on exploite dans deux hautes montagnes de la Carinthie, à deux lieues de Frisach, soixante mines de fer... Il y a des minerais bruns et d'autres rougeâtres..... et comme ils ne se fondent pas tous au fourneau avec la même facilité, on les fait griller

mais il y en a aussi de très-riches dans le Tyrol [a], la Bohême [b], la Saxe, le comté de Nassau-Siegen, le pays d'Hanovre [c], etc.

M. Guettard fait mention des mines de fer de la Pologne, et il en a observé quelques-unes : elles sont pour la plupart en rouille, et se tirent presque toutes dans les marais ou dans les lieux bas; d'autres sont, dit-il, en petits morceaux ferrugineux, et celles qui se trouvent dans les collines sont aussi à peu près de même nature [d].

séparément avant de les mélanger pour la fonte. *Voyages métallurgiques*, par M. Jars, t. I, pag. 53 et 54.

a. Dans le Tyrol, à Kleinboden, la plus grande partie du minerai est à petites facettes, et ressemble au *phlintz* de Styrie. Il y en a une autre espèce aussi à petites facettes, mais très-blanc; et une autre à très-grandes facettes, qui est la vraie mine de fer spathique : il y a de pareil minerai dans le Voigtland et dans le Dauphiné. *Idem*, p. 64.

b. A trois quarts de lieue de Platen, en Bohême, on exploite deux filons perpendiculaires de mine de fer, larges chacun de deux à trois toises, et l'on y trouve un pied d'épaisseur en minerai tout pur, de l'espèce qu'on nomme *hématite* ou *tête vitrée;* on sait que l'hématite présente une infinité de rayons qui tendent tous au même centre. Les filons sont renfermés dans un grès, ou plutôt ils ont pour *toit* et pour *mur* une pierre de grès à gros grains. Cette mine de fer avait, en 1757, cinquante-neuf toises de profondeur; à mesure que l'on a approfondi, le filon est devenu meilleur : elle fournit du minerai à treize forges, tant en Saxe qu'en Bohême. Pour fondre ce minerai, on y joint de la pierre à chaux : l'hématite ou tête vitrée donne du fer très-doux et d'une fusion très-facile lorsqu'on la mêle avec une plus grande quantité d'une mine jaune d'ocre, qu'on trouve presque à la surface de la terre. *Idem*, pag. 70 et suiv.

c. Il y a près de Konigs-Hutte, au pays d'Hanovre, des mines de fer qui rendent jusqu'à soixante et quatre-vingts livres de fonte par cent, et d'autres qui n'en rendent que quinze ou vingt : on les mêle ensemble au fourneau, où elles rendent en commun trente ou quarante pour cent... Il y a aussi d'autres minerais de fer qui sont plus durs et plus réfractaires, en sorte qu'on est obligé de les faire griller avant de les mêler avec les autres minerais pour les jeter au fourneau... Les mines de fer des environs de Blanckenbourg sont disposées par couches, et sont en masses à douze ou quinze toises de profondeur sur des roches de marbre. *Idem*, *ibidem*.

d. En Pologne, il y a des mines de fer qui se tirent dans les marais : M. Guettard dit qu'elles sont d'un jaune d'ocre pâle, ou un peu brun, avec des veines plus foncées ou noirâtres... Le fer qu'elles donnent est cassant, et semblable à celui que fournit en Normandie la mine appelée *cosse*, à laquelle elles ressemblent beaucoup. Une autre mine de fer de Pologne est noirâtre avec des cavités entièrement vides; on la prendrait, au premier coup d'œil, pour une pierre de volcans... De quelque nature que soient ces mines en Pologne, celles du moins que j'ai vues, elles se trouvent dans des marais ou dans des endroits qui ont toutes les marques d'avoir été autrefois marécageux. Rzaczynski dit qu'en général la Polésie polonaise a encore plus de mines de fer que la Volhinie, qu'elles se tirent aussi des marécages,... et qu'elles sont jaunâtres ou couleur de rouille de fer...

Les marais de Cracovie, dit encore M. Guettard, renferment des mines de fer qu'on n'exploite point; les morceaux de minéral y sont isolés, ils ont un pied au plus de longueur sur quelques pouces d'épaisseur : dans quelques endroits cependant, ces morceaux peuvent avoir trois ou quatre pieds dans la première dimension, sur un peu plus d'épaisseur que les autres; ils sont placés à deux ou trois pieds de profondeur au-dessous d'une terre qui tient de la nature de la tourbe, et l'on trouve en fouillant plus bas du pareil minéral de fer sous d'autres couches de terre... Comme les précédentes mines de marais, celles-ci sont poreuses, légères, terreuses, noirâtres, avec des taches jaunâtres; on découvre de temps en temps dans ces fouilles, et dans les autres qu'on peut faire dans les marais, de la terre bleue appelée *fleur de fer*... Il y a des mines très-abondantes, mais qui ne sont pas de marais, dans le palatinat de Sandomir, auprès de Suchedniow et de Samsonow... Ces mines sont brunes, composées de plusieurs lames, et recou-

Les pays du Nord sont les plus abondants en mines de fer : les voyageurs assurent que la plus grande partie des terres de la Laponie sont ferrugineuses ; on a aussi trouvé des mines de fer en Islande [a] et en Groënland [b].

En Moscovie, dans les Russies et en Sibérie, les mines de fer sont très-communes et font aujourd'hui l'objet d'un commerce important, car on en transporte le fer en grande quantité dans plusieurs provinces de l'Asie et de l'Europe, et même jusque dans nos ports de France [c].

En Asie, le fer n'est pas aussi commun dans les parties méridionales que dans les contrées septentrionales : les voyageurs disent qu'il y a très-peu de mines de fer au Japon, et que ce métal y est presque aussi cher que le cuivre [d]; cependant à la Chine le fer est à bien plus bas prix, ce qui prouve que les mines de ce dernier métal y sont en plus grande abondance.

vertes d'une terre jaune couleur d'ocre. *Mémoires de l'Académie des Sciences*, année 1762, pag. 246, 304 et 305.

a. Les Islandais font des ustensiles de ménage avec du fer, dont ils recueillent sans peine la mine en différents endroits. *Hist. générale des Voyages*, t. XVIII, p. 36.

b. *Idem*, t. XIX, p. 30.

c. Dans la province de Dwime, en Moscovie, on trouve plusieurs mines de fer. (*Voyages historiques de l'Europe*, t. VII, p. 26)... Et à vingt-six lieues de Moscou, auprès de Tula, il y a d'autres mines fort abondantes. *Voyages d'Oléarius;* Paris, 1656, t. I, p.... Les Tartares qui habitent les bords des rivières de Kondoma et de Mrasa savent fondre la mine de fer dans de petits fourneaux creusés en terre et surmontés d'un chapiteau; ils pilent la mine et apportent alternativement dans le fourneau du minerai pilé et du charbon ; ils se servent de deux soufflets, et ne font que deux ou trois livres de fonte à la fois. Gmelin, *Hist. générale des Voyages*, t. XVIII, p. 153 et 154. — En Sibérie, à quinze werstes de la ville de Tomsk, il y a une montagne composée entièrement de mine de fer; on en fait griller le minerai avant de le jeter au fourneau : il se trouve aussi chez les Barsajakes des mines qui donnent de très-bon fer. *Idem*, pag. 160 et 161. — Dans les terres voisines du Lena, il se trouve des mines de fer mêlées avec des terres ferrugineuses jaunes ou rouges, et l'on en tire de très-bon fer. *Idem*, pag. 284 et 285. — On trouve chez les Ostiaques, à quelque distance des bords du Jenisei, du minerai de fer fort pesant et fort riche, rouge en dehors et brun en dedans. *Idem*, p. 361. — M. l'abbé Chappe a compté cinquante-deux mines de fer aux environs d'Ékatérinbourg, en Sibérie : ces mines sont, dit-il, mêlées avec des terres vitrifiables ou argileuses, et jamais avec des matières calcaires; pas une de ces mines n'est disposée en filons ; elles sont toutes par dépôts, dispersées sans ordre, du moins en apparence. On trouve presque toujours ces mines dans les montagnes basses et sur les bords des ruisseaux; elles sont à trois pieds sous terre, elles ont vingt-quatre à trente pieds de profondeur... On fait griller toutes ces mines à l'air libre avant de les mettre au fourneau, et on en fait de très-bon fer. Gmelin, *Hist. générale des Voyages*, t. XIX, p. 472. — M. Pallas a trouvé en Russie, aux environs de la rivière de Geni, une masse de fer du poids de cent cinquante-deux livres, qu'il a envoyée à l'académie de Pétersbourg. Cette masse a la forme d'une éponge, et est percée de trous ronds remplis de petits corps polis de couleur d'ambre : ce fer se plie aisément sans le secours du feu ; un feu médiocre suffit pour le travailler. On peut en faire toutes sortes de petits outils ; mais, lorsqu'on l'expose à l'action d'un grand feu, il perd sa souplesse, se granule et se casse, au lieu de plier. Cette masse ferrugineuse a été trouvée sous la croupe d'une montagne couverte de bois, peu éloignée du mont Rénur, près duquel est une mine d'aimant. *Journal historique et politique*, 30 octobre 1773, article *Pétersbourg*.

d. On ne trouve du fer au Japon que dans quelques provinces, mais on l'y trouve en grande abondance, et cependant on l'y vend presque aussi cher que le cuivre. *Histoire générale des Voyages*, t. X, p. 655.

On en trouve dans les contrées de l'Inde, à Siam [a], à Golconde [b] et dans l'île de Ceylan [c]. L'on connaît de même les fers de Perse [d], d'Arabie [e], et surtout les aciers fameux, connus sous le nom de *damas*, que ces peuples savaient travailler avant même que nous eussions, en Europe, trouvé l'art de faire de bon acier.

En Afrique, les fers de Barbarie [f] et ceux de Madagascar [g] sont cités par les voyageurs; il se trouve aussi des mines de fer dans plusieurs autres contrées de cette partie du monde, à Bambouck [h], à Congo [i] et jusque chez

a. A Siam, près de la ville de Campeng-Pei, il y a une montagne au sommet de laquelle on trouve une mine de fer dont on tire même de l'acier par la fonte; cependant en général on connaît peu de mines de fer dans ce pays, et les Siamois ne sont pas habiles à le travailler; car ils n'ont pas d'épingles, d'aiguilles, de clous, de ciseaux ni de ferrures : chacun se fait des épingles de bambou, comme nos ancêtres en faisaient d'épines. *Histoire générale des Voyages*, t. IX, pag. 307 et 308. — Le village de Beausonin, au royaume de Siam, est composé de dix ou douze maisons, et est environné de mines de fer; il y a une forge où chaque habitant est obligé de fondre cent vingt-cinq livres de fer pour le roi : toute la forge consistait en deux ou trois fourneaux que l'on remplit de charbon et de mine alternativement; le charbon venant à se consumer peu à peu, la mine se trouve au fond en une espèce de boulet. Les soufflets dont on se sert sont deux cylindres de bois creusés, dont le diamètre peut être de sept à huit pouces. Chaque cylindre a son piston avec de petites cordes, et un homme seul le fait agir. *Second voyage au royaume de Siam*; Paris, 1689, pag. 242 et 243.

b. A Golconde, on fabrique beaucoup de fer et d'acier qui se transportent en divers endroits des Indes. *Histoire générale des Voyages*, t. IX, p. 517.

c. Le fer est commun dans l'île de Ceylan, et les habitants savent même en faire de l'acier. *Idem*, t. VIII, p. 549.

d. On fait à Kom, en Perse, de très-bonnes lames d'épées et de sabres : l'acier dont ces lames sont faites vient de Niris, proche Ispahan, où il y a plusieurs mines de ce métal. *Voyages de Jean Struys*; Rouen, 1719, t. I, p. 272. — Les principales mines de Perse sont dans l'Hyrcanie, la Médie septentrionale, au pays des Parthes et dans la Bactriane; mais le fer qu'on en tire n'est pas si doux que celui qu'on fait en Angleterre. *Voyages de Chardin*; Amsterdam, 1711, t. II, p. 23.

e. Les Grecs ont dit mal à propos que l'Arabie heureuse n'avait point de fer, puisque aujourd'hui même on y exploite encore des mines dans le district de Saad... Mais ce fer de Saad est moins bon que celui qu'on apporte d'Europe, et leur revient plus cher, vu l'ignorance des Arabes et le manque de bois. *Description de l'Arabie*, par M. Niebuhr, p. 123.

f. Le plomb et le fer sont les seuls métaux qu'on ait découverts jusqu'ici en Barbarie. Le fer est fort bon, mais il n'est pas en grande quantité; ce sont les Kabyles des districts montagneux de Bon-Jeirah qui le tirent de la terre et qui le forgent; ils l'apportent ensuite en petites barres aux marchés de Bon-Jeirah et d'Alger. La mine est assez abondante dans les montagnes de Dwée et de Zikkar; la dernière est la plus riche et fort pesante, et l'on y trouve quelquefois du cinabre. *Voyages de Shaw*, t. I, p. 306. — Il y a aussi du fer dans le royaume de Maroc, dans les montagnes de Gesula. *L'Afrique* de Marmol, t. II, p. 76. — Et les habitants de Beni-Besseri, au pied du mont Atlas, en font leur principal commerce. *Idem*, t. III, p. 27.

g. On trouve du fer à Madagascar, et les habitants de quelques parties montagneuses de cette île sont assez industrieux pour le fabriquer en barres; les mines sont très-fusibles, et produisent un fer très-doux. *Relation de Madagascar*, par François Cauche; Paris, 1651, pag. 68 et 69.

h. On trouve du fer non-seulement à Bambouck, dans le royaume de Galam, de Kayne et de Dramuret, où il est en abondance, mais encore dans tous les autres pays en descendant le Sénégal, surtout à Joël et Donghel, dans les États du Siratik, où il est si commun que les Nègres en font des pots et des marmites. *Histoire générale des Voyages*, t. II, p. 644.

i. On trouve beaucoup de fer, ainsi que plusieurs autres métaux, dans le royaume de Congo. *Recueil des Voyages de la Compagnie des Indes*; Amsterdam, 1702, t. IV, p. 321.

les Hottentots [a]. Mais tous ces peuples, à l'exception des Barbaresques, ne savent travailler le fer que très-grossièrement, et il n'y a ni forges ni fourneaux considérables dans toute l'étendue de l'Afrique; du moins les relateurs ne font mention que des fourneaux nouvellement établis par le roi de Maroc, pour fondre des canons de cuivre et de fonte de fer.

Il y a peut-être autant de mines de fer dans le vaste continent de l'Amérique que dans les autres parties du monde, et il paraît qu'elles sont aussi plus abondantes dans les contrées du nord que dans celles du midi; nous avons même formé, dès le siècle précédent, des établissements considérables de fourneaux et de forges dans le Canada, où l'on fabriquait de très-bon fer [b] : il se trouve de même des mines de fer en Virginie [c], où les Anglais ont établi depuis peu des forges; et comme ces mines sont très-abondantes et se tirent aisément, et presque à la surface de la terre, dans toutes ces provinces qui sont actuellement sous leur domination, et que d'ailleurs le bois y est très-commun, ils peuvent fabriquer le fer à peu de frais, et ils ne désespèrent pas, dit-on, de fournir ce fer de l'Amérique, au Portugal, à la Turquie, à l'Afrique, aux Indes orientales, et à tous les pays où s'étend leur commerce [d]. Suivant les voyageurs, on a aussi trouvé

a. Les mines de fer sont fort communes dans le pays des Hottentots, et les habitants savent même les convertir en fer par la fonte. *Histoire générale des Voyages*, t. V, p. 172; *Voyages de Kolbe*. — Au cap de Bonne-Espérance, il y a des indices certains de mines de fer. *Description du cap de Bonne-Espérance*, par Kolbe; Amsterdam, 1741, part. II, p. 174.

b. Au Canada, la ville des Trois-Rivières a dans son voisinage des mines d'excellent fer. *Histoire générale des Voyages*, t. XIV, p. 700. — Les mines de fer sont en Canada plus abondantes et plus communes que dans la plupart des provinces de l'Europe; celles des Trois-Rivières surtout surpassent celles d'Espagne par la quantité de fer qu'elles donnent. *Histoire philosophique et politique*; Amsterdam, 1772, t. II, p. 65. — « Les mines des Trois-Rivières, dit « M. Guettard, donnent d'excellent fer; cependant il ne faut pas croire que tout le fer du « Canada soit d'une égale qualité; il y en a de très-doux et de très-malléable, et d'autre qui est « aigre et fort aisé à casser : cette différence peut venir, ou de la manière de le faire, ou de celle « qui se trouve entre les mines... Suivant M. Gautier, toutes les terres du Canada contiennent « des mines de fer; il y en a dans un endroit appelé la *Mine au Racourci*, et au cap Martin; ces « mines sont mêlées avec un peu de cuivre ou d'autre métal... Les morceaux de celle du cap « Martin pèsent autant que le fer, à volume égal; le fer y a paru presque tout pur, à en juger « par la couleur... Lorsqu'on prend un morceau de cette mine, et que, sans l'avoir purifié qui « fait passer par le feu, on le présente à l'aiguille aimantée, il la fait varier et produit sur elle « presque les mêmes effets et les mêmes mouvements qu'une lame de couteau ordinaire... « Quand on pulvérise cette mine, et qu'on verse dessus un peu d'esprit de vitriol, il fermente « très-peu ou presque point; mais quand on la jette dans un mélange d'esprit de nitre et de sel « marin, ce qui fait une eau régale, il paraît que ce qui est de couleur de cuivre s'y dissout. « Ces expériences donnent lieu de penser que le fer est presque partout pur dans cette mine du « cap Martin; celle du Racourci est plus mélangée. » Voyez les *Mémoires de l'Académie des Sciences de Paris*, année 1752, pag. 207 et suiv.

c. Il y a des mines de fer à Falling-Croak, sur la rivière James, dans la Virginie. *Histoire générale des Voyages*, t. XIV, p. 474. — Et même tous les lieux élevés de cette presqu'île sont remplis de mines de fer. *Idem*, p. 492.

d. *Histoire philosophique et politique des établissements des Européens dans les deux Indes*; Amsterdam, 1772, t. VI, p. 556.

des mines de fer dans les climats plus méridionaux de ce nouveau continent, comme à Saint-Domingue [a], au Mexique [b], au Pérou [c], au Chili [d], à la Guiane [e] et au Brésil [f]; et cependant les Mexicains et les Péruviens, qui étaient les peuples les plus policés de ce continent, ne faisaient aucun usage du fer, quoiqu'ils eussent trouvé l'art de fondre les autres métaux, ce qui ne doit pas étonner, puisque dans l'ancien continent il existait des peuples bien plus anciennement civilisés que ne pouvaient l'être les Américains, et que néanmoins il n'y a pas trois mille cinq cents ans que les Grecs ont, les premiers, trouvé les moyens de fondre la mine de fer, et de fabriquer ce métal dans l'île de Crète.

La matière du fer ne manque donc en aucun lieu du monde; mais l'art de la travailler est si difficile qu'il n'est pas encore universellement répandu, parce qu'il ne peut être avantageusement pratiqué que chez les nations les plus policées, et où le gouvernement concourt à favoriser l'industrie : car quoiqu'il soit physiquement très-possible de faire partout du fer de la meilleure qualité, comme je m'en suis assuré par ma propre expérience, il y a tant d'obstacles physiques et moraux qui s'opposent à cette perfection de l'art, que dans l'état présent des choses on ne peut guère l'espérer.

Pour en donner un exemple, supposons un homme qui, dans sa propre terre, ait des mines de fer et des charbons de terre, ou des bois en plus grande quantité que les habitants de son pays ne peuvent en consommer, il lui viendra tout naturellement dans l'esprit, l'idée d'établir des forges pour consumer ces combustibles, et tirer avantage de ses mines. Cet établissement, qui exige toujours une grosse mise de fonds et qui demande autant d'économie dans la dépense que d'intelligence dans les constructions, pourrait rapporter à ce propriétaire environ dix pour cent, si la manutention en était administrée par lui-même. La peine et les soins qu'exige la conduite d'une telle entreprise, à laquelle il faut se livrer tout entier et pour longtemps, le forceront bientôt à donner à ferme ses mines, ses bois et ses forges, ce qu'il ne pourra faire qu'en cédant moitié du produit : l'intérêt de sa mise se réduit dès lors à cinq au lieu de dix pour cent; mais le très-pesant impôt dont la fonte de fer est grevée au sortir du fourneau, diminue si considérablement le bénéfice, que souvent le propriétaire de la forge ne tire pas trois pour cent de sa mise, à moins

a. L'île de Saint-Domingue a des mines de fer. *Histoire générale des Voyages*, t. XII, p. 218.

b. Le canton de Mertitlan, au Mexique, renferme une quantité de mines de fer. *Idem*, p. 648.

c On trouve aussi au Pérou, dans le territoire de Cuença, plusieurs morceaux de mines de fer attirables à l'aimant. *Idem*, t. XIII, p. 598.

d. Il y a aussi des mines de fer au Chili. *Idem*, p. 412.

e. La Guiane française est abondante en mines de fer. *Idem*, t. XIV, p. 377.

f. Au Brésil, à trente lieues de Saint-Paul au sud, on rencontre les montagnes de Bera-Suéaba, abondantes en mines de fer. *Idem*, p. 225.

que des circonstances particulières et très-rares ne lui permettent de fabriquer ses fers à bon marché et de les vendre cher [a]. Un autre obstacle moral tout aussi opposé, quoique indirectement, à la bonne fabrication de nos fers, c'est le peu de préférence qu'on donne aux bonnes manufactures, et le peu d'attention pour cette branche de commerce qui pourrait devenir l'une des plus importantes du royaume, et qui languit par la liberté de l'entrée des fers étrangers. Le mauvais fer se fait à bien meilleur compte que le bon, et cette différence est au moins du cinquième de son prix ; nous ne ferons donc jamais que du fer de qualité médiocre, tant que le bon et le mauvais fer seront également grevés d'impôts, et que les étrangers nous apporteront, sans un impôt proportionnel, la quantité de bons fers dont on ne peut se passer pour certains ouvrages.

D'ailleurs les architectes et autres gens chargés de régler les mémoires des ouvriers qui emploient le fer dans les bâtiments et dans la construction des vaisseaux ne font pas assez d'attention à la différente qualité des fers; ils ont un tarif général et commun sur lequel ils règlent indistinctement le prix du fer, en sorte que les ouvriers qui l'emploient pour leur compte dédaignent le bon, et ne prennent que le plus mauvais et le moins cher : à Paris surtout, cette inattention fait que dans les bâtiments on n'emploie que de mauvais fers, ce qui en cause ou précipite la ruine. On sentira toute l'étendue de ce préjudice si l'on veut se rappeler ce que j'ai prouvé par des expériences [b]; c'est qu'une barre de bon fer a non-seulement plus de durée pour un long avenir, mais encore quatre ou cinq fois plus de force et de résistance actuelle qu'une pareille barre de mauvais fer.

Je pourrais m'étendre bien davantage sur les obstacles qui, par des règlements mal entendus, s'opposent à la perfection de l'art des forges en France; mais dans l'histoire naturelle du fer, nous devons nous borner à le considérer dans ses rapports physiques, en exposant non-seulement les différentes formes sous lesquelles il nous est présenté par la nature, mais encore toutes les différentes manières de traiter les mines et les fontes de fer pour en obtenir du bon métal. Ce point de vue physique, aujourd'hui contrarié par les obstacles moraux dont nous venons de parler, est néan-

a. J'ai établi dans ma terre de Buffon un haut-fourneau avec deux forges; l'une a deux feux et deux marteaux, et l'autre a un feu et un marteau : j'y ai joint une fonderie, une double batterie, deux martinets, deux bocards, etc. ; toutes ces constructions, faites sur mon propre terrain et à mes frais, m'ont coûté plus de trois cent mille livres ; je les ai faites avec attention et économie; j'ai ensuite conduit pendant douze ans toute la manutention de ces usines, je n'ai jamais pu tirer les intérêts de ma mise au denier vingt; et après douze ans d'expérience, j'ai donné à ferme toutes ces usines pour six mille cinq cents livres. Ainsi je n'ai pas deux et demi pour cent de mes fonds, tandis que l'impôt en produit à très-peu près autant et sans mise de fonds à la caisse du domaine : je ne cite ces faits que pour mettre en garde contre des spéculations illusoires les gens qui pensent à faire de semblables établissements, et pour faire voir en même temps que le gouvernement, qui en tire le profit le plus net, leur doit protection.

b. Voyez la Partie expérimentale, Mémoire sur la ténacité du fer.

moins la base réelle sur laquelle on doit se fonder pour la conduite des travaux de cet art, et pour changer ou modifier les règlements qui s'opposent à nos succès en ce genre.

Nous n'avons en France que peu de ces roches primordiales de fer, si communes dans les provinces du nord, et dans lesquelles l'élément du fer est toujours mêlé et intimement uni avec une matière vitreuse. La plupart de nos mines de fer sont en petits grains ou en rouille, et elles se trouvent ordinairement à la profondeur de quelques pieds; elles sont souvent dilatées sur un assez grand espace de terrain, où elles ont été déposées par les anciennes alluvions des eaux avant qu'elles n'eussent abandonné la surface de nos continents : si ces mines ne sont mêlées que de sables calcaires, un seul lavage ou deux suffiront pour les en séparer, et les rendre propres à être mises au fourneau; la portion de sable calcaire que l'eau n'aura pas emportée servira de castine, il n'en faudra point ajouter, et la fusion de la mine sera facile et prompte; on observera seulement que quand la mine reste trop chargée de ce sable calcaire, et qu'on n'a pu l'en séparer assez en la lavant ou la criblant, il faut alors y ajouter, au fourneau, une petite quantité de terre limoneuse qui, se convertissant en verre, fait fondre en même temps cette matière calcaire superflue, et ne laisse à la mine que la quantité nécessaire à sa fusion, ce qui fait la bonne qualité de la fonte.

Si ces mines en grains se trouvent au contraire mêlées d'argile fortement attachée à leurs grains, et qu'on a peine d'en séparer par le lavage, il faut le réitérer plusieurs fois, et donner à cette mine, au fourneau, une assez grande quantité de castine; cette matière calcaire facilitera la fusion de la mine en s'emparant de l'argile qui enveloppe le grain, et qui se fondra par ce mélange : il en sera de même si la mine se trouve mêlée de petits cailloux; la matière calcaire accélèrera leur fusion; seulement on doit laver, cribler et vanner ces mines, afin d'en séparer, autant qu'il est possible, les petits cailloux qui souvent y sont en trop grande quantité.

J'ai suivi l'extraction et le traitement de ces trois sortes de mines; les deux premières étaient en *nappes*, c'est-à-dire dilatées dans une assez grande étendue de terrain; la dernière, mêlée de petits cailloux, était au contraire en *nids* ou en sacs, dans les fentes perpendiculaires des bancs de pierre calcaire : sur une vingtaine de ces mines *ensachées* dans les rochers calcaires, j'ai constamment observé qu'elles n'étaient mêlées que de petits cailloux quartzeux, de calcédoines et de sables vitreux, mais point du tout de graviers ou de sable calcaire, quoique ces mines fussent environnées de tous côtés de bancs solides de pierres calcaires dont elles remplissaient les intervalles ou fentes perpendiculaires à d'assez grandes profondeurs, comme de cent, cent cinquante et jusqu'à deux cents pieds; ces fentes, toujours plus larges vers la superficie du terrain, vont toutes en se rétrécissant à mesure qu'on descend, et se terminent par la réunion des rochers calcaires dont les bancs deviennent continus au-dessous; ainsi quand ce sac de mine était vidé, on pouvait examiner du haut en bas et de tous côtés les parois de la fente qui la contenait; elles étaient de pierre purement calcaire, sans aucun mélange de mine de fer ni de petits cailloux : les bancs étaient horizontaux, et l'on voyait évidemment que la fente perpendiculaire n'était qu'une disruption de ces bancs, produite par la retraite et le dessèchement de la matière molle dont ils étaient d'abord composés; car la suite de chaque banc se trouvait à la même hauteur de l'autre côté de la fente, et tous étaient de même parfaitement correspondants du haut jusqu'en bas de la fente.

J'ai de plus observé que toutes les parois de ces fentes étaient lisses et comme usées par le frottement des eaux, en sorte qu'on ne peut guère douter qu'après l'établissement de la matière des bancs calcaires par lits horizontaux, les fentes perpendiculaires ne se soient d'abord formées par la retraite de cette matière sur elle-même en se durcissant : après quoi ces mêmes fentes sont demeurées vides, et leur intérieur, d'abord battu par les eaux, n'a reçu que dans des temps postérieurs, les mines de fer qui les remplissent.

Ces transports paraissent être les derniers ouvrages de la mer sur nos continents : elle a commencé par étendre les argiles et les sables vitreux sur la roche du globe, et sur toutes les matières solides et vitrifiées par le feu primitif; les schistes se sont formés par le dessèchement des argiles, et les grès par la réunion des sablons quartzeux; ensuite les poudres calcaires, produites par les débris des premiers coquillages, ont formé les bancs de pierre, qui sont presque toujours posés au-dessus des schistes et des argiles, et en même temps les détriments des végétaux, descendus des parties les plus élevées du globe, ont formé les veines de charbons et de bitumes; enfin les derniers mouvements de la mer, peu de temps avant d'abandonner la surface de nos collines, ont amené, dans les fentes perpendiculaires des bancs calcaires, ces mines de fer en grains qu'elle a lavés et séparés de la terre végétale, où ils s'étaient formés comme nous l'avons expliqué [a].

Nous observerons encore que ces mines, qui se trouvent *ensachées* dans les rochers calcaires, sont communément en grains plus gros que celles qui sont dilatées par couches sur une grande étendue de terrain [b]; elles n'ont de plus aucune suite, aucune autre correspondance entre elles que la direction de ces mêmes fentes, qui, dans les masses calcaires, ne suivent pas la direction générale de la colline, du moins aussi régulièrement que dans

a. Voyez, ci-devant, l'article qui a pour titre : *de la Terre végétale*.

b. Ce n'est qu'en quelques endroits que l'on trouve de ces mines dilatées en gros grains sur une grande étendue de terrain. M. de Grignon en a reconnu quelques-unes de telles en Franche-Comté.

les montagnes vitreuses; en sorte que quand on a épuisé un de ces sacs de mine, l'on n'a souvent nul indice pour en trouver un autre : la boussole ne peut servir ici, car ces mines en grains ne font aucun effet sur l'aiguille aimantée, et la direction de la fente n'est qu'un guide incertain ; car dans la même colline, on trouve des fentes dont la plus grande dimension horizontale s'étend dans des directions très-différentes et quelquefois opposées, ce qui rend la recherche de ces mines très-équivoque et leur produit si peu assuré, si contingent, qu'il serait fort imprudent d'établir un fourneau dans un lieu où l'on n'aurait que de ces mines en sacs, parce que ces sacs étant une fois épuisés, on ne serait nullement assuré d'en trouver d'autres; les plus considérables de ceux dont j'ai fait l'extraction ne contenaient que deux ou trois mille muids de mine, quantité qui suffit à peine à la consommation du fourneau pendant huit ou dix mois. Plusieurs de ces sacs ne contenaient que quatre ou cinq cents muids, et l'on est toujours dans la crainte de n'en pas trouver d'autres après les avoir épuisés; il faut donc s'assurer s'il n'y a pas à proximité, c'est-à-dire à deux ou trois lieues de distance du lieu où l'on veut établir un fourneau, d'autres mines en couches assez étendues pour pouvoir être moralement sûr qu'une extraction continuée pendant un siècle ne les épuisera pas : sans cette prévoyance, la matière métallique venant à manquer, tout le travail cesserait au bout d'un temps, la forge périrait faute d'aliment, et l'on serait obligé de détruire tout ce que l'on aurait édifié.

Au reste, quoique le fer se reproduise en grains sous nos yeux dans la terre végétale, c'est en trop petite quantité pour que nous puissions en faire usage; car toutes les minières, dont nous faisons l'extraction, ont été amenées, lavées et déposées par les eaux de la mer lorsqu'elle couvrait encore nos continents : quelque grande que soit la consommation qu'on a faite, et qu'on fait tous les jours de ces mines, il paraît néanmoins que ces anciens dépôts ne sont pas à beaucoup près épuisés, et que nous en avons en France pour un grand nombre de siècles, quand même la consommation doublerait par les encouragements qu'on devrait donner à nos fabrications de fer; ce sera plutôt la matière combustible qui manquera si l'on ne donne pas un peu plus d'attention à l'épargne des bois en favorisant l'exploitation des mines de charbon de terre.

Presque toutes nos forges et fourneaux ne sont entretenus que par du charbon de bois [a], et comme il faut dix-huit à vingt ans d'âge au bois pour

a. Les charbons de chêne, charme, hètre et autres bois durs, sont meilleurs pour le fourneau de fusion; et ceux du tremble, bouleau et autres bois mous sont préférables pour l'affinerie; mais il faut laisser reposer pendant quelques mois les charbons de bois durs. Le charbon de chêne, employé à l'affinerie, rend le fer cassant; mais au fourneau de fusion, c'est de tous les charbons celui qui porte le plus de mine, ensuite c'est le charbon de hètre, celui de sapin et celui de châtaignier, qui de tous en porte le moins, et doit être réservé, avec les bois blancs, pour l'affinerie. On doit tenir sèchement et à couvert tous les charbons; ceux de bois blancs sur-

être converti en bon charbon, on doit compter qu'avec deux cent cinquante arpents de bois bien économisés, l'on peut faire annuellement six cents ou six cent cinquante milliers de fer; il faut donc pour l'entretien d'un pareil établissement, qu'il y ait au moins dix-huit fois deux cent cinquante ou quatre mille cinq cents arpents à portée, c'est-à-dire à deux ou trois lieues de distance, indépendamment d'une quantité égale ou plus grande pour la consommation du pays. Dans toute autre position, l'on ne pourra faire que trois ou quatre cents milliers de fer par la rareté des bois, et toute forge qui ne produirait pas trois cents milliers de fer par an ne vaudrait pas la peine d'être établie ni maintenue : or c'est le cas d'un grand nombre de ces établissements faits dans les temps où le bois était plus commun, où on ne le tirait pas par le flottage des provinces éloignées de Paris, où enfin la population étant moins grande, la consommation du bois, comme de toutes les autres denrées, était moindre; mais maintenant que toutes ces causes, et notre plus grand luxe ont concouru à la disette du bois, on sera forcé de s'attacher à la recherche de ces anciennes forêts enfouies dans le sein de la terre, et qui, sous une forme de matière minérale, ont retenu tous les principes de la combustibilité des végétaux, et peuvent les suppléer non-seulement pour l'entretien des feux et des fourneaux nécessaires aux arts, mais encore pour l'usage des cheminées et des poêles de nos maisons, pourvu qu'on donne à ce charbon minéral les préparations convenables.

Les mines en rouille ou en ocre, celles en grains et les mines spathiques ou en concrétions, sont les seules qu'on puisse encore traiter avantageusement dans la plupart de nos provinces de France, où le bois n'est pas fort abondant; car quand même on y découvrirait des mines de fer primitif, c'est-à-dire de ces roches primordiales, telles que celles des contrées du Nord, dans lesquelles la substance ferrugineuse est intimement mêlée avec la matière vitreuse, cette découverte nous serait peu utile, attendu que le traitement de ces mines exige près du double de consommation de matière combustible, puisqu'on est obligé de les faire griller au feu pendant quinze jours ou trois semaines, avant de pouvoir les concasser et les jeter au fourneau; d'ailleurs ces mines en roche qui sont en masses très-dures, et qu'il faut souvent tirer d'une grande profondeur, ne peuvent être exploitées qu'avec de la poudre et de grands feux qui les ramollisssent ou les font éclater : nous aurions donc un grand avantage sur nos concurrents étrangers si nous avions autant de matières combustibles; car avec la même quantité nous ferions le double de ce qu'ils peuvent faire, puisque l'opération du grillage consomme presque autant de combustible que celle de la fusion; et, comme je l'ai souvent dit, il ne tient qu'à nous d'avoir d'aussi bon fer que celui de Suède, dès qu'on ne sera pas

tout s'altèrent à l'air et à la pluie dans très-peu de temps; le charbon des jeunes chênes, depuis dix-huit jusqu'à trente ans d'âge, est celui qui brûle avec le plus d'ardeur.

forcé, comme on l'est aujourd'hui, de trop épargner le bois, ou que nous pourrons y suppléer par l'usage du charbon de terre épuré.

La bonne qualité du fer provient principalement du traitement de la mine avant et après sa mise au fourneau : si l'on obtient une très-bonne fonte, on sera déjà bien avancé pour faire d'excellent fer. Je vais indiquer le plus sommairement qu'il me sera possible les moyens d'y parvenir, et par lesquels j'y suis parvenu moi-même, quoique je n'eusse sous ma main que des mines d'une très-médiocre qualité.

Il faut s'attacher dans l'extraction des mines en grains aux endroits où elle sont les plus pures : si elles ne sont mêlées que d'un quart ou d'un tiers de matière étrangère, on doit encore les regarder comme bonnes; mais si ce mélange hétérogène est de deux tiers ou de trois quarts, il ne sera guère possible de les traiter avantageusement, et l'on fera mieux de les négliger et de chercher ailleurs; car il arrive toujours que dans la même minière, dilatée sur une étendue de quelques lieues de terrain, il se trouve des endroits où la mine est beaucoup plus pure que dans d'autres, et de plus la portion inférieure de la minière est communément la meilleure; au contraire, dans les minières qui sont en sacs perpendiculaires, la partie supérieure est toujours la plus pure, et on trouve la mine plus mélangée à mesure que l'on descend; il faut donc choisir, et dans les unes et dans les autres, ce qu'elles auront de mieux, et abandonner le reste si l'on peut s'en passer.

Cette mine, extraite avec choix, sera conduite aux lavoirs pour en séparer toutes les matières terreuses que l'eau peut délayer, et qui entraînera aussi la plus grande partie des sables plus menus ou plus légers que les grains de la mine : seulement il faut être attentif à ne pas continuer le lavage dès qu'on s'aperçoit qu'il passe beaucoup de mine avec le sable [a], ou bien il faut recevoir ce sable mêlé de mine dans un dépôt d'où l'on puisse ensuite le tirer pour le cribler ou le vanner, afin de rendre la mine assez nette pour pouvoir la mêler avec l'autre. On doit de même cribler toute mine lavée qui reste encore chargée d'une trop grande quantité de sable ou de petits cailloux : en général, plus on épurera la mine par les lotions ou par le crible, et moins on consommera de combustible pour la fondre, et l'on sera plus que dédommagé de la dépense qu'on aura faite pour cette préparation de la mine par son produit au fourneau [b].

a. Ce serait entrer dans un trop grand détail que de donner ici les proportions et les formes des différents lavoirs qu'on a imaginés pour nettoyer les mines de fer en grains, et les purger des matières étrangères, qui quelquefois sont tellement unies aux grains qu'on a grande peine à les en détacher. Le lavoir foncé de fer et percé de petits trous, inventé par M. Robert, sera très-utile pour les mines ainsi mêlées de terre grasse et attachante; mais pour toutes les autres mines qui ne sont mélangées que de sable calcaire ou de petits cailloux vitreux, les lavoirs les plus simples suffisent et même doivent être préférés.

b. Les cribles cylindriques, longs de quatre à cinq pieds sur dix-huit ou vingt pouces de dia-

La mine épurée à ce point peut être confiée au fourneau avec certitude d'un bon produit en quantité et en qualité; une livre et demie de charbon de bois suffira pour produire une livre de fonte, tandis qu'il faut une livre trois quarts et quelquefois jusqu'à deux livres de charbon lorsque la mine est restée trop impure : si elle n'est mêlée que de petits cailloux ou de sables vitreux, on fera bien d'y ajouter une certaine quantité de matière calcaire, comme d'un sixième ou d'un huitième par chaque charge, pour en faciliter la fusion; si au contraire elle est trop mêlée de matière calcaire, on ajoutera une petite quantité, comme d'un quinzième ou d'un vingtième, de terre limoneuse, ce qui suffira pour en accélérer la fusion.

Il y a beaucoup de forges où l'on est dans l'usage de mêler les mines de différentes qualités avant de les jeter au fourneau; cependant on doit observer que cette pratique ne peut être utile que dans des cas particuliers; il ne faut jamais mélanger une mine très-fusible avec une mine réfractaire, non plus qu'une mine en gros morceaux avec une mine en très-petits grains, parce que l'une se fondant en moins de temps que l'autre, il arrive qu'au moment de la coulée la mine réfractaire ou celle qui est en gros morceaux n'est qu'à demi fondue, ce qui donne une mauvaise fonte dont les parties sont mal liées; il vaut donc mieux fondre seules les mines, de quelque nature qu'elles soient, que de les mêler avec d'autres qui seraient de qualités très-différentes; mais comme les mines en grains sont à peu près de la même nature, la plus ou moins grande fusibilité de ces mines ne vient pas de la différente qualité des grains, et ne provient que de la nature des terres et des sables qui y sont mêlés; si ce sable est calcaire, la fonte sera facile; s'il est vitreux ou argileux, elle sera plus difficile : on doit corriger l'une par l'autre lorsque l'on veut mélanger ces mines au fourneau; quelques essais suffisent pour reconnaître la quantité qu'il faut ajouter de l'une pour rendre l'autre plus fusible; en général, le mélange de la matière calcaire à la matière vitreuse les rend bien plus fusibles qu'elles ne le seraient séparément.

Dans les mines en roche ou en masse, ces essais sont plus faciles; il ne s'agit que de trouver celles qui peuvent servir de fondant aux autres : il faut briser cette mine massive en morceaux d'autant plus petits qu'elle est plus réfractaire; au reste, les mines de fer qui contiennent du cuivre doivent être rejetées, car elles ne donneraient que du fer très-cassant.

La conduite du fourneau demande tout autant et peut-être encore plus d'attention que la préparation de la mine : après avoir laissé le fourneau

mètre, montés en fil de fer sur un axe à rayons, sont les plus expéditifs et les meilleurs : j'en ai fait construire plusieurs, et je m'en suis servi avec avantage; un enfant de dix ans suffit pour tourner ce crible dans lequel le minerai coule par une trémie; le sablon le plus fin tombe au-dessous de la tête du crible, les grains de mine tombent dans le milieu, et les plus gros sables et petits cailloux vont au delà par l'effet de la force centrifuge. C'est de tous les moyens le plus sûr pour rendre la mine aussi nette qu'il est possible.

s'échauffer lentement pendant trois ou quatre jours, en imposant successivement sur le charbon une petite quantité de mine (environ cent livres pesant), on met en jeu les soufflets en ne leur donnant d'abord qu'un mouvement assez lent (de quatre ou cinq foulées par minute); on commence alors à augmenter la quantité de la mine, et l'on en met pendant les deux premiers jours deux ou trois mesures (d'environ soixante livres chacune), sur six mesures de charbon (d'environ quarante livres pesant), à chaque charge que l'on impose au fourneau, ce qui ne se fait que quand les charbons enflammés dont il est plein ont baissé d'environ trois pieds et demi. Cette quantité de charbon qu'on impose à chaque charge étant toujours la même, on augmentera graduellement celle de la mine d'une demi-mesure le troisième jour et d'autant chaque jour suivant, en sorte qu'au bout de huit ou neuf jours on imposera la charge complète de six mesures de mine sur six mesures de charbon; mais il vaut mieux dans le commencement se tenir au-dessous de cette proportion que de se mettre au-dessus.

On doit avoir l'attention d'accélérer la vitesse des soufflets en même proportion à peu près qu'on augmente la quantité de mine, et l'on pourra porter cette vitesse jusqu'à dix coups par minute, en leur supposant trente pouces de foulée, et jusqu'à douze coups si la foulée n'est que de vingt-quatre ou vingt-cinq pouces; le régime du feu dépend de la conduite du vent, et de tous deux dépendent la célérité du travail et la fusion plus ou moins parfaite de la mine: aussi dans un fourneau bien construit tout doit-il être en juste proportion; la grandeur des soufflets, la largeur de l'orifice de leurs *buses*, doivent être réglées sur la capacité du fourneau; une trop petite quantité d'air ferait languir le feu, une trop grande le rendrait trop vif et dévorant; la fusion de la mine ne se ferait dans le premier cas que très-lentement et imparfaitement, et dans le second la mine n'aurait pas le temps de se liquéfier, elle brûlerait en partie au lieu de se fondre en entier.

On jugera du résultat de tous ces effets combinés par la qualité de la *matte* ou fonte de fer que l'on obtiendra: on peut couler toutes les neuf à dix heures; mais on fera mieux de mettre deux ou trois heures de plus entre chaque coulée; la mine en fusion tombe comme une pluie de feu dans le creuset, où elle se tient en bain, et se purifie d'autant plus qu'elle y séjourne plus de temps; les scories vitrifiées des matières étrangères dont elle était mêlée surnagent le métal fondu et le défendent en même temps de la trop vive action du feu, qui ne manquerait pas d'en calciner la surface; mais comme la quantité de ces scories est toujours très-considérable, et que leur volume boursouflé s'élèverait à trop de hauteur dans le creuset, on a soin de laisser couler et même de tirer cette matière superflue, qui n'est que du verre impur, auquel on a donné le nom de *laitier*, et qui ne contient aucune partie de métal lorsque la fusion de la mine se fait bien; on peut en juger par la nature même de ce laitier, car s'il est fort rouge, s'il coule difficilement, s'il est *poisseux* ou mêlé de mine mal fondue, il indiquera le mauvais travail du fourneau; il faut que ce laitier soit coulant et d'un rouge léger en sortant du fourneau : ce rouge que le feu lui donne s'évanouit au moment qu'il se refroidit, et il prend différentes couleurs, suivant les matières étrangères qui dominaient dans le mélange de la mine.

On pourra donc toutes les douze heures obtenir une gueuse ou lingot d'environ deux milliers, et si la fonte est bien liquide et d'une belle couleur de feu, sans être trop étincelante, on peut bien augurer de sa qualité; mais on en jugera mieux en l'examinant après l'avoir couverte de poussière de charbon et l'avoir laissé refroidir au moule pendant six ou sept heures; si le lingot est très-sonore, s'il se casse aisément sous la masse, si la matière en est blanche et composée de lames brillantes et de gros grains à facettes, on prononcera sans hésiter que cette fonte est de mauvaise ou du moins de très-médiocre qualité, et que pour la convertir en bon fer le travail ordinaire de l'affinerie ne serait pas suffisant : il faudra donc tâcher de corriger d'avance cette mauvaise qualité de la fonte par le traitement au fourneau; pour cela on diminuera d'un huitième ou même d'un sixième la quantité de mine que l'on impose à chaque charge sur la même quantité de charbon, ce qui seul suffira pour changer la qualité de la fonte; car alors on obtiendra des lingots moins sonores, dont la matière, au lieu d'être blanche et à gros grains, sera grise et à petits grains serrés, et si l'on compare la pesanteur spécifique de ces deux fontes, celle-ci pèsera plus de cinq cents livres le pied cube, tandis que la première n'en pèsera guère que quatre cent soixante-dix ou quatre cent soixante-quinze, et cette fonte grise à grains serrés donnera du bon fer au travail ordinaire de l'affinerie où elle demandera seulement un peu plus de temps et de feu pour se liquéfier [a].

Il en coûte donc plus au fourneau et plus à l'affinerie pour obtenir du

a. La fonte blanche, dit M. de Grignon, est la plus mauvaise; elle est blanche lorsqu'on surcharge le fourneau de trop de mine relativement au charbon; elle peut aussi devenir telle par la négligence du fondeur, lorsqu'il n'a pas attention de travailler son ouvrage pour faire descendre doucement les charges, et qu'il les laisse former une voûte au-dessus de la tuyère, et toutes les fois que la fusion n'est pas exacte, et que la mine est précipitée dans le bain sans être assez préparée, et enfin lorsque, par quelque cause que ce soit, la chaleur se trouve diminuée dans le fourneau. La fonte blanche est sonore, dure et fragile; elle est très-fusible au feu, mais elle donne un fer cassant, dur et *rouverain*.

La fonte qu'on appelle *truitée* est parsemée de taches grises; elle est moins mauvaise que la fonte purement blanche : cette fonte truitée est très-propre à faire de gros ouvrages, comme des enclumes; elle se travaille aisément et donne de meilleur fer que les fontes blanches.

Une fonte grise devient blanche, dure et cassante lorsqu'on la coule dans un moule humide et à une petite épaisseur : la partie la plus mince est plus blanche que le reste; celle qui suit est truitée, et il n'y a que les endroits les plus épais dont la fonte soit grise.

La fonte grise donne le meilleur fer : il y en a de deux espèces, l'une d'un gris cendré et l'autre d'un gris beaucoup plus foncé tirant sur le brun noir; la première est la meilleure, elle sort du fourneau aussi fluide que de l'eau : cette fonte grise, dans son état de perfection, donne une cristallisation régulière en la laissant refroidir lentement pendant plusieurs jours; elle fait

bon fer que pour en faire du mauvais, et j'estime qu'avec la même mine la différence peut aller à un quart en sus; si la fabrication du mauvais fer coûte cent francs par millier, celle du bon fer coûtera cent vingt-cinq livres, et malheureusement dans le commerce on ne paie guère que dix livres de plus le bon fer, et souvent même on le néglige pour n'acheter que le mauvais : cette différence serait encore plus grande si l'on ne regagnait pas quelque chose dans la conversion de la bonne fonte en fer; il n'en faut qu'environ quatorze cents pesant, tandis qu'il faut au moins quinze et souvent seize cents d'une mauvaise fonte pour faire un millier de fer. Tout le monde pourrait donc faire de la bonne fonte et fabriquer du bon fer; mais l'impôt dont il est grevé force la plupart de nos maîtres de forges à négliger leur art, et à ne rechercher que ce qui peut diminuer la dépense et augmenter la quantité, ce qui ne peut se faire qu'en altérant la qualité. Quelques-uns d'entre eux, pour épargner la mine, s'étaient avisés de faire broyer les crasses ou scories qui sortent du foyer de l'affinerie et qui contiennent une certaine quantité de fer intimement mêlé avec des matières vitrifiées : par cette addition, ils trouvèrent d'abord un bénéfice considérable en apparence, le fourneau rendait beaucoup plus de fonte; mais elle était si mauvaise qu'elle perdait à l'affinerie ce qu'elle avait gagné au fourneau, et qu'après cette perte, qui compensait le bénéfice ou plutôt le réduisait à rien, il y avait encore tout à perdre sur la qualité du fer, qui participait de tous les vices de cette mauvaise fonte; ce fer était si cendreux, si cassant, qu'il ne pouvait être admis dans le commerce.

Au reste, le produit en fer que peut donner la fonte dépend aussi beaucoup de la manière de la traiter au feu de l'affinerie : « J'ai vu, dit M. de « Grignon, dans des forges du bas Limousin, faire avec la même fonte « deux sortes de fer; le premier doux, d'excellente qualité et fort supérieur « à celui du Berri, on y emploie quatorze cents livres de fonte; le second

une retraite très-considérable sur elle-même; sa cristallisation est en forme pyramidale et se termine en une pointe très-aiguë; elle se forme principalement dans les petites cavités de la fonte.

La fonte grise est moins sonore que la blanche, parce qu'elle est plus douce et que ses parties sont plus souples.

La fonte brune ou noirâtre est telle, parce qu'on a donné trop peu de mine relativement au charbon, et que la chaleur du fourneau était trop grande; elle est moins pesante et plus poreuse que l'autre fonte, et plus douce à la lime; elle s'égrène plus facilement, mais se casse plus difficilement; elle est très-dure à fondre, mais elle donne un bon fer nerveux; ses cristaux sont de la même forme que ceux de la fonte grise, mais seulement plus courts. Cette fonte brune ou noire ne réussit pas pour mouler des pièces minces, parce qu'elle ne prend pas bien les impressions; mais elle est très-bonne pour de grosses pièces de résistance, comme tourillons, colliers d'arbres, etc. Il se forme beaucoup d'écailles minces et de limaille sur cette fonte noire, poreuse et soufflée : cette limaille est assez semblable à du mica noir ou au sablon ferrugineux qui se trouve dans quelques mines, et qui ressemble aussi au sablon ferrugineux de la platine; ces petites lames sont autant de parcelles atténuées du régule de fer. ***Mémoires de Physique***, par M. de Grignon, pag. 60 et suiv.

« est une combinaison de fer et d'acier pour les outils aratoires, et l'on « n'emploie que douze cents livres de fonte pour obtenir un millier de fer; « mais on consomme un sixième de plus de charbon que pour le premier; « cette différence ne provient que de la manière de poser la tuyère et de « préserver le fer du contact immédiat du vent[a]. » Je pense qu'en effet, si l'on pouvait en affinant la fonte la tenir toujours hors de la ligne du vent et environnée de manière qu'elle ne fût point exposée à l'action de l'air, il s'en brûlerait beaucoup moins, et qu'avec douze cents ou tout au plus treize cents livres de fonte on obtiendrait un millier de fer.

La mine la plus pure, celle même dont on a trié les grains un à un, est souvent intimement mêlée de particules d'autres métaux ou demi-métaux, et particulièrement de cuivre et de zinc : ce premier métal, qui est fixe, reste dans la fonte, et le zinc, qui est volatil, se sublime ou se brûle[b].

La fonte blanche, sonore et cassante, que je réprouve pour la fabrique du bon fer, n'est guère plus propre à être moulée; elle se boursoufle au lieu de se condenser par la retraite, et se casse au moindre choc; mais la fonte blanchâtre, et qui commence à tirer au gris, quoique très-dure et encore assez aigre, est très-propre à faire des colliers d'arbres de roues, des enclumes et d'autres grosses masses qui doivent résister au frottement ou à la percussion : on en fait aussi des boulets et des bombes; elle se moule aisément et ne prend que peu de retraite dans le moule. On peut d'ailleurs se procurer à moindre frais cette espèce de fonte au moyen de simples fourneaux à

a. Lettre de M. le chevalier de Grignon à M. le comte de Buffon, datée de Paris, le 29 juillet 1782.

b. Il s'élève beaucoup de vapeurs qui s'étendent à une grande hauteur au-dessus du *gueulard* d'un fourneau où l'on fond la mine de fer; cette vapeur prend feu au bord de la surface de cette ouverture; les bords se revêtent d'une poussière blanche ou jaune, qui est une matière métallique décomposée et sublimée : outre cela, il se forme sur les parois dans l'intérieur du fourneau, à commencer aux deux tiers environ de sa hauteur depuis la cuve, une matière brune dont la couche est légère, mais fort adhérente aux briques du fourneau; cette matière sublimée est ferrugineuse. Il y a souvent dans le brun des taches blanches et jaunâtres, et l'on y trouve dans quelques cavités de belles cristallisations en filets déliés... Cette substance est la *cadmie des fourneaux;* on en retire du zinc, ainsi ce demi-métal paraît être contenu dans la mine de fer; il reste même du zinc dans la fonte de fer après la fusion, quoique la plus grande partie de ce demi-métal, qui ne peut souffrir une violente action du feu sans se brûler et se volatiliser, soit réduite en *tutie* vers l'ouverture du fourneau, où elle forme une suie métallique qui s'attache aux parois du fourneau, et cette suie de zinc et ce fer est le *pompholix;* non-seulement toutes les mines de fer de Champagne, mais encore celles des autres provinces de France, contiennent du zinc. *Mémoires de Physique*, par M. de Grignon, pag. 275 et suiv. — M. Granger dit que toutes les mines de fer brunes, opaques ou ocracées, contiennent de la chaux de zinc, et qu'il y a un passage comme insensible de ces mines à la pierre calaminaire, et réciproquement de la pierre calaminaire à ces mines de fer. On voit tous ces degrés dans le pays de Liége et dans le duché de Limbourg : « Nous croyons, ajoute-t-il, que cette dose de zinc, contenu « dans les mines de fer, est ce qui leur donne la facilité de produire des fers de tant de qualités « différentes, et qu'elle est peut-être plus considérable qu'on ne pense. *Journal de Physique*, mois de septembre 1775, pag. 225 et suiv.

réverbères[a], sans soufflets, et dans lesquels on emploie le charbon de terre plus ou moins épuré : comme ce combustible donne une chaleur beaucoup plus forte que celle du charbon de bois, la mine se fond et coule dans ces fourneaux aussi promptement et en plus grande quantité que dans nos hauts-fourneaux, et on a l'avantage de pouvoir placer ces fourneaux partout, au lieu qu'on ne peut établir que sur des courants d'eau nos grands fourneaux à soufflets; mais cette fonte faite au charbon de terre, dans ces fourneaux de réverbère, ne donne pas du bon fer, et les Anglais, tout industrieux qu'ils sont, n'ont pu jusqu'ici parvenir à fabriquer des fers de qualité même médiocre avec ces fontes, qui vraisemblablement ne s'épurent pas assez dans ces fourneaux; et cependant j'ai vu et éprouvé moi-même qu'il était possible, quoique assez difficile, de faire du bon fer avec de la fonte fondue au charbon de terre dans nos hauts-fourneaux à soufflets, parce qu'elle s'y épure davantage que dans ceux de réverbère.

Cette fonte faite dans des fourneaux de réverbère peut utilement être employée aux ouvrages moulés; mais comme elle n'est pas assez épurée, on ne doit pas s'en servir pour les canons d'artillerie : il faut au contraire la fonte la plus pure, et j'ai dit ailleurs[b] qu'avec des précautions et une bonne conduite au fourneau on pouvait épurer la fonte, au point que les pièces de canon, au lieu de crever en éclats meurtriers, ne feraient que se fendre par l'effet d'une trop forte charge, et dès lors résisteraient sans peine et sans altération à la force de la poudre aux charges ordinaires.

Cet objet, étant de grande importance, mérite une attention particulière : il faut d'abord bannir le préjugé où l'on était qu'il n'est pas possible de tenir la fonte de fer en fusion pendant plus de quinze ou vingt heures, qu'en la gardant plus longtemps elle se brûle, qu'elle peut aussi faire explosion, qu'on ne peut donner au creuset du fourneau une assez grande capacité pour contenir dix ou douze milliers de fonte, que ces trop grandes dimensions du creuset et de la cuve du fourneau en altèreraient ou même en empêcheraient le travail, etc. : toutes ces idées, quoique très-peu fondées et

a. C'est la pratique commune en plusieurs provinces de la Grande-Bretagne, où l'on fond et coule de cette manière les plus belles fontes moulées et des masses de plusieurs milliers en gros cylindres et autres formes. Nous pourrions de même faire usage de ces fourneaux dans les lieux où le charbon de terre est à portée. M. le marquis de Luchet m'a écrit qu'il avait fait essai de cette méthode dans les provinces du comté de Nassau. « J'ai mis, dit-il, dans un fourneau « construit selon la méthode anglaise cinq quintaux de mine de fer, et au bout de huit heures « la mine était fondue. » (Lettre de M. le marquis de Luchet à M. le comte de Buffon, datée de Ferney, le 4 mars 1775.) — Je suis convaincu de la vérité de ce fait, que M. de Luchet opposait à un fait également vrai, et que j'ai rapporté. (Voyez, dans le IXe volume, l'introduction à l'histoire des minéraux.) C'est que la mine de fer ne se fond point dans nos fourneaux de réverbère, même les plus puissants, tels que ceux de nos verreries et glaceries; la différence vient de ce qu'on la chauffe avec du bois, dont la chaleur n'est pas à beaucoup près aussi forte que celle du charbon de terre.

b. Voyez la partie expérimentale, tome IX, *Mémoire sur les moyens de perfectionner les canons de fonte de fer.*

pour la plupart fausses, ont été adoptées; on a cru qu'il fallait deux et même trois hauts-fourneaux pour pouvoir couler une pièce de trente-six et même de vingt-quatre, afin de partager en deux ou même en trois creusets la quantité de fonte nécessaire, et ne la tenir en fusion que dix-huit ou vingt heures; mais indépendamment des mauvais effets de cette méthode dispendieuse et mal conçue, je puis assurer que j'ai tenu pendant quarante-huit heures sept milliers de fonte en fusion dans mon fourneau sans qu'il soit arrivé le moindre inconvénient, sans qu'elle ait bouillonné plus qu'à l'ordinaire, sans qu'elle se soit brûlée, etc. [a], et que j'ai vu clairement que si la capacité du creuset, qui s'était fort augmentée par un feu de six mois,

a. Ayant fait part de mes observations à M. le vicomte de Morogues, et lui ayant demandé le résultat des expériences faites à la fonderie de Ruelle en Angoumois, voici l'extrait des réponses qu'il eut la bonté de me faire :

« On a fondu à Ruelle des canons de vingt-quatre à un seul fourneau; le creuset devait con- « tenir sept mille cinq cents ou huit mille de matière; la fusion de la fonte ne peut pas être « égale dans deux fourneaux différents, et c'est ce qui doit déterminer à ne couler qu'à un seul « fourneau.

« On emploie environ quarante-huit heures pour la fusion de sept mille cinq cents ou huit « mille de matière pour un canon de vingt-quatre, et l'on emploie vingt-trois à vingt-quatre « heures pour la fusion de trois mille cinq cents pour un canon de huit; ainsi, la fonte du « gros canon ayant été le double du temps dans le creuset, il est évident qu'elle a dû se purifier « davantage.

« Il n'est pas à craindre que la fonte se brûle lorsqu'elle est une fois en bain dans le creuset. « A la vérité, lorsqu'il y a trop de charbon, et par conséquent trop de feu et trop peu de mine « dans le fourneau, elle se brûle en partie, au lieu de fondre en entier; la fonte qui en résulte « est brune, poreuse et bourrue, et n'a pas la consistance ni la dureté d'une bonne fonte; seule- « ment il faut avoir attention que la fonte dans le bain soit toujours couverte d'une certaine « quantité de laitier. Cette fonte bourrue, dont nous venons de parler, est douce et se fore aisé- « ment; mais comme elle a peu de densité, et par conséquent de résistance, elle n'est pas bonne « pour les canons.

« La fonte grise à petits grains doit être préférée à la fonte trop brune, qui est trop tendre, « et à la fonte blanche à gros grains, qui est trop dure et trop impure.

« Il faut laisser le canon refroidir lentement dans son moule, pour éviter la sorte de trempe « qui ne peut que donner de l'aigreur à la matière du canon : bien des gens croient néanmoins « que cette surface extérieure, qui est la plus dure, donne beaucoup de force au canon.

« Il n'y a pas longtemps que l'on tourne les pièces de canon : et qu'on les coule pleines pour « les forer ensuite; l'avantage, en les coulant pleines, est d'éviter les chambres qui se forment « dans tous les canons coulés à noyaux. L'avantage de les tourner consiste en ce qu'elles seront « parfaitement centrées et d'une épaisseur égale dans toutes les parties correspondantes : le « seul inconvénient du tour est que les pièces sont plus sujettes à la rouille que celles dont on « n'a pas entamé la surface.

« La plus grande difficulté est d'empêcher le canon de s'arquer dans le moule; or, le tour « remédie à ce défaut et à tous ceux qui proviennent des petites imperfections du moule.

« La première couche qui se durcit dans la fonte d'un canon est la plus extérieure; l'humi- « dité et la fraîcheur du moule lui donnent une trempe qui pénètre à une ligne ou une ligne « et demie dans les pièces de gros calibre, et davantage dans ceux de petit calibre, parce « que leur surface est proportionnellement plus grande relativement à leur masse : or, cette « enveloppe trempée est plus cassante, quoique plus dure que le reste de la matière, elle ne lui « est pas aussi bien intimement unie, et semble faire un cercle concentrique, assez distinct du « reste de la pièce; elle ne doit donc pas augmenter la résistance de la pièce. Mais si l'on « craint encore de diminuer la résistance du canon, en enlevant l'écorce par le tour, il n'y

eût été plus grande, j'aurais pu y amasser encore autant de milliers de matière en fusion, qui n'aurait rien souffert en la laissant toujours surmontée du laitier nécessaire pour la défendre de la trop grande action du feu et du contact de l'air. Cette fonte, au contraire, tenue pendant quarante-huit heures dans le creuset, n'en était que meilleure et plus épurée; elle pesait cinq cent douze livres le pied cube, tandis que les fontes grises ordinaires qu'on travaillait alors à mes forges ne pesaient que quatre cent quatre-vingt-quinze livres, et que les fontes blanches ne pesaient que quatre cent soixante-douze livres le pied cube [a]. Il peut donc y avoir une différence de plus de trente-cinq livres par pied cube, c'est-à-dire d'un douzième environ sur la pesanteur spécifique de la fonte de fer; et comme sa résistance est tout au moins proportionnelle à sa densité, il s'ensuit que les pièces de canon de cette fonte dense résisteront à la charge de douze livres de poudre, tandis que celles de fonte blanche et légère éclateront par l'effort d'une charge de dix à onze livres : il en est de même de la pureté de la fonte, elle est, comme sa résistance, plus que proportionnelle à sa densité; car, ayant comparé le produit en fer de ces fontes, j'ai vu qu'il fallait quinze cent cinquante des premières, et seulement treize cent vingt de la fonte épurée qui pesait cinq cent douze livres le pied cube pour faire un millier de fer.

Quelque grande que soit cette différence, je suis persuadé qu'elle pourrait l'être encore plus, et qu'avec un fourneau construit exprès pour couler du gros canon, dans lequel on ne verserait que de la mine bien préparée et à laquelle on donnerait en effet quarante-huit heures de séjour dans le creuset avec un feu toujours égal, on obtiendrait de la fonte encore plus dense, plus résistante, et qu'on pourrait parvenir au point de la rendre assez métallique pour que les pièces, au lieu de crever en éclats, ne fissent

« aura qu'à compenser cette diminution, en donnant deux ou trois lignes de plus d'épaisseur « au canon.

« On a observé que la matière est meilleure dans la culasse des pièces que dans les volées, « et cette matière de la culasse est celle qui a coulé la première et qui est sortie du fond du « creuset, et qui par conséquent a été tenue le plus longtemps en fusion; au contraire, la *mas-* « *selotte* du canon, qui est la matière qui coule la dernière, est d'une mauvaise qualité et rem- « plie de scories.

« On doit observer que, si l'on veut fondre du canon de vingt-quatre à un seul fourneau, il « serait mieux de commencer par ne donner au creuset que les dimensions nécessaires pour « couler du dix-huit, et laisser agrandir le creuset par l'action du feu, avant de couler du « vingt-quatre, et par la même raison on fera l'ouvrage pour couler du vingt-quatre, qu'on « laissera ensuite agrandir pour couler du trente-six. » (Mémoire envoyé par M. le vicomte de Morogues à M. de Buffon; Versailles, le 1er février 1769.)

a. J'ai fait ces épreuves à une très-bonne et grande balance hydrostatique, sur des morceaux cubiques de fonte de quatre pouces, c'est-à-dire de soixante-quatre pouces cubes, tous également tirés du milieu des gueuses, et ensuite ajustés par la lime à ces dimensions. M. Brisson, dans sa Table des pesanteurs spécifiques, donne cinq cent quatre livres sept onces six gros de poids à un pied cube de fonte; cinq cent quarante-cinq livres deux onces quatre gros au fer forgé, et cinq cent quarante-sept livres quatre onces à l'acier.

que se fendre, comme les canons de bronze par une trop forte charge.

Car la fonte n'est dans le vrai qu'une *matte* de fer plus ou moins mélangée de matières vitreuses; il ne s'agirait donc que de purger cette matte de toutes les parties hétérogènes et l'on aurait du fer pur; mais comme cette séparation des parties hétérogènes ne peut se faire complétement par le feu du fourneau, et qu'elle exige de plus le travail de l'homme et la percussion du marteau, tout ce que l'on peut obtenir par le régime du feu le mieux conduit, le plus longtemps soutenu, est une fonte en régule encore plus épurée que celle dont je viens de parler: il faut pour cela briser en morceaux cette première fonte et la faire refondre; le produit de cette seconde fusion sera du régule[1], qui est une matière mitoyenne entre la fonte et le fer : ce régule approche de l'état de métallisation, il est un peu ductile, ou du moins il n'est ni cassant, ni aigre, ni poreux, comme la fonte ordinaire; il est au contraire très-dense, très-compacte, très-résistant, et par conséquent très-propre à faire de bons canons.

C'est aussi le parti que l'on vient de prendre pour les canons de notre marine; on casse en morceaux les vieux canons ou les gueuses de fonte, on les refond dans des fourneaux d'aspiration à réverbère : la fonte s'épure et se convertit en régule par cette seconde fusion; on a confié la direction de ce travail à M. Wilkinson, habile artiste anglais, qui a très-bien réussi. Quelques autres artistes français ont suivi la même méthode avec succès, et je suis persuadé qu'on aura dorénavant d'excellents canons, pourvu qu'on ne s'obstine pas à les tourner; car je ne puis être ici de l'avis de M. le vicomte de Morogues [a], dont néanmoins je respecte les lumières, et je pense qu'en enlevant par le tour l'écorce du canon on lui ôte sa cuirasse, c'est-à-dire la partie la plus dure et la plus résistante de toute sa masse [b].

Cette fonte refondue ou ce régule de fer pèse plus de cinq cent trente

a. Voyez la note précédente.

b. Voici ce que m'a écrit à ce sujet M. de la Belouze, conseiller au parlement de Paris, qui a fait des expériences et des travaux très-utiles dans ses forges du Nivernais : « Vous regardez, « Monsieur, comme fait certain que la fonte la plus dense est la meilleure pour faire des « canons; j'ai hésité longtemps sur cette vérité, et j'avais pensé d'abord que la fonte première, « comme étant plus légère et conséquemment plus élastique, cédant plus facilement à l'impul- « sion de la poudre, devrait être moins sujette à casser que la fonte seconde, c'est-à-dire la fonte « refondue, qui est beaucoup plus pesante.

« Je n'ai décidé le sieur Frerot à les faire de fonte refondue que parce qu'en Angleterre on « ne les fait que de cette façon; cependant en France on ne les fond que de fonte première... La « fonte refondue est beaucoup plus pesante, car elle pèse cinq cent vingt à cinq cent trente « livres, au lieu que l'autre ne pèse que cinq cents livres le pied cube...

« Vous avez grande raison, Monsieur, de dire qu'il ne faut pas tourner les canons... La « partie extérieure des canons, c'est-à-dire l'enveloppe, est toujours la plus dure, et ne se fond « jamais au fourneau de réverbère, et, sans le ringard, on retirerait presque les pièces figu- « rées comme elles étaient lorsqu'on les a mises au fourneau. Cette enveloppe se convertit « presque toute en fer à l'affinerie, car, avec onze cents ou onze cent cinquante livres de fonte,

1. Voyez la note 1 de la page 453.

livres le pied cube ; et comme le fer forgé pèse cinq cent quarante-cinq ou cinq cent quarante-six livres, et que la meilleure fonte ne pèse que cinq cent douze, on voit que le régule est dans l'état intermédiaire et moyen entre la fonte et le fer : on peut donc être assuré que les canons faits avec ce régule non-seulement résisteront à l'effort des charges ordinaires, mais qu'ayant en même temps un peu de ductilité, ils se fendront au lieu d'éclater à de trop fortes charges.

On doit préférer ces nouveaux fourneaux d'aspiration à nos fourneaux ordinaires, parce qu'il ne serait pas possible de refondre la fonte en gros morceaux dans ces derniers, et qu'il y a un grand avantage à se servir des premiers, que l'on peut placer où l'on veut, et sur des plans élevés où l'on a la facilité de creuser des fosses profondes, pour établir le moule du canon sans craindre l'humidité; d'ailleurs, il est plus court et plus facile de réduire la fonte en régule par une seconde fusion, que par un très-long séjour dans le creuset des hauts-fourneaux : ainsi l'on a très-bien fait d'adopter cette méthode pour fondre les pièces d'artillerie de notre marine [a].

La fonte, épurée autant qu'elle peut l'être dans un creuset ou refondue une seconde fois, devient donc un régule qui fait la nuance ou l'état mitoyen entre la fonte et le fer : ce régule dans sa première fusion coule à peu près comme la fonte ordinaire; mais lorsqu'il est une fois refroidi, il devient presque aussi infusible que le fer : le feu des volcans a quelquefois formé de ces régules de fer, et c'est ce que les minéralogistes ont appelé mal à propos *fer natif;* car, comme nous l'avons dit, le fer de nature est toujours mêlé de matières vitreuses, et n'existe que dans les roches ferrugineuses produites par le feu primitif.

La fonte de fer tenue très-longtemps dans le creuset, sans être agitée et remuée de temps en temps, forme quelquefois des boursouflures ou cavités dans son intérieur où la matière se cristallise [b]. M. de Grignon est le pre-

« on fait un millier de très-bon fer,... tandis qu'il faut quatorze cents ou quinze cents livres « de notre fonte première pour avoir un millier de fer...

« Vous désireriez, Monsieur, qu'on pût couler les canons avec la fonte d'un seul fourneau ; « mais le poids en est trop considérable, et je ne crois pas que le sieur Wilkinson les coule à « Indret avec le jet d'un seul fourneau, surtout pour les canons de vingt-quatre. Le sieur Frerot « ne coule que des canons de dix-huit avec le jet de deux fourneaux de pareille grandeur et « dans la même exposition; il coule avec un seul fourneau les canons de douze, mais il a tou- « jours un fourneau près de la fonte, duquel il peut se servir pour achever le canon, et le sur- « plus de la fonte du second fourneau s'emploie à couler de petits canons; on ne fait pour cela « que détourner le jet lorsque le plus gros canon est coulé. » (Extrait d'une lettre de M. de la Belouze à M. de Buffon, datée de Paris, le 31 juillet 1781.)

a. La fonderie royale que le ministre de la marine vient de faire établir près de Nantes, en Bretagne, démontre la supériorité de cette méthode sur toutes celles qui étaient en usage auparavant, et qui étaient sujettes aux inconvénients dont nous venons de faire mention.

b. M. de Grignon rejette avec raison l'opinion de M. Romé Delisle, qui, dans sa *Cristallographie*, prétend « que l'eau, tenue dans son état de fluidité et aidée du secours de l'air, est le « principal et peut-être l'unique instrument de la nature dans la formation des cristaux métal- « liques; qu'on ne peut attribuer la génération des cristaux métalliques à des fusions violentes

mier qui ait observé ces cristallisations du régule de fer, et l'on a reconnu depuis que tous les métaux et les régules des demi-métaux se cristallisaient de même à un feu bien dirigé et assez longtemps soutenu, en sorte qu'on ne peut plus douter que la cristallisation, prise généralement, ne puisse s'opérer par l'élément du feu comme par celui de l'eau [1].

Le fer est de tous les métaux celui dont l'état varie le plus : tous les

« qui s'opèrent dans le sein de la terre, au moyen des feux souterrains que l'on y suppose; « qu'inutilement on tenterait d'imiter ces cristaux dans nos laboratoires *par le secours du feu « ou par la voie sèche*, plutôt que par la voie humide; qu'il ne faut pas confondre les figures « ébauchées par l'art avec les vraies formes cristallines, qui sont le produit d'une opération « lente de la nature par l'intermède de l'eau. » *Cristallographie*, pages 321 et 322. — M. de Grignon oppose à cela des faits évidents : il a trouvé un morceau de fonte de fer niché dans une masse de fonte et de laitier, qui est restée en fusion pendant plusieurs jours, et dont le refroidissement a été prolongé pendant plus de quinze dans son fourneau... On voyait dans ce morceau deux cristaux cubiques de régule de fer, et la partie du milieu était formée d'une multitude de petits cristaux de fonte de fer, que l'on peut regarder comme les éléments des plus grands : ces petits cristaux étaient tous absolument semblables et fort réguliers dans toutes leurs parties... ils ne différaient entre eux que par le volume...

Cet exemple fait voir, comme le dit M. de Grignon, que l'on peut parvenir à la génération des cristaux métalliques en employant des moyens convenables, c'est-à-dire un feu véhément, et un refroidissement très-lent et sans trouble; cela est non-seulement vrai pour le fer, mais pour tous les autres métaux, que l'on peut également faire cristalliser au feu de nos fourneaux, comme les derniers travaux de nos chimistes, et les régules cristallisés qu'ils ont obtenus de la plupart des métaux et demi-métaux l'ont évidemment prouvé. Ainsi, l'opinion de M. Delisle était bien mal fondée : tout dissolvant qui rend la matière fluide la dispose à la cristallisation, et elle s'opère dans les matières fondues par le feu comme dans celles qui sont liquéfiées par l'eau.

« Ces deux éléments, dit très-bien M. de Grignon, donnent à peu près les mêmes produits « par des procédés différents, avec des substances qui peuvent se modifier également par ces « deux agents; mais l'eau qui peut dissoudre et cristalliser les sels, charrier et faciliter la con- « densation d'un métal minéralisé ou en état de décomposition, élever la charpente des corps « organisés, ne peut concourir à donner à aucun métal, en son état de métalléité parfaite, une « forme régulière, c'est-à-dire le cristalliser... C'est au feu, l'agent le plus actif, le plus puis- « sant de la nature, que sont réservées ces importantes opérations; le feu achève en des instants « très-courts le résultat de ces opérations, au lieu que l'eau y emploie une longue suite de « siècles. » *Mémoires de Physique*, pag. 476 et suiv. — J'ai fait moi-même un essai sur la cristallisation de la fonte de fer, que je crois devoir rapporter ici. Cet essai a été fait dans un très-grand creuset de molybdène, sur une masse d'environ deux cent cinquante livres de fonte : on avait pratiqué vers le bas de ce creuset un trou de huit à neuf lignes de diamètre, que l'on avait ensuite bouché avec de la terre de coupelle; ce creuset fut placé sur une grille et entouré au bas de charbons ardents, tandis que la partie supérieure était défendue de la chaleur par une table circulaire de briques; on remplit ensuite le creuset de fonte liquide, et quand la surface supérieure de cette fonte, qui était exposée à l'air, eut pris de la consistance, on ouvrit promptement le bas du creuset; il coula d'un seul jet plus de moitié de la fonte encore rouge, et qui laissa une grande cavité dans l'intérieur de toute la masse; cette cavité se trouva hérissée de très-petits cristaux, dans lesquels on distinguait à la loupe des faces disposées en octaèdres, mais la plupart étaient comme des trémies creuses, puisque, avec une barbe de plume, elles se détachaient et tombaient en petits feuillets, comme les mines de fer micacées, ce qui néanmoins est éloigné des belles cristallisations de M. de Grignon, et annonce que, dans cette opération, le refroidissement fut encore trop prompt, car il est bon de le répéter, ce n'est que par un refroidissement très-lent que la fonte en fusion peut prendre une forme cristallisée.

1. Voyez la note 1 de la page 36.

fluides, à l'exception du mercure, l'attaquent et le rongent; l'air sec produit à sa surface une rouille légère qui, en se durcissant, fait l'effet d'un vernis impénétrable et assez ressemblant au vernis des bronzes antiques; l'air humide forme une rouille plus forte et plus profonde, de couleur d'ocre; l'eau produit avec le temps, sur le fer qu'on y laisse plongé, une rouille noire et légère. Toutes les substances salines font de grandes impressions sur ce métal et le convertissent en rouille : le soufre fait fondre en un instant le fer rouge de feu et le change en pyrite; enfin l'action du feu détruit le fer ou du moins l'altère, dès qu'il a pris sa parfaite métallisation; un feu très-véhément le vitrifie; un feu moins violent, mais longtemps continué, le réduit en colcothar pulvérulent, et lorsque le feu est à un moindre degré il ne laisse pas d'attaquer à la longue la substance du fer, et en réduit la surface en lames minces et en écailles. La fonte de fer est également susceptible de destruction par les mêmes éléments; cependant l'eau n'a pas autant d'action sur la fonte que sur le fer, et les plus mauvaises fontes, c'est-à-dire celles qui contiennent le plus de parties vitreuses, sont celles sur lesquelles l'air humide et l'eau font le moins d'impression.

Après avoir exposé les différentes qualités de la fonte de fer et les différentes altérations que la seule action du feu peut lui faire subir jusqu'à sa destruction, il faut reprendre cette fonte au point où notre art la convertit en une nouvelle matière que la nature ne nous offre nulle part sous cette forme, c'est-à-dire en fer et en acier, qui de toutes les substances métalliques sont les plus difficiles à traiter, et doivent pour ainsi dire toutes leurs qualités à la main et au travail de l'homme; mais ce sont aussi les matières qui, comme par dédommagement, lui sont les plus utiles et plus nécessaires que tous les autres métaux, dont les plus précieux n'ont de valeur que par nos conventions puisque les hommes qui ignorent cette valeur de convention, donnent volontiers un morceau d'or pour un clou; en effet, si l'on estime les matières par leur utilité physique, le sauvage a raison, et si nous les estimons par le travail qu'elles coûtent, nous trouverons encore qu'il n'a pas moins raison : que de difficultés à vaincre ! que de problèmes à résoudre! combien d'arts accumulés les uns sur les autres ne faut-il pas pour faire ce clou ou cette épingle dont nous faisons si peu de cas? D'abord de toutes les substances métalliques la mine de fer est la plus difficile à fondre [a]; il s'est passé bien des siècles avant qu'on en ait

a. Il y a quelques mines de cuivre pyriteuses qui sont encore plus longues à traiter que la mine de fer; il faut neuf ou dix grillages préparatoires à ces mines de cuivre pyriteuses avant de les réduire en *mattes*, et faire subir à cette matte l'action successive de trois, quatre et cinq feux avant d'obtenir du cuivre noir; enfin, il faut encore fondre et purifier ce cuivre noir avant qu'il ne devienne cuivre rouge, et tel qu'on puisse le verser dans le commerce. Ainsi, certaines mines de cuivre exigent encore plus de travail que les mines de fer pour être réduites en métal; mais ensuite le cuivre se prête bien plus aisément que le fer à toutes les formes qu'on veut lui donner.

trouvé les moyens : on sait que les Péruviens et les Mexicains n'avaient en ouvrages travaillés que de l'or, de l'argent, du cuivre, et point de fer ; on sait que les armes des anciens peuples de l'Asie n'étaient que de cuivre, et tous les auteurs s'accordent à donner l'importante découverte de la fusion de la mine de fer aux habitants de l'île de Crète, qui, les premiers, parvinrent aussi à forger le fer dans les cavernes du mont Ida [a], quatorze cents ans environ avant l'ère chrétienne. Il faut en effet un feu violent et en grand volume pour fondre la mine de fer et la faire couler en lingots, et il faut un second feu tout aussi violent pour ramollir cette fonte ; il faut en même temps la travailler avec des ringards de fer avant de la porter sous le marteau pour la forger et en faire du fer, en sorte qu'on n'imagine pas trop comment ces Crétois, premiers inventeurs du fer forgé, ont pu travailler leurs fontes, puisqu'ils n'avaient pas encore d'outils de fer ; il est à croire qu'après avoir ramolli les fontes au feu, ils les ont de suite portées sous le marteau, où elles n'auront d'abord donné qu'un fer très-impur dont ils auront fabriqué leurs premiers instruments ou ringards, et qu'ayant ensuite travaillé la fonte avec ces instruments, ils seront parvenus peu à peu au point de fabriquer du vrai fer ; je dis peu à peu, car, lorsque après ces difficultés vaincues on a forgé cette barre de fer, ne faut-il pas ensuite la ramollir encore au feu pour la couper sous des tranchants d'acier et la séparer en petites verges ? ce qui suppose d'autres machines, d'autres fourneaux, puis enfin un art particulier pour réduire ces verges en clous, et un plus grand art si l'on veut en faire des épingles ; que de temps, que de travaux successifs ce petit exposé ne nous offre-t-il pas ! Le cuivre qui, de tous les métaux après le fer, est le plus difficile à traiter, n'exige pas à beaucoup près autant de travaux et de machines combinées ; comme plus ductile et plus souple, il se prête à toutes les formes qu'on veut lui donner ; mais on sera toujours étonné que d'une terre métallique, dont on ne peut faire avec le feu le plus violent qu'une fonte aigre et cassante, on soit parvenu, à force d'autres feux et de machines appropriées, à tirer et réduire en fils déliés cette matière revêche, qui ne devient métal et ne prend de la ductilité que sous les efforts de nos mains.

Parcourons, sans trop nous arrêter, la suite des opérations qu'exigent ces travaux. Nous avons indiqué ceux de la fusion des mines : on coule la fonte en gros lingots ou gueuses dans un sillon de quinze à vingt pieds de longueur sur sept à huit pouces de profondeur, et ordinairement on les laisse se coaguler et se refroidir dans cette espèce de moule qu'on a soin d'humecter auparavant avec de l'eau ; les surfaces inférieures du lingot

a. Hésiode cité par Pline, lib. VII, cap. LVI. — Strabon, lib. X. — Diodore de Sicile, lib. XV, cap. V. — Clément d'Alexandrie, lib. I, p. 307. — Eusèbe, *Préparation évangélique*. — Enfin, dans les *Marbres* d'Oxford, l'invention du fer est rapportée à l'année 1432 avant l'ère chrétienne.

prennent une trempe par cette humidité, et sa surface supérieure se trempe aussi par l'impression de l'air : la matière en fusion demeure donc encore liquide dans l'intérieur du lingot, tandis que ses faces extérieures ont déjà pris de la solidité par le refroidissement ; l'effort de cette chaleur, beaucoup plus forte en dedans et au centre qu'à la circonférence du lingot, le force à se courber, surtout s'il est de fonte blanche, et cette courbure se fait dans le sens où il y a le moins de résistance, c'est-à-dire en haut, parce que la résistance est moindre qu'en bas et vers les côtés; on peut voir, dans mes Mémoires [a], combien de temps la matière reste liquide à l'intérieur après que les surfaces se sont consolidées.

D'ordinaire, on laisse la gueuse ou lingot se refroidir au moule pendant six ou sept heures; après quoi on l'enlève, et on est obligé de le faire peser pour payer un droit très-onéreux d'environ six livres quinze sous par millier de fonte, ce qui fait plus de dix livres par chaque millier de fer; c'est le double du salaire de l'ouvrier, auquel on ne paie que cinq livres pour la façon d'un millier de fer ; et d'ailleurs ce droit que l'on perçoit sur les fontes cause encore une perte réelle, et une grande gêne, par la nécessité où l'on est de laisser refroidir le lingot pour le peser, ce que l'on ne peut faire tant qu'il est rouge de feu ; au lieu qu'en le tirant du moule au moment qu'il est consolidé, et le mettant sur des rouleaux de pierre pour entrer encore rouge au feu de l'affinerie, on épargnerait tout le charbon que l'on consomme pour le réchauffer à ce point lorsqu'il est refroidi : or un impôt, qui non-seulement grève une propriété d'industrie qui devrait être libre, telle que celle d'un fourneau, mais qui gêne encore le progrès de l'art, et force en même temps à consommer plus de matière combustible qu'il ne serait nécessaire, cet impôt, dis-je, a-t-il été bien assis, et doit-il subsister sous une administration éclairée ?

Après avoir tiré du moule le lingot refroidi, on le fait entrer, par l'une de ses extrémités, dans le feu de l'affinerie où il se ramollit peu à peu, et tombe ensuite par morceaux, que le forgeron réunit et pétrit avec des ringards pour en faire une loupe de soixante à quatre-vingts livres de poids, dans ce travail la matière s'épure et laisse couler des scories par le fond du foyer; enfin lorsqu'elle est assez pétrie, assez maniée et chauffée jusqu'au blanc, on la tire du feu de l'affinerie avec de grandes tenailles, et on la jette sur le sol pour la frapper de quelques coups de masse, et en séparer, par cette première percussion, les scories qui souvent s'attachent à sa surface, et en même temps pour en rapprocher toutes les parties intérieures, et les préparer à recevoir la percussion plus forte du gros marteau, sans se détacher ni se séparer ; après quoi on porte avec les mêmes tenailles, cette loupe sous un marteau de sept à huit cents livres pesant, et qui peut frapper

a. Voyez le *Mémoire sur la fusion des Mines de fer*, tome IX.

jusqu'à cent dix et cent vingt coups par minute, mais dont on ménage le mouvement pour cette première fois, où il ne faut que comprimer la masse de la loupe par des coups assez lents ; car dès qu'elle a perdu son feu vif et blanc, on la reporte au foyer de l'affinerie pour lui donner une seconde chaude ; elle s'y épure encore et laisse couler de nouveau quelques scories, et lorsqu'elle est une seconde fois chauffée à blanc, on la porte de même du foyer sur l'enclume, et on donne au marteau un mouvement de plus en plus accéléré, pour étendre cette pièce de fer en une barre ou bande qu'on ne peut achever que par une troisième, quatrième, et quelquefois une cinquième chaude. Cette percussion du marteau purifie la fonte en faisant sortir au dehors les matières étrangères dont elle était encore mêlée, et elle rapproche en même temps, par une forte compression, toutes les parties du métal qui, quand il est pur et bien traité, se présente en fibres nerveuses toutes dirigées dans le sens de la longueur de la barre, mais qui n'offre au contraire que de gros grains ou des lames à facettes lorsqu'il n'a pas été assez épuré, soit au fourneau de fusion, soit au foyer de l'affinerie ; et c'est par ces caractères très-simples, que l'on peut toujours distinguer les bons fers des mauvais en les faisant casser : ceux-ci se brisent au premier coup de masse, tandis qu'il en faut plus de cent pour casser une pareille bande de fer nerveux, et que souvent même il faut l'entamer avec un ciseau d'acier pour la rompre.

Le fer une fois forgé devient d'autant plus difficile à refondre, qu'il est plus pur et en plus gros volume ; car on peut assez aisément faire fondre les vieilles ferrailles réduites en plaques minces ou en petits morceaux : il en est de même de la limaille ou des écailles de fer [a] ; on peut en faire d'ex-

a. On met dans le foyer de l'affinerie un lit de charbon et de ferraille alternativement, et lorsque le creuset de l'affinerie est plein, on le recouvre d'une forte quantite de charbons : on met le feu au charbon et l'on donne une grande vitesse aux soufflets ; on remet du nouveau charbon à mesure qu'il s'affaisse ; on y mèle d'autres ferrailles, et l'on continue ainsi jusqu'à ce que le creuset contienne une loupe d'environ quatre-vingts livres. Il n'est pas nécessaire de remuer et travailler cette loupe aussi souvent que celle qui provient de la gueuse ; mais il faut jeter des scories dans le creuset et entretenir un bain pour empêcher le fer de brûler ; il faut aussi modérer la vivacité de la flamme en jetant de l'eau dessus, ce qui concentre la chaleur dans le foyer ; la loupe étant formée, on arrête le vent et on la tire du creuset : elle est d'un rouge-blanc très-vif ; on la porte sous le marteau pour en faire d'abord un bloc de quelques pouces de longueur, après quoi on la remet au feu, et on fait une barre par une seconde ou troisième chaude. Le déchet, tant au feu qu'au marteau, est d'un quart environ.

Il y a quelque choix à faire dans les vieilles ferrailles ; les clous à latte ne sont pas bons à être refondus ; toutes les ferrailles plates ou torses sont bonnes ; les fers qui résultent des ferrailles refondues sont très-ductiles et très-bons ; on en fait des canons de fusil, tout l'art consiste à bien souder ce fer, en lui donnant le juste degré de feu nécessaire. Les écailles qui se lèvent et se séparent de ce fer sont elles-mêmes du bon fer, qu'on peut encore refondre et souder ensemble et avec l'autre fer ; il faut seulement les mêler avec une égale quantité de ferrailles plus solides, pour les empêcher de s'éparpiller dans le feu. La limaille de fer humectée prend corps, et devient en peu de jours une masse dure qu'on brise en morceaux gros comme des noix, et, en les mêlant avec d'autres vieilles ferrailles, elles donnent de très-bon fer.

Qu'on prenne une barre de fer large de deux à trois pouces, épaisse de deux à trois lignes,

cellent fer, soit pour le tirer en fil d'archal, soit pour en faire des canons de fusil, ainsi qu'on le pratique depuis longtemps en Espagne. Comme c'est un des emplois du fer qui demande le plus de précaution, et que l'on n'est pas d'accord sur la qualité des fers qu'il faut préférer pour faire de bons canons de fusil, j'ai tâché de prendre sur cela des connaissances exactes, et j'ai prié M. de Montbeillard, lieutenant-colonel d'artillerie et inspecteur des armes à Charleville et Maubeuge, de me communiquer ce que sa longue expérience lui avait appris à ce sujet : on verra, dans la note ci-dessous[a],

qu'on la chauffe au rouge, et qu'avec la panne du marteau on y pratique, dans sa longueur, une cannelure ou cavité, qu'on la plie sur elle-même pour la doubler ou corroyer, l'on remplira ensuite la cannelure des écailles ou paillettes en question ; on lui donnera une chaude douce d'abord en rabattant les bords, pour empêcher qu'elles ne s'échappent, et on battra la barre comme on le pratique pour corroyer le fer, avant de la chauffer à blanc; on la chauffera ensuite blanche et fondante, et la pièce soudera à merveille; on la cassera à froid, et l'on n'y verra rien qui annonce que la soudure n'ait pas été complète et parfaite, et que toutes les parties de fer ne se soient pas pénétrées réciproquement, sans laisser aucun espace vide. J'ai fait cette expérience aisée à répéter, qui doit rassurer sur les pailles, soit qu'elles soient plates ou qu'elles aient la forme d'aiguille, puisqu'elles ne sont autre chose que du fer, comme la barre avec laquelle on les incorpore et où elles ne forment plus qu'un même corps avec elle.

J'ai fait nettoyer avec soin le creuset d'une grosse forge, et l'ayant rempli de charbon de bois, et donné l'eau aux soufflets, j'ai, lorsque le feu a été vif, fait jeter par-dessus de ces paillettes ou exfoliations : après avoir successivement rechargé de charbon et de pailles de fer pendant une heure et demie, j'ai fait découvrir l'ouvrage. J'ai observé que ces pailles, qui sont aussi déliées que du talc, trempées par l'air, très-légères et très-cassantes, n'étant pas assez solides pour se fixer et s'unir ensemble, devaient être entièrement détruites pour la plupart; les autres formaient de petites masses éparpillées, qui n'ont pu se joindre et former une seule loupe, comme le font les ferrailles qui ont du corps et de la consistance. J'ai fait jeter dans l'eau froide une de ces petites masses, prise dans le creuset, et l'ayant mise au feu d'une petite forge au charbon de terre, et battue à petits coups lorsqu'elle a été couleur de cerise, toutes les parties s'en sont réunies. Je l'ai fait chauffer encore au même degré, et battre de même, après quoi on l'a chauffée blanc et étirée; on l'a cassée lorsqu'elle a été refroidie, et il s'est trouvé un fer parfait et tout de nerf.

Si l'on veut réunir ces pailles dans le creuset et en former une seule loupe, il faut les mêler avec un sixième ou plus de ferrailles, qui, tombant les premières, serviront de base sur laquelle elles se fixeront au lieu de s'éparpiller, et feront corps avec elles. Sans cette précaution, l'extrême légèreté de ces écailles ne leur permettant pas d'opposer à l'agitation violente de l'intérieur du creuset une résistance suffisante, une partie sera entièrement détruite, et le reste se dispersera et ne pourra se réunir qu'en petites masses, comme cela est arrivé; mais il résulte toujours de ces deux expériences que ces écailles, pailles ou lames, comme on voudra les appeler, sont de fer, et qu'elles ne peuvent en aucune manière et dans aucun cas empêcher la soudure de deux parties de fer qu'on veut réunir. (Note communiquée par M. de Montbeillard, lieutenant-colonel d'artillerie, au mois de mai 1770.)

a. Le fer qui passe pour le plus excellent, c'est-à-dire, d'une belle couleur blanche tirant sur le gris, entièrement composé de nerfs ou de couches horizontales, sans mélange de grains, est de tous les fers celui qui convient le moins : observons d'abord qu'on chauffe la barre à blanc pour en faire la macquette, qui est chauffée à son tour pour faire la lame à canon; cette lame est ensuite roulée dans sa longueur, et chauffée blanche à chaque pouce et demi deux ou trois fois, et souvent plus, pour souder le canon; que peut-il résulter de toutes ces chaudes ainsi multipliées sur chaque point, et qui sont indispensables? Nous avons supposé le fer parfait et tout de nerf: s'il est parfait il n'a plus rien à gagner, et l'action d'un feu aussi violent ne peut que lui faire perdre de sa qualité, qu'il ne reprend jamais en entier, malgré le recuit qu'on lui donne. Je conçois donc que le feu, dirigé par le vent des soufflets, coupe les nerfs en

que les canons de fusil ne doivent pas être faits, comme on pourrait l'imagine, avec du fer qui aurait acquis toute sa perfection, mais seulement avec du fer qui puisse encore en acquérir par le feu qu'il doit subir pour prendre la forme d'un canon de fusil.

Mais revenons au fer qui vient d'être forgé, et qu'on veut préparer pour d'autres usages encore plus communs : si on le destine à être fendu dans sa longueur pour en faire des clous et autres menus ouvrages, il faut que les bandes n'aient que de cinq à huit lignes d'épaisseur sur vingt-cinq à trente de largeur; on met ces bandes de fer dans un fourneau de réverbère qu'on chauffe au feu de bois, et lorsqu'elles ont acquis un rouge vif

travers, qui deviennent des grains d'une espèce d'autant plus mauvaise que le fer a été chauffé blanc plus souvent, et par conséquent plus desséché : j'ai fait quelques expériences qui confirment bien cette opinion. Ayant fait tirer plusieurs lames à canon du carré provenu de la loupe à l'affinerie et les ayant cassées à froid, je les trouvai toutes de nerf et de la plus belle couleur; je fis faire un morceau de barre à la suite du même lopin, duquel je fis faire des lames à canon, qui, cassées à froid, se trouvèrent mi parties de nerf et de grains : ayant fait tirer une barre du reste du carré, je la pliai à un bout et la corroyai, et en ayant fait faire des macquettes et ensuite des lames, elles ne présentèrent plus que des grains à leur fracture et d'une qualité médiocre...

Étant aux forges de Mouzon, je fis faire une macquette et une lame au bout d'une barre de fer, presque toutes d'un bon grain avec très-peu de nerf; l'extrémité de la lame cassée à froid a paru mêlée de beaucoup de nerf, et le canon qui en a été fabriqué a plié comme de la baleine; on ne l'a cassé qu'à l'aide du ciselet et avec la plus grande difficulté : la fracture était toute de nerf.

Ayant vu un canon qui cassa comme du verre, en le frappant sur une enclume, et qui montrait en totalité de très-gros et vilains grains, sans aucune partie de nerf, on m'a présenté la barre avec laquelle la macquette et la lame qui avaient produit ce canon avaient été faites, laquelle était entièrement de très-beau nerf; on a tiré une macquette au bout de cette barre, sans la plier et corroyer, laquelle s'est trouvée de nerf avec un peu de grain; ayant plié et corroyé le reste de cette barre dont on fit une macquette, elle a montré moins de nerf et plus de grains que celle qui n'avait pas été corroyée : suivons cette opération; la barre était toute de nerf, la macquette, tirée au bout sans la doubler, avait déjà un peu de grains; celle tirée de la même barre pliée et corroyée, avait encore plus de grains, et enfin un canon, provenant de cette barre pliée et corroyée, était tout de grains larges et brillants comme le mauvais fer, et elle a cassé comme du verre. Néanmoins je ne prétends pas conclure de ce que je viens d'avancer, qu'on doive préférer pour la fabrication des canons de fusil le fer aigre et cassant, je suis bien loin de le penser; mais je crois pouvoir assurer, d'après un usage journalier et constant, que le fer le plus propre à cette fabrication, est celui qui présente, en le cassant à froid, le tiers ou la moitié de nerf, et les deux autres tiers ou la moitié de grains d'une bonne espèce, petits, sans ressembler à ceux de l'acier, et blancs en tirant sur le gris; la partie nerveuse se détruit ou s'altère aux différents feux successifs que le fer essuie sur chaque point, et la partie de grains devient nerveuse en s'étendant sous le marteau, et remplace l'autre.

Les axes de fer, qui supportent nos meules de grès, pesant sept à huit milliers, étant faits de différentes mises rapportées et soudées les unes après les autres, on a grand soin de mélanger, pour les fabriquer, des fers de grains et de nerf; si on n'employait que celui de nerf, il n'y a point d'axe qui ne cassât.

Le canon de fusil qui résulte du fer, ainsi mi-partie de grains et de nerf, est excellent et résistera à de très-vives épreuves... Si on a des ouvrages à faire avec du fer préparé en échantillon, de manière que quelques chaudes douces suffisent pour fabriquer la pièce, le fer de nerf doit être préféré à tous les autres, parce qu'on ne risque pas de l'altérer par des chaudes vives et répétées, qui sont nécessaires pour souder. (Suite de la note communiquée par M. de Montbeillard, lieutenant-colonel d'artillerie.)

de feu, on les tire du fourneau et on les fait passer, les unes après les autres, sous les *espatards* ou cylindres pour les aplatir, et ensuite sous des taillants d'acier, pour les fendre en longues verges carrées de trois, cinq et six lignes de grosseur; il se fait une prodigieuse consommation de ce fer en verge, et il y a plusieurs forges en France, où l'on en fait annuellement quelques centaines de milliers. On préfère pour le feu de ce fourneau ou four de fenderie les bois blancs et mous aux bois de chêne et autres bois durs, parce que la flamme en est plus douce, et que le bois de chêne contient de l'acide qui ne laisse pas d'altérer un peu la qualité du fer : c'est par cette raison qu'on doit, autant qu'on le peut, n'employer le charbon de chêne qu'au fourneau de fusion, et garder les charbons de bois blanc pour les affineries et pour les fours de fenderie et de batterie; car la cuisson du bois de chêne en charbon ne lui enlève pas l'acide dont il est chargé, et en général le feu du bois radoucit l'aigreur du fer, et lui donne plus de souplesse et un peu plus de ductilité qu'il n'en avait au sortir de l'affinerie dont le feu n'est entretenu que par du charbon. L'on peut faire passer à la fenderie des fers de toute qualité : ceux qui sont les plus aigres servent à faire de petits clous à lattes qui ne plient pas, et qui doivent être plutôt cassants que souples; les verges de fer doux sont pour les clous des maréchaux, et peuvent être passées par la filière pour faire du gros fil de fer, des anses de chaudières, etc.

Si l'on destine les bandes de fer forgé à faire de la tôle, on les fait de même passser au feu de la fenderie, et au lieu de les fendre sur leur longueur, on les coupe en travers dès qu'elles sont ramollies par le feu; ensuite on porte ces morceaux coupés sous le martinet pour les élargir; après quoi on les met dans le fourneau de la batterie, qui est aussi de réverbère, mais qui est plus large et moins long que celui de la fenderie, et que l'on chauffe de même avec du bois blanc : on y laisse chauffer ces morceaux de fer, et on les en tire en les mettant les uns sur les autres pour les élargir encore en les battant à plusieurs fois sous un gros marteau, jusqu'à les réduire en feuillets d'une demi-ligne d'épaisseur; il faut pour cela du fer doux : j'ai fait de la très-bonne tôle avec de vieilles ferrailles, néanmoins le fer ordinaire, pourvu qu'il soit nerveux, bien *sué* et sans pailles, donnera aussi de la bonne tôle en la faisant au feu de bois, au lieu qu'au feu de charbon ce même fer ne donnerait que de la tôle cassante.

Il faut aussi du fer doux et nerveux pour faire au martinet du fer de cinq ou six lignes, bien carré, qu'on nomme du *carillon*, et des verges ou tringles rondes du même diamètre : j'ai fait établir deux de ces martinets, dont l'un frappe trois cent douze coups par minute; cette grande rapidité est doublement avantageuse, tant par l'épargne du combustible et la célérité du travail, que par la perfection qu'elle donne à ces fers.

Enfin, il faut un fer de la meilleure qualité, et qui soit en même temps très-ferme et très-ductile pour faire du fil de fer, et il y a quelques forges en Lorraine, en Franche-Comté, etc., où le fer est assez bon pour qu'il puisse passer successivement par toutes les filières, depuis deux lignes de diamètre jusqu'à la plus étroite, au sortir de laquelle le fil de fer est aussi fin que du crin : en général, le fer qu'on destine à la filière doit être tout de nerf et ductile dans toutes ses parties; il doit être bien *sué*, sans pailles, sans soufflures et sans grains apparents. J'ai fait venir des ouvriers de la Lorraine allemande pour en faire à mes forges, afin de connaître la différence du travail et la pratique nécessaire pour forger ce fer de filerie : elle consiste principalement à purifier la loupe au feu de l'affinerie deux fois au lieu d'une, à donner à la pièce une chaude ou deux de plus qu'à l'ordinaire, et à n'employer dans tout le travail qu'une petite quantité de charbon à la fois, réitérée souvent, et enfin à ne forger des barreaux que de douze ou treize lignes en carré, en les faisant suer à blanc à chaque chaude; j'ai eu par ces procédés des fers que j'ai envoyés à différentes fileries où ils ont été tirés en fils de fer avec succès.

Il faut aussi du fer de très-bonne qualité pour faire la tôle mince dont on fait le fer-blanc : nous n'avons encore en France que quatre manufactures en ce genre, dont celle de Bains en Lorraine est la plus considérable[a]. On sait que c'est en étamant la tôle, c'est-à-dire en la recouvrant d'étain, que l'on fait le fer-blanc; il faut que l'étoffe de cette tôle soit homogène et très-souple pour qu'elle puisse se plier et se rouler sans se fendre ni se gercer, quelque mince qu'elle soit : pour arriver à ce point, on commence par faire de la tôle à la manière ordinaire, et on la bat successivement sous le marteau, en mettant les feuilles en *doublons* les unes sur les autres jusqu'au nombre de soixante-quatre, et lorsqu'on est parvenu à rendre ces feuilles assez minces, on les coupe avec de grands ciseaux pour les séparer, les ébarber et les rendre carrées; ensuite on plonge ces feuilles une à une dans des eaux *sures* ou aigres pour les *décaper*, c'est-à-dire pour leur enlever la petite couche noirâtre dont se couvre le fer chaque fois qu'il est soumis à l'action du feu, et qui empêcherait l'étain de s'attacher au fer; ces eaux aigres se font au moyen d'une certaine quantité de farine de seigle et d'un peu d'alun qu'on y mêle; elles enlèvent cette couche noire du fer, et lorsque les feuilles sont bien nettoyées, on les plonge verticalement dans un bain d'étain fondu et mêlé d'un peu de cuivre; il faut auparavant recouvrir le bain de cet étain fondu avec une couche épaisse de suif ou de graisse pour empêcher la surface de l'étain de se réduire en chaux : cette graisse prépare aussi les surfaces du fer à bien recevoir l'étain, et on en retire la feuille presque immédiatement après l'avoir plongée pour laisser

a. Il s'en était élevé une à Morambert en Franche-Comté, qui n'a pu se soutenir, parce que les fermiers généraux n'ont voulu se relâcher sur aucun des droits auxquels cette manufacture était assujettie, comme étant établie dans une province réputée étrangère.

égoutter l'étain superflu ; après quoi on la frotte avec du son sec, afin de la dégraisser, et enfin il ne reste plus qu'à dresser ces feuilles de fer étamées avec des maillets de bois, parce qu'elles se sont courbées et voilées par la chaleur de l'étain fondu.

On ne croirait pas que le fer le plus souple et le plus ductile fût en même temps celui qui se trouve le plus propre pour être converti en acier, qui, comme l'on sait, est d'autant plus cassant qu'il est plus parfait; néanmoins l'étoffe du fer, dont on veut faire de l'acier par cémentation, doit être la même que celle du fer de filerie, et l'opération par laquelle on le convertit en acier ne fait que hacher les fibres nerveuses de ce fer et lui donner encore un plus grand degré de pureté, en même temps qu'il se pénètre et se charge de la matière du feu qui s'y fixe : je m'en suis assuré par ma propre expérience; j'ai fait établir pour cela un grand fourneau d'aspiration et d'autres plus petits, afin de ménager la dépense de mes essais, et j'ai obtenu des aciers de bonne qualité, que quelques ouvriers de Paris ont pris pour de l'acier d'Angleterre; mais j'ai constamment observé qu'on ne réussissait qu'autant que le fer était pur, et que pour être assuré d'un succès constant, il fallait n'employer que des fers de la plus excellente qualité ou des fers rendus tels par un travail approprié; car les fers ordinaires, même les meilleurs de ceux qui sont dans le commerce, ne sont pas d'une qualité assez parfaite pour être convertis par la cémentation en bon acier; et si l'on veut ne faire que de l'acier commun, l'on n'a pas besoin de recourir à la cémentation, car au lieu d'employer du fer forgé, on obtiendra de l'acier comme on obtient du fer avec la seule fonte, et seulement en variant les procédés du travail, et les multipliant à l'affinerie et au marteau [a].

a. Pour obtenir de l'acier avec la fonte de fer, on met dans le foyer beaucoup de petits charbons et du poussier que l'on humecte, afin qu'il soit plus adhérent, et des scories légères et fluides... On presse davantage la fusion... Le bain est toujours couvert de scories, et on ne les fait point écouler... De cette manière, la matière du fer reposant sur du charbon en a le contact immédiat par-dessous... La force et la violence du feu achève de séparer les parties terreuses, qui, rencontrant les scories, font corps avec elles et s'y accrochent; mais le déchet est plus grand, car on n'obtient en acier que la moitié de la fonte, tandis qu'en fer on en obtient les deux tiers.

A mesure que l'acier est purgé de ses parties terreuses, il résiste davantage au feu et se durcit; lorsqu'il a acquis une consistance suffisante à pouvoir être coupé et à supporter les coups de marteau, l'opération est finie, on le retire; mais le fer et l'acier que l'on retire ainsi de ces deux opérations sont rarement purs et assez bons pour tous les usages du commerce... Car l'acier que l'on retire du fer de fonte peut être uni à quelques portions de fer qui le rende inégal, de sorte qu'il n'aura pas la même dureté dans toutes les parties... Cependant on n'en fait pas d'autre en Allemagne, et c'est pourquoi l'on préfère les limes d'Angleterre, qui sont d'acier de fonte... Pour faire l'acier cémenté, il ne faut employer que du fer de bonne qualité, et tout fer qui est difficile à souder, qui se gerce ou qui est pailleux, doit être rejeté. *Voyages métallurgiques* de M. Jars, pages 24 et suiv... Le même M. Jars, après avoir donné ailleurs la méthode dont on se sert en Suède pour tirer de l'acier par la fonte, ajoute que les Anglais tirent de Danemora le fer qu'ils convertissent en acier par cémentation, qu'ils le paient quinze livres

On doit donc distinguer des aciers de deux sortes : le premier, qui se fait avec la fonte de fer ou avec le fer même, et sans cémentation; le second, que l'on fait avec le fer, en employant un cément; tous deux se détériorent également, et perdent leur qualité par des chaudes réitérées, et la pratique par laquelle on a cru remédier à ce défaut, en donnant à chaque morceau de fer la forme de la pièce qu'on veut convertir en acier, a elle-même son inconvénient; car celles de ces pièces, comme sabres, couteaux, rasoirs, etc., qui sont plus minces dans le tranchant que dans le dos, seront trop acier dans la partie mince et trop fer dans l'autre, et d'ailleurs les petites boursouflures qui s'élèvent à leur surface rendraient ces pièces défectueuses : il faut de plus que l'acier cémenté soit corroyé, *sué* et soudé pour avoir de la force et du corps; en sorte que ce procédé de forger les pièces, avant de les mettre dans le cément, ne peut convenir que pour les morceaux épais, dont on ne veut convertir que la surface en acier.

Pour faire de l'acier avec la fonte de fer, il faut commencer par rendre cette fonte aussi pure qu'il est possible avant de la tirer du fourneau de fusion, et pour cela si l'on met huit mesures de mine pour faire de la fonte ordinaire, il n'en faudra mettre que six par charge sur la même quantité de charbon, afin que la fonte en devienne meilleure : on pourra aussi la tenir plus longtemps en bain dans le creuset, c'est-à-dire quinze ou seize heures au lieu de douze, elle achèvera pendant ce temps de s'épurer; ensuite on la coulera en petites gueuses ou lingots, et pour la dépurer encore davantage, on fera fondre une seconde fois ce lingot dans le feu de l'affinerie; cette seconde fusion lui donnera la qualité nécessaire pour devenir du bon acier au moyen du travail suivant.

On remettra au feu de l'affinerie cette fonte épurée pour en faire une loupe qu'on portera sous le marteau lorsqu'elle sera rougie à blanc, on la traitera comme le fer ordinaire, mais seulement sous un plus petit marteau, parce qu'il faut aussi que la loupe soit assez petite, c'est-à-dire de vingt-cinq à trente livres seulement; on en fera un barreau carré de dix ou onze lignes au plus, et lorsqu'il sera forgé et refroidi, on le cassera en morceaux longs d'environ un pied, que l'on remettra au feu de l'affinerie, en les arrangeant en forme de grille, les uns sur les autres : ces petits barreaux se ramolliront par l'action du feu et se souderont ensemble; l'on en fera une nouvelle loupe que l'on travaillera comme la première, et qu'on portera de même sous le marteau pour en faire un nouveau barreau, qui sera peut-être déjà de bon acier; et même si la fonte a été bien épurée, on aura de l'acier assez bon dès la première fois; mais supposé que cette seconde fois l'on n'ait encore que du fer ou du fer mêlé d'acier, il faudra

par cent de plus que les autres fers, que ce fer de Danemora est marqué *OO*, et que les Suédois ne sont pas encore parvenus à faire d'aussi bon acier cémenté que les Anglais. *Idem*, pages 28 et suiv.

casser de nouveau le barreau en morceaux et en former encore une loupe au feu de l'affinerie, pour la porter ensuite au marteau, et obtenir enfin une barre de bon acier. On sent bien que le déchet doit être très-considérable, et d'ailleurs cette méthode de faire de l'acier ne réussit pas toujours; car il arrive assez souvent qu'en chauffant plusieurs fois ces petites barres on n'obtient pas de l'acier, mais seulement du fer nerveux : ainsi je ne conseillerais pas cette pratique, quoiqu'elle m'ait réussi, vu qu'elle doit être conduite fort délicatement et qu'elle expose à des pertes. Celle que l'on suit en Carinthie, pour faire de même de l'acier par la seule dépuration de la fonte, est plus sûre et même plus simple : on observe d'abord de faire une première fonte, la meilleure et la plus pure qu'il se peut; cette fonte est coulée en *floss*, c'est-à-dire en gâteaux d'environ six pieds de long sur un pied de large, et trois à quatre pouces d'épaisseur; cette *floss* est portée et présentée par le bout à un feu animé par des soufflets, qui la fait fondre une seconde fois et couler dans un creuset placé sous le foyer. Tout le fond de ce creuset est rempli de poudre de charbon bien battue; on en garnit de même les parois, et par-dessus la fonte l'on jette du charbon et du laitier pour la couvrir : après six heures de séjour dans le creuset[a], la fonte étant bien épurée de son laitier, on en prend une loupe d'environ cent quarante à cent cinquante livres, que l'on porte sous le marteau pour être divisée en deux ou trois *massets*, qui sont ensuite chauffés et *étirés* en barres, qui, quoique brutes, font de bon acier, et qu'il ne faut que porter à la batterie pour y recevoir des chaudes successives et être mises sous le martinet qui leur donne la forme[b]. Il me paraît que le succès de cette opération tient essentiellement à ce que la fonte soit environnée d'une épaisseur de poudre de charbon, qui, de cette manière, produit une sorte de cémentation de la fonte et la sature de feu fixe[1], tout comme les bandes de fer forgé en sont saturées dans la cémentation proprement dite, dont nous allons exposer les procédés.

Cette conversion du fer en acier au moyen de la cémentation a été tentée par nombre d'artistes, et réussit assez facilement dans de petits fourneaux de chimie; mais elle présente plusieurs difficultés lorsqu'on veut travailler en grand, et je ne sache pas que nous ayons en France d'autres fourneaux que celui de Néronville en Gâtinois, où l'on convertisse à la fois jusqu'à soixante-quinze et quatre-vingts milliers de fer en acier, et encore cet acier

a. Six pour la première *loupe*, et seulement cinq ou quatre pour les suivantes, le creuset étant plus embrasé.

b. Voyez les *Voyages métallurgiques* de M. Jars, t. I, pag. 61 et suiv., où ces procédés de la conversion de la fonte en acier, en Styrie et en Carinthie, sont détaillés très au long.

1. L'*acier* se compose de *fer* et de *carbone*, et *ne se sature pas de feu fixe*.

« On donne le nom d'*acier* à un *carbure de fer* contenant des traces de *silicium* et de *phos-* « *phore*, et dans lequel la proportion de *carbone* ne dépasse jamais un centième. L'*acier* con- « tient plus de charbon que le fer du commerce et moins que la fonte. » (Pelouze et Frémy.)

n'est peut-être pas aussi parfait que celui qu'on fait en Angleterre : c'est ce qui a déterminé le gouvernement à charger M. de Grignon de faire, dans mes forges et au fourneau de Néronville, des essais en grand, afin de connaître quelles sont les provinces du royaume dont les fers sont les plus propres à être convertis en acier par la voie de la cémentation : les résultats de ces expériences ont été imprimés dans le *Journal de Physique* du mois de septembre 1782; on en peut voir l'extrait dans la note ci-dessous[a]; et

a. En 1780, M. de Grignon fut chargé par le gouvernement de faire des expériences en grand pour déterminer quelles sont les provinces du royaume qui produisent les fers les plus propres à être convertis en acier par la cémentation. M. le comte de Buffon offrit ses forges et le grand fourneau qu'il avait fait construire pour les mêmes opérations, et on y fit arriver des fers du comté de Foix, du Roussillon, du Dauphiné, de l'Alsace, de la Franche-Comté, des Trois-Évêchés, de Champagne, de Berri, de Suède, de Russie et d'Espagne.

Tous ces fers furent réduits au même échantillon, et placés dans la caisse de cémentation; leur poids total était de quatre mille sept cent deux livres, et on les enveloppa de vingt-quatre pieds cubes de poudre de cémentation : on mit ensuite le feu au fourneau, et on le soutint pendant cent cinquante-sept heures consécutives, dont trente-sept heures de petit feu, vingt-quatre de feu médiocre, et quatre-vingt-seize heures d'un feu si actif, qu'il fondit les briques du revêtissement du fourneau, du diaphragme, des arceaux, et de la voûte supérieure où sont les tuyaux aspiratoires...

Lorsque le fourneau fut refroidi, et que le fer fut retiré de la caisse, on en constata le poids, qui se trouva augmenté de soixante et une livres, mais une partie de cette augmentation de poids provient de quelques parcelles de matières du cément, qui restent attachées à la surface des barres. M. de Grignon, pour constater précisément l'accroissement du poids acquis par la cémentation, soumit, dans une expérience subséquente, cinq cents livres de fer en barres, bien décapé, et il fit écurer de même les barres au sortir de la cémentation, pour enlever la matière charbonneuse qui s'y était attachée, et il se trouva six livres et demie d'excédant, qui ne peut être attribué qu'au principe qui convertit le fer en acier, principe qui augmente non-seulement le poids du fer, mais encore le volume de dix lignes et demie par cent pouces de longueur des barres, indépendamment du soulèvement de l'étoffe du fer qui forme les ampoules, que M. de Grignon attribue à l'air, et même à l'eau interposée dans le fer; et s'il était possible d'estimer le poids de cet air et de l'eau que la violente chaleur fait sortir du fer, le poids additionnel du principe qui se combine au fer, dans sa conversion en acier, se trouverait encore plus considérable.

Le fourneau de Buffon, quoique très-solidement construit, s'étant trouvé détruit par la violence du feu, M. de Grignon prit le parti d'aller à la manufacture de Néronville faire une autre suite d'expériences, qui lui donna les mêmes résultats qu'il avait obtenus à Buffon.

Les différentes qualités des fers soumis à la cémentation ont éprouvé des modifications différentes et dépendantes de leur caractère particulier.

Le premier effet que l'on aperçoit est cette multitude d'ampoules qui s'élèvent sur les surfaces : cette quantité est d'autant plus grande que l'étoffe du fer est plus désunie par des pailles, des gerçures et des fentes.

Les fers les mieux étoffés, dont la pâte est pleine et homogène, sont moins sujets aux ampoules : ceux qui n'ont que l'apparence d'une belle fabrication, c'est-à-dire qui sont bien unis, bien sués au dehors, mais dont l'affinage primitif n'a pas bien lié la pâte, sont sujets à produire une très-grande quantité de bulles.

Les fers cémentés ne sont pas les seuls qui soient sujets aux ampoules; les tôles et les fers noirs, préparés pour l'étamage, sont souvent défectueux pour les mêmes causes.

La couleur bleue, plus ou moins forte, dont se couvrent les surfaces des barres de fer soumises à la cémentation, est l'effet d'une légère décomposition superficielle; plus cette couleur est intense, plus on a lieu de soupçonner l'acier de vivacité, c'est-à-dire de supersaturation : ce défaut s'annonce aussi par un son aigu que rend l'acier *poule* lorsqu'on le frappe; le son grave

voici ce que ma propre expérience m'avait fait connaître avant ces derniers essais.

J'ai fait chauffer au feu de bois, dans le fourneau de la fonderie, plusieurs bandes de mon fer de la meilleure qualité, et qui avait été travaillé comme les barreaux qu'on envoyait aux fileries pour y faire du fil de fer, et j'ai fait chauffer au même feu et en même temps d'autres bandes de fer moins épuré, et tel qu'il se vend dans mes forges pour le commerce; j'ai fait couper à chaud toutes ces bandes en morceaux longs de deux pieds, parce que la caisse de mon premier fourneau d'essais, où je voulais les placer pour les convertir en acier, n'avait que deux pieds et demi de longueur sur dix-huit pouces de largeur et autant de hauteur. On commença par mettre sur le fond de la caisse une couche de charbon en poudre de deux pouces d'épaisseur, sur laquelle on plaça, une à une, les petites bandes de fer de deux pieds de longueur, de manière qu'elles ne se touchaient pas, et qu'elles

au contraire annonce dans l'acier des parties ferreuses, et le bon acier se connaît par un son soutenu, ondulant et timbré.

Le fer cémenté, en passant à l'état d'acier, devient sonore, et devient aussi très-fragile, puisque l'acier poule ou boursouflé est plus fragile que l'acier corroyé et trempé, sans que le premier ait été refroidi par un passage subit du chaud au froid : le fer peut donc être rendu fragile par deux causes diamétralement opposées, qui sont le feu et l'eau; car le fer ne devient acier que par une supersaturation du feu fixe, qui, en s'incorporant avec les molécules du fer, en coupe et rompt la fibre, et la convertit en grains plus ou moins fins; et c'est ce feu fixe, introduit dans le fer cémenté, qui en augmente le poids et le volume.

M. de Grignon observe que tous les défauts dont le fer est taché, et qui proviennent de la fabrication même ou du caractère des mines, ne sont point détruits par la cémentation; qu'au contraire ils ne deviennent que plus apparents; que c'est pour cette raison que, si l'on veut obtenir du bon acier par la cémentation, il faut nécessairement choisir les meilleurs fers, les plus parfaits, tant par leur essence que par leur fabrication, puisque la cémentation ne purifie pas le fer, et ne lui enlève pas les corps hétérogènes dont il peut être allié ou par amalgame ou par interposition : l'acier, selon lui, n'est point un fer plus pur, mais seulement un fer supersaturé de feu fixe, et il y a autant d'aciers défectueux que de mauvais fers.

M. de Grignon observe les degrés de perfection des différents fers convertis en acier dans l'ordre suivant :

Les fers d'Alsace sont ceux de France qui produisent les aciers les plus fins pour la pâte; mais ces aciers ne sont pas si nets que ceux des fers de roche de Champagne, qui sont mieux fabriqués que ceux d'Alsace : quoique les fers de Berri soient en général plus doux que ceux de Champagne et de Bourgogne, ils ont donné les aciers les moins nets, parce que leur étoffe n'est pas bien liée; et il a remarqué qu'en général les fers les plus doux à la lime, tels que ceux de Berri et de Suède, donnent des aciers beaucoup plus vifs que les fers fermes à la lime et au marteau, et que les derniers exigent une cémentation plus continuée et plus active. Il a reconnu que les fers de Sibérie donnaient un acier très-difficile à traiter, et défectueux par la désunion de son étoffe; que ceux d'Espagne donnent un acier propre à des ouvrages qui exigent un beau poli; et il conclut qu'on peut faire de très-bon acier fin avec les fers de France, en soignant leur fabrication : il désigne en même temps les provinces qui fournissent les fers qui sont les plus susceptibles de meilleur acier dans l'ordre suivant : Alsace, Champagne, Dauphiné, Limousin, Roussillon, comté de Foix, Franche-Comté, Lorraine, Berri et Bourgogne.

Il serait fort à désirer que le gouvernement donnât des encouragements pour élever des manufactures d'acier dans ces différentes provinces, non-seulement pour l'acier par la cémentation, mais aussi pour la fabrication des aciers naturels, qui sont à meilleur compte que les premiers, et d'un plus grand usage dans les arts, surtout dans les arts de première nécessité.

étaient séparées les unes des autres par un intervalle de plus d'un demi-pouce; on mit ensuite sur ces bandes une autre couche d'un pouce d'épaisseur de poudre de charbon, sur laquelle on posa de même d'autres bandes de fer, et ainsi alternativement des couches de charbon et des bandes de fer, jusqu'à ce que la caisse fût remplie, à trois pouces près, dans toute sa hauteur; on remplit ces trois derniers pouces vides, d'abord avec deux pouces de poudre de charbon, sur laquelle on amoncela en forme de dôme autant de poudre de grès qu'il pouvait en tenir sur la caisse sans s'ébouler: cette couverture de poudre de grès sert à préserver la poudre de charbon de l'atteinte et de la communication du feu. Il faut aussi avoir soin que les bandes de fer ne touchent ni par les côtés, ni par les extrémités, aux parois de la caisse, dont elles doivent être éloignées et séparées par une épaisseur de deux pouces de poudre de charbon : on a soin de pratiquer dans le milieu d'une des petites faces de la caisse une ouverture où l'on passe, par le dehors, une bande de huit ou dix pouces de longueur et de même épaisseur que les autres, pour servir d'indice ou d'éprouvette; car en retirant cette bande de fer au bout de quelques jours de feu, on juge par son état de celui des autres bandes renfermées dans la caisse, et l'on voit, en examinant cette bande d'épreuve, à quel point est avancée la conversion du fer en acier.

Le fond et les quatre côtés de la caisse doivent être de grès pur ou de très-bonnes briques bien jointes et bien lutées avec de l'argile : cette caisse porte sur une voûte de briques, sous laquelle s'étend la flamme d'un feu qu'on entretient continuellement sur un *tisar* à l'ouverture de cette voûte, le long de laquelle on pratique des tuyaux aspiratoires de six pouces en six pouces pour attirer la flamme et la faire circuler également tout autour de la caisse, au-dessus de laquelle doit être une autre voûte où la flamme, après avoir circulé, est enfin emportée rapidement par d'autres tuyaux d'aspiration aboutissant à une grande et haute cheminée. Après avoir réussi à ces premiers essais, j'ai fait construire un grand fourneau de même forme, et qui a quatorze pieds de longueur sur neuf de largeur et huit de hauteur, avec deux *tisars* en fonte de fer sur lesquels on met le bois, qui doit être bien sec, pour ne donner que de la flamme sans fumée; la voûte inférieure communique à l'entour de la caisse par vingt-quatre tuyaux aspiratoires, et la voûte supérieure communique à la grande cheminée par cinq autres tuyaux : cette cheminée est élevée de trente pieds au-dessus du fourneau et elle porte sur de grosses gueuses de fonte. Cette construction démontre assez que c'est un grand fourneau d'aspiration où l'air, puissamment attiré par le feu, anime la flamme et la fait circuler avec la plus grande rapidité; on entretient ce feu sans interruption pendant cinq ou six jours, et dès le quatrième on tire l'éprouvette pour s'assurer de l'effet qu'il a produit sur les bandes de fer qui sont dans la caisse de cémentation : on reconnaîtra, tant aux petites boursouflures qu'à la cassure de cette bande d'épreuve, si le fer est près ou loin d'être converti en acier, et d'après cette connaissance l'on fera cesser ou continuer le feu; et lorsqu'on jugera que la conversion est achevée, on laissera refroidir le fourneau ; après quoi on fera une ouverture vis-à-vis le dessus de la caisse, et on en tirera les bandes de fer qu'on y avait mises, et qui dès lors seront converties en acier.

En comparant ces bandes les unes avec les autres, j'ai remarqué : 1° que celles qui étaient de bon fer épuré avaient perdu toute apparence de nerf, et présentaient à leur cassure un grain très-fin d'acier, tandis que les bandes de fer commun conservaient encore de leur étoffe de fer, ou ne présentaient qu'un acier à gros grains; 2° qu'il y avait à l'extérieur beaucoup plus et de plus grandes boursouflures sur les bandes de fer commun que sur celles de bon fer ; 3° que les bandes voisines des parois de la caisse n'étaient pas aussi bien converties en acier que les bandes situées au milieu de la caisse, et que de même les extrémités de toutes les bandes étaient de moins bon acier que les parties du milieu.

Le fer, dans cet état, au sortir de la caisse de cémentation, s'appelle de l'acier *boursouflé;* il faut ensuite le chauffer très-doucement, et ne lui donner qu'un rouge couleur de cerise pour le porter sous le martinet et l'étendre en petits barreaux; car pour peu qu'on le chauffe un peu trop, il s'éparpille et l'on ne peut le forger : il y a aussi des précautions à prendre pour le tremper; mais j'excéderais les bornes que je me suis prescrites dans mes ouvrages sur l'histoire naturelle, si j'entrais dans de plus grands détails sur les différents arts du travail du fer; peut-être même trouvera-t-on que je me suis déjà trop étendu sur l'objet du fer en particulier; je me bornerai donc aux inductions que l'on peut tirer de ce qui vient d'être dit.

Il me semble qu'on pourrait juger de la bonne ou mauvaise qualité du fer par l'effet de la cémentation; on sait que le fer le plus pur est aussi le plus dense, et que le bon acier l'est encore plus que le meilleur fer; ainsi l'acier doit être regardé comme du fer encore plus pur que le meilleur fer : l'un et l'autre ne sont que le même métal dans deux états différents, et l'acier est pour ainsi dire un fer plus métallique que le simple fer; il est certainement plus pesant, plus magnétique, d'une couleur plus foncée, d'un grain beaucoup plus fin et plus serré, et il devient à la trempe bien plus dur que le fer trempé; il prend aussi le poli le plus vif et le plus beau : cependant, malgré toutes ces différences, on peut ramener l'acier à son premier état de fer par des céments d'une qualité contraire à celle des céments dont on s'est servi pour le convertir en acier, c'est-à-dire en se servant de matières absorbantes, telles que les substances calcaires, au lieu de matières inflammables, telle que la poudre de charbon dont on s'est servi pour le cémenter.

Mais dans cette conversion du fer en acier, quels sont les éléments qui causent ce changement et quelles sont les substances qui peuvent le subir! indépendamment des matières vitreuses, qui sans doute restent dans le fer en petite quantité, ne contient-il pas aussi des particules de zinc et d'autres matières hétérogènes [a]? le feu doit détruire ces molécules de zinc, ainsi que celles des matières vitreuses pendant la cémentation, et par conséquent elle doit achever de purifier le fer; mais il y a quelque chose de plus, car si le fer, dans cette opération qui change sa qualité, ne faisait que perdre sans rien acquérir, s'il se délivrait en effet de toutes ses impuretés, sans remplacement, sans acquisition d'autre matière, il deviendrait nécessairement plus léger; or, je me suis assuré que ces bandes de fer, devenues acier par la cémentation, loin d'être plus légères, sont spécifiquement plus pesantes, et que par conséquent elles acquièrent plus de matière qu'elles n'en perdent; dès lors quelle peut donc être cette matière, si ce n'est la substance même du feu [1] qui se fixe dans l'intérieur du fer, et qui contribue encore plus que la bonne qualité ou la pureté du fer à l'essence de l'acier?

La trempe produit dans le fer et l'acier des changements qui n'ont pas encore été assez observés, et quoiqu'on puisse ôter à tous deux l'impression de la trempe en les recuisant au feu, et les rendre à peu près tels qu'ils étaient avant d'avoir été trempés, il est pourtant vrai qu'en les trempant et les chauffant plusieurs fois de suite, on altère leur qualité. La trempe à l'eau froide rend le fer cassant; l'action du froid pénètre à l'intérieur, rompt et hache le nerf, et le convertit en grains; j'ai vu, dans mes forges, que les ouvriers accoutumés à tremper dans l'eau la partie de la barre qu'ils viennent de forger afin de la refroidir promptement, ayant dans un temps de forte gelée suivi leur habitude, et trempé toutes leurs barres dans l'eau presque glacée, elles se trouvèrent cassantes au point d'être rebutées des marchands: la moitié de la barre qui n'avait point été trempée était de bon fer nerveux, tandis que l'autre moitié qui avait été trempée à la glace n'avait plus de nerf, et ne présentait qu'un mauvais grain. Cette expérience est très-certaine, et ne fut que trop répétée chez moi; car il y eut plus de deux cents barres dont la seconde moitié était la seule bonne, et l'on fut obligé de casser toutes ces barres par le milieu, et de reforger toutes les par-

a. Le zinc contenu dans les mines de fer ne se montre pas seulement dans la cadmie qui se sublime dans l'intérieur du foyer supérieur du fourneau de fonderie, mais encore la *chapelle*, la *poitrine*, les *maratres* et le *gueulard* du fourneau sont enduits d'une poudre sous diverses couleurs, qui n'est que de la *tutie* et du *pompholix;* tout le zinc ne se sépare pas du minéral dans la fusion; il en reste encore une partie considérable, combinée avec le fer dans la fonte, ce que j'ai prouvé en démontrant le zinc contenu dans les grappes qui se subliment et s'attachent à la *mérade* des affineries..... J'en ai aussi reconnu dans les travaux que j'ai visités en Champagne, Bourgogne, Franche-Comté, Alsace, Lorraine et Luxembourg, et j'ai appris depuis que l'on en trouve dans plusieurs autres provinces; d'où l'on peut inférer que le zinc est un demi-métal ami du fer, et qu'il entre peut-être dans sa composition. *Mémoires de Physique*, par M. de Grignon, pag. 18 et 19 de la préface.

1. Ce n'est pas la *substance même du feu ;* c'est le *carbone.* (Voyez la note de la p. 504.)

ties qui avaient été trempées, afin de leur rendre le nerf qu'elles avaient perdu.

A l'égard des effets de la trempe sur l'acier, personne ne les a mieux observés que M. Perret ; et voici les faits, ou plutôt les effets essentiels que cet habile artiste a reconnus [a]. « La trempe change la forme des pièces « minces d'acier, elle les voile et les courbe en différents sens ; elle y pro- « duit des cassures et des gerçures ; ces derniers effets sont très-communs, « et néanmoins très-préjudiciables : ces défauts proviennent de ce que « l'acier n'est pas forgé avec assez de régularité, ce qui fait que passant « rapidement du chaud au froid, toutes les parties ne reçoivent pas avec « égalité l'impression du froid. Il en est de même, si l'acier n'est pas bien « pur ou contient quelques corps étrangers ; ils produiront nécessairement « des cassures... Le bon acier ne casse à la première trempe que quand il « est trop écroui par le marteau ; celui qu'on n'écrouit point du tout, et « qu'on ne forge que chaud, ne casse point à la première trempe, et l'on « doit remarquer que l'acier prend du gonflement à chaque fois qu'on le « chauffe... Plus on donne de trempe à l'acier, et plus il s'y forme de cas- « sures ; car la matière de l'acier ne cesse de travailler à chaque trempe. « L'acier fondu d'Angleterre se gerce de plusieurs cassures, et celui de « Styrie, non-seulement se casse, mais se crible par des trempes réité- « rées... Pour prévenir l'effet des cassures, il faut chauffer couleur de « cerise la pièce d'acier, et la tremper dans du suif en l'y laissant jusqu'à « ce qu'elle ait perdu son rouge ; on peut au lieu de suif employer toute « autre graisse ; elle produira le même effet, et préservera l'acier des cas- « sures que la trempe à l'eau ne manque pas de produire. On donnera si « l'on veut ensuite une trempe à l'ordinaire à la pièce d'acier, ou l'on s'en « tiendra à la seule trempe du suif : l'artiste doit tâcher de conduire son « travail de manière qu'il ne soit obligé de tremper qu'une fois ; car chaque « trempe altère de plus en plus la matière de l'acier : au reste la trempe au « suif ne durcit pas l'acier, et par conséquent ne suffit pas pour les instru- « ments tranchants qui doivent être très-durs ; ainsi il faudra les tremper « à l'eau après les avoir trempés au suif. On a observé que la trempe à « l'huile végétale donne plus de dureté que la trempe au suif ou à toute « autre graisse animale, et c'est sans doute parce que l'huile contient plus « d'eau que la graisse. »

L'écrouissement que l'on donne aux métaux les rend plus durs, et occasionne en particulier les cassures qui se font dans le fer et l'acier ; la trempe augmente ces cassures, et ne manque jamais d'en produire dans les parties qui ont été les plus *récrouies*, et qui sont par conséquent devenues les plus dures : l'or, l'argent, le cuivre, battus à froid, s'écrouissent, et devien-

a. *Mémoire sur les effets des cassures que la trempe occasionne à l'acier*, par M. Perret, correspondant de l'Académie de Béziers.

nent plus durs et plus élastiques sous les coups réitérés du marteau; il n'en est pas de même de l'étain et du plomb qui, quoique battus fortement et longtemps, ne prennent point de dureté ni d'élasticité; on peut même faire fondre l'étain en le faisant frapper sous un martinet prompt, et on rend le plomb si mou et si chaud qu'il paraît aussi prêt à se fondre. Mais je ne crois pas, avec M. Perret, qu'il existe une matière particulière que la percussion fait entrer dans le fer, l'or, l'argent et le cuivre, et que l'étain ni le plomb ne peuvent recevoir : ne suffit-il pas que la substance de ces premiers métaux soit par elle-même plus dure que celle du plomb et de l'étain pour qu'elle le devienne encore plus par le rapprochement de ses parties? la percussion du marteau ne peut produire que ce rapprochement, et lorsque les parties intégrantes d'un métal sont elles-mêmes assez dures pour ne se point écraser, mais seulement se rapprocher par la percussion, le métal écroui deviendra plus dur et même élastique, tandis que les métaux, comme le plomb et l'étain dont la substance est molle jusque dans ses plus petits atomes, ne prendront ni dureté ni ressort, parce que les parties intégrantes étant écrasées par la percussion, n'en seront que plus molles, ou plutôt ne changeront pas de nature ni de propriété, puisqu'elles s'étendront au lieu de se resserrer et de se rapprocher. Le marteau ne fait donc que comprimer le métal en détruisant les pores ou interstices qui étaient entre ses parties intégrantes, et c'est par cette raison qu'en remettant le métal écroui dans le feu dont le premier effet est de dilater toute substance, les interstices se rétablissent entre les parties du métal, et l'effet de l'écrouissement ne subsiste plus.

Mais pour en revenir à la trempe, il est certain qu'elle fait un effet prodigieux sur le fer et l'acier. La trempe dans l'eau très-froide rend, comme nous venons de le dire, le meilleur fer tout à fait cassant; et quoique cet effet soit beaucoup moins sensible lorsque l'eau est à la température ordinaire, il est cependant très-vrai qu'elle influe sur la qualité du fer, et qu'on doit empêcher le forgeron de tremper sa pièce encore rouge de feu pour la refroidir, et même il ne faut pas qu'il jette une grande quantité d'eau dessus en la forgeant, tant qu'elle est dans l'état d'incandescence : il en est de même de l'acier, et l'on fera bien de ne le tremper qu'une seule fois dans l'eau à la température ordinaire.

Dans certaines contrées où le travail du fer est encore inconnu, les Nègres, quoique les moins ingénieux de tous les hommes, ont néanmoins imaginé de tremper le bois dans l'huile ou dans des graisses dont ils le laissent s'imbiber; ensuite ils l'enveloppent avec de grandes feuilles, comme celles de bananier, et mettent sous de la cendre chaude les instruments de bois qu'ils veulent rendre tranchants; la chaleur fait ouvrir les pores du bois qui s'imbibe encore plus de cette graisse, et lorsqu'il est refroidi, il paraît lisse, sec, luisant, et il est devenu si dur qu'il tranche et perce comme une arme de fer : des zagaies de bois dur et trempé de cette façon, lancées contre des arbres à la distance de quarante pieds, y entrent de trois ou quatre pouces, et pourraient traverser le corps d'un homme; leurs haches de bois, trempées de même, tranchent tous les autres bois[a]. On sait d'ailleurs qu'on fait durcir le bois en le passant au feu, qui lui enlève l'humidité qui cause en partie sa mollesse : ainsi dans cette trempe à la graisse ou à l'huile sous la cendre chaude, on ne fait que substituer aux parties aqueuses du bois une substance qui lui est plus analogue et qui en rapproche les fibres de plus près.

L'acier trempé très-dur, c'est-à-dire à l'eau froide, est en même temps très-cassant : on ne s'en sert que pour certains ouvrages, et en particulier pour faire des outils qu'on appelle *brunissoirs*, qui étant d'un acier plus dur que tous les autres aciers, servent à lui donner le dernier poli[b].

Au reste, on ne peut donner le poli vif, brillant et noir qu'à l'espèce d'acier qu'on appelle *acier fondu*, et que nous tirons d'Angleterre; nos artistes ne connaissent pas les moyens de faire cet excellent acier; ce n'est pas qu'en général il ne soit assez facile de fondre l'acier; j'en ai fait couler à mes fourneaux d'aspiration plus de vingt livres en fusion très-parfaite, mais la difficulté consiste à traiter et à forger cet acier fondu, cela demande les plus grandes précautions, car ordinairement il s'éparpille en étincelles au seul contact de l'air, et se réduit en poudre sous le marteau.

Dans les fileries on fait des filières qui doivent être de la plus grande dureté, avec une sorte d'acier qu'on appelle *acier sauvage;* on le fait fondre, et au moment qu'il se coagule on le frappe légèrement avec un marteau à main, et à mesure qu'il prend du corps on le chauffe et on le forge en augmentant graduellement la force et la vitesse de la percussion, et on l'achève en le forgeant au martinet. On prétend que c'est par ce procédé que les Anglais forgent leur acier fondu, et on assure que les Asiatiques

a. Note communiquée en 1774 par M. de Renne, ancien capitaine de vaisseau de la Compagnie des Indes.

b. On sait que c'est avec de la potée ou chaux d'étain délayée dans de l'esprit-de-vin que l'on polit l'acier, mais les Anglais emploient un autre procédé pour lui donner le poli noir et brillant dont ils font un secret. M. Perret, dont nous venons de parler, paraît avoir découvert ce secret, du moins il est venu à bout de polir l'acier à peu près aussi bien qu'on le polit en Angleterre; il faut pour cela broyer la potée sur une plaque de fonte de fer bien unie et polie, on se sert d'un brunissoir de bois de noyer sur lequel on colle un morceau de peau de buffle qu'on a précédemment lissé avec la pierre-ponce, et qu'on imprègne de potée délayée à l'eau-de-vie. Ce polissoir doit être monté sur une roue de cinq à six pieds de diamètre pour donner un mouvement plus vif. La matière que M. Perret a trouvée la meilleure pour polir parfaitement l'acier est l'acier lui-même fondu avec du soufre, et ensuite réduit en poudre. M. de Grignon assure que le colcothar retiré du vitriol après la distillation de l'eau-forte est la matière qui donne le plus beau poli noir à l'acier; il faut laver ce colcothar encore chaud plusieurs fois, et le réduire au dernier degré de finesse par la décantation; il faut aussi qu'il soit entièrement dépouillé de ses parties salines qui formeraient des taches bleuâtres sur le poli; il paraît que M. Langlois est de nos artistes celui qui a le mieux réussi à donner ce beau poli noir à l'acier.

travaillent de même leur acier en pain qui est aussi d'excellente qualité. La fragilité de cet acier fondu est presque égale à celle du verre, c'est pourquoi il n'est bon que pour certains outils, tels que les rasoirs, les lancettes, etc., qui doivent être très-tranchants et prendre le plus de dureté et le plus beau poli; mais il ne peut servir aux ouvrages qui, comme les lames d'épées, doivent avoir du ressort; et c'est par cette raison que dans le Levant [a], comme en Europe, les lames de sabre et d'épée se font avec un acier mélangé d'un peu d'étoffe de fer qui lui donne de la souplesse et de l'élasticité.

Les Orientaux ont mieux que nous le petit art de damasquiner l'acier [b]; cela ne se fait pas en y introduisant de l'or ou de l'argent, comme on le croit vulgairement, mais par le seul effet d'une percussion souvent réitérée. M. Gau a fait sur cela plusieurs expériences dont il a eu la bonté de me communiquer le résultat [c]: cet habile artiste, qui a porté notre manufacture

a. Les mines d'acier de Perse produisent beaucoup, car l'acier n'y vaut que sept sous la livre... Cet acier est fin, ayant le grain fort menu et délié, qualité qui naturellement et sans artifice le rend dur comme le diamant; mais d'autre côté il est cassant comme du verre. Et comme les artisans persans ne lui savent pas bien donner la trempe, il n'y a pas moyen d'en faire des ressorts ni des ouvrages déliés et délicats : il prend pourtant une fort bonne trempe dans l'eau froide, ce qu'on fait en l'enveloppant d'un linge mouillé au lieu de le jeter dans une auge d'eau, après quoi on le fait chauffer sans le rougir tout à fait. Cet acier ne se peut point non plus allier avec le fer, et si on lui donne le feu trop chaud, il se brûle et devient comme de l'écume de charbon; on le mêle avec l'acier des Indes, qui est plus doux et qui est beaucoup plus estimé. Les Persans appellent l'une et l'autre sorte d'acier *poulard, janherder* et *acier ondé*, pour le distinguer d'avec l'acier d'Europe. C'est de cet acier-là qu'ils font leurs belles lames damasquinées; ils les fondent en pain rond comme le creux de la main et en petits bâtons carrés. *Voyage de Chardin en Perse*, etc.; Amsterdam, 1711, t. II, p. 23.

b. Les Persans savent parfaitement bien damasquiner avec le vitriol les ouvrages d'acier, comme sabres, couteaux, etc.;... mais la nature de l'acier dont ils se servent y contribue beaucoup. Cet acier s'apporte de Golconde, et c'est le seul qui se puisse bien damasquiner; aussi est-il différent du nôtre, car, quand on le met au feu pour lui donner la trempe, il ne lui faut donner qu'une petite rougeur, comme couleur de cerise, et, au lieu de le tremper dans l'eau comme nous faisons, on ne fait que l'envelopper dans un linge mouillé, parce que, si on lui donnait la même chaleur qu'aux nôtres, il deviendrait si dur que dès qu'on le voudrait manier, il se casserait comme du verre. On met cet acier en pain gros comme nos pains d'un sou, et pour savoir s'il est bon et s'il n'y a point de fraude, on le coupe en deux, chaque morceau suffisant pour faire un sabre, car il s'en trouve qui n'a pas été bien préparé et qu'on ne saurait damasquiner. Un de ces pains d'acier, qui n'aura coûté à Golconde que la valeur de neuf ou dix sous, vaut quatre ou cinq *abassis* en Perse; et plus on le porte loin, plus il devient cher, car en Turquie on vend le pain jusqu'à trois piastres, et il en vient à Constantinople, à Smyrne, à Alep et à Damas, où anciennement on le transportait. Le plus grand négoce des Indes se rendait au Caire par la mer Rouge; mais aujourd'hui, autant que le roi de Golconde apporte de difficulté à laisser sortir de l'acier de son pays, autant le roi de Perse tâche d'empêcher qu'on n'enlève de celui qui est entré dans son royaume. Je fais toutes ces remarques pour désabuser bien des gens qui croient que les sabres et couteaux qui nous viennent de Turquie se font d'acier de Damas, ce qui est une erreur, parce que, comme je l'ai dit, il n'y a point d'acier au monde que celui de Golconde qu'on puisse damasquiner sans que l'acier s'altère comme le nôtre. *Voyage de Tavernier*; Rouen, 1713, t. II, pag. 330 et 331.

c. « Monsieur, de retour à Klingensthal, j'ai fait, comme j'ai eu l'honneur de vous le promettre à Montbard, plusieurs épreuves sur l'acier, pour en fabriquer des lames de sabres et de

des armes blanches à un grand point de perfection, s'est convaincu avec moi que ce n'est que par le travail du marteau et par la réunion de diffé-

couteaux de chasse de même étoffe et de même qualité que celles de Turquie, connues sous le nom de *damas*: les résultats de ces différentes épreuves ont toujours été les mêmes, et je profite de la permission que vous m'avez donnée de vous en rendre compte.

« Après avoir fait travailler et préparer une certaine quantité d'acier propre à en faire du damas, j'en ai destiné un tiers à recevoir le double de l'argent que j'y emploie ordinairement; dans le second tiers, j'y ai mis la dose ordinaire, et point d'argent du tout dans le dernier tiers.

« J'ai eu l'honneur de vous dire, Monsieur, de quelle façon je fais ce mélange de l'argent avec de l'acier; j'ai augmenté de précautions pour mieux enfermer l'argent, et comme j'ai commencé mes épreuves par les petites barres ou plaques qui en tenaient le double, en donnant à celles du dessus et du dessous le double d'épaisseur des autres, je les ai fait chauffer au blanc bouillant, et ce n'a été qu'avec une peine infinie que l'ouvrier est venu à bout de les souder ensemble : elles paraissaient à l'intérieur l'être parfaitement, et on ne voyait point sur l'enclume qu'il en fût sorti de l'argent. La réunion de ces plaques m'a donné un lingot de neuf pouces de long sur un pouce d'épaisseur et autant de largeur.

« J'ai ensuite fait remettre au feu ce lingot pour en former une lame de couteau de chasse; c'est dans cette opération, en aplatissant et en allongeant ce lingot, que les défauts de soudure qui étaient dans l'intérieur se sont découverts, et quelque soin que l'ouvrier y ait donné, il n'a pu forger cette lame sans beaucoup de pailles.

« J'ai fait recommencer cette opération par quatre fois différentes, et toutes les lames ont été pailleuses sans qu'on ait pu y remédier, ce qui me persuade qu'il y est entré beaucoup d'argent.

« Les barres dans lesquelles je n'ai mis que la dose ordinaire d'argent, et dont les plaques du dessus et du dessous n'avaient pas plus d'épaisseur que les autres, ont toutes bien soudé et ont donné des lames sans paille; il s'est trouvé sur l'enclume beaucoup d'argent fondu qui s'y était attaché.

« A l'égard des barres forgées sans argent, elles ont été soudées sans aucune difficulté comme de l'acier ordinaire, et elles ont donné de très-belles lames. Pour connaître si ces lames sans argent avaient les mêmes qualités pour le tranchant et la solidité que celles fabriquées avec de l'argent, j'ai essayé le tranchant de toutes forces sur des nœuds de bois de chêne, qu'elles ont coupés sans s'ébrécher; j'en ai ensuite mis une à plat entre deux barres de fer sur mon escalier, comme vous l'avez vu faire sur le vôtre, et ce n'a été qu'après l'avoir longtemps tourmentée dans tous les sens que je suis parvenu à la déchirer. J'ai donc trouvé à ces lames le même tranchant et la même ténacité. Il semblerait d'après ces épreuves :

« 1° Que, s'il reste de l'argent dans l'acier, il est impossible de le souder dans les endroits où il se trouve;

« 2° Que, lorsqu'on réussit à souder parfaitement des barres où il y a de l'argent, il faut que cet argent, qui est en fusion lorsque l'acier est rouge blanc, s'en soit échappé aux premiers coups de marteau, soit par les jointures des barres posées les unes sur les autres, soit par les pores alors ouverts de l'acier; lorsque les plaques sont plus épaisses, l'argent fondu se répand en partie sur l'enclume, et il est impossible de souder les endroits où il en reste;

« 3° L'argent ne communique aucune vertu à l'acier, soit pour le tranchant, soit pour la solidité; et l'opinion du public, qui avait décidé mes recherches, et qui attribue au mélange de l'acier et de l'argent la bonté des lames de Damas en Turquie, est sans fondement, puisque, en décomposant un morceau vous-même, Monsieur, vous n'y avez pas trouvé plus d'argent que dans la lame de même étoffe faite ici, dans laquelle il en était cependant entré;

« 4° Le tranchant étonnant de ces lames et leur solidité ne proviennent, ainsi que les dessins qu'elles présentent, que du mélange des différents aciers qu'on y emploie, et de la façon qu'on les travaille ensemble.

« Pour que vous puissiez, Monsieur, en juger par vous-même, et rectifier mes idées à ce sujet, j'envoie à mon dépôt de l'arsenal de Paris, pour vous être remises à leur arrivée :

« 1° Une des lames forgées avec les lingots où il y avait le double d'argent, dans laquelle je

rents acier mêlés d'un peu d'étoffe de fer que l'on vient à bout de damasquiner les lames de sabres, et de leur donner en même temps le tranchant, l'élasticité et la ténacité nécessaires; il a reconnu comme moi que ni l'or ni l'argent ne peuvent produire cet effet.

Il me resterait encore beaucoup de choses à dire sur le travail et sur l'emploi du fer : je me suis contenté d'en indiquer les principaux objets; chacun demanderait un traité particulier, et l'on pourrait compter plus de cent arts ou métiers tous relatifs au travail de ce métal, en le prenant depuis ses mines jusqu'à sa conversion en acier et sa fabrication en canons de fusils , lames d'épées, ressorts de montre, etc. Je n'ai pu donner ici que la filiation de ces arts, en suivant les rapports naturels qui les font dépendre les uns des autres : le reste appartient moins à l'histoire de la nature qu'à celle des progrès de notre industrie.

Mais nous ne devons pas oublier de faire mention des principales propriétés du fer et de l'acier, relativement à celles des autres métaux : le fer, quoique très-dur, n'est pas fort dense; c'est, après l'étain, le plus léger de tous. Le fer commun, pesé dans l'eau, ne perd guère qu'un huitième de son poids, et ne pèse que cinq cent quarante-cinq ou cinq cent quarante-six livres le pied cube[a] : l'acier pèse cinq cent quarante-huit à cinq cent quarante-neuf livres, et il est toujours spécifiquement un peu plus pesant que le meilleur fer; je dis le meilleur fer, car en général ce métal est sujet à varier pour la densité, ainsi que pour la ténacité, la dureté, l'élasticité, et il paraît n'avoir aucune propriété absolue que celle d'être attirable à l'aimant; encore cette qualité magnétique est-elle beaucoup plus grande dans l'acier et dans certains fers que dans d'autres; elle augmente aussi dans certaines circonstances et diminue dans d'autres; et cependant cette propriété d'être attirable à l'aimant paraît appartenir au fer, à l'exclusion de toute autre matière, car nous ne connaissons dans la nature aucun métal, aucune autre substance pure qui ait cette qualité magnétique et qui puisse

crois qu'il y en a encore, parce qu'elle n'a pu être bien soudée, et que vous voudrez bien faire décomposer après avoir fait éprouver son tranchant et sa solidité;

« 2° Une lame forgée d'un lingot où j'avais mis moitié d'argent, bien soudée, et sur laquelle j'ai fait graver vos armoiries;

« 3° Une lame fabriquée d'une barre d'acier travaillée pour damas, dans laquelle il n'est point entré d'argent; vous voudrez bien faire mettre cette lame aux plus fortes épreuves, tant pour le tranchant sur du bois qu'en essayant sa résistance en la forçant entre deux barres de fer. » (Lettre de M. Gaü, entrepreneur général de la manufacture des armes blanches, à M. le comte de Buffon, datée de Klingensthal, le 29 avril 1775.)

a. On a écrit et répété partout que le pied cube de fer pèse cinq cent quatre-vingts livres (voyez le *Dictionnaire de Chimie*, article *Fer*); mais cette estimation est de beaucoup trop forte. M. Brisson s'est assuré, par des épreuves à la balance hydrostatique, que le fer forgé, non écroui comme écroui, ne pèse également que cinq cent quarante-cinq livres deux ou trois onces le pied cube, et que le pied cube d'acier pèse cinq cent quarante-huit livres : on s'était donc trompé de trente-cinq livres, en estimant cinq cent quatre-vingts livres le poids d'un pied cube de fer. (Voyez la Table des pesanteurs spécifiques de M. Brisson.)

même l'acquérir par notre art; rien au contraire ne peut la faire perdre au fer tant qu'il existe dans son état de métal. Et non-seulement il est toujours attirable par l'aimant, mais il peut lui-même devenir aimant, et lorsqu'il est une fois aimanté, il attire l'autre fer avec autant de force que l'aimant même[a].

De tous les métaux, après l'or, le fer est celui dont la ténacité est la plus grande : selon Musschenbroeck, un fil de fer d'un dixième de pouce de diamètre peut soutenir un poids de quatre cent cinquante livres sans se rompre; mais j'ai reconnu par ma propre expérience qu'il y a une énorme différence entre la ténacité du bon et du mauvais fer[b], et quoiqu'on choisisse le meilleur pour le passer à la filière, on trouvera encore des différences dans la ténacité des différents fils de fer de même grosseur, et l'on observera généralement que plus le fil de fer sera fin, plus la ténacité sera grande à proportion.

Nous avons vu qu'il faut un feu très-violent pour fondre le fer forgé, et qu'en même temps qu'il se fond, il se brûle et se calcine en partie, et d'autant plus que la chaleur est plus forte : en le fondant au foyer d'un miroir ardent on le voit bouillonner, brûler, jeter une flamme assez sensible et se changer en mâchefer; cette scorie conserve la qualité magnétique du fer après avoir perdu toutes les autres propriétés de ce métal.

Tous les acides minéraux et végétaux agissent plus ou moins sur le fer et l'acier; l'air, qui dans son état ordinaire est toujours chargé d'humidité, les réduit en rouille; l'air sec ne les attaque pas de même et ne fait qu'en ternir la surface; l'eau la ternit davantage et la noircit à la longue; elle en divise et sépare les parties constituantes, et l'on peut avec de l'eau pure réduire ce métal en une poudre très-fine[c], laquelle néanmoins est encore du fer dans son état de métal, car elle est attirable à l'aimant et se dissout comme le fer dans tous les acides : ainsi, ni l'eau, ni l'air seuls n'ôtent au fer sa qualité magnétique, il faut le concours de ces deux éléments ou plutôt l'action de l'acide aérien pour le réduire en rouille[1], qui n'est plus attirable à l'aimant.

L'acide nitreux dévore le fer autant qu'il le dissout : il le saisit d'abord avec la plus grande violence; et lors même que cet acide en est pleinement saturé, son activité ne se ralentit pas, il dissout le nouveau fer qu'on lui présente en laissant précipiter le premier.

a. Voyez, dans le XIIe volume, l'article de l'*Aimant*.

b. Voyez le *Mémoire sur la ténacité du fer*, dans le IXe volume.

c. Prenez de la limaille de fer nette et brillante; mettez-la dans un vase; versez assez d'eau dessus pour la couvrir d'un pouce ou deux; faites-la remuer avec une spatule de fer jusqu'à ce qu'elle soit réduite en poudre si fine qu'elle reste suspendue à la surface de l'eau : cette poudre est encore du vrai fer très-attirable à l'aimant.

1..... *L'action de l'acide aérien pour le réduire en rouille*;... c'est-à-dire l'action de l'*oxygène de l'air* : la *rouille* est un *oxyde de fer*.

L'acide vitriolique, même affaibli, dissout aussi le fer avec effervescence et chaleur, et les vapeurs qui s'élèvent de cette dissolution sont très-inflammables[1]. En la faisant évaporer et la laissant refroidir, on obtient des cristaux vitrioliques verts, qui sont connus sous le nom de *couperose*[a].

L'acide marin dissout très-bien le fer, et l'eau régale encore mieux : ces acides nitreux et marins, soit séparément, soit conjointement, forment avec le fer des sels qui, quoique métalliques, sont déliquescents; mais dans quelque acide que le fer soit dissous, on peut toujours l'en séparer par le moyen des alcalis ou des terres calcaires; on peut aussi le précipiter par le zinc, etc.

Le soufre qui fait fondre le fer rouge en un instant est plutôt le destructeur que le dissolvant de ce métal, il en change la nature et le réduit en pyrite[2] : la force d'affinité entre le soufre et le fer est si grande qu'ils agissent violemment l'un sur l'autre, même sans le secours du feu, car dans cet état de pyrite ils produisent eux-mêmes de la chaleur et du feu, à l'aide seulement d'un peu d'humidité.

De quelque manière que le fer soit dissous ou décomposé, il paraît que ses précipités et ses chaux en safran, en ocre, en rouille, etc., sont tous colorés de jaune, de rougeâtre ou de brun; aussi emploie-t-on ces chaux de fer pour la peinture à l'huile et pour les émaux.

Enfin le fer peut s'allier avec tous les autres métaux[3], à l'exception du plomb et du mercure; suivant M. Geller, les affinités du fer sont dans l'ordre suivant : l'or, l'argent, le cuivre; et, suivant M. Geoffroy : le régule d'antimoine, l'argent, le cuivre et le plomb; mais ce dernier chimiste devait exclure le plomb et ne pas oublier l'or, avec lequel le fer a plus d'affinité qu'avec aucun autre métal. Nous verrons même que ces deux métaux, le fer et l'or, se trouvent quelquefois si intimement unis par des accidents de nature, que notre art ne peut les séparer l'un de l'autre[b].

DE L'OR.

Autant nous avons vu le fer subir de transformations et prendre d'états différents, soit par les causes naturelles, soit par les effets de notre art;

a. Voyez ci-devant l'article du *Vitriol*.

b. Voyez l'article de la *Platine*, dans le IX[e] volume.

1. Les *vapeurs inflammables*, qui se dégagent durant l'action de l'*acide sulfurique*, étendu d'eau, sur le *fer*, sont de l'*hydrogène*.

2. Voyez la note 1 de la page 295.

3. « Le *fer* ne peut s'unir ni au *zinc*, ni au *titane*, ni au *mercure*, ni à l'*argent*; sa combinaison avec le *plomb* est douteuse : il ne se combine que difficilement avec le *bismuth* et « avec le *cuivre*; il s'allie plus ou moins facilement avec les autres métaux. » (Thénard.)

autant l'or nous paraîtra fixe, immuable et constamment le même sous notre main comme sous celle de la nature : c'est de toutes les matières du globe la plus pesante, la plus inaltérable, la plus tenace, la plus extensible, et c'est par la réunion de ces caractères prééminents, que dans tous les temps l'or a été regardé comme le métal le plus parfait et le plus précieux ; il est devenu le signe universel et constant de la valeur de toute autre matière par un consentement unanime et tacite de tous les peuples policés. Comme il peut se diviser à l'infini sans rien perdre de son essence, et même sans subir la moindre altération, il se trouve disséminé sur la surface entière du globe, mais en molécules si ténues que sa présence n'est pas sensible. Toute la couche de la terre qui recouvre le globe en contient, mais c'est en si petite quantité qu'on ne l'aperçoit pas et qu'on ne peut le recueillir ; il est plus apparent, quoique encore en très-petite quantité, dans les sables entraînés par les eaux et détachés de la masse des rochers qui le recèlent ; on le voit quelquefois briller dans ces sables dont il est aisé de le séparer par des lotions réitérées : ces paillettes charriées par les eaux, ainsi que toutes les autres particules de l'or qui sont disséminées sur la terre, proviennent également des mines primordiales de ce métal. Ces mines gisent dans les fentes du quartz où elles se sont établies peu de temps après la consolidation du globe ; souvent l'or y est mêlé avec d'autres métaux sans en être altéré ; presque toujours il est allié d'argent, et néanmoins il conserve sa nature dans le mélange, tandis que les autres métaux, corrompus et minéralisés, ont perdu leur première forme avant de voir le jour, et ne peuvent ensuite la reprendre que par le travail de nos mains : l'or, au contraire, vrai métal de nature, a été formé tel qu'il est ; il a été fondu ou sublimé par l'action du feu primitif, et s'est établi sous la forme qu'il conserve encore aujourd'hui ; il n'a subi d'autre altération que celle d'une division presque infinie ; car il ne se présente nulle part sous une forme minéralisée ; on peut même dire que pour minéraliser l'or, il faudrait un concours de circonstances qui ne se trouvent peut-être pas dans la nature, et qui lui feraient perdre ses qualités les plus essentielles ; car il ne pourrait prendre cette forme minéralisée qu'en passant auparavant par l'état de précipité, ce qui suppose précédemment sa dissolution par la réunion des acides nitreux et marin ; et ces précipités de l'or ne conservent pas les grandes propriétés de ce métal ; ils ne sont plus inaltérables et ils peuvent être dissous par les acides simples ; ce n'est donc que sous cette forme de précipité que l'or pourrait être minéralisé ; et comme il faut la réunion de l'acide nitreux et de l'acide marin pour en faire la dissolution [1], et ensuite un alcali

1. « L'*or* est un des métaux les moins altérables que l'on connaisse. Il résiste à l'action de « l'air, de l'oxygène, de l'eau, des acides sulfurique, azotique et chlorhydrique. Mais l'acide « sélénique l'attaque en se transformant en acide sélénieux.

« L'acide azotique mêlé avec les acides chlorhydrique, iodhydrique, bromhydrique, etc.,

ou une matière métallique pour opérer le précipité, ce serait par le plus grand des hasards que ces combinaisons se trouveraient réunies dans le sein de la terre, et que ce métal pourrait être dans un état de minéralisation naturelle.

L'or ne s'est établi sur le globe que quelque temps après sa consolidation, et même après l'établissement du fer, parce qu'il ne peut pas supporter un aussi grand degré de feu, sans se sublimer ou se fondre : aussi ne s'est-il point incorporé dans la matière vitreuse; il a seulement rempli les fentes du quartz, qui toujours lui sert de gangue; l'or s'y trouve dans son état de nature, et sans autre caractère que celui d'un métal fondu; ensuite il s'est sublimé par la continuité de cette première chaleur du globe, et il s'est répandu sur la superficie de la terre en atomes impalpables et presque imperceptibles.

Les premiers dépôts ou mines primitives de cette matière précieuse ont donc dû perdre de leur masse et diminuer de quantité, tant que le globe a conservé assez de chaleur pour en opérer la sublimation; et cette perte continuelle pendant les premiers siècles de la grande chaleur du globe a peut-être contribué plus qu'aucune autre cause à la rareté de ce métal et à sa dissémination universelle en atomes infiniment petits : je dis universelle, parce qu'il y a peu de matières à la surface de la terre qui n'en contiennent une petite quantité; les chimistes en ont trouvé dans la terre végétale, et dans toutes les autres terres qu'ils ont mises à l'épreuve [a].

Au reste, ce métal, le plus dense de tous, est en même temps celui que la nature a produit en plus petite quantité : tout ce qui est extrême est rare, par la raison même qu'il est extrême; l'or pour la densité, le diamant pour la dureté, le mercure pour la volatilité, étant extrêmes en qualité, sont rares en quantité. Mais pour ne parler ici que de l'or, nous observerons d'abord que, quoique la nature paraisse nous le présenter sous différentes formes, toutes néanmoins ne diffèrent les unes des autres, que par la quantité et jamais par la qualité, parce que ni le feu, ni l'eau, ni l'air, ni même tous ces éléments combinés, n'altèrent pas son essence, et que

a. L'or trouvé par nos chimistes récents, dans la terre végétale, est une preuve de la dissémination universelle de ce métal, et ce fait paraît avoir été connu précédemment; car Boërhaave parle d'un programme présenté aux États-Généraux, sous ce titre : *De arte extrahendi aurum e qualibet terrâ arvensi.*

« forme des eaux régales qui dissolvent l'or en le transformant en chlorure, iodure et bromure.
« L'or est aussi dissous par des mélanges d'acide chlorhydrique avec les autres acides, tels « que les acides chromique, sélénique, etc, qui peuvent dégager du chlore avec l'acide chlo« rhydrique.

« Dans le commerce, on dissout l'or dans une eau régale formée de 1 partie d'acide azotique « et de 4 parties d'acide chlorhydrique.

« L'or forme avec l'*oxygène* un *protoxyde* et un *peroxyde*. Le *peroxyde d'or* fonctionne « comme un véritable acide : on lui donne ordinairement le nom d'*acide aurique.* » (Pelouze et Frémy.)

les acides simples qui détruisent les autres métaux ne peuvent l'entamer [a].

En général, on trouve l'or dans quatre états différents, tous relatifs à sa seule divisibilité [1], savoir, en poudre, en paillettes, en grains et en filets séparés ou conglomérés. Les mines primordiales de ce métal [2] sont dans les hautes montagnes, et forment des filons dans le quartz jusqu'à d'assez grandes profondeurs; elles se sont établies dans les fentes perpendiculaires de cette roche quartzeuse, et l'or y est toujours allié d'une plus ou moins grande quantité d'argent; ces deux métaux y sont simplement mélangés et font masse commune; ils sont ordinairement incrustés en filets ou en lames dans la pierre vitreuse, et quelquefois ils s'y trouvent en masses et en faisceaux conglomérés : c'est à quelque distance de ces mines primordiales que se trouve l'or en petites masses, en grains, en pépites, etc., et c'est dans les ravines des montagnes qui en recèlent les mines, qu'on le recueille en plus grande quantité. On le trouve aussi en paillettes et en poudre dans les sables que roulent les torrents et les rivières qui descendent

a. M. Tillet, savant physicien de l'Académie des Sciences, s'est assuré que l'acide nitreux, rectifié autant qu'il est possible, ne dissout pas un seul atome de l'or qu'on lui présente : à la vérité, l'eau-forte ordinaire semble attaquer un peu les feuilles d'or par une opération forcée, en faisant bouillir, par exemple, quatre ou cinq onces de cet acide sur un demi-gros d'or pur réduit en une lame très-mince, jusqu'à ce que toute la liqueur soit réduite au poids de quelques gros; alors la petite quantité d'acide qui reste se trouve chargée de quelques particules d'or, mais le métal y est dans l'état de suspension, et non pas véritablement dissous; puisqu'au bout de quelque temps, il se précipite au fond du flacon, quoique bien bouché, ou bien il surnage à la surface de la liqueur avec son brillant métallique, au lieu que dans une véritable dissolution, telle qu'on l'opère par l'eau régale, la combinaison du métal est si parfaite avec les deux acides réunis, qu'il ne les quitte jamais de lui-même * : d'après ce rapport de M. Tillet, il est aisé de concevoir que l'acide nitreux, forcé d'agir par la chaleur, n'agit ici que comme un corps qui en frotterait un autre, et en détacherait par conséquent quelques particules, et dès lors on peut assurer que cet acide ne peut ni dissoudre, ni même attaquer l'or par ses propres forces.

* Remarque communiquée à M. de Buffon par M. Tillet, avril 1781.

1. « L'*or* se trouve toujours à l'état natif, ou combiné avec quelques métaux, principale- « ment avec l'argent et le tellure. » (Pelouze et Frémy.)

2. « Il est ordinairement cristallisé en cubes, ou en octaèdres ou sous des formes qui en « dérivent; on le rencontre aussi en lamelles, en paillettes ou ramifications. On l'observe, « mais assez rarement, en masses isolées, qui portent le nom de *pépites*. » (*Idem*.)

3. « L'*or* se rencontre dans les terrains primitifs, dans les terrains de transition, dans les « trachytes, les trapps et les terrains de transport, formés de fragments et de cailloux roulés « *quartzeux*, liés entre eux par un ciment argilo-ferrugineux et contenant des débris de « roches primitives, du fer oxydé magnétique.

« Les mines d'or les plus riches sont les filons de sulfure d'argent aurifère qui traversent les « terrains intermédiaires : telles sont les mines du Mexique, du Pérou, de Hongrie et de Transylvanie, et des Monts Ourals en Sibérie.

« L'or disséminé en paillettes dans des sables argileux et ferrugineux forme des sables auri- « fères qui sont charriés par un très-grand nombre de rivières... Les sables les plus riches « sont au Brésil; ils y couvrent un espace immense, et contiennent du platine, des dia- « mants, etc. On cite aussi ceux du Chili, de la Nouvelle-Grenade, du Mexique et du Pérou. » (*Idem*) — Il faut ajouter aujourd'hui les sables de la Nouvelle-Californie.

En France, il y a plusieurs rivières aurifères : l'Ariége, le Gardon, la Cèse, etc.

de ces mêmes montagnes, et souvent cette poudre d'or est dispersée et disséminée sur les bords de ces ruisseaux et dans les terres adjacentes [a] ; mais soit en poudre, en paillettes, en grains, en filets ou en masses, l'or de chaque lieu est toujours de la même essence, et ne diffère que par le degré de pureté ; plus il est divisé, plus il est pur, en sorte que s'il est à 20 carats dans sa mine en montagne, les poudres et les paillettes qui en proviennent, sont souvent à 22 et 23 carats, parce qu'en se divisant, ce métal s'est épuré et purgé d'une partie de son alliage naturel : au reste, ces paillettes et ces grains qui ne sont que des débris des mines primordiales, et qui ont subi tant de mouvements, de chocs et de rencontres d'autres matières, n'en ont rien souffert qu'une plus grande division ; elles ne sont jamais intérieurement altérées, quoique souvent recouvertes à l'extérieur de matières étrangères.

L'or le plus fin, c'est-à-dire le plus épuré par notre art, est, comme l'on sait, à 24 carats ; mais l'on n'a jamais trouvé d'or à ce titre dans le sein de la terre, et dans plusieurs mines il n'est qu'à 20, et même à 16 et 14 carats, en sorte qu'il contient souvent un quart, et même un tiers de mélange ; et cette matière étrangère qui se trouve originairement alliée avec l'or est une portion d'argent, lequel, quoique beaucoup moins dense, et par conséquent moins divisible que l'or, se réduit néanmoins en molécules très-ténues : l'argent est comme l'or, inaltérable, inaccessible aux efforts des éléments humides, dont l'action détruit tous les autres métaux ; et c'est par cette prérogative de l'or et de l'argent qu'on les a toujours regardés comme des métaux parfaits, et que le cuivre, le plomb, l'étain et le fer, qui sont tous sujets à plus ou moins d'altération par l'impression des agents extérieurs, sont des métaux imparfaits en comparaison des deux premiers. L'or se trouve donc allié d'argent, même dans sa mine la plus riche et sur sa gangue quartzeuse ; ces deux métaux presque aussi parfaits, aussi purs l'un que l'autre, n'en sont que plus intimement unis ; le haut ou bas aloi de l'or natif dépend donc principalement de la petite ou grande quantité d'argent qu'il contient : ce n'est pas que l'or ne soit aussi quelquefois mêlé de cuivre et d'autres substances métalliques [b] [1] ; mais ces mélanges ne sont pour ainsi dire qu'extérieurs, et à l'exception de l'argent, l'or n'est point

a. Wallerius compte douze sortes d'or dans les sables ; mais ces douze sortes doivent se réduire à une seule, parce qu'elles ne diffèrent les unes des autres que par la couleur, la grosseur ou la figure, et qu'au fond c'est toujours le même or.

b. Par exemple, l'or de Guinée, de Sofala, de Malaca, contient du cuivre et très-peu d'ar-

1. « *L'or* se combine avec presque tous les métaux. — Il s'unit directement avec le manga-« nèse, le fer, le zinc, le cobalt, le nickel, l'étain, l'antimoine, le bismuth, etc. » (Pelouze et Frémy.)

L'or s'allie en toutes proportions avec le *cuivre* ; il s'allie de même, en toutes proportions, avec l'*argent* : il y a des alliages triples d'*or*, d'*argent* et de *platine* ; d'*or*, d'*argent* et de *palladium* ; d'*or*, d'*argent* et de *rhodium*. Il se combine très-facilement avec le *mercure*, même à la température ordinaire ; et cette combinaison est ce qu'on nomme l'*amalgame d'or*.

allié, mais seulement contenu et disséminé dans toutes les autres matières métalliques ou terreuses.

On serait porté à croire, vu l'affinité apparente de l'or avec le mercure et leur forte attraction mutuelle, qu'ils devraient se trouver assez souvent amalgamés ensemble; cependant rien n'est plus rare, et à peine y a-t-il un exemple d'une mine où l'on ait trouvé l'or pénétré de ce minéral fluide : il me semble qu'on peut en donner la raison d'après ma théorie; car quelque affinité qu'il y ait entre l'or et le mercure, il est certain que la fixité de l'un et la grande volatilité de l'autre ne leur ont guère permis de s'établir en même temps ni dans les mêmes lieux, et que ce n'est que par des hasards postérieurs à leur établissement primitif, et par des circonstances très-particulières qu'ils ont pu se trouver mélangés.

L'or répandu dans les sables, soit en poudre, en paillettes ou en grains plus ou moins gros, et qui provient du débris des mines primitives, loin d'avoir rien perdu de son essence, a donc encore acquis de la pureté ; les sels acides, alcalins et arsenicaux, qui rongent toutes les substances métalliques, ne peuvent entamer celle de l'or : ainsi dès que les eaux ont commencé de détacher et d'entraîner les minerais des différents métaux, tous auront été altérés, dissous, détruits par l'action de ces sels; l'or seul a conservé son essence intacte, et il a même défendu celle de l'argent, lorsqu'il s'y est trouvé mêlé en suffisante quantité.

L'argent, quoique aussi parfait que l'or à plusieurs égards, ne se trouve pas aussi communément en poudre ou en paillettes, dans les sables et les terres : d'où peut provenir cette différence à laquelle il me semble qu'on n'a pas fait assez d'attention? pourquoi les terrains au pied des montagnes à mines sont-ils semés de poudre d'or? pourquoi les torrents qui s'en écoulent roulent-ils des paillettes et des grains de ce métal, et que l'on trouve si peu de poudre, de paillettes ou de grains d'argent dans ces mêmes sables, quoique les mines d'où découlent ces eaux contiennent souvent beaucoup plus d'argent que d'or? n'est-ce pas une preuve que l'argent a été détruit avant de pouvoir se réduire en paillettes, et que les sels de l'air, de la terre et des eaux l'ont saisi, dissous dès qu'il s'est trouvé réduit en petites parcelles, au lieu que ces mêmes sels ne pouvant attaquer l'or, sa substance est demeurée intacte lors même qu'il s'est réduit en poudre ou en atomes impalpables?

En considérant les propriétés générales et particulières de l'or, on a d'abord vu qu'il était le plus pesant, et par conséquent le plus dense des métaux [a] qui sont eux-mêmes les substances les plus pesantes de toutes les

gent, et le cuivre des mines de Coquimbo au Pérou, contient, à ce qu'on dit, de l'or sans aucun mélange d'argent.

a. La densité de l'or a été bien déterminée par M. Brisson, de l'Académie des Sciences. L'eau distillée étant supposée peser 10000 livres, il a vu que l'or à 24 carats, fondu et non battu, pèse 192581 livres 12 onces 3 gros 62 grains, et que par conséquent un pied cube de cet

matières terrestres; rien ne peut altérer ou changer dans l'or cette qualité prééminente : on peut dire qu'en général la densité constitue l'essence réelle de toute matière brute, et que cette première propriété fixe en même temps nos idées sur la proportion de la quantité de l'espace à celle de la matière sous un volume donné. L'or est le terme extrême de cette proportion, toute autre substance occupant plus d'espace ; il est donc la matière par excellence, c'est-à-dire la substance qui de toutes est la plus matière, et néanmoins ce corps si dense et si compacte, cette matière dont les parties sont si rapprochées, si serrées, contient peut-être encore plus de vide que de plein, et par conséquent nous démontre qu'il n'y a point de matière sans pores, que le contact des atomes matériels n'est jamais absolu ni

or pur, pèserait 1348 livres 1 once 0 gros 61 grains; et que ce même or à 24 carats, fondu et battu, pèse relativement à l'eau 193617 livres 12 onces 4 gros 28 grains, en sorte que le pied cube de cet or, pèserait 1355 livres 5 onces 0 gros 60 grains. L'or des ducats de Hollande approche de très-près ce degré de pureté; car la pesanteur spécifique de ces ducats est de 193519 livres 12 onces 4 gros 25 grains, ce qui donne 1354 livres 10 onces 1 gros 2 grains pour le poids d'un pied cube de cet or. Voyez la *Table des pesanteurs spécifiques*, par M. Brisson. — J'observerai que, pour avoir au juste les pesanteurs spécifiques de toutes les matières, il faut non-seulement se servir d'eau distillée, mais que pour connaître axactement le poids de cette eau, il faudrait en faire distiller une assez grande quantité, par exemple, assez pour remplir un vaisseau cubique d'un pied de capacité, peser ensuite le tout, et déduire la tare du vaisseau; cela serait plus juste que si l'on n'employait qu'un vaisseau de quelques pouces cubiques de capacité : il faudrait aussi que le métal fût absolument pur, ce qui n'est peut-être pas possible, mais au moins le plus pur qu'il se pourra ; je me suis beaucoup servi d'un globe d'or, raffiné avec soin, d'un pouce de diamètre, pour mes expériences sur le progrès de la chaleur dans les corps, et en le pesant dans l'eau commune, j'ai vu qu'il ne perdait pas $\frac{1}{19}$ de son poids ; mais probablement cette eau était bien plus pesante que l'eau distillée. Je suis donc très-satisfait qu'un de nos habiles physiciens ait déterminé plus précisément cette densité de l'or à 24 carats, qui, comme l'on voit, augmente de poids par la percussion ; mais était-il bien assuré que cet or fût absolument pur? il est presque impossible d'en séparer en entier l'argent que la nature y a mêlé; et d'ailleurs la pesanteur de l'eau, même distillée, varie avec la température de l'atmosphère et cela laisse encore quelque incertitnde sur la mesure exacte de la densité de ce métal précieux. Ayant sur cela communiqué mes doutes à M. de Morveau, il a pris la peine de s'assurer qu'un pied cube d'eau distillée pèse 71 livres 7 onces 5 gros 8 grains et $\frac{1}{24}$ de grain, l'air étant à la température de 12 degrés. L'eau, comme l'on sait, pèse plus ou moins, suivant qu'il fait plus froid ou plus chaud, et les différences qu'on a trouvées dans la densité des différentes matières soumises à l'épreuve de la balance hydrostatique, viennent non-seulement du poids absolu de l'eau à laquelle on les compare, mais encore du degré de la chaleur actuelle de ce liquide, et c'est par cette raison qu'il faut un degré fixe, tel que la température de 12 degrés, pour que le résultat de la comparaison soit juste. Un pied cube d'eau distillée, pesant donc toujours, à la température de 12 degrés, 71 livres 7 onces 5 gros 8 $\frac{1}{24}$ grains; il est certain que si l'or perd dans l'eau $\frac{1}{19}$ de son poids, le pied cube de ce métal pèse 1358 livres 1 once 1 gros 8 $\frac{19}{39}$ grains, et je crois cette estimation trop forte, car comme je viens de le dire, le globe d'or très-fin, d'un pouce de diamètre, dont je me suis servi, ne perdait pas $\frac{1}{18}$ de son poids dans de l'eau qui n'était pas distillée, et par conséquent il se pourrait que dans l'eau distillée il n'eût perdu que $\frac{1}{18}\frac{3}{4}$, et dans ce cas ($\frac{1}{18}\frac{3}{4}$) le pied cube d'or ne pèserait réellement que 1340 livres 9 onces 2 gros 25 grains: il me paraît donc qu'on a exagéré la densité de l'or, en assurant qu'il perd dans l'eau plus de $\frac{1}{19}$ de son poids, et que c'est tout au plus s'il perd $\frac{1}{19}$, auquel cas le pied cube pèserait 1358 livres; ceux qui assurent qu'il n'en pèse que 1348, et qui disent en même temps qu'il perd dans l'eau entre $\frac{1}{19}$ et $\frac{1}{20}$ de son poids, ne se sont pas aperçus que ces deux résultats sont démentis l'un par l'autre.

complet, qu'enfin il n'existe aucune substance qui soit pleinement matérielle, et dans laquelle le vide ou l'espace ne soit interposé, et n'occupe autant et plus de place que la matière même.

Mais, dans toute matière solide, ces atomes matériels sont assez voisins pour se trouver dans la sphère de leur attraction mutuelle, et c'est en quoi consiste la ténacité de toute matière solide; les atomes de même nature sont ceux qui se réunissent de plus près : ainsi la ténacité dépend en partie de l'homogénéité. Cette vérité peut se démontrer par l'expérience; car tout alliage diminue ou détruit la ténacité des métaux : celle de l'or est si forte qu'un fil de ce métal, d'un dixième de ligne de diamètre, peut porter avant de se rompre, cinq cents livres de poids; aucune autre matière métallique ou terreuse ne peut en supporter autant.

La divisibilité et la ductilité ne sont que des qualités secondaires, qui dépendent en partie de la densité et en partie de la ténacité, ou de la liaison des parties constituantes. L'or qui, sous un même volume, contient plus du double de matière que le cuivre, sera par cela seul une fois plus divisible; et comme les parties intégrantes de l'or sont plus voisines les unes des autres que dans toute autre substance, sa ductilité est aussi la plus grande, et surpasse celle des autres métaux [a] dans une proportion bien plus grande que celle de la densité ou de la ténacité, parce que la ductilité, qui est le produit de ces deux causes, n'est pas en rapport simple à l'une ou à l'autre de ces qualités, mais en raison composée des deux : la ductilité sera donc relative à la densité multipliée par la ténacité, et c'est ce qui dans l'or rend cette ductilité encore plus grande à proportion que dans tout autre métal.

Cependant la forte ténacité de l'or, et sa ductilité encore plus grande, ne sont pas des propriétés aussi essentielles que sa densité : elles en dérivent et ont leur plein effet, tant que rien n'intercepte la liaison des parties constituantes, tant que l'homogénéité subsiste, et qu'aucune force ou matière étrangère ne change la position de ces mêmes parties; mais ces deux qualités, qu'on croirait essentielles à l'or, se perdent dès que sa substance subit quelque dérangement dans son intérieur; un grain d'arsenic ou d'étain, jeté sur un marc d'or en fonte ou même leur vapeur, suffit pour altérer toute cette quantité d'or, et le rend aussi fragile qu'il était auparavant tenace et ductile : quelques chimistes ont prétendu qu'il perd de même sa ductilité par les matières inflammables, par exemple, lorsque étant en fusion,

a. « La ductilité de l'or est telle qu'une once de ce métal, qui ne fait qu'un très-petit volume, « peut couvrir et dorer très-exactement un fil d'argent long de quatre cent quarante-quatre « lieues. » *Dictionnaire de chimie*, article *Or*... « Une once d'or passée à la filière, peut s'étendre « en un fil de soixante-treize lieues de longueur. » *Mémoires de l'Académie des Sciences*, année 1713... Les batteurs d'or réduisent une once de ce métal en seize cents feuilles, chacune de trente-sept lignes de longueur et autant de largeur, ce qui fait à peu près cent six pieds carrés d'étendue, pour les seize cents feuilles.

il est immédiatement exposé à la vapeur du charbon [a]; mais je ne crois pas que cette opinion soit fondée.

L'or perd aussi sa ductilité par la percussion; il s'écrouit, devient cassant, sans addition ni mélange d'aucune matière ni vapeur, mais par le seul dérangement de ses parties intégrantes : ainsi ce métal, qui de tous est le plus ductile, n'en perd pas moins aisément sa ductilité, ce qui prouve que ce n'est point une propriété essentielle et constante à la matière métallique, mais seulement une qualité relative aux différents états où elle se trouve, puisqu'on peut lui ôter par l'écrouissement, et lui rendre par le recuit au feu, cette qualité ductile alternativement, et autant de fois qu'on le juge à propos. Au reste M. Brisson, de l'Académie des Sciences, a reconnu par des expériences très-bien faites qu'en même temps que l'écrouissement diminue la ductilité des métaux, il augmente leur densité, qu'ils deviennent par conséquent d'une plus grande pesanteur spécifique, et que cet excédant de densité s'évanouit par le recuit [b].

La fixité au feu, qu'on regarde encore comme une des propriétés essentielles de l'or, n'est pas aussi absolue, ni même aussi grande qu'on le croit vulgairement, d'après les expériences de Boyle et de Kunckel; ils ont, disent-ils, tenu pendant quelques semaines de l'or en fusion, sans aucune perte sur son poids; cependant je suis assuré, par des expériences faites dès l'année 1747 [c] à mon miroir de réflexion, que l'or fume et se sublime en vapeurs, même avant de se fondre; on sait d'ailleurs qu'au moment que ce métal devient rouge, et qu'il est sur le point d'entrer en fusion, il s'élève à sa surface une petite flamme d'un vert léger [1], et M. Macquer, notre savant professeur de chimie, a suivi les progrès de l'or en fonte au foyer d'un miroir réfringent, et a reconnu de même qu'il continuait de fumer et de s'exhaler en vapeur; il a démontré que cette vapeur était métallique, qu'elle saisissait et dorait l'argent ou les autres matières qu'on tenait au-dessus de cet or fumant [d]. Il n'est donc pas douteux que l'or ne se sublime en vapeurs métalliques, non-seulement après, mais même avant sa fonte au foyer des miroirs ardents; ainsi ce n'est pas la très-grande violence de ce feu du soleil qui produit cet effet, puisque la sublimation s'opère à un degré de chaleur assez médiocre et avant que ce métal entre en fusion : dès lors si

a. « J'ignore, m'écrit à ce sujet M. Tillet, si l'on a fait des expériences bien décidées, pour « prouver que l'or en fusion perd sa ductilité étant exposé à la vapeur du charbon; mais je « sais certainement qu'on est dans l'usage pour les travaux des monnaies, lorsque l'or est en « fusion dans les creusets, de les couvrir de charbon afin qu'il s'y conserve une grande chaleur, « et souvent on brasse l'or dans le creuset, en employant un charbon long et à demi-embrasé, « sans que le métal perde rien de sa ductilité. »

b. *Mémoires de l'Académie des Sciences*, année 1772, seconde partie.

c. Voyez les *Mémoires sur les miroirs ardents*, t. IX.

d. *Dictionnaire de chimie*, article *Or*.

1. « L'or entre en fusion à 32° du pyromètre : cette température correspond à peu près à 1100° « du thermomètre à air. — *L'or*, à l'état liquide, paraît vert. » (Pelouze et Frémy.)

les expériences de Boyle et de Kunckel sont exactes, l'on sera forcé de convenir que l'effet de notre feu sur l'or n'est pas le même que celui du feu solaire, et que s'il ne perd rien au premier, il peut perdre beaucoup, et peut-être tout au second; mais je ne puis m'empêcher de douter de la réalité de cette différence d'effets du feu solaire et de nos feux, et je présume que ces expériences de Boyle et de Kunckel n'ont pas été suivies avec assez de précision pour en conclure que l'or est absolument fixe au feu de nos fourneaux.

L'opacité est encore une de ces qualités qu'on donne à l'or par excellence au-dessus de toute autre matière; elle dépend, dit-on, de la *grande densité de ce métal; la feuille d'or la plus mince ne laisse passer de la lumière que par les gerçures accidentelles qui s'y trouvent*[a] : si cela était, les matières les plus denses seraient toujours les plus opaques; mais souvent on observe le contraire, et l'on connaît des matières très-légères qui sont entièrement opaques et des matières pesantes qui sont transparentes; d'ailleurs, les feuilles de l'or battu laissent non-seulement passer de la lumière par leurs gerçures accidentelles, mais à travers leurs pores; et Boyle a, ce me semble, observé le premier que cette lumière qui traverse l'or est bleue; or les rayons bleus sont les plus petits atomes de la lumière solaire; ceux des rayons rouges et jaunes sont les plus gros, et c'est peut-être par cette raison que les bleus peuvent passer à travers l'or réduit en feuilles, tandis que les autres, qui sont plus gros, ne sont point admis ou sont tous réfléchis; et cette lumière bleue étant uniformément apparente sur toute l'étendue de la feuille, on ne peut douter qu'elle n'ait passé par ses pores et non par les gerçures. Ceci n'a rapport qu'à l'effet; mais pour la cause, si l'opacité, qui est le contraire de la transparence, ne dépendait que de la densité, l'or serait certainement le corps le plus opaque, comme l'air est le plus transparent; mais combien n'y a-t-il pas d'exemples du contraire? Le cristal de roche, si transparent, n'est-il pas plus dense que la plupart des terres ou pierres opaques? Et si l'on attribue la transparence à l'homogénéité, l'or, dont les parties paraissent être homogènes, ne devrait-il pas être très-transparent? Il me semble donc que l'opacité ne dépend ni de la densité de la matière, ni de l'homogénéité de ses parties, et que la première cause de la transparence est la disposition régulière des parties constituantes et des pores; que quand ces mêmes parties se trouvent disposées en formes régulières et posées de manière à laisser entre elles des vides situés dans la même direction, alors la matière doit être transparente; et qu'elle est au contraire nécessairement opaque dès que les pores ne sont pas situés dans des directions correspondantes.

Et cette disposition qui fait la transparence s'oppose à la ténacité : aussi les corps transparents sont en général plus friables que les corps opaques;

a. *Dictionnaire de chimie*, article *Or*.

et l'or, dont les parties sont fort homogènes et la ténacité très-grande, n'a pas ses parties ainsi disposées; on voit en le rompant qu'elles sont pour ainsi dire engrenées les unes dans les autres; elles présentent au microscope de petits angles prismatiques, saillants et rentrants; c'est donc de cette disposition de ses parties constituantes que l'or tient sa grande opacité, qui, du reste, ne paraît en effet si grande que parce que sa densité permet d'étendre en une surface immense une très-petite masse, et que la feuille d'or, quelque mince qu'elle soit, est toujours plus dense que toute autre matière. Cependant cette disposition des vides ou pores dans les corps n'est pas la seule cause qui puisse produire la transparence : le corps transparent n'est, dans ce premier cas, qu'un crible par lequel peut passer la lumière; mais lorsque les vides sont très-petits, la lumière est quelquefois repoussée au lieu d'être admise; il faut qu'il y ait attraction entre les parties de la matière et les atomes de la lumière pour qu'ils la pénètrent; car l'on ne doit pas considérer ici les pores comme des gerçures ou des trous, mais comme des interstices, d'autant plus petits et plus serrés que la matière est plus dense; or, si les rayons de lumière n'ont point d'affinité avec le corps sur lequel ils tombent, ils seront réfléchis et ne le pénétreront pas; l'huile dont on humecte le papier pour le rendre transparent en remplit et bouche en même temps les pores; elle ne produit donc la transparence que parce qu'elle donne au papier plus d'affinité qu'il n'en avait avec la lumière, et l'on pourrait démontrer, par plusieurs autres exemples, l'effet de cette attraction de transmission de la lumière ou des autres fluides dans les corps solides; et peut-être l'or, dont la feuille mince laisse passer les rayons bleus de la lumière, à l'exclusion de tous les autres rayons, a-t-il plus d'affinité avec ces rayons bleus, qui dès lors sont admis, tandis que les autres sont tous repoussés !

Toutes les restrictions que nous venons de faire sur la fixité, la ductilité et l'opacité de l'or, qu'on a regardées comme des propriétés trop absolues, n'empêchent pas qu'il n'ait au plus haut degré toutes les qualités qui caractérisent la noble substance du plus parfait métal; car il faut encore ajouter à sa prééminence en densité et en ténacité, celle d'une essence indestructible et d'une durée presque éternelle : il est inaltérable, ou du moins plus durable, plus impassible qu'aucune autre substance; il oppose une résistance invincible à l'action des éléments humides, à celle du soufre et des acides les plus puissants, et des sels les plus corrosifs; néanmoins nous avons trouvé par notre art non-seulement les moyens de le dissoudre, mais encore ceux de le dépouiller de la plupart de ses qualités, et si la nature n'en a pas fait autant, c'est que la main de l'homme, conduite par l'esprit, a souvent plus fait qu'elle : et sans sortir de notre sujet, nous verrons que l'or dissous, l'or précipité, l'or fulminant, etc., ne se trouvant pas dans la nature, ce sont autant de combinaisons nouvelles toutes résultantes de notre intelligence. Ce n'est pas qu'il soit physiquement impossible qu'il y ait dans le sein de la terre de l'or dissous, précipité et minéralisé, puisque nous pouvons le dissoudre et le précipiter de sa dissolution, et puisque dans cet état de précipité il peut être saisi par les acides simples comme les autres métaux et se montrer par conséquent sous une forme minéralisée; mais comme cette dissolution suppose la réunion de deux acides, et que ce précipité ne peut s'opérer que par une troisième combinaison, il n'est pas étonnant qu'on ne trouve que peu ou point d'or minéralisé dans le sein de la terre[a], tandis que tous les autres métaux se présentent presque toujours sous cette forme, qu'ils reçoivent d'autant plus aisément qu'ils sont plus susceptibles d'être attaqués par les sels de la terre et par les impressions des éléments humides.

On n'a jamais trouvé de précipités d'or, ni d'or fulminant dans le sein de la terre; la raison en deviendra sensible si l'on considère en particulier chacune des combinaisons nécessaires pour produire ces précipités : d'abord on ne peut dissoudre l'or que par deux puissances réunies et combinées, l'acide nitreux avec l'acide marin, ou le soufre avec l'alcali[1]; et la réunion de ces deux substances actives doit être très-rare dans la nature, puisque les acides et les alcalis, tels que nous les employons, sont eux-mêmes des produits de notre art, et que le soufre natif n'est aussi qu'un produit des volcans. Ces raisons sont les mêmes, et encore plus fortes pour les précipités d'or; car il faut une troisième combinaison pour le tirer de sa dissolution, au moyen du mélange de quelque autre matière avec laquelle le dissolvant ait plus d'affinité qu'avec l'or; et ensuite pour que ce précipité puisse acquérir la propriété fulminante, il faut encore choisir une matière entre toutes les autres qui peuvent également précipiter l'or de sa dissolution : cette matière est l'alcali volatil, sans lequel il ne peut devenir fulminant[2]; cet alcali volatil est le seul intermède qui dégage subitement l'air et

a. L'or est minéralisé, dit-on, dans la mine de Nagiach : on prétend aussi que le *zinopel* ou *sinople*[3] provient de la décomposition de l'or faite par la nature, sous la forme d'une terre ou chaux couleur de pourpre; mais je doute que ces faits soient bien constatés.

1. « Les *alcalis* n'attaquent l'*or* ni par voie sèche ni par voie humide... Le *soufre* n'exerce « aucune action sur l'*or*..... Les *persulfures alcalins* attaquent l'*or* par voie sèche ou par voie « humide, et le transforment en *sulfure*. » (Pelouze et Frémy.)

2. L'*or fulminant* est une combinaison d'*oxyde d'or* (*acide aurique*) et d'*ammoniaque*. On en connait deux variétés : l'une contient du *chlore*, et l'autre n'en contient pas. « 1° *Or fulminant* « *ne contenant pas de chlore*. Lorsqu'on fait digérer de l'*acide aurique* avec de l'*ammo-* « *niaque*, on obtient un corps d'une couleur grise, qui détonne par le choc, par le frottement, « sous l'influence d'une faible chaleur, et souvent même spontanément... 2° *Or fulminant* « *contenant du chlore*. Lorsqu'on fait digérer du *chlorure d'or* avec un excès d'*ammoniaque*, « on obtient un corps jaune, fulminant comme le précédent... Cet *or fulminant*, traité par un « mélange d'*ammoniaque* et de *potasse caustique*, laisse un résidu identique avec le précipité « fulminant, préparé avec l'*acide aurique* et l'*ammoniaque*. » (Pelouze et Frémy.)

3 (*a*). *Sinople* : variété de *quartz hyalin* d'un beau rouge. Ce nom est aussi donné à un *jaspe*, ainsi qu'à un *quartz hématoïde* renfermant de l'or associé à de la *galène* et à de la *blende*.

cause la fulmination; car s'il n'est point entré d'alcali volatil dans la dissolution de l'or, et qu'on le précipite avec l'alcali fixe ou toute autre matière, il ne sera pas fulminant ; enfin il faut encore lui communiquer une assez forte chaleur pour qu'il exerce cette action fulminante; or toutes ces conditions réunies ne peuvent se rencontrer dans le sein de la terre, et dès lors il est sûr qu'on n'y trouvera jamais de l'or fulminant. On sait que l'explosion de cet or fulminant, est beaucoup plus violente que celle de la poudre à canon, et qu'elle pourrait produire des effets encore plus terribles, et même s'exercer d'une manière plus insidieuse, parce qu'il ne faut ni feu, ni même une étincelle, et que la chaleur seule, produite par un frottement assez léger, suffit pour causer une explosion subite et foudroyante.

On a, ce me semble, vainement tenté l'explication de ce phénomène prodigieux; cependant en faisant attention à toutes les circonstances, et en comparant leurs rapports, il me semble qu'on peut au moins en tirer des raisons satisfaisantes et très-plausibles sur la cause de cet effet : si dans l'eau régale, dont on se sert pour la dissolution de l'or, il n'est point entré d'alcali volatil, soit sous sa forme propre, soit sous celle du sel ammoniac, de quelque manière et avec quelque intermède qu'on précipite ce métal, il ne sera ni ne deviendra fulminant, à moins qu'on ne se serve de l'alcali volatil pour cette précipitation ; lorsqu'au contraire la dissolution sera faite avec le sel ammoniac, qui toujours contient de l'alcali volatil, de quelque manière et avec quelque intermède que l'on fasse la précipitation, l'or deviendra toujours fulminant; il est donc assez clair que cette qualité fulminante ne lui vient que de l'action ou du mélange de l'alcali volatil, et l'on ne doit pas être incertain sur ce point, puisque ce précipité fulminant pèse un quart de plus que l'or dont il est le produit; dès lors ce quart en sus de matière étrangère, qui s'est alliée avec l'or dans ce précipité, n'est autre chose, du moins en grande partie, que de l'alcali volatil[1]; mais cet alcali contient, indépendamment de son sel, une grande quantité d'air inflammable, c'est-à-dire d'air élastique mêlé de feu; dès lors il n'est pas surprenant que ce feu ou cet air inflammable, contenu dans l'alcali volatil, qui se trouve pour un quart incorporé avec l'or, ne s'enflamme en effet par la chaleur, et ne produise une explosion d'autant plus violente, que les molécules de l'or dans lesquelles il est engagé, sont plus massives et plus résistantes à l'action de cet élément incoercible, et dont les effets sont d'autant plus violents que les résistances sont plus grandes. C'est par cette même raison de l'air inflammable contenu dans l'or fulminant, que cette qualité fulminante est détruite par le soufre mêlé avec ce précipité; car le soufre qui n'est que la matière du feu, fixée par l'acide, a la plus grande affinité avec cette même matière du feu contenue dans l'alcali volatil ; il

1. Voyez la note 2 de la page précédente.

doit donc lui enlever ce feu, et dès lors la cause de l'explosion est, ou diminuée ou même anéantie par ce mélange du soufre avec l'or fulminant.

Au reste, l'or fulmine avant d'être chauffé jusqu'au rouge, dans les vaisseaux clos comme en plein air; mais, quoique cette chaleur nécessaire pour produire la fulmination ne soit pas très-grande, il est certain qu'il n'y a nulle part, dans le sein de la terre, un tel degré de chaleur, à l'exception des lieux voisins des feux souterrains, et que par conséquent il ne peut se trouver d'or fulminant que dans les volcans dont il est possible qu'il ait quelquefois augmenté les terribles effets; mais par son explosion même cet or fulminant se trouve tout à coup anéanti, ou du moins perdu et dispersé en atomes infiniment petits [a]. Il n'est donc pas étonnant qu'on n'ait jamais trouvé d'or fulminant dans la nature, puisque d'une part le feu ou la chaleur le détruit en le faisant fulminer, et que d'autre part, il ne pourrait exercer cette action fulminante dans l'intérieur de la terre, au degré de sa température actuelle. Au reste, on ne doit pas oublier qu'en général les précipités d'or, lorsqu'ils sont réduits, sont à la vérité toujours de l'or; mais que dans leur état de précipité, et avant la réduction, ils ne sont pas, comme l'or même, inaltérables, indestructibles, etc.; leur essence n'est donc plus la même que celle de l'or de nature; tous les acides minéraux ou végétaux [b], et même les simples acerbes, tels que la noix de galle [c], agissent sur ces précipités et peuvent les dissoudre, tandis que l'or en métal n'en éprouve aucune altération : les précipités de l'or ressemblent donc à cet égard aux métaux imparfaits, et peuvent par conséquent être altérés de même et minéralisés ; mais nous venons de prouver que les combinaisons nécessaires pour faire des précipités d'or n'ont guère pu se trouver dans la

a. M. Macquer, après avoir cité quelques exemples funestes des accidents arrivés par la fulmination de l'or à des chimistes peu attentifs ou trop courageux, dit qu'ayant fait fulminer, dans une grande cloche de verre, une quantité de ce précipité, assez petite pour n'en avoir rien à craindre, on a trouvé, après la détonation, sur les parois de la cloche, l'or en nature que cette détonation n'avait point altéré. Comme cela pourrait induire en erreur, je crois devoir observer que cette matière qui avait frappé contre les parois du vaisseau, et s'y était attachée, n'était pas, comme il le dit, *de l'or en nature*, mais de l'or précipité, ce qui est fort différent, puisque celui-ci a perdu la principale propriété de sa nature, qui est d'être inaltérable, indissoluble par les acides simples, et que tous les acides peuvent au contraire altérer et même dissoudre ce précipité.

b. « Le vinaigre n'attaque point l'or tant qu'il est en masse; mais si, après avoir dissous ce « métal dans l'eau régale, on le précipite par l'alcali fixe, le vinaigre dissout ce précipité : « cette dissolution par le vinaigre est de même précipitée par l'alcali fixe et par l'alcali volatil, « et le précipité formé par cette dernière substance est fulminant. » *Éléments de Chimie*, par M. de Morveau, t. III, p. 18.

c. La dissolution d'or est précipitée avec le temps par l'infusion de noix de galle; il se forme insensiblement des nuages de couleur pourpre, qui se répandent dans toute la liqueur; l'or ne se dépose au fond du vase qu'en très-petite quantité, il se ramasse presque entièrement à la surface de la liqueur, où il paraît avec son éclat métallique. M. Monnet (*Dissolution des Métaux*, page 127) assure que l'or précipité par l'extrait acerbe est soluble dans l'acide nitreux, et que cette dissolution est très-stable, de couleur bleuâtre, et qu'elle n'est pas précipitée par l'alcali fixe.

nature, et c'est sans doute par cette raison qu'il n'existe réellement que peu ou point d'or minéralisé dans le sein de la terre; et s'il en existait, cet or minéralisé serait en effet très-différent de l'autre; on pourrait le dissoudre avec tous les acides, puisqu'ils dissolvent les précipités dont se serait formé cet or minéralisé.

Il ne faut qu'une petite quantité d'acide marin, mêlé à l'acide nitreux, pour dissoudre l'or; mais la meilleure proportion est de quatre parties d'acide nitreux et une partie de sel ammoniac[1]. Cette dissolution est d'une belle couleur jaune, et lorsque ces dissolvants sont pleinement saturés, elle devient claire et transparente; dans tout état elle teint en violet plus ou moins foncé toutes les substances animales : si on la fait évaporer, elle donne en se refroidissant des cristaux d'un beau jaune transparent; et si l'on pousse plus loin l'évaporation au moyen de la chaleur, les cristaux disparaissent, et il ne reste qu'une poudre jaune et très-fine qui n'a pas le brillant métallique.

Quoiqu'on puisse précipiter l'or dissous dans l'eau régale avec tous les autres métaux, avec les alcalis, les terres calcaires, etc., c'est l'alcali volatil qui, de toutes les matières connues, est la plus propre à cet effet; il réduit l'or plus promptement que les alcalis fixes ou les métaux: ceux-ci changent la couleur du précipité; par exemple, l'étain lui donne la belle couleur pourpre qu'on emploie sur nos porcelaines.

L'or pur a peu d'éclat, et sa couleur jaune est assez mate; le mélange de l'argent le blanchit, celui du cuivre le rougit; le fer lui communique sa couleur; une partie d'acier fondue avec cinq parties d'or pur lui donne la couleur du fer poli: les bijoutiers se servent avec avantage de ces mélanges pour les ouvrages où ils ont besoin d'or de différentes couleurs. L'on connaît, en chimie [a], des procédés par lesquels on peut donner aux précipités de l'or les plus belles couleurs, pourpre, rouge, verte, etc. : ces couleurs sont fixes et peuvent s'employer dans les émaux; le borax blanchit l'or plus que tout autre mélange, et le nitre lui rend la couleur jaune que le borax avait fait disparaître.

a. « Les précipités que l'on obtient lorsqu'on décompose la dissolution de l'or dans l'eau « régale, au moyen de l'argent, du cuivre, du fer et des régules de cobalt et de zinc, sont des « molécules d'or revivifiées par la voie humide, au lieu que si on emploie l'étain, le plomb, « l'antimoine, le bismuth et l'arsenic, les résultats de ces opérations sont des chaux d'or, sus- « ceptibles de se vitrifier au moyen des substances vitreuses qu'on y ajoute et qui en reçoivent « une couleur pourpre... Les précipités que l'on obtient par l'intermède du plomb sont d'un « gris noirâtre; celui de l'étain est pourpre... Lorsqu'on fait fulminer de l'or sur de l'étain, du « plomb, de l'antimoine, du bismuth et de l'arsenic, on obtient une chaux pourpre analogue « au précipité de Cassius; au lieu que l'or, en fulminant sur l'argent, le cuivre, le fer, le cobalt « et le zinc, se revivifie et s'incruste sur ces régules métalliques. » *Lettres du docteur Demeste*, t. II, p. 459 et 461. — L'or est aussi calciné et réduit en chaux pourpre par une forte décharge électrique... Mais la même décharge revivifie l'or en chaux, comme elle réduit la chaux de plomb. *Éléments de Chimie*, par M. de Morveau, t. II, p. 85.

1. Voyez la note de la page 519.

Quoique l'or soit le plus compacte et le plus tenace des métaux, il n'est néanmoins que peu élastique et peu sonore : il est très-flexible et plus mou que l'argent, le cuivre et le fer, qui de tous est le plus dur; il n'y a que le plomb et l'étain qui aient plus de mollesse que l'or, et qui soient moins élastiques; mais quelque flexible qu'il soit, on a beaucoup de peine à le rompre. Les voyageurs disent que l'or de Malaca, qu'on croit venir de Madagascar, et qui est presque tout blanc, se fond aussi promptement que du plomb. On assure aussi qu'on trouve dans les sables de quelques rivières de ces contrées des grains d'or que l'on peut couper au couteau, et que même cet or est si mou qu'il peut recevoir aisément l'empreinte d'un cachet [a]; il se fond à peu près comme du plomb, et l'on prétend que cet or est le plus pur de tous : ce qu'il y a de certain, c'est que plus ce métal est pur et moins il est dur; il n'a dans cet état de pureté, ni odeur ni saveur sensible, même après avoir été fortement frotté ou chauffé [1]. Malgré sa mollesse, il est cependant susceptible d'un assez grand degré de dureté par l'écrouissement, c'est-à-dire par la percussion souvent réitérée du marteau, ou par la compression successive et forcée de la filière; il perd même alors une grande partie de sa ductilité et devient assez cassant. Tous les métaux acquièrent de même un excès de dureté par l'écrouissement; mais on peut toujours détruire cet effet en les faisant recuire au feu, et l'or qui est le plus doux, le plus ductile de tous, ne laisse pas de perdre cette ductilité par une forte et longue percussion; il devient non-seulement plus dur, plus élastique, plus sonore, mais même il se gerce sur ses bords lorsqu'on lui fait subir une extension forcée sous les rouleaux du laminoir : néanmoins il perd par le recuit ce fort écrouissement plus aisément qu'aucun autre métal; il ne faut pour cela que le chauffer, pas même jusqu'au rouge, au lieu que le cuivre et le fer doivent être pénétrés de feu pour perdre leur écrouissement.

Après avoir exposé les principales propriétés de l'or, nous devons indi-

a. Quelques chimistes ont assuré qu'on peut donner par l'art cette mollesse à l'or, que quelquefois il tient de la nature : Beccher, dans le second supplément à sa *Physique souterraine*, indique un procédé par lequel il prétend qu'on peut donner à l'or la mollesse du plomb, et ce procédé consiste à jeter un grand nombre de fois le même or fondu dans une liqueur composée d'esprit de sel ammoniac et d'esprit-de-vin rectifié. Je doute de ce résultat du procédé de Beccher, et il serait bon de le vérifier en répétant l'expérience.. Brandt dit avoir obtenu un or blanc et fragile par une longue digestion avec le mercure; il ajoute que dans cet état il n'est plus possible de séparer entièrement le mercure de l'or, ni par la calcination la plus forte avec le soufre, ni par la fonte répétée plusieurs fois au feu le plus violent. *Lettres du docteur Demeste*, t. II, p. 458.

1. « L'*or* est insipide, inodore, d'une couleur jaune un peu rougeâtre. Lorsqu'il est réduit en « feuilles très-minces, il paraît vert par transmission et rouge par réflexion. S'il est en poudre « très-fine, il est d'un jaune violacé. — Il est moins dur que l'*argent*, et presque aussi mou « que le *plomb* : c'est le plus malléable et le plus ductile des métaux. On peut le réduire en « feuilles de un dix-millieme de millimètre d'épaisseur : cinq centigrammes d'or peuvent être « tirés en un fil long de 162^{m}, 419. » (Pelouze et Frémy.)

quer aussi les moyens dont on se sert pour le séparer des autres métaux ou des matières hétérogènes avec lesquelles il se trouve souvent mêlé. Dans les travaux en grand, on ne se sert que du plomb, qui, par la fusion, sépare de l'or toutes ces matières étrangères en les scorifiant : on emploie aussi le mercure, qui, par amalgame, en fait pour ainsi dire l'extrait en s'y attachant de préférence. Dans les travaux chimiques, on fait plus souvent usage des acides. « Pour séparer l'or de toute autre matière métal« lique, on le traite, dit mon savant ami, M. de Morveau, soit avec des sels « qui attaquent les métaux imparfaits à l'aide d'une chaleur violente, et « qui s'approprient même l'argent qui pourrait lui être allié, tels que le « vitriol, le nitre et le sel marin ; soit par le soufre ou par l'antimoine qui « en contient abondamment ; soit enfin par la coupellation, qui consiste à « mêler l'or avec le double de son poids environ de plomb, qui, en se vitri« fiant, entraîne avec lui et scorifie tous les autres métaux imparfaits ; de « sorte que le bouton de fin reste seul sur la coupelle, qui absorbe dans ses « pores la litharge de plomb et les autres matières qu'elle a scorifiées[a]. » La coupellation laisse donc l'or encore allié d'argent ; mais on peut les séparer par le moyen des acides, qui n'attaquent que l'un ou l'autre de ces métaux ; et comme l'or ne se laisse dissoudre par aucun acide simple, ni par le soufre, et que tous peuvent dissoudre l'argent, on a, comme l'on voit, plusieurs moyens pour faire la séparation ou le départ de ces deux métaux : on emploie ordinairement l'acide nitreux, il faut qu'il soit pur, mais non pas trop fort ou concentré ; c'est de tous les acides celui qui dissout l'argent avec plus d'énergie, et sans aide de la chaleur, ou tout au plus avec une petite chaleur pour commencer la dissolution.

En général, pour que toute dissolution s'opère, il faut non-seulement qu'il y ait une grande affinité entre le dissolvant et la matière à dissoudre, mais encore que l'une de ces deux matières soit fluide pour pouvoir pénétrer l'autre, en remplir tous les pores et détruire par la force d'affinité celle de la cohérence des parties de la matière solide. Le mercure, par sa fluidité et par sa très-grande affinité avec l'or, doit être regardé comme l'un de ses dissolvants, car il le pénètre et semble le diviser dans toutes ses parties ; cependant ce n'est qu'une union, une espèce d'alliage, et non pas une dissolution, et l'on a eu raison de donner à cet alliage le nom d'*amalgame*, parce que l'amalgame se détruit par la seule évaporation du mercure, et que d'ailleurs tous les vrais alliages ne peuvent se faire que par le feu, tandis que l'amalgame peut se faire à froid, et qu'il ne produit qu'une union particulière, qui est moins intime que celle des alliages naturels ou faits par la fusion ; et, en effet, cet amalgame ne prend jamais d'autre solidité que celle d'une pâte assez molle, toujours participant de la fluidité du mercure, avec

a. *Éléments de Chimie*, article de l'*Or*.

quelque métal qu'on puisse l'unir ou le mêler. Cependant l'amalgame se fait encore mieux à chaux qu'à froid ; le mercure, quoique du nombre des liquides, n'a pas la propriété de mouiller les matières terreuses, ni même les chaux métalliques, il ne contracte d'union qu'avec les métaux, qui sont sous leur forme de métal : une assez petite quantité de mercure suffit pour les rendre friables, en sorte qu'on peut dans cet état les réduire en poudre par une simple trituration, et avec une plus grande quantité de mercure on en fait une pâte, mais qui n'a ni cohérence ni ductilité ; c'est de cette manière très-simple qu'on peut amalgamer l'or, qui, de tous les métaux, a la plus grande affinité avec le mercure ; elle est si puissante qu'on la prendrait pour une espèce de magnétisme ; l'or blanchit dès qu'il est touché par le mercure, pour peu qu'il en reçoive les émanations ; mais dans les métaux qui ne s'unissent avec lui que difficilement, il faut pour le succès de l'amalgame employer le secours du feu, en réduisant d'abord le métal en poudre très-fine et faisant ensuite chauffer le mercure à peu près au point où il commence à se volatiliser ; on fait en même temps et séparément rougir la poudre du métal, et tout de suite on la triture avec le mercure chaud ; c'est de cette manière qu'on l'amalgame avec le cuivre ; mais l'on ne connaît aucun moyen de lui faire contracter union avec le fer[1].

Le vrai dissolvant de l'or est, comme nous l'avons dit, l'eau régale composée de deux acides, le nitreux et le marin[2] ; et comme s'il fallait toujours deux puissances réunies pour dompter ce métal, on peut encore le dissoudre par le foie de soufre, qui est un composé de soufre et d'alcali fixe[3] : cependant cette dernière dissolution a besoin d'être aidée et ne se fait que par le moyen du feu. On met l'or en poudre très-fine ou en feuilles brisées dans un creuset avec du foie de soufre, on les fait fondre ensemble, et l'or disparaît dans le produit de cette fusion ; mais en laissant dissoudre dans l'eau ce même produit, l'or y reste en parfaite dissolution, et il est aisé de le tirer par précipitation.

Les alliages de l'or avec l'argent et le cuivre sont fort en usage pour les monnaies et pour les ouvrages d'orfévrerie ; on peut de même l'allier avec tous les autres métaux ; mais tout alliage lui fait perdre plus ou moins de sa ductilité[a], et la plus petite quantité d'étain ou même la seule vapeur de ce métal suffisent pour le rendre aigre et cassant : l'argent est celui de tous qui diminue le moins sa très-grande ductilité.

L'or naturel et natif est presque toujours allié d'argent en plus ou moins

a. L'or s'unit à la platine, et c'est la crainte de le voir falsifier par ce mélange qui a décidé le gouvernement d'Espagne à faire fermer les mines de platine. *Éléments de Chimie*, par M. de Morveau, t. I, p. 263.

1. Voyez la note de la page 521.
2. Voyez la note de la page 518.
3. Voyez la note 1 de la page 528.

grande proportion : cet alliage lui donne de la fermeté et pâlit sa couleur; mais le mélange du cuivre l'exalte, le rend d'un jaune plus rouge, et donne à l'or un assez grand degré de dureté; c'est par cette dernière raison que, quoique cet alliage du cuivre avec l'or en diminue la densité au delà des proportions du mélange, il est néanmoins fort en usage pour les monnaies qui ne doivent ni se plier, ni s'effacer, ni s'étendre, et qui auraient tous ces inconvénients si elles étaient fabriquées d'or pur.

Suivant M. Geller, l'alliage de l'or avec le plomb devient spécifiquement plus pesant, et il y a pénétration entre ces deux métaux, tandis que le contraire arrive dans l'alliage de l'or et de l'étain, dont la pesanteur spécifique est moindre : l'alliage de l'or avec le fer devient aussi spécifiquement plus léger; il n'y a donc nulle pénétration entre ces deux métaux, mais une simple union de leurs parties, qui augmente le volume de la masse, au lieu de le diminuer comme le fait la pénétration. Cependant ces deux métaux, dont les parties constituantes ne paraissent pas se réunir d'assez près dans la fusion, ne laissent pas d'avoir ensemble une grande affinité, car l'or se trouve souvent, dans la nature, mêlé avec le fer, et de plus il facilite au feu la fusion de ce métal. Nos habiles artistes devraient donc mettre à profit cette propriété de l'or et le préférer au cuivre pour souder les petits ouvrages d'acier qui demandent le plus grand soin et la plus grande solidité; et ce qui semble prouver encore la grande affinité de l'or avec le fer, c'est que quand ces deux métaux se trouvent alliés on ne peut les séparer en entier par le moyen du plomb, et il en est de même de l'argent allié au fer; on est obligé d'y ajouter du bismuth pour achever de les purifier [a].

L'alliage de l'or avec le zinc produit un composé dont la masse est spécifiquement plus pesante que la somme des pesanteurs spécifiques de ces deux matières composantes; il y a donc pénétration dans le mélange de ce métal avec ce demi-métal, puisque le volume en devient plus petit; on a observé la même chose dans l'alliage de l'or et du bismuth : au reste on a fait un nombre prodigieux d'essais du mélange de l'or avec toutes les autres matières métalliques, que je ne pourrais rapporter ici sans tomber dans une trop grande prolixité.

Les chimistes ont recherché avec soin les affinités de ce métal, tant avec les substances naturelles qu'avec celles qui ne sont que le produit de nos arts; et il s'est trouvé que ces affinités étaient dans l'ordre suivant: 1° l'eau régale, 2° le foie de soufre, 3° le mercure, 4° l'éther, 5° l'argent, 6° le fer, 7° le plomb. L'or a aussi beaucoup d'affinité avec les substances huileuses, volatiles et atténuées, telles que les huiles essentielles des plantes aromatiques, l'esprit-de-vin, et surtout l'éther [b] : il en a aussi avec les

a. M. Poërner, cité dans le *Dictionnaire de Chimie*, article de l'*Affinage*.

b. L'éther a, de même que toutes les matières huileuses très-ténues et très-volatiles, la propriété d'enlever l'or de sa dissolution dans l'eau régale; et comme l'éther est plus subtil qu'au-

bitumes liquides, tels que le naphthe et le pétrole; d'où l'on peut conclure qu'en général c'est avec les matières qui contiennent le plus de principes inflammables et volatils que l'or a le plus d'affinité, et dès lors on n'est pas en droit de regarder comme une chimère absurde l'idée que l'or rendu potable peut produire quelque effet dans les corps organisés, qui, de tous les êtres, sont ceux dont la substance contient la plus grande quantité de matière inflammable et volatile, et que par conséquent l'or extrêmement divisé puisse y produire de bons ou de mauvais effets, suivant les circonstances et les différents états où se trouvent ces mêmes corps organisés. Il me semble donc qu'on peut se tromper en prononçant affirmativement sur la nullité des effets de l'or pris intérieurement, comme remède, dans certaines maladies, parce que le médecin, ni personne, ne peut connaître tous les rapports que ce métal très-atténué peut avoir avec le feu qui nous anime.

Il en est de même de cette fameuse recherche appelée le *grand œuvre*, qu'on doit rejeter en bonne morale, mais qu'en saine physique l'on ne peut pas traiter d'impossible; on fait bien de dégoûter ceux qui voudraient se livrer à ce travail pénible et ruineux, qui, même fût-il suivi du succès, ne serait utile en rien à la société; mais pourquoi prononcer d'une manière décidée que la transmutation des métaux soit absolument impossible, puisque nous ne pouvons douter que toutes les matières terrestres, et même les éléments, ne soient tous convertibles[1]; qu'indépendamment de cette vue spéculative, nous connaissons plusieurs alliages dans lesquels la matière des métaux se pénètre et augmente de densité? l'essence de l'or consiste dans la prééminence de cette qualité, et toute matière qui, par le mélange, obtiendrait le même degré de densité, ne serait-elle pas de l'or? ces métaux mélangés, que l'alliage rend spécifiquement plus pesants par leur pénétration réciproque, ne semblent-ils pas nous indiquer qu'il doit y avoir d'autres combinaisons où cette pénétration étant encore plus intime, la densité deviendrait plus grande?

On ne connaissait ci-devant rien de plus dense que le mercure après l'or, mais on a récemment découvert la platine; ce minéral nous présente l'une de ces combinaisons où la densité se trouve prodigieusement aug-

cune de ces matières, il produit aussi beaucoup mieux cet effet : il suffit de verser de l'éther sur une dissolution d'or, de mêler les deux liqueurs en secouant la fiole; aussitôt que le mélange est en repos, l'éther se débarrasse de l'eau régale et la surnage; alors l'eau régale dépouillée d'or devient blanche, tandis que l'éther se colore en jaune : de cette manière, on fait très-promptement une teinture d'or ou or potable, mais peu de temps après l'or se sépare de l'éther, reprend son brillant métallique, et paraît cristallisé à la surface. *Éléments de Chimie*, par M. de Morveau, t. III, pag. 316 et 317. — Les huiles essentielles, mêlées et agitées avec une dissolution d'or par l'eau régale, enlèvent ce métal et s'en emparent; mais l'or nage seulement dans ce fluide, d'où il se précipite en grande partie : il n'y est point dans un état de dissolution parfaite, et conserve toujours une certaine quantité d'acide régalin. *Idem*, p. 356.

1. Et c'est ce qui n'est pas. (Voyez la note 1 de la page 24.)

mentée, et plus que moyenne entre celle du mercure et celle de l'or ; mais nous n'avons aucun exemple qui puisse nous mettre en droit de prononcer qu'il y ait dans la nature des substances plus denses que l'or, ni des moyens d'en former par notre art ; notre plus grand chef-d'œuvre serait en effet d'augmenter la densité de la matière, au point de lui donner la pesanteur de ce métal ; peut-être ce chef-d'œuvre n'est-il pas impossible, et peut-être même y est-on parvenu ; car dans le grand nombre des faits exagérés ou faux, qui nous ont été transmis au sujet du *grand œuvre*, il y en a quelques-uns [a] dont il me paraît assez difficile de douter ; mais cela ne nous empêche pas de mépriser, et même de condamner tous ceux qui, par cupidité, se livrent à cette recherche, souvent même sans avoir les connaissances nécessaires pour se conduire dans leurs travaux ; car il faut avouer qu'on ne peut rien tirer des livres d'alchimie : ni la *Table hermétique*, ni la *Tourbe des philosophes*, ni *Philalèthe* et quelques autres que j'ai pris la peine de lire [b], et même d'étudier, ne m'ont présenté que des obscurités, des procédés inintelligibles où je n'ai rien aperçu, et dont je n'ai pu rien conclure, sinon que tous ces chercheurs de pierre philosophale ont regardé le mercure comme la base commune des métaux, et surtout de l'or et de l'argent. Beccher, avec sa *terre mercurielle*, ne s'éloigne pas beaucoup de cette opinion ; il prétend même avoir trouvé le moyen de fixer cette base commune des métaux ; mais s'il est vrai que le mercure ne se fixe en effet que par un froid extrême, il n'y a guère d'apparence que le feu des fourneaux de tous ces chimistes ait produit le même effet ; cependant on aurait tort de nier absolument la possibilité de ce changement d'état dans le mercure, puisque malgré la fluidité qui lui paraît être essentielle, il est dans le cinabre sous une forme solide, et que nous ne savons pas si sa substance ou sa vapeur, mêlée avec quelque autre matière que le soufre, ne prendrait pas une forme encore plus solide, plus concrète et plus dense. Le projet de la transmutation des métaux et celui de la fixation du mercure doivent donc être rejetés, non comme des idées chimériques ni des absurdités, mais comme des entreprises téméraires, dont le succès est plus que douteux : nous sommes encore si loin de connaître tous les effets des puissances de la nature, que nous ne devons pas les juger exclusivement par celles qui nous sont connues, d'autant que toutes les combinaisons possibles ne sont pas à beaucoup près épuisées, et qu'il nous reste sans doute plus de choses à découvrir que nous n'en connaissons.

a. Voyez entre autres le fait de transmutation du fer en or, cité par Model dans ses *Récréations chimiques*, traduites en français par M. Parmentier.

b. Je puis même dire que j'ai vu un bon nombre de ces messieurs *adeptes*, dont quelques-uns sont venus de fort loin pour me consulter, disaient-ils, et me faire part de leurs travaux ; mais tous ont été bientôt dégoûtés de ma conversation par mon peu d'enthousiasme.

En attendant que nous puissions pénétrer plus profondément dans le sein de cette nature inépuisable, bornons-nous à la contempler et à la décrire par les faces qu'elle nous présente : chaque sujet, même le plus simple, ne laisse pas d'offrir un si grand nombre de rapports que l'ensemble en est encore très-difficile à saisir ; ce que nous avons dit jusqu'ici sur l'or n'est pas à beaucoup près tout ce qu'on pourrait en dire ; ne négligeons, s'il est possible, aucune observation, aucun fait remarquable sur ses mines, sur la manière de les travailler, et sur les lieux où on les trouve. L'or dans ses mines primitives est ordinairement en filets, en rameaux, en feuilles, et quelquefois cristallisé en très-petits grains de forme octaèdre ; cette cristallisation, ainsi que toutes ces ramifications, n'ont pas été produites par l'intermède de l'eau, mais par l'action du feu primitif qui tenait encore ce métal en fusion ; il a pris toutes ces formes dans les fentes du quartz, quelque temps après sa consolidation : souvent ce quartz est blanc, et quelquefois il est teint d'un jaune couleur de corne, ce qui a fait dire à quelques minéralogistes [a], qu'on trouvait l'or dans la pierre de corne comme dans le quartz ; mais la vraie pierre de corne étant d'une formation postérieure à celle du quartz, l'or qui pourrait s'y trouver ne serait lui-même que de seconde formation. L'or primordial, fondu ou sublimé par le feu primitif, s'est logé dans les fentes que le quartz, déjà décrépité par les agents extérieurs, lui offrait de toutes parts, et communément il s'y trouve allié d'argent [b], parce qu'il ne faut qu'à peu près le même degré de chaleur pour fondre et sublimer ces deux métaux : ainsi l'or et l'argent ont occupé en même temps les fentes perpendiculaires de la roche quartzeuse, et ils y ont en commun formé les mines primordiales de ces métaux ; toutes les mines secondaires en ont successivement tiré leur origine quand les eaux sont venues dans la suite attaquer ces mines primitives, et en détacher les grains et les parcelles qu'elles ont entraînés et déposés dans le lit des rivières et dans les terres adjacentes ; et ces débris métalliques, rapprochés et rassemblés, ont quelquefois formé des agrégats, qu'on reconnait être des ouvrages de l'eau, soit par leur structure, soit par leur position dans les terres et les sables.

Il n'y a donc point de mines dont l'or soit absolument pur, il est toujours allié d'argent ; mais cet alliage varie en différentes proportions, sui-

a. « L'or vierge se trouve non-seulement dans du quartz ou de la *pierre de corne*, mais « encore dans des pierres de veines tendres, comme, par exemple, dans une terre ferrugineuse « coagulée, et dans une terre de silex ou de limon blanche et tendre ; il y en a beaucoup « d'exemples dans la Hongrie et dans la Transylvanie ; on a même reconnu que l'or vierge se « montre dans ces veines sous toutes sortes de figures, quelquefois sous la forme de fil allongé : « on en trouve aussi qui traverse de grandes pierres. » *Instructions sur l'art des mines*, par M. Delius, t. I, p. 101.

b. En Hongrie, on rencontre assez souvent des mines d'argent qui contiennent une portion d'or si considérable, que, par rapport à l'argent qu'on en tire, elle monte jusqu'à un quart. M. de Justi, cité dans le *Journal étranger*, mois de septembre, année 1756, page 45.

vant les différentes mines [a], et dans la plupart, il y a beaucoup plus d'argent que d'or; car comme la quantité de l'argent s'est trouvée surpasser de beaucoup celle de l'or, les alliages naturels, résultant de leur mélange, sont presque tous composés d'une bien plus grande quantité d'argent que d'or.

Ce métal mixte de première formation est, comme nous l'avons dit, engagé dans un roc quartzeux auquel il est étroitement uni : pour l'en tirer, il faut donc commencer par broyer la pierre, en laver la poudre pour en séparer les parties moins pesantes que celles du métal, et achever cette séparation par le moyen du mercure, qui, s'amalgamant avec les particules métalliques, laisse à part le restant de la matière pierreuse; on enlève ensuite le mercure en donnant à cette masse amalgamée un degré de chaleur suffisant pour le volatiliser, après quoi il ne reste plus que la portion métallique, composée d'or et d'argent [b] ; on sépare enfin ces deux métaux,

a. Pline parle d'un or des Gaules qui ne contenait qu'un *trente-sixième d'argent :* en admettant le fait, cet or serait le plus pur qu'on eût jamais trouvé. « Omni auro inest argentum, « vario pondere; alibi denâ, alibi nonâ, alibi octavâ parte : in uno tantùm Galliæ metallo, « quod vocant albicratense, tricesima sexta portio invenitur, et ideo cæteris præest. » Lib. XXXIII, cap. XXI.

b. L'or se trouve rarement seul dans une mine; il est presque toujours caché dans l'argent qui l'accompagne; et pour le tirer de sa mine, il faut la traiter d'abord comme une mine d'argent... Ce précieux métal est souvent si divisé dans les mines, qu'à peine peut-on s'assurer par les essais ordinaires qu'elles tiennent de l'or,... et souvent il faut attendre que la mine ait été fondue en grand pour essayer par le départ l'argent qui en provient. Les mines de Rammelsberg, près de Goslar dans le Hartz, peuvent servir ici d'exemple : elles tiennent de l'or, mais en si petite quantité, que le grain ne peut se trouver par l'essai, puisque le marc d'argent de ces mines ne donne que trois quarts de grains d'or; et il faut fondre ordinairement trente-cinq quintaux de ces mines pour avoir un marc d'argent. Ainsi, pour trouver dans l'essai seulement un quart de grain d'or, il faudrait essayer dix quintaux deux tiers de mine. Les essais de ces sortes de mines se font aisément dans les lieux où il y a des fonderies établies; mais, quand on n'a pas la commodité de fondre ces mines en grand, il faut chercher quelque moyen de connaître leur produit par l'essai.....

Si les mines qui contiennent de l'or sont chargées de pyrites ou de quelque fluor extrêmement dur à piler, il faut les griller, et ensuite les piler et les laver. On ne prend que huit quintaux de plomb pour un quintal de mine aisée à fondre, au lieu qu'il en faut seize quand elles sont rebelles à la fonte; on les scorifie, puis on coupelle le plomb comme à l'ordinaire. Les scories de ces essais doivent avoir la fluidité de l'eau; pour peu qu'elles filent, on n'a pas leur véritable produit en argent et en or.

Lorsqu'on a coupellé le plomb, enrichi de cette scorification, on pèse le grain d'argent qu'il a laissé sur la coupelle, et qui est composé d'or et d'argent, que l'on départ par le moyen de l'eau-forte; mais, avant de soumettre le bouton au départ, on le réduit en lamines, que l'on fait rougir au feu pour les recuire, afin que l'eau-forte les attaque plus aisément... Dans ces sortes de départs, où il s'agit d'avoir la petite portion d'or que contient chaque bouton de coupelle, on emploie l'eau-forte pure... Aussitôt que la première eau-forte a cessé de dissoudre, on la verse et on en remet de l'autre, qui achève de dissoudre l'argent qui pourrait encore se trouver avec l'or.....

S'il y a beaucoup d'or dans l'argent, c'est-à-dire la moitié, l'eau-forte, même en ébullition, ne l'attaque pas; elle ne dissout que les parties de l'argent qui se trouvent à la surface des lamines, qu'il faut alors refondre avec deux fois leur poids d'argent pur, ou d'argent de départ purifié de tout cuivre... On aplatit le nouveau bouton en lamine, que l'on fait recuire, pour être

autant qu'il est possible, par les opérations du départ, qui cependant ne laissent jamais l'or parfaitement pur [a], comme s'il était impossible à notre art, de séparer en entier ce que la nature a réuni; car de quelque manière que l'on procède à cette séparation de l'or et de l'argent, qui, dans la nature, ne font le plus souvent qu'une masse commune, ils restent toujours mêlés d'une petite portion du métal qu'on tâche d'en séparer [b], de sorte que ni l'or ni l'argent ne sont jamais dans un état de pureté absolue.

Cette opération du *départ*, ou séparation de l'or et de l'argent, suppose d'abord que la masse d'alliage ait été purifiée par le plomb, et qu'elle ne contienne aucune autre matière métallique, sinon de l'or et de l'argent; on peut y procéder de trois manières différentes, en se servant des substances qui, soit à chaud, soit à froid, n'attaquent pas l'or, et peuvent néanmoins dissoudre l'argent: 1° l'acide nitreux n'attaque pas l'or et dissout l'argent; l'or reste donc seul après la dissolution de l'argent; 2° l'acide marin a [c], comme l'acide nitreux, la vertu de dissoudre l'argent sans attaquer l'or, et par conséquent la puissance de les séparer; mais le départ par l'acide nitreux est plus complet et bien plus facile; il se fait par la voie humide et à l'aide d'une très-petite chaleur; au lieu que le départ par l'acide marin, qu'on appelle *départ concentré*, ne peut se faire que par une suite de procédés assez difficiles; 3° le soufre a aussi la même propriété de dissoudre l'argent sans toucher à l'or, mais ce n'est qu'à l'aide de la fusion, c'est-à-dire d'une chaleur violente; et comme le soufre est très-inflam-

ensuite soumise à l'opération du départ, qui alors se fait bien... Lorsqu'on a rassemblé tout l'or provenant du départ, on le fait rougir au feu dans un creuset pour achever de le débarrasser entièrement de l'acide du dissolvant, et pour lui faire prendre la couleur d'un vrai or... Ensuite on le laisse refroidir pour le peser, et connaître le produit de la mine qu'on a essayée. *Traité de la fonte des mines* de Schlutter, traduit par M. Hellot, t. I, pag. 177 et suiv.

a. Je crois cependant qu'il n'est pas impossible de séparer absolument l'or et l'argent l'un de l'autre, en multipliant les opérations et les moyens, et qu'au moins on arriverait à une approximation si grande, qu'on pourrait regarder comme nulle la portion presque infiniment petite de celui qui resterait contenu dans l'autre.

b. M. Cramer, dans sa *Docimasie*, assure que, si le départ se fait par l'eau-forte, il reste toujours une petite portion d'argent unie à l'or, et de même que, quand on fait le départ par l'eau régale, il reste toujours une petite portion d'or unie à l'argent, et il estime cette proportion depuis un deux-centième jusqu'à un cent-cinquantième. *Dictionnaire de Chimie*, article *Départ*. — M. Tillet observe qu'il est très-vrai qu'on n'obtient pas de l'or parfaitement pur par la voie du départ, mais que cependant il est possible de parvenir à ce but par la dissolution de l'or fin dans l'eau régale, ou par des cémentations réitérées.

c. « On peut purifier l'or, c'est-à-dire en séparer l'argent qu'il contient, par l'acide marin, « au moyen d'une cémentation; il faut d'abord qu'il soit réduit en lames minces; on stratifie « ces lames avec un cément fait de quatre parties de briques pilées et tamisées, d'une partie de « colcothar et d'une partie de sel marin, le tout réduit en pâte ferme avec un peu d'eau : pen- « dant cette opération, où il est très-important que la chaleur ne soit pas assez forte pour « fondre l'or, l'acide du colcothar et de l'argile dégage celui du sel marin; et ce dernier, à rai- « son de sa concentration et de l'état de vapeur où il se trouve, attaque l'argent, et, à la faveur « de la dilatation que le feu occasionne, va chercher ce métal jusque dans des alliages où l'or « serait en assez grande quantité pour le défendre de l'action de l'eau-forte. » *Éléments de Chimie*, par M. de Morveau, t. II, p. 218.

mable, et qu'il se brûle et se volatilise en grande partie, en se mêlant au métal fondu, on préfère l'antimoine pour faire cette espèce de départ sec, parce que le soufre étant uni dans l'antimoine aux parties régulines de ce demi-métal, il résiste plus à l'action du feu, et pénètre le métal en fusion dans lequel il scorifie l'argent et laisse l'or au-dessous. De ces trois agents l'acide nitreux est celui qu'on doit préférer [a], la manipulation des deux autres étant plus difficile et la purification plus incomplète que par le premier.

On doit observer que, pour faire par l'acide nitreux le départ avec succès, il ne faut pas que la quantité d'or contenue dans l'argent soit de plus de deux cinquièmes; car alors cet acide ne pourrait dissoudre les parties d'argent, qui dans ce cas seraient défendues et trop couvertes par celles de l'or pour être attaquées et saisies; s'il se trouve donc plus de deux cinquièmes d'or dans la masse dont on veut faire le départ, on est obligé de la faire fondre et d'y ajouter autant d'argent qu'il en faut pour qu'il n'y ait en effet que deux cinquièmes d'or dans cette nouvelle masse; ainsi l'on s'assurera d'abord de cette proportion, et il me semble que cela serait facile par la balance hydrostatique, et que ce moyen serait bien plus sûr que la pierre de touche et les aiguilles alliées d'or et d'argent à différentes doses, dont se servent les essayeurs pour reconnaître cette quantité dans la masse de ces métaux alliés : on a donc eu raison de proscrire cette pratique dans les monnaies de France [b]; car ce n'est au vrai qu'un tâtonnement dont il ne peut résulter qu'une estimation incertaine, tandis que par la différente pesanteur spécifique de ces deux métaux, on aurait un résultat précis de la proportion de la quantité de chacun dans la masse alliée dont on veut faire le départ. Quoi qu'il en soit, lorsqu'on s'est à peu près assuré de cette proportion, et que l'or n'y est que pour un quart ou au-dessous, on doit employer de l'eau-forte ou acide nitreux bien pur, c'est-à-dire exempt de tout autre

a. MM. Brandt, Schoeffer, Bergman et d'autres, ayant avancé que l'acide nitreux, quoique très-pur, pouvait dissoudre une certaine quantité d'or, et cet effet paraissant devoir influer sur la sûreté de l'importante opération du départ, les chimistes de notre Académie des Sciences ont été chargés de faire des expériences à ce sujet, et ces expériences ont prouvé que l'acide nitreux n'attaque point ou très-peu l'or, puisque, après en avoir séparé l'argent qui y était allié, et dont on connaissait la proportion, on a toujours retrouvé juste la même quantité d'or. « Cependant ils ajoutent, dans le rapport de leurs épreuves, qu'il ne faut pas conclure que, dans « aucun cas, l'acide nitreux ne puisse faire éprouver à l'or quelque très-faible déchet. L'acide « nitreux le plus pur se charge de quelques particules d'or; mais nous pouvons assurer que les « circonstances nécessaires à la production de cet effet sont absolument étrangères au départ « d'essai; que dans ce dernier, lorsqu'on le pratique suivant les règles et l'usage reçu, il ne « peut jamais y avoir le moindre déchet sur l'or. » *Rapport sur l'opération du départ*, dans le *Journal de physique*, février 1781, p. 142.

b. M. Tillet m'écrit, à ce sujet, qu'on ne fait point usage des *touchaux* pour le travail des monnaies de France; le titre des espèces n'y est constaté que par l'opération de l'essai ou du départ : les orfèvres emploient, il est vrai, le touchau dans leur maison commune, mais ce n'est que pour les menus ouvrages en si petit volume qu'ils offrent à peine la matière de l'essai en règle, et qui sont incapables de supporter le poinçon de marque.

acide, et surtout du vitriolique et du marin : on verse cette eau-forte sur le métal, réduit en grenailles ou en lames très-minces; il en faut un tiers de plus qu'il n'y a d'argent dans l'alliage; on aide la dissolution par un peu de chaleur, et on la rend complète en renouvelant deux ou trois fois l'eau-forte, qu'on fait même bouillir avant de la séparer de l'or, qui reste seul au fond du vaisseau, et qui n'a besoin que d'être bien lavé dans l'eau chaude pour achever de se nettoyer des petites parties de la dissolution d'argent attachées à sa surface; et lorsqu'on a obtenu l'or, on retire ensuite l'argent de la dissolution, soit en le faisant précipiter, soit en distillant l'eau-forte pour la faire servir une seconde fois.

Toute masse dont on veut faire le départ par cette voie ne doit donc contenir que deux cinquièmes d'or au plus sur trois cinquièmes d'argent; et dans cet état, la couleur de ces deux métaux alliés est presque aussi blanche que l'argent pur, et loin qu'une plus grande quantité de ce dernier métal nuisît à l'effet du départ, il est au contraire d'autant plus aisé à faire que la proportion de l'argent à l'or est plus grande : ce n'est que quand il y a environ moitié d'or dans l'alliage qu'on s'en aperçoit à sa couleur qui commence à prendre un œil de jaune faible.

Pour reconnaître au juste l'aloi ou le titre de l'or, il faut donc faire deux opérations : d'abord le purger au moyen du plomb de tout mélange étranger, à l'exception de l'argent, qui lui reste uni, parce que le plomb ne les attaque ni l'un ni l'autre; et, ensuite, il faut faire le départ par le moyen de l'eau-forte. Ces opérations de l'essai et du départ, quoique bien connues des chimistes, des monnayeurs et des orfèvres, ne laissent pas d'avoir leurs difficultés par la grande précision qu'elles exigent, tant pour le régime du feu que pour le travail des matières, d'autant que par le travail le mieux conduit, on ne peut arriver à la séparation entière de ces métaux; car il restera toujours une petite portion d'argent dans l'or le plus raffiné, comme une portion de plomb dans l'argent le plus épuré [a].

a. Pour faire l'essai de l'argent, on choisit deux coupelles égales de grandeur et de poids: l'usage est de prendre des coupelles qui pèsent autant que le plomb qu'on emploie dans l'essai, parce qu'on a observé que ce sont celles qui peuvent boire toute la litharge qui se forme pendant l'opération ; on les place l'une à côté de l'autre, sous la moufle, dans un fourneau d'essai ; on allume le fourneau, on fait rougir les coupelles, et on les tient rouges pendant une bonne demi-heure avant d'y rien mettre ....

Quand les coupelles sont rouges à blanc, on met dans chacune d'elles la quantité de plomb qu'on a déterminée, et qui doit être plus ou moins grande, suivant que l'argent a plus ou moins d'alliage; on augmente le feu en ouvrant les portes du cendrier jusqu'à ce que le plomb soit rouge, fumant et agité d'un mouvement de *circulation*, et que sa surface soit nette et bien découverte.

On met alors dans chaque coupelle l'argent réduit en petites lames, afin qu'il se fonde plus promptement, en soutenant toujours et même en augmentant le feu jusqu'à ce que l'argent soit bien fondu et mêlé avec le plomb... L'on voit autour du métal un petit cercle de litharge qui s'imbibe continuellement dans la coupelle, et à la fin de l'essai, le bouton de fin n'étant plus couvert d'aucune litharge, paraît brillant et reste seul sur la coupelle; et si l'opération a été

Nous ne pouvons nous dispenser de parler des différents emplois de l'or dans les arts et de l'usage ou plutôt de l'abus qu'on en fait par un vain luxe pour faire briller nos vêtements, nos meubles et nos appartements, en donnant la couleur de l'or à tout ce qui n'en est pas et l'air de l'opulence aux matières les plus pauvres ; et cette ostentation se montre sous mille formes différentes. Ce qu'on appelle *or de couleur* n'en a que l'apparence; ce n'est qu'un simple vernis qui ne contient point d'or, et avec lequel on peut néan-

bien conduite, les deux essais doivent donner le bouton de fin dans le même temps à peu près : au moment que ce bouton se fixe, on voit sur sa surface des couleurs d'iris, qui font des ondulations et se croisent avec beaucoup de rapidité... Il faut avoir grande attention à l'administration du feu, pour que la chaleur ne soit ni trop violente ni trop faible; dans le premier cas, le plomb se scorifie trop vite et n'a pas le temps d'emporter toutes les impuretés de l'argent; dans le second cas, et ce qui est encore pis, il n'entre pas assez dans la coupelle... mais la chaleur doit toujours aller en augmentant jusqu'à la fin de l'opération... Quand elle est achevée, on laisse encore les coupelles au même degré de chaleur pendant quelques moments, pour donner le temps aux dernières portions de litharge de s'imbiber; après quoi on les laisse refroidir doucement, surtout si le bouton de fin est gros, pour lui donner le temps de se consolider jusqu'au centre sans qu'il crève d'aucun côté, ce qui arriverait s'il se refroidissait trop vite; enfin il faut le détacher de la coupelle avant qu'elle ne soit trop refroidie, parce qu'alors il se détache plus facilement.

On pèsera ensuite exactement les deux boutons de fin, et si leur poids est le même, l'essai aura été bien fait, et l'on connaîtra au juste le titre de la masse de l'argent dans laquelle on a pris les morceaux pour les essayer; le titre sera indiqué par la quantité que l'argent aura perdu par la coupelle. *Dictionnaire de Chimie*, article *Essais*.

J'observerai ici, avec M. Tillet, qu'on a tort de négliger la petite quantité d'argent que la litharge entraîne toujours dans la coupelle, car cette quantité négligée donne lieu à des rapports constamment faux de la quantité juste d'argent que contiennent intrinsèquement les lingots dont les essayeurs établissent le titre : ce point assez délicat de docimasie a été traité dans plusieurs Mémoires insérés dans ceux de l'Académie des Sciences, et notamment dans un Mémoire de M. Tillet qui se trouve dans le volume de l'année 1769; on y voit clairement de quelle conséquence il pourrait être qu'on ne négligeât pas la petite quantité de fin que la coupelle absorbe.

Comme il n'y a presque point de plomb qui ne contienne de l'argent, et que cet argent a dû se mêler dans le bouton de fin, il faut, avant de faire l'essai à la coupelle par le plomb, s'assurer de la quantité d'argent que ce plomb contient, et pour cela on passe à la coupelle une certaine quantité de plomb tout seul, et l'on voit ce qu'il fournit d'argent... Le plomb de Willach, en Carinthie, qui ne contient pas d'argent, est recherché pour faire les essais.....

Lorsqu'on veut faire l'essai d'un lingot d'or, on en coupe vingt-quatre grains qu'on pèse exactement à la petite balance d'essai : on pèse d'un autre côté soixante-douze grains d'argent fin ; on passe ces deux métaux ensemble à la coupelle, en employant à peu près dix fois plus de plomb qu'il n'y a d'or; on conduit cette coupellation comme celle pour l'essai de l'argent, si ce n'est qu'on chauffe un peu plus vivement sur la fin, lorsque l'essai est prêt à faire son éclair : l'or se trouve après cela débarrassé de tout autre alliage que de l'argent.....

Ensuite on aplatit le bouton de fin sur le tas d'acier, et le faisant recuire à mesure qu'il s'écrouit, de peur qu'il ne fende; on le réduit par ce moyen en une petite lame qu'on roule ensuite en forme de cornet, puis on en fait le départ par l'eau-forte.

La diminution qui se trouve sur le poids de l'or, après le départ, fait connaître la quantité d'alliage que cet or contient.....

On peut aussi purifier l'or par l'antimoine, qui emporte en même temps les métaux imparfaits et l'argent dont il est mêlé; mais cette purification de l'or n'est pas assez parfaite pour pouvoir servir à la juste détermination du titre de l'or, et il vaut mieux employer la coupellation par le plomb pour séparer d'abord l'or de tous les métaux imparfaits, et ensuite le départ pour le séparer de l'argent. *Dictionnaire de Chimie*, article *Essais*.

moins donner à l'argent et au cuivre la couleur jaune et brillante de ce précieux métal; les garnitures en cuivre de nos meubles, les bras, les feux de cheminée, etc., sont peints de ce vernis couleur d'or, ainsi que les cuirs qu'on appelle *dorés*, et qui ne sont réellement qu'étamés et peints ensuite avec ce vernis doré. A la vérité, cette fausse dorure diffère beaucoup de la vraie, et il est très-aisé de les distinguer; mais on fait avec le cuivre, réduit en feuilles minces, une autre espèce de dorure qui peut en imposer lorsqu'on la peint avec ce même vernis couleur d'or. La vraie dorure est celle où l'on emploie de l'or : il faut pour cela qu'il soit réduit en feuilles très-minces ou en poudre fort fine, et pour dorer tout métal, il suffit d'en bien nettoyer la surface, de le faire chauffer et d'y appliquer exactement ces feuilles ou cette poudre d'or, par la pression et le frottement doux d'une pierre hématite, qui le brillante et le fait adhérer. Quelque simple que soit cette manière de dorer, il y en a une autre peut-être encore plus facile : c'est d'étendre sur le métal qu'on veut dorer un amalgame d'or et de mercure, de le chauffer ensuite assez pour faire exhaler en vapeurs le mercure qui laisse l'or sur le métal, qu'il ne s'agit plus que de frotter avec le brunissoir pour le rendre brillant ; il y a encore d'autres manières [1] de dorer; mais c'est peut-être déjà trop en histoire naturelle que de donner les principales pratiques de nos arts.

Mais nous laisserions imparfaite cette histoire de l'or si nous ne rapportions pas ici tous les renseignements que nous avons recueillis sur les différents lieux où se trouve ce métal : il est, comme nous l'avons dit, universellement répandu, mais en atomes infiniment petits, et il n'y a que quelques endroits particuliers où il se présente en particules sensibles et en masses assez palpables pour être recueillies. En parcourant dans cette vue les quatre parties du monde, on verra qu'il n'y a que peu de mines d'or proprement dites dans les régions du nord, quoiqu'il y ait plusieurs mines d'argent, qui presque toujours est allié d'une petite quantité d'or. Il se trouve aussi très-peu de vraies mines d'or dans les climats tempérés; il y en a seulement quelques-unes où l'on a rencontré de petits morceaux de ce métal massif; mais dans presque toutes l'or n'est qu'en petite quantité dans l'argent avec lequel il est toujours mêlé. Les mines d'or les plus riches sont dans les pays les plus chauds, et particulièrement dans ceux où les hommes ne se sont pas anciennement établis en société policée, comme en

1. Il y en a aujourd'hui une toute nouvelle, et très-répandue : la *dorure galvanique* ou la *galvanoplastie*. — « Les procédés de dorure galvanique ont pour but de précipiter sur un « métal commun, en couches continues, adhérentes, inséparables, et aussi épaisses qu'on le « désire, non-seulement de l'or, mais encore de l'argent, du platine, du cuivre, du zinc, du « plomb, du fer, etc. — Pour résoudre ce problème si intéressant pour l'industrie, il suffit de « dissoudre les métaux dans des agents convenables, de plonger dans la dissolution le métal « destiné à être recouvert, et de se servir de l'électricité développée par la pile, comme agent « de précipitation... » (Pelouze et Frémy.)

Afrique et en Amérique, car il est très-probable que l'or est le premier métal dont on se soit servi : plus remarquable par son poids qu'aucun autre, et plus fusible que le cuivre et le fer, il aura bientôt été reconnu, fondu, travaillé ; on peut citer pour preuve les Péruviens et les Mexicains, dont les vases et les instruments étaient d'or, et qui n'en avaient que peu de cuivre et point du tout de fer, quoique ces métaux soient abondants dans leur pays ; leurs arts n'étaient pour ainsi dire qu'ébauchés, parce qu'eux-mêmes étaient des hommes nouveaux et qui n'étaient qu'à demi policés depuis cinq où six siècles. Ainsi, dans les premiers temps de la civilisation de l'espèce humaine, l'or, qui de tous les métaux s'est présenté le premier à la surface de la terre ou à de petites profondeurs, a été recueilli, employé et travaillé, en sorte que dans les pays peuplés et civilisés plus anciennement que les autres, c'est-à-dire dans les régions septentrionales et tempérées, il n'est resté pour la postérité que le petit excédant de ce qui n'a pas été consommé ; au lieu que dans ces contrées méridionales de l'Afrique et de l'Amérique, qui n'ont été peuplées que les dernières, et où les hommes n'ont jamais été policés, la quantité de ce métal s'est trouvée tout entière, et telle pour ainsi dire que la nature l'avait produite et confiée à la terre encore vierge ; l'homme n'en avait pas encore déchiré les entrailles[a] ; son sein était à peine effleuré lorsque les conquérants du Nouveau-Monde en ont forcé les habitants à la fouiller dans toutes ses parties par des travaux immenses : les Espagnols et les Portugais ont en moins d'un siècle plus tiré d'or du Mexique et du Brésil que les naturels du pays n'en avaient recueilli depuis le premier temps de leur population. La Chine, dira-t-on, semble nous offrir un exemple contraire ; ce pays, très-anciennement policé, est encore abondant en mines d'or qu'on dit être assez riches ; mais ne dit-on pas en même temps, avec plus de vérité, que la plus grande partie de l'or qui circule à la Chine vient des pays étrangers ? Plusieurs empereurs chinois assez sages, assez humains pour épargner la sueur et ménager la vie de leurs sujets, ont défendu l'extraction des mines dans toute l'étendue de leur domination[b] : ces défenses ont subsisté longtemps et n'ont été qu'assez rarement interrompues ; il se pourrait donc en effet qu'il y eût encore à la Chine des mines intactes et riches, comme dans les contrées heureuses où les hommes n'ont pas été forcés de les fouiller ; car les travaux des mines, dans le Nouveau-Monde, ont fait périr en moins de deux ou trois siècles plusieurs millions d'hommes[c] ; et cette plaie énorme faite à l'humanité, loin de nous avoir procuré des richesses réelles, n'a servi qu'à nous surcharger

a. « Regnaverat in Colchis Saleucis, qui terram virgineam nactus, plurimùm argenti aurique eruisse dicitur. » Pline, lib. xxxv.

b. Les anciens Romains avaient eu la même sagesse : « Metallorum omnium fertilitate nullis cedit terris Italia, sed interdictum id vetere consulto patrum, Italiæ parci jubentium. » Pline, *Hist. nat.*, lib. III, cap. XXIV.

c. Voyez le livre de Las Casas sur la destruction des Indiens.

d'un poids aussi lourd qu'inutile. Le prix des denrées étant toujours proportionnel à la quantité du métal qui n'en est que le signe, l'augmentation de cette quantité est plutôt un mal qu'un bien : vingt fois moins d'or et d'argent rendraient le commerce vingt fois plus léger, puisque tout signe en grosse masse, toute représentation en grand volume, est plus pénible à transporter, coûte plus à manier, et circule moins aisément qu'une petite quantité qui représenterait également et aussi bien la valeur de toute chose. Avant la découverte du Nouveau-Monde, il y avait réellement vingt fois moins d'or et d'argent en Europe, mais les denrées coûtaient vingt fois moins : qu'avons-nous donc acquis avec ces millions de métal ? la charge de leur poids.

Et cette surcharge de quantité deviendrait encore plus grande et peut-être immense, si la cupidité ne s'opposait pas à elle-même des obstacles et n'était arrêtée par des bornes qu'elle ne peut franchir : quelque ardente qu'ait été dans tous les temps la soif de l'or, on n'a pas toujours eu les mêmes moyens de l'étancher, ces moyens ont même diminué d'autant plus qu'on s'en est plus servi ; par exemple, en supposant, comme nous le faisons ici, qu'avant la conquête du Mexique et du Pérou, il n'y eût en Europe que la vingtième partie de l'or et de l'argent qui s'y trouve aujourd'hui, il est certain que le profit de l'extraction de ces mines étrangères, dans les premières années pendant lesquelles on a doublé cette première quantité, a été plus grand que le profit d'un pareil nombre d'années pendant lesquelles on l'a triplé, et encore bien plus grand que celui des années subséquentes ; le bénéfice réel a donc diminué en même proportion que le nombre des années s'est augmenté, en supposant égalité de produit dans chacune, et si l'on trouvait actuellement une mine assez riche pour en tirer autant d'or qu'il y en avait en Europe avant la découverte du Nouveau-Monde, le profit de cette mine ne serait aujourd'hui que d'un vingtième, tandis qu'alors il aurait été du double ; ainsi, plus on a fouillé ces mines riches, et plus on s'est appauvri : richesse toujours fictive, et pauvreté réelle dans le premier comme dans le dernier temps ; masses d'or et d'argent, signes lourds, monnaies pesantes, dont loin de l'augmenter on devrait diminuer la quantité en fermant ces mines comme autant de gouffres funestes à l'humanité, d'autant qu'aujourd'hui leur produit suffit à peine pour la subsistance des malheureux qu'on y emploie ou condamne ; mais jamais les nations ne se confédéreront pour un bien général à faire au genre humain, et rien ici ne peut nous consoler, sinon l'espérance très-fondée que dans quelques siècles, et peut-être plus tôt, on sera forcé d'abandonner ces affreux travaux, que l'or même, devenu trop commun, ne pourra plus payer.

En attendant, nous sommes obligés de suivre le torrent, et je manquerais à mon objet, si je ne faisais pas ici mention de tous les lieux qui nous fournissent, ou peuvent nous fournir ce métal, lequel ne deviendra vil que quand les hommes s'ennobliront par des vues de sagesse dont nous sommes encore bien éloignés. On continuera donc à chercher l'or partout où il pourra se trouver, sans faire attention que si la recherche coûte à peu près autant que tout autre travail, il n'y a nulle raison d'y employer des hommes qui, par la culture de la terre, se procureraient une subsistance aussi sûre, et augmenteraient en même temps la richesse réelle, le vrai bien de toute société, par l'abondance des denrées, tandis que celle du métal ne peut y produire que le mal de la disette et d'un surcroît de cherté.

Nous avons en France plusieurs rivières ou ruisseaux qui charrient de l'or en paillettes, que l'on recueille dans leurs sables, et il s'en trouve aussi en paillettes et en poudre dans les terres voisines de leurs bords; les chercheurs de cet or, qu'on appelle *arpailleurs*, gagneraient autant, et plus, à tout autre métier, car à peine la récolte de ces paillettes d'or va-t-elle à vingt-cinq ou trente sous par jour. Cette même recherche, ou plutôt cet emploi du temps était, comme nous venons de le dire, vingt fois plus profitable du temps des Romains [a], puisque l'arpailleur pouvait alors gagner vingt fois sa subsistance; mais à mesure que la quantité du métal s'est augmentée, et surtout depuis la conquête du Nouveau-Monde, le même travail des arpailleurs a moins produit, et produira toujours de moins en moins, en sorte que ce petit métier déjà tombé, tombera tout à fait pour peu que cette quantité de métal augmente encore : l'or d'Amérique a donc enterré l'or de France, en diminuant vingt fois sa valeur; il a fait le même tort à l'Espagne, dont les intérêts bien entendus auraient exigé qu'on n'eût tiré des mines de l'Amérique qu'autant d'or qu'il en fallait pour fournir les colonies, et en maintenir la valeur numéraire en Europe toujours sur le même pied à peu près. Jules César cite l'Espagne et la partie méridionale des Gaules [b], comme très-abondantes en or; elles l'étaient en effet,

a. Pline dit qu'on tirait tous les ans, des Pyrénées et des provinces voisines, vingt mille lives pesant d'or, sans compter l'argent, le cuivre, etc.; il dit ailleurs que Servius Tullius, roi des Romains, fut le premier qui fit de la monnaie d'or, et qu'avant lui on l'échangeait tout brut. — Strabon rapporte que, dans le temps d'Auguste et de Tibère, les Romains tiraient des Pyrénées une si grande quantité d'or et d'argent, que ces métaux devinrent infiniment plus communs qu'avant la conquête des Gaules par Jules-César; mais ce n'était pas seulement des mines des Pyrénées que les Romains tiraient cette grande quantité d'or et d'argent, car Suétone reproche à César d'avoir saccagé les villes de la Gaule pour avoir leurs richesses, tellement qu'ayant pris de l'or en abondance, il le vendit en Italie, à trois mille petits sesterces la livre, ce qui, selon Budée, ne fait monter le marc qu'à soixante-deux livres dix sous de notre monnaie. — Tacite donne une idée de l'abondance de l'or et de l'argent dans les Gaules par ce qu'il fait dire à l'empereur Claude, séant dans le sénat : « Ne vaut-il pas mieux, dit ce prince, que les Gaulois « nous apportent leurs richesses que de les en laisser jouir séparés de nous? » Hellot, *Mémoires sur l'exploitation des mines de Baygory.*

b. Les anciens ont écrit que l'Espagne, sur toutes les autres provinces du monde connu, était la plus abondante en or et en argent, et particulièrement le Portugal, la Galice et les Asturies. Pline dit qu'on apportait tous les ans d'Espagne à Rome plus de vingt mille livres d'or, et aujourd'hui les Espagnols tirent ces deux métaux d'Amérique. *Histoire des Indes*, par Acosta; Paris, 1600, p. 136.

et le seraient encore, si nous n'avions pas nous-mêmes changé cette abondance en disette, et diminué la valeur de notre propre bien en recevant celui de l'étranger : l'augmentation de toute quantité en denrée nécessaire aux besoins, ou utile au service de l'homme, est certainement un bien; mais l'augmentation du métal qui n'en est que le signe, ne peut pas être un bien, et ne fait que du mal, puisqu'elle réduit à rien la valeur de ce même métal dans toutes les terres et chez tous les peuples qui s'en sont laissé surcharger par des importations étrangères.

Autant il serait nécessaire de donner de l'encouragement à la recherche et aux travaux des mines des matières combustibles et des autres minéraux si utiles aux arts et au bien de la société, autant il serait sage de faire fermer toutes celles d'or et d'argent, et de laisser consommer peu à peu ces masses trop énormes sous lesquelles sont écrasées nos caisses, sans que nous en soyons plus riches ni plus heureux.

Au reste, tout ce que nous venons de dire ne doit dégrader l'or qu'aux yeux de l'homme sage, et ne lui ôte pas le haut rang qu'il tient dans la nature: il est le plus parfait des métaux, la première substance entre toutes les substances terrestres, et il mérite à tous égards l'attention du philosophe naturaliste; c'est dans cette vue que nous recueillerons ici les faits relatifs à la recherche de ce métal, et que nous ferons l'énumération des différents lieux où il se trouve.

En France, le Rhin, le Rhône, l'Arve[a], le Doubs, la Cèse, le Gardon, l'Ariége, la Garonne, le Salat[b], charrient des paillettes et des grains d'or

a. *Voyage de Misson*, t. III, p. 73.

b. Les rivières de France qui charrient de l'or sont : 1° le Rhin; on trouve des paillettes d'or dans les sables de ce fleuve, depuis Strasbourg jusqu'à Philisbourg; elles sont plus rares entre Strasbourg et Brissac, où le Rhin est plus rapide... L'endroit de ce fleuve où il en dépose davantage est entre le Fort-Louis et Guermesheim; mais tout cela se réduit à une assez petite quantité, puisque sur deux lieues d'étendue que le magistrat de Strasbourg donne à ferme pour en tirer les paillettes d'or, on ne lui en porte que quatre ou cinq onces par an, ce qui vient de ce que les arpailleurs sont en trop petit nombre, encore plus que de la disette d'or, car on en pourrait tirer une bien plus grande quantité : on paie les arpailleurs à raison de trente à quarante sous par jour;

2° Le Rhône roule, dans le pays de Gex, assez de paillettes d'or pour occuper pendant l'hiver quelques paysans, à qui les journées valent à peu près depuis douze jusqu'à vingt sous. Ils s'attachent principalement à lever les grosses pierres; ils enlèvent le sable qui les environne, et c'est de ce sable qu'ils tirent les paillettes : on ne trouve ces paillettes que depuis l'embouchure de la rivière d'Arve dans le Rhône, jusqu'à cinq lieues au-dessous;

3° Le Doubs, mais les paillettes d'or y sont assez rares:

4° La petite rivière de Cèse, qui tire son origine d'auprès de Ville-Fort, dans les Cévennes : dans plusieurs lieues de son cours, on trouve partout à peu près également des paillettes communément beaucoup plus grandes que celles du Rhône et du Rhin;

5° La rivière du Gardon, qui, comme celle de Cèse, vient des montagnes des Cévennes, entraine aussi des paillettes d'or, à peu près de même grandeur et en aussi grand nombre;

6° L'Ariége, dont le nom indique assez qu'elle charrie de l'or : on en trouve en effet des paillettes dans le pays de Foix, mais c'est aux environs de Pamiers qu'elle en fournit le plus : elle en roule aussi dans le territoire de l'évêché de Mirepoix;

qu'on trouve dans leurs sables, surtout aux angles rentrants de ces rivières. Ces paillettes ont souvent leurs bords arrondis ou repliés, et c'est par là qu'on les distingue encore plus aisément que par le poids, des paillettes de mica, qui quelquefois sont de la même couleur, et ont même plus de brillant que celles d'or. On trouve aussi d'assez gros grains d'or dans les rigoles formées par les eaux pluviales, dans les terrains montagneux de Fériès et de Bénagues : on a vu de ces grains, dit M. Guettard, qui pesaient une demi-once; ces grains et paillettes d'or, sont accompagnés d'un sable ferrugineux : il ajoute que dès qu'on s'éloigne de ces montagnes, seulement de cinq ou six lieues, on ne trouve plus de grains d'or, mais seulement des paillettes très-minces. Cet académicien fait encore mention de l'or en paillettes qu'on a trouvé en Languedoc et dans le pays de Foix [a]. M. de Gensane dit aussi qu'il y en a dans plusieurs rivières des diocèses d'Uzès et de Montpellier [b] : ces grains et paillettes d'or, qui se trouvent dans les rivières et terres adjacentes, viennent, comme je l'ai dit, des mines renfermées dans les montagnes voisines; mais on ne connaît actuellement qu'un très-petit nombre de ces mines en montagnes [c] : il y en a une dans les

7° On fait tous les ans dans la Garonne, à quelques lieues de Toulouse, une petite récolte de paillettes d'or; mais il y a lieu de croire qu'elle en tire la plus grande partie de l'Ariége, car ce n'est guère qu'au-dessous du confluent de cette dernière rivière qu'on les cherche. L'Ariége elle-même paraît tirer ses paillettes de deux ruisseaux supérieurs, savoir celui de Ferriet et celui de Benagues;

8° Le Salat, dont la source, comme celle de l'Ariége, est dans les Pyrénées, roule des paillettes d'or que les habitants de Saint-Giron ramassent pendant l'hiver. *Mémoires de l'Académie des Sciences,* année 1778, pag. 69 et suiv.

On sait, par des anecdotes certaines, que la monnaie de Toulouse recevait ordinairement chaque année deux cents marcs de cet or recueilli des rivières de l'Ariége, de la Garonne et du Salat : on en a porté dans le bureau de Pamiers, depuis 1750 jusqu'en 1760, environ quatre-vingts marcs, quoique ce bureau n'ait tout au plus que deux lieues d'arrondissement. *Idem,* année 1761, p. 197.

a. M. Pailhès a trouvé dans le Languedoc et dans le pays de Foix quantité de terres aurifères... Il dit que lorsqu'on creuse dans la haute ou basse ville de Pamiers, pour des puits et des fondements, on en tire des terres remplies de paillettes d'or... Les plus grandes paillettes sont de trois à quatre lignes de longueur, et toujours plus longues que larges; il y en a de si petites qu'elles sont imperceptibles, quelques-unes ont les angles aigus, mais la plupart les ont arrondis, il y en a même qui sont repliées : il y a aussi des grains de différentes grosseurs... Il y a des cailloux qui sont presque couverts et entourés par une lame d'or; ils sont tous de la nature du quartz, mais ils sont de différentes couleurs... Il y a trois espèces de ces cailloux : les premiers sont ferrugineux et rougeâtres, et extrêmement durs; les seconds sont aussi ferrugineux, et colorés de roussâtre et de noir; les troisièmes sont blanchâtres, et fournissent les plus gros grains d'or. Pour en tirer les paillettes, on pile ces cailloux dans un mortier de fer, et on les réduit en poudre. M. Guettard, *Mémoires de l'Académie des Sciences*, année 1761, p. 198 et suiv.

b. Dans le diocèse de Montpellier, on cherche des paillettes d'or le long de la rivière de l'Hérault; j'en ai vu une qui pesait près d'un gros, elle était fort mince, mais large, et les arpailleurs m'assurèrent qu'il y avait peu de temps qu'ils en avaient trouvé une qui pesait au delà d'une demi-once... Ces paillettes se trouvaient entre deux bancs de roche qui traversent la rivière, et ils ne pouvaient en avoir que lorsque les eaux étaient basses. *Histoire naturelle du Languedoc,* par M. de Gensane, t. I, p. 193.

c. Le pays des Tarbelliens, que quelques-uns disent être le territoire de Tarbes, d'autres celui

Vosges près de Steingraben, où l'on a trouvé des feuilles d'or vierge d'un haut titre, dans un spath fort blanc [a]; une autre à Saint-Marcel-lez-Jussey en Franche-Comté, que l'éboulement des terres n'a pas permis de suivre. Les Romains ont travaillé des mines d'or à la montagne d'Orel en Dauphiné; et l'on connaît encore aujourd'hui une mine d'argent tenant or, à l'Hermitage, au-dessus de Tain, et dans la montagne du Pontel en Dauphiné : on en a aussi reconnu à Banjoux en Provence; à Londat, à Rivière et à la montagne d'Argentière, dans le comté de Foix, dans le Bigorre, en Limousin, en Auvergne, et même en Normandie et dans l'Ile-de-France [b]; toutes ces mines et plusieurs autres, étaient autrefois bien connues et même exploitées; mais l'augmentation de la quantité du métal venu de l'étranger a fait abandonner le travail de ces mines, dont le produit n'aurait pu payer la dépense, tandis qu'anciennement ce même travail était très-profitable.

En Hongrie, il y a plusieurs mines d'or dont on tirerait un grand produit, si ce métal n'était pas devenu si commun; la plupart de ces mines sont travaillées depuis longtemps, surtout dans les montagnes de Cremnitz et de Schemnitz [c], où l'on trouve encore de temps en temps quelques nouveaux filons : il y en avait sept en exploitation dans le temps d'Alphonse Barba, qui dit que la plus riche était celle de Cremnitz [d]; elle est d'une grande étendue, et l'on assure qu'on y travaille depuis plus de mille ans; on l'a fouillée dans plusieurs endroits à plus de cent soixante brasses de profondeur. Il y a aussi des mines d'or en Transylvanie, dans lesquelles on a trouvé de l'or vierge [e]. Rzaczynski parle des mines des monts Krapacks,

de Dax, produisait autrefois de l'or, suivant le témoignage de Strabon : « Aquitaniæ solum, « quod est ad littus Oceani, majore sui parte arenosum est et tenue... Ibi est etiam sinus isth- « mum efficiens, qui pertinet ad sinum Gallicum in Narbonensi orâ, idemque cum illo sinu h c « sinus nomen habet : Tarbelli hunc sinum tenent, apud quos optima sunt auri metalla; in « fossis enim non altè actis inveniuntur auri laminæ manum implentes, aliquando exiguâ « indigentes repurgatione; reliquium ramenta et glebæ sunt, ipsæ quoque non multum operis « desiderantes. » Strabon, lib. IV.

a. *Mémoires sur l'exploitation des mines*, par M. de Gensane, dans ceux des *Savants étrangers*, t. IV, p. 141.

b. Hellot, *Traité de la fonte des mines* de Schlutter, t. I, page 1 jusqu'à 68.

c. *Gazette d'Agriculture*, article *Pétersbourg*, du 22 août 1775.

d. Les sept mines d'or de Hongrie ne sont pas éloignées les unes des autres; voici leurs noms : Cremnitz, Schemnitz, Newsol, Koningsberg, Bohentz, Libeten et Hin. On trouve dans celle de Cremnitz des morceaux de pur or. *Métallurgie* d'Alphonse Barba, t. II, p. 285.

e. Dans plusieurs exploitations de la Transylvanie, les veines d'or ne produisent point de minerai tant qu'il y a du quartz bien blanc, peu dense, clair, et d'une couleur transparente comme de l'eau; dès qu'il commence à avoir une couleur grisâtre ou brunâtre, qu'il devient plus dense et avec des cavités cristalliques, l'or commence à se faire voir. *Instruction sur l'art des mines*, par M. Délius, traduction, t. I, p. 52. — Beaucoup de veines dans la Transylvanie, dont on a retiré dans les moyennes hauteurs de l'or vierge, se sont changées, dans les profondeurs, en minerai de plomb ou en mine morte, ou bien elles sont devenues tout à fait stériles. *Idem*, p. 72.

et entre autres d'une veine fort riche dont l'or est en poudre [a]. En Suède, on a découvert quelques mines d'or, mais le minerai n'a rendu que la trente-deuxième partie d'une once par quintal [b]; enfin on a aussi reconnu de l'or en Suisse, dans plusieurs endroits de la Valteline, et particulièrement dans la montagne de l'Oro, qui en a tiré son nom. L'on en trouve aussi dans le canton d'Underwald; plusieurs rivières dans les Alpes, en roulent des paillettes; le Rhin, dans le pays des Grisons, la Reuss, l'Aar et plusieurs autres, aux cantons de Lucerne, de Soleure, etc. [c]. Le Tage et quelques autres fleuves d'Espagne ont été célébrés par les anciens, à cause de l'or qu'ils roulent, et il n'est pas douteux que toutes ces paillettes et grains d'or que l'on trouve dans les eaux qui découlent des Alpes, des Pyrénées et des montagnes intermédiaires, ne proviennent des mines primitives renfermées dans ces montagnes, et que si l'on pouvait suivre ces courants d'eau chargés d'or jusqu'à leur source, on ne serait pas éloigné du lieu qui les recèle; mais je le répète, ces travaux seraient maintenant très-inutiles, et leur produit bien superflu. J'observerai seulement, d'après l'exposition qui vient d'être faite, que les rivières aurifères sont plus souvent situées au couchant qu'au levant des montagnes. La France, qui est à l'ouest des Alpes, a beaucoup plus de cet or de transport, que l'Italie et l'Allemagne, qui sont situées à l'est. Nous verrons, par l'examen des autres régions où l'on recueille l'or en paillettes, si cette observation doit être présentée comme un fait général.

La plupart des peuples de l'Asie ont anciennement tiré de l'or du sein de la terre, soit dans les montagnes qui produisent ce métal, soit dans les rivières qui en charrient les débris. Il y en a une mine en Turquie, à peu de distance du chemin de Salonique à Constantinople, qui, du temps du voyageur Paul Lucas, était en pleine exploitation et affermée par le Grand-Seigneur [d]. L'île de Thasos, aujourd'hui Thaso dans l'Archipel, était célèbre chez les anciens, à cause de ses riches mines d'or : Hérodote en parle, et dit aussi qu'il y avait beaucoup d'or dans les montagnes de la Thrace, dont l'une s'éboula par la sape des grands travaux qu'on y avait faits pour en tirer ce métal [e]. Ces mines de l'île de Thaso sont actuellement abandonnées; mais il y en a une dans le milieu de l'île de Chypre près de la ville de Nicosie, d'où l'on tire encore beaucoup d'or [f].

Dans la Mingrélie, à six journées de Teflis, il y a des mines d'or et d'ar-

a. Voyez les *Mémoires de l'Académie des Sciences*, année 1762, p. 318.

b. *Mémoires de l'Académie de Suède*, t. II.

c. *Mémoires de l'Académie des Sciences*, année 1762, p. 318.— Mémoire, sans nom d'auteur, *sur les Curiosités de la Suisse.*

d. *Troisième Voyage de Paul Lucas;* Rouen, 1719, t. I, p. 60.

e. *Description de l'Archipel*, par Dapper; Amsterdam, 1703, p. 254.

f. *Idem, ibidem*, p. 52.

gent[a] : on en trouve aussi dans la Perse, auxquelles il paraît qu'on a travaillé anciennement ; mais on les a abandonnées comme en Europe, parce que la dépense excédait le produit, et aujourd'hui tout l'or et l'argent de Perse vient des pays étrangers[b].

Les montagnes qui séparent le Mogol de la Tartarie sont riches en mines d'or et d'argent ; les habitants de la Buckarie recueillent ces métaux dans le sable des torrents qui tombent de ces montagnes[c]. Dans le Thibet, au delà du royaume de Cachemire, il y a trois montagnes, dont l'une produit de l'or, la seconde des grenats, et la troisième du lapis ; il y a aussi de l'or au royaume de Tipra[d] et dans plusieurs rivières de la dépendance du Grand Lama, et la plus grande partie de cet or est transportée à la Chine[e]. On a reconnu des mines d'or et d'argent dans le pays d'Azem, sur les frontières du Mogol[f]. Le royaume de Siam est l'un des pays du monde où l'or paraît être le plus commun[g] ; mais nous n'avons aucune notice sur les mines de cette contrée : la partie de l'Asie où l'on trouve le plus d'or est l'île de Sumatra ; les habitants d'Achem en recueillent sur le penchant des montagnes, dans les ravines creusées par les eaux ; cet or est en petits morceaux et passe pour être très-pur[h] : d'autres voyageurs disent, au contraire, que cet or d'Achem est de très-bas aloi, même plus bas que celui de la Chine ; ils ajoutent qu'il se trouve à l'ouest ou sud-ouest de l'île, et que quand les Hollandais vont y chercher le poivre, les paysans leur en apportent une bonne quantité[i] : d'autres mines d'or dans la même île se trouvent aux environs de la ville de Tikon[j] ; mais aucun voyageur n'a donné d'aussi bons renseignements sur ces mines que M. Herman Grimm, qui a fait sur cela, comme sur plusieurs autres sujets d'histoire naturelle, de très-bonnes observations[k].

a. *Voyages de Tavernier ;* Rouen, 1713, t. I, p. 453.

b. Les Persans ont cessé le travail de leurs mines depuis que l'or et l'argent sont devenus communs, tant par celui qu'on leur porte d'Europe que par la quantité d'or très-considérable qui sort de l'Abyssinie, de l'île de Sumatra, de la Chine et du Japon. *Voyages de Tavernier ;* Rouen, 1713, t. II, p. 12 et 263.

c. *Histoire générale des Voyages,* t. VII, p. 211.

d. *Voyages de Tavernier*, etc., t. IV, p. 86.

e. *Histoire générale des Voyages,* t. VI, p. 108.

f. *Voyages de Tavernier,* etc., t. IV, p. 193.

g. L'or paraît être extrêmement commun à Siam, si l'on en juge par la vaisselle du roi et de l'éléphant blanc, qui est toute d'or, et par plusieurs grandes pagodes et autres ornements qui sont d'or massif dans les temples et les palais. *Histoire de Siam*, par Gervaise ; Paris, 1688, page 296.

h. *Lettres édifiantes ;* Paris, 1703, troisième Recueil, p. 73.

i. *Voyages de Tavernier,* t. IV, p. 85.

j. *Histoire générale des Voyages,* t. IX, p. 34.

k. Selon M. Herman-Nicolas Grimm, les mines de Sumatra se trouvent dans des montagnes qui sont à trois milles environ de Sillida ; elles appartiennent à la Compagnie hollandaise des Indes orientales : leur profondeur est de quatorze toises à peu près ; elles sont percées de routes souterraines... Les filons varient depuis un doigt jusqu'à deux palmes ; on y trouve : 1° une

L'île de Célèbes ou de Macassar produit aussi de l'or que l'on tire du sable des rivières [a] : il en est de même de l'île de Bornéo [b], et dans les montagnes de l'île de Timor il se trouve de l'or très-pur [c]. Il y a aussi quelques mines d'or et d'argent aux Maldives [d], à Ceylan [e], et dans presque toutes les îles de la mer des Indes jusqu'aux îles Philippines, d'où les Espagnols en ont tiré une quantité assez considérable [f].

Dans la partie méridionale du continent de l'Asie, on trouve, comme dans les îles, de très-riches mines d'or, à Camboye [g], à la Cochinchine [h], au Tun-

mine d'argent noirâtre dans du spath blanc; elle est entremêlée de filets brillants couleur d'or... Cette mine est riche en or et en argent;

2° Une autre mine noire d'argent, entrecoupée de plusieurs stries d'or; le filon n'a guère qu'un doigt de diamètre en certains endroits;

3° Une mine grise, semée de points noirâtres; elle donne un marc d'argent, et près de deux onces d'or par quintal... ;

4° Une mine qui se trouve par morceaux détachés, couverte d'efflorescence d'argent, de couleur bleuâtre; elle contient aussi du fer : son produit est de dix à douze marcs d'argent, avec quelques onces d'or par quintal...

Non loin de cette mine est un endroit appelé Tambumpuora, où les naturels du pays recueillent de l'or... Il y a une crevasse ou ravine dans la montagne par où l'eau tombe dans le vallon; ils prennent la terre et le sable de cette ravine, en font la lotion, et trouvent l'or au fond des vaisseaux. *Collection académique*, partie étrangère, t. VI, p. 296 et suiv.

a. *Voyages de Tavernier*, t. IV, p. 85.

b. *Histoire générale des voyages*. t. XI, p. 485.

c. *Idem*, *ibidem*, p. 249.

d. *Découvertes des Portugais*, par le P. Laffiteau; Paris, 1733, t. I, p. 553.

e. *Recueil des Voyages des Hollandais;* Amsterdam, 1702, t. II, pag. 256 et 510.

f. Dans les montagnes de l'île de Masbaste, l'une des Philippines, il y a de riches mines d'or à vingt-deux carats, et le contre-maître du galion *le Saint-Joseph*, sur lequel je passai à la Nouvelle-Espagne, y étant un jour descendu, en tira en peu de temps une once et un quart d'or très-fin; on ne travaille point aujourd'hui à ces mines. Gemelli Carreri, *Voyages autour du monde*, t. V, pag. 89 et 90. — Dans plusieurs autres des îles Philippines, les montagnes contiennent aussi des mines d'or, et les rivières en charrient dans leurs sables : le gouverneur m'a dit que l'on ramasse en tout environ pour deux cent mille pièces de huit tous les ans, ce qui se fait sans le secours du feu ni du mercure, d'où l'on peut conjecturer quelle prodigieuse quantité on en tirerait, si les Espagnols voulaient s'y attacher comme ils ont fait en Amérique...

La province de Paracule en a plus qu'aucune autre, aussi bien que les rivières de Boxtuan, des Pintados, de Cantanduam, de Masbaste et de Bool, ce qui faisait qu'autrefois un nombre infini de vaisseaux en venaient trafiquer. *Idem*, *ibidem*, t. V, pag. 123 et 124. — Les habitants de Mindanao trouvent de fort bon or en creusant la terre et dans les rivières, en y faisant des fosses avant que le flot arrive. *Idem*, p. 208. — L'or se trouve presque dans toutes les îles Philippines; on en trouvait autrefois beaucoup : on m'a assuré que la quantité qu'on en tirait, soit des mines, soit des sables que les rivières charrient, montait à deux cent mille piastres, année commune... Mais à présent le travail des mines est négligé... et malgré tous les encouragements que la cour de Madrid a accordés aux Manillois, on tire aujourd'hui très-peu d'or des Philippines. *Voy. dans les mers de l'Inde*, par M. le Gentil, t. II, p. 30 et 31; Paris,1781, in-4°.

g. Mendez Pinto rapporte qu'entre les royaumes de Camboye et de Campa, en Asie, est une rivière qui se décharge dans la mer, à neuf degrés de latitude nord, et vient du lac Binator, qui est à deux cent cinquante lieues dans les terres, que ce lac est environné de hautes montagnes, au pied desquelles on trouve des mines d'or, dont la plus riche est auprès du village nommé Chincaleu, et que l'on tirait de ces mines chaque année pour la valeur de vingt-deux millions de notre monnaie. *Histoire générale des Voyages*, t. X, pag. 327 et 328.

h. *Idem*, t. IX, p. 34.

quin [a], à la Chine où plusieurs rivières en charrient [b]; mais, selon les voyageurs, cet or de la Chine est d'assez bas aloi [c] : ils assurent que les Chinois apportent à Manille de l'or qui est très-blanc, très-mou, et qu'il faut allier avec un cinquième de cuivre rouge, pour lui donner la couleur et la consistance nécessaires dans les arts. Les îles du Japon [d] et celle de Formose [e], sont peut-être encore plus riches en mines d'or que la Chine ; enfin l'on trouve de l'or jusqu'en Sibérie [f], en sorte que ce métal, quoique

a. Dans la partie septentrionale du Tunquin, il y a plusieurs montagnes qui produisent de l'or. *Voyages de Dampier*, t. III, p. 25.

b. Dans la province de Kokonor, il y a une rivière nommée en langue mongole Altan-kol ou *rivière d'or*, qui est peu profonde et se rend dans les lacs de Tsing-fuhay; les habitants du pays emploient tout l'été à recueillir l'or de Kokonor... Cet or, venu apparemment des montagnes voisines, est fort estimé, et se vend dix fois son poids d'argent... La rivière de Chy-chakyang, dont le nom chinois signifie *rivière d'or*, comme Altan-kol en langue mongole, charrie aussi de l'or. *Hist. générale des Voyages*, t. VII, p. 108. — Il y a non-seulement à la Chine des rivières qui charrient de l'or, mais des minières dans les montagnes de Se-chuen et de Yun-nan, du côté de l'ouest; la seconde de ces provinces passe pour la plus riche : elle reçoit beaucoup d'or d'un peuple nommé Lolo, qui occupe les parties voisines d'Ava, de Pégu et de Laor; mais cet or n'est pas des plus beaux... Le plus beau se trouve dans les districts de Li-kiang-fu et de Yang-chang-fu. *Idem*, t. VI, p. 484.

c. Il y a plusieurs mines d'or à la Chine, mais en général il est moins pur que celui du Brésil; les Chinois en font néanmoins un très-grand commerce. *Voyages de le Gentil*; Paris, 1725, t. II, p. 15.

d. Le Japon passe pour la contrée de toute l'Asie la plus riche en or, mais on croit que la plus grande partie vient de l'île de Formose. *Voyages de Tavernier*, t. IV, p. 85. — Quelques provinces de l'empire du Japon possèdent des mines d'or... Le commerce s'en fait en or de fonte et en or en poudre, que l'on tire des rivières... Les plus abondantes mines de l'or le plus pur ont été longtemps les mines de Sado, une des provinces septentrionales de Niphon : on y recueille encore quantité de poudre d'or. Les mines de Suronga sont aussi très-estimées; mais les unes et les autres commencent à s'épuiser; on en a découvert de nouvelles auxquelles il est défendu de travailler... Une montagne située sur le golfe d'Okas, s'étant écroulée dans la mer à la fin du siècle passé, on trouva que le sable du lieu qu'elle avait occupé était mêlé d'or pur... Dans la province de Chiango et dans l'île d'Amakusa, il y a aussi des mines d'or, mais on ne peut y travailler, à cause des eaux. *Hist. génér. des Voyages*, t. X, p. 654.

e. Il y a une grande quantité de mines d'or et d'argent dans l'île de Formose, et on en trouve de même beaucoup dans les îles des Voleurs et autres îles adjacentes; mais l'or de l'île des Voleurs n'est pas un métal pur : il y a dans ces îles, sans parler de celles des Voleurs, trois mines d'or et trois mines d'argent fort abondantes... Ces insulaires estimaient plus l'argent que l'or, parce que ce précieux métal y était très-commun... Tous leurs ustensiles étaient ordinairement d'or ou d'argent... Leurs temples, soit dans les villes, soit à la campagne, étaient pour la plupart couverts d'or; mais depuis que les Hollandais leur ont porté du fer pour en avoir de l'or, ils l'ont moins prodigué. *Description de l'île Formose*; Amsterdam, 1705, pages 167 et 168.

f. La Sibérie a des mines d'or, mais dont le produit ne vaut pas la dépense; elles sont aux environs de Kathérinbourg : une terre blanche tirant sur le gris, mêlée de quelques couches de terre martiale, indique la mine d'or. A peine a-t-on creusé deux pieds que les filons paraissent... Ces mines sont dans des glaises bleues, et se terminent ordinairement à des couches d'ocre; l'or est communément dans le quartz et souvent dans une ocre très-friable : on le trouve par petites paillettes, qu'on sépare au lavage. Cette mine d'or et quatre autres se trouvent à peu près sous la même latitude, et elles sont à plus de deux cents toises au-dessus du niveau de la mer, et renfermées dans des matières vitrifiables, tandis que les mines de cuivre ne sont qu'à cent quatre-vingts toises au-dessus du même niveau de la mer, et mêlées de matières calcaires.

plus abondant dans les contrées mériodionales de l'Asie, ne laisse pas de se trouver aussi dans toutes les régions de cette grande partie du monde.

Les terres de l'Afrique sont plus intactes, et par conséquent plus riches en or que celles de l'Asie : les Africains en général, beaucoup moins civilisés que les Asiatiques, se sont rarement donné la peine de fouiller la terre à de grandes profondeurs, et quelque abondantes que soient les mines d'or dans leurs montagnes, ils se sont contentés d'en recueillir les débris dans les vallées adjacentes, qui étaient, et même sont encore très-richement pourvues de ce métal : dès l'année 1442, les Maures, voisins du cap Bajador, offrirent de la poudre d'or aux Portugais, et c'était la première fois que les Européens eussent vu de l'or en Afrique [a]. La recherche de ce métal suivit de près ces offres; car, en 1461, on fit commerce de l'*or de la Mina* [b], (or de la mine) au cinquième degré de latitude nord, sur cette même côte qu'on a depuis nommée la *Côte-d'Or*. Il y avait néanmoins de l'or dans les parties de l'Afrique anciennement connues, et dans celles qui avaient été découvertes longtemps avant le cap Bajador; mais il y a toute apparence que les mines n'en avaient pas été fouillées ni même reconnues; car le voyageur Roberts est le premier qui ait indiqué des mines d'or dans les îles du Cap-Vert [c]. La Côte-d'Or est encore aujourd'hui l'une des parties de l'Afrique qui produit la plus grande quantité de ce métal; la rivière d'Axim en charrie des paillettes et des grains qu'elle dépose dans le sable en assez grande quantité pour que les Nègres prennent la peine de plonger et de tirer ce sable du fond de l'eau [d]. On recueille aussi beaucoup d'or par le

Histoire générale des Voyages, t. XIX, pag. 475 et 476. — Les mines de Kathérinbourg rendent annuellement deux cents à deux cent quatre-vingts livres d'or. *Journal politique*, 15 fév. 1776, article *Paris*.

a. « Gonzalez reçut, pour la rançon de deux jeunes gens qu'il y avait faits prisonniers, une « quantité considérable de poudre d'or; ce fut la première fois que l'Afrique fit luire ce précieux « métal aux yeux des aventuriers portugais, et cette raison leur fit donner à un ruisseau, « environ six lieues dans les terres, le nom de *Rio d'Oro*. » *Histoire générale des Voyages*, t. I, p. 7.

b. Desmarchais dit que les habitants du canton de Mina... tirent beaucoup d'or de leurs rivières et des ruisseaux; il assure qu'à la distance de quelques lieues au nord et au nord-est du château, il y a plusieurs mines de ce métal, mais que les Nègres du pays n'ont pas plus d'habileté à les faire valoir que ceux de Bambuk et de Tombut en ont dans le royaume de Galam. Cependant, continue-t-il, elles doivent être fort riches, pour avoir fourni aussi longtemps autant d'or que les Portugais et les Hollandais en ont tiré. Pendant que les Portugais étaient en possession de Mina, ils ne prenaient pas la peine d'ouvrir leurs magasins, si les marchands nègres n'apportaient cinquante marcs d'or à la fois. Les Hollandais qui sont établis dans le même lieu, depuis plus d'un siècle, en ont apporté d'immenses trésors; on prétend qu'ils ont fait de grandes découvertes dans l'intérieur des terres, mais qu'ils jugent à propos de les cacher au public. *Idem*, t. IV, p. 44.

c. Dans l'île Saint-Jean, au cap Vert, le voyageur Roberts grimpa sur un des rochers, où il trouva de l'or en filets dans la pierre, et entre autres une partie plus grosse et longue comme le doigt, qu'il eut de la peine à tirer du roc dans lequel la veine d'or s'enfonçait beaucoup plus. *Idem*, t. II, p. 295.

d. *Histoire générale des Voyages*, t. II, p. 530 et suiv. — Sur la côte d'Or en Afrique, la

lavage dans les terres du royaume de Kanon [a], à l'est et au nord-est de Galam, où il se trouve presque à la surface du terrain ; il y en a aussi dans le royaume de Tombut, ainsi qu'à Gago et à Zamfara : il y en a de même dans plusieurs endroits de la Guinée [b], et dans les terres voisines de la rivière de Gambra [c], ainsi qu'à la côte des Dents [d]; il y a aussi un grand nombre de mines d'or dans le royaume de Butna, qui s'étend depuis les montagnes

rivière d'Axim, qui roule des paillettes d'or, est à peine navigable. Les habitants cherchent ce métal dans le fond de cette rivière, en s'y plongeant et ramassant une quantité de sable, dont ils remplissent une calebasse avant de reparaître sur l'eau; ensuite ils cherchent l'or dans cette matière qu'ils ont rapportée dans leurs calebasses : il se trouve en paillettes et en grains après le lavage de cette matière. Dans la saison des pluies, où la rivière d'Axim et les ruisseaux qui y aboutissent se gonflent considérablement, on trouve dans leur sable des grains d'or plus gros et en plus grande quantité; cet or est très-pur. Bosman, *ibid.*, t. IV, p. 19. — L'or le plus fin de la côte d'Or est celui d'Axim; on assure qu'il est à vingt-deux et même vingt-trois carats : celui d'Acra ou de Tasor est inférieur; celui d'Akanez et d'Achem suit immédiatement, et celui de Fétu est le pire... Les peuples d'Axim et d'Achem le tirent du sable de leurs rivières... L'or d'Acra vient de la montagne de Tafu, qui est à trente lieues dans l'intérieur des terres. L'or d'Akanez et de Fétu est tiré de la terre sans grande fatigue... mais l'or de ce pays ne passe jamais de vingt à vingt et un carats... Rien n'est si commun parmi ces Nègres que les bracelets et les ornements d'or... La vaisselle de leurs rois, leurs fétiches sont entièrement d'or... Ils distinguent de trois sortes d'or, le fétiche, les lingots et la poudre. L'or fétiche est fondu et communément allié à quelque autre métal; les lingots sont des pièces de différents poids, tels, dit-on, qu'ils sont sortis de la mine. M. Phips en avait un qui pesait trente onces : cet or est aussi très-sujet à l'alliage. La meilleure poudre d'or est celle qui vient des royaumes intérieurs, de Dumkira, d'Akim et d'Akanez; on prétend qu'elle est tirée du sable des rivières. Les habitants creusent des trous dans la terre, près des lieux où l'eau tombe des montagnes, et l'or y est arrêté par son poids... Les Nègres de cette côte ont des filières pour tirer l'or en fil. *Histoire générale des Voyages*, t. IV, p. 215 et 216.

a. *Idem*, t. II, pag. 530, 531 et 534.

b. En Guinée, les Nègres recueillent les paillettes d'or, qui se trouvent en assez grande quantité dans la plupart des ruisseaux qui découlent des montagnes. *Histoire générale des Voyages*, t. I, p. 257. — Il y a trois endroits où les habitants du pays cherchent l'or : 1° dans les montagnes; 2° auprès des rivières, où l'eau en entraîne de petites parties avec le sable ; 3° au bord de la mer, où l'on trouve de petites sources d'eau vive dans lesquelles il y a de l'or, et il s'en trouve beaucoup plus qu'à l'ordinaire dans le temps des grandes pluies. Cependant ce travail, qui se fait en lavant le sable de ces sources ou ruisseaux, ne produit souvent qu'une très-petite quantité d'or, et quelquefois point du tout; mais aussi il donne quelquefois par hasard des grains ou *pépites* un peu grosses. *Voyage en Guinée*, par Bosman, lettre VI, page 82. — Dans la province de Dinkira, qui est à cinq ou six journées de distance de la côte de Guinée, et dans quelques autres contrées de cette même région, il y a des mines d'or, dont les Nègres font le commerce avec les marchands européens qui fréquentent cette côte; l'or qu'apportent ceux de Dinkira est bon et pur... Ceux d'Acany apportent de l'or d'Asiant et d'Axim, et de celui qu'ils tirent dans leur pays; cet or est d'une grande pureté... Il n'y a point de pays que nous connaissions dont il sorte tant d'or que de celui d'Axim, et c'est le meilleur de toute cette côte; on le connaît aisément à sa couleur obscure... Il y a encore plus d'or à Asiant qu'à Dinkira; il en est de même du pays d'Anamé, situé entre Asiant et Dinkira... On en tirait aussi beaucoup du pays d'Awiné, qui est situé sur la côte fort au-dessus d'Axim. *Idem*, *ibid.*

c. Il y a de l'or dans les terres des Nègres Mandingos, qui sont voisins de la rivière Gambra; ces Nègres apportent l'or en petits lingots façonnés en forme d'anneaux : ils disent que cet or n'est pas de l'or lavé et tiré en poudre des sables ou de la terre, mais qu'il se trouve dans les montagnes, à vingt journées de Kower. *Histoire générale des Voyages*, t. III, p. 632.

d. Le royaume de Guiomeré, sur la côte d'Ivoire, en Afrique, est abondant en or. *Idem*, *ibid.*

de la Lune jusqu'à la rivière de Maguika[a], et un plus grand nombre encore dans le royaume de Bambuk[b].

Tavernier fait mention d'un morceau d'or naturel, ramifié en forme d'arbrisseau, qui serait le plus beau morceau qu'on ait jamais vu dans ce genre, si son récit n'est pas exagéré[c]. Pyrard dit aussi avoir vu une branche d'or massif et pur, longue d'une coudée et branchue comme du corail, qui avait été trouvée dans la rivière de Couesme ou Couama, autrement appelée *rivière noire*, à Sofala. Dans l'Abyssinie, la province de Goyame est celle où se trouvent les plus riches mines d'or[d] : on porte ce métal, tel qu'on le tire de la mine, à Gondar, capitale du royaume, et on l'y travaille pour le purifier et le fondre en lingots. Il se trouve aussi en Éthiopie, près

a. *Histoire générale des Voyages*, t. V, p. 228.

b. L'or est si commun dans le territoire de Bambuk, que pour en avoir il suffit de racler la superficie d'une terre argileuse, légère et mêlée de sable. Lorsque la mine est très-riche, elle est fouillée à quelques pieds de profondeur et jamais plus loin, quoiqu'elle paraisse plus abondante à mesure qu'on creuse davantage : ces mines sont plus riches que celles de Galam, de Tombut et de Bambara. *Histoire philosophique et politique des deux Indes;* Amsterdam, 1772, t. I, page 516... Les mines de Bambuk qui furent ouvertes en 1716, produisent beaucoup d'or en poudre et en grains, qu'on trouve dans la terre à peu de profondeur, et on l'en retire par le lavage; cet or est très-pur... Ces mines qui sont dans des terres argileuses de différentes couleurs, mêlées de sable, sont très-aisées à être exploitées, et dix hommes y font plus d'ouvrage et en tirent plus d'or que cent dans les plus riches mines du Pérou et du Brésil... Les Nègres n'ont remarqué autre chose pour la connaissance des mines d'or dans ce pays, sinon que les terres les plus sèches et les plus stériles sont celles qui en fournissent le plus... Ils ne creusent jamais qu'à six, sept ou huit pieds de profondeur, et ne vont jamais plus loin quoique l'or y devienne souvent plus abondant, parce qu'ils ne savent pas faire des charpentes capables de soutenir les terres. *Histoire générale des Voyages*, t. II, pages 640 et 641... A vingt-cinq lieues de la jonction de la rivière Falemé avec le Sénégal, il y a une mine d'or dans un canton haut et sablonneux, que les Nègres se contentent, pour ainsi dire, de gratter sans la fouiller profondément... Il y en a d'autres à cinquante lieues de cette même jonction, dans les terrains qui avoisinent la rivière Falemé... Les mines de Ghinghi-Faranna sont à cinq lieues plus loin... Tous les ruisseaux qui arrosent ce grand territoire, et qui vont se jeter dans la rivière de Falemé, roulent beaucoup d'or que les Nègres recueillent avec le sable qui en est encore plus chargé que les terres voisines... Les montagnes voisines de Ghinghi-Faranna sont couvertes d'un gravier doré qui paraît fort mêlé de paillettes d'or...

La plus riche de toutes les mines du Bambuk est celle qui a été découverte en 1716; elle est au centre du royaume, à trente lieues de la rivière de Falemé à l'est, et quarante du fort Saint-Pierre à Kaygnure, sur la même rivière. Elle est d'une abondance surprenante, et l'or en est fort pur. Il y a une grande quantité d'autres mines dans ce pays dans l'espace de quinze à vingt lieues... Tout ce terrain des mines est environné de montagnes hautes, nues et stériles... On trouve dans tout ce pays des trous faits par les Nègres d'environ dix pieds de profondeur; ils ne vont pas plus bas, quoiqu'ils conviennent tous que l'or est plus abondant dans le fond qu'à la surface. *Histoire générale des Voyages*, t. II, pages 642 et suiv.

c. Dans les présents que le roi d'Éthiopie envoyait au Grand-Mogol, il y avait un arbre d'or de deux pieds quatre pouces de haut, et gros de cinq ou six pouces par la tige. Il avait dix ou douze branches dont quelques-unes étaient plus petites : à quelques endroits des grosses branches, on voyait quelque chose de raboteux, qui en quelque sorte ressemblait à des bourgeons. Les racines de cet arbre, que la nature avait ainsi fait, étaient petites et courtes, et la plus longue n'avait pas plus de quatre ou cinq pouces. *Voyages de Tavernier*, t. IV, pages 86 et suiv.

d. *Lettres édifiantes*, quatrième Recueil, page 338.

d'Helem, de l'or disséminé dans les premières couches de la terre, et cet or est très-fin [a]; mais la contrée de l'Afrique la plus riche, ou du moins la plus anciennement célèbre par son or, est celle de Sofala et du Monomotapa [b]: on croit, dit Marmol, que le pays d'Ophir, d'où Salomon tirait l'or pour orner son temple, est le pays même de Sofala; cette conjecture serait un peu mieux fondée en la faisant tomber sur la province de Monomotapa, qui porte encore actuellement le nom d'Ophur ou Ofur [c]; quoi qu'il en soit, cette abondance d'or à Sofala et dans le pays d'Ofur au Monomotapa ne paraît pas encore avoir diminué, quoiqu'il y ait toute apparence que de temps immémorial la plus grande partie de l'or qui circulait dans les provinces orientales de l'Afrique et même en Arabie venait de ce pays de Sofala. Les principales mines sont situées dans les montagnes, à cinquante lieues et plus de distance de la ville de Sofala : les eaux qui découlent de ces montagnes entraînent une infinité de paillettes d'or et de grains assez gros [d]. Ce

a. *Lettres édifiantes*, quatrième Recueil, page 400.

b. Le royaume de Sofala est arrosé principalement par deux grands fleuves, Rio del Espirito-Santo et Cuama. Ces deux fleuves et toutes les rivières qui s'y déchargent sont célèbres par le sable d'or qui roule avec leurs eaux. Au long du fleuve de Cuama, il y a beaucoup d'or dont les mines sont fort abondantes; ces mines portent le nom de Mauica, et sont éloignées d'environ cinquante lieues au sud de la ville de Sofala : elles sont environnées par un circuit de trente lieues de montagnes, au-dessus desquelles l'air est toujours serein. Il y a d'autres mines à cent cinquante lieues qui avaient précédemment beaucoup plus de réputation : on trouve dans ce grand pays des édifices d'une structure merveilleuse, avec des inscriptions d'un caractère inconnu. Les habitants ignorent tout à fait leur origine. *Histoire générale des Voyages*, t. I, pag. 9 et 91.

c. Les plus riches mines d'or du royaume de Mongas, dans le Monomotapa, sont celles de Massapa, qui portent le nom d'Ofur; on y a trouvé un lingot d'or de douze mille ducats, et un autre de quarante mille. L'or s'y trouve non-seulement entre les pierres, mais même sous l'écorce de certains arbres jusqu'au sommet, c'est-à-dire jusqu'à l'endroit où le tronc commence à se diviser en branches. Les mines de Manchika et de Butna sont peu inférieures à celles d'Ofur. *Hist. générale des Voyages*, t. V, p. 224. — Cet empire est arrosé de plusieurs rivières qui roulent de l'or; telles sont Passami, Luanga, Mangiono et quelques autres. Dans les montagnes qui bordent la rivière de Cuama, on trouve de l'or en plusieurs endroits, soit dans les mines, ou dans les pierres, ou dans les rivières; il y en a aussi beaucoup dans le royaume de Butna. *Recueil des Voyages de la Compagnie des Indes*, t. III, p. 625. — C'est du Monomotapa et du côté de Sofala et de Mozambique que se tire l'or le plus pur de l'Afrique; on le tire sans grande peine en fouillant la terre de deux ou trois pieds seulement, et dans ces pays, qui ne sont point habités, parce qu'il n'y a point d'eau, il se trouve sur la surface de la terre de l'or par morceaux de toutes sortes de formes et de poids, et il y en a qui pèsent jusqu'à une ou deux onces. Tavernier, t. IV, pag. 86 et suiv.

d. Il y a des mines d'or qui sont à cent et deux cents lieues de Sofala, et l'on y rencontre, aussi bien que dans les fleuves, l'or en grains, quelques-uns dans les veines des rochers, d'autres qui ont été entraînés l'hiver par les eaux, et les habitants le cherchent l'été quand les eaux sont basses; ils se plongent dans les tournants et en tirent du limon, qui, étant lavé, il se trouve de gros grains d'or en plus ou moindre quantité. *L'Afrique* de Marmol, t. III, p. 113. — Entre Mozambique et Sofala, on trouve une grande quantité d'or pur et en poudre dans le sable d'une rivière qu'on appelle le Fleuve Noir... Tout cet or de Sofala est en paillettes, en poudre et en petits grains, et fort pur. *Voyage de Fr. Pyrard de Laval*, t. II, p. 247. — Les Cafres de Sofala font des galeries sous terre pour tâcher de trouver les mines d'or, dont ils recueillent les paillettes et les grains que les torrents et les ruisseaux entraînent avec les sables, et il arrive sou-

métal est de même très-commun à Mozambique[a]; enfin l'île de Madagascar participe aussi aux richesses du continent voisin; seulement il paraît que l'or de cette île est d'assez bas aloi, et qu'il est mêlé de quelques matières qui le rendent blanc, et lui donnent de la mollesse et plus de fusibilité[b].

L'on doit voir assez évidemment par cette énumération de toutes les terres qui ont produit et produisent encore de l'or, tant en Europe qu'en Asie et en Afrique, combien peu nous était nécessaire celui du Nouveau-Monde; il n'a servi qu'à rendre presque nulle la valeur du nôtre; il n'a même augmenté que pendant un temps assez court la richesse de ceux qui le faisaient extraire pour nous l'apporter; ces mines ont englouti les nations américaines et dépeuplé l'Europe : quelle différence pour la nature et pour l'humanité, si les myriades de malheureux qui ont péri dans ces fouilles profondes des entrailles de la terre eussent employé leurs bras à la culture de sa surface! Ils auraient changé l'aspect brut et sauvage de leurs terres informes en guérets réguliers, en riantes compagnes aussi fécondes qu'elles étaient stériles et qu'elles le sont encore: mais les conquérants ont-ils jamais entendu la voix de la sagesse, ni même le cri de la pitié? Leurs seules vues sont la déprédation et la destruction; ils se permettent tous les excès du fort contre le faible; la mesure de leur gloire est celle de leurs crimes, et leur triomphe l'opprobre de la vertu. En dépeuplant ce nouveau monde, ils l'ont défiguré et presque anéanti; les victimes sans nombre qu'ils ont immolées à leur cupidité mal entendue auront toujours des voix qui réclameront à jamais contre leur cruauté : tout l'or qu'on a tiré de l'Amérique pèse peut-être moins que le sang humain qu'on y a répandu.

Comme cette terre était de toutes la plus nouvelle, la plus intacte et la plus récemment peuplée, elle brillait encore, il y a trois siècles, de tout l'or et l'argent que la nature y avait versé avec profusion; les naturels n'en

vent qu'ils trouvent, au moyen de leurs travaux, des mines assez abondantes, mais toujours mêlées de sable et de terre, et quelquefois en ramifications dans les pierres. *Hist. de l'Éthiopie*, par le P. Joan dos Santos; Paris, 1684, part. II, pag. 115 et 116.

a. A Mozambique, la poudre d'or est commune et sert même de monnaie; on en apporte aussi du cap des Courants; elle se trouve au pied des montagnes ou dans les sables amenés par les eaux. Quelquefois il s'en trouve de gros morceaux très-purs; j'en ai vu un d'une demi-livre pesant, mais cela est fort rare. *Voyage de Jean Moquet*; Rouen, 1645, liv. IV, p. 260.

b. On voit, par le témoignage de Flacourt, qu'il y avait anciennement beaucoup d'or à Madagascar, et qu'il était tiré du pays même; cet or n'était en aucune façon semblable à celui que nous avons en Europe, *étant*, dit-il, *plus blafard et presque aussi aisé à fondre que du plomb*. Leur or a été fouillé dans le pays en diverses provinces, car tous les grands en possèdent et l'estiment beaucoup... Les orfèvres du pays ne sauraient employer notre or, disant qu'il est trop dur à fondre. *Voyage à Madagascar*; Paris, 1661, p. 83. — Il y a tant d'or à Madagascar, qu'il n'est pas possible qu'il y ait été apporté des pays étrangers; il a été tiré dans le pays même. Il y en a de trois sortes : le premier qu'ils appellent *or de Malacasse*, qui est blafard, et ne vaut pas plus de dix écus l'once; c'est un or qui se fond presque aussi aisément que le plomb. Il y a de l'or que les Arabes ont apporté, et qui est beau, bien raffiné, et vaut bien l'or de sequin; le troisième est celui que les chrétiens y ont apporté, et qui est dur à fondre. L'or de Malacasse est celui qui a été fouillé dans le pays. *Idem*, p. 148.

avaient ramassé que pour leur commodité, et non par besoin ni par cupidité; ils en avaient fait des instruments, des vases, des ornements, et non pas des monnaies ou des signes de richesse exclusifs[a]; ils en estimaient la valeur par l'usage, et auraient préféré notre fer s'ils eussent eu l'art de l'employer : quelle dut être leur surprise lorsqu'ils virent des hommes sacrifier la vie de tant d'autres hommes, et quelquefois la leur propre à la recherche de cet or, que souvent ils dédaignaient de mettre en œuvre? Les Péruviens rachetèrent leur roi, que cependant on ne leur rendit pas, pour plusieurs milliers pesant d'or[b] : les Mexicains en avaient fait à peu près autant et furent trompés de même; et pour couvrir l'horreur de ces violations, ou plutôt pour étouffer les germes d'une vengeance éternelle, on finit par exterminer presque en entier ces malheureuses nations; car à peine reste-t-il la millième partie des anciens peuples auxquels ces terres appartenaient, et sur lesquelles leurs descendants, en très-petit nombre, languissent dans l'esclavage ou mènent une vie fugitive. Pourquoi donc n'a-t-on pas préféré de partager avec eux ces terres qui faisaient leur domaine? Pourquoi ne leur en céderait-on pas quelque portion aujourd'hui, puisqu'elles sont si vastes et plus d'aux trois quarts incultes, d'autant qu'on n'a plus rien à redouter de leur nombre? Vaines représentations, hélas, en faveur de l'humanité! Le philosophe pourra les approuver, mais les hommes puissants daigneront-ils les entendre?

Laissons donc cette morale affligeante, à laquelle je n'ai pu m'empêcher de revenir à la vue du triste spectacle que nous présentent les travaux des mines en Amérique: je n'en dois pas moins indiquer ici les lieux où elles se trouvent, comme je l'ai fait pour les autres parties du monde; et, à commencer par l'île de Saint-Domingue, nous trouverons qu'il y a des mines d'or dans une montagne près de la ville de Sant-Iago-Cavallero, et, que les eaux qui en descendent entraînent et déposent de gros grains d'or[c] : qu'il y

a. « Scelus fecit qui primus ex auro denarium signavit. » Pline.

b. L'or était si commun au Pérou, que, le jour de la prise du roi Atabalipa par les Espagnols, ils se firent donner de l'or pour deux millions de pistoles d'Espagne; on peut dire à peu près la même chose de ce qu'ils tirèrent du Mexique, après la prise du roi Montézuma. *Histoire universelle des Voyages*, par Montfraisier; Paris, 1707, p. 318.

c. *Histoire des Aventuriers*; Paris, 1680, t. I, p. 70. — La rivière de Cibao, dans l'île d'Espagne, était la plus célèbre par la grande quantité d'or qu'on trouvait dans les sables. *Histoire des Voyages*, par Montfraisier, p. 319. — Charlevoix raconte qu'on trouva à Saint-Domingue, sur le bord de la rivière Hayna, un morceau d'or si grand qu'il pesait trois mille six cents écus d'or, et qui était si pur que les orfévres jugèrent qu'il n'y aurait pas trois cents écus de déchet à la fonte: il y avait dans ce morceau quelques petites veines de pierre, mais ce n'était guère que des taches qui avaient peu de profondeur. *Histoire de Saint-Domingue*, t. I, p. 206. — Il se faisait, dans les commencements de la découverte de Saint-Domingue, quatre fontes d'or chaque année, deux dans la ville de Buena-Ventura pour les vieilles et les nouvelles mines de Saint-Christophe, et deux à la Conception, qu'on appelait communément la ville de la Vega, pour les mines de Cibao et les autres qui se trouvaient plus à portée de cette place. Chaque fonte fournissait dans la première de ces deux villes cent dix ou cent vingt mille marcs; celle

en a de même dans l'île de Cuba[a] et dans celle de Sainte-Marie, dont les mines ont été découvertes au commencement du siècle dernier. Les Espagnols ont autrefois employé un grand nombre d'esclaves au travail de ces mines : outre l'or que l'on tirait du sable, il s'en trouvait souvent d'assez gros morceaux, comme enchâssés naturellement dans les rochers[b]. L'île de la Trinité a aussi des mines et des rivières qui fournissent de l'or[c].

Dans le continent, à commencer par l'isthme de Panama, les mines d'or se trouvent en grand nombre ; celles du Darien sont les plus riches, et fournissent plus que celles de Veraguas et de Panama [d]. Indépendamment du produit des mines en montagnes, les rivières de cet isthme donnent aussi beaucoup d'or en grains, en paillettes et en poudre, ordinairement mêlé d'un sable ferrugineux qu'on en sépare avec l'aimant [e]; mais c'est au Mexique que l'or s'est trouvé répandu avec le plus de profusion ; l'une des mines les plus fameuses est celle de Mezquital, dont nous avons déjà parlé : la pierre de cette mine, dit M. Bowles, est un quartz blanc mêlé en moindre quantité, avec un quartz couleur de bois ou de corne, qui fait feu contre l'acier; on y voit quelques petites taches vertes, lesquelles ne sont que des cristaux qui ressemblent aux émeraudes en groupes, et dont l'intérieur contient de petits grains d'or [f]. Presque toutes les autres provinces du Mexique ont aussi des mines d'or ou des mines d'argent [g] plus ou moins mêlé d'or; selon le même M. Bowles, celle de Mezquital, quoique la meilleure, ne donne au quintal que 30 onces d'argent et 22 $\frac{1}{2}$ grains d'or [h]; mais il y a apparence qu'il a été mal informé sur la nature et le produit de cette mine ; car si elle ne tenait en effet que 22 $\frac{1}{2}$ grains d'or, sur 30 onces d'argent par quintal, ce qui ne ferait pas 6 grains d'or par marc d'argent, on n'en ferait pas le départ à la monnaie de Mexico, puisqu'il est réglé par

de la Vega, cent vingt-cinq ou cent trente, et quelquefois cent quarante mille marcs : de sorte que l'or qui se tirait tous les ans des mines de toute l'île montait à quatre cent soixante mille marcs. *Idem*, p. 265 et 266.

a. *Voyage de Coréal;* Paris, 1722, t. I, p. 8.

b. *Histoire générale des Voyages*, t. X, p. 353.

c. *Idem*, t. XIV, p. 336.

d. *Idem*, t. XIII, p. 277.

e. *Voyage de Wafer;* suite de ceux de *Dampierre*, t. IV, p. 170.

f. *Histoire naturelle d'Espagne*, p. 149.

g. Dans la province qui se nomme proprement Mexique, les cantons de Tuculula et de Tiapa, au sud, ont quantité de veines d'or et d'argent... Les mines d'or de la province de Chiapa, qui étaient fort abondantes autrefois, sont aujourd'hui épuisées; cependant il se trouve encore des veines d'or dans ses montagnes, mais elles sont abandonnées... Vers Golfo Dolce, les historiens disent qu'il y a une mine d'or fort abondante... Les montagnes qui séparent les Honduras de la province de Nicaragua ont fourni beaucoup d'or et d'argent aux Espagnols... Ses principales mines sont celles de Valladolid ou Comayagua, celle de Gracias à Dios, et celles des vallées de Xaticalpa et d'Olancho, dont tous les torrents roulent de l'or... Il y avait aussi de l'or dans la province de Costa Ricca, et dans celle de Veraguas. *Histoire générale des Voyages*, t. XII, page 648.

h. *Histoire naturelle d'Espagne*, p. 149.

les ordonnances qu'on ne séparera que l'argent tenant par marc 27 grains d'or et au-dessus, et qu'autrefois il fallait 30 grains pour qu'on en fît le départ, ce qui est, comme l'on voit, une très-petite quantité d'or en comparaison de celle de l'argent : et cet argent du Mexique, restant toujours mêlé d'un peu d'or, même après les opérations du départ, est plus estimé que celui du Pérou [a], surtout plus que celui des mines de Sainte-Pécaque, que l'on transporte à Compostelle.

Les relateurs s'accordent à dire que la province de Carthagène fournissait autrefois beaucoup d'or ; et l'on y voit encore des fouilles et des travaux très-anciens, mais ils sont actuellement abandonnés [b] : c'est au Pérou que le travail de ces mines est aujourd'hui en pleine exploitation [c]. Frézier remarque seulement que les mines d'or sont assez rares dans la partie méridionale de ce royaume [d], mais que la province de Popayan en est remplie, et que l'ardeur pour les exploiter semble être toujours la même. M. d'Ulloa dit que chaque jour on y découvre de nouvelles mines qu'on s'empresse de mettre en valeur, et nous ne pouvons mieux faire que de rapporter ici ce que ce savant naturaliste péruvien a écrit sur les mines de son pays : « Les Partidos ou districts de Celi, de Buga, d'Almaguer et « de Barbocoas sont, dit-il, les plus abondants en métal, avec l'avantage « que l'or y est très-pur, et qu'on n'a pas besoin d'y employer le mercure « pour le séparer des parties étrangères ; les mineurs appellent ***Minas de* « *Çaxa*** celles où le minéral est renfermé entre des pierres : celles de « Popayan ne sont pas dans cet ordre ; car l'or s'y trouve répandu dans les « terres et les sables... Dans le bailliage de Choco, outre les mines qui se « traitent au lavoir, il s'en trouve quelques-unes où le minerai est enve- « loppé d'autres matières métalliques et de sucs bitumineux, dont on ne « peut le séparer qu'au moyen du mercure. La platine est un autre obstacle « qui oblige quelquefois d'abandonner les mines : on donne ce nom à une « pierre si dure que, ne pouvant la briser sur une enclume d'acier, ni la

a. *Histoire générale des Voyages*, t. XI, p. 389.

b. *Idem*, t. XIII, p. 245.

c. Il y a des mines d'or dans le diocèse de Truxillo, au Pérou, dans le Corrégiment de Patas. *Idem*, p. 307. — Et au diocèse de Guamangua, dans le Corrégiment de Parinacocha ; on en trouve au Corrégiment de Cotabamba et de Chumbi-Vilcas, au diocèse de Cusco ; dans celui d'Aymaraes, au même diocèse ; dans celui de Caravaya, dont l'or est à vingt-trois carats ; dans celui de Condefuios d'Arequipa, au diocèse de ce nom ; dans celui de Chicas, au diocèse de la Plata ; dans celui de Lipe, dont les mines sont abandonnées aujourd'hui ; dans celui d'Amparaes ; celui de Choyantas ; celui de la Paz, dans le diocèse de ce nom ; celui de Laricanas, qui est de l'or à vingt-trois carats et trois grains, dans le même diocèse de la Paz. *Idem*, pag. 307 jusqu'à 320.

d. Suivant Frézier, les mines d'or sont rares dans la partie méridionale du Pérou, et il ne s'en trouve que dans la province de Guanaco, du côté de Lima ; dans celle de Chicas, où est la ville de Tarja et proche de la Paz ; à Chuguiago, où l'on a trouvé des grains d'or vierge d'une prodigieuse grosseur, dont l'un, entre autres, pesait soixante-quatre marcs, et un autre quarante-cinq marcs, de trois alois différents. *Idem*, t. XIII, p. 389.

« réduire par calcination, on ne peut tirer le minerai qu'elle renferme « qu'avec un travail et des frais extraordinaires. Entre toutes ces mines, il « y en a plusieurs où l'or est mêlé d'un *tombac* aussi fin que celui de l'O-« rient, avec la propriété singulière de ne jamais engendrer de vert-de-« gris, et de résister aux acides.

« Dans le bailliage de Zaruma au Pérou, l'or des mines est de si bas « aloi qu'il n'est quelquefois qu'à 18 et même à 16 carats, mais cette mau-« vaise qualité est réparée par l'abondance... Le gouvernement de Jaën de « Bracamoros a des mines de la même espèce, qui rendaient beaucoup il y « a un siècle [a].... Autrefois il y avait quantité de mines d'or ouvertes dans « la province de Quito, et plus encore de mines d'argent... On a recueilli « des grains d'or dans les ruisseaux qui tirent leur source de la montagne « de Pitchincha; mais rien ne marque qu'on y ait ouvert des mines... Le « pays de Pattactanga, dans la juridiction de Riobamba, est si rempli de « mines, qu'en 1743, un habitant de cette ville avait fait enregistrer pour « son seul compte dix-huit veines d'or et d'argent toutes riches et de bon « aloi; l'une de ces mines d'argent rendait quatre-vingts marcs par cin-« quante quintaux de minerai, tandis qu'elles passent pour riches quand « elles en donnent huit à dix marcs... Il y a aussi des mines d'or et d'ar-« gent dans les montagnes de la juridiction de Cuença, mais qui rendent « peu. Les gouvernements de Quixos et de Macas sont riches en mines; « ceux de Marinas et d'Atamès en ont aussi d'une grande valeur..... Les « terres arrosées par quelques rivières qui tombent dans le Maragnon, et par « les rivières de Sant-Iago et de Mira, sont remplis de veines d'or [b]. »

Les anciens historiens du Nouveau-Monde, et entre autre le P. Acosta, nous ont laissé quelques renseignements sur la manière dont la nature a disposé l'or dans ces riches contrées ; on le trouve sous trois formes différentes : 1° en grains ou *pépites*, qui sont des morceaux massifs et sans mélange d'autre métal; 2° en poudre; 3° dans des pierres : « J'ai vu, dit « cet historien, quelques-unes de ces pépites qui pesaient plusieurs livres [c].

a. La petite province de Zaruma, dit M. de la Condamine, était autrefois célèbre par ses mines d'or, qui sont aujourd'hui presque abandonnées; l'or en est de bas aloi, et seulement de quatorze carats; il est mêlé d'argent et ne laisse pas d'être fort doux sous le marteau. *Voyage de M. de la Condamine*, p. 21.

b. *Histoire générale des Voyages*, t. XIII, pag. 594 et suivantes.

c. Les Espagnols donnent le nom de *pépite* à un morceau d'or ou d'argent qui n'a pas encore été purifié, et qui sort seulement de la mine. « J'en ai vu une, dit Feuillée, du poids de trente-« trois livres et quelques onces, qu'un Indien avait trouvée dans une ravine que les eaux « avaient découverte; ce que j'ai admiré dans cette pépite, c'est que sa partie supérieure était « beaucoup plus parfaite que l'inférieure, et que cette perfection diminuait à mesure qu'elle « s'approchait de la partie inférieure, dans une proportion admirable : vers l'extrémité de la « partie supérieure, l'or était de vingt-deux carats deux grains; un peu plus bas de vingt-un « carats un demi-grain; à deux pouces de distance de sa partie supérieure, elle n'était plus que « de vingt et un carats; et vers l'extrémité de sa partie inférieure, la pépite n'était que de dix-« sept carats et demi. » *Observations physiques*, par le P. Feuillée; Paris, 1722, t. I, p. 468.

« L'or, dit-il, a par excellence sur les autres métaux de se trouver pur et « sans mélange; cependant, ajoute-t-il, on trouve quelquefois des pépites « d'argent tout à fait pures; mais l'or en pépites est rare en comparaison « de celui qu'on trouve en poudre. L'or en pierre est une veine d'or infil- « trée dans la pierre, comme je l'ai vu à Caruma, dans le gouvernement des « salines... Les anciens ont célébré les fleuves qui roulaient de l'or : savoir, « le Tage en Espagne, le Pactole en Asie et le Gange aux Indes-Orientales. « Il y a de même dans les rivières des îles de Barlovento, de Cuba, Porto- « rico et Saint-Domingue, de l'or mêlé dans leurs sables... Il s'en trouve « aussi dans les torrents au Chili, à Quito et au nouveau royaume de Gre- « nade. L'or qui a le plus de réputation est celui de Caranava au Pérou, « et celui de Valdivia au Chili, parce qu'il est très-pur et de vingt-trois « carats et demi. L'on fait aussi état de l'or de Veragua qui est très-fin; « celui de la Chine et des Philippines qu'on apporte en Amérique n'est pas « à beaucoup près aussi pur [a]. »

Le voyageur Wafer raconte qu'on trouve de même une grande quantité d'or dans les sables de la rivière de Coquimbo au Pérou, et que le terrain voisin de la baie où se décharge cette rivière dans la mer est comme poudré de poussière d'or, *au point*, dit-il, *que quand nous y marchions nos habits en étaient couverts, mais cette poudre était si menue, que c'eût été un ouvrage infini de vouloir la ramasser.* « La même chose nous arriva, « continue-t-il, dans quelques autres lieux de cette même côte où les « rivières amènent de cette poudre avec le sable; mais l'or se trouve en « paillettes et en grains plus gros à mesure que l'on remonte ces rivières « aurifères vers leurs sources [b]. »

Au reste, il paraît que les grains d'or que l'on trouve dans les rivières ou dans les terres adjacentes n'ont pas toujours leur brillant jaune et métallique; ils sont souvent teints d'autres couleurs, brunes, grises, etc. : par exemple, on tire des ruisseaux du pays d'Arécaja de l'or en forme de dragées de plomb, et qui ressemblent à ce métal par leur couleur grise; on trouve aussi de cet or gris dans les torrents de Coroyeo; celui que les eaux roulent dans le pays d'Arecaja vient probablement des mines de la province de Carabaja qui en est voisine, et c'est l'une des contrées du Pérou qui est la plus abondante en or fin, qu'Alphonse Barba dit être de vingt-trois carats trois grains [c], ce qui serait à très-peu près aussi pur que notre or le mieux raffiné.

Les terres du Chili sont presque aussi riches en or que celles du Mexique et du Pérou : on a trouvé, à douze lieues vers l'est de la ville de la Conception, des pépites d'or, dont quelques-unes étaient du poids de huit ou dix

a. *Histoire naturelle et morale des deux Indes*, par Joseph Acosta; Paris, 1600, p. 134.

b. *Voyage de Wafer*, à la suite de ceux de *Dampierre*, t. IV, p. 288.

c. *Métallurgie* d'Alphonse Barba, t. I, p. 97.

marcs et de très-haut aloi ; on tirait autrefois beaucoup d'or vers Angol, à dix ou douze lieues plus loin, et l'on pourrait en recueillir en mille autres endroits, car tout cet or est dans une terre qu'il suffit de laver [a]. Frézier, dont nous tirons cette indication, en a donné plusieurs autres avec un égal discernement sur les mines des diverses provinces du Chili [b] : on trouve encore de l'or dans les terres qu'arrose le Maragnon, l'Orénoque, etc. [c]; il y en a aussi dans quelques endroits de la Guyane [d]. Enfin les Portugais ont découvert et fait travailler depuis près d'un siècle les mines du Brésil et du Paraguay, qui se sont trouvées, dit-on, encore plus riches que celles du Mexique et du Pérou. Les mines les plus prochaines de Rio-Janeiro, où l'on apporte ce métal, sont à une assez grande distance de cette ville. M. Cook dit [e] qu'on ne sait pas au juste où elles sont situées, et que les étrangers

a. *Voyage de Frézier*, p. 76.

b. Tit-Til, village du Chili, est situé à mi-côte d'une haute montagne qui est toute pleine de mines d'or qui ne sont pas fort riches, et dont la pierre ou minerai est fort dur. On écrase ce minerai sous un bocard ou sous une meule de pierre dure, et lorsque ce minerai est concassé, on jette du mercure dessus pour en tirer l'or; on ramasse ensuite cet amalgame d'or et de mercure, on le met dans un nouet de toile pour en exprimer le mercure autant qu'on peut; on le fait ensuite chauffer pour faire évaporer ce qui en reste, et c'est ce qu'on appelle *de l'or en pigne;* on fait fondre cette pigne pour achever de la dégager du mercure, et alors on connait le juste prix et le véritable aloi de cet or... L'or de ces mines est à vingt ou vingt et un carats... Suivant la qualité des minières et la richesse des veines, cinquante quintaux de minerai, ou chaque caxon, donne quatre, cinq et six onces d'or; car quand il n'en donne que deux, le mineur ne retire que ses frais, ce qui arrive assez souvent. On peut dire que ces mines d'or sont de toutes les mines métalliques les plus inégales en richesse de métal, et par conséquent en produit. On poursuit une veine qui s'élargit, se rétrécit, semble même se perdre, et cela dans un petit espace de terrain; mais ces veines aboutissent quelquefois à des endroits où l'or paraît accumulé en bien plus grande quantité que dans le reste de la veine... A la descente de la montagne de Valparaiso, du côté de l'ouest, il y a une coulée dans laquelle est un riche lavoir d'or; on y trouve souvent des morceaux d'or vierge d'environ une once... Il s'en trouve quelquefois de plus gros et de deux ou trois marcs... On trouve aussi dans cette même contrée beaucoup d'or dans les terres et les sables, surtout au pied des montagnes et dans leurs angles rentrants, et on lave ces terres et sables dans lesquelles souvent l'or n'est point apparent, ce qui est plus facile à exploiter que de le tirer de la minière en pierre, parce qu'il ne faut ici ni moulin, ni vif-argent, ni ciseaux, ni masse pour rompre les veines du minerai... Ces terres, qui contiennent de l'or, sont ordinairement rougeâtres, et l'on trouve l'or à peu de pieds de profondeur. Il y a des mines très-riches et des moulins bien établis à Copiago et Lampangui. La montagne où se trouvent ces mines en pierre est auprès des Cordillères; à 31 degrés de latitude sud, à quatre-vingts lieues de Valparaiso, on y a découvert, en 1710, quantité de mines de toutes sortes de métaux, d'or, d'argent, de fer, de plomb, de cuivre et d'étain... L'or de Lampangui est de vingt et un à vingt-deux carats, le minerai y est dur; mais à deux lieues de là, dans la montagne de l'Eavin, il est tendre et presque friable, et l'or y est en poudre si fine qu'on n'y en voit à l'œil aucune marque. *Voyage de la Mer du Sud*, etc., par Frézier; Paris, 1732, pag. 96 et suivantes.

c. La rivière nommée Tapajocas, dans le gouvernement de Maragnon, roule de l'or dans les sables, depuis une montagne médiocre nommée Yuquaratinci. Cette rivière, qui est dans le pays des Curabatubas, arrose le pied de cette montagne. *Histoire générale des Voyages*, t. XIV, p. 20. — La rivière de Caroli, qui tombe dans l'Orénoque, roule de l'or dans ses sables, et Raleigh remarqua des fils d'or dans les pierres. *Idem*, p. 350.

d. *Histoire générale des Voyages*, t. XIV, p. 360.

e. *Voyage de Cook*, t. II, p. 256.

ne peuvent les visiter, parce qu'il y a une garde continuelle sur les chemins qui conduisent à ces mines : on sait seulement qu'on en tire beaucoup d'or, et que les travaux en sont difficiles et périlleux ; car on achète annuellement pour le compte du roi quarante mille nègres qui ne sont employés qu'à les exploiter [a].

Selon l'amiral Anson, ce n'est qu'au commencement de ce siècle qu'on a trouvé de l'or au Brésil : on remarqua que les naturels du pays se servaient d'hameçons d'or pour la pêche, et on apprit d'eux qu'ils recueillaient cet or dans les sables et graviers que les pluies et les torrents détachaient des montagnes. « Il y a, dit ce voyageur, de l'or disséminé dans les « terres basses, mais qui paie à peine les frais de la recherche, et les mon« tagnes offrent des veines d'or engagées dans les rochers ; mais le moyen « le plus facile de se procurer de l'or, c'est de le prendre dans le limon des « torrents qui en charrient. Les esclaves employés à cet ouvrage doivent « fournir à leurs maîtres un huitième d'once par jour ; le surplus est pour « eux, et ce surplus les a souvent mis en état d'acheter leur liberté. Le roi « a droit de quint sur tout l'or que l'on extrait des mines, ce qui va à trois « cent mille livres sterling par an ; et par conséquent la totalité de l'or « extrait des mines chaque année, est d'un million cinq cent mille livres « sterling, sans compter l'or qu'on exporte en contrebande, et qui monte « peut-être au tiers de cette somme [b]. »

Nous n'avons aucun autre indice sur ces mines d'or si bien gardées par les ordres du roi de Portugal : quelques voyageurs nous disent seulement qu'au nord du fleuve Jujambi, il y a des montagnes qui s'étendent de trente à quarante lieues de l'est à l'ouest, sur dix à quinze lieues de largeur ; qu'elles renferment plusieurs mines d'or ; qu'on y trouve aussi ce métal en grains et en poudre, et que son aloi est communément de vingt-deux carats ; ils ajoutent qu'on y rencontre quelquefois des grains ou pépites qui pèsent deux ou trois onces [c].

Il résulte de ces indications, qu'en Amérique comme en Afrique et partout ailleurs où la terre n'a pas encore été épuisée par les recherches de l'homme, l'or le plus pur se trouve, pour ainsi dire, à la surface du terrain, en poudre, en paillettes ou en grains, et quelquefois en pépites qui

a. Rio-Janeiro est l'entrepôt et le débouché principal des richesses du Brésil. Les mines principales sont les plus voisines de la ville, dont néanmoins elles sont distantes de soixante-quinze lieues. Elles rendent au roi tous les ans, pour son droit de *quint*, au moins cent douze arobes d'or ; l'année 1762, elles en rapportèrent cent dix-neuf. Sous la capitainie des mines générales, on comprend celles de Rio-de-Moros, de Sabara et de Sero-Frio. Cette dernière, outre l'or qu'on en retire, produit encore tous les diamants qui proviennent du Brésil ; ils se trouvent dans le fond d'une rivière qu'on a soin de détourner, pour séparer ensuite d'avec les cailloux, qu'elle roule dans son lit, les diamants, les topazes, les chrysolithes et autres pierres de qualité inférieure. *Voyage autour du monde*, par M. de Bougainville, t. I, pag. 145 et 146.

b. *Voyage autour du monde*, par l'amiral Anson.

c. *Histoire générale des Voyages*, t. XIV, p. 225.

ne sont que des grains plus gros, et souvent aussi purs que des lingots fondus : ces pépites et ces grains, ainsi que les paillettes et les poudres, ne sont que les débris plus ou moins brisés et atténués par le frottement de plus gros morceaux d'or arrachés par les torrents et détachés des veines métalliques de première formation ; ils sont descendus en roulant du haut des montagnes dans les vallées. Le quartz et les autres gangues de l'or, entraînés en même temps par le mouvement des eaux, se sont brisés, et ont, par leur frottement, divisé, comminué ces morceaux de métal, qui dès lors se sont trouvés isolés, et se sont arrondis en grains ou atténués en paillettes par la continuité du frottement dans l'eau ; et enfin ces mêmes paillettes encore plus divisées ont formé les poudres plus ou moins fines de ce métal : on voit aussi des agrégats assez grossiers de parcelles d'or qui paraissent s'être réunies par la stillation et l'intermède de l'eau, et qui sont plus ou moins mélangées de sables ou de matières terreuses rassemblées et déposées dans quelque cavité, où ces parcelles métalliques n'ont que peu d'adhésion avec la terre et le sable dont elles sont mélangées; mais toutes ces petites masses d'or, ainsi que les grains, les paillettes et les poudres de ce métal, tirent également leur origine des mines primordiales, et leur pureté dépend en partie de la grande division que ces grains métalliques ont subie en s'exfoliant et se comminuant par les frottements qu'ils n'ont cessé d'essuyer depuis leur séparation de la mine, jusqu'aux lieux où ils ont été entraînés; car cet or arraché de ses mines, et roulé dans le sable des torrents, a été choqué et divisé par tous les corps durs qui se sont rencontrés sur sa route; et plus ces particules d'or auront été atténuées, plus elles auront acquis de pureté en se séparant de tout alliage par cette division mécanique, qui dans l'or, va, pour ainsi dire, à l'infini : il est d'autant plus pur qu'il est plus divisé, et cette différence se remarque en comparant ce métal en paillettes ou en poudre avec l'or des mines, car il n'est qu'à vingt-deux carats dans les meilleures mines en montagnes, souvent à dix-neuf ou vingt, et quelquefois à seize et même à quatorze, tandis que communément l'or en paillettes est à vingt-trois carats, et rarement au-dessous de vingt. Comme ce métal est toujours plus ou moins allié d'argent dans ses mines primordiales, et quelquefois d'argent mêlé d'autres matières métalliques, la très-grande division qu'il éprouve par les frottements, lorsqu'il est détaché de sa mine, le sépare de ces alliages naturels, et le rend d'autant plus pur qu'il est réduit en atomes plus petits ; en sorte qu'au lieu du bas aloi que l'or avait dans sa mine, il prend un plus haut titre à mesure qu'il s'en éloigne, et cela par la séparation, et pour ainsi dire, par le départ mécanique de toute matière étrangère.

Il y a donc double avantage à ne recueillir l'or qu'au pied des montagnes et dans les eaux courantes qui en ont entraîné les parties détachées des mines primitives; ces parties détachées peuvent former, par leur accumulation, des mines secondaires en quelques endroits; l'extraction du métal qui, dans ces sortes de mines, ne sera mêlé que de sable ou de terre, sera bien plus facile que dans les mines primordiales où l'or se trouve toujours engagé dans le quartz et le roc le plus dur : d'autre côté, l'or de ces mines de seconde formation sera toujours plus pur que le premier; et, vu la quantité de ce métal dont nous sommes actuellement surchargés, on devrait au moins se borner à ne ramasser que cet or déjà purifié par la nature, et réduit en poudre, en paillettes ou en grains, et seulement dans les lieux où le produit de ce travail serait évidemment au-dessus de sa dépense.

FIN DU TOME DIXIÈME.

TABLE DES MATIÈRES

DU TOME DIXIÈME

PARIS. — IMPRIMERIE J. CLAYE, RUE SAINT-BENOÎT, 7.

www.ingramcontent.com/pod-product-compliance
Lightning Source LLC
LaVergne TN
LVHW021927170726
843501LV00001BA/140

* 9 7 8 2 3 2 9 5 9 1 0 2 5 *